철근콘크리트 구조설계

8판

김상식 이수권 김강수

문운당

머 리 말

철근콘크리트는 금세기 들어 인간의 주거와 산업활동을 위한 공간을 만드는데 가장 많은 기여를 한 구조재료이다. 1824년 영국인 조셉 아스프딘이 시멘트 제조방법을 발견한 이래 시멘트 제조기술은 전세계에 빠른 속도로 퍼져나갔고, 우리나라에서도 1919년 승호리 시멘트 공장을 시발로, 최근 남한에서만 연간 4,000만 톤을 넘은 세계적인 시멘트 생산국으로 발돋움하였으며, 이에 힘입어 사무실, 아파트 등 많은 건축물들이 철근콘크리트구조로 설계되고 있다.

철근콘크리트구조 건물은 1950년대까지 허용응력설계법에 의하여 설계되었으나, 1960년대 이후 강도설계법으로 발전하였고, 우리나라에서는 1980년대까지 허용응력도 설계법이 주를 이루어왔으나, 1988년 대한건축학회에 의하여 강도설계법에 의한 설계규준이 제정되어 점차 강도설계법으로 옮겨가는 추세에 있다.

이러한 사정들을 감안하여 이 책은 학부 과정에서 건축을 전공하는 학생들과 일반 건축구조 설계자들에게 철근콘크리트 구조물의 구조거동과 이에 관련된 강도설계법의 기본원리를 설명하고, 이를 적용하여 건물을 안전하고 사용성 있게 설계하는 방법을 터득하게 하려는 의도에서 집필되었다.

전체의 내용과 설계방법은 대한건축학회 제정「극한강도법에 의한 철근콘크리트구조 계산규준」을 중심으로 하였고, 필요에 따라 부분적으로 미국 콘크리트학회(ACI)와 유럽 콘크리트위원회(CEB)의 규준들과 그밖의 참고문헌들을 참조하였으며, 현재 허용응력설계법이 통용되고 있는 점을 감안하여 대한 건축학회 제정「철근콘크리트구조 계산규준」에 의한 허용응력설계법을 13장에서 16장에 걸쳐 다루었다.

각 장에서 철근콘크리트 부재의 구조거동의 일반적인 고찰과 이론해석 및 실험결과들을 설명하였고, 이에 따른 설계공식에 대해서는 유도과정을 상세히 밝혔으며, 실제 설계조건에 가까운 예제와 연습문제들을 들어 공식이나 설계식의 이해와 함께 설계연습과 연구의 효과를 곁들이고 있다. 그러나 설계공식의 유도과정에 대한 설명에서는 읽는 이들의 기본 구조이론과 콘크리트의 재료특성에 대한 이해를 전제로 하고 있다. 그리고 이 책의 모든 공식은 설계의 편이성을 고려하여 국제단위 대신 CGS 단위로 되어 있으며, 단위 환산표는 부록 1에 실려 있다.

이 책의 전반적인 내용은 다음과 같다.

1장에서는 철근콘크리트의 일반적인 사항들로, 철근콘크리트구조의 장단점과 역사적 배경 및 설계규준 등을 포괄적으로 다루었으며, 2장에서는 철근콘크리트를 이루는 주요재료인 콘크리트와 보강재료인 철근 및 용접철망의 재료 및 역학적인 특성이 설명되어 있다. 3장은 구조설계에 관한 일반사항으로서 설계방법, 구조안정성 및 하중 등에 관한 내용이 포함되어 있다. 4장에서 6장까지는 보의 설계에 관련된 내용으로, 4장에서는 보의 휨에 대한 설계방법, 5장에서는 사용성에 관련하여 보의 처짐과 균열, 6장에서는 보의 전단과 비틀림 설계방법 등이 기술되어 있으며, 그 밖에 전단을 주로 받는 깊이가 큰 보와 코벨 및 브래킷 설계방법이 포함되어 있다.

철근의 배근에 관련하여 정착과 이음 및 전단 등에 대해서도 7장에서 부착이론과 실험결과를 근거로 설계식이 유도되어 있고, 8장에서는 슬래브의 설계방법을 직접설계법, 등가골조 설계법, 1방향 슬래브 설계법 등으로 나누어 설명하고 있고, 슬래브의 전단설계법이 곁들여 있다. 9장의 압축재 설계에서는 휨과 축하중을 받는 기둥의 구조거동을 강도설계법 이론에 따라 기술하고, 상관곡선 작성방법을 예제에서 상세히 예시하였으며, 세장효과의 적용에서는 좌굴이론에서 설계식에 이르는 일련의 과정을 이론적으로 밝혔다.

10장과 11장은 기초와 옹벽설계에 관한 것으로, 토질역학에 관련을 가지고 있기 때문에 부재 설계방법 이외에 지내력과 토압에 관한 기본적인 토질역학을 포함시켰으며, 우리나라의 많은 공동주거 건물이 내력벽 구조로 설계되는 점에 비추어 12장에서는 내력벽과 전단벽 설계방법을 다루었다.

허용응력설계법은 점차 감소추세에 있으나, 현재에도 비교적 널리 통용되고 있고, 또 강도설계법에서도 사용성 검토는 허용응력도법으로 하고 있기 때문에 13장에서 16장가지는 허용응력설계법에 의한 보, 슬래브 및 기둥의 설계방법에 대하여 기술하였다.

참고문헌에서는 이 책을 쓰면서 참조한 문헌들과 함께 철근콘크리트 구조거동을 보다 깊이 이해하는 데 도움이 될 문헌들을 발췌하여 정리하였고, 부록에는 실제 설계에 도움이 될 수 있는 도표들을 수록하였다.

철근콘크리트구조의 설계이론과 방법을 보다 넓고, 보다 깊고, 보다 쉽게 씀으로써 건축구조 기술자로서 저자와 같은 길을 걷는 사람들에게 조금의 도움이라도 주려고 힘썼으나, 지면과 자료수집, 시간 등의 제약으로 처음의 뜻이 다 이루어지지 않았음을 밝히고, 점차 수정 보완하여 가까운 시일에 2판의 출간을 통해 읽는 이들의 기대에 부응할 것을 약속드리는 바이다.

이 책을 쓰면서 많은 사람들의 도움을 입었다. 그중에서도 인하대학교 대학원 건축과의 박사과정 이진섭 군과 석사과정 송우석 군은 설계용 도표를 만드는 데 수고하였고, 인하대학교 건축과를 졸업하여 현재 설계업무에 종사하는 오용운 군은 많은 삽화들을 오차 없이 정확하게 그려주었으며, 연세대 대학원을 나와 현재 삼성종합건설주식회사에서 근무하는 박준범, 이수권, 김형균, 전병갑 군이 책 전반에 걸쳐 점검하고 교정하는 수고를 하였다. 이들에게 저자는 깊은 고마움을 간직하고 있다.

이 책을 편집하는 데 많은 수고를 해주신 문운당 편집진 여러 분들께 감사드리고, 집필하는 동안 인내와 관심과 기대를 같이 보여온 저자의 아내 주리와 두 아들 세완, 영완과 함께 두 번째 책을 펴내는 기쁨을 나누고 싶다.

1993년 6월

토목 분야와 건축 분야에서 별도로 제정되어 사용되던 철근콘크리트 구조설계기준이 한국콘크리트학회의 「콘크리트 구조설계기준」으로 통합 제정됨에 따라 최소 철근비, 철근의 정착, 횡구속 되지 않은 철근 등에서 내용 변경이 있었고, 용어의 통일에 의한 변화가 다소 포함되어 있다.

2판 출간에 수고해주신 문운당 편집진과 동양공업전문대 이수권 교수에게 감사드린다.

2000년 1월

2003년에 이르러 콘크리트 구조설계기준이 그간 통용되어 온 CGS 단위에서 국제 단위로 개정됨에 따라 이 책도 허용응력 설계 부분인 13 장에서 16 장까지를 제외한 전체 내용을 국제 단위로 개정하게 되었으며, 이와 더불어 4 장이 다소 보완되었다.

3판 출간에 수고해주신 문운당 편집진에게 감사드린다.

2004년 1월

2007년에는 콘크리트 구조설계기준이 비교적 큰 폭으로 개정되었다. 개정된 주요 내용은 하중계수와 하중조합, 강도감소계수 등이며, 휨부재에 대해서는 변형률 한계가 새로 설정되었다. 개정 작업에는 인하대 대학원 과정의 이승배, 김량운, 김창혁 군과 박미영 양이 많은 수고를 하였다. 고맙게 생각하는 바이다.

2008년 2월

2012년에 콘크리트 구조기준의 많은 부분이 개정되었다.

콘크리트 압축 강도용 공시체의 크기 제작방법, 600 MPa 철근의 사용을 고려한 휨설계방법, 경량골재 콘크리트의 사용을 보편화시킨 λ 계수의 도입, 평면부재의 2방향 전단에서 콘크리트의 전단강도에 대한 새로운 설계식의 제시 등이 개정의 주요 내용이다.

5판 출간에 수고해주신 문운당 편집진에게 감사드린다.

2013년 2월

최근 경주와 포항에서 규모 5.0을 넘는 지진들이 잇달아 일어나고 건물들의 지진 피해도 무시할 수 없을 정도로 커짐에 따라 철근콘크리트 건물의 내진설계 원리와 방법을 건축구조기술자들에게 시급히 알려야 할 필요성이 대두되었다. 이에 첫 번째 저자와 동양미래대학교 이수권 교수, 서울시립대학교 김강수 교수가 이 일을 논의한 끝에 내진설계와 더불어 콘크리트 보강에 효율성과 적용성이 커지고 있는 프리스트레싱 공법까지 망라하여 프리스트레스트 콘크리트는 김강수 교수, 내진설계는 이수권 교수가 집필하여 5판에 각각 13장 및 14장으로 추가하여 6판으로 출간하는데 합의를 보았다. 6판으로 출간되는 책이 건축구조설계의 길을 걷는 기술자들에게 도움을 주기에는 부족한 점이 많음을 인정하면서도 차후 밀도 높은 수정보완을 통하여 기대에 부응할 것을 약속드리는 바이다. 6판의 증보작업에 많이 수고해 주신 문운당 편집진에게 감사드린다.

2018년 7월

2017년에 발간된 콘크리트구조 학회기준에서는 휨과 압축을 받는 부재의 극한변형률, 압축응력분포의 계산방법, 휨부재의 최소 보강철근량, 최대 전단철근비, 2방향 전단강도, 불균형휨모멘트에 대한 편심전단 설계, 벽체 수평 전단보강근의 항복강도 제한, 내진설계, 확대 머리철근의 정착길이 등 많은 부분이 개정되었다. 또한, 2016년 국토교통부 고시에 따라 콘크리트구조물의 설계기준은 '콘크리트구조 설계(강도설계법) KDS 14 20'으로 정비되어 국가건설기준

센터가 관리하게 되었다. 'KDS 14 20'의 세부내용은 기본적으로 '콘크리트구조 학회기준(KCI 2017)'과 동일하다.

2023년 2월

김상식, 이수권, 김강수

차 례

1 장

철근콘크리트 구조의 일반사항

1-1 철근콘크리트 구조의 개요

철근콘크리트 구조는 포틀랜드 시멘트와 골재 및 물이 일정한 비율로 배합되어 이루어진 콘크리트에 철근이 보강되어 경화되면서 하중을 지지할 수 있도록 만들어진 구조체를 말한다. 철근콘크리트 구조가 개발된 것은 140년 정도밖에 되지 않으나, 철근콘크리트가 가지는 경제성, 시공성, 내구성, 조형성 등의 장점으로 구조재료로서의 적합성이 인정되어 각종 건축물을 위시하여 교량, 항만 및 해양구조물, 지하구조물 등에 널리 사용되고 있다.

철근콘크리트의 주요 원료인 시멘트와 철근은 공장에서 생산되나, 거푸집과 철근을 가공 조립하고 콘크리트를 배합하여 타설한 후 양생을 거치는 과정에서 강구조에 비하여 인위적인 요인과 주위 환경의 영향을 많이 받기 때문에, 철근콘크리트에서는 구조전문가의 경우에도 재료의 특성을 포괄적으로 이해하지 않으면 안 된다.

철근콘크리트 구조는 구조재로 쌍벽을 이루는 강구조에 비하여 다음과 같은 장점들을 가지고 있다.

첫 번째, 철근콘크리트 구조는 강구조에 비하여 높은 경제성을 가지고 있다. 콘크리트를 이루는 시멘트, 골재, 물 등의 재료들은 공급이 풍부하고, 운반하거나 저장하기 쉬우며, 철근의 단위무게당 가격도 철골보다 저렴하여, 골조구조를 철근콘크리트로 할 경우 강구조에 비하여 공사비를 20~30 퍼센트 절약할 수 있다.

두 번째 장점으로는 내구성이 높고 유지 관리가 쉬운 점을 들 수 있다. 콘크리트는 내화성이 높고 화학적으로 안정된 재료이므로 건물의 방화성능을 높여주고 철근의 부식을 방지하는 역할을 한다.

세 번째로 들 수 있는 철근콘크리트의 장점은 뛰어난 조형성이다. 콘크리트는 거푸집 안에 소성상태로 타설되기 때문에 거푸집과 마감기술에 따라 원하는 형태와 무늬를 만들어낼 수 있다.

네 번째로 차음성능과 내진성능이 큰 것도 철근콘크리트 구조가 가지는 장점 중의 하나이다. 바람이나 보행자 또는 기계의 작동에 의하여 건물 전체나 바닥판이 진동하는 경우가 있으나, 철근콘크리트 구조에서는 높은 강성과 질량으로 이에 대한 저항성능이 크며, 상하층 간이나 벽체 내외에 소리를 차단하는 효율이 좋다.

이러한 우수성들로 인하여 콘크리트는 점차 매력적이고 사용하기 쉬운 건축재료로 인식되고 있으나, 강구조에 비하여 몇 가지 단점들도 아울러 가지고 있다.

그러한 단점으로 첫 번째 들 수 있는 것은, 콘크리트의 인장강도가 낮은 점이다. 콘크리트의 인장강도는 압축강도의 10 퍼센트 정도이기 때문에 인장측에서 균열과 취성파괴가 쉽게 일어나며, 철근은 이러한 인장 취약성을 보강하기 위하여 사용되고 있다.

두 번째 단점은 거푸집과 지주의 사용이다. 콘크리트가 타설될 때에는 반죽상태이기 때문에 거푸집이 없이는 형태를 이룰 수 없고, 타설되어 일정한 기간이 지나야 경화되어 강도를 가지기 때문에 그동안 거푸집을 지주로 지지하지 않으면 안 된다. 거푸집과 지주는 철근콘크리트 공사에만 사용되며, 거푸집 공사비는 전체 철근콘크리트 공사비의 30 퍼센트 내외를 차지하고 있다.

세 번째로 지적되는 것은 강도에 비하여 무게가 무거운 점이다. 철근콘크리트의 비중은 대략 2.4로 비중 7.8의 철강재료에 비하여 3 배 정도 가벼운 편이나, 강도는 철강재료가 10~15 배 정도 크므로 강재에 비하여 많은 물량이 소요되고 구조체의 자중이 커지는 단점을 가지고 있다. 이러한 이유로 철근콘크리트 구조는 강구조에 비하여 긴 경간구조에는 불리한 면을 가지고 있다.

네 번째로 건조수축과 크리프도 콘크리트가 가지는 큰 단점 중의 하나이다. 콘크리트는 건조수축에 의하여 구조체에 바라지 않는 변형이나 균열을 일으키며, 이러한 현상은 지속하중 상태에서 크리프에 의하여 가중되기도 한다. 댐이나 항만구조물 등 콘크리트가 큰 부피를 이루는 구조물에서는 작용하중에 의한 응력보다 건조수축이나 크리프에 의한 변형이나 응력이 구조설계의 대상이 되는 경우도 있다.

철근콘크리트 구조는 위와 같은 재료적인 장점과 단점을 같이 가지고 있기 때문에, 합리적인 구조설계를 위해서는 재료 특성에 대한 본질적인 이해가 선행되어야 한다.

1-2 철근콘크리트 구조의 역사적 배경

기원전 30 세기경에 고대 로마인들은 화산재의 퇴적에 의하여 생긴 응회암의 미세한 분말에 석회와 모래를 섞어 쓰면 물에도 견딜 수 있는 강한 모르타르가 된다는 것을 알아내어 많은 건축물의 축조에 사용하였다. 그 당시의 콘크리트 구조물로서 유명한 것은 기원후 126년에 완성된 로마의 판테온 신전으로, 돔의 경간이 44 m에 이르고 있다. 천연산 콘크리트는 로마 이외에도 이집트와 그리스 등지에서 여러 가지 형태의 건축물을 짓는 데 사용되었다.

근세에 들어 시멘트에 대한 연구는 영국에서 활발하게 이루어졌으며, 1824년 영국인 아스프딘(J. Aspdin)이 분말로 분쇄된 석회석과 점토를 섞어 가마에서 소성하여 시멘트를 제조하는 방법을 발견하였다. 이 시멘트는 영국 남부의 포틀랜드 지방에서 산출되는 석회석과 비슷하여 포틀랜드 시멘트(Portland cement)라는 이름이 붙여졌고 오늘날에도 그대로 불려지고 있다. 시멘트 제조방법의 발달에 힘입어 콘크리트의 취약점인 인장강도의 보강방법에 대해서도 1850년대 이래 많은 연구가 진행되었다.

영국인 윌킨슨(W. B. Wilkinson)은 철근콘크리트 바닥판 시스템에 대한 특허를 얻었고, 프랑스의 랑보(J. L. Lambot)는 1848년 철망으로 보강한 콘크리트 보트를 만들어 1855년 특허를 취득하였다.

1850년대 철근콘크리트에 대한 가장 괄목할 만한 연구는 프랑스의 정원사

모니에(J. Monier)에 의하여 이루어졌다. 그는 나무를 심는 데 사용되는 통을 철망으로 보강된 콘크리트로 하는 방법을 고안하여 1867년 특허를 얻었으며, 이어 1875년까지 파이프와 탱크, 평판, 교량, 계단 등에 대하여 특허를 받았다. 모니에의 철근콘크리트는 독일에 전수되어 프러시아의 건축감독관인 쾨넨(M. Koenen)은 철근콘크리트의 강도를 계산하는 방법을 개발하여 1866년에 책으로 출간하였다. 1875년에서 1900년에 이르는 기간 중에는 철근콘크리트 공학은 시스템에 대한 일련의 특허를 통하여 많은 발전을 이룩하였고, 콘크리트 실무자들이 책과 학술지 등을 통하여 철근콘크리트의 역학적인 이론을 터득하여 설계에 적용하기 시작하였다. 1920년대 이후 철근콘크리트의 여러 가지 구조거동에 대한 연구가 광범위하게 진행되어 개발된 이론들이 규준화되고 설계에 적용되면서 철근콘크리트 부재를 설계하중을 지지하기에 알맞은 크기와 형태로 설계하게 되었다.

우리나라의 철근콘크리트 건물은 1910년대에 들어 건립되기 시작하였다. 최초의 건물은 1910년 11월에 준공된 부산세관 본청사 2 층 건물이나, 현재 남아 있지 않고, 1912년 1월에 준공된 한국은행 본점은 지하 1 층, 지상 3 층에 연면적 7,575 m^2로 그 당시로서는 큰 규모의 건물이며, 현재 사적 280 호로 보존되고 있다. 1920년대 들어 점차 철근콘크리트 건물이 많이 건립되었으며, 이 시대에 건립된 특기할 만한 건물들로는 1925년에 준공된 서울역 건물과 1926년에 준공된 서울시 청사 및 국립박물관 건물 등이 있다. 1930년대에는 우리나라 건축가에 의해서도 철근콘크리트 건물이 설계되었는데, 박동진이 설계하여 1934년 준공된 고려대학교 본관건물과 박길룡이 설계하여 1937년 준공된 화신백화점 등이 대표적인 건물들이다. 1938년 건립된 반도호텔은 지하 1 층, 지상 8 층에 연면적 18,300 m^2로 1960년대에 이르기까지 우리나라에서 가장 높은 건물로 군림하기도 하였다.

시멘트의 국내 생산은 1919년 평양 부근의 승호리에 연산 6만 톤 규모의 시멘트공장이 완공되면서 시작되어 1960년대 이후 본격적인 시멘트 산업 발전이 이루어졌고, 최근에는 10 개의 국내 시멘트 제조회사에서 연간 약 6,000만 톤의 시멘트를 생산하기에 이르고 있다.

1-3 철근콘크리트 구조설계기준

최초의 철근콘크리트 구조의 설계기준은 슈투트가르트 대학의 뫼르시(E. Mörsch) 교수에 의하여 초안되어 1904년 프러시아에서 공포되었으며, 잇따라 1907년에서 1910년 사이에 영국, 프랑스, 오스트리아, 스위스 및 미국 등지에서 제정되었다.

1900년에서 1950년대까지는 프랑스의 쿠아네(E. Coignet)와 테데스코(N. de Tedesco)에 의하여 개발된 허용응력설계법이 설계방법의 주를 이루었으나, 여러 가지 파괴모드를 포함한 철근콘크리트 구조의 한계상태를 고려한 한계상태설계에 대한 연구가 진행되면서 1950년대와 1970년 사이에 허용응력설계법과 한계상태설계법의 병용을 거쳐 1970년대 이후에는 한계상태법에 근거를 둔 설계기준들이 통용되고 있다.

현재 각국에서 채택되고 있는 철근콘크리트 구조설계기준은 크게 두 계열로 분류된다.

첫 번째는 미국 콘크리트학회(ACI)에서 제정한 ACI 318의 「철근콘크리트 구조설계기준」(Building Code Requirements for Reinforced Concrete)으로, 강도설계법으로 되어 있고, 6년마다 새로운 이론 또는 실험결과에 따라 개정되고 있으며, 최근에는 2014년에 ACI 318-14로 개정되었다. ACI 318 설계기준은 미국뿐 아니라 캐나다, 뉴질랜드, 오스트레일리아, 남아메리카의 일부 국가와 우리나라 설계기준의 근간을 이루고 있다.

두 번째는 유럽 콘크리트위원회(CEB)에서 제정한 「콘크리트 구조물 설계기준」(CEB-FIP Model Code for Concrete Structures)으로, 유럽 여러 국가들의 설계기준을 통일할 목적으로 1978년에 발간되었으며, 최근 개정되었다. 이 설계기준은 한계상태설계법에 근거를 두고 있으며, 유럽 여러 나라들의 설계기준의 근간이 되고 있다. ACI 설계기준과 CEB 설계기준은 여러 면에서 유사한 내용들을 가지고 있다.

우리나라에서는 1972년 건설부의 지원 아래 대한건축학회가 「철근콘크리트 구조계산규준」을 제정하였다. 이 규준은 허용응력설계법으로 되어 있고, 1975년, 1977년 및 1982년의 3차에 걸쳐 내용이 수정 보완되면서 우리나라 철근콘크리트 건물의 구조설계의 바탕이 되어 왔다. 그러나 최근 철근과 콘크리트의 고강도화와 인건비 앙등에 따른 새로운 배근방법 등이 고안되면서 이 설계기준의 적용만으로는 부적합한 면들이 많이 생겨 1988년 12월 「극한강도설계법에 의한 철근콘크리트 구조설계규준」이 대한건축학회에 의하여 제정되었다. 강도설계법에 의한 설계기준은 그동안 대한토목학회와 대한건축학회에서 별도로 제정되어 사용되어 왔으나, 내용에서 두 기준의 공통점이 많아 한국콘크리트학회를 주관 연구기관으로 하여 1999년 건설교통부에서 통합기준으로 「콘크리트 구조설계기준」을 제정하였다. 이 기준은 2003년에 이르러 C.G.S. 단위에서 국제 단위로 개정되었으며, 2007년에는 하중계수와 하중조합, 강도감소계수 등이 비교적 큰 폭으로 개정되었고 휨부재에 대하여 변형률 한계가 새로 설정되었다.

2012년에도 설계기준의 내용 중 콘크리트 강도 시험용 공시체의 크기와 제작 방법, 600 MPa 철근의 사용을 고려한 휨 설계방법, 경량 골재 콘크리트의 사용, 평면 부재에서 콘크리트 전단강도 설계식 등이 개정되었고, 「콘크리트 구조설계기준」의 명칭이 「콘크리트구조기준」으로 변경되었다. 다만, 2016년의 국토교통부 고시에 따라 정부가 법적 효력을 부여하는 '건설기준 통합코드'로서 설계기준은 '설계코드 KDS (Korean Design Standard)'로, 시공기준은 '시방코드 KCS (Korean Construction Specification)'로 정비되어 국가건설기준센터가 관리하게 되었다. '설계코드 KDS'에서 콘크리트구조물의 설계기준은 공통기준으로의 역할을 부여받아 대분류는 '구조기준 KDS 14'로, 중분류는 '콘크리트구조 설계(강도설계법) KDS 14 20'으로 정비되었다. 'KDS 14 20'의 세부기준은 기본적으로 '콘크리트구조기준(2012)'과 동일하다.

2021년도에 개정된 KDS(Korea Design Standard) 14 20 00-2021; 「콘크리트구조 설계기준 (강도설계법)」에서는 2017년도 콘크리트구조 학회기준(KCI 2017)을 바탕으로 콘크리트 휨과 압축을 받는 부재의 극한변형률이 변경되었으며, 압축응력분포를 포물선-직선형 등가응력분포와 직사각형 등가응력분포를 통해 계산할 수 있도록 개정되었다. 또한, 휨부재의 최소 보강철근량, 최대 전단철근비, 2방향 전단강도, 불균형휨모멘트에 대한 편심전단 설계, 벽체 수평 전단보강근의 항복강도 제한, 내진설계, 확대머리철근의 정착길이 등이 개정되었다.

2 장

재 료

2-1 개 요

철근콘크리트 구조체를 이루는 주요 재료는 콘크리트와 철근이다. 콘크리트는 압축에 강하나 인장에는 약하며, 구조용 강재나 철근은 인장과 압축에 모두 강하나 압축력에 대해서는 부재의 세장성으로 좌굴의 우려가 있어 인장력 저항에 보다 유리하기 때문에, 이 두 재료를 결합하여 철근콘크리트로 할 경우 이러한 취약점들이 서로 보완되어 구조성능을 높일 수 있다. 실제로 철근과 콘크리트의 결합에서는 두 재료 사이의 부착성능이 높고, 열팽창계수가 거의 같아 열변화에 의한 분리 현상이 생기지 않으며, 철근 배근된 상태에서 콘크리트 부어넣기에도 큰 어려움이 없어 시공성이 좋은 편이다. 내구성에서도 콘크리트 피복은 철근의 녹슬음에 대한 보호막이 되고, 철근은 콘크리트의 균열을 방지하는 역할을 하여 이상적인 협조 관계를 이루고 있다.

이러한 철근콘크리트의 구조와 재료의 장점을 살려 안전하고 경제적이며 사용성이 좋은 구조체를 설계하기 위해서는 이 구조의 재료적인 특성과 하중에 대한 구조거동을 이해하여야 한다.

철근은 공장에서 제조되고 균일한 재료 성질을 가지고 있어, 항복점, 인장강도 및 탄성계수 등 역학적 특성에 대하여 신뢰성이 크나, 콘크리트는 공장제품인 시멘트와 천연재료인 골재와 물이 현장에서 배합되어 만들어지기 때문에 시멘트의 품질과 종류, 분말도, 골재의 입도와 강도, 혼화제의 사용, 물-시멘트비 등 재료 자체에 관련된 요인들과 진동, 재료 분리, 온도, 습도 등 콘크리트 치기공사와 양생과정에서의 요인들에 따라 재료의 성질이 달라지게 된다. 구조용 콘크리트로서 중요한 것은 강도와 역학적 성질이며, 이와 더불어 크리프, 건조수축 등에 의한 영향도 이해되어야 한다. 이밖에도 철근콘크리트 구조에 영향을 끼치는 요인들은 많으나, 이 장에서는 철근과 콘크리트의 재료 성질과 역학적인 성질에 국한하여 다루기로 한다.

2-2 콘크리트의 구성재료

콘크리트는 포틀랜드 시멘트와 물이 혼합된 시멘트 페이스트(cement paste)에 화학적으로 불활성인 골재가 결합된 것이다. 콘크리트 배합시 시멘트 페이스트는 골재 사이의 틈을 채우고 혼합된 시멘트와 물 사이에 수화반응(hydration)을 하면서 골재와 강한 접착력을 나타내어 견고하고 내구성 있는 구조 재료를 형성하게 된다.

콘크리트를 이루는 기본적인 재료는 시멘트, 골재 및 물이며, 유동성이나 응결 속도 또는 동결 융해 저항 성능을 개선시키기 위하여 혼화재료가 사용된다.

2-2-1 시 멘 트

콘크리트용 시멘트는 수화작용에 의하여 고착력을 발휘하는 미세한 분말재료로 포틀랜드 시멘트가 대표적이며, 실리카(SiO_2), 석회(CaO), 알루미나(Al_2O_3)를 주성분으로 한다. 규산질 점토와 석회석을 미세하게 분쇄하여 대략 1 : 4의 비율로 혼합하고 킬른(kiln)에서 소성하여 클링커(clinker)를 만든 후 소량의 석고를 가하면서 가루로 만든다. 시멘트의 성질을 결정하는 요인은 재료의 배합비, 소성온도 및 분말도 등이다.

한국산업표준에서 포틀랜드 시멘트는 KS L 5201(포틀랜드 시멘트)에 규정되어 있으며, 다섯 가지로 분류되어 1종은 보통 콘크리트용, 2종은 중용열 콘크리트용, 3 종은 조강 콘크리트용, 4 종은 저열 콘크리트용, 5 종은 내황산염 콘크리트용 시멘트이다. 시멘트의 비중, 분말도, 응결시간, 안정성, 강도, 수화열 등의 시험 방법은 KS L 5101에서 KS L 5110에 걸쳐 규정되어 있다.

2-2-2 골 재

골재는 시멘트 페이스트와 결합되어 증량 효과를 가지면서 일체로 굳어져 콘크리트를 이루는 모래, 자갈, 쇄석, 고로 슬래그 등의 불활성 입상재료이다.

콘크리트의 전체 부피에서 골재가 차지하는 비율은 70~75 퍼센트이며, 그 나머지는 경화된 시멘트 페이스트와 빈 틈들이다. 일반적으로, 골재의 크기가 고르고 밀실하게 다져질수록 콘크리트의 강도와 내구성이 커지기 때문에, 골재의 입도는 골재의 강도, 내구성 및 내후성과 함께 콘크리트의 성질에 큰 영향을 끼친다. 골재의 입도 시험에는 콘크리트 골재용 체가 사용되며 골재의 입도를 나타내는 조립률(finess modulus)은 0.15, 0.3, 0.6, 1.2, 2.5, 5, 10, 20 및 40 mm의 9 개의 체의 누가 잔류율의 합계를 100으로 나눈 값이다.

골재는 크기에 따라 굵은 골재와 잔 골재로 나뉘며, 건축공사 표준시방서에 의하면, 콘크리트 체규격 5 mm 망체를 중량비로 85 퍼센트 이상 통과하는 골재를 잔 골재, 85 퍼센트 이상 남는 골재를 굵은 골재로 규정하고 있다.

콘크리트에 사용되는 골재는 KS F 2526(콘크리트용 골재), KS F 2527(콘크리트용 부순 골재), KS F 2534(콘크리트용 경량 골재), KS F 2544(콘크리트용 고로 슬래그 굵은 골재)에 규정된 것 이상의 재질을 가져야 하며, 굵은 골재의 최대 크기는 다음과 같다.

① 거푸집 양 측면 사이의 최소 거리의 1/5
② 슬래브 두께의 1/3
③ 개별 철근, 다발 철근, 긴장재 또는 덕트 사이 최소 순간격의 3/4

골재의 체가름, 비중 및 흡수량, 표면수 측정, 단위 용적 중량, 유기 불순물, 마모, 안정성, 빈틈 등에 대한 시험 방법은 KS F 2501에서 KS F 2516에 걸쳐 규정되어 있다.

2-3 콘크리트의 강도

철근콘크리트 구조체의 설계용 강도로는 압축강도, 인장강도, 전단강도, 철근과의 부착강도 등이 있다. 이 중 압축강도가 가장 크며, 인장강도, 전단강도, 부착강도 및 탄성계수도 압축강도와 밀접한 관계를 가지고 있다.

콘크리트 압축강도 시험은 배합설계용 시험과 압축강도 관리용 시험으로 나뉜다. 배합설계용 시험은 일정한 비율로 배합된 콘크리트가 소정의 강도를 발현하는지 여부를 확인할 목적으로 시행되며, 시험체는 한 배합에 대하여 30 회 이상 연속 시험할 수 있도록 제작되어야 한다. 강도관리용 시험은 현장이나 콘크리트 제품 제조공장에서 사용되는 콘크리트의 압축강도 관리를 목적으로 일정한 사용량에 주기적으로 실시되며, 믹서나 호퍼, 콘크리트 운반기구 또는 콘크리트 타설 장소로부터 굳지 않은 콘크리트를 채취하는 방법은 KS F 2401(굳지 않은 콘크리트의 시료 채취 방법), KS F 2405(콘크리트의 압축 강도 시험 방법)에 제시되어 있으며, 시험의 빈도에 대해서는 콘크리트구조 설계기준(Korean Design Standard, 이하 KDS) 14 20 01 (3.1.5)에 규정되어 있다. 특히, KDS 14 20 01 (3.1.5)에 의하면 콘크리트 강도시험용 시료를 ① 하루에 한 번 이상, ② 120 m^3당 한 번 이상, ③ 슬래브나 벽체의 표면적 500 m^2당 한 번 이상, ④ 배합이 변경될 때마다 한 번 이상 채취하여야 하며, 드럼 트럭 믹서로부터 시료를 채취하는 경우 전 배치의 배출을 통하여 3 회 이상 규칙적인 간격으로 채취하고 배출이 시작되거나 끝날 때 채취해서는 안 된다. 또한 채취 시에는 재료의 분리가 생기지 않도록 하여야 한다.

2-3-1 공시체 제작

콘크리트의 강도시험을 위한 공시체의 제작에 대하여서는 KS F 2403(콘크리트의 강도 시험용 공시체 제작 방법)에 규정되어 있다. 이 규정에서 공시체는 지름의 두 배 높이를 가진 원주형으로 하도록 되어 있으며, 굵은 골재의 최대 치수가 40 mm 이하인 경우에 공시체의 지름은 100 mm, 125 mm 및 150 mm를 표준으로 한다. 굵은 골재의 최대 치수가 40 mm를 넘는 경우에는 40 mm 망체로 쳐서 40 mm를 넘는 입자를 제거하여 지름 150 mm의 공시체로 할 수 있다. 현장에서 사용되는 굵은 골재의 최대 치수가 대부분 25 mm 이하이므로,

골재 치수가 25 mm 이하이면 $\phi 100 \times 200$ 공시체, 25 mm를 초과하면 ϕ 150×300 mm 공시체로 하는 것이 적합하다. 표준 이외의 규격을 가진 골재를 사용하는 경우에는 적절한 보정계수를 도입하여야 한다.

콘크리트 압축시험시에는 공시체의 양단부와 가압판이 밀착되기 때문에 가압판과 단부의 밀착에 의한 마찰력은 횡압과 같이 작용하여 실험 결과는 실제 압축강도보다 크게 나타날 수 있다. 그러나 높이를 지름의 두 배로 하면 시험체 중앙부는 단부의 마찰 영향을 거의 받지 않으므로 정확한 강도 측정이 가능하게 된다. 높이를 지름의 두 배로 한 공시체에 비하여 높이가 1.5 배인 공시체는 4 퍼센트, 높이가 지름과 같은 공시체는 12 퍼센트 정도 더 높은 강도를 나타내는 것으로 알려져 있다.

원주 공시체에 의한 콘크리트 압축강도 관리는 우리나라를 포함하여 미국, 일본, 프랑스 등에서 채택하고 있으며, 영국에서는 150 mm 입방 공시체, 독일에서는 200 mm 입방 공시체를 쓰고 있다. 입방 공시체에 의한 압축강도는 원주공시체에 의한 압축강도보다 20 퍼센트 정도 더 높게 나오기 때문에 150 mm 입방 공시체에는 0.8, 200 mm 입방 공시체에는 0.83의 보정계수를 곱하여야 한다.

콘크리트 압축강도 공시체 제작에서 또 하나 중요한 것은 재하면의 마무리이다. 압축시험에서 가압판에 맞닿는 공시체면이 평탄하지 않거나 요철이 있는 경우에는 응력집중이 생겨 실제 압축강도보다 낮은 강도에서 파괴되는 경우도 생기기 때문에 KS F 2403에서는 마무리한 재하면의 평면도가 공시체 지름의 0.05 퍼센트 이내가 되도록 규정하고 있다. 이러한 면의 마무리에는 물 시멘트비 0.3 이하 시멘트 페이스트나 황에 광물질 분말을 혼합한 황합성재가 많이 사용되나 고강도 콘크리트 시험에서는 면을 갈아서 평탄하게 하기도 한다.

2-3-2 콘크리트의 압축강도와 탄성계수

콘크리트의 설계강도 측정을 위한 압축강도 실험은 압축력을 시험체의 마구리면 한 방향으로만 가하는 일축 압축시험으로 하며, 시험 방법은 KS F 2405 (콘크리트의 압축 강도 시험 방법)에 규정되어 있다. 공시체를 압축시험기에 설치할 때 시험기의 가압판과 공시체의 재하면을 직접 밀착시켜 요철이 생기지 않도록 설치한다. 요철이 생길 경우 콘크리트의 압축강도가 감소하는데, 연구

결과에 의하면 공시체의 재하면이 1.25 mm 오목한 경우에는 콘크리트의 강도가 최대 5 퍼센트 정도 감소하며, 반대로 1.25 mm 볼록한 경우에는 콘크리트가 최대 30 퍼센트까지 감소하는 것으로 나타나, 공시체 설치에서 특히 재하면이 볼록하지 않도록 주의하여야 한다.

공시체에 가력할 경우에는 충격을 주지 않으면서 초당 0.6 ± 0.4 MPa의 가력 속도로 연속적으로 하중을 가하여야 한다. 이 가력 속도는 설계압축강도 24 MPa 정도의 보통 콘크리트 공시체가 파괴되는 데 24～120 초 정도의 시간이 소요되는 것을 의미하므로 편의상 보통 콘크리트 공시체 압축시험에서는 공시체를 1～2 분 정도에 파괴되도록 균등하게 가력하면 된다.

가력 속도는 콘크리트의 압축강도 측정에 크게 영향을 끼치는데, 매우 빠른 속도의 가력, 예를 들면 초당 100 MPa의 속도로 가력하면 표준압축시험 공시체에 비하여 10 퍼센트, 초당 10 GPa의 속도로 가력하는 경우에는 30 퍼센트 정도 더 높게 강도가 나타나나, 반대로 가력을 천천히 하는 경우, 크리프 현상에 의하여 강도가 표준시험 공시체 강도의 80 퍼센트까지 낮아지는 것으로 연구되어 있다. 따라서 2 분 정도의 짧은 시간에 측정한 압축강도를 장기 강도로 하는 경우, 강도설계법에서는 설계압축강도의 85 퍼센트로 하고 있다.

콘크리트의 압축강도 시험에서는 압축강도와 함께 변형률과 탄성계수의 측정도 매우 높은 비중으로 다루어진다. 콘크리트의 압축응력은 공시체에 작용하는

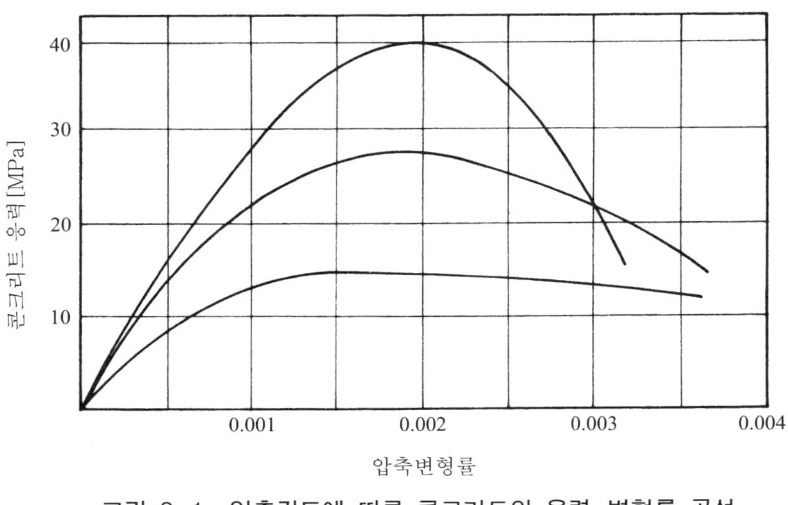

그림 2-1 압축강도에 따른 콘크리트의 응력-변형률 곡선

압축력을 공시체의 가압면적으로 나눈 값으로 정의되며, 이 중 파괴될 때까지의 최대 응력을 압축강도로 한다. 시험에서 압축강도는 0.1 MPa의 정밀도까지 구하여야 한다. 콘크리트의 압축변형률도 일반 재료역학에서의 정의처럼 압축력 작용방향의 변형을 공시체의 표점거리로 나눈 값으로 한다.

압축변형이나 변형률 측정에는 압축변형 측정기, 다이얼 게이지, 변형률 게이지 등이 사용되며, 그림 2-1은 보통 콘크리트 공시체의 압축시험에서 얻은 압축응력-변형률 곡선이다. 이 곡선에서 압축강도에 대응하는 변형률은 대략 0.002 정도로 나타나 있으며, 많은 시험에서 압축강도의 변형률은 0.002~0.0025의 범위에서 측정되고 있고, 콘크리트의 강도가 높아지면 압축강도의 변형률도 조금 더 커진다. 그림 2-1에서 응력은 최고 응력, 즉 압축강도 이후 하강 곡선을 그리고 있는데 이러한 응력-변형률 곡선은 변형률 주도형 시험에서만 얻을 수 있으며, 응력 주도형 시험에서는 압축응력 이후 변형률의 증가만 나타나 평탄한 곡선이 되기 때문에 하강 곡선을 정확하게 얻을 수 없다. 압축강도 이후 응력 곡선이 하강하는 것은 시험체 내부의 균열 파급이 현저하게 진행되어 재료 입자간의 결속이 파괴되는 것으로, 이 영역을 변형률연화역이라고 한다. 강도설계법에서 파괴시 극한 변형률을 약 0.0028~0.0033으로 하는 것은 변형률 연화역의 일부까지 극한강도의 일부로 하는 셈이 된다.

그림 2-2와 같은 응력-변형률 곡선에서 초기 선형 상태의 기울기를 초기 접선탄성계수(initial tangent modulus), 임의의 응력 상태를 잇는 직선의 기울기를 할선탄성계수(secant modulus)라 하며, $0.5f_{ck}$, 또는 $0.25f_{ck}$에 대한 할선탄성계수를 콘크리트의 탄성계수 E_c로 하고 있다. 콘크리트의 탄성계수는 콘크리트의 압축강도에 따라 값을 달리한다. 그 이유는 콘크리트 탄성계수는 콘크리트를 구성하고 있는 골재와 시멘트 페이스트의 탄성계수에 좌우되는데, 골재의 탄성계수는 일정하게 유지되나, 시멘트 페이스트에서는 물-시멘트비에 따라 시멘트 페이스트의 공극률도 증감하고, 이에 따라 시멘트 페이스트의 탄성계수와 아울러 콘크리트의 강도도 영향을 받기 때문이다. 일반 콘크리트용 골재의 탄성계수는 시멘트 페이스트 탄성계수의 1.5~5 배 정도 되며, 경량골재의 탄성계수는 시멘트 페이스트와 거의 비슷한 값을 가진다.

따라서 콘크리트의 탄성계수는 콘크리트의 질량과 강도의 함수로 나타낼 수 있으며 KDS 14 20 10 (4.3.3)에서는 단위 질량 m_c의 값이 1,450~2,500

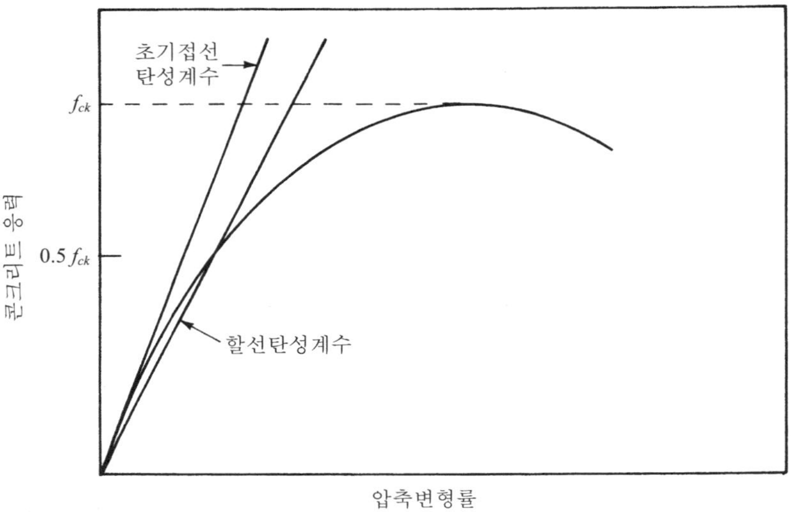

그림 2-2 콘크리트의 접선 및 할선탄성계수

kg/m^3 범위인 콘크리트의 할선탄성계수를

$$E_c = 0.077 m_c^{1.5} \sqrt[3]{f_{cm}} \text{ MPa} \tag{2.1}$$

의 식으로 계산하도록 규정하고 있다. 이 식에 의하면, $m_c = 2{,}300$ kg/m^3 정도의 보통 골재를 사용한 콘크리트의 할선탄성계수 계산식은

$$E_c = 8{,}500 \sqrt[3]{f_{cm}} \text{ MPa} \tag{2.2}$$

이 된다. 식 (2.1) 및 (2.2)에서 f_{cm}은 콘크리트의 압축강도를 나타내며

$$f_{cm} = f_{ck} + \Delta f \tag{2.3}$$

으로 계산된다. 여기서, Δf는 f_{ck}가 40 MPa 이하이면 4 MPa, 60 MPa 이상이면 6 MPa, 그 사이는 직선보간으로 구한다.

식 (2.1)이나 식 (2.2)에 의한 탄성계수 산정식에서는 골재의 질량만 고려되어 있고, 골재의 강도는 무시되어 있기 때문에 실험 결과와 비교해 보면, 산포도가 큰 편이나, 철근콘크리트 구조체의 응력 해석에서 이 식들에 의한 값들은 큰 오차 없이 사용되고 있다.

2-3-3 콘크리트의 인장강도

콘크리트의 인장강도는 콘크리트 압축강도의 8~15 퍼센트 정도이며, 철근 콘크리트 휨재의 인장측에서 균열의 발생과 파급은 콘크리트의 인장강도와 밀접한 관계가 있고, 전단, 비틀림 등에 의하여서도 사인장응력이 생기기 때문에 이에 대한 콘크리트의 저항 성능을 평가하기 위해서는 콘크리트의 인장강도가 이해되어야 한다. 콘크리트의 인장시험 방법으로는 직접인장시험, 쪼갬시험, 휨강도시험 등이 있다.

직접 인장시험은 봉상의 콘크리트 시험체를 인장용 기구에 설치하여 양 끝을 잡아당겨 파단시키는 방법이나 실험연구 이외에는 많이 사용되지 않고 있다.

휨강도시험은 KS F 2408(콘크리트의 휨강도 시험 방법)에 규정되어 있으며, 100 mm 또는 150 mm 정사각형 단면에 단면 치수 3 배 + 80 mm 길이의 무근 콘크리트 보를 공시체로 하여 단순지지 상태에서 중심 재하 또는 3 등분점 재하 등으로 보의 인장측에 균열이 발생하여 파괴될 때까지 횡하중을 가하면서 휨인장강도를 측정하는 시험이다. 이 시험에서 콘크리트의 파괴는 인장균열의 발생과 함께 취성적으로 일어나며, 이때 최대 응력인 파괴계수 f_r은 보이론에 따라

$$f_r = \frac{M_{cr}}{I_g} y_t \tag{2.4}$$

으로 계산된다. 이 식에서 M_{cr}은 콘크리트 인장측에 생기는 균열모멘트의 가장 큰 값이고, I_g는 부재의 단면2차모멘트, y_t는 부재단면 중심에서 인장측까지의 거리로, 폭b 높이h 인 직사각형 단면에서는 $I_g = bh^3/12$, $y_t = h/2$의 값이 된다.

일반적으로 콘크리트의 인장강도는 콘크리트 압축강도 f_{ck}의 제곱근에 비례하며, KDS 14 20 30 (4.2.1)에서 콘크리트의 파괴계수는

$$f_r = 0.63\lambda\sqrt{f_{ck}}\ \text{MPa} \tag{2.5}$$

으로 하고 있다. 이 식에서 λ는 경량콘크리트의 영향을 나타내는 경량콘크리트 계수로 보통 중량콘크리트에 1.0, 모래 경량콘크리트에 0.85, 전경량콘크리트에 0.75의 값을 가진다.

쪼갬시험은 직접 인장시험에 대신하여 많이 사용되는 방법으로 시험 방법은

KS F 2423(콘크리트의 쪼갬인장 강도 시험 방법)에 규정되어 있으며, 지름 150 mm, 길이 200 mm 정도의 원주 공시체가 사용된다. 그림 2-3 (a)에 보이는 바와 같이 공시체를 눕힌 상태에서 압축력을 가하면, 그림 2-3 (b)에 나타낸 것과 같이 힘이 가해지는 위 아래는 압축 상태가 되나 중앙부는 인장 상태가 되어 균열이 위 아래로 일자 형태로 쪼개진다.

이 시험에서 쪼갬 인장강도 f_{sp}는

$$f_{sp} = \frac{2P}{\pi dl} \tag{2.6}$$

으로 계산되며, 이 식에서 P는 가해진 하중의 크기, d는 공시체의 지름, l은 공시체의 길이이다.

경량 콘크리트에 대한 파괴계수의 계산에서 쪼갬 인장강도 f_{sp}의 값이 식 (2.6)에 의하여 계산되는 경우 $\sqrt{f_{ck}}$ 대신에 $1.76 f_{sp}$의 값을 사용하여야 하나, 이 값은 $\sqrt{f_{ck}}$의 값을 초과하지 않아야 한다.

쪼갬 인장강도 시험 결과는 현장 콘크리트의 적합성 판단 기준으로 사용할 수 없다.

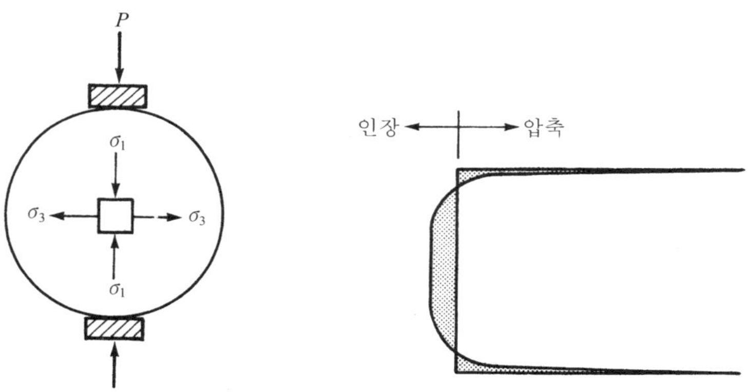

(a) 시험체 내의 응력 (b) 수평방향 응력의 분포

그림 2-3 원주 공시체의 쪼갬시험

2-3-4 다축응력 상태에서의 콘크리트 강도

2축 또는 3축으로 압축력을 받는 콘크리트의 압축강도는 1축 압축강도보다 높다. 그 이유는 1축 압축 상태에서는 푸아송비에 의하여 횡방향으로 인장변형률이 생기고 이에 따라 균열이 발생하나, 다축 압축 상태에서는 이러한 인장변형률을 구속하여 균열의 발생이나 파급을 억제하기 때문이다. 그림 2-4는 2축 응력을 받는 콘크리트의 압축강도를 나타낸 것이다. 이 그림에서 양 축 모두 압축 상태에서는 압축강도가 증가하여 응력비(f_2/f_1)가 0.5일 때에는 1축 압축강도보다 25 퍼센트, 응력비가 1.0일 때에는 18 퍼센트 정도 증가하고 있다. 그러나 한 축이 압축이고 그에 수직한 축이 인장 상태일 때에는 전단거동을 조장하는 형태가 되어 압축강도가 급격히 줄어들며 2축 인장 상태에서는 1축 인장 상태와 비슷한 강도를 가진다. 2축 응력을 받는 구조체는 휨과 전단을 받는 보, 벽보, 전단벽 등으로, 휨응력과 전단응력에 의한 주응력은 언제나 2축 응력상태가 된다.

수압을 받는 해양구조물들과 같이 주위에 구속 압력을 받는 구조체의 압축강도와 연성은 그림 2-5의 응력-변형률 곡선에서 보는 바와 같이 매우 크게 증가한다. 많은 시험 결과를 근거로 횡방향 구속응력 $f_2 = f_3$가 작용할 때 축방

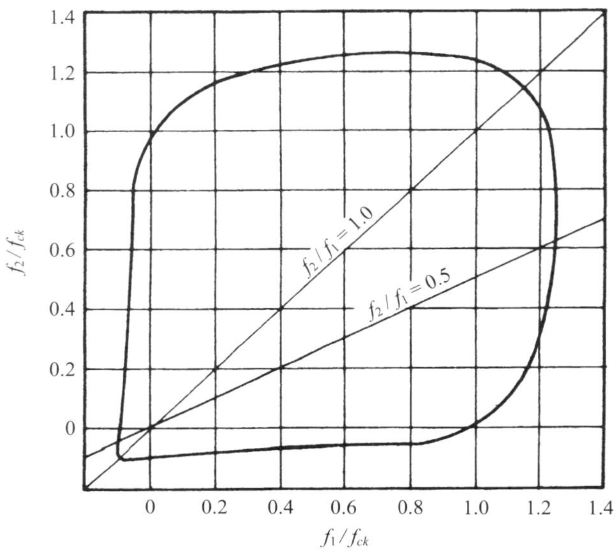

그림 2-4 2축 응력 상태에서 콘크리트의 압축강도 곡선

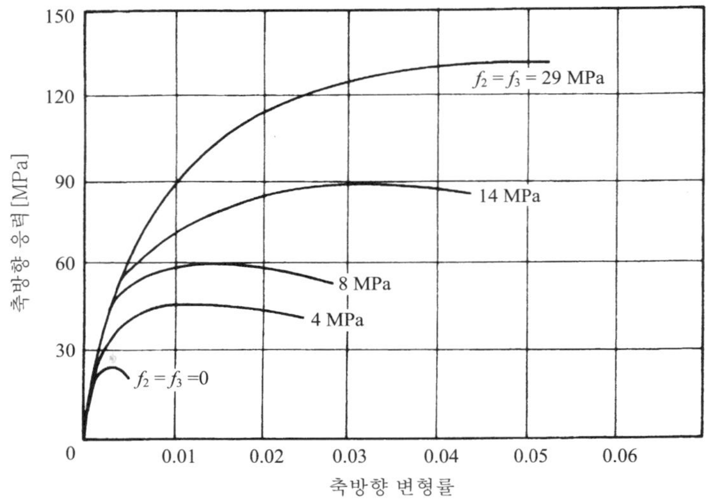

그림 2-5 3축 응력 상태에서 축방향 응력-변형률 곡선

향의 압축파괴시 응력은

$$f_1 = f_{ck} + 4.1 f_2 \tag{2.7}$$

으로 제안되고 있다.

띠철근이나 나선철근이 보강된 기둥에서도 이러한 현상이 일어날 수 있다. 축방향으로 압축력이 작용하면 그에 수직한 두 방향으로 인장변형이 생기며, 이때 띠철근 또는 나선철근은 횡변형에 스프링계수를 곱한 값만큼 횡방향 구속력으로 작용하여 3축 응력 상태가 된다.

2-3-5 콘크리트 강도의 통계처리

콘크리트는 물, 시멘트, 골재, 혼화제 등이 혼합되어 만들어지므로, 이러한 구성 재료들의 혼합비에 따라 재료의 성질이 달라지며, 같은 배합설계에서도 운반, 타설, 다짐, 양생 등에 따라 콘크리트의 강도에 변화가 생기게 된다. 따라서 어떤 배합비를 가진 콘크리트의 강도를 결정하기 위하여서는 충분한 수의 강도시험을 거쳐야 하며, 여기에서 얻은 값들을 통계 처리하여 강도와 그 변화의 폭을 평가하게 된다.

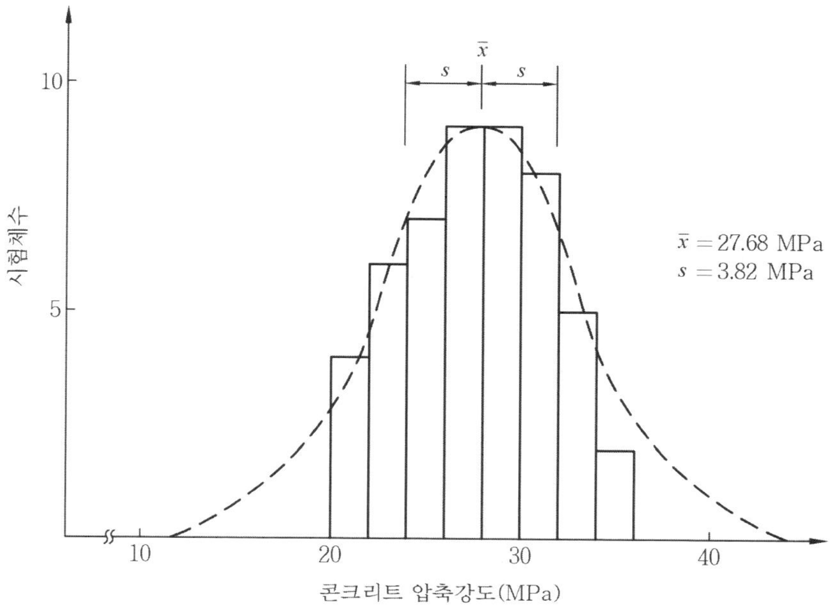

그림 2-6 콘크리트 강도의 분포

한 예로써 그림 2-6은 압축강도 21 MPa의 콘크리트 배합을 위하여 50 개의 표준 원주 공시체를 압축강도 시험한 결과를 막대그래프와 분포곡선으로 나타낸 것이다. 이 시험 결과 평균 압축강도는 27.68 MPa이나, 21 MPa의 시험체로부터 35 MPa의 시험체에 이르기까지 다양한 분포를 보이고 있다.

30 회를 넘는 많은 시험을 할 경우 그 분포는 일반적으로 그림 2-6의 파선으로 보이는 것과 같은 정규분포를 보인다. 정규분포는 평균값에 대하여 대칭인 곡선이 된다. 시험 결과 측정된 강도의 진평균(mean normal) μ가 존재할 때 각 시험체의 강도 x_i는 평균치에 대하여 $(x_i - \mu)$의 편차를 가지며, 표준편차(standard deviation)는 다음과 같이 정의된다.

$$\sigma = \sqrt{\frac{\sum (x_i - \mu)^2}{n}} \tag{2.8}$$

이 식에서 n은 전체 시험체의 수이다.

그러나 매우 많은 시험을 하지 않는 경우에는 진평균치를 얻기 어렵기 때문에, 실용적으로 산술평균치는

$$\bar{x} = \frac{\sum x_i}{n} \tag{2.9}$$

으로 계산하며, 여기에서 얻게 되는 평균치 $\bar{x}$에 대하여 추정 표준편차는

$$s = \sqrt{\frac{\sum (x_i - \bar{x})^2}{n-1}} \tag{2.10}$$

으로 계산된다.

강도시험의 자료를 좀더 쉽게 처리하기 위하여서는 표 2-1에 표시된 바와 같이 자료를 일정한 간격으로 나누어 분류하는 것이 좋다. 이때 조 빈도수를 f_i , 조의 중간 강도를 x_i 로 나타내면 평균치 $\bar{x}$는 다음과 같은 약산식으로 계산된다.

$$\bar{x} = x_o + \frac{\sum f_i D_i}{\sum f_i} \tag{2.11}$$

여기서, $D_i = (x_i - x_o)$

이 식에서 조 간격은 2 MPa 정도가 실용적이며, x_o는 평균치 계산을 위한 기준값으로 보통 첫 번째 조의 중간값으로 한다. 조 분류에 의한 표준편차의 계산식은

$$s = \sqrt{\frac{\sum f_i D_i^2 - (\sum f_i D_i)^2 / \sum f_i}{n-1}} \tag{2.12}$$

이 된다. 식 (2.11)과 (2.12)를 사용하여 표 2-1의 강도 분포에서 평균치와 표준편차를 구하면 다음과 같다.

$$\text{평 균 치 : } \bar{x} = x_o + \frac{\sum f_i D_i}{\sum f_i}$$

$$= 21 + \frac{334}{50} = 27.68\text{ MPa}$$

표 2-1 조 분류에 의한 강도 분포

x_i	f_i	D_i	$f_i D_i$	$f_i D_i^2$
21	4	0	0	0
23	6	2	12	24
25	7	4	28	112
27	9	6	54	324
29	9	8	72	576
31	8	10	80	800
33	5	12	60	720
35	2	14	28	392
Σ	50		334	2,948

$$\text{표준편차 : } s = \sqrt{\frac{\Sigma f_i D_i^2 - (\Sigma f_i D_i)^2 / \Sigma f_i}{n-1}}$$

$$= \sqrt{\frac{2{,}948 - (334)^2/50}{50-1}} = 3.82\ \text{MPa}$$

표준편차를 평균치로 나눈 값

$$v = \frac{s}{\bar{x}} \tag{2.13}$$

는 변동계수(coefficient of variation)를 나타낸다. 변동계수는 콘크리트강도의 품질관리를 나타내는 것으로 $v = 15$ 퍼센트는 보통 수준의 관리이고, 10 퍼센트 이하는 우수한 품질관리이며, 20 퍼센트 이상의 변동계수는 부실한 관리를 나타낸다.

정규분포곡선의 표준형은 진평균에 의한 표준편차 σ 에 대하여

$$y = \frac{1}{\sigma\sqrt{2\pi}} \exp\left\{-\frac{1}{2}\left(\frac{x-\bar{x}}{\sigma}\right)^2\right\}$$

이며, 평균치 $\bar{x}$의 좌우로 x 만큼 떨어진 거리 내의 정규분포면적은

$$A(x)=\frac{1}{\sigma\sqrt{2\pi}}\int_{\bar{x}-x}^{\bar{x}+x}\exp\left\{-\frac{1}{2}\left(\frac{x-\bar{x}}{\sigma}\right)^2\right\}dx$$

이 된다. 이 식에서 $(x-\bar{x})/\sigma=t$ 로 하면 $dx=\sigma dt$ 이 되며, 분포는 $\bar{x}$에 대하여 대칭이므로 이를 원점으로 하여

$$A(x)=2\times\Phi(t) \tag{2.14}$$

여기서, $\Phi(t)=\dfrac{1}{\sqrt{2\pi}}\displaystyle\int_0^{\sigma t}\exp(-t^2/2)\,dt$

으로 나타낼 수 있다. 여러 가지 t 에 대한 $\Phi(t)$의 값은 표 2-2에 표시되어 있으며, 이 표를 사용하여 $x=\bar{x}-\sigma t$ 와 $x=\bar{x}+\sigma t$ 사이의 정규분포면적을 쉽게 찾아낼 수 있다. 실제 계산에서는 전술한 바와 같이 진평균에 의한 표준편차 σ 대신에 추정 표준편차 s 가 사용된다.

어느 범위에서 확률을 나타내는 한계를 신뢰한계(confidence limit)라고 하며, 그 이외의 부분을 분위수(defection)라고 한다. 예를 들어 $t=1.34$의 경우 표 2-2와 식 (2.14)로부터

$$\Phi(1.34)=0.4099$$

$$A(x)=2\Phi(1.34)=0.8198$$

의 값을 얻어, 그림 2-7에 표시된 바와 같이, $(\bar{x}\pm 1.34s)$의 범위의 신뢰한계는 정규분포면적의 82 퍼센트, 분위수는 $(\bar{x}\pm 1.34s)$의 경계 전후에서 각각 9 퍼센트가 된다.

압축강도 시험 결과의 평가에서 모든 공시체의 압축강도가 규정된 설계기준강도 이상이 되도록 하는 것은 경제성이나 실용성에서 무리한 일이 되기 때문에 확률적인 분석을 통하여 전체 공시체 압축강도에 대한 신뢰한계를 정하여 그 최솟값이 설계기준강도 이상 되도록 한다. 이것을 식으로 나타내면

$$\bar{x}-ts\geq f_{ck}$$

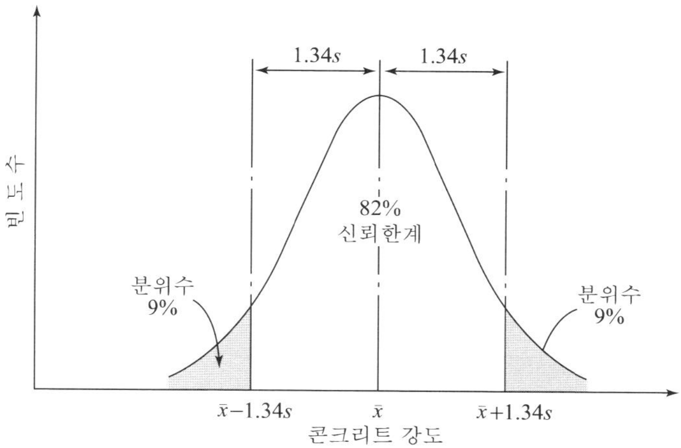

그림 2-7 정규분포 곡선(t = 1.34)

이 되며, 이로부터

$$\overline{x} \geq f_{ck} + ts \tag{2.15}$$

의 평가기준식을 얻게 된다.

콘크리트의 압축강도 시험에 관련하여 구조기준에서는 30 회 이상의 연속시험을 하도록 규정하고 있으며, 식 (2.15)의 평가 개념에 바탕을 두고 콘크리트 배합 선택의 기초로 사용되는 평균 배합강도 f_{cr}을 설계기준압축강도 f_{ck}가 35 MPa 이하인 경우

$$f_{cr} = f_{ck} + 1.34s \tag{2.16}$$

$$f_{cr} = (f_{ck} - 3.5) + 2.33s \tag{2.17}$$

으로 하고, 설계기준압축강도가 35 MPa를 초과하는 경우에는 식 (2.17) 에서 $(f_{ck} - 3.5)$ 대신에 $0.9f_{ck}$으로 계산한 값 중 큰 값을 쓰도록 규정하고 있다. 따라서 공시체 압축강도 시험 결과의 평균값 $\overline{x}$가 식 (2.16) 및 (2.17)로 계산되는 f_{cr} 이상 되면 그 배합설계의 강도는 적합한 것으로 판정된다. 식 (2.16)의 $1.34s$는 전술한 바와 같이 $\overline{x}$의 전후에서 각각 9 퍼센트의 분위수를 가지므로, 예를 들어 40 개의 공시체에 대한 압축강도 시험에서 40×0.09=3.6, 즉 3~4

개까지만 설계기준압축강도에 미달하고 나머지 공시체의 압축강도는 모두 설계기준압축강도 이상이 되어야 하는 것을 뜻한다.

표 2-2 $\Phi(t) = \frac{1}{\sqrt{2\pi}}\int_0^{\sigma t} \exp(-t^2/2)\,dt$**의 값**

t	0.00	0.01	0.02	0.03	0.04	0.05	0.06	0.07	0.08	0.09
0.0	0.0000	0.0040	0.0080	0.0120	0.0160	0.0199	0.0239	0.0279	0.0319	0.0359
0.1	0.0398	0.0438	0.0478	0.0517	0.0557	0.0596	0.0636	0.0675	0.0714	0.0753
0.2	0.0793	0.0832	0.0871	0.0910	0.0948	0.0987	0.1026	0.1064	0.1103	0.1141
0.3	0.1179	0.1277	0.1255	0.1293	0.1331	0.1368	0.1406	0.1443	0.1480	0.1517
0.4	0.1554	0.1591	0.1628	0.1664	0.1700	0.1736	0.1772	0.1808	0.1844	0.1879
0.5	0.1915	0.1950	0.1982	0.2010	0.2054	0.2088	0.2123	0.2157	0.2190	0.2224
0.6	0.2257	0.2291	0.2324	0.2357	0.2389	0.2422	0.2486	0.2486	0.2517	0.2549
0.7	0.2580	0.2611	0.2642	0.2673	0.2704	0.2734	0.2764	0.2794	0.2823	0.2852
0.8	0.2881	0.2910	0.2939	0.2967	0.2995	0.3023	0.3051	0.3078	0.3106	0.3133
0.9	0.3159	0.3186	0.3212	0.3238	0.3264	0.3289	0.3315	0.3340	0.3365	0.3389
1.0	0.3413	0.3438	0.3461	0.3485	0.3508	0.3531	0.3554	0.3577	0.3599	0.3621
1.1	0.3643	0.3665	0.3686	0.3708	0.3729	0.3749	0.3770	0.3790	0.3810	0.3830
1.2	0.3849	0.3869	0.3888	0.3907	0.3925	0.3944	0.3962	0.3980	0.3997	0.4015
1.3	0.4032	0.4049	0.4066	0.4082	0.4099	0.4115	0.4131	0.4147	0.4162	0.4177
1.4	0.4192	0.4207	0.4222	0.4236	0.4254	0.4265	0.4279	0.4292	0.4806	0.4319
1.5	0.4332	0.4345	0.4357	0.4370	0.4382	0.4394	0.4406	0.4418	0.4429	0.4441
1.6	0.4452	0.4463	0.4474	0.4484	0.4495	0.4505	0.4515	0.4525	0.4535	0.4545
1.7	0.4554	0.4564	0.4574	0.4582	0.4591	0.4599	0.4508	0.4516	0.4625	0.4633
1.8	0.4641	0.4649	0.4656	0.4664	0.4671	0.4678	0.4686	0.4693	0.4699	0.4706
1.9	0.4713	0.4719	0.4726	0.4732	0.4738	0.4744	0.4750	0.4756	0.4761	0.4767
2.0	0.4772	0.4778	0.4783	0.4788	0.4793	0.4798	0.4803	0.4808	0.4812	0.4817
2.1	0.4821	0.4826	0.4830	0.4834	0.4838	0.4842	0.4846	0.4850	0.4854	0.4857
2.2	0.4861	0.4864	0.4868	0.4871	0.4875	0.4878	0.4881	0.4884	0.4887	0.4890
2.3	0.4893	0.4896	0.4898	0.4901	0.4904	0.4906	0.4909	0.4911	0.4913	0.4916
2.4	0.4918	0.4920	0.4922	0.4925	0.4927	0.4929	0.4931	0.4932	0.4934	0.4936
2.5	0.4938	0.4940	0.4941	0.4943	0.4945	0.4946	0.4948	0.4949	0.4951	0.4952
2.6	0.4953	0.4955	0.4956	0.4957	0.4959	0.5960	0.5961	0.4962	0.4963	0.4964
2.7	0.4965	0.4966	0.4967	0.4968	0.4969	0.4970	0.4971	0.4972	0.4973	0.4974
2.8	0.4974	0.4975	0.4976	0.4977	0.4978	0.4978	0.4979	0.4979	0.4980	0.4981
2.9	0.4981	0.4982	0.4982	0.4983	0.4984	0.4984	0.4985	0.4985	0.4986	0.4986
3.0	0.4987	0.4987	0.4987	0.4988	0.4988	0.4989	0.4989	0.4989	0.4990	0.4990

【예제 2-1】 $f_{ck} = 24\,\text{MPa}$ 압축강도의 콘크리트 배합설계에서 원주표준공시체 40개를 사용하여 압축강도를 시험한 결과 다음과 같은 값들을 얻었다. 이때 이 시험 결과로부터 평균 압축강도, 표준편차, 변동계수를 구하고 콘크리트 배합 선택 규정을 만족하는지를 검토하라. 단위는 MPa이다.

시험치 :							
20.5	24.8	28.3	31.4	30.2	28.3	29.7	29.3
26.2	32.5	33.7	27.5	29.4	28.7	30.4	32.3
22.2	30.6	31.5	28.9	30.9	34.3	37.3	30.5
33.4	34.7	38.9	36.5	31.8	29.5	35.2	32.9
26.3	31.9	35.6	32.5	26.8	24.3	36.6	27.5

[풀 이] 시험 결과치를 $w = 2\,\text{MPa}$의 간격으로 나타내면 그림 2-8의 막대그래프가 되며, 표 2-3에는 조 빈도 분포에 관련된 값들이 계산되어 있다.

평균치와 표준편차는 표 2-3과 식 (2.11) 및 (2.12)로부터

$$\text{평 균 치 : } \bar{x} = x_o + \frac{\sum f_i D_i}{\sum f_i} = 21 + \frac{388}{40} = 30.7\,\text{MPa}$$

$$\text{표준편차 : } s = \sqrt{\frac{\sum f_i D_i^2 - (\sum f_i D_i)^2 / \sum f_i}{n-1}}$$

$$= \sqrt{\frac{4{,}368 - (388)^2/40}{40-1}} = 3.94\,\text{MPa}$$

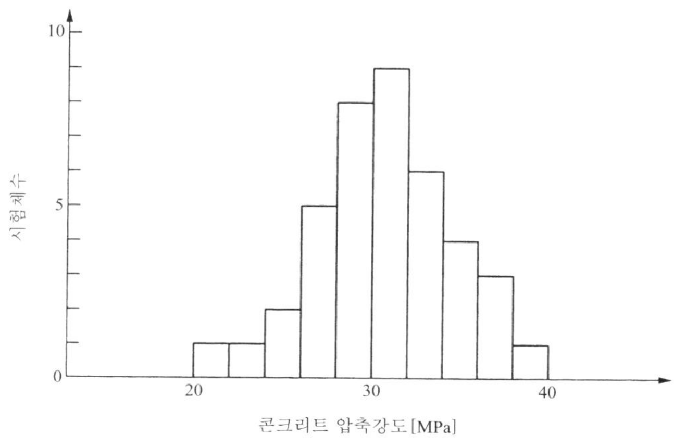

그림 2-8 예제 2-1의 콘크리트 강도 분포

표 2-3 조 빈도 분포

i	조 간 격	중간치 x_i	빈 도 f_i	D_i $(= x_i - x_0)$	$f_i D_i$	$f_i D_i^2$
1	20.0~21.9	21	1	0	0	0
2	22.0~23.9	23	1	2	2	4
3	24.0~25.9	25	2	4	8	32
4	26.0~27.9	27	5	6	30	180
5	28.0~29.9	29	8	8	64	512
6	30.0~31.9	31	9	10	90	900
7	32.0~33.9	33	6	12	72	864
8	34.0~35.9	35	4	14	56	784
9	36.0~37.9	37	3	16	48	768
10	38.0~39.9	39	1	18	18	324
	합 계		40		388	4,368

변동계수 : 식 (2.13)으로부터

$$v = \frac{s}{\bar{x}} = \frac{3.94}{30.7} = 0.128$$

변동계수가 12.8 퍼센트로 15 퍼센트 부근이므로 보통수준의 품질관리이다. 평균 배합강도는 식 (2.16)으로부터

$$f_{cr} = f_{ck} + 1.34\,s$$

$$= 24 + 1.34 \times 3.94 = 29.3\ \text{MPa}$$

$$f_{cr} = (f_{ck} - 3.5) + 2.33\,s$$

$$= 24 - 3.5 + 2.33 \times 3.94 = 29.7\ \text{MPa}$$

어느 경우에도 강도 평균 시험값 30.7 MPa가 f_{cr}의 값을 상회하고 있으므로 구조기준의 규정을 만족하고 있다.

2-4 콘크리트의 건조수축과 크리프

콘크리트의 건조수축과 크리프는 모두 시간 종속적인 체적 변형이나, 건조수축은 구조체에 응력을 유발시키고 크리프는 응력을 이완시켜 주는 점에서는 역할을 달리 하고 있다. 그러나 대부분 건조수축과 크리프는 모두 수화된 시멘트 페이스트에서 연유하는 것과 변형률-시간 곡선이 유사한 점, 구조설계에서 무시할 수 없는 0.0004~0.001 정도의 변형률을 일으키는 점 및 둘 다 부분적으로 복원이 가능한 점 등에서 공통점이 많아 구조설계에서는 유사한 방법으로 다루어지고 있다.

2-4-1 건조수축

콘크리트의 건조수축(drying shrinkage)은 수화된 시멘트에 흡착되었던 수분이 증발하여 콘크리트에 생기는 체적 변형을 말한다. 이러한 현상은 주로 콘크리트와 주위의 상대습도의 차이에서 기인하는 것으로, 그림 2-9에 보이는 바와 같이 콘크리트의 경화가 시작된 초기에 많이 생기며 시간의 경과에 따라 서서히 줄어든다.

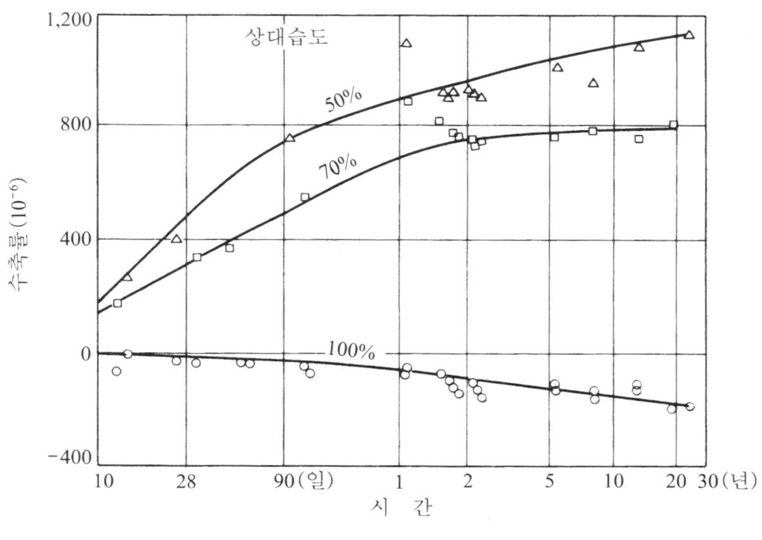

그림 2-9 상대습도와 재령에 따른 콘크리트의 수축

상대습도와 함께 콘크리트의 건조수축에 크게 영향을 끼치는 것이 골재의 함량과 성질이다. 시멘트 페이스트는 높은 수축 잠재성을 가지고 있으나, 배합시 골재가 시멘트 페이스트에 들어가 경화되면서 골재의 높은 탄성계수로 시멘트 페이스트의 수축을 억제하는 효과를 가지고 있다.

콘크리트 중의 물의 함량은 콘크리트의 수축률과 거의 선형으로 비례한다. 따라서 물-시멘트비가 낮을수록 수축률이 작으며, 시공연도가 낮은 콘크리트는 물-시멘트비가 낮거나 같은 물-시멘트비에서 골재의 함량이 많은 경우이므로 수축을 작게 일으킨다. 그림 2-10은 물-시멘트비와 콘크리트의 골재 체적비에 대한 수축률의 관계를 나타낸 것이다.

시멘트의 성분과 분말도는 시멘트의 수화작용에는 영향을 끼치나 체적변형에는 거의 영향을 끼치지 않으며 콘크리트에 연행된 공기도 수축에는 영향이 없는 것으로 알려져 있다. 그러나 콘크리트 주위의 습도가 증가하면 내부에서 표면으로 이동하는 수분의 흐름이 늦어지기 때문에 공기의 상대습도는 콘크리트의 수축에 크게 영향을 끼친다.

콘크리트의 양생은 조직을 치밀하게 하고 강도를 증진시키는 데에는 매우 효율적이나, 콘크리트의 수축에는 반대의 효과를 가져 잘 양생된 콘크리트가 더 빨리 수축한다. 그러나 잘 양생된 콘크리트는 높은 강도를 가지므로 수축균열은 크게 일으키지 않는다.

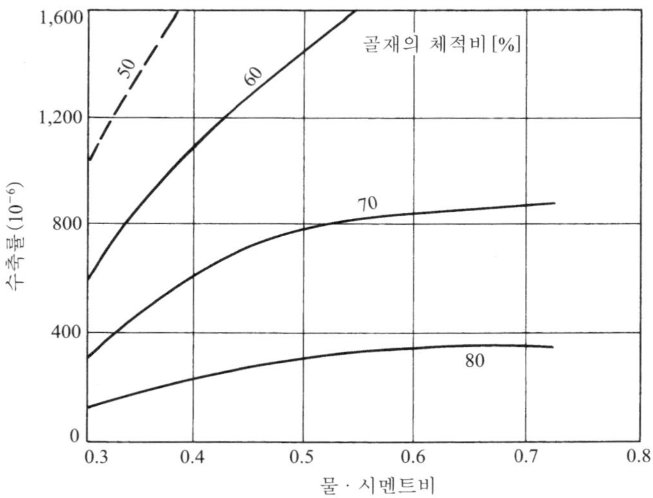

그림 2-10 콘크리트 수축에 대한 골재와 물-시멘트비의 영향

이런 현상들을 반영하여 KDS 14 20 01 (3.1.2)에서는 건조수축에 의한 변형률을

$$\varepsilon_{sh}(t, t_s) = \varepsilon_{sho}\beta_s(t - t_s) \tag{2.18}$$

의 식으로 계산하도록 규정하고 있다. 이 식에서 ε_{sho}는 개념 건조수축계수로, 상대습도, 시멘트의 종류, 콘크리트의 압축강도, 부재 치수의 영향 등을 나타내는 계수이며, $\beta_s(t-t_s)$는 건조수축 변형률 함수로, t는 콘크리트의 재령, t_s는 콘크리트가 외기 중에 노출되었을 때의 재령을 날짜 단위로 나타낸 값이다.

2-4-2 크 리 프

콘크리트의 크리프는 경화된 콘크리트에 지속 하중이 작용할 때 생기는 시간 종속적인 변형률을 의미한다. 콘크리트 구조체에 하중이 작용하면 그림 2-11에 보이는 바와 같이 순간탄성변형률 ε_i가 생기고 작용 하중이 그대로 지속되면 시간의 흐름과 함께 크리프 변형률 ε_c가 추가로 발생하게 된다. 따라서 크리프에 의한 변형률은 구조체에 하중이 작용하여 일정한 시간이 지났을 때 측정한 전체 변형률에서 하중 작용시 측정한 순간탄성변형률을 빼면 얻을 수 있다.

크리프 현상은 콘크리트가 압축을 받으면 압축응력을 전달하는 겔입자 사이의 흡착수층이 얇게 되려는 경향 때문에 생기며, 처음에는 이러한 흡착수층 두께의 변화가 빨리 생기나 시간이 갈수록 늦어지며, 새로운 위치에서 콘크리트의 수화에 의한 결합이 형성되어 하중을 제거하였을 때에도 그림 2-11에 보이는 바와 같이 순간변형률과 크리프에 의하여 부분적으로 복원되기는 하나 변형된 위치에서 겔입자의 결합에 의한 부분은 잔류변형률로 복원되지 않은 채 남게 된다.

콘크리트의 크리프는 기본 크리프와 건조 크리프로 나뉘는데, 기본 크리프는 콘크리트와 주위와의 수분 이동이 차단된 상태에서 생기는 시간 종속 변형률이며, 건조 크리프는 기본 크리프에 건조에 의한 변형률이 추가된 것이다.

콘크리트의 크리프에 영향을 끼치는 요인들은 콘크리트의 강도, 재령, 골재, 온도, 상대습도 등이다. 콘크리트의 강도는 크리프가 지속 하중을 받는 상태에서 생기는 비선형 변형률임을 감안하면, 콘크리트의 크리프에 가장 크게 영향을 끼치는 요인이 된다. 탄성계수가 큰 콘크리트에는 순간적인 탄성변형이나

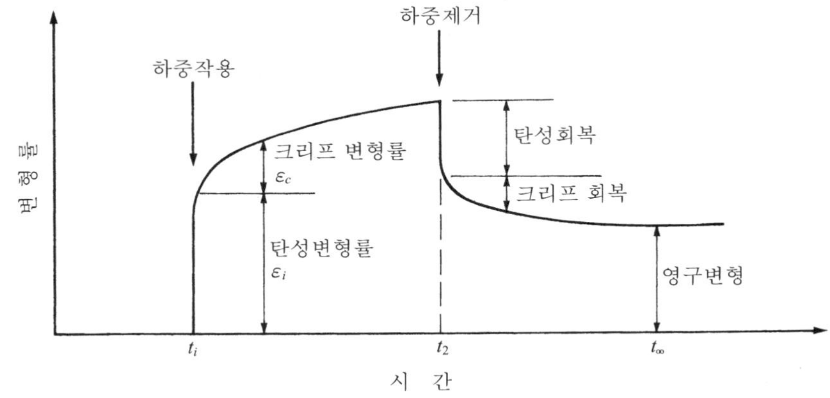

그림 2-11 콘크리트의 탄성 및 크리프 변형률

크리프 변형이 작게 생기며, 콘크리트의 탄성계수는 압축강도의 세제곱근에 비례하므로 콘크리트의 강도는 크리프를 감소시키는 효과를 가지고 있다. 콘크리트 재령의 크리프에 대한 효과도 압축강도와 관련이 있다. 콘크리트는 시간의 경과와 더불어 수화작용이 진행되면서 강도가 증가하기 때문에 재령이 많을수록 순간변형과 크리프 변형이 작게 일어난다. 콘크리트의 크리프는 시멘트 페이스트의 시간 종속 변형에서 연유하는 것이며, 골재는 거의 크리프를 일으키지 않으므로 골재는 콘크리트의 크리프를 감소시키는 효과를 갖지만, 그 효과는 골재의 체적비에 비례하지는 않는다. 크리프는 온도의 영향을 받는데, 크리프율은 70℃까지는 상승하나 70℃에서 110℃ 사이에서는 하강하였다가 그보다 더 높은 온도에서 다시 상승한다. 화재 등으로 고온을 받으면 크리프 변형률이 크게 발생한다. 콘크리트를 둘러싸고 있는 공기의 상대습도는 중요한 요인 중의 하나이다. 콘크리트의 크리프는 상대습도가 낮을수록 증가한다. 이러한 현상은 하중이 작용하는 동안 기본 크리프에 추가하여 건조 크리프가 유발되기 때문이며, 재령이 작은 콘크리트에 현저하게 나타난다. 일반적으로 높은 건조수축률을 가진 콘크리트는 높은 크리프를 보인다.

KDS 14 20 01 (3.1.2)에서는 장기 지속 하중을 받는 콘크리트 구조체의 설계에서 순간변형과 크리프 변형을 고려한 전체 변형률은

$$\varepsilon_{c\sigma}(t, t') = \frac{f_c(t')}{E_{ci}(t')} + \frac{\phi(t, t')}{E_{ci}} f_c(t') \tag{2.19}$$

의 식으로 계산하도록 규정되어 있다. 이 식에서 $f_c(t')$은 재령 t'일에서 콘크리트의 압축응력이고, 오른쪽 첫째 항은 순간변형률로, 그림 2-11에서 탄성변형률 ε_i에 해당하며, 둘째 항은 크리프 변형률이다. 크리프 변형률에서 $\phi(t, t')$는 t' 날짜에 가하여진 하중에 의하여 재령 t의 콘크리트에 생기는 시간종속적인 변형을 나타내는 크리프 계수로, 콘크리트의 압축강도, 부재의 크기, 상대습도, 재하시의 재령 및 재하기간, 시멘트의 종류, 양생시 온도, 온도 변화, 응력의 크기 등을 변수로 하고 있다.

2-5 콘크리트 보강용 철물

콘크리트는 2-3 절에서 거론된 바와 같이 높은 압축강도를 가지고 있어 압축재로는 매우 경제적인 재료이나, 콘크리트의 인장강도는 압축강도의 8~15 퍼센트 정도밖에 되지 않아, 구조재로 쓰이는 데에는 인장측이 보강되어야 한다. 콘크리트 보강용 재료로는 강재가 주로 사용되는데, 강재는 콘크리트 보다 훨씬 강도가 높고, 압축측과 인장측에서 항복강도가 비슷한 값을 가지고 있어 콘크리트 보강용으로 매우 효율적이다.

강재는 가격이 비싸고 내화 및 내구성이 낮은 결점을 가지고 있으나, 콘크리트 보강용으로 사용되는 경우, 이런 결점들이 보완되면서 콘크리트의 구조 효율을 크게 높일 수 있어 이상적인 합성재료가 된다.

일반적으로 혼합재료에서 문제가 되는 열팽창 문제에 있어서, 콘크리트의 열팽창계수는 골재에 따라 다소 차이가 있으나 대략 1.0×10^{-5}/℃인 데 대하여 강재는 1.2×10^{-5}/℃로 거의 비슷하여, 온도에 의한 강재와 콘크리트의 분리현상이 거의 생기지 않으며, 부착도 충분하여 적당한 정착길이나 이음길이가 확보되면 두 재료 사이의 응력전달에 큰 문제는 생기지 않고 있다.

프리스트레스트 콘크리트 이외에 콘크리트 보강용으로 가장 널리 사용되는 것은 철근이며, 최근에는 용접철망도 벽체나 슬래브 보강용으로 점차 많이 쓰이고 있다. 보강용 철근은 이형철근으로 하여야 하며, 원형철근은 나선철근이나 강선으로만 쓸 수 있다.

2-5-1 철 근

【1】 형태 및 크기

철근은 콘크리트 보강용으로 사용되는 봉강으로 한국산업규격 KS D 3504 (철근콘크리트용 봉강)에 규정되어 있다.

철근은 열간압연으로 제조되며, 형태에 따라 원형철근과 이형철근으로 나뉜다. 원형철근은 단면이 원형인 봉강으로 가공성은 좋으나 콘크리트와의 부착 성능이 낮기 때문에 기둥의 나선 보강용 이외에는 거의 쓰이지 않는다.

이형철근은 콘크리트와의 부착 성능을 높이기 위하여 그림 2-12와 같이 원형 단면의 둘레에 돌기가 있도록 제조된 철근으로, 길이 방향의 돌기를 리브라 하고, 단면 방향의 돌기를 마디라고 한다. 이형철근의 마디는 응력집중이 작게 생기도록 되어 있고, 전 길이에 걸쳐 일정하게 분포되어 있으며, 모양과 치수도 같다.

이형철근을 표시할 때에는 D자 뒤에 지름의 근삿값을 mm 단위로 나타낸다. 예를 들어 D19는 공칭지름이 약 19 mm되는 이형철근을 뜻한다. KS D 3504에 규정된 이형철근의 치수는 표 2-4와 같다.

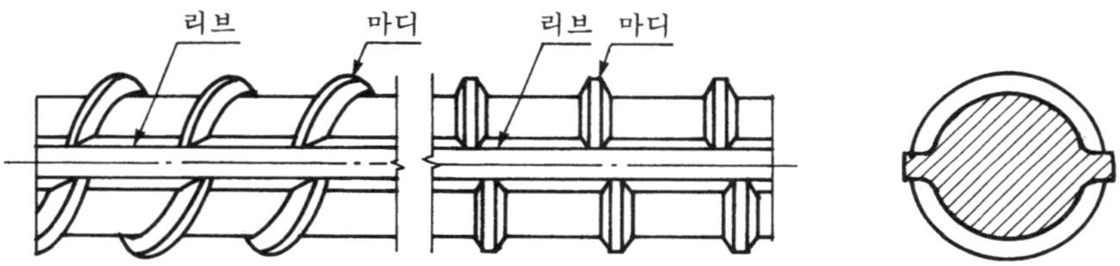

그림 2-12 이형철근의 형태

표 2-4 이형철근의 치수

호칭명	단위무게 [kg/m]	공칭지름 [mm]	공칭단면적 [mm^2]	공칭둘레 [mm]	마디의 평균 간격 최댓값 [mm]
D6	0.249	6.35	31.7	20	4.4
D10	0.560	9.53	71.3	30	6.7
D13	0.995	12.7	126.7	40	8.9
D16	1.56	15.9	198.6	50	11.1
D19	2.25	19.1	286.5	60	13.4
D22	3.04	22.2	387.1	70	15.5
D25	3.98	25.4	506.7	80	17.8
D29	5.04	28.6	642.4	90	20.0
D32	6.23	31.8	794.2	100	22.3
D35	7.51	34.9	956.6	110	24.4
D38	8.95	38.1	1,140	120	26.7
D41	10.5	41.3	1,340	130	28.9
D51	15.9	50.8	2,027	160	35.6

【2】 역학적 성질

철근의 역학적 성질은 인장시험, 굽힘시험 등 재료시험을 통하여 결정된다. 이 중에서 인장시험은 가장 보편적인 시험으로, 가하여진 인장력과 인장변형으로부터 응력-변형률 곡선을 작성하여 여기에서 탄성계수, 항복점 또는 항복강도 및 인장강도를 얻게 된다.

철근의 탄성계수는 탄성범위 안에서의 응력-변형률 곡선의 기울기로, 철근의 강도에 관계없이

$$E_s = 200{,}000\ \mathrm{MPa} \tag{2.20}$$

의 값을 표준으로 한다.

철근의 항복점은 비교적 낮은 강도의 탄소강 재질에서는 그림 2-13에 보이는 바와 같이 뚜렷하게 나타난다. 그러나 열처리를 한 고강도 철근이나 2-5-2항에 기술된 냉간신선 과정을 거친 용접철망에서는 항복점이 뚜렷하게 나타나지 않기 때문에 KDS 14 20 01 (3.2.1)에서는 0.2 퍼센트 오프셋 방법을 적용하여 항복강도를 정하도록 규정하고 있다. 이 방법에서는 강재의 영구변형률이

0.2 퍼센트, 즉 0.002 되는 지점에서 식 (2.20)의 탄성계수와 같은 기울기로 직선을 그어 철근의 응력-변형률 곡선과 만나는 점의 응력을 그 철근의 항복강도로 한다.

철근의 재질은 항복점 또는 항복강도를 기준으로 하여, 일반용 6종류, 용접용 5종류로 나누고 있다.

일반용 철근의 재질은 SD 글자 뒤에 항복강도의 근사치를 N/mm^2 단위로 나타내며, 용접용 철근은 일반용 철근 표시 뒤에 W를 붙여 표시한다. 예를 들어 SD 400은 항복강도 400 N/mm^2 재질의 이형철근이며, SD 400W는 SD 400과 같은 재질의 용접용 철근이다. 철근의 인장강도는 응력-변형률 곡선에서 최대 응력을 말하며, 연신율은 철근이 인장 파단될 때까지 늘어난 길이의 원래 길이에 대한 비율이다. 예를 들어 연신율 16 퍼센트인 철근은 인장 파단될 때까지 1 m당 160 mm 이상 늘어날 수 있는 능력이 있음을 나타낸다.

KS D 3504에 규정된 일반용 철근의 항복강도, 인장강도 및 연신율은 표 2-5와 같으며, 용접용 철근으로 SD 400W 및 SD 500W가 추가된다.

철근의 굽힘성은 철근을 180° 구부릴 때 바깥쪽에 균열을 일으키지 않고 구부릴 수 있는 안 쪽 반지름의 최솟값으로 표시된다. SD 400 철근의 굽힘성은

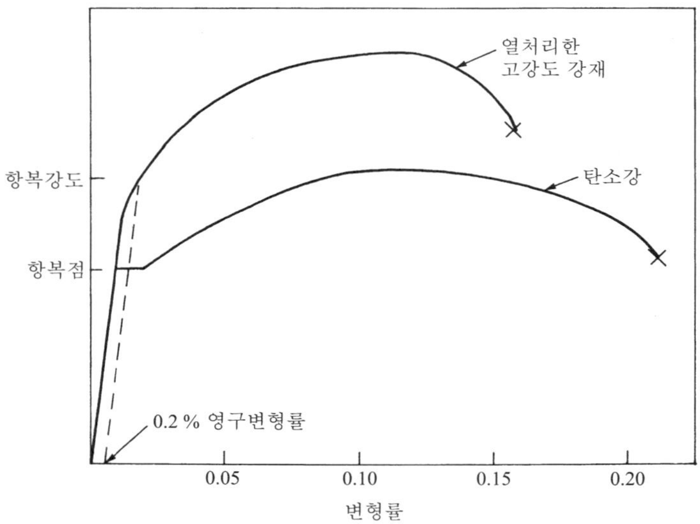

그림 2-13 철근의 항복점 및 항복강도

표 2-5 이형철근의 종류 및 성질

종류기호	항복강도 [N/mm²]	인장강도 [N/mm²]	연신율 [퍼센트]	
			2호 시험편	3호 시험편
SD 300	300 이상	440 이상	16 이상	18 이상
SD 350	350 〃	490 〃	18 〃	20 〃
SD 400	400 〃	560 〃	16 〃	18 〃
SD 500	500 〃	620 〃	12 〃	14 〃
SD 600	600 〃	710 〃	10 〃	10 〃
SD 700	700 〃	800 〃	10 〃	10 〃

굽힘각도 180°에 대하여 철근 공칭 지름의 2.5 배이다.

2-5-2 용접철망

용접철망은 철선을 직사각형으로 직교시켜 그 교차점을 전기저항용접으로 접합한 격자형의 철망이다. 이런 형태의 보강 철물은 벽체나 슬래브 등 장방형으로 일정하게 배근되는 구조물에서는 가공 조립의 일손을 절감할 수 있기 때문에 경제성을 살릴 수 있다.

용접철망의 제조에서는 먼저 열간압연으로 제조된 연강선을 상온에서 철선보다 지름이 작은 다이스를 통과시키면서 늘리는 작업부터 시작된다. 이러한 공정을 냉간신선이라고 하는데, 냉간신선 공정을 거치면 가공경화 현상에 의하여 선재의 항복강도가 증가한다. 그 다음 세로선을 철망의 제조 방향으로 여러 가닥 같은 간격으로 배열하여 앞으로 내보내면서 일정한 간격으로 가로선을 한 가닥씩 세로선에 교차시켜, 각 교차점을 전기저항으로 용접한다.

용접철망의 규격은 KS D 7017(용접 철망 및 철근격자)에 규정되어 있다. 여기에 규정된 망눈 치수는 50 mm, 75 mm, 100 mm, 150 mm, 200 mm, 250 mm, 300 mm의 7 종류이며, 가로선과 세로선의 지름은 2.6 mm에서 18.0 mm까지 사용하는 것으로 되어 있으나 구조용으로는 4.0 mm 이상의 철선이 사용되며, D4에서 D16까지 크기의 이형 철선을 용접철망과 같이 격자점용접한 철근격자도 KS D 7017에 규정되어 있다.

용접철망은 가공 조립의 인력이 절감되고 배근의 정확도 등에서 장점을 가지고 있으나, 망눈 치수에 제한이 있고, 구부림, 절단 등에 의한 손실 등 단점도 아울러 가지고 있다. 그중에서도 가장 큰 문제점은 연신율이 작은 것을 들 수 있다. 철근의 연신율은 표 2-5에 적혀 있는 바와 같이 일반적으로 16 퍼센트 이상 되는 데 비하여 용접철망의 연신율은 3~8 퍼센트 정도로 매우 작다. 이러한 이유는 냉간신선 과정에서 변형률 경화 현상에 의하여 연신율이 줄어든 때문이며, 철선을 가늘게 하면 할수록 연신율은 더 줄어들어 취성파괴의 위험이 커진다. 내진구조 등 큰 연성을 필요로 하는 부위에는 용접철망의 사용에 특별히 주의하여야 한다.

연습문제

2-1 $f_{ck}=27\,\mathrm{MPa}$ 압축강도의 콘크리트 배합설계를 위하여 50 개의 표준공시체를 시험한 결과 다음과 같은 값들을 얻었다. 이 결과로부터 압축강도의 평균치와 표준편차 및 변동계수를 구하고 식 (2.16) 및 (2.17)의 규정을 만족하는지를 검토하라.

시험치 :										
	34.8	36.6	37.9	39.6	34.3	40.5	39.2	30.9	33.3	47.3
	44.3	40.4	32.4	37.7	28.3	41.3	41.8	32.6	37.3	48.1
	46.3	30.3	39.7	38.5	32.7	36.3	29.5	42.3	43.8	39.3
	42.2	43.2	35.5	36.9	40.1	38.2	39.4	31.4	33.9	45.1
	37.9	39.0	32.1	41.5	34.0	42.7	35.3	38.1	43.5	45.7

2-2 한국산업기준 KS F 2405를 참조하여 콘크리트의 압축강도 시험 방법을 요약하라.

2-3 $w_c=1{,}800\,\mathrm{kg/m^3}$인 경량콘크리트 표준공시체의 압축시험 결과 압축강도 $f_{ck}=24\,\mathrm{MPa}$일 때 $\varepsilon_c=0.0022$이고, $0.5f_{ck}$에서 $\varepsilon_c=0.00075$일 때 이 시험체의 탄성계수를 구하고 식 (2.1)에 의한 계산 결과와 비교하라.

3 장

구조설계의 일반사항

3-1 구조설계 개요

구조설계의 목적은 안전하고 사용하기에 편리하면서도 경제적인 구조물을 만드는 것이다. 이러한 목적을 위해서는 재료의 성질과 용도, 구조해석 방법을 포함하여 건축설계와 시공에 관련된 여러 가지 제약조건들을 포괄적으로 이해하고 이에 대하여 합리적인 해결책이 제시되어야 한다.

철근콘크리트 구조설계에서 재료의 성질과 구조 거동을 본질적으로 이해하는 것이 가장 중요한 일이기는 하나, 재료 실험의 대부분이 실제 구조체에 비하여 매우 이상적인 상태에서 행하여지고, 구조 실험에서도 구조물의 많은 부분에 가정들을 도입하여 단순화한 것을 대상으로 한 것이기 때문에, 구조체의 안전성을 높이기 위해서는 구조 이론과 실험에 더하여 설계 신뢰성에 대한 확률적인 분석과 경험이 반영된 안전 규정을 설정하는 일이 필요하다.

구조체의 파괴에 대한 안전은 구조체에 작용하는 여러 가지 하중의 효과에 대하여 구조체와 구조 부재의 저항 성능이 충분히 큰 것을 의미한다. 이러한 안정성을 확보하기 위하여서는 여러 가지 하중의 조합 중 가장 불리한 경우에 대하여 이 하중들이 전달되는 각 부위의 구조 부재들이 충분한 내력을 가지고 있고 구조 일체성으로 각 부재들이 유기적으로 결속되어 있어야 한다. 구조 일체성을 높이기 위하여서는 구조체의 접합이 적당한 연속성과 연성 및 부정정의 잉여력을 가지고 있어야 하며, 이러한 기능들은 예기치 못한 하중이나 사고가 생겼을 때 그로부터 초래되는 손실을 최소화하는 데 특히 유효하다.

3-2 구조설계의 순서

철근콘크리트 건물의 구조설계는 기능과 목적에 합당한 구조 형태의 선정에서 시작하여 설계 하중의 계산, 구조해석에 의한 소요강도 계산, 부재 단면의 선정과 구조체의 성능 검토 및 최종 안전도 검토에 이르기까지 다음의 6단계를 거친다.

3-2-1 구조 형태의 선정

철근콘크리트 건물의 구조 형태는 건물의 용도와 기능, 규모, 미적인 요구조건 등을 고려하면서 안전성과 경제성에서 효율적인 형태로 선정한다. 예를 들어, 10~20층 규모의 주거용 건물 구조로는 내력벽 구조가 적합하나, 사무실 용도의 건물에는 보-기둥 또는 슬래브-기둥의 골조로 하여야 하며, 슬래브 구조의 선택과 전단벽의 배치, 기초 형태 등에 대하여서도 건물의 평면과 높이, 용도 등을 고려하여 결정하여야 한다.

3-2-2 설계하중의 계산

구조 형태가 결정되면 부재 응력이나 소요강도를 해석하기 위하여 설계하중을 계산한다. 설계하중에는 고정하중과 활하중 이외에 풍하중, 설하중, 지진하중 등이 있고, 지하구조물 설계에서는 토압과 수압에 의한 외력이 있으며, 온도에 의한 변형과 이의 구속에 의한 응력, 시공 중에 받게 되는 시공하중도 설계하중 계산시 고려되어야 한다.

3-2-3 부재 응력과 소요강도의 계산

설계 하중에 의한 부재 응력과 소요강도 계산은 설계방법에 따라 달라진다. 허용응력설계법에 의한 설계에서는 하중계수를 적용하지 않은 사용하중을 설계하중으로 하며, 강도설계법에 의한 설계에서는 각 하중 또는 하중조합에 그에 대응하는 하중계수를 적용한 값을 설계 하중으로 한다. 어느 경우에나 각 설계기준에서 정하는 하중조합을 고려하여 가장 불리한 경우를 설계 대상으로 한다. 건물 전체 골조에 대한 구조해석에는 최근 전자계산기를 사용한 강성 매트릭스법과 유한요소법이 널리 쓰이고 있으나, 국부적인 구조해석에는 모멘트 계수법과 같은 근사해석법이 병용된다.

3-2-4 부재 단면과 보강 방법의 결정

허용응력설계법에서는 부재 응력이 재료 강도에 안전율을 적용하여 정하여지는 허용응력 이하가 되도록 콘크리트 단면과 철근량 및 배근 방법을 정하여야 하며, 강도설계법에서는 주어진 단면과 보강 상태에서 부재가 발휘할 수 있는 공칭 부재강도에 강도감소계수를 적용하여 얻어지는 설계강도가 소요강도 이상이 되도록 하여야 한다. 허용응력설계에서는 부재의 사용성에 대하여 특별히 고려하지 않아도 되나, 강도설계법에서는 부재 단면의 선정에서 부재의 사용성이 아울러 고려되어야 한다.

3-2-5 구조성능의 검토

콘크리트 단면의 크기와 철근의 보강 방법이 결정되면 설계조건에 대한 구조성능의 적합성을 검토한다. 구조 성능의 검토에서는 부재 응력 또는 소요강도에 대한 요구조건의 만족과 더불어 구조재의 처짐, 진동, 균열, 피로, 내화, 내구성, 온도응력, 부동침하에 대한 구조 거동의 검토가 이루어져야 한다.

3-2-6 최종 검토

콘크리트 단면과 보강 방법에 대한 결정이 끝나면 구조해석에서 가정한 하중이 최종 하중과 일치하는지를 검토하여야 한다. 하중과 부재 응력의 검토가 끝나면 응력과 변형 제한, 그밖에 설계 제한에 대하여 선정된 부재의 적합성을 검토하고 구조해석을 위한 골조의 단순화 또는 모델화를 위하여 전제한 조건이 최종 설계에서 만족되고 있는가를 살펴보아야 한다. 이 과정에서 적합하지 않거나 불합리한 점이 발견되면 그러한 결정이 내려진 단계로 되돌아가 불합리한 점을 고치고 보완하여 구조설계를 마친다.

3-3 허용응력설계법

허용응력설계(working stress design)는 부재의 탄성해석에 근거를 두고 있다. 탄성해석에서 작용 하중에 의한 부재의 거동은 각 하중을 개별적으로 작용시켜, 그 효과를 합친 것과 같은 중첩원리가 성립되므로, 구조체에 따라 예상되는 설계 하중들을 여러 경우별로 적용시키고 그 결과들을 조합하여, 그중 가장 불리한 응력 상태가 정하여진 허용응력을 넘지 않게 부재 단면을 선정하는 방법이다. 허용응력설계법에서는 다음과 같은 가정이 통용된다.

① 콘크리트와 철근은 후크(Hooke)의 법칙에 따라, 응력과 변형률이 선형비례하며, 제하시 잔류변형이 생기지 않는다.
② 철근과 콘크리트의 부착은 완전하여 하중 작용시 상대적인 미끄러짐이 생기지 않는다.
③ 콘크리트와 철근에 생기는 응력은 규정된 허용응력값을 초과하지 않는다.

허용응력설계법은 20세기 전반에 철근콘크리트 구조물 설계의 근간을 이루어 1950년대에 이르기까지 거의 모든 철근콘크리트 구조물이 이 방법에 따라 설계되었으나, 1960년대 들어 철근콘크리트의 재료와 구조에 대하여 많은 연구가 이루어지면서 철근콘크리트 구조의 허용응력설계법이 실용적인 방법이 되지 못한다는 것이 인식되었으며, 그 주요한 이유는 다음과 같다.

① 콘크리트는 시멘트, 골재, 물의 복합체로 균질하지 못하며, 크리프와 건조수축의 영향을 받는다.
② 응력이 생기기 전에도 미세 균열이 콘크리트 내에 존재하며, 하중 작용시 응력-변형률 곡선은 실제로 선형이 아니다.
③ 콘크리트와 철근의 부착은 완전하지 않으며, 부분적인 미끄러짐이 일어

난다.
④ 전체 구조재의 콘크리트를 동일하게 유지할 수 없다.

따라서 허용응력설계법을 사용하는 경우 하중과 그에 대한 철근콘크리트 구조체의 거동을 매우 이상적인 상태에서 평가하게 되고 수축, 크리프, 균열 등에 의한 재료의 비선형성과 하중의 특성을 설계에 반영할 수 없어 구조체의 안전성과 경제성에 의문점을 남기고 있다.

1960년대 이후 유럽 여러 나라와 미국, 캐나다 등의 나라에서는 허용응력설계법이 한계상태설계법에 근거한 설계방법으로 바뀌어졌으나, 우리나라와 일본에서는 아직도 부분적으로 이 설계방법이 통용되고 있다.

한계상태설계법 또는 강도설계법에서도 구조체의 사용성은 탄성역에서의 구조거동에 관련되어 있어 사용성에 대한 검토에는 허용응력설계법이 사용되고 있다.

3-4 한계상태설계법

구조체 전체 또는 부분적인 한계상태는 그 구조체가 규정된 구조기능을 발휘하지 못하는 상태를 의미하며, 다음과 같이 두 가지로 대별된다.

① 극한한계상태(ultimate limit state) : 구조체의 전체 또는 부분이 붕괴되어 하중지지 능력을 잃은 상태
② 사용한계상태(serviceability limit state) : 구조체가 붕괴되지는 않았으나 구조기능의 저하로 사용에 매우 부적합하게 되는 상태

구조체가 수평하중에 의한 전도, 미끄러짐 등으로 균형 상태의 상실, 휨인장파괴, 시공하중 등에 의한 연속파괴, 소성힌지의 과다 발생으로 인한 소성기구의 형성, 구조체의 불안정성 등으로 붕괴되는 경우에 극한한계상태에 도달하게 된다. 구조체를 사용한계상태에 도달하게 하는 주요 요인은 과다한 처짐과 과다한 균열 폭 및 진동 등이나, 진동은 공장 이외에는 철근콘크리트 건물에서는 큰 문제가 되지 않으며, 처짐과 균열에 대해서는 5장에서 다루게 된다. 한계상태설계법은 이러한 구조체의 한계상태에 대하여 안전성을 고려하는 설계방법으로 다음과 같은 과정을 거친다.

① 구조체의 전체 또는 부분에 대하여 발생할 수 있는 모든 한계상태의 명시
② 각 한계상태의 발생 가능성에 대하여 적절한 안전성 확보

한계상태설계법에서는 여러 가지 한계상태의 발생 가능성에 대한 안전성을 구조체 또는 부재의 강도와 하중효과에 관련하여

$$\phi R_n \geq \sum \alpha_i Q_i, \qquad i = 1, 2, 3 \ldots \tag{3.1}$$

으로 규정하고 있다. 이 식에서 R_n은 이상적인 상태에서 계산되는 구조체 또는 부재의 공칭강도(nominal strength)이며 Q_i는 여러 가지 하중 효과를 나타낸다. 구조설계에서 구조체 또는 부재의 설계강도는 이상적인 상태에서 계산된 공칭강도에 시공 솜씨, 재료의 불균질성, 치수의 부정확 등으로 인한 감소 효과를 고려하여야 하기 때문에 식 (3.1)에서 ϕ는 이러한 점을 고려한 강도감소계수(strength reduction factor)이며, 하중 효과를 고려하는 경우에는 통계적으로 계산된 하중의 크기에 하중의 집중에 의한 과하중 상태를 고려하여야 하므로 각 하중의 특성을 고려하여 그에 대한 하중계수(load factor)를 α_i로 하여 각 하중에 적용하고 있다. 식 (3.1)에서 강도감소계수 ϕ는 1보다 작은 수이며, 하중계수 α_i는 대개는 1보다 큰 수이다. 하중효과는 고정하중 이외에는 예측하기 어렵기 때문에 확률적인 방법에 의하여 여러 가지 하중의 조합에 의한 효과가 고려되고 각 경우에 따라 서로 다른 하중계수가 적용되며, 이 중 가장 불리한 상태가 설계 대상이 된다.

3-5 구조 안전성

3-5-1 구조 안전의 개요

구조 안전성은 앞 절에서 언급된 바와 같이 구조체가 모든 하중에 대하여 적절한 강도를 가지고 있는 것을 의미한다. 하중과 구조체의 강도에 관련하여 구조 안전성을 그림 3-1과 같이 간단한 형태의 정규분포곡선으로 나타낼 수 있다. 구조물에 작용하는 하중의 크기는 하중의 종류와 형태에 따라 확률적으로 예측하게 되며, 그 효과는 그림 3-1에서 Q로 표시되어 있다. 이에 대하여 구조재의 저항 성능도 그 부재의 치수, 형태, 재료, 보강 및 시공 솜씨에 따라 확

률적으로 예측할 수 있으며, 그 분포는 R로 표시되어 있다. 작용 하중의 효과가 구조재의 강도를 초과하는 경우에는 파괴가 일어나며, 그러한 확률은 R 곡선과 Q곡선이 겹쳐진 부분으로 나타나 있다. 구조체의 안전성은 구조재의 강도가 하중 효과보다 큰 경우에만 보장되므로 다음과 같은 식으로 나타낼 수 있다.

$$R \geq Q \tag{3.2}$$

식 (3.2)가 성립되기 위하여서는 그림 3-1에서 보는 바와 같이 Q의 큰 값인 과하중 상태에 대하여 R의 작은 값, 즉 재료, 시공 솜씨 등이 불리한 상태에서의 부재 강도가 비교되어야 하며, 이러한 상태들을 식 (3.2)에 적용하였을 때 이 식은 식 (3.1)과 같은 의미를 가지게 된다. 따라서 구조 안전성을 높이는 일은 식 (3.2)가 성립되는 구간을 크게 하는 것, 즉 겹침 부분을 최소화하는 일이 되나, 모든 경우에 대하여 식 (3.2)가 성립되도록 하는 일은 불가능하기 때문에 3-4 절에 기술되어 있는 바와 같이 신뢰한계를 고려하여 하중 효과에는 과하중 상태를 나타내는 하중계수를 적용하고 부재의 강도 평가에서는 조악한 재료 배합이나 시공 솜씨 또는 계산상의 오차 등으로 인한 강도의 감소를 나타내는 강도감소계수를 적용하게 된다.

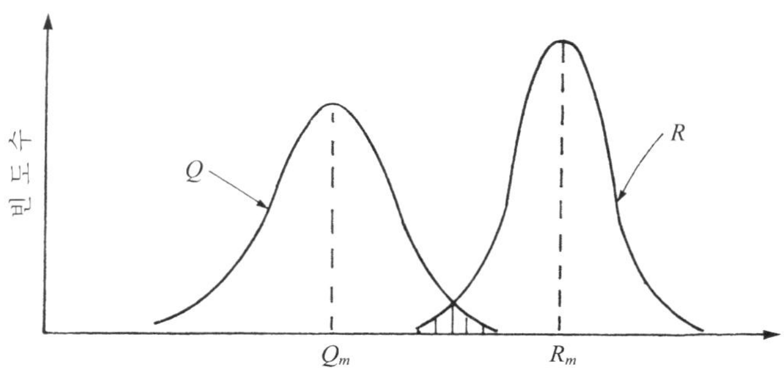

그림 3-1 하중효과와 부재 저항성능의 빈도분포

3-5-2 구조기준에서의 안전 규정

구조기준에는 구조 안전성에 대하여 하중계수와 강도감소계수를 사용하여 식 (3.1)의 형태로 규정되어 있다. 여기에 사용되는 계수의 값들은 일부 통계적인 자료에 의하여 결정된 것도 있으나, 경험과 기술적인 판단 등이 많은 부분에서 고려되어 결정된 것이다. KDS 14 20 10 (4.2.1)에서는 구조물과 구조부재가 하중과 힘의 조합에 의하여 계산된 소요강도 이상의 설계강도를 가지도록 설계하게 규정하고 있다. 이 규정은 강도설계에서 가장 기본적인 요구 사항으로 다음과 같이 나타낼 수 있다.

$$\begin{aligned} &\text{설계강도} \geq \text{소요강도} \\ &\phi R_n \geq U \end{aligned} \tag{3.3}$$

이 식에서 R_n은 부재의 공칭강도를 나타내는 기호이며, 부재의 공칭강도는 사용된 재료와 부재 단면에 대하여 일반적으로 인정되는 구조 이론에 의하여 계산된 강도이다. 소요강도 U는 고정하중, 활하중, 풍하중, 지진하중, 토압, 수압 등 구조체에 작용하는 여러 하중의 조합에 그에 상응하는 하중계수를 곱하여 계산한다. 하중 효과는 일반적으로 하중의 작용에 의하여 구조물에 생기는 모멘트, 전단력, 축력 등 내적인 효과를 의미하므로 식 (3.3)은 다음과 같이 나타낼 수 있다.

$$\phi M_n \geq M_u \tag{3.4a}$$

$$\phi V_n \geq V_u \tag{3.4b}$$

$$\phi P_n \geq P_u \tag{3.4c}$$

$$\phi T_n \geq T_u \tag{3.4d}$$

이 식에서 아래첨자 n은 휨, 전단, 축력 및 비틀림 각각에 대한 공칭강도를 나타내고, M_u, V_u, P_u 및 T_u는 각각 하중계수를 적용한 상태에서 휨, 전단, 축압 및 비틀림에 의한 소요강도이다.

3-5-3 하중계수와 소요강도

철근콘크리트 구조물에 작용하는 여러 하중에 대하여 KDS 14 20 10 (4.2.2)에서는 아래에 제시된 하중계수와 하중조합을 적용하여 계산된 소요강도 중 가장 불리한 값에 대하여 설계하도록 규정하고 있다.

$$U = 1.4(D+F) \tag{3.5}$$

$$U = 1.2(D+F+T)+1.6(L+\alpha_H H_v + H_h) +0.5(L_r \text{ 또는 } S \text{ 또는 } R) \tag{3.6}$$

$$U = 1.2D+1.6(L_r \text{ 또는 } S \text{ 또는 } R) +(1.0L \text{ 또는 } 0.65W) \tag{3.7}$$

$$U = 1.2D+1.3W+1.0L+0.5(L_r \text{ 또는 } S \text{ 또는 } R) \tag{3.8}$$

$$U = 1.2(D+H_v)+1.0E+1.0L+0.2S+(1.0H_h \text{ 또는 } 0.5H_h) \tag{3.9}$$

$$U = 1.2(D+F+T)+1.6(L+\alpha_H H_v)+0.8H_h +0.5(L_r \text{ 또는 } S \text{ 또는 } R) \tag{3.10}$$

$$U = 0.9(D+H_v)+1.3W+(1.6H_h \text{ 또는 } 0.8H_h) \tag{3.11}$$

$$U = 0.9(D+H_v)+1.0E+(1.0H_h \text{ 또는 } 0.5H_h) \tag{3.12}$$

여기서, D = 고정하중

E = 지진하중

F = 유체의 압력 및 중량

L = 활하중

L_r = 지붕 활하중

R = 강우하중

S = 적설하중

T = 온도, 크리프, 건조수축 및 부동침하의 영향

W = 풍하중

H_h = 흙, 지하수 또는 기타 재료의 횡압력에 의한 수평방향 하중

H_v = 흙, 지하수 또는 기타 재료의 자중에 의한 연직방향 하중

α_H = 토피 두께의 연직방향 하중 H_v에 대한 보정계수로서, $h \le 2\text{m}$에 대해서 1.0이며, $h > 2\text{m}$에 대해서는 $1.05 - 0.025h \ge 0.875$이다.

윗 식의 D, L 등의 기호는 고정하중, 활하중 등의 하중의 크기와 더불어 그 하중에 의하여 발생하는 휨모멘트, 전단력, 축력, 비틀림 모멘트 등 하중 효과도 나타낸다.

위의 하중계수 및 하중조합의 적용에는 다음과 같은 조건들이 추가로 규정되어 있다.

(1) 주차장과 공공집회 장소를 제외하고 기본등분포활하중 L이 5.0 kN/m^2 이하인 용도에 대해서는 식 (3.7), (3.8) 및 (3.9) 의 L에 대한 하중계수를 0.5로 할 수 있다.
(2) 구조물에 충격의 영향이 고려되는 경우 충격 효과 I를 활하중 L에 포함시킨다.
(3) 부동침하, 크리프, 건조수축, 팽창콘크리트의 팽창 및 온도변화 등의 영향은 사용 구조물의 실제 상황을 고려하여 계산한다.
(4) 포스트텐션 정착부 설계에 있어서 최대 프리스트레싱강재의 긴장력에 대하여 하중계수 1.2를 적용하여야 한다.

3-5-4 강도감소계수와 설계강도

철근 콘크리트 구조체의 설계에서는 구조 해석 및 설계의 불확실성, 재료 및 부재 제작의 결함 등에 의하여 강도가 감소되는 것을 보상하고 구조 부재의 중요도를 반영할 목적으로 강도감소계수를 사용한다. 철근콘크리트 구조체의 부재, 부재간의 접합부 및 각 부재 단면에서의 휨, 축하중, 전단, 비틀림에 대한 설계강도는 식 (3.3) 에 나타낸 바와 같이 재료의 성질과 구조 이론에 의하여 계산되는 공칭강도에 강도감소계수를 적용한 값으로 한다. KDS 14 20 10 (4.2.3)에서 정하는 강도감소계수는 다음과 같다.

(1) 인장지배 단면 0.85
(2) 압축지배 단면
  나선철근 규정에 따라 보강된 철근콘크리트 부재 0.70
  그 이외의 철근콘크리트 부재 0.65
(3) 전단 및 비틀림 0.75

(4) 콘크리트의 지압력 0.65

(5) 포스트텐션 정착구역 0.85

(6) 스트럿-타이 모델에서

① 스트럿, 절점부 및 지압부 0.75

② 타이 0.85

(7) 긴장재 묻힘길이가 정착길이보다 작은 프리텐션 부재의 휨 단면

① 부재의 단부부터 전달길이 단부까지 0.75

② 전달길이 단부부터 정착길이 단부 사이의 ϕ값은 0.75에서 0.85까지 선형적으로 증가시킨다. 다만, 긴장재가 부재 단부까지 부착되지 않은 경우에는 부착력 저하 길이의 끝부터 긴장재가 매입된다고 가정하여야 한다.

(8) 무근콘크리트 0.55

강도감소계수에서 휨부재와 같은 인장지배 단면에 대하여 ϕ의 값이 0.85로 비교적 크게 규정된 것은 휨부재는 불의의 파괴가 생기더라도 철근 보강된 인장측에서 파괴가 생기도록 설계되는데, 철근 보강의 인장측은 큰 연성을 발휘하여 취성에 의한 급작스런 파괴를 피할 수 있기 때문이다. 그러나 압축력을 주로 지지하는 기둥과 같은 압축지배 단면에서는 압축력에 의한 파괴가 취성이고 구조해석이나 설계에서 가장 불리한 상태의 축압력과 휨모멘트의 조합을 고려하지 못할 우려가 있기 때문에 강도감소계수가 낮은 값으로 규정되어 있다. 그러나 기둥에서도 휨모멘트가 크게 작용하여 부재 인장측 최외단 철근의 순인장 변형률이 압축지배 한계에서 인장지배 한계로 바뀌는 경우에는 그에 따라 ϕ의 값을 압축지배 단면에 대한 값에서 0.85까지 증가시킨다.

3-6 하 중

건물의 구조계산에서 고려되어야 할 설계하중에 대하여서는 KDS 41 10 15 「건축구조기준 설계하중」에 규정되어 있다. 건물의 구조설계에 적용되는 하중은 크게 다음과 같이 분류된다.

① 고정하중

표 3-1 건축물의 중요도 분류

중요도	용도 및 규모
특	• 연면적 1,000 m^2 이상의 위험물 저장 · 처리시설, 국가공공시설, 소방서, 발전소, 방송국, 전신전화국 • 종합병원, 수술시설이나 응급시설이 있는 병원, 비상시 긴급대피수용시설
1	• 연면적 1,000 m^2 미만의 위험물 저장 · 처리시설, 국가공공시설, 소방서, 발전소, 방송국, 전신전화국 • 연면적 5,000 m^2 이상의 집회장, 운동 및 판매시설 • 아동, 노인 및 사회복지시설 • 근로복지시설, 학교, 5층 이상의 숙박시설, 기숙사, 아파트 • 수술시설과 응급시설 모두 없는 병원, 기타 연면적 1,000 m^2 이상인 의료시설로서 중요도(특)에 해당하지 않는 건축물
2	• 중요도(특), (1), (3)에 해당하지 않는 건축물
3	• 농업시설물, 소규모창고, 가설구조물

② 활 하 중
③ 적설하중
④ 풍 하 중
⑤ 지진하중

이밖에 건물의 실황에 따라 토압이나 수압 또는 진동, 충격 등에 의한 외력, 온도변화, 부동침하, 수축 및 크리프 등에 의한 영향이 적절히 고려되어야 한다.

적설하중, 풍하중 및 지진하중 산정시에 필요한 건축물의 중요도는 용도 및 규모에 따라 KDS 41 10 05에 규정되어 있으며 주요 내용은 표 3-1과 같다.

3-6-1 고정하중

건물의 고정하중은 부재의 자중을 위시하여 그 구조체에 영구히 설치되는 모든 구성 요소들의 무게를 포함한다. 건물의 고정하중을 이루는 것은 슬래브, 보, 기둥, 벽체, 기초 등 구조재의 자중과 더불어 기계설비와 전기설비, 칸막이벽 등에 의한 하중이다.

고정하중은 시간과 장소에 따른 변화가 작아 계산하기가 쉽고 신뢰성이 높다. 철근콘크리트 구조물의 설계에서는 설계된 재료들의 단위체적당 무게를 먼저 조사한 후 부재의 두께 또는 면적에 이 값을 곱하여 단위면적 또는 단위길이당 설계하중을 계산하게 된다. 철근콘크리트 구조계산에 많이 사용되는 건물의 부분별 고정하중과 건축재료의 중량은 부표 2-1, 2-2 및 2-3과 같다.

3-6-2 활 하 중

활하중은 건물의 입주자나 사용자와 함께 가구, 사무용 기구, 저장품 등이 건물을 차지하거나 사용함으로써 발생하는 하중으로, 등분포하중과 집중하중으로 분류된다.

등분포하중은 구조물의 바닥에 고르게 작용하는 것으로 가정할 수 있는 적재물의 무게로, 설계에 적용되는 최솟값은 부표 2-4와 같다. 이 값들은 구조물의 안전도를 고려한 최소한의 수치이며, 구조물에 작용하는 실제 하중의 크기가 이보다 크다고 판단되는 경우 또는 진동이나 충격의 영향이 고려되는 경우에는 구조물의 실제 상황에 따라 활하중의 크기를 증가시켜 산정해야 한다. 사무실이나 그와 비슷한 용도의 건물에서 가동성 경량 칸막이벽이 설치될 가능성이 있는 경우에는 칸막이벽 하중으로 최소 $1\,\mathrm{kN/m^2}$를 기본 등분포 활하중에 추가하여야 하나, 기본 활하중이 $4\,\mathrm{kN/m^2}$ 이상일 경우에는 이를 제외할 수 있다.

집중 활하중은 도서관의 서가나 주차장의 차량 등 구조물의 한 곳에 집중 작용하는 하중이며, 건축물의 설계에 적용되는 집중 적용 하중의 값은 부표 2-5와 같다. 지붕 설계에서는 고정하중에 추가하여 주요 구조부재 또는 트러스 하현재의 임의의 절점에 공장이나 창고 건물의 경우에는 최소 10 kN, 그 외의 구조에서는 최소 1 kN의 집중하중이 작용하는 것으로 설계한다. 영향면적이 $36\,\mathrm{m^2}$를 초과하는 기둥, 기초, 큰 보 및 연속보의 설계에서는 활하중에

$$C = 0.3 + \frac{4.2}{\sqrt{A}} \tag{3.13}$$

의 감소계수를 적용한다. 이 식에서 A는 $36\,\mathrm{m^2}$ 이상의 영향면적을 나타낸다. 기둥과 기초의 경우 영향면적을 부하면적의 4 배로 하여 상층부의 값들을 합한 누계 영향면적으로 하며, 큰 보와 연속보에서는 부하면적의 2 배를 영향면적으로 한다.

그러나 감소계수의 적용에서 기둥 및 기초의 감소계수는 2층 이상의 건물에서 0.4, 단층 건물에서는 0.5 이상으로 하고, 큰 보와 연속보에서는 0.7 이상으로 하며, 단순보와 슬래브에는 감소계수를 적용하지 않는다.

3-6-3 적설하중

적설하중은 지붕에 쌓인 눈의 무게에 의한 하중으로, 건물이 위치한 지역의 기상조건과 건물 지붕의 형상 및 경사 등에 영향을 받는다. 지붕 설계에서 적설하중이 3-6-2에 규정된 지붕 활하중보다 큰 경우에는 적설하중이 고려되어야 한다.

KDS 14 10 15 (4.3)에서는 평지붕의 적설하중 S_f를 지상 적설하중 S_g, 기본 지붕적설하중계수 C_b, 노출계수 C_e, 온도계수 C_t 및 건물의 중요도계수 I_s

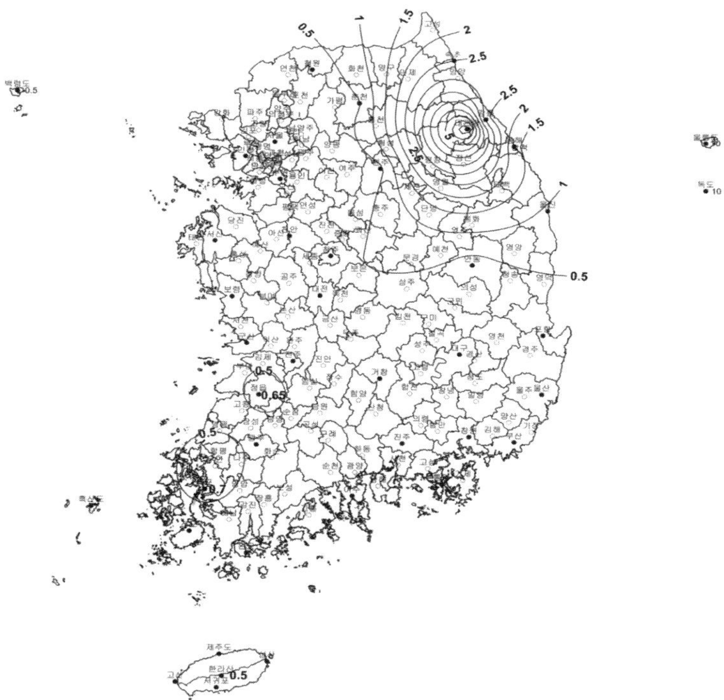

그림 3-2 기본지상적설하중 S_g(kN/㎡)

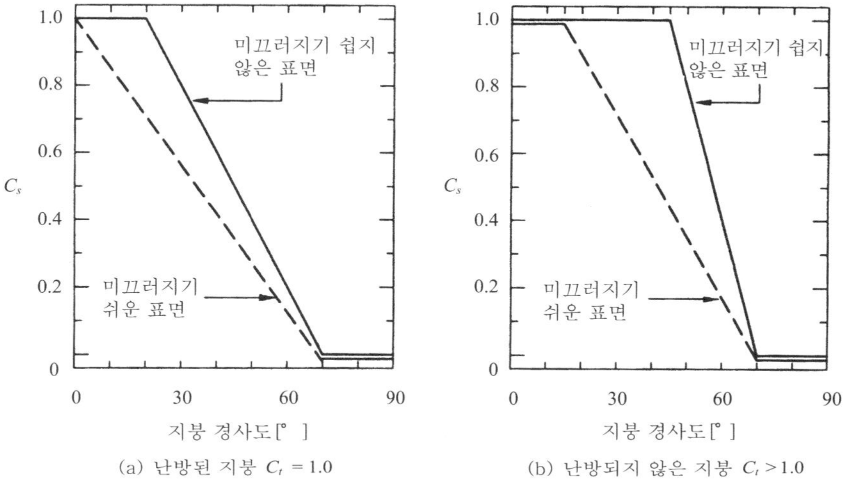

그림 3-3 지붕 경사도계수(C_s)

의 조합으로 하여

$$S_f = C_b \cdot C_e \cdot C_t \cdot I_s \cdot S_g \quad \text{kN/m}^2 \tag{3.14}$$

의 식으로 계산하도록 규정하고 있다. 이 식에서 C_b의 값은 일반적으로 0.7로 하고, C_t 의 값은 난방구조물에서 1.0, 비난방구조물에서 1.2로 하며, S_g는 그림 3-2, C_e 및 I_s는 각각 부표 2-6 및 2-7의 값으로 한다.

경사지붕의 적설하중 S_s는 식 (3.15)의 평지붕 적설하중 S_f에 경사도 계수 C_s를 곱하여

$$S_s = C_s \cdot S_f \quad \text{kN/m}^2 \tag{3.15}$$

으로 계산된다. 지붕 경사도계수 C_s는 따뜻한 지붕과 차가운 지붕으로 나뉘어 각각 그림 3-3 (a) 및 (b)의 값으로 한다.

3-6-4 풍 하 중

바람은 공기의 기압차에 의한 이동으로, 운동에너지를 가지고 이동중인 공기

의 입자가 지상에 솟은 장해물인 건물과 부딪치면 그 운동에너지를 직접 건물에 전하면서 밀어내거나 또는 건물 주위에 복잡한 소용돌이를 형성하면서 흡입하는 힘을 발휘하게 되며, 이런 구조물에 작용하는 바람에 의한 수평력을 풍하중이라고 한다. 풍하중은 구조골조용, 지붕골조용 및 외장재용 풍하중으로 구분되며, 이 중 건물의 구조안전성에 가장 크게 관련된 것은 구조골조용 풍하중이다. 구조골조용 풍하중은 유효 수압면적 A에 작용하는 구조골조용 설계풍속으로, 기준에서는

$$W_D = p_F \cdot A \tag{3.16}$$

으로 계산하도록 규정하고 있다. 이 식에서 구조골조용 설계풍압 p_F의 단위는 $\mathrm{N/m^2}$이고, $500\ \mathrm{N/m^2}$ 이상이어야 하며, 건축물의 밀폐와 개방정도에 따라 다음과 같이 주어진다.

(1) 밀폐형 건축물

$$p_F = G_D \cdot q_H (C_{pe1} - C_{pe2}) \tag{3.17}$$

단, 원형평면을 가진 건물의 경우에는 $C_{pe1} - C_{pe2}$ 대신에 C_D를 적용한다.

여기서, q_H = 기준높이 H에 대한 설계속도압, $\mathrm{N/m^2}$

G_D = 풍방향 가스트 영향계수

C_{pe1} = 풍상벽의 외압계수

C_{pe2} = 풍하벽의 외압계수

C_D = 풍력계수

(2) 개방형 건축물

$$p_F = k_z q_H G_D C_D \tag{3.18}$$

여기서, k_z = 높이방향 압력분포계수

기준높이 H에 대한 설계속도압 q_H는 다음 식으로 계산된다.

$$q_H = \frac{1}{2} \rho V_H^2 \tag{3.19}$$

이 식에서 ρ는 공기밀도로 균일하게 1.22 kg/m^{3}의 값이 적용되며, V_H는 기준높이 H에서의 설계풍속(m/s)으로, 기본풍속, 풍속의 고도분포계수, 지형에 의한 풍속할증계수, 중요도계수 등이 고려되어, 계산식은

$$V_H = V_o \cdot K_{zr} \cdot K_{zt} \cdot I_w \tag{3.20}$$

여기서, V_o = 기본 풍속, m/s

K_{zr} = 풍속의 고도분포계수로 기준높이 H에서의 값

K_{zt} = 지형계수

I_w = 건축물의 중요도계수

으로 주어진다. 우리나라의 주요 지역별 기본풍속은 부표 2-8과 같으며, 풍속의 고도분포계수는 지표면 조도구분에 따라 부표 2-9 및 2-10으로부터 구할 수 있다. 부표 2-10의 지표면 조도구분은 건물의 바람에 노출되는 정도를 나타내는 용어로, 부표 2-11과 같이 A, B, C, D 네 개로 구분되며, 경사진 지형에서 풍속할증이 필요한 부분에 대한 풍속할증계수와 적용범위는 각각 부표 2-12 및 2-13의 내용과 같다. 중요도계수는 건축물의 표 3-1의 중요도 분류에 따라 부표 2-14와 같이 규정되어 있다.

구조골조용 가스트 영향계수 G_D는 강풍이 부는 경우 건물의 최대 변위와 평균변위의 비로 정의되는 값으로서 기준에서는 건물의 풍방향 고유진동수가 1 Hz를 초과하거나 바람에 의한 동적효과를 무시할 수 있는 강체구조물과 바람에 의한 동적효과를 무시할 수 없는 유연구조물로 구분하고 있으며, 자세한 계산과정에 대해서는 KDS 41 10 15 (5.6)에 나와 있다.

3-6-5 지진하중

지진하중의 산정 및 지진에 대한 설계는 14장에서 다룬다.

4 장

보의 해석과 설계

4-1 개 요

보는 부재의 축방향에 가로로 작용하는 하중이나 휨모멘트를 지지하는 부재로 휨부재에 속한다. 보에 작용하는 휨모멘트에 의하여 축방향으로 압축응력과 인장응력이 생기며, 전단력에 의하여 보의 하중 작용 방향으로 전단응력이 발생한다. 이러한 응력 중 콘크리트는 전단과 인장에 약하기 때문에 철근으로 보강되어야 하며, 철근 보강의 효율을 높이기 위해서는 철근과 콘크리트가 완전히 부착되어야 하기 때문에, 철근콘크리트 보의 설계에서는 부재 응력을 안전하게 지지하는 방법과 더불어 철근과 콘크리트의 부착에 대하여서도 충분한 이해가 선행되어야 한다. 보의 해석에서는 콘크리트와 철근의 응력 및 변형률에 관련하여 몇 가지 가정이 도입되며, 이 가정에 의하여 콘크리트의 응력을 등가응력블록으로 근사화하여 보의 설계강도를 계산하게 된다. 보의 설계에서는 소요강도보다 큰 설계강도를 가진 보의 단면과 철근량 및 재료 강도의 결정 및 배근 방법 등이 다루어진다.

4-2 휨 해석의 기본 사항

4-2-1 해석을 위한 가정

철근콘크리트 휨부재의 구조해석을 위하여 다음의 가정이 적용된다.

① 변형 전에 부재축에 수직한 평면은 변형 후에도 부재축에 수직하다.
② 철근에 생기는 변형률은 같은 위치의 콘크리트에 생기는 변형률과 같다.
③ 철근과 콘크리트 응력은 철근과 콘크리트의 응력-변형률로부터 계산할 수 있다.

위에서 첫 번째 가정은 보 이론에서 통용되는 전형적인 "평면유지의 가정"으로 보에 생기는 변형률은 중립축으로부터의 거리에 비례하는 것을 의미한다. 이 가정은 일반 보나 슬래브에서는 무리없이 적용할 수 있으나, 경간에 비하여 보의 깊이가 커지면 평면 유지의 가정이 성립되지 않으므로, 순경간이 부재 깊이의 4 배 이하인 깊은 보에서는 비선형 변형률 분포가 고려되어야 한다.

두 번째 가정은 철근과 콘크리트가 완전히 부착되어 있어 상대적인 미끄러짐이 생기지 않는 경우에 가능하며, 하중을 지지하는 데 철근과 콘크리트가 일체로 거동하는 것을 뜻한다.

철근과 콘크리트의 응력-변형률 곡선은 철근은 인장시험, 콘크리트는 압축시험에 의하여 얻어지며 설계에 많이 사용되는 철근 및 콘크리트의 응력-변형률 곡선은 각각 그림 2-13 및 2-1과 같다. 철근콘크리트의 휨 이론에서는 이러한 응력-변형률 곡선으로부터 부재의 응력을 계산할 수 있다.

4-2-2 설계를 위한 가정

철근콘크리트의 휨 이론에서 위의 세 가지 가정은 철근콘크리트 부재의 휨에 의한 거동과 강도를 계산하는 데에는 충분하나 휨 설계를 위하여 다음과 같은 가정들이 추가로 도입되고 있다.

① 콘크리트는 인장응력을 지지할 수 없다.
② 콘크리트의 압축파괴는 압축변형률이 극한변형률에 도달했을 때 일어난다.
③ 콘크리트의 압축응력-변형률 관계는 시험 결과에 따라 직사각형, 사다리

꼴 또는 포물선 등으로 가정할 수 있다.

콘크리트의 인장강도는 대략 압축강도의 1/10 정도이므로 휨부재의 설계에서는 콘크리트의 인장강도를 무시하고 보강된 철근이 인장응력을 지지하도록 한다. 이러한 가정은 휨응력 계산을 단순하게 하면서 안전성을 높인 것이며, 전단, 부착, 처짐 등의 계산에서는 콘크리트의 인장강도가 고려된다.

콘크리트의 응력은 하중 가력의 속도, 횡방향 구속 정도, 철근 보강 등에 따라 다르나, 일축 압축시험에서는 그림 4-1에 보이는 바와 같이 콘크리트의 변형률 ε_c가 최대 압축응력(압축강도) f_{ck}에 도달할 때까지는 상승곡선을 보이고, 그 이후에는 하강곡선을 보인다. 이처럼 비선형적인 콘크리트의 압축응력-변형률 관계를 그대로 설계에 반영하면 계산과정이 매우 복잡해진다. 따라서, 철근콘크리트 휨부재 설계에서는 콘크리트의 압축응력-변형률 관계를 직사각형, 사다리꼴 또는 포물선 형태 등으로 모델화하여 사용하고 있다. KDS 14 20 20 (4.1.1)에서는 단순화한 포물선-직선 형상 또는 직사각형 형태로 가정하여 사용할 수 있도록 하고 있다.

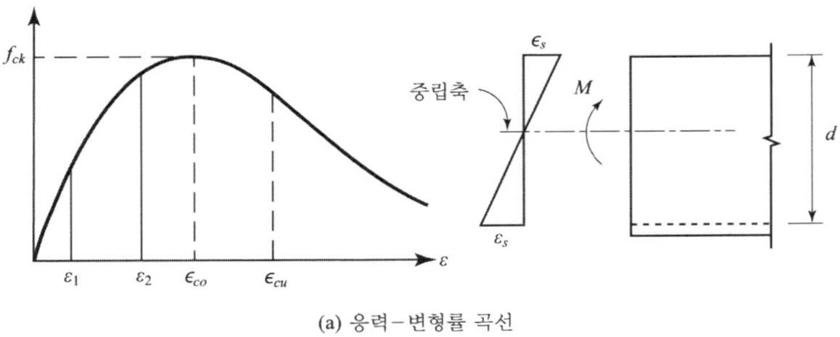

(a) 응력-변형률 곡선

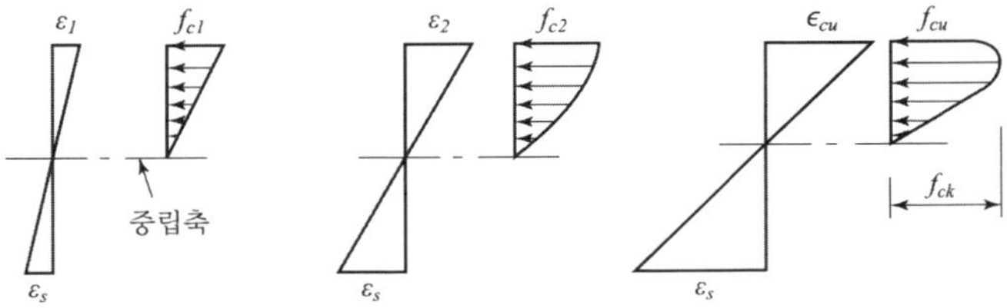

(b) 선형상태 (c) 비선형상태 (d) 극한상태

그림 4-1 콘크리트의 응력과 변형률

KDS 14 20 20 (4.1.1)에서는 콘크리트의 변형률 ε_c가 최대 압축응력(압축강도) f_{ck}에 도달할 때의 변형률 ε_{co}를 그림 4-2와 같이, f_{ck}가 40 MPa 이하인 경우에는 0.002로 가정하며, 40 MPa을 초과할 경우에는 매 10 MPa의 강도가 증가함에 따라 0.0001씩 증가시킨다. 즉, ε_{co}는

$$\varepsilon_{co} = 0.002 + \left(\frac{f_{ck} - 40}{100{,}000}\right) \geq 0.002 \tag{4.1}$$

으로 나타낼 수 있다. 또한, 콘크리트의 극한변형률 ϵ_{cu}는 그림 4-2와 같이 f_{ck}가 40 MPa 이하인 경우에는 0.0033으로 가정하며, 40 MPa을 초과할 경우에는 매 10 MPa의 강도가 증가함에 따라 0.0001씩 감소시킨다. 즉, ϵ_{cu}는

$$\varepsilon_{cu} = 0.0033 - \left(\frac{f_{ck} - 40}{100{,}000}\right) \leq 0.0033 \tag{4.2}$$

으로 나타낼 수 있다.

KDS 14 20 20 (4.1.1)에서는 휨 또는 휨과 축력을 동시에 받는 콘크리트 부재의 압축연단 응력-변형률 관계를 단순화한 포물선-직선 형상으로 모델화할 수 있도록 하고 있다. 이때, 콘크리트의 변형률 ε_c가 ε_{co}에 도달할 때까지의 상승 곡선부는 식 (4.3)에 의해, ε_{co}부터 ϵ_{cu}까지는 식 (4.4)에 의해 계산한다.

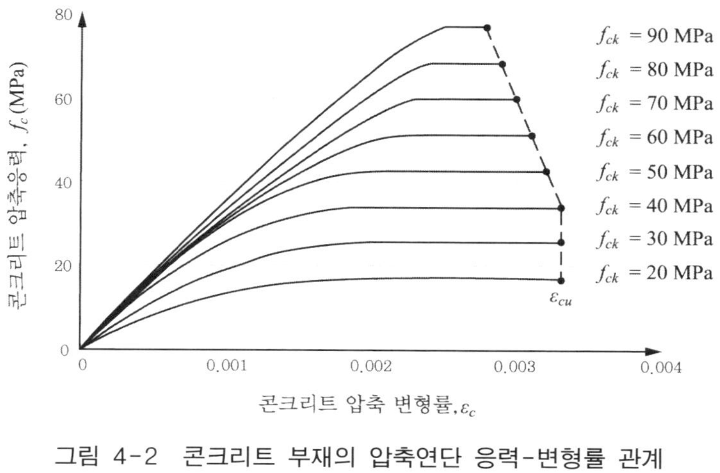

그림 4-2 콘크리트 부재의 압축연단 응력-변형률 관계

표 4-1 콘크리트 부재의 압축연단 ε_{co}, ϵ_{cu}, n의 값

f_{ck} [MPa]	≤40	50	60	70	80	90
ϵ_{co}	0.002	0.0021	0.0022	0.0023	0.0024	0.0025
ϵ_{cu}	0.0033	0.0032	0.0031	0.003	0.0029	0.0028
n	2.0	1.92	1.50	1.29	1.22	1.20

$$f_c = 0.85 f_{ck}\left[1 - \left(1 - \frac{\epsilon_c}{\epsilon_{co}}\right)^n\right] \tag{4.3}$$

$$f_c = 0.85 f_{ck} \tag{4.4}$$

여기서, n은 상승 곡선부의 형상을 나타내는 상수로서 식 (4.5)와 같이 계산된다.

$$n = 1.2 + 1.5\left(\frac{100 - f_{ck}}{60}\right)^4 \leq 2.0 \tag{4.5}$$

표 4-1은 콘크리트 압축강도 f_{ck}에 따라 계산된 압축연단 변형률 ε_{co}와 ϵ_{cu} 및 n을 각각 나타낸 것이다.

4-2-3 휨부재의 변형률 한계

철근의 응력-변형률 곡선은 그림 2-13에서 보는 바와 같이 응력이 항복강도 f_y에 도달할 때까지는 선형변형을 하므로, 철근의 항복변형률은 다음 식으로 계산된다.

$$\varepsilon_y = \frac{f_y}{E_s} \tag{4.6}$$

이 식에서 E_s는 철근의 탄성계수로 식 (2.20)에서 거론된 바와 같이 200,000 MPa의 값을 가지므로, 예를 들어 f_y= 400 MPa인 SD 400 철근의 항복변형률은 0.002가 된다.

강도설계법에서 인장철근의 응력이 설계기준 항복강도 f_y 에 도달하여 그 변형률이 식 (4.6)의 ε_y 가 되고 동시에 콘크리트의 압축측 변형률이 극한변형률인 ε_{cu} 에 도달할 때 그 단면은 균형변형률 상태에 있다고 한다.

공칭강도에서 프리스트레스나 크리프, 건조수축 및 온도 등의 영향을 제외한 계수하중에 의하여 인장철근에 생기는 변형률을 순인장변형률이라고 하며, 압축연단으로부터 가장 바깥쪽에 있는 인장철근의 순인장변형률 ε_t 의 값에 따라 변형률 한계는 다음과 같이 정하여진다.

(1) 압축지배 변형률 한계

$$\varepsilon_t = \varepsilon_y \tag{4.7}$$

(2) 인장지배 변형률 한계

$$\varepsilon_t = (0.005,\ 2.5\varepsilon_y)\ \text{중 큰 값} \tag{4.8}$$

휨을 받는 부재의 단면은 압축 콘크리트가 극한변형률인 ε_{cu} 에 도달할 때 ε_t 가 압축지배 변형률 한계 이하인 단면을 압축지배 단면, 인장지배 변형률 한계 이상인 단면을 인장지배 단면, 압축지배 변형률 한계와 인장지배 변형률 한계 사이인 단면을 변화구간 단면이라고 한다.

축하중을 받는 기둥은 압축지배 단면, 휨모멘트를 받는 보와 슬래브는 인장지배 단면의 전형적인 예이며, 축하중과 더불어 지진하중이나 풍하중과 같은 수평하중의 작용으로 큰 휨모멘트를 받는 기둥은 변화구간 단면의 부재에 속한다. 압축지배, 인장지배 및 변화구간 단면의 변형률 상태는 그림 4-3과 같다.

철근콘크리트의 구조설계에서 부재의 강도와 더불어 고려해야 하는 것이 부재의 연성이다. 부재의 연성은 구조물이 외력에 의하여 파괴될 때까지 큰 변형을 할 수 있는 능력을 의미하며, 변형을 하는 동안 충격 에너지를 흡수하고, 구조물의 파괴가 가까웠음을 예고하기 때문에 구조 기능면이나 안전성에서 중요한 설계 요인이 된다. 이런 관점에서 KDS 14 20 20 (4.1.2)에서는 프리스트레스를 가하지 않은 휨부재의 연성을 확보하기 위하여 최소 허용변형률을 0.004 또는 $2\varepsilon_y$ 중 큰 값으로 정하고 공칭 휨강도 상태에서 최외단 인장철근의 순인장변형률 ε_t 가 최소 허용변형률 이상 되게 하도록 규정하고 있다.

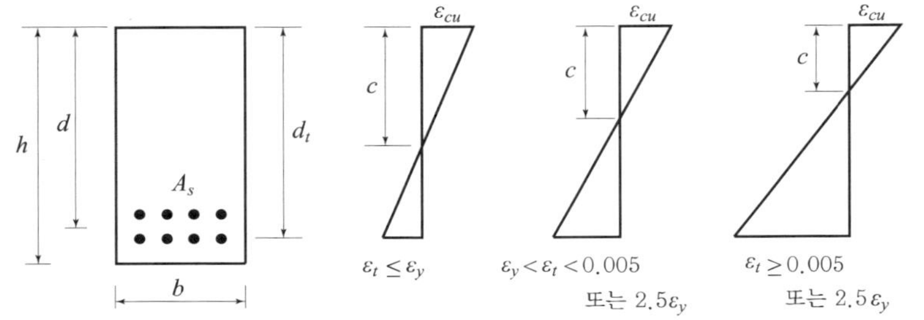

(a) 단 면 (b) 압축지배 단면 (c) 변화구간 단면 (d) 인장지배 단면

그림 4-3 휨을 받는 부재의 변형률 한계

철근콘크리트 보의 순인장변형률은, 그림 4-3의 단면에서 압축연단으로부터 가장 바깥쪽에 있는 인장철근 중심까지의 거리를 d_t로 나타내면, 선형변형률 상태에서

$$c : \varepsilon_{cu} = (d_t - c) : \varepsilon_t$$

의 비례식으로부터

$$\varepsilon_t = \varepsilon_{cu}\left(\frac{d_t}{c} - 1\right) \tag{4.9}$$

으로 유도된다.

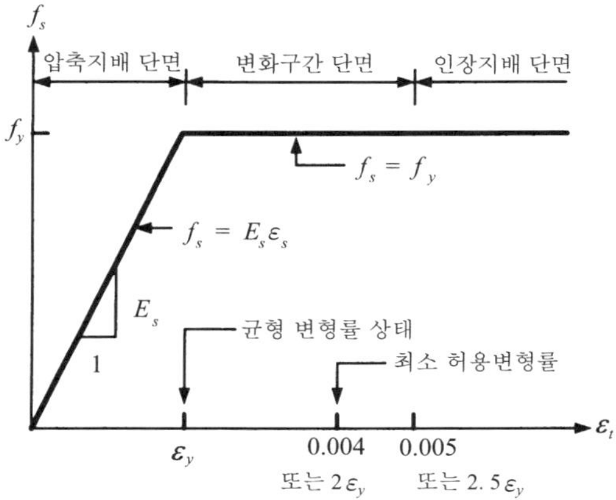

그림 4-4 휨부재의 변형률 한계와 구간별 단면 영역

휨 또는 휨과 축력을 동시에 받는 부재의 변형률 한계와 구간별 단면의 영역을 최외단 인장철근의 응력-변형률 곡선에서 나타내면 그림 4-4와 같다.

4-3 단근 직사각형보의 해석

4-3-1 단근보의 단면과 철근비

단근보는 인장측만 철근보강되어 있는 보를 말한다. 이와 같은 보는 실제 설계에서 흔하지는 않으나, 인장측만 철근보강되어 있는 경우에는 콘크리트의 압축내력과 철근의 인장내력을 계산하기 편리하고, 이들의 평형조건으로부터 중립축의 위치와 저항모멘트를 쉽게 얻을 수 있어 보의 설계강도를 해석하는 첫 번째 순서로서 단근보가 다루어진다.

직사각형 단근보에서는 그림 4-5(a)와 같이 보의 폭을 b, 깊이를 h로 나타

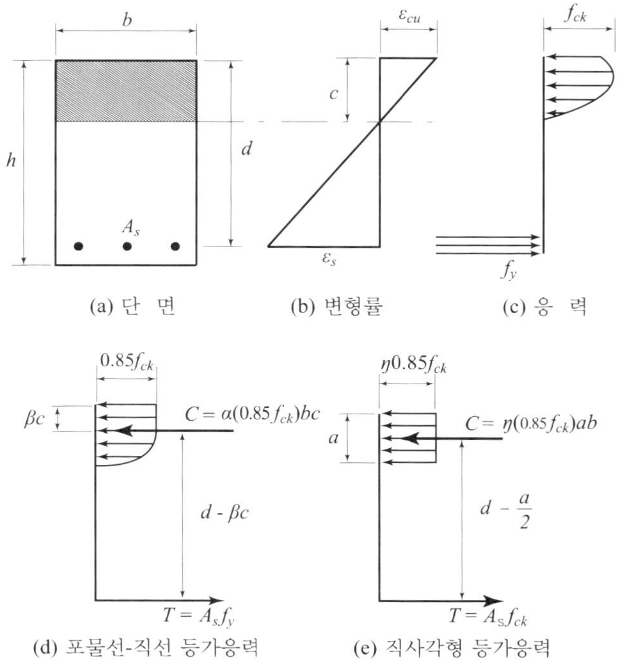

그림 4-5 단근보의 변형률과 등가응력모델

낸다. 깊이 h 중에서 압축연단으로부터 인장철근 중심까지의 거리 d만 보의 설계강도에 관여하고 그 밖의 부분은 철근을 외기나 화재로부터 보호하는 기능만 가지므로, d를 보의 유효깊이, bd를 유효단면적이라고 한다.

보의 철근보강 정도를 나타내는 계수인 철근비는 보의 유효단면적에 대한 인장철근의 단면적 A_s의 비이며,

$$\rho = \frac{A_s}{bd} \tag{4.10}$$

의 식으로 계산된다.

4-3-2 등가응력모델

휨을 받는 부재에는 휨인장응력과 휨압축응력이 동시에 생기기 때문에 보의 설계에서 설계모멘트를 계산하기 위하여서는 인장응력의 합력 T와 압축응력의 합력 C 및 응력중심거리가 계산되어야 한다.

먼저 T의 계산에서는 4-2-2 절의 가정 ①에 있는 바와 같이 콘크리트의 인장응력은 무시되므로 인장철근의 응력 f_s와 단면적 A_s의 곱으로

$$T = A_s f_s \tag{4.11}$$

이 된다. 그러나 압축측에서 콘크리트의 응력 분포는 극한상태에서 그림 4-5(c)와 같은 형태가 되어 압축응력의 합력을 구하는 일이 쉽지 않기 때문에 직사각형이나 사다리꼴 또는 포물선 등의 등가응력블록으로 바꾸는 것이 계산상 편리하다. KDS 14 20 20 (4.1.1)에서는 그림 4-5(c)와 같은 콘크리트의 응력 분포를 그림 4-5(d)와 그림 4-5(e)와 같이 포물선-직선 등가응력분포 또는 직사각형 등가응력블록으로 바꾸도록 규정하고 있다.

① 포물선-직선 등가응력모델

콘크리트의 실제 응력분포를 단순화할 경우 그림 4-5(d)와 같이 동일한 면적과 도심을 갖는 포물선-직선형 등가응력분포로 가정할 수 있다. 이때, 압축응력의 합력 C는 다음 식으로 계산된다.

$$C = \alpha(0.85 f_{ck})bc \tag{4.12}$$

이 식에서 α는 포물선-직선 등가응력분포의 면적과 등가 직사각형 압축응력블록의 면적에 대한 비이며, c는 실제 압축응력의 분포에서 압축연단으로부터 중립축까지의 거리이다. 합력의 작용위치는 중립축 깊이 c에 대한 β의 비율로 나타낼 수 있으며, 포물선-직선 등가응력분포의 변수는 표 4-2의 값을 사용할 수 있다. 다만, 표 4-2의 포물선-직선 등가응력분포의 변수는 단면이 일정하고 중립축이 단면 내부에 있을 경우에 적용할 수 있는 값으로서, T형보와 중립축이 단면 밖에 있는 기둥의 경우에는 사용할 수 없다.

② 직사각형 등가응력블록

콘크리트의 응력 분포의 단순화를 포물선-직선 형상의 등가응력분포 대신 다음에 정의되는 직사각형 등가응력블록으로 나타낼 수 있다.

이때, 압축응력의 합력 C는 다음 식으로 계산된다.

$$C = \eta(0.85 f_{ck})ab \tag{4.13}$$

이 식에서 η는 콘크리트의 실제 응력분포의 면적과 등가 직사각형 압축응력블록의 면적에 대한 비이며, a는 직사각형 등가응력블록의 깊이로서 다음 식으로 계산된다.

$$a = \beta_1 c \tag{4.14}$$

직사각형 등가응력블록의 변수 η, β_1은 압축응력의 합력 크기와 도심점과 관련된 계수이며 콘크리트의 강도별 압축응력-변형률 시험 결과를 근거로 한 표 4-3의 값을 사용할 수 있다.

표 4-2 포물선-직선 등가응력분포의 변수 α, β의 값

f_{ck} [MPa]	≤ 40	50	60	70	80	90
α	0.80	0.78	0.72	0.67	0.63	0.59
β	0.40	0.40	0.38	0.37	0.36	0.35

표 4-3 직사각형 등가응력블록의 변수 η, β_1의 값

f_{ck} [MPa]	≤ 40	50	60	70	80	90
η	1.00	0.97	0.95	0.91	0.87	0.84
β_1	0.80	0.80	0.76	0.74	0.72	0.70

4-3-3 최소 및 최대 철근비

보의 인장응력은 철근이 지지하도록 설계되어야 하나, 인장철근이 과도하게 보강된 경우에는 보의 연성이 줄어들어 압축측이 취성파괴되는 위험한 일이 일어날 수 있으므로, 극한상태에서 최외단 인장철근의 순인장변형률 ε_t가 4-2-3 절에서 거론된 최소 허용변형률 이상 되도록 철근량을 제한할 필요가 있다. 이 제한조건은 휨부재의 최소 허용변형률을 $\varepsilon_{a,\min}$의 기호로 나타내면,

$$\varepsilon_t \geq \varepsilon_{a,\min} \tag{a}$$

의 식으로 쓸 수 있다.

최외단 인장철근의 순인장변형률은 식 (4.9)에서, 중립축은 식 (4.10), (4.12), (4.13)으로부터

포물선-직선 등가응력분포의 경우

$$c = \frac{\rho b d f_y}{\alpha(0.85 f_{ck})\, b}$$

직사각형 등가응력블록의 경우

$$c = \frac{a}{\beta_1} = \left(\frac{1}{\beta_1}\right)\frac{\rho b d f_y}{\eta(0.85 f_{ck})\, b}$$

으로 되기 때문에

포물선-직선 등가응력모델의 경우

$$\varepsilon_t = \varepsilon_{cu}\left(\frac{\alpha(0.85f_{ck})d_t}{\rho f_y d} - 1\right) \tag{4.15a}$$

직사각형 등가응력블록의 경우

$$\varepsilon_t = \varepsilon_{cu}\left(\frac{\beta_1\eta(0.85f_{ck})d_t}{\rho f_y d} - 1\right) \tag{4.15b}$$

의 식으로도 할 수 있다. 이 식을 식 (a)에 적용하면, 인장철근 사용의 상한선인 최대 철근비는

포물선-직선 등가응력모델의 경우

$$\rho_{\max} = \frac{\varepsilon_{cu}}{\varepsilon_{a,\,\min} + \varepsilon_{cu}}\left(\frac{\alpha(0.85f_{ck})}{f_y}\right)\left(\frac{d_t}{d}\right) \tag{4.16a}$$

직사각형 등가응력블록의 경우

$$\rho_{\max} = \frac{\varepsilon_{cu}}{\varepsilon_{a,\,\min} + \varepsilon_{cu}}\left(\frac{\beta_1\eta(0.85f_{ck})}{f_y}\right)\left(\frac{d_t}{d}\right) \tag{4.16b}$$

으로 유도된다. $\alpha = \eta\beta_1$ 이므로 식 (4.16a)와 (4.16b)는 동일한 결과값을 제공하며, 이 식으로부터 구한 최대철근비 $\rho_{\max}$를 $\rho_{\max}/(d_t/d)$의 형태로 표 4-4(a)와 (b)에 나타내었다.

보의 설계에서는 철근비를 작게 하고 단면을 크게 하는 것이 부재의 연성을 크게 하면서 처짐 제한에도 유리하다.

한편, 철근비를 너무 작게 하여 설계된 보에서 균열 단면의 휨강도가 보에 균열을 일으키는 모멘트보다 작을 경우 보가 취성 균열 파괴될 수 있으며, 사용하중 상태에서도 균열이 생기는 것은 바람직하지 않으므로, 균열을 방지하기 위하여 최소한의 보강을 하여야 한다.

이 최소 보강철근량을 이론적으로 산출하기 위하여 폭 b, 높이 h인 직사각형보를 예로 하면, 균열모멘트는 식 (2.4) 및 식 (2.5)로부터

$$M_{cr} = \frac{bh^3/12}{h/2}(0.63\lambda\sqrt{f_{ck}}) = 0.105bh^2\lambda\sqrt{f_{ck}} \tag{4.17}$$

으로 주어지며, 인장측이 철근보강된 경우 보의 균열모멘트는 식 (4.17)로 계산된다.

실제 구조물의 설계에서 인장균열의 발생 가능성이 있는 보의 철근보강은 설계휨모멘트를 식 (4.17)의 균열모멘트보다 어느 정도 크게 하는 것이 바람직하므로 KDS 14 20 20 (4.2.2)에서는 해석상 인장철근보강이 필요한 모든 휨부재의 단면에는 최소 보강철근을

$$\phi M_n \geq 1.2\,M_{cr} \tag{4.18}$$

조건에 맞게 배치하도록 규정하고 있다. 이 식에 식 (4.26)의 설계휨모멘트 계산식과 식 (4.17)의 균열모멘트 계산식을 대입하면 보의 인장 부분에 발생하는 균열의 철근보강 조건은

포물선-직선 등가응력모델의 경우

$$\phi\rho f_y bd^2\left(1-\frac{\beta}{\alpha}\frac{\rho f_y}{0.85f_{ck}}\right) \geq 0.126\,bh^2\lambda\sqrt{f_{ck}} \tag{4.19a}$$

직사각형 등가응력블록의 경우

$$\phi\rho f_y bd^2\left(1-\frac{\rho f_y}{1.7\eta f_{ck}}\right) \geq 0.126\,bh^2\lambda\sqrt{f_{ck}} \tag{4.19b}$$

으로 요약된다. 이 식에서 ϕ는 강도감소계수로 인장지배 단면에서 0.85의 값을 가지며, 단면의 유효깊이 d는 근사적으로 $0.9h$로 할 수 있으므로 이 값들을 적용하면 조건식은

포물선-직선 등가응력모델의 경우

$$\frac{\beta}{\alpha f_{ck}}(\rho f_y)^2 - 0.85\rho f_y + 0.156\lambda\sqrt{f_{ck}} \leq 0 \tag{b1}$$

직사각형 등가응력블록의 경우

$$\frac{1}{2\eta f_{ck}}(\rho f_y)^2 - 0.85\rho f_y + 0.156\lambda\sqrt{f_{ck}} \le 0 \tag{b2}$$

으로 고쳐쓸 수 있으며, 이 식으로부터 보의 인장 철근보강에 요구되는 최소철근비 계산식은

포물선-직선 등가응력모델의 경우

$$\rho_{\min} = \left(\frac{\alpha}{\beta}\right)\left(\frac{0.425 f_{ck}}{f_y}\right)\left(1 - \sqrt{1 - \left(\frac{\beta}{\alpha}\right)\frac{0.864\lambda}{\sqrt{f_{ck}}}}\right) \tag{4.20a}$$

직사각형 등가응력블록의 경우

$$\rho_{\min} = \left(\frac{0.85\eta f_{ck}}{f_y}\right)\left(1 - \sqrt{1 - \frac{0.432\lambda}{\eta\sqrt{f_{ck}}}}\right) \tag{4.20b}$$

으로 유도된다. $\alpha/\beta = 2\eta$ 이므로 식 (4.20a)와 (4.20b)는 동일한 결과값을 제공하며, 이 식으로부터 구한 최소철근비 $\rho_{\min}$는 표 4-4(a)와 (b)에 나타낸 바와 같다.

한편 보의 최소철근비를 간편하게 계산하기 위하여 응력중심거리 jd를 $(7/8)d$로 가정할 수 있다. 이때, 보의 설계휨강도는

$$\begin{aligned}\phi M_n &= \phi A_s f_y jd \\ &= 0.875\phi\rho f_y bd^2\end{aligned} \tag{4.21}$$

이 된다. 보의 유효깊이 d는 대략 $0.9h$ 정도의 값을 가지므로 식 (4.21)에서 $d = 0.9h$ 로 가정하고, 식 (4.18)에 식 (4.17)과 (4.21)를 대입하면

$$\phi\rho f_y \ge 0.178\lambda\sqrt{f_{ck}} \tag{4.22}$$

이 되므로 최소 철근비는

표 4-4(a) 최대 철근비 및 최소 철근비 ($\lambda = 1$)

f_y [MPa]		f_{ck} [MPa]					
		21	24	27	30	40	50
300	$\rho_{max}/(d_t/d)$ ρ_{min}	0.0215 0.0029	0.0246 0.0031	0.0277 0.0032	0.0307 0.0034	0.0410 0.0039	0.0491 0.0044
350	$\rho_{max}/(d_t/d)$ ρ_{min}	0.0184 0.0025	0.0211 0.0026	0.0237 0.0028	0.0263 0.0029	0.0351 0.0034	0.0421 0.0038
400	$\rho_{max}/(d_t/d)$ ρ_{min}	0.0161 0.0022	0.0184 0.0023	0.0207 0.0024	0.0231 0.0026	0.0307 0.0030	0.0368 0.0033
500	$\rho_{max}/(d_t/d)$ ρ_{min}	0.0114 0.0017	0.0130 0.0018	0.0146 0.0019	0.0162 0.0021	0.0216 0.0024	0.0259 0.0026
600	$\rho_{max}/(d_t/d)$ ρ_{min}	0.0084 0.0014	0.0097 0.0015	0.0109 0.0016	0.0121 0.0017	0.0161 0.0020	0.0192 0.0022
700	$\rho_{max}/(d_t/d)$ ρ_{min}	0.0065 0.0012	0.0075 0.0013	0.0084 0.0014	0.0093 0.0015	0.0124 0.0017	0.0149 0.0019

$$\rho_{min} = \frac{0.178\lambda\sqrt{f_{ck}}}{\phi f_y} \tag{4.23}$$

으로 유도된다.

이때, 식 (4.23)로 계산한 최소 철근비는 식 (4.20)로 계산한 최소 철근비보다 약 10% 정도 큰 값을 나타낸다. 즉, 간편식으로 계산한 최소 철근비가 상세식으로 계산한 최소 철근비보다 안전측의 결과를 제공한다.

최소 철근비에 의한 철근량 계산에서 기초나 큰 보 등 단면적이 큰 부재에는 많은 철근이 소요되므로, 이런 경우에는 해석상 필요한 철근량 보다 1/3 이상을 더 배근하여 아래의 식을 만족하는 경우에는 식 (4.20)과 (4.23)에 나타낸 최소 철근비의 적용을 받지 않는다.

$$\phi M_n \geq \frac{4}{3} M_u \tag{4.24}$$

일반적으로 사용되는 콘크리트와 철근에 대한 최대 철근비와 최소 철근비를 각각 식 (4.16)과 식 (4.23)로 계산한 값은 표 4-4(b)와 같다.

표 4-4(b) 최대 철근비 및 최소 철근비 ($jd = 0.875d$, $\lambda = 1$)

f_y [MPa]		f_{ck} [MPa] 21	24	27	30	40	50
300	$\rho_{max}/(d_t/d)$	0.0215	0.0246	0.0277	0.0307	0.0410	0.0491
	ρ_{min}	0.0032	0.0034	0.0036	0.0038	0.0044	0.0049
350	$\rho_{max}/(d_t/d)$	0.0184	0.0211	0.0237	0.0263	0.0351	0.0421
	ρ_{min}	0.0027	0.0029	0.0031	0.0033	0.0038	0.0042
400	$\rho_{max}/(d_t/d)$	0.0161	0.0184	0.0207	0.0231	0.0307	0.0368
	ρ_{min}	0.0024	0.0026	0.0027	0.0029	0.0033	0.0037
500	$\rho_{max}/(d_t/d)$	0.0114	0.0130	0.0146	0.0162	0.0216	0.0259
	ρ_{min}	0.0019	0.0021	0.0022	0.0023	0.0026	0.0030
600	$\rho_{max}/(d_t/d)$	0.0084	0.0097	0.0109	0.0121	0.0161	0.0192
	ρ_{min}	0.0016	0.0017	0.0018	0.0019	0.0022	0.0025
700	$\rho_{max}/(d_t/d)$	0.0065	0.0075	0.0084	0.0093	0.0124	0.0149
	ρ_{min}	0.0014	0.0015	0.0016	0.0016	0.0019	0.0021

4-3-4 보의 설계강도

단근보의 인장철근은 4-3-3 절에 서술되어 있는 최대 철근비와 최소 철근비의 범위에서 설계되어야 한다. 이러한 제한을 만족시키는 보의 휨파괴는 철근의 응력이 f_y에 도달한 이후 압축연단의 콘크리트 변형률이 4-2-2 절의 가정 ②와 같이 ε_{cu}가 되었을 때 생기며, 이러한 상태에서의 변형률과 응력은 그림 4-6에 표시된 것과 같다.

① 포물선-직선 등가응력분포

콘크리트의 압축응력의 합력 C와 철근의 인장력 T는 각각

$$C = \alpha(0.85 f_{ck})bc \qquad \text{(c1)}$$

$$T = A_s f_y \qquad \text{(d1)}$$

이 되며, 이러한 합력들은 평형을 이루어야 하므로 $C = T$의 등식으로부터

$$c = \frac{A_s f_y}{\alpha(0.85 f_{ck}) b} \tag{e1}$$

이 된다. 보의 설계휨강도는

$$\phi M_n = \phi A_s f_y (d - \beta c) \tag{4.25}$$

로 나타낼 수 있다. 이 식에 식 (e1)를 대입하고 $A_s = \rho bd$로 하면 단근보의 설계 휨모멘트는

$$\phi M_n = \phi \rho f_y bd^2 \left(1 - \frac{\beta}{\alpha} \frac{\rho f_y}{0.85 f_{ck}}\right) \tag{4.26a}$$

또는 $$\phi M_n = \phi f_{ck} bd^2 \omega \left(1 - \frac{\beta}{\alpha} \frac{\omega}{0.85}\right) \tag{4.26b}$$

이 된다. 이 식에서

$$\omega = \frac{\rho f_y}{f_{ck}} \tag{4.27}$$

이다.

식 (4.26)은 보의 단면과 재료강도 및 철근비가 주어졌을 때 설계모멘트를 계산하는 공식이나, 계수모멘트 M_u가 주어졌을 때 철근비도 식 (4.26)으로부터 구할 수 있다. 설계모멘트는 계수모멘트 이상이 되어야 하므로, 그 최소 조건을 $\phi M_n = M_u$로 하고

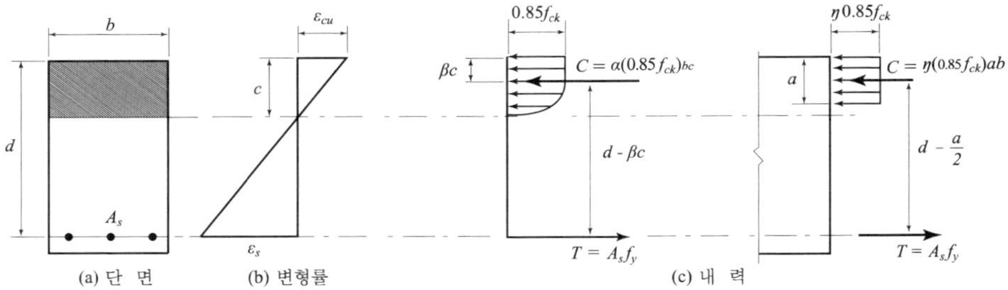

그림 4-6 단근 직사각형보

$$R_n = \frac{M_u}{\phi b d^2} \tag{4.28}$$

의 기호를 사용하면, 식 (4.26a)는

$$R_n = \rho f_y \left(1 - \frac{\beta}{\alpha} \frac{\rho f_y}{0.85 f_{ck}}\right) \tag{4.29}$$

의 식으로 변환된다. 이 식은 ρf_y 의 2차식이므로, 철근비를 계산하는 공식은

$$\rho = \frac{\alpha}{2\beta} \frac{0.85 f_{ck}}{f_y} \left(1 - \sqrt{1 - \frac{4\beta}{\alpha} \frac{R_n}{0.85 f_{ck}}}\right) \tag{4.30}$$

으로 유도된다.

② 직사각형 등가응력블록

콘크리트의 압축응력의 합력 C 와 철근의 인장력 T 는 각각

$$C = \eta (0.85 f_{ck}) ab \tag{c2}$$

$$T = A_s f_y \tag{d2}$$

이 되며, 이러한 합력들은 평형을 이루어야 하므로 $C = T$ 의 등식으로부터

$$a = \frac{A_s f_y}{\eta (0.85 f_{ck}) b} \tag{e2}$$

이 된다. 이때 보의 설계휨강도는

$$\phi M_n = \phi A_s f_y \left(d - \frac{a}{2}\right) \tag{4.31}$$

로 나타낼 수 있다. 이 식에 식 (e2)를 대입하고 $A_s = \rho b d$ 로 하면 단근보의 설계 휨모멘트는

$$\phi M_n = \phi \rho f_y bd^2\left(1 - \frac{\rho f_y}{1.7\eta f_{ck}}\right) \tag{4.32a}$$

또는
$$\phi M_n = \phi f_{ck} bd^2 \omega\left(1 - \frac{\omega}{1.7\eta}\right) \tag{4.32b}$$

이 된다.

포물선-직선 등가응력분포와 동일한 방식을 통해 휨 설계 최소 조건 ($\phi M_n = M_u$)을 만족하는 R_n, ρ를 직사각형 응력분포에 대하여 정리하면

$$R_n = \rho f_y\left(1 - \frac{\rho f_y}{1.7\eta f_{ck}}\right) \tag{4.33}$$

$$\rho = \eta\frac{0.85 f_{ck}}{f_y}\left(1 - \sqrt{1 - \frac{2}{\eta}\frac{R_n}{0.85 f_{ck}}}\right) \tag{4.34}$$

와 같이 나타낼 수 있다.

【예제 4-1】 그림 4-7과 같은 직사각형보의 설계강도를 계산하라. 재료의 강도는 $f_{ck} = 27\text{ MPa}$, $f_y = 400\text{ MPa}$로 한다.

[풀 이] 표 4-4(b)에서 $f_{ck} = 27\text{ MPa}$, $f_y = 400\text{ MPa}$일 때

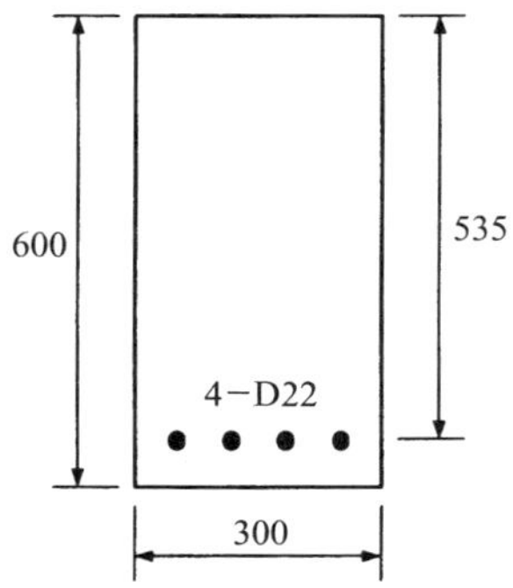

그림 4-7 예제 4-1의 단근보

$\rho_{max} = 0.0207$

$\rho_{min} = 0.0027$

철근비 $\rho = \dfrac{A_s}{bd} = \dfrac{4 \times 387.1}{300 \times 535} = 0.00965 \quad \begin{matrix} < \rho_{max} \\ > \rho_{min} \end{matrix}$ 적합

① 포물선-직선 등가응력분포

식 (e1) 및 표 4-2로부터

$$c = \frac{A_s f_y}{\alpha(0.85 f_{ck})\, b} = \frac{4 \times 387.1 \times 400}{0.80 \times 0.85 \times 27 \times 300} = 112.4\,\mathrm{mm}$$

식 (4.25) 및 표 4-2로부터

$$M_n = A_s f_y (d - \beta c) = 4 \times 387.1 \times 400 \times (535 - 0.4 \times 112.4) \times 10^{-6}$$
$$= 303.5\,\mathrm{kN \cdot m}$$

설계강도는

$$\phi M_n = 0.85 \times 303.5 = 258.0\ \mathrm{kN \cdot m}$$

또는, 식 (4.26b)로부터

$$\omega = \rho f_y / f_{ck} = 0.00965 \times 400/27 = 0.143$$

$$\phi M_n = \phi f_{ck} b d^2 \omega \left(1 - \frac{\beta}{\alpha} \frac{\omega}{0.85}\right)$$
$$= 0.85 \times 27 \times 300 \times (535)^2 \times 0.143$$
$$\times \left(1 - \frac{0.40}{0.80} \frac{0.143}{0.85}\right) \times 10^{-6}$$
$$= 258.1\ \mathrm{kN \cdot m}$$

위의 계산에서 ϕM_n 의 값이 258.0 kN·m 와 258.1 kN·m 로 끝자리 올림에 의한 차이만 생기고 있다.

② 직사각형 등가응력블록

식 (e2) 및 표 4-3으로부터

$$a = \frac{A_s f_y}{\eta(0.85 f_{ck})\, b} = \frac{4 \times 387.1 \times 400}{1.0 \times 0.85 \times 27 \times 300} = 90.0\,\mathrm{mm}$$

식 (4. 31)로부터

$$M_n = A_s f_y\left(d - \frac{a}{2}\right) = 4 \times 387.1 \times 400 \times \left(535 - \frac{90}{2}\right) \times 10^{-6}$$
$$= 303.5 \text{ kN·m}$$

설계강도는

$$\phi M_n = 0.85 \times 303.5 = 258.0 \text{ kN·m}$$

또는, 식 (4.32b)로부터

$$\omega = \rho f_y / f_{ck} = 0.00965 \times 400/27 = 0.143$$

$$\phi M_n = \phi f_{ck} bd^2 \omega\left(1 - \frac{\omega}{1.7\eta}\right)$$
$$= 0.85 \times 27 \times 300 \times (535)^2 \times 0.143$$
$$\times\left(1 - \frac{0.143}{1.7 \times 1.0}\right) \times 10^{-6}$$
$$= 258.1 \text{ kN·m}$$

마찬가지로 위의 계산에서 ϕM_n 의 값이 258.0 kN·m 와 258.1 kN·m 로 끝자리 올림에 의한 차이만 생기고 있다.

4-4 복근 직사각형보의 해석

4-4-1 복근 배근의 필요성

단근 직사각형보의 철근비를 최대 철근비와 최소 철근비의 범위 내에서 유지하여야 하는 이유에 대하여서는 4-3-3 절에 기술되어 있다.

적정 범위의 철근비로 설계된 단근보의 설계강도는 식 (4.26) 및 식 (4.32)로 계산된다. 보의 설계에서 소요강도 M_u 가 커지면 그에 대응하여 설계강도 ϕM_n 도 크게 하여야 하며, 식 (4.26) 및 식 (4.32)으로부터 ϕM_n 을 크게 하는 방법은 재료의 강도 f_y 와 f_{ck} 가 고정된 상태에서 철근비 ρ 나 단면의 치수 b 와 d 를 크게 하는 방법밖에 없다.

그러나 어떤 건축적인 제약이나 그외의 조건으로 b 와 d 의 크기가 제한되는 경우에는 A_s/bd 로 주어지는 철근비 ρ 가 최대 철근비에 따라 제한되기 때문에 단근보로서는 $M_u \le \phi M_n$ 의 조건을 만족시킬 수 없게 된다.

이러한 경우에 압축철근을 사용하면 사용된 압축철근이 지지하는 압축력만큼 인장철근이 지지하는 인장력과 평형을 이루므로 콘크리트의 압축측과 평형을 이루는 인장철근의 철근비를 낮출 수 있고, 따라서 인장철근비를 최대 철근비 이하로 유지하면서 설계강도를 높일 수 있다.

이와 같이 인장측과 함께 압축측도 철근으로 보강된 보를 복근보(doubly reinforced beam)라고 하며, 압축철근의 배근으로 얻을 수 있는 보의 구조 기능과 시공에서의 장점은 설계강도를 크게 할 수 있는 것 이외에 다음과 같은 것들이 있다.

① 장기 처짐의 감소
② 연성의 증진
③ 철근 조립의 편이

복배근된 보의 장기 처짐이 단근보보다 감소하는 것은 구조기능면에서 설계강도 다음으로 중요한 일이다.

실험 결과에 의하면, 하중 작용시 초기 탄성 처짐은 단근보나 복근보가 거의 같은 변형을 보이나 시간에 따른 장기 처짐은 압축철근비를 인장철근비와 같이 하였을 경우 단근보에 비하여 50 퍼센트 이하의 변형량을 보인 것으로 조사되었으며, 5장에 기술되어 있는 바와 같이 KDS 14 20 30 (4.2.1)에서는 처짐 계산에서 압축철근 사용의 효과를 반영하도록 되어 있다.

복근보에서는 앞에서 언급된 바와 같이 인장철근에서 압축철근의 단면적을 뺀 나머지가 콘크리트의 압축응력과 평형을 이루므로, 인장철근의 단면적을 A_s, 압축철근의 단면적을 A_s'이라고 하면, 식 (e1)과 (e2)에서 A_s가 $(A_s - A_s')$으로 대치되어 콘크리트 중립축의 깊이 c와 콘크리트 압축응력블록의 깊이 a가 줄어들고 인장철근의 변형률이 증가하여 보의 연성이 증가하게 된다.

이러한 연성의 증가는 내진구조나 모멘트의 재분배가 일어나는 경우 구조체의 안전성을 높이는 데 매우 중요한 기능을 한다. 또한, 보의 철근조립에서 압축철근을 배근하면 스터럽 설치와 피복두께 유지에 편리하다.

압축철근은 인장철근과 함께 모서리 철근이 되고 스터럽을 고정시키면서 스페이서 사용시 거푸집과의 일정한 간격을 유지하기 때문에, 구조내력상 압축철근이 필요하지 않은 경우에도 압축측의 양 모서리에 압축철근을 배근하는 것이 일반적인 설계 관례가 되고 있다.

4-4-2 복근보의 설계강도

복근보의 해석에서도 단근보의 경우와 같이 극한상태에서 콘크리트의 압축연단 변형률은 ε_{cu}, 인장철근의 응력은 f_y에 도달하는 것으로 가정하며, 이때 압축철근의 변형률 ε_s'는 그림 4-8에 표시된 바와 같이

$$\varepsilon_s' = \left(\frac{c-d'}{c}\right)(\varepsilon_{cu}) \tag{4.35}$$

이 된다. 이 식에서 d'은 압축외단에서 압축철근 중심까지의 거리이다. 식 (4.35)로 계산되는 압축변형률 ε_s'이 철근의 항복변형률 $\varepsilon_y = f_y/E_s$에 도달하였을 때에는 압축철근의 응력도 항복응력 상태에 이르게 되나, ε_s'이 ε_y의 값보다 작을 때에는 압축철근이 항복 상태에 이르지 않은 것을 의미한다.

식 (4.35)에서 $\varepsilon_s' = \varepsilon_y = f_y/E_s$ 로 놓으면 압축철근이 항복하는 조건은

$$c \geq \frac{d'}{1-f_y/E_s\varepsilon_{cu}} \tag{4.36}$$

으로 주어진다. 포물선-직선 등가응력분포의 경우 압축철근이 항복 상태에 이르게 되면 식 (4.36)의 콘크리트 중립축의 깊이는 식 (4.41)로 계산되므로, 이를 적용하여 복근보 압축철근의 항복조건을

$$A_s - A_s' \geq \left(\frac{d'}{1-f_y/E_s\varepsilon_{cu}}\right)\left(\frac{\alpha(0.85f_{ck})b}{f_y}\right) \tag{4.37}$$

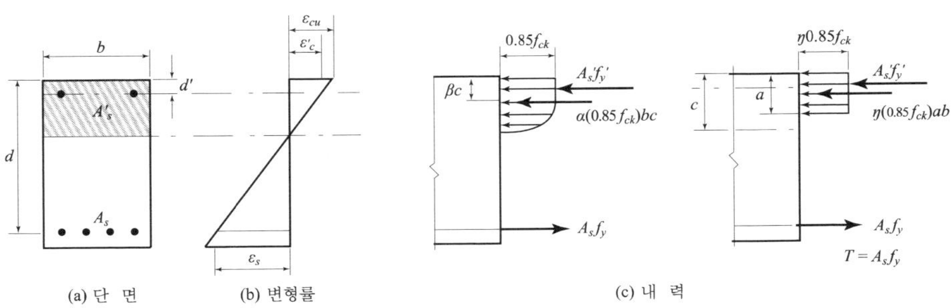

그림 4-8 복근 직사각형보

으로 구할 수도 있다.

직사각형 응력블록의 경우 식 (4.14), (4.36) 및 (4.44)을 통해 동일한 방식으로 복근보 압축철근의 항복조건을 유도하면

$$A_s - A_s' \geq \left(\frac{\beta_1 d'}{1 - f_y / E_s \varepsilon_{cu}}\right)\left(\frac{\eta(0.85 f_{ck})\, b}{f_y}\right) \tag{4.38}$$

이 된다. 압축철근의 응력 상태에 따라 복근보의 해석은 다음의 두 가지 경우에 대하여 고려되어야 한다.

【1】 압축철근이 항복 상태에 이른 경우

식 (4.35)로 계산된 값이 $\varepsilon_s' \geq \varepsilon_y$인 경우에는 압축철근의 응력은 $f_s' = f_y$가 되며, 이때에는 그림 4-9와 같이 복근보의 공칭모멘트 M_n은 압축철근 A_s'와 이와 같은 양의 인장철근이 이루는 공칭모멘트 M_{n1}에 나머지 인장철근 $(A_s - A_s')$과 압축 콘크리트가 이루는 공칭모멘트 M_{n2}가 추가된 것으로 생각하는 것이 편리하다. 먼저 그림 4-9 (b)로부터 같은 양의 압축철근과 인장철근에 의한 저항모멘트는

$$M_{n1} = A_s' f_y (d - d') \tag{4.39}$$

이 됨을 알 수 있다.

① 포물선-직선 등가응력분포

다음 그림 4-9 (c)에서 인장철근은 $A_s - A_s'$이 되므로

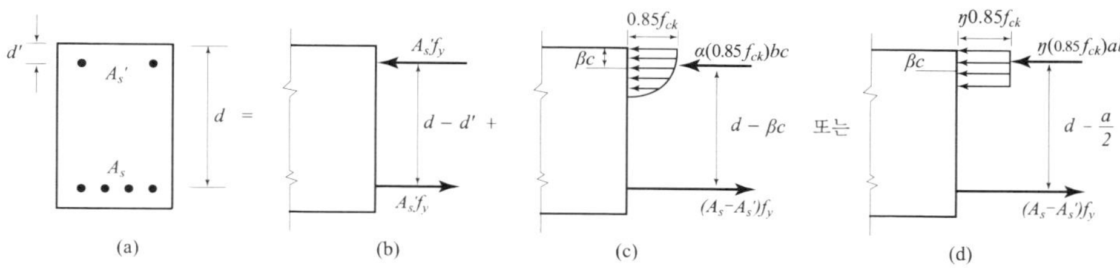

그림 4-9 압축철근 항복시의 복근보 내력

$$M_{n2} = (A_s - A_s')f_y(d - \beta c) \tag{4.40}$$

이 되며, 콘크리트 중립축의 깊이 c는 식 (e1)을 준용하여

$$c = \frac{(A_s - A_s')f_y}{\alpha(0.85 f_{ck})b} \tag{4.41}$$

으로 계산되어 전체 공칭모멘트는 식 (4.39)와 (4.40)로부터

$$M_n = A_s' f_y(d - d') + (A_s - A_s')f_y(d - \beta c) \tag{4.42}$$

이 된다.

② 직사각형 등가응력블록

그림 4-9 (d)와 같이

$$M_{n2} = (A_s - A_s')f_y\left(d - \frac{a}{2}\right) \tag{4.43}$$

이 되며, 콘크리트 압축응력블록의 깊이 a는 식 (e2)을 준용하여

$$a = \frac{(A_s - A_s')f_y}{\eta(0.85 f_{ck})b} \tag{4.44}$$

으로 계산되어 전체 공칭모멘트는 식 (4.39)와 (4.43)로부터

$$M_n = A_s' f_y(d - d') + (A_s - A_s')f_y\left(d - \frac{a}{2}\right) \tag{4.45}$$

이 된다.

복근보의 설계강도는 식 (4.42)와 (4.45)의 공칭모멘트 M_n에 강도감소계수 $\phi = 0.85$ 를 곱한 값이다.

【2】 압축철근이 항복하지 않는 경우

압축콘크리트가 극한 상태에 이르러서도 압축철근이 항복하지 않는 경우 인

장철근이 지지하는 인장력 T와 압축 콘크리트가 지지하는 압축력 C_c 및 압축 철근이 지지하는 압축력 C_s는 다음과 같이 주어진다.

$$T = A_s f_y \tag{4.46a}$$

포물선-직선 등가응력분포의 경우

$$C_c = \alpha(0.85 f_{ck})bc \tag{4.46b}$$

직사각형 등가응력블록의 경우

$$C_c = \eta(0.85 f_{ck})ab \tag{4.46c}$$

$$C_s = (E_s \varepsilon_s{}') A_s{}' \tag{4.46d}$$

이들 힘의 평형조건은 $C_c + C_s = T$이므로 식 (4.46)의 방정식들을 이에 대입하면 포물선-직선 등가응력분포의 경우

$$\alpha(0.85 f_{ck})bc + E_s \varepsilon_s{}' A_s{}' = A_s f_y \tag{4.47a}$$

직사각형 등가응력블록의 경우

$$\eta(0.85 f_{ck})ab + E_s \varepsilon_s{}' A_s{}' = A_s f_y \tag{4.47b}$$

이 된다.

① 포물선-직선 등가응력분포

식 (4.47a)의 $\varepsilon_s{}'$을 식 (4.35)로 하고 식 (4.47a)를 정리하면

$$\alpha(0.85 f_{ck})bc^2 + (\varepsilon_{cu} E_s A_s{}' - A_s f_y)c - (\varepsilon_{cu} E_s A_s{}' d') = 0 \tag{4.48}$$

와 같이 c에 대한 2차 방정식이 유도되어 이로부터 c를 계산할 수 있다. c의 값이 계산되면 복근보의 공칭모멘트는

$$M_n = C_c(d - \beta c) + C_s(d - d') \tag{4.49}$$

이 된다.

② 직사각형 등가응력블록

식 (4.47b)의 ε_s'을 식 (4.35)로 하고 $c = a/\beta_1$ 으로 하여 식 (4.47b)를 정리하면

$$\eta(0.85 f_{ck} b) a^2 + (\varepsilon_{cu} E_s A_s' - A_s f_y) a - (\varepsilon_{cu} E_s A_s' \beta_1 d') = 0 \tag{4.50}$$

와 같이 a에 대한 2차 방정식이 유도되어 이로부터 a를 계산할 수 있다. a의 값이 계산되면 복근보의 공칭모멘트는

$$M_n = C_c\left(d - \frac{a}{2}\right) + C_s(d - d') \tag{4.51}$$

이 된다.

설계강도는 앞에서와 같이 M_n에 강도감소계수 $\phi = 0.85$를 곱하여 얻을 수 있다.

【예제 4-2】 그림 4-10 (a)와 같은 직사각형 복근보의 설계강도를 계산하라. 콘크리트의 압축강도는 $f_{ck} = 21$ MPa 이고 철근의 항복강도는 $f_y = 400$ MPa 이다.

[풀 이] 인장측만 보강되었을 때의 철근비 $\rho = \dfrac{8 \times 387.1}{300 \times 515} = 0.0200$

표 4-4에서 $f_{ck} = 21$ MPa, $f_y = 400$ MPa일 때 $\rho_{max} = 0.0161 < \rho = 0.0200$ 이 되나, 2-D22 철근이 압축측에 보강된 경우, 유효철근비는

$$(\rho - \rho') = \frac{(8-2) \times 387.1}{300 \times 515} = 0.0150$$

으로 ρ_{max} 보다 낮은 값을 유지할 수 있다.

① 포물선-직선 등가응력분포

압축철근의 항복 여부를 검토하기 위하여 압축철근이 항복한 것으로 가정하면

$$c = \frac{(A_s - A_s')f_y}{\alpha(0.85 f_{ck}) b} = \frac{(8-2) \times 387.1 \times 400}{0.80 \times 0.85 \times 21 \times 300} = 216.9 \text{ mm}$$

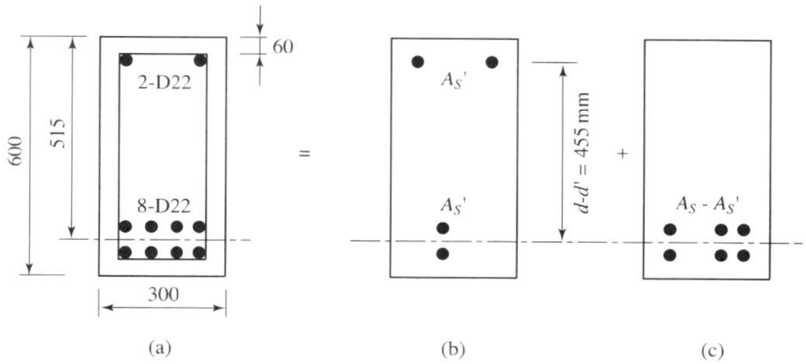

그림 4-10 예제 4-2의 복근보

식 (4.36)에서

$$\frac{60}{(1-400/660)} = 152.3 \text{ mm} < c$$

이므로 처음 가정한 바와 같이 압축철근은 극한상태에서 항복한다. 따라서 식 (4.42)으로부터 공칭모멘트는

$$\begin{aligned} M_n &= A_s' f_y (d - d') + (A_s - A_s') f_y (d - \beta c) \\ &= 2 \times 387.1 \times 400 \times (515 - 60) \times 10^{-6} \\ &\quad + (8-2) \times 387.1 \times 400 \times (515 - 0.40 \times 216.9) \times 10^{-6} \\ &= 538.8 \text{ kN·m} \end{aligned}$$

설계강도는

$$\phi M_n = 0.85 \times 538.8 = 458.0 \text{ kN·m}$$

② 직사각형 등가응력블록

압축철근이 항복한 것으로 가정하면

$$a = \frac{(A_s - A_s') f_y}{\eta (0.85 f_{ck}) b} = \frac{(8-2) \times 387.1 \times 400}{1.0 \times 0.85 \times 21 \times 300} = 173.5 \text{ mm}$$

식 (4.14)와 (4.36)를 통해 압축응력블록의 깊이 a를 검토하면

$$\frac{0.80 \times 60}{(1-400/660)} = 121.8 \text{ mm} < a$$

이므로 처음 가정한 바와 같이 압축철근은 극한상태에서 항복한다. 따라서 식 (4.45)으로부터 공칭모멘트는

$$M_n = A_s' f_y(d-d') + (A_s - A_s') f_y\left(d - \frac{a}{2}\right)$$

$$= 2 \times 387.1 \times 400 \times (515 - 60) \times 10^{-6}$$

$$+ (8-2) \times 387.1 \times 400 \times \left(515 - \frac{173.5}{2}\right) \times 10^{-6}$$

$$= 538.8 \text{ kN·m}$$

설계강도는

$$\phi M_n = 0.85 \times 538.8 = 458.0 \text{ kN·m}$$

【예제 4-3】 예제 4-2의 보에서 압축철근을 2-D22 대신 5-D22를 사용할 때의 설계강도를 계산하라.

[풀 이] ① 포물선-직선 등가응력분포

압축철근의 항복 여부를 검토하기 위하여 압축철근이 항복한 것으로 가정하면,

$$c = \frac{(A_s - A_s')f_y}{\alpha(0.85 f_{ck})\,b} = \frac{(8-5) \times 387.1 \times 400}{0.80 \times 0.85 \times 21 \times 300} = 108.4 \text{ mm}$$

식 (4.36)에서

$$\frac{60}{(1-400/660)} = 152.3 \text{ mm} > c$$

따라서 극한상태에서 압축철근은 항복하지 않으므로 식 (4.48)로 c를 계산한다.

$$0.80 \times (0.85 \times 21 \times 300)\,c^2 + (660 \times 5 \times 387.1 - 8 \times 387.1 \times 400)\,c$$

$$- 660 \times 5 \times 387.1 \times 60 = 0$$

$$\therefore c = 129.3 \text{ mm}$$

$$\epsilon_s' = \left(1 - \frac{d'}{129.3}\right)\varepsilon_{cu} = \left(1 - \frac{60}{129.3}\right) \times 0.0033 = 0.00177$$

$$C_s = (200{,}000 \times 0.00177 \times 5 \times 387.1) \times 10^{-3} = 685.2\,\text{kN}$$

$$C_c = 0.80 \times 0.85 \times 21 \times 129.3 \times 300 \times 10^{-3} = 553.9\,\text{kN}$$

$$M_n = C_c(d - \beta c) + C_s(d - d')$$

$$= 553.9 \times (515 - 0.40 \times 129.3) + 685.2 \times (515 - 60)$$

$$= 568{,}376\,\text{kN}\cdot\text{mm} = 568.4\,\text{kN}\cdot\text{m}$$

$$\phi M_n = 0.85 \times 568.4 = 483.1\,\text{kN}\cdot\text{m}$$

② 직사각형 등가응력블록

압축철근이 항복한 것으로 가정하면,

$$a = \frac{(A_s - A_s')f_y}{\eta(0.85 f_{ck})\,b} = \frac{(8-5) \times 387.1 \times 400}{1.0 \times 0.85 \times 21 \times 300} = 86.7\,\text{mm}$$

식 (4.14)와 (4.36)를 통해 압축응력블록의 깊이 a를 검토하면

$$\frac{0.80 \times 60}{(1 - 400/660)} = 121.8\,\text{mm} > a$$

따라서 극한상태에서 압축철근은 항복하지 않으므로 식 (4.50)으로 a를 계산한다.

$$1.0 \times (0.85 \times 21 \times 300)\,a^2 + (660 \times 5 \times 387.1 - 8 \times 387.1 \times 400)\,a$$

$$- 660 \times 5 \times 387.1 \times 0.80 \times 60 = 0$$

$$\therefore a = 103.5\,\text{mm}$$

$$\epsilon_s' = \left(\frac{a - \beta_1 d'}{a}\right)\varepsilon_{cu} = \frac{103.5 - 0.80 \times 60}{103.5} \times 0.0033 = 0.00177$$

$$C_s = (200{,}000 \times 0.00177 \times 5 \times 387.1) \times 10^{-3} = 685.2\,\text{kN}$$

$$C_c = 1.0 \times 0.85 \times 21 \times 103.5 \times 300 \times 10^{-3} = 554.2\,\text{kN}$$

$$M_n = C_c\left(d - \frac{a}{2}\right) + C_s(d - d')$$

$$= 554.2 \times \left(515 - \frac{103.5}{2}\right) + 685.2 \times (515 - 60)$$

$$= 536{,}123\,\text{kN}\cdot\text{mm} = 568.5\,\text{kN}\cdot\text{m}$$

$$\phi M_n = 0.85 \times 568.5 = 483.2\,\text{kN}\cdot\text{m}$$

4-5 연속 휨부재의 모멘트 재분배

연속보나 2 경간 이상 연속된 1 방향 슬래브에 연직방향 하중이 작용하면 받침부에 부모멘트, 경간 내에 정모멘트가 생기게 된다. 이와 같은 연속 휨부재에 작용하는 하중이 증가하면, 정모멘트나 부모멘트 보강철근 중 어느 한 부분이 먼저 항복하며, 항복한 철근에는 소성힌지가 발생하여 더 이상 휨저항 능력을 발휘하지 못하나, 탄성 상태로 남아 있는 부분의 철근은 휨저항 능력을 가지고 있으므로, 소성힌지가 발생한 부분의 모멘트는 철근의 소성모멘트 수준을 유지하면서 추가 하중에 대하여 인장철근이 탄성 상태인 쪽으로 모멘트가 증가하게 된다. 이와 같은 소성거동에 의한 모멘트의 재분배는 소성힌지가 생기는 부분에서 충분한 비탄성변형이 생기는 경우에만 가능하며, 인장측 철근이 비탄성변형을 하더라도 압축측 콘크리트가 압괴되는 경우에는 모멘트의 재분배를 기대할 수 없다. 휨인장철근비가 균형철근비인 경우에는 철근이 항복됨과 함께 압축측 콘크리트의 최대 변형률이 극한 변형률에 도달하여 압괴되므로, 인장철근비가 낮을수록 콘크리트의 소성거동에 필요한 연성, 즉 비탄성변형을 할 수 있는 능력이 확보된다. 이런 현상이 고려되어 KDS 14 20 10 (4.3.2) 모멘트 재분배에 대하여 다음과 같은 규정을 하고 있다.

① 모멘트의 재분배는 휨모멘트를 감소할 단면의 최외단 인장철근의 순인장 변형률 ε_t가 0.0075 이상인 경우에만 가능하다.

② 연속 휨부재 받침부의 부모멘트는 20 퍼센트 범위에서 $1{,}000\varepsilon_t$ 퍼센트 만큼 증가 또는 감소시킬 수 있다.

모멘트의 재분배를 전제로 하여 연속 휨부재의 모멘트를 위에 규정된 범위 내에서 증감할 경우 경간 내의 단면에 대한 휨모멘트의 계산에서는 수정된 모멘트값이 사용되어야 하며, 휨모멘트 재분배 이후에도 정적 평형은 유지되어야 한다.

【예제 4-4】 그림 4-11(a)의 연속보에서 계수하중 $w_u = 150\ \mathrm{kN/m}$에 의한 단부의 부모멘트 및 중앙부의 정모멘트의 최대 값이 그림 4-11(b)와 같이 각각

$$M_u^- = 490.9\ \mathrm{kN \cdot m}\ , \qquad M_u^+ = 337.5\ \mathrm{kN \cdot m}$$

으로 계산되었을 때 예제 4-3의 결과와 모멘트 재분배 현상을 이용하여 보 단부와 중앙부를 설계하라.

[풀 이] 예제 4-3의 보 단면과 철근보강을 보 단부에 적용하면, 그림 4-11 (c)의 형태가 되며, 설계강도는 $\phi M_n = 483.2$ kN·m 으로, 소요강도 $M_u^- = 490.9$ kN·m 에 비하여

$$\Delta M = 490.9 - 483.2 = 7.7 \text{ kN·m}$$

부족하므로, 모멘트 재분배에 의한 ΔM만큼의 감소를 검토한다.
그림 4-11(c)의 보 단부에서 최외단 인장철근의 순인장변형률은,
$d_t = 540$ mm, $a = 103.5$ mm 이므로, 식 (4.9)로부터

$$\begin{aligned} \varepsilon_t &= (0.0033)\left(\frac{540}{103.5/\beta_1} - 1\right) \\ &= 0.0105 > 0.0075 \end{aligned}$$

따라서, 모멘트 재분배는 가능하다.
모멘트 재분배 한도는

$$1{,}000\,\varepsilon_t\ \% = 10.5\ \% < 20\ \%$$

$$490.9 \times 0.105 = 51.5 \text{ kN·m}$$

으로, $\Delta M = 6.6$ kN·m 보다 크므로, 51.5 kN·m 이내의 범위에서 부모멘트를 감소시키고 감소된 크기의 모멘트 ΔM은 중앙부 정모멘트에 재분배되는 것으로 하여 설계할 수 있다.
보 중앙부의 단면 및 보강을 그림 4-11(d)와 같이 설계하면, 설계강도는

$$\phi M_n = 421.9 \text{ kN·m}$$

으로 계산되며,

$$\begin{aligned} M_u^+ + \Delta M &= 337.5 + 51.5 \\ &= 389.0 \text{ kN·m} < \phi M_n \end{aligned}$$ 적합

재분배된 모멘트의 분포는 그림 4-11(b)의 파선으로 표시된 부분과 같다.
모멘트 재분배 개념을 적용하면, 정 · 부모멘트를 일정한 범위 내에서 조절하여 철근 배근의 효율을 높일 수 있다.

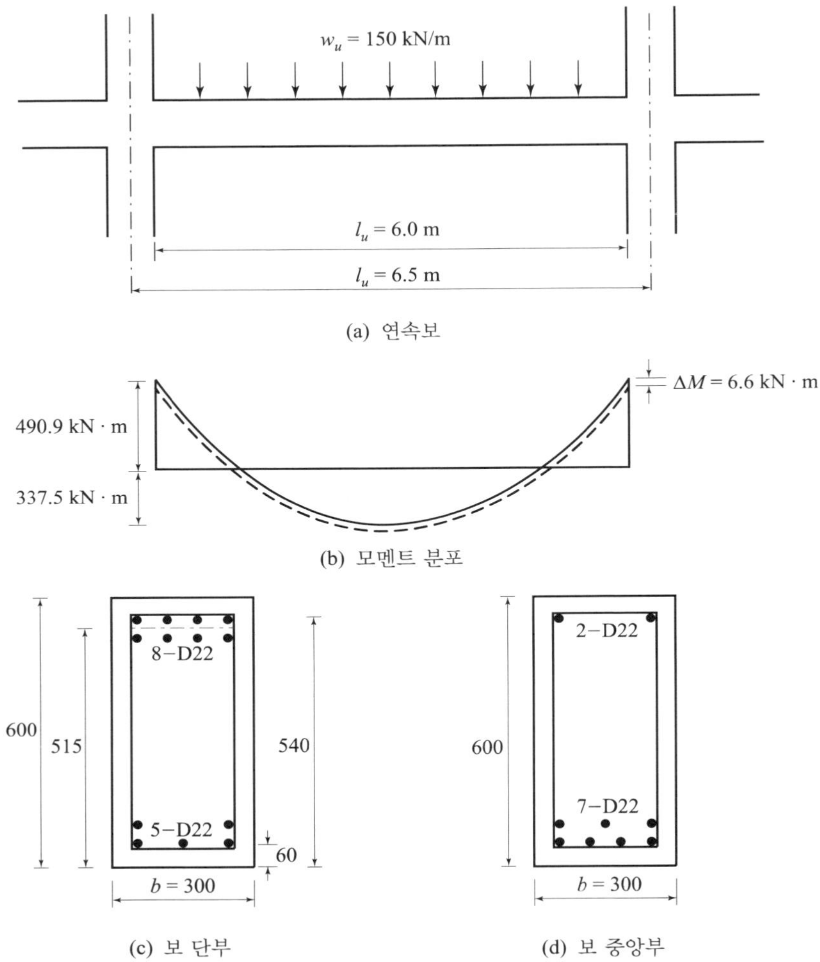

그림 4-11 예제 4-4의 연속보

4-6 T 형보의 해석

4-6-1 T 형보의 개념

보-슬래브 구조에서는 시공의 성질상 보와 슬래브의 콘크리트가 동시에 타설되기 때문에 경화 후 일체가 되어 그림 4-12에 표시된 바와 같이 보에 인접한 슬래브는 보의 플랜지를 이루어 보의 강성을 높이고 압축응력을 지지하는 면적을 넓혀 준다. 이러한 형태의 보를 T 형보라고 한다. T 형보의 플랜지는 충분한 압축력 지지 면적을 가지므로 T 형보 설계에서는 일반적으로 압축측의 취성파괴의 가능성을 배제할 수 있다. 그림 4-12에서 중앙보는 양쪽에 플랜지를 가지고 있으나, 외곽보는 한쪽에만 플랜지를 가지고 있다.

T 형보는 보의 모든 부분에 다 적용되는 것은 아니고, 휨에 의하여 슬래브가 압축측이 되는 보의 중앙 부분에만 적용이 가능하며, 슬래브가 인장 측이 되는 보의 단부에서는 직사각형보로 설계되어야 한다. 그 이유는 콘크리트는 인장응력을 지지하지 못하기 때문이다.

4-6-2 T 형보의 유효폭

휨모멘트에 의하여 압축응력을 받는 T 형보 플랜지는 그림 4-13에 개략적으로 나타낸 바와 같이 보에 인접한 부분에서는 압축응력을 많이 받으나, 보에서 멀리 떨어질수록 지지하는 압축응력의 크기는 감소한다. 이러한 압축응력의 분포를 최대 압축응력 $f_{c,\max}$가 일정하게 작용하는 것으로 바꿔놓았을 때 그 폭을 유효폭이라고 한다. T 형보의 유효폭은 하중 형태,지지 조건, 보의 간격, 보와 슬래브의 상대 강성 등에 영향을 받으며, KDS 14 20 10 (4.3.10)에서는 다음과 같이 규정하고 있다.

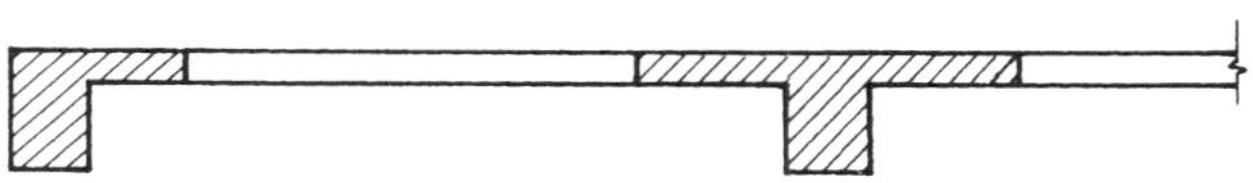

그림 4-12 보-슬래브 구조에서 T 형보

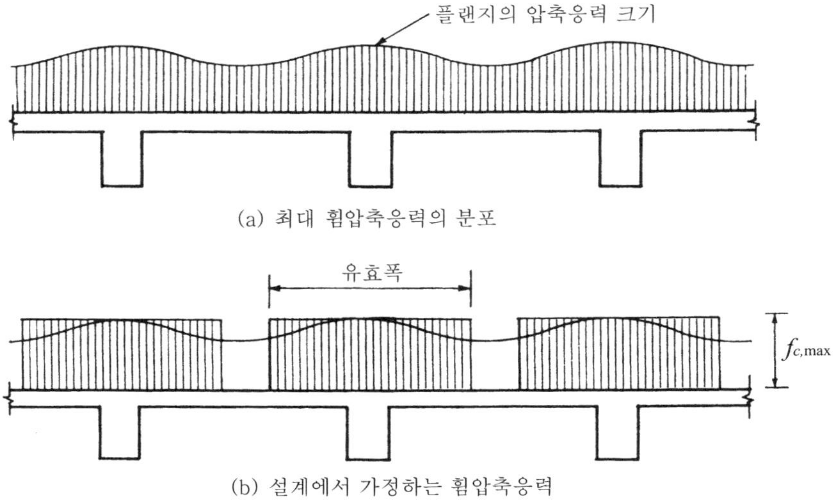

그림 4-13 T 형보의 유효폭

(1) 보의 양 쪽에 슬래브가 있는 경우

① 보 경간의 1/4
② 양쪽으로 각각 내민 플랜지 두께의 8 배에 보의 복부 폭을 더한 값
③ 양쪽 슬래브의 중심간 거리

(2) 보의 한 쪽에만 슬래브가 있는 경우

① 보 경간의 1/12에 보의 복부 폭을 더한 값
② 한 쪽으로 내민 플랜지 두께의 6 배에 보의 복부 폭을 더한 값
③ 인접 보와의 내측 거리의 1/2에 보의 복부 폭을 더한 값

4-6-3 설계강도

T 형보의 중립축은 단면 형태, 철근비, 재료 강도 등에 따라 플랜지에 위치하는 경우도 있고 복부에 위치하는 경우도 있으며, 그 위치에 따라 설계강도의 해석이 달라진다. 이때 T형보의 콘크리트 압축응력 분포를 극한 상태에서 포물선-직선 등가응력분포로 가정할 경우 실제 결과와 다소 오차가 발생할 수 있는데 이는 플랜지에 작용하는 응력 분포는 사각형에 가깝고 웨브에 작용하는 응

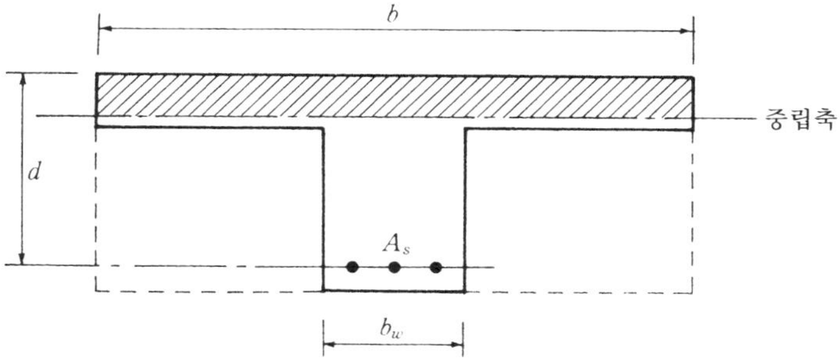

그림 4-14 중립축이 플랜지에 있는 T 형보

력분포는 포물선에 가깝기 때문이다. 따라서, 여기에서는 T형보의 해석 · 설계에 있어서 극한상태의 콘크리트 압축응력 분포를 직사각형 등가응력블록으로 가정하여 서술을 진행하였다. 따라서, 응력블록의 깊이를 계산하는 데에는 식 (4.34)를 적용하며, 계산된 a의 값이 플랜지 두께 이하일 때에는 중립축이 플랜지 내에 위치하는 것으로 본다.

(1) 중립축이 플랜지에 위치하는 경우

그림 4-14에 표시된 바와 같이 중립축의 위치가 플랜지 내에 있는 경우에는 T 형보의 공칭 저항모멘트의 해석은 단근 직사각형보의 해석 방법으로 한다. 그림 4-14에서 빗금친 부분이 압축측을 나타내며, 점선으로 표시된 유효폭 b에 유효깊이 d를 가지는 직사각형보를 생각하면, 인장측 콘크리트는 공칭 저항모멘트 계산에 고려되지 않으므로 T 형보와 직사각형보의 설계강도는 같은 값으로 계산된다.

(2) 중립축이 복부에 위치하는 경우

그림 4-15 (a)에 보이는 바와 같이 중립축이 복부에 위치하는 경우에는 실제 T 형보에 압축응력 분포를 반영할 수 있는 해석 방법이 적용되어야 한다. T 형보의 해석에서도 직사각형보의 경우와 같이 등가응력블록의 개념을 사용하는 것이 편리하다. 등가응력블록은 원래 직사각형보의 실험결과를 토대로 고안된 것이어서 T 형보에 적용하는 데에는 의문점이 있으나, 연구 결과에 의하면 큰 오차 없이 적용 가능한 것으로 밝혀지고 있다.

해석의 편의를 위하여 T 형보를 그림 4-15 (b) 및 (c)와 같이 플랜지 부분과

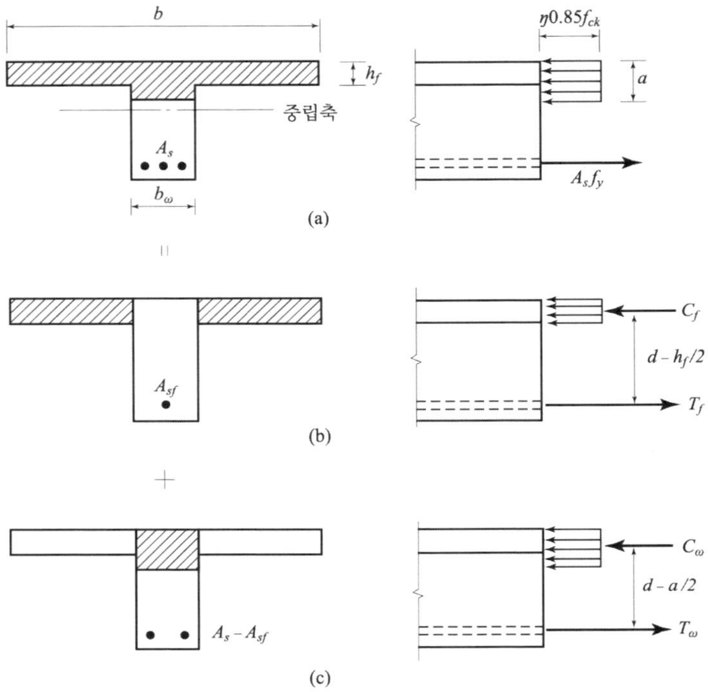

그림 4-15 중립축이 복부에 있는 T 형보

복부 부분으로 나누고, 인장철근도 플랜지 철근 A_{sf}와 복부 철근 $(A_s - A_{sf})$로 나눈다. 플랜지 철근 A_{sf}는 플랜지가 $0.85 f_{ck}$으로 균일하게 압축응력을 받을 때 항복응력 f_y로 이에 평형을 이루는 철근이므로 그림 4-15 (b)에서 $C_f = T_f$의 평형조건을 적용하여

$$A_{sf} = \frac{\eta(0.85 f_{ck})(b - b_w) h_f}{f_y} \tag{4.52}$$

으로 계산된다. 압축응력의 합력은 플랜지 중심에 작용하므로 플랜지 부분에 의한 공칭 저항모멘트는

$$M_{n1} = A_{sf} f_y \left(d - \frac{h_f}{2} \right) \tag{4.53}$$

이 된다. 나머지 철근 $(A_s - A_{sf})$는 응력 상태 f_y에서 직사각형보의 부분과 평형을 이루므로 등가응력블록의 깊이 a는 식 (e2), 또는 식 (4.44)와 유사하게

$$a = \frac{(A_s - A_{sf})\, f_y}{\eta(0.85 f_{ck})\, b_w} \tag{4.54}$$

으로 계산되며, 직사각형보의 공칭 휨모멘트는 그림 4-15 (c)로부터

$$M_{n2} = (A_s - A_{sf})\, f_y \left(d - \frac{a}{2}\right) \tag{4.55}$$

와 같이 구할 수 있다. 전체 공칭 휨모멘트는 식 (4.53)의 M_{n1}과 식 (4.55)의 M_{n2}의 합이므로

$$M_n = A_{sf} f_y \left(d - \frac{h_f}{2}\right) + (A_s - A_{sf})\, f_y \left(d - \frac{a}{2}\right) \tag{4.56}$$

이 되며, 설계강도는 이 식으로부터 계산되는 값에 강도감소계수 $\phi = 0.85$를 곱하여 얻게 된다.

【예제 4-5】 그림 4-16과 같은 T형보의 설계강도를 계산하라. 콘크리트와 철근의 재료 강도는 각각 $f_{ck} = 21\,\text{MPa}$, $f_y = 400\,\text{MPa}$로 한다.

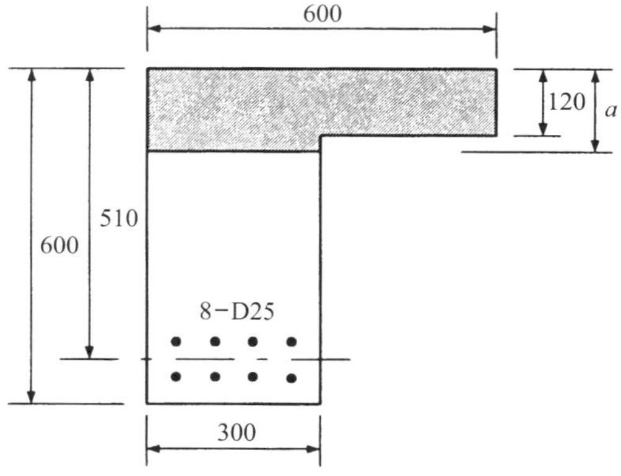

그림 4-16 예제 4-5의 T형보

[풀 이] 중립축의 위치를 조사하기 위하여 식 (e2)로부터

$$a = \frac{A_s f_y}{\eta(0.85 f_{ck})\, b} = \frac{8 \times 506.7 \times 400}{1.0 \times 0.85 \times 21 \times 600} = 151\ \text{mm} > h_f = 120\ \text{mm}$$

중립축은 보의 복부에 위치하므로 T 형보 설계법을 적용한다. 식 (4.52)과 (4.53)로부터

$$A_{sf} = \frac{\eta(0.85 f_{ck})(b - b_w)\, h_f}{f_y}$$

$$= \frac{1.0 \times 0.85 \times 21 \times (600 - 300) \times 120}{400} = 1{,}607\ \text{mm}^2$$

$$M_{n1} = A_{sf} f_y \left(d - \frac{h_f}{2}\right)$$

$$= 1{,}607 \times 400 \times \left(510 - \frac{120}{2}\right) \times 10^{-6} = 289.3\ \text{kN}\cdot\text{m}$$

식 (4.54)와 (4.55)로부터

$$a = \frac{(A_s - A_{sf})\, f_y}{\eta(0.85 f_{ck})\, b_w} = \frac{(8 \times 506.7 - 1{,}607) \times 400}{1.0 \times 0.85 \times 21 \times 300} = 183\ \text{mm}$$

$$M_{n2} = (A_s - A_{sf})\, f_y \left(d - \frac{a}{2}\right)$$

$$= (8 \times 506.7 - 1{,}607) \times 400 \times \left(510 - \frac{183}{2}\right) \times 10^{-6}$$

$$= 409.6\ \text{kN}\cdot\text{m}$$

전체 공칭모멘트

$$M_n = M_{n1} + M_{n2} = 289.3 + 409.6 = 698.9\ \text{kN}\cdot\text{m}$$

설계강도

$$\phi M_n = 0.85 \times 698.9 = 594.1\ \text{kN}\cdot\text{m}$$

4-7 보의 설계

4-7-1 설계의 일반 사항

구조체의 해석과 설계는 서로 밀접한 관계를 가지고 있으나 기술적인 면에서는 기본적인 차이점을 가지고 있다. 해석에서는 단면과 보강철근량이 주어진 상태에서 그 부재가 극한상태에서 발휘할 수 있는 설계강도를 역학적인 이론과 경험적인 계수들을 적용하여 계산하는 반면에, 설계에서는 주어진 하중 조건에 대하여 재료의 강도를 정하고, 식 (3.3)으로 주어진 바와 같이 설계강도가 하중조건에 의한 소요강도 이상이 되도록 단면의 크기와 철근량이 산정되어야 한다. 그러나 설계를 하는 데에는 단순히 단면의 크기나 철근량을 정하는 것이 아니고 인접하는 부재간의 접합시공의 편이성과 신속성, 내구성, 방화성 등 여러 가지 요인이 복합적으로 고려되어야 하기 때문에 보의 해석에 대한 깊은 이해와 함께 경험에 의한 인식도 요구된다. 보의 설계는 대체로 다음의 네 가지 과정을 포함한다.

① 재료의 강도 결정
② 보의 단면 산정
③ 철근량 산정
④ 배근 방법 결정

재료의 강도는 콘크리트의 압축강도 f_{ck}와 철근의 항복강도 f_y로, 이들을 결정하는 데에는 공급 가능성과 함께 강도설계법 적용에 의한 효율성이 고려되어야 한다.

보의 단면은 일반적으로 최대 휨모멘트의 크기에 의하여 결정되나 짧은 경간에서 하중의 크기가 클 때에는 전단력에 의하여 정해지는 경우도 가끔 있다.

철근량의 산정에서는 계산된 소요모멘트에 대하여 최대 철근비와 최소 철근비의 요구조건을 만족시키면서 강도감소를 고려한 내부 저항모멘트를 유발시킬 수 있는 철근 단면적이 확보되어야 한다. 계산된 철근량에 대하여 피복두께, 철근 간격 등의 조건들을 고려하면서 철근의 크기와 개수를 정하고 철근을 연속시키거나 절단 또는 절곡하는 위치를 정하면 철근 배근이 완료된다.

보의 설계에서는 강도의 요구조건과 함께 사용성의 요구조건도 함께 만족되어야 한다. 사용성에 관련된 보의 설계는 5 장에서 논의하게 된다.

4-7-2 설계에서 고려되어야 할 점들

보의 설계에서는 소요강도에 따른 보의 단면과 철근량 계산 이외에도 철근의 피복, 철근의 크기와 간격, 보의 단면 형태 등이 고려되어야 한다.

【1】 철근의 피복

철근을 화재로부터 보호하고, 공기와의 접촉에 의하여 부식되는 것을 방지하기 위하여 철근의 피복두께는 KDS 14 20 50 (4.3.1)에 규정된 바와 같이 40 mm 이상 유지되어야 한다. 피복두께 40 mm가 유지되면 콘크리트와 철근의 부착도 좋아지고 철근의 장부작용에 의한 전단 저항 성능도 증진한다. 그러나 f_{ck}가 40 MPa 이상인 콘크리트를 사용하는 경우 최소 피복두께를 30 mm로 할 수 있다. 보의 배근에서는 휨모멘트에 의한 주철근에 전단보강을 위한 스터럽이 설치되므로 피복두께는 스터럽의 바깥쪽에서콘크리트 표면까지의 거리로 한다.

【2】 보의 단면 형태와 횡지지 간격

보의 유효깊이를 크게 하면 응력중심거리 jd와 단면 2차모멘트가 증가하기 때문에 저항모멘트가 커지고 처짐을 줄이는 데 유리하나 층높이를 높게 하는 단점이 있다. 보의 폭은 공칭 저항모멘트 계산에 의해 산정되는 것보다 철근 배근시 적절한 철근 간격과 피복두께를 유지할 수 있도록 산정되어야 한다. 또한 보의 폭이 좁고 깊이가 너무 클 때에는 횡좌굴에 의하여 안전성이 감소되는 점도 고려되어야 한다.

일반적으로 층높이가 허용되는 경우 유효깊이를 보 폭의 2~3 배 범위에서 하는 것이 경제적이며, 실제에서는 1.5~2.5 배 범위에서 많이 설계되고 있다.

보의 단면 형태가 적절히 되어 있는 경우에도 보의 깊이가 횡방향으로 지지되지 않은 채 길어지면, 횡좌굴에 의하여 설계강도에 도달하기 전에 파괴될 수 있으므로, 보의 횡지지 간격은 압축 플랜지 또는 압축면의 최소 폭의 50 배를 넘지 않도록 하며, 이를 넘을 때에는 횡방향으로 가새 등을 설치하여야 한다. 또한 횡방향으로 편심을 가진 하중이 작용하는 경우에는 휨과 더불어 비틀림

변형이 생기기 때문에 이 영향이 횡지지 간격을 결정하는 데 고려되어야 한다.

【3】 철근 배근

필요한 철근 단면적이 계산되면 이에 맞춰 철근의 크기와 개수가 정해진다. 지름이 작은 철근을 사용하면 인장응력을 분산시킬 수 있어 균열방지 등에 유리하나 개수가 많이 소요되기 때문에 간격이 좁아져 배근과 콘크리트 타설에 어려움이 생긴다. 반대로, 지름이 큰 철근을 사용하면 이러한 어려움은 줄어드나, 부착 면적이 감소하고 응력이 집중되는 단점이 있다. 따라서 보의 설계에서는 적당한 크기의 철근을 선정하여 철근 주위에 콘크리트가 밀실하게 채워질 수 있도록 최소한의 철근 간격을 두지 않으면 안된다.

철근의 배근 간격에 대해서는 그림 4-17에 표시된 바와 같이, 1단 배근에서 평행한 철근 사이의 순간격은 철근의 공칭지름 d_b, 25 mm 또는 굵은 골재 최대 치수의 4/3 이상으로 하고, 2 단 이상으로 배근되는 경우에는 단 사이의 순간격을 25 mm 이상으로 하며 상단 철근은 하단 철근의 바로 위에 배근하도록 되어 있다.

보의 인장 연단에 가장 가까이 배근되는 철근의 중심간격은 KDS 14 20 20 (4.2.3)의 규정에 따라

$$s = 375\left(\frac{\kappa_{cr}}{f_s}\right) - 2.5\,c_c \tag{4.57}$$

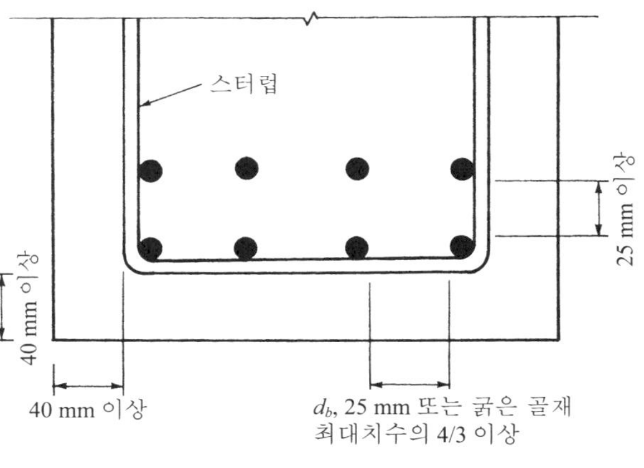

그림 4-17 보의 피복두께 및 철근 간격

$$s = 300\left(\frac{\kappa_{cr}}{f_s}\right) \tag{4.58}$$

의 두 식 중 작은 값 이하로 하여야 한다. 식 (4.57)과 식 (4.58)에서 κ_{cr}의 값은 부식의 우려가 없는 일반 옥내나 사무실 내부 정도의 노출 환경에서는 280, 그 외의 환경에 노출된 경우에는 210으로 한다. c_c는 인장철근과 콘크리트 표면 사이의 최소 두께이며, f_s는 사용하중 상태에서 인장 연단에 가장 가까이 배근된 철근의 응력으로 $(2/3)f_y$의 값으로 할 수 있다.

보의 철근보강에서는 해석상 필요한 철근과 함께 균열 억제용 철근도 배근되어야 한다. 플랜지가 인장측인 T 형보에서는 휨균열을 억제하기 위하여 T 형보 유효폭이나 보 경간의 1/10 중 작은 폭에 걸쳐 인장철근을 배근하며, 유효폭이 경간의 1/10을 넘는 경우에는 플랜지 바깥 부분에 약간의 길이 방향 철근을 추가로 배근하여야 한다.

보의 깊이 h가 900 mm를 넘는 경우에도 보의 양 측면에 인장연단부터 $h/2$ 되는 위치까지 표피철근을 길이 방향으로 배근하여 보의 복부에 균열이 생기는 것을 예방하여야 한다. 표피철근의 간격은 식 (4.57)과 (4.58)에서 계산된 값 중 작은 값으로 하며, 보강철근은 D10에서 D16 사이의 철근이나 1 m당 280 mm^2 이상의 단면적을 갖는 철선으로 할 수 있다. 변형률 적합조건에 따라 표피철근에 생기는 응력을 계산하는 경우에는 표피철근의 휨인장 저항 성능을 강도 계산에 포함시킬 수 있다.

【예제 4-6】 옥외에 설치되어 부 모멘트를 받는 400× 1,200 직사각형 보의 표피철근을 SD 400 철근으로 설계하라.

[풀 이] 보의 깊이가 900 mm를 넘으므로, 인장 연단으로부터 $h/2$ 되는 600 mm 위치까지 표피철근 보강을 한다.

식 (4.57) 및 (4.58)에서 피복두께 40 mm, 스터럽 D10을 고려하면,

$$c_c = 40 + 10 = 50 \text{ mm}$$

$$f_s = \frac{2}{3} f_y = 267 \text{ MPa}$$

이며, 옥외의 노출환경에서 κ_{cr}의 값은 210에 해당하므로

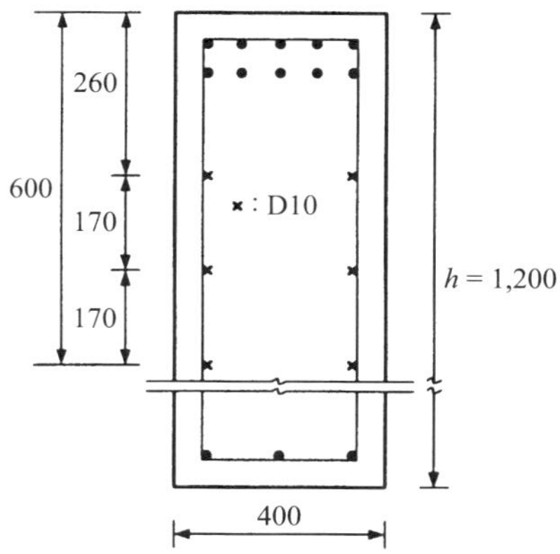

그림 4-18 보의 표피철근 보강 예

$$s = 375\left(\frac{210}{267}\right) - 2.5 \times 50 = 170\text{ mm}$$

$$s = 300\left(\frac{210}{267}\right) = 236\text{ mm}$$

그림 4-17과 같은 간격으로 D10철근을 표피철근으로 한다.

4-7-3 도표를 사용한 단근보 설계

실제 설계에서는 공식을 사용하는 것보다 공식에 의한 도표를 만들어 이를 사용하는 것이 시간 절약적이며 편리하다. 부재의 설계강도 ϕM_n이 소요강도 M_u 이상이 되어야 하므로 최소 필요조건으로 $\phi M_n = M_u$로 하면 식 (4.26b), (4.27)와 (4.32b)로부터

포물선-직선 등가응력분포의 경우

$$\frac{M_u}{\phi f_{ck} bd^2} = \omega\left(1 - \frac{\beta}{\alpha}\frac{\omega}{0.85}\right) \tag{4.59}$$

직사각형 등가응력블록의 경우

$$\frac{M_u}{\phi f_{ck} bd^2} = \omega\left(1 - \frac{\omega}{1.7\eta}\right) \tag{4.60}$$

와 같은 식이 유도된다. $\alpha/\beta = 2\eta$ 이므로 식 (4.59)와 (4.60)은 동일한 결과값을 제공하며, 이 식에서 ω를 변수로 하여 표 4-5를 얻을 수 있다.

설계용 그래프에 대하여서는 식 (4.29)와 (4.33)로부터 일반적으로 사용되는 f_{ck}와 f_y에 대하여 철근비 ρ를 함수로 한 R_n의 값을 부그림 3-1, 3-2, 3-3 및 3-4와 같이 얻을 수 있다. 이러한 설계용 도표를 사용한 보의 설계 순서는 다음과 같다.

① 단면의 폭 b와 유효깊이 d를 가정한다. d는 b의 1.5~2.5 배 정도로 하는 것이 좋다.
② 재료의 강도 f_{ck}와 f_y를 정한다. 강도설계법에서는 고강도 철근을 사용하는 것이 경제적이다.
③ 도표에서 철근비를 산정한다. 표를 사용하는 경우에는 계산된 $M_u/(\phi f_{ck} bd^2)$의 값을 표 4-5에서 찾아 ω의 값을 읽은 다음 $\omega = \rho f_y / f_{ck}$를 역산하여 철근비를 계산한다. 그래프를 사용하는 경우에는 M_n/bd^2 또는 $M_u/\phi bd^2 = R_n$의 값을 계산하여 부그림 3-1에서 부그림 3-4 중 해당된 f_{ck}의 값을 가진 그래프의 세로축에서 R_n의 값을 찾아 평행하게 오른 편으로 옮기면서 해당된 f_y의 곡선을 만나면 수직하게 내려 가로축에서 ρ의 값을 읽는다.
④ 산정된 철근비가 최대 및 최소 철근비 사이에 있는지를 확인한다. 최대 및 최소 철근비는 표 4-4에 쓰여 있다.
⑤ $A_s = \rho bd$ 의 계산으로 철근 단면적을 구하여 배근 설계를 한다.

【예제 4-7】 계산된 극한모멘트가 $M_u = 250\,\text{kN·m}$일 때 이를 지지할 수 있는 보를 표와 그림을 이용하여 설계하라.

[풀 이] (1) 단면 가정

보 폭 $b = 300\,\text{mm}$, 깊이 $h = 600\,\text{mm}$, $d = 540\,\text{mm}$로 가정한다.

(2) 재료 정수

$f_{ck} = 27\,\text{MPa}$, $f_y = 400\,\text{MPa}$으로 한다.

(3) 철근비 산정

① 표를 사용하는 경우

$$\frac{M_u}{\phi f_{ck}bd^2} = \frac{250 \times 10^6}{0.85 \times 27 \times 300 \times (540)^2} = 0.125$$

표 4-2에서 $\omega = 0.136$

$$\rho = \omega f_{ck}/f_y = 0.136 \times 27/400 = 0.0092$$

② 그래프를 사용하는 경우

$$R_n = \frac{M_u}{\phi bd^2} = \frac{250 \times 10^6}{0.85 \times 300 \times (540)^2} = 3.36\,\text{MPa}$$

$f_{ck} = 27\,\text{MPa}$인 그래프는 부그림 3-3이므로 여기서 세로축에 $R_n = 3.36\,\text{MPa}$를 맞춰 오른쪽으로 평행 이동하면서 SD 400의 곡선과 만나는 점에서 수직하게 내리면 $\rho = 0.0092$를 얻게 된다.

(4) 최대 및 최소 철근비 확인

표 4-4(b)에서 $f_y = 400\,\text{MPa}$, $f_{ck} = 27\,\text{MPa}$ 일 때 $\rho_{\max} = 0.0207$, $\rho_{\min} = 0.0027$이므로 산정된 철근비 $\rho = 0.0092$ 는 최대 철근비와 최소 철근비 사이에 있다.

(5) 철근 단면적

$$A_s = \rho bd = 0.0092 \times 300 \times 540$$
$$= 1{,}490\,\text{mm}^2$$
$$4\text{-D22}\ \ (A_s = 1{,}548\,\text{mm}^2)$$

(6) 배 근

그림 4-19와 같이 4-D22 철근을 인장측에 배근하면

$$\text{철근 순간격} = \{b - (\text{피복두께} + \text{스터럽 지름}) \times 2 - \text{주근지름} \times \text{개수}\} \div (\text{철근개수} - 1)$$
$$= \{300 - (40 + 10) \times 2 - 22.2 \times 4\}/(4 - 1)$$
$$= 37\,\text{mm}$$

골재의 최대 크기는 25 mm 정도이므로 철근 순간격은 철근의 공칭지름(= 22.2 mm), 25 mm 또는 굵은 골재의 4/3보다 크다.

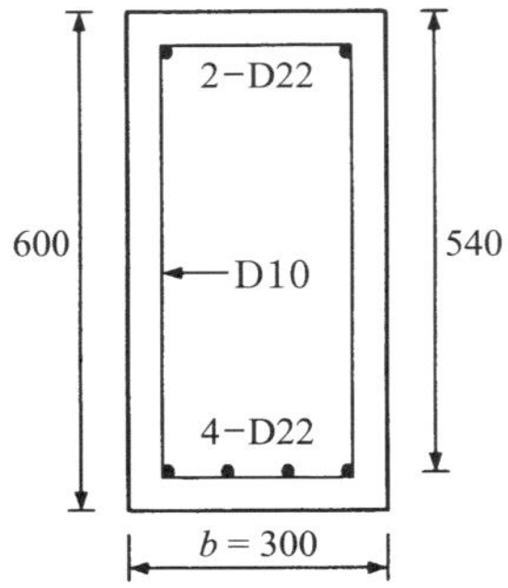

그림 4-19 예제 4-7의 보

$$\begin{aligned}\text{보의 깊이} &= d + \text{주근지름의 } 1/2 + \text{스터럽 지름} + \text{피복두께} \\ &= 540 + 22.2/2 + 10 + 40 \\ &= 601.1\,\text{mm} \rightarrow 600\,\text{mm}\end{aligned}$$

계산상 압축철근은 필요하지 않으나 스터럽의 설치와 연성의 증진, 장기처짐의 감소 등을 고려하여 2-D22를 상단의 압축측에 배근한다.

4-7-4 복근보의 설계

복근보의 설계에서는 단면과 재료 정수를 가정하더라도 인장철근과 압축철근의 두 변수 때문에 단근보의 경우와 같이 보강 설계를 쉽게 할 수 없다. 복근보의 응력 상태는 4-4-2 절에서 거론된 바와 같이 압축철근이 항복하는 경우와 항복하지 않는 경우로 나누어 생각할 수 있으나, 압축철근이 항복하도록 설계하는 것이 재료 이용의 효율성이나 계산의 편이성에서 이점이 있다. 따라서, 압축철근이 항복하는 것을 전제로 하여 식 (4.37)과 (4.38)을 만족시키는 값을

$$A_s - A_s{}' = A_s^* \tag{4.61}$$

으로 하면, 식 (4.41), (4.42), (4.44) 및 (4.45)으로부터

포물선-직선 등가응력분포의 경우

$$c = \frac{A_s^* f_y}{\alpha(0.85 f_{ck})\, b} \tag{4.62}$$

$$M_n = A_s' f_y (d - d') + A_s^* f_y (d - \beta c) \tag{4.63}$$

$$\geq \frac{M_u}{\phi}$$

직사각형 등가응력블록의 경우

$$a = \frac{A_s^* f_y}{\eta(0.85 f_{ck})\, b} \tag{4.64}$$

$$M_n = A_s' f_y (d - d') + A_s^* f_y \left(d - \frac{a}{2}\right) \tag{4.65}$$

$$\geq \frac{M_u}{\phi}$$

으로 유도되며, 식 (4.63) 및 (4.65)에서 압축철근 단면적이 결정되면, 인장철근의 단면적은 식 (4.61)로부터 계산된다. 식 (4.61)에서 A_s^*를 bd 로 나눈 값은 최대 철근비 이하이어야 한다.

【예제 4-8】 소요모멘트 $M_u = 460\ \mathrm{kN \cdot m}$ 인 깊이 600 mm 의 보를 복근보로 설계하라.

[풀 이] (1) 단면 가정

보 폭 $b = 300\ \mathrm{mm}$,　깊이　$h = 600\ \mathrm{mm}$

인장철근은 2단 배근하는 것으로 하여

$d = 600 - 40 - 10 - 25 - 25/2 = 512.5 \ \rightarrow\ 510\ \mathrm{mm}$

$d' = 60\ \mathrm{mm}$ 로 한다.

(2) 재료 정수

$f_{ck} = 24\ \mathrm{MPa}$, $f_y = 400\ \mathrm{MPa}$ 로 한다.

표 4-5 단근 직사각형보의 휨강도, $M_u/\phi f_{ck} bd^2$, $f_{ck} \leq 40\,\text{MPa}$인 경우

ω	.000	.001	.002	.003	.004	.005	.006	.007	.008	.009
0.0	0	.0010	.0020	.0030	.0040	.0050	.0060	.0070	.0080	.0090
0.01	.0099	.0109	.0119	.0129	.0139	.0149	.0159	.0168	.0178	.0188
0.02	.0197	.0207	.0217	.0226	.0236	.0246	.0256	.0266	.0278	.0285
0.03	.0295	.0304	.0314	.0324	.0333	.0343	.0352	.0362	.0372	.0381
0.04	.0391	.0400	.0410	.0420	.0429	.0438	.0448	.0457	.0467	.0476
0.05	.0485	.0495	.0504	.0513	.0523	.0532	.0541	.0551	.0560	.0569
0.06	.0579	.0588	.0597	.0607	.0616	.0625	.0634	.0643	.0653	.0662
0.07	.0671	.0680	.0689	.0699	.0708	.0717	.0726	.0735	.0744	.0753
0.08	.0762	.0771	.0780	.0789	.0798	.0807	.0816	.0825	.0834	.0843
0.09	.0852	.0861	.0870	.0879	.0888	.0897	.0906	.0915	.0923	.0932
0.10	.0941	.0950	.0959	.0967	.0976	.0985	.0994	.1002	.1011	.1020
0.11	.1029	.1037	.1046	.1055	.1063	.1072	.1081	.1099	.1098	.1106
0.12	.1115	.1124	.1133	.1141	.1149	.1158	.1166	.1175	.1183	.1192
0.13	.1200	.1209	.1217	.1226	.1234	.1243	.1251	.1259	.1268	.1276
0.14	.1284	.1293	.1301	.1309	.1318	.1326	.1334	.1342	.1351	.1359
0.15	.1367	.1375	.1384	.1392	.1400	.1408	.1416	.1425	.1433	.1441
0.16	.1449	.1457	.1465	.1473	.1481	.1489	.1497	.1506	.1514	.1522
0.17	.1529	.1537	.1545	.1553	.1561	.1569	.1577	.1585	.1593	.1601
0.18	.1609	.1617	.1624	.1632	.1640	.1648	.1656	.1664	.1671	.1679
0.19	.1687	.1695	.1703	.1710	.1718	.1726	.1733	.1741	.1749	.1756
0.20	.1764	.1772	.1779	.1787	.1794	.1802	.1810	.1817	.1825	.1832
0.21	.1840	.1847	.1855	.1862	.1870	.1877	.1885	.1892	.1900	.1907
0.22	.1914	.1922	.1929	.1937	.1944	.1951	.1959	.1966	.1973	.1981
0.23	.1988	.1995	.2002	.2010	.2017	.2024	.2031	.2039	.2046	.2053
0.24	.2060	.2067	.2075	.2082	.2089	.2096	.2103	.2110	.2117	.2124
0.25	.2131	.2138	.2145	.2152	.2159	.2166	.2173	.2180	.2187	.2194
0.26	.2201	.2208	.2215	.2222	.2229	.2236	.2243	.2249	.2256	.2263
0.27	.2270	.2277	.2284	.2290	.2297	.2304	.2311	.2317	.2324	.2331
0.28	.2337	.2344	.2351	.2357	.2364	.2371	.2377	.2384	.2391	.2397
0.29	.2404	.2410	.2417	.2423	.2430	.2437	.2443	.2450	.2456	.2463
0.30	.2469	.2475	.2482	.2488	.2495	.2501	.2508	.2514	.2520	.2527
0.31	.2533	.2539	.2546	.2552	.2558	.2565	.2571	.2577	.2583	.2590
0.32	.2596	.2602	.2608	.2614	.2621	.2627	.2633	.2639	.2645	.2651
0.33	.2657	.2664	.2670	.2676	.2682	.2688	.2694	.2700	.2706	.2712
0.34	.2718	.2724	.2730	.2736	.2742	.2748	.2754	.2760	.2766	.2771
0.35	.2777	.2783	.2789	.2795	.2801	.2807	.2812	.2818	.2824	.2830
0.36	.2835	.2841	.2847	.2853	.2858	.2864	.2870	.2875	.2881	.2887
0.37	.2892	.2898	.2904	.2909	.2915	.2920	.2926	.2931	.2937	.2943
0.38	.2948	.2954	.2959	.2965	.2970	.2975	.2981	.2986	.2992	.2997
0.39	.3003	.3008	.3013	.3019	.3024	.3029	.3035	.3040	.3045	.3051

$*\omega = \rho f_y / f_{ck}$

(3) 철근비 검토 및 철근 단면적 계산

① 포물선-직선 등가응력분포

식 (4.37)로부터

$$A_s - A_s{}' \geq \left(\frac{60}{1-400/660}\right)\left(\frac{0.80\times 0.85\times 24\times 300}{400}\right) = 1{,}864\ \mathrm{mm}^2$$

$A_s^* = 1{,}864\ \mathrm{mm}^2$으로 하면 표 4-4로부터

$$\frac{A_s^*}{bd} = \frac{1{,}864}{300\times 510} = 0.0122 < \rho_{\max} = 0.0184$$ 적합

식 (4.62) 및 (4.63)으로부터

$$c = \frac{1{,}864\times 400}{0.80\times 0.85\times 24\times 300} = 152.3\ \mathrm{mm}$$

$$A_s{}'(400)(510-60) + (1{,}864)(400)(510-0.40\times 152.3) = \frac{460\times 10^6}{0.85}$$

이 식으로부터 압축철근의 단면적은

$$A_s{}' = 1{,}146\ \mathrm{mm}^2$$

인장철근의 단면적은

$$A_s = A_s{}' + 1{,}864 = 3{,}010\ \mathrm{mm}^2$$

② 직사각형 등가응력블록

식 (4.38)로부터

$$A_s - A_s{}' \geq \left(\frac{0.80\times 60}{1-400/660}\right)\left(\frac{1.0\times 0.85\times 24\times 300}{400}\right) = 1{,}864\ \mathrm{mm}^2$$

$A_s^* = 1{,}864\ \mathrm{mm}^2$으로 하면 표 4-4로부터

$$\frac{A_s^*}{bd} = \frac{1{,}864}{300\times 510} = 0.0122 < \rho_{\max} = 0.0184$$ 적합

식 (4.64) 및 (4.65)로부터

$$a = \frac{1{,}864 \times 400}{1.0 \times 0.85 \times 24 \times 300} = 121.8\ \mathrm{mm}$$

$$A_s'(400)(510-60) + (1{,}864)(400)\left(510 - \frac{121.8}{2}\right) = \frac{460 \times 10^6}{0.85}$$

이 식으로부터 압축철근의 단면적은

$$A_s' = 1{,}146\ \mathrm{mm}^2$$

인장철근의 단면적은

$$A_s = A_s' + 1{,}864 = 3{,}010\ \mathrm{mm}^2$$

(5) 철근 배근

인장철근은 8−D22 ($A_s = 3{,}097\ \mathrm{mm}^2$)

압축철근은 3−D22 ($A_s' = 1{,}161\ \mathrm{mm}^2$)

연습문제

4-1 $b = 250\ \mathrm{mm}$, $d = 500\ \mathrm{mm}$인 직사각형보가 SD 400($f_y = 400\ \mathrm{MPa}$)의 3−D22 인장철근으로 보강되어 있을 때 이 보의 설계모멘트 ϕM_n을 계산하라. $f_{ck} = 24\ \mathrm{MPa}$로 한다.

4-2 경간 6 m의 단순받침보에 $w_D = 16\ \mathrm{kN/m}$, $w_L = 13\ \mathrm{kN/m}$의 등분포하중이 작용할 때 b와 d의 비를 1 : 2로 하고 철근비를 1 퍼센트 내외로 하여 단면과 철근량을 산출하라. $f_y = 400\ \mathrm{MPa}$, $f_{ck} = 24\ \mathrm{MPa}$로 한다.

4-3 $b = 300\ \mathrm{mm}$, $d = 600\ \mathrm{mm}$인 직사각형보가 3−D25($A_s = 1{,}520.1\ \mathrm{mm}$)로 보강되어 있을 때 다음의 철근과 콘크리트의 강도에 대하여 설계모멘트 ϕM_n을 계산하라.

① $f_y = 400\ \mathrm{MPa}$, $f_{ck} = 21\ \mathrm{MPa}$

② $f_y = 400\ \mathrm{MPa}$, $f_{ck} = 27\ \mathrm{MPa}$

③ $f_y = 500$ MPa , $f_{ck} = 21$ MPa

④ $f_y = 500$MPa , $f_{ck} = 27$ MPa

4-4 층 높이의 제한에 의하여 $M_u = 450$ kN·m를 지지하는 $b = 400$ mm의 보의 높이를 500 mm 이하로 하여야 하는 경우 압축철근을 포함한 보강철근량을 계산하라. $f_y = 400$ MPa, $f_{ck} = 21$ MPa로 한다.

4-5 $b = 300$ mm, $d = 510$ mm, $d' = 60$ mm 인 보가 인장철근 8-D25(A_s = 4,053.6 mm^2), 압축철근 2-D25($A_s{}' = 1{,}013.4$ mm^2)으로 보강되어 있을 때 다음의 철근과 콘크리트의 강도에 대하여 설계모멘트 ϕM_n을 계산하라.

① $f_y = 400$MPa , $f_{ck} = 21$MPa ② $f_y = 500$MPa , $f_{ck} = 27$ MPa

4-6 $b = 400$ mm , $h = 600$ mm 의 직사각형 보에 작용하는 고정하중 및 활하중에 의한 모멘트가 각각 $M_D = 250$ kN·m , $M_L = 320$ kN·m 로 계산되었을 때 D25 보강철근의 단면적을 계산하여 배근된 단면을 그려라. 이 보의 콘크리트 압축강도는 $f_{ck} = 27$ MPa , 철근의 재질은 SD 400으로 한다.

4-7 경간 6 m, 슬래브 두께 120 mm, 보 중심간 거리 4.0 m, $b_w = 300$ mm, $d = 540$ mm 인 T 형보에서 인장측이 3-D25($A_s = 1{,}520.1$ mm^2) 철근으로 보강되어 있을 때 설계모멘트 ϕM_n을 계산하라. $f_y = 400$ MPa, $f_{ck} = 21$ MPa로 한다.

4-8 $b = 800$ mm , $b_w = 300$ mm , $d = 510$ mm , $h = 100$ mm 인 T 형보에서 인장측이 6-D29($A_s = 3{,}854.4$ mm^2) 철근으로 보강되어 있을 때 설계모멘트 ϕM_n을 설계하라. $f_y = 400$ MPa , $f_{ck} = 21$ MPa 으로 한다.

4-9 문제 4-6의 보를 유효폭 2.0 m, 슬래브 두께 150 m의 T형보로 설계하라.

4-10 문제 4-2의 보를 도표를 이용하여 설계하라.

5 장

보의 사용성

5-1 개 요

3 장의 한계상태설계법에서 거론된 바와 같이 구조체가 제 기능을 발휘하지 못하는 상태, 즉 한계상태에 이르는 것은 하중지지 능력을 잃어버리는 극한한계상태와 구조기능의 저하로 사용상 부적합한 상태가 되는 사용한계상태로 대별된다. 철근콘크리트 구조에서 주요한 사용한계상태는 과다한 균열, 과다한 처짐, 진동 등을 들 수 있으며, 그중에서도 특히 균열과 처짐은 구조설계에서 주의 깊게 다루지 않으면 안 된다.

균열과 처짐은 종전의 철근콘크리트 건물 설계에서는 큰 문제가 아니었으나, 강도설계법과 고강도 철근이 도입되면서 사용하중의 작용 상태에서 철근의 응력이 허용응력설계에 의한 경우보다 약 50 퍼센트 정도 증가함에 따라 이에 관련된 균열폭, 처짐 등이 주요 설계 대상이 되고 있다. 철근콘크리트 구조의 사용성에 대한 검토에서 하중은 하중계수를 적용하지 않은 사용하중으로 하며, 사용하중 상태에서 구조체는 탄성거동하는 것으로 가정하여 탄성 이론을 적용한다.

5-2 보의 처짐

5-2-1 처짐해석

보가 휨모멘트에 의하여 처짐변형을 하면 그림 5-1과 같이 곡률반경이 생기고, 곡률은 휜 정도를 나타내는 것으로 곡률반경의 역수, 즉 $1/R$이 되며 보 이론에서 다음과 같이 나타낼 수 있다.

$$\frac{1}{R} = \frac{M}{EI} \tag{5.1}$$

식 (5.1)은 보의 휘는 정도는 모멘트의 크기 M에 비례하고 보의 휨강성 EI에 반비례하는 것을 의미한다. 보의 곡률은

$$\frac{1}{R} = -\frac{y''}{[1+(y')^2]^{3/2}} \tag{5.2}$$

으로 주어지는데 y'은 실제 설계에서 1 보다 훨씬 작은 값이므로 $(y')^2$의 값을 무시하고 식 (5.2)를 식 (5.1)에 대입하면

$$y'' = -\frac{M}{EI} \tag{5.3}$$

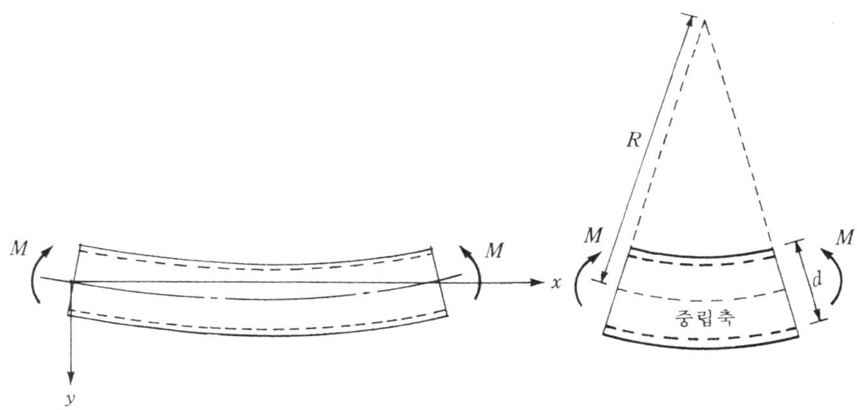

그림 5-1 보의 처짐과 곡률반경

과 같은 식을 얻으며, 이를 두 번 적분하면 다음과 같은 보의 처짐식이 된다.

$$y = -\int\int \frac{M}{EI} dx\,dx + C_1 x + C_2 \tag{5.4}$$

식 (5.4)에서 C_1과 C_2는 적분상수로 보의 경계조건으로부터 결정된다.

주요한 보의 휨모멘트와 경계조건 및 처짐식을 구하면 다음과 같다. 아래의 식에서 휨모멘트는 시계 방향, 처짐은 아래 방향을 (+)로 한다.

(1) 등분포하중을 받는 단순받침보(그림 5-2)

모 멘 트 : $M = \frac{wl}{2}x - \frac{wx^2}{2}$

경계조건 : $x = 0$ 에서 $y = 0$ $C_2 = 0$

$x = l$ 에서 $y = 0$ $C_1 = \frac{wl^3}{24EI}$

처 짐 식 : $$y = \frac{w}{24EI}(x^4 - 2lx^3 + l^3x) \tag{5.5}$$

중앙부 처짐 : $$\Delta = \frac{5wl^4}{384EI} \tag{5.6}$$

(2) 등분포하중을 받는 양단 고정보(그림 5-3)

모 멘 트 : $M = \frac{wl}{2}x - \frac{wx^2}{2} - \frac{wl^2}{12}$

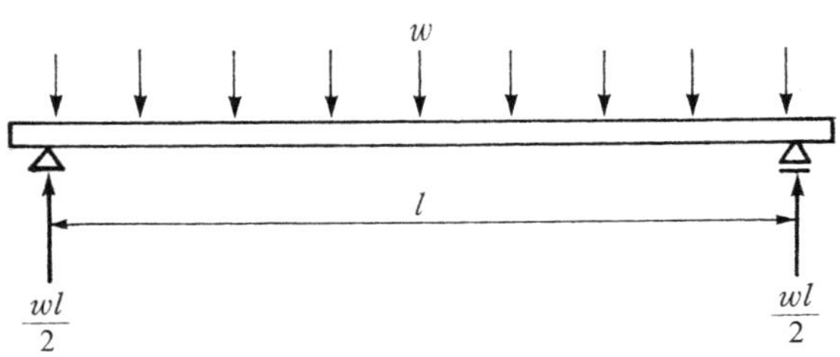

그림 5-2 등분포하중을 받는 단순받침보

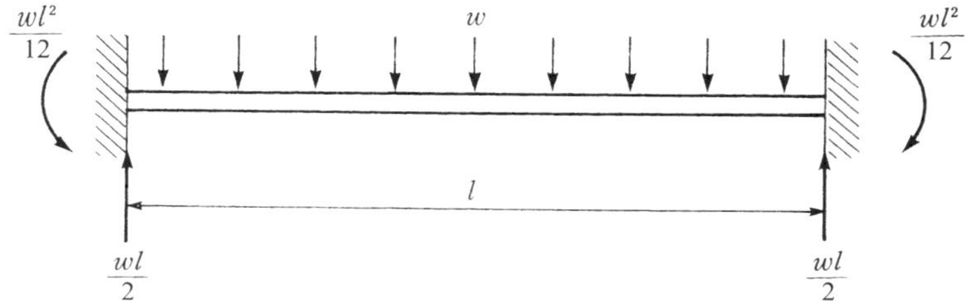

그림 5-3 등분포하중을 받는 양단 고정보

경계조건 : $x = 0$ 에서 $y = 0,\ C_2 = 0$

$x = l$ 에서 $y' = 0,\ C_1 = 0$

처 짐 식 : $$y = \frac{w}{24EI}(x^4 - 2lx^3 + l^2x^2) \tag{5.7}$$

중앙부 처짐 : $$\Delta = \frac{wl^4}{384EI} \tag{5.8}$$

(3) 양단모멘트를 받는 보(그림 5-4)

모 멘 트 : $M_x = \frac{M_1 - M_2}{l}x - M_1$

경계조건 : $x = 0$ 에서 $y = 0,\ C_2 = 0$

$x = l$ 에서 $y = 0,\ C_1 = \frac{l}{6EI}(-2M_1 - M_2)$

처 짐 식 : $$y = \frac{1}{6EI}\left[\frac{M_1}{l}(-x^3 + 3lx^2 - 2l^2x) + \frac{M_2}{l}(x^3 - l^2x)\right] \tag{5.9}$$

중앙부 처짐 : $$\Delta = \frac{3l^2}{48EI}(-M_1 - M_2) \tag{5.10}$$

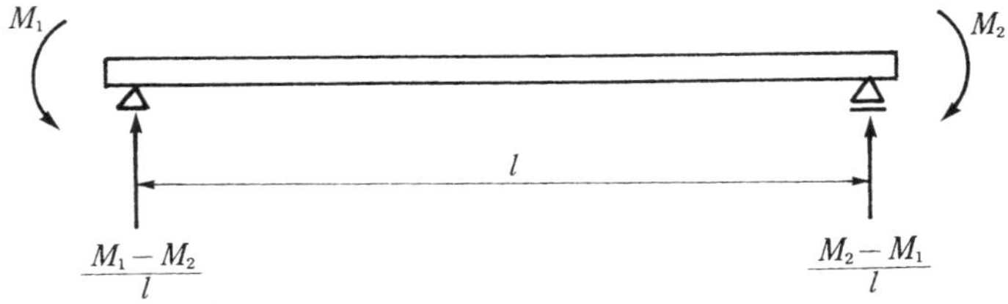

그림 5-4 양단모멘트를 받는 보

(4) 양단모멘트와 등분포하중을 받는 보(그림 5-5)

양단모멘트와 등분포하중을 받는 보의 최대 처짐은 보의 중앙부 처짐과 거의 같으며, 그림 5-5와 식 (5.6) 및 (5.10)으로부터 중첩원리를 적용하여 중앙부 처짐은

$$\triangle = \frac{5M_o l^2}{48EI} - \frac{3l^2}{48EI}(M_1 + M_2) \tag{5.11a}$$

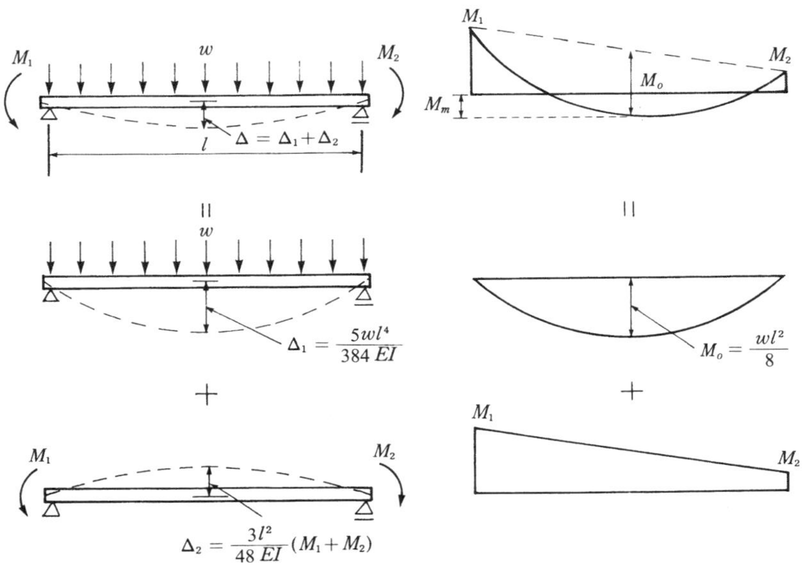

그림 5-5 등분포하중과 양단모멘트를 받는 보

이 된다. 이 식에서 $M_o = wl^2/8$ 로 등분포하중을 받는 단순받침보의 중앙부 최대 모멘트이다. 양단에 단부 모멘트 M_1 과 M_2 가 작용하는 경우 중앙부 모멘트는

$$M_m = M_o - (M_1 + M_2)/2$$

이 되므로 이 식을 식 (5.11a)에 적용하면, 중앙부 처짐은

$$\triangle = \frac{5l^2}{48EI}(M_m - 0.1M_1 - 0.1M_2) \qquad (5.11b)$$

으로, 단부 및 중앙부 모멘트의 크기에 의하여 결정된다.

5-2-2 유효 휨 강성

보의 휨강성은 보의 휨변형에 대한 부재의 저항능력을 말하며, 식 (5.1)에서 보는 바와 같이 탄성계수 E와 단면 2차모멘트 I를 곱한 값이다.

콘크리트의 탄성계수는 식 (2.1)이나, 또는 보통 콘크리트의 경우에는 식 (2.2)로 계산되며, 철근의 탄성계수는 식 (2.20)과 같이 주어진다. 콘크리트와 철근의 탄성계수는 일정한 값을 가지나 보의 휨강성의 다른 한 부분을 이루는 단면 2차모멘트는 보의 휨균열에 따라 가변적인 값을 가지게 된다. 보에 작용하는 휨모멘트가 일정한 크기 이상으로 증가하면 보의 인장측에 균열을 일으키는데, 이때의 모멘트를 균열모멘트(cracking moment)라고 하며 M_{cr} 로 나타낸다. 균열모멘트는 탄성휨 이론에 따라

$$M_{cr} = \frac{f_r I_g}{y_t} \qquad (5.12)$$

여기서, $f_r = 0.63\lambda\sqrt{f_{ck}}$: 파괴계수

y_t = 도심에서 인장측 외단까지의 거리

I_g = 보의 전 단면에 대한 단면 2차모멘트

으로 계산된다. 여기에서 파괴계수 f_r 은 철근으로 보강되지 않은 보가 휨모멘트에 의한 인장으로 파괴될 때의 응력을 의미하고, 무근콘크리트 보의 중앙점 또는 3등분점 휨시험 등으로부터 얻어지며, 식 (2.6)에 나타낸 바와 같이

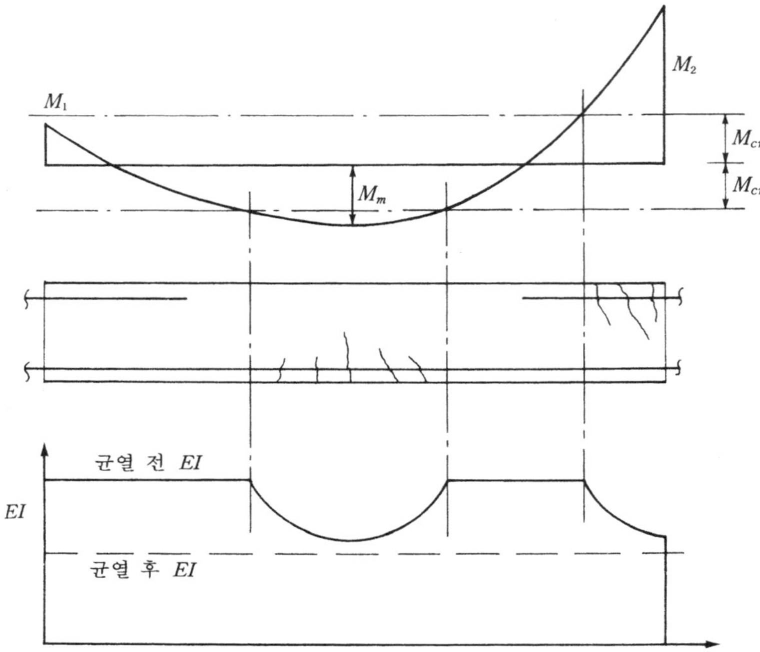

그림 5-6 보의 유효휨강성

$0.63\lambda\sqrt{f_{ck}}$ 의 값을 가진다.

보에 작용하는 모멘트가 균열모멘트 이상의 크기가 되면 그 부분에는 균열이 발생하여 중립축까지 발전하며, 그림 5-6에 보이는 바와 같이 모멘트의 크기가 크면 균열 부분이 넓어져 콘크리트의 유효면적이 감소하게 된다. KDS 14 20 30 (4.2.1)에서는 작용모멘트가 균열모멘트 이상 되는 경우 보의 유효단면 2차모멘트를 다음과 같이 평가하도록 규정하고 있다.

$$I_e = \left(\frac{M_{cr}}{M_a}\right)^3 I_g + \left[1 - \left(\frac{M_{cr}}{M_a}\right)^3\right] I_{cr} \tag{5.13}$$

여기서, M_a = 단면 2차모멘트가 계산되는 부분에서의 최대 모멘트

I_{cr} = 균열 단면의 단면 2차모멘트

위의 식에서 I_g는 보의 전 단면에 대한 단면 2차모멘트이나 계산의 편의상 철근에 의한 단면 2차모멘트는 무시하고 콘크리트 단면에 대해서만 계산하며, 균열 단면의 단면 2차모멘트 I_{cr}의 계산에서는 중립축에 대하여 압축 측 콘크리트 단면의 단면 2차모멘트와 보강철근의 단면 2차모멘트로 한다. 처짐이나 균열 등 사용성에 대한 검토는 허용응력설계법으로 하기 때문에 보 균열 단면의 중립축비 k와 단면 2차모멘트 I_{cr}은 14-4 절의 식 (14.28) 및 (14.33)으로부터 각각

$$k = n\rho\left\{\sqrt{(1+\gamma)^2+\frac{2}{n\rho}\left(1+\frac{\gamma d'}{d}\right)}-(1+\gamma)\right\} \tag{5.14}$$

$$I_{cr} = \frac{b(kd)^3}{3}+(n-1)A_s'(kd-d')^2+nA_s(d-kd)^2 \tag{5.15}$$

여기서, $n = E_s/E_c$: 철근콘크리트의 탄성계수 비

$\gamma = A_s'/A_s$: 압축철근비

으로 주어진다.

단순보와 같이 모멘트가 한 방향으로만 생기는 경우에는 식 (5.13)의 적용이 간단하나, 정모멘트와 부모멘트가 생기는 연속보에서는 단부 및 중앙부의 단면 형태와 모멘트 분포에 따라 I_e의 값이 달라질 수 있으므로 I_e의 평균값을 다음과 같이 약산식으로 계산한다.

① 양단이 연속인 보

$$\text{평균 } I_e = 0.7I_{em} + 0.15(I_{e1}+I_{e2}) \tag{5.16}$$

② 1단이 단순지지이고 다른 단은 연속인 보

$$\text{평균 } I_e = 0.85I_{em} + 0.15(I_{e,\,con}) \tag{5.17}$$

위의 식에서 I_{em}은 보 중앙부에서의 I_e의 값이고, I_{e1}, I_{e2}는 보 양단에서의 I_e의 값이며, $I_{e,\,con}$은 보의 연속되는 단부에서의 값이다.

5-2-3 장기 처짐

하중이 지속된 상태에서는 부재의 초기 처짐이 크리프와 건조수축의 영향으로 증가하게 된다. 크리프와 건조수축의 영향은 많은 유사성으로 함께 다루어진다.

철근콘크리트 보에서 콘크리트는 지속하중에 의하여 크리프 변형을 하나 철근은 변형을 하지 않으므로 기둥과 같이 일정한 축하중 상태에서의 크리프보다 복잡한 양상을 띠게 된다. 지속하중의 작용 상태에서 압축측 콘크리트의 변형률은 그림 5-7에 표시된 바와 같이 초기 변형률 ε_i에 크리프 변형률 ε_t가 추가되어 증가하나 인장측 철근의 변형률 ε_s는 별로 증가하지 않는다. 압축측에 철근 보강이 되어 있는 경우에는 크리프에 의하여 압축변형률이 증가하면 그에 따라 압축응력이 증가하나, 압축철근이 콘크리트에 생긴 응력의 일부분을 부담하므로 콘크리트의 응력이 줄어들고 따라서 크리프 변형률도 감소하게 된다. 압축철근비 $\rho' = A_s'/bd$가 클수록 크리프 변형이 감소하고, 따라서 장기 처짐은 작게 생긴다. 강도설계법에서는 실험 결과를 토대로 하여 종합적인 구조해석을 하지 않는 경우에는 일반 또는 경량콘크리트 휨재의 크리프와 건조수축에 의한 추가 장기 처짐은 지속하중에 의해 생긴 순간 처짐에 다음의 계수를 곱하여 구한다.

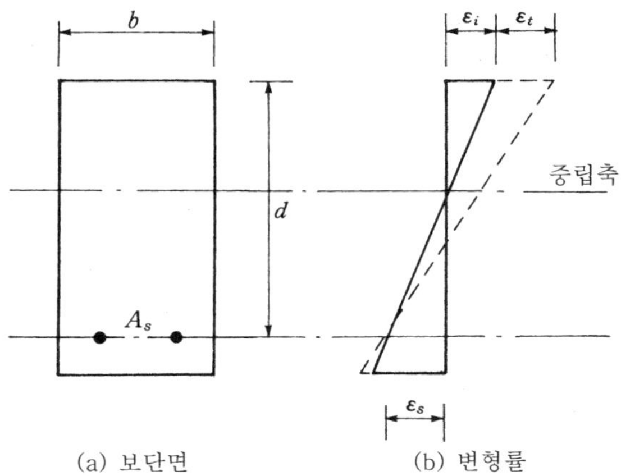

그림 5-7 콘크리트의 장기 변형률

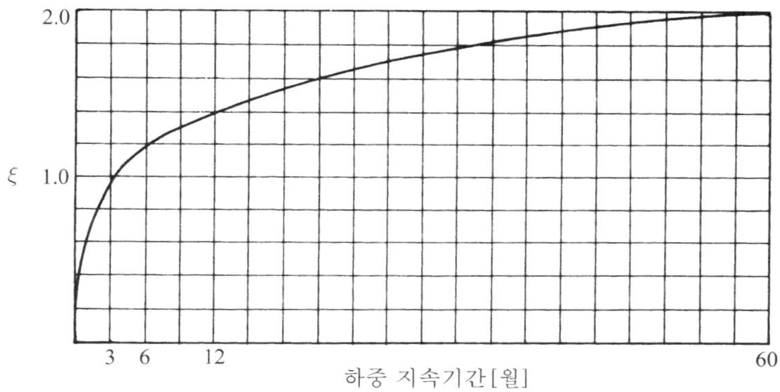

그림 5-8 장기변형에서 시간경과계수

$$\lambda_{\Delta} = \frac{\xi}{1+50\rho'} \tag{5.18}$$

이 식에서 ρ'은 단순 및 연속경간에서는 보 중앙, 캔틸레버에서는 받침점에서의 압축철근비이고, ξ는 시간경과계수로 그림 5-8과 같은 시간변화를 나타낸다.

5-2-4 처짐 제한

보나 슬래브의 과다한 처짐은 칸막이벽에 균열을 일으키거나 문, 창문 등의 기능을 저해하고, 바닥이나 지붕에서 방수 등에 문제를 일으키기 때문에, 이러한 부재의 설계에는 처짐에 대한 제한을 두고 있다. 현행 구조기준에서는 경간에 대하여 보나 슬래브의 최소 두께를 규정함으로써 보나 슬래브가 충분한 휨강성을 가져 사용하중의 작용 상태에서 처짐에 의한 문제점이 생기지 않도록 하고 있다.

KDS 14 20 30 (4.2.1)에 규정된 최대 허용 처짐은 표 5-1과 같다. 이 제한은 물고임에 대한 안전성을 고려하지 않는 것이며 지지 또는 부착된 구조 요소의 피해를 방지할 수 있는 적절한 조치가 취해지는 경우에는 이 제한을 초과할 수 있다.

표 5-1　최대 허용 처짐

<table>
<tr><th>부재의 형태</th><th>고려해야 할 처짐</th><th>처짐한계</th></tr>
<tr><td>과도한 처짐에 의해 손상되기 쉬운 비구조 요소를 지지 또는 부착하지 않은 평지붕 구조</td><td>활하중 L에 의한 순간 처짐</td><td>$\frac{l}{180}$</td></tr>
<tr><td>과도한 처짐에 의해 손상되기 쉬운 비구조 요소를 지지 또는 부착하지 않은 바닥 구조</td><td>활하중 L에 의한 순간 처짐</td><td>$\frac{l}{360}$</td></tr>
<tr><td>과도한 처짐에 의해 손상되기 쉬운 비구조 요소를 지지 또는 부착한 지붕 또는 바닥 구조</td><td rowspan="2">전체 처짐 중에서 비구조 요소가 부착된 후에 발생하는 처짐부분(모든 지속하중에 의한 장기 처짐과 추가적인 활하중에 의한 순간 처짐의 합)</td><td>$\frac{l}{480}$</td></tr>
<tr><td>과도한 처짐에 의해 손상될 염려가 없는 비구조 요소를 지지 또는 부착한 지붕 또는 바닥 구조</td><td>$\frac{l}{240}$</td></tr>
</table>

【예제 5-1】 그림 5-9와 같은 T 형보에서 사용하중에 의한 양 단부와 중앙부 휨모멘트가 각각 125 kN·m, 200 kN·m 및 143 kN·m일 때 이 보의 순간 처짐을 구하라. 단, $f_{ck} = 24\,\text{MPa}$로 하고 사용 철근은 SD 400으로 하며, $d = 535\,\text{mm}$, $d' = 65\,\text{mm}$로 한다.

[풀 이] (1) 전체 단면 2차모멘트

$$\text{도심}\ \ \bar{y} = \frac{300 \times 480 \times 240 + 1{,}800 \times 120 \times (480 + 60)}{300 \times 480 + 1{,}800 \times 120} = 420\,\text{mm}$$

$$I_g = \frac{1{,}800 \times (120)^3}{12} + 1{,}800 \times 120 \times (540 - 420)^2$$

$$+ \frac{300 \times (480)^3}{12} + 300 \times 480 \times (420 - 240)^2$$

$$= 10{,}800 \times 10^6\ \text{mm}^4$$

(2) 균열모멘트

$$f_r = 0.63\sqrt{f_{ck}} = 0.63\sqrt{24} = 3.09\,\text{MPa}$$

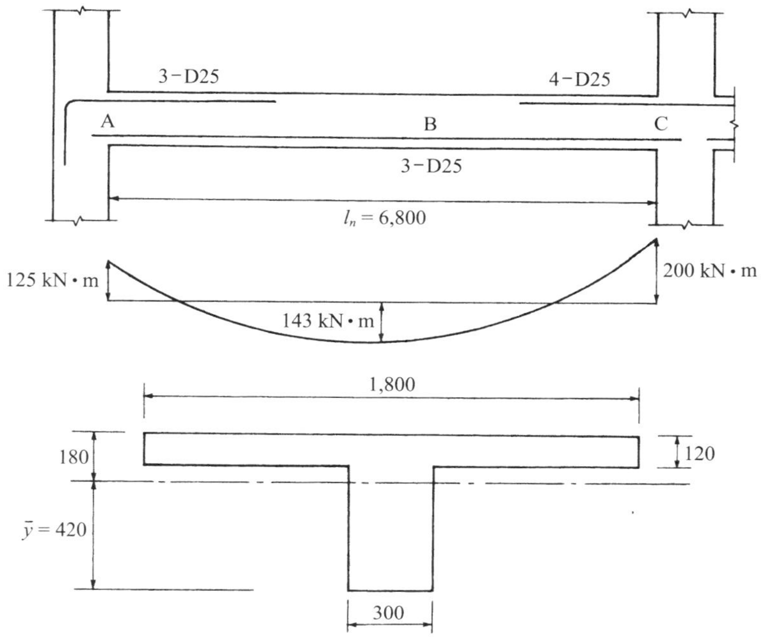

그림 5-9 예제 5-1의 T형보

A 단과 C 단의 균열모멘트

$$M_{cr} = \frac{f_r}{y_t} I_g = \frac{3.09}{180} \times 10{,}800 \times 10^6 = 185.4 \text{ kN·m}$$

$M_A = 125$ kN·m $< M_{cr}$: 사용하중 상태에서 균열이 생기지 않음

$M_C = 200$ kN·m $> M_{cr}$: 균열이 생김

중앙부

$$M_{cr} = \frac{3.09}{420} \times 10{,}800 \times 10^6 = 79.5 \text{ kN·m}$$

$M_B = 143$ kN·m $> M_{cr}$: 균열이 생김

(3) 균열단면 2차모멘트

$$E_c = 8{,}500 \sqrt[3]{24 + 4} = 25{,}811 \text{ MPa}$$

$$n = \frac{E_s}{E_c} = \frac{200{,}000}{25{,}811} = 7.75$$

C 단부 : 식 (5.14) 및 (5.15)로부터

$$\rho = \frac{A_s}{bd} = \frac{4 \times 506.7}{300 \times 535} = 0.0126,$$

$$\gamma = \frac{A_s'}{A_s} = 0.75$$

$$k = n\rho\left[\sqrt{(1+\gamma)^2 + (2/n\rho)(1+\gamma d'/d)} - (1+\gamma)\right]$$

$$= 0.321$$

$$kd = 0.321 \times 535 = 172 \text{ mm}$$

$$I_{cr} = b(kd)^3/3 + (n-1)A_s'(kd - d')^2 + nA_s(d - kd)^2$$

$$= 2{,}692 \times 10^6 \text{ mm}^4$$

중앙부 : 중립축비는 식 (5.14)에서 $\gamma = 0$이므로

$$\rho = \frac{3 \times 506.7}{1{,}800 \times 535} = 0.00158$$

$$k = n\rho(\sqrt{1 + 2/n\rho} - 1) = 0.145$$

$$kd = 0.145 \times 535 = 78.0 \text{ mm}$$

$$I_{cr} = \frac{1{,}800 \times (78.0)^3}{3} + 7.75 \times 3 \times 506.7 \times (535 - 78.0)^2$$
$$= 2{,}745 \times 10^6 \text{ mm}^4$$

(4) 유효단면 2차모멘트

A 단부 : $M_A < M_{cr}$ 이므로

$$I_{e1} = 10{,}800 \times 10^6 \text{ mm}^4$$

C 단부 : $M_c > M_{cr}$ 이므로 식 (5.13)으로부터

$$I_{e2} = \left(\frac{185.4}{200}\right)^3 \times 10{,}800 \times 10^6 + \left[1 - \left(\frac{185.4}{200}\right)^3\right]$$
$$\times 2{,}692 \times 10^6 = 9{,}151 \times 10^6 \text{ mm}^4$$

중앙부 : $M_B > M_{cr}$ 이므로 식 (5.13)을 사용하여

$$I_{em} = \left(\frac{79.5}{143}\right)^3 \times 10{,}800 \times 10^6 + \left[1 - \left(\frac{79.5}{143}\right)^3\right]$$

$$\times\ 2{,}745\times 10^{6} = 4{,}129\times 10^{6}\ \mathrm{mm}^{4}$$

평균 유효단면 2차모멘트는 식 (5.16)로부터

$$\text{평균}\ \ I_e = 0.7 I_{em} + 0.15(I_{e1} + I_{e2})$$
$$= 0.7\times 4{,}129\times 10^{6} + 0.15(10{,}800 + 9{,}151)\times 10^{6}$$
$$= 5{,}883\times 10^{6}\ \mathrm{mm}^{4}$$

(5) 순간 처짐

식 (5.11b)를 적용하여

$$\triangle = \frac{5 l_n^2}{48 E_c I_e}(M_m - 0.1 M_1 - 0.1 M_2)$$
$$= \frac{5\times (6{,}800)^2}{48\times 25{,}811\times 5{,}883\times 10^{6}}$$
$$\times [143 - 0.1(125 + 200)]\times 10^{6}$$
$$= 3.5\ \mathrm{mm}$$

【예제 5-2】 $b = 300\ \mathrm{mm}$, $h = 550\ \mathrm{mm}$ 인 단면에 경간 6 m의 단순받침보가 $w_D = 12\ \mathrm{kN/m}$, $w_L = 10\ \mathrm{kN/m}$ 의 하중을 받을 때, 이 보의 순간 처짐을 구하고, 활하중의 30 퍼센트가 장기 지속하중일 때 크리프 및 건조수축에 의한 추가 장기 처짐을 구하라. 인장보강철근으로는 $f_y = 400$ MPa의 3-D25 ($A_s = 1{,}520.1\ \mathrm{mm}^2$) 철근이 $d = 485\ \mathrm{mm}$ 위치에 배근되어 있고 $f_{ck} = 24$ MPa 이다.

[풀 이] 예제 5-1에서 $f_r = 3.09$ MPa

$$E_c = 25{,}811\ \mathrm{MPa},\ \ n = 7.75$$

$$\text{모멘트}\quad M_D = \frac{12\times (6)^2}{8} = 54\ \mathrm{kN{\cdot}m}$$
$$M_L = \frac{10\times (6)^2}{8} = 45\ \mathrm{kN{\cdot}m}$$
$$M_{D+L} = M_D + M_L = 99\ \mathrm{kN{\cdot}m}$$

활하중의 30 퍼센트가 장기 지속하중일 때

$$M_{sus} = M_D + 0.3\,M_L = 67.5\ \text{kN}\cdot\text{m}$$

전 단면 2차모멘트

$$I_g = \frac{300 \times (550)^3}{12} = 4{,}159 \times 10^6\ \text{mm}^4$$

균열모멘트 및 균열단면 2차모멘트

$$\rho = \frac{A_s}{bd} = \frac{3 \times 506.7}{300 \times 485} = 0.0104$$

$$n\rho = 7.75 \times 0.0104 = 0.081$$

$$k = n\rho\left(\sqrt{1 + 2/n\rho} - 1\right) = 0.329$$

$$kd = 160\ \text{mm}$$

$$I_{cr} = \frac{300 \times (160)^3}{3} + 7.75 \times 3 \times 506.7 \times (485 - 160)^2$$

$$= 1{,}653 \times 10^6\ \text{mm}^4$$

$$M_{cr} = \frac{f_r}{y_t} I_g = \frac{3.09}{275} \times 4{,}159 \times 10^6 = 46.7 \times 10^6\ \text{N}\cdot\text{mm}$$

$$= 46.7\ \text{kN}\cdot\text{m}$$

고정하중에 대하여

$$\frac{M_{cr}}{M_D} = \frac{46.7}{54} = 0.86 < 1.0$$

$$(I_e)_D = (0.86)^3 \times 4{,}159 \times 10^6 + [1 - (0.86)^3] \times 1{,}653 \times 10^6$$

$$= 3{,}247 \times 10^6\ \text{mm}^4$$

$$\triangle_D = \frac{5\,M_D l^2}{48\,E_c (I_e)_D} = \frac{5 \times 54 \times (6{,}000)^2 \times 10^6}{48 \times 25{,}811 \times 3{,}247 \times 10^6} = 2.4\ \text{mm}$$

고정하중+활하중에 대하여

$$\frac{M_{cr}}{M_{D+L}} = \frac{46.7}{99} = 0.47 < 1.0$$

$$(I_e)_{D+L} = (0.47)^3 \times 4{,}159 \times 10^6 + [1 - (0.47)^3] \times 1{,}653 \times 10^6$$

$$= 1{,}913 \times 10^6\ \text{mm}^4$$

$$\triangle_{D+L} = \frac{5 \times 99 \times (6{,}000)^2 \times 10^6}{48 \times 25{,}811 \times 1{,}913 \times 10^6} = 7.5\,\text{mm}$$

$$\triangle_L = \triangle_{D+L} - \triangle_D = 7.5 - 2.4$$

$$= 5.1\,\text{mm} \le \frac{l}{360} = \frac{6{,}000}{360} = 16.7\,\text{mm}$$ 적합

장기 처짐

$$\frac{M_{cr}}{M_{sus}} = \frac{46.7}{67.5} = 0.69$$

$$I_e = (0.69)^3 \times 4{,}159 \times 10^6 + [1 - (0.69)^3] \times 1{,}653 \times 10^6$$

$$= 2{,}476 \times 10^6\,\text{mm}^4$$

$$\lambda_\triangle = \frac{\xi}{1 + 50\rho'} = \frac{2.0}{1 + 0} = 2.0$$

$$\triangle_{sus} = \frac{5 \times 67.5 \times (6{,}000)^2 \times 10^6}{48 \times 25{,}811 \times 2{,}476 \times 10^6}\lambda_\triangle = 7.9\,\text{mm}$$

과도한 처짐에 의하여 손상될 염려가 없는 비구조재 요소를 지지하는 경우

$$\triangle_{sus} + \triangle_L = 7.9 + 5.1$$

$$= 13.0\,\text{mm} < \frac{l}{240} = \frac{6{,}000}{240} = 25\,\text{mm}$$ 적합

5-3 균 열

콘크리트는 인장력 저항 성능이 낮기 때문에 휨, 전단, 비틀림 등에 의하여 인장응력이 생기면 쉽게 균열을 일으킨다. 그림 6-1에서 보는 바와 같이 휨모멘트에 의하여 생기는 균열은 수직방향으로 중립축까지 발전하며, 전단에 의하여 생기는 균열은 6 장에서 거론되는 바와 같이 사인장응력에 의하여 생기기 때문에 경사 방향으로 중립축 또는 압축역에까지 발전하는 경우가 있다. 이밖에도 균열은 부착응력, 건조수축, 부동침하, 수화열, 철근의 부식 등에 의하여 생긴다.

콘크리트에 균열이 생기면 미관상 좋지 않은 것은 물론, 물이 새고 공기가

침투하여 철근의 부식을 가속시키는 등 부작용이 생기기 때문에 균열폭에 대한 제한이 점차 강화되고 있는 추세이다.

보에 균열이 생기지 않게 하는 것은 어려운 일이므로, 균열이 생기더라도 몇 개의 폭이 큰 균열로 집중되는 것보다 그 보다 많은 수의 미세 균열로 분산시키는 것이 바람직하며, 최선의 균열 억제 방법은 철근을 콘크리트의 최대 인장역에 고르게 배근하는 것이다. 균열폭의 경우와 비슷하게 철근도 같은 철근량이면 지름이 큰 철근보다 여러 개의 작은 철근을 고르게 배근하는 것이 효율적인 균열 억제 방법이 된다.

종전에는 거글리-루츠(Gergely-Lutz) 방정식 등으로 균열폭을 계산하여 허용 균열폭 이내로 제한하는 방법이 설계기준에 규정되었으나, 최근에는 균열폭에 대한 제한 대신 휨철근 배근에 대한 제한을 두어 균열폭을 간접적으로 제한하고 있다. KDS 14 20 20 (4.2.3)에는 보와 1방향 슬래브의 휨인장철근이 부재 단면의 최대 휨인장 영역 내에 배치되어야 하고, 콘크리트의 인장 연단에 가장 가까이 배치되는 철근의 중심 간격이 식 (4.57) 및 (4.58)으로 계산된 값 중 작은 값 이하로 하도록 규정하고 있다.

【예제 5-3】 그림 4-9 (a)와 같은 직사각형 복근보가 옥외에 설치되어 사용하중 상태에서 $M = 350\ \text{kN·m}$의 휨모멘트를 지지할 때 인장철근의 배근 상태가 균열 제한에 적합한지를 검토하라. 콘크리트의 압축강도는 $f_{ck} = 21\ \text{MPa}$, $f_y = 400\ \text{MPa}$ 이고 $d = 515\ \text{mm}$, $d' = 60\ \text{mm}$, $d_t = 539\ \text{mm}$, $c_c = 50\ \text{mm}$로 한다.

[풀 이] (1) 중립축 및 단면 2차모멘트

$$E_c = 8{,}500\ \sqrt[3]{21+4} = 24{,}854\ \text{MPa}$$

$$n = \frac{E_s}{E_c} = \frac{200{,}000}{24{,}854} = 8.05$$

식 (5.14) 및 (5.15)로부터

$$\rho = \frac{A_s}{bd} = \frac{8 \times 387.1}{300 \times 515} = 0.02$$

$$\gamma = \frac{A_s{}'}{A_s} = 0.25$$

$$k = n\rho[\sqrt{(1+\gamma)^2 + (2/n\rho)(1+\gamma d'/d)} - (1+\gamma)]$$
$$= 0.409$$
$$kd = 0.409 \times 515 = 211\,\text{mm}$$
$$I_{cr} = b(kd)^3/3 + (n-1)A_s'(kd-d')^2 + nA_s(d-kd)^2$$
$$= 3{,}368 \times 10^6\,\text{mm}^4$$

(2) 최외단 인장철근의 응력

최외단 인장철근의 단면계수

$$Z_t = \frac{I_{cr}}{n(d_t - kd)} = \frac{3{,}368 \times 10^6}{8.05(539-211)} = 1.28 \times 10^6\,\text{mm}^3$$

철근의 응력

$$f_s = \frac{M}{Z_t} = \frac{350 \times 10^6}{1.28 \times 10^6} = 273\ \text{N/mm}^2$$

(3) 철근 중심 간격 검토

철근 중심 간격 : D22 철근의 지름은 22.2 mm이므로

$$\frac{300-(40+10)\times 2 - 22.2 \times 4}{3} + 22.2 = 59.3\,\text{mm}$$

식 (4.35) 및 (4.36)으로부터 옥외에 설치된 경우 $\kappa_{cr} = 210$이므로

$$\left.\begin{aligned} s &= 375\left(\frac{210}{273}\right) - 2.5 \times 50 = 163.5\,\text{mm} \\ s &= 300\left(\frac{210}{273}\right) = 230.8\,\text{mm} \end{aligned}\right] s = 163.5\ \text{mm}$$

따라서

$$s = 163.5\ \text{mm} > 59.3\,\text{mm}$$ 적합

철근의 사용하중 상태에서의 응력은 정밀 계산 대신 $(2/3)f_y = 267\,\text{MPa}$로 할 수 있다.

연습문제

5-1 $b = 400$ mm, $h = 700$ mm인 직사각형보의 유효깊이 $d = 630$ mm 위치에 4-D29($A_s = 2{,}569.6$ mm^2) 인장철근이 배근되어 있고 $M_a = (2/3)\phi M_n$일 때 I_g, I_{cr} 및 I_e를 계산하라. $f_{ck} = 24$ MPa, $f_y = 400$ MPa이다.

5-2 $b = 300$ mm, $h = 600$ mm, $d = 540$ mm, $d' = 60$ mm인 단면에 경간 8 m의 단순받침보가 $w_D = 8$ kN/m, $w_L = 12$ kN/m의 하중을 받을 때, 이 보의 순간 처짐을 구하여라. 보강철근은 SD 400으로 $A_s = 1{,}548.4$ mm^2(4-D22), $A_s' = 774.2$ mm^2(2-D22)이나 중립축 계산에서는 압축철근의 효과를 무시하며, $f_{ck} = 21$ MPa로 한다.

5-3 문제 5-2에서 활하중의 30 퍼센트가 장기 지속하중일 때 크리프 및 건조수축에 의한 추가 장기 처짐 Δ_{sus}를 구하라.

5-4 예제 4-5의 T형보가 실내 보로 설계되었을 때 인장철근 배근이 균열 제한 규정에 적합한지 검토하라.

6 장

전단 및 비틀림

6-1 개 요

전단은 축력 및 휨과 더불어 가장 기본적인 힘의 형태이나 철근콘크리트 부재에서 순수 전단만 작용하는 경우는 드물고 대개는 휨과 함께 작용한다. 전단과 휨의 복합작용에 의한 철근콘크리트 부재의 구조거동에 대하여서는 오랜 기간 동안 널리 연구되어 왔으나 구조해석과 설계에서 만족할 만한 이론적 근거를 정립하지 못하고 있으며, 대부분의 설계기준에는 실험 결과로부터 얻은 경험적 설계식들이 사용되고 있다.

순수 전단력이 작용하는 부재에는 전단력 방향과 45°의 경사 방향으로 인장응력이 생기고 이와 직교하여 압축응력이 발생한다. 이러한 45° 경사 방향의 인장응력을 사인장응력이라고 하며 경사 방향으로 균열을 일으키는 주 요인이 되고 있다. 그림 6-1에서 보는 바와 같이 등분포하중을 받는 단순받침보에서 보의 중앙 부분은 전단력이 작고 휨모멘트가 크기 때문에 보의 중앙부 균열은 보의 길이 방향으로 작용하는 휨인장응력에 의하여 수직 방향으로 균열을 일으

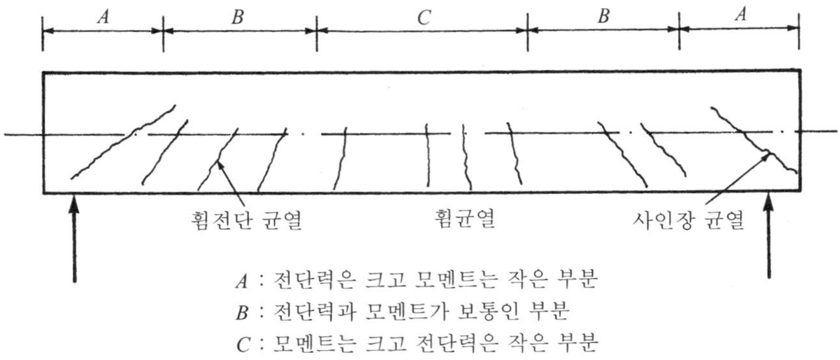

그림 6-1 단순보의 균열 형태

키고 있으나, 보의 단부 부근에서는 전단력의 영향이 휨모멘트보다 상대적으로 커지기 때문에 균열은 전단력에 의한 사인장응력의 작용에 의하여 보의 축방향에 45° 가까운 경사 방향으로 생기게 된다.

전단보강되지 않은 철근콘크리트 부재에서 균열이 생기기 전에는 전단응력이 콘크리트 자체의 전단저항에 의하여 지지되나 균열이 발생하면 이러한 전단저항이 감소하고 급작스런 파괴가 일어나게 된다. 따라서 전단력을 받는 부재에는 전단보강을 하여 전단저항과 연성을 크게 하여야 한다.

비틀림은 힘의 형태에 있어 전단과 다르나 비틀림에 의한 응력은 전단응력이 되기 때문에 전단과 유사한 방법으로 다루어지고 있다. 철근콘크리트의 구조설계에서 비틀림은 중요하게 고려되지 않았으나, 최근에는 부재설계에서 비틀림에 의한 응력을 고려하지 않으면 안 되는 경우가 점차 늘고 있다. 그 이유는 구조해석과 설계방법이 개선됨에 따라 부재의 단면이 전보다 작아지고 따라서 비틀림에 대한 부재의 강성이 낮아지는 것과, 가장자리 보나 나선형 계단 등 비틀림을 받는 부재에 대하여 정확한 해석과 구조 보강의 필요성이 커지고 있기 때문이다.

이 장에서는 전단과 비틀림에 의한 구조 거동을 이론적으로 고찰하고, 구조설계방법을 해당 구조기준을 중심으로 검토하기로 한다.

6-2 전단응력 및 휨전단의 주응력

횡하중을 지지하는 보에는 휨모멘트와 전단력이 생기며, 임의의 위치에서 휨모멘트를 M, 전단력을 V라고 하면, 균열이 생기기 전에 철근콘크리트 보는 탄성거동을 하므로 휨모멘트에 의한 휨응력 f와 전단력에 의한 전단응력 v는 보 이론으로부터 각각 다음과 같이 주어진다.

$$f = \frac{M}{I} y \tag{6.1}$$

$$v = \frac{V\overline{A}}{Ib} \bar{y} \tag{6.2}$$

여기서, I = 중립축에 대한 단면 2차모멘트
y = 중립축으로부터 휨응력 계산 지점까지의 거리
$\overline{A}$ = 전단응력이 계산되는 위치에서 바깥부분의 단면적
$\bar{y}$ = 단면적 $\overline{A}$의 도심으로부터 중립축까지의 거리
b = 전단응력이 계산되는 지점의 단면폭

보의 임의의 위치에서 단면에 생기는 휨응력 및 전단응력을 식 (6.1) 및 (6.2)에 따라 계산하면, 그 분포는 그림 6-2와 같다. 그러나 식 (6.1)로 계산되는 휨응력과 식 (6.2)로 계산되는 전단응력의 방향은 서로 직교하므로, 이 두 응력의 조합으로 생기는 최대 및 최소 응력의 크기는 주응력으로 나타낼 수 있으며, 이들은 다음 식으로 계산된다.

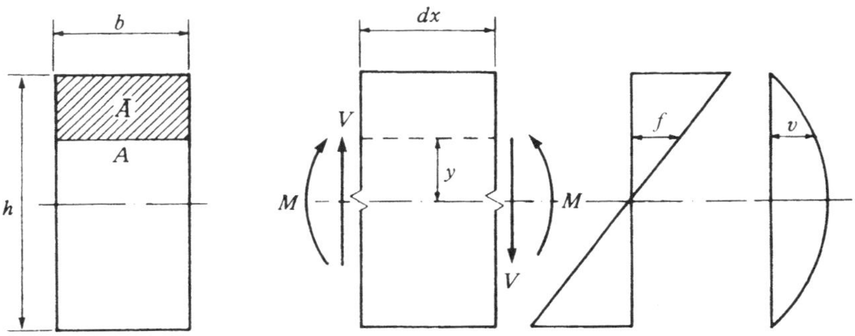

보단면 휨응력 전단응력

그림 6-2 보 단면의 휨응력과 전단응력

$$f_1 = \frac{f}{2} + \sqrt{\frac{f^2}{4} + v^2} \tag{6.3a}$$

$$f_2 = \frac{f}{2} - \sqrt{\frac{f^2}{4} + v^2} \tag{6.3b}$$

위의 식에서 f_1은 최대 주응력, f_2는 최소 주응력을 나타내며, 최대 주응력의 방향은 수평축에 대하여

$$\tan 2\theta = \frac{2v}{f} \tag{6.4}$$

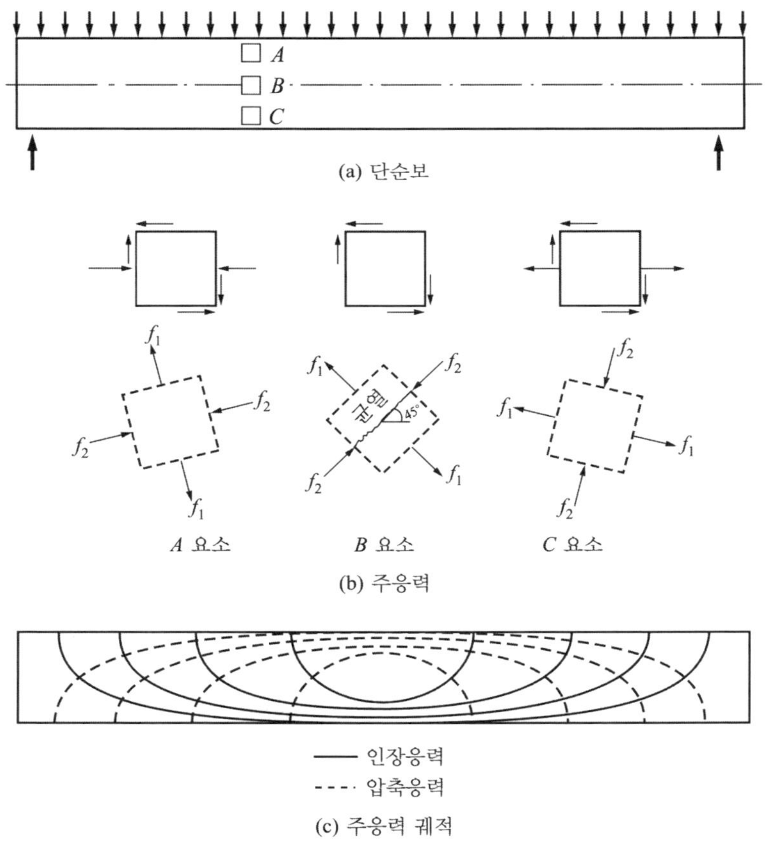

그림 6-3 단순보의 주응력과 응력궤적

의 경사를 가진다. 그림 6-3 (a)와 같이 등분포하중을 받는 단순보의 임의의 지점에서 중립축과 그 위 아래의 세 요소 A, B, C의 휨응력과 전단응력을 식 (6.1)과 (6.2)로 계산한 후 주응력과 주응력 방향을 식 (6.3) 및 (6.4)로 계산하면, 각각 그림 6-3의 A, B, C 세 요소로 나타낸 바와 같다. 이 그림과 식 (6.4)로부터 전단응력이 커질수록 경사각 θ는 45°에 가까워짐을 알 수 있으며, 부재 각 부분의 주응력 방향을 연결하여 응력궤적을 그리면 그림 6-3 (c)와 같다.

6-3 전단에 대한 보의 거동

6-3-1 전단보강되지 않은 보

【1】 전단 경간과 파괴 형태

주인장응력을 근거로 한 사인장 균열하중의 계산은 건조수축에 의한 균열 발생과 인장철근에 의한 응력의 재분배에 의하여 실제 전단균열을 일으키는 하중과는 차이가 생기며, 실험 결과 전단력에 의한 균열 발생과 파괴 형태는 전단경간(shear span)의 영향을 받는 것으로 판명되었다.

단순보에서의 전단경간은 그림 6-4 (a)에서 a_v와 같이 경간 길이에 걸쳐 전단력이 일정한 구간을 말하며, 복부 보강이 되어 있지 않은 보에 하중이 작용할 때 보의 거동은 전단경간 a_v와 보의 유효깊이 d에 따라 달라진다. 그림 6-4 (b)는 그림 6-4 (a)와 같은 단순보의 파괴시 전단응력의 시험 결과를 전단경간에 대한 깊이의 비 a_v/d를 함수로 하여 나타낸 것이다.

전단경간이 $3d$나 $4d$ 이상 되는 경우에는 균열이 발생하여 진전될 수 있는 충분한 공간이 있기 때문에, 이때의 전단파괴는 사인장파괴(diagonal tension failure)가 된다. 사인장균열은 일반적으로 단부 가까이에 발생한 휨균열에서 시작되어 보의 중간 부분에서는 그림 6-5 (a)에 보이는 바와 같이 수평방향에 45° 가까운 경사를 보이나 압축역에 들어서면서는 압축응력의 저항을 받아 거의 평탄한 진행을 보이다가 정지한다. 전단경간비가 작은 경우에는 그림 6-4 (b)에서 보는 바와 같이 보의 전단력 지지 능력이 증가하는데, 그 이유는 하중이나 반력 자체가 사인장균열의 진행을 억제하는 방향으로 영향을 미치기 때문이다. 이때 하중점 부근에는 그림 6-5 (b)에 보이는 바와 같이 집중하중에 의한 압축파괴

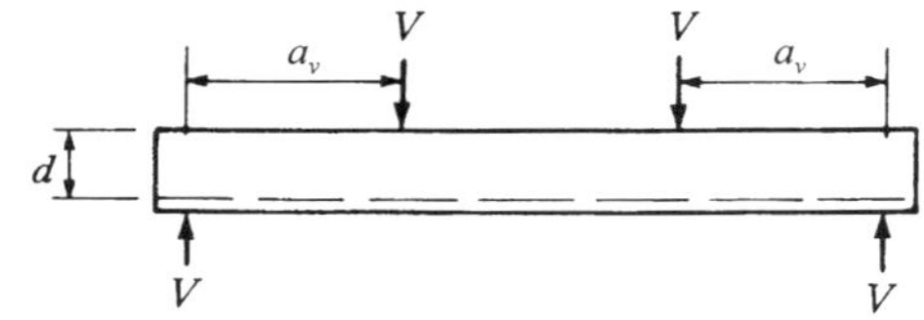

(a) 전단을 받는 단순보

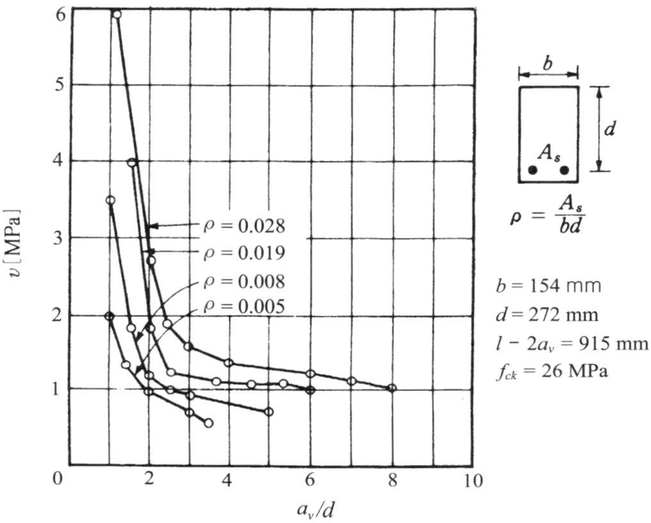

(b) 파괴시 전단강도

그림 6-4 보의 전단경간비와 전단강도

가 동반하게 되며, 이러한 형태의 파괴를 전단압축파괴(shear- compression failure)라고 한다. 이러한 파괴는 전단경간이 d ~2.5d 범위에서 현저하게 일어난다. 전단경간이 유효깊이 d 보다 작은 경우에는 전단력이 그림 6-5 (c)에 보이는 바와 같이 하중점과 지지점 사이에 형성되는 압축대에 의하여 직접 전달되므로 사인장균열 발생 가능성이 배제되며 전단강도는 그림 6-4 (b)에서 보는 바와 같이 매우 높게 나타난다. 이러한 상태에서의 파괴형태는 단부 콘크리트의 마찰저항이 작은 경우에는 쪼갬파괴(splitting failure)가 되고 그렇지 않은 경우에는 지지부에서의 압축파괴가 된다.

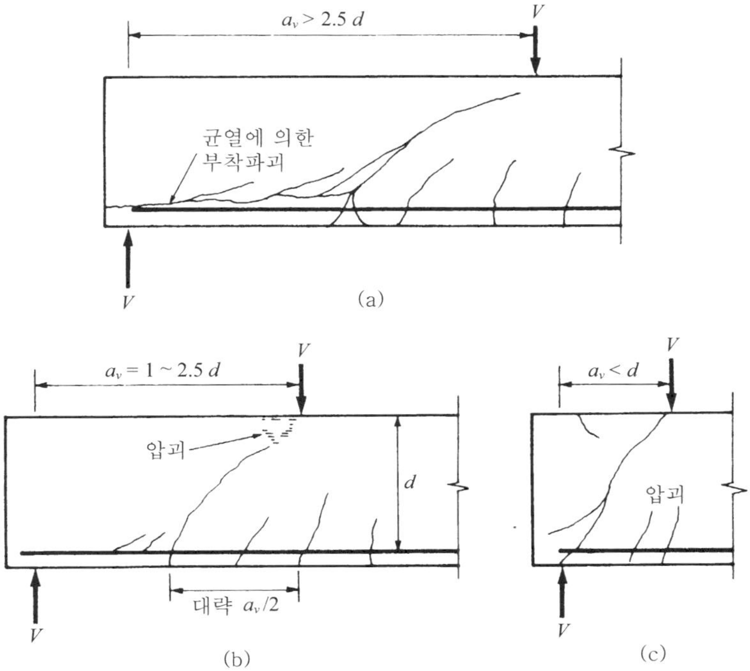

그림 6-5 전단경간에 따른 파괴형태

【2】 전단균열된 보의 거동

대부분의 철근콘크리트 보에서는 휨인장균열이 먼저 발생하여 보의 수직방향으로 어느 정도까지 진전된 후 전단응력에 의하여 45°에 가까운 경사방향으로 발전하는 휨-전단균열의 형태가 된다.

전단보강되지 않은 보에서 휨-전단균열이 발생하였을 때 전단력은 그림 6-6에 보이는 바와 같이 균열이 생기지 않은 압축역에서 콘크리트가 지지하는 전단력 V_c와 균열 양면에서 골재의 맞물림(interlock) 작용에 의하여 전달되는 전단력 V_{ay} 및 인장철근의 장부작용(dowel action)에 의한 전단력 V_d의 조합에 의하여 지지되므로

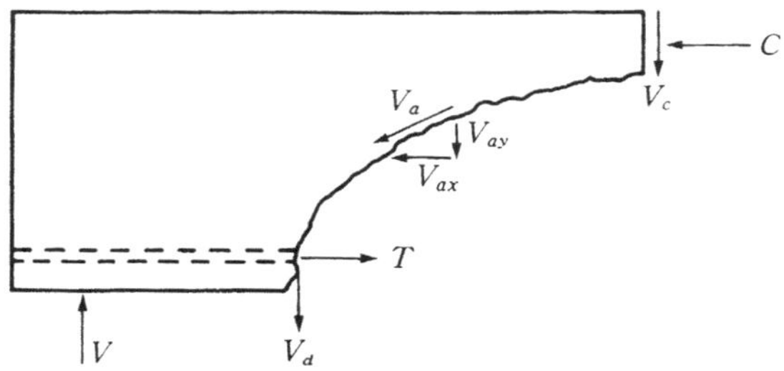

그림 6-6 전단보강되지 않은 보의 균열 후 내력

$$V = V_c + V_{ay} + V_d \tag{6.5}$$

으로 나타낼 수 있다.

전단 변위가 사인장균열을 따라 발생하는 경우 V_{ay}와 V_d는 전단보강되어 있지 않은 보에서 큰 역할을 한다. 시험 결과에 의하면, 인장철근이 적절하게 보강되어 있을 때 사인장균열 직후 V_{ay}와 V_d는 전체 전단력의 40~60 퍼센트를 지지하나, 축방향철근의 인장에 의하여 벌어짐이 생기면 V_{ay}와 V_d는 급격히 감소한다.

【3】 평균 전단응력

전단보강되지 않은 보에서 초기 균열은 휨인장에 의하여 수직 방향으로 생기나 하중이 증가함에 따라 그림 6-7에 보이는 바와 같이 경사 방향으로 발전하게 된다. 그림 6-7 (b)와 같이 두 균열 사이의 보단면에서 휨모멘트의 평형조건은 jd가 일정한 경우

$$M = T\,jd \tag{6.6a}$$

$$dM = dT\,jd \tag{6.6b}$$

으로 주어지며, 보의 하단의 인장철근 주위에서 전단응력과 철근의 인장역의 평형조건은 그림 6-7 (b)로부터

$$dT = v b_w\,dx \tag{6.7}$$

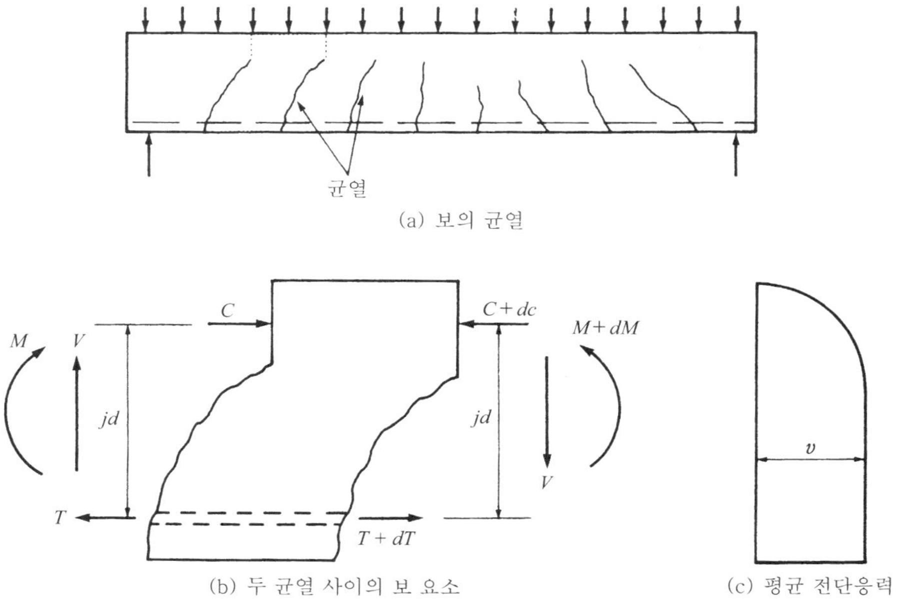

그림 6-7 균열이 생긴 보의 전단응력

이 된다. 보 이론에서 $dM = Vdx$ 이므로 이를 식 (6.6b)에 적용한 후 식 (6.7)에 대입하면 균열이 생긴 보에서 탄성 상태에서의 평균 전단응력은

$$v = \frac{V}{b_w jd} \tag{6.8}$$

이 된다. 이 식에서 b_w 는 복부의 폭이며 j 는 약산에서는 0.875가 통용된다. 이 식에 의한 전단응력 분포는 그림 6-7 (c)와 같다. KDS 14 20 22에서는 식 (6.8)에서 $j = 1$로 하여

$$v = \frac{V}{b_w d} \tag{6.9}$$

으로 하고 있다.

【4】 보 작용과 아치 작용

식 (6.6)에서 jd가 일정하지 않은 경우

$$dM = dTjd + Td(jd) \tag{6.10}$$

이 되므로, 전단력과 철근의 인장력과의 관계는

$$V = jd\frac{dT}{dx} + T\frac{d(jd)}{dx} \tag{6.11}$$

이 된다. 이 식에서 먼저 jd가 일정한 경우를 고려하면 둘째 항이 없어지고 첫째 항만 남는데, 여기서 dT/dx는 식 (6.7)로부터 복부의 폭 b_w에 분포된 전단응력, 즉 인장철근과 압축역 사이의 수평면에서의 전단흐름으로, 보작용(beam action) 상태에서만 존재한다. 다음에 어떤 이유로 콘크리트와 철근 사이의 부착이 없어지는 경우 철근에 생기는 인장력 T는 전 길이에 걸쳐 일정하므로 dT/dx는 없어지고 식 (6.11)에서 둘째 항만 남게 된다. 이러한 상태에서 식 (6.11)을 고찰하면 전단력은 그림 6-8에 보이는 바와 같이 인장력 T와 jd의 경사가 이루는 아치 작용에 의하여 지지된다. 이때 압축력은 경사진 압축대에 의하여 전달되고 인장력은 전단경간의 전 길이에 걸쳐 일정하다.

철근콘크리트 보에서는 위와 같은 극단적인 경우는 생기지 않으므로 식 (6.11)의 두 항은 모두 유효하며, 따라서 보에 생기는 전단력은 보의 작용과 아치 작용에 의하여 지지됨을 알 수 있다.

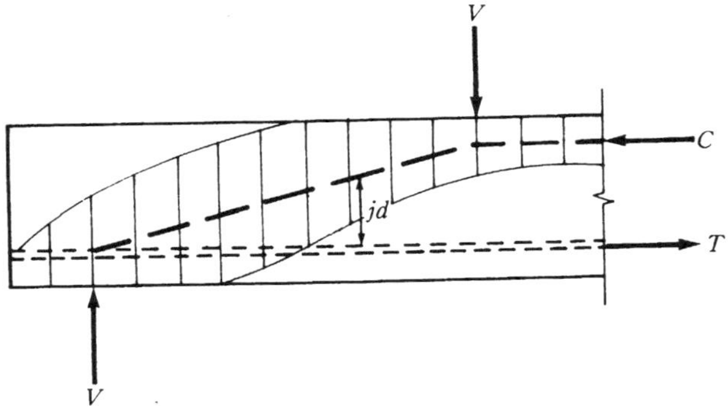

그림 6-8 보의 아치 작용

6-3-2 전단보강된 보

【1】 전단균열된 보의 거동

전단보강되지 않은 보의 강도는 사인장균열에 의하여 휨인장강도 이하로 떨어지므로 보의 휨인장 지지 능력을 충분히 발휘하게 하기 위해서는 보의 복부를 보강하는 것이 바람직하다. 복부의 철근보강에는 그림 6-9에 보이는 바와 같이 수직 스터럽, 경사 스터럽, 벤트업 철근 등이 사용되며, 이 중 수직 스터럽이 가장 보편적으로 쓰이고 있다. 스터럽은 사인장균열이 발생되기 전에는 콘크리트와 동일하게 거동하므로 보강 효과가 현저하게 나타나지 않으며, 사인장균열 발생을 억제하는 데에도 효율적이지 않다. 그러나 사인장균열이 발생하면 그 자신의 인장 저항 성능으로 전단 저항을 증진시킬 뿐만 아니라 균열의 벌어짐을 억제하여 골재의 맞물림작용의 효율을 높이고 인장철근을 수직으로 지지하여 장부작용에 의한 전단 저항 성능을 크게 하는 역할을 한다.

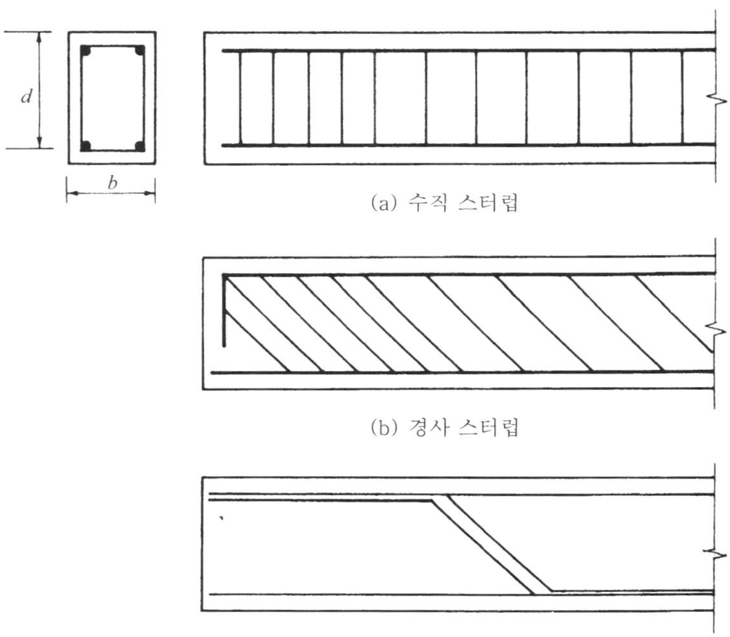

(a) 수직 스터럽

(b) 경사 스터럽

(c) 구부림 철근

그림 6-9 보의 전단보강 형태

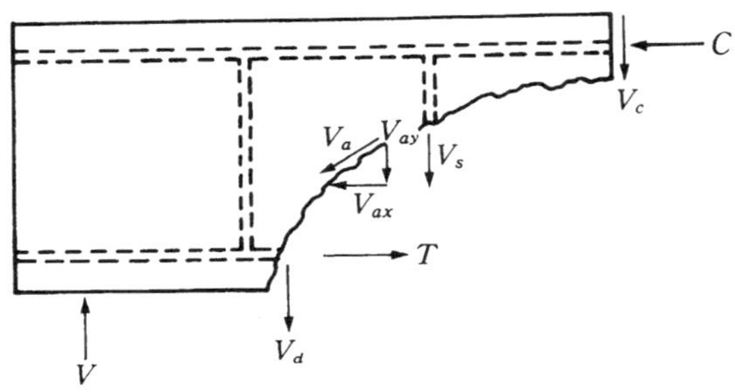

그림 6-10 전단보강된 보의 균열 후 내력

수직 스터럽으로 전단보강된 보에 사인장균열이 발생하였을 때 힘의 분포는 그림 6-10과 같고, 이는 그림 6-6의 전단보강되지 않은 보에서의 힘의 분포에 스터럽이 지지하는 전단력 V_s가 추가된 형태이다. 이러한 상태에서 수직 방향에 대한 힘의 평형조건도 식 (6.5)에 V_s가 추가된 형태로

$$V = V_c + V_{ay} + V_d + V_s \tag{6.12}$$

으로 주어지며, 스터럽에 생기는 수직력은

$$V_s = nA_v f_v \tag{6.13}$$

이 된다. 이 식에서 A_v는 스터럽의 단면적, f_v는 스터럽의 인장응력이며, n은 균열을 가로지르는 스터럽의 수로, 스터럽의 간격을 s, 균열의 수평 투영 길이를 p라고 하면 $n = p/s$가 된다.

식 (6.12)의 내부 전단력의 네 가지 성분 분포를 외부 전단력의 증가에 대응하여 개략적으로 그려보면 그림 6-11과 같다. 이 그림에서 보면 사인장균열이 발생할 때까지 V_s는 전단력 지지에 아무런 기여도 하지 않으나, 사인장균열이 발생한 후에는 V_c, V_{ay} 및 V_d의 합력이 거의 일정하게 유지되는 데 비하여 V_s는 외부 전단력의 증가에 선형으로 대응하여 저항 성능을 발휘하며, 스터럽이 항복하면 이에 따라 장부작용에 의한 전단력 V_d와 골재의 맞물림작용에 의한 전단력 V_{ay}가 급격히 저하되고 이에 따라 콘크리트가 부담해야 하는 전단력의 몫이 커져 마침내 파괴되는 양상을 보이고 있다.

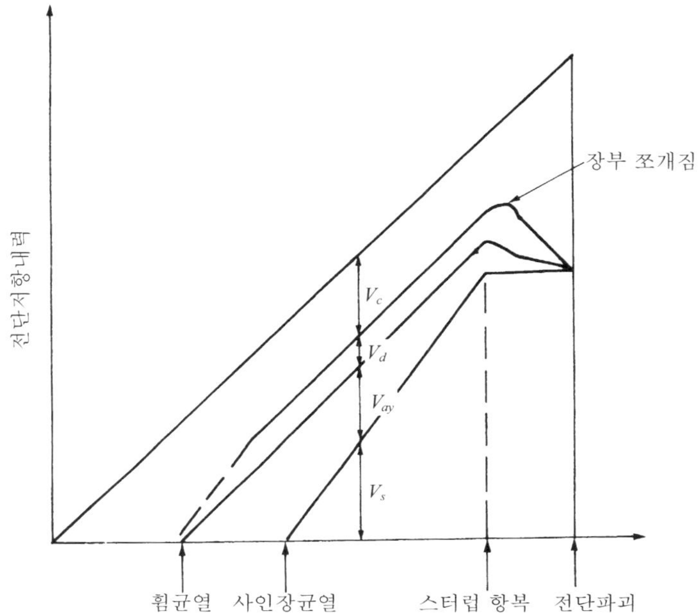

그림 6-11 전단보강된 보의 전단내력 분포

【2】 전단보강된 보의 트러스 이론

수직 스터럽이나 경사 스터럽으로 보강된 보의 전단에 대한 구조거동은 트러스 이론에 의하여 쉽게 이해할 수 있다. 이 이론은 1899년 스위스의 리터(F. Ritter)와 1902년 독일의 뫼르시(E. Mörsch)에 의하여 독자적으로 개발되었는데, 이 이론에 의하면, 복부의 보강철근은 인장재로 작용하고 사인장균열과 나란히 이루어지는 콘크리트의 압축대는 복부의 압축재로 작용하며, 중립축 상부의 압축 콘크리트는 상현재를 이루고 하단의 인장철근은 트러스의 하현재가 된다.

이와 같이 구성된 트러스에서 부재력은 절점이 핀접합이라는 가정을 도입하여 절점의 평형조건으로 구할 수 있다. 이 이론에 의한 트러스는 그림 6-12에 그려진 바와 같으며, 여기에서 스터럽은 인장철근과 α, 콘크리트의 사인장균열은 β의 경사각을 가진다고 하면, 외부 전단력 V_s와 트러스의 내력간에는 다음과 같은 관계가 성립된다.

$$V_s = C_d \sin\beta = T_s \sin\alpha \tag{6.14}$$

이 식에서 C_d는 사인장균열에 따라 이루어지는 콘크리트 압축대의 압축력이고 T_s는 균열을 가로지르는 모든 스터럽의 인장 합력이다.

스터럽의 간격은 그림 6-12에서

$$s = jd(\cot\alpha + \cot\beta) \tag{6.15}$$

이 되며, 단위길이당 스터럽이 발휘하는 힘은 T_s/s이므로 식 (6.14)와 (6.15)로부터

$$\frac{T_s}{s} = \frac{V_s}{jd\sin\alpha(\cot\alpha + \cot\beta)} \tag{6.16}$$

이 된다. 스터럽의 단면적을 A_v로 하면 스터럽이 발휘할 수 있는 최대의 힘은 $T_s = A_v f_y$가 되므로 스터럽이 지지하는 전단력은

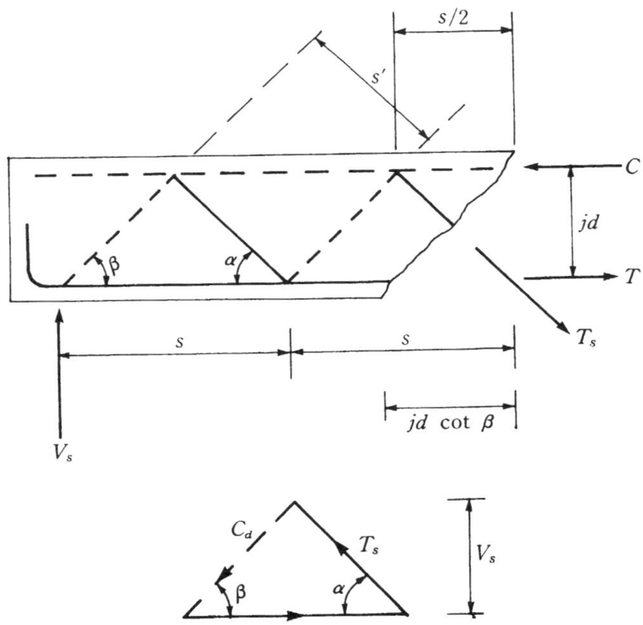

그림 6-12 보의 트러스 모델에서의 내력

$$V_s = \frac{A_v f_y}{s} jd \sin\alpha(\cot\alpha + \cot\beta) \tag{6.17}$$

으로 계산된다. 압축대의 유효깊이는 $s' = s\sin\beta$이므로 압축대에 생기는 경사방향 압축응력은

$$f_{cd} = \frac{C_d}{b_w s'} = \frac{V_s}{\sin^2\beta(\cot\alpha + \cot\beta)} \frac{1}{b_w jd} \tag{6.18}$$

이 된다. 이 식에서 b_w는 복부의 두께를 나타낸다.

수직 스터럽에서 균열의 경사가 45°인 경우에는 $\alpha = 90°$, $\beta = 45°$이므로 식 (6.17)과 (6.18)로부터

$$V_s = \frac{A_v f_y jd}{s} \tag{6.19a}$$

$$f_{cd} = \frac{2V_s}{b_w jd} \tag{6.19b}$$

이 된다.

전단보강된 보의 트러스 이론에서는 식 (6.12)에서 V_c, V_{ay} 및 V_d의 전단 저항이 무시되고, 변형의 적합조건을 만족시키지 못하는 단점이 있으나, 사인장 균열의 발생에 따라 스터럽에 생기는 인장응력과 콘크리트 압축대에 생기는 압축응력을 개념적으로 잘 나타내고 있고, 스터럽의 각도에 따라 이러한 응력의 변화를 정확하게 보여주고 있어, 스터럽 설계를 위한 기본 방정식 유도에 유효하게 적용되고 있다.

6-4 보의 전단설계

6-4-1 기본 설계 방정식

KDS 14 20 22에서는 전단력을 받는 보의 단면 설계에 다음과 같은 기본 설계 공식을 적용하도록 규정하고 있다.

$$V_u \leq \phi V_n \tag{6.20}$$

이 식에서 V_u는 하중계수를 적용한 하중에 의한 전단력이고, ϕ는 강도감소계수로 전단에 대하여서는 0.75의 값을 가지며, V_n은 부재의 공칭 전단강도로

$$V_n = V_c + V_s \tag{6.21}$$

으로 주어진다. 여기에서 V_c는 콘크리트에 의한 공칭 전단강도, V_s는 전단보강근에 의한 전단강도이다. 식 (6.21)을 식 (6.12)와 비교하면 골재의 맞물림작용에 의한 전단 저항 V_a와 인장철근의 장부 작용에 의한 전단저항 V_d는 V_c에 포함되어 있음을 알 수 있다.

6-4-2 콘크리트의 전단강도

【1】 전단력과 휨모멘트가 작용하는 부재

콘크리트의 전단강도는 6-3-1 절에 쓰여 있는 바와 같이 균열이 생기지 않는 보의 전단 저항을 포함하여 골재의 맞물림작용과 인장철근의 장부작용 등에 의한 전단 저항에 기인하며, 스터럽 보강되지 않은 단순받침보에서 인장철근비 $\rho_w = A_s/b_w d$를 변수로 하여 시험된 전단강도는 그림 6-13과 같다. 전단파

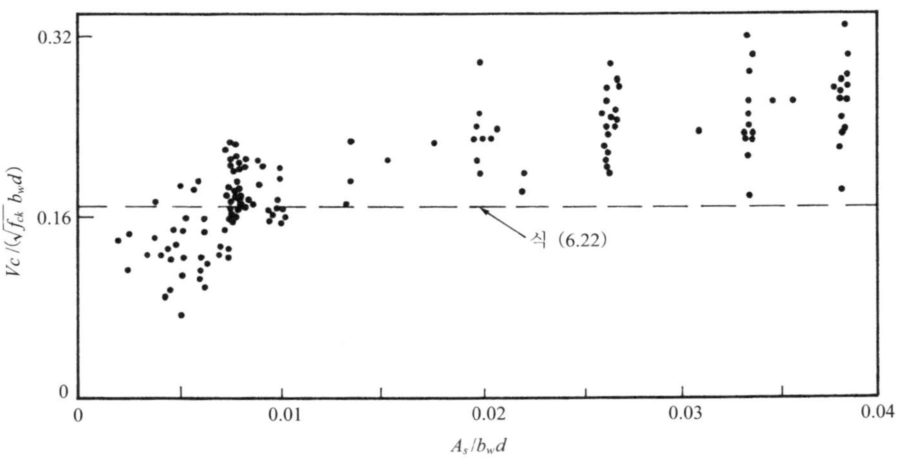

그림 6-13 전단보강되지 않은 보의 전단강도 V_c에 대한 철근비의 영향

괴를 일으키는 보의 철근비는 보통 0.0075~0.025의 범위이며, 이 시험 결과에 따라 KDS 14 20 22 (4.2.1)에서는 콘크리트의 전단강도를

$$V_c = \frac{1}{6}\lambda\sqrt{f_{ck}}\, b_w\, d \tag{6.22}$$

으로 하고 있다. 이 방정식은 그림 6-13에 표시되어 있으며, 낮은 철근비에서는 콘크리트의 전단강도를 실제보다 크게 평가하고 있다.

콘크리트의 전단강도 V_c를 계산할 때 사용되는 $\sqrt{f_{ck}}$의 값은 특별한 경우 이외에는 8.4 MPa를 넘지 않도록 한다.

인장철근비 ρ_w가 작은 경우에는 큰 경우에 비하여 휨인장균열이 보의 상부에 더 깊이 뻗으며, 따라서 사인장균열이 더 쉽게 발생하고 콘크리트의 전단강도가 떨어지게 된다. 이러한 현상을 고려하여 콘크리트의 전단강도를 더 정확히 계산하는 경우에는 KDS 14 20 22 (4.2.1)에서 다음 식을 사용하도록 하고 있다.

$$V_c = \left(0.16\lambda\sqrt{f_{ck}} + 17.6\rho_w \frac{V_u d}{M_u}\right) b_w d \le 0.29\lambda\sqrt{f_{ck}}\, b_w d \tag{6.23}$$

이 식에서는 인장철근비 ρ_w와 전단경간비 $V_u d/M_u$의 효과가 반영되어 있으며, $V_u d/M_u$의 값은 1 이하로 하여야 한다.

전단보강되지 않은 보의 실험결과에 대한 통계적인 연구를 통하여 1971년 주티(T. C. Zsutty)는 다음과 같은 전단강도 계산식을 제안하였다.

$$v_c = 59\left(f_{ck}\,\rho_w \frac{d}{a_v}\right)^{1/3} \text{psi} \tag{6.24a}$$

또는

$$v_c = 2.13\left(f_{ck}\,\rho_w \frac{d}{a_v}\right)^{1/3} \text{MPa} \tag{6.24b}$$

이 제안식은 콘크리트의 전단강도를 평가하는 데 f_{ck}, ρ_w 및 a_v/d의 효과를 식 (6.23)보다 실제에 더 가깝게 나타내고 있다.

【예제 6-1】 그림 6-14와 같은 3등분점 하중을 받는 보의 전단강도를 $\rho_w =$ 0.005, 0.01, 0.02 및 0.04에 대하여 식 (6.22), (6.23) 및 (6.24)로 계산하고 그림 6-13의 시험 결과와 비교하라. $f_{ck} = 24$ MPa으로 한다.

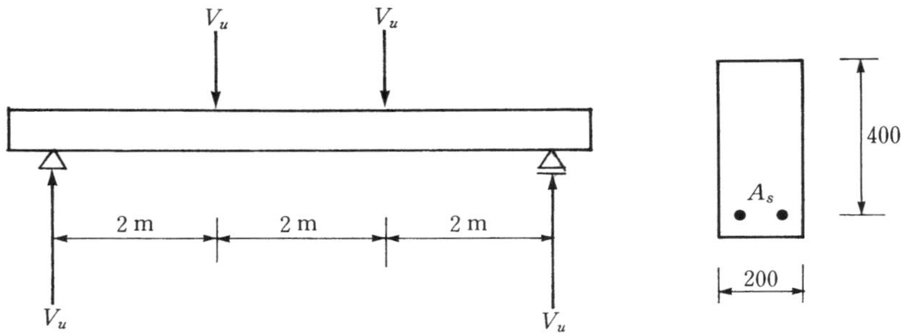

그림 6-14 예제 6-1의 전단을 받는 보

[풀 이] 그림에서 $\dfrac{d}{a_v} = \dfrac{400}{2000} = 0.2$

$f_{ck} = 24$ MPa이므로 이들을 각 식에 대입하여 ρ_w의 함수로 나타내면

식 (6.22) : $v_c = \dfrac{1}{6}\sqrt{24} = 0.816$ MPa

식 (6.23) : $v_c = 0.16\sqrt{24} + 17.6\rho_w \times 0.2 = 0.784 + 3.52\,\rho_w$

식 (6.24) : $v_c = 2.13 \times (24 \times 0.2 \times \rho_w)^{\frac{1}{3}} = 3.593(\rho_w)^{\frac{1}{3}}$

이 식들로부터 주어진 철근비 ρ_w에 대하여 계산된 v_c의 값은 아래 표와 같다.

(단위 : MPa)

적용식 \ 철근비	0.005	0.01	0.02	0.04
식 (6.22)	0.816	0.816	0.816	0.816
식 (6.23)	0.802	0.819	0.854	0.925
식 (6.24)	0.614	0.774	0.975	1.229

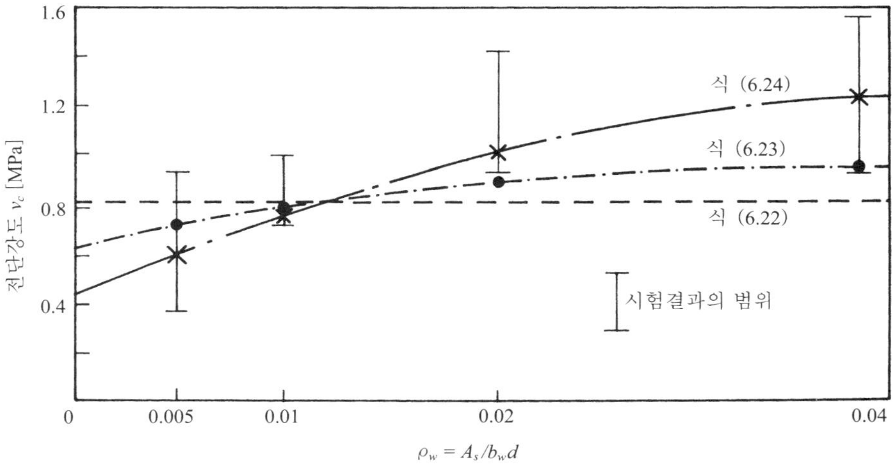

그림 6-15 예제 6-1의 전단강도 비교

표의 v_c의 값을 그림 6-13의 시험 결과와 비교하면 그림 6-15와 같다. 이 그림에서 세로축의 값은 그림 6-13 세로축의 $v_c/\sqrt{f_{ck}}$ 에 $\sqrt{f_{ck}} = 4.9$를 곱한 값이다.

이 그림에서 보면 식 (6.22)에 비하여 식 (6.23)이나 (6.24)의 결과가 시험결과에 가까운 것을 알 수 있다.

【2】 전단력과 축력이 작용하는 부재

축력은 콘크리트의 전단강도에 크게 영향을 끼친다. 보에 축압축력이 작용하는 경우에는 휨인장균열의 발생이 억제되고, 균열이 발생한 경우에도 보의 상부로 깊이 침투하지 못하기 때문에 콘크리트의 전단강도는 증가하나, 축인장력은 이에 반대되는 효과를 가진다. 콘크리트의 전단강도에 끼치는 축인장력과 축압축력의 영향에 대한 시험 결과는 그림 6-16과 같으며, 이 시험 결과에 따라 KDS 14 20 22 (4.2.1)에는 다음과 같이 규정되어 있다.

① 축압축력이 작용하는 부재

$$V_c = \frac{1}{6}\left(1 + \frac{N_u}{14A_g}\right)\lambda\sqrt{f_{ck}}\,b_w\,d \tag{6.25}$$

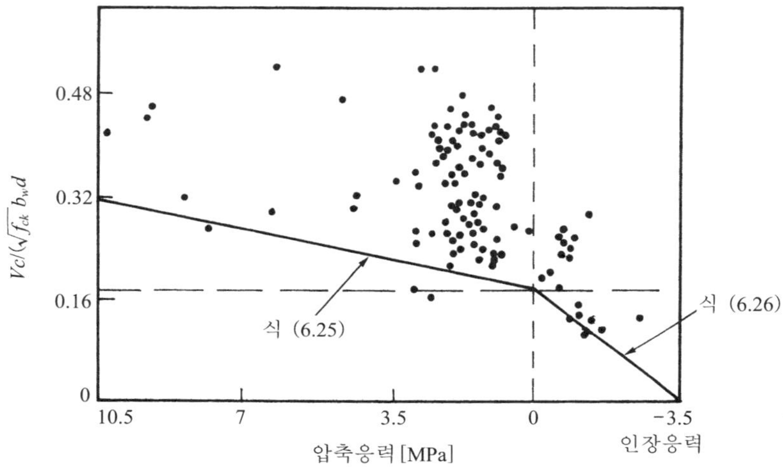

그림 6-16　전단강도에 대한 축응력의 영향

② 축인장력이 작용하는 부재

$$V_c = \frac{1}{6}\left(1 + \frac{N_u}{3.5A_g}\right)\lambda\,\sqrt{f_{ck}}\,b_w\,d \tag{6.26}$$

위의 식에서 N_u는 축력으로 압축시 양의 기호를 가지며, A_g는 전 단면적이다. N_u/A_g의 단위는 $\mathrm{N/mm^2}$이다.

【3】 축력과 모멘트가 작용하는 부재

모멘트와 축력을 동시에 받는 보의 사용하중 상태에서의 힘의 분포는 그림 6-17(a)와 같으며 모멘트를 동반한 축력을 편심 축력으로 하여 그림 6-17(b)와 같이 나타낼 수 있다.

편심 축력의 작용선에서 보 중심까지의 거리를 e, 압축내력의 작용점까지의 거리를 e'으로 하고, 압축 내력과 인장 내력의 응력 중심 거리를 jd로 하면, $e' + jd$와 $e + (d - h/2)$는 같은 거리이므로

$$e' = e + d - \frac{h}{2} - jd \tag{a}$$

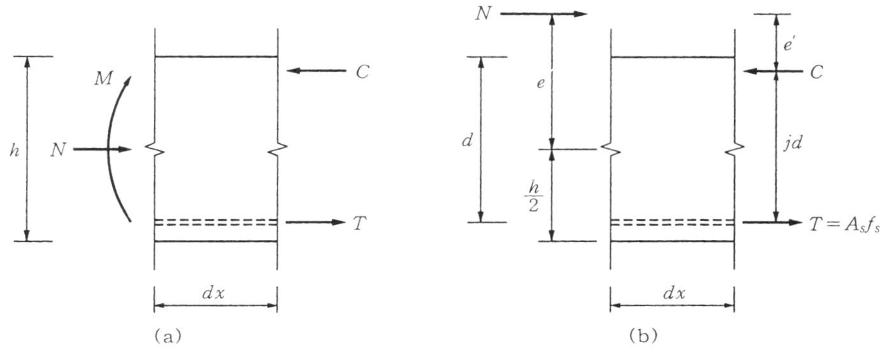

그림 6-17 모멘트와 축력을 받는 보

이 된다. 사용하중 상태에서 응력 중심 거리는 대략 $jd = 7d/8$이므로, 식 (a)는

$$e' = e - \frac{4h - d}{8}$$

으로 주어지며, C의 작용점에서의 모멘트 평형조건

$$A_s f_s jd = Ne'$$

에 이 값을 대입하고, $M = Ne$임을 고려하면

$$A_s f_s jd = M - N\frac{(4h - d)}{8} \tag{b}$$

의 식이 유도된다. 보에 작용하는 모멘트와 축력이 증가하여 인장철근의 응력이 f_y에 이르렀을 때 극한상태가 되며, 이때의 저항모멘트를 $A_s f_y jd = M_m$으로 나타내면, 극한상태에서 모멘트와 축력을 받는 보의 평형조건은

$$M_m = M_u - N_u \frac{(4h - d)}{8} \tag{6.27}$$

이 된다. 축방향 압축력과 모멘트를 받는 부재에서는 식 (6.23)의 M_u를 식 (6.27)의 M_m으로 바꾸어 콘크리트의 전단강도 V_c를 계산할 수 있다. 이 계산에서 식 (6.23)과 같이 $V_u d/M_u \leq 1.0$의 제한은 받지 않으나, 계산된 전단강도 V_c가

$$V_c = 0.29\lambda\sqrt{f_{ck}}\,b_w\,d\,\sqrt{1+\frac{N_u}{3.5\,A_g}} \tag{6.28}$$

의 식으로 계산된 값을 넘어서는 안 된다. 이 식에서 N_u/A_g의 단위는 MPa이며, 식 (6.27)에 의한 M_m의 값이 음수가 되는 경우에는 콘크리트의 전단강도를 식 (6.28)로 계산하여야 한다.

6-4-3 전단보강근

【1】 전단보강 철물의 종류

철근콘크리트 구조물의 전단보강용으로 사용되는 철물에는 다음과 같은 것이 있다.

① 부재축에 직각인 스터럽
② 부재축에 직각으로 배근된 용접철망
③ 주인장철근에 45° 이상의 각도로 배근된 스터럽
④ 주인장철근에 30° 이상의 각도로 구부러진 굽힘철근
⑤ 스터럽과 굽힘철근의 조합
⑥ 나선철근 및 띠철근

전단보강용 스터럽이나 철선은 압축연단에서 d 거리까지 연장되어야 하며, 충분히 정착되어 철근의 설계 항복강도를 발휘할 수 있어야 한다.

【2】 최소 전단보강근

전단보강되지 않은 보의 전단파괴는 취성파괴로 갑작스럽게 발생하고, 설계공식으로 계산한 값에 대하여 전단파괴하중의 산포도가 크므로 KDS 14 20 22 (4.3.3)에서는 계수 전단력 V_u가 콘크리트에 의한 설계 전단강도 ϕV_c의 1/2를 초과하는 모든 철근콘크리트 휨부재에는 최소 전단보강근을 배근하도록 규정하고 있으나, 다음의 경우는 예외로 하고 있다.

① 슬래브와 기초판

② 장선구조물
③ 전체 깊이가 250 mm, 플랜지 두께의 2.5 배 또는 복부 폭의 1/2 중 최댓값 이하인 T 형보나 I 형보
④ 날개벽, 옹벽 등 휨이 주 거동인 벽체

이러한 부재들에 예외를 적용하는 것은 사인장 균열에 의한 파괴가 일어나기 전에 내력을 재분배하는 능력이 있다는 것이 실험과 설계 경험을 통하여 입증되었기 때문이다.

KDS 14 20 22 (4.3.3)에서 정하는 전단보강근의 최소 단면적은

$$A_{v,\,\min} = 0.0625\sqrt{f_{ck}}\,\frac{b_w\,s}{f_{yt}} \tag{6.29}$$

으로 하나, 최소 전단철근량은 $0.35\,b_w s/f_{yt}$ 이상으로 해야 한다. 전단보강근의 설계기준 항복강도 f_{yt} 는 500 MPa를 초과할 수 없게 되어 있으나, 벽체의 전단철근 또는 용접이형철망의 경우는 기준 항복강도를 600 MPa까지 할 수 있다.

【3】 스터럽의 전단강도

식 (6.20)과 (6.21)에서 계수전단력 V_u 가 ϕV_c 보다 큰 경우 보는 스터럽으로 보강되어야 하며, 그 전단강도가

$$V_s = \frac{V_u}{\phi} - V_c \tag{6.30}$$

로 계산되는 값 이상이 되어야 한다.

스터럽에 의한 전단저항을 계산하기 위하여 그림 6-18과 같이 부재의 주축에 대한 스터럽의 경사각을 α, 균열의 경사각을 β로 하고, 균열에 걸 쳐져 있는 스터럽의 수를 n이라 하면, 그림 6-18 (b)로부터 $\sin\beta = d/a$이므로

$$ns = a\sin\beta(\cot\alpha + \cot\beta) = d(\cot\alpha + \cot\beta) \tag{c}$$

이 되며, 스터럽의 항복에 의하여 전단파괴가 생기는 것으로 가정하면, 1개의 스터럽이 발휘할 수 있는 힘은 $A_v f_{yt}$ 이고, 균열에 걸쳐 있는 n 개의 스터럽에

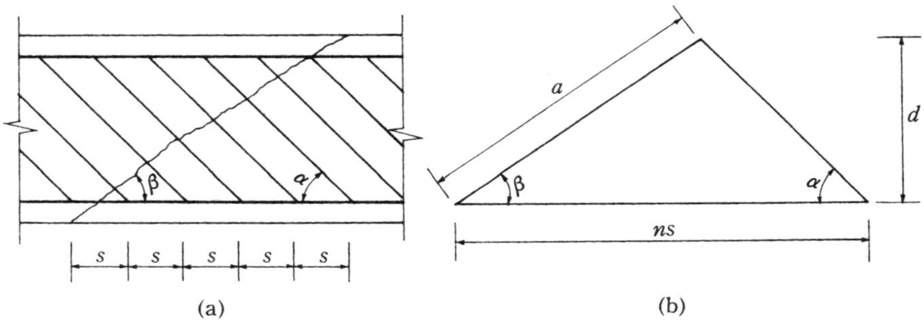

그림 6-18 경사 스터럽에 의한 전단보강

의한 저항의 수직 성분이 V_s가 되므로

$$V_s = n A_v f_{yt} \sin \alpha \tag{6.31}$$

로 나타낼 수 있다. 따라서 스터럽과 균열의 경사각 α, β에 대하여 스터럽에 의한 전단 저항의 일반식은 식 (c)와 (6.31)로부터

$$V_s = \frac{A_v f_{yt} d}{s} \sin \alpha (\cot \alpha + \cot \beta) \tag{d}$$

이 된다. 이 식은 트러스 이론에서 식 (6.17)에서 $j = 1$로 하였을 때와 일치한다.

KDS 14 20 22 (4.3.4)에서는 균열의 경사각 β를 45°로 근사화하고 스터럽에 의한 전단강도 V_s는 부재축에 수직하게 배근된 스터럽에 대해서는 $\alpha = 90°$이므로

$$V_s = \frac{A_v f_{yt} d}{s} \tag{6.32a}$$

부재축에 경사지게 배근된 스터럽에 대해서는

$$V_s = \frac{A_v f_{yt} d}{s} (\sin \alpha + \cos \alpha) \tag{6.32b}$$

으로 계산되며, 어느 경우에도 $0.2(1 - f_{ck}/250) f_{ck} b_w d$의 값을 초과하지 않도록 규정하고 있다.

【4】 스터럽의 간격

사인장균열이 생긴 곳에 스터럽이 배근되어 있지 않으면 전단변형을 억제할 수 없으므로, KDS 14 20 22 (4.3.4)에서는 균열의 경사각을 45°로 하여 수직 스터럽에서 그림 6-19 (a)와 같이 $d/2$ 또는 600 mm 이하로 하여 45° 방향으로 뻗는 균열이 적어도 하나의 스터럽과 교차하도록 하고 있으며, 경사진 스터럽에 대하여서는 그림 6-19 (b)와 같이 보의 중심인 $d/2$로부터 인장철근까지 45°의 경사선을 보의 지점 방향으로 그었을 때 적어도 하나의 스터럽이 이 경사선과 교차하도록 하고 있다.

식 (6.30)으로 계산되는 스터럽의 전단강도 V_s가 $\lambda(\sqrt{f_{ck}}/3)b_w d$ 보다 큰 부재에 대하여서는 스터럽의 최대 간격을 위에 서술된 값의 1/2로 하도록 하고 있고 이 경우 수직 스터럽의 간격은 $d/4$ 또는 300 mm 이하로 한다.

스터럽의 간격에 관련하여 정리하면 다음과 같다.

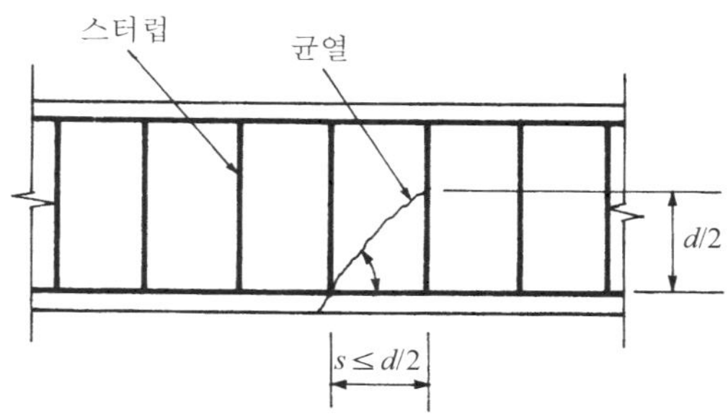

(a) 수직 스터럽

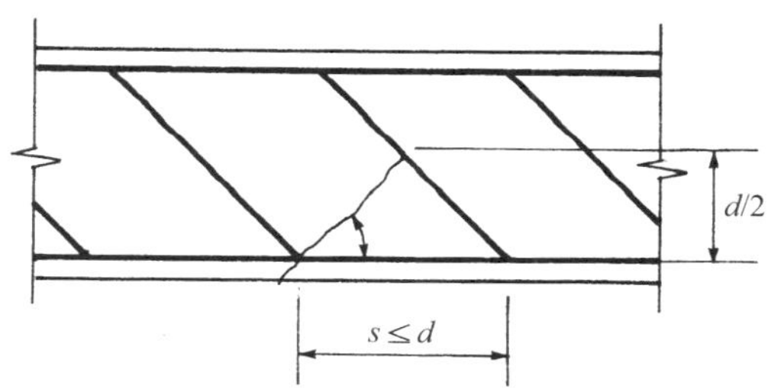

(b) 경사 스터럽

그림 6-19 스터럽 간격

소요 전단강도에 의하여 계산되는 스터럽 간격은

$$\text{수직 스터럽} : s = \frac{\phi A_v f_{yt} d}{V_u - \phi V_c} \tag{6.33a}$$

$$\text{경사 스터럽} : s = \frac{\phi A_v f_{yt} d}{V_u - \phi V_c}(\sin\alpha + \cos\alpha) \tag{6.33b}$$

스터럽의 최대 간격은 $V_s \le (1/3)\lambda\sqrt{f_{ck}}\, b_w d$의 경우

$$s_{\max} = \frac{A_v f_{yt}}{0.35 b_w} \tag{6.34a}$$

$$s_{\max} = \frac{d}{2} \text{ 또는 } 600\text{ mm} \tag{6.34b}$$

중 가장 작은 값으로 하고, V_s가 $(1/3)\lambda\sqrt{f_{ck}}\, b_w d$를 초과하는 경우에는 식 (6.34b)의 값을 1/2로 한다.

6-4-4 보의 전단설계에서의 최대 전단력

그림 6-20 (a)와 같은 보에서 최대 전단력은 받침부에 면한 지점에 생기며, 사인장균열은 받침부에서 바깥쪽으로 대개 45°의 경사각으로 발생한다.

받침부에서 거리 d 이내에 작용하는 하중은 균열에 교차되는 스터럽에 어떠한 영향도 주지 않고 직접 하중작용점과 받침부 사이에 형성되는 압축대에 의하여 전달되므로, 전단설계에서 이 부분에 대한 전단응력을 고려하지 않아도 된다.

이에 따라 KDS 14 20 22 (4.1.1)에는 일반 콘크리트 부재인 경우 받침부 내면에서 거리 d 이내의 V_u의 값은 d만큼 떨어진 곳의 값으로 하도록 규정되어 있다. 이 규정에 따르면 그림 6-20 (a)와 같은 보에서 설계용으로 고려되는 전단력은 그림 6-20 (b)의 빗금친 부분이 된다.

이 규정은 모든 경우에 통용되는 것이 아니기 때문에 적용에 주의하지 않으면 안 된다. 그림 6-21은 몇 개의 전형적인 지지 조건에서 설계시 고려해야 되는 최대 전단력의 지점을 나타낸 것이다. 여기에서 그림 6-21 (c)의 경우

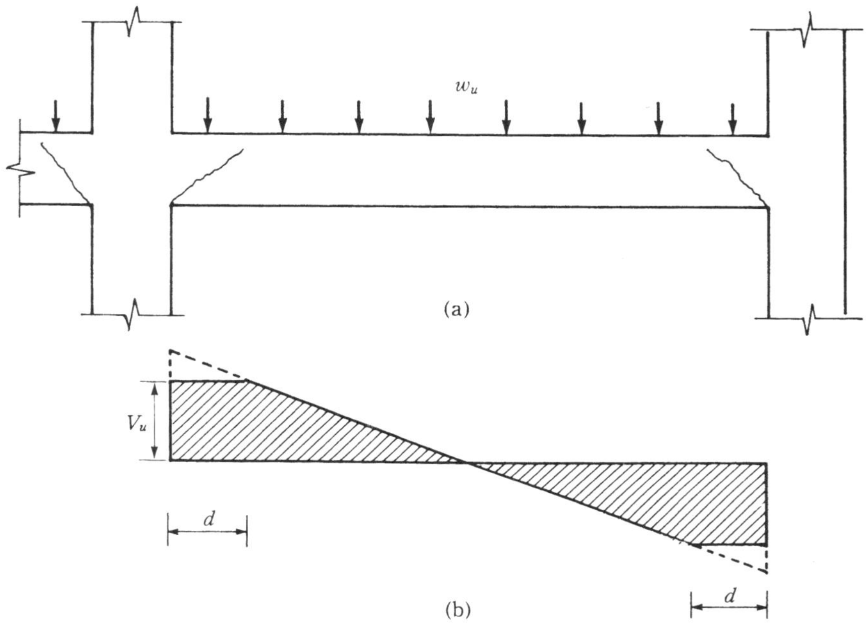

그림 6-20 설계용 전단력

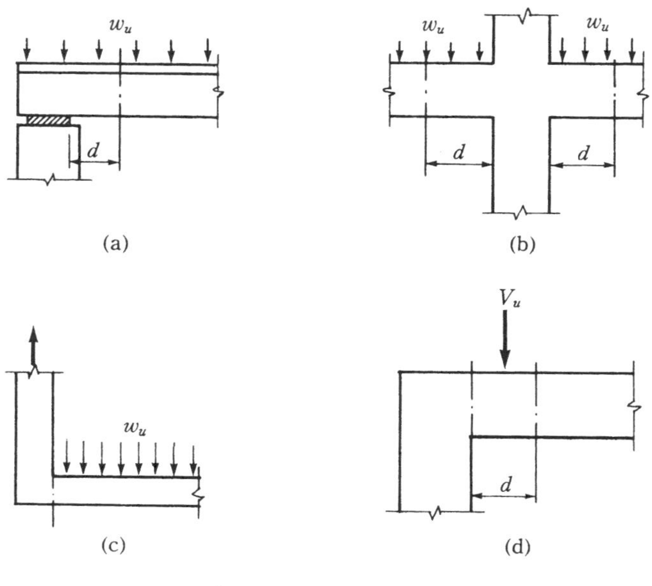

그림 6-21 전단 위험단면

처럼 인장력에 의하여 지지되는 보에서는 전단력의 최대 지점을 받침부에 면한 곳으로 하여야 한다.

【예제 6-2】 그림 6-22 (a)와 같은 골조에서 직사각형 보의 폭 $b_w = 300$ mm, 깊이 $h = 650$ mm, $d = 585$ mm, 순경간 $l_n = 7.4$ m이고, 고정하중 $w_D = 22$ kN/m, 활하중 $w_L = 25$ kN/m 일 때, 이 보의 전단설계를 하라. 단, $f_{ck} = 24$ MPa, 스터럽은 설계항복강도 $f_{yt} = 300$ MPa의 D10 철근으로 한다.

[풀 이] 계수하중 $w_u = 1.2 \times 22 + 1.6 \times 25 = 66.4$ kN/m

계수전단력 $V_u = 66.4 \times 7.4/2 - w_u x$

$= 245.7 - 66.4x$

받침부에서 d 만큼 떨어진 거리에서

$V_{u,d} = 245.7 - 66.4 \times 0.585$

$= 206.9$ kN

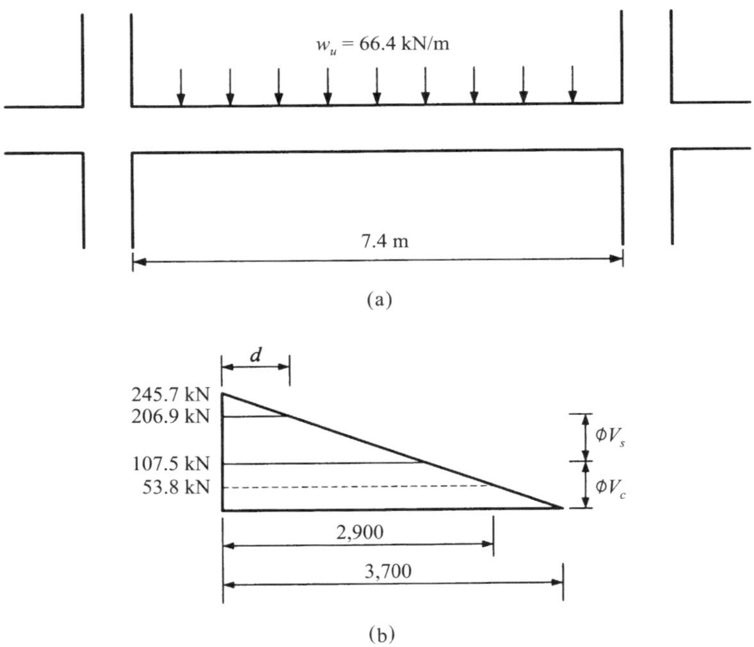

그림 6-22 예제 6-2 골조의 전단력

콘크리트의 전단강도는 식 (6.22)로부터

$$\phi V_c = 0.75 \times \frac{1}{6}\sqrt{24} \times 300 \times 585 \times 10^{-3} = 107.5\,\text{kN}$$

D10 철근을 U형 스터럽으로 하면,

$$A_v = 71.3 \times 2\text{ 가닥} = 142.6\,\text{mm}^2$$

$V_{u,d} = 206.9\,\text{kN}$에 대하여 식 (6.33a)로부터

$$s = \frac{0.75 \times 142.6 \times 300 \times 585}{(206.9 - 107.5) \times 10^3}$$

$$= 188.8\,\text{mm} < \frac{d}{2} = 292.5\,\text{mm} \rightarrow 180\,\text{mm}$$

최소 전단보강근 검토 : 식 (6.29)로부터

$$0.0625\sqrt{f_{ck}}\frac{b_w s}{f_{yt}} = 55.1\,\text{mm}^2 < A_v = 142.6\,\text{mm}^2$$

$$0.35\frac{b_w s}{f_{yt}} = 63.0\,\text{mm}^2 < A_v \qquad \text{적합}$$

전단력이 작은 곳에서는 스터럽 간격을 $d/2$까지 넓힐 수 있으므로, 받침부에서 1.2 m 떨어진 곳을 검토하면,

$$V_u = 245.7 - 66.4 \times 1.2 = 166.0\,\text{kN}$$

$$s = \frac{0.75 \times 142.6 \times 300 \times 585}{(166.0 - 107.5) \times 10^3}$$

$$= 320.9\,\text{mm} > \frac{d}{2} = 292.5\,\text{mm} \rightarrow 290\,\text{mm}$$

받침부에서 $\phi V_c/2 = 53.8\,\text{kN}$ 되는 곳까지의 거리는

$$\left(\frac{7.4\,\text{m}}{2}\right) \times \left(\frac{245.7 - 53.8}{245.7}\right) = 2.9\,\text{m}$$

따라서 받침부에는 기둥면에서 1.2 m까지는 D10@180, 1.2 m에서 2.9 m까지는 D10@290 스터럽을 배근한다.

6-5 전단마찰설계

6-5-1 설계개념

일반 철근콘크리트 보에서는 전단력에 의하여 사인장균열이 발생하고 전단파괴에 이르게 되나, 부재의 상황에 따라서는 직접 전단에 의한 사인장균열에 의하지 않고도 전단파괴를 일으키는 경우가 있다. 예를 들어 프리캐스트 콘크리트 부재의 접합면이나 프리캐스트 콘크리트와 현장 콘크리트의 접촉면 또는 강재와 콘크리트의 접촉면 등은 전단에 취약한 부분이며, 이러한 부분에 적절한 전단보강이 안되어 있는 상태에서 큰 직접 전단력이 작용하면 균열이 전단력 방향으로 생기면서 파괴된다. 전단마찰 설계에서는 취약한 부분을 따라 균열이나 미끄러짐이 일어나는 것으로 가정하고 가상된 균열이나 전단면에 가로질러 철근보강을 한다. 이러한 상태에서 전단력이 작용하면, 그림 6-23에 나타낸 바와 같이 균열면에서 전단변형하는 데에는 골재의 맞물림작용으로 수직변형이 따르며, 이에 따라 보강된 철근에 인장응력을 유발시킨다. 철근이 발휘하는 인장력은 상대적으로 균열된 두 콘크리트에 압축력을 가하는 결과가 되며, 이

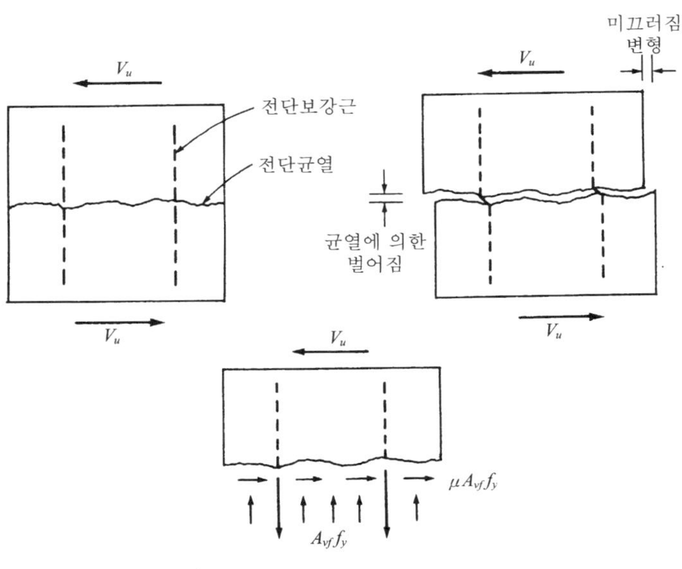

그림 6-23 전단마찰설계 개략도

압축력이 균열면에서 콘크리트의 마찰계수와 상승작용을 하여 전단력을 저항하도록 하는 것이 전단마찰설계의 기본 개념이다. 전단마찰 설계에서는 균열면의 위치와 각도 등을 적절하게 가정하여 이에 대한 보강을 하여야 한다.

6-5-2 설계방법

전단마찰 설계에서도 식 (6.20)에 근거를 두어야 하나, 콘크리트에 의한 전단강도 V_c는 고려되지 않는다. 콘크리트 부재가 전단력에 의하여 균열면을 통하여 미끄러지는 경우에는 콘크리트가 거친 면의 마찰에 의하여 미끄러지는 방향과 수직하게 분리하려는 경향을 보이고, 이러한 변형은 이 방향으로 배근되어 있는 철근에 인장응력을 일으킨다. 배근된 철근의 정착이 잘 되어 있는 경우, 철근의 응력이 항복점에 달한 후 전단파괴가 일어나는 것이 실험에서 확인되었다.

철근의 인장력은 균열면에 수직하게 압축력으로 작용하며, 이 힘과 균열면의 마찰계수 μ가 곱하여져 미끄러짐에 대한 콘크리트의 저항을 나타내므로, 공칭 전단강도는 전단마찰 보강근이 전단면과 직각일 때

$$V_n = A_{vf} f_y \mu \tag{6.35}$$

그림 6-24와 같이 전단면과 α_f의 각도로 경사질 때

$$V_n = A_{vf} f_y (\mu \sin \alpha_f + \cos \alpha_f) \tag{6.36}$$

으로 계산되며, A_{vf}는 철근의 전 단면적이다. 다만, 식 (6.35) 및 (6.36)에서 전단강도 V_n은 일체로 친 콘크리트나 표면을 거칠게 한 굳은 콘크리트 면에 타설된 콘크리트의 경우 $0.2 f_{ck} A_c$, $(3.3 + 0.08 f_{ck}) A_c$ 및 $11 A_c$ 이하 (N 단위)로 하여야 하며, 그 외의 경우 V_n은 $0.2 f_{ck} A_c$ 또는 $5.5 A_c$ 이하로 하여야 한다. 여기서, A_c는 전단을 전달하는 콘크리트의 단면적이다. 전단마찰 설계에서 마찰계수 μ는 다음 값으로 한다.

① 일체로 타설된 콘크리트	1.4λ
② 일부러 거칠게 만든 굳은 콘크리트 면 위에 타설된 콘크리트	1.0λ

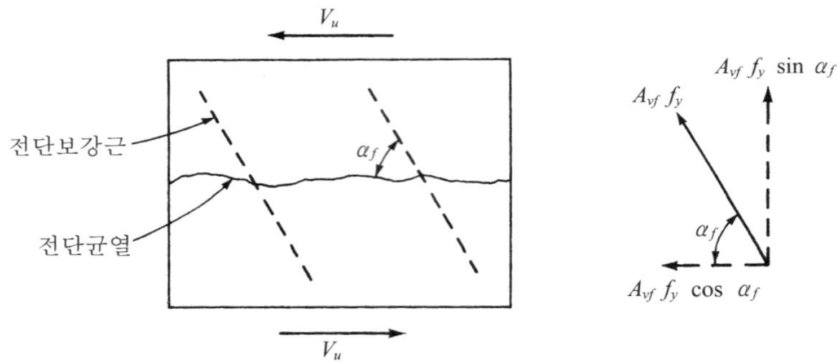

그림 6-24 전단균열면에 경사진 철근의 내력

③ 거칠게 처리하지 않은 굳은 콘크리트
 면 위에 타설된 콘크리트 0.6λ

④ 보강 스터드나 철근에 의하여 압연 구조용
 강재에 정착된 콘크리트 0.7λ

여기서 λ의 값은 일반 콘크리트에 대하여서는 1.0, 자연모래 경량 콘크리트인 경우에는 0.85, 모든 골재가 경량인 경량 콘크리트인 경우에는 0.75로 한다. 전단마찰설계에서 보강근의 항복강도는 500 MPa 이하로 한다.

이미 굳은 콘크리트에 새 콘크리트가 타설되어 그 사이로 전단력이 전달되는 경우에는 일체로 타설된 콘크리트에 비하여 마찰계수가 떨어지며, 굳은 콘크리트의 표면 거칠기가 주요 변수가 된다. KDS 14 20 22 (4.6.2)에서 $\mu = 1.0\lambda$인 경우에는 굳은 콘크리트의 표면이 적어도 6 mm 정도의 요철 형태로 거칠게 되어 있고, 레이턴스가 없으며 깨끗한 상태에서 새 콘크리트가 타설되었을 때이다. 합성보와 같이 스터드 볼트나 철근 용접 등으로 구조용 강재와 콘크리트 사이에 전단이 전달되는 경우 구조용 강재는 표면이 깨끗하고 페인트 등 이물질이 묻어 있지 않아야 한다.

식 (6.20)과 (6.35) 및 (6.36)으로부터 전단보강근의 소요 단면적은

① 전단마찰 보강근이 전단면과 직각일 때

$$A_{vf} = \frac{V_u}{\phi f_y \mu} \tag{6.37}$$

② 전단마찰 보강근이 전단면과 α_f의 경사각을 가질 때

$$A_{vf} = \frac{V_u}{\phi f_y(\mu \sin \alpha_f + \cos \alpha_f)} \tag{6.38}$$

전단면에 직각 방향으로 계수 인장력 N_u가 작용할 때에는 전단마찰 보강근에 추가하여 인장 보강철근을 배근하여야 하며 인장철근의 소요 단면적은

$$A_n = \frac{N_u}{\phi f_y} \tag{6.39}$$

이 된다. 이 식에서도 ϕ는 0.75의 값을 가진다.

【예제 6-3】 그림 6-25와 같이 기둥에 조립되어 있는 프리캐스트보의 단부에 수직 방향으로 고정하중에 의한 반력 $R_D = 80$ kN, 활하중에 의한 반력 $R_L = 70$ kN 및 온도 변화와 건조수축에 의한 수평력 $T = 80$ kN이 작용할 때 보의 단부 모서리 부분에 대하여 보강설계를 하라. 단, 사용 철근은 SD 400, 콘크리트의 강도는 $f_{ck} = 27$ MPa로 하며, 전단균열은 수직면에 대하여 20° 경사로 생기는 것으로 가정한다.

[풀 이]

$$R_u = 1.2 \times 80 + 1.6 \times 70 = 208 \text{ kN}$$

$$T_u = 1.2 \times 80 = 96 \text{ kN}$$

전단균열이 수직면에 대하여 20° 경사로 생기는 것으로 가정하면

$$V_u = R_u \cos 20° + T_u \sin 20° = 228.3 \text{ kN}$$

$$N_u = -R_u \sin 20° + T_u \cos 20° = 19.1 \text{ kN}$$

전단마찰 보강근을 그림 6-25와 같이 보 수평면으로부터 20°로 배근하면 균열면과 직각이 되므로 식 (6.37)과 (6.39)로부터

$$A_{vf} = \frac{V_u}{\phi f_y \mu} = \frac{228.3 \times 10^3}{0.75 \times 400 \times 1.4} = 544 \text{ mm}^2$$

$$A_n = \frac{N_u}{\phi f_y} = \frac{19.1 \times 10^3}{0.75 \times 400} = 64 \text{ mm}^2$$

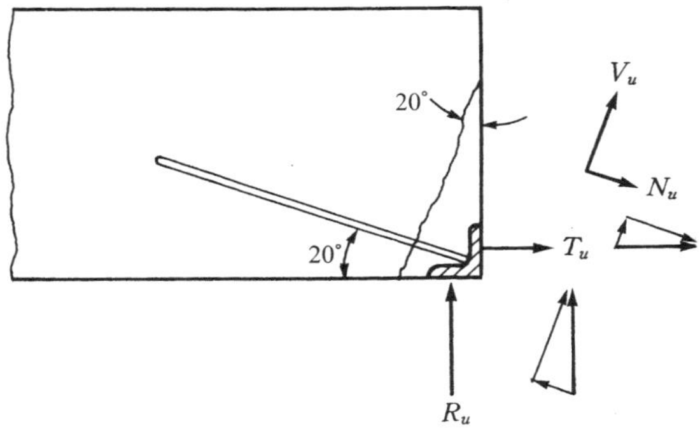

그림 6-25 예제 6-3의 보 단부

따라서 필요한 철근의 단면적은

$$A_s = A_{vf} + A_n = 608\ \text{mm}^2$$

이므로, 2-D22($A_s = 774.2\ \text{mm}^2$)을 모서리 보강 ㄱ형강에 용접하며, 정착길이는 균열의 불확실성을 고려하여 가상 균열면에서 계산되는 정착길이의 1.5배 정도로 한다.

6-6 스트럿-타이 모델

6-6-1 설계 개념

구조해석에서는 힘의 평형조건, 변위의 적합조건, 후크의 법칙 등 관련 방정식이 하중 작용점 및 지지점에 대한 경계조건과 함께 갖춰져야 한다. 2차원 보이론에서 힘의 평형조건은 $\sum F_x = 0$, $\sum F_y = 0$, $\sum M = 0$의 세 방정식으로 요약되며, 변위의 적합조건은 보의 휨에 의한 변위는 중립축으로부터의 거리에 비례한다는 평면 유지의 가정에 근거를 두고 있다.

그러나 집중하중이 작용하거나 단면이 갑자기 변하는 부분에서는 응력 분포가 편중되기 때문에 보 이론에 의한 평형방정식과 적합조건을 적용하기 어려운 경우가 자주 생긴다. 예를 들어 그림 6-26과 같이 단면적 A, 폭 d인 직사각형 부재의 폭 중심에 집중하중 P가 작용할 때 하중 작용점에서 $d/4$ 위치에서는 중앙부 최대 응력이 평균 응력 $f = P/A$의 2.5 배 이상 되어 보 이론과 다른 분포가 되나, 하중 작용점에서 d 이상 떨어진 위치에서는 최대 응력이 평균 응력에 3 퍼센트 이내의 차이로 평준화되어 보 이론에 의한 방정식의 적용이 가능하게 된다.

스트럿-타이 모델에 의한 보의 해석에서는 그림 6-26 예의 하중 작용점 부근과 같이 응력이 교란되는 영역을 D영역, 하중 작용점에서 d 이상 떨어져 있어 응력이 보 이론에 따라 분포돼 있는 영역을 B영역이라고 한다. 집중하중의 작용점과 더불어 구조체의 개구부 방향이나 단면이 급격히 변화하는 부분 등에도 응력집중 현상에 의하여 D영역이 생기며, D영역 이외의 부분은 B영역에 속하게 된다. 그림 6-27은 구조체를 B영역과 D영역으로 나눈 예이며, 어둡게 표시된 부분이 D영역이다.

B영역에서는 응력의 분포가 고르게 되어 있어 변위의 적합조건인 평면 유지의 가정이 적용되므로, 보 이론에 의한 응력 및 변위 해석이 가능하나, D영역에서는 응력이 편중되어 있어 콘크리트에 균열이 생기기 쉬우며, 균열이 발생하면 평면 유지의 가정을 적용하는 것이 적절하지 않기 때문에 보의 응력과 변위 해석에 보 이론을 사용할 수 없다. 그러나 콘크리트는 균열이 생긴 후에도 휨압축 응력을 지지할 수 있고 보강철근은 휨 인장응력을 지지할 수 있으므로, D영역에서는 트러스 작용에 의한 응력 해석이 가능하며, 트러스 해석은 철근의 보강 상세도 반영할 수 있어 보 이론에 의한 응력 해석보다 더 합리적인 해석 방법으로 받아들여지고 있다.

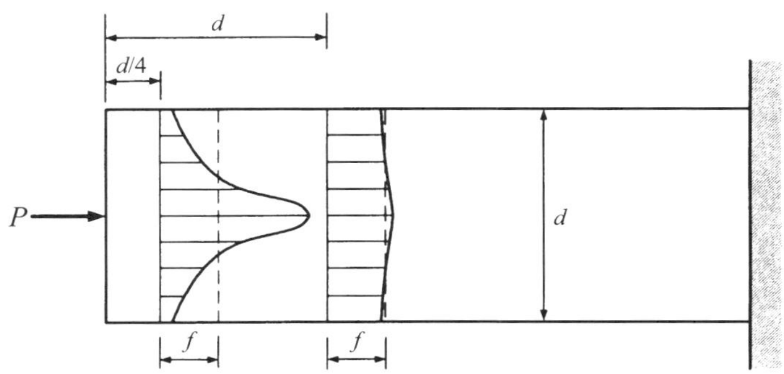

그림 6-26 집중하중에 의한 응력 분포

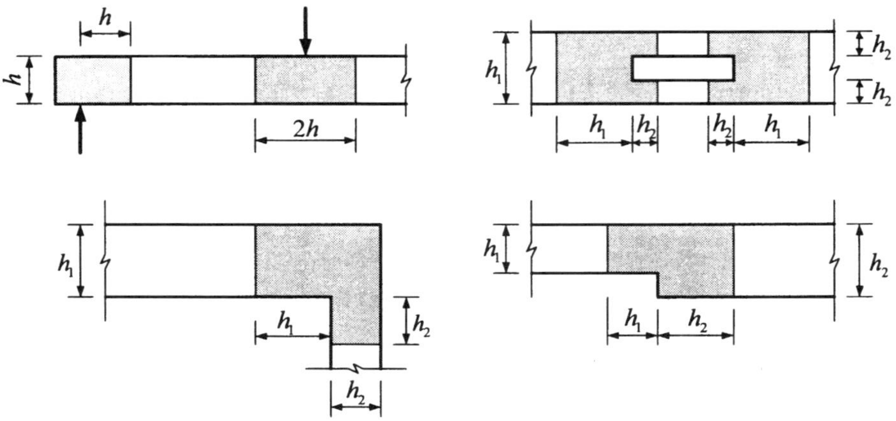

그림 6-27 구조체의 B영역과 D영역

이런 관점에서 스트럿-타이 모델에 의한 설계는 철근콘크리트 구조체의 형태와 그에 작용하는 하중 조건에 따라 구조체를 B영역과 D영역으로 나누고, B영역에는 보 이론, D영역에는 트러스 이론을 적용하여 응력을 해석하고 설계하는 방법으로 요약할 수 있으며, 좁은 의미의 스트럿-타이 모델은 D영역에서 트러스 설정 방법과 그에 대한 해석 방법을 의미한다.

6-6-2 스트럿-타이 모델의 구성

스트럿-타이 모델은 극한 상태에서 철근콘크리트 보의 D영역에서의 응력 흐름을 트러스 형태로 나타낸 것으로, 압축내력 전달 요소인 스트럿과 인장내력의 전달 요소인 타이 및 응력 흐름이 바뀌는 부분에서 내력 전달 요소들과 집중하중이 접합점을 이루는 절점영역으로 구성된다.

그림 6-28은 깊은 보의 스트럿 타이 모델을 나타낸 것이다. 이 예에서는 2개의 경사진 스트럿과 1 개의 수평 방향 타이가 A, B, C의 세 절점영역에 연결되어 평형을 유지하면서 상부의 집중하중 P를 하부의 받침부 A 및 B에 전달하고 있다.

스트럿, 타이 및 절점영역 등 세 구성 요소의 특성은 다음과 같다.

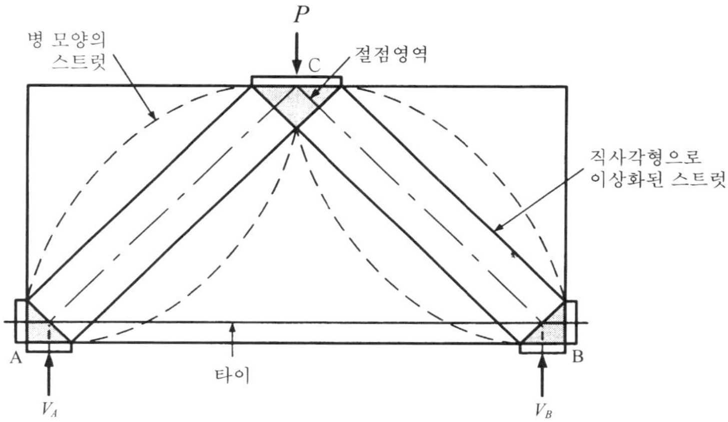

그림 6-28 스트럿, 타이 및 절점영역

【1】 스 트 럿

스트럿이 지지하는 압축응력은 절점에서부터 요소 중간으로 퍼져 나가기 때문에 그림 6-29 (a)와 같이 병 모양으로 표시하는 것이 실제 응력 분포에 가깝다. 스트럿의 압축응력이 퍼져나가면, 그에 평형을 이루기 위하여 횡방향으로 인장응력이 발생하므로, 병 모양 스트럿의 트러스 해석을 위하여서는 그림 6-29 (b)의 인장 요소와 압축 요소를 설정할 수 있다. 이런 형태의 스트럿은 횡방향으로 철근보강이 안된 경우 극한상태에서 종방향 균열에 의하여 파괴되며, 횡보강이 된 경우 스트럿의 강도는 압축 콘크리트의 압괴에 의하여 결정된다.

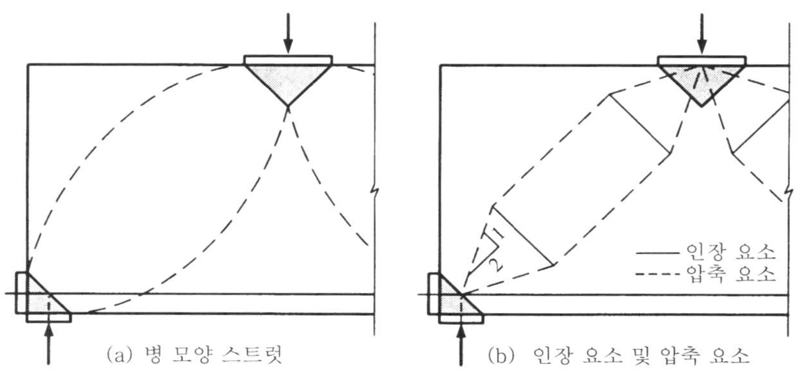

(a) 병 모양 스트럿 (b) 인장 요소 및 압축 요소

그림 6-29 병 모양 스트럿의 트러스 요소

【2】 타 이

타이는 스트럿-타이 모델에서 철근이나 프리스트레스 긴장재 등 인장 보강 철물과 그 주변의 콘크리트로 구성된다. 주변 콘크리트는 보강 철물을 정착시키는 데 필요하며, 타이의 강도 계산에는 고려되지 않으나, 인장증강 작용으로 사용하중 상태에서 보강 철물의 변형을 억제하는 역할을 한다.

타이의 강도는 인장 보강 철물의 항복파괴 또는 정착파괴에 의하여 결정된다.

【3】 절점영역

스트럿과 타이의 축이 교차하는 점을 절점이라고 하며, 절점영역은 절점을 둘러싸고 있는 콘크리트의 영역이다.

2차원 구조에서는 한점에 3 개의 힘이 작용해야 평형이 유지되기 때문에, 인장력 T와 압축력 C가 만나는 형태에 따라 그림 6-30에 표시된 바와 같이 $C-C-C$, $C-C-T$, $C-T-T$ 및 $T-T-T$의 네 가지 절점으로 나뉜다. 그림 6-28에서 절점 A 및 B는 $C-C-T$의 형태이며, 절점 C는 $C-C-C$ 형태이다.

설계에서 절점영역의 크기는 스트럿과 타이의 크기 및 하중의 작용 면적에 의하여 결정된다.

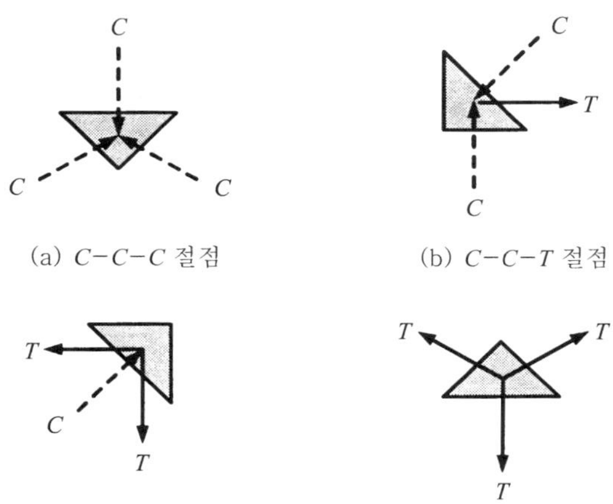

(a) $C-C-C$ 절점 (b) $C-C-T$ 절점

(c) $C-T-T$ 절점 (d) $T-T-T$ 절점

그림 6-30 절점영역의 인장 및 압축 요소

6-6-3 스트럿-타이 설계방법

스트럿-타이 모델에 의한 설계는 다음과 같은 과정을 거친다.

① B영역과 D영역의 구분
② D영역에서 트러스 설정
③ 스트럿, 타이 및 절점영역의 크기 결정 및 설계강도 검토
④ 타이 및 타이 정착 설계
⑤ 설계 상세 및 최소 보강 조건 검토

D영역은 그림 6-27에 표시된 바와 같이 집중하중의 작용점이나 부재의 모서리, 개구부 등 불연속 지점으로부터 양쪽으로 부재 폭만큼 뻗은 부분으로 하여, 그 밖의 부분은 B영역으로 한다.

B영역과 D영역이 구분되면 D영역의 경계에 작용하는 하중과 내력의 크기 및 방향을 D영역에 설정되는 트러스의 스트럿과 타이의 위치 및 방향에 맞춰 계산한다.

D영역에서 스트럿-타이 모델을 나타내는 트러스 설정은 스트럿-타이 모델 해석에서 핵심을 이루는 중요한 일이다. D영역에서 힘의 평형조건을 만족시키는 트러스는 여러 가지 형태로 나타낼 수 있어 일정한 방법은 없으나, 스트럿은 절점영역 이외의 부분에서는 교차되거나 겹쳐지지 않게 설정되어야 하며, 응력흐름을 원활하게 나타낼 수 있는 형태로 스트럿과 타이가 배치되어야 한다.

D영역에서 트러스가 설정되면 구조해석을 통하여 스트럿과 타이의 단면력을 계산한 후 다음의 조건식을 만족시킬 수 있도록 설계되어야 한다.

$$\phi F_n \geq F_u \tag{6.40}$$

이 식에서, F_u는 계수 하중에 의한 스트럿과 타이 또는 절점영역의 단면력, F_n는 스트럿, 타이 및 절점영역의 공칭축강도, ϕ는 강도감소계수이다. 스트럿의 강도감소계수 ϕ_c는 0.75, 타이의 강도감소계수 ϕ_t는 0.85로 한다.

이 식과 더불어 스트럿-타이 모델은 강도한계상태에서 콘크리트의 부재 거동을 고려한 설계방법이므로 구조기준에 규정된 사용성 조건이 고려되어야 한다.

6-6-4 스트럿-타이 설계 규정

KDS 14 20 24에는 스트럿-타이 모델이 규정되어 있으며, 이 규정에서 스트럿-타이 구성요소의 축강도와 설계상세에 관련된 내용은 다음과 같다.

【1】 스 트 럿

스트럿의 공칭압축강도는 다음 식으로 계산된다.

$$F_{ns} = f_{ce} A_c \tag{6.41}$$

이 식에서 A_c 는 스트럿 단부의 단면적이며, f_{ce} 는 스트럿 또는 절점영역의 콘크리트 유효압축강도를 나타낸다. 스트럿의 압축강도는 스트럿 축에 배근된 철근의 구속 및 균열 억제 기능에 따라 달라지기 때문에 스트럿의 유효압축강도는 통상의 압축강도 $0.85 f_{ck}$ 에 보강철근의 균열 억제 및 구속에 관련된 계수 β_s 를 곱하여

$$f_{ce} = 0.85 \beta_s f_{ck} \tag{6.42}$$

으로 주어진다. β_s 의 값은 전 길이에 걸쳐 단면적이 일정할 때 1.0에서부터 인장요소 또는 인장 플랜지에서 0.4에 이르기까지 형태별로 표 6.1과 같이 규정되어 있다.

식 (6.41)의 스트럿 단부의 단면적 A_c 는 스트럿의 두께 b 에 스트럿의 유효폭 w_{sm} 을 곱한 값이 되며, w_{sm} 은 식 (6.40), (6.41) 및 (6.42)로부터

표 6.1 β_s 의 값

스트럿 형태	β_s
전 길이에 걸쳐 단면적이 일정한 스트럿	1.0
병 모양 스트럿 : ① 기준 I.3.3 철근배치 규정을 만족할 때	0.75
② 그렇지 못할 때	0.60λ
인장 부재 또는 부재의 인장 플랜지인 스트럿	0.40
기타의 모든 경우	0.60

* λ는 일반강도 콘크리트 1.0, 모래 경량 콘크리트 0.85, 경량콘크리트 0.75의 값을 가짐.

$$w_{sm} = \frac{F_{us}}{0.85\phi_c \beta_s f_{ck} b} \tag{6.43}$$

의 식으로 계산할 수 있다. 이 식에서 F_{us} 는 계수 하중에 의한 스터럽의 단면력이다.

스트럿의 압축력 지지 능력은 스트럿의 퍼짐 현상에 의하여 증가하며, 이때 콘크리트 스트럿의 압축력은 그림 6.29(b)에 표시된 바와 같이 스트럿 축방향 2에 대하여 횡방향 1의 비율로 분산, 전달되는 것으로 가정한다. 그러나 이러한 가정은 스트럿의 퍼짐에 의하여 생기는 스트럿 횡방향의 인장력이 철근에 의하여 구속되는 경우에만 가능하기 때문에 KDS 14 20 24 (4.2.3)에서는 f_{ck} 가 40 MPa 이하일 경우 스트럿의 축방향과 교차되는 철근이

$$\sum \frac{A_{si}}{b s_i} \sin^2 \gamma_i \geq 0.003 \tag{6.44}$$

의 식을 만족하게 배치하도록 규정하고 있다. 식 (6.44)에서 γ_i 와 s_i 는 그림 6-31에 표시된 바와 같이 보강철근이 스트럿 중심선과 이루는 각 및 그 간격을 나타내며, A_{si} 는 배치된 철근의 전체 단면적이다. 스트럿을 보강하는 철근

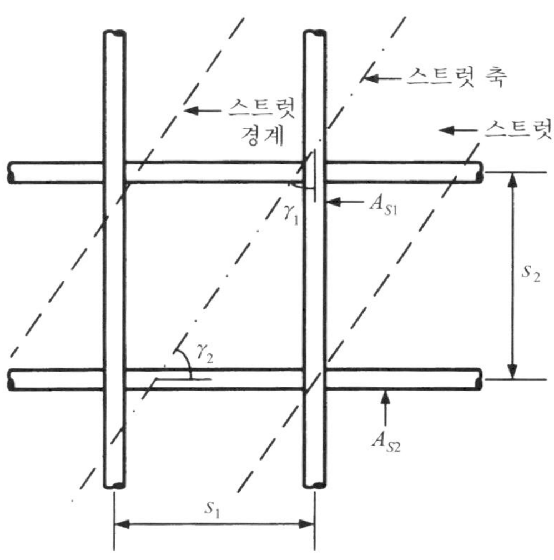

그림 6-31 스트럿을 가로지르는 보강철근의 상세

은 스트럿 중심선에 대하여 직교하는 두 방향으로 배치하거나, 또는 한 방향으로 배치하여야 하며, 한 방향으로 배치하는 경우 철근이 스트럿 중심선과 이루는 각은 40° 이상이어야 한다.

스트럿의 강도를 증가시키기 위하여 압축철근을 사용할 수 있다. 이런 경우에는 압축철근을 스트럿 중심선에 평행하게 배치하여 적절하게 정착하고 압축철근 보강 규정에 맞게 띠철근이나 나선철근으로 철근 횡방향을 보강하여야 한다. 이와 같이 보강된 스트럿의 강도는 다음과 같이 계산할 수 있다.

$$F_{ns} = f_{ce}\,A_c + 1.13\,A_s'\,f_s' \tag{6.45}$$

이 식에서 A_s' 과 f_s' 은 각각 압축철근의 단면적과 응력이며, SD 300, SD 350 및 SD 400 철근의 경우 f_s' 을 f_y 로 할 수 있다.

【2】 타 이

타이의 축강도는 철근이나 프리스트레스 긴장재의 강도에 의하여 결정되기 때문에 계산식은

$$F_{nt} = A_{st}\,f_y + A_{ps}\,(f_{pe} + \Delta f_p) \tag{6.46}$$

으로 주어진다. 이 식에서 A_{st} 는 타이로 사용되는 철근의 단면적이며, A_{ps}, f_{pe} 및 Δf_p 는 각각 프리스트레스용 긴장재의 단면적, 긴장재의 유효 프리스트레스 응력 및 계수 축력에 의한 긴장재의 응력 증가분을 나타내나, 프리스트레스 되지 않은 철근만 사용하는 경우에는 이 부분을 삭제할 수 있다.

스트럿-타이 모델에서 계수 하중에 의한 타이의 단면력 F_{ut} 는 인장 내력이며, 이에 대한 부재의 공칭강도는 타이 보강철근의 전체 단면적 A_{st} 에 철근의 항복강도 f_y 를 곱한 값이므로, 타이 보강철근량은 식 (6.40)으로부터

$$A_{st} = \frac{F_{ut}}{\phi_t\,f_y} \tag{6.47}$$

의 식으로 유도된다.

KDS 14 20 24 (4.3.2)에서는 타이를 이루는 철근의 중심선은 타이의 중심선과 일치하게 배치하도록 규정하고 있다. 스트럿-타이 모델의 설정에서 타이

는 인장철근과 그를 둘러싸는 일정한 폭의 주변 콘크리트로 구성되며, 이 철근을 둘러싼 콘크리트의 폭을 타이 유효폭이라고 한다. 인장철근이 1열로 배열된 경우 타이 유효폭 w_t 는 철근 중심으로부터 피복 콘크리트의 표면까지의 거리를 2 배한 값으로 할 수 있다.

$C-C-T$ 상태의 절점과 같이 응력을 정수압 상태로 고려할 수 있는 절점영역에서는 타이 유효폭의 상한 값을

$$w_{t,\,\max} = \frac{F_{nt}}{bf_{ce}} \tag{6.48}$$

의 식으로 계산되는 값으로 할 수 있다. 이 식에서 f_{ce} 는 절점영역의 유효압축강도이다.

철근 타이는 철근의 정착길이나 표준 갈고리 또는 기계적 장치 등에 의하여 절점영역에 정착되어야 한다.

【3】 절점영역

절점영역의 공칭축강도는 다음 식에 의하여 정하여진다.

$$F_{nn} = f_{ce} A_n \tag{6.49}$$

이 식에서 A_n은 스트럿이나 타이로부터 절점영역에 전달되는 계수 축력 또는 이들 합력의 작용선에 수직한 절점영역 경계면의 면적이며, f_{ce} 는 절점영역 콘크리트의 유효압축강도로, 통상의 콘크리트 압축강도 $0.85f_{ck}$ 에 절점영역의 구속 상태를 나타내는 계수 β_n 을 적용하여

$$f_{ce} = 0.85\beta_n f_{ck} \tag{6.50}$$

으로 하고 있다. 계수 β_n 은

① 지지판이나 스트럿으로 둘러싸인 절점영역	1.0
② 1 개의 타이가 정착된 절점영역	0.80
③ 2 개 이상의 타이가 정착된 절점영역	0.60

의 값을 가진다.

6-7 깊은 보의 설계

6-7-1 구조 형태와 거동

깊은 보는 경간에 비하여 보의 깊이가 큰 보로서 그림 6-32 (a)와 같이 보의 순경간 l_n 이 부재 깊이의 4 배 이하이거나 하중이 받침부로부터 부재 깊이의 2 배 이내의 거리에 작용하고 하중점과 받침부 사이에 경사진 압축대에 의하여 힘이 전달되는 부재를 말한다. 이러한 부재의 예로는 기둥열이 바뀔 때 윗기둥의 하중을 아랫기둥으로 전달하는 벽보나 기초벽보, 전단벽, 수평하중에 대한 슬래브의 격막작용 등을 들 수 있다.

깊은 보에서는 그림 6-33에 보이는 바와 같이 중립축이 보의 중간에서 인장측에 가깝게 생기고 응력과 변형률도 비선형 분포를 보여 휨변형에 대한 평면유지의 가정이 통용되지 않는다.

또한 보의 높이가 순경간 길이에 비하여 비교적 크기 때문에 순수휨보다 전단이 더 큰 비중으로 다루어지나, 6-3-1 절에서 거론된 바와 같이 하중 작용점과 받침부 사이의 거리 a_v 가 d 이하일 때에는 하중의 많은 부분이 하중점과 받침부 사이에 형성되는 압축대를 통하여 직접 전달되므로 깊은 보의 전단강도는 일반보에 비하여 2～3 배 정도 크다. 압축대를 통한 힘의 전달도 그림 6-32 (b)의 자유물체도와 같이 콘크리트의 압축대와 압축측이 각각 경사재와 상현재를 이루고 인장철근이 하현재를 이루는 아치 작용에 의하여 가능하게 된다. 이런 이유로 KDS 14 20 24에서는 깊은 보의 설계에 비선형 해석이나 스트럿-타이 모델을 적용하도록 규정하고 있으며, 실용적인 면에서 스트럿-타이 모델을 적용하여 충분히 합리적인 설계를 할 수 있다. 예를 들면 a_v/d 가 1 이하인 보에서는 이러한 아치 작용이 이루어지기 때문에 양쪽 대칭이고 하중점간 거리를 고려하면 깊은 보를 $l_n < 4h$ 인 보로 제한하는 것으로 이해할 수 있다. 하중이 등분포인 보에서는 a_v/d 대신에 M/Vd 으로 한다.

6-7-2 구조기준 적용 및 설계

깊은 보의 기하학적인 형태나 하중 작용 상태는 D영역이 차지하는 부분이 크게 되어 있기 때문에 응력 흐름이 그림 6-32에서 보는 바와 같이 사다리 형태의 트러스로 되는 경우가 많으며, 이 경우 타이의 설계강도가 깊은 보의 휨 설계강도가 된다. KDS 14 20 24 (4.1.2)에서는 타이의 철근량, 즉 깊은 보의 휨인장철근량을 식 (4.10 b)로 계산되는 최소 휨인장철근량 이상으로 하도록 규정하고 있다.

인장철근의 정착에 관련하여 깊은 보의 단순받침부에서 정모멘트 철근은 받침부 전면에서 f_y를 발휘할 수 있게 정착하여야 하며, 내부 받침부에서 정모멘트 철근은 연속되거나 인접 경간의 정모멘트 철근과 겹침이음이 되게 하고 부모멘트 철근은 인접 경간의 부모멘트 철근과 연속되게 하여야 한다.

깊은 보의 전단설계에서 공칭 전단강도는

$$V_n \le \frac{5}{6}\lambda\sqrt{f_{ck}}\, b_w\, d \tag{6.51}$$

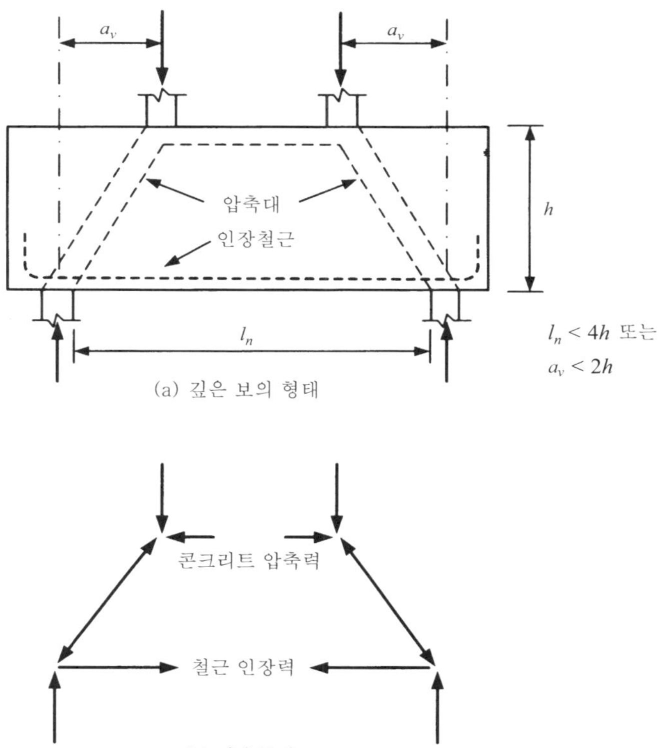

(a) 깊은 보의 형태

(b) 자유물체도

그림 6-32 깊은 보

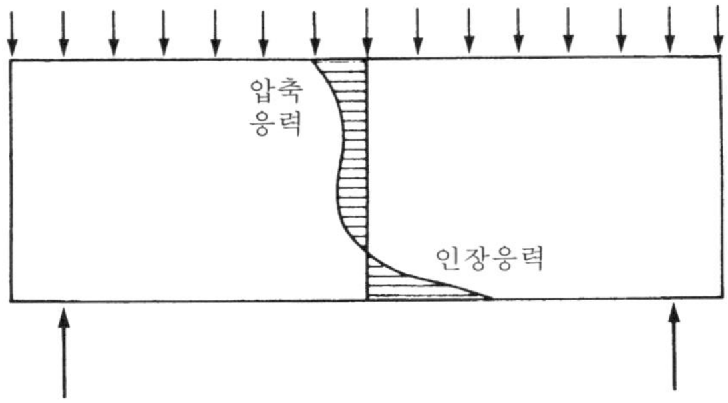

그림 6-33 깊은 보의 응력 분포

으로 하며, 수직 전단 철근의 단면적은

$$A_v \geq 0.0025 b_w s \tag{6.52}$$

수평 전단 철근의 단면적은

$$A_{vh} \geq 0.0015 b_w s \tag{6.53}$$

으로 하고, 철근 간격은 수직 및 수평철근 모두 $d/5$ 또한 300 mm 이하로 한다.

【예제 6-4】 그림 6-34와 같이 계수 축하중 4,000 kN을 지지하는 중심 간격 4 m의 두 기둥을 중심 간격 8 m로 기둥열을 바꾸기 위하여 두께 500 mm, 높이 3.5 m의 층높이 벽보를 사용할 때, 이 보의 보강철근을 설계하라. 벽체의 자중은 무시하며, 사용 재료는 $f_{ck} = 27$ MPa, $f_y = 400$ MPa로 한다.

[풀 이] (1) 전단력 검토

$$\frac{l_n}{h} = \frac{7.5}{3.5} = 2.14 < 4$$

깊은 보이므로 스트럿-타이 모델로 설계한다.

보의 유효깊이를 $d = 0.9h = 3.15$ m 로 하면, 식 (6.51)로부터

$$\phi V_n = \phi \left(\frac{5}{6} \right) \sqrt{f_{ck}}\ b_w d$$

$$= 0.75\left(\frac{5}{6}\right)\sqrt{27} \times 500 \times 3{,}150 \times 10^{-3}$$

$$= 5{,}115\ \text{kN} > V_u = 4{,}000\ \text{kN}$$ 적합

(2) D영역 구분

집중하중 작용점과 지점에서 수평으로 h 만큼 뻗은 부분이 모두 겹치므로 전체 부재를 D영역으로 한다.

(3) 트러스 구성 및 계수 단면력 계산

하중 작용점과 지점 사이의 압축대 형성과 힘의 평형조건 등을 고려하여 1차 트러스를 그림 6-34 (b)와 같이 높이가 $0.8\,h = 2.8\ \text{m}$ 되는 사다리꼴로 설정하면, 경사 스트럿 ac와 수평 타이 cd가 이루는 각은 $\theta = 54.46°$로 주어지며, 스트럿 ab와 타이 cd의 계수 단면력은 $F_u = 2{,}857\ \text{kN}$으로 계산된다.

트러스의 높이를 보정하기 위하여 수평 스트럿과 타이의 유효폭을 계산하면, 수평 스트럿은 표 6.1에서 전 길이에 걸쳐 단면적이 일정한 스트럿이므로 $\beta_s = 1.0$ 으로 하여 식 (6.43)에 적용하여

$$w = \frac{2.857 \times 10^3}{0.85 \times 0.75 \times 1 \times 27 \times 500} = 332\ \text{mm}$$

따라서, 수평 스트럿 ab와 타이 cd의 중심거리는 $3.5 - 0.332 = 3.168\ \text{m}$이므로, 2차 트러스의 높이를 3.168m로 하면,

경사 스트럿 ac와 수평 타이 cd가 이루는 각은 $\theta = 57.74°$로 주어지고 계수하중에 의한 단면력은 그림 6-34 (b)에 표시된 바와 같이

스트럿 ab 및 타이 cd : $F_u = 2{,}525\ \text{kN}$

경사 스트럿 ac 및 bd : $F_u = 4{,}730\ \text{kN}$

으로 계산된다.

(4) 유효폭 및 철근량 계산

수평 스트럿은 유효폭의 한 면이 부재 끝에 면하기 때문에 표 6.1에서 전 길이에 걸쳐 단면적이 일정한 스트럿에 해당하여 $\beta_s = 1.0$ 으로 하며, 경사 스트럿은 스트럿이 주변으로 확대될 수 있기 때문에 병 모양의 스트럿으로 하여 식 (6.44)의 배근 규정을 만족시키는 것을 전제로 하는

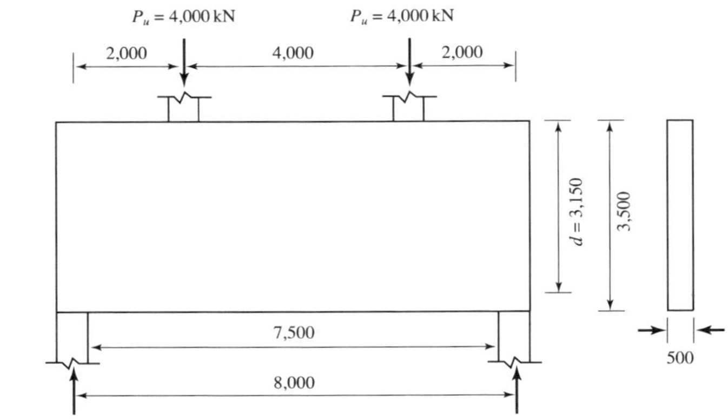

(a) 보의 형태 및 하중

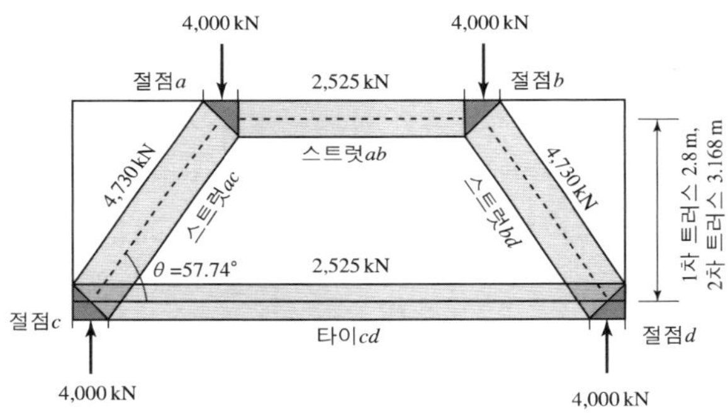

(b) 트러스 구성 및 단면력

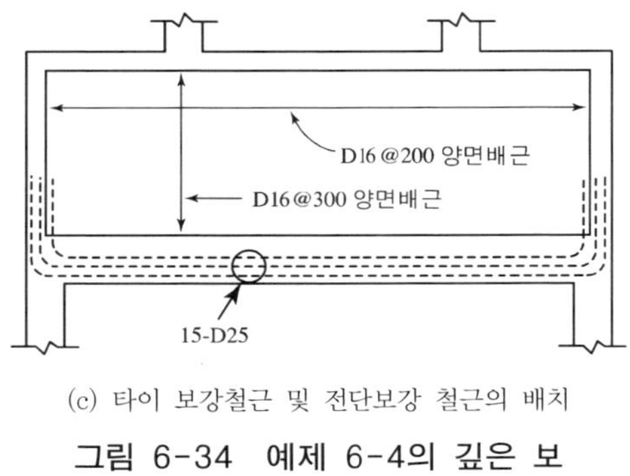

(c) 타이 보강철근 및 전단보강 철근의 배치

그림 6-34 예제 6-4의 깊은 보

경우 $\beta_s = 0.75$로 한다. 따라서, 계산된 스트럿의 단면력에 대하여 유효폭은 식 (6.43)으로부터

$$\text{스트럿 ab 및 타이 cd}: w = \frac{2{,}525 \times 10^3}{0.85 \times 0.75 \times 1 \times 27 \times 500}$$

$$= 293\,\text{mm}$$

$$\text{스트럿 ac 및 bd}: w = \frac{4{,}730 \times 10^3}{0.85 \times 0.75 \times 0.75 \times 27 \times 500}$$

$$= 733\,\text{mm}$$

으로 계산되므로, 그림 6-34 (b)와 같이 나타낼 수 있다.

타이 보강철근량은 식 (6.47)로부터

$$A_{st} = \frac{2{,}525 \times 10^3}{0.85 \times 400} = 7{,}426\,\text{mm}^2$$

15-D25($A_s = 7{,}600\,\text{mm}^2$)를 5 개씩 3 단으로 배근한다.

철근비는

$$\rho = \frac{7{,}600}{500 \times 3{,}168} = 0.0048$$

표 4-1에서 $f_{ck} = 27\,\text{MPa}$, $f_y = 400\,\text{MPa}$ 일 때 최대 철근비와 최소 철근비는 각각 0.0209 및 0.0035이므로, 이 철근비는 적합하다.

(5) 최소 철근량 보강 및 설계 상세

전단보강으로 D13 철근을 양면 배근하는 경우

$$A_v = A_{vh} = 2 \times 126.7 = 253.4\,\text{mm}^2$$

이므로, 식 (6.52) 및 (6.53)으로부터 수직철근 간격은

$$s = \frac{253.4}{0.0025 \times 500} = 203\,\text{mm}$$

수평철근 간격은

$$s = \frac{253.4}{0.0015 \times 500} = 338\,\text{mm}$$

철근 간격은 수직 및 수평철근 모두 $d/5$ 또한 300 mm 이하로 규정되어 있으므로, 수직 전단보강으로 D13@200, 수평 전단보강으로 D13@300을 양면 배치하는 것으로 한다.

콘크리트의 설계기준 압축강도가 40 MPa 이하인 경우 전단보강철근은 식 (6.44)의 식을 만족하게 배치하는 것이 경사 스트럿이 병 모양으로 퍼지게 하는 데 도움이 되므로, 그림 6-31과 그림 6-34 (c)로부터 얻게 되는 $A_{s1} = A_{s2} = 253.4\ \text{mm}^2$, $s_1 = 200\ \text{mm}$, $s_2 = 300\ \text{mm}$, $\gamma_1 = 32.26°$, $\gamma_2 = 57.74°$의 값을 식 (6.44)에 적용하면,

$$\frac{253.4}{500}\left[\frac{(\sin 32.26°)^2}{200} + \frac{(\sin 57.74°)^2}{300}\right] = 0.00193$$

으로, 0.003 미만이 되므로, 수직 및 수평 전단보강철근의 크기를 D13에서 D16으로 늘리면

$$0.00193 \times \left(\frac{198.6}{126.7}\right) = 0.00303 > 0.003 \qquad \text{적합}$$

따라서 전단보강철근은

수직 전단보강 D16@200 양면 배근

수평 전단보강 D16@300 양면 배근

으로 하며, 타이 보강철근 및 전단보강철근의 배근 형태는 그림 6-34 (c)와 같이 된다. 타이 보강철근의 정착은 90° 갈고리 인장철근 정착이나 기계적 정착으로 한다.

6-8 브래킷과 내민 받침

6-8-1 구조 형태와 거동

브래킷이나 내민 받침은 기둥이나 벽체에서 돌출된 형태로 하중을 지지하는 짧은 캔틸레버보로서, 기둥에서 돌출된 보를 브래킷(bracket), 벽에서 돌출된 보를 내민 받침이라고 하나, 일반적으로 구별없이 혼용되는 경우가 많다. KDS 14 20 22 (4.8.1)에서는 브래킷이나 내민 받침의 전단경간에 대한 길이의 비 a_v/d를 1 이하로 제한하고 있다. 그러한 이유로는 전단경간비를 1 이하로 제한함으로써 사인장 균열의 발생 가능성을 배제하고 그림 6-35 (a)에 표시된 바와 같이 벽면 또는 기둥면에 생길 수 있는 수직방향 균열에 대하여 수평 스터럽의 효율을 높이기 위한 것이며, 또한 현재 규정된 설계방법은 a_v/d가 1 이하의

경우에 대해서만 실험적으로 확인된 것이기 때문이다.

브래킷이나 내민 받침은 주로 조립식보나 크레인보 등을 지지하기 위하여 설계되며, 구조거동은 전단에 의하여 지배된다. 그러나 지지되는 보의 크리프, 건조수축 또는 온도 변화 등에 의하여 생기는 수평력에 대해서도 충분한 저항 성능을 가지도록 설계되어야 한다.

브래킷과 내민 받침의 구조거동은 그림 6-35 (b)에 표시된 바와 같이 인장철근과 콘크리트 압축대가 이루는 트러스로 구조를 모델화할 수 있다. 이러한 트러스 모델에서는 주어진 외력에 대하여 각 절점에서 평형을 이루는 부재력을 쉽게 계산할 수 있다.

시험 결과에 의하면 브래킷과 내민 받침의 파괴 형태는 다음과 같이 나타나고 있다.

① 인장철근의 항복에 의한 파괴
② 인장철근의 단부 정착파괴
③ 콘크리트 압축대의 전단파괴 또는 압괴
④ 지압판 바깥부분의 경사균열 파괴

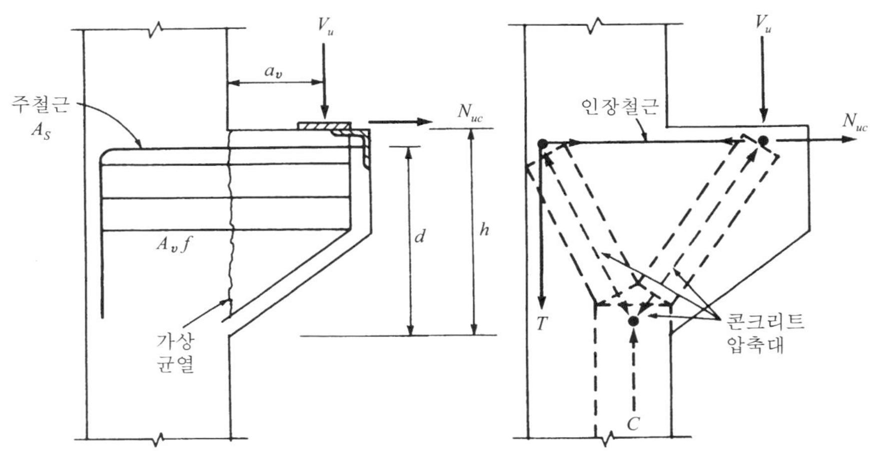

(a) 브래킷 단면 및 하중　　(b) 자유물체도

그림 6-35 브래킷 단면 및 자유물체도

충분한 강도와 단면적을 가진 인장철근을 그림 6-35 (a)와 같이 구부려 기둥이나 벽체에 정착시키고, 적절한 유효깊이와 압축강도를 가진 콘크리트에 지압판을 사용하면 위의 ①, ② 및 ③의 파괴는 방지할 수 있다. ④ 항의 지압판 바깥 부분의 경사 균열이 생기는 것을 방지하기 위하여서는 그림 6-35 (a)에 보이는 바와 같이 내민 받침 윗모서리에 ㄱ형강을 설치하고 인장철근에 용접하여 인장철근에 의한 전단마찰이 생기도록 하는 방법이 일반적으로 사용되고 있다.

6-8-2 구조기준 적용 및 설계

브래킷과 내민 받침에는 그 위에 걸쳐지는 조립보나 크레인에 의하여 계수전단력 V_u와 계수 수평하중 N_{uc}를 받으며, 주인장철근에는

$$M_u = V_u a_v + N_{uc}(h - d) \tag{6.54}$$

의 휨모멘트가 작용한다. 건조수축이나 열변화에 의한 인장력은 활하중으로 간주하여 하중계수 1.6을 적용한 값을 N_{uc}로 하고, N_{uc}에 대하여 특별한 규정이 없는 한 $0.2\,V_u$ 이상으로 하나, V_u 보다 크지 않은 경우에만 구조기준이 적용된다. 브래킷과 내민 받침의 설계에서도 휨과 전단에 대하여 부재의 설계강도가 외력에 의한 소요강도보다 크도록, 즉 $M_u \leq \phi M_n$ 및 $V_u \leq \phi V_n$이 되도록 부재 크기와 보강 방법이 결정되어야 한다. 브래킷과 내민 받침의 구조거동은 전단에 의하여 지배되기 때문에 강도감소계수 $\phi = 0.75$로 한다. 식 (6.54)의 모멘트 M_u에 대한 철근량 A_f는 식 (4.15)의 휨설계 공식에 따라

$$A_f = \frac{M_u}{\phi f_y (d - a/2)} \tag{6.55}$$

으로 계산된다. 이 식에서 a는 식 (4.4)로 주어지는 등가응력블록의 깊이이며, 유효깊이 d는 브래킷이 시작되는 기둥 또는 벽면의 하단에서 주인장철근까지의 거리이다. 지압면의 외단 깊이는 $0.5\,d$ 이상 되어야 한다. 주인장철근에는 휨인장과 더불어 N_{uc}에 의한 직인장응력이 작용하는데, 이에 대한 철근량은

$$A_n = \frac{N_{uc}}{\phi f_y} \tag{6.56}$$

이 되며, 주인장철근의 단면적은

$$A_s = A_f + A_n \tag{6.57}$$

으로 주어진다.

계수 하중에 의한 전단력 V_u는 지지면에서는 그림 6-35 (a)의 가상 균열면에 대해서 전단보강근 A_{vf}에 의하여 전단마찰로 지지되며, 돌출된 부분에서는 $V_s = 0$이므로 콘크리트의 설계전단강도 ϕV_n에 의하여 지지된다. KDS 14 20 22 (4.8.2)에 규정된 콘크리트의 전단강도는 다음과 같다.

$$\text{일반 콘크리트 : } V_n \le \begin{cases} 0.2 f_{ck} b_w d \\ (3.3 + 0.08 f_{ck})\, b_w d \\ 11 b_w d \ [\text{N}] \end{cases} \quad \text{중 작은 값} \tag{6.58a}$$

$$\text{경량 콘크리트 : } V_n \le \begin{cases} (0.2 - 0.07 a_v/d)\, f_{ck} b_w d \\ (5.6 - 2.0 a_v/d) b_w d \ [\text{N}] \end{cases} \quad \text{중 작은 값} \tag{6.58b}$$

전단보강근 A_{vf}는 식 (6.37)에 따라

$$A_{vf} = \frac{V_u}{\phi f_y \mu} \tag{6.59}$$

으로 계산되며, 마찰계수 μ는 일체로 타설된 일반 콘크리트의 경우 6-5-2절에 기술된 바와 같이 1.4의 값을 가진다.

KDS 14 20 22 (4.8.2)에서는 직인장력 N_{uc}에 대한 보강과 더불어 전단마찰 저항 능력의 2/3를 주인장철근이 가지는 것으로 하여

$$A_s = \frac{2}{3} A_{vf} + A_n \tag{6.60}$$

이상이 되도록 규정하고 있다. 따라서 주인장철근의 단면적은 식 (6.57)과 (6.60)으로 계산되는 값 중 큰 것으로 하며, $(0.04 f_{ck}/f_y)\,bd$ 이상이 되어야 한다. 내민 받침이나 브래킷의 조기 사인장 파괴를 막기 위하여서는 주인장철근에 평행하게 폐쇄 스터럽이 배근되어야 한다. 폐쇄 스터럽은 단면적을

$$A_h = 0.5(A_s - A_n) \tag{6.61}$$

이상으로 하고, 주근 A_s 쪽에서 유효깊이의 2/3 내에 균일하게 배근시킨다. 식 (6.60)과 (6.61)에서 보면, 전단마찰 보강에 필요한 철근량 A_{vf} 중 2/3는 주인장철근에 포함되고 나머지 1/3은 폐쇄 스터럽으로 보강됨을 알 수 있다.

지금까지 거론된 설계방법과 달리 KDS 14 20 22 (4.8.1)에서는 전단경간에 대한 깊이의 비가 2 이하인 경우에는 스트럿-타이 모델에 의한 설계로 할 수 있도록 규정하고 있다.

【예제 6-5】 그림 6-36과 같이 400 mm × 400 mm 기둥에서 300 mm 돌출된 브래킷에 기둥면에서 $a_v = 180$ mm 위치에 $V_u = 600$ kN의 전단력이 작용할 때 브래킷의 철근보강을 설계하라. $f_{ck} = 27$ MPa, $f_y = 400$ MPa로 한다.

[풀 이] (1) 소요강도 계산

유효깊이 : $d = 500\text{ mm} - 40\text{ mm} - 10\text{ mm} = 450\text{ mm}$

자유단의 유효깊이 $250\text{ mm} > \dfrac{d}{2} = 225\text{ mm}$ 적합

계수 인장력에 대하여서는 특별한 규정이 없으므로

$$N_{uc} = 0.2\,V_u = 120\text{ kN}$$

콘크리트의 전단강도는 식 (6.58a)로부터

$$V_n = \begin{cases} 0.2 \times 27 \times 400 \times 450 \times 10^{-3} = 972\text{ kN} \\ (3.3 + 0.08 \times 27) \times 400 \times 450 \times 10^{-3} = 1{,}283\text{ kN} \\ 11 \times 400 \times 450 \times 10^{-3} = 1{,}980\text{ kN} \end{cases}$$

따라서 $V_n = 972$ kN으로 하여

$$\phi V_n = 0.75 \times 972 = 729\text{ kN} > V_u = 600\text{ kN} \quad \text{적합}$$

휨모멘트는 식 (6.54)로부터

$$M_u = 600 \times 180 + 120 \times (500 - 450) = 114{,}000\text{ kN·mm}$$

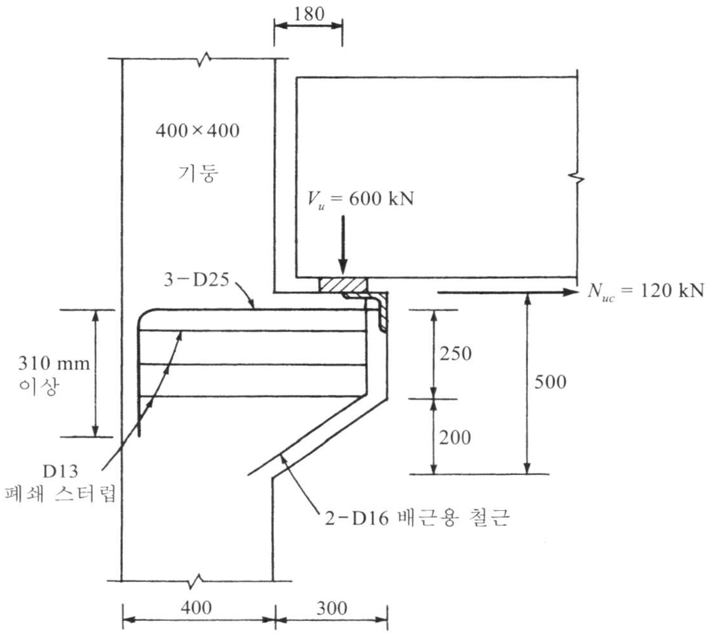

그림 6-36 예제 6-5의 브래킷

(2) 철근량 계산

1차 약산으로 $jd = 0.9d$로 가정하면 휨보강철근량은

$$A_f^* = \frac{M_u}{\phi f_y jd} = \frac{114{,}000 \times 10^3}{0.75 \times 400 \times (0.9 \times 450)} = 938\,\text{mm}^2$$

$$a = \frac{A_f^* f_y}{0.85 f_{ck} b} = \frac{938 \times 400}{0.85 \times 27 \times 400} = 41\,\text{mm}$$

식 (6.55)로부터

$$A_f = \frac{114{,}000 \times 10^3}{0.75 \times 400 \times \left(450 - \dfrac{41}{2}\right)} = 885\,\text{mm}^2$$

이 약산 방법과 달리 식 (4.18)과 (4.20)을 사용하여

$$R_n = \frac{114{,}000 \times 10^3}{0.75 \times 400 \times (450)^2} = 1.88\ \text{MPa}$$

$$\rho = \frac{0.85 \times 27}{400}\left(1 - \sqrt{1 - \frac{2 \times 1.88}{0.85 \times 27}}\right) = 0.0049$$

$$A_f = 0.0049 \times 400 \times 450 = 884\ \text{mm}^2$$

으로 휨보강철근량을 보다 정밀하게 계산할 수 있으나, 약산한 결과와 비교하여 오차는 매우 작으므로 어느 방법을 써도 좋다.

수평력 N_{uc}에 대한 철근 단면적은 식 (6.56)으로부터

$$A_n = \frac{N_{uc}}{\phi f_y} = \frac{120 \times 10^3}{0.75 \times 400} = 400\ \text{mm}^2$$

전단마찰 보강에 필요한 철근량은 식 (6.59)로부터

$$A_{vf} = \frac{600 \times 10^3}{0.75 \times 400 \times 1.4} = 1{,}429\ \text{mm}^2$$

주인장철근량은 식 (6.57)과 (6.60)으로부터

$$A_s = A_f + A_n = 885 + 400 = 1{,}285\ \text{mm}^2$$

$$A_s = \frac{2}{3}A_{vf} + A_n = \frac{2}{3} \times 1{,}429 + 400 = 1{,}353\ \text{mm}^2$$

따라서 $A_s = 1{,}353\ \text{mm}^2$이므로 3−D25($A_s = 1{,}520.1\ \text{mm}^2$)으로 하면

$$\frac{0.04 f_{ck}}{f_y} bd = \frac{0.04 \times 27}{400} \times 400 \times 450$$

$$= 486\ \text{mm}^2 < A_s = 1{,}520.1\ \text{mm}^2 \qquad \text{적합}$$

D25 철근을 표준 갈고리로 하였을 때 기본 정착길이는 식 (7.13)으로부터

$$l_{hb} = \frac{0.24\beta d_b f_y}{\lambda\sqrt{f_{ck}}} = \frac{0.24 \times 1.0 \times 25.4 \times 400}{1.0 \times \sqrt{27}} = 469\ \text{mm}$$

폭 400 mm 기둥에서 피복두께를 50 mm로 하였을 때 수평정착길이는 $400 - 50 = 350$ mm이나, 보정계수 0.7을 적용할 수 있으므로

$l_d = 469 \times 0.7 = 328\,\mathrm{mm} < 350\,\mathrm{mm}$ 적합

구부림각도 90°의 표준 갈고리로 하면, 7-4-1절로부터 자유단의 길이를

$12\,d_b = 12 \times 25.4 = 305\,\mathrm{mm} \longrightarrow 310\,\mathrm{mm}$

이상으로 한다.

폐쇄 스터럽의 단면적은 식 (6.61)로부터

$A_h = 0.5(1{,}520.1 - 400) = 560\,\mathrm{mm}^2$

D13 철근의 폐쇄 스터럽을 3 가닥 사용하면

$(126.7 \times 2) \times 3 = 760.2\,\mathrm{mm}^2 > A_h = 560\,\mathrm{mm}^2$ 적합

폐쇄 스터럽을 $2d/3 = 300\,\mathrm{mm}$ 이내에 배근하여야 하므로 100 mm 간격으로 균등하게 배근한다.

6-9 비틀림을 받는 보의 해석과 설계

6-9-1 개 요

그림 6-37 (a)와 같이 보의 전단 중심에서 e 만큼 벗어난 편심하중의 작용은 그림 6-37 (b)의 중심하중과 그림 6-37 (c)의 전단 중심에 작용하는 모멘트 $P \cdot e$의 복합작용으로 생각할 수 있다. 그림 6-37 (c)와 같이 보의 재축방향에

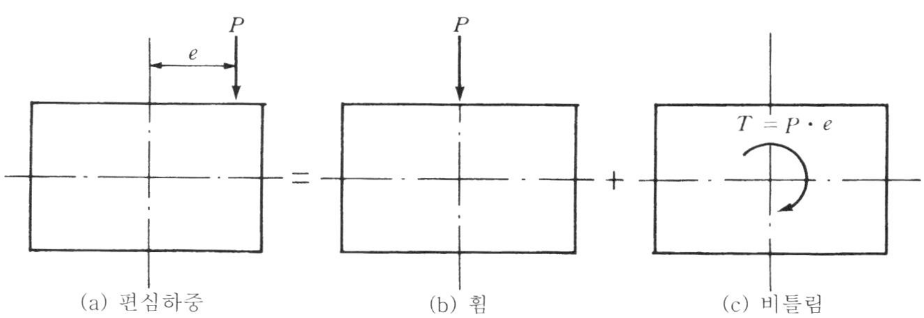

그림 6-37 휨과 비틀림을 받는 보

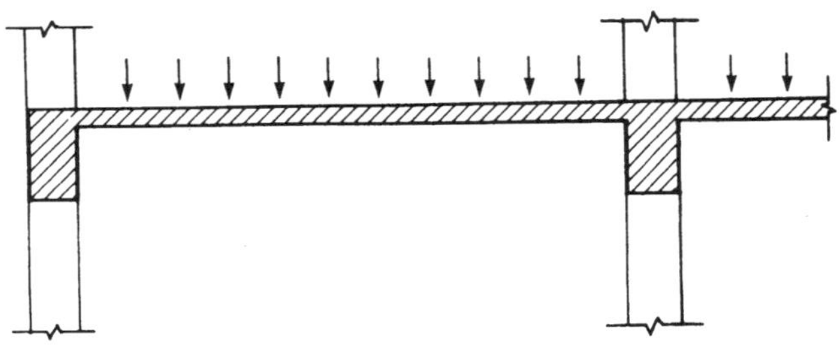

그림 6-38 부정정 비틀림을 받는 가장자리 보

대하여 회전을 일으키는 모멘트를 비틀림 모멘트라 하며, T로 표시한다. 구조체에서 비틀림이 단독으로 생기는 경우는 드물고, 대부분 휨 및 전단과 함께 생긴다.

부재의 비틀림 효과에 대해서는 1960년대 이르기까지 구조설계의 독립된 형태로 다루어지지 않고, 다른 하중효과의 안전율을 반영하는 형태로 되어 왔으나, 1960년대 이래 해석 방법의 발달과 활발한 실험 연구에 힘입어 비틀림에 대한 설계기준이 정립되어 점차 보완되고 있다. 부재의 비틀림변형은 두 가지가 있다. 첫 번째는 그림 6-37과 같이 보에 작용하는 하중의 편심효과나 비틀림 모멘트에 의한 것으로, 이러한 비틀림을 1차 비틀림 또는 정정 비틀림이라고 하며, 캔틸레버 슬래브를 지지하는 보나 나선형 계단 등에 이러한 비틀림이 생긴다. 다음으로는 편심하중이나 비틀림 모멘트가 따로 작용하지 않더라도 인접한 부재 사이의 변형의 연속성에 의하여 비틀림이 생기는 경우가 있다. 예를 들어, 그림 6-38과 같은 플랫 슬래브 구조에서 외곽보는 슬래브의 처짐변형과 처짐각에 의하여 비틀림을 받게 된다. 이러한 비틀림을 2차 비틀림 또는 부정정 비틀림이라고 한다.

그림 6-38과 같은 구조에서 보의 강성이 크고 보-슬래브 접합의 보강이 잘 되어 있는 경우에는 보가 비틀림 강성으로 슬래브의 단부를 구속하고 보에 생기는 비틀림 모멘트는 기둥이 지지한다. 그러나 보의 강성이 크지 않고 보-슬래브 접합보강이 잘 되어 있지 않으면, 보-슬래브에 균열이 발생하여 보와 슬래브의 처짐각 변형의 연속성이 없어지며, 보에는 비틀림 효과가 줄어들고 슬래브 단부는 핀과 같은 상태가 되면서 모멘트 재분배가 생긴다. 따라서 슬래브가 이러한 현상을 고려하여 설계되었을 때에는 파괴되지 않는다. 부정정 비틀

림은 보의 강성과 부재간 적합조건을 고려해야 하며, 힘의 평형조건만으로는 해석할 수 없다.

6-9-2 보강되지 않은 콘크리트 보의 비틀림

그림 6-39 (a)와 같이 순수비틀림을 받는 무근콘크리트 보의 짧은 변의 길이를 x, 긴 변의 길이를 y로 나타내면, 비틀림에 의하여 생기는 전단응력은 그림 6-39 (b)와 같이 긴 모서리에서 영이 되고, 최대 전단응력은 긴 변 중앙부의 부재면에서

$$\tau_{\max} = \frac{T}{\alpha\, x^2 y} \tag{6.62}$$

으로 주어진다. 이 식에서 α는 변의 길이에 따른 계수로 근사적으로

$$\alpha = \frac{1}{3 + 2x/y} \tag{6.63}$$

으로 나타낼 수 있으며, 보의 깊이가 폭의 2배 가까이 되는 일반보에서는 $\alpha = 0.25$로 할 수 있다.

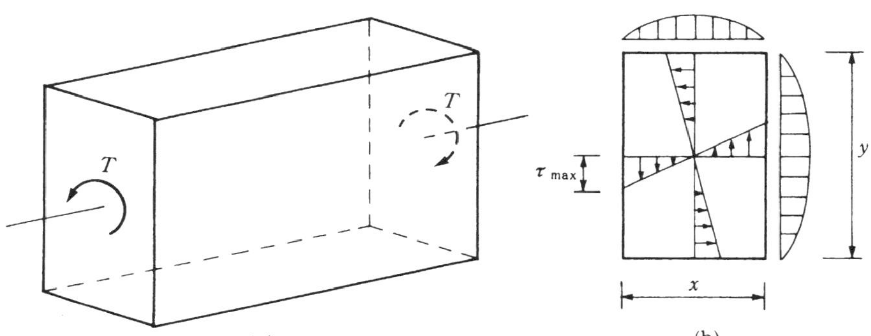

그림 6-39 비틀림을 받는 직사각형보

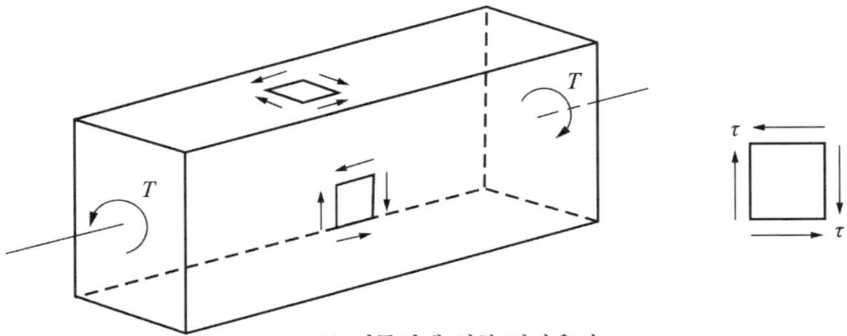

(a) 비틀림에 의한 전단응력

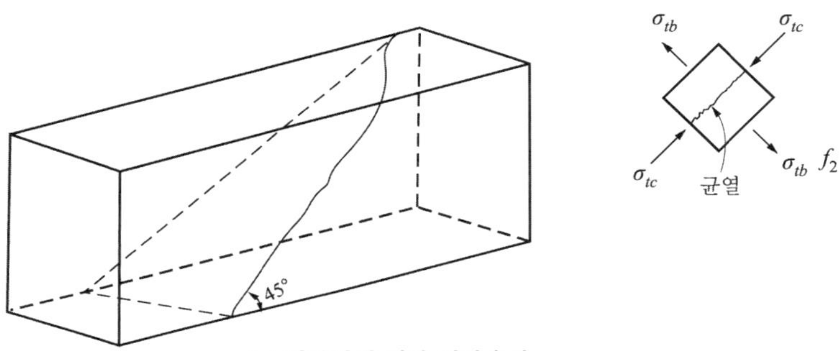

(a) 비틀림에 의한 전단응력

그림 6-40 비틀림을 받는 보의 응력과 균열

보의 임의의 위치에서 전단응력은 그림 6-40(a)와 같이 작용하며, 순수 전단응력 상태에서 주응력은 전단응력과 45° 방향을 이루므로 균열은 그림 6-40(b)와 같이 보의 축방향과 45°를 이루면서 주인장응력 방향과 직각인 방향으로 생긴다. 해석의 편이를 위하여 그림 6-41과 같이 축방향에 45°로 경사진 균열을 생각하면, 축방향으로 작용하는 비틀림 모멘트 T는 균열면에 수직한 방향으로 작용하는 모멘트 T_t와 평행하게 작용하는 모멘트 T_b로 분해할 수 있다. T_t는 45° 경사진 균열면에 작용하는 비틀림 모멘트이고, T_b는 $a-a$축에 작용하는 휨모멘트이다. 무근콘크리트의 비틀림시험 결과로부터 파괴는 비틀림에 의한 경우보다 휨에 의한 경우가 더 많다는 사실이 밝혀졌다. 따라서 그림 6-41에서 휨모멘트는

$$T_b = T\cos 45°$$

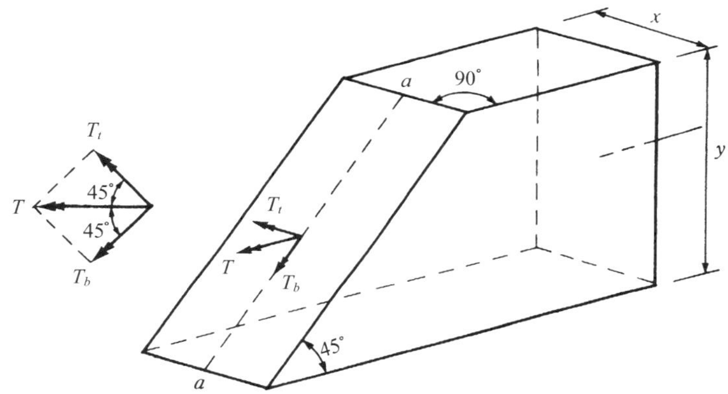

그림 6-41 균열면에서 비틀림 모멘트의 분해

이고, $a-a$ 축에 대한 단면계수는

$$Z = \frac{x^2 y \csc 45°}{6}$$

이므로, 콘크리트의 최대 휨인장응력은

$$f_{tb} = \frac{T_b}{Z} = \frac{3T}{x^2 y} \tag{6.64}$$

이 된다. 식 (6.64)와 (6.62)는 $\alpha = 1/3$일 때 일치한다. 순수전단응력 상태임을 고려하면 식 (6.64)의 휨인장응력 f_{tb}가 작용하는 곳에는 그와 직각방향으로 같은 크기의 압축응력이 작용한다는 것을 알 수 있다.

6-9-3 비틀림을 받는 보의 입체트러스 근사해석

보의 전단거동을 평면 트러스로 근사해석하는 것과 비슷하게 보의 비틀림 거동을 입체 트러스로 근사해석할 수 있다. 비틀림을 받는 보의 입체 트러스 이론은 1929년 라우시(E. Rausch)에 의하여 처음 제안되어 1970년대에 구조설계에 적용되기 시작하였고 유럽 콘크리트위원회(CEB) 설계기준에는 1978년, 미국 콘크리트학회(ACI) 설계기준에는 1995년에 채택되었다.

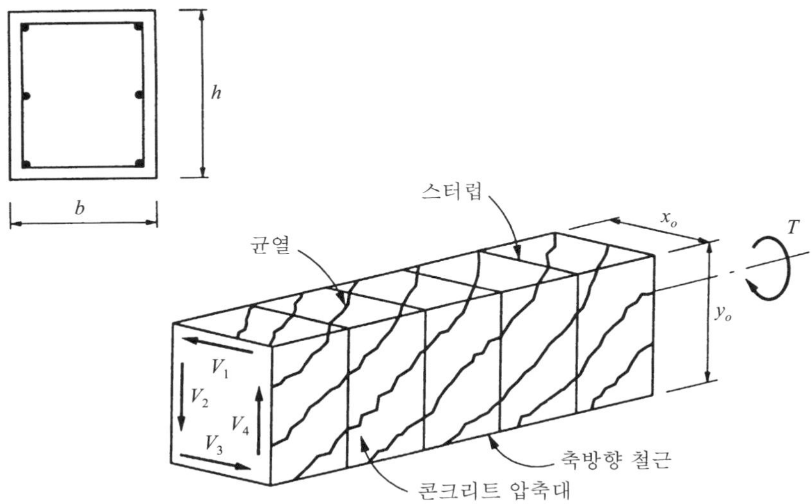

그림 6-42 비틀림을 받는 보의 입체 트러스 모델화

보의 입체 트러스는 그림 6-42에 보이는 바와 같이 보의 길이 방향 철근과 폐쇄스터럽 및 그들을 일정한 두께로 둘러싼 콘크리트로 이루어져, 폐쇄 스터럽은 인장재, 콘크리트는 균열 후 대각선 압축재, 길이 방향 철근은 비틀림에 저항하는 인장현재 역할을 하는 것으로 본다. 따라서 보의 입체 트러스에서 단면은 그림 6-43 (a)에 나타낸 바와 같이 보둘레에 일정한 두께를 가진 각형 튜브로 근사화되며, 단면 내부는 비틀림에 아무런 저항 성능도 가지지 않는 것으로 한다.

그림 6-43과 같이 보의 양 단부에 비틀림 모멘트 T가 작용할 때 입체 트러스 단면에 생기는 전단응력을 v, 단면의 두께를 t로 하면, 전단흐름 vt는 단면의 어느 위치에서나 일정하므로, 단면의 중심 O에 대하여 다음과 같은 평형방정식이 성립한다.

$$T = \oint (vt) r ds \tag{a}$$

이 식에서 r은 그림 6-43 (b)에 표시되어 있는 바와 같이 임의의 원점에서 미소 둘레 ds까지 수직으로 잰 거리이다. 식 (a)에서 rds는 미소 둘레 ds와 원점이 이루는 삼각형의 미소 면적의 2배가 되므로, 두께의 중심선으로 이루어지는 면적을 A_o로 나타내면

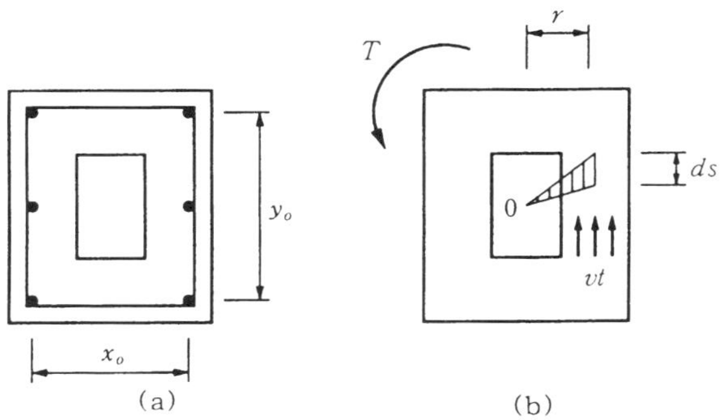

그림 6-43 입체 트러스 단면과 전단흐름

$$\oint r ds = 2A_o \tag{b}$$

가 된다. 따라서 트러스 단면의 전단응력은 다음과 같이 주어진다.

$$v = \frac{T}{2A_o t} \tag{6.65}$$

이 식에서 A_o는 입체 트러스를 이루는 단면의 가상 두께의 중심선에 둘러싸인 면적으로, 두께 t에 따라 전체 단면적에 대하여 일정한 비율을 가지며, t는 직사각형 단면에서 최소 폭의 1/4에서 1/6의 범위에 있다. 보 단면에서 외부로 둘러싸인 면적을 A_{cp}, 외부 둘레를 p_{cp}로 나타내면, 보의 일반적인 형상으로 높이가 폭의 2배 되는 보에서 두께를 폭의 1/4로 하면, A_o와 t는 대략

$$A_o = \frac{2}{3}A_{cp}, \quad t = \frac{3}{4}\frac{A_{cp}}{p_{cp}}$$

의 값을 가지므로, 이 값들을 식 (6.65)에 대입하면 비틀림 모멘트와 전단응력의 관계는

$$T = \frac{A_{cp}^2}{p_{cp}} v \tag{6.66}$$

으로 주어진다.

순수전단 상태에서 전단응력에 의한 주응력은 같은 크기의 인장응력과 압축응력이 되기 때문에 2축 응력 상태가 되어 휨인장 상태보다 낮은 응력에서 균열이 발생한다. 휨인장 상태에서는 식 (2.6)에서와 같이 휨인장응력이 $0.63\sqrt{f_{ck}}$에 다다르면 균열이 발생하나, 비틀림 상태에서는 이보다 낮은 $(1/3)\sqrt{f_{ck}}$ 크기의 전단응력에서 균열이 발생한다. 따라서 식 (6.66)의 전단응력 v를 이 값으로 하면, 균열 비틀림 모멘트는

$$T_{cr} = \frac{1}{3}\sqrt{f_{ck}}\,\frac{A_{cp}^2}{p_{cp}} \tag{6.67}$$

으로 유도되며, 이 식은 단면의 둘레와 면적 및 콘크리트 강도의 제곱근을 함수로 하고 있어, 부재의 단면 형태에 관계없이 균열 비틀림 모멘트를 계산하는데 적절한 식으로 평가되고 있다.

직사각형보에서 폐쇄 스터럽의 y 방향 다리의 중심 간격을 x_o, x 방향 다리의 중심 간격을 y_o로 하면, 그림 6-43과 같은 단면의 전단응력 분포에서 한 쪽 수평면 및 수직면에 작용하는 전단력은 식 (6.65)로부터 각각

$$V_x = \frac{T}{2A_o}x_o, \quad V_y = \frac{T}{2A_o}y_o \tag{6.68}$$

이 된다.

비틀림 모멘트에 의하여 보에 균열이 발생하면, 그 형태는 보를 나선형으로 감싼 형태가 되며, 길이 방향에 대하여 균열이 이루는 각도는 30°~60°의 범위에 있다. 폐쇄 스터럽이 같은 간격 s로 배근되어 있는 보에서 균열의 경사각을 θ로 하고, 균열에 걸쳐져 있는 스터럽의 수를 n이라 하면, 그림 6-44 (a)에서

$$ns = y_o \cot\theta \tag{c}$$

의 식이 유도된다. 스터럽의 단면적을 A_t, 항복강도를 f_{yt}라고 하면, 한 개의 스터럽이 발휘할 수 있는 힘은 $A_t f_{yt}$이고, 그림 6-44 (a)에서 균열에 걸쳐져 있는 n개의 폐쇄스터럽에 의한 수직 방향 저항력은

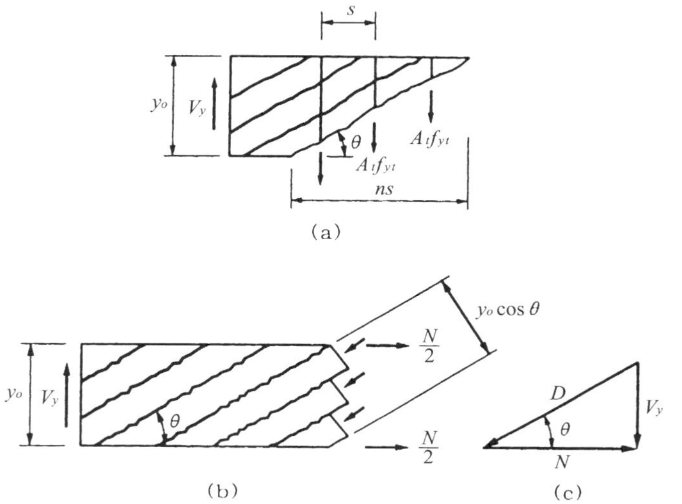

그림 6-44 비틀림 균열 후 내력 분포

$$V_y = n A_t f_{yt} \tag{d}$$

이므로, 식 (c)와 (d)로부터 수직면에서 폐쇄 스터럽에 의한 비틀림 저항의 일반식은

$$V_y = \frac{A_t f_{yt} y_o}{s} \cot\theta \tag{6.69}$$

이 된다. 균열의 경사각이 수평면에서도 수직면에서와 같이 θ인 경우 수평 방향 스터럽의 다리 중심 간격 x_o에 대하여 스터럽의 비틀림 저항은 같은 방법으로

$$V_x = \frac{A_t f_{yt} x_o}{s} \cot\theta \tag{6.70}$$

으로 유도되며, 식 (6.69) 및 (6.70)을 식 (6.68)에 대입하면, 폐쇄 스터럽에 의한 공칭 비틀림 저항모멘트는

$$T_n = \frac{2 A_o A_t f_{yt}}{s} \cot\theta \tag{6.71}$$

으로 주어진다. 비틀림에 의한 균열의 경사각 θ는 보통 30°에서 60°의 범위이며, 철근콘크리트 보 설계에서는 45°로 하고 있다.

비틀림을 받는 보의 입체 트러스 해석에서 경사 균열이 생기면, 수직면에서 균열이 생긴 콘크리트의 압축대로 전달되는 압축력과 스터럽에 의한 수직 인장력 및 길이 방향 철근의 인장력 사이에는 그림 6-44 (c)와 같은 연력도가 성립되어, 길이 방향 철근에 생기는 내력은 $V_y \cot\theta$가 되며, x 방향에 대하여 서로 같은 방법으로 힘의 평형을 고려하면, 길이 방향 철근에는 $V_x \cot\theta$의 내력이 생기므로, 네 모서리에 배근된 길이 방향 철근에 생기는 힘은

$$N = 2(V_x + V_y)\cot\theta \tag{e}$$

이 된다. 이 식에 식 (6.69), (6.70) 및 (6.71)을 대입하고 폐쇄 스터럽의 중심선 둘레 길이를 p_h로 하면,

$$p_h = 2(x_o + y_o)$$

이므로, 식 (e)는

$$N = \frac{T_n p_h}{2A_o}\cot\theta \tag{6.72}$$

이 된다. 비틀림에 저항하는 길이 방향 철근의 전체 단면적을 A_l, 그 항복강도를 f_y로 나타내면, 길이 방향 철근의 공칭강도는 $N_n = A_l f_y$이므로, 식 (6.72)로부터 필요한 길이 방향 철근의 단면적의 계산식은

$$A_l = \frac{T_n p_h}{2A_o f_y}\cot\theta \tag{6.73}$$

또는, 식 (6.73)의 T_n에 식 (6.71)을 대입하여

$$A_l = \frac{A_t}{s} p_h\left(\frac{f_{yt}}{f_y}\right)\cot^2\theta \tag{6.74}$$

으로 유도된다.

6-9-4 전단과 비틀림을 동시에 받는 보

구조체에 비틀림이 단독으로 작용하는 경우는 드물고, 대부분 휨과 전단이 함께 작용한다. 전단력 V와 비틀림 모멘트 T가 동시에 작용하는 부재에서, 전단력에 의한 전단응력을 v_1, 비틀림 모멘트에 의한 전단응력을 v_2로 나타내면, 두 전단응력은 식 (6.9) 및 (6.65)로부터 각각

$$v_1 = \frac{V}{b_w d}, \quad v_2 = \frac{T}{2A_o t} \tag{f}$$

으로 주어진다. 두께가 일정하게 t인 속이 빈 단면에서 가장 바깥쪽에 있는 스터럽의 중심선 둘레 길이를 p_h, 그에 둘러싸인 단면적을 A_{oh}로 하면, 비틀림에 의하여 균열이 생긴 단면에서 A_o와 t는 각각

$$A_o = 0.85 A_{oh}, \quad t = A_{oh}/p_h$$

으로 나타낼 수 있어, 이 값들을 식 (f)의 둘째 식에 대입하면, v_1과 v_2에 의한 최대 전단응력은

$$v = \frac{V}{b_w d} + \frac{T p_h}{1.7 A_{oh}^2} \tag{6.75}$$

으로 주어진다. 속이 찬 직사각형 단면의 비틀림에 의한 전단응력은 입체 트러스 근사해석에서 거론된 바와 같이, 균열 후 단면의 둘레 쪽으로 응력이 집중되어 속이 빈 단면과 같은 거동을 하나, 전단력에 대하여서는 그림 6-45 (b)에 보이는 바와 같이 전단면에 전단응력이 분포되기 때문에 속이 빈 단면으로 근사해석하는 것은 전단과 비틀림에 의한 조합 전단응력을 실제보다 크게 평가하는 일이 된다. 따라서 전단력과 비틀림 모멘트를 동시에 받는 속이 찬 단면의 조합 전단응력 계산식은 실험 결과를 바탕으로 하여

$$v = \sqrt{\left(\frac{V}{b_w d}\right)^2 + \left(\frac{T p_h}{1.7 A_{oh}^2}\right)^2} \tag{6.76}$$

으로 하고 있다.

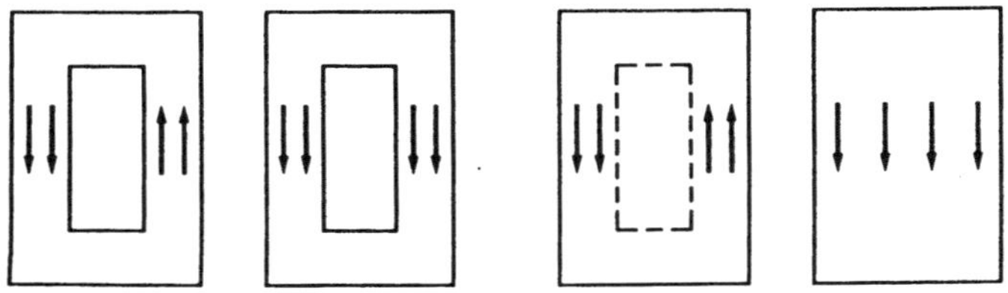

그림 6-45 비틀림과 전단에 의한 조합응력

6-9-5 비틀림 구조기준

철근콘크리트 부재의 비틀림 설계에 대해서는 KDS 14 20 22 (4.4) 및 (4.5)에 명시되어 있다. 이 기준의 규정에 의하면, 외부 하중에 의한 계수 비틀림 모멘트 T_u 에 대하여 강도설계법의 기본 조건

$$T_u \leq \phi T_n \tag{6.77}$$

이 만족되도록 철근량을 계산하여 보강하여야 한다.

식 (6.77)의 공칭모멘트 T_n 의 계산에서는 모든 비틀림이 스터럽과 길이방향의 주철근에 의하여 저항되고 콘크리트의 저항 능력은 없는 것으로 하여 $T_c = 0$ 으로 가정하며, 강도감소계수는 $\phi = 0.75$로 한다. 비틀림 설계에 관련하여 KDS 14 20 22 (4.4) 및 (4.5)에서 정하는 규정과 구조 제한은 다음과 같다.

【1】 계수 비틀림 모멘트의 계산

철근콘크리트 부재의 비틀림 설계에서 분포하중에 의한 설계용 계수 비틀림 모멘트는 설계용 전단력의 계산에서와 같이 받침부에서 d 만큼 떨어진 곳의 값으로 할 수 있다. 그러나 d 이내 집중하중이나 비틀림 모멘트가 작용하는 경우에는 설계용 계수 비틀림 모멘트를 받침부에서의 값으로 하여야 한다.

부재에 작용하는 계수 비틀림 모멘트가 식 (6.67)의 균열 비틀림 모멘트에 강도감소계수를 적용한 값의 25 퍼센트 미만에서는 휨 및 전단에 대한 비틀림의 영향이 크지 않기 때문에 KDS 14 20 22 (4.4.1)에서는

$$T_u < \phi \frac{\lambda \sqrt{f_{ck}}}{12} \frac{A_{cp}^2}{p_{cp}} \tag{6.78}$$

의 경우에는 설계에서 비틀림 효과를 무시할 수 있게 규정하고 있다.

【2】 부정정 비틀림에 대한 고려

슬래브를 지지하는 외곽보와 같이 부정정 비틀림이 작용하는 구조에 있어 부재간 접합부에 균열이 발생하면 인접한 부재간의 변형의 연속성이 상실되며, 부정정 비틀림의 영향도 감소하게 된다. KDS 14 20 22 (4.4.2)에서는 이러한 구조거동을 고려하여, 부정정 구조물에서 내력의 재분배로 인하여 부재에 작용하는 비틀림 모멘트가 저하되는 경우에는 최대 계수 비틀림 모멘트 T_u를 식 (6.67)의 균열 비틀림 모멘트에 강도감소계수를 적용한 값인 $\phi(1/3)\lambda\sqrt{f_{ck}}\ A_{cp}^2/p_{cp}$로 감소시킬 수 있도록 규정하고 있다. 이와 같이 감소된 비틀림 모멘트가 설계에 사용되는 경우 인접된 부재의 모멘트와 전단력도 이에 따라 조정된 값으로 한다. 슬래브로부터 전달되는 비틀림 모멘트는 정확한 구조해석을 하지 않는 한 전 부재에 걸쳐 균등하게 분포되는 것으로 가정한다.

【3】 비틀림 보강근

비틀림 모멘트에 의한 전단응력은 보의 둘레에 나선형의 사인장 균열을 발생시키기 때문에, 비틀림이 작용하는 보에는 길이 방향 철근과 함께 네 면 모두 폐쇄 스터럽 보강이 되어 있어야 한다. 그러나 한 가닥으로 된 폐쇄 스터럽은 배근하기 어렵기 때문에 실제 시공에서는 그림 6-46과 같이 U형 스터럽에 상부의 수평철근을 병행하여 사용하고 있다. 이러한 폐쇄 스터럽에서 U형 스터럽은 단부를 135° 구부려 상단 철근에 걸치고, 상부의 수평철근은 그림 6-46 (a)의 오른편과 그림 6-46 (b)와 같이 슬래브 콘크리트에 의하여 구속되는 경우에는 90°, 그림 6-46 (a)의 왼편과 그림 6-46 (c)와 같이 슬래브 콘크리트의 구속 효과를 기대할 수 없는 경우에는 135° 구부려 상단철근에 접합시켜야 한다.

계수 비틀림 모멘트 T_u가 식 (6.78)의 $\phi(1/12)\lambda\sqrt{f_{ck}}\ A_{cp}^2/p_{cp}$를 초과할 때 보강해야 할 폐쇄 스터럽의 단면적은 식 (6.71)과 (6.77)로부터

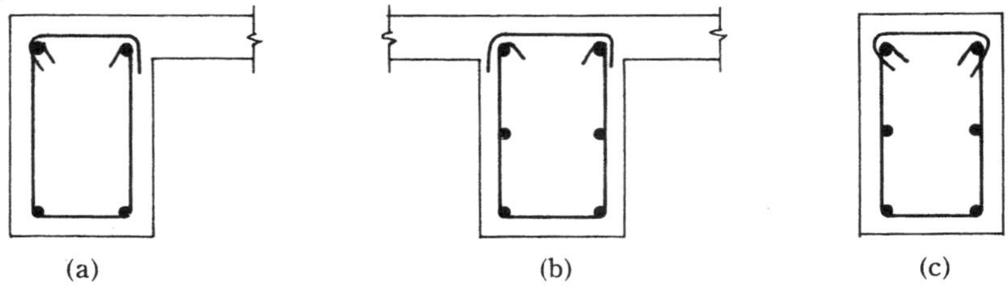

그림 6-46 비틀림 보강용 폐쇄 스터럽

$$A_t = \frac{T_u\, s}{2\,\phi A_o f_y}\tan\theta \tag{6.79}$$

으로 유도된다. 이 식에서 A_o는 전술한 바와 같이 $0.85A_{oh}$, 압축 경사각 θ는 45°로 할 수 있다.

전단과 비틀림이 동시에 작용하는 보의 폐쇄 스터럽의 최소 단면적은 식 (6.29)에 비틀림 보강근이 추가되어

$$A_v + 2A_t = 0.0625\lambda\sqrt{f_{ck}}\,\frac{b_w s}{f_{yt}} \tag{6.80}$$

이며, 또한 $0.35b_w s/f_{yt}$ 보다 작아서는 안된다. 비틀림 보강근의 설계기준 항복강도 f_{yt}는 균열 제어를 위하여 전단보강근과 같이 500 MPa 이하로 하고 있다. 식 (6.80)에서 A_v에 대하여 $2A_t$로 하는 까닭은 폐쇄 스터럽에서 전단보강에는 두 가닥이 사용되나, 비틀림 보강에서는 네 가닥이 사용되어 A_t가 A_v의 2 배가 되기 때문이다.

비틀림에 의하여 생기는 모든 균열은 적어도 한 개 이상의 폐쇄 스터럽에 교차되어야 하므로, KDS 14 20 22 (4.5.4)에서는 폐쇄 스터럽의 간격을 $p_h/8$와 300 mm 중 작은 값 이하로 하도록 규정하고 있다. 비틀림을 받는 보에서 p_h는 보 네 면의 d값, 즉 $4d$에 상응하므로, $p_h/8$의 스터럽 간격 제한은 전단보강용 수직 스터럽의 간격을 $d/2$로 제한하는 것과 같은 뜻을 가진다. 폐쇄 스터럽과 함께 입체 트러스를 이루는 길이 방향 철근의 단면적은 식 (6.74)로 계산되는 값과 다음 식으로 계산되는 값 중 큰 값으로 한다.

$$A_l = \frac{0.42\lambda\sqrt{f_{ck}}\,A_{cp}}{f_y} - \left(\frac{A_t}{s}\right) p_h \frac{f_{yt}}{f_y} \tag{6.81}$$

식 (6.74)의 A_t/s 값은 식 (6.79)에서 계산되는 값으로서 최소 비틀림 철근량의 규정은 적용되지 않으며, 식 (6.81)의 A_t/s는 $0.175b_w/f_{yt}$ 이상으로 한다.

보와 같은 부재에는 편심 중력하중에 의하여 휨과 비틀림이 동시에 작용하는 경우가 많으나, KDS 14 20 22 (4.5.4)에는 휨과 비틀림의 상호작용에 대한 설계방법은 명확하게 규정되어 있지 않으며, 다만, 휨압축은 균열을 억제하고 콘크리트로 철근과 함께 압축응력을 분담하므로, 휨압축 영역에 배근되는 길이 방향 비틀림 보강철근의 면적은 식 (6.74)나 (6.81)로 계산된 값에서 $M_u/(0.9df_y)$ 만큼 줄일 수 있으나, 최소 비틀림 철근량 이상으로 하도록 규정되어 있다.

이와 같은 과정을 거쳐 계산된 길이 방향 보강철근은 폐쇄 스터럽 둘레를 따라 300 mm 이하의 간격으로 배근되어야 하며, 각 모서리에는 최소한 하나의 길이방향 철근이나 긴장재가 있어야 한다. 비틀림 보강용 길이 방향 철근의 지름은 스터럽 간격의 1/24 이상, 또한 D10 이상이어야 한다.

비틀림과 함께 전단력과 휨모멘트 및 축력이 작용하는 부재에서는 전단력, 휨모멘트 및 축력보강에 필요한 철근량에 비틀림보강철근량을 추가하여 중첩시키나, 철근의 간격과 배치는 가장 엄격한 요구조건을 만족시켜야 한다.

비틀림을 받는 부재에는 나선형 균열이 생기는 것을 감안하여 비틀림보강철근은 이론적으로 필요한 위치에서 스터럽의 폭 b_t와 보의 유효깊이를 더한 값 $(b_t + d)$ 이상을 연장하여 배근하며, 길이 방향 철근은 양 단부에 정착되어야 한다.

【4】 단면 치수의 제한

전단력과 비틀림 모멘트를 동시에 받는 부재의 설계에서도 강도와 더불어 사용성이 고려되어야 한다. 사용하중 상태에서 부재에 경사균열이 발생하여 폭이 커지면, 미관이나 방수, 내구성 등 사용성이 저하되기 때문에 KDS 14 20 22 (4.5.1)에서는 균열억제를 목적으로 부재의 치수에 대한 제한을 두고 있다.

보의 전단보강근에서 다루어진 바와 같이 부재에 생기는 응력은 콘크리트와 보강철근이 분담하고, 보강철근이 분담하는 상한선은 콘크리트구조 학회기준 7.4.4에 제시된 비틀림 없이 전단력만 작용하는 경우의 제한값 $0.2(1-f_{ck}/250)f_{ck}b_w d$과 유사한 값인 $(2/3)\lambda\sqrt{f_{ck}}$으로 고려하여 전단과 비틀림을 받는 부재에서 단면 치수는

$$v_u \leq \phi\left[\frac{V_c}{b_w d} + \left(\frac{2\sqrt{f_{ck}}}{3}\right)\right] \tag{6.82}$$

의 조건을 만족시키도록 제한되어 있다. 식 (6.82)에서 v_u는 극한상태에서 전단력 V_u와 비틀림 모멘트 T_u에 의한 극한전단응력으로, 식 (6.75)와 (6.76)을 식 (6.82)에 적용하면, 부재의 단면 치수에 대한 제한 조건은 다음과 같이 주어진다.

(1) 속 찬 단면

$$\sqrt{\left(\frac{V_u}{b_w d}\right)^2 + \left(\frac{T_u p_h}{1.7A_{oh}^2}\right)^2} \leq \phi\left[\frac{V_u}{b_w d} + \left(\frac{2\sqrt{f_{ck}}}{3}\right)\right] \tag{6.83}$$

(2) 속 빈 단면

$$\left(\frac{V_u}{b_w d}\right) + \left(\frac{T_u p_h}{1.7A_{oh}^2}\right) \leq \phi\left[\frac{V_c}{b_w d} + \left(\frac{2\sqrt{f_{ck}}}{3}\right)\right] \tag{6.84}$$

이와 같이 단면 치수에 제한을 두는 이유는 과도한 스터럽 보강이 내포하는 취성파괴의 위험성을 방지하는 데에도 목적이 있다. 스터럽 보강에 의하여 v_u와 T_u가 크게 계산되어 식 (6.83) 또는 (6.84)의 조건식이 만족되지 않는 경우에는 단면의 치수를 늘리거나 콘크리트의 설계압축강도를 크게 하여야 한다.

속빈 단면에서 두께가 변하는 경우에는 식 (6.84)의 왼쪽 식의 값이 최대가 되는 위치에서 계산하여야 하며, 벽의 두께가 A_{oh}/p_h보다 작은 경우에는 식 (6.84)의 둘째 항에 있는 p_h를 속빈 단면의 벽두께 t의 역수로 하여 계산한다.

식 (6.83) 및 (6.84)에서 $V_c/b_w d$의 값은 식 (6.22)로부터 $(1/6)\lambda\sqrt{f_{ck}}$이므

로, 이 값을 사용하면

$$\phi\left[\frac{V_c}{b_w d} + \left(\frac{2}{3}\right)\lambda\sqrt{f_{ck}}\right] = \phi\left(\frac{5}{6}\right)\lambda\sqrt{f_{ck}} \tag{6.85}$$

이 되어, 단면 치수 제한의 상한선을 $\phi(5/6)\lambda\sqrt{f_{ck}}$ 로 하여도 된다.

속빈 단면에서는 폐쇄 스터럽의 중심선에서 단면 내벽까지의 거리가 0.5 A_{oh}/p_h 이상 되도록 규정되어 있다.

【예제 6-6】 그림 6-47 (a)와 같이 외벽을 지지하는 300 mm × 600 mm 보의 순경간이 7.6 m일 때 전단과 비틀림에 대하여 보강설계를 하라. 외벽의 무게는 지지하는 슬래브를 포함하여 25 kN/m이며, 설계강도는 f_{ck} = 27 MPa, f_y = 400 MPa이다.

[풀 이] (1) 설계전단력 및 비틀림 모멘트

계수하중 : 고정하중에 대하여 식 (3.5)에서 하중계수는 1.4이므로

벽체 및 슬래브 $w_{u_1} = 1.4 \times 25 = 35$ kN/m

보 $w_{u_2} = 1.4 \times 24 \times 0.3 \times 0.6 = 6$ kN/m

보 중심선에 대한 벽체의 편심은 0.35 m이므로 35 × 0.35 = 12.3 kN·m/m의 분포 비틀림 모멘트가 보에 작용한다. 순경간 7.6 m 보의 받침면에서 최대 전단력과 최대 비틀림 모멘트는

$$V_{u,\max} = (35 + 6) \times 7.6/2 = 155.8 \text{ kN}$$

$$T_{u,\max} = 12.3 \times \frac{7.6}{2} = 46.7 \text{ kN·m}$$

이며, 받침면으로부터 d = 0.54 m 떨어진 위치에서 설계전단력과 비틀림 모멘트는

$$V_u = 155.8 \times \frac{3.8 - 0.54}{3.8} = 133.7 \text{ kN}$$

$$T_u = 46.7 \times \frac{3.8 - 0.54}{3.8} = 40.1 \text{ kN·m}$$

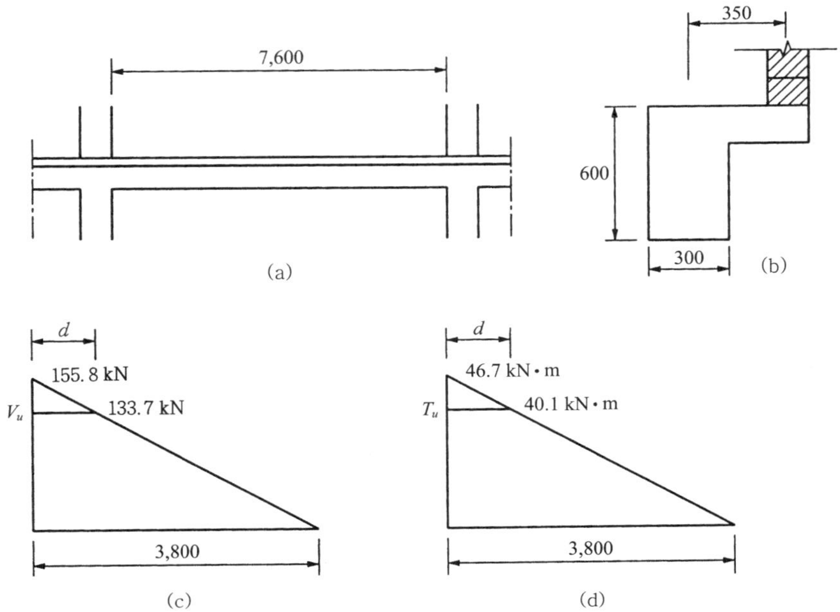

그림 6-47 예제 6-6의 설계 예

으로 계산된다.

(2) 비틀림 및 단면 치수 제한 검토

폭 300 mm, 높이 600 mm의 직사각형보에서 피복두께와 철근 중심을 고려하면, 폐쇄 스터럽의 x 및 y 방향 다리 중심 간격은 $x_o = 210$ mm, $y_o = 510$ mm이므로

$$A_{cp} = 300 \times 600 = 180 \times 10^3 \text{ mm}^2$$
$$A_{oh} = 210 \times 510 = 107.1 \times 10^3 \text{ mm}^2$$
$$A_o = 0.85 A_{oh} = 91 \times 10^3 \text{ mm}^2$$
$$p_{cp} = 2(300 + 600) = 1{,}800 \text{ mm}$$
$$p_h = 2(210 + 510) = 1{,}440 \text{ mm}$$

설계에서 비틀림 효과가 고려되어야 하는지를 검토하기 위하여, 식 (6.78)로부터

$$\frac{0.75\left(\frac{\sqrt{27}}{12}\right)(180\times10^3)^2\times10^{-6}}{1{,}800} = 5.85\ \mathrm{kN\cdot m} < T_u = 40.1\ \mathrm{kN\cdot m}$$

따라서, 설계에서 비틀림 효과가 고려되어야 한다.

단면 치수의 적합성은 식 (6.83)으로부터

$$\sqrt{\left(\frac{133.7\times10^3}{300\times540}\right)^2+\left(\frac{40.1\times10^6\times1{,}440}{1.7\times107.1^2\times10^6}\right)^2}$$

$$= 3.07\ \mathrm{MPa} < 0.75\times\frac{5\sqrt{27}}{6} = 3.25\ \mathrm{MPa}$$

이므로, 단면 치수는 설계전단력 및 비틀림 모멘트에 적절하다.

(3) 폐쇄 스터럽

식 (6.79)에서 $\theta = 45°$로 하면 $\tan\theta = 1$이므로

$$\frac{A_t}{s} = \frac{40.1\times10^6}{2\times0.85\times91\times10^3\times400} = 0.65\ \mathrm{mm}$$

식 (6.22)로부터

$$\phi V_c = 0.75\times\frac{\sqrt{27}}{6}\times300\times540\times10^{-3} = 105.2\ \mathrm{kN}$$

이므로, 식 (6.33 a)로부터

$$\frac{A_v}{s} = \frac{V_u-\phi V_c}{\phi f_{yt}\,d} = \frac{(133.7-105.2)\times10^3}{0.75\times400\times540} = 0.18\ \mathrm{mm}$$

$$\frac{A_v}{s}+\frac{2A_t}{s} = 1.48\ \mathrm{mm}$$

폐쇄 스터럽의 최소 단면적은 식 (6.80)에서 $0.0625\sqrt{f_{ck}} < 0.35$이므로

$$\frac{A_v}{s}+\frac{2A_t}{s} = \frac{0.35\times300}{400} = 0.26\ \mathrm{mm}$$

따라서 $(A_v+2A_t)/s = 1.48\ \mathrm{mm}$로 한다.

폐쇄 스터럽으로 D13 철근을 사용하면

$$s = \frac{2 \times 126.7}{1.48} = 171\,\text{mm}$$

구조기준에 의한 스터럽 간격 제한은

$$\frac{p_h}{8} = \frac{1{,}440}{8} = 180\,\text{mm}$$

또는 300 mm 이나, 계산된 간격은 이보다 작으므로 D13@150 간격으로 폐쇄 스터럽을 배근한다.

(4) 길이 방향 철근

식 (6.74)에서 $\cot\theta = \cot(45°) = 1$로 하여

$$A_l = 0.65 \times 1{,}440 \times (400/400) \times 1 = 936\,\text{mm}^2$$

식 (6.81)에 의한 제한조건은

$$\frac{A_t}{s} = \frac{0.175 \times 300}{400} = 0.13\,\text{mm} \;< 0.65\,\text{mm}$$

이므로, $A_t/s = 0.65\,\text{mm}$로 하여

$$A_l = \frac{0.42\sqrt{27} \times 180 \times 10^3}{400} - 0.65 \times 1{,}440 \times 1$$

$$= 46\,\text{mm}^2 < 936\,\text{mm}^2$$

으로 계산되어, $A_l = 936\,\text{mm}^2$로 한다.

설계기준에는 길이 방향 철근을 폐쇄 스터럽 둘레에 300 mm 이하의 간격으로 배근하도록 되어 있어, $y_o = 510\,\text{mm} > 300\,\text{mm}$이므로, 보의 상단과 하단 및 중간의 세 군데 길이 방향 철근을 배근하는 것으로 하면,

$$\frac{936}{3} = 312\,\text{mm}^2$$

이 중 상단과 하단에 배근해야 할 $A_s = 312\,\text{mm}^2$의 철근은 휨보강철근 단면적에 더하여 배근하고, 보 중간에는 2−D16($A_s = 397.2\,\text{mm}^2$) 철근을 양 측면에 배근하면, 구조기준에 정하여진 스터럽 간격의 1/24 이상 및 D10 이상의 제한 조건이 만족된다.

연습문제

6-1 $b = 300\,\text{mm}$, $h = 600\,\text{mm}$인 직사각형 단면에 $M = 120\,\text{kN·m}$, $V = 90\,\text{kN}$이 작용할 때 $h = 150\,\text{mm}$, $300\,\text{mm}$ 및 $450\,\text{mm}$되는 위치에서 주응력과 주응력 방향을 계산하라.

6-2 $b = 350\,\text{mm}$, $d = 580\,\text{mm}$의 단면에 휨보강철근과 함께 U형 D10@300 수직 스터럽으로 전단보강된 보의 설계전단강도 ϕV_n을 구하라. 재료 강도는 $f_{ck} = 24\,\text{MPa}$, $f_y = 300\,\text{MPa}$이다.

6-3 D10 띠철근이 중심간격 300 mm로 배근된 400 mm × 400 mm 직사각형 기둥이 축하중 $P_u = 1{,}500\,\text{kN}$을 받을 때, 이 기둥이 지지할 수 있는 최대 수평전단력의 크기를 계산하라. $f_{ck} = 24\,\text{MPa}$, $f_y = 300\,\text{MPa}$로 한다.

6-4 $b = 300\,\text{mm}$, $d = 540\,\text{mm}$인 직사각형보가 경간 8 m에 걸쳐 단순지지되어 있다. 이 보에 계수 등분포하중 $w_u = 60\,\text{kN/m}$가 작용할 때 이 보의 스터럽을 설계하라. $f_{ck} = 24\,\text{MPa}$, $f_y = 300\,\text{MPa}$로 한다.

6-5 브래킷에 지지되는 프리캐스트 보의 단부에 수직 방향으로 고정하중에 의한 반력 $R_D = 120\,\text{kN}$, 활하중에 의한 반력 $R_L = 140\,\text{kN}$과 온도변화 및 건조수축에 의한 수평력 $T = 90\,\text{kN}$이 작용할 때 이 보의 단부 모서리를 보강설계하라. $f_{ck} = 27\,\text{MPa}$, $f_y = 400\,\text{MPa}$로 하며, 전단균열은 수직면에 대하여 20° 경사로 생기는 것으로 가정한다.

6-6 양 단부가 400 mm × 400 mm 기둥에 지지되는 폭 400 mm, 높이 1.5 m 경간 2.5 m의 보 중앙에 계수 축하중 $P_u = 2{,}220\,\text{kN}$이 작용할 때 이 보의 휨 및 전단에 대하여 보강설계하라. $f_{ck} = 27\,\text{MPa}$, $f_y = 400\,\text{MPa}$로 한다.

6-7 문제 6-5의 프리캐스트 보가 기둥에서 40 mm 돌출된 $b_w = 300\,\text{mm}$, $h = 400\,\text{mm}$의 브래킷에 기둥면에서 $a = 200\,\text{mm}$ 위치에 지지될 때 브래킷의 보강철근을 설계하라. $f_{ck} = 27\,\text{MPa}$, $f_y = 400\,\text{MPa}$로 한다.

6-8 기둥에서 2.0 m 돌출된 폭 400 mm, 높이 700 mm의 직사각형 캔틸레버 보의 단부에 편심 200 mm로 200 kN의 활하중이 작용할 때, $f_{ck} = 21\,\text{MPa}$, $f_y = 400\,\text{MPa}$로 하여 이 보의 전단 및 비틀림에 대한 보강설계를 하라.

6-9 $b = 400$ mm, $h = 700$ mm($d = 630$ mm)의 직사각형 보에서 $V_u = 240$ kN, $T_u = 50$ kN·m에 대한 전단 및 비틀림 보강으로 D13 폐쇄 스터럽을 200 mm 간격으로 배근하고 종방향 철근으로 보 상단, 중앙 및 하단에 2-D16을 휨보강철근에 추가하여 배근했을 때 이 보강의 적합성을 검토하라. 단, 철근은 모두 SD 400, 콘크리트의 설계 압축강도는 27 MPa, 비틀림 균열각은 $\theta = 45°$로 한다.

7 장

철근의 정착과 이음

7-1 개 요

철근콘크리트 구조에서 콘크리트의 취약한 인장 저항 성능을 철근으로 보강하기 위해서는 콘크리트와 철근 사이에 완전한 부착이 이루어져야 한다. 예를 들면, 철근콘크리트 보에서 휨압축력은 콘크리트에 의하여 지지되나, 휨인장력에 대해서는 콘크리트의 인장 저항이 약하므로 인장측에 배근되어 있는 철근이 부담하여야 한다. 그러나 이러한 콘크리트에 생긴 휨인장력을 철근에 전달하기 위해서는 철근과 그 주위를 둘러싼 콘크리트 사이에 미끄럼 변형이 생기지 않아야 한다.

휨응력의 전달시 철근과 주위 콘크리트의 경계면에 생기는 전단응력을 부착응력이라고 하며, 이 응력의 크기가 한계를 넘으면 부착파괴가 생긴다. 강도설계법에서는 부착파괴가 발생하기 전에 철근이 항복되는 것을 전제로 하고 있기 때문에 인장, 압축, 휨, 비틀림 등 여러 가지 형태의 하중에 대해서도 콘크리트와 철근의 경계면에서 부착파괴가 생기지 않도록 설계되어야 한다.

고강도 철근의 개발에 의하여 콘크리트와 철근의 부착 거동은 점차 설계에서 더 큰 비중을 차지하고 있으며, KDS 14 20 52와 철근의 상세도 이에 맞춰 수정 보완되고 있다. 이 장에서는 철근과 콘크리트의 부착 거동에 관련하여 정착길이, 갈고리 및 이음 등이 다루어진다.

7-2 부착의 기본

7-2-1 휨에 의한 부착응력

【1】 평균 부착응력

그림 7-1 (a)와 같이 수직하중을 지지하는 보의 모멘트 분포는 7-1 (b)와 같으며, 축방향으로 미소 길이 dx의 단면에서 응력은 그림 7-1 (c)와 같은 분포를 보인다. 휨압축응력의 합력과 철근 인장응력의 합력 사이의 응력 중심 거리를 jd로 나타내면, 철근에 생기는 인장력의 증분은 같은 분포를 보인다.

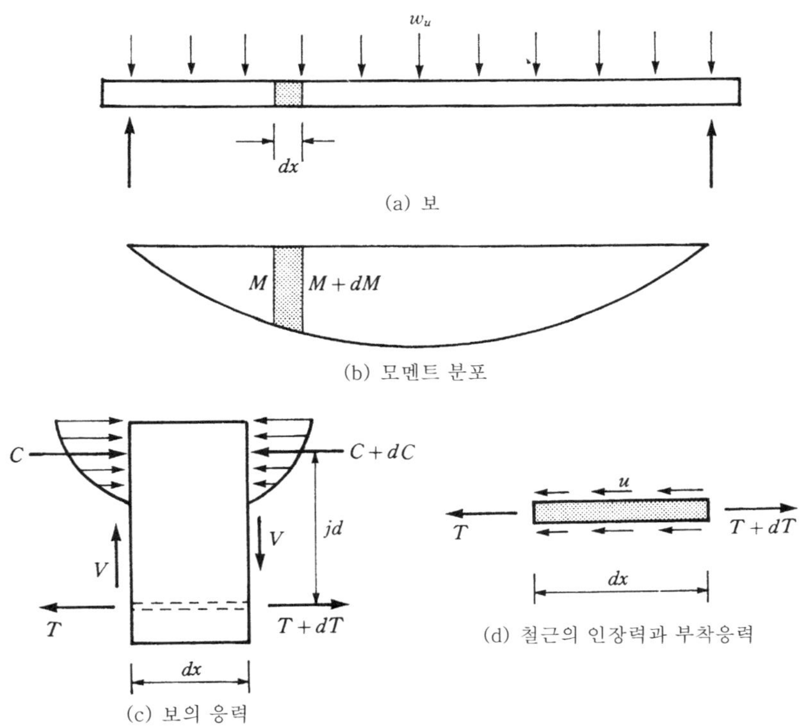

그림 7-1 보의 평균 부착응력

휨압축응력의 합력과 철근 인장응력의 합력 사이의 응력 중심 거리를 jd로 나타내면, 철근에 생기는 인장력의 증분은

$$dT = \frac{dM}{jd} \tag{7.1}$$

으로 주어진다. 그림 7-1 (d)의 철근요소의 자유물체도에서 힘의 평형조건은 $dT = (\pi d_b)\,udx$ 이므로 부착응력은

$$u = \frac{dT}{\sum_0 dx} \tag{7.2}$$

이 되며, 이 식에서 $\sum_0 = \pi d_b$는 철근의 둘레 길이이다. 보 이론에서 $dM/dx = V$이므로, 식 (7.1)과 (7.2)로부터 보의 평균 부착응력은

$$u = \frac{V}{\sum_0 jd} \tag{7.3}$$

으로 주어진다.

【2】 휨 부착응력의 실제 분포

콘크리트에 묻혀 있는 철근을 따라 생기는 부착응력은 식 (7.3)과 같이 전단력의 크기에 비례하지만, 실제 분포는 식 (7.3)에 의한 것보다 더 복잡하다.

그림 7-2 (a)와 같이 순수휨을 받는 보의 한 부분에서 균열이 생긴 콘크리트는 인장력을 지지할 수 없기 때문에 균열 부분에서는 철근이 전 인장력을 부담하며, 이때 부담하는 인장력은 보 이론에서 $T = M/jd$로 간단하게 계산할 수 있다. 그러나 균열 사이에서는 부착응력으로 콘크리트에 도입되는 인장력의 얼마 만큼은 콘크리트가 지지할 수 있기 때문에 철근이 지지하는 인장력이 그림 7-2 (c)에 표시된 바와 같이 감소하며, 부착응력 u는 식 (7.2)에 나타나 있는 바와 같이 철근 인장력의 변화율 dT/dx에 비례하므로 철근을 따라 국부 부착응력은 그림 7-2 (d)와 같이 균열 가까이에서 최대, 균열 사이의 중간에서는 최소가 되는 분포를 보인다.

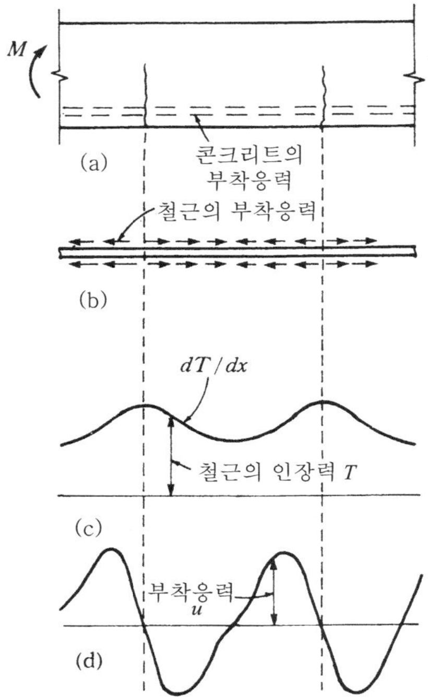

그림 7-2 부착응력의 분포

보는 순수 휨만 받는 경우는 드물고 일반적으로 전단력이 동반된다. 그림 7-3 (a)와 같이 등분포하중을 받는 보에서 단부 부근에서는 휨전단균열, 중앙부 부근에서는 휨균열이 그림에 표시된 것과 비슷한 형태로 발생한다. 이러한 균열 상태에서 철근에 생기는 인장력은 $T = M/jd$에 의한 계산에서는 그림 7-3 (b)의 파선과 같은 분포를 보이나, 실제 부착된 부분에서는 콘크리트가 인장력을 분담하므로 철근의 실제 인장력은 균열 부분 이외에는 그림 7-3 (b)의 실선으로 그려져 있는 바와 같이, 단순한 보 이론으로 계산된 파선의 값보다 작게 된다. 부착응력은 식 (7.2)에서 철근 인장력의 보 길이 방향 변화율에 비례하므로 단순 이론에 의한 분포는 그림 7-3 (c)의 파선과 같고 실제 분포는 실선과 같은 형태로 된다.

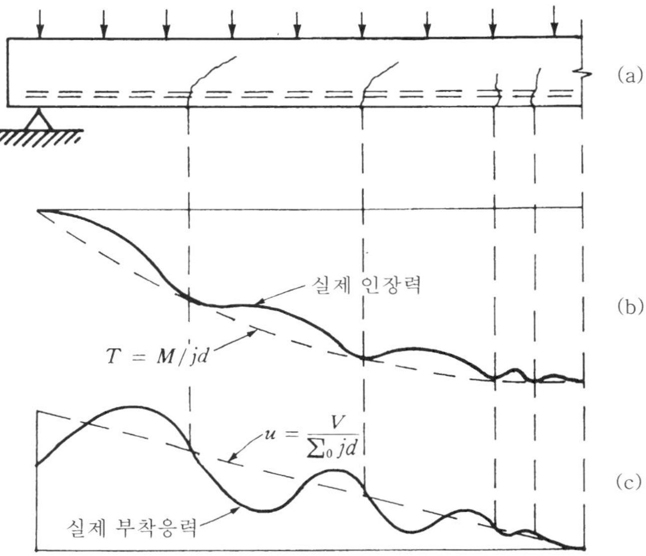

그림 7-3 보의 휨균열에 의한 철근 인장력의 변화

7-2-2 부착에 의한 힘의 전달과 부착파괴

표면이 매끈한 원형철근을 사용하는 경우에는 초기 부착강도가 철근과 콘크리트 사이의 화학적인 접착력과 약간의 마찰저항에 의하여 형성된다. 그러나 이러한 부착강도는 매우 낮아, 콘크리트에 묻혀 있는 원형철근에 인장력이 작용하면 쉽게 부착 파괴되어 미끄러짐 변형이 발생한다. 이와 같은 단점으로 인하여 최근에는 원형철근 대신 이형철근이 많이 사용되고 있으며, 앵커 볼트 등으로 사용되는 원형철근에는 갈고리 등 정착 장치를 하여 부착 저항을 높이고 있다. 콘크리트에 묻혀 있는 철근에 인장력이 작용하면 처음에는 콘크리트의 화학적 접착력과 마찰에 의하여 미끄러짐 변형을 저항하나, 이러한 부착력은 큰 저항 성능을 발휘하지 못하고 상실되며, 인장력이 더 증가하면 철근돌기와 콘크리트에 그림 7-4 (a) 및 (b)에 표시된 바와 같이 지압응력이 발생한다. 콘크리트에 경사 방향으로 생기는 지압응력은 그림 7-4 (c)와 같이 길이 방향과 방사선 방향의 분력으로 분해될 수 있으며, 방사선 방향의 성분에 의하여 철근 주위의 콘크리트에 방사선 방향으로 인장응력이 생긴다.

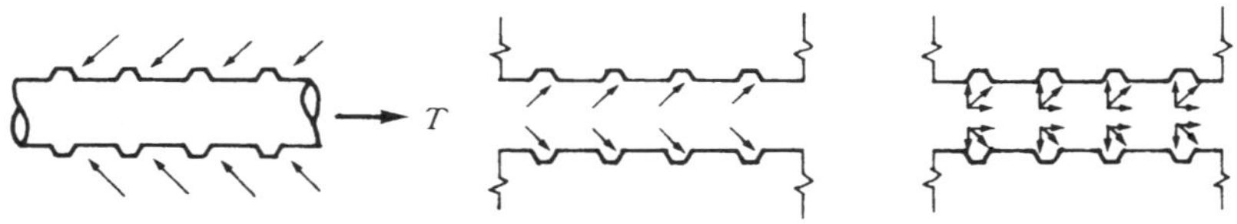

(a) 철 근 (b) 콘크리트 (c) 지압 저항

그림 7-4 이형철근에 생기는 지압 저항

철근을 둘러싸고 있는 콘크리트의 두께가 두껍고 철근 간격이 큰 경우 또는 나선철근이나 스터럽 등으로 횡변형이 구속되는 경우에는 방사선 방향으로 균열이 퍼져나가기 전에 철근 마디 사이의 콘크리트가 지압파괴되어 철근이 뽑히는 형태의 부착파괴가 발생한다. 이런 뽑힘부착파괴는 이형철근의 마디와 리브가 필요 이상 깊게 되어 있는 경우에도 생기며, 가는 철근에서도 발생할 가능성이 높다. 그러나, 이와 반대로 콘크리트의 피복두께가 얇거나 철근 간격이 좁을 때에는 지압응력에 의한 방사선 방향의 변형이 구속되지 않기 때문에 철근의 마디와 리브에 접촉된 콘크리트에 균열이 생기며, 철근에 작용하는 인장력의 증가와 함께 철근의 마디와 리브가 이 균열에 쐐기작용을 하여 균열은 그림 7-5의 형태로 부재의 표면에까지 빠른 속도로 파급되는 쪼갬부착파괴가 발생한다. 철근콘크리트 부재의 부착파괴는 뽑힘부착파괴나 쪼갬부착파괴 중 어느 하나에 속하나, 보철근은 휨저항과 균열 억제 효율을 높이기 위하여 최소한의 피복두께 조건을 만족시키는 범위에서 보의 상부 또는 하부 표면 가까이 배근되기 때문에 부착파괴는 대부분 피복두께의 쪼개짐에 의하여 생긴다.

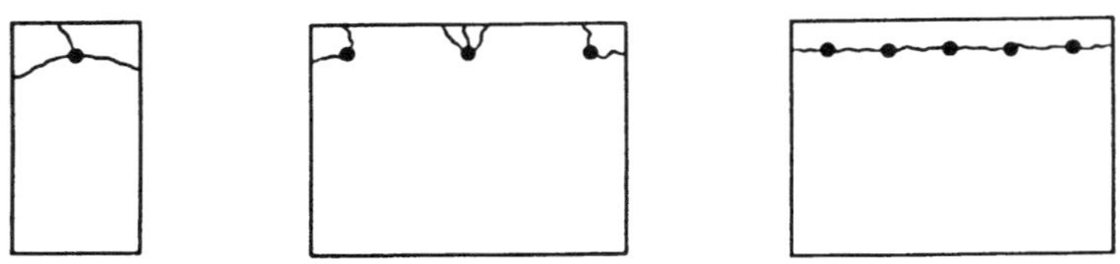

(a) 폭이 좁은 보 (b) 폭이 넓은 보 (c) 조밀하게 배근된 보

그림 7-5 쪼갬부착파괴의 유형

7-3 정착길이

7-3-1 부착강도와 정착길이

철근의 정착길이(development length)는 콘크리트에 묻혀 있는 철근이 힘을 받을 때 뽑히거나 미끄러짐 변형이 생기는 일이 없이 항복강도에 이르기까지 응력을 발휘할 수 있게 하는 최소한의 묻힘 깊이를 말하며 l_d로 표시한다. 콘크리트에 묻혀 있는 철근의 부착응력은 그림 7-2 및 7-3에서 보는 바와 같이 길이에 따라 변하기 때문에 KDS 14 20 52에서는 부착응력보다 정착길이 개념이 채택되고 있다.

그림 7-6과 같이 콘크리트에 묻혀 있는 단면적 A_b의 철근에 외력이 작용하면, 초기에는 부착응력이 표면 가까이에만 크게 생기고 철근이 파묻힌 단부에는 거의 생기지 않으나, 작용 하중이 증가하여 파괴에 가까이 이르러서는 부착응력이 철근의 전 길이에 걸쳐 거의 균등하게 분포된다. 이러한 극한상태에서 외력과 내력의 평형조건은

$$\pi d_b u_a l_d = \frac{\pi d_b^2}{4} f_y$$

으로 주어지며, 이 식으로부터 정착길이는

$$l_d = \frac{d_b f_y}{4 u_a} \tag{7.4}$$

으로 계산된다. 이 식에서 u_a는 보의 부착파괴시 극한 부착응력의 평균값을 나타낸다. 콘크리트의 부착응력은 본질적으로 전단응력이며, 쪼갬부착파괴시 부착강도는 쪼갬인장강도와 관련을 가지고 있어, 식 (7.4)의 u_a는 식 (6.22) 또는 (2.5)에서와 같이 콘크리트 압축강도의 제곱근에 비례한다. 따라서 식 (7.4)의 정착길이는

$$l_d = \frac{\mu d_b f_y}{\sqrt{f_{ck}}} \tag{7.5}$$

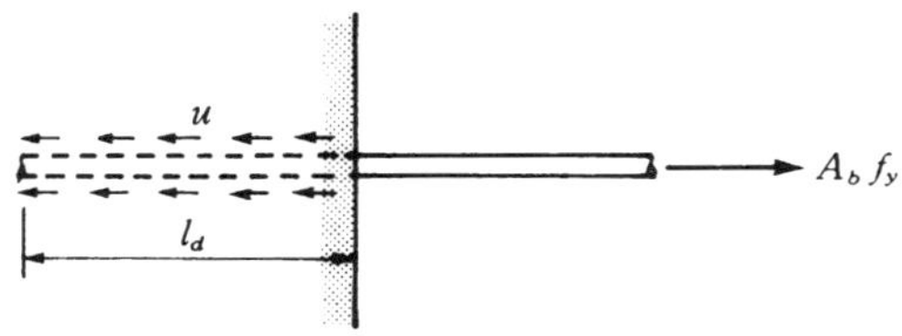

그림 7-6 철근의 정착

으로 유도된다. 이 식에서 μ는 부착 실험으로부터 얻어지는 상수이다. 압축강도가 70 MPa를 넘는 콘크리트에서는 쪼갬부착강도가 압축강도의 제곱근에 비례하여 증가하지 않고 70 MPa 압축강도의 콘크리트에서의 쪼갬부착강도와 거의 비슷한 값을 유지하기 때문에, KDS 14 20 52 (1.2)에서는 $\sqrt{f_{ck}}$의 값을 8.4 MPa 이하로 하도록 규정하고 있다.

식 (7.5)는 철근의 크기와 강도, 콘크리트의 압축강도 등 모든 철근콘크리트 부재가 공통으로 가지고 있는 요소들에 의하여 정하여지는 정착길이를 의미한다. 이와 같이 계산된 정착길이를 기본 정착길이라고 하며, l_{db}의 기호로 표시한다. 콘크리트에 묻힌 철근의 정착길이는 식 (7.5)에 표시된 조건 이외에도 피복두께, 철근 간격, 철근 위치, 횡방향 구속 철근, 철근 표면의 에폭시 수지 도막 등 여러 가지 요인들의 영향을 받으며, 이런 부수적인 조건들은 부재마다 다르게 주어지기 때문에, 조건별로 보정계수를 정하여, 철근의 정착길이는 식 (7.5)로 계산되는 기본 정착길이에 보정계수를 곱한 값으로 한다.

7-3-2 인장을 받는 이형철근의 정착길이

【1】 기본 방정식

인장력을 받는 이형철근과 이형철선은 앞 절에서 거론된 바와 같이 대부분 쪼갬부착파괴되며, 부착강도는 식 (7.4)의 기본조건 이외에도 철근의 크기, 간격, 피복두께 및 위치, 횡방향 보강철근, 에폭시 도막 등에 영향을 받는다. KDS 14 20 52 (4.1.2)은 이런 많은 조건들에 대한 부착실험 결과로부터 도출된 문헌 (7.7)의 회귀방정식을 참조하여 인장이형철근과 이형철선의 정착길이를 구하는 공식을

$$l_d = \frac{0.9\,d_b f_y}{\lambda\sqrt{f_{ck}}}\frac{\alpha\,\beta\,\gamma}{\left(\dfrac{c+K_{tr}}{d_b}\right)} \tag{7.6}$$

으로 하고 있다. 이 식에서 c는 철근 간격 또는 피복두께에 관련된 계수로, 철근 중심으로부터 콘크리트 표면까지의 가장 가까운 거리나, 정착되는 철근 중심간 거리의 1/2 중 작은 값으로 하며, K_{tr}은 횡방향철근지수로 다음과 같이 계산된다.

$$K_{tr} = \frac{40\,A_{tr}}{sn} \tag{7.7}$$

여기서, A_{tr} = 정착된 철근을 따라 쪼개질 가능성이 있는 면을 가로질러 배근된 간격 s 이내에 있는 횡방향철근의 전체 단면적 [mm^2]

s = 정착길이 l_d 구간 내에 있는 횡방향철근의 최대 중심간 간격 [mm]

n = 쪼개질 가능성이 있는 면을 따라 정착되거나 이어지는 철근의 수

식 (7.6)의 $(c+K_{tr})/d_b$는 콘크리트의 쪼갬인장강도 이외에 쪼갬부착파괴에 대한 부재의 저항 성능을 나타내는 식으로, 철근 간격과 피복두께 및 횡방향철근지수가 크면 쪼갬 저항 성능이 증가하나, 철근의 지름이 크면 저하하는 현상을 수식화한 것이다. c와 K_{tr}의 값이 커지거나 철근 지름이 작은 경우에는 쪼갬부착파괴가 생기지 않으나, 대신 뽑힘부착파괴가 일어날 수 있으므로, 이에 대비하여 정착길이를 일정한 값 이상으로 유지하지 않으면 안 된다. 따라서 KDS 14 20 52 (4.1.2)에서는 $(c+K_{tr})/d_b$의 값을 2.5 이하로 제한하고 있으며, 횡방향철근이 배근되어 있는 경우에도 설계를 간편하게 하기 위하여 $K_{tr}=0$으로 할 수 있다. 식 (7.6)의 α, β, γ 및 λ는 각각 다음과 같은 값을 가지는 보정계수들이다.

α = 철근 위치 계수

① 정착길이나 겹침이음부 아래 굳지 않은 콘크리트가 300 mm 이상 타설되는 수평 배근된 상부철근	1.3
② 기타 철근	1.0

β = 철근 도막 계수

① 피복두께가 $3d_b$ 미만이거나 순간격이 $6d_b$ 미만인 에폭시 도막 혹은 아연-에폭시 이중 도막 철근 또는 철선	1.5
② 기타 에폭시 도막 혹은 아연-에폭시 이중 도막 철근 또는 철선	1.2
③ 아연도금 혹은 도막되지 않은 철근 또는 철선	1.0

γ = 철근 또는 철선의 크기 계수

① D19 이하의 철근과 이형철선	0.8
② D22 이상의 철근	1.0

보의 상부 철근의 보정계수를 1.3으로 하는 이유는 콘크리트의 시공연도를 좋게 하기 위하여 사용된 물과 비빔 및 부어넣기 작업 동안 혼입된 공기가 콘크리트의 응결이 끝나기 전에 윗면으로 떠오르다가 상부 철근 아래 갇힌 채 굳어져 부착 저항이 감소되는 것을 보상하기 위한 것이다.

에폭시 도막철근은 바다모래나 제설용 염화칼슘 등으로 염해를 받는 콘크리트에서 부식 방지용으로 표면에 0.1 mm 정도의 에폭시 수지 피막이 입혀진 철근으로, 에폭시 수지 피막이 철근과 콘크리트의 부착을 방해하여 부착강도가 떨어지기 때문에 β의 보정계수를 사용하여 정착길이를 더 길게 하도록 하고 있다.

에폭시 도막철근이 상부철근인 경우에 α와 β의 보정계수 적용에서 α와 β를 곱한 값을 1.7 보다 크게 할 필요는 없다. 예를 들면, 에폭시 도막 철근이 보의 상부에 피복두께 $3d_b$ 미만이거나 순간격 $6d_b$ 미만의 상태로 배근되는 경우 보정계수는 $\alpha\beta = 1.3 \times 1.5 = 1.95$로 계산되나, 정착길이 계산에서는 1.7로 한다.

보통 콘크리트의 쪼갬인장강도는 일반적으로 쪼갬시험에서 식 (2.6)으로 계산되나, 경량콘크리트에서는 이보다 낮은 값이 되어, 쪼갬부착강도도 낮아지기 때문에 이런 현상을 λ 보정계수로 반영하고 있다. α, β, γ 및 λ의 보정계수 이외에 보정 사항으로, 휨부재에 배근된 철근량이 해석에 의하여 요구되는 소요

철근량을 초과하는 경우에는 계산된 정착길이에 (소요 철근량/배근 철근량)의 값을 곱하여 정착길이를 줄일 수 있다. 그러나 어느 경우에도 인장력을 지지하는 이형철근이나 이형철선의 정착길이는 300 mm 이상 되어야 한다.

【2】 약 산 식

식 (7.6)의 기본방정식에서

① 정착되거나 이어지는 철근의 순간격과 피복두께가 모두 d_b 이상이고, 정착길이 전구간에 걸쳐 KDS 14 20 22 (4.3.3)에서 규정된 최소 철근량 이상의 스터럽 또는 띠철근이 배근된 경우

② 정착되거나 이어지는 철근의 순간격이 $2d_b$ 이상이고 피복두께가 d_b 이상인 경우

의 두 가지 조건 중 어느 하나라도 만족되는 경우에는 $(c+K_{tr})/d_b$의 값을 대략 1.5로 하여 인장철근의 정착길이를

$$l_d = \frac{0.6\,d_b\,f_y}{\lambda\sqrt{f_{ck}}}\alpha\beta\gamma \tag{7.8}$$

으로 약산할 수 있다. 그러나 위의 두 조건 중 어느 하나도 만족되지 않는 경우에는 식 (7.6)에서 $(c+K_{tr})/d_b$의 값을 1.0으로 하여 약산식을

$$l_d = \frac{0.9\,d_b\,f_y}{\lambda\sqrt{f_{ck}}}\alpha\beta\gamma \tag{7.9}$$

으로 한다. 식 (7.8)에서 α, β 및 λ의 값이 모두 1.0일 때 인장철근의 기본 정착길이는 표 7-1과 같으며, 식 (7.9)에 의한 기본 정착길이는 표 7-1의 값에 1.5를 곱하면 된다.

표 7-1 식 (7.8)에 의한 인장철근의 기본 정착길이 [mm]

f_y [MPa]	f_{ck} [MPa]	철근								
		D10	D13	D16	D19	D22	D25	D29	D32	D35
300	21	300*	399	500	600	872	998	1,123	1,249	1,371
	24	300*	373	467	561	816	933	1,051	1,168	1,282
	27	300*	352	441	529	769	880	991	1,102	1,209
	30	300*	334	418	502	730	835	940	1,045	1,147
400	21	399	532	666	800	1,163	1,330	1,498	1,665	1,828
	24	373	498	623	749	1,088	1,244	1,401	1,558	1,710
	27	352	469	588	706	1,025	1,173	1,321	1,469	1,612
	30	334	445	557	670	973	1,113	1,253	1,393	1,529

* 기본 정착길이와 보정계수에 의하여 계산되는 정착길이 l_d는 300 mm 이상이어야 한다.

【예제 7-1】 그림 7-7과 같은 건물 골조의 보-기둥 접합부에서 계산된 보 상단의 부모멘트에 대한 소요 철근량 930 mm²에 대하여 2-D25(A_s = 1,013.4 mm²)가 사용되고 D10@300 스터럽으로 횡보강되었을 때 이 철근의 기둥면에서 보 쪽으로 묻히는 최소 길이를 계산하라. 사용 재료의 강도는 f_y = 400 MPa f_{ck} = 24 MPa이다.

[풀 이] D25 철근의 지름은 표 2-4에서 d_b = 25.4 mm이다. 철근 중심으로부터 콘크리트 표면까지의 가장 가까운 거리는 40 + 10 + 25.4/2 = 62.7 mm 정착되는 철근 중심간 거리의 1/2은 [300 − (40 + 10) × 2 − 25.4]/2 = 87.3 mm이므로, c = 62.7 mm로 한다. 횡방향철근지수는 식 (7.7)에서

A_{tr} = 71.3 × 2가닥 = 142.6 mm², s = 300 mm, n = 2이므로

$$K_{tr} = \frac{40 \times 142.6}{300 \times 2} = 9.5\ \text{mm}$$

으로 계산된다. 따라서 c = 62.7 mm, K_{tr} = 9.5 mm, d_b = 25.4 mm의 값으로부터

$$\frac{c + K_{tr}}{d_b} = \frac{62.7 + 9.5}{25.4} = 2.84 \rightarrow 2.5$$

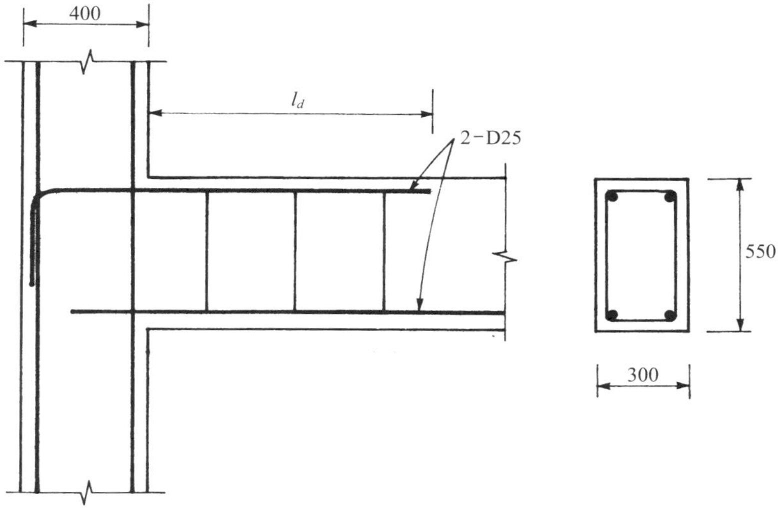

그림 7-7 예제 7-1의 보-기둥 접합부

상부 철근의 보정계수는 $\alpha = 1.3$, 다른 보정계수들은 1.0이므로, $\beta = \gamma = \lambda = 1.0$으로 하여, 정착길이는 식 (7.6)으로부터

$$l_d = \frac{0.9 \times 25.4 \times 400}{\sqrt{24}} \times \frac{1.3 \times 1 \times 1 \times 1}{2.5} = 970.6\ \text{mm}$$

으로 계산된다. 배근된 철근량 1,013.4 mm^2이 소요 철근량 930 mm^2을 넘으므로 이에 대한 보정계수는 $930/1{,}013.4 = 0.92$이다. 따라서 정착길이는

$$970.6 \times 0.92 = 893\ \text{mm} \rightarrow 900\ \text{mm}$$

으로 줄일 수 있다.

식 (7.6)의 기본 방정식을 사용하지 않고 식 (7.8)의 약산식으로 하는 경우, 보정계수는 앞에서와 같으므로 정착길이는

$$l_d = \frac{0.6 \times 25.4 \times 400}{\sqrt{24}}(1.3 \times 1 \times 1) = 1{,}617.6\ \text{mm}$$

으로, 기본 방정식으로 계산된 970.6 mm보다 66.7 퍼센트 더 큰 값으로 계산된다. 이 이유는 기본 방정식에서는 $(c + K_{tr})/d_b$의 값이 2.5인 데 반하

여 약산식에서는 1.5로 하고 있기 때문이며, 그에 따른 비율 2.5/1.5 = 1.667은 66.7 퍼센트 증가된 값과 일치한다.

【예제 7-2】 예제 7-1의 보-기둥 접합부에서 보 상단에 4-D25 철근이 배근되어 있을 때 정착길이를 기본 방정식과 약산식으로 계산한 값을 비교하라.

[풀 이] 4개의 D25 철근이 배근되었을 때 철근 순간격은 $(300 - 40 \times 2 - 10 \times 2 - 25.4 \times 4)/3 = 32.8$ mm, 중심 간격은 $32.8 + 25.4 = 58.2$ mm로 계산된다. 철근 중심으로부터 콘크리트 표면까지 가장 가까운 거리는 예제 7-1에서 62.7 mm, 정착되는 철근 중심간 거리의 1/2은 58.2/2 = 29.1 mm이므로, $c = 29.1$ mm이며, 횡방향철근지수는

$$K_{tr} = \frac{40 \times 142.6}{300 \times 4} = 4.7 \text{ mm}$$

따라서

$$\frac{c + K_{tr}}{d_b} = \frac{29.1 + 4.7}{25.4} = 1.33$$

으로 계산된다. 따라서 기본 방정식에 의한 정착길이는 식 (7.6)으로부터

$$l_d = \frac{0.9 \times 25.4 \times 400}{\sqrt{24}} \times \frac{1.3 \times 1 \times 1}{1.33} = 1{,}824 \text{ mm}$$

약산식에 의한 정착길이는 철근 순간격과 피복두께가 모두 d_b 이상이므로 표 7-1로부터 $1{,}244 \times 1.3 = 1{,}617$ mm로 계산되며, 이 차이는 12 퍼센트 정도이다.

【예제 7-3】 그림 7-8과 같은 줄기초에서 횡방향으로 D22 철근이 중심간격 250 mm로 보강되어 있을 때 철근정착을 검토하라. $f_{ck} = 21$ MPa, $f_y = 400$ MPa 으로 한다.

[풀 이] 횡방향으로 배근된 D22 철근의 중심으로부터 콘크리트 표면까지 가장 가까운 거리는 100 mm, 철근 중심간 거리의 1/2은 250/2 = 125 mm이므로, $c = 100$ mm, $K_{tr} = 0$으로 한다. D22 철근의 지름은 표 2-4에서 $d_b = 22.2$ mm이

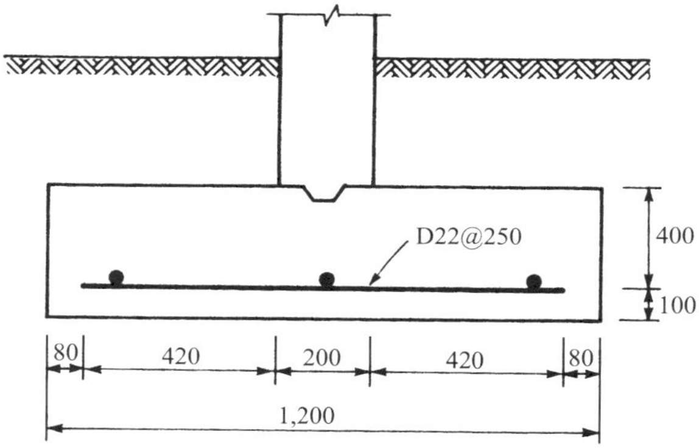

그림 7-8 예제 7-3의 줄기초

므로

$$\frac{c+K_{tr}}{d_b} = \frac{100+0}{22.2} = 4.50 \rightarrow 2.5$$

모든 보정계수는 1.0이므로, 정착길이는 식 (7.6)으로부터

$$l_d = \frac{0.9 \times 22.2 \times 400}{\sqrt{21}} \times \frac{1 \times 1 \times 1}{2.5} = 698\,\text{mm}$$

따라서 정착길이는 700 mm 이상 되어야 한다. 그림 7-8의 기초 배근에서 정착길이는 벽면에서 내민 철근의 길이이며, 이 경우에는 420 mm로 700 mm 보다 작기 때문에 정착으로 부적합하다. 이에 대한 보완책으로서는 ① 철근 크기를 줄일 것, ② 기초 폭을 넓힐 것, ③ 콘크리트의 강도를 크게 할 것, ④ 철근 단부를 갈고리로 할 것, ⑤ 철근량은 소요 철근량보다 늘릴 것 등이 있으나, 일반적으로 끝부분을 갈고리 철근으로 하는 방법이 많이 쓰인다.

7-3-3 압축을 받는 이형철근의 정착길이

【1】 기본 정착길이

기둥의 주철근과 같이 압축력을 받는 철근에도 정착길이는 확보되어야 한다. 그러나 압축철근에서 압축력의 일부는 콘크리트와의 부착으로 전달되고 또다른 일부는 철근 단부에서의 콘크리트의 지압으로 전달된다. 인장철근에 비하여 압축철근의 정착 부분에서는 둘러싼 콘크리트에 균열이 발생하지 않고, 단부 지압의 유리한 면이 아울러 작용하기 때문에 압축철근의 정착길이는 인장철근의 정착길이보다 짧게 할 수 있다. KDS 14 20 52 (4.1.3)에서 정하는 압축철근의 기본 정착길이 계산식은 다음과 같다.

$$l_{db} = \frac{0.25\, d_b\, f_y}{\lambda \sqrt{f_{ck}}} \geq 0.043\, d_b\, f_y \tag{7.10}$$

압축철근의 정착길이는 식 (7.10)의 기본 정착길이에 보정계수를 곱한 값으로 하며, 이때 정착길이 l_d는 200 mm 이상이 되어야 한다. 일반적으로 많이 사용되는 철근과 콘크리트 강도에 대하여 식 (7.10)에 의한 압축철근의 기본 정착길이는 표 7-2와 같다.

【2】 보정계수

압축철근에서는 주위 콘크리트에 균열이 거의 발생하지 않기 때문에 인장철근과 같이 철근 간격과 피복두께 등에 민감하게 영향을 받지 않는다. 나선철근과 같은 횡방향 보강철근은 압축철근의 부착 효과를 높여주기 때문에 이러한 효과 정도가 고려되어 KDS 14 20 52 (4.1.3)에는 다음과 같이 규정되어 있다.

표 7-2 압축철근의 기본 정착길이 [mm]

f_y [MPa]	f_{ck} [MPa]	철 근								
		D10	D13	D16	D19	D22	D25	D29	D32	D35
300	21	156	208	260	313	363	416	468	520	571
	24	146	194	243	292	340	389	438	487	534
	27	138	183	229	276	320	367	413	459	504
	30	130	174	218	262	304	348	392	435	478
400	21	208	277	347	417	484	554	624	694	762
	24	195	259	325	390	453	518	584	649	712
	27	183	244	306	368	427	489	550	612	672
	30	174	232	290	345	405	464	522	581	637

* 기본 정착길이와 보정계수에 의하여 계산되는 정착길이 l_d는 200 mm 이상이어야 한다.

① 배근된 철근이 소요량 이상의 과다 철근인 경우	$\left(\dfrac{\text{소요 철근량}}{\text{배근 철근량}}\right)$
② 지름 6 mm 이상이고 간격 100 mm 이하인 나선철근 또는 중심간격 100 mm 이하의 D13 띠철근으로 둘러싸인 철근	0.75

7-3-4 다발철근의 정착길이

보나 기둥에서 철근을 2 개, 3 개 또는 4 개를 한데 묶어 사용하는 것이 콘크리트의 부어넣기 등에서 유리할 때가 있다. 이러한 철근들의 콘크리트와 부착되는 면적은 각 철근의 부착 면적의 합보다 작기 때문에 부착강도도 이에 따라 감소한다. KDS 14 20 52 (4.1.4)에서는 이러한 점을 고려하여, 인장이나 압축을 받는 다발철근 중 각 철근의 정착길이를 단일철근인 경우의 값에 대하여 3 개의 철근으로 구성된 다발철근에 대해서는 20 퍼센트, 4 개의 철근으로 구성된 다발철근에 대해서는 33 퍼센트 증가시킨 값으로 하도록 규정하고 있다.

7-3-5 용접철망의 정착길이

용접철망은 연강선 재료를 신선하여 세로선과 가로선을 격자상태로 교차시켜 전기저항용접한 철망으로, 최근 슬래브나 벽체 등의 보강에 철근을 대신하여 쓰임새가 커지고 있다.

용접철망에도 철근과 같이 용접이형철망과 용접원형철망이 있으며, KDS 14 20 52 (4.2)에서 정하는 용접철망의 정착길이는 다음과 같다.

【1】 인장 용접이형철망

용접이형철망의 정착길이는 그림 7-9와 같이 위험 단면에서 정착되어 있는 철선의 끝까지의 길이를 말하며 교차 철선으로부터 밖으로 돌출된 길이를 포함한다. 인장을 받는 용접이형철망의 정착길이는 인장 이형철근의 정착길이에 철망계수를 곱하여 정한다. 따라서, 정착길이 계산에는 식 (7.6) 및 (7.8)과 함께 보정계수가 모두 사용되나, 용접이형철망에서는 에폭시 도막계수 β를 1.0으로 할 수 있고, 철선이 D19 이하이므로 γ의 값은 0.8로 한다. 사용된 용접철망의 단면적이 해석에 의한 소요 단면적 이상인 경우에는 과다철근 보정계수를 사

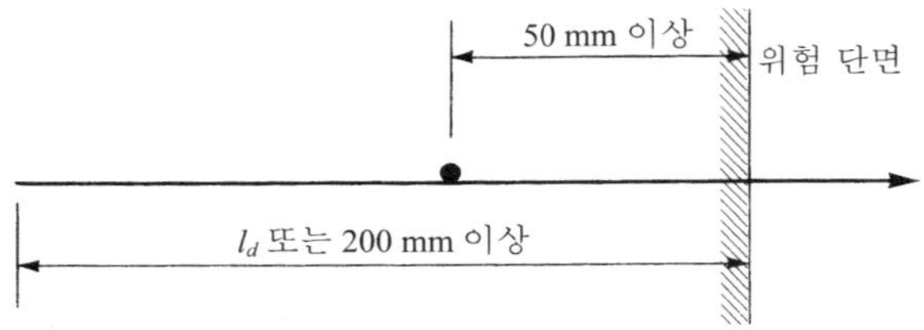

그림 7-9 용접이형철망의 정착

용하여 정착길이를 줄일 수 있으나, 겹침길이 계산 이외에는 200 mm 이상 되어야 한다. 정착길이 내에 1 개 이상의 교차 철선이 그림 7-9에 표시된 바와 같이 50 mm 이상 떨어져 있는 용접철망의 철망계수는

$$\frac{f_y - 245}{f_y} \quad \text{또는} \quad \frac{5d_b}{s_w} \tag{7.11}$$

중 큰 값으로 하나, 1.0 이하로 한다. 위의 식에서 s_w는 정착되는 방향에 가로질러 놓여 있는 철선들의 간격이다. 정착길이 이내에 교차 철선이 없거나 교차 철선이 있더라도 위험 단면에서 50 mm 이내에 1 개 있는 경우 용접철망의 철망계수는 1.0으로 한다.

【2】 인장 용접원형철망

용접원형철망의 정착길이는 그림 7-10과 같이 위험 단면에서 정착된 용접철망의 가장 바깥쪽 교차선 중심까지의 길이를 말하며, 이 교차 철선으로부터 돌출된 길이는 포함되지 않는다.

용접원형철망에서는 정착길이 내에 교차선이 2 개 이상 있고, 그중 위험단면에 가까이 있는 교차선은 위험 단면에서 50 mm 이상 떨어져 있어야 한다. 이러한 용접철망의 정착길이는 다음의 세 가지 공식에 의하여 계산되는 값 중 가장 큰 것으로 한다.

① $$l_d = 3.23 \frac{A_w}{s_w} \frac{f_y}{\lambda \sqrt{f_{ck}}} \times \frac{\text{소요 철근량}}{\text{배근 철근량}} \text{[mm]} \tag{7.12a}$$

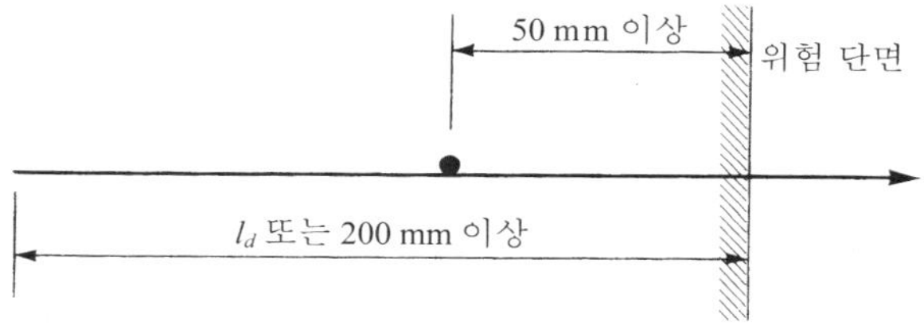

그림 7-10 용접원형철망의 정착

② l_d = 교차선 간격 + 50 mm (7.12b)

③ l_d = 150 mm (7.12c)

위의 식에서 A_w는 철선의 단면적이고, λ는 인장 이형철근 정착길이에서의 경량콘크리트 계수이다.

7-4 갈고리에 의한 인장철근의 정착

7-4-1 표준 갈고리

부재의 위치에 따라서는 철근의 정착길이를 충분히 확보할 수 없는 곳이 있다. 가까운 예로서 외부 기둥과 보의 접합부를 들 수 있다. 보에서 기둥으로 배근되는 상부의 인장철근은 예를 들어 D22 철근의 경우 기본 정착길이만 하더라도 표 7-1에서 730~1,163 mm가 되나, 피복두께를 고려한 기둥의 치수가 이보다 작을 때에는 다른 방법이 사용되지 않으면 안 된다. 이러한 때에 가장 흔하게 사용되는 방법이 정착 철근의 끝부분을 90° 또는 180° 구부려 갈고리로 하는 것이다.

갈고리가 달린 철근은 철근 직선 부분의 부착강도와 갈고리의 정착에 의한 복합작용으로 인장에 대한 저항 성능을 가지기 때문에 좁은 공간에서도 철근이 항복될 때까지 인장응력을 지지할 수 있게 된다. 그러나 이러한 인장 저항 성능을 가지기 위해서는 직선 부분의 필요한 정착길이와 함께 갈고리도 나머지 몫의 정착 성능을 발휘할 수 있는 형태로 가공되어야 한다.

KDS 14 20 52에서 정하는 표준 갈고리는 그림 7-11에 표시된 바와 같

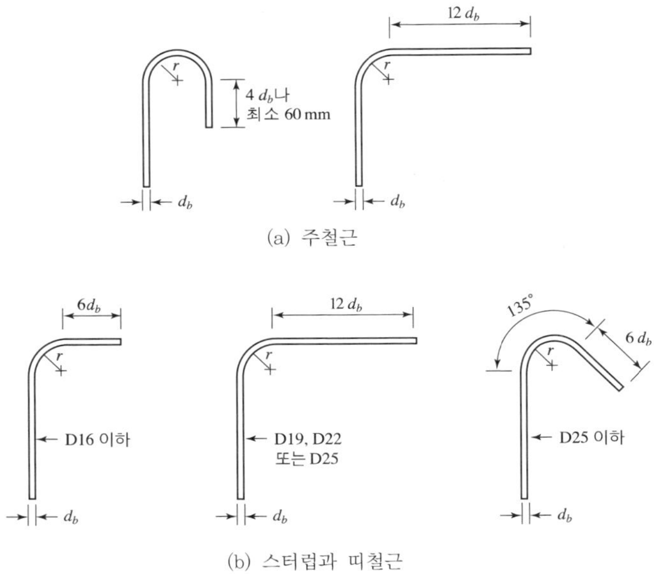

그림 7-11 표준 갈고리

이 주철근 갈고리와 스터럽 및 띠철근 갈고리로 나뉘며, 그 내용은 다음과 같다.

【1】 주철근 갈고리

① 구부림 각도 180°에 자유단의 길이가 $4d_b$ 및 60 mm 이상 되는 갈고리

② 구부림 각도 90°에 자유단의 길이가 $12d_b$ 이상 되는 갈고리

【2】 스터럽 및 띠철근 갈고리

① D16 이하의 철근으로 구부림 각도 90°에 자유단의 길이가 $6d_b$ 이상 되는 갈고리

② D19, D22 및 D25의 철근으로 구부림 각도 90°에 자유단의 길이가 $12d_b$ 이상 되는 갈고리

③ D25 이하의 철근으로 구부림 각도 135°에 자유단의 길이가 $6d_b$ 이상 되는 갈고리

스터럽의 표준 갈고리는 D25 철근 이하로, 자유단이 $6d_b$되는 90° 갈고리는

표 7-3 구부림 최소 내면 반지름

철근 크기	최소 내면 반지름
D10~D25	$3\,d_b$
D29~D35	$4\,d_b$
D38 이상	$5\,d_b$

D16 철근 이하로 제한되고 있다. 그 이유는 D25보다 더 큰 철근에 90° 갈고리와 $6d_b$의 자유단의 길이를 가진 철근은 큰 하중을 받을 때 튀어나오려는 경향이 있음에 근거하고 있다.

표준 갈고리의 구부림에서 D10과 D16 사이의 스터럽이나 띠철근을 제외한 철근의 내면에서 측정한 구부림의 반지름은 표 7-3과 같고, D16 이하의 스터럽이나 띠철근의 구부림은 내면 반지름을 $2d_b$ 이상으로 하며, D19 이상의 철근은 표 7-3에 따른다.

7-4-2 갈고리 철근의 정착길이

실험 결과에 의하면, 인장력을 받는 갈고리 철근 파괴의 주요 원인은 갈고리의 면 안에 있는 콘크리트의 쪼개짐으로 지적되고 있다. 이러한 쪼개짐은 철근에 작용하는 인장력이 증가함에 따라 갈고리 안쪽의 콘크리트에 큰 압축응력이 발생하는 데에서 기인하는 것으로, 이런 응력은 주로 철근의 지름 d_b와 철근 구부림의 지름에 영향을 받는다.

갈고리 철근의 정착길이 l_{dh}는 그림 7-12에 보이는 바와 같이 위험 단면으로부터 갈고리의 외측단까지의 거리이며, 기본 정착길이 l_{hb}와 보정계수를 곱한 값으로 하고 있다. 갈고리 철근의 기본 정착길이와 보정계수는 다음과 같다.

【1】 기본 정착길이

단부에 갈고리가 있는 인장 이형철근의 기본 정착길이는

$$l_{hb} = \frac{0.24\beta d_b f_y}{\lambda\sqrt{f_{ck}}} \tag{7.13}$$

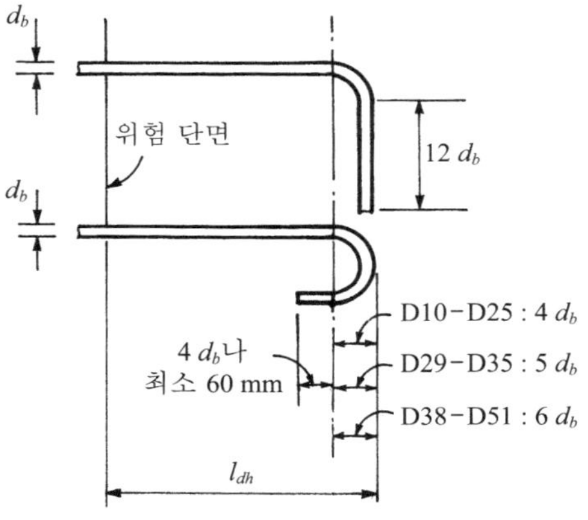

그림 7-12 표준 갈고리 철근의 상세

으로 한다. 이 식에서 β는 에폭시 도막 혹은 아연–에폭시 이중 도막 철근의 경우 1.2, 아연도금 또는 도막되지 않은 철근의 경우 1.0이며, λ는 식 (7.6)에서와 같이 각각 철근 도막계수와 경량콘크리트 계수를 나타낸다.

갈고리 철근의 정착길이에 대하여서는 최소 길이 규정이 없으며, 압축을 받는 경우에는 유효하지 않는 것으로 본다.

【2】 보정계수

① 콘크리트 피복두께

90° 갈고리가 사용된 D35 이하의 철근으로 갈고리면에 수직한 피복두께가 70 mm 이상이고 갈고리에서 뻗은 자유단 철근의 피복두께가 50 mm 이상인 경우 0.7

② 띠철근 또는 스터럽

D35 이하의 90°또는 180°갈고리 철근에서 정착길이 구간을 $3d_b$ 이하의 간격으로 띠철근 또는 스터럽이 정착되는 철근을 수직으로 둘러 싼 경우 0.8

③ 과다 철근

f_y에 대한 정착이 특별히 요구되지 않고 배근된 철근이 소요량 이상인 경우 $\left(\dfrac{\text{소요 철근량}}{\text{배근 철근량}}\right)$

보정계수를 적용한 갈고리 철근의 정착길이 l_{dh}는 $8\,d_b$와 150 mm 중 큰 값으로 한다. 부재의 불연속 단부에서 갈고리의 양 측면 피복두께와 직선철근의 상부(또는 하부) 피복두께가 70 mm 미만인 경우, 갈고리 철근은 전정착길이 l_{dh}에 걸쳐 $3\,d_b$ 이하의 간격으로 배근된 띠철근이나 스터럽으로 보강되어야 한다. 이런 경우에는 위의 ③ 항의 보정계수가 적용되지 않는다.

【예제 7-4】 그림 7-7의 보-기둥 접합부에서 보의 상부 철근을 90° 갈고리로 기둥에 정착시킬 수 있는지 검토하라. 사용 재료의 강도는 예제 7-1과 같다.

[풀 이] 갈고리면에 수직한 피복두께가 70 mm 이상 되므로 보정계수 0.7을 적용하기 위하여 갈고리에서 뻗은 자유단의 피복두께를 50 mm 이상으로 하면 정착길이는 $400-50=350$ mm 이하이어야 한다.

식 (7.13)에서 기본 정착길이는

$$l_{hb} = \frac{0.24 \times 25.4 \times 400}{\sqrt{24}} = 497.7 \text{ mm}$$

으로 계산되며, 콘크리트의 피복두께에 의한 보정계수와 과다철근에 의한 보정계수를 적용하면 갈고리 철근의 정착길이는

$$l_{dh} = 497.7 \times 0.7 \times \frac{930}{1{,}013.4} = 320 \text{ mm}$$

으로, 기둥폭에서 피복두께 50 mm를 뺀 350 mm보다 작기 때문에, 갈고리 철근으로 기둥에 정착시킬 수 있다. 이때 자유단의 길이는 $12\,d_b = 12 \times 25.4 = 305$ mm 이상으로 한다.

7-4-3 기계적 정착장치

부재의 형태나 그 외의 특별한 이유로 정착길이나 갈고리에 의한 정착이 불가능한 경우에는 콘크리트에 손상을 주지 않는 기계적 장치를 사용하여 철근을 정착시킬 수 있다. 이러한 장치로 많이 사용되는 것은 단부 철근에 강판을 용접하여 정착 면적을 넓히는 방법과 단부 철근을 나사로 하여 특별히 고안된 정착 기구들을 접합시키는 방법 등이 있다. 기계적 정착 장치들에 대해서는 정착에

대한 적합성이 시험에 의하여 입증되어야 한다. 기계적 장치들의 정착 성능을 평가하는 데에는 기계적 장치의 정착 성능에 최대 철근의 응력점에서 기계적 장치까지의 철근에 의한 정착 효과를 가산할 수 있다.

7-5 휨철근과 복부철근의 정착

7-5-1 철근의 절단

보에 작용하는 휨모멘트의 크기는 보의 길이 방향 위치에 따라 변한다. 일반적으로 보의 최대 부모멘트는 기둥 등 보에 강접된 지지 부재의 면에 생기고 최대 정모멘트는 보의 중앙부에 생기며, 이 구간 사이에 변곡점이 위치하게 된다.

철근은 모멘트에 의한 휨인장에 충분한 저항성을 가지도록 배근되어야 하나, 모멘트가 감소하여 많은 철근량을 필요로 하지 않는 곳에서는 최대 모멘트를 기준으로 계산된 철근의 일부를 절단하는 것이 경제적이다.

그림 7-13과 같은 단순보의 예에서 전체 철근량 $A_s = (A_{s1} + A_{s2})$는 중앙부에서의 최대 계수모멘트 M_u에 의하여 정하여진다. 계수모멘트의 크기는 B점에

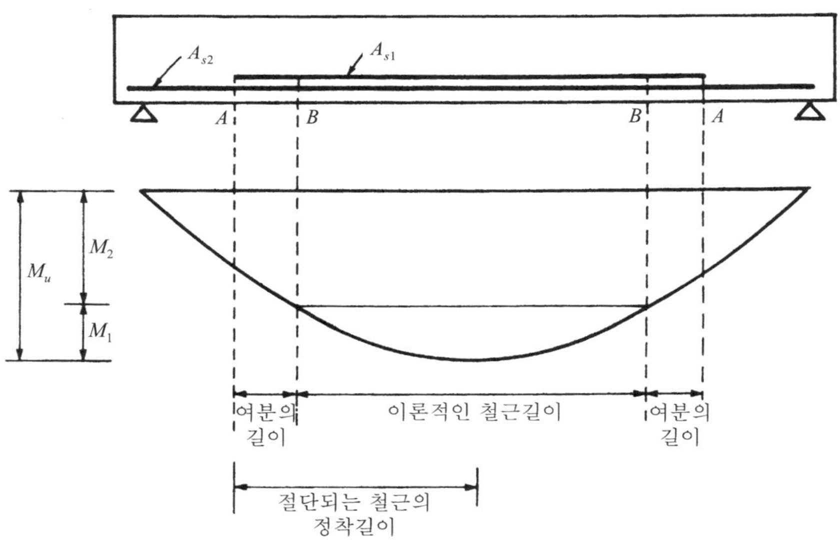

그림 7-13 철근의 절단

서 M_1만큼 감소되어 M_2가 되기 때문에 철근도 그에 따라 A_{s1} 철근을 B의 위치에서 절단하고 M_2에 대한 철근 A_{s2}만 연장하여 배근할 수 있으나, 보 철근의 절단 지점에 대해서는 다음의 두 가지가 고려되어야 한다.

첫째는 전단력이 큰 구간에서 철근이 절단되면 응력집중 현상이 생겨 사인장 균열이 발생하므로 이론적인 길이보다 여분의 길이를 더 두어 응력집중을 완화시킬 필요가 있다.

둘째는 절단되는 철근이 최대 휨모멘트의 위치로부터 충분한 정착길이를 가져야 한다. KDS 14 20 52 (4.4.1)에서는 여분의 길이를 보의 유효깊이 d나 철근지름의 12배 이상으로 하도록 하고 있으며, 정착길이는 인장철근의 정착길이 l_d 이상으로 하고 있다.

따라서 철근의 실제 절단점은 휨 이론에 의한 이론적인 절단점에 전단, 정착 및 시공상의 필요조건이 보완되어 정해져야 하며, KDS 14 20 52 (4.4.1)에서는

① 절단점의 전단력이 스터럽의 전단강도를 포함한 전체 전단강도의 2/3를 초과하지 않는 경우
② 절단점에서 부재 유효깊이의 3/4 구간에 절단된 철근이나 철선을 따라 전단과 비틀림에 대하여 필요한 스터럽의 단면적을 $0.42 b_w s / f_y$ 이상 초과하고, $d/(8\beta_b)$ 이내의 간격으로 배근되어 있는 경우
③ D35 이하의 연속 철근이 절단점에서 휨에 필요한 철근량의 2배 이상 배근되어 있고 전단력이 전단강도의 3/4 이하인 경우

등 세 가지 조건 중 하나를 만족하지 않는 한 인장 구역에서 철근을 절단할 수 없도록 규정하고 있으며, 한 단면에서 전체 철근량의 반 이상은 절단하지 않도록 권장하고 있다. 조건 ②에서 b_w는 복부의 폭, s는 스터럽의 간격이며, β_b는 전체 인장철근량에 대한 절단된 철근량의 비를 나타내는 기호이다.

휨인장철근의 정착에 대하여, KDS 14 20 52 (4.4.2)는 정모멘트 철근 중 단순부재에서는 1/3 이상, 연속부재에서는 1/4 이상의 철근을 부재의 같은 면을 따라받침부 내에 150 mm 이상 연장해 넣으며, 부모멘트 철근 중 1/3 이상은 부재의 유효깊이, $12\,d_b$, 또는 순경간의 1/16 중 큰 값 이상의 길이가 변곡점 너머로 연장되도록 규정하고 있다. 이러한 내용은 그림 7-14에 표시된 바와

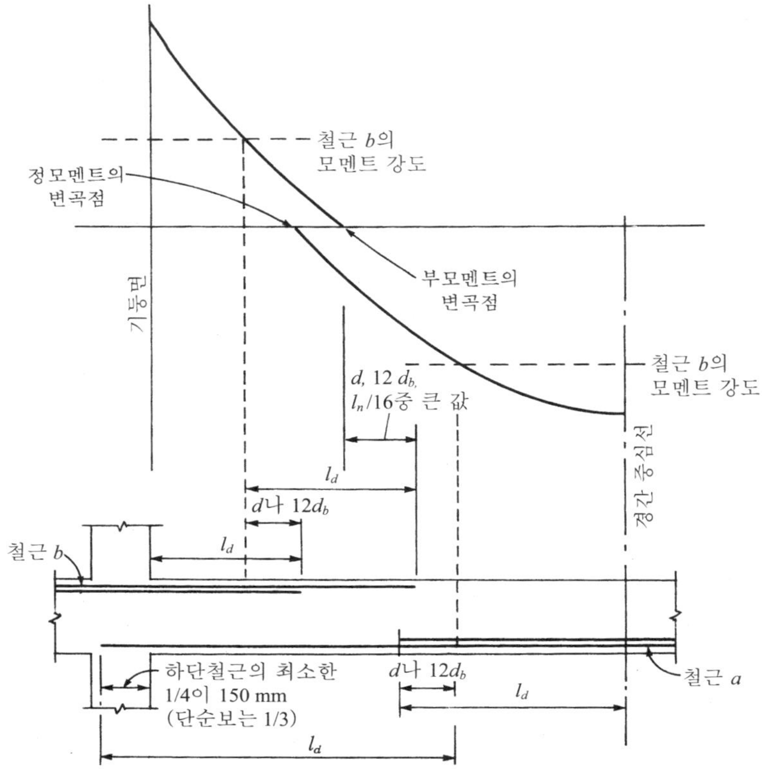

그림 7-14 철근의 절단점

같다. 이 그림에서 보는 바와 같이 철근은 이론적인 절단 위치에서 보의 유효깊이 d나 $12\,d_b$ 이상 연장되어야 한다.

7-5-2 단순받침부와 변곡점에서 철근의 정착

단순받침부나 변곡점에서 철근이 충분히 정착되어 있지 않은 경우에는 철근의 미끄러짐에 의하여 보가 파괴될 수 있다. 그러한 이유는 철근의 부착응력은 식 (7.3)에서 보는 바와 같이 전단력에 비례하므로 단순받침부나 변곡점에서 철근의 휨인장응력은 영에 가까운 값이 되더라도 철근의 부착응력은 큰 값을 가질 수 있기 때문이다.

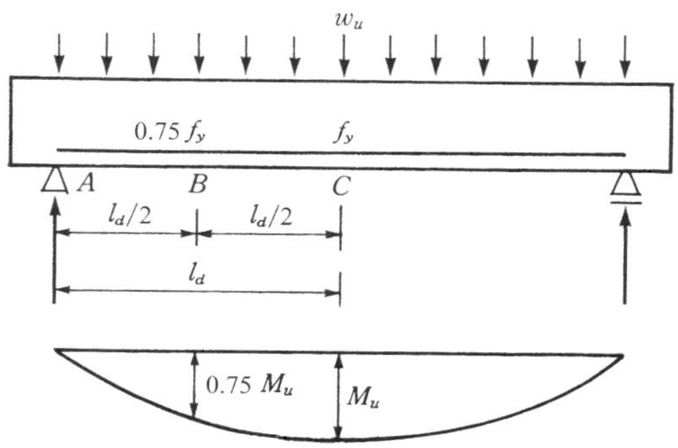

그림 7-15 단순보 철근의 정착길이와 응력

그림 7-15와 같이 등분포하중을 받는 단순받침보에서 최대 휨모멘트 M_u에 따라 C에서 A까지의 정착길이 l_d가 정하여진 경우, C에서 M_u에 의한 철근의 응력이 f_y에 달하는 것으로 하였을 때, 철근응력 f_y와 정착길이 l_d는 상응하는 것으로 볼 수 있다. 그러나 받침부 A에서 $l_d/2$만큼 떨어진 B점에서는 등분포하중에 의한 모멘트의 크기가 $0.75M_u$가 되므로 철근의 응력도 $0.75f_y$가 되나, B점에서 A 점까지의 정착길이는 $0.5l_d$가 되므로 $0.25l_d$의 정착길이가 부족하게 된다. 이와 같이 정착길이에 비하여 철근이 과응력 상태가 되는 현상은 변곡점이나 단순받침부 부근에서도 유사하게 생긴다. 이러한 문제점에 대하여서는 다음과 같은 방법으로 정착길이를 정하고 있다.

그림 7-16과 같은 모멘트와 전단력의 분포에서, 휨인장철근이 f_y에 도달했을 때의 공칭모멘트를 M_n, 변곡점에서의 계수 전단력을 V_u로 하고, 모멘트가 임의의 단면에서 일정 구간에 걸쳐 일정하게 선형 변형하는 것으로 가정하면, 보의 모멘트가 영에서 M_n으로 증가함에 따라 철근의 응력은 영에서 f_y로 증가하게 된다. 이때 거리 Δx는

$$\Delta x = \frac{M_n}{V_u} \tag{7.14}$$

으로 나타낼 수 있으며, 이 거리 Δx가 정착길이 이상이 되면, 철근은 안전하게 정착된 것으로 볼 수 있으므로, $l_d \leq \Delta x$의 기준에 따라 단순접합부와 변곡점의

정모멘트 보강철근의 지름은 항복강도에 대하여 계산된 정착길이가

$$l_d \le \frac{M_n}{V_u} \tag{7.15}$$

의 식을 만족하도록 제한되어야 한다.

단순받침보의 단부에서는 반력에 의한 수직 압축응력의 구속 효과에 의하여 철근의 부착응력이 증가하기 때문에, 식 (7.15)의 M_n/V_u의 값을 30 퍼센트 증가시켜

$$l_d \le \frac{1.3\,M_n}{V_u} \tag{7.16}$$

으로 할 수 있다.

【예제 7-5】 그림 7-16과 같은 단순보의 단부의 철근 정착에 대한 적합성을 검토하라. $f_{ck} = 24\,\text{MPa}$, $f_y = 400\,\text{MPa}$로 한다.

[풀 이] 정착길이는 식 (7.8)에 의하여

$$l_d = \frac{0.6 \times 25.4 \times 400}{\sqrt{24}} \times 1 \times 1 \times 1 = 1{,}244.3\,\text{mm}$$

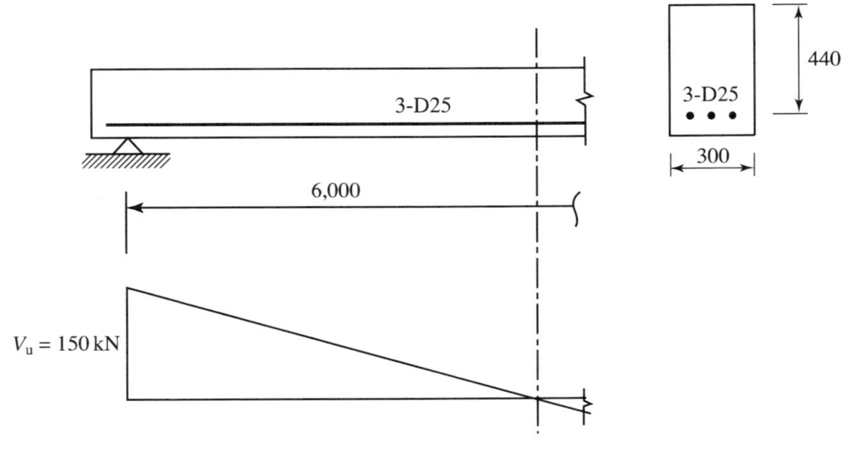

그림 7-16 예제 7-5의 단순보

4장의 식 (e2) 및 표 4-3으로부터

$$a = \frac{A_s f_y}{\eta\, 0.85 f_{ck}\, b} = \frac{3 \times 506.7 \times 400}{1.0 \times 0.85 \times 24 \times 300} = 99.4\,\text{mm}$$

$$M_n = 3 \times 506.7 \times 400(440 - 99.4/2) \times 10^{-6}$$

$$= 237.3\,\text{kN·m}$$

$$\frac{1.3\,M_n}{V_u} = \frac{1.3 \times 237.3 \times 10^3}{150} = 2{,}056.6\,\text{mm}$$

$l_d = 1{,}244.3\,\text{mm} < 2{,}056.6\,\text{mm}$ 이므로 단부의 정착은 적합하다.

7-5-3 복부철근의 정착

스터럽을 배근하는 주된 이유는 전단에 의한 사인장 균열을 억제하기 위한 것이므로, 발생 가능한 사인장 균열에 보다 넓게 접하기 위해서는 피복두께나 철근 간격 등의 조건이 허용되는 범위에서 보의 압축면과 인장면에 가까이 두는 것이 좋다. 보의 스터럽으로는 D10 및 D13 철근이 많이 쓰이고, 보의 깊이가 크거나 전단력이 크게 작용하는 경우에는 D16 철근도 사용된다. 최근에는 용접철망도 콘크리트 보강용으로 점차 널리 사용되는 추세여서 용접철망을 스터럽으로 사용하는 경우의 정착에 대해서도 KDS 14 20 52 (4.4.4)에 규정되어 있다.

일반적으로 비틀림 모멘트가 무시할 수 없을 정도로 작용하는 보에는 폐쇄 스터럽이 사용되나, 휨-전단이 주로 작용하는 보에는 U 형 스터럽이 사용된다. U 형 스터럽의 하단 철근은 수직철근과 직각으로 구부러져 하단부 주철근을 감싸는 형태가 되며, 수직 스터럽이 항복강도를 발휘하는 데 충분한 정착길이가 보의 압축측에 확보되지 않는 경우에는 수직 스터럽의 위 끝을 보의 안쪽으로 90° 또는 135° 구부려 상부 주철근에 연결하여야 한다. KDS 14 20 52 (4.4.4)에서는 한 가닥 U 형 스터럽 또는 복수 U 형 스터럽의 정착에 대하여 다음 중 한 가지 방법을 사용하도록 규정하고 있다.

① D16 이하의 철근 또는 지름 16 mm 이하의 철선은 길이 방향의 철근을 둘러싸는 표준 갈고리로 정착되어야 한다[그림 7-17 (a)].

② D19, D22 및 D25 스터럽은 길이 방향 철근을 둘러싸는 표준 갈고리 정착에 추가하여 부재의 중간 깊이에서 갈고리 단부 바깥까지 $0.17 d_b f_y / \sqrt{f_{ck}}$ 이상의 묻힘 길이를 두어야 한다[그림 7-17 (b)].

스터럽의 표준 갈고리는 그림 7-11 (b)에 그려져 있다. 비틀림을 받아 폐쇄 스터럽으로 보강해야 하는 부재에서는 U 형 스터럽 2 개를 겹쳐 사용할 수 있으나, 이때의 겹침길이는 그림 7-17 (c)에 표시되어 있는 바와 같이 겹침길이가 $1.3l_d$ 이상인 경우에만 적절하게 이어진 것으로 본다.

원형 또는 이형 용접철망으로 된 한 가닥 스터럽을 설치하는 경우에는 그림 7-18에 보이는 바와 같이 2 개의 종방향 철선을 50 mm 간격으로 하여 U 형 스터럽의 상부에 보길이방향을 따라 설치하거나, 1 개의 종방향 철선을 압축면에서 $d/4$ 이내에 두고 두 번째 종방향 철선은 첫 번째 철선과 50 mm 이상 떨어져 압축면에 가까이 둔다.

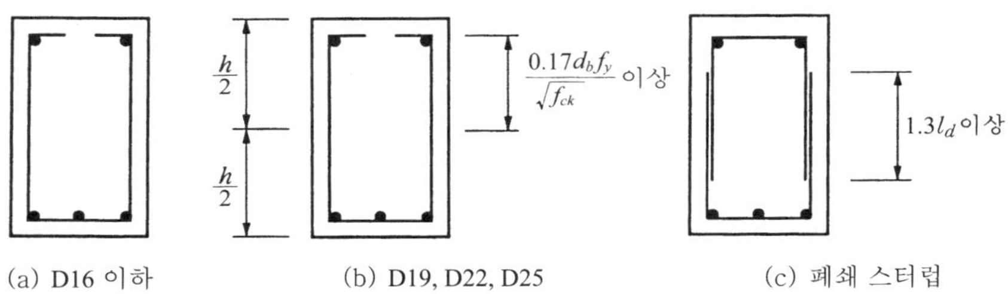

그림 7-17 U 형 스터럽의 정착

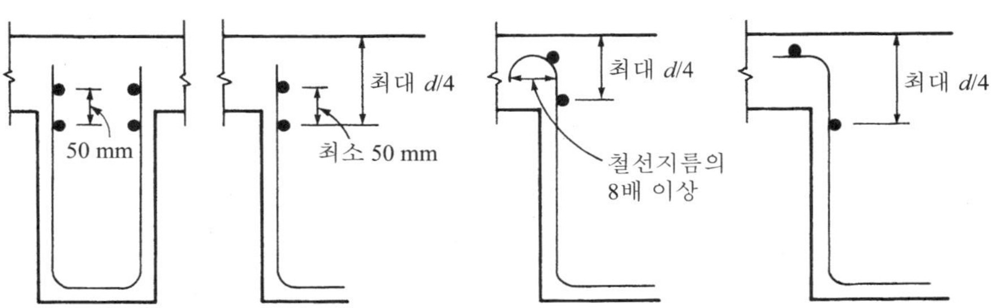

그림 7-18 용접철망 U 형 스터럽의 압축측 정착

7-6 철근의 이음

철근은 제작과 운반의 제한성 때문에 한정된 길이로 생산된다. 긴 경간의 보나 기둥의 철근조립에서는 철근의 길이가 부재의 길이보다 짧기 때문에 철근 이음이 필연적인 일이 되며, 이 외에도 기초에 기둥철근 배근시 장부철근을 사용하는 경우와 같이 시공의 편의상 철근의 이음이 생기는 곳도 있다.

철근의 이음에는 용접, 커플러나 쐐기형 슬리브에 의한 기계적 이음, 겹침이음 등의 방법이 있으며, 어느 경우에나 힘의 전달이 연속적이고 응력집중 등 부작용이 생기지 않아야 된다. 따라서 철근 이음의 위치는 가능한한 응력이 작은 곳으로 하고 엇갈리게 두는 것이 바람직하다. 철근의 이음을 용접이나 기계적 이음으로 할 때에는 철근의 응력이 $1.25f_y$ 이상 발휘될 수 있는 완전한 이음으로 하여야 한다. 겹침이음은 두 철근의 겹침길이를 충분히 하여 원래의 철근의 힘이 콘크리트의 부착응력에 의하여 이어지는 철근으로 전달되도록 하는 것으로, 현장에서는 보통 두 철근을 겹치게 하여 소둔 철선으로 긴결한 후 주위에 콘크리트를 타설한다. 그러나 D35를 초과하는 철근의 이음은 겹침이음으로 하지 않는다. 휨부재에서 철근 간격을 두고 겹침이음을 하는 경우도 있는데, 이때 간격은 겹침이음 길이의 1/5 또는 150 mm 중 작은 값 이하로 한다.

다발철근을 겹침이음할 때 이음길이는 개별 철근의 겹침이음길이를 기본으로 하여 정하며, 다발철근의 정착길이에 준하여 겹침이음길이를 증가시킨다. 각 철근의 이음은 한 곳에서 중복되어서는 안 되며, 또한 두 다발철근을 개별철근처럼 겹쳐 이어서도 안 된다.

7-6-1 인장철근의 이음

인장철근의 겹침이음에서는 철근의 최대 인장력 $A_b f_y$를 콘크리트의 부착응력으로 지지할 수 있는 겹침길이가 확보되어야 한다. 겹침길이는 철근의 정착과 같은 이론적인 개념과 실험 결과에 따라 인장철근의 정착길이 l_d의 항으로 나타낼 수 있다. 이음의 계산시 사용되는 정착길이 l_d는 기본 정착길이 l_{db}에 보정계수를 곱한 값으로, 기준 항복강도 f_y와 관련을 가지고 있다.

인장철근의 겹침이음은 소요 겹침길이 내에서 전체 철근에 대한 이음철근의 비율과 소요 철근량에 대한 사용 철근량의 비에 영향을 받는다. KDS 14 20

52 (4.5.2)에서는 이 두 요인에 따라 A 급과 B 급의 2 등급으로 나누고 있다.

A 급 이음은 배근된 철근량이 이음 구간에서 해석 결과 요구되는 소요 철근량의 2 배 이상이고 겹쳐 이어지는 철근량이 전체 철근량의 1/2 이하인 경우에 사용되는 이음으로, 이음길이를 $1.0l_d$, 즉 인장 이형철근의 정착길이와 같게 한다.

B 급 이음은 A 급 이음에 해당되지 않는 조건에서 사용되는 이음으로, 이음길이를 $1.3l_d$로 한다.

인장철근 이음의 척도로 쓰이는 인장 정착길이 l_d는 300 mm 최소 정착길이 규정이나 (소요 철근량 / 배근 철근량) 보정계수의 적용을 받지 않는 값으로 한다.

인장 이형철근을 용접이나 기계적 연결로 할 때, KDS 14 20 52 (4.5.1)에서는 철근의 응력이 125 퍼센트 발휘되는 완전 이음으로 하도록 규정하고 있으나, 이음구간에서 계산된 철근의 응력이 $0.5f_y$ 이하이고 600 mm 이상 엇갈려 있는 경우에는 이음부에서 계산된 철근 응력의 2 배 또는 140 MPa 중 큰 값 이상의 응력을 발휘할 수 있게 철근 용접이음이나 기계적 연결을 할 수 있다. 그러나 이런 조건에 맞지 않아 $1.25f_y$의 완전 용접이음이나 완전 기계적 연결을 하는 경우에는 철근의 이음을 750 mm 이상 떨어져 엇갈리게 하여야 한다.

7-6-2 압축철근의 이음

압축력을 받는 철근은 인장철근에 비하여 부착거동이 복잡하지 않기 때문에 KDS 14 20 52 (4.5.3)에서도 인장 겹침이음과 같이 엄격한 규정을 하고 있지 않다. 또한 압축철근의 이음이 인장철근과 다른 것은 단부 지압에 의하여 힘을 콘크리트로 전달시킬 수 있는 점이다. 시험 결과에 의하면 기둥철근의 이음 위치에서 콘크리트의 지압 능력은 폐쇄 스터럽이나 나선근 등 횡방향 구속 철근에 의하여 증가하며, 피복두께에는 크게 영향을 받지 않는 것으로 나타나고 있다. 압축철근의 이음에는 겹침이음, 용접, 기계적 접합에 단부 지압이음이 추가된다.

압축철근의 이음을 겹침이음으로 하는 경우 이음 길이는

$$l_d = \left(\frac{1.4 f_y}{\lambda \sqrt{f_{ck}}} - 52 \right) d_b \tag{7.17}$$

의 식으로 구할 수 있다. 그러나 이 식으로 계산되는 이음 길이의 값은 300

mm 이상이어야 하며, 콘크리트의 설계압축강도에 따라 다음 식으로 산정되는 값보다 크게 할 필요는 없다.

$$f_y \le 400\,\text{MPa일 때} \quad l_d = 0.072 f_y d_b \tag{7.18a}$$

$$f_y > 400\,\text{MPa일 때} \quad l_d = (0.13 f_y - 24)\, d_b \tag{7.18b}$$

f_{ck}가 21 MPa 미만인 경우에는 이 겹침길이를 1/3 증가시키며, 겹침이음의 두 철근 크기가 다를 때에는 큰 철근의 정착길이와 작은 철근의 겹침이음길이 중 큰 것을 겹침이음길이로 한다.

D35를 초과하는 철근에 대해서는 겹침이음을 제한하고 있으나 압축력을 받는 D38, D41 및 D51 철근은 D35 이하의 철근에 겹침이음할 수 있다.

압축철근의 이음을 용접이음이나 기계적 연결로 하는 경우에는 $1.25 f_y$의 응력이 발휘될 수 있는 완전 용접이음이나 기계적 연결로 해야 한다.

압축철근의 이음위치가 폐쇄 띠철근, 폐쇄 스터럽 또는 나선철근 등으로 보강되어 있고 적절한 장치에 의하여 이어지는 철근 양 끝의 중심을 일치하게 접촉시킬 수 있는 경우에는 압축응력을 직접 지압으로 전달시키는 단부 지압이음을 할 수 있다. 이러한 이음에서는 철근의 양 끝을 철근 중심축의 직각면에서 오차 1.5° 이내로 평탄하게 하고 조립 후, 접촉면의 오차를 3° 이내로 하여야 한다.

7-6-3 기둥철근의 이음

계수 하중에 의한 철근의 응력이 전부 압축인 경우에는 철근의 겹침이음을 7-6-2 절의 압축철근의 겹침이음으로 한다. 전 구간이 압축이 되는 것은 편심이 $h/6$를 넘지 않는 경우이며, 그림 7-19의 A구간에 해당한다. 횡방향 보강철근을 사용하는 경우에는 콘크리트의 단부 지압응력이 증가하므로, 띠철근이나 나선철근으로 보강된 압축부재에서는 철근의 겹침길이를 줄일 수 있다. 띠철근 기둥에서 겹침이음길이 구간 내에 보강된 띠철근의 유효단면적이 $0.0015hs$ 이상인 경우에는 겹침길이를 규정된 겹침이음의 0.83 배로 할 수 있고, 나선철근으로 보강된 경우에는 0.75 배로 할 수 있으나, 어느 경우에도 겹침이음길이는 300 mm 이상으로 한다.

편심이 증가하면 인장측 철근에 인장응력이 생기나, 그림 7-19의 B구간과 같이 인장철근의 응력 크기가 $0.5f_y$ 이하인 경우에는, 7-6-1 절의 인장철근 겹침이음으로 하여, 이음 위치에서 겹쳐지는 철근량이 전체 철근량의 반을 넘을 때에는 B 급 이음, 반 이하이면서 겹침이음이 교대로 l_d 이상 엇갈려 있을 때에는 A 급 이음으로 한다. 계수하중에 의한 철근응력의 크기가 $0.5f_y$를 초과하는 경우에는 철근의 겹침이음을 B 급 이음으로 하며, 이 구간은 그림 7-19의 C에 해당한다.

기둥철근의 이음에는 겹침이음 이외에 용접이음, 기계적 연결 및 단부 지압이음도 가능하다. 그러나 용접이음이나 기계적 연결로 하는 경우에는 앞 절에서 거론된 바와 같이 $1.25f_y$의 철근응력이 발휘될 수 있는 완전 이음으로 하여야 하며, 단부 지압이음은 이음 위치가 엇갈려 있거나 추가철근이 배근된 경우 압축을 받는 철근에 적용할 수 있다. 기둥 각 면의 연속철근은 그 면에 배근된 수직철근 단면적에 $0.25f_y$를 곱한 값 이상의 인장강도를 가져야 한다.

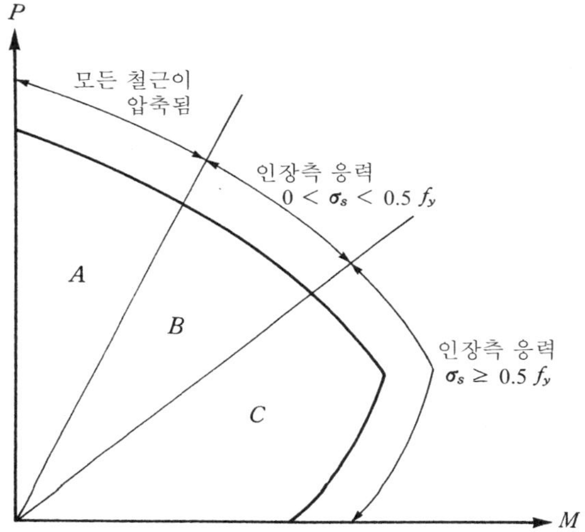

그림 7-19 기둥철근의 응력상태

【예제 7-6】 그림 7-20과 같이 500 mm × 500 mm 기둥에서 윗기둥으로부터 D25 철근과 아랫기둥의 D29 철근이 겹침이음을 할 때 이음길이를 계산하라. 사용 재료는 f_{ck} = 27 MPa, f_y = 400 MPa로 한다.

[풀 이] 크기가 다른 두 철근의 겹침이음이므로, 큰 철근인

D29 철근의 압축 기본 정착길이는 식 (7.10)으로부터

$$l_{db} = \frac{0.25 \times 28.6 \times 400}{\sqrt{27}}$$

$$= 550.4\,\text{mm} \geq 0.043 \times 28.6 \times 400 = 492\ \text{mm}$$

이 철근의 정착에 대한 보정계수는 1.0이다. 작은 철근인 D25 철근의 겹침이음길이는 식 (7.17) 및 (7.18a)로부터

$$l_d = \left(\frac{1.4 \times 400}{\sqrt{27}} - 52\right) \times 25.4 = 1{,}417\,\text{mm}$$

$$l_d = 0.072 \times 25.4 \times 400 = 732\ \text{mm} < 1{,}417\ \text{mm}$$

따라서 두 값 550.4 mm와 732 mm 중 큰 값 l_d = 732 mm를 겹침이음길이로 한다. 띠철근에 의한 겹침길이의 축소 가능성을 검토하면, D13 띠철근은 각 면 두 가닥이므로

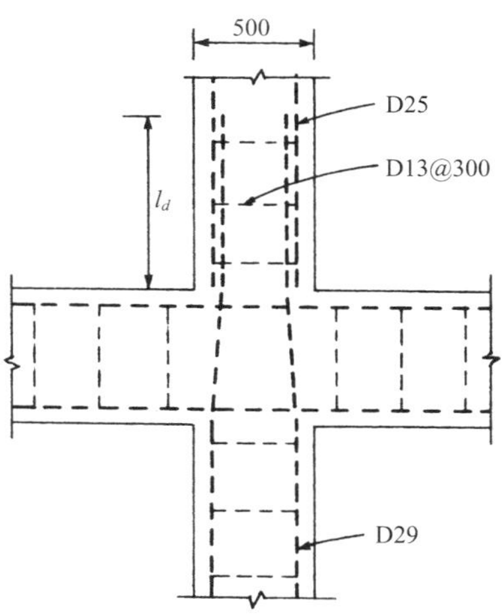

그림 7-20 예제 7-6의 기둥철근이음

유효면적 $= 2 \times 126.7 = 253.4\ \text{mm}^2$

$0.0015hs = 0.0015 \times 500\ \text{mm} \times 300\ \text{mm} = 225\ \text{mm}^2 < 253.4\ \text{mm}^2$

띠철근의 유효단면적이 $0.0015hs$ 이상 되므로 겹침이음길이는 $732 \times 0.83 = 608\ \text{mm}$ 이상으로 한다.

7-6-4 인장 용접철망의 겹침이음

용접철망도 전기저항 용접시설과 운반의 제한성으로 일정한 폭에 길이를 가진 시트형으로 많이 제작되므로 현장 조립에서는 겹침이음을 하여야 한다.

용접이형철망의 겹침이음길이는 그림 7-21과 같이 겹쳐지는 용접철망의 철선 끝 사이의 길이를 말하며, 최소 이음길이는 용접이형철망의 정착길이의 1.3배 이상 또한 200 mm 이상 되도록 한다. 이때 겹쳐지는 각 철망의 가장 바깥쪽 교차선 사이의 겹침길이는 5 mm 이상 되어야 한다.

용접원형철망의 겹침이음길이는 그림 7-22와 같이 겹쳐지는 용접철망의 가장 바깥쪽 교차선 중심간의 길이를 의미한다. 이음위치에서 실제 사용된 철근량이 소요 철근량의 2 배 미만인 경우에는 그림 7-22 (a)와 같이 식 (7.12a)에서 (소요 철근량 / 배근 철근량)의 계수를 적용하지 않고 계산한 l_d의 1.5 배, 교차선 간격에 50 mm를 더한 길이, 150 mm 중 가장 큰 값을 용접원형철망의 최소 겹침길이로 한다. 이음위치에서 실제 사용된 철근량이 소요 철근량의 2배 이상이 되는 경우에는 그림 7-22 (b)와 같이 최소 겹침길이를 $1.5\,l_d$ 또는 50 mm 중 큰 값 이상으로 한다.

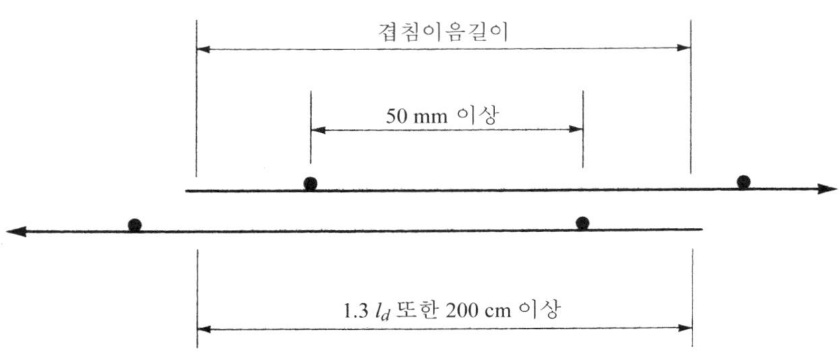

그림 7-21 용접이형철망의 겹침이음

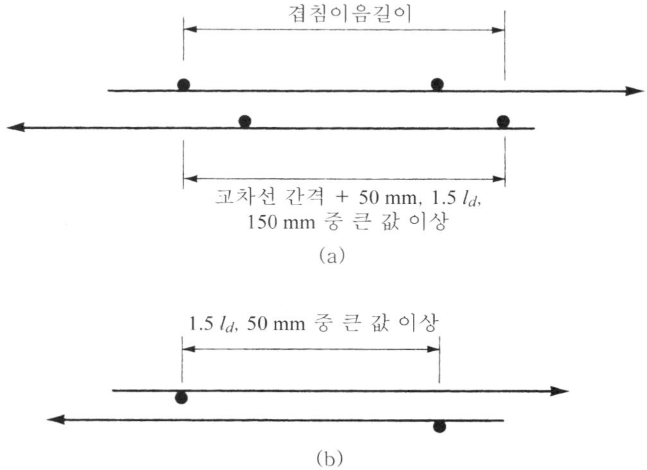

그림 7-22 용접원형철망의 겹침이음

【예제 7-7】 가로선과 세로선 중심 간격이 모두 200 mm이고 철선 지름이 6 mm인 용접이형철망과 용접원형철망의 겹침길이를 구하라. 철근 사용량은 소요량의 2배 미만이며, 재료 강도는 $f_{ck} = 21$ MPa, $f_y = 400$ MPa이다.

[풀 이] (1) 용접이형철망

지름 6 mm 이형철선의 정착길이는 식 (7.8)로부터

$$\frac{0.6 \times 6 \times 400}{\sqrt{21}} \times 1 \times 1 \times 0.8 \times 1 = 251.4 \text{ mm}$$

철망계수는 식 (7.11)에서

$$\frac{f_y - 245}{f_y} = \frac{400 - 245}{400} = 0.39$$

$$\frac{5\,d_b}{s_w} = \frac{5 \times 6}{200} = 0.15$$

중 큰 값 0.39로 하면, 정착길이는

$$l_d = 251.4 \times 0.39 = 98 \text{mm}$$

겹침이음길이는

$$1.3 l_d = 1.3 \times 98 = 127\,\text{mm} < 200\,\text{mm}$$

따라서 겹침길이는 200 mm 이상으로 하고, 돌출 길이를 고려하면 겹쳐지는 각 철망의 가장 바깥쪽 교차선 사이의 겹침길이는 500 mm 이상 된다.

(2) 용접원형철망
식 (7.12a)에서 보정계수를 고려하지 않으면

$$l_d = 3.23 \times \frac{3.14 \times (6)^2/4}{200} \times \frac{400}{\sqrt{21}} = 39.8\,\text{mm}$$

겹침길이는

$$1.5 l_d = 1.5 \times 39.8 = 59.7\,\text{mm}$$

교차선 간격 + 50 mm = 200 mm + 50 mm = 250 mm 및 150 mm 중 가장 큰 값으로 하므로, 250 mm 이다.

연 습 문 제

7-1 두께 200 mm 벽체를 지지하는 폭 1.6 m 의 줄기초에 배근되는 철근의 최대 크기를 구하라. $f_{ck} = 21$ MPa, $f_y = 400$ MPa이다.

7-2 $b = 300$ mm, $d = 500$ mm 보의 기둥 접합부에서 보의 상단 인장측이 D10 @300 스트럽에 3-D22 철근으로 보강되어 있을 때 이 철근의 정착길이를 계산하라. 콘크리트와 철근의 강도는 각각 $f_{ck} = 21$ MPa, $f_y = 400$ MPa로 한다.

7-3 문제 7-2의 보가 450 mm × 450 mm 외곽 기둥에 접합되어 있을 때, 90° 표준 갈고리를 사용한 정착길이를 계산하라.

7-4 압축응력을 받는 400 mm × 400 mm 의 정사각형 기둥이 D10@200의 띠철근으로 보강되어 있을 때 주근 D25의 겹침이음길이를 구하라. 콘크리트와 철근의 강도는 각각 $f_{ck} = 24$ MPa, $f_y = 400$ MPa로 한다.

7-5 $w_u = 36\,\text{kN/m}$를 지지하는 $b = 300\,\text{mm}$, $d = 500\,\text{mm}$, $l = 8.0\,\text{m}$의 단순받침보의 인장측이 3-D29($A_s = 1{,}927.2\,\text{mm}^2$)으로 보강되어 있을 때 이 보의 단부 철근의 정착에 대한 적합성을 검토하라. 받침부에서 외부 돌출길이는 200 mm이며, $f_{ck} = 21\,\text{MPa}$, $f_y = 400\,\text{MPa}$이다.

7-6 자중을 포함하여 $w_u = 60\,\text{kN/m}$의 등분포하중을 지지하는 $l = 3.0\,\text{m}$의 캔틸레버보가 $b = 300\,\text{mm}$, $d = 500\,\text{mm}$ 단면에 인장측이 4-D25 철근으로 보강되어 있는데, 이 중 2-D25 철근을 절단하려면 그 위치는 어디로 하는 것이 적당한가? $f_{ck} = 24\,\text{MPa}$, $f_y = 400\,\text{MPa}$이다.

7-7 순경간 $l_n = 6.4\,\text{m}$의 연속보에 등분포하중 $w_u = 69.2\,\text{kN/m}$가 작용하여 모멘트 계수법에 의한 양쪽 받침부에서의 부모멘트는 $M_u = w_u l_n^2/11 = 257.7\,\text{kN·m}$, 보 중앙의 정모멘트는 $M_u = w_u l_n^2/16 = 177.2\,\text{kN·m}$로 계산되고 있다. 이 보를 $b = 300\,\text{mm}$, $h = 600\,\text{mm}$ 직사각형 단면으로 하면 받침부 상부와 보 중앙 하부를 각각 4-D22 및 4-D19 철근으로 보강하면 된다. 이 보강 설계의 배근도를 그리고, 받침부 상부와 중앙 하부에서 각각 2개의 철근을 절단할 수 있는 위치를 계산하라. 재료 강도는 $f_{ck} = 27\,\text{MPa}$, $f_y = 400\,\text{MPa}$로 한다.

7-8 압축력을 주로 받는 $400\,\text{mm} \times 400\,\text{mm}$ 정사각형 기둥에서 D22 철근의 겹침이음 길이를 550 m 이하로 하려면 띠철근을 어떻게 배근하는 것이 좋은가? 기둥 콘크리트의 설계 압축강도는 $f_{ck} = 27\,\text{MPa}$, 철근의 항복강도는 $f_y = 400\,\text{MPa}$이고, 철근의 압축정착에 관련된 보정계수는 1.0으로 한다.

7-9 문제 7-4와 같은 기둥이 휨의 영향을 받아 축하중이 균형 상태 이하가 되는 경우 철근의 이음은 얼마로 하는 것이 좋은가?

8 장

슬래브의 설계

8-1 개 요

건물구조에서 슬래브는 일반적으로 윗면과 아랫면이 평탄하고 일정한 두께를 가진 평판구조로, 슬래브 자체의 고정하중과 그 위에 얹혀지는 활하중을 휨강성으로 지지하여 슬래브를 받치는 보나 벽체 또는 기둥에 전달하는 휨재이다.

철근콘크리트 슬래브는 하중 지지 기능과 분산 기능을 가지고 있고, 차음성과 내화성이 우수하기 때문에 철근콘크리트 구조뿐만 아니라 강구조와 조적조에서도 널리 쓰이고 있다. 슬래브 구조는 크게 평 슬래브 구조와 보 슬래브 구조로 나뉜다.

평 슬래브 구조는 플랫(flat) 슬래브 구조라고도 하는데, 보가 사용되지 않고 슬래브가 직접 기둥에 지지되는 구조로, 슬래브의 하중이 기둥까지 전달되는 데에는 슬래브의 휨강성과 더불어 비틀림강성도 크게 영향을 미친다.

보 슬래브 구조는 슬래브가 보에 지지되는 구조로, 슬래브의 하중이 먼저 보로 전달되고 보의 반력으로 이 하중이 다시 기둥으로 전달된다. 보에 받쳐 구획되는 슬래브 변의 길이에 따라 보로 전달되는 슬래브의 하중 경로가 달라지는데, 긴 변이 짧은 변의 2 배를 넘는 긴 직사각형 보 슬래브 구조에서는 슬래브

하중의 90 퍼센트 이상이 짧은 변 방향으로 전달되기 때문에 하중이 짧은 변 방향으로만 지지되는 것으로 보며, 이러한 슬래브를 1 방향 슬래브라고 한다. 그러나 긴 변과 짧은 변의 차이가 크게 나지 않는 경우에는 하중이 양 방향으로 전달되므로, 이러한 슬래브는 2 방향 슬래브로 불린다.

슬래브의 보강철근은 일정한 피복두께를 유지하면서 휨모멘트의 분포에 따라 슬래브면에 평행하게 상단 또는 하단에 배근된다. 슬래브는 체적에 비하여 면적이 넓기 때문에 온도와 건조수축의 영향을 다른 구조체보다 많이 받는다. 이런 이유로 슬래브에는 구조내력상 필요하지 않는 경우에도 온도와 건조수축에 의한 균열을 방지하기 위하여 일정량의 철근이 배근되어야 한다.

슬래브의 처짐과 그에 따른 균열 발생은 구조성능과 사용성에 큰 영향을 끼치므로 중요하게 다루어져야 한다. 그러나 실제 설계에서는 하중이나 경간 등이 특별히 큰 경우를 제외하고는, 구조기준에서 정하는 슬래브의 최소 두께 이상의 두께를 가진 슬래브에 대해서는 처짐이 허용범위 안에 있는 것으로 보아 이에 대한 검토가 생략되고 있다.

8-2 슬래브 설계의 기본 사항

8-2-1 설계대

슬래브 설계에서는 슬래브를 주열대(column strip)와 중간대(middle strip)로 나누어 구조해석을 한다. 이와 같이 구획하는 것은 슬래브의 모멘트가 기둥선에 집중되는 현상을 감안한 것이며, 설계대는 KDS 14 20 01에 정의되어 있다. 이에 의하면, 주열대는 그림 8-1에 표시된 바와 같이 기둥 중심선에서 양측으로 $l_2/4$와 $l_1/4$ 중에서 작은 값과 같은 폭을 가지는 설계대로, 보가 있는 경우에는 그 보가 주열대에 포함되며, 중간대는 2 개의 주열대 사이에 구획된 설계대이다. 여기에서 l_1은 모멘트가 산정되는 방향으로 측정한 지지부 중심 사이의 경간 길이이며, l_2는 l_1에 수직한 방향으로 측정한 지지부 중심 사이의 경간 길이이다.

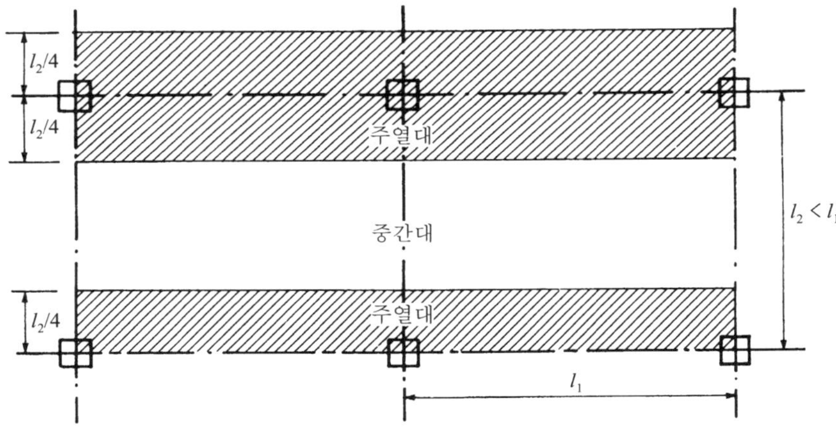

(a) 긴 변 방향($l_1 > l_2$)

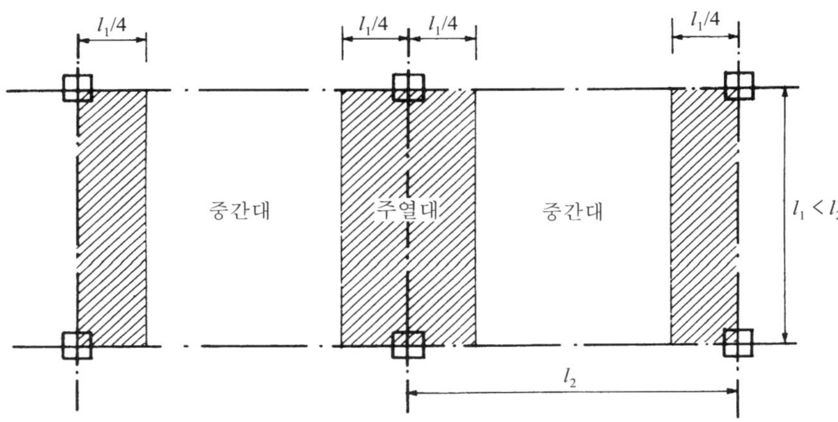

(b) 짧은 변 방향($l_1 < l_2$)

그림 8-1 주열대와 중간대

8-2-2 보와 슬래브의 강성비

보에 의하여 지지되는 슬래브에서는 보와 슬래브의 강성비에 의하여 모멘트 분포와 처짐이 달라진다.

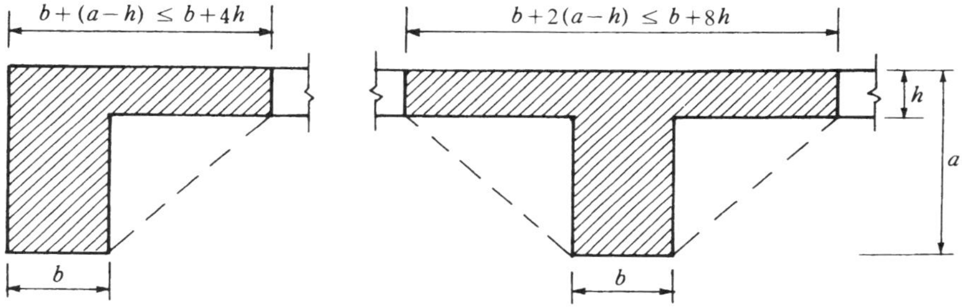

그림 8-2 I_b 계산용 보의 단면

α를 슬래브 휨강성에 대한 보 휨강성의 비로 정의하면

$$\alpha = \frac{4E_{cb}I_b/l}{4E_{cs}I_s/l} = \frac{E_{cb}I_b}{E_{cs}I_s} \tag{8.1}$$

이 된다. 이 식에서 E_{cb}와 E_{cs}는 각각 보와 슬래브 콘크리트의 탄성계수이고, I_b와 I_s는 균열이 생기지 않은 상태에서 보와 슬래브의 단면 2차모멘트이다. I_b의 계산에서는 그림 8-2와 같이 보에 슬래브의 일부를 포함한 단면으로 하며, I_s의 계산에서는 보 사이의 중심간 길이와 슬래브 두께를 대상 단면으로 한다. 내측보와 외측보에 대한 α의 계산에서는 그림 8-3과 같은 도표를 사용하는 것이 편리하다.

8-2-3 2방향 슬래브의 최소 두께

슬래브의 최소 두께는 사용성을 고려하여 슬래브의 처짐을 제한하려는 의도로 정하여진 것이다. 따라서 규정된 최소 두께 이상의 두께를 가진 슬래브에 대해서는 따로 처짐에 대하여 검토하지 않아도 좋다.

KDS 14 20 30 (4.2.2)에서는 내부에 보가 있는 경우와 없는 경우의 슬래브 두께를 다르게 규정하고 있으며, 보가 있는 경우에도 보의 슬래브에 대한 휨강성에 따라 두 가지 공식을 적용하고 있다. KDS 14 20 30 (4.2.2)에서 사용되는 보의 강성비 α_m은 슬래브 주변에 있는 모든 보의 α의 평균값으로 정의된다.

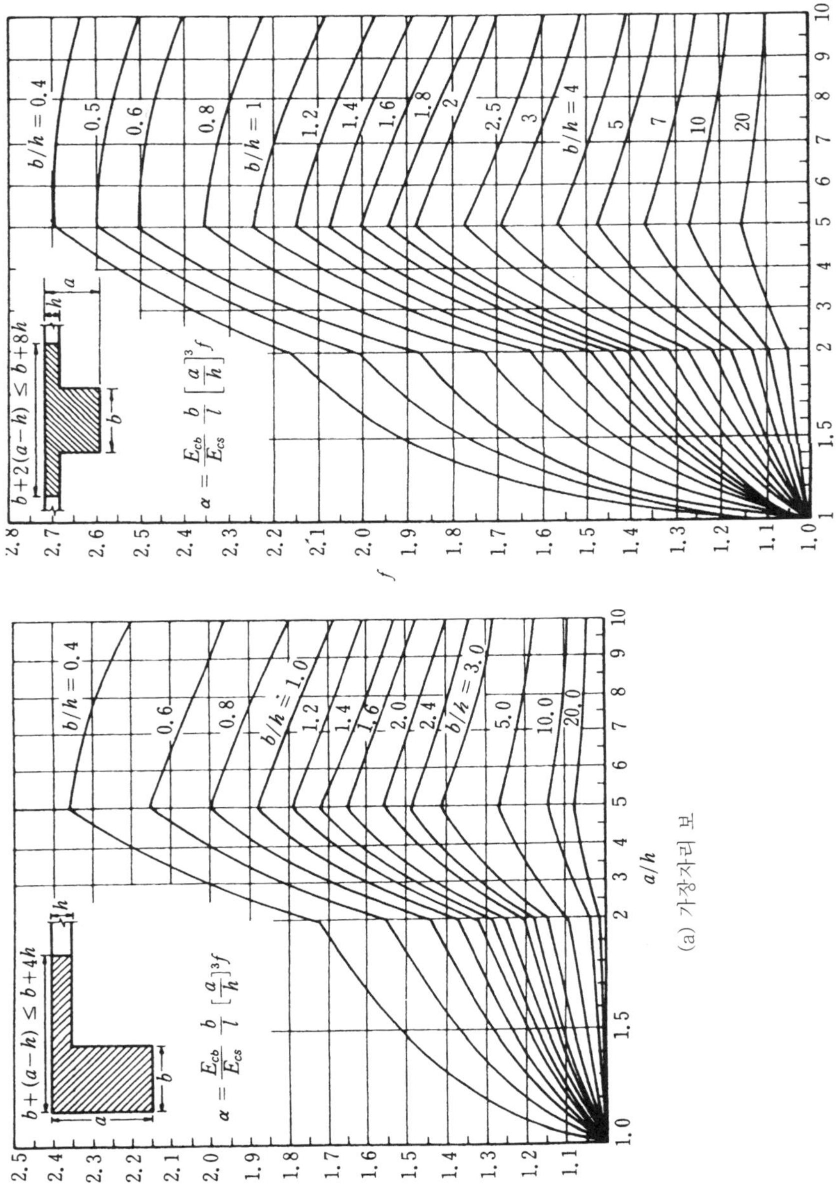

그림 8-3 α 계산용 도표

표 8-1 내부에 보가 없는 슬래브의 최소 두께

설계기준 항복강도 f_y [MPa]	지판이 없는 경우			지판이 있는 경우		
	외부 슬래브		내부 슬래브	외부 슬래브		내부 슬래브
	테두리보가 없는 경우	테두리보가 있는 경우		테두리보가 없는 경우	테두리보가 있는 경우	
300	$l_n/32$	$l_n/35$	$l_n/35$	$l_n/35$	$l_n/39$	$l_n/39$
350	$l_n/31$	$l_n/34$	$l_n/34$	$l_n/34$	$l_n/37.5$	$l_n/37.5$
400	$l_n/30$	$l_n/33$	$l_n/33$	$l_n/33$	$l_n/36$	$l_n/36$
500	$l_n/28$	$l_n/31$	$l_n/31$	$l_n/31$	$l_n/33$	$l_n/33$
600	$l_n/26$	$l_n/29$	$l_n/29$	$l_n/29$	$l_n/31$	$l_n/31$

【1】 내부 보가 없는 슬래브

테두리보를 제외하고는 보가 없거나, 있더라도 α_m이 0.2 이하인 슬래브의 최소 두께는 표 8-1의 값을 만족하면서 다음 값 이상으로 하여야 한다.

① 지판이 없는 슬래브 : 120 mm

② 지판이 있는 슬래브 : 100 mm

【2】 내부 보가 있는 슬래브

슬래브 주변에 α_m이 0.2를 넘는 내부 보를 가진 슬래브의 최소 두께는 α_m의 값에 따라 다음과 같이 정하여진다.

① $0.2 < \alpha_m < 2.0$의 경우

$$h = \frac{l_n(800 + f_y/1.4)}{36{,}000 + 5{,}000\beta(\alpha_m - 0.2)} \geq 120\,\text{mm} \tag{8.2}$$

② $\alpha_m \geq 2.0$의 경우

$$h = \frac{l_n(800 + f_y/1.4)}{36{,}000 + 9{,}000\beta} \geq 90\,\text{mm} \tag{8.3}$$

위의 식에서 l_n은 슬래브 긴 변의 순경간이며, β는 짧은 변에 대한 긴 변 순경간의 비이다.

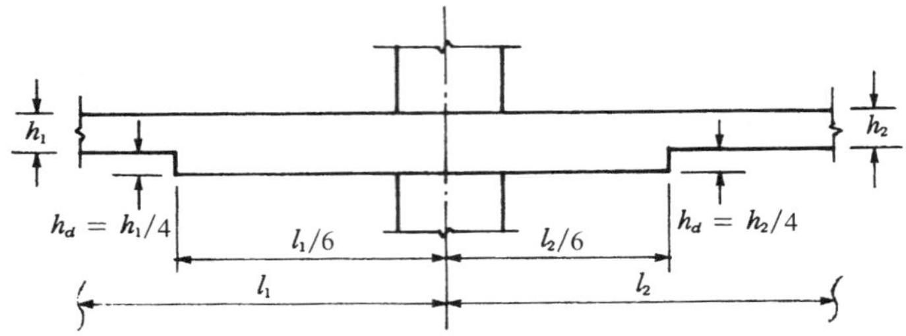

그림 8-4 지 판

슬래브의 가장자리가 불연속인 곳에는 강성비가 0.8α 이상되는 테두리보를 설치하거나, 불연속 가장자리 부분의 슬래브 두께를 식 (8.2) 또는 (8.3)에서 구한 최소 두께의 1.1 배 이상으로 하여야 한다.

8-2-4 지 판

내부 보가 없는 플랫 슬래브에서는 기둥 주변에 휨응력과 전단응력이 커지기 때문에 슬래브 두께를 다른 곳보다 크게 하는 것이 철근량을 줄이고 뚫림전단에 대한 안전성을 높이는 일이 된다. 이와 같은 목적으로 플랫 슬래브의 기둥 주변 일정한 구역까지 슬래브의 두께를 다른 곳보다 크게 한 부분을 지판(drop panel)이라고 한다. 지판의 길이는 그림 8-4와 같이 기둥이나 벽체 등 받침부의 중심선에서 각 방향 받침부 중심간 경간의 1/6 이상 되어야 하며, 지판의 슬래브 아래로 돌출한 두께는 슬래브 두께의 1/4 이상 되어야 한다. 슬래브 철근량 계산시에는 슬래브 아래로 돌출한 지판의 두께가 두꺼운 경우라도 지판의 외단부에서 기둥이나 기둥머리면까지 거리의 1/4 이하로 한다.

8-2-5 온도 및 건조수축에 대한 보강

철근콘크리트 구조에서 슬래브는 다른 부재에 비하여 두께가 얇기 때문에 2-5-1 절에서 거론된 바와 같이 건조수축의 영향을 많이 받는다. 일반적으로 슬래브는 캔틸레버 형태를 제외하고는 다른 부재와 접합되어 있고, 접합된 부재의 강성이 슬래브 강성보다 큰 경우가 많기 때문에 건조에 의하여 슬래브가 수축하려는 성향을 나타낼 때에도 접합된 부재에 의하여 수축변형이 구속되기 때문에 슬래브 내에는 인장응력이 발생한다. 주변의 온도가 내려갔을 때에도 열수축 성질로 콘크리트가 수축하려는 성향을 보인다.

콘크리트는 인장에 약하기 때문에 온도 변화나 건조수축에 의한 인장응력으로 균열이 발생하게 된다. 이러한 균열을 유해하지 않는 범위 내에서 제한하기 위해서는 철근을 배근하여 수축에 저항하면서 균열을 미세한 크기로 균등하게 분산시켜야 한다. KDS 14 20 50 (4.6.2)는 콘크리트 전체 단면적에 대하여 건조수축 및 온도철근의 철근비를 0.0014 또는 다음의 값 이상으로 하도록 규정하고 있다.

① f_y 가 400 MPa 이하인 이형철근 :

$$\rho_{\min} = 0.0020 \tag{8.4}$$

② f_y 가 400 MPa을 초과하는 이형철근 또는 용접철망 :

$$\rho_{\min} = 0.0020 \times 400/f_y \tag{8.5}$$

그러나 식 (8.4) 또는 (8.5)에 의하여 계산되는 수축·온도철근의 단면적이 슬래브 단위 폭 m당 1,800 mm^2 보다 크게 할 필요는 없다

수축·온도철근은 슬래브 두께의 5 배 또는 450 mm 중 작은 값 이하의 간격으로 배근되어야 한다. 내력상 철근보강이 필요하지 않은 경우에도 건조수축 및 온도철근은 최소 보강으로 슬래브 설계에서 지켜져야 한다.

8-3 직접설계법

8-3-1 적용 범위

직접설계법은 등가골조법에 비하여 계산하기 편리한 이점을 가지고 있으나 다음의 조건에 맞는 연속 슬래브에만 적용할 수 있으며, 이러한 조건에 맞지 않은 슬래브에는 등가골조법이 적용된다.

① 각 방향으로 3 경간 이상 연속되어야 한다.
② 직사각형 슬래브로, 긴 변이 짧은 변의 2 배 이하이어야 한다.

③ 각 방향으로 연속한 받침부 중심간 경간 길이는 긴 경간의 1/3 이상 차이가 나서는 안 된다.

④ 기둥은 어떠한 축에서도 연속되는 기둥 중심선에서 경간 길이의 1/10 이상 벗어나서는 안 된다.

⑤ 모든 하중은 등분포된 연직하중으로, 활하중은 고정하중의 2배 이하이어야 한다.

⑥ 보가 모든 변에서 슬래브판을 지지할 경우, 직교하는 두 방향에서 보의 상대강성$(\alpha_1 l_2^2)/(\alpha_2 l_1^2)$은 0.2 이상, 5.0 이하로 한다.

8-3-2 설계모멘트

【1】 전체 정적 계수모멘트

전체 정적 계수모멘트는 모멘트가 계산되는 방향에서 하중계수를 적용한 극한하중 w_u에 의하여 받침부 면 사이의 주열대 및 중간대에 생기는 정모멘트와 부모멘트의 절댓값의 합으로

$$M_0 = \frac{w_u l_2 l_n^2}{8} \tag{8.6}$$

의 값을 가진다. M_0의 계산에서는 l_1 대신 순경간 l_n이 사용되는데, l_n은 기둥, 기둥머리, 브래킷 또는 벽체의 내면 사이의 거리로, 식 (8.6)에 사용된 l_n의 값을 $0.65 l_1$ 이상으로 한다. 원형이나 정다각형의 받침부는 똑같은 단면적을 가지는 정사각형 받침부로 다루어진다.

【2】 정 및 부모멘트 분배

식 (8.6)의 전체 정적계수모멘트는 정모멘트와 부모멘트를 합한 값으로, 슬래브의 중앙부와 단부에서 각각 정모멘트와 부모멘트로 배분된다. KDS 14 20 70 (4.1.3)에 의하면 내부 경간에서는 그림 8-5에 보이는 바와 같이 정 및 부모멘트를

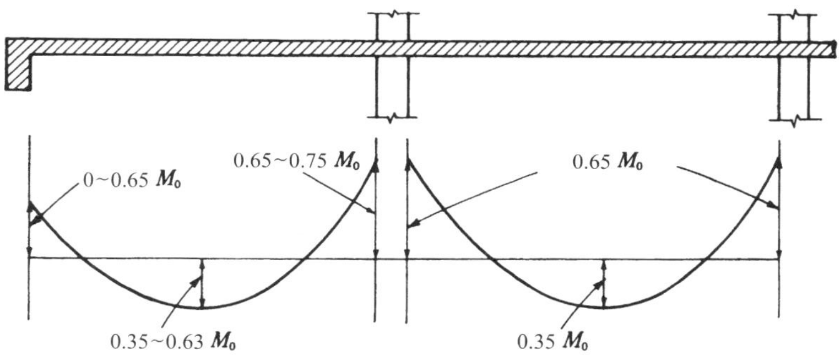

그림 8-5 경간에 따른 계수모멘트의 분배

$$\text{부계수 모멘트} \quad M_u^- = 0.65 M_0 \tag{8.7a}$$

$$\text{정계수 모멘트} \quad M_u^+ = 0.35 M_0 \tag{8.7b}$$

으로 하도록 되어 있다. 식 (8.6)의 M_0를 식 (8.7)에 대입하여 생각하면 M_u^-는 $(w_u l_2) l_n^2/12$, M_u^+는 $(w_u l_2) l_n^2/24$와 비슷한 값을 가지고 있어 내부 경간에서는 양단 고정인 경우와 같이 다루고 있다. 단부 경간에서는 외단의 고정도에 따라 정모멘트나 부모멘트의 배분이 달라진다. KDS 14 20 70 (4.1.3)에서 정하는 단부 경간의 모멘트 분배율은 표 8-2와 같다. 이 표에서 "구속되지 않은 외단"은 슬래브 단부가 조적조 벽체 위에 얹혀진 것과 같이 단부에 처짐은 생기지 않으나 회전을 구속할 수 있는 힘이 존재하지 않는 경우이다.

표 8-2 정 및 부계수 모멘트의 분배율

	① 구속되지 않은 외단	② 모든 받침부 사이에 보가 있는 슬래브	③ 내부 받침부 사이에 보가 없는 슬래브: 테두리보가 없는 경우	④ 내부 받침부 사이에 보가 없는 슬래브: 테두리보가 있는 경우	⑤ 완전 구속된 외단
내단의 부계수 모멘트	0.75	0.70	0.70	0.70	0.65
정계수 모멘트	0.63	0.57	0.52	0.50	0.35
외단의 부계수 모멘트	0.00	0.16	0.26	0.30	0.65

【3】 주열대와 중간대의 모멘트 분배

경간의 위치와 단부의 조건에 따라 분배된 정계수 모멘트와 부계수 모멘트는 다시 주열대와 중간대로 분배된다. 기둥면에 보가 있는 경우에는 주열대의 휨강성이 커지기 때문에 보가 없는 경우에 비하여 주열대에서 지지하는 정모멘트 또는 부모멘트의 몫이 커진다. 주열대와 중간대 및 보에서의 계수모멘트 분포는 경간길이의 비 l_2/l_1, 보와 슬래브의 휨강성의 비 α 및 테두리보의 비틀림 변형 구속 능력에 따라 좌우된다. KDS 14 20 70 (4.1.3)에서는 주열대에서의 모멘트 분담률을 표 8-3과 같이 규정하고 있으며 중간대에서는 주열대에서 분담하지 않는 나머지를 지지한다. 표에 주어진 값 사이에서는 직선보간법이 적용된다.

표 8-3에서 α_1은 식 (8.1)로 주어지는 α의 l_1 방향의 값이며, β_t는 l_2 방향 테두리보의 비틀림강성과 같은 길이의 l_1 방향 슬래브의 휨강성의 비로 다음 항에서 설명된다. 보에 의해 지지되는 슬래브에서, $(\alpha_1 l_2/l_1) \geq 1.0$인 경우 주열대 모멘트의 85 퍼센트를 보가 지지하나, $(\alpha_1 l_2/l_1) < 1.0$인 경우에는 85 퍼센트와 영 퍼센트 사이에서 직선보간된 값을 보가 지지한다.

표 8-3 주열대에서의 계수모멘트 분담률 [%]

<table>
<tr><td colspan="3" rowspan="2"></td><td colspan="3">l_2/l_1</td></tr>
<tr><td>0.5</td><td>1.0</td><td>2.0</td></tr>
<tr><td rowspan="2">내단의 부모멘트</td><td colspan="2">$(\alpha_1 l_2/l_1) = 0$</td><td>75</td><td>75</td><td>75</td></tr>
<tr><td colspan="2">$(\alpha_1 l_2/l_1) \geq 1.0$</td><td>90</td><td>75</td><td>45</td></tr>
<tr><td rowspan="4">외단의 부모멘트</td><td rowspan="2">$(\alpha_1 l_2/l_1) = 0$</td><td>$\beta_t = 0$</td><td>100</td><td>100</td><td>100</td></tr>
<tr><td>$\beta_t \geq 2.5$</td><td>75</td><td>75</td><td>75</td></tr>
<tr><td rowspan="2">$(\alpha_1 l_2/l_1) \geq 1.0$</td><td>$\beta_t = 0$</td><td>100</td><td>100</td><td>100</td></tr>
<tr><td>$\beta_t \geq 2.5$</td><td>90</td><td>75</td><td>45</td></tr>
<tr><td rowspan="2">중앙부 정모멘트</td><td colspan="2">$(\alpha_1 l_2/l_1) = 0$</td><td>60</td><td>60</td><td>60</td></tr>
<tr><td colspan="2">$(\alpha_1 l_2/l_1) \geq 1.0$</td><td>90</td><td>75</td><td>45</td></tr>
</table>

【4】 비틀림강성비

테두리에서는 테두리보의 비틀림강성에 따라 슬래브의 회전 구속 능력이 좌우되고, 따라서 외단의 모멘트 분포에 영향을 미친다. 테두리보의 슬래브에 대한 비틀림강성비 β_t는 테두리보의 비틀림상수 C와 전단탄성계수 G를 곱한 값을 테두리보에 가로 방향인 슬래브의 EI로 나눈 값이다. 약산으로 푸아송비 $\nu = 0$으로 하면 $G = E/2$이므로 β_t는 다음과 같이 정의된다.

$$\beta_t = \frac{E_{cb}\,C}{2E_{cs}\,I_s} \tag{8.8}$$

이 식에서 C는 비틀림상수(torsional constant)로, 플랜지를 유효폭으로 가지는 보에서는 그림 8-6에 나타낸 바와 같이 단면을 가능한 여러 개의 직사각형으로 나누어

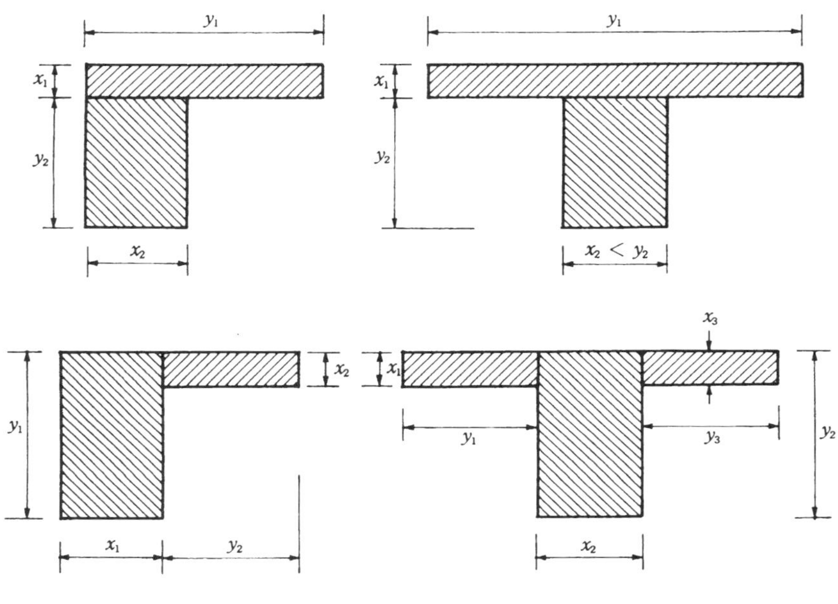

그림 8-6 비틀림상수 C의 계산을 위한 단면의 나눔

$$C = \sum \left[\left(1 - 0.63\frac{x}{y}\right) \frac{x^3 y}{3} \right] \tag{8.9}$$

의 식으로 계산한 후 그중 가장 큰 값으로 한다. 이 식에서 x는 직사각형 단면의 짧은 변, y는 긴 변을 나타낸다.

비틀림강성비의 계산에서 보의 단면은 그림 8-2의 I_b 계산용 단면과 같이 한다.

【5】 기둥과 벽체의 모멘트

슬래브 시스템과 일체로 이루어진 기둥이나 벽체들은 슬래브 시스템에 작용하는 계수 하중으로부터 발생하는 모멘트를 지지할 수 있게 설계되어야 한다. 기둥이나 벽체의 양쪽에 있는 슬래브의 경간 길이가 같고 작용하는 계수 하중도 같은 경우에는 양쪽 슬래브로부터의 단부 모멘트가 균형을 이루어 기둥으로 전달되는 모멘트가 생기지 않으나, 양쪽 슬래브의 경간 길이 또는 계수 하중의 크기가 다를 때에는 양쪽 슬래브 단부 모멘트의 차가 기둥으로 전달된다.

슬래브에 접하는 기둥의 설계용 모멘트는 고르지 않게 분포된 활하중으로 인한 불균형 모멘트와 경간이 다를 경우 그로 인한 불균형 모멘트로 하고 있다. 기둥의 한쪽에 면한 긴 경간의 슬래브에는 계수 고정하중과 함께 계수 활하중의 반이 실려 있고, 반대편에 면한 짧은 경간의 슬래브에는 계수 고정하중만 작용할 때 전체 불균형 모멘트는

$$M = 0.65 \left[\frac{(w_D + 0.5 w_L) l_2 l_n^2}{8} - \frac{w_D' l_2' (l_n')^2}{8} \right] \tag{8.10}$$

이 된다. 여기에서 w_D와 w_L은 각각 긴 경간에서의 계수 고정하중과 활하중이고, w_D', l_2', l_n' 등은 짧은 경간에서의 값이다. 계수 0.65는 내부 경간에서 부모멘트로 할당되는 정적 모멘트의 분배율로, 0.65와 1/8이 곱하여져 0.081의 값이 되나, 불균형 모멘트의 일부는 슬래브에 분포되고 나머지만 기둥이나 벽체에 의하여 지지되므로, KDS 14 20 70 (4.1.3)는 식 (8.10)의 모멘트 중 기둥의 설계용 모멘트를

$$M = 0.07 \left[(w_D + 0.5 w_L) l_2 l_n^2 - w_D' l_2' (l_n')^2 \right] \tag{8.11}$$

으로 하도록 규정하고 있다. 이 모멘트는 슬래브에 접합된 상하 기둥의 휨강성에 따라 분배되며, 슬래브와 기둥의 접합부 설계에 사용된다.

【예제 8-1】 그림 8-7과 같은 슬래브 구조에서 고정하중 6.1 kN/m^2, 활하중 3.0 kN/m^{2}이 작용할 때, $l_1 = 6.0$ m 쪽의 슬래브를 직접설계법으로 설계하라. 단, $f_{ck} = 24$ MPa, $f_y = 400$ MPa이며, 기둥의 크기 400 mm × 400 mm, 테두리보의 크기는 300 mm × 700 mm로 한다.

[풀 이] (1) 슬래브 두께 : 내부에 보가 없으므로 표 8-1로부터

$$h = \frac{l_n}{33} = \frac{6{,}000 - 400}{33} = 170 \text{ mm}$$

뚫림전단을 고려하여 $h = 200$ mm로 한다.

슬래브의 피복두께는 20 mm이므로 철근 중심거리를 10 mm로 하여

$$d = 200 - 20 - 10 = 170 \text{ mm}$$

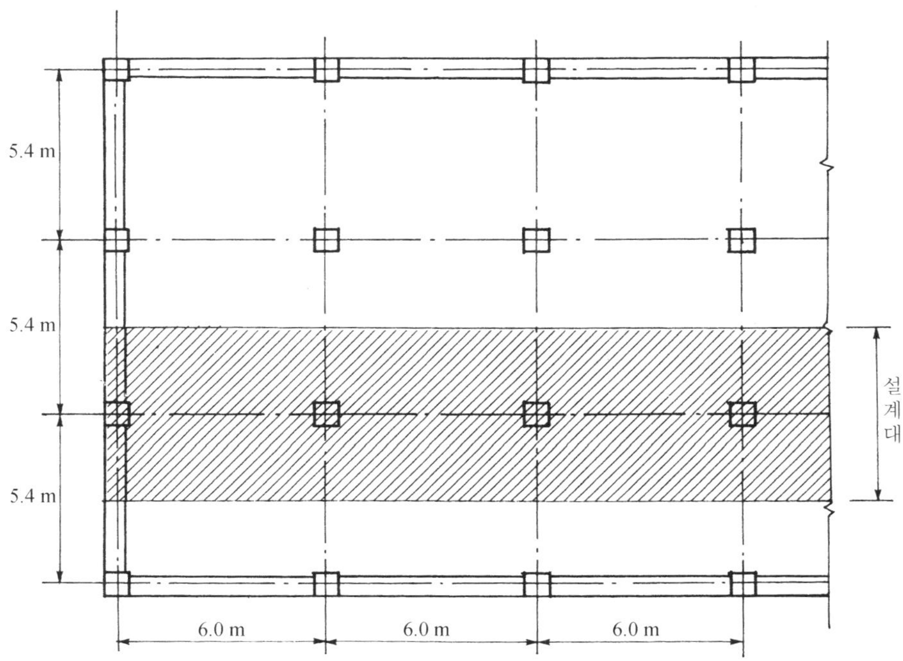

그림 8-7 예제 8-1의 슬래브

(2) 계수모멘트 : 계수 하중과 전체 정적계수모멘트는

$$w_u = 1.2 \times 6.1 + 1.6 \times 3.0 = 12.1 \text{ kN/m}^2$$

$$M_o = \frac{w_u l_2 l_n^2}{8} = \frac{12.1 \times 5.4 \times (5.6)^2}{8} = 256.1 \text{ kN·m}$$

내부 경간 : 식 (8.7)로부터

부모멘트 $M_u^- = 0.65 M_o = 166.5$ kN·m

정모멘트 $M_u^+ = 0.35 M_o = 89.6$ kN·m

단부 경간 : 표 8-2의 (4)에 해당하므로

내단 부모멘트 $M_{u,i}^- = 0.70 M_o = 179.3$ kN·m

중앙 정모멘트 $M_u^+ = 0.50 M_o = 128.1$ kN·m

외단 부모멘트 $M_{u,e}^- = 0.30 M_o = 76.8$ kN·m

(3) 주열대와 중간대의 모멘트

내부 경간 : $\alpha_1 = 0$이므로 표 8-3에서

주열대 내단의 분담률 : 75 %

주열대 중앙부의 분담률 : 60 %

단부 경간 : 그림 8-2에 의한 테두리보의 유효단면은 그림 8-8과 같으며, 비틀림상수 C는 그림 8-8의 (a)와 (b)에 대하여 각각 식 (8.9)로부터

$$C \doteq \sum \left[\left(1 - 0.63 \frac{x}{y}\right) \frac{x^3 y}{3} \right]$$

$$= \left(1 - 0.63 \times \frac{300}{700}\right) \frac{(300)^3 (700)}{3} + \left(1 - 0.63 \times \frac{200}{500}\right) \frac{(200)^3 (500)}{3}$$

$$= 5{,}596 \times 10^6 \text{ mm}^4$$

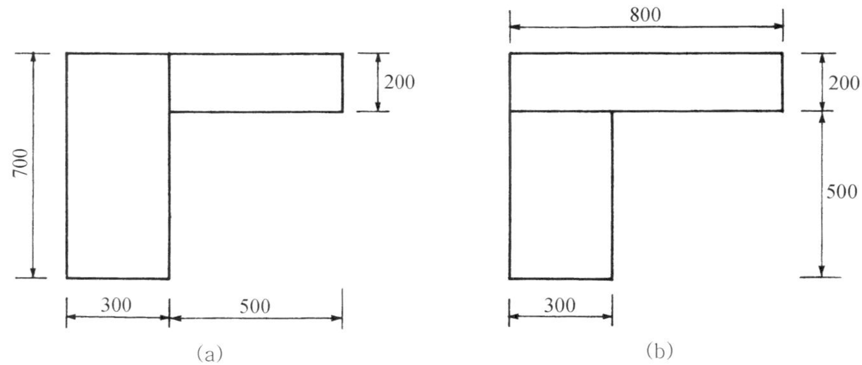

그림 8-8 예제 8-1의 테두리보의 나눔

$$C = \left(1 - 0.63 \times \frac{300}{500}\right)\frac{(300)^3(500)}{3} + \left(1 - 0.63 \times \frac{200}{800}\right)\frac{(200)^3(200)}{3}$$

$$= 4{,}596 \times 10^6\ \mathrm{mm}^4$$

따라서, $C = 5{,}596 \times 10^6\ \mathrm{mm}^4$이 되고, 슬래브의 단면 2차모멘트는

$$I_s = \frac{5{,}400 \times (200)^3}{12} = 3{,}600 \times 10^6\ \mathrm{mm}^4$$

$E_{cb} = E_{cs}$로 하면, 식 (8.8)로부터 테두리보의 비틀림 강성비는

$$\beta_t = \frac{C}{2I_s} = \frac{5{,}596 \times 10^6}{2 \times 3{,}600 \times 10^6} = 0.78$$

표 8-3에서 $(\alpha_1 l_2/l_1) = 0$인 상태에서, $\beta_t = 0$일 때 분담률 100 퍼센트와 $\beta_t \geq 2.5$일 때 분담률 75 퍼센트의 사이에서 $\beta_t = 0.78$일 때 분담률을 직선보간으로 구하면 주열대 외단의 분담률은 표 8-3에서 $(\alpha_1 l_2/l_1) = 0$일 때 $\beta_t = 0.78$에 대하여

$$100 + \frac{75 - 100}{2.5 - 0} \times 0.78 = 92.2\ \%$$

따라서, 계수모멘트의 주열대와 중간대에 대한 배분은 다음과 같다.

위 치	계수모멘트 [kN · m]	주 열 대		중간대 모멘트
		분담률 [%]	모멘트	
내부 경간				
부모멘트	166.5	75	124.9	41.6
정모멘트	89.6	60	53.8	35.8
단부 경간				
내단 부모멘트	179.3	75	134.5	44.8
정모멘트	128.1	60	76.9	51.2
외단 부모멘트	76.8	92.2	70.8	6.0

(4) 기둥의 계수모멘트

슬래브에서 기둥으로 전달되는 모멘트는 식 (8.11)에서 $w_D = w_D'$, $l_2 = l_2'$, $l_n = l_n'$이므로

$$M = 0.07 \times (0.5 \times 1.6 \times 3.0 \times 5.4 \times 5.6^2) = 28.4 \text{ kN·m}$$

슬래브 상하부의 기둥 크기와 길이가 같을 경우

$$M_c = \frac{28.4}{2} = 14.2 \text{ kN·m}$$

내부 기둥 설계에서는 축하중과 더불어 이 모멘트의 크기가 고려되어야 한다.

(5) 철근보강 설계

$l_2 = 5.4\text{ m} < l_1 = 6.0\text{ m}$이므로 주열대와 중간대의 폭은 $b = 5{,}400/2 = 2{,}700\text{ mm}$로 주어진다. 슬래브의 휨보강 설계에서 응력 중심 거리 jd는 대개 $0.9\,d$와 $0.95\,d$ 사이에 있으므로 $jd = 0.925\,d$로 가정하고 식 (4.15)로부터

$$A_s^* = \frac{M_u}{\phi f_y\, jd}$$

으로 철근 단면적을 구한 다음, 다시 4장 식 (e2)로부터

$$a = \frac{A_s^* f_y}{\eta\, 0.85 f_{ck}\, b}$$

를 하면, 최종적으로

$$A_s = \frac{M_u}{\phi f_y\left(d - \dfrac{a}{2}\right)}$$

로 철근 단면적을 구한다.

예를 들면 내부 경간 주열대의 부모멘트 $M_u = 124.9\,\mathrm{kN \cdot m}$에 대하여

$$A_s^* = \frac{124.9 \times 10^6}{0.85 \times 400 \times 0.925 \times 170} = 2{,}336\ \mathrm{mm}^2$$

$$a = \frac{2{,}336 \times 400}{1.0 \times 0.85 \times 24 \times 2{,}700} = 17.0\,\mathrm{mm}$$

$$A_s = \frac{124.9 \times 10^6}{0.85 \times 400 \times \left(170 - \dfrac{17.0}{2}\right)} = 2{,}275\ \mathrm{mm}^2$$

이 방법 이외에 식 (4.28)과 (4.30)을 써서 철근량을 계산할 수도 있다. $M_u = 124.9\,\mathrm{kN \cdot m}$에 대하여 식 (4.28)로부터 $R_n = 1.883\ \mathrm{MPa}$, 식 (4.34)으로부터 $\rho = 0.00495$으로, $A_s = 0.00495 \times 2{,}700 \times 170 = 2{,}272\ \mathrm{mm}^2$으로 계산되며, 이 값은 첫 번째 방법에서 얻은 $2{,}275\ \mathrm{mm}^2$에 0.1 퍼센트 정도의 오차를 가진다.

이와 같은 방법으로 다른 부분의 계수모멘트에 대하여 철근량을 계산하면 다음 표와 같다.

위 치		M_u [kN · m]	ρ	A_s [mm²]	D13 철근 개수
내부 경간 주 열 대	부모멘트	124.9	0.0050	2,275	18
	정모멘트	53.8	0.0020*	1,080	9
중 간 대	부모멘트	41.6	0.0020*	1,080	9
	정모멘트	35.8	0.0020*	1,080	9
단부 경간 주 열 대	내단 부모멘트	134.5	0.0054	2,459	20
	정모멘트	76.9	0.0030	1,372	11
	외단 부모멘트	68.9	0.0027	1,266	10
중 간 대	내단 부모멘트	44.8	0.0020*	1,080	9
	정모멘트	51.2	0.0020*	1,080	9
	외단 부모멘트	7.9	0.0020*	1,080	9

* 이 경우는 휨모멘트에 의한 철근비가 작기 때문에 건조수축 및 온도철근비 (0.0020) 또는 표 4-4(a)에 의하여 산정된 최소철근비 (0.0023) 중에서 큰 값으로 결정된다. 이 때 건조수축 및 온도철근비에 의한 철근량은 전체단면적 ($b \times h$)을 사용하며, 표 4-4(a)에 의한 철근량은 유효단면적($b \times d$)을 사용한다.

【예제 8-2】 그림 8-9와 같은 보 있는 2 방향 슬래브에서 $l_1 = 6.0$ m쪽의 슬래브를 직접설계법으로 설계하라. 단, $f_{ck} = 24$ MPa, $f_y = 400$ MPa, $w_D = 5.4$ kN/m², $w_L = 3.0$ kN/m²이며, 기둥의 크기는 400 mm × 400 mm, 높이는 3.0 m이고, 내부 보의 크기는 300 mm × 600 mm, 테두리보의 크기는 300 mm × 700 mm로 한다.

[풀 이] (1) 슬래브 두께

슬래브 두께 계산에서는 그림 8-10의 보 단면에 대한 I_b를 계산하여 식 (8.1)로부터 α를 얻을 수 있으나, 그림 8-3을 이용하는 것이 편리하다.

슬래브 두께를 $h = 150$ mm로 가정하면,

$$\frac{b}{h} = \frac{300}{150} = 2.0,\ \frac{a}{h} = \frac{600}{150} = 4$$

로, 그림 8-3에서 $f = 1.77$이므로

$$\alpha_1 = \frac{E_{cb}}{E_c}\frac{b}{l_2}\left(\frac{a}{h}\right)^3 f = \frac{300}{5{,}400}\left(\frac{600}{150}\right)^3 \times 1.77 = 6.29$$

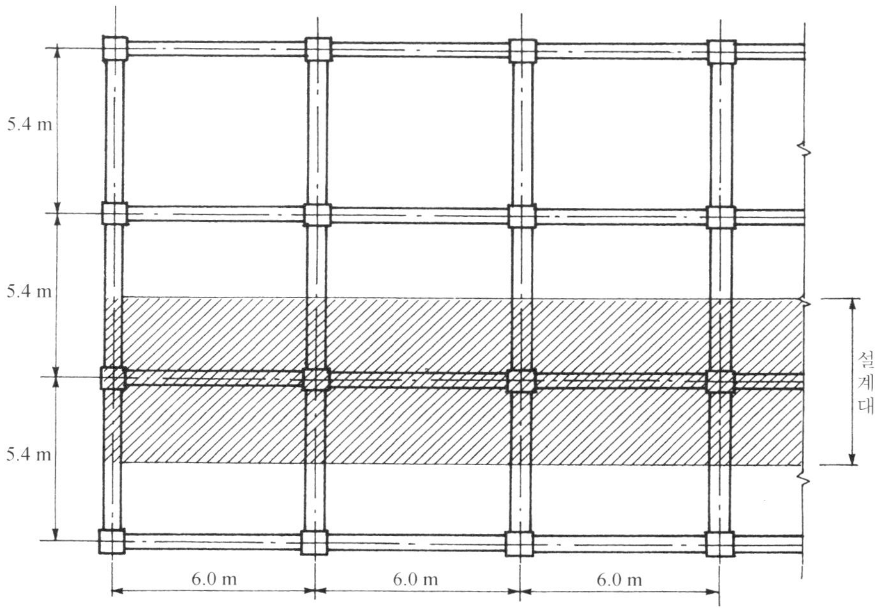

그림 8-9 예제 8-2의 보 있는 슬래브

$$\alpha_2 = \frac{E_{cb}}{E_c}\frac{b}{l_1}\left(\frac{a}{h}\right)^3 f = \frac{300}{6{,}000}\left(\frac{600}{150}\right)^3 \times 1.77 = 5.66$$

보 휨강성비의 평균값은

$$\alpha_m = (6.29 \times 2 + 5.66 \times 2)/4 = 5.98 > 2.0$$

이므로, 식 (8.3)을 적용하면,

$$\beta = \frac{6{,}000 - 400}{5{,}400 - 400} = 1.12$$

$$h = \frac{5{,}600 \times \left(800 + \dfrac{400}{1.4}\right)}{36{,}000 + 9{,}000 \times 1.12} = 132\,\text{mm} \rightarrow 150\,\text{mm}\text{로 함}$$

(2) 계수모멘트

$$w_u = 1.2 \times 5.4 + 1.6 \times 3.0 = 11.3\,\text{kN/m}^2$$

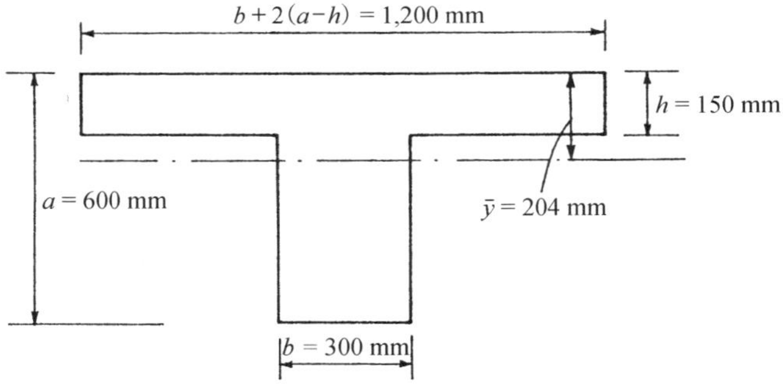

그림 8-10 예제 8-2의 I_b의 계산을 위한 보 단면

$$M_o = \frac{w_u l_2 l_n^2}{8} = \frac{11.3 \times 5.4 \times (5.6)^2}{8} = 239.2 \text{ kN·m}$$

내부 경간

부모멘트 $M_u^- = 0.65\,M_o = 155.5$ kN·m

정모멘트 $M_u^+ = 0.35\,M_o = 83.7$ kN·m

단부 경간

표 8-2의 (2)에 해당하므로

내단 부모멘트 $M_{u,i}^- = 0.7\,M_o = 167.4$ kN·m

중앙 정모멘트 $M_u^+ = 0.57\,M_o = 136.3$ kN·m

외단 부모멘트 $M_{u,e}^- = 0.16\,M_o = 38.3$ kN·m

(3) 주열대와 중간대의 모멘트

내부 경간

$$\alpha_1 l_2 / l_1 = 6.29 \times 5.4/6.0 = 5.66 > 1.0$$

테두리보의 유효단면은 그림 8-8과 같은 형태에 슬래브 두께 150 mm, 내민 슬래브 길이 550 mm이므로, 예제 8-1과 같은 방법으로 비틀림상수 C의 값을 계산하면

$$C = \left(1 - 0.63 \times \frac{300}{700}\right)\frac{(300)^3(700)}{3} + \left(1 - 0.63 \times \frac{150}{550}\right)\frac{(150)^3(550)}{3}$$

$$= 5{,}111 \times 10^6 \text{ mm}^4$$

$$C = \left(1 - 0.63 \times \frac{300}{550}\right)\frac{(300)^3(550)}{3} + \left(1 - 0.63 \times \frac{150}{850}\right)\frac{(150)^3(850)}{3}$$

$$= 4{,}099 \times 10^6 \text{ mm}^4$$

따라서, $C = 5{,}111 \times 10^6 \text{mm}^4$이 되고

$$I_s = \frac{5{,}400 \times (150)^3}{12} = 1{,}519 \times 10^6 \text{ mm}^4$$

$E_{cb} = E_{cs}$ 인 경우 식 (8.8)로부터

$$\beta_t = \frac{C}{2 I_s} = \frac{5{,}111 \times 10^6}{2 \times 1{,}519 \times 10^6} = 1.68$$

$l_2/l_1 = 5.4/6.0 = 0.9$이므로 표 8-3에서 직선보간하면

주열대 내단의 분담률

$$90 + \frac{75 - 90}{1.0 - 0.5}(0.9 - 0.5) = 78\ \%$$

주열대 중앙부 분담률 78 %

단부 경간

주열대 외단의 분담률

$\beta_t = 0$일 때 분담률 100 퍼센트, $\beta_t = 2.5$일 때 직선보간된 값이 78 퍼센트이므로 $\beta_t = 1.68$에 대하여 직선보간하면

$$100 + \frac{78 - 100}{2.5 - 0} \times 1.68 = 85.2\ \%$$

또한, l_1 방향으로 보가 배치되어 $\alpha_1 l_2/l_1 > 1.0$인 경우에는 주열대 모멘트의 85%를 보가 지지하고, 나머지는 보 부분을 제외한 주열대 슬래브(날개 부분)가 분담하도록 설계한다. 따라서 계수모멘트의 주열대와 중간대에 대한 배분은 다음 표의 내용과 같다.

위 치	계수모멘트 [kN · m]	주 열 대		중간대 모멘트
		분담률 [%]	모멘트	
내부 경간				
부모멘트	155.5	78	121.3	34.2
정모멘트	83.7	78	65.3	18.4
단부 경간				
내단 부모멘트	167.4	78	130.6	36.8
정모멘트	136.3	78	106.3	30.0
외단 부모멘트	38.3	85.2	32.6	5.7

(4) 철근보강 설계

예제 8-1의 (5)에 기술된 방법으로 계수모멘트에 대한 보강철근량을 계산하면 아래의 표와 같다. 주열대와 중간대의 폭 $b = 5{,}400/2 = 2{,}700\,\mathrm{mm}$, $d = 120\,\mathrm{mm}$로 한다.

위 치			M_u [kN · m]	ρ	A_s [mm^2]	철근 개수
내부 경간 주 열 대	부모멘트	보	103.1	0.0012	768	7-D13
		날개부분*	9.1	0.0025	229	3-D13
	정모멘트	보	55.5	0.0025	406	4-D13
		날개부분*	4.9	0.0020**	360	4-D13
중 간 대	부모멘트		34.2	0.0027	861	9-D13
	정모멘트		18.4	0.0020**	810	9-D13
단부 경간 주 열 대	내단 부모멘트	보	111.0	0.0013	850	7-D13
		날개부분*	9.8	0.0027	247	3-D13
	정모멘트	보	90.4	0.0041	663	6-D13
		날개부분*	8.0	0.0020**	360	4-D13
	외단 부모멘트	보	27.7	0.0003	204	5-D13
		날개부분*	2.4	0.0020**	225	3-D13
중 간 대	내단 부모멘트		36.8	0.0029	928	9-D13
	정모멘트		30.0	0.0020**	810	9-D13
	외단 부모멘트		5.7	0.0020**	810	9-D13

* 여기에서 날개부분은 주열대의 보 부분을 제외한 슬래브 영역이며, 2개의 날개부분에서 각각 계수휨모멘트의 7.5%를 분담한다. 기재된 철근량은 각 날개부분에 배근되는 철근량이며, 철근개수는 철근간격 규정을 고려하여 소요 배근량보다 많게 결정되었다.

** 이 경우는 휨모멘트에 의한 철근비가 작기 때문에 건조수축 및 온도철근비 (0.0020) 또는 식 (4.18)을 만족시키는 최소철근비 중에서 큰 값으로 결정되며, 단면이 직사각형인 경우 식 (4.18)을 만족시키는 최소철근비는 표 4-4(a)에 제시되어 있다.

8-4 등가 골조법

8-4-1 개 요

2 방향 슬래브 설계에서 8-3 절에 기술된 직접설계법은 매우 편리하고 유용한 설계방법이기는 하나, 8-3-1 절에 쓰여 있는 바와 같이 슬래브 형태와 하중에 관련된 여섯 가지 조건이 만족되는 경우에만 이 방법을 적용할 수 있으며, 이러한 조건이 만족되지 않는 슬래브 설계에는 등가골조법이 적용된다. 등가골조법에서는 3 차원의 건물구조체가 기둥 중심선을 따라 종방향과 횡방향으로 2 차원의 등가골조로 분할되며, 각 골조는 등가기둥과 기둥을 중심으로 양쪽 슬래브판을 반분하는 슬래브-보로 되어 있는 것으로 하여, 부재간의 상대 강성에 따라 2 차원 강접골조 해석과 유사하게 설계모멘트와 전단력을 계산하게 된다. 연직하중에 대하여 각 층의 슬래브는 그에 접합된 기둥과 함께 개별적으로 해석되며 이때 슬래브 상하의 기둥은 각각 그 맞은 편 단부에서 고정된 것으로 가정한다. 부재의 강성 계산에서는 철근의 효과를 고려하지 않고 콘크리트 단면에 대해서만 고려한다.

8-4-2 부재의 단면 성능

등가골조법에서는 부재 모멘트를 계산하는 데 모멘트 분배법이 사용되며, 따라서 각 부재의 휨강성 K, 전달률 COF, 분배율 DF 및 고정단 모멘트 FEM 등이 계산되어야 한다. 단면이 일정한 경우에는 $K=4EI/l$, $COF=0.5$, $FEM=wl^2/12$ 등 간단하게 구할 수 있으나, 등가골조에서는 기둥과 슬래브의 기본 부재에 보, 기둥머리, 지판 등이 추가로 사용되는 경우가 많기 때문에 기둥-슬래브의 접합 부분에서는 부재의 단면 2차모멘트가 증가하게 된다. 부재의 휨강성에 대한 일반식을

$$K = \frac{kEI}{l} \tag{8.12}$$

으로 나타내면, 단부의 단면 2차모멘트가 중앙부의 단면 2차모멘트보다 큰 부재에는 중앙부의 I를 기준으로 한 식 (8.12)의 휨강성에서 k의 값은 4보다 커지게 되고, 전달률도 0.5 이상이 되며, 고정단 모멘트도 단부 강성의 증가로 $wl^2/12$ 보다 큰 값을 가진다.

이러한 일정하지 않은 단면 성능의 계산에는 도표에 의한 방법들이 많이 사용되고 있으며, 강성 행렬법에 의한 전산해석에서는 이러한 계수들을 더 정확히 계산할 수 있다. 부재별 단면 성능 계산 방법은 다음과 같다.

【1】 슬래브 - 보

등가골조에서 슬래브-보는 수평 부재의 총칭으로 슬래브, 지판이 있는 슬래브, 보가 있는 슬래브 등이 포함된다. KDS 14 20 70 (4.1.4)에서는 슬래브-보의 단면 2차모멘트 계산 방법이 다음과 같이 규정되어 있다.

① 접합부나 기둥머리 바깥에 있는 단면에서 슬래브-보의 단면 2차모멘트는 콘크리트의 전체 면적을 기준으로 한다.

② 슬래브-보의 축을 따라 변하는 단면 2차모멘트는 골조해석시 고려되어야 한다.

③ 기둥 중심에서 기둥, 브래킷, 기둥머리면까지의 슬래브-보의 단면 2차모멘트는 기둥, 브래킷, 기둥머리면에서의 슬래브-보 단면 2차모멘트를 $(1 - c_2/l_2)^2$으로 나눈 값과 같은 것으로 한다. 여기서 c_2와 l_2는 모멘트가 결정되는 경간에서 직각 방향으로 측정한 값들이다.

이 규정에 의하면 그림 8-11 (a)와 같은 슬래브-보에서 슬래브의 단면 2차모멘트는 그림 8-11 (c)와 같이 슬래브 두께 h_1에 폭 l_2에 대한 단면 2차모멘트로 하고, 지판이 있는 부분의 단면 2차모멘트는 그림 8-11 (d)와 같은 변단면을 대상으로 한다. 또한 기둥 중심에서 기둥 또는 기둥머리면까지의 단면 2차모멘트는 그림 8-11 (b)와 같이 EI_2를 $(1 - c_2/l_2)^2$으로 나눈 값으로 한다.

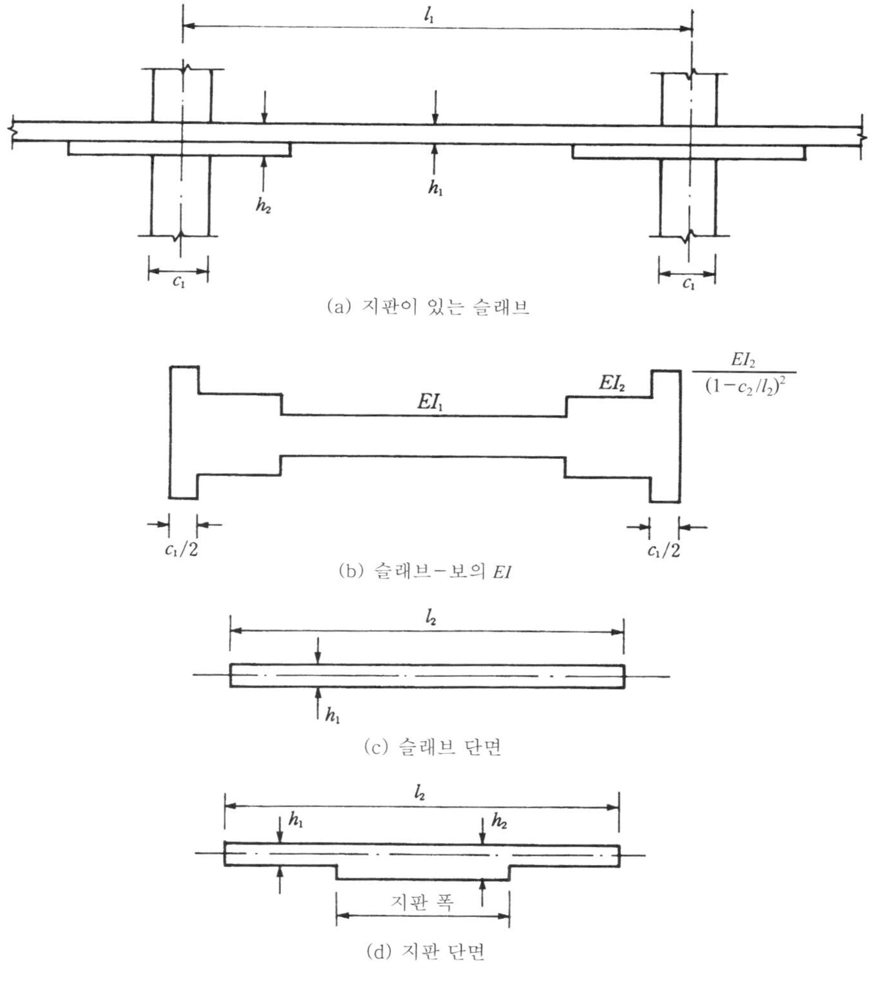

그림 8-11 슬래브-보의 휨강성

슬래브-보의 모멘트 분배에 관한 계수들의 값은 부표 4-1, 4-2 및 4-3과 같다.

【2】 기 둥

기둥은 등가골조의 수직재를 이루며, KDS 14 20 70 (4.1.4)에서는 기둥의

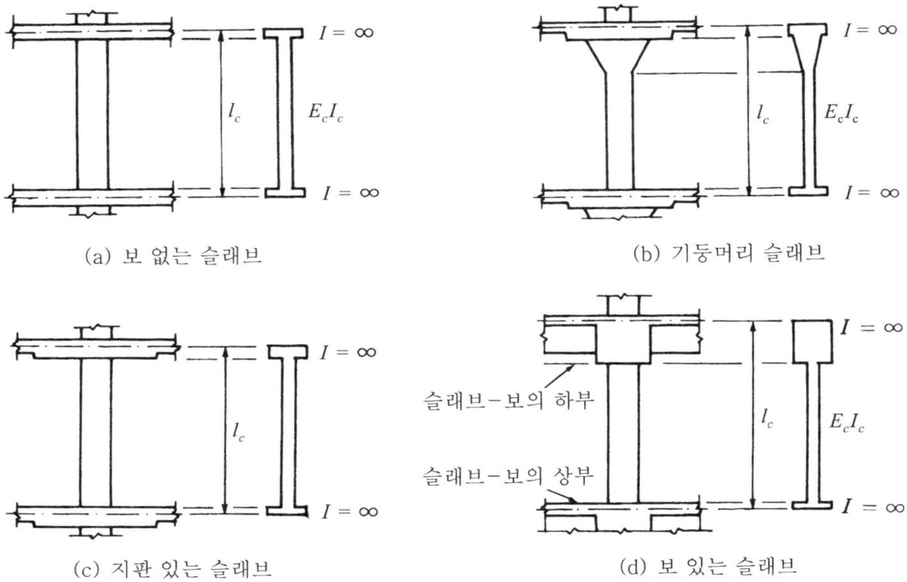

그림 8-12 기둥강성 K_c

단면 2차모멘트 계산 방법에 대하여 다음과 같이 규정하고 있다.

① 접합부나 기둥머리 바깥에 있는 기둥의 단면에서 기둥의 단면 2차모멘트는 콘크리트의 전체 면적을 기준으로 한다.
② 기둥의 축을 따라 변하는 단면 2차모멘트는 골조해석시 고려되어야 한다.
③ 접합부에서 슬래브-보의 윗면과 아래면 사이에 있는 기둥의 단면 2차모멘트는 무한대로 가정한다.

이 규정에 따라 단면 2차모멘트를 계산하는 방법은 그림 8-12에 그려져 있으며, 기둥의 모멘트 분배에 관한 계수들의 값은 부표 4-4와 같다.

8-4-3 등가기둥

등가골조에서 슬래브의 변형은 기둥에 의하여 구속되나, 보-기둥 골조에서 보의 변형을 구속하는 것과 같이 현저하지는 않다. 등가골조에서는 모멘트가

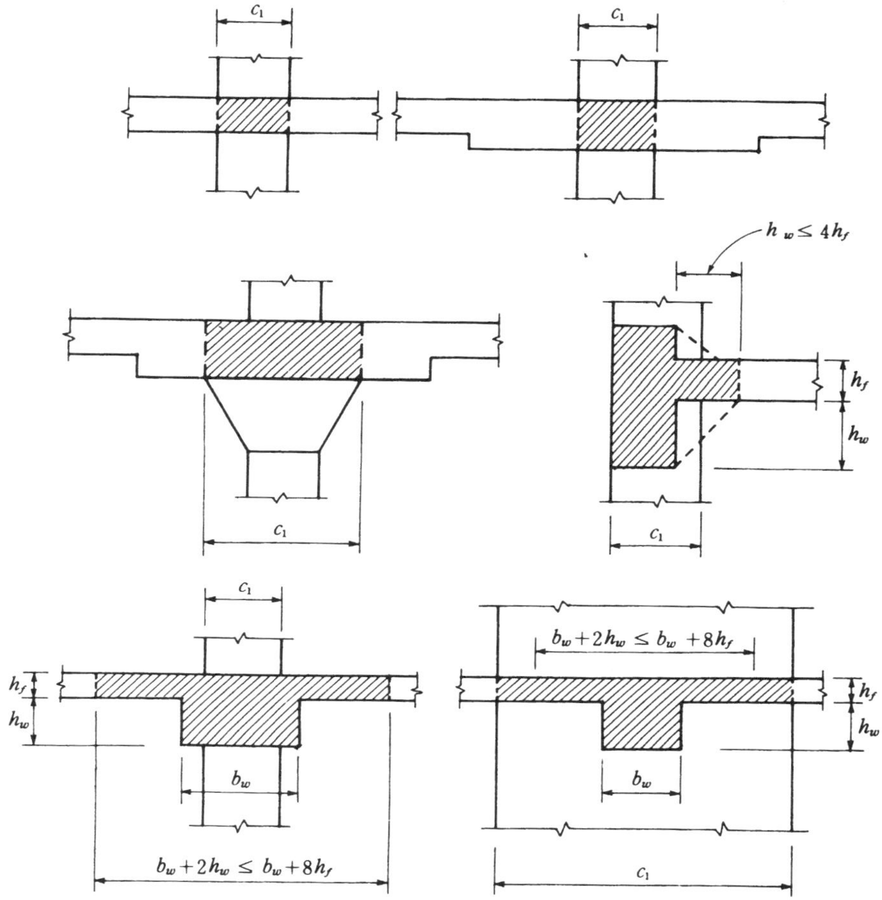

그림 8-13 보 및 슬래브의 비틀림저항 부분

고려되는 l_1 방향에 가로로 기둥에 비틀림 부재가 붙어 있어 비틀림부재의 비틀림강성으로 슬래브의 변형을 구속하는 것으로 생각할 수 있다. 비틀림 부재는 슬래브의 두께, 기둥의 l_1 방향의 폭 c_1, 지판, 기둥머리, 보 등에 따라 다르며, 비틀림 저항을 나타내는 부분은 그림 8-13에서 빗금친 부분으로 한정한다.

기둥과 그에 가로로 부착된 비틀림 부재에 의하여 l_1 방향 슬래브 단부의 회전변형 구속은 그림 8-14에 나타나 있다. 이 그림에서 보면 기둥열에서 슬래브의 회전변형은 기둥에 접합된 비틀림 부재에 비틀림변형으로 작용하고 이에

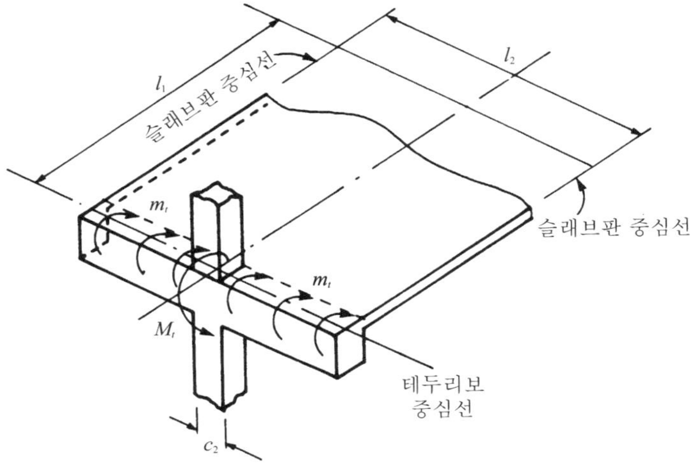

그림 8-14 기둥에 가로 부착된 부재의 비틀림

대하여 상하기둥의 휨강성과 비틀림 부재의 비틀림강성이 슬래브의 휨변형을 억제하고 있다. 슬래브의 휨변형에 관련하여 기둥에 부착된 l_2 방향 비틀림 부재의 비틀림강성이 무한히 큰 경우에는 기둥의 휨강성에 의하여 슬래브의 휨변형이 구속되나, 실제로는 비틀림 부재의 비틀림강성은 유한하기 때문에 l_2 방향의 기둥열에서 슬래브의 평균 회전변형은 기둥면에서의 회전변형보다 커진다. 부재의 휨강성과 회전변형의 관계식 $K = M/\theta$로부터 가장자리 슬래브의 평균 회전 θ_{ec}에 관련된 휨강성은 K_{ec}가 되며, K_{ec}는 기둥의 휨강성 K_c보다 작은 값을 가진다. 이와 같이 등가골조에서 실제의 휨강성 K_c보다 작은 유효강성 K_{ec}를 가지는 기둥을 등가기둥(equivalent column)이라고 하며, 등가기둥 개념은 등가골조 해석의 근간을 이룬다. 단위 모멘트에 대한 슬래브의 평균 회전변형은 기둥의 회전변형 θ_c와 비틀림부재의 회전변형 $\theta_{t,av}$의 합이므로

$$\theta_{ec} = \theta_c + \theta_{t,av} \tag{8.13}$$

으로 나타낼 수 있으며, 단위 모멘트에 대하여 $\theta = 1/K$의 관계로부터 식 (8.13)은

$$\frac{1}{K_{ec}} = \frac{1}{\sum K_c} + \frac{1}{K_t} \tag{8.14}$$

이 된다. 이 식에서 K_{ec}는 등가기둥의 유효 휨강성, $\sum K_c$는 슬래브 상하기둥의 휨강성의 합이며, K_t는 기둥 양 옆에 붙은 보 또는 슬래브의 비틀림강성의 합을 나타낸다. 식 (8.14)에서 보면 $K_t = \infty$일 때에는 K_{ec}와 $\sum K_c$의 값이 같으나, K_t가 작은 값을 가질수록 K_{ec}가 $\sum K_c$보다 작게 되는 것을 알 수 있다. K_t를 유도하기 위하여 그림 8-15 (a)와 같이 기둥과 비틀림부재가 접합된 구조에 그림 8-15 (b)와 같이 단위 비틀림 모멘트 T = 1을 양변 등변분포되게 작용시킨다. 이때 중앙의 크기는 전체 면적을 1로 하기 위하여 $2/l_2$이 된다.

가정된 비틀림 모멘트의 분포가 대칭이기 때문에 구조체의 중앙에서 왼쪽편만 고려하면, 왼쪽 경간 중앙에서 x 지점까지 비틀림 모멘트의 합은

$$T = \int_0^x \frac{4x}{l_2^2}\,dx = \frac{2x^2}{l_2^2} \tag{8.15}$$

이 되며, 기둥면에서는 $x = (l_2/2)(1 - c_2/l_2)$이므로 $T = \left(1 - \dfrac{c_2}{l_2}\right)^2 / 2$

이 되며, 단위길이당 각변화는 $\theta = T/CG$이므로 $\theta = (1 - c_2/l_2)^2/(2\,CG)$가 된다. 이 두 값들은 그림 8-15 (c)와 (d)에 표시되어 있다. 경간 중앙부에서 기둥면까지 비틀림각은

$$\begin{aligned} \theta_t &= \int_0^{\frac{l_2}{2}\left(1-\frac{c_2}{l_2}\right)} \frac{T}{CG}\,dx \\ &= \frac{l_2}{12\,CG}\left(1 - \frac{c_2}{l_2}\right)^3 \end{aligned} \tag{8.16a}$$

푸아송비를 무시하면 $G = E/2$이므로

$$\theta_t = \frac{l_2(1 - c_2/l_2)^3}{6\,CE} \tag{8.16b}$$

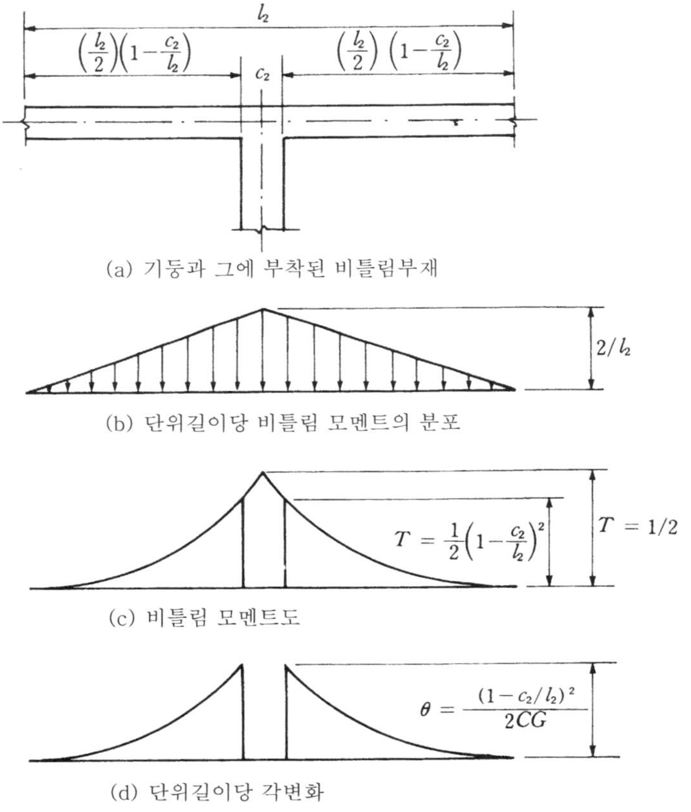

그림 8-15 K_t의 계산

이 된다. 평균 회전변형은 $\theta_t/3$이므로

$$\theta_{t,av} = \frac{l_2(1-c_2/l_2)^3}{18CE} \tag{8.17}$$

이 되며, 이 값은 비틀림부재의 반쪽, 즉 $0.5K_t$에 대응하는 값이므로 단위 모멘트에 대하여 비틀림부재의 비틀림강성은

$$K_t = \frac{9EC}{l_2(1-c_2/l_2)^3} \tag{8.18}$$

이 된다. KDS 14 20 70 (4.1.4)에서는

$$K_t = \sum \frac{9E_{cs}C}{l_2(1-c_2/l_2)^3} \tag{8.19}$$

로 규정되어 있으며, 비틀림상수 C는 식 (8.9)로 계산된다.

8-4-4 모멘트 해석

등가골조에서 수평재인 슬래브-보와 수직재인 등가기둥의 강성이 계산되면, 골조에 작용하는 모멘트는 모멘트 분배법이나 강성 행렬법 등으로 계산할 수 있다. 등가골조의 모멘트 해석에서는 기둥열을 따라 슬래브-보가 각 방향으로 전 하중을 지지하는 것으로 본다. 하중계수를 적용하지 않은 상태에서 활하중이 고정하중의 3/4 이하인 경우, 또는 활하중의 성질이 모든 슬래브판에 동시

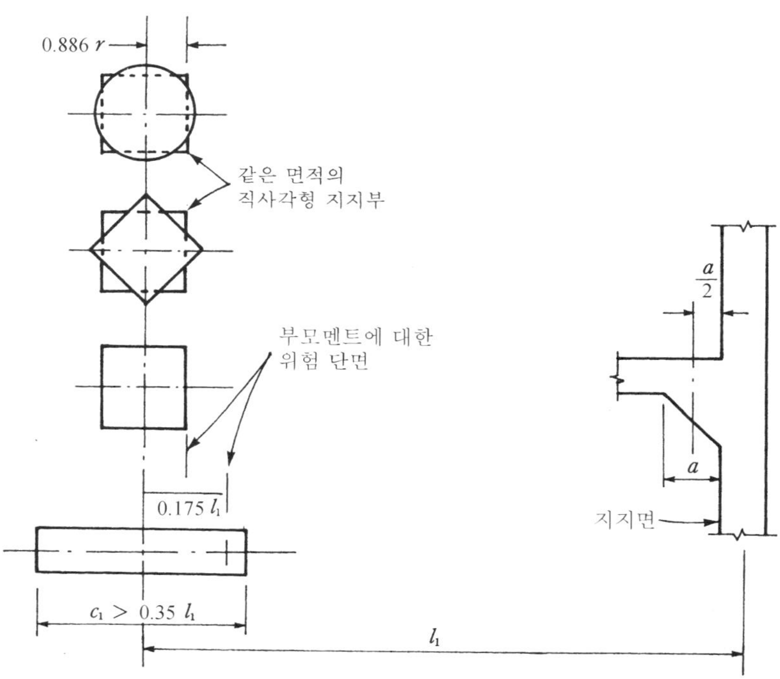

그림 8-16 부모멘트에 대한 위험 단면

에 작용하는 것과 같은 경우에는 고정하중과 활하중에 하중계수를 적용한 전 계수하중이 전체 슬래브에 작용하는 것으로 하여 모멘트 해석을 하나 그렇지 않은 경우에는 최대 정모멘트와 부모멘트를 구하기 위하여 패턴 재하를 하여야 한다. 최대 정모멘트 계산에서는 계수 고정하중이 전 슬래브판에 작용하는 위에 계수 활하중의 3/4이 그 슬래브판과 한 경간씩 건너 슬래브판에 작용하는 경우를 대상으로 하며, 지지단에서의 최대 부모멘트 계산에서는 계수 활하중의 3/4이 그 받침부에 인접한 두 슬래브판들에만 작용할 때를 고려한다. 내부 받침부에서 주열대와 중간대의 부모멘트에 대한 위험 단면은 그림 8-16에 표시된 바와 같이 직선형의 지지 부재에 대하여서는 기둥 중심에서부터 $0.175 l_1$ 이내로 하고 브래킷이나 지지 부재가 있는 외부 받침부에서는 지지 부재의 측면으로부터 브래킷이나 기둥머리 돌출길이의 1/2 이내에서 취한다. 패턴 재하에서 계산된 계수모멘트는 전 계수 활하중이 모든 슬래브판에 함께 작용할 때 계산된 모멘트보다 작아서는 안 된다.

이와 같은 방법으로 계산된 계수 정모멘트와 부모멘트의 주열대와 중간대에 대한 배분은 직접설계법과 동일하게 하여 부표 4-4의 배분율을 적용한다.

【예제 8-3】 그림 8-17 (a)와 같은 평면의 플랫 슬래브 구조에서 내측 슬래브의 모멘트 분포를 등가골조법으로 계산하라. 슬래브의 두께는 180 mm, 기둥의 크기는 400 mm × 400 mm이고 슬래브 중심간 높이는 3.2 m이며, 하중은 $w_D = 6.1\,\mathrm{kN/m^2}$, $w_L = 3.0\,\mathrm{kN/m^2}$, 재료의 성질은 $f_{ck} = 21\,\mathrm{MPa}$, $f_y = 400\,\mathrm{MPa}$, $E_{cs} = E_c = E$로 한다.

[풀 이] 기둥의 강성 :

$$I_c = \frac{bh^3}{12} = \frac{400 \times (400)^3}{12} = 2{,}133 \times 10^6\,\mathrm{mm^4}$$

부표 4-4에서 $l_c / l_u = 3.2 / (3.2 - 0.18) = 1.06$, $t_a / t_b = 1.0$에 대하여 직선보간으로 구하면 $k = 4.62$이며, 위 아래 기둥에 대하여

$$\sum K_c = 2\frac{kEI_c}{l_c} = 2 \times \frac{4.62\,E \times 2{,}133 \times 10^6}{3{,}200} = 6.159 \times 10^6 E$$

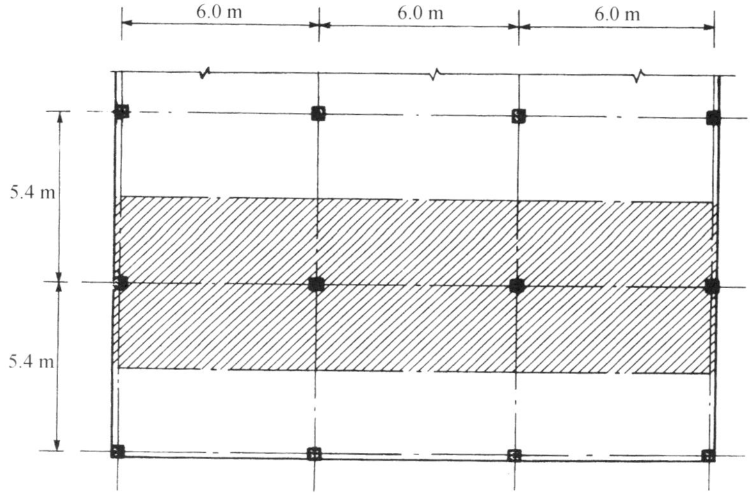

(a) 평면도

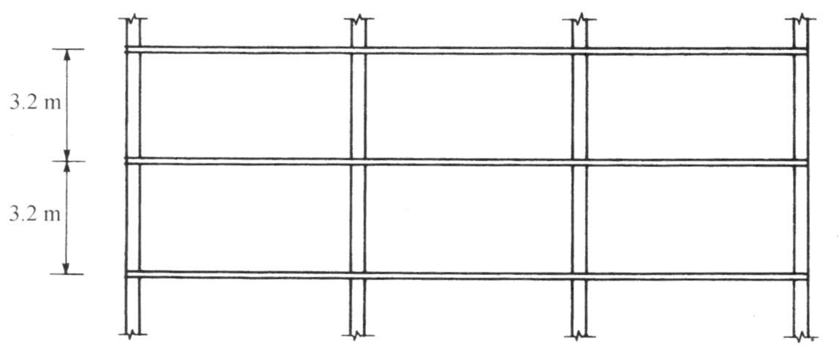

(b) 단면도

그림 8-17 예제 8-3의 슬래브 골조

기둥에 면한 슬래브의 비틀림상수는 식 (8.9)에 슬래브 두께 $x = 180$ mm와 기둥 폭 $y = 400$ mm를 적용하여

$$C = \left(1 - 0.63 \times \frac{180}{400}\right) \frac{180^3 \times 400}{3} = 557 \times 10^6 \text{ mm}^4$$

비틀림강성은 식 (8.19)에 $l_2 = 5.4$ m, $c_2 = 400$ mm를 적용하여

$$K_t = \frac{9E \times 557 \times 10^6}{5,400\left(1 - \frac{400}{5,400}\right)^3} \times 2 = 2.339 \times 10^6 E$$

위의 식에서 2를 곱하는 것은 l_2 방향 기둥 양면에 슬래브가 있기 때문이다. 등가 기둥강성은 식 (8.14)와 위에 계산된 $\sum K_c$ 및 K_t로부터

$$\frac{1}{K_{ec}}=\frac{1}{E}\left(\frac{1}{6.159\times10^6}+\frac{1}{2.339\times10^6}\right),\quad K_{ec}=1.695\times10^6\,E$$

슬래브 강성 :

$$I_s=\frac{l_2h^3}{12}=\frac{5{,}400\times(180)^3}{12}=2{,}624\times10^6\ \mathrm{mm}^4$$

부표 4-1에서 $c_1/l_1=400/6{,}000=0.67$, $c_2/l_2=400/5{,}400=0.074$에 대하여 직선보간으로 각 계수들을 구하면

고정단 모멘트계수 $M=0.084$
강성계수 $k=4.091$
모멘트 전달계수 $COF=0.506$

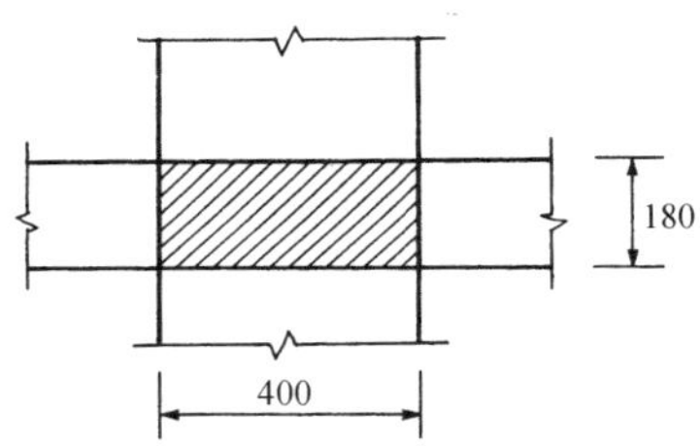

따라서

$$K_s=\frac{kEI_s}{l_1}=\frac{4.091\,E\times2{,}624\times10^6}{6{,}000}$$
$$=1.789\times10^6\,E$$

모멘트 분배율 :
절점의 모멘트는 절점에 접합된 각 부재에 $K_i/\sum K$의 비율로 분배되므로

외단 $\sum K=K_{ec}+K_s=(1.695+1.789)\times10^6\,E=3.484\times10^6\,E$

기 둥 : $1.695/3.484=0.49$
슬래브 : $1.789/3.484=0.51$

내단 $\sum K=K_{ec}+2K_s=(1.695+2\times1.789)\times10^6\,E=5.273\times10^6\,E$

기 둥 : $1.695/5.273=0.32$
슬래브 : $1.789/5.273=0.34$

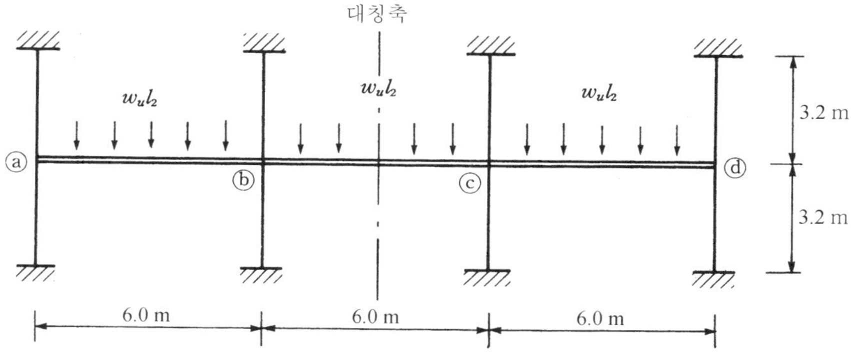

그림 8-18 등가골조

위의 값 중 기둥의 분배율은 위 아래 기둥의 분배율의 합이다.

고정단 모멘트(FEM) :

$$w_u = 1.2w_D + 1.6w_L = 1.2 \times 6.1 + 1.6 \times 3.0 = 12.1\ \text{kN/m}^2$$

$$FEM = Mw_u l_2 (l_1)^2 = 0.084 \times 12.1 \times 5.4 \times (6.0)^2 = 197.6\ \text{kN·m}$$

모멘트 분배 :

그림 8-18과 같이 가정된 등가골조에 대한 절점모멘트 분배는 골조의 대칭성을 고려하여 다음과 같이 계산된다.

	ⓐ 기둥	슬래브→		← 슬래브 ⓑ	기둥	슬래브→		←슬래브 ⓒ
전달계수		0.506		0.506		0.506		0.506
분배율	0.49	0.51		0.34	0.32	0.34		0.34
고정단 모멘트		−197.6		197.6		−197.6		197.6
1차분배	96.8	100.8		0		0		0
전 달		0		51.0		0		0
2차분배		0		−17.3	−16.4	−17.3		17.3
전 달		−8.8		0		8.8		−8.8
3차분배	4.3	4.5		−3.0	−2.8	−3.0		3.0
모멘트 합계	101.1	−101.1		228.3	−19.2	−209.1		209.1

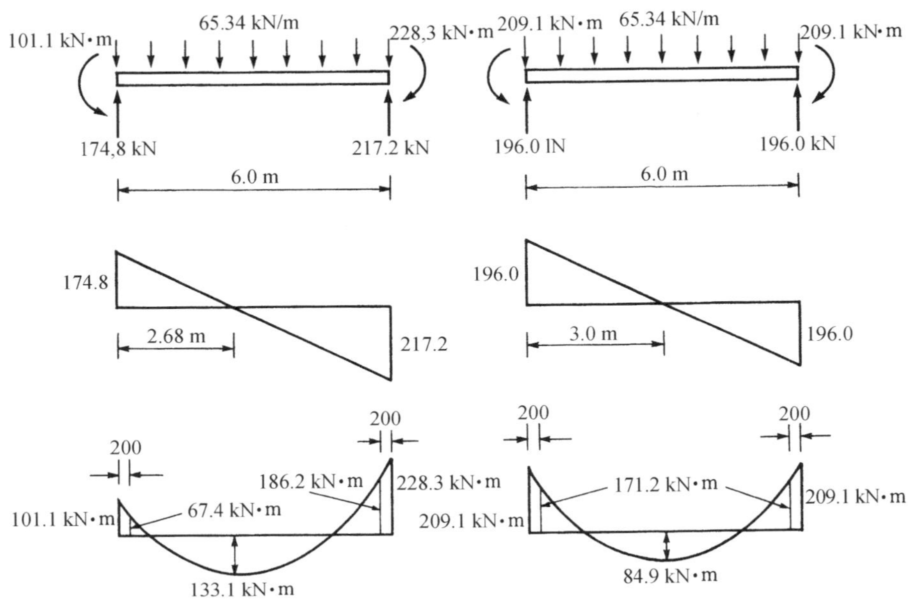

그림 8-19 예제 8-3의 전단력 및 모멘트 분포

외단과 내단의 모멘트가 계산되면 단부 반력을 하중과 단부 모멘트의 평형 조건으로부터 계산하고 전단력이 영이 되는 점을 계산하여, 그 점에서 최대 정모멘트를 계산한다.

슬래브의 부모멘트는 기둥면에서의 모멘트이므로 단부에서 $c_1/2$ 만큼 떨어진 위치에서의 부모멘트를 아울러 계산하여야 한다. 예제의 각 슬래브-보에 대하여 계산된 단부 반력, 전단력 및 설계모멘트는 그림 8-19와 같다.

8-5 1 방향 슬래브

8-5-1 개 요

1 방향 슬래브는 말 자체가 의미하는 바와 같이, 하중을 한 방향으로 지지하는 슬래브이다. 이러한 구조는 8-1 절에서 설명된 바와 같이 슬래브의 긴 변이 짧은 변의 2 배를 넘는 경우에 슬래브는 거의 단일곡률로 처지면서 짧은 변 방향으로 휨모멘트가 생기게 된다.

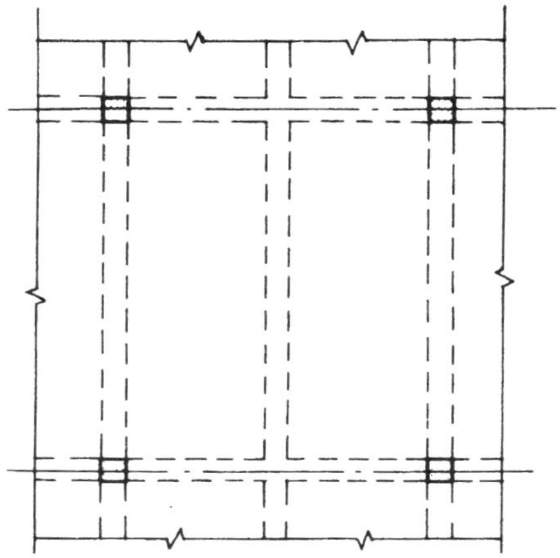

(a) 보-슬래브 구조

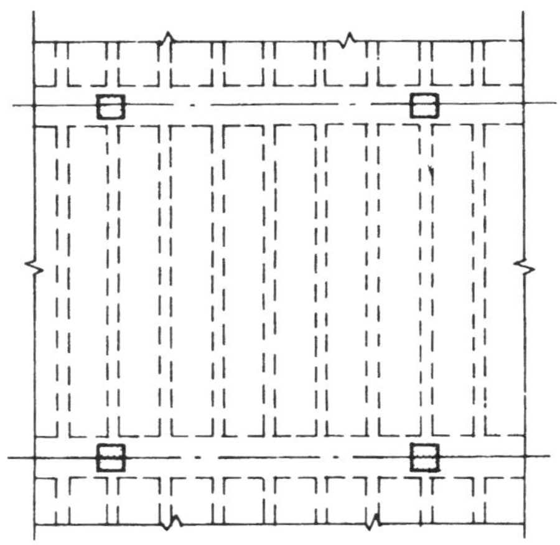

(b) 장선 구조

그림 8-20 1 방향 슬래브

보-슬래브 구조에서는 그림 8-20 (a)와 같이 기둥을 잇는 보 사이에 작은 보를 넣어 긴 방향 보의 부담을 줄이면서 슬래브를 1 방향 구조로 하는 경우가 있고, 긴 경간에서는 그림 8-20 (b)와 같이 장선을 좁은 간격으로 배치하여 보의 높이를 줄이고 슬래브를 1 방향으로 하여 얇은 슬래브가 가능하도록 하는 경우도 있다. 1 방향 슬래브에서는 한 방향의 휨모멘트만 고려하면 되므로 해석이 간편하고 모멘트 방향의 경간이 짧아 슬래브의 두께나 철근량을 줄일 수 있어 슬래브의 경제성을 높일 수 있다.

8-5-2 1 방향 슬래브의 두께와 처짐

KDS 14 20 30 (4.2.1)에서는 큰 처짐에 의하여 손상되기 쉬운 칸막이벽이나 기타 구조물을 지지하지 않는 1 방향 슬래브의 최소 두께를 다음과 같이 규정하고 있다.

$$\text{단순받침 슬래브 : } h = l/20 \tag{8.20a}$$

$$\text{1 단 연속 슬래브 : } h = l/24 \tag{8.20b}$$

$$\text{양단 연속 슬래브 : } h = l/28 \tag{8.20c}$$

$$\text{캔틸레버 슬래브 : } h = l/10 \tag{8.20d}$$

이 최소 두께는 단위 질량 $m_c = 2{,}300\ \mathrm{kg/m^3}$인 일반 콘크리트와 $f_y = 400\ \mathrm{MPa}$ 철근을 사용한 부재에 대한 값이며, 이 이외의 조건에 대해서는 다음과 같이 수정한다.

① $m_c = 1{,}500 \sim 2{,}000\ \mathrm{kg/m^3}$ 범위의 경량콘크리트 슬래브에는 계산된 h에 $(1.65 - 0.00031\, m_c)$와 1.09 중 큰 값을 곱한다.

② f_y가 400 MPa 이외인 경우에는 계산된 h 값에 $(0.43 + f_y/700)$을 곱한다.

1 방향 슬래브의 최소 두께는 슬래브 처짐의 사용성 한계를 고려하여 규정된 것으로, 위의 규정에 의하여 계산된 값 이상의 두께로 설계된 슬래브에 대해서는 처짐을 검토하지 않아도 된다. 그러나 슬래브 위에 칸막이벽이 놓이거나 큰 집중하중이 작용하는 경우에는 처짐 계산을 하여 최대 처짐량이 허용 처짐량 이내에 있는지를 검토하여야 한다. 1 방향 슬래브의 처짐 계산에서는 단위 폭을 가진 직사각형보로 하여 처짐 해석을 하며, 처짐 검토는 부재 사용성에 관련되므로, 하중은 사용하중으로 한다. KDS 14 20 30 (4.2.2)에서 정하는 최대 허용처짐은 표 5-1과 같다.

8-5-3 1 방향 슬래브의 해석

1 방향 슬래브는 짧은 변을 경간으로 하는 단위 폭의 직사각형보가 긴 변

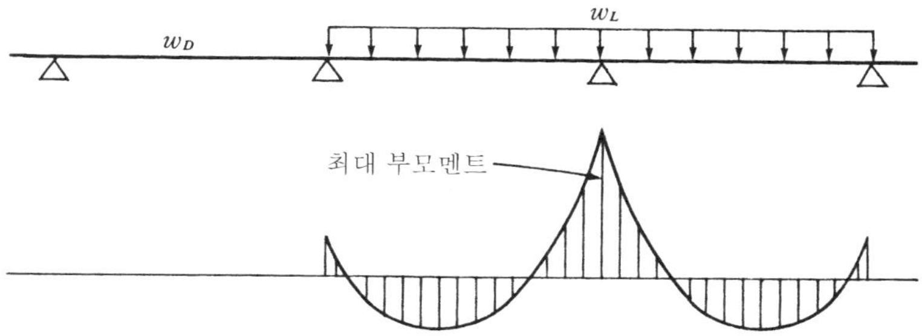

(a) 최대 부모멘트 계산을 위한 활하중

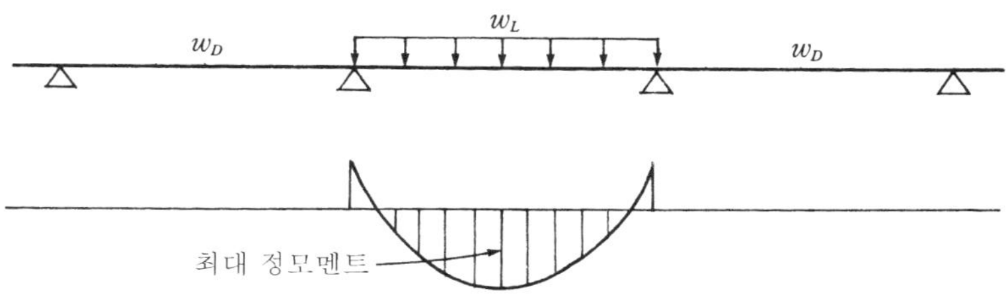

(b) 최대 정모멘트 계산을 위한 활하중

그림 8-21 최대 모멘트 계산을 위한 활하중의 배치

방향으로 나란히 연결된 구조이므로 구조해석에서는 단위 폭에 대하여 하중 조건과 지지 조건 등을 적용하는 것이 편리하며, 전단의 영향은 크지 않으므로, 일반적으로 계수를 적용한 고정하중과 활하중에 대하여 탄성이론으로 설계모멘트를 구하게 된다.

연속보나 연속된 1 방향 슬래브의 모멘트를 구하는 방법은 탄성해석에 의한 방법과 모멘트계수에 의한 방법이 있다. 1 방향 슬래브 구조의 해석에서는 활하중의 배치에 의한 모멘트의 변화가 고려되어야 한다. 계수 고정하중은 모든 부재에 작용하는 상태에서 그림 8-21 (a)와 같이 인접한 양쪽 경간에 계수 활하중이 작용하고 다른 경간에는 활하중이 작용하지 않는 경우에는 인접한 절점의 부모멘트가 최대가 되며, 반대로 그림 8-21 (b)와 같이 인접한 양쪽 경간에는 활하중이 작용하지 않고 해당 경간에만 계수 활하중이 작용하는 경우에는 그 경간의 정모멘트가 최대가 된다. 이와 같이 활하중의 여러 가지 배치에 대하여 가장 불리한 상태를 대상으로 구조해석과 설계가 이루어져야 한다.

【1】 모멘트 계수를 사용한 해석

연속보와 1 방향 슬래브의 해석에서는 아래의 조건이 맞는 경우에는 정확한 구조해석 대신에 KDS 14 20 10 (4.3.1)에서 정하는 모멘트 계수를 사용하여 근사적인 모멘트와 전단력을 구할 수 있다.

① 두 경간 이상일 때
② 인접한 2 개 경간 길이의 차가 짧은 경간의 20 퍼센트 이하일 때
③ 등분포하중일 때
④ 활하중이 고정하중의 3 배 이하일 때
⑤ 부재 단면의 크기가 일정할 때

부재 단부 및 중앙부의 모멘트는 모멘트 계수에 $w_u l_n^2$을 곱한 값으로 계산된다. 여기에서 w_u는 계수를 적용한 고정하중과 활하중의 합으로, 활하중이 고정하중의 3 배 이하일 때에는 활하중의 배치에 의한 모멘트의 변화가 고려되고 있지 않으며, l_n은 부재 양쪽 지지면 사이의 순경간이다. 모멘트 계수는 여러 가지 부재 조건에 대하여 KDS 14 20 10 (4.3.1)에 규정되어 있으며, 그림 8-22는 이 모멘트 계수를 알기 쉽게 나타낸 것이다. 전단력에 대해서는 KDS

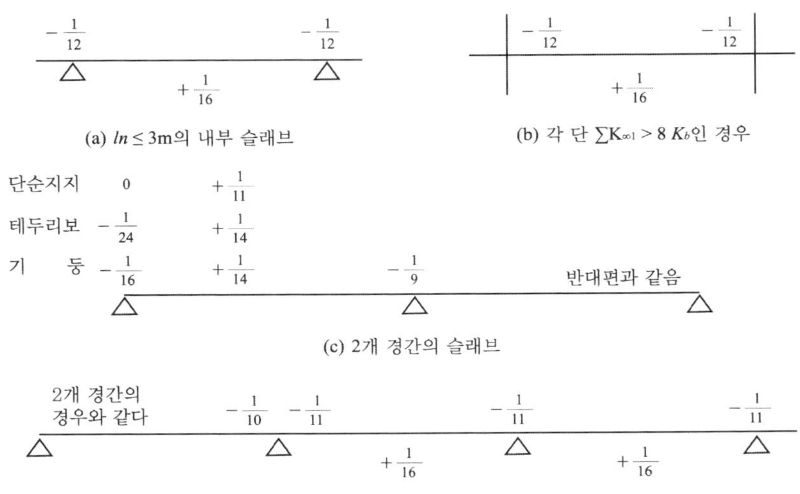

(a) $ln \leq 3$m의 내부 슬래브

(b) 각 단 $\sum K_{col} > 8\,K_b$인 경우

(c) 2개 경간의 슬래브

(d) 3개 이상 경간의 슬래브

그림 8-22 1 방향 슬래브의 모멘트 계수

14 20 10 (4.3.1)에서 다음과 같이 규정되어 있다.

① 가장 바깥 쪽에 있는 부재의 안 쪽 단부 $1.15 w_u l_n/2$

② 그 외의 단부 $w_u l_n/2$

【2】 탄성해석

정확한 구조해석을 필요로 하는 경우 또는 모멘트 계수에 적용 조건에 맞지 않는 경우에는 탄성해석을 하여야 한다. 손계산으로 쉽게 사용할 수 있는 해석 방법으로는 고정 모멘트법과 2 회 반복법 등이 있으며, 컴퓨터를 사용하는 경우에는 강성 매트릭스법이 많이 사용되고 있다.

탄성해석에서는 하중 부재의 단면 성능과 길이, 재료의 성질, 부재 지지조건 등에 따라 힘의 평형조건과 변위의 적합조건이 만족되게 부재 내력이 계산되며, 이때 계산된 모멘트는 지점간 거리에 대한 절점모멘트이다. 그림 8–23에서 구조해석에서 얻어지는 모멘트는 실선으로 표시되어 있으며, 절점에서는 M_1의 값을 가지고 있다. 그러나 M_1은 지지부재 중심에서의 값이고, 실제 설계에서는 지지 부재면에서의 모멘트가 설계모멘트이므로 지점 전단력과 작용 하중 등을 고려하여 지지면에서의 모멘트를 계산하여야 한다. 그림 8–23의 실선과 같은 구조해석상의 모멘트 분포를 고려하였을 때 지지면의 모멘트는 등분포하중에 의한 모멘트 $wc^2/2$의 미소한 값을 무시하면 대략 $M_1 - V \cdot c/2$가 된다. 여기에서 V는 지점에서의 전단력이며 보를 독립된 부재로 하였을 때에는 지점 반력이 된다.

실제 구조에서 연속보나 1 방향 슬래브를 지지하는 기둥이나 보는 지지되는 부재에 비하여 매우 높은 강성을 가지고 있기 때문에, 높은 단부 강성으로 인하여 지지 부재 중심의 부모멘트의 크기는 탄성해석상의 모멘트 M_1보다 커지며, 그림 8–23에서 파선으로 표시된 바와 같이 탄성해석에 의한 부모멘트의 분포보다 더 큰 값의 분포를 보인다. 따라서 해석으로부터 얻어지는 모멘트 M_1에 대하여 지지 부재면에서의 설계모멘트는 $V \cdot c/2$를 뺀 값보다는 $V \cdot c/3$을 뺀 값이 더 실제의 값에 가깝고 안전측을 고려한 설계가 된다. 그러나 중앙부의 정모멘트 계산에서는 탄성해석상의 값을 사용하는 것이 바람직하다.

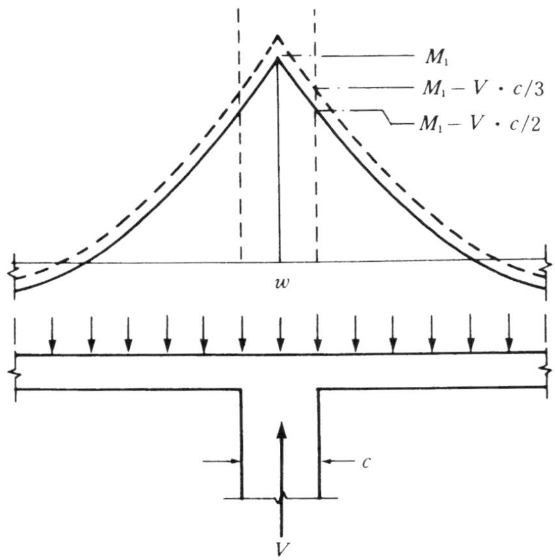

그림 8-23 절점모멘트와 설계모멘트

【예제 8-4】 그림 8-24와 같이 보 중심 간격 3.5 m, 보폭 300 mm에 계수 하중 $w_u = 20.6\ \text{kN/m}^2$이 작용하는 연속 슬래브를 설계하라. $f_{ck} = 21\ \text{MPa}$, $f_y = 400\ \text{MPa}$로 한다.

[풀 이] (1) 슬래브 두께

가장 불리한 부재는 1 단 연속 슬래브이므로 식 (8.20b)로부터

$$h = \frac{l}{24} = \frac{3{,}500}{24} = 146\ \text{mm} \longrightarrow 150\ \text{mm}$$

로 한다.

$$d = 150 - 20 - 13/2 = 123.5\ \text{mm}$$

(2) 계수모멘트

순 경 간 : $l_n = 3.5 - 0.3 = 3.2\ \text{m}$

$w_u\, l_n^2 = 20.6 \times (3.2)^2 = 210.9\ \text{kN·m/m}$

예제의 슬래브는 모멘트계수의 적용조건을 모두 만족시키므로, 그림 8-22의 모멘트계수를 사용하여 계수모멘트를 구하면

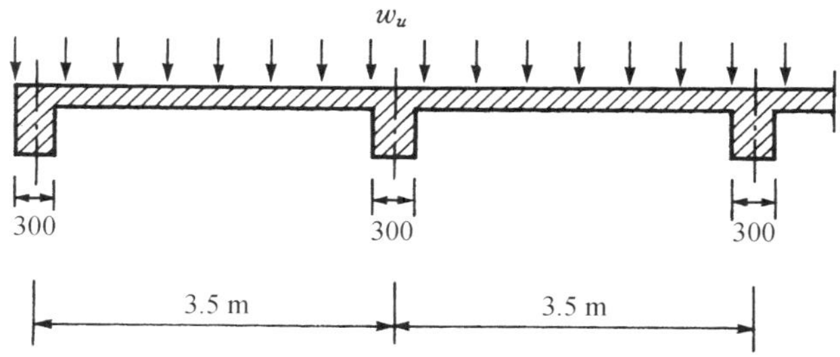

그림 8-24 예제 8-4의 슬래브

외부 경간

외단 : $M_u = w_u\, l_n^2/24 = 8.8$ kN·m/m

중앙 : $M_u = w_u\, l_n^2/11 = 19.2$ kN·m/m

내단 : $M_u = w_u\, l_n^2/10 = 21.1$ kN·m/m

내부 경간

단부 : $M_u = w_u\, l_n^2/11 = 19.2$ kN·m/m

중앙 : $M_u = w_u\, l_n^2/16 = 13.2$ kN·m/m

(3) 철근 보강설계

예제 8-1의 (5)에 기술된 바와 같이 $jd = 0.925\,d$로 가정하여 $M_u = \phi A_s f_y jd$로부터 A_s를 구한 후 4장의 식 (e2)에 적용하여 a, 식 (4.15)로부터 최종 A_s를 구하면 아래의 표와 같다.

		M_u [kN·m/m]	ρ	A_s [mm^2/m]	D13 철근 [개/m]	D10 철근 [개/m]
외부 경간	외단	8.8	0.0020*	300	3	5
	중앙	19.2	0.0039	476	4	7
	내단	21.1	0.0043	529	5	8
내부 경간	단부	19.2	0.0039	479	4	7
	중앙	13.2	0.0026	324	3	5

* 이 경우는 휨모멘트에 의한 철근비가 작기 때문에 건조수축 및 온도철근비 (0.0020) 또는 표 4-4(a)에 의하여 산정된 최소철근비 중에서 큰 값으로 결정된다.

8-6 슬래브의 철근 배근

8-6-1 철근 단면적, 간격 및 피복두께

슬래브의 모멘트 해석에서 주열대와 중간대는 기둥 배치에 따라 구획되며, 특별한 경우를 제외하고는 기둥이 정렬배치되기 때문에 2방향 슬래브에서 철근도 직교하는 방향으로 보강되어야 한다. 슬래브 보강에는 D10과 D13 철근이 많이 사용되며 각 방향의 철근 단면적은 위험 단면의 모멘트에 의하여 결정되나 8-2-5절에 기술된 최소 철근량 이상으로 하여야 한다. 철근 간격은 시공과 구조내력의 관점에서 큰 중요성을 가지고 있다. 철근 간격을 좁게 하면 집중하중을 분산시킬 수 있는 능력이 커지고 인장균열을 고르게 분포시키나, 배근 작업량이 많아지고 콘크리트를 부어넣는 데 어려움이 있다. 슬래브 철근의 최소 순간격은 4-7-2절의 3항에 서술되어 있는 보 철근의 최소 순간격과 같이 하여 철근의 공칭지름 d_b, 25 mm 또는 굵은 골재 최대 치수의 4/3 이상으로 한다. 구조기준 10.6.1에서는 2방향 슬래브의 위험 단면에서의 최대 철근 간격이 슬래브 전체 두께의 2배 이하 또한 300 mm 이하로 하도록 규정되어 있다. 철근을 화재와 부식으로부터 보호하기 위하여 슬래브 철근의 피복두께는 20 mm 이상으로 한다.

8-6-2 보없는 슬래브의 철근 배근

보없는 슬래브에 철근을 배근하는 방법은 KDS 14 20 70 (4.1.5)에 규정되어 있다. 이 KDS 14 20 70 (4.1.5)에서 정하는 철근의 연장, 절단 및 굽힘의 최소 길이는 그림 8-25에 그려져 있는 바와 같다. 이 그림에서는 주열대와 중간대에서 직선철근과 굽힘철근으로 배근하는 방법이 나뉘어 있다. 굽힘철근을 사용하면 직선철근에 비하여 철근량을 10 퍼센트 정도 절감할 수 있는 장점은 있으나, 가공 작업과 배근이 복잡하기 때문에 최근에는 직선철근이 많이 사용되고 있다.

직선철근에서나 굽힘철근에서 모두 상단 배근에서 지지면으로부터 돌출하는 부모멘트 보강철근의 연장 길이는 그림 8-25에 표시된 바와 같이 하며, 인접한 경간의 길이가 다른 경우에는 긴 경간의 길이를 기준으로 한다.

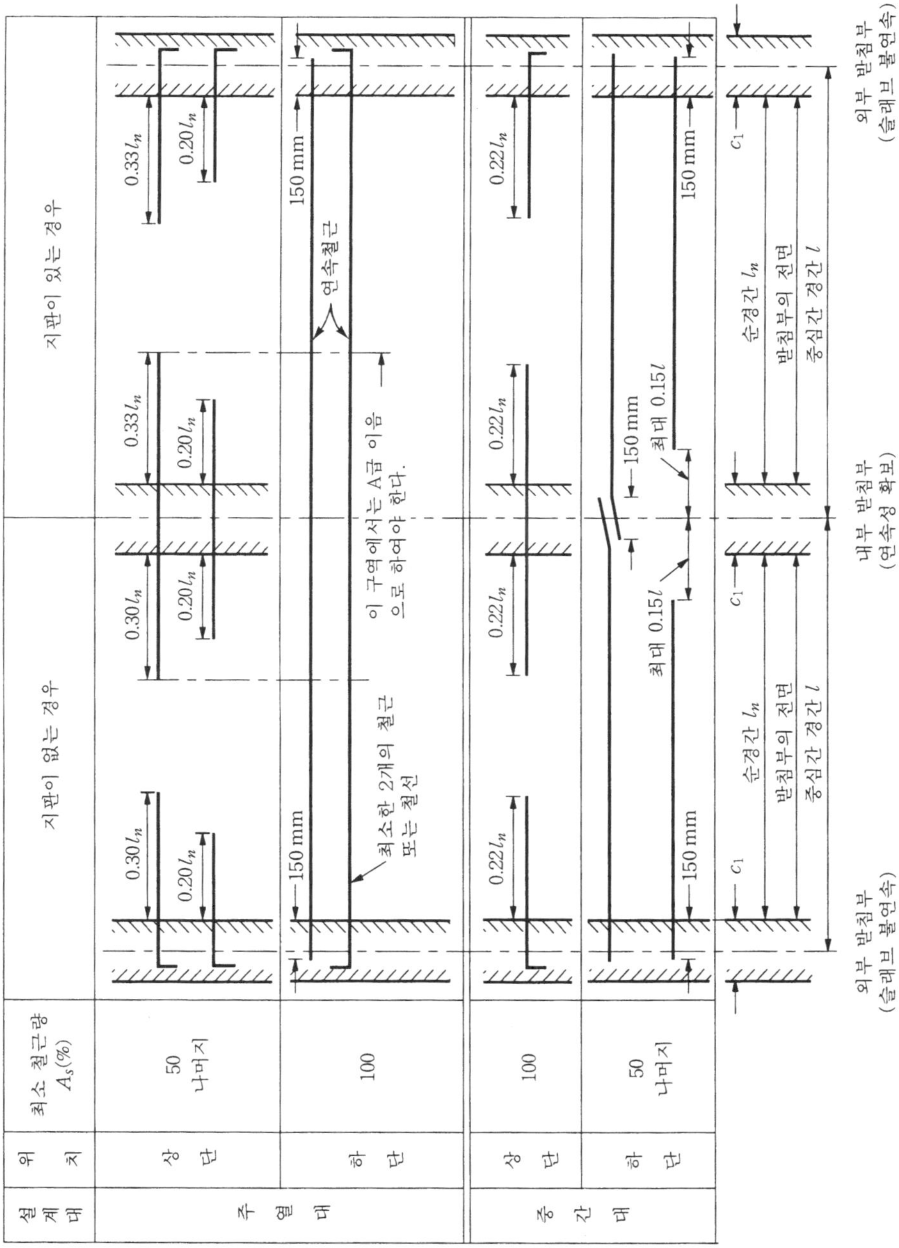

그림 8-25 보 없는 슬래브의 철근 배근

굽힘철근으로 하는 경우 굽힘 각도는 45°로 하며, 슬래브의 두께와 경간 길이의 비가 45° 이하의 굽힘 각도를 허용하는 경우에만 사용할 수 있다. 매우 무거운 하중을 지지하는 슬래브 구조에서 그 두께가 $l_n/24$ 이상이 될 때에는 그림 8-25에 표시된 철근 길이를 유지하려면 굽힘 각도가 45°보다 더 급경사가 되기 때문에 이런 경우에는 직선철근으로 하는 것이 좋다.

KDS 14 20 70 (4.1.5)와 그림 8-25에 나타나 있는 슬래브 철근의 정착 방법은 다음과 같다.

① 불연속 단부에 수직하게 배근되는 정모멘트 보강철근은 슬래브 끝까지 연장하여 직선 또는 갈고리로 150 mm 이상 테두리보, 기둥 또는 벽체 등 받침부에 정착시켜야 한다.
② 불연속 단부에 수직하게 배근되는 부모멘트 보강철근은 테두리보, 기둥 또는 벽체 등 받침부에 굽힘, 갈고리 또는 그밖의 적절한 방법으로 정착시켜야 한다.
③ 불연속 단부에서 슬래브가 테두리보나 벽체로 지지되어 있지 않을 때에는 철근을 슬래브 내부에서 표준 갈고리 등으로 정착시켜야 한다.

8-6-3 1 방향 슬래브의 철근 배근

1 방향 슬래브에서는 휨인장응력을 짧은 변 방향으로만 지지하도록 설계되기 때문에 휨인장철근은 짧은 변 방향으로 생기는 정모멘트와 부모멘트에 의하여 산정된다. 이때 배근되는 철근의 중심 간격은 최대 휨모멘트가 일어나는 단면에서는 슬래브 두께의 2 배 또는 300 mm 중 작은 값 이하로 하고, 그밖의 단면에서는 슬래브 두께의 3 배 또는 400 mm 중 작은 값 이하가 되도록 하여야 한다.

1 방향 슬래브의 긴 변 방향으로는 휨인장철근을 특별히 배근할 필요는 없으나, 건조 수축 및 온도 변화에 의한 균열을 방지하기 위하여 식 (8.4)에 규정된 철근비의 철근을 슬래브 두께의 5 배 이하 또는 400 mm 중 작은 값 이하의 간격으로 배근하여야 한다. 슬래브의 단부가 단순받침되어 있더라도 부모멘트가 생기는 경우에는 이에 상응하는 철근을 배근하여야 한다. 1 방향 슬래브에서도 긴 변의 단부가 보나 벽체에 고정되어 있는 경우에는 부모멘트가 생기기

때문에 슬래브의 긴 변 방향 상부에 철근을 배근하여야 하며, 배근되는 철근의 중심 간격은 슬래브 두께의 5배, 또는 450 mm 중 작은 값 이하로 한다.

8-7 슬래브의 전단설계

8-7-1 전단보강되지 않은 슬래브

플랫 슬래브와 같이 보 없이 직접 기둥에 지지되는 구조나 기초판 같이 기둥을 지지하는 구조에서는 집중하중의 작용에 의하여 기둥 주위에 그림 8-26에 표시된 바와 같이 슬래브의 하부로부터 경사지게 균열이 발생하여 구멍이 뚫리는 형태로 전단파괴되는 경우가 있다. 이런 형태의 전단을 뚫림전단(punching shear) 또는 2방향 전단(two way shear)이라고 하며, 사인장 파괴를 일으키는 보 형태의 전단과는 다르게 다루어진다. 2방향 전단에 의한 파괴는 기둥에

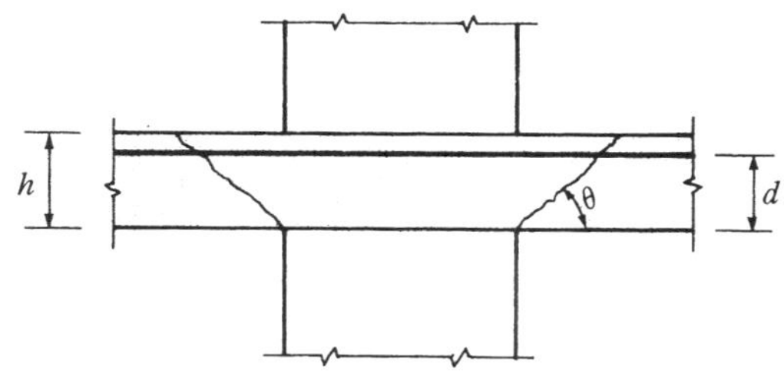

(a)

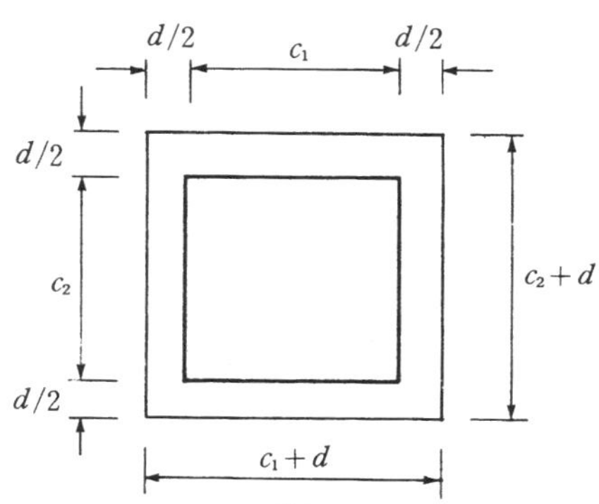

(b)

그림 8-26 슬래브 2방향 전단의 위험 단면

면한 슬래브 밑면에 파괴면이 형성되어 윗방향으로 경사지게 발전하는 형태이며, 이때 파괴면의 수평에 대한 경사각 θ는 콘크리트의 강도나 철근보강에 따라 20°~45°가 된다.

2 방향 전단의 위험 단면은 그림 8-26 (b)에 보이는 바와 같이 기둥 주변으로부터 $d/2$만큼 떨어져 슬래브에 수직한 면으로 하고, 위험 단면의 둘레를 b_o로 하면 위험 단면의 전단면적 $b_o d$에서 저항할 수 있는 공칭 전단강도 V_c를 KDS 14 20 22 (4.11.2)에서는 다음의 식으로 계산하도록 규정하고 있다.

$$V_c = v_c b_o d \tag{8.21}$$

$$v_c = \lambda\, k_s\, k_{bo}\, f_{te} \cot\psi (c_u/d) \tag{8.22}$$

여기서, λ= 경량 콘크리트 계수, 보통 콘크리트에서 $\lambda = 1.0$
k_s= 기둥-슬래브 접합부에서 슬래브의 두께 계수
k_{bo}= 기둥-슬래브 접합부의 위험단면 둘레 길이의 영향계수
f_{te}= 기둥-슬래브 접합부의 압축대 콘크리트의 인장강도
ψ= 슬래브 휨 압축대의 균열 각도
c_u= 압축철근의 영향을 무시하고 계산된 슬래브 위험단면 압축대 깊이의 평균 값
f_{cc}= 기둥-슬래브 접합부 위험단면 압축대의 평균 압축응력

또한, 식 (8.21)에 의해 산정된 공칭 전단강도 V_c은 $0.58 f_{ck} b_o c_u$이하이어야 한다. 식 (8.22)의 v_c는 콘크리트 재료의 공칭 전단응력 강도이며, 이 식을 이루는 각 계수들의 계산식은 KDS 14 20 22 (4.11.2)에

$$k_s = \left(\frac{300}{d}\right)^{0.25} \le 1.1 \tag{8.23a}$$

$$k_{bo} = \frac{4}{\sqrt{\alpha_s (b_o/d)}} \le 1.25 \tag{8.23b}$$

$$f_{te} = 0.2\sqrt{f_{ck}} \tag{8.23c}$$

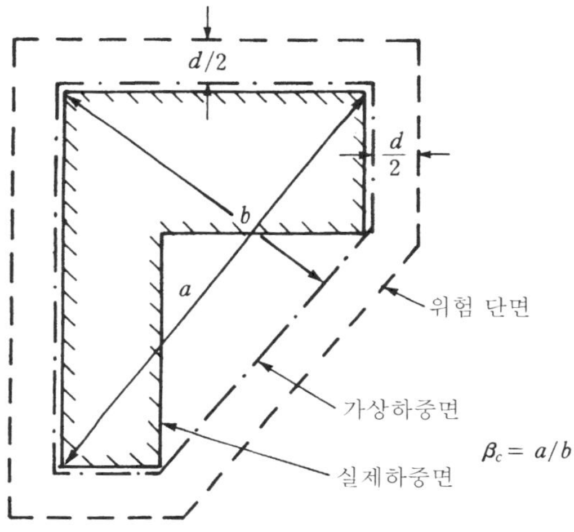

그림 8-27 불규칙한 하중면의 위험 단면

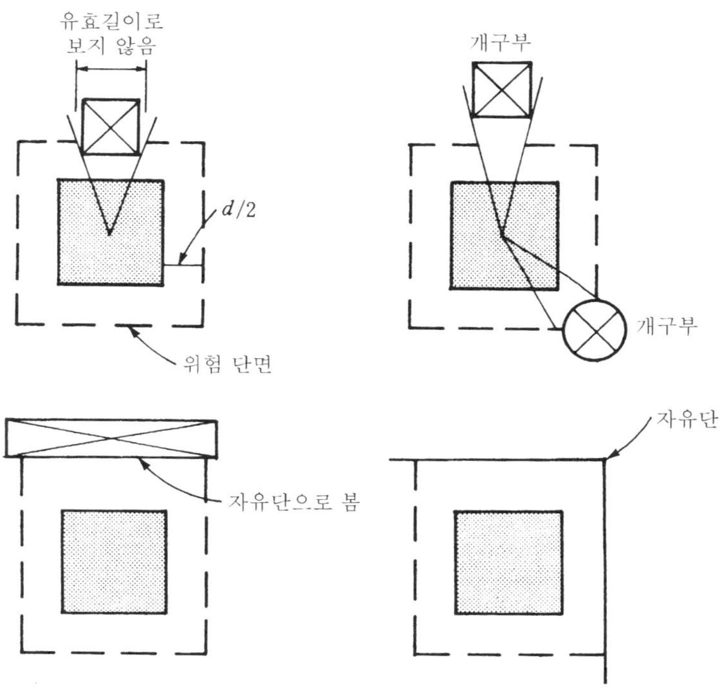

그림 8-28 개구부와 자유단이 있는 슬래브의 위험 단면

$$\cot\psi = \frac{\sqrt{f_{te}(f_{te}+f_{cc})}}{f_{te}} \tag{8.23d}$$

$$c_u = d\left(25\sqrt{\frac{\rho}{f_{ck}}} - \frac{300\rho}{f_{ck}}\right) \tag{8.23e}$$

$$f_{cc} = \frac{2}{3}f_{ck} \tag{8.23f}$$

으로 규정되어 있다. 위의 식 (8.23a)에서 k_s의 하한값으로 0.75를 사용할 수 있으며, 식 (8.23b)에서 α_s는 내부 기둥에 대하여 1.0, 모서리 기둥을 을 제외한 외부 기둥에 대하여 1.33, 모서리 기둥에 대하여 2.0의 값을 가진다. 식 (8.23e)에서 ρ는 설계위험단면에서 양방향으로 각각 h만큼 떨어진 폭의 슬래브에 대한 평균인장주철근비이며, (8.23e)는 ρ가 0.03 이내의 범위에서 사용되며 ρ의 값이 0.005 이하인 경우 0.005로 할 수 있다. 이때, 인장주철근은 설계위험단면에서 최소 $(h+l_d)$만큼 연장하여 슬래브에 정착해야 한다. 여기서 l_d는 인장이형철근의 정착길이이다.

슬래브에는 보통 전단보강되지 않으므로 설계강도는 ϕV_c로 하며, $V_u \le \phi V_c$가 되도록 한다. 강도감소계수 ϕ의 값은 0.75이다.

직사각형이 아닌 기둥에 대한 위험 단면과 β_c의 값은 그림 8-27과 같이 정하며, 개구부와 자유단에서의 위험 단면의 둘레 길이는 그림 8-28과 같은 방법으로 계산한다.

길이가 길고 폭이 좁은 슬래브나 기초에서는 뚫림전단 이외에 보의 전단과 같은 1 방향 전단의 영향을 받는다. 1 방향 전단에 의한 균열 발생의 위험 단면은 기둥이나 주두 또는 하중 작용면에서 d 떨어진 거리에 위치하며, 균열은 슬래브의 폭 l_2에 걸쳐 파급된다. 1 방향 전단에 대해서도 슬래브의 설계 전단강도 ϕV_c가 계수 하중에 의한 소요 전단강도 V_u 이상이 되도록 설계되어야 하며, 콘크리트의 공칭 전단강도 V_c는 식 (6.22)에서 b_o를 l_2로 하여 $V_c = (1/6)\lambda\sqrt{f_{ck}}\,l_2 d$로 계산된다.

8-7-2 슬래브의 전단보강

식 (8.21)에 의하여 계산되는 슬래브의 공칭 전단강도에 강도감소계수를 적용하여 얻어지는 설계전단강도 ϕV_c가 위험 단면에서 계수 하중에 의한 전단력 V_u 보다 작은 경우에는 슬래브의 두께를 크게 하거나, 지판 또는 기둥머리를 사용하여 $b_o d$의 값을 크게 함으로써 $\phi V_c \geq V_u$의 설계식을 만족시킬 수 있다. 그러나 어떤 제약에 의하여 슬래브의 두께를 크게 할 수 없고 지판이나 기둥머리의 사용도 가능하지 않은 경우에는 기둥 주위의 슬래브를 전단보강하여야 한다. 이러한 슬래브의 전단보강에는 그림 8-29 (a)와 같이 기둥을 중심으로 양방향 기둥열 철근을 스터럽으로 보강하는 방법과 그림 8-29 (b)와 같이 기둥에 얹히는 슬래브를 C 형강이나 H 형강으로 보강하는 전단머리(shearhead) 보강법이 주로 사용되고 있다.

【1】 슬래브의 스터럽 보강

슬래브의 유효두께 d가 150 mm 이상 또한 전단 철근 지름의 16배 이상되는

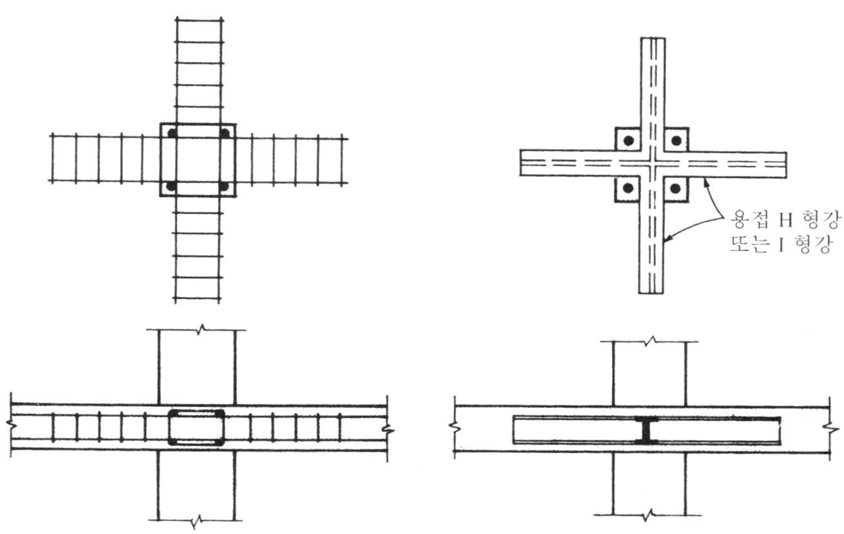

(a) 스터럽 보강 (b) 전단머리 보강

그림 8-29 슬래브의 2 방향 전단보강

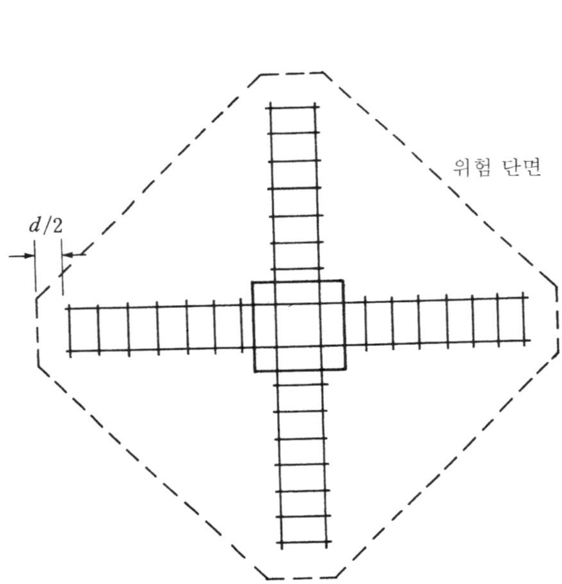

그림 8-30 스터럽 보강 슬래브의 위험 단면

경우 전단보강을 철근으로 할 수 있다. 철근으로 전단보강된 슬래브의 공칭 전단강도 V_n은 식 (6.21)과 같이 콘크리트의 공칭 전단강도 V_c와 철근의 공칭 전단강도 V_s의 합으로 하나, $0.58 f_{ck} b_o c_u$ 이하이어야 한다. V_c는 식 (8.21)로 계산되며, V_s는 다음 식으로 구해야 한다.

$$V_s = \frac{A_v f_s d}{s} \tag{8.24}$$

이 식에서 A_v는 전단 위험단면에 배치된 모든 철근의 단면적, f_s는 뚫림전단 파괴시 전단철근에 작용하는 응력으로서 $f_s = 0.5 f_{yt}$로 정의되며, 전단 철근의 항복강도 f_{yt}는 400 MPa를 초과하지 못한다. 식 (8.21)의 적용에서 b_o는 그림 8-30과 같이 각 방향 마지막 스터럽에서 바깥쪽으로 $d/2$ 떨어진 지점을 연결하는 선으로 한다.

【2】 전단머리 보강

전단머리 보강법에는 H 형강, I 형강 또는 C 형강 등이 사용된다. 형강을 필요한 길이로 잘라 동일면에서 교차하도록 완전 용입용접으로 제작한 후, 피복 두께를 유지하면서 교차 부분이 기둥머리에 위치하도록 슬래브 내에 설치하며, 인장철근인 상단 철근은 형강 위를 지나 연속되게 하고, 하단 철근은 형강 가까운 위치에서 끝나도록 배근한다. 전단머리 보강재는 충분한 휨강성을 가지고 있어 슬래브의 전단력에 의한 파괴가 생기기 이전에 휨파괴가 일어나지 않도록 하여야 한다. 참고문헌 8-4의 실험 결과에 의하면 전단머리 보강재의 내민 부분은 이를 둘러싸고 있는 콘크리트 단면과의 휨강성비 α_v에 따라 $\alpha_v V_c$ 만큼의 전단력을 지지하며, 이 전단력은 길이에 걸쳐 일정하게 지지하는 것으로 나타나고 있다. 휨강성비는

$$\alpha_v = \frac{E_s I_s}{E_c I_c} \tag{8.25}$$

으로 정의되며, I_c의 계산에서 단면의 폭은 기둥의 폭 c_2에 보강재가 설치되는 슬래브의 유효깊이 d를 합한 값으로 하고, 슬래브의 균열이 고려된다. KDS 14 20 22 (4.11.4)에는 α_v의 값을 0.15 이상으로 하고, 전단머리 보강재의 깊이는 사용되는 형강 복부 두께의 70 배 이하로 하며, 압축 플랜지는 슬래브의 압축 연단으로부터 $0.3d$ 이내의 위치에 설치하도록 규정하고 있다.

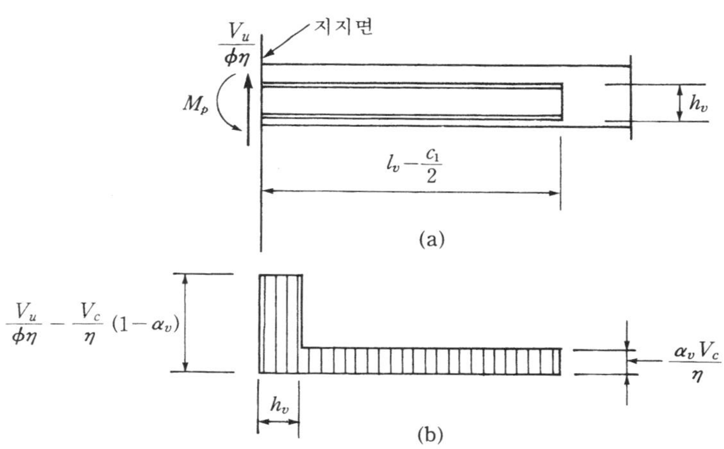

그림 8-31 전단머리 돌출부의 전단력 분포

전단머리의 내민 부재의 개수를 η로 나타내면, 각 부재가 지지하는 전단력은 $\alpha_v V_c/\eta$가 되나, 전단력이 증가하여 기둥 둘레에 경사 균열이 생겼을 때 기둥면에서 최대 전단력은 각 내민 부재가 지지해야 할 전체 전단력 $V_u/\phi\eta$에서 슬래브 콘크리트의 압축 부분에 의하여 기둥으로 전달되는 전단력 (V_c/η) $(1-\alpha_v)$를 뺀 값이 되며, 실험 결과에 의하면 이 전단력은 기둥면으로부터 보강재의 깊이 h_v 만큼의 부분에서 지지되는 것으로 나타나고 있다. 그림 8-31은 이러한 전단 분포를 단순하게 표시한 것이다. 실험으로부터 V_c가 $V_n/2$, 즉 $V_u/2\phi$의 값에 이르면 전단머리 보강재가 소성 상태가 되므로, 기둥면에서 소성모멘트 M_p는 그림 8-31 (b)의 전단분포에서 $V_c = V_u/2\phi$로 하여

$$M_p = \frac{V_u}{2\phi\eta}\left[h_v + \alpha_v\left(l_v - \frac{c_1}{2}\right)\right] \tag{8.26}$$

으로 계산된다. 이 식에서 l_v는 전단머리의 내민 부재의 길이이며, ϕ는 0.85의 값을 가진다.

전단머리 보강에서 전단에 대한 슬래브 위험단면의 둘레 b_o는 그림 8-32에 표시된 바와 같이, 기둥면에서 내민 부분의 단부까지 거리 $(l_v - c_1/2)$의 3/4 지점과 기둥단면 둘레에서 최소한 $d/2$만큼 떨어진 곳을 연결하는 최소 길이로 하며, 이 위험 단면에서 전단강도 V_n은 $1/3\sqrt{f_{ck}}\,b_o d$ 이하로 한다. 또한 전단머리 보강법을 쓰는 경우에도 각 기둥면에서 $d/2$ 떨어진 위치를 연결하는 위험 단면에서 V_n의 값이 $0.59\sqrt{f_{ck}}\,b_o d$를 초과해서는 안 된다.

전단머리가 사용되는 경우 각 슬래브 주열대에서 전단머리 보강재가 지지하는 모멘트는 식 (8.26)으로부터

$$M_v = \frac{\phi\alpha_v V_u}{2\eta}\left(l_v - \frac{c_1}{2}\right) \tag{8.27}$$

으로 규정되어 있으며, 이 식에서 계산되는 M_v는 슬래브 주열대의 전체 설계모멘트의 30 퍼센트 보강재의 돌출길이 l_v에서 주열대 모멘트가 변화한 크기, 또는 식 (8.26)의 M_p 중 어떤 값보다도 커서는 안 된다.

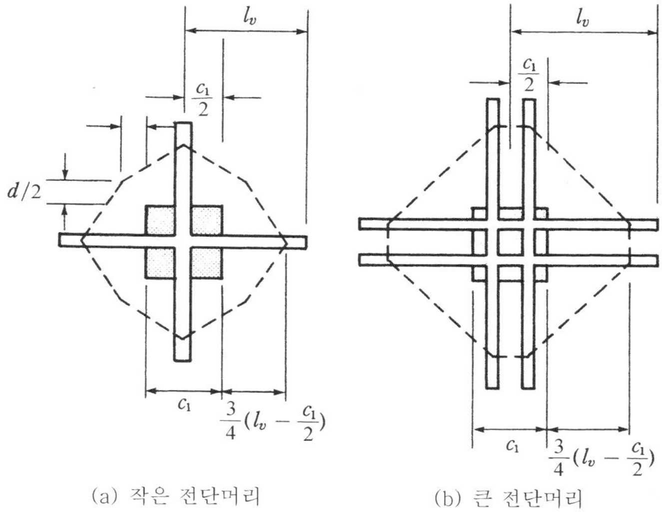

그림 8-32 전단머리 보강 슬래브의 위험단면

[예제 8-5] 예제 8-1의 슬래브에서 내부 기둥의 뚫림전단에 대하여 검토하라. 또한, 이 슬래브에 계수 하중 $w_u = 18\,\text{kN/m}^2$ 이 작용할 때 스터럽을 사용한 전단보강과 전단머리 보강설계를 하라. 주열대 상단 철근은 D13@150으로 배근된 것으로 한다.

[풀 이] (1) 예제 8-1에서 $d = 170\,\text{mm}$ 이므로 위험 단면의 둘레는

$$c_1 + d = 400 + 170 = 570\,\text{mm}$$

$$c_2 + d = 400 + 170 = 570\,\text{mm}$$

$$b_o = 4 \times 570 = 2{,}280\,\text{mm}$$

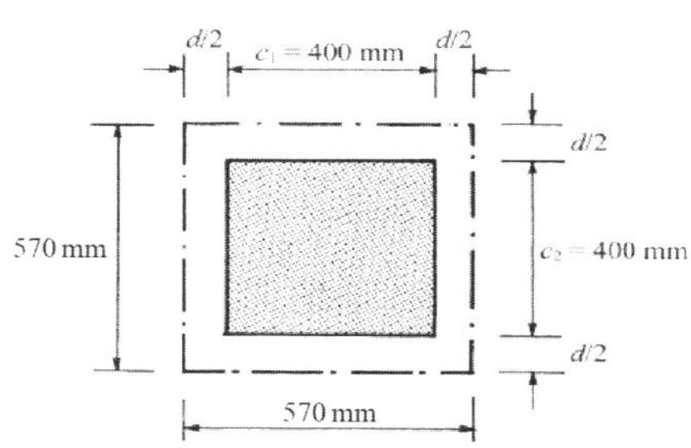

소요 전단강도는

$$V_u = w_u [l_1 \times l_2 - (c_1 + d)(c_2 + d)]$$
$$= 12.1 \times [6 \times 5.4 - (0.57)^2]$$
$$= 388.1 \text{ kN}$$

예제 8-1의 풀이에서 내부 경간 주열대의 철근비는 $\rho = 0.0050$이고 내부 기둥이므로 $\alpha_s = 1.0$으로 하여, 식 (8.23)의 계수들은

$$k_s = \left(\frac{300}{170}\right)^{0.25} = 1.15 \rightarrow 1.1$$

$$k_{bo} = \frac{4}{\sqrt{1.1\,(2{,}280/170)}} = 1.04$$

$$f_{te} = 0.2\sqrt{24} = 0.98 \text{ MPa}$$

$$f_{cc} = \frac{2}{3}(24) = 16 \text{ MPa}$$

$$\cot\psi = \sqrt{1.03(1.03 + 16)}\,/1.03 = 4.16$$

$$c_u = 170\left(25\sqrt{\frac{0.005}{24}} - \frac{300 \times 0.005}{24}\right) = 50.72 \text{ mm}$$

으로 계산된다. 보통 콘크리트에 대하여 $\lambda = 1.0$이므로 이 값을 위에 계산한 값들과 함께 식 (8.22)와 (8.21)에 적용하면,

$$v_c = 1.0 \times 1.1 \times 1.04 \times 0.98 \times 4.16 \times (50.72/170)$$
$$= 1.46 \text{ MPa}$$

$$\phi V_c = 0.75 \times 1.46 \times 2{,}280 \times 170 \times 10^{-3}$$
$$= 424.4 \text{ kN} > V_u = 388.1 \text{ kN}$$ 적합

(2) $w_u = 18 \text{ kN/m}^2$이 작용하는 경우

$$V_u = 18 \times [6 \times 5.4 - (0.57)^2]$$
$$= 577.4 \text{ kN} > \phi V_c = 424.4 \text{ kN}$$ 부적합

따라서 전단보강이 되어야 한다. 스터럽을 사용하여 전단보강된 부재의 전단설계강도(ϕV_n)는 $\phi\, 0.58 f_{ck} b_o c_u$ 이하이어야 한다. 따라서,

$$\phi V_n = 0.75 \times 0.58 \times 24 \times 2{,}280 \times 50.72 \times 10^{-3}$$
$$= 1207.3 \text{ kN} > V_u = 577.4 \text{ kN}$$ 적합

전단철근이 부담하는 요구전단강도(ϕV_s)는 아래식과 같다.

$$\phi V_s \geq V_u - \phi V_c$$
$$= 577.4 - 424.4$$
$$= 153.0 \text{ kN}$$

따라서, 식 (8.24)로부터

$$\frac{A_v}{s} = \frac{\phi V_s}{\phi f_s d}$$
$$= \frac{153.0 \times 10^3}{0.75 \times 0.5 \times 400 \times 170}$$
$$= 6.00 \text{ mm}^2/\text{mm}$$

이며, 그림 8-33에 나타낸 바와 같이 D10 철근 폐쇄형 스터럽을 네 방향으로 배치하면 스터럽의 단면적(A_v)은

$$A_v = 71.3 \times 2 \times 4 = 570 \text{ mm}^2$$

이므로

$$s \leq \frac{570}{6.00} = 95.0 \text{ mm}$$

이어야 한다. 또한, 스터럽의 최대 간격 제한에 의하여

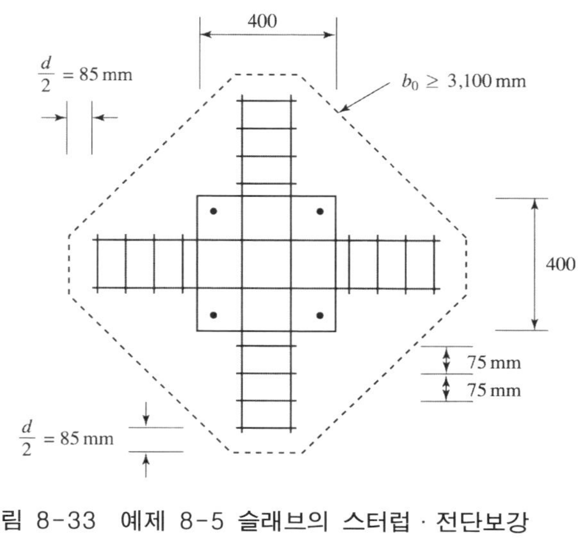

그림 8-33 예제 8-5 슬래브의 스터럽 · 전단보강

$$s \leq \frac{d}{2} = 85 \text{ mm}$$

이어야 한다. 따라서, 스터럽 간격은 85 mm로 설계할 수 있다.

스터럽을 배치한 단면 끝에서 부터 바깥쪽으로 $d/2$ 떨어진 점을 연결하는 위험단면에서는 콘크리트의 설계 전단강도 ϕV_c만으로 소요 전단력 V_u를 지지해야 하므로 식 (8.21)로부터

$$\phi V_c = 0.75 \times 1.46 \times b_o \times 170 \times 10^{-3} \text{ kN/mm}$$
$$\geq V_u = 577.4 \text{ kN}$$

이어야 한다. 따라서, 위험단면의 둘레길이(b_o)는

$$b_o \geq 3{,}100 \text{ mm}$$

이어야 하며, 그림 8-33에 나타낸 바와 같이 보강한다.

앞서 풀이된 스터럽을 사용한 전단보강과 동일한 조건에 대하여 전단머리 보강방법으로 전단설계를 할 수 있다. 전단머리 보강방법을 적용하는 경우에도 위험단면의 둘레길이(b_o)를 3,100 mm로 설계하면, 그림 8-32에서 보이는 바와 같이 전단머리의 내민길이(l_v)는 위험단면의 위치로부터

$$\frac{c_1}{2} + \frac{3}{4}\left(l_v - \frac{c_1}{2}\right) = \frac{b_o}{4} \cos 45°$$

의 관계로 나타낼 수 있다. 따라서,

$$\frac{400}{2} + \frac{3}{4}\left(l_v - \frac{400}{2}\right) = \frac{3{,}100}{4\sqrt{2}}$$

이 되므로, 전단머리의 내민길이(l_v)는

$$l_v = 664 \text{ mm}$$

으로 계산된다.

콘크리트 단면에 대한 전단머리 단면의 휨강성비(a_v)를 0.2로 가정하고 전단머리 깊이(h_v)를 100 mm로 가정하면, 식 (8.26)으로부터 전단머리 보강재의 소요 소성모멘트(M_p)는

$$M_p = \frac{577.4}{2 \times 0.85 \times 4}\left[100 + 0.2\left(664 - \frac{400}{2}\right)\right] \times 10^{-3}$$

$= 16.4\,\mathrm{kN \cdot m}$

으로 계산된다. SS 275($F_y = 275\,\mathrm{MPa}$) 재질의 H 형강을 사용하면, 필요한 소성 단면계수는

$$Z_p = \frac{M_p}{f_y} = \frac{16.4 \times 10^6}{275} = 59{,}636\,\mathrm{mm}^3$$

이다. H 형강의 단면 성능표에서 H−125×125×5×7을 택하면 $A_s = 2{,}360\,\mathrm{mm}^2$, $I_x = 6.83 \times 10^6\,\mathrm{mm}^4$, $Z_{px} = 121{,}600\,\mathrm{mm}^3 > 59{,}636\,\mathrm{mm}^3$으로 적합하다. H−125 × 125 × 5 × 7 형강을 그림 8−34와 같이 피복두께 30 mm로 하여 설치하면, 압축플랜지는 압축 연단으로부터 $0.3d = 51\,\mathrm{mm}$ 이내에 위치하며, 높이 100 mm는 복부 두께의 70 배, 즉 $70 \times 5 = 350\,\mathrm{mm}$ 이하가 된다.

α_v를 0.2로 가정하였으므로 계산된 M_p에 대한 검토가 필요하다. 콘크리트 단면의 단면2차모멘트 I_c는 균열 단면에 대하여 고려하여야 하므로 균열단면 2차모멘트(I_{cr})

$$I_{cr} = \frac{b(\bar{y})^3}{3} + n\left[I_x + A_{ss}(y_s - \bar{y})^2 + A_s(d - \bar{y})^2\right]$$

을 적용해야 한다. 그림 8−34와 같이 폭 $b = c_2 + d = 570\,\mathrm{mm}$, 상단 철근 4−D13($A_s = 506.8\,\mathrm{mm}^2$), $y_s = 30 + 125/2 = 92.5\,\mathrm{mm}$, $d = 170\,\mathrm{mm}$이며, 콘크리트 탄성계수 E_c와 탄성계수비 n은

$$E_c = 8{,}500\sqrt[3]{24 + 4} = 25{,}811\,\mathrm{MPa}$$

$$n = \frac{E_s}{E_c} = \frac{200{,}000}{25{,}811} = 7.75$$

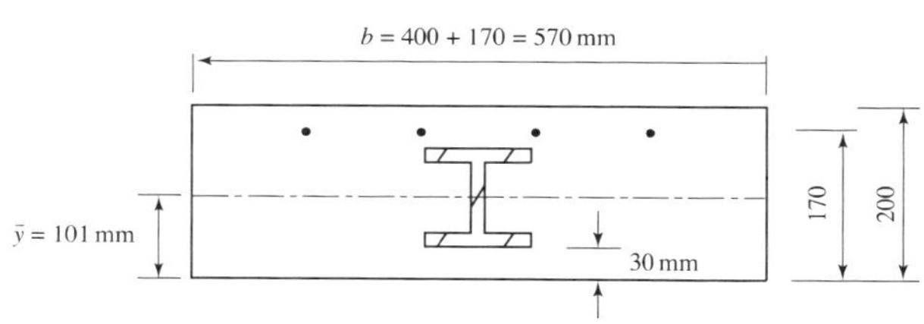

그림 8−34 예제 8−5 슬래브의 전단머리 보강

이므로, 중립축 $\bar{y}$는

$$\bar{y} = \frac{n(A_{ss}\,y_s + A_s\,d) + bh(h/2)}{n(A_{ss} + A_s) + bh}$$

$$= \frac{7.75(2{,}360 \times 92.5 + 506.8 \times 170) + 570(200)^2/2}{7.75(2{,}360 + 506.8) + 570(200)}$$

$$= 101\,\mathrm{mm}$$

으로 계산된다. 따라서, 균열 단면에 대한 단면 2차모멘트(I_{cr})는

$$I_{cr} = \frac{1}{3} \times 570 \times (101)^3 + 7.75 \times \left[6.83 \times 10^6 + 2{,}360 \times (92.5 - 101)^2 + 506.8 \times (170 - 101)^2\right]$$

$$= 268.71 \times 10^6\ \mathrm{mm}^4$$

이다. 식 (8.25)에서

$$\alpha_v = \frac{E_s\,I_s}{E_c\,I_c} = \frac{200{,}000 \times 6.83 \times 10^6}{25{,}811 \times 268.71 \times 10^6}$$

$$= 0.20 > 0.15$$ 적합

식 (8.26)에서

$$M_p = \frac{577.4}{2 \times 0.85 \times 4}\left[125 + 0.20\left(664 - \frac{400}{2}\right)\right] \times 10^{-3}$$

$$= 18.5\,\mathrm{kN \cdot m}$$

$$Z_{px} \cdot F_y = 121{,}600 \times 275 \times 10^{-6}$$

$$= 33.4\ \mathrm{kN \cdot m} > M_p$$ 적합

따라서 H−125 × 125 × 5 × 7 형강을 사용하며, 계산상 $l_v = 664\,\mathrm{mm}$이나 설계에서는 620 mm로 한다.

전단머리 보강재에 의한 저항모멘트는 식 (8.27)로부터

$$M_v = \frac{0.85 \times 0.20 \times 577.4}{2 \times 4}\left[620 - \frac{400}{2}\right] \times 10^{-3}$$

$$= 5.08\ \mathrm{kN \cdot m} < M_p$$

이 이외에 M_v와 주열대 전체 설계모멘트의 0.3 배 및 l_v 길이에서 주열

대 모멘트의 변화한 크기 중 가장 작은 값을 주열대 부모멘트의 저항모멘트로 설계에 반영할 수 있다.

8-7-3 휨모멘트 전달을 위한 편심전단 설계

기둥 둘레의 슬래브 뚫림전단설계에서는 위험 단면에서 전단응력이 일정하게 분포되는 것으로 가정하였으나, 수직하중, 풍하중, 지진하중 또는 그밖의 수평하중에 의하여 슬래브와 기둥의 연결부에 모멘트가 발생할 때, 이 불균형 모멘트의 일부는 전단편심에 의하여 전달되므로 위험 단면에서의 전단응력 분포는 등분포 상태가 되지 않는다.

실험 결과에 의하면 직사각형 기둥에서 불균형 모멘트의 약 60 퍼센트는 휨에 의하여 전달되고, 나머지 40 퍼센트는 위험 단면에서 전단응력에 의하여 지지되는 것으로 나타나고 있다. 직사각형 기둥에 대해서는 실험 결과에 없으나, 휨에 의하여 지지되는 모멘트의 분량은 모멘트를 저항하는 위험 단면의 폭이 증가함에 따라 증가하는 것으로 가정하는 것이 합리적이므로, 2007년판 설계기준에서는 이를 반영하여 슬래브 유효폭 내에서 휨응력과 전단에 의하여 지지되는 불균형 모멘트의 비율을 각각 산정하도록 하였다. 그러나 2012년 구조기준 (KCI 2012)에서 2방향 슬래브의 전단강도 산정 기준이 개정되면서 불균형 휨모멘트에 대한 편심전단 설계 기준도 변경되었다. 이에 따라, KDS 14 20 22 (4.11.7)에서는 슬래브 및 기초판과 기둥 사이에 발생하는 불균형휨모멘트 M_u에 대하여 아래와 같은 조건을 만족하도록 규정하고 있다.

$$M_u \leq \phi M_n \tag{8.28}$$

이 식에서 M_u는 해당 위험단면에 작용하는 계수불균형휨모멘트이며, ϕM_n은 강도감소계수가 고려된 위험단면의 설계불균형휨강도이다. 여기서 M_u와 ϕM_n은 동일한 기둥단면 축에서 정의되어야 한다. 일반적으로 구조해석시 M_u는 기둥 단면의 중심축에서 계산되며, 따라서 ϕM_n을 계산할 때 모든 저항모멘트 성분은 기둥 중심축에서 계산되어야 한다. 설계불균형휨강도 ϕM_n은 위험단면을 구성하는 전면, 후면, 측면의 3개 모멘트 성분의 합으로 계산한다.

$$\phi M_n = \phi_f M_F + \phi_v M_S + \phi_v M_T \tag{8.29}$$

이 식에서 M_F는 전면과 후면 슬래브의 휨강도의 합, M_S는 전면과 후면의 편심전단에 의한 휨강도, M_T는 측면의 편심전단에 의한 비틀림강도, $\phi_f = 0.85$, $\phi_v = 0.75$ 이다. 휨모멘트가 기초에 전달되는 경우에는 기초판이 불균형모멘트를 저항할 수 있도록 설계되어야 한다. 그러나 기초판에 작용하는 불균형휨모멘트가 전후면의 설계휨강도의 합 ϕM_F 이하라면, 편심전단 설계를 수행하지 않을 수 있다.

전후면의 휨강도 M_F는 다음과 같이 계산하여야 한다.

$$M_F = M_{Ff} + M_{Fb} \tag{8.30}$$

이 식에서 M_{Ff}, M_{Fb}는 위험단면 이내에서 전면의 상부 주철근와 후면의 하부 주철근을 인장철근으로 하는 슬래브의 휨강도로 정의된다. 이때 휨인장철근은 전면과 후면의 위험단면의 폭에서 양방향으로 최소 h만큼 확대된 폭의 슬래브에 배치해야 하며, 이 영역에서 뚫림전단파괴 전후 연성거동을 위하여 휨인장철근비는 0.03이하로 제한된다. 외부 접합부의 경우에는 불균형휨모멘트의 작용방향에 따라 전면이나 후면이 외부에 접하는 경우에는 M_{Ff} 또는 M_{Fb}가 존재하지 않을 수 있다. M_S와 M_T는 위험단면의 각 모서리에 작용하는 전단력과 기둥단면 중심까지 거리의 곱으로 정의되는 각 전단력의 기여도의 합으로 계산된다. 이때 전단응력은 접합부 주위 위험단면의 중립축으로부터 거리에 비례하여 직선적으로 분포한다고 가정하여야 한다. 여기서 중립축의 위치는 위험단면에서 거리에 비례하는 선형 전단응력 분포의 직접뚫림계수전단력에 대한 힘의 평형조건을 사용하여 계산한다.

전면 또는 후면의 편심전단강도는 다음과 같이 계산한다.

$$v_n = v_c + v_p + v_s \le 0.58 f_{ck} c_u / d \tag{8.31}$$

이 식에서 v_c는 콘크리트의 편심전단강도이며 식 (8.22)에 의해 정의된다. v_p는 유효프리스트레스 힘의 수직성분에 의하여 발생하는 해당 위험단면적에 대한 평균 응력이다. v_s는 전단보강재에 의한 편심전단강도이다.

측면의 편심전단강도는 다음과 같이 계산한다.

$$v_{nT} = 0.63 \lambda \sqrt{f_{ck}} + v_p + v_s \le 0.25 f_{ck} \tag{8.32}$$

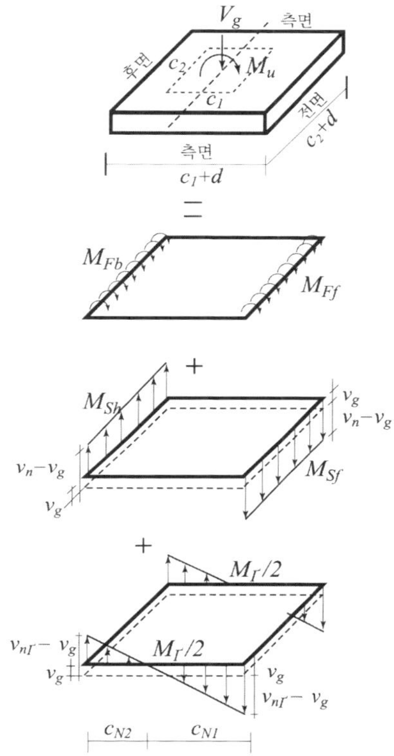

$$M_u = \phi M_n$$

$$\phi M_n = \phi_f (M_{Ff} + M_{Fb}) + \phi_v (M_{sf} + M_{sb} + M_T)$$

$$v_g = V_g / (b_o d)$$

그림 8-35 슬래브-기둥 내부 접합부에서 편심전단응력의 중립축과 불균형휨모멘트 모델

식 (8.31)과 식 (8.32)에서 v_s를 고려하기 위해서는 접합부 주위 전후면과 측면에 전단보강재를 균등하게 배치하여야 하며 식 (8.24)에서 구한 V_s를 이용하여 $v_s = V_s / (b_o d)$ 로 계산한다. 다만, v_s를 산정할 때 전단보강재의 설계기준항복강도 f_{yt}는 400 MPa를 초과할 수 없다.

전단응력의 중립축의 위치는 그림 8-35에서부터 그림 8-38까지에 제시된 바와 같이 선형전단응력분포를 사용하여 계산한다. 접합부 위치에 따라 M_S와

M_T의 계산 값은 달라지게 된다.

【1】 내부 접합부

그림 8-35는 슬래브-기둥 내부 접합부에서 편심전단응력의 중립축과 불균형휨모멘트 모델을 나타낸 것이다. 내부 접합부에서 전후면의 편심전단응력은 불균형휨모멘트 $M_S(= M_{Sf} + M_{Sb})$를 발생시킨다. 전면의 압축대에는 직접전단응력 $v_g[= V_G/(b_o d)]$가 작용하고 있으므로 불균형휨모멘트에 의한 허용전단응력은 $(v_n - v_g)$로 제한된다. 직접전단응력은 불균형휨모멘트를 유발하지 않으며, 따라서 전후면의 불균형휨모멘트 M_S와 측면의 편심전단에 의한 휨모멘트 M_T는 각각 다음과 같이 계산한다.

$$M_S = [(v_n - v_g)(c_2 + d)\,d](c_1 + d) \ge 0 \tag{8.33a}$$

$$M_T = \frac{4}{3}(v_{nT} - v_g)\left(\frac{c_1 + d}{2}\right)^2 d \ge 0 \tag{8.33b}$$

이 식에서 v_n은 전면의 편심전단강도이다.

【2】 외부 접합부 - 후면이 외부에 면한 경우

그림 8-36은 슬래브-기둥 외부 접합부에서 후면이 외부에 면한 경우에 편심전단응력의 중립축과 불균형휨모멘트 모델을 나타낸 것이다. 외부 기둥이 슬래브 단부에서 떨어져 있는 경우, 위험단면을 정의할 때 기둥 면과 슬래브 단부 사이의 거리 e는 슬래브 두께의 두 배보다 작아야 한다($e \le 2h$). 전후면의 편심전단에 의한 휨강도 M_S와 측면의 편심전단에 의한 휨강도 M_T는 다음과 같이 계산한다.

$$M_S = M_{Sf} = 0.5\,v_n(c_2 + d)\,d(c_1 + d) \tag{8.34a}$$

$$M_T = \left[c_{N2} + \frac{4}{3}c_{N1} - \frac{c_1}{2} - e\right]v_{nTf}\,d\,c_{N1} + \left[-\frac{1}{3}c_{N2} + \frac{c_1}{2} + e\right]v_{nTb}\,d\,c_{N2} \tag{8.34b}$$

이 식에서 v_{nTf}와 v_{nTb}는 각각 전면과 후면에 면한 측면 양단부에서의 편심전

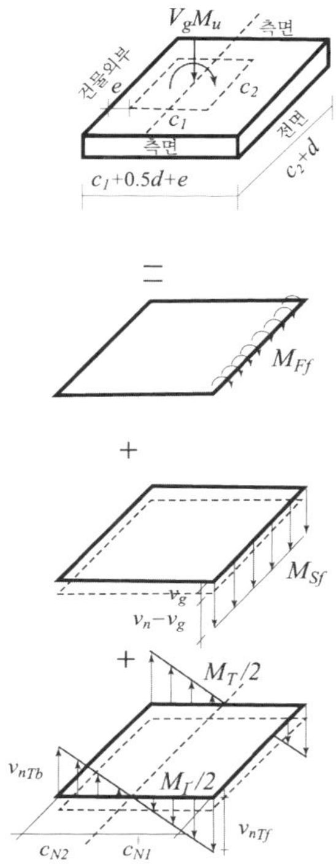

$$M_u = \phi M_n$$

$$\phi M_n = \phi_f M_{Ff} + \phi_v (M_{sf} + M_T)$$

$$v_g = V_g / (b_o d)$$

$$c_{N1} + c_{N2} = c_1 + 0.5d + e$$

$$e \le \min(2h,\ 2l_d)$$

$c_{N1} > c_{N2}$ 일때

$$v_{nTf} = v_{nTf},\ v_{nTb} = (c_{N2}/c_{N1}) v_{nT}$$

$$c_{N2} = \frac{v_{nT}(c_1 + 0.5d + e)^2}{v_{nT}(2c_1 + d + 2e) + v_n(c_2 + d) - v_g b_o} \le c_1 + 0.5d + e$$

$c_{N1} \le c_{N2}$ 일때

$$v_{nTf} = (c_{N2}/c_{N1}) v_{nT},\ v_{nTb} = v_{nT}$$

$$c_{N2} = \frac{v_{nT}(c_1 + 0.5d + e)^2}{v_{nT}(2c_1 + d + 2e) - v_n(c_2 + d) + v_g b_o} \le c_1 + 0.5d + e$$

그림 8-36 슬래브-기둥 외부 접합부에서 편심전단응력의 중립축과 불균형휨모멘트 모델 (후면이 외부에 면한 경우)

단강도이며, c_{N1}과 c_{N2}는 각각 중립축부터 전면과 후면까지의 거리로서 직접뚫림전단력에 의한 힘의 평형을 고려하여 계산된다. c_{N1}이 c_{N2} 보다 큰 경우에는 전면에 면한 측면의 단부에서 먼저 최대 전단강도에 도달하며, 이때 $v_{nTf} = v_{nT}$, $v_{nTb} = (c_{N2}/c_{N1})v_{nT}$이다. 반면, c_{N1}이 c_{N2} 보다 작은 경우에는 외측에 면한 측면의 단부에서 먼저 최대 전단강도에 도달하며, 이때 $v_{nTf} = (c_{N1}/c_{N2})v_{nT}$, $v_{nTb} = v_{nT}$로 정의된다.

【3】 외부 접합부 - 전면이 외부에 면한 경우

그림 8-37은 슬래브-기둥 외부 접합부에서 전면이 외부에 면한 경우에 편심전단응력의 중립축과 불균형휨모멘트 모델을 나타낸 것이다. 전후면의 편심

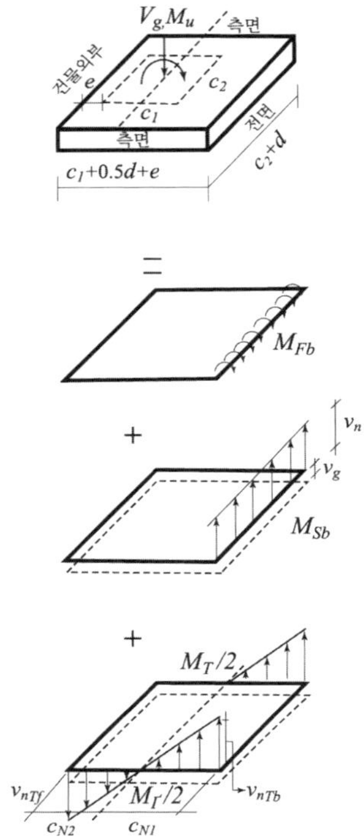

$$M_u = \phi M_n$$

$$\phi M_n = \phi_f M_{Fb} + \phi_v (M_{sb} + M_T)$$

$$v_g = V_g/(b_o d)$$

$$c_{N1} + c_{N2} = c_1 + 0.5d + e$$

$$e \le \min(2h, 2l_d)$$

$c_{N1} > c_{N2}$ 일때

$$v_{nTf} = (c_{N2}/c_{N1}) v_{nTf},\ v_{nTb} = v_{nT}$$

$$c_{N1} = \frac{v_{nT}(c_1 + 0.5d + e)^2}{v_{nT}(2c_1 + d + 2e) - v_n(c_2 + d) + v_g b_o} \le c_1 + 0.5d + e$$

$c_{N1} \le c_{N2}$ 일때

$$v_{nTf} = v_{nT},\ v_{nTb} = (c_{N1}/c_{N2}) v_{nT}$$

$$c_{N2} = \frac{v_{nT}(c_1 + 0.5d + e)^2}{v_{nT}(2c_1 + d + 2e) + v_n(c_2 + d) - v_g b_o} \le c_1 + 0.5d + e$$

그림 8-37 슬래브-기둥 외부 접합부에서 편심전단응력의 중립축과 불균형휨모멘트 모델 (전면이 외부에 면한 경우)

전단에 의한 휨강도 M_S와 측면의 편심전단에 의한 휨강도 M_T는 다음과 같이 계산한다.

$$M_S = M_{Sb} = 0.5 v_n (c_2 + d) d (c_1 + d) \tag{8.35a}$$

$$M_T = \left[c_{N2} + \frac{2}{3}c_{N1} - \frac{c_1}{2} - e\right] v_{nTb} d c_{N1} + \left[-\frac{1}{3}c_{N2} + \frac{c_1}{2} + e\right] v_{nTf} d c_{N2} \tag{8.35b}$$

c_{N1}이 c_{N2} 보다 큰 경우에는 후면에 면한 측면의 단부에서 먼저 최대 전단강도에 도달하며, 이때 $v_{nTb} = v_{nT}$, $v_{nTf} = (c_{N2}/c_{N1}) v_{nT}$이다. 반면, c_{N1}이 c_{N2} 보다 작은 경우에는 외측에 면한 측면의 단부에서 먼저 최대 전단강도에 도달하며,

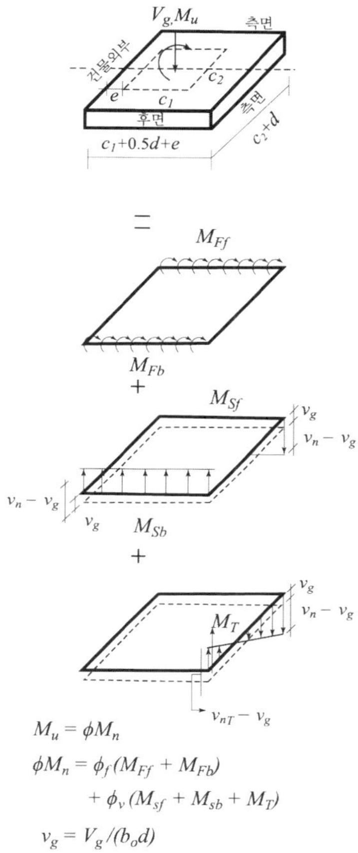

그림 8-38 슬래브-기둥 외부 접합부에서 편심전단응력의 중립축과 불균형휨모멘트 모델 (한 측면이 외부에 면한 경우)

이때 $v_{nTb} = (c_{N1} / c_{N2}) v_{nT}$, $v_{nTf} = v_{nT}$로 정의된다.

【4】 외부 접합부 - 한 측면이 외부에 면한 경우

그림 8-38은 슬래브-기둥 외부 접합부에서 한 측면이 외부에 면한 경우에 편심전단응력의 중립축과 불균형휨모멘트 모델을 나타낸 것이다. 전후면의 편심전단에 의한 휨강도 M_S와 측면의 편심전단에 의한 휨강도 M_T는 각각 다음과 같이 계산한다.

$$M_S = [(v_n - v_g)(c_1 + 0.5d + e)d(c_2 + d) \geq 0 \tag{8.36a}$$

$$M_T = \frac{2}{3}(v_{nT} - v_g)\left(\frac{c_2 + d}{2}\right)^2 d \geq 0 \tag{8.36b}$$

【예제 8-6】 예제 8-1 및 8-5의 슬래브에서 슬래브와 내부 기둥 연결부에 $M_u = 35\ \mathrm{kN \cdot m}$ 의 불균형 모멘트가 생겼을 때 슬래브와 내부기둥 사이의 불균형 휨모멘트 전달을 위한 안전성을 검토하라.

[풀 이] 예제 8-1 및 8-5의 계산 결과를 참조하여 $V_u = 388.1\mathrm{kN}$, 상부 주철근비 0.35%, 하부 주철근비 0.2%로 가정한다.

(1) 전후면의 휨강도

$$M_{Ff} = A_{st} f_y jd \approx 0.0035 \times (400 \times 170) \times 400 \times 0.9 \times 170 = 14.57\ \mathrm{kN \cdot m}$$

$$M_{Fb} = A_{sb} f_y jd \approx 0.002 \times (400 \times 170) \times 400 \times 0.9 \times 170 = 8.32\ \mathrm{kN \cdot m}$$

$$M_F = M_{Ff} + M_{Fb} = 14.57 + 8.32 = 22.89\ \mathrm{kN \cdot m}$$

(2) 전후면의 편심전단강도

$$M_S = M_{SF} + M_{Sb} = [(v_n - v_g)(c_2 + d)d](c_1 + d) \geq 0$$

$$= [(1.46 - 1.00)(400 + 170)170](400 + 170) = 25.4\ \mathrm{kN \cdot m} \geq 0$$

여기서 $v_n = v_c + v_p + v_s = 1.46 + 0 + 0 \leq 0.58 f_{ck} c_u / d = 4.15$

따라서 $v_n = 1.46\ \mathrm{MPa}$

여기서 $v_g = \dfrac{V_u}{b_0 \times d} = \dfrac{388.1 \times 10^3}{2.28 \times 0.17 \times 10^6} = 1.00\ \mathrm{MPa}$

(3) 측면의 편심전단강도

$$M_T = \frac{4}{3}(v_{nT} - v_g)\left(\frac{c_1 + d}{2}\right)^2 d$$

$$= \frac{4}{3}(3.09 - 1.00)\left(\frac{400 + 170}{2}\right)^2 \times 170 = 38.5\ \mathrm{kN \cdot m} \geq 0$$

여기서 $v_{nT} = 0.63\lambda\sqrt{f_{ck}} + v_p + v_s \le 0.25 f_{ck}$

$= 0.63 \times 1.0 \times \sqrt{24} + 0 + 0 = 3.09\,\text{MPa} \le 6.00\,\text{MPa}$

따라서 $v_{nT} = 3.09\,\text{MPa}$

(4) 접합부의 설계 불균형 모멘트 강도

$$\phi M_n = \phi_f M_F + \phi_v M_S + \phi_v M_T$$

$$= 0.85 \times 22.89 + 0.75 \times 25.4 + 0.75 \times 38.5 = 67.38\,\text{kN·m}$$

$\phi M_n = 67.38\,\text{kN·m} > M_n = 35\,\text{kN·m}$ 적합

연 습 문 제

8-1 500 mm × 500 mm 정사각형 기둥에 지지되는 $l_1 = l_2 = 5.4\,\text{m}$ 슬래브에 계수 등분포하중 $w_u = 15.2\,\text{kN/m}^2$이 작용할 때 보가 없는 경우와 $b = 300\,\text{mm}$, $h = 600\,\text{mm}$ 보에 지지되는 경우 이 하중을 지지할 수 있는 최소한의 슬래브 두께를 계산하라. $f_{ck} = 27\,\text{MPa}$, $f_y = 400\,\text{MPa}$로 한다.

8-2 400 mm × 400 mm 정사각형 기둥에 지지되는 4.8 m × 5.4 m의 내부 플랫 슬래브에 $w_u = 13\,\text{kN/m}^2$이 작용할 때 전단을 검토하고 모멘트를 직접설계법으로 계산하라. $f_{ck} = 24\,\text{MPa}$, $f_y = 400\,\text{MPa}$로 한다.

8-3 문제 8-1의 슬래브에서 짧은 경간 방향이 외단에 면하고 테두리보가 없을 때 슬래브의 두께와 긴 경간 방향 모멘트를 직접설계법으로 계산하라.

8-4 문제 8-1의 슬래브에서 $w_u = 18\,\text{kN/m}^2$이 작용할 때 전단 및 긴 경간 방향 주열대의 보강철근에 대하여 지판을 사용한 경우와 사용하지 않는 경우를 비교하라. 지판의 두께는 슬래브 두께의 1/2로 하고 길이는 각 경간의 1/4로 한다.

8-5 문제 8-1의 내부 슬래브와 문제 8-2의 외부 슬래브로 된 다구간 슬래브의 긴 경간 방향 모멘트를 등가골조법으로 계산하라. $w_D = 5.0\,\text{kN/m}^2$, $w_L = 4.0\,\text{kN/m}^2$이며, 기둥의 길이는 3.0 m로 한다.

8-6 폭 300 mm 중심 간격 3.6 m인 보에 지지되는 1 방향 연속 슬래브를 설계하라. 슬래브에 작용하는 고정하중은 자중을 포함하여 5.0 kN/m^2, 활하중은 4.0 kN/m^{2}이며, $f_{ck}=$ 21 MPa, $f_y=$ 400 MPa이다.

9 장

기둥의 설계

9-1 개　요

기둥은 지붕이나 바닥 슬래브로부터 전달되는 축하중을 아랫기둥이나 기초로 전달하는 수직 부재로 축압력 지지를 위주로 하나, 풍하중 등 수평하중이나 보의 단부 모멘트 등에 의하여 휨모멘트도 어느 정도 받는 것이 일반적인 경우이다. 기둥의 높이는 단면의 변의 길이보다 훨씬 크며, 단면의 형태로는 정사각형, 직사각형, 원형 등이 많이 사용된다.

기둥의 주철근은 기둥의 길이 방향으로 배근된 철근으로, 축압력을 기둥콘크리트와 분담하면서 휨에 의한 인장응력을 지지하는 기능을 가지고 있다. 기둥철근에는 그림 9-1에 보이는 바와 같이 주철근을 둘러싸는 보조철근이 있는데, 이러한 철근들은 철근 배근시 주철근의 위치를 고정시키면서 압축력을 받는 기둥콘크리트의 벌어짐을 구속하는 역할을 한다. 이러한 보조철근으로 그림 9-1 (a)와 같이 일정한 간격을 두고 배근되어 폐쇄된 직사각형 철근을 띠철근이라 하고, 그림 9-1 (b)와 같이 일정한 피치로 연속 감아올라간 형태의 철근을 나선철근이라 한다. 띠철근은 정사각형 또는 직사각형 단면의 기둥에 주로 사용되고 나선철근은 원형 기둥에 많이 사용된다.

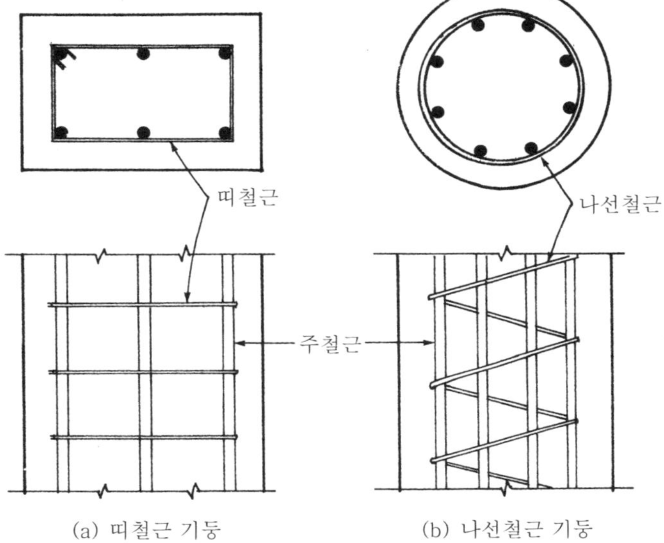

그림 9-1 철근콘크리트 기둥

기둥의 설계에서는 강도감소 효과를 고려한 철근콘크리트 기둥의 공칭강도가 하중계수를 적용한 상태에서 수직하중과 수평하중에 의한 축압력과 휨모멘트의 크기 이상이 되어야 하며, 기둥의 유효 좌굴길이와 단면 성능에 의하여 정하여지는 세장비가 커지면 좌굴에 의하여 압축하중 지지능력이 저하되므로, 이러한 세장 효과도 설계에 고려되어야 한다. 구조기준에서는 이 부분이 특히 중요하게 다루어지고 있다.

9-2 기둥 설계의 기본 사항

9-2-1 기둥의 설계 단면 치수

KDS 14 20 20 (4.3.1)에는 띠철근 또는 나선철근 기둥의 설계 단면 치수에 대하여 다음과 같은 규정을 두고 있다.

【1】 벽과 함께 타설된 기둥

벽과 함께 타설된 나선철근 또는 띠철근 기둥의 유효 단면은 나선철근 또는 띠철근의 외측에서 40 mm를 넘지 않는 외연단으로 이루어지는 단면으로 한다.

【2】 등가원형 기둥

정사각형이나 정팔각형 또는 그 외의 형상을 가진 기둥의 설계에서 전단면적을 사용하는 대신 최소 치수에 해당하는 지름을 가진 원형 단면으로 생각할 수 있다. 이때 단면적, 철근비, 설계강도 등은 원형 단면에 준하여 계산한다.

【3】 기둥 단면적의 제한

하중을 지지하는 데 필요한 단면보다 더 큰 단면을 가지는 기둥에서는 전 단면적의 1/2 이상의 범위에서 감소된 유효 단면적을 최소 철근비 및 설계강도 산정용으로 사용할 수 있다.

9-2-2 축방향철근

철근콘크리트에 작용하는 축하중은 철근과 콘크리트가 분담하여 지지하므로 철근을 많이 사용하면, 기둥의 단면적을 작게 할 수 있는 이점이 있으나, 철근은 재료와 가공 조립에서 콘크리트 보다 비싸고, 너무 많은 철근을 사용하는 경우에는 콘크리트를 밀실하게 치는 데 어려움이 생기기 때문에 경제성과 시공성을 고려하여 철근 사용의 상한선이 규정되어야 한다. 철근은 계산상 나타나지 않더라도 있을 수 있는 휨에 저항성을 부여하고 하중의 지속적인 작용 상태에서 크리프와 수축의 영향을 감소시키기 위하여 최소 철근량도 아울러 규정되어야 한다.

축하중에 의한 변형률은 철근과 콘크리트에 같이 생기나, 축하중이 지속적으로 작용하면 콘크리트는 건조수축과 크리프에 의하여 추가 변형을 일으키므로 콘크리트의 부담 하중이 점차 철근으로 옮겨져 철근의 응력이 증가되며 이러한 응력 증가는 철근비가 낮을수록 더 현저하게 나타난다. KDS 14 20 20 (4.3.2)에서는 이러한 일들을 고려하여 기둥 축방향 주철근의 단면적은 기둥 전 단면적의 0.01 배 이상, 0.08 배 이하로 하고, 철근이 겹침 이음되는 곳에서는 0.04 배를 넘지 않도록 규정하고 있다.

또한 KDS 14 20 01 (3.1.1(2))와 KDS 14 20 50 (4.2.2)에서는 나선철근과 띠철근 기둥에 배근되는 축방향철근의 순간격을 40 mm, 철근 공칭 지름의 1.5배 및 굵은 골재 공칭 최대 치수의 4/3배 중 큰 값 이상으로 하도록 하고 있다. 기둥에 배근되는 축방향철근의 최소 개수는 직사각형이나 원형 띠철근 기둥에 4개, 삼각형 띠철근 기둥에 3개, 나선철근 기둥에 6개로 하고 있으며, 그밖의 형태의 기둥에는 각 꼭지점이나 모서리에 최소한 1개의 철근을 배근하고 횡방향으로 적절하게 철근 보강을 해야 한다. 기둥 철근은 축방향철근이나 횡방향 보강철근 모두 방화와 부식 방지를 위하여 40 mm 이상 피복되어야 하나, 설계기준 압축강도가 40 MPa 이상인 경우 이 값을 10 mm 줄일 수 있다.

9-2-3 횡방향 보강철근

철근콘크리트 기둥의 횡방향 보강철근에는 앞에서 언급된 바와 같이 띠철근과 나선철근이 있다. 횡방향 보강철근의 기능은 첫째로 주철근인 수직 방향 철근을 정해진 위치에 고정시키는 것을 들 수 있다. 실제 배근에서는 도면에 따라 주철근을 배근하고 띠철근 또는 나선철근을 배근한 다음 교차점을 결속선으로 결속하여 철근망을 형성한 후 거푸집을 설치한다. 이때 주철근은 횡방향 보강철근 없이는 콘크리트 타설시 도면에 표시된 위치에 고정시키기 어렵다.

다음으로는 세장한 기둥에서 횡방향철근은 높은 압축응력을 받는 주철근의 좌굴을 억제하는 기능을 한다. 이외에 횡방향 보강철근은 압축 콘크리트의 파괴시 횡방향 벌어짐을 구속하여 콘크리트의 연성을 증가시키는 데에도 유효하다. 띠철근 기둥에서는 띠철근이 300 mm 정도의 간격으로 배근되며, 띠철근에 의한 횡방향 변위의 구속이 그림 9-2와 같이 되어 콘크리트의 압축시 횡방향 팽창으로 인한 압력에 큰 저항력을 발휘하지 못하나, 나선철근 기둥에서는 그림 9-3에 표시된 바와 같이 나선철근의 인장응력으로 나선철근 안에 있는 콘크리트를 효율적으로 구속하여 압축력에 대한 콘크리트의 연성을 크게 한다.

그림 9-4는 압축력을 받는 띠철근과 나선철근의 하중-압축변형의 시험결과를 나타낸 것이다. 이 그림에서 띠철근 기둥에서는 최고 하중에 이르러 즉시 파괴되고 있으나, 나선철근 기둥에서는 최고 하중에 이르렀을 때 나선철근 외부의 콘크리트가 탈락되고, 이에 따라 단면적의 감소로 하중이 일시 떨어지나

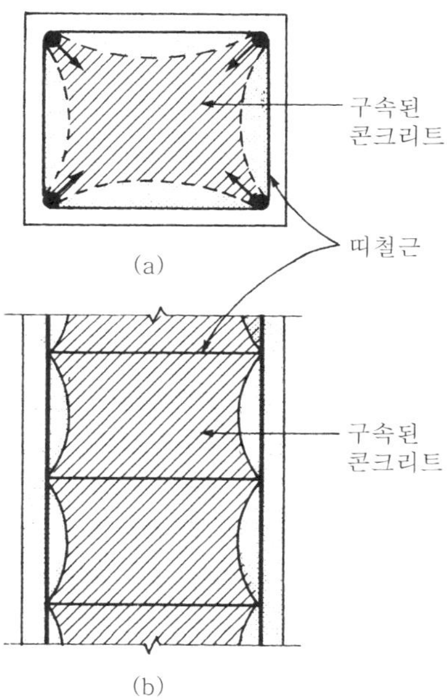

그림 9-2 띠철근에 의한 기둥 콘크리트의 구속

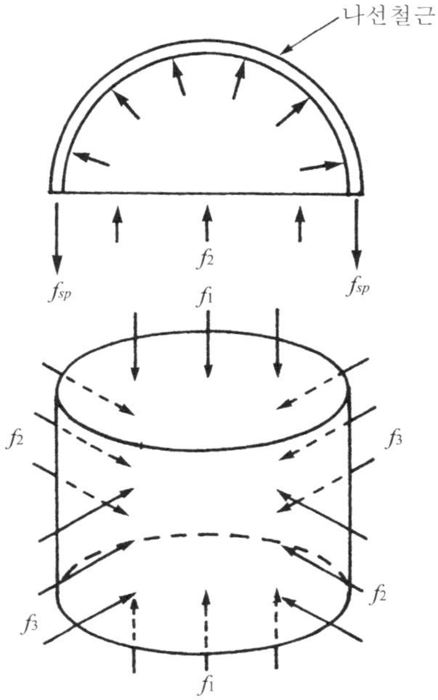

그림 9-3 나선철근에 의한 기둥 콘크리트의 구속

나선철근의 구속력으로 나선철근 내부의 콘크리트는 삼축응력을 받는 콘크리트와 같은 거동을 하여 나선철근이 파괴될 때까지 큰 변형을 하는 양상을 보이고 있다. 나선철근 기둥은 이러한 대변형 능력으로 충격이나 동적 하중에 의한 에너지를 흡수할 수 있어 내진 구조에 적합하다. 그러나 실제 시공에서는 일정한 간격을 유지하면서 나선철근을 감아올리는 작업이 복잡하여 지진 지역이 아닌 곳에서는 95 퍼센트 이상의 철근콘크리트 기둥들이 띠철근으로 횡보강되어 있다.

KDS 14 20 50 (4.4.2)에서 정하는 띠철근과 나선철근에 대한 규정은 다음과 같다.

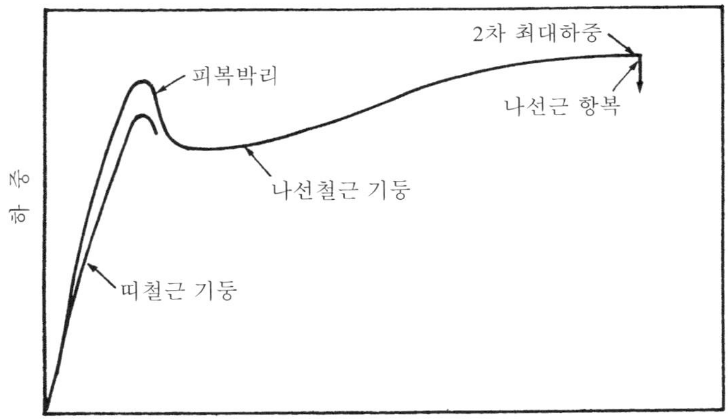

그림 9-4 띠철근 기둥과 나선철근 기둥의 구조거동

【1】 띠 철 근

(1) 철근 크기

주철근의 크기가 D32 이하일 때 D10 이상의 띠철근을 사용하며, D35 이상 또는 다발철근일 때에는 D13 이상으로 한다. 또한, 등가 단면적의 이형철선이나 용접철망으로 할 수 있다.

(2) 수직 간격

띠철근의 수직 간격은 축방향철근 지름의 16 배, 띠철근 지름의 48 배, 기둥 단면의 최소 치수 중 가장 작은 값 이하로 한다.

(3) 배 근

모서리의 주철근과 하나 건너 있는 주철근들은 135° 이하로 구부러진 띠철근의 모서리에 의해 횡지지되어야 하며, 띠철근을 따라 횡지지된 인접한 주철근의 순간격이 150 mm 이상 떨어진 경우에는 추가 띠철근을 배치하여 주철근을 횡지지하여야 한다.

기초와 슬래브 상부에 위치하는 첫 번째 띠철근과 슬래브나 지판에 배치된 최하단 수평철근 아래 배치되는 띠철근은 일반 띠철근 간격의 1/2 이내로 한다.

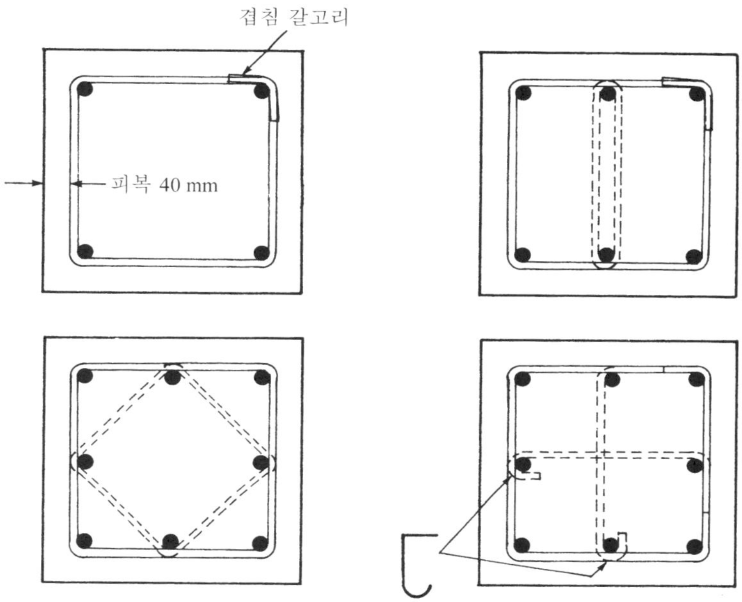

그림 9-5 띠철근의 배근

【2】 나선철근

(1) 철근 크기 및 철근 간격

철근콘크리트 나선기둥의 횡보강에는 지름 10 mm 이상의 철근이 사용된다. 나선철근의 최소 사용량은 나선철근의 바깥지름으로 둘러싸인 기둥 심부가 최종적으로 지지할 수 있는 압축력과 심부 바깥 부분의 피복껍질이 떨어져 나가기 전에 전 단면이 받을 수 있던 최대 하중의 크기가 같아야 한다는 조건으로부터 정하여진다.

기둥 심부에 대한 나선철근의 체적비 ρ_s는 다음과 같이 주어진다.

$$\rho_s = \frac{A_{sp} l_{sp}}{A_{ch}\, s} \tag{a}$$

여기서, A_{sp}= 나선철근의 단면적

l_{sp}= 나선철근 1회전의 길이 $= \pi d_c$

A_{ch} = 기둥 심부 단면적 = $\pi d_c^2/4$

s = 나선철근의 피치

d_c = 나선철근의 바깥 부분으로 측정되는 기둥 심부의 지름

그림 9-3과 같은 수평력의 평형 상태에서 나선철근에 생기는 인장응력을 f_{sp}, 나선철근의 구속에 의하여 콘크리트에 발생하는 압축응력을 f_2로 나타내면, 평형조건은

$$2 f_{sp} A_{sp} = f_2 d_c s \tag{b}$$

이 되며, 식 (a)와 (b)로부터

$$f_2 = \frac{f_{sp} \rho_s}{2} \tag{c}$$

이 된다. 식 (c)의 f_2를 식 (2.7)과 비교하면, 나선철근의 구속으로 인한 강도 증가는 극한하중 상태에서 f_2가 나선철근의 설계기준 항복강도 f_{yt}에 도달했을 때 대략 $2\rho_s f_{yt} A_{ch}$임을 알 수 있다. 그러나 이러한 구속력이 발생하는 것은 기둥 심부 바깥 부분의 피복이 탈락한 후이며, 이 부분에 의한 강도 손실은 $0.85 f_{ck}(A_g - A_{ch})$가 되므로, 나선철근에 의한 강도 증가가 피복 탈락에 의한 강도 손실을 보상하는 조건은

$$0.85 f_{ck}(A_g - A_{ch}) = 2\rho_s f_{yt} A_{ch} \tag{d}$$

이 되어, 이로부터 나선철근의 체적비는

$$\rho_s = 0.425\left(\frac{A_g}{A_{ch}} - 1\right)\frac{f_{ck}}{f_{yt}} \tag{e}$$

으로 유도된다. KDS 14 20 20 (4.3.2)에서는 공식의 사용 편이성을 고려하여

$$\rho_s = 0.45\left(\frac{A_g}{A_{ch}} - 1\right)\frac{f_{ck}}{f_{yt}} \tag{9.1}$$

으로 규정되어 있다. 식 (9.1)에서 나선철근의 항복강도 f_{yt}는 700 MPa 이하로

하며, 400 MPa를 넘는 경우에는 겹침이음을 할 수 없다.

나선철근의 순간격은 최소 소요량에 의한 식 (9.1)의 체적비와 콘크리트 타설의 시공성에 따라 정하여진다. 나선철근의 지름을 10 mm로 하고 $f_{ck}=27$ MPa, $f_y=400$ MPa로 하였을 때 보통 크기의 나선철근 기둥에 대하여 식 (9.1)과 (a)로 계산되는 나선철근의 최대 피치는 60 mm 내외이며, 콘크리트를 적절히 타설하기 위해서는 최대 골재 크기 이상의 순간격이 확보되어야 한다. KDS 14 20 50 (4.4.2)에서는 이러한 조건들을 고려하여 나선철근의 지름은 10 mm 이상으로 하고, 순간격은 25 mm 이상, 75 mm 이하로 하도록 규정하고 있다.

(2) 정착과 이음

나선철근의 정착을 위하여 나선철근의 끝에서 1.5 회전만큼 더 여분의 길이를 가지게 한다. 나선철근의 겹침이음은 이형철근 또는 철선인 경우 지름의 48배 이상, 원형철근 또는 철선인 경우 지름의 72배 이상, 또한 300 mm 이상으로 하며, 그 밖에 적절한 기계적 이음이나 용접이음으로 할 수 있다.

(3) 배 근

기둥의 나선철근은 하부의 슬래브나 보 또는 기초판의 최하단 수평철근까지 연장하여야 하며, 보나 브래킷이 기둥에 연결되어 있지 않은 경우에는 띠철근을 나선철근 단부의 윗부분으로부터 슬래브나 지판의 밑바닥까지 연장 배근하여야 한다. 기둥머리가 있는 경우에는 머리의 지름이나 폭이 기둥 지름의 2배 되는 곳까지 나선철근 배근이 연장되어야 한다.

9-3 직사각형 기둥의 설계강도

9-3-1 최대 축하중

세장비의 영향을 고려하지 않아도 되는 짧은 기둥에 중심 축하중이 작용할 때 기둥이 지지할 수 있는 최대 축하중은 다음과 같이 나타낼 수 있다.

$$P_o = 0.85 f_{ck}(A_g - A_{st}) + f_y A_{st} \tag{9.2}$$

여기서, $A_g=$ 기둥의 전 단면적

A_{st} = 철근의 전 단면적

이 식에서 f_{ck}를 0.85 배 저감하는 이유는 장기간 작용하는 하중에 대한 콘크리트의 압축강도는 1~2 분 정도의 시간에 측정되는 설계기준 압축강도 f_{ck}의 85 퍼센트 정도에 해당하기 때문이다. 식 (9.2)로 계산되는 축하중은 곧은 기둥의 중심에 작용할 때에만 가능하며, 실제로는 기둥열의 맞춤이나 철근 배근에서의 시공 오차 등으로 편심이 불가피하게 생기고, 이에 따른 모멘트는 기둥의 축하중 지지 능력을 감소시키기 때문에 KDS 14 20 20 (4.1.2)에서는 최대 설계축하중을 다음과 같이 제한하고 있다.

① 나선철근 기둥

$$\phi P_{n(\max)} = 0.85\phi[0.85 f_{ck}(A_g - A_{st}) + f_y A_{st}] \tag{9.3}$$

② 띠철근 기둥

$$\phi P_{n(\max)} = 0.80\phi[0.85 f_{ck}(A_g - A_{st}) + f_y A_{st}] \tag{9.4}$$

9-3-2 휨을 받는 기둥의 설계강도

【1】 설계 개요

철근콘크리트 구조에서 기둥은 시공의 성질상 보나 슬래브와 일체로 타설되어 강접되기 때문에 축하중에 추가하여 휨모멘트를 받게 되며, 휨모멘트는 어떤 경우에도 기둥에 불리하게 작용한다.

기둥이 축하중 P와 함께 모멘트 M을 받을 때에는 그림 9-6에 보이는 바와 같이 편심 거리 $e = M/P$를 가진 축하중 P로 나타내는 것이 편리하다. 편심 거리 e가 작을 때에는 전 단면이 압축 상태가 되어 P가 증가하면 콘크리트가 눌려서 파괴되나, 편심거리가 크면 압축측 콘크리트의 파괴보다 인장측 철근의 항복에 의한 인장파괴가 먼저 생길 수도 있다. 그러나 특별한 경우를 제외하고는 기둥은 축하중을 지지하기 위한 부재이므로, 편심이 큰 경우에도 균열은 설계상의 큰 문제가 되지 않으며, 횡방향 처짐도 풍하중이나 지진하중 등 극한상태 이외에는 그리 심각하지 않다. 따라서 기둥의 설계에서는 강도감소 효과를

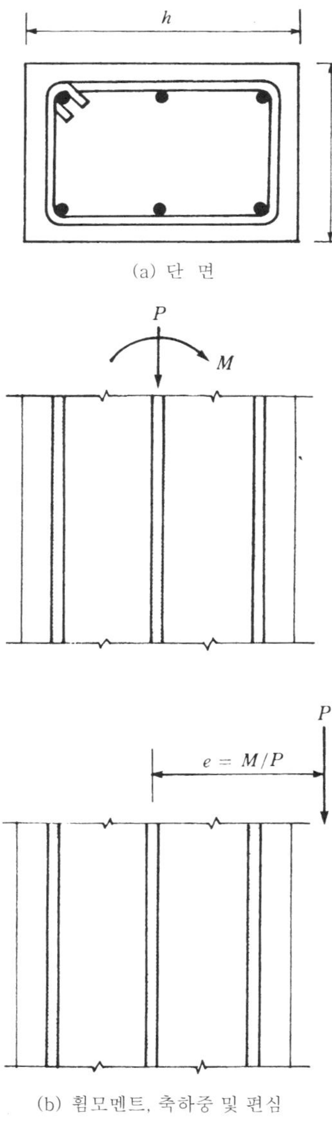

그림 9-6 휨과 축하중을 받는 기둥

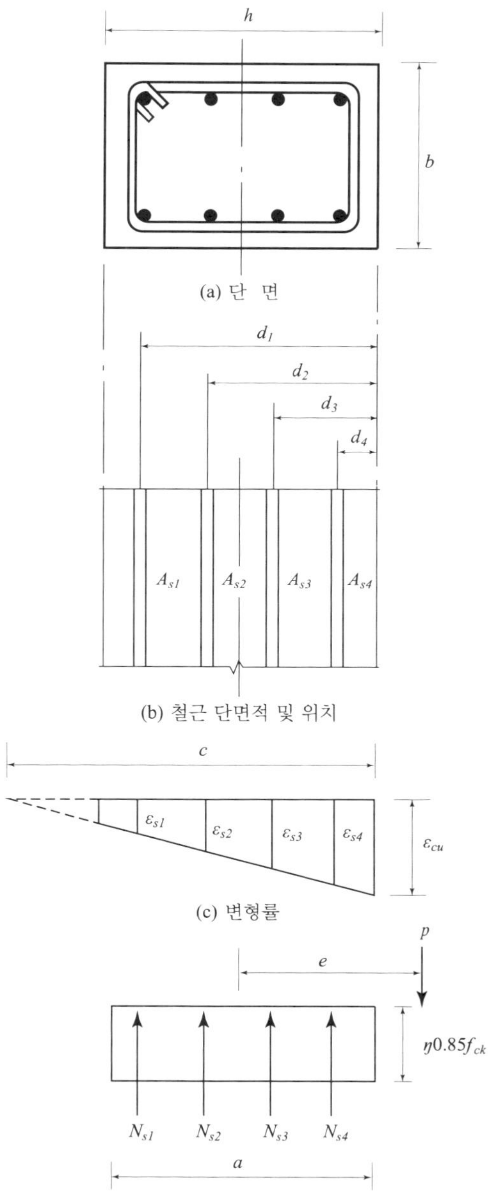

그림 9-7 직사각형 기둥의 변형률 및 내력 (직사각형 등가응력블록의 경우)

고려한 압축강도와 휨강도가 하중계수를 적용한 하중에 의한 극한상태에서의 축하중과 모멘트 이상이 되도록 단면과 보강이 산정되어야 한다. 즉,

$$\phi M_n \geq M_u \tag{9.5a}$$

$$\phi P_n \geq P_u \tag{9.5b}$$

의 식들이 만족되도록 하여야 한다. 위의 식에서 강도감소계수는 축하중이 지배적인 경우 띠철근 기둥에서는 0.65, 나선철근 기둥에서는 0.7로 한다.

【2】 상관곡선

축하중과 휨을 받는 기둥에는 축하중에 의한 응력과 휨응력이 생기며, 기둥의 설계강도는 축하중과 모멘트 크기에 상관 관계를 가지게 된다. 축하중에 대한 모멘트의 크기는 편심 e로 나타낼 수 있기 때문에 편심이 주어진 상태에서 설계축하중 강도 ϕP_n을 구하면 ϕM_n은 $\phi P_n e$로부터 구할 수 있다. 따라서 e의 값을 변화시키면서 ϕP_n의 값을 구하면 기둥의 설계강도에 대한 상관곡선을 얻을 수 있다.

축하중과 모멘트를 받는 기둥의 설계강도를 구하기 위해서는 변형률의 연속조건과 힘의 평형조건이 만족되어야 한다. 변형률의 연속조건에 대해서는 4-2-1 절의 보의 해석을 위한 가정들이 기둥에 그대로 적용된다. 이 가정의 주요 골자는 ① 변형 전 축에 수직한 단면은 변형 후에도 수직 평면을 유지하기 때문에 콘크리트의 변형률이 선형 분포되고, ② 콘크리트의 극한변형률 ε_{cu}는 그림 4-2와 같이 f_{ck}가 40 MPa 이하인 경우에는 0.0033으로 가정하며, 40 MPa을 초과할 경우에는 매 10 MPa의 강도가 증가함에 따라 0.0001씩 감소시킨다. 또한, ③ 콘크리트의 압축응력 분포를 등가응력블록으로 대치할 수 있는 것 등이다.

이 가정을 적용하면 편심 축하중을 받는 철근콘크리트 기둥의 변형률과 힘의 분포를 그림 9-7과 같이 나타낼 수 있다.

여기에서는 해석의 편이를 위하여 압축측에서 가장 멀리 있는 철근의 변형률 ε_{s1}을 기준으로 한다.

그림 9-7 (c)에서 콘크리트의 압축측 변형률이 극한변형률 ε_{cu}에 이르렀을

때 중립축거리 c를 ε_{s1}을 중심으로 나타내면,

$$c = \left(\frac{\varepsilon_{cu}}{\varepsilon_{cu} - \varepsilon_{s1}}\right) d_1 \tag{9.6}$$

으로 주어지며, i 열 철근의 변형률은 비례 관계에 따라

$$\varepsilon_{si} = \left(\frac{c - d_i}{c}\right) \varepsilon_{cu} \tag{9.7}$$

이 된다. 이 식에서는 압축변형률이 양의 부호를 가진다.

철근의 변형률에 따라 생기는 응력은 그림 9-8의 응력-변형률 곡선으로부터 다음과 같이 계산된다.

$$\varepsilon_{si} \le \varepsilon_y \text{일 때} \quad f_{si} = E_s \varepsilon_{si} \tag{9.8a}$$

$$\varepsilon_{si} > \varepsilon_y \text{일 때} \quad f_{si} = f_y \tag{9.8b}$$

콘크리트의 압축응력은 4-3-2 절의 등가응력모델에 따라 포물선-직선형 등가응력분포 또는 직사각형 등가응력블록으로 나타낼 수 있다.

한편, 콘크리트에 작용하는 모멘트의 크기가 크지 않은 경우에는 전 단면이

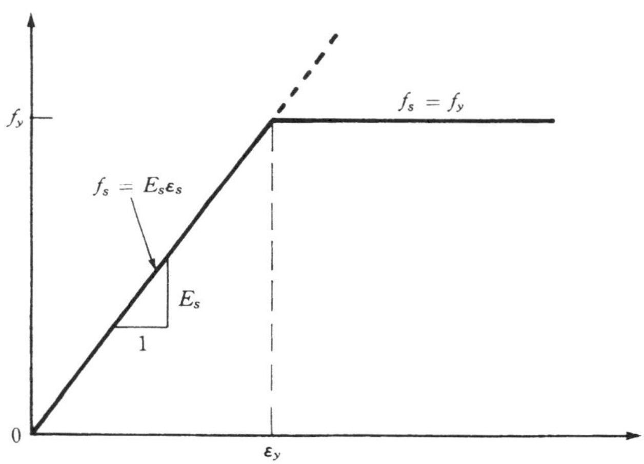

그림 9-8 철근의 응력-변형률 곡선

압축력을 받고 c는 h에 비하여 매우 큰 값을 가질 때가 있다. 이러한 경우, 등가응력분포 또는 직사각형 등가응력블록을 적용할 때 αc 또는 ηa의 값은 h보다 크게 해서는 안 된다. 철근이 발휘하는 내력은 철근의 응력에 철근 단면적을 곱한 다음 식으로 계산된다.

$$N_{si} = f_{si} A_{si} \tag{9.9a}$$

그러나 $d_i < a$인 경우, 즉 압축철근인 경우에는 철근이 차지하는 면적만큼 콘크리트가 채워지지 않기 때문에

$$N_{si} = (f_{si} - 0.85 f_{ck}) A_{si} \tag{9.9b}$$

이 된다.

그림 9-7 (d)에서 n 열의 철근과 콘크리트 및 축하중의 축방향에 대한 힘의 평형조건은

① 포물선-직선 등가응력분포의 경우

$$\alpha(0.85 f_{ck}) bc + N_{s1} + N_{s2} + \cdots N_{sn} - P_n = 0$$

② 직사각형 등가응력블록의 경우

$$\eta(0.85 f_{ck}) ab + N_{s1} + N_{s2} + \cdots N_{sn} - P_n = 0$$

이므로, 그림 9-7 (c)와 같이 가정된 변형률 분포에서 기둥이 지지할 수 있는 공칭 축하중은

① 포물선-직선 등가응력분포의 경우

$$P_n = \alpha(0.85 f_{ck}) bc + \sum_{i=1}^{n} N_{si} \tag{9.10a}$$

② 직사각형 등가응력블록의 경우

$$P_n = \eta(0.85 f_{ck}) ab + \sum_{i=1}^{n} N_{si} \tag{9.10b}$$

으로 나타낼 수 있다.

공칭모멘트는 기둥의 도심에 대한 모멘트 평형조건으로부터 구할 수 있다. 일반적으로 직사각형 기둥에서 철근은 대칭으로 배근되므로 도심은 $h/2$의 위치에 있다. 따라서 그림 9-7 (d)에서 도심에 대한 모멘트 평형조건은

① 포물선-직선 등가응력분포의 경우

$$P_n \cdot e - \alpha(0.85 f_{ck}) bc \left(\frac{h}{2} - \beta c\right) - N_{s1}\left(\frac{h}{2} - d_1\right) - N_{s2}\left(\frac{h}{2} - d_2\right) \cdots - N_{sn}\left(\frac{h}{2} - d_n\right) = 0$$

② 직사각형 등가응력블록의 경우

$$P_n \cdot e - \eta(0.85 f_{ck}) ab \left(\frac{h}{2} - \frac{a}{2}\right) - N_{s1}\left(\frac{h}{2} - d_1\right) - N_{s2}\left(\frac{h}{2} - d_2\right) \cdots - N_{sn}\left(\frac{h}{2} - d_n\right) = 0$$

이고, $P_n \cdot e = M_n$ 이므로 공칭모멘트는

① 포물선-직선 등가응력분포의 경우

$$M_n = \alpha(0.85 f_{ck}) bc \left(\frac{h}{2} - \beta c\right) + \sum_{i=1}^{n} N_{si}\left(\frac{h}{2} - d_i\right) \tag{9.11a}$$

② 직사각형 등가응력블록의 경우

$$M_n = \eta(0.85 f_{ck}) ab \left(\frac{h}{2} - \frac{a}{2}\right) + \sum_{i=1}^{n} N_{si}\left(\frac{h}{2} - d_i\right) \tag{9.11b}$$

이 된다.

식 (9.10)의 P_n과 식 (9.11)의 M_n은 일반적인 철근 배근 상태에서 휨과 축하중을 받는 기둥의 공칭강도이다. 이 식이 유도되기까지의 과정을 식 (9.6)으로부터 차례로 고찰하면, 기둥의 단면 치수 b, h와 재료 상수 E_s, f_{ck}, f_y 및 철근

에 관한 값 A_{si}, d_i가 주어진 상태에서 P_n과 M_n은 ε_{s1}의 함수로 되어 있음을 알 수 있다.

ε_{s1}은 편심 e와 직접적인 관련을 가져, $e=0$ 일 때에는 전 단면이 일정한 압축 변형을 하므로 ε_{s1}은 ε_{cu}의 값을 가지나, e의 증가에 따라 ε_{s1}은 감소하여 균형 상태에서는 $-\varepsilon_y$의 값을 가지며, e가 더욱 커지면 ε_{s1}은 음의 값으로 증가하게 된다. 따라서 ε_{s1}의 값을 ε_{cu}에서 $-\varepsilon_y$를 거쳐 이보다 더 작은 값으로 점차 변화시키면서 P_n과 M_n의 값을 식 (9.10)과 (9.11)로 계산하면 그림 9-9와 같은 기둥 공칭강도의 상관곡선을 얻게 된다. 기둥이 중심 축하중을 받아 휨모멘트가 생기지 않는 경우에는 식 (9.6)과 (9.7)로부터 $c=\infty$, $\varepsilon_{s1}=\varepsilon_{cu}$가 된다. $f_y < 600$ MPa 의 철근에서 $\varepsilon_y < 0.003$이므로 식 (9.8b)로부터 철근의 응력은 f_y가 되며, αc 또는 ηa의 값은 h보다 크게 해서는 안되므로 $\alpha c = h$, $\eta a = h$ 의 값을 가지게 된다. 따라서, 식 (9.9b)와 (9.10)으로부터

$$P_n = 0.85 f_{ck}(bh - \sum A_{si}) + f_y \sum A_{si} \tag{9.12}$$

으로 나타낼 수 있으며, 이 식에서 $bh = A_g$, $\sum A_{si} = A_{st}$ 이므로 식 (9.12)는 식 (9.2)와 일치하게 된다.

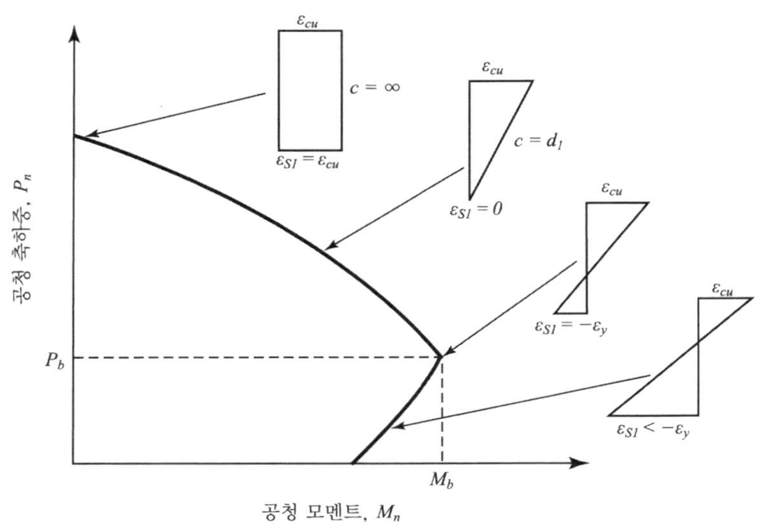

그림 9-9 휨과 축하중을 받는 기둥의 공칭강도 상관곡선

【3】 강도감소계수

강도감소계수 ϕ는 3-5-4 절에 설명되어 있는 바와 같이 인장지배 단면에 대해서는 0.85, 압축지배 단면에 대해서는 나선철근 기둥의 경우 0.7, 띠철근 기둥의 경우 0.65의 값이 적용된다. 휨을 받는 기둥에서 축하중이 크고 모멘트가 작은 경우에는 압축지배 단면의 강도감소계수가 적용되나, 반대로 축하중이 작고 모멘트가 큰 경우에는 인장지배 단면의 강도감소계수가 적용되며, 그 사이의 변화구간 단면에서는 4-2-3 절에서 거론된 바와 같이 기둥 최외단 인장철근의 순인장변형률 ε_t의 값에 따라 직선보간된 강도감소계수 값을 활용하여야 된다. 이 변화구간에서 ε_t의 값에 따른 강도감소계수의 직선 보간은 그림 9-10과 같이 되며, 수식으로는

$$\text{띠철근 기둥 : } \phi = 0.65 + \frac{0.85 - 0.65}{\varepsilon_{t,a} - \varepsilon_y}(\varepsilon_t - \varepsilon_y) \tag{9.13}$$

$$\text{나선철근 기둥 : } \phi = 0.70 + \frac{0.85 - 0.70}{\varepsilon_{t,a} - \varepsilon_y}(\varepsilon_t - \varepsilon_y) \tag{9.14}$$

으로 나타낼 수 있다. 식 (9-13) 및 (9-14)에서 ε_t와 ε_y는 인장일 경우 (+)의 부호를 가진다.

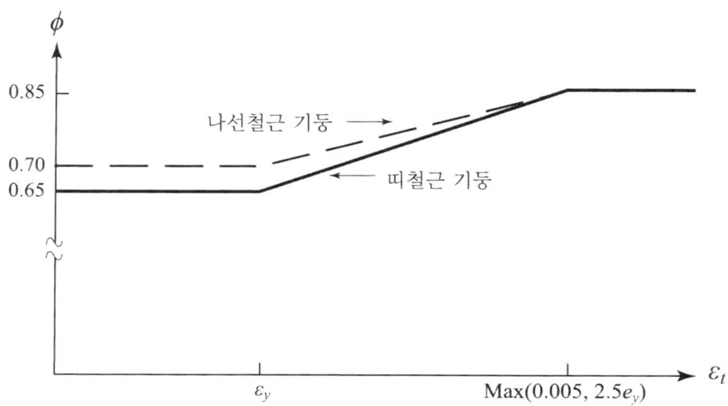

그림 9-10 변화구간 단면의 강도감소계수

【예제 9-1】 그림 9-11(a)와 같은 정사각형 기둥의 공칭강도와 설계강도를 계산하고 상관곡선을 작성하라. 재료 강도는 $f_y = 400$ MPa , $f_{ck} = 24$ MPa 로 하며, D29 철근의 단면적은 642.4 mm^2이다.

[풀 이] 전 단면적 $A_g = 500\ mm \times 500\ mm = 250{,}000\ mm^2$

철근 전 단면적 $A_{st} = 8 \times 642.4 = 5{,}139.2\ mm^2$

항복변형률 $\varepsilon_y = \dfrac{f_y}{E_s} = \dfrac{400}{200{,}000} = 0.0020$ 이며, ε_{s1} 이 값을 다음과 같이 변화시키면서 공칭강도와 설계강도를 계산한다.

① 포물선-직선 등가응력분포

(1) $\varepsilon_{s1} = \varepsilon_{cu}$ 일 때 (축력만 작용하는 경우)

식 (9.2)로부터

$$
\begin{aligned}
P_n &= 0.85 f_{ck}(A_g - A_{st}) + f_y A_{st} \\
&= 0.85 \times 24 \times (250{,}000 - 5{,}139.2) \times 10^{-3} \\
&\quad + 400 \times 5{,}139.2 \times 10^{-3} = 7{,}050.8\ \text{kN}
\end{aligned}
$$

설계축하중은 식 (9.4)로부터

$$
\begin{aligned}
\phi P_{n(\max)} &= 0.80 \phi P_n \\
&= 0.8 \times 0.65 \times 7{,}050.8 = 3{,}666.4\ \text{kN}
\end{aligned}
$$

(2) $\varepsilon_{s1} = 0$ 일 때

콘크리트 압축강도(f_{ck})가 40 MPa 이하이므로 극한변형률(ϵ_{cu})은 0.0033이다.

$$
\text{중립축} \quad c = \frac{0.0033}{0.0033 - 0.0} d_1 = 435.0\ \text{mm}
$$

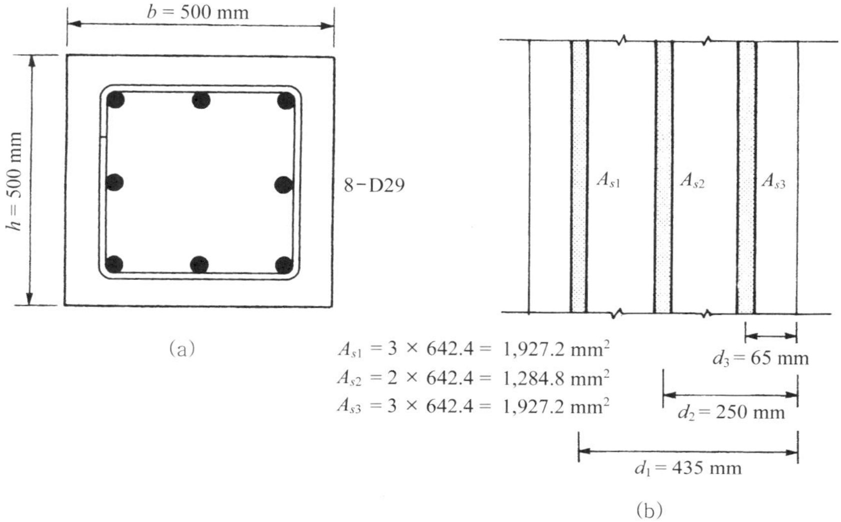

그림 9-11 예제 9-1의 정사각형 기둥

식 (9.8) 및 (9.9)로부터 각 열의 철근에 대하여 변형률과 응력은 다음 표와 같다.

i	ε_{si}	f_{si} [MPa]	N_{si} [kN]	$\frac{h}{2} - d_i$
1	0.0	0.0	−39.3	−185.0
2	0.00140	280.7	334.4	0.0
3	0.00281	400.0	731.6	185.0

식 (9.10a)과 (9.11a)로부터

공칭강도는

$$P_n = \alpha(0.85 f_{ck}) bc + \sum_{i=1}^{n} N_{si}$$

$$= 0.8 \times (0.85 \times 24) \times 500 \times 435 \times 10^{-3} + \sum_{i=1}^{n} N_{si}$$

$$= 3{,}549.6 + 1{,}026.7 = 4{,}576.3 \text{ kN}$$

$$M_n = \alpha(0.85f_{ck})bc\left(\frac{h}{2} - \beta c\right) + \sum_{i=1}^{n} N_{si}\left(\frac{h}{2} - d_i\right)$$

$$= 0.8\times(0.85\times 24)\times 500\times 435\times\left(\frac{500}{2} - 0.4\times 435\right)\times 10^{-3}$$

$$+ [(-39.3\times -185) + (334.4\times 0.0) + (731.6\times 185)]\times 10^{-3}$$

$$= 269.8 + 142.6 = 412.4\ \mathrm{kN\cdot m}$$

설계강도는

$$\phi P_n = 0.65\times 4{,}576.3 = 2{,}974.6\ \mathrm{kN}$$

$$\phi M_n = 0.65\times 412.4 = 268.0\ \mathrm{kN\cdot m}$$

(3) $\varepsilon_{s1} = -\varepsilon_y$일 때(균형변형률 상태)

중립축 $c = \dfrac{0.0033}{0.0033 - (-0.0020)}\times 435 = 270.8\ \mathrm{mm}$

식 (9.8) 및 (9.9)로부터

i	ε_{si}	f_{si} [MPa]	N_{si} [kN]	$\frac{h}{2} - d_i$
1	−0.00200	−400.0	−770.9	−185.0
2	0.00025	50.8	39.1	0.0
3	0.00251	400.0	731.6	185.0

공칭강도는

$$P_{nb} = \alpha(0.85f_{ck})bc + \sum_{i=1}^{n} N_{si}$$

$$= 2{,}209.7 - 0.2 = 2{,}209.5\ \mathrm{kN}$$

$$M_{nb} = \alpha(0.85f_{ck})bc\left(\frac{h}{2} - \beta c\right) + \sum_{i=1}^{n} N_{si}\left(\frac{h}{2} - d_i\right)$$

$$= 313.1 + 278.0 = 591.0\ \mathrm{kN\cdot m}$$

설계강도는

압축을 기준으로 하면 ε_{s1}은 $-\varepsilon_t$가 되며, $\varepsilon_t = \varepsilon_y$, 즉 압축지배 변형률

한계에 있어 ϕ의 값은 아직도 0.65이므로

$$\phi P_{nb} = 0.65 \times 2{,}209.5 = 1{,}436.2\ \text{kN}$$

$$\phi M_{nb} = 0.65 \times 591.0 = 384.2\ \text{kN}\cdot\text{m}$$

(4) $\varepsilon_{s1} = -2\varepsilon_y$ 일 때

중립축 $$c = \frac{0.0033}{0.0033 - (-0.0020) \times 2} \times 435 = 196.6\ \text{mm}$$

식 (9.8) 및 (9.9)로부터

i	ε_{si}	f_{si} [MPa]	N_{si} [kN]	$\frac{h}{2} - d_i$
1	−0.0040	−400.0	−770.9	−185.0
2	−0.0009	−179.1	−230.1	0.0
3	0.0022	400.0	731.6	185.0

공칭강도는

$$P_n = 1{,}604.6 - 269.4 = 1{,}335.2\ \text{kN}$$

$$M_n = 274.9 + 278.0 = 552.9\ \text{kN}\cdot\text{m}$$

설계강도는

$\varepsilon_t = 0.004 < 0.005$이므로, 강도감소계수는 식 (9.13)으로부터

$$\phi = 0.65 + \frac{0.85 - 0.65}{0.005 - 0.002}(0.004 - 0.002) = 0.783$$

$$\phi P_n = 0.783 \times 1{,}335.2 = 1{,}045.9\ \text{kN}$$

$$\phi M_n = 0.783 \times 552.9 = 433.1\ \text{kN}\cdot\text{m}$$

(5) $\varepsilon_{s1} = -4\varepsilon_y$ 일 때

중립축 $$c = \frac{0.0033}{0.0033 - (-0.0020) \times 4} \times 435 = 127.0\ \text{mm}$$

식 (9.8) 및 (9.9)로부터

i	ε_{si}	f_{si} [MPa]	N_{si} [kN]	$\frac{h}{2}-d_i$
1	−0.00800	−400	−770.9	−185.0
2	−0.00319	−400	−513.6	0.0
3	0.00161	280	581.8	185.0

공칭강도는

$$P_n = 1{,}036.6 - 703.0 = 333.6\ \text{kN}$$

$$M_n = 206.5 + 250.2 = 456.7\ \text{kN}\cdot\text{m}$$

설계강도는

$\varepsilon_t = -\varepsilon_{s1} = 4\varepsilon_y$ 로 최외단 인장철근의 순인장변형률이 0.005 이상 되므로 ϕ는 0.85의 값을 가져

$$\phi P_n = 0.85 \times 333.6 = 283.6\ \text{kN}$$

$$\phi M_n = 0.85 \times 456.7 = 388.2\ \text{kN}\cdot\text{m}$$

(6) 위의 계산 이외에 몇 개의 중간점들, 예를 들면 $\varepsilon_{s1} = 0.001$, -0.001, -0.005, -0.010 등에 대하여 위와 같은 방법으로 공칭강도와 설계강도를 계산하여 상관곡선을 구하면 그림 9-12(a)와 같다.

② 직사각형 등가응력블록

(1) $\varepsilon_{s1} = \varepsilon_{cu}$ 일 때 (축력만 작용하는 경우)
식 (9.2)로부터

$$\begin{aligned} P_n &= 0.85 f_{ck}(A_g - A_{st}) + f_y A_{st} \\ &= 0.85 \times 24 \times (250{,}000 - 5{,}139.2) \times 10^{-3} \\ &\quad + 400 \times 5{,}139.2 \times 10^{-3} = 7{,}050.8\ \text{kN} \end{aligned}$$

설계축하중은 식 (9.4)로부터

$$\phi P_{n(\max)} = 0.80 \phi P_n$$

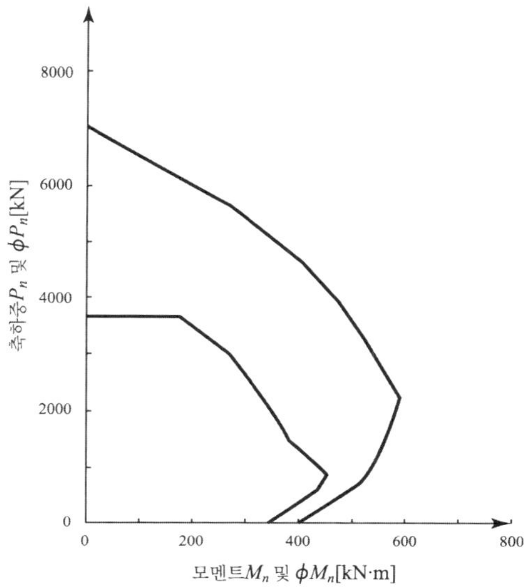

그림 9-12(a) 예제 9-1 기둥의 상관곡선

$$= 0.8 \times 0.65 \times 7{,}050.8 = 3{,}666.4\ \text{kN}$$

(2) $\varepsilon_{s1} = 0$ 일 때

콘크리트 압축강도(f_{ck})가 40 MPa 이하이므로 극한변형률(ϵ_{cu})은 0.0033이고, β_1은 0.8, η는 1.0 이다.

중립축 $c = \dfrac{0.0033}{0.0033 - 0.0} d_1 = 435.0\ \text{mm}$

$$a = 0.8 \times 435.0 = 348.0\ \text{mm}$$

식 (9.8) 및 (9.9)로부터 각 열의 철근에 대하여 변형률과 응력은 다음 표와 같다.

i	ε_{si}	f_{si}[MPa]	N_{si}[kN]	$\dfrac{h}{2} - d_i$
1	0.0	0.0	−39.3	−185.0
2	0.00140	280.7	334.4	0.0
3	0.00281	400.0	731.6	185.0

식 (9.10b)와 (9.11b)로부터

공칭강도는

$$P_n = \eta(0.85f_{ck})ab + \sum_{i=1}^{n} N_{si}$$

$$= 1.0 \times (0.85 \times 24) \times 348 \times 500 \times 10^{-3} + \sum_{i=1}^{n} N_{si}$$

$$= 3{,}549.6 + 1{,}026.7 = 4{,}576.3 \text{ kN}$$

$$M_n = \eta(0.85f_{ck})ab\left(\frac{h}{2} - \frac{a}{2}\right) + \sum_{i=1}^{n} N_{si}\left(\frac{h}{2} - d_i\right)$$

$$= 1.0 \times (0.85 \times 24) \times 348 \times 500 \times \left(\frac{500}{2} - \frac{348}{2}\right) \times 10^{-3}$$

$$+ [(-39.3 \times -185) + (334.4 \times 0.0) + (731.6 \times 185)] \times 10^{-3}$$

$$= 269.8 + 142.6 = 412.4 \text{ kN·m}$$

설계강도는

$$\phi P_n = 0.65 \times 4{,}576.3 = 2{,}974.6 \text{ kN}$$

$$\phi M_n = 0.65 \times 412.4 = 268.0 \text{ kN·m}$$

(3) $\varepsilon_{s1} = -\varepsilon_y$일 때(균형변형률 상태)

중립축 $c = \dfrac{0.0033}{0.0033 - (-0.0020)} \times 435 = 270.8 \text{ mm}$

$a = 0.8 \times 270.8 = 216.7 \text{ mm}$

식 (9.8) 및 (9.9)로부터

i	ε_{si}	f_{si}[MPa]	N_{si}[kN]	$\frac{h}{2} - d_i$
1	−0.00200	−400.0	−770.9	−185.0
2	0.00025	50.8	39.1	0.0
3	0.00251	400.0	731.6	185.0

공칭강도는

$$P_{nb} = \eta(0.85 f_{ck})ab + \sum_{i=1}^{n} N_{si}$$

$$= 2{,}210.1 - 0.3 = 2{,}209.9 \text{ kN}$$

$$M_{nb} = \eta(0.85 f_{ck})ab\left(\frac{h}{2} - \frac{a}{2}\right) + \sum_{i=1}^{n} N_{si}\left(\frac{h}{2} - d_i\right)$$

$$= 313.1 + 278.0 = 591.0 \text{ kN·m}$$

설계강도는

압축을 기준으로 하면 ε_{s1}은 $-\varepsilon_t$가 되며, $\varepsilon_t = \varepsilon_y$, 즉 압축지배 변형률 한계에 있어 ϕ의 값은 아직도 0.65이므로

$$\phi P_{nb} = 0.65 \times 2{,}209.9 = 1{,}436.4 \text{ kN}$$

$$\phi M_{nb} = 0.65 \times 591.0 = 384.2 \text{ kN·m}$$

(4) $\varepsilon_{s1} = -2\varepsilon_y$일 때

중립축 $c = \dfrac{0.0033}{0.0033 - (-0.0020) \times 2} \times 435 = 196.6 \text{ mm}$

$$a = 0.8 \times 196.6 = 157.3 \text{ mm}$$

식 (9.8) 및 (9.9)로부터

i	ε_{si}	f_{si}[MPa]	N_{si}[kN]	$\dfrac{h}{2} - d_i$
1	−0.0040	−400.0	−770.9	−185.0
2	−0.0009	−179.1	−230.1	0.0
3	0.0022	400.0	731.6	185.0

공칭강도는

$$P_n = 1{,}604.6 - 269.4 = 1{,}335.2 \text{ kN}$$

$$M_n = 274.9 + 278.0 = 552.9 \text{ kN·m}$$

설계강도는

$\varepsilon_t = 0.004 < 0.005$ 이므로, 강도감소계수는 식 (9.13)으로부터

$$\phi = 0.65 + \frac{0.85 - 0.65}{0.005 - 0.002}(0.004 - 0.002) = 0.783$$

$$\phi P_n = 0.783 \times 1{,}335.2 = 1{,}045.9 \text{ kN}$$

$$\phi M_n = 0.783 \times 552.9 = 433.1 \text{ kN}\cdot\text{m}$$

(5) $\varepsilon_{s1} = -4\varepsilon_y$일 때

중립축 $$c = \frac{0.0033}{0.0033 - (-0.0020) \times 4} \times 435 = 127.0 \text{ mm}$$

$$a = 0.8 \times 127.0 = 101.6 \text{ mm}$$

식 (9.8) 및 (9.9)로부터

i	ε_{si}	f_{si}[MPa]	N_{si}[kN]	$\frac{h}{2} - d_i$
1	−0.00800	−400	−770.9	−185.0
2	−0.00319	−400	−513.6	0.0
3	0.00161	280	581.8	185.0

공칭강도는

$$P_n = 1{,}036.6 - 703.0 = 333.6 \text{ kN}$$

$$M_n = 206.5 + 250.2 = 456.7 \text{ kN}\cdot\text{m}$$

설계강도는

$\varepsilon_t = -\varepsilon_{s1} = 4\varepsilon_y$로 최외단 인장철근의 순인장변형률이 0.005 이상 되므로 ϕ는 0.85의 값을 가져

$$\phi P_n = 0.85 \times 333.6 = 283.6 \text{ kN}$$

$$\phi M_n = 0.85 \times 456.7 = 388.2 \text{ kN}\cdot\text{m}$$

(6) 위의 계산 이외에 몇 개의 중간점들, 예를 들면 $\varepsilon_{s1} = 0.001$, -0.001, −

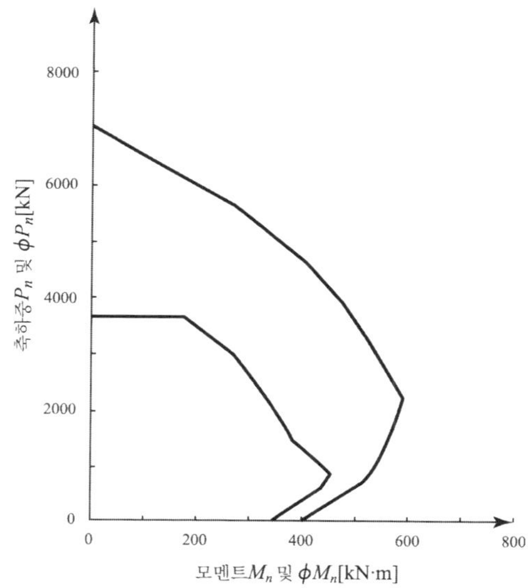

그림 9-12(b) 예제 9-1 기둥의 상관곡선

0.005, −0.010 등에 대하여 위와 같은 방법으로 공칭강도와 설계강도를 계산하여 상관곡선을 구하면 그림 9-12(b)와 같다.

9-3-3 상관곡선에 의한 직사각형 기둥의 설계

편심을 받는 직사각형 기둥의 설계강도를 변형률 적합조건에 따라 인장철근의 변형률을 변화시키면서 구하면 앞 절의 설명과 예제에서 보는 바와 같이 기둥의 설계강도에 대한 상관곡선이 되며, 이러한 상관곡선은 기둥의 실제 설계에 유효적절하게 사용된다.

구조기준에서 기둥의 철근비는 최소 0.01에서 최대 0.08의 범위이므로 철근비를 0.01에서 일정한 크기로 0.08까지 증가하면서, 주어진 f_{ck}와 f_y의 값에 대하여 식 (9.6)에서 식 (9.14)까지의 계산 과정을 거쳐 대표적인 점들을 구한 후 이를 연결하면 상관곡선이 된다. 그러나 계산식은 임의의 폭 b와 깊이 h에 통용될 수 있어야 하므로, 휨방향에 대한 철근의 위치를 나타내는 계수 γ를 도입하는 것이 편리하다.

기둥 외단에서 그에 가장 가까운 주철근의 중심까지의 거리를 d'으로 하면

$$\gamma = \frac{h - 2d'}{h} \tag{9.15}$$

이 된다. 기둥의 주철근은 40 mm 이상 피복되어야 하므로 띠철근 10 mm와 철근 중심거리 10 ~ 20 mm를 감안하면 d'의 값은 60 ~ 70 mm 정도이며 실제 설계에서 γ의 값은 0.6 ~ 0.9의 범위에 있다. 상관곡선은 앞 절의 예제와 같은 계산으로도 구할 수 있으나 계산량이 많아지기 때문에 컴퓨터 프로그램을 작성하여 계산하는 것이 편리하다.

부그림 5-1~5-12의 상관곡선도는 일반 콘크리트 기둥 설계를 위하여 작성된 것이다. 이러한 상관곡선에 의하여 기둥 설계를 할 때에는 다음과 같은 과정을 거친다.

(1) 재료 강도의 결정

설계용 콘크리트와 철근의 강도를 정한다. 일반 콘크리트로서 많이 사용되는 콘크리트의 압축강도는 $f_{ck} = 21, 24, 27$ MPa이며, 철근은 표 2-5에 표시된 바와 같이 SD 300, SD 350, SD 400, SD 500, SD 600 등이 있으나, 강도설계법에서는 SD 400, SD 500 및 SD 600과 같이 고강도 철근을 사용하는 것이 유리하다.

(2) 소요 강도 계산

하중계수를 적용한 상태에서 가장 불리한 하중 조합에 대한 P_u와 M_u를 구한다.

(3) 기둥의 크기 가정

기둥의 크기 b와 h를 가정한다. 기둥의 크기를 정하는 데에는 다음과 같은 식이 사용된다.

$$A_g \geq \frac{P_u}{0.45(f_{ck} + \rho f_y)} \tag{9.16}$$

이 식에서 철근비 $\rho = A_{st}/A_g$는 0.01~0.02의 범위로 한다.

(4) 상관곡선에 의한 철근비 결정

기둥의 깊이 h가 결정되면 식 (9.15)에서 $d' = 65\,\mathrm{mm}$로 하여 γ를 구한 후, 결정된 f_{ck}, f_y 및 γ의 상관곡선도에서 세로 축을 P_u/bh, 가로 축을 M_u/bh^2의 값에 맞춰 세로 축에서 평행하게 뻗은 선과 가로 축에서 곧바로 올린 선이 만나는 점의 철근비를 읽는다.

(5) 철근 배근

$A_{st} = \rho A_g$에 따라 철근 단면적을 계산한 후 철근 개수를 정한다. 기둥에는 보통 D16~D32 범위의 철근들이 주로 사용되며, 철근 배근은 사용된 상관곡선도에 제시되어 있는 배근 형태에 따라야 한다.

【예제 9-2】 기둥의 소요 축하중 강도가 $P_u = 4{,}850\,\mathrm{kN}$이고, 기둥의 주축 x 또는 y 방향으로 소요 모멘트 강도가 $M_u = 472\,\mathrm{kN\cdot m}$으로 계산되었을 때 이 기둥을 $f_{ck} = 27\,\mathrm{MPa}$의 콘크리트와 SD 400 철근으로 설계하라.

[풀 이] 철근비를 $\rho = 0.015$로 하여 식 (9.16)에 적용하면

$$A_g \geq \frac{4{,}850 \times 10^3}{0.45(27 + 0.015 \times 400)} = 326.6 \times 10^3\,\mathrm{mm}^2$$

기둥을 $600\,\mathrm{mm} \times 600\,\mathrm{mm}$ 정사각형으로 한다.
기둥 외단에서 그에 가장 가까운 철근 중심까지의 거리는

$$\begin{aligned} d' &= \text{피복두께} + \text{띠철근 지름} + \text{주철근 지름의 } 1/2 \\ &= 40\,\mathrm{mm} + 10\,\mathrm{mm} + 15\,\mathrm{mm} = 65\,\mathrm{mm} \end{aligned}$$

식 (9.15)로부터

$$\gamma = \frac{600 - 2 \times 65}{600} = 0.78 \rightarrow 0.8$$

$f_{ck} = 27\,\mathrm{MPa}$, $f_y = 400\,\mathrm{MPa}$, $\gamma = 0.8$이므로, 4면 철근 배근하는 경우 부그림 5-8로부터

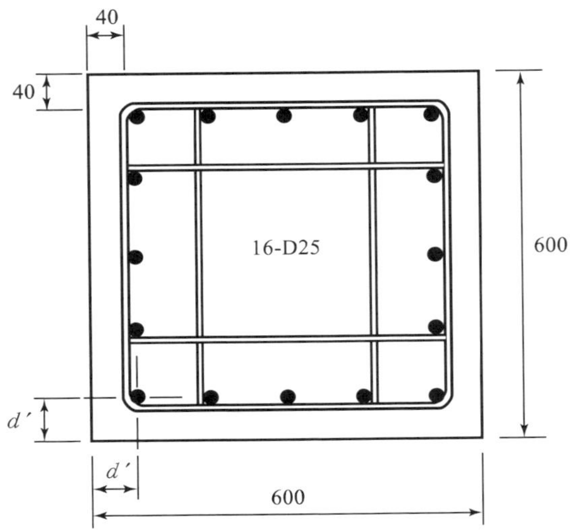

그림 9-13 예제 9-2의 기둥 단면

세로축 $\dfrac{P_u}{A_g} = \dfrac{4{,}850 \times 10^3}{360{,}000} = 13.47\,\text{MPa}$

가로축 $\dfrac{M_u}{A_g \cdot h} = \dfrac{472 \times 10^6}{360{,}000 \times 600} = 2.19\,\text{MPa}$

이 두 축이 만나는 점의 철근비는 $\rho = 0.020$

철근 전 단면적

$$A_{st} = 0.020 \times 360{,}000 = 7{,}200\,\text{mm}^2$$

부그림 5-8은 네 면에 철근이 5 개씩 16 개 배근된 형태이므로, 16-D25를 사용하면,

$$16 \times 506.7 = 8{,}107.2\ \text{mm}^2 > 7{,}200\ \text{mm}^2$$ 적합

설계된 단면 및 배근 형태는 그림 9-13과 같다.

9-4 원형 기둥의 설계강도

나선철근으로 횡보강된 원형 기둥은 9-2-3절에서 언급된 바와 같이 띠철근 기둥에 비하여 매우 큰 연성을 가지고 있으며, 휨에 대한 저항 성능이 모든 방향에 대하여 거의 균등하기 때문에 2방향 휨을 받는 기둥으로서도 적합하다. 원형 기둥에서도 직사각형 기둥의 경우와 같이 변형률의 적합조건과 힘의 평형조건에 의하여 축하중과 휨에 대한 상관 관계를 유도할 수 있다.

그림 9-14(a)와 같은 원형 기둥에서 편심하중에 의하여 극한상태에 이르렀을 때의 변형률 분포가 그림 9-14(b)와 같다고 하면, 압축측 외단에서 중립축까지의 거리 c는 식 (9.6)과 같이 변형률의 선형분포 가정에 따라 삼각형의 비례식으로부터 구할 수 있고, 각 철근의 변형률도 같은 비례관계에 따라 식 (9.7)로부터 계산된다. 철근에 생기는 응력과 철근이 발휘하는 내력 등은 응력

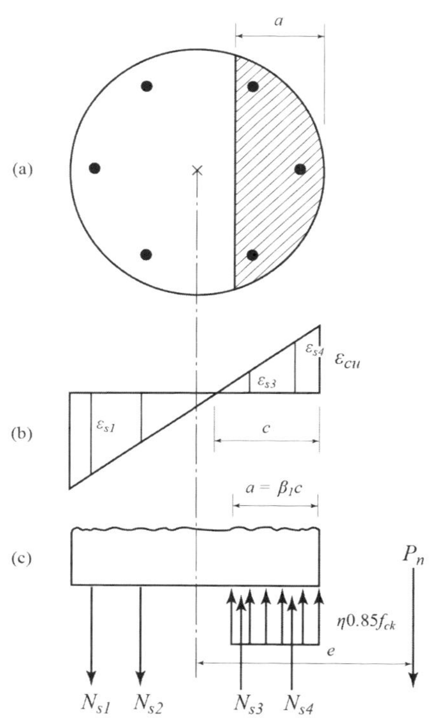

그림 9-14 원형기둥의 변형률 및 내력

-변형률 곡선을 적용하여 식 (9.8) 및 (9.9)로 직사각형 기둥의 경우와 같이 비교적 쉽게 얻을 수 있다. 등가응력블록의 개념은 원형 기둥에도 그대로 적용될 수 있다. 이 때, 포물선-직선형 등가응력분포 계수는 변단면에 사용할 수 없으므로, 모든 단면에 적용할 수 있는 등가 직사각형 압축응력블록이 활용되어야 한다.

압축 콘크리트에 의한 내력과 이에 의한 도심에 대한 모멘트를 계산하기 위하여서는 그림 9-14 (a)의 빗금친 부분으로 표시된 기둥 압축역의 면적과 도심이 먼저 계산되어야 한다.

원형 단면에서 등가응력블록의 깊이 a는 편심에 따라 반지름 $h/2$보다 클 수도 있고 작을 수도 있으며, 이에 따라 그림 9-15와 같이 단면의 도심에서 a까지 잰 각도는 다음과 같이 계산된다.

① $a \le h/2$일 때

$$\theta = \cos^{-1}\left(1 - 2\frac{a}{h}\right)\ [\mathrm{rad}] \tag{9.17a}$$

② $a > h/2$일 때

$$\theta = \pi - \cos^{-1}\left(2\frac{a}{h} - 1\right)\ [\mathrm{rad}] \tag{9.17b}$$

압축측의 단면적은

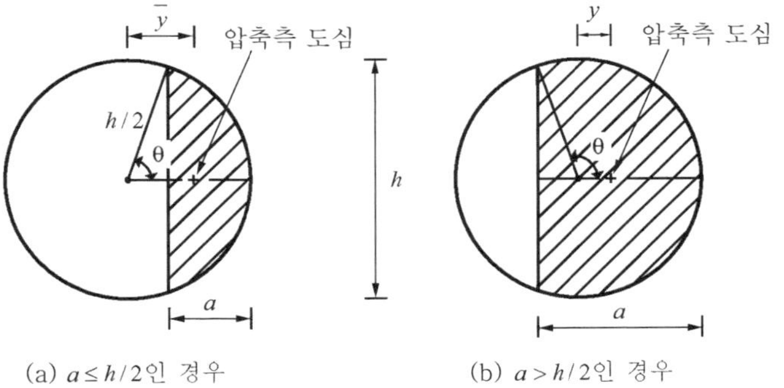

(a) $a \le h/2$인 경우　　(b) $a > h/2$인 경우

그림 9-15　원형기둥의 압축측 단면

$$A = h^2\left(\frac{\theta - \sin\theta\cos\theta}{4}\right) \tag{9.18}$$

이 되며, 이 단면적의 도심에 대한 모멘트는 다음과 같다.

$$A\bar{y} = \frac{(h\sin\theta)^3}{12} \tag{9.19}$$

a/h에 대하여 식 (9.18) 및 (9.19)로 A와 $A\bar{y}$ 값을 구하는 데에는 많은 노력이 필요하므로, 표 9-1의 값들을 직선보간하여 사용하는 것이 편리하다. 따라서 원형 기둥의 공칭 축하중은 식 (9.10b)에서 직사각형 기둥의 등가압축면적 ab가 식 (9.18)의 A로 바뀌어

표 9-1 원형 기둥의 단면 성능

	$\frac{a}{h}$	.00	.01	.02	.03	.04	.05	.06	.07	.08	.09
$\frac{A}{h^2}$	0.0	.0000	.0013	.0037	.0069	.0105	.0147	.0192	.0242	.0294	.0350
	0.1	.0409	.0470	.0534	.0600	.0668	.0739	.0811	.0885	.0961	.1039
	0.2	.1118	.1199	.1281	.1365	.1449	.1535	.1623	.1711	.1800	.1890
	0.3	.1982	.2074	.2167	.2260	.2355	.2450	.2546	.2642	.2739	.2836
	0.4	.2934	.3032	.3130	.3229	.3328	.3428	.3527	.3627	.3727	.3827
	0.5	.3927	.4027	.4127	.4227	.4327	.4426	.4526	.4625	.4724	.4822
	0.6	.4920	.5018	.5115	.5212	.5308	.5404	.5499	.5594	.5687	.5780
	0.7	.5872	.5963	.6054	.6143	.6231	.6319	.6405	.6489	.6573	.6655
	0.8	.6736	.6815	.6893	.6939	.7043	.7115	.7186	.7254	.7320	.7384
	0.9	.7445	.7504	.7560	.7612	.7662	.7707	.7749	.7785	.7816	.7841
$\frac{A\bar{y}}{h^3}$	0.0	.0000	.0007	.0018	.0033	.0050	.0069	.0089	.0111	.0133	.0156
	0.1	.0180	.0204	.0229	.0254	.0279	.0304	.0328	.0353	.0378	.0403
	0.2	.0427	.0450	.0474	.0497	.0519	.0541	.0563	.0583	.0603	.0623
	0.3	.0642	.0660	.0677	.0693	.0709	.0723	.0737	.0750	.0762	.0774
	0.4	.0784	.0793	.0802	.0809	.0815	.0821	.0825	.0829	.0831	.0833
	0.5	.0833	.0833	.0831	.0829	.0825	.0821	.0815	.0809	.0802	.0793
	0.6	.0784	.0774	.0762	.0750	.0737	.0723	.0709	.0693	.0677	.0660
	0.7	.0642	.0623	.0603	.0583	.0563	.0541	.0519	.0497	.0474	.0450
	0.8	.0427	.0403	.0378	.0353	.0328	.0304	.0279	.0254	.0229	.0204
	0.9	.0180	.0156	.0133	.0111	.0089	.0069	.0050	.0033	.0018	.0007

$$P_n = \eta(0.85 f_{ck})\, h^2 \left(\frac{\theta - \sin\theta\cos\theta}{4} \right) + \sum_{i=1}^{n} N_{si} \tag{9.20}$$

이 되며, 공칭모멘트는 식 (9.11)의 $ab\left(\frac{h}{2} - \frac{a}{2}\right)$가 식 (9.19)로 대체되어

$$M_n = \eta(0.85 f_{ck})\, h^3 \left(\frac{\sin^3\theta}{12} \right) + \sum_{i=1}^{n} N_{si} \left(\frac{h}{2} - d_i \right) \tag{9.21}$$

이 된다.

기둥이 나선철근 보강일 때에는 식 (9.14)의 강도감소계수를 식 (9.20)과 (9.21)의 P_n과 M_n에 적용하여 설계강도 ϕP_n과 ϕM_n을 구한다. 원형 기둥에서는 철근들이 직사각형 기둥의 경우와 같이 직교형으로 배근되지 않기 때문에 상관곡선은 가장 불리한 철근 배근 방향에 대하여 고려되어야 한다.

그러나 기둥에 배근되는 철근의 수가 8 개를 넘는 경우에는 등가면적을 가진 연속링으로 근사화할 수 있으며, 이때에는 이러한 문제가 고려되지 않아도 된다.

【예제 9-3】 그림 9-16 (a)와 같은 원형 나선철근 기둥의 공칭강도와 설계강도를 계산하여 상관곡선을 작성하라. 재료 강도와 사용 철근은 예제 9-1과 같이 $f_{ck} = 24$ MPa , $f_y = 400$ MPa 에 D29 철근으로 한다.

[풀 이] 전 단면적 $A_g = \dfrac{\pi(600)^2}{4} = 282{,}743\ \mathrm{mm}^2$

철근 전 단면적 $A_{st} = 6 \times 642.4 = 3{,}854\ \mathrm{mm}^2$

항복변형률 $\varepsilon_y = 0.0020$

(1) $\varepsilon_{s1} = 0.0033$ 일 때

$$\begin{aligned} P_n &= 0.85 f_{ck}(A_g - A_{st}) + f_y A_{st} \\ &= 0.85 \times 24 \times (282{,}743 - 3{,}854) + 400 \times 3{,}854 \\ &= 7{,}231{,}094\ \mathrm{N} = 7{,}231.1\ \mathrm{kN} \end{aligned}$$

$$\phi P_{n(\max)} = 0.85 \phi P_n$$

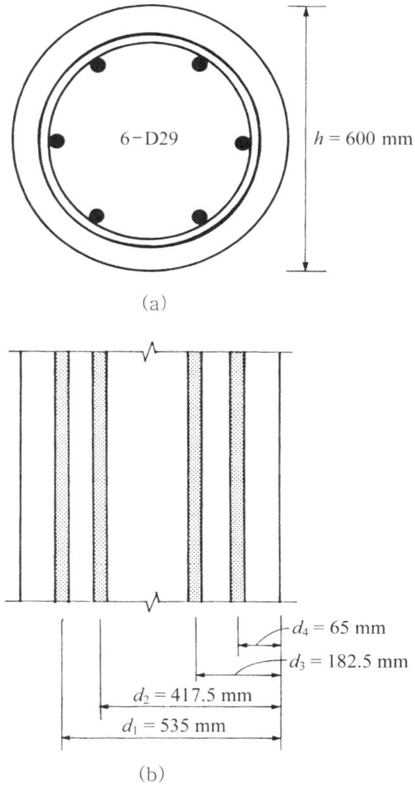

그림 9-16 예제 9-3의 원형 기둥

$$= 0.85 \times 0.7 \times 7{,}231.1$$
$$= 4{,}302.5 \text{ kN}$$

(2) $\varepsilon_{s1} = 0.0$ 일 때

$$c = \frac{0.0033}{0.0033 - 0.0} d_1 = 535 \text{ mm}$$
$$a = 0.8 \times 535 = 428 \text{ mm}$$

식 (9.8) 및 (9.9)로부터 각 열의 철근에 대하여 변형률과 응력을 계산하면 다음 표와 같다.

i	ε_{si}	f_{si} [MPa]	N_{si} [kN]
1	0.0	0.0	−13.1
2	0.00072	145.0	160.0
3	0.00217	400.0	487.7
4	0.00290	400.0	243.9

$$\frac{a}{h} = \frac{428}{600} = 0.713$$

표 9−1로부터 직선보간하면 $A/h^2 = 0.5990$, $A\bar{y}/h^3 = 0.0617$이므로

$$A = 0.5990 \times (600)^2 = 215{,}651\ \text{mm}^2$$

$$A\bar{y} = 0.0617 \times (600)^3 = 13{,}327{,}200\ \text{mm}^3$$

공칭축하중은 식 (9.20)로부터

$$\begin{aligned} P_n &= \eta(0.85 f_{ck})\, A + \sum_{i=1}^{n} N_{si} \\ &= 1.0 \times (0.85 \times 24) \times 215{,}651 \times 10^{-3} \\ &\quad + (-13.1) + 160.0 + 487.7 + 243.9 \\ &= 5{,}277.8\ \text{kN} \end{aligned}$$

공칭모멘트는 식 (9.21)로부터

$$\begin{aligned} M_n &= \eta(0.85 f_{ck})\ Ay + \sum_{i=1}^{n} N_{si}\left(\frac{h}{2} - d_i\right) \\ &= 1.0 \times 0.85 \times 24 \times 13{,}327{,}200 \times 10^{-3} + (-13.1) \times (-235) \\ &\quad + 160 \times (-117.5) + 487.7 \times 117.5 + 243.9 \times 235 \\ &= 370{,}763\ \text{kN·mm} = 370.8\ \text{kN·m} \end{aligned}$$

설계강도는 강도감소계수를 $\phi = 0.7$로 하여

$$\phi P_n = 0.7 \times 5{,}277{,}8 = 3{,}694.4\ \text{kN}$$

$$\phi M_n = 0.7 \times 370.8 = 259.5\ \text{kN·m}$$

(3) $\varepsilon_{s1} = -\varepsilon_y$ 일 때 (균형변형률 상태)

중립축 $$c = \frac{0.0033}{0.0033 - (-0.0020)} \times 535 = 333.1\,\text{mm}$$

$$a = 0.8 \times 333.1 = 266.5\,\text{mm}$$

식 (9.8) 및 (9.9)로부터

i	ε_{si}	f_{si} [MPa]	N_{si} [kN]
1	−0.00200	−400.0	−257.0
2	−0.00084	−167.2	−214.8
3	0.00149	298.4	357.2
4	0.00266	400.0	243.9

$$\frac{a}{h} = \frac{266.5}{600} = 0.444$$

표 9-1로부터 직선보간하면 $A/h^2 = 0.3368$, $A\bar{y}/h^3 = 0.0817$ 이므로

$$A = 0.3368 \times (600)^2 = 121{,}248\,\text{mm}^2$$

$$A\bar{y} = 0.0817 \times (600)^3 = 17{,}647{,}200\,\text{mm}^3$$

공칭강도는 식 (9.20)과 (9.21)로부터

$$P_{nb} = 2{,}473.5 + 129.3 = 2{,}602.7\,\text{kN}$$

$$M_{nb} = 360.0 + 184.9 = 544.9\,\text{kN·m}$$

설계강도는 강도감소계수 $\phi = 0.7$를 적용하여

$$\phi P_{nb} = 0.7 \times 2{,}602.7 = 1{,}821.9\,\text{kN}$$

$$\phi M_{nb} = 0.7 \times 544.9 = 381.8\,\text{kN·m}$$

(4) $\varepsilon_{s1} = -2\varepsilon_y$일 때

중립축 $$c = \frac{0.0033}{0.0033 - (-0.0020) \times 2} \times 535 = 241.8\,\text{mm}$$

$$a = 0.8 \times 241.8 = 193.5\,\text{mm}$$

식 (9.8) 및 (9.9)로부터

i	ε_{si}	f_{si} [MPa]	N_{si} [kN]
1	−0.00400	−400	−257.0
2	−0.00240	−400	−513.9
3	0.00081	162	181.9
4	0.00241	400	243.9

$$\frac{a}{h} = \frac{193.5}{600} = 0.322$$

표 9−1로부터 직선보간하면 $A/h^2 = 0.2186$, $A\bar{y}/h^3 = 0.0680$ 이므로

$$A = 0.2186 \times (600)^2 = 78{,}682\ \mathrm{mm}^2$$

$$A\bar{y} = 0.0680 \times (600)^3 = 14{,}692{,}320\ \mathrm{mm}^3$$

공칭강도는 식 (9.20)과 (9.21)로부터

$$P_n = 1{,}605.1 + (-345.1) = 1{,}260.0\ \mathrm{kN}$$

$$M_n = 299.7 + 199.4 = 499.2\ \mathrm{kN \cdot m}$$

설계강도 : $\varepsilon_t = -\varepsilon_{s1} = 0.004$로 변화구간 단면이므로

식 (9.14)로부터 강도감소계수는

$$\phi = 0.70 + \frac{0.85 - 0.70}{0.005 - 0.002}(0.004 - 0.002) = 0.8$$

설계강도는

$$\phi P_n = 0.8 \times 1{,}260.0 = 1{,}008.0\ \mathrm{kN}$$

$$\phi M_n = 0.8 \times 499.2 = 399.3\ \mathrm{kN \cdot m}$$

(5) $\varepsilon_{s1} = -4\varepsilon_y$ 일 때

중립축 $c = \dfrac{0.0033}{0.0033 - (-0.0020) \times 4} \times 535 = 156.2\ \mathrm{mm}$

$$a = 0.8 \times 156.2 = 125.0\ \mathrm{mm}$$

식 (9.8) 및 (9.9)로부터

i	ε_{si}	f_{si} [MPa]	N_{si} [kN]
1	−0.00800	−400.0	−257.0
2	−0.00552	−400.0	−513.9
3	−0.00055	−110.9	−142.5
4	0.00193	385.4	234.5

$$\frac{a}{h} = \frac{125.0}{600} = 0.208$$

표 9-1로부터 직선보간하면 $A/h^2 = 0.1183$, $A\bar{y}/h^3 = 0.0445$ 이므로

$$A = 0.1183 \times (600)^2 = 42{,}581\ \text{mm}^2$$
$$A\bar{y} = 0.0445 \times (600)^3 = 9{,}620{,}640\ \text{mm}$$

공칭강도는 식 (9.20)과 (9.21)로부터

$$P_n = 868.6 + (-678.9) = 189.7\ \text{kN}$$
$$M_n = 196.3 + 159.1 = 355.4\ \text{kN·m}$$

설계강도 : $\varepsilon_t = 0.008 > 0.005$로 인장지배 단면이므로 강도감소계수를 $\phi = 0.85$로 하여

$$\phi P_n = 0.85 \times 189.7 = 161.3\ \text{kN}$$
$$\phi M_n = 0.85 \times 355.4 = 302.1\ \text{kN·m}$$

(6) 위의 계산 이외에 예제 9-1에서와 같이 $\varepsilon_{s1} = 0.002$, 0.001, -0.005, -0.010 등에 대하여 위와 같은 방법으로 공칭강도와 설계강도를 계산하여 상관곡선을 구하면 그림 9-17과 같다.

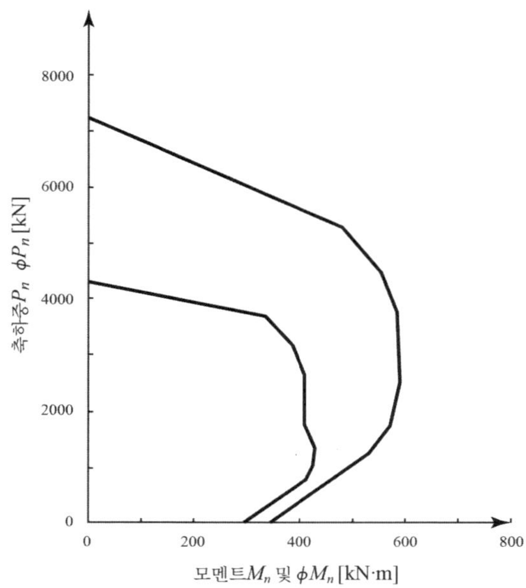

그림 9-17 예제 9-2 원형 기둥의 상관곡선

9-5 2 축 휨을 받는 기둥

앞에서 다룬 기둥들은 한 방향으로만 휨을 받는 경우이나 실제로 대부분의 기둥들은 두 주축 방향으로 힘을 받고 있으며, 모서리 기둥에는 두 방향 휨의 영향이 크게 작용한다.

2 축 휨을 받는 기둥의 극한상태에서의 변형률과 내력의 분포는 그림 9-18 (a)와 같으며 $P-M$ 상관곡선은 그림 9-18 (b)와 같은 형태로 된다. 그림 9-18 (a)와 같은 변형률과 힘의 분포에서 중립축을 변화시키면서 반복계산에 의하여 공칭강도와 설계강도를 계산하는 데에는 많은 시간과 노력이 소요되므로, 실용적인 설계방법으로 상반하중법(reciprocol load method)이나 등하중선법(load contour method)과 같은 근사법이 사용되고 있다. 이 중에서도 브레슬러(B. Bresler)가 제안한 상반하중법은 $P_u > 0.10 f_{ck} bh$의 조건에서는 실험결과와 잘 일치하는 것으로 알려져 있다. 이 방법에 의하면 그림 9-19 (a)와 같이 2 축 휨 $M_{nx} = P_n e_x$ 및 $M_{ny} = P_n e_y$가 작용하는 상태에서 기둥이 지지할

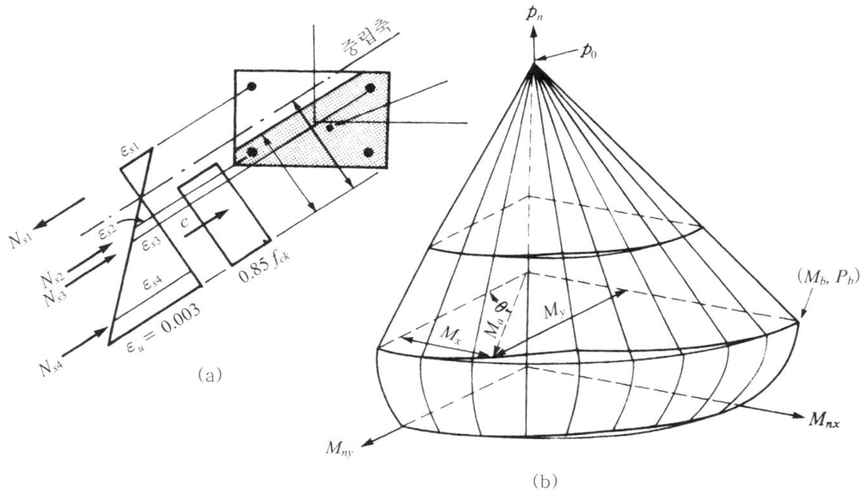

그림 9-18 2축 휨을 받는 기둥의 변형률, 내력 및 상관곡선

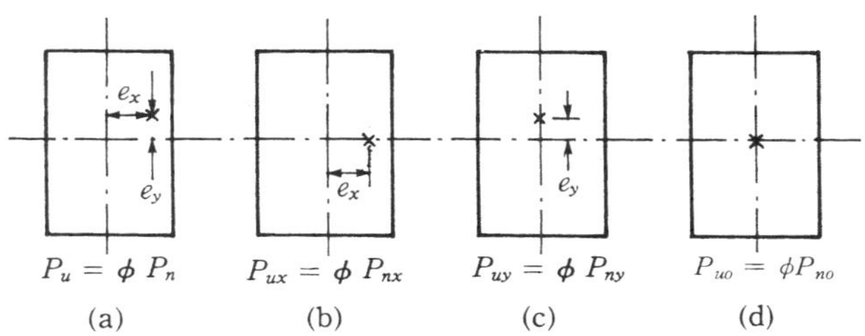

그림 9-19 2축 휨에 대한 브레슬러 방정식의 기호

수 있는 계수 축하중 P_u 는 다음과 같이 계산된다.

$$\frac{1}{P_u} = \frac{1}{\phi P_{nx}} + \frac{1}{\phi P_{ny}} - \frac{1}{\phi P_{no}} \tag{9.22}$$

여기서, $\phi P_{nx} = M_x$ 만 작용할 때의 $P-M$ 상관곡선에서의 축하중의 값 〔그림 9-19 (b)〕

$\phi P_{ny} = M_y$ 만 작용할 때의 $P-M$ 상관곡선에서의 축하중의 값 〔그림9-19 (c)〕

ϕP_{no} = 편심이 없을 때의 $P-M$ 상관곡선에서의 축하중의 값 〔그림 9-19 (d)〕

브레슬러의 상반하중법은 앞에서 언급된 바와 같이 $0.10P_o$ 이상의 축하중 범위에서 적용이 가능하며, 이때 강도감소계수는 일정하게 한다. 또한 식 (9.22)에서 P_{no}는 식 (9.2)로 계산되는 값으로 하며, 이로부터 계산되는 P_u는 1축 휨에서와 같이, 띠철근 기둥일 때에는 $0.8\phi P_o$, 나선철근 기둥일 때에는 $0.85\phi P_o$ 이하로 한다.

【예제 9-4】 그림 9-13과 같은 기둥에 계수를 적용한 모멘트가 x, y 방향으로 $M_{ux} = M_{uy} = 472$ kN·m 가 작용할 때 이 기둥이 지지할 수 있는 설계 축하중을 구하라. 재료 강도는 예제 9-2에서와 같이 $f_{ck} = 27$ MPa, $f_y = 400$ MPa로 한다.

[풀 이] 그림 9-13 기둥의 철근비는

$$\rho = \frac{16 \times 506.7}{360{,}000} = 0.0225$$

부그림 5-8의 상관곡선도에서

$$\frac{M_u}{A_g\, h} = \frac{472 \times 10^6}{360{,}000 \times 600} = 2.19\ \text{MPa}$$

이 값과 $\rho = 0.0225$가 만나는 점에서 왼편으로 수평이동하면, $\phi P_n / A_g = 14.3$ MPa 이므로, x 및 y 방향에 대하여

$$\phi P_{nx} = \phi P_{ny} = 14.3 \times (600)^2 \times 10^{-3}$$
$$= 5{,}148\ \text{kN}$$

식 (9.2)로부터

$$P_o = 0.85 \times 27 \times (360{,}000 - 16 \times 506.7) + 400 \times (16 \times 506.7)$$
$$= 11{,}319 \times 10^3\ \text{N} = 11{,}319\ \text{kN}$$

따라서

$$\phi P_{no} = 0.65 \times 11{,}319 = 7{,}357\ \text{kN}$$

식 (9.22)으로부터

$$P_u = \left(\frac{1}{5{,}148} + \frac{1}{5{,}148} - \frac{1}{7{,}357}\right)^{-1} = 3{,}959\ \text{kN}$$

이 결과를 예제 9-2와 비교해보면 두 축 휨에 의한 설계 축하중의 감소를 알 수 있다.

9-6 세장 효과의 해석

9-6-1 개 요

앞 절에서 다룬 기둥의 해석과 설계에서는 기둥의 좌굴에 의한 하중 지지 능력의 감소가 고려되어 있지 않다. 그러나 기둥의 단면에 비하여 길이가 길면 압축력의 증가와 함께 좌굴하려는 성향을 보이며, 모멘트에 의하여 Δ만큼 재

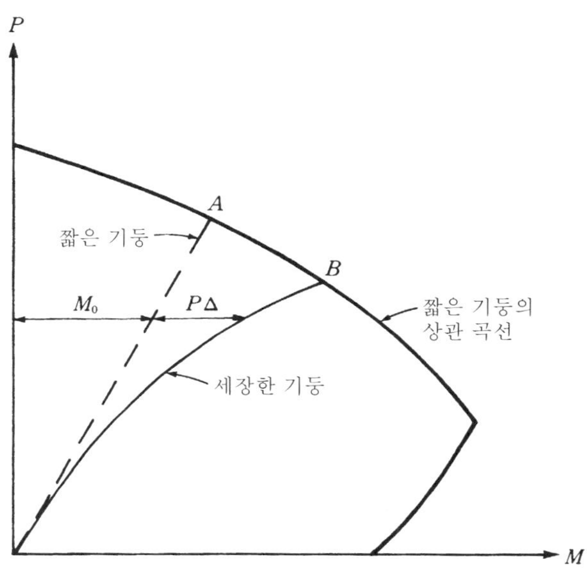

그림 9-20 기둥의 휨-축하중에 대한 거동

축에 대한 처짐이 생겼을 때 축압력 P가 Δ에 작용하여 $P\Delta$만큼 2차모멘트가 발생하여 1차모멘트에 추가되기 때문에 그림 9-20에 보이는 바와 같이 기둥의 상관곡선에서 모멘트가 증가하여 상대적으로 축하중지지 능력이 감소하는 결과를 가져온다. 이러한 현상을 $P\Delta$ 효과라 하며, 수평전단력이 작용하지 않은 짧은 기둥에서는 무시될 만큼 작으나, 수평전단력이 작용하거나 긴 기둥에서는 이 효과가 설계에 고려되지 않으면 안 된다.

최근 고강도 재료의 개발과 컴퓨터 등을 사용한 정교한 구조해석으로 압축력을 지지하는 기둥의 단면은 과거보다 작아지고 있으며 이에 따라 기둥이 세장하게 되어 기둥의 구조해석에서 세장비의 영향이 커지고 있다. 이 절에서는 세장한 기둥의 구조 거동이 이론적으로 고찰되고 이에 관련된 구조기준의 내용들이 소개된다.

9-6-2 기둥의 좌굴

곧은 기둥이 중심 압축력을 받아 좌굴을 일으킬 때의 하중을 좌굴하중이라고 하며, 양단 단순지지된 기둥과 양단 고정된 기둥의 좌굴하중은 다음과 같이 구하여진다.

【1】 양단 단순받침 기둥

그림 9-21 (a)와 같이 양단 단순받침 기둥이 중심 압축력을 받아 좌굴을 시작하였을 때 그 형태는 그림 9-21 (b)와 같이 되고, 이때 외력에 의한 휨모멘트는 Py가 되며, 이에 대한 단면의 내부 저항모멘트는 $-EIy''$으로, 모멘트의 평형조건을 적용하여 다음과 같은 좌굴 미분방정식을 얻게 된다.

$$EIy'' + Py = 0 \tag{9.23}$$

이 방정식의 일반해는

$$y = C_1 \sin(\sqrt{P/EI})x + C_2 \cos(\sqrt{P/EI})x \tag{9.24}$$

이 되며, 이 식에 경계조건

$$x = 0 \text{에서} \quad y = 0 \tag{9.25a}$$

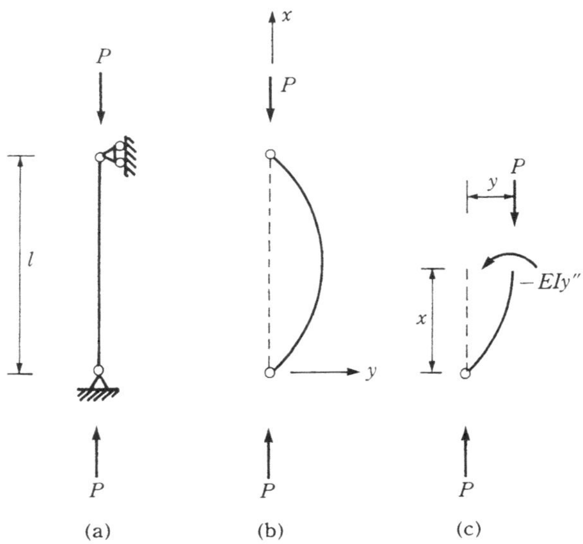

그림 9-21 단순받침 기둥의 좌굴거동

$$x = l \text{에서} \quad y = 0 \tag{9.25b}$$

을 적용하면, 최소 좌굴하중은

$$P_c = \frac{\pi^2 EI}{l^2} \tag{9.26}$$

으로 유도된다. 여기서 E는 탄성계수, I는 단면 2차모멘트로 EI는 휨강성을 나타내며, l은 기둥의 길이이다. 이 식은 1744년 스위스의 수학자 오일러(L. Euler)에 의하여 유도되었기 때문에 그의 이름을 따서 오일러 하중(Euler load)이라고 하며 P_E로 표시하기도 한다. 오일러 하중은 기둥을 안정 평형 상태에서 불안정 평형 상태로 바뀌게 하는 최초의 하중을 의미한다.

【2】 양단 고정된 기둥

양단 고정된 기둥에서는 그림 9-22 (a)와 같이 절점이 횡구속되어 있어 수평이동이 허용되지 않은 경우와 그림 9-22 (b)와 같이 절점이 횡구속되어 있지 않아 수평이동이 허용되는 경우로 나누어 생각할 수 있다.

어느 경우에나 원점에서 x 거리에 있는 지점에서 외력에 의한 모멘트는 그림 9−22(c)의 자유물체도에 보이는 바와 같이 $Py - M_0$이므로 내부 저항모멘트 $-EIy''$과의 평형조건으로부터 좌굴에 관한 미분방정식은

$$EIy'' + Py = M_0 \tag{9.27}$$

로 주어진다. 이 식에서 M_0는 단부 회전 구속에 따른 재단모멘트이다. 식 (9.27)의 일반해는

$$y = C_1 \sin(\sqrt{P/EI})x + C_2 \cos(\sqrt{P/EI})x + \frac{M_0}{P} \tag{9.28}$$

이 되며, 상수 C_1, C_2에 대한 경계조건의 적용과 그에 따라 구해지는 좌굴하중은 다음과 같다.

① 횡구속된 기둥

경계조건 : $x = 0$에서 $\quad y = 0$ (9.29a)

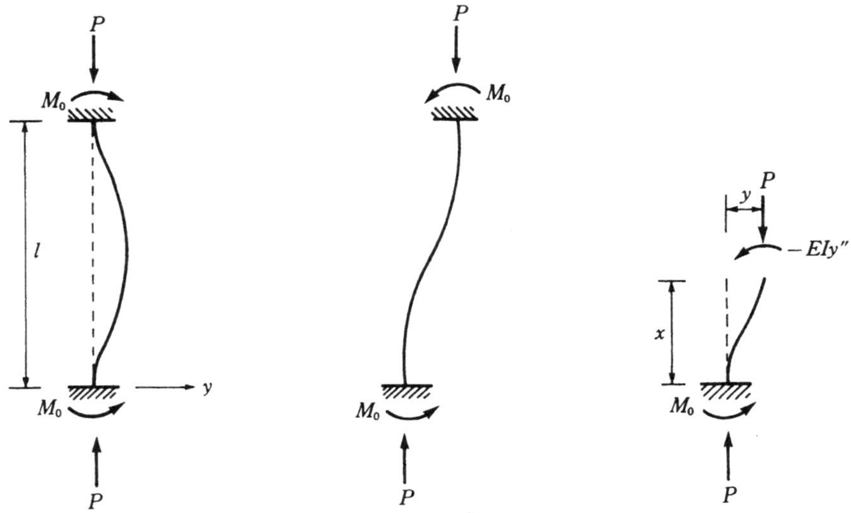

(a) 횡구속된 기둥 (b) 횡구속되지 않은 기둥 (c) 자유물체도

그림 9-22 양단 고정 기둥의 좌굴

$$y' = 0 \tag{9.29b}$$

$$x = l \text{ 에서} \quad y = 0 \tag{9.29c}$$

$$\text{좌굴하중} \quad P_c = \frac{4\pi^2 EI}{l^2} = \frac{\pi^2 EI}{(0.5l)^2} \tag{9.30}$$

② 횡구속되지 않은 기둥

$$\text{경계조건 : } x = 0 \text{에서} \quad y = 0 \tag{9.31a}$$

$$y' = 0 \tag{9.31b}$$

$$x = l \text{ 에서} \quad y' = 0 \tag{9.31c}$$

$$\text{좌굴하중} \quad P_c = \frac{\pi^2 EI}{l^2} \tag{9.32}$$

이상의 예에서 중심 축하중을 받는 기둥의 좌굴하중은 단부의 경계조건과 횡구속에 영향을 받는 것을 알 수 있으며, 임의의 경계조건과 횡구속 상태에서 좌굴하중은 유효좌굴길이의 개념을 도입하여

$$P_c = \frac{\pi^2 EI}{(kl)^2} \tag{9.33}$$

으로 나타낼 수 있다. 이 식에서 k는 유효길이계수로, 위의 예에서 양단 단순받침 기둥과 양단 고정이면서 횡구속되지 않는 기둥에서는 $k = 1.0$의 값을 가지며, 횡구속된 양단 고정의 기둥에서는 $k = 0.5$가 된다. 지지조건과 횡구속에 따른 기둥의 유효길이계수는 표 9-2와 같다.

기둥의 좌굴응력은 단위면적에 대한 좌굴하중으로 나타낼 수 있으므로

$$f_c = \frac{P_{cr}}{A} = \frac{\pi^2 EI}{(kl)^2 A} \tag{9.34a}$$

표 9-2 기둥의 유효길이계수

k	0.5	0.7	2.0	1.0	2.0	1.0
좌굴 형태	(a)	(b)	(c)	(d)	(e)	(f)

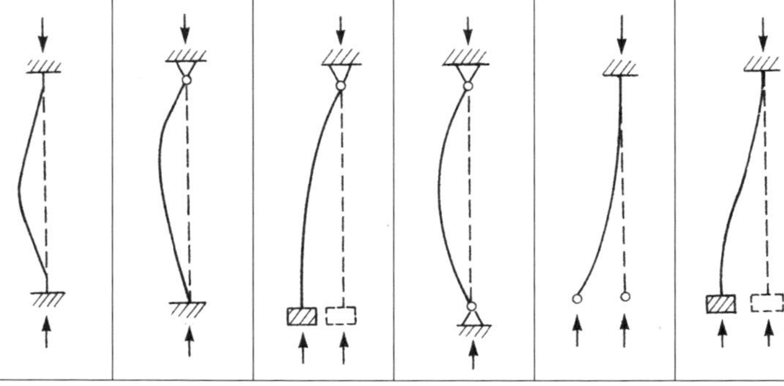

이며, 이를 단면회전반지름 $r = \sqrt{I/A}$ 를 써서 정리하면

$$f_c = \frac{\pi^2 E}{(kl/r)^2} \tag{9.34b}$$

이 된다. 이 식에서 분모의 kl/r은 세장비(slenderness ratio)라고 하며, 단면이 작고 길이가 길어 세장한 기둥의 강도에 크게 영향을 미친다.

9-6-3 골조 기둥의 유효좌굴길이

임의의 경계조건과 횡구속 상태에서 기둥의 좌굴하중은 식 (9.33)으로 나타낼 수 있고, 경계조건이 단순받침이거나 또는 고정인 기둥의 유효 좌굴길이계수는 표 9-2에서 쉽게 구할 수 있다. 그러나 골조에서 기둥의 좌굴하중이나 유효좌굴길이는 골조의 높은 부정정 차수와 함께 접합된 부재의 강성에 따라 기둥 단부의 고정도가 달라지기 때문에, 단부가 단순받침 또는 고정 등 확실한 지지 조건을 가지는 단일 압축재의 경우와 같이 간단하지 않다.

보와 기둥의 접합부에서 접합된 보들의 강성이 기둥들의 강성보다 현저하게 클 때에는 기둥의 단부는 고정된 상태에 가깝게 되나, 반대로 기둥의 강성이 크고 보의 강성이 작을 때에는 단순받침 상태에 가깝게 된다. 그러나 어느 경우

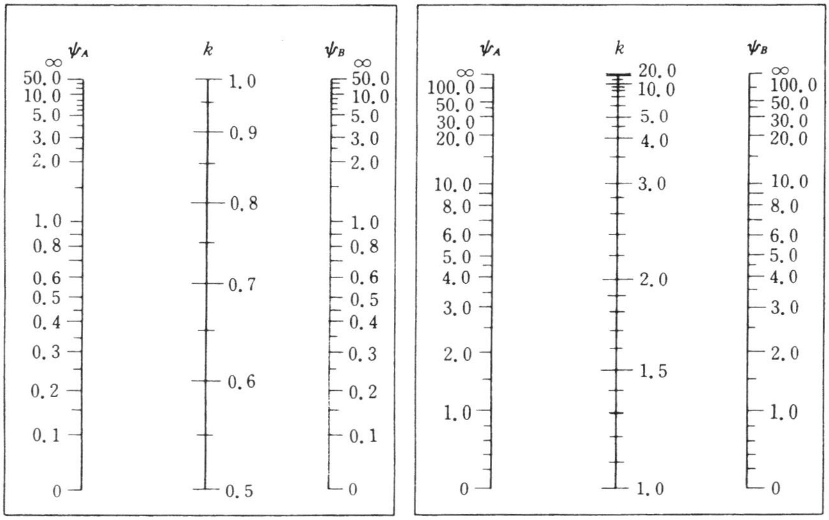

(a) 횡구속된 골조　　(b) 횡구속되지 않은 골조

그림 9-23 유효길이계수

에도 골조에서는 고정 또는 단순지지 등 극단적인 지지 상태는 드물고, 그 사이의 고정도를 가지고 있다.

기둥의 고정도를 평가하는 데에는 접합부에서 기둥의 강성을 보의 강성으로 나눈 값으로 하고 있다. 이를

$$\psi = \frac{\sum (E_c I_c / l_c)}{\sum (E_b I_b / l_b)} \tag{9.35}$$

으로 나타낼 수 있으며, 이 식에서 첨자 b와 c는 각각 보와 기둥을 뜻하고, l_b와 l_c는 보와 기둥에서 접합부 중심간 거리이다. 보-기둥의 한 접합부에서 $\psi = 0$으로 계산되는 경우에는 기둥이 접합부에 완전 고정되어 있는 것이 되며, $\psi = \infty$인 경우에는 기둥 단부가 단순지지된 상태이다.

기둥 단부의 고정도에 따라 기둥의 유효길이계수를 계산하는 방법은 구조기준에 두 가지가 명시되어 있다.

첫 번째 방법은 그림 9-23의 도표를 이용하는 것이다. 횡구속된 골조와 횡구속되지 않은 골조는 서로 다른 좌굴 거동을 보이므로, 골조의 횡구속 상태를 판별한

후, 횡구속되어 있을 때에는 그림 9-23 (a)의 도표, 횡구속되어 있지 않을 때에는 그림 9-23 (b)의 도표를 사용한다. 사용시에는 기둥의 양 접합부에서의 상대 강성 ψ_A와 ψ_B를 식 (9.35)로 계산한 다음, 횡구속 상태에 따라 해당된 도표에서 ψ_A와 ψ_B를 잇는 직선을 그어 k축의 값을 읽으면 된다.

두 번째로는 수식을 이용하는 방법이다.

횡구속된 골조에서 유효길이계수의 상한선은 다음의 두 식에서 얻은 값 중 작은 것으로 한다.

$$k = 0.7 + 0.05(\psi_A + \psi_B) \leq 1.0 \tag{9.36a}$$

$$k = 0.85 + 0.05\psi_{\min} \leq 1.0 \tag{9.36b}$$

여기서 ψ_A와 ψ_B는 기둥 양단에서의 ψ의 값이고, $\psi_{\min}$은 ψ_A와 ψ_B 중 작은 값이다.

횡구속되지 않은 골조 기둥의 유효길이계수는 다음 식으로 계산된다.

$\psi_m < 2$인 경우

$$k = \frac{20 - \psi_m}{20}\sqrt{1 + \psi_m} \tag{9.37}$$

$\psi_m \geq 2$인 경우

$$k = 0.9\sqrt{1 + \psi_m} \tag{9.38}$$

여기서 ψ_m은 ψ_A와 ψ_B의 평균값이다. 횡구속되지 않은 골조에서 한 단부가 힌지인 기둥의 유효길이계수는

$$k = 2.0 + 0.3\psi \tag{9.39}$$

의 식으로 계산된다. 이 식에서 ψ는 회전 구속된 단부의 값이다.

위에서 거론된 도표나 수식을 사용한 유효좌굴길이는 간단한 골조의 시험 결과와도 비교적 잘 일치하고 있고, 표 9-2의 k의 값들도 위의 도표나 수식으로부터 구할 수 있다. 그러나 위에 거론된 방법의 적용에는 다음과 같은 두 가지 문제점을 가지고 있다.

첫째는 기둥의 상대 강성 계산에서 보의 휨강성은 계산된 값보다 낮게 평가되어야 한다. 그 이유는 골조에서 기둥이 좌굴하여 횡방향 처짐이 생기는 경우에는 보에 균열이 발생하여 기둥의 회전 변형 구속 능력이 저하되기 때문이다. 기둥의 유효좌굴길이에 대하여 균열된 보의 휨강성도 세장한 기둥일수록 크게 영향을 미치며, 횡구속되지 않는 기둥에서는 더 중요하게 다루어져야 한다.

다음은 횡구속의 판정이다. 실제 골조가 완전 횡구속되어 있는 경우는 드물지만, 유효좌굴길이의 이론적인 값은 횡구속된 경우와 횡구속되지 않는 경우에 큰 차이를 보이므로 횡구속 판정에 많은 고려를 하여야 한다.

구조기준에서는 이러한 문제점들이 고려되어 기둥의 휨강성을 계산하는 방법과 골조의 횡구속 판정 기준이 규정되어 있으며, 그 내용은 9-6-5 절에서 다루어지고 있다.

【예제 9-5】 그림 9-24와 같은 골조에서 기둥 AB의 유효길이계수를 구하라. 보의 휨강성 EI는 모두 $65\times 10^9\,\text{kN}\cdot\text{mm}^2$이며, 기둥에서는 $EI_{AB} = EI_{AG} = 50\times 10^9\,\text{kN}\cdot\text{mm}^2$, $EI_{BH} = 70\times 10^9\,\text{kN}\cdot\text{mm}^2$로 한다.

[풀 이] 주어진 보와 기둥의 EI의 값과 길이로부터 식 (9.35)를 사용하여 ψ의 값을 구하면

$$\psi_A = \frac{EI_{AB}/l_{AB} + EI_{AG}/l_{AG}}{EI_{AC}/l_{AC} + EI_{AD}/l_{AD}}$$

$$= \frac{50\times 10^9/3{,}500 + 50\times 10^9/3{,}500}{65\times 10^9/7{,}000 + 65\times 10^9/7{,}000} = 1.54$$

$$\psi_B = \frac{EI_{AB}/l_{AB} + EI_{BH}/l_{BH}}{EI_{BE}/l_{BE} + EI_{BF}/l_{BF}}$$

$$= \frac{50\times 10^9/3{,}500 + 70\times 10^9/4{,}000}{65\times 10^9/7{,}000 + 65\times 10^9/7{,}000} = 1.71$$

(1) 도표에 의한 해석

① 횡구속된 경우

그림 9-23 (a)에서 $\psi_A = 1.54$, $\psi_B = 1.71$에 대하여

$$k = 0.83$$

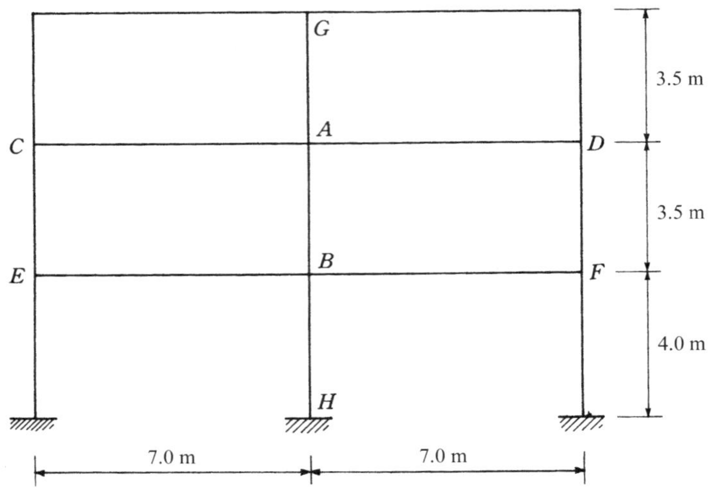

그림 9-24　예제 9-5의 골조

② 횡구속되지 않은 경우
그림 9-23 (b)로부터

$$k = 1.49$$

(2) 수식에 의한 해석

① 횡구속된 경우
식 (9.36a) 및 (9.36b)로부터

$$k = 0.7 + 0.05(1.54 + 1.71) = 0.86$$

$$k = 0.85 + 0.05 \times 1.54 = 0.93$$

이 중 작은 값이므로 $k = 0.86$

② 횡구속되지 않는 경우

$\psi_m = (1.54 + 1.71)/2 = 1.625 < 2.0$이므로

식 (9.37)로부터

$$k = \frac{20 - 1.625}{20}\sqrt{1 + 1.625} = 1.49$$

k값에 대한 결과를 정리하면

	횡구속된 경우	횡구속되지 않은 경우
도식해법	0.83	1.49
수식해법	0.86	1.49

9-6-4 모멘트 확대 효과

【1】 횡구속된 골조 기둥

대부분의 철근콘크리트 기둥은 압축력과 함께 횡하중이나 보의 단부 모멘트에 의한 휨을 받게 되며, 이러한 기둥의 구조 거동은 세장비에 큰 영향을 받는다.

횡구속된 골조에서 그림 9-25와 같이 축압력 P와 단부 모멘트나 수평하중에 의한 1차모멘트 M_o를 동시에 받는 기둥은 먼저 모멘트 M_o에 의하여 그림 9-25 (a)에 표시된 바와 같이 최대 처짐을 Δ_o로 하는 1차 처짐변형을 한다. 다음에 축압력 P가 Δ_o에 작용하여 2차모멘트를 유발시키면서 이에 따라 2차

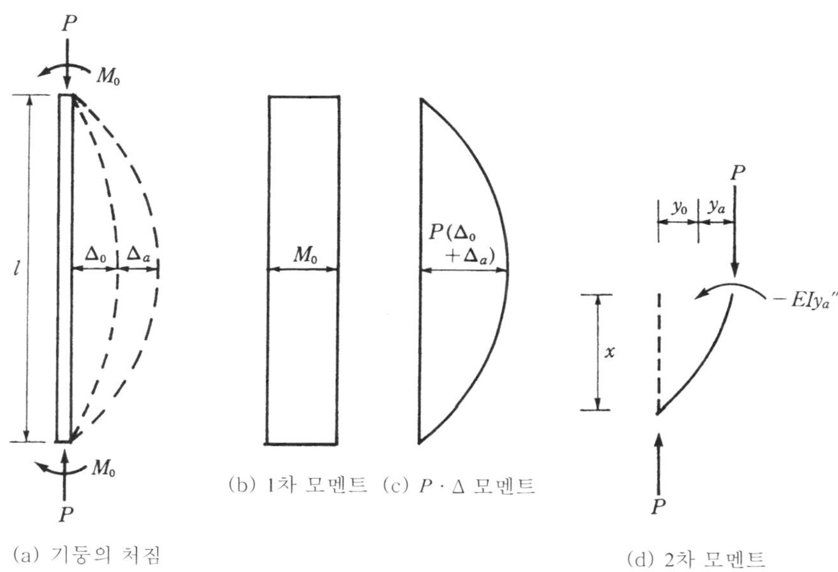

그림 9-25 기둥의 1차 및 2차모멘트

변형 Δ_a가 생기고 연속적으로 P는 $(\Delta_o + \Delta_a)$에 작용하여 2차모멘트는 그림 9-25 (c)와 같이 $P(\Delta_o + \Delta_a)$의 크기로 증가하게 된다. 이러한 현상을 해석하기 위하여 그림 9-25 (d)와 같이 원점으로부터 x 거리에서의 처짐을

$$
\begin{aligned}
y &= y_o + y_a \\
&= (\Delta_o + \Delta_a)\sin\frac{\pi x}{l}
\end{aligned} \tag{9.40}
$$

으로 하면, 이 위치에서 추가 모멘트 Py에 대한 기둥의 내부 저항모멘트는 $-EIy_a''$이므로

$$-EIy_a'' = P(\Delta_o + \Delta_a)\sin\frac{\pi x}{l} \tag{9.41}$$

의 식을 얻을 수 있다. 이 식을 두 번 연속 적분한 후 경계조건

$$x = 0 \text{ 일 때} \quad y_a = 0 \tag{9.42a}$$

$$x = l \text{ 일 때} \quad y_a = 0 \tag{9.42b}$$

을 적용하면, 2 차 처짐은

$$y_a = \frac{l^2 P}{\pi^2 EI}(\Delta_o + \Delta_a)\sin\frac{\pi x}{l} \tag{9.43}$$

으로 주어진다. 식 (9.26)의 오일러 하중은 $P_E = \pi^2 EI/l^2$의 값을 가지며, 보 중앙부인 $x = l/2$에서 y_a는 Δ_a가 되므로 이를 식 (9.43)에 적용하면

$$\Delta_a = (\Delta_o + \Delta_a)\frac{P}{P_E} \tag{9.44a}$$

또는

$$\Delta_a = \Delta_o\left(\frac{P/P_E}{1 - P/P_E}\right) \tag{9.44b}$$

이 되며, 전체 처짐은 $\Delta = \Delta_o + \Delta_a$이므로

$$\triangle = \left(\frac{1}{1 - P/P_E}\right)\triangle_o \tag{9.45}$$

으로 주어진다.

2차 처짐에 의한 2차모멘트는 1차모멘트에 추가되어 전체 모멘트는 $M_c = M_o + P\triangle$가 되며, 식 (9.45)의 $\triangle$의 값을 대입하여 다음과 같이 유도된다.

$$M_c = M_o + \frac{P\triangle_o}{1 - P/P_E} \tag{9.46}$$

단부 모멘트 M_0가 일정하게 작용할 때 최대 처짐은 식 (5.10)으로부터 $\triangle_o = M_o l^2/8EI$이므로, 식 (9.46)은

$$M_c = \frac{M_o(1 + 0.234\,P/P_E)}{1 - P/P_E} \tag{9.47}$$

이 된다. 이 식에서 $0.234\,P/P_E$는 설계 축하중 상태에서 1에 비하여 매우 작은 값이므로 구조기준에서는 무시되어

$$M_c = \delta_b M_o \tag{9.48}$$

로 되어 있다. 이 식에서 δ는 압축력 P의 증가에 의하여 1차모멘트가 증가하는 것을 나타내는 계수로 모멘트 확대계수(moment magnifier)라고 하며, 양단 단순지지 조건에서는 다음과 같이 주어진다.

$$\delta_b = \frac{1}{1 - P/P_c} \tag{9.49}$$

여기서 P_c는 식 (9.33)으로 주어지는 좌굴하중으로 양단 단순지지인 경우에는 P_E가 된다.

그림 9-26과 같이 단부에 서로 다른 모멘트가 작용하는 경우 1차모멘트와 2차모멘트의 합은 그림 9-26 (c)와 같은 형태가 되며, 이때 최대 모멘트가 작용하는 위치는 반드시 기둥의 중앙부는 아니며 임의의 곳이 된다. 이러한 모멘트 분포를 양단에 같은 크기의 모멘트 M_o가 작용할 때와 같은 형태로 하기 위하여 그

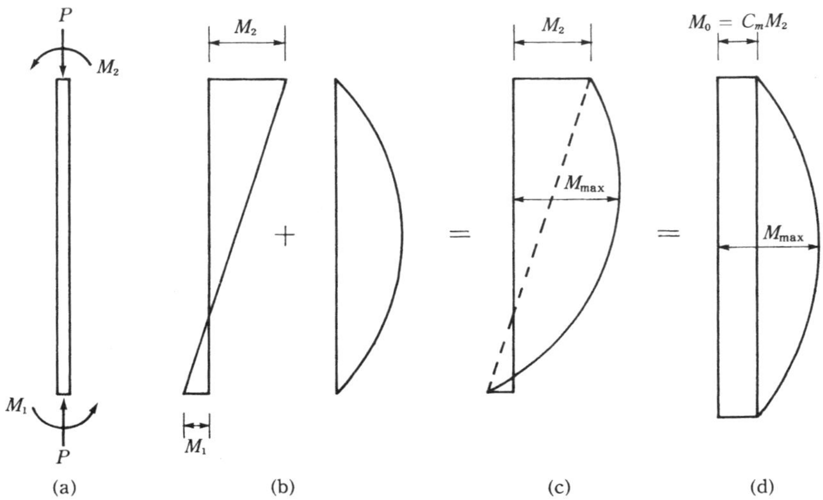

그림 9-26 서로 다른 단부 모멘트가 작용하는 기둥의 등가모멘트

림 9-26(d)와 같이 큰 쪽의 단부 모멘트 M_2에 등가모멘트 계수 C_m을 적용하여

$$M_o = C_m M_2 \tag{9.50}$$

으로 하면 1차모멘트와 2차모멘트를 합한 전체 모멘트의 최댓값은 식 (9.48), (9.49) 및 (9.50)으로부터

$$M_c = \frac{C_m}{1 - P/P_c} M_2 \tag{9.51}$$

으로 주어진다.

이러한 근사해석은 강구조의 보-기둥 해석에서 연유한 것으로 콘크리트 해석에서도 그대로 적용하고 있으며, 해석의 결과로부터 제시된 등가모멘트 계수는 다음과 같다.

$$C_m = 0.6 + 0.4\frac{M_1}{M_2} \geq 0.4 \tag{9.52}$$

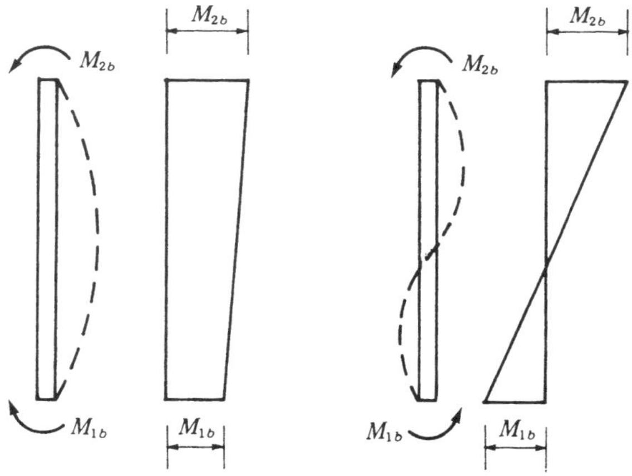

(a) 단곡률 (b) 복곡률

그림 9-27 기둥의 단부 모멘트와 휨 형태

이 식에서 M_1과 M_2는 일반 탄성해석으로부터 얻어지는 단부 모멘트로 M_2가 큰 쪽, M_1이 작은 쪽이며, M_1과 M_2가 그림 9-27 (a)와 같이 단일곡률을 일으키는 방향으로 작용하는 경우에는 M_1/M_2는 (+) 부호, 그림 9-27 (b)와 같이 2중 곡률을 일으키는 방향으로 작용하는 경우에는 (−)의 부호를 가진다. 식 (9.52)는 횡구속되어 있으면서 지점간에 횡하중이 작용하지 않는 경우에만 적용할 수 있으며, 그 외의 경우에는 C_m의 값을 모두 1.0으로 한다.

【2】 횡구속되지 않은 골조 기둥

횡구속되지 않은 골조 기둥에 축하중과 더불어 횡하중이 작용할 때 횡하중에 의한 1차모멘트에 앞 절에서 거론된 모멘트 확대계수를 적용하여 확대 모멘트를 계산하는 것은 실제 구조 거동과 큰 오차를 나타내기 때문에 정도가 더 높은 2차 해석이 요구되며, 최근에는 해석 방법과 전산기의 발달에 힘입어 반복 2차 해석법이 통용되고 있다.

가새나 전단벽 등 횡변형을 구속할 수 있는 구조체가 갖춰지지 않은 골조의 기둥들은 안정성이 낮기 때문에 일반적으로 바닥이나 지붕 등 면내 축강성이 큰 부재와 일체로 되어 있어, 횡변형시 골조의 어느 한 층에서의 처짐은 그림 9-28에 표시된 바와 같이 모든 기둥에서 같은 것으로 가정할 수 있다. 따라서,

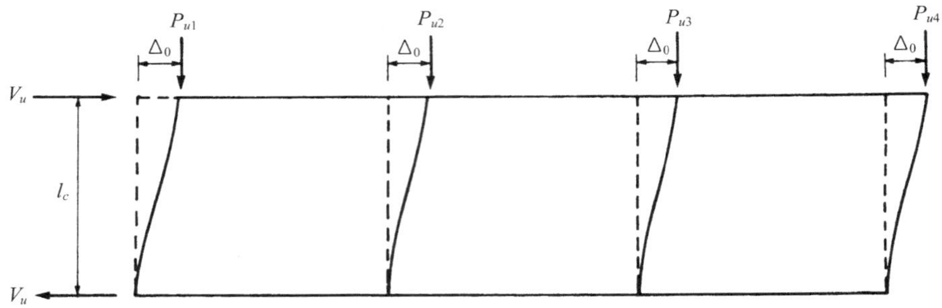

그림 9-28 횡구속되지 않은 골조의 수평하중과 수평변위

그 층의 모든 기둥의 단면 성능을 합한 단일 기둥에 ΣP_u의 연직하중과 V_u의 횡하중이 작용하는 것으로 근사화할 수 있으며, 축하중에 의한 처짐의 피-델타 ($P\Delta$) 효과는 그림 9-29와 같이 스프링 계수 K_s의 전단 저항 스프링에 지지되는 강체 기둥 처짐의 반복 2차 해석에서 고찰할 수 있다. 축하중의 영향이 반영되는 2차 해석은 축하중의 영향이 고려되지 않는 1차 해석에서부터 시작하며, 그림 9-29의 기둥에서는 횡하중 V_u에 의한 1차 횡방향 처짐이

$$\Delta_o = \frac{V_u}{K_s} \tag{a}$$

으로 주어진 것을 해석의 출발점으로 한다. 처짐 Δ_o에 연직하중이 작용하여 $\Sigma P_u \Delta_o$의 모멘트를 일으키며, 이 모멘트와 평형을 이루기 위하여 기둥에는

$$d^{(1)} V_u = \frac{\Sigma P_u \Delta_o}{l_c} \tag{b}$$

의 추가 횡력이 생기게 된다. 횡력이 V_u에서 $V_u + d^{(1)} V_u$로 증가함에 따라 처짐도 식 (a)의 Δ_o에서

$$\begin{aligned} \Delta_1 &= \frac{1}{K_s}[V_u + d^{(1)} V_u] \\ &= \Delta_o \left(1 + \frac{\Sigma P_u \Delta_o}{V_u l_c}\right) \end{aligned} \tag{c}$$

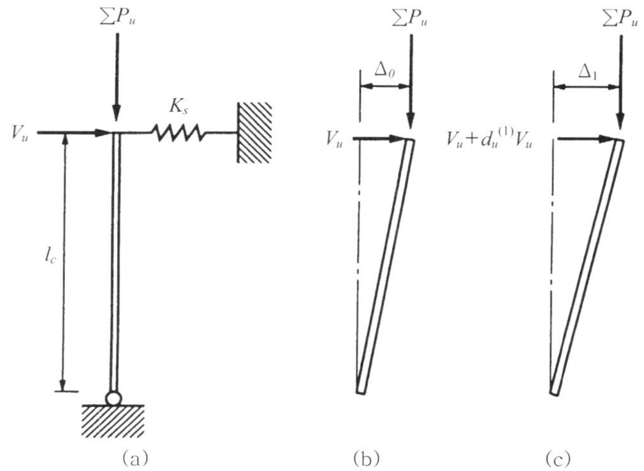

그림 9-29 횡구속되지 않은 강체 기둥의 횡방향 처짐

으로 증가하며, 피-델타 모멘트도 $\Sigma P_u \triangle_1$이 되어 이에 평형을 이루는 횡력의 증분은 식 (b)의 $d^{(1)} V_u$에서

$$d^{(2)} V_u = \frac{\Sigma P_u \triangle_1}{l_c} = \frac{\Sigma P_u}{l_c}\left(1 + \frac{\Sigma P_u \triangle_o}{V_u l_c}\right)\triangle_o$$

으로 커지게 된다. 기둥에 작용하는 횡력이 $V_u + d^{(1)} V_u$에서 $V_u + d^{(2)} V_u$로 커짐에 따라 횡방향 처짐은 식 (c)의 $\triangle_1$에서

$$\triangle_2 = \frac{1}{K_s}[V_u + d^{(2)} V_u] = \triangle_o\left[1 + \frac{\Sigma P_u \triangle_o}{V_u l_c} + \left(\frac{\Sigma P_u \triangle_o}{V_u l_c}\right)^2\right]$$

으로 바뀐다. 이 처짐에 $\Sigma P_u \triangle_2$의 피-델타 모멘트가 생기고, 이에 대하여 평형을 이루는 횡력의 증분 $d^{(3)} V_u$, 횡력의 합력 $V_u + d^{(3)} V_u$에 의한 처짐 $\triangle_3$ 등

의 계산 과정에 되풀이되며, 처짐값은

$$\triangle = \triangle_o \left[1 + \frac{\Sigma P_u \triangle_o}{V_u l_c} + \left(\frac{\Sigma P_u \triangle_o}{V_u l_c} \right)^2 + \left(\frac{\Sigma P_u \triangle_o}{V_u l_c} \right)^3 \cdots \right] \tag{d}$$

으로 수렴한다. 이 계산에서

$$Q = \frac{\Sigma P_u \triangle_o}{V_u l_c} \tag{9.53}$$

의 기호를 사용하면, 피-델타 효과를 고려한 2차 해석의 처짐은 1차 해석의 처짐에 대하여 식 (d)로부터

$$\triangle = \frac{\triangle_o}{1 - Q} \tag{9.54}$$

으로 유도된다. $\triangle$는 Q의 값에 따라 증폭되므로, Q를 안정성 지수(stability index)라고 하며, $\triangle_o$의 배수가 되는 $1/(1 - Q)$를

$$\delta_s = \frac{1}{1 - Q} \tag{9.55}$$

의 기호로 나타내면, 횡구속되지 않은 골조 기둥에서 2차 해석에 의한 처짐과 1차 해석에 의한 처짐은 식 (d), 식 (9.54) 및 (9.55)로부터

$$\triangle = \delta_s \triangle_o \tag{9.56}$$

으로 주어진다.

그림 9-29의 기둥은 단부 모멘트가 고려되지 않은 경우이나, 실제로 골조를 이루는 기둥에서는 단부 모멘트가 생기며, 이와 같은 기둥을 그림 9-30과 같이 나타낼 수 있다. 이 그림과 식 (9.55) 및 (9.56)에서의 아래 첨자 s는 횡변형이 구속되지 않은 상태를 뜻한다.

그림 9-30과 같은 하중 상태에서 수평 처짐의 영향을 고려하기 전, 즉 1차 해석에서 모멘트의 평형 조건은

$$V_u l_c = M_{1s} + M_{2s} \tag{e}$$

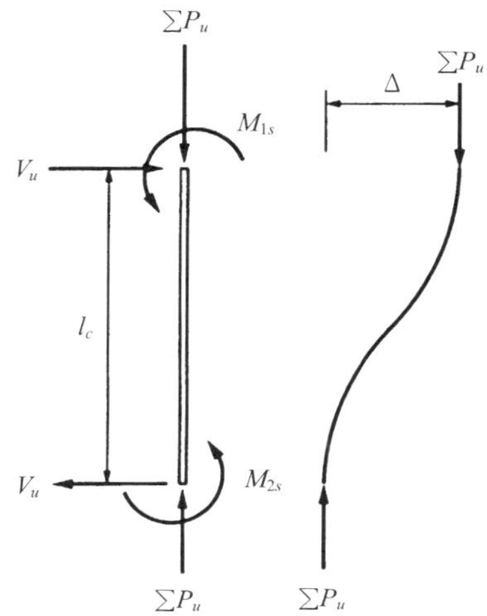

그림 9-30 단부 모멘트가 작용하는 횡구속되지 않는 골조 기둥

으로 주어진다. 그러나 횡방향 처짐 Δ_o가 생기면서 그림 9-29 기둥의 해석과정에서 경험한 바와 같이 $\Sigma P_u \Delta_o$의 모멘트가 생겨 외부모멘트가 $Vul_c + \Sigma P_u \Delta_o$가 되면 이에 평형을 유지하기 위하여 $d^{(1)}M_{1s}$, $d^{(1)}M_{2s}$ 등 단부 모멘트의 증분이 생기고, 이에 따라 Δ_o가 Δ_1으로 증가하는 등의 순환이 계속되며, 최종의 처짐 Δ에 대하여 피-델타모멘트는 식 (9.53)~(9.56) 및 (e)로부터

$$\Sigma P_u \Delta = \delta_s(\Sigma P_u \Delta_o) = \frac{Q}{1-Q}(M_{1s} + M_{2s})$$

이 되어, 횡변형된 상태에서 모멘트의 평형 조건은 식 (e)와 (f)로부터

$$V_u l_c + \Sigma P_u \Delta = \delta_s(M_{1s} + M_{2s}) \tag{9.57}$$

으로 주어진다. 이 식에서 δ_s는 식 (9.55)의 계수로 횡구속되지 않은 골조 기둥의 모멘트 확대계수이다.

9-6-5 세장 효과에 대한 구조기준

기둥의 세장 효과를 고려하여야 하는 골조의 휨 해석에서는 축하중에 의한 모멘트 확대 효과를 반영할 수 있는 2차 탄성해석으로 축력과 휨모멘트를 구해야 하며, 기둥과 보 및 지지 부재는 2차 해석에 의한 전체 휨모멘트가 1차 해석에 의한 휨모멘트의 1.4배를 넘지 않도록 설계하여야 한다.

KDS 14 20 20 (4.4)에는 기둥의 강성, 세장비, 모멘트 확대 계수 및 횡구속 판정 등에 대하여 규정되어 있으며 그 내용은 다음과 같다.

【1】 기둥의 강성

식 (9.33)을 사용하여 기둥의 좌굴하중 P_c를 계산하는 데에는 기둥의 휨강성 EI가 먼저 계산되어야 한다. 휨강성 EI는 철골과 같은 균질의 탄성체에서는 단순히 탄성계수 E에 일반적으로 계산되는 단면 2차모멘트 I를 곱한 값이 되나, 철근콘크리트 기둥에서는 좌굴파괴시 인장측의 균열과 크리프의 영향 및 응력-변형률의 비선형성으로 균열이 없는 단면의 단면 2차모멘트보다 현저하게 감소한다.

구조기준에서는 실험과 해석 결과를 토대로 이러한 현상들을 고려하여 휨강성을 다음과 같이 계산하도록 규정하고 있다.

$$EI = \frac{0.2E_c I_g + E_s I_{se}}{1+\beta_d} \tag{9.58a}$$

또는, 더 간단한 형태로

$$EI = \frac{0.4E_c I_g}{1+\beta_d} \tag{9.58b}$$

여기서, E_c = 콘크리트의 탄성계수 [MPa]

E_s = 철근의 탄성계수 [MPa]

I_g = 콘크리트의 전 단면에 대한 단면 2차모멘트 [mm^4]

I_{se} = 도심에 대한 철근의 단면 2차모멘트 [mm^4]

위의 두 식에서 β_d는 지속하중에 의한 콘크리트의 크리프의 영향을 나타내는 계수로, 횡구속된 골조에서는

$$\beta_{dns} = \frac{\text{기둥의 최대 계수 축지속하중}}{\text{기둥의 전체 계수 축하중}} \tag{9.59a}$$

횡구속되지 않은 골조에서는

$$\beta_{ds} = \frac{\text{해당된 층의 지속하중에 의한 최대 계수 전단력}}{\text{해당된 층의 전체 계수 전단력}} \tag{9.59b}$$

를 나타낸다.

식 (9.58b)에 의한 EI의 계산은 간편하나, 이 식은 철근비가 0.01~0.02 정도로 작고 길이가 짧은 기둥에 적합하며, 철근비가 그보다 큰 기둥에서는 식 (9.58a)을 사용하는 것이 경제적이다.

【2】 세 장 비

기둥의 세장비 kl_u/r의 계산에서, l_u는 기둥의 지점간 거리로, 그림 9-31에 보이는 바와 같이 기둥의 양단이 바닥 슬래브나 보 등으로 지지되어 있을 때에는 지지 부재 사이의 순거리로 하며, 기둥의 머리나 헌치가 있는 경우에는 기둥머리나 헌치가 끝나는 면에서 잰 값으로 한다. k는 유효길이계수로 9-6-3 절에서 거론된 바와 같이 압축재 양단의 지지 상태와 횡구속 상태를 고려하여 그림 9-23의 도표나 또는 식 (9.36)~(9.39)를 적용하여 계산할 수 있다. 횡구속된 기둥의 유효길이계수 k는 1.0 이하로 하며, 횡구속되지 않은 기둥에서는 부재간의 상대 강성에 미치는 균열과 철근의 영향 등을 고려하여 정하고 1.0보다 크게 한다.

단면 2차반경 r은 정확한 계산에서는 $\sqrt{I/A}$ 이므로, 직사각형 단면에서는 $h/\sqrt{12}$ 이나 근사적으로 $0.3h$로 하며, 원형 단면에서는 $0.25h$로 한다.

세장비가 작은 짧은 기둥에서는 세장 효과를 무시하고 $P-M$ 상관곡선으로부터 직접 기둥의 설계강도를 계산할 수 있으며, 구조기준에서는 이에 대한 제한이 다음과 같이 규정되어 있다.

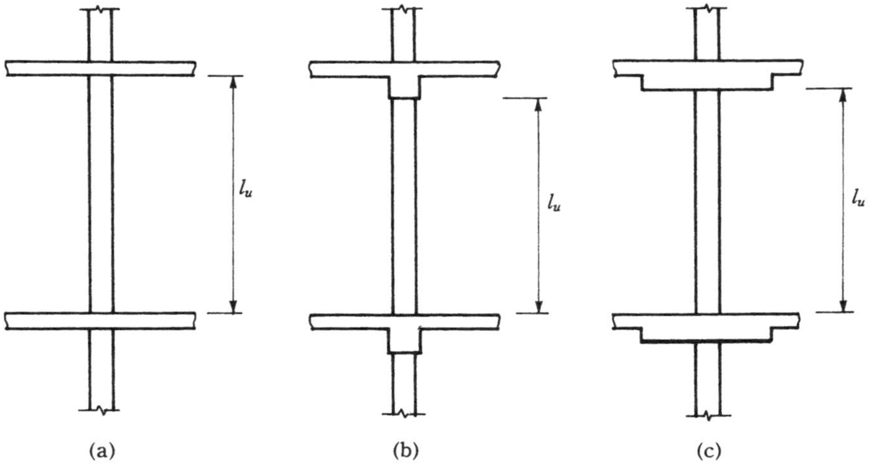

그림 9-31 기둥의 단부조건과 좌굴길이

① 횡구속되지 않은 기둥

$$\frac{kl_u}{r} \leq 22 \tag{9.60}$$

② 횡구속된 기둥

$$\frac{kl_u}{r} \leq 34 - 12\frac{M_1}{M_2} \tag{9.61}$$

이 식에서 M_1과 M_2는 기둥의 단부 모멘트로 M_1은 작은 쪽, M_2는 큰 쪽의 값이다. 식 (9.61)에서 오른쪽 항 $34-12M_1/M_2$의 값은 40을 넘을 수 없으며, 곡률 형태에 따른 M_1/M_2의 부호는 식 (9.52)의 경우와 같이 한다.

골조 구조에서 기둥의 세장비 kl_u/r가 100을 넘는 경우에는 재료의 비선형성, 균열, 부재의 초기 곡률, 횡방향 이동, 지속 하중의 영향, 건조수축과 크리프, 지지 기초 구조와의 상호 작용 등의 영향을 고려한 2차 비선형 해석으로 구한 계수 축하중과 모멘트에 대하여 기둥, 구속 보 및 지지 부재 등을 설계하여야 한다.

【3】 횡구속에 대한 규정

기둥의 유효좌굴길이는 기둥의 횡구속 상태에 따라 그 값을 달리한다. 골조가 횡구속되어 좌굴시 수평이동이 허용되지 않는 경우에는 유효길이계수가 1.0 미만의 값을 가지며, 반대로 골조가 횡구속되어 있지 않아 수평이동이 허용되는 경우에는 유효길이계수가 1.0 이상의 값을 가진다.

그러나 실제로 완전히 횡구속된 골조는 드물게 존재하며, 횡구속된 골조와 횡구속되지 않은 골조를 명확하게 구분할 수는 없으나, 구조해석 관점에서 수평변위에 의하여 축하중 지지 능력이 현저하게 감소되지 않는 골조는 횡구속된 것으로 볼 수 있다. 즉, 수평변위에 축하중이 작용하여 생기는 $P\Delta$ 모멘트가 수평하중에 의한 1차모멘트보다 매우 작은 값을 가질 때 그 골조는 횡구속된 것으로 간주할 수 있다. 이런 관점에서 KDS 14 20 20 (4.4.5)에는 횡구속 골조를 판별하는 데 다음과 같이 두 가지 방법이 제시되어 있다.

첫 번째는 1차 탄성해석에 의한 기둥단부 휨모멘트의 크기에 비하여 2차 해석에 대한 기둥단부의 휨모멘트 증가량이 5 퍼센트 이하인 경우에는 골조의 해당 층에서 $P\Delta$ 효과로 발생하는 휨하중의 영향은 무시할 정도로 작기 때문에 이런 골조의 기둥은 횡구속된 것으로 가정할 수 있다. 두 번째는 층의 안정성 지수를 이용하는 판정 방법으로, 식 (9.53)에 의한 안정성 지수 Q의 값이 0.05 이하일 때에는 $P\Delta$ 효과에 의한 모멘트의 증가가 1 차 모멘트의 6 퍼센트를 넘지 않으므로 그러한 골조는 횡구속된 것으로 하도록 규정되어 있다.

식 (9.53)에서 ΣP_u는 어느 한 층에서 전체 기둥에 작용하는 계수 축하중의 합이고, V_u는 그 층에 작용하는 수평하중에 의한 층 전단력이며, Δ_o는 V_u에 의하여 생기는 층 상하부간의 수평 상대변위이다. 그리고 l_c는 기둥의 상하층 절점 중심간 길이이다. 이러한 관계는 그림 9-28에 이해하기 쉽게 표시되어 있다.

골조의 1차 및 2차 해석에서나 식 (9.53)의 안정성 지수 계산 또는 식 (9.35)의 기둥-보 강성비 계산 등에서 콘크리트의 탄성계수는 식 (2.1)이나 보통 콘크리트의 경우에는 식 (2.2)로 계산할 수 있으나, 골조 부재의 단면 성능 계산에서는 축하중의 영향, 부재 길이에 걸쳐 있는 균열 구역, 하중 지속 효과 등이 고려되어야 한다. KDS 14 20 20 (4.4.4)에서는 이에 대한 대안으로 다음과 같이 부재의 단면 성능을 줄여 사용하도록 규정하고 있다.

$$
\begin{array}{lll}
\text{단면 2차모멘트 :} & & \\
\quad \text{보} & 0.35\,I_g & \\
\quad \text{기둥} & 0.70\,I_g & \\
\quad \text{비균열 벽체} & 0.70\,I_g & \qquad (9.62) \\
\quad \text{균열 벽체} & 0.35\,I_g & \\
\quad \text{플랫 슬래브} & 0.25\,I_g & \\
\text{단면적} & 1.0\,A_g &
\end{array}
$$

이상의 단면 성능 계산에서 횡방향 지속하중이 작용하는 경우와 식 (9.54)의 안정성 지수를 계산하는 경우에는 크리프의 영향을 고려하여 단면 2차모멘트를 $(1+\beta_{ds})$로 나누어야 한다.

【4】 횡구속된 골조 기둥의 모멘트 확대

횡방향 변형이 구속된 골조에서 식 (9.61)에 나타낸 바와 같이 기둥의 세장비 kl_u/r의 값이 $34-12M_1/M_2$을 넘는 경우에는 세장 효과에 의한 확대 모멘트를 계산하여야 하며, KDS 14 20 20 (4.4.6)에서는 계수 축하중 P_u에 대하여 확대 계수모멘트를

$$M_c = \delta_{ns}\,M_2 \tag{9.63}$$

의 식으로 계산하도록 규정하고 있다. 이 식에서 δ_{ns}는 모멘트 확대계수로, 식 (9.51)과 비슷하게

$$\delta_{ns} = \frac{C_m}{1-\dfrac{P_u}{0.75\,P_c}} \geq 1.0 \tag{9.64}$$

으로 주어진다. 식 (9.63) 및 (9.64)에서 아래첨자 ns는 횡변형이 구속된 상태를 나타내며, 식 (9.64)에서 C_m은 식 (9.52)와 같다. P_c는 식 (9.34)와 같은 형태의 기둥 좌굴하중으로 기둥의 지점간 지지되지 않는 길이 l_u에 대하여

$$P_c = \frac{\pi^2 EI}{(kl_u)^2} \tag{9.65}$$

의 식으로 계산되며, EI는 식 (9.58) 또는 (9.59)로 계산된다.

식 (9.63)에서 M_2는 식 (9.50)에서 설명된 바와 같이 기둥의 양 단부 계수모멘트 중 큰 값이나, 해석상 모멘트가 계산되지 않거나 매우 작은 값일 때에는 각 주축에 대한 최소 편심거리를 고려하여 M_2를

$$M_{2,\min} = P_u(15 + 0.03h) \tag{9.66}$$

이상의 값으로 하도록 규정하고 있다. 식 (9.66)에서 h는 좌굴이 고려되는 방향의 기둥 전체 폭이며, 단위는 mm이다.

【예제 9-6】 그림 9-32 (a)와 같은 띠기둥에 축하중 $P_D = 1{,}150$ kN, $P_L = 920$ kN과 $M_D = 90$ kN·m, $M_L = 130$ kN·m가 작용할 때 단면 및 철근보강의 적합 여부를 검토하라. 콘크리트와 철근의 강도는 각각 $f_{ck} = 27$ MPa, $f_y = 400$ MPa이고, 횡구속된 상태에서 기둥 상하단의 강성비는 각각 $\psi_A = 0.8$, $\psi_B = 0.6$이며, 모멘트는 그림 9-32 (c)와 같은 분포로 x 축에 대해서만 작용한다.

[풀 이] $P_u = 1.2 \times 1{,}150 + 1.6 \times 920 = 2{,}852$ kN

$M_u = 1.2 \times 90 + 1.6 \times 130 = 316$ kN·m

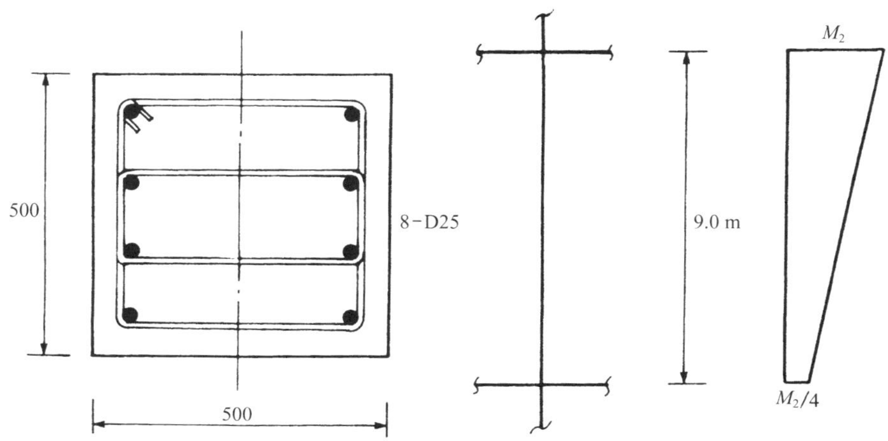

(a) 단 면 (b) 좌굴길이 (c) 단부 모멘트

그림 9-32 예제 9-6의 기둥

$$\gamma = \frac{500 - 65 \times 2}{500} = 0.74 \rightarrow 0.7 \text{ 로 한다.}$$

$f_{ck} = 27\text{ MPa}$, $f_y = 400\text{ MPa}$, $\gamma = 0.7$이므로
소요 철근비는 부그림 5-3에서

$$\left.\begin{aligned} \frac{P_u}{A_g} &= \frac{2{,}852 \times 1{,}000}{500 \times 500} = 11.41\text{ MPa} \\ \frac{M_u}{A_g \cdot h} &= \frac{316 \times 10^6}{(500)^2 \times 500} = 2.53\text{ MPa} \end{aligned}\right] \quad \rho = 0.016$$

기둥의 실제 철근비는

$$\rho_t = \frac{8 \times 506.7}{500 \times 500} = 0.0162 > \rho = 0.016$$

따라서, 세장비를 고려하지 않았을 때에는 안전하다.

세장비를 고려할 경우
그림 9-23의 도표에서 $\psi_A = 0.8$, $\psi_B = 0.6$일 때

$$k = 0.72$$

$$r = 0.3h = 0.3 \times 500 = 150\text{ mm}$$

$$\frac{kl_u}{r} = \frac{0.72 \times 9{,}000}{150} = 43.2 > 34 - 12\frac{M_{1b}}{M_{2b}} = 31$$

따라서 기둥의 세장 효과가 검토되어야 한다.

$$C_m = 0.6 + 0.4(M_1/M_2) = 0.6 + 0.4(1/4) = 0.7$$

$$\beta_{dns} = \frac{1.2P_D}{P_u} = \frac{1.2 \times 1150}{2{,}852} = 0.48$$

$$E_c = 8{,}500\sqrt[3]{27+4} = 26{,}700\text{ MPa}$$

$$I_g = \frac{(500)(500)^3}{12} = 5{,}208 \times 10^6\text{ mm}^4$$

$$EI = \frac{0.4E_cI_g}{1+\beta_{dns}} = \frac{0.4 \times 26{,}700 \times 5{,}208 \times 10^6}{1 + 0.48} \times 10^{-3}$$

$$= 37.58 \times 10^9 \text{ kN·mm}^2$$

$$P_c = \frac{\pi^2 EI}{(kl_u)^2} = \frac{(3.14)^2(37.58 \times 10^9)}{(0.72 \times 9{,}000)^2} = 8{,}824 \text{ kN}$$

모멘트 확대계수 : 식 (9.64)로부터

$$\delta_{ns} = \frac{C_m}{1 - \dfrac{P_u}{0.75P_c}} = \frac{0.7}{1 - \dfrac{2{,}852}{0.75 \times 8{,}824}} = 1.23$$

식 (9.66)으로부터

$$M_{2,\min} = 2{,}852(15 + 0.03 \times 500) \times 10^{-3} = 85.6 \text{ kN·m} < M_2$$

$$M_c = \delta_{ns} M_2 = 1.23 \times 316 = 388.7 \text{ kN·m}$$

$$\frac{M_c}{A_g \cdot h} = \frac{388.7 \times 10^6}{(500)^2 \times 500} = 3.11 \text{ MPa}$$

부그림 5-3에서 $P_u/A_g = 11.41$ MPa, $M_c/A_g \cdot h = 3.11$ MPa일 때 필요한 철근비

$$\rho = 0.024 > \rho_t = 0.0162$$

따라서 세장 효과를 고려했을 때 그림 9-32 (a) 단면의 기둥은 주어진 축하중과 모멘트를 지지하기에 적합하지 않다.

【5】 횡구속되지 않은 골조 기둥의 모멘트 확대

횡변형이 구속되지 않은 골조 기둥의 세장비 kl_u/r의 값이 식 (9.60)의 22보다 큰 경우에는 모멘트 확대 효과를 고려하여야 한다.

골조에 작용하는 하중 중 횡변형을 일으키는 하중, 즉 횡하중에 의한 최대 확대 모멘트는 식 (9.57)과 같이 기둥의 양 단부에 각각 $\delta_s M_{1s}$ 및 $\delta_s M_{2s}$의 크기로 생기나, 횡변형을 일으키지 않는 중력하중에 의한 최대 확대 모멘트는 기둥 중간 부분에 생겨, 횡하중과 중력하중에 의한 최대 모멘트 발생 지점이 일치하지 않으며, 중력하중에 의한 단부의 확대 모멘트는 일반적으로 1차 해석에 의한 단부 모멘트보다 작기 때문에, KDS 14 20 20 (4.4.7)에서는 횡구속되지 않은 골조 기둥의 양단모멘트를

$$M_1 = M_{1ns} + \delta_s M_{1s}$$
$$M_2 = M_{2ns} + \delta_s M_{2s} \tag{9.67}$$

의 식으로 계산하도록 규정하고 있다. 이 식에서 δ_s는 식 (9.55)의 횡구속되지 않은 골조에서의 모멘트 확대계수이며, M_1은 작은 쪽, M_2는 큰 쪽의 단부 모멘트이다. 식 (9.67)에서 M_{1ns}와 M_{2ns}는 계수 연직하중 상태에서 횡변형이 구속된 골조해석에서 구한 개별 기둥의 단부 모멘트이며, M_{1s}와 M_{2s}는 연직하중이 없이 계수 횡하중만 작용하는 상태에서 1차 탄성골조해석으로 구한 기둥 양단의 모멘트이다.

식 (9.67)의 확대 모멘트 $\delta_s M_s$를 계산하는 방법으로는 KDS 14 20 20 (4.4.7)에 세 가지 대안이 제시되어 있다. 첫 번째는 2차 비선형해석으로부터 기둥의 단부 모멘트를 구하는 방법이다. 이때 부재의 강성은 식 (9.62)의 강성으로 하며, 확대계수 δ_s는 사용하지 않는다. 2차 비선형해석으로부터 얻는 기둥 단부 모멘트는 $\delta_s M_s$가 된다.

두 번째는 식 (9.55)의 확대계수를 사용하여 확대 모멘트를

$$\delta_s M_s = \frac{M_s}{1 - Q} \geq M_s \tag{9.68}$$

으로 계산하는 방법이다. 이 식에서 안정성 지수 Q는 식 (9.53)으로 계산된다. 식 (9.68)은 δ_s의 값이 1.5를 넘지 않는 범위에서만 적용할 수 있으며, δ_s의 값이 1.5를 넘는 경우에는 첫 번째 방법이나 다음의 세 번째 방법을 사용하여야 한다. 세 번째로, 식 (9.55)로 계산되는 δ_s의 값이 1.5를 초과하는 경우 확대 모멘트를

$$\delta_s M_s = \frac{M_s}{1 - \dfrac{\sum P_u}{0.75 \sum P_c}} \geq M_s \tag{9.69}$$

의 식으로 계산한다. 이 식에서 $\sum P_u$는 한 층에서 모든 기둥에 작용하는 계수 축하중의 합이고, $\sum P_c$는 모든 기둥의 좌굴하중 P_c의 합이다. P_c는 식 (9.65)에 의하여 계산된다.

【예제 9-7】 그림 9-33은 고층건물의 골조 중 4층 골조를 떼어내어 그린 것이다. 5개의 기둥은 위 아래 모두 폭 400 mm, 높이 700 mm 보에 연결되어 있고, 기둥에 작용하는 하중은 C_1 기둥에서 P_{1D} = 1,340 kN, P_{1L} = 720 kN, C_2 기둥에서 P_{2D} = 1,940 kN, P_{2L} = 1,300 kN이며, 연직하중에 대하여 1차 탄성해석으로부터 얻은 기둥의 단부 모멘트는 $M_{1D} = M_{2D}$ = 48 kN·m, $M_{1L} = M_{2L}$ = 145 kN·m이다.
건물의 전체 골조에 작용하는 풍하중에 대하여 연직하중을 고려하지 않은 상태에서 1차 탄성해석한 결과 5층에서 횡전단력 V_w = 250 kN, 횡처짐 $\triangle_w$ = 12 mm, C_2 기둥의 양단모멘트가 M_{1W} = 114 kN·m, M_{2W} = 127 kN·m로 계산되었을 때, C_2 기둥에 작용하는 확대 모멘트를 계산하라. 기둥의 크기는 4, 5, 6층에서 C_1 기둥이 500 mm × 500 mm, C_2 기둥이 600 mm × 600 mm이며, 재료강도는 f_{ck} = 27 MPa, f_y = 400 MPa로 한다.

[풀 이] (1) 안정성 지수 검토

$$\begin{aligned}\Sigma P_u &= 1.2(1{,}340 \times 2 + 1{,}940 \times 3) + 1.6(720 \times 2 + 1{,}300 \times 3) \\ &= 18{,}744 \text{ kN}\end{aligned}$$

풍하중의 하중계수는 1.3이므로 계수 횡하중과 그에 대응하는 1차 처짐은

$$V_u = 1.3 \times 250 = 325 \text{ kN}$$
$$\triangle_o = 1.3 \times 12 = 15.6 \text{ mm}$$

이므로, 안정성 지수는 식 (9.53)으로부터

$$Q = \frac{\Sigma P_u \triangle_o}{V_u l_c} = \frac{18{,}744 \times 15.6}{325 \times 3{,}500} = 0.26 > 0.05$$

따라서 횡구속되지 않은 골조에서의 세장비를 검토한다.

(2) 세장비 검토

C_2 기둥의 단면 2차모멘트 :

$$I_g = 600 \times (600)^3/12 = 10{,}800 \times 10^6 \text{ mm}^4$$

$$I_c = 0.7 I_g = 7{,}560 \times 10^6 \text{ mm}^4$$

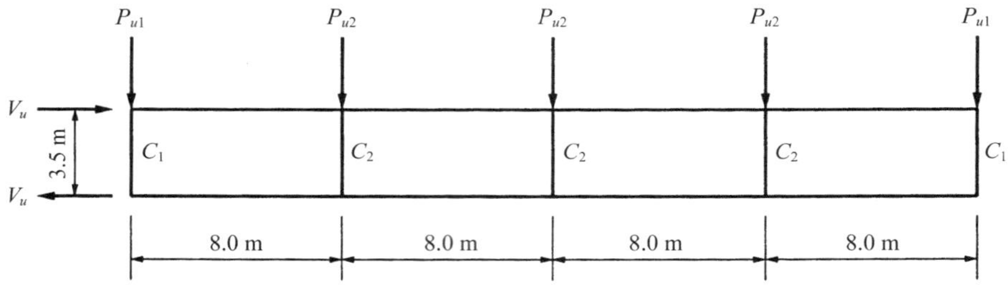

그림 9-33 예제 9-7의 4층 골조

보의 단면 2차모멘트 :

$$I_g = 400 \times (700)^3/12 = 11{,}433 \times 10^6 \text{ mm}^4$$

$$I_b = 0.35\, I_g = 4{,}001 \times 10^6 \text{ mm}^4$$

기둥과 보의 콘크리트 탄성계수가 같으므로, 식 (9.35)로부터

$$\psi = \frac{2 \times 7{,}560 \times 10^6/3{,}500}{2 \times 4{,}001 \times 10^6/8{,}000} = 4.32$$

그림 9-23 (b)로부터 $\psi_A = \psi_B = 4{,}32$에 대하여 $k = 2.15$, C_2 기둥의 지점간 지지되지 않은 길이 $l_u = 3{,}500 - 700 = 2{,}800$ mm이므로, 세장비는

$$\frac{kl_u}{r} = \frac{2.15 \times 2{,}800}{0.3 \times 600} = 33.4 > 22$$

따라서 세장 효과가 고려되어야 한다.

(3) 좌굴하중

풍하중에 대하여 β_d는 고려되지 않으므로, 식 (9.59)로부터 C_2 기둥의 휨강성은

$$EI = 0.4\, E_c\, I_g = 0.4 \times 8{,}500\sqrt[3]{27+4} \times 10{,}800 \times 10^6$$
$$= 115{,}351 \times 10^6 \text{ kN·mm}^2$$

좌굴하중은 식 (9.65)로부터

$$P_c = \frac{\pi^2 EI}{(kl_u)^2} = \frac{(3.14)^2 \times 115{,}351 \times 10^6}{(2.15 \times 2{,}800)^2}$$

$= 31{,}383\ \text{kN}$

C_1 기둥의 단면 2차모멘트는

$$I_g = 500 \times (500)^3/12 = 5{,}208 \times 10^6\ \text{mm}^4$$

$$I_c = 0.7 I_g = 3{,}646 \times 10^6\ \text{mm}^4$$

보의 단면 2차모멘트는 (2)에서 $I_b = 4{,}001 \times 10^6\ \text{mm}^4$이므로

$$\psi = \frac{2 \times 3{,}645 \times 10^6 / 3{,}500}{4{,}001 \times 10^6 / 8{,}000} = 4.16$$

그림 9-23 (b)에서 $\psi_A = \psi_B = 4.16$에 대하여 $k = 2.15$, C_1 기둥의 휨강성은

$$EI = 0.4 \times 8{,}500^3 \sqrt{27 + 4} \times 5{,}208 \times 10^6$$

$$= 55{,}625 \times 10^6\ \text{kN}\cdot\text{mm}^2$$

좌굴하중은 식 (9.65)로부터

$$P_c = \frac{(3.14)^2 \times 55{,}625 \times 10^6}{(2.15 \times 2{,}800)^2} = 15{,}133\ \text{kN}$$

따라서 4 층 기둥들의 좌굴하중의 합은

$$\sum P_c = 31{,}383 \times 3 + 15{,}133 \times 2 = 124{,}415\ \text{kN}$$

(4) 확대 모멘트 계산

연직하중에 의한 계수모멘트 : 식 (3.8)로부터

$$M_{1ns} = M_{2ns} = 1.2 \times 48 + 1.0 \times 145$$

$$= 206\ \text{kN}\cdot\text{m}$$

횡하중에 의한 계수모멘트

$$M_{1s} = 1.3 \times 114 = 148.2\ \text{kN}\cdot\text{m}$$

$$M_{2s} = 1.3 \times 127 = 165.1\ \text{kN}\cdot\text{m}$$

확대계수는

$$\delta_s = \frac{1}{1 - Q} = \frac{1}{1 - 0.26} = 1.35 < 1.5$$

따라서, 확대 모멘트는 식 (9.67)로부터

$$M_1 = M_{1ns} + \delta_s M_{1s} = 202.6 + 1.35 \times 148.2 = 402.7\ \mathrm{kN \cdot m}$$

$$M_2 = M_{2ns} + \delta_s M_{2s} = 202.6 + 1.35 \times 165.1 = 425.5\ \mathrm{kN \cdot m}$$

식 (9.69)의 방법으로 하면, 모멘트 확대계수는

$$\delta_s = \frac{1}{1 - \dfrac{18{,}744}{0.75 \times 124{,}415}} = 1.25$$

으로, 식 (9.68)의 방법보다 작은 값으로 계산된다.

연 습 문 제

9-1 500 mm × 500 mm 정사각형 기둥에 8−D25($A_s = 4{,}053.6\ \mathrm{mm^2}$) 철근이 배근되어 있을 때 이 기둥이 지지할 수 있는 최대 압축력은 얼마인가? $f_{ck} = 27$ MPa, $f_y = 400$ MPa로 한다.

9-2 문제 9−1의 기둥에서 철근이 휨축에 대하여 4 개씩 대칭으로 배근되어 있는 경우 $P_u = 3{,}000$ kN, $M_u = 300$ kN·m에 대하여 안전한지를 검토하라.

9-3 문제 9−1의 기둥 단면에 12−D25 철근이 각 면에 피복두께 50 mm를 두고 4 개씩 배근되어 있을 때, 예제 9−1을 참조하여 기둥의 강도 상관곡선을 작성하라.

9-4 문제 9−3에서 작성된 상관곡선을 부그림 5−11 및 5−12의 상관곡선과 비교하고 차이가 나는 원인들을 검토하라.

9-5 지름 500 mm의 원형 나선철근 기둥에 8−D29 철근이 배근되어 있을 때 균형 상태에서 이 기둥의 설계강도를 구하라. 기둥의 피복두께는 40 mm, 나선철근은 D10 철근이며, $f_{ck} = 27$ MPa, $f_y = 400$ MPa이다.

9-6 문제 9−5의 원형 나선철근에 대하여 예제 9−3을 참조하여 강도 상관곡선을 작성하라.

9-7 500 mm × 500 mm 정사각형 기둥에 각 면 4−D29씩 12−D29가 배근되어 있을 때 편심 $e/h = 0.14$에 대하여 1 축 휨에 대한 P_u와 2 축 휨에 대한 P_u를 상관곡선으로부터 계산하라. $f_{ck} = 27$ MPa, $f_y = 400$ MPa로 한다.

9-8 400 mm × 400 mm 정사각형 기둥의 층간 높이가 4.8 m이고 기둥의 상부 및 하부에서 식 (9.35)로 계산된 ψ의 값이 모두 0.8일 때 이 기둥의 세장비를 계산하라.

9-9 문제 9-8의 기둥이 횡구속되어 있고 축하중 $P_D = 800$ kN, $P_L = 600$ kN, 기둥 위 아래에 $M_{1b} = 75$ kN·m, $M_{2b} = 100$ kN·m가 단곡률 형태로 작용할 때 이 기둥의 보강철근을 설계하라. $f_{ck} = 24$ MPa, $f_y = 400$ MPa으로 하고, $\beta_d = 0.5$로 한다.

9-10 예제 9-7의 골조가 엘리베이터 홀과 계단실 등의 구조로 횡구속되어 있고 $M_1 / M_2 = -0.4$일 때 4층의 C_1 및 C_2 기둥의 확대 모멘트를 계산하라.

9-11 예제 9-7의 골조에서 1, 2, 3층의 C_1 기둥이 600 mm × 600 mm, C_2 기둥이 700 mm × 700 mm로 되어 있고 2층에서 연직하중 및 모멘트가

P_{1D}= 1,610 kN, P_{1L}= 864 kN, M_{1D}= 48 kN·m, M_{1L}= 145 kN·m
P_{2D}= 2,328 kN, P_{2L}= 1,560 kN, M_{2D}= 48 kN·m, M_{2L}= 145 kN·m

풍하중에 대한 1차 탄성해석에서

$V_w = 300$ kN, $\Delta_w = 15$ mm, $M_{1w} = 137$ kN·m, $M_{2w} = 152$ kN·m

로 계산될 때, C_2 기둥의 확대 모멘트를 계산하라.

9-12 횡구속된 골조에서 기둥의 층간 높이가 6.4 m이고 기둥 상부 및 하부에서 식 (9.35)에 의한 ψ의 값이 모두 0.8일 때, 다음의 축하중 및 단곡률 모멘트를 지지할 수 있는 정사각형 띠철근 기둥을 f_{ck}= 27 MPa의 콘크리트 SD 400 철근을 사용하여 철근비 0.015 ~ 0.025 범위에서 설계하라.

(1) P_D= 1,610 kN, P_L= 864 kN, M_{1D}= M_{2D}= 48 kN·m,
M_{1L}= M_{2L}= 145 kN·m

(2) P_D= 3,220 kN, P_L= 1,728 kN, M_D= M_{2D}= 48 kN·m,
M_{1L}= M_{2L}= 145 kN·m

10 장

기초 설계

10-1 개 요

건물에 작용하는 하중은 바닥판에서 보를 거치거나 또는 플랫 슬래브 구조에서는 직접 기둥이나 벽체로 전달되며, 이 하중들은 윗기둥이나 벽체에서 차례로 내려와 최종적으로 지반에 전달되어야 한다. 그러나 일반적으로 지반은 콘크리트 보다 하중을 지지하는 데 훨씬 약하기 때문에 건물 상부에서 전달되는 하중의 면적당 크기를 지반이 지지할 수 있는 힘의 크기, 즉 지내력 이하가 되도록 하중을 분산시키는 기능을 가진 구조가 지반과 그 바로 위의 기둥 또는 벽체 사이에 설치되지 않으면 안 된다. 이러한 목적으로 설치되는 구조체가 기초이다. 안전하게 잘 설계된 기초에서도 지반에 설치되어 상부 하중이 작용하면 얼마간 지반의 침하를 피할 수는 없다. 따라서 기초 설계에서 가장 우선적으로 고려되어야 하는 것은 전체 침하량을 가급적이면 작게 국한시키는 것과 부동침하가 생기지 않도록 하는 것이다. 이 중에서도 부동침하는 구조체에 예상할 수 없는 높은 응력과 균열 등 부작용을 일으키기 때문에 설계시 특히 주의를 기울여야 한다.

침하량을 작게 하기 위하여서는 충분한 지내력을 가진 지반층에 기초를 설치하고 기초 면적을 크게 하여 지반의 지압을 작게 하여야 한다. 그러나 연약한 지반층에서는 이런 일이 쉽지 않기 때문에 말뚝을 사용하여 기초에 전달된 하중을 다시 연약 지층 아래 있는 암반층 등에 전달하도록 한다.

건물에 보편적으로 널리 사용되는 기초들은 다음과 같다.

① 연속기초 : 내력벽 또는 조적벽을 지지하는 기초로 벽체 양 옆에 캔틸레버 작용으로 하중을 분산시킨다.
② 독립기초 : 개개의 기둥을 독립적으로 지지하는 정사각형 또는 직사각형의 2 방향 슬래브로, 확대기초라고도 한다.
③ 말뚝기초 : 독립기초와 같은 형태이나 말뚝에 의하여 지지되는 기초이다.
④ 복합기초 : 2 개 이상의 기둥을 지지하는 긴 직사각형의 기초로, 기둥들이 가까이 있거나 또는 외부 기둥이 대지 경계선 가까이 있을 때 사용된다.
⑤ 온통기초 : 지층에 설치되는 모든 구조를 지지하는 두꺼운 슬래브 구조로 지반에 지내력이 약하여 독립기초나 말뚝기초로 적당하지 않을 때 사용된다.

10-2 기초 해석의 기본 사항

10-2-1 기초에 작용하는 토압

일반 건물구조에서 벽체나 기둥의 하중은 수직으로 기초에 전달되기 때문에 기초를 떠받치고 있는 지반에 상향 토압을 일으키며, 토압의 분포는 지반의 형태와 기초의 지반에 대한 상대 강성에 영향을 받는다. 중심하중이 작용하면 토압이 균등하게 분포되는 것으로 가정하고 있으나, 실제로는 토질의 종류에 따라 약간 다른 분포를 보인다. 사질토와 같이 입자가 큰 토질의 지반에서는 상부하중이 작용하면 기초 주위의 흙들이 바깥쪽으로 약간 이동하기 때문에 토압은 그림 10-1 (a)와 같이 기초 중심에 증가하고 주변에는 감소하는 분포를 보인다.

이와 반대로 점토질의 지반에서는 강한 점착력으로 지반이 하중을 받더라도 이동을 하지 않고 기초의 주변에는 평균 토압에 더하여 전단저항이 형성되어 토압의 분포는 그림 10-1 (b)와 같이 기초 중심부가 작고 주변이 큰 형태가 된다.

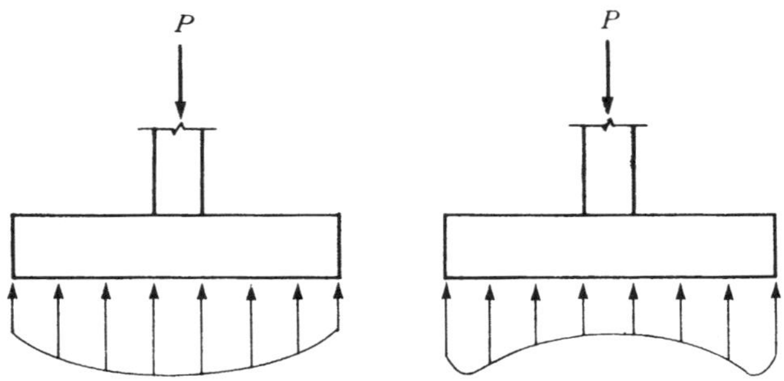

(a) 사질토 지반 (b) 점토 지반

그림 10-1 기초 하부의 토압 분포

그러나 설계에서는 이러한 토질의 형태에 따른 불균일성은 가변적이고 불확실할 뿐 아니라 기초의 휨모멘트나 전단력에 끼치는 영향도 작기 때문에 토압이 균등하게 분포되는 것으로 본다.

10-2-2 허용토압과 기초의 크기

허용토압 또는 허용지내력은 토질역학의 여러 가지 원리와 평판재하시험, 표준관입시험 등 하중의 시험 결과로부터 얻어진다. 지내력에 영향을 미치는 요인으로는 기초의 형태와 깊이, 상부 하중의 크기, 지하수의 위치 및 토질의 종류 등을 들 수 있다.

기초의 지압파괴는 기초 하부의 지반이 그림 10-2 (a)와 같이 이동하여 일어나고, 이때의 토압을 극한지내력이라 하며 q_{ult}로 표시한다. 허용지내력은 이러한 흙의 이동에 의한 침하를 허용한계 이내로 하기 위하여 다음 식과 같이 극한토압을 안전율로 나누어 정한다.

$$q_a = \frac{q_{\mathrm{ult}}}{\text{안전율}} \tag{10.1}$$

이 식에서 안전율은 2.5~3.0의 값으로 한다. 허용지내력의 결정에는 위에서 논한 지반의 특수성이 반영되어야 하기 때문에 토질조사서나 토질 기술자로부터 어떤 조건이 전제되었는가 하는 것을 알아야 한다. 건축법 시행령에서는 지

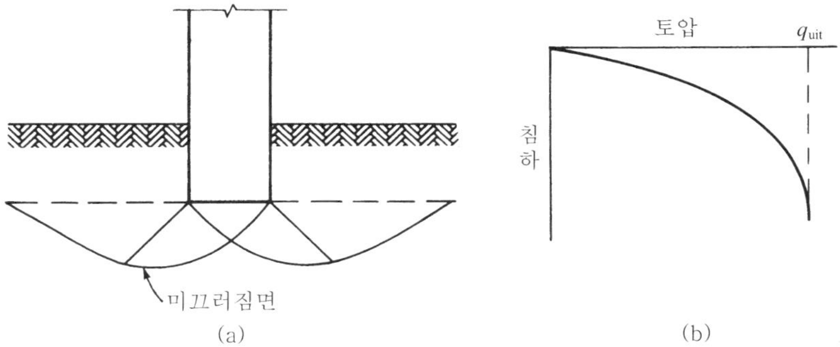

그림 10-2 기초 하부 지반의 지내력과 침하

반조사 및 하중시험에 의하여 정하는 경우 이외에는 표 10-1에 의하여 허용지내력을 정하도록 규정하고 있다.

기초의 크기를 결정하는 데에는 기초로부터 지반에 전달되는 하중의 면적당 크기가 허용지내력 이하로 유지되어야 한다는 원칙에 근거를 두고 있다. 그러나 한 가지 유의해야 할 것은, 철근콘크리트의 모든 설계에 하중계수와 강도감소계수가 적용되는 데 반하여, 지반에 대하여서는 하중계수를 적용하지 않는 사용하중만 사용되어야 한다는 점이다. 그 이유는 상부 구조의 부재 설계에서는 하중계수와 강도감소계수 등 안전에 관련된 계수들이 개별적으로 적용되고 있는 데 비하여 식 (10.1)에 적용되는 안전율은 구조 전반에 걸쳐 고려된 값이

표 10-1 허용지내력

지 반		허용지내력 [kN/m^2]
경암반	화강암, 석록암, 편마암, 안산암 등의 화성암 및 굳은 역암 등의 암반	4,000
연암반	판암, 편암 등의 수성암의 암반	2,000
	혈암, 토단반 등의 암반	1,000
자 갈		300
자갈과 모래의 혼합물		200
모래섞인 점토 또는 롬토		150
모래섞인 점토		100

기 때문이다. 기초 설계에서 기초 크기의 결정만은 강도설계법이 아니고 허용응력설계법에 의한다.

기초가 지지하는 하중은 기둥으로부터 전달되는 고정하중 D, 활하중 L, 풍하중 W나 지진하중 E와 더불어 기초의 자중 D_b와 기초 위에 채워지는 흙 등 상재하중 D_s 등이며, 이들에 의한 토압이 허용지내력 이하가 되어야 하므로, 중심하중을 받는 기초의 크기는 다음의 식으로 계산되는 면적 중 큰 것으로 한다.

$$A = \frac{(D + D_b + D_s) + L}{q_a} \tag{10.2a}$$

또는

$$A = \frac{0.75\{(D + D_b + D_s) + L + W\}}{q_a} \tag{10.2b}$$

식 (10.2b)에서 0.75는 단기하중에 대한 계수이며, E가 W보다 클 경우에는 W 대신 E로 한다. 기초 크기의 계산에서 지반에 작용하는 기초의 무게 D_b와 그 위에 채워지는 하중 D_s는 허용지내력의 기둥하중 지지능력을 감소시키기 때문에 유효 허용지내력을

$$q_e = q_a - (D_b + D_s)/A \tag{10.3}$$

로 하면, 식 (10.2)는 다음과 같이 주어진다.

$$A = \frac{D + L}{q_e} \tag{10.4a}$$

또는

$$A = \frac{0.75(D + L + W)}{q_e} \tag{10.4b}$$

기초에 생기는 모멘트와 전단력을 계산하기 위해서는 기둥에서 전달되는 D, L, E 및 W 등에 의한 토압만 고려되며 식 (10.2)에서의 D_b와 D_s는 고려되지 않는다. 그 이유는 그림 10-3에 보이는 바와 같이 위에서 작용하는 D_b, D_s에

의한 압력과 지반에 생기는 토압 중 D_b 및 D_s에 해당되는 부분은 서로 평형을 이루어 기초의 모멘트나 전단에 어떤 영향도 미치지 않기 때문이다. 기초 설계용 토압은 작용 하중에 하중계수를 곱한 값들을 기초 면적으로 나누어

$$q_u = \frac{1.2D + 1.6L}{A} \tag{10.5a}$$

또는

$$q_u = \frac{1.2D + 1.0L + 1.3W}{A} \tag{10.5b}$$

중 큰 값으로 한다. 지진을 고려하는 경우에는 식 (10.5b)에서 $1.3W$ 대신 $1.0E$로 한다.

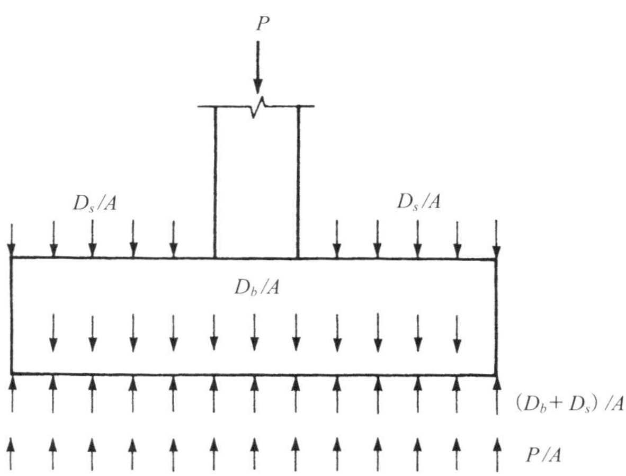

그림 10-3 기초에 작용하는 하중 및 압력

10-3 독립기초의 설계

독립기초는 단일 기둥을 지지하는 기초로 보통 정사각형으로 하나, 기둥이 긴 직사각형인 때에는 그에 따라 직사각형으로 하기도 한다. 독립기초의 설계에서는 휨, 전단, 철근의 정착 및 기둥과 닿는 면에서의 지압 등이 검토되어야 한다. 독립기초의 최소 두께는 하단 철근으로부터 150 mm, 말뚝기초의 경우 300 mm 이상으로 하고, 철근의 피복두께는 80 mm 이상으로 한다.

【1】 휨모멘트와 철근 배근

독립기초는 그림 10-4에 보이는 바와 같이 기둥으로부터 그 방향으로 돌출한 캔틸레버로 윗방향으로 작용하는 지내력에 의하여 휨을 받게 된다.

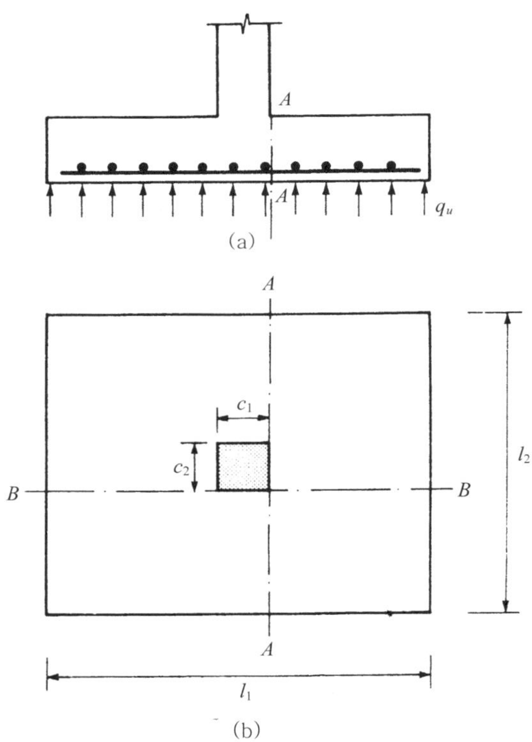

그림 10-4 독립기초의 휨모멘트 위험 단면

최대 모멘트는 기둥면에 생기기 때문에, 가로 방향의 최대 모멘트는 그림 10-4 (b)의 $A-A$ 면과 세로 방향의 모멘트는 $B-B$ 면에서 각각

$$(M_u)_{A-A} = \frac{q_u l_2}{2}\left(\frac{l_1 - c_1}{2}\right)^2 \tag{10.6a}$$

$$(M_u)_{B-B} = \frac{q_u l_1}{2}\left(\frac{l_2 - c_2}{2}\right)^2 \tag{10.6b}$$

이 된다. 이 식에서 l_1, l_2는 각각 기초의 가로 방향 및 세로 방향 길이이고, c_1, c_2는 기둥의 치수이며, q_u는 식 (10.5)로 계산되는 설계용 토압이다. 기초판의 휨모멘트 계산에서 위험 단면은 다음과 같이 하도록 KDS 14 20 70 (4.2.2.1)에 규정되어 있다.

① 콘크리트 기둥, 주각 또는 벽체를 지지하는 기초판은 기둥, 주각 또는 벽체의 외면

② 조적조, 벽체를 지지하는 기초에서는 벽체 중심과 단부의 중간

③ 강재 밑판을 갖는 기둥을 지지하는 기초판은 기둥 외측 면과 강재 밑판 단부의 중간

식 (10.6)으로 계산된 모멘트 M_u에 대하여 보강철근량은 식 (4.21)로부터

$$A_s = \frac{M_u}{\phi f_y jd} \tag{10.7}$$

으로 계산된다. 이 식에서 $j = 0.9$로 할 수 있다. 계산된 철근량을 적당한 크기의 철근으로 환산한 후, 정사각형 기초판에서는 모든 철근을 기초 전체 폭에 걸쳐 균등하게 배근한다.

직사각형의 기초판에서도 긴 변 방향으로는 철근을 균등하게 배근한다. 그러나 짧은 변 방향의 배근에서는 모멘트가 기둥면에서 급히 증가하였다가 기둥면에서 거리가 멀어짐에 따라 감소됨을 고려하여 긴 변을 그림 10-5와 같이 3구간으로 나눠 기둥부근에 더 많은 철근을 배근할 필요가 있다. 구조기준에서는 긴 변 방향의 중앙부에

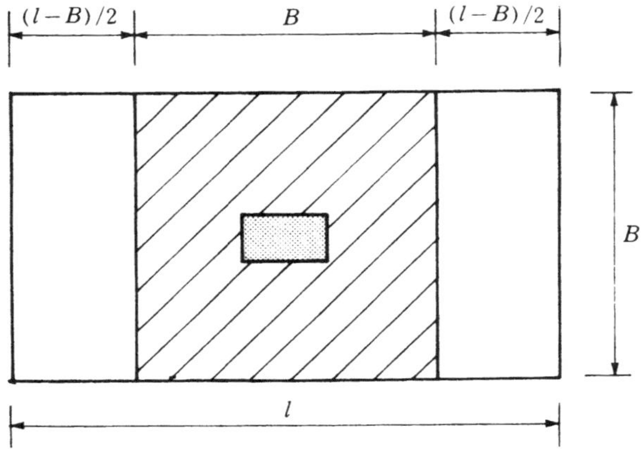

그림 10-5 직사각형 기초

$$\frac{\text{중앙부에 배근되는 철근량}}{\text{짧은 변 방향의 전체 철근량}} = \frac{2}{(\beta+1)} \tag{10.8}$$

으로 주어지는 철근량을 긴 변 방향의 중앙부의 짧은 변 폭 B의 구간에 균등하게 배근하고, 나머지 철근량은 양쪽의 $(l-B)/2$의 폭에 균등하게 배근하도록 규정하고 있다. 식 (10.8)에서 β는 기초판 긴 변의 짧은 변에 대한 비이다.

【2】 기초판의 전단

기둥을 지지하는 독립기초에 토압에 의하여 생기는 전단은 1 방향 전단과 2 방향 전단의 두 가지가 있다.

1 방향 전단에 의한 파괴는 보나 1 방향 슬래브의 경우와 유사하게, 그림 10−6 (a)에 표시된 바와 같이, 기둥면에서 d 만큼 떨어진 위치에 발생할 수 있으며, 독립기초의 복부는 철근보강이 안되어 있기 때문에 $V_u \leq \phi V_c$의 식이 만족되어야 한다. 설계용 토압 q_u에 의한 1 방향 전단력 V_u는 그림 10−6 (a)의 빗금친 부분인 부담 면적에 q_u를 곱하여 계산되며, 콘크리트의 전단강도는 식 (6.22)에서

$$V_c = \frac{1}{6}\lambda\sqrt{f_{ck}}\,b_w\,d \tag{10.9}$$

으로 하고 있다. 기초의 전단에서도 강도감소계수는 $\phi = 0.75$로 한다.

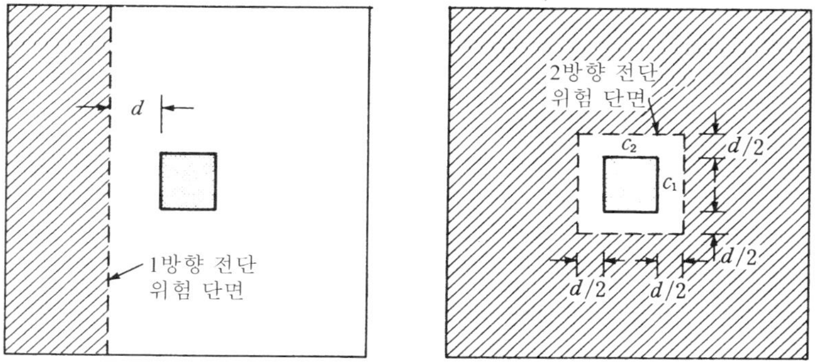

(a) 1방향 전단 (b) 2방향 전단

그림 10-6 기초 전단의 위험단면

2 방향 전단에 의한 기초판의 파괴는 기둥의 4 면 주위에 토압에 의한 뚫림전단거동에 의하여 생길 수 있다. 이러한 현상은 기둥에 의하여 직접 지지되는 플랫 슬래브에서 기둥 주변에 생기는 뚫림 전단과 매우 유사하여, 기초판에서도 뚫림 전단의 위험 단면은, 그림 10-6 (b)에 파선으로 표시된 것과 같이 각 기둥면에서 $d/2$만큼 떨어진 위치에 생기며, 위험 단면의 둘레는

$$b_o = 2(c_1 + d) + 2(c_2 + d) \tag{10.10}$$

이 된다. 여기에서 c_1과 c_2는 기둥의 치수이고 d는 기초의 유효깊이이다. 뚫림 전단의 위험 단면의 면적은 $b_o d$가 되고 여기에 작용하는 계수 전단력 V_u는 설계용 토압 q_u에 그림 10-6 (b)의 빗금친 부분인 부담 면적을 곱하여 계산된다.

앞에서 언급된 바와 같이 복부 보강이 안된 콘크리트에서 $V_u \leq \phi V_c$의 식이 만족되어야 하며, 식 (8.21)로부터 콘크리트의 전단강도는

$$V_c = v_c b_o d \tag{10.11}$$

으로 계산되며, 이 식에서 v_c는 뚫림전단면에 생기는 극한 전단응력으로 계산방법 및 관련 계수는 식 (8.22) 및 (8.23)과 같다.

일반적으로 콘크리트 기초의 유효깊이 d는 전단에 의하여 결정되며, 그중에서도 독립기초에서는 대부분의 경우, 식 (10.11)로 주어지는 뚫림전단에 대한 콘크리트의 전단강도에 따라 정하여진다.

【3】 기둥 밑면에서의 힘의 전달

기둥 밑면에서의 힘과 모멘트는 기초 콘크리트의 지압과 기둥-기초 연결부를 관통하는 장부 철근(dowel) 및 기둥 철근에 의하여 기초로 전달된다. 기둥과 기초의 연결부에서 힘의 전달이 고려되어야 하는 이유는 다음과 같다.

첫째, 기둥 콘크리트와 기초 콘크리트의 강도가 다를 수 있다. 특히 고층 건물의 하부 기둥에서는 고강도 콘크리트가 사용되나 기초에서는 이보다 강도가 낮은 콘크리트가 사용되는 경우가 있다.

둘째, 기둥 철근 전량이 기초 콘크리트로 연장되지 않고 일부는 기둥 밑면에서 끝나는 경우가 있다. 구조기준에서 기둥 축방향 주철근의 최소 단면적은 기둥 단면적의 0.01 배이나, 기초 장부 철근의 최소 단면적은 기둥 단면적의 0.005 배이므로, 철근으로 전달되는 기둥의 축력이 모두 기초로 전달되지는 않는다.

셋째, 시공의 성질상 기초와 기둥의 콘크리트가 일체로 타설되지 않으며, 특히 프리캐스트 콘크리트 벽체나 철골 기둥이 설치되는 경우에는 기초와 기둥 사이에 힘이 연속적으로 전달되지 않는다.

따라서 기초 위의 기둥으로부터 전달되는 하중은 기둥과 기초의 접촉면에서의 지압으로 지지되어야 하고 이때의 지압력은 기초 콘크리트의 지압강도를 초과해서는 안 된다.

KDS 14 20 20 (4.7)에 의한 콘크리트의 설계 지압강도는 지지면이 모든 면에 대하여 하중을 받는 면적보다 넓을 때 다음 식으로 계산하도록 규정되어 있다.

$$\phi P_n = 0.85\phi f_{ck} A_1 \left(\sqrt{\frac{A_2}{A_1}} \right) \le 0.85\phi f_{ck} (2A_1) \tag{10.12}$$

콘크리트의 지압에 대하여 콘크리트의 강도감소계수는 $\phi = 0.65$이다. 식 (10.12)에서 A_1은 하중을 받는 면적을 나타내며, A_2는 그림 10-7과 같이 상부를 A_1으로 하고 측면 경사를 수직 1에 수평 2로 하여 내리면서 어느 한 면이 경계에 닿았을 때 측정된 면적이다. 기초 콘크리트의 설치에서는 기둥과의 연결을 원활히 하기 위하여 기초 윗면에 전단키를 두고 장부 철근을 배근한다.

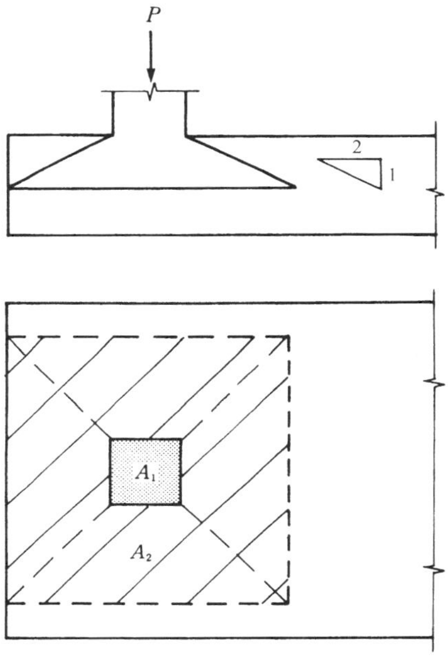

그림 10-7 기초의 지압 면적

장부 철근의 최소량은 앞에서 언급된 바와 같이 기둥 단면적의 0.005 배 이상으로 하며, 기초에 묻히는 길이는 식 (7.10)으로 주어지는 압축철근의 정착길이 이상으로 하여야 한다. 또한, 기초 윗면으로 돌출하여 기둥에 묻히게 되는 장부 철근의 길이는 압축철근의 겹침길이 이상으로 한다.

장부철근은 D35 이하의 크기로 그 지름이 기둥 주철근 지름보다 5 mm를 초과해서는 안 된다.

【4】 철근의 정착

독립기초에서 보강철근 응력은 극한상태에서 항복강도 f_y에 도달하는 것으로 가정하며, 기둥면은 최대 모멘트가 생기는 위험 단면이므로 기둥면에서 단부로 뻗은 철근의 길이가 인장철근의 정착길이 l_d 이상이 되어야 한다. 이 길이가 l_d 이상이 되는 경우에는 보강철근을 직선철근으로 하는 것이 시공에 이점이 있으며, l_d가 안 되는 경우에는 단부 철근을 표준 갈고리로 하여 정착의 적합성을 검토하여야 한다.

【예제 10-1】 치수 500 mm의 정사각형 기둥이 고정하중 1,400 kN과 활하중 1,000 kN을 지지할 때 이 기둥에 대한 독립기초를 정사각형으로 설계하라. 기초 콘크리트의 압축강도는 $f_{ck} = 24$ MPa, 철근의 항복강도는 $f_y = 400$ MPa로 하고, 허용지내력은 $q_a = 300$ kN/m^2 으로 하며, 기초의 무게와 그 위의 상재하중은 고정하중과 활하중의 10 퍼센트로 한다.

[풀 이] 기초의 크기는 식 (10.2a)로부터

$$A = \frac{D + L + (D_b + D_s)}{q_a}$$
$$= \frac{1{,}400 + 1{,}000 + 2{,}400 \times 0.1}{300} = 8.8 \text{ m}^2$$

따라서 기초의 크기는 3.0 m × 3.0 m로 한다.

설계용 토압 : 식 (10.5a)로부터

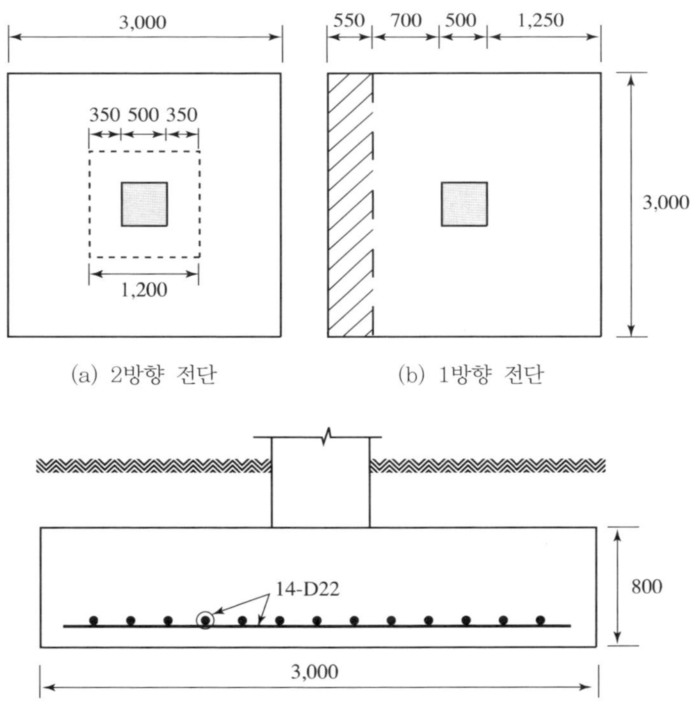

(a) 2방향 전단 (b) 1방향 전단

(c) 철근 배근

그림 10-8 예제 10-1의 기초설계

$$q_u = \frac{1.2 \times 1{,}400 + 1.6 \times 1{,}000}{3 \times 3} = 364.4\ \mathrm{kN/m^2}$$

전단 검토

기초의 두께를 800 mm로 가정하면

$$d = 800\ \mathrm{mm} - 80\ \mathrm{mm}(\text{피복두께}) - 20\ \mathrm{mm}(\text{철근 지름}) = 700\ \mathrm{mm}$$

2 방향 전단에 대하여 위험 단면은 그림 10-8 (a)와 같이 기둥면에서 $d/2$ 만큼 떨어진 곳에 있으므로

$$b_o = 4 \times (500 + 700) = 4{,}800\ \mathrm{mm}$$

$$V_u = 364.4 \times [3 \times 3 - (0.5 + 0.7)^2] = 2{,}754.9\ \mathrm{kN}$$

2방향 전단강도 계산은 식 (8.21), (8.22) 및 (8.23)에서 $\lambda = 1.0$, $\alpha_s = 1.0$, $\rho = 0.005$로 하고

$$k_s = \left(\frac{300}{700}\right)^{0.25} = 0.81$$

$$k_{bo} = \frac{4}{\sqrt{1.0(4800/700)}} = 1.53 \rightarrow 1.25$$

$$f_{te} = 0.2\sqrt{24} = 0.98\ \mathrm{MPa}$$

$$f_{cc} = \frac{2}{3}(24) = 16\ \mathrm{MPa}$$

$$\cot\psi = \frac{\sqrt{1.03(1.03+16)}}{1.03} = 4.07$$

$$c_u = 700\left(25\sqrt{\frac{0.005}{24}} - \frac{300 \times 0.005}{24}\right) = 208.8\ \mathrm{mm}$$

$$v_c = 1.0 \times 0.81 \times 1.25 \times 1.03 \times 4.07 \times (208.8/700)$$
$$= 1.27\ \mathrm{MPa}$$

$$\phi V_c = 0.75 \times 1.27 \times 4{,}800 \times 700 \times 10^{-3}$$
$$= 3{,}200\ \mathrm{kN} > V_u = 2{,}754.9\ \mathrm{kN}$$ 적합

따라서 $d = 700\,\text{mm}$로 하면 2 방향 전단에 대하여 안전하다.

1 방향 전단에 대하여 위험 단면은 그림 10-8 (b)와 같이 기둥면에서 d 만큼 떨어진 곳에 위치하므로

$$V_u = 364.4 \times (3.0 \times 0.55) = 601.3\,\text{kN}$$

$$\begin{aligned}\phi V_c &= \phi\left(\frac{1}{6}\sqrt{f_{ck}}\,b_w\,d\right)\\ &= 0.75 \times \frac{1}{6} \times \sqrt{24} \times 3{,}000 \times 700 \times 10^{-3}\\ &= 1{,}286\,\text{kN} > V_u \qquad \text{적합}\end{aligned}$$

지압검토

기둥면에서 수직 1 수평 2의 경사로 700 mm 내려가면 A_2의 1변 길이는 3,300 mm이므로 기초의 변길이 3.0 m로 하면,

$$\sqrt{\frac{A_2}{A_1}} = \sqrt{\frac{3\times3}{0.5\times0.5}} = 6 > 2$$

따라서 식 (10.12)에서 $2A_1$을 지압 면적으로 하여

$$\begin{aligned}\phi P_n &= 0.65\times0.85\times24\times2\times(500)^2\times10^{-3}\\ &= 6{,}630\,\text{kN} > P_u = 3{,}280\,\text{kN} \qquad \text{적합}\end{aligned}$$

휨모멘트 및 철근보강

휨모멘트에 대한 위험 단면은 기둥면이므로 식 (10.6)으로부터

$$\begin{aligned}M_u &= \frac{364 \times 3.0}{2}\times\left(\frac{3.0 - 0.5}{2}\right)^2\\ &= 853\,\text{kN·m}\end{aligned}$$

철근량 계산은 식 (10.7)에서 $j = 0.9$로 하여

$$A_s = \frac{853 \times 10^6}{0.85 \times 400 \times 0.9 \times 700} = 3{,}982\,\text{mm}^2$$

최소 철근비에 의한 철근량은 식 (4.23)으로부터

$$A_{s,\,\min} = \frac{1.4}{f_y}bd = \frac{1.4}{400}\times 3{,}000 \times 600$$

$$= 6{,}300\ \mathrm{mm}^2 > 3{,}982\ \mathrm{mm}^2$$

$$1.33\,A_s = 1.33 \times 3{,}982 = 5{,}296\ \mathrm{mm}^2 < \mathrm{A}_{s,\min}$$

따라서, 철근량은 $A_s = 5{,}296\ \mathrm{mm}^2$으로 결정되므로 D22 철근 14개($A_s = 5{,}419\ \mathrm{mm}^2$)를 양 방향으로 균등하게 배근한다.

10-4 연속기초의 설계

연속기초는 내력벽이나 조적벽 밑면에 설치되어 벽체로부터 전달되는 축하중이나 모멘트를 벽체 양쪽으로 뻗은 판의 캔틸레버 작용으로 지반에 전달하는 기초이다. 휨모멘트의 위험 단면은 내력벽에서는 벽면이 되고 조적벽에서는 벽체 중심과 벽체면과의 중앙이 되며, 1 방향 전단의 위험 단면은 벽면에서 d 만큼 떨어진 거리에 위치한다. 연속기초에서는 2 방향 전단을 검토할 필요가 없으며, 기초의 두께는 1 방향 전단에 의하여 결정된다.

내력벽이나 연속기초의 설계에서는 단위길이 1 m에 대하여 식 (10.2) 또는 식 (10.4)를 적용하여 기초의 폭을 산정하며, 설계용 토압 계산에서도 단위길이 1 m에 주어진 폭을 기초 면적으로 하여 식 (10.5)로부터 산정한다. 철근의 정착과 벽체의 밑면으로부터 기초에 하중 전달도 독립기초와 같은 방법으로 검토한다.

【예제 10-2】 고정하중 250 kN/m와 활하중 200 kN/m를 지지하는 두께 200 mm 내력벽의 기초를 설계하라. 기초 콘크리트 강도는 $f_{ck} = 24$ MPa, 철근강도 $f_y = 400$ MPa, 허용지내력 $q_a = 300\ \mathrm{kN/m^2}$ 으로 하며, 기초 윗면의 위치는 지표면에서 1.0 m 깊이에 있는 것으로 한다.

[풀 이] 기초의 두께를 400 mm로 가정하면 흙의 깊이는 1.0 m이므로 흙의 무게를 1.8 kN/m³으로 하여

$$\text{상재하중} = 24 \times 0.4 + 18 \times 1.0 = 27.6\ \mathrm{kN/m^2}$$

유효 허용지내력은 식 (10.3)으로부터

$$q_e = 300 - 27.6 = 272.4\ \mathrm{kN/m^2}$$

단위길이 1 m에 대한 기초 폭

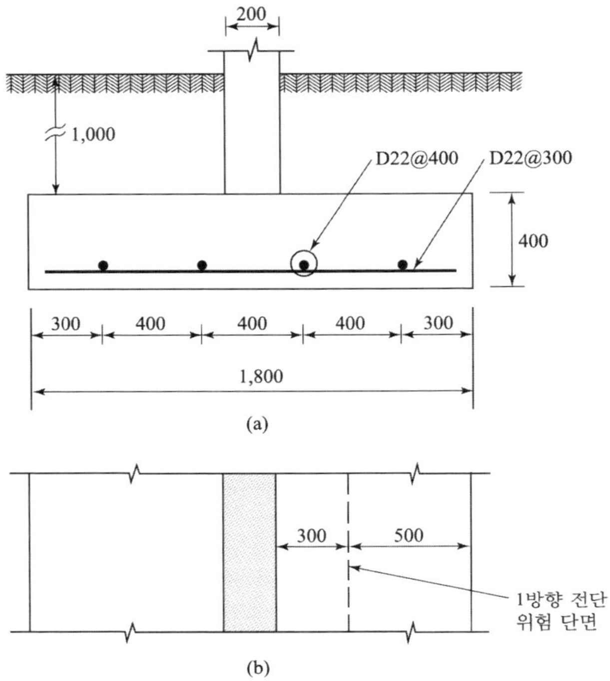

그림 10-9 예제 10-2의 내력벽 기초

$$A = \frac{D + L}{q_e} = \frac{250 + 200}{272.4}$$

$= 1.65\text{ m} \rightarrow$ 기초 폭을 1.8 m로 한다.

설계용 토압

$$q_u = \frac{1.2 \times 250 + 1.6 \times 200}{1.8 \times 1} = 344\text{ kN/m}^2$$

1 방향 전단 검토

기초의 두께를 400 mm로 가정하면 $d = 300\text{ mm}$

$$V_u = 344 \times 1.0\text{ m} \times 0.5\text{ m} = 172\text{ kN}$$

$$\phi V_c = 0.75 \times \frac{1}{6} \times \sqrt{24} \times 1{,}000\text{ mm} \times 300\text{ mm} \times 10^{-3}$$

$= 184\,\text{kN} > V_u$ 적합

따라서 $d = 300\,\text{mm}$, 즉 기초의 두께는 400 mm로 한다.
휨모멘트에 대한 위험 단면은 벽면이므로

$$M_u = \frac{344 \times 1.0}{2} \times \left(\frac{1.8 - 0.2}{2}\right)^2 = 110.1\,\text{kN·m}$$

철근량

$$A_s = \frac{110.1 \times 10^6}{0.85 \times 400 \times 0.9 \times 300} = 1{,}199\,\text{mm}^2$$

$$A_{s,\,\min} = \frac{0.178\lambda\sqrt{f_{ck}}}{\phi f_y} bd = \frac{0.178 \times 1.0 \times \sqrt{24}}{0.85 \times 400} \times 1{,}000 \times 300$$

$$= 769\,\text{mm}^2 < A_s$$

그림 10-9와 같이 D22@300($A_s = 1{,}290.3\,\text{mm}^2/\text{m}$) 으로 배근한다.
길이 방향 철근은 온도 철근에 의하여 결정된다. 식 (8.4)에서 슬래브의 온도 철근비는 $f_y = 400\,\text{MPa}$의 경우 0.0020이며, 철근 간격은 슬래브 두께의 5 배 또는 450 mm 이내로 하므로

$$A_s = 0.0020 \times 1{,}800 \times 400$$

$$= 1{,}440\,\text{mm}^2$$

철근 간격 $= 5 \times 400 = 2{,}000\,\text{mm} \rightarrow 400\,\text{mm}$

따라서 길이 방향으로 4-D22 ($A_s = 1{,}548.4\,\text{mm}^2$) 철근을 400 mm 간격으로 배근한다.

10-5 복합기초

복합기초는 2 개 이상의 기둥이나 벽체를 한 기초판으로 지지하는 구조로, 보통 다음의 두 가지 경우에 사용된다. 첫 번째는 그림 10-10 (a)에 보이는 바와 같이 두 기둥이 가까이 있어 독립기초로 하면 두 기초가 맞닿기 때문에 시공의

편이성과 경제성을 고려하여 한 기초로 하는 경우이고, 다음은 그림 10-10 (b)에서와 같이 외부 기둥이 대지 경계선에 가까이 있어 독립기초로는 균형을 유지할 수 없기 때문에 내부 기둥과 복합기초로 하여 균형을 취하는 경우이다. 복합기초로는 두 기둥을 지지하는 직사각형 기초와 캔틸레버 기초가 많으며, 사다리형 기초도 있으나 시공이 복잡하여 널리 쓰이지는 않는다.

【1】 직사각형 기초

두 기둥을 지지하는 직사각형 복합기초의 설계에서는 먼저 두 기둥에 작용하는 하중의 합력과 작용점의 위치를 구한 다음 그림 10-11과 같이 합력의 작용점이 도심이 되도록 양쪽으로 같은 거리를 잡아 기초의 길이로 한다. 이와 같이 하면 편심이 생기지 않아 지반의 토압이 기초에 균등하게 작용하고 기초가 기울지 않는다. 기초의 면적은 식 (10.2) 또는 식 (10.4)에 의하여 계산되며, 기초의 길이가 결정되어 있기 때문에 기초 면적을 길이로 나누어 기초의 폭을 정한다. 직사각형 복합기초의 설계용 토압은 독립기초의 경우와 같이 식 (10.5)로 구할 수 있다. 이 식에 적용되는 하중은 두 기둥의 합력이다.

설계용 토압이 계산되면 기초에 생기는 휨모멘트와 1 방향 전단은 단순보의 경우와 같이 계산된다. 토압 q_u를 균등하게 받는 직사각형 복합기초는 등분포 하중을 받는 단순보를 거꾸로 한 형태이며 두 기둥이 지지점이 되고 두 기둥으로부터 전달되는 하중은 단순보의 반력에 해당된다.

휨모멘트가 계산되면 정모멘트와 부모멘트의 분포에 따라 길이 방향으로 철근 보강을 한다. 기초의 횡방향에 대해서는 기둥의 하중이 수평 1에 수직 2의 비율로 확산되는 것으로 가정하여 횡방향 기둥 치수에 기둥 양면으로부터 $d/2$만큼 가산된 폭에 대하여 철근 보강을 한다. 전단 검토에서는 두 기둥 중 전단력이 큰 쪽에 대하여 기둥면에서 d만큼 떨어진 거리에서의 전단력을 V_u로 한다.

복합기초에서도 2 방향 전단에 대하여서는 기둥에서 각 방향으로 $d/2$ 떨어진 위험 단면에 대하여 독립기초와 같은 방법으로 검토를 한다. 독립기초에서는 기초의 두께가 대부분 2 방향 전단에 의하여 결정되나, 직사각형 복합기초에서는 1 방향 전단에 의하여 결정되는 경우가 많다.

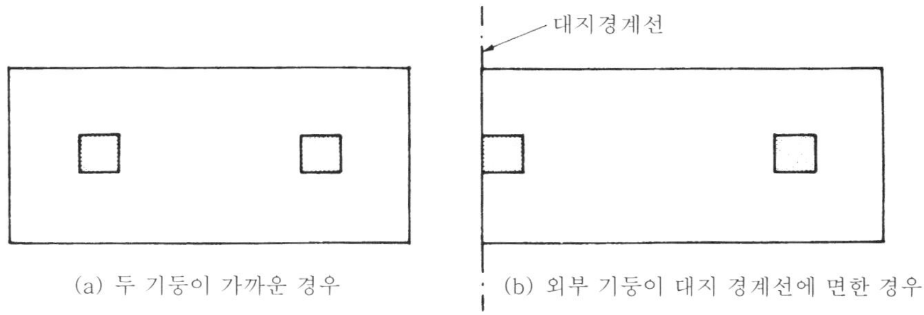

그림 10-10 복합기초의 형태

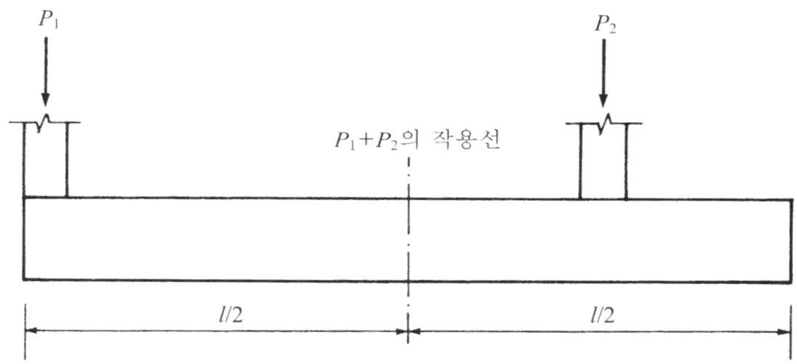

그림 10-11 두 기둥 하중합력의 작용선

【2】 캔틸레버 기초

대지 경계선 등의 제한으로 외부 기둥의 기초를 내부 기둥의 기초와 연결하여 복합기초로 하여야 하나, 인접한 내부 기둥이 상당한 거리에 떨어져 있을 때에는 직사각형으로 하면 과다한 모멘트가 생겨 경제적이지 못하기 때문에 캔틸레버 기초로 하는 것이 바람직하다. 캔틸레버 기초는 그림 10-12에 보이는 바와 같이 독립기초를 가진 외부 기둥과 내부 기둥을 보로 연결한 형태이다.

외부 기둥에서는 대지 경계선 등의 제약으로 기둥에 대칭인 기초를 가질 수 없기 때문에 토압의 합력과 기둥합력의 작용선 사이에 편심이 생겨 토압 분포가 불리하게 되고 회전 변형이 생길 우려가 있다. 이러한 외부 기초를 중심 하중에 균형이 잡혀 있는 내부 기초에 강성이 높은 보로 연결하여 외부 기초의 편심 효과를 작게 하고 안정성을 높인 것이 캔틸레버 기초이다.

캔틸레버 기초에서는 그림 10-12와 같이 내부 기둥에 단순지지되는 것으로 보고 외부 기둥 기초의 토압은 균등하게 분포되는 것으로 가정한다. 이때 이 기초의 반력 R_1은 내부 기둥 중심에 대한 모멘트의 평형조건으로부터

$$R_1 = P_1 + \Delta R \tag{10.13}$$

$$\Delta R = \frac{P_1 e}{l - e}$$

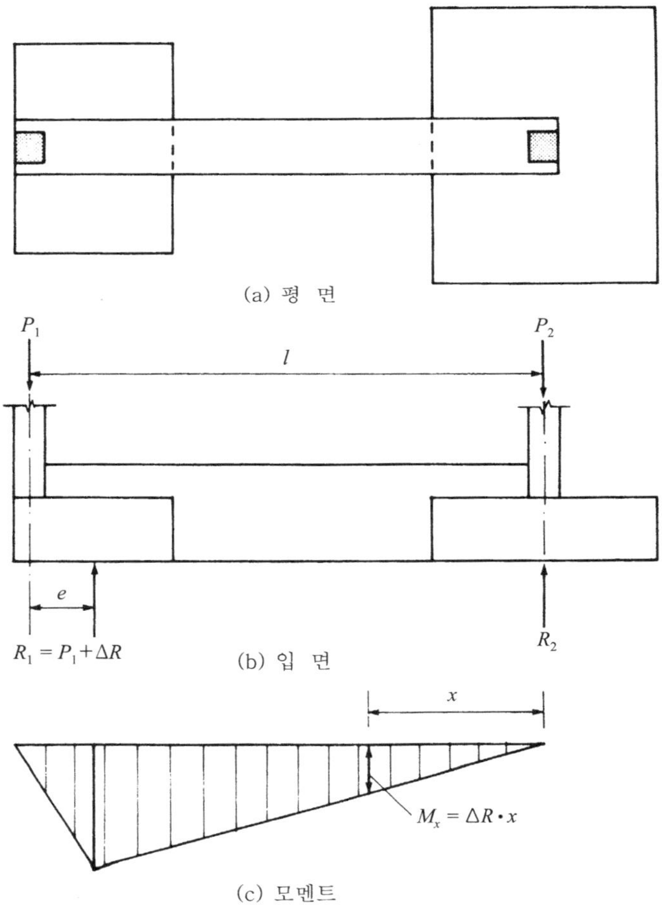

그림 10-12 캔틸레버 기초

으로 주어져 P_1보다 ΔR만큼 증가하며 외부 기둥의 기초에 대하여서는 R_1을 사용 하중으로 하여 독립기초와 같은 방법으로 설계하며, 내부 기둥의 기초는 힘의 평형에서 $R_2 = P_2 - \Delta R$을 받으므로 이에 대하여 설계하여도 되나 P_2에 대하여 독립기초로 설계하는 것이 좋다. 기초를 연결하는 보에는 ΔR의 전단력이 일정하게 작용하고 그림 10-12 (c)와 같이 ΔR에 의한 휨모멘트가 생기므로 보 설계방법에 의하여 이 전단력과 모멘트에 안전하게 설계하면 된다.

【예제 10-3】 외부 기둥은 600 mm × 400 mm 크기에 $P_D = 1{,}000$ kN, $P_L = 800$ kN, 내부 기둥은 600 mm × 600 mm 크기에 $P_D = 1{,}500$ kN, $P_L = 1{,}200$ kN의 하중을 지지할 때 이들 기초를 직사각형 복합기초로 설계하라. 기둥 중심 간격은 그림 10-13에 보이는 바와 같이 6.0 m이고 외부 기둥은 대지 경계선에 면해 있으며, $f_{ck} = 27$ MPa, $f_y = 400$ MPa에 허용지내력 $q_a = 300$ kN/m^{2}이고 기초와 상재하중은 50 kN/m^{2}으로 한다.

[풀 이] 유효 허용지내력 $q_e = 300 - 50 = 250$ kN/m^2

기초 면적 $A = \dfrac{(1{,}000 + 800) + (1{,}500 + 1{,}200)}{250} = 18.0$ m^2

외부 기둥의 계수 하중 $= 1.2 \times 1{,}000 + 1.6 \times 800 = 2{,}480$ kN

내부 기둥의 계수 하중 $= 1.2 \times 1{,}500 + 1.6 \times 1{,}200 = 3{,}720$ kN

합력의 작용점은 외부 기둥의 중심에 대하여

$$3{,}720 \times 6 - (3{,}720 + 2{,}480)\,x = 0$$

$$x = 3.6 \text{ m}$$

기초의 길이 $l = 2 \times (3.6 + 0.4/2) = 7.6$ m로 한다.

기초의 폭 $B = \dfrac{A}{l} = \dfrac{18}{7.6} = 2.37\text{m} \rightarrow 2.4$ m로 한다.

설계용 토압 : 폭 2.4 m에 대하여

$$q_u = \frac{2{,}480 + 3{,}720}{7.6} = 816 \text{ kN/m}$$

1 방향 전단 검토

외부 기둥의 오른쪽 면 : $V_u = 2{,}480 - 816 \times 0.4 = 2{,}154\,\text{kN}$

내부 기둥의 왼쪽 면 : $V_u = 816 \times (6.0 + 0.2 - 0.6/2) - 2{,}480$

$= 2{,}334\,\text{kN} > 2{,}154\,\text{kN}$

$d = 1.0\,\text{m}$로 하면

위험 단면에서의 전단력은 내부 기둥면에서 왼쪽으로 d의 거리에 위치한다.

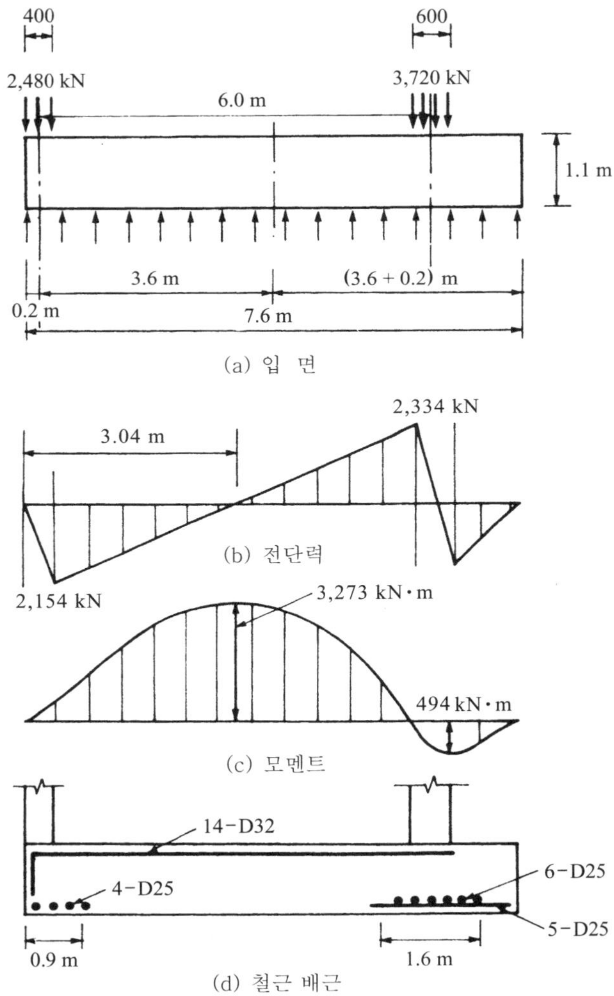

그림 10-13 예제 10-3의 직사각형 복합기초

$$V_u = 2{,}334 - 816 \times 1.0 = 1{,}518\ \text{kN}$$

$$\phi V_c = 0.75 \times \frac{1}{6}\sqrt{27} \times 2{,}400 \times 1{,}000 \times 10^{-3}$$

$$= 1{,}559\ \text{kN} > V_u$$ 적합

2 방향 전단 검토

뚫림 전단에 불리한 쪽은 외부 기둥이며

$$b_o = 600 + 500 \times 2 + (400 + 500) \times 2 = 3{,}400\ \text{mm}$$

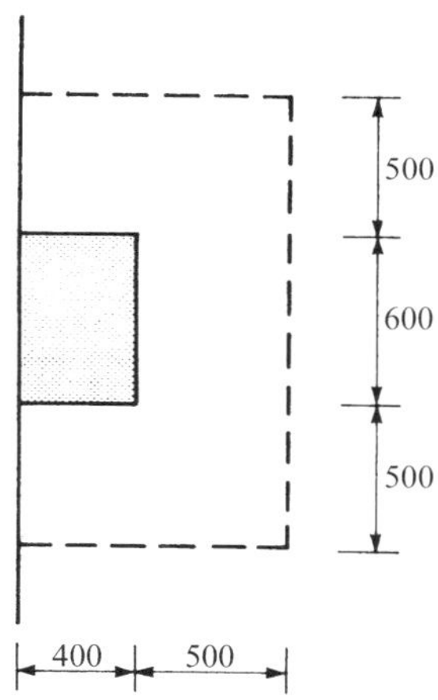

위험 단면에서의 뚫림 전단력은 외부 기둥의 계수 하중에서 위험 단면 둘레 내의 토압을 뺀 값으로

$$V_u = 2{,}480 - \frac{816}{2.4} \times (1.6 \times 0.9) = 1{,}990\ \text{kN}$$

2방향 전단에 관련된 계수들은 식 (8.23)에서 $\lambda = 1.0$, $\alpha_s = 1.33$, $\rho = 0.005$로 하여

$$k_s = \left(\frac{300}{1{,}000}\right)^{0.25} = 0.74$$

$$k_{bo} = \frac{4}{\sqrt{1.33(3{,}400/1{,}000)}} = 1.88 \rightarrow 1.25$$

$$f_{te} = 0.2\sqrt{27} = 1.04\text{ MPa}$$

$$f_{cc} = \frac{2}{3}(27) = 18\text{ MPa}$$

$$\cot\psi = \frac{\sqrt{1.04(1.04+18)}}{1.04} = 4.28$$

$$c_u = 1{,}000\left(25\sqrt{\frac{0.005}{27}} - \frac{300\times 0.005}{27}\right) = 284.7\text{ mm}$$

2 방향 설계 전단강도는 식 (8.22) 및 (8.21)로부터

$$V_c = 1.0\times 0.74\times 1.25\times 1.04\times 4.28\times(284.7/1{,}000)$$
$$= 1.17\text{ MPa}$$

$$\phi V_c = 0.75\times 1.17\times 3{,}400\times 1{,}000\times 10^{-3}$$
$$= 2{,}984\text{ kN} > \text{V}_\text{u} = 1{,}990\text{ kN}$$ 적합

따라서 $d = 1.0\text{ m}$가 가능하므로 기초두께는 1.1 m로 한다.

휨모멘트 검토

길이 방향 최대 부모멘트는 전단력이 영이 되는 지점이므로 외단으로부터

$$2{,}480 - 816x = 0,\quad x = 3.04\text{ m}$$

$$M_u^- = 816\times(3.04)^2/2 - 2{,}480\times(3.04-0.2)$$
$$= -3{,}273\text{ kN}\cdot\text{m}$$

식 (10.7)에서 $j = 0.9$로 하여

$$A_s = \frac{3{,}273\times 10^6}{0.85\times 400\times(0.9\times 1{,}000)} = 10{,}696\text{ mm}^2$$

최소 철근비에 의한 철근량

$$A_{s,\min} = \frac{0.178\lambda\sqrt{f_{ck}}}{\phi f_y}bd = \frac{0.178\times 1.0\times\sqrt{27}}{0.85\times 400}\times 2{,}400\times 1{,}000$$
$$= 6{,}529\text{ mm}^2 < A_s$$

따라서 필요한 철근량 10,696 mm^2에 대하여 14-D32($A_s = 11{,}119\ mm^2$)를 그림 10-13 (d)와 같이 배근한다.
최대 정모멘트는 내부 기둥의 오른쪽 단부에

$$M_u^+ = 816 \times (1.1)^2/2 = 494\ kN\cdot m$$

철근량

$$A_s = \frac{494 \times 10^6}{0.85 \times 400 \times (0.9 \times 1{,}000)} = 1{,}614\ mm^2 < A_{s,min}$$

따라서 계산된 철근량을 1/3 증가시켜 $1{,}614 \times 4/3 = 2{,}151\ mm^2$에 대하여 5-D25 ($A_s = 2{,}533.5\ mm^2$)를 그림 10-13 (d)와 같이 내부 기둥 하단에 배근한다.

횡방향 모멘트
내부 기둥의 계수 하중 3.720 kN의 폭 2.4 m에 대한 크기는 3,720/2.4 = 1,550 kN/m 기둥면에서 돌출된 길이는 $(2.4-0.6)/2 = 0.9\ m$이므로

$$M_u = \frac{1{,}550 \times (0.9)^2}{2} = 628\ kN\cdot m$$

$$A_s = \frac{628 \times 10^6}{0.85 \times 400 \times (0.9 \times 1{,}000)} = 2{,}052\ mm^2$$

횡방향철근 배근의 폭은 기둥 폭에 양면으로 $d/2$를 가산하여

$$b = 0.6 + \frac{1.0}{2} \times 2 = 1.6\ m$$

최소 철근량

$$A_{s.\,min} = \frac{0.178 \times 1.0 \times \sqrt{27}}{0.85 \times 400} \times 1{,}600 \times 1{,}000 = 4{,}352\ mm^2 > A_s$$

따라서 계산된 철근량을 1/3 증가시켜 $2{,}052 \times 4/3 = 2{,}736\ mm^2$에 대하여 6-D25 ($A_s = 3{,}404.2\ mm^2$)를 폭 1.6 m에 걸쳐 배근한다.
외부 기둥에서도 내부 기둥과 같은 방법으로 2,480/2.4 = 1,033 kN/m의 토압에 대하여

$$M_u = \frac{1{,}033 \times (0.9)^2}{2} = 418\ \text{kN·m}$$

$$A_s = \frac{418 \times 10^6}{0.85 \times 400 \times (0.9 \times 1{,}000)} = 1{,}366\ \text{mm}^2$$

횡방향철근 배근의 폭은 기둥 폭에 $d/2$를 가산하여

$$b = 0.4 + \frac{1.0}{2} = 0.9\ \text{m}$$

최소 철근량

$$A_{s,\min} = \frac{0.178 \times 1.0 \times \sqrt{27}}{0.85 \times 400} \times 900 \times 1{,}000 = 2{,}448\ \text{mm}^2 > A_s$$

따라서 $1{,}366 \times 4/3 = 1{,}821\ \text{mm}^2$의 철근량에 대하여

4–D25 ($A_s = 2{,}026.8\ \text{mm}^2$)를 폭 0.9 m에 걸쳐 배근한다.

【예제 10-4】 예제 10–3의 복합기초를 캔틸레버 기초로 할 때 각 기둥의 기초 면적을 산정하라.

[풀 이] 캔틸레버 보의 크기를 0.6 m × 1.0 m 직사각형 단면으로 하고 두 기초의 틈을 2.5 m로 가정하면, 캔틸레버 보의 자중과 상재하중에 의한 무게는

$$W = (24 \times 0.6 \times 1.0 + 50 \times 0.6) \times 2.5 = 111\ \text{kN}$$

이 하중이 두 기둥의 고정하중에 추가되는 것으로 하면,

외부 기둥 : $P_1 = 1{,}000 + 800 + 111/2 = 1{,}856\ \text{kN}$

내부 기둥 : $P_2 = 1{,}500 + 1{,}200 + 111/2 = 2{,}756\ \text{kN}$

외부 기둥 기초 면적의 산정에서 캔틸레버 보에 나란한 길이를 2.4 m로 하면, 외부 기둥 중심과 기초 중심 사이의 편심은 $e = 1.0$ m이므로, 식 (10.13)으로부터

$$R_1 = \frac{1}{l-e} P_1 = \frac{6}{6-1}(1{,}856) = 2{,}227\ \text{kN}$$

유효 허용지내력은 예제 10-3에서 $q_e = 250\,\mathrm{kN/m^2}$이므로 외부 기둥의 기초 면적은

$$A_1 = \frac{R_1}{q_e} = \frac{2,227}{250} = 8.91\,\mathrm{m^2}$$

으로 계산되며, 캔틸레버 보에 나란한 길이는 2.4 m로 가정되어 있으므로, 폭은 그림 10-14와 같이 3.8 m로 한다.

내부 기둥의 기초 면적은

$$A_2 = \frac{P_2}{q_e} = \frac{2,756}{250} = 11.02\,\mathrm{m^2}$$

으로 계산되므로, 그림 10-14와 같이 3.4 m × 3.4 m인 정사각형 기초로 한다. 외부 기둥을 지지하는 벽체는 캔틸레버 보에 연결되어 벽체를 지지하는 연속 기초와 같이 거동하므로, 외부 기초의 설계는 예제 10-2에서 두께 600 mm

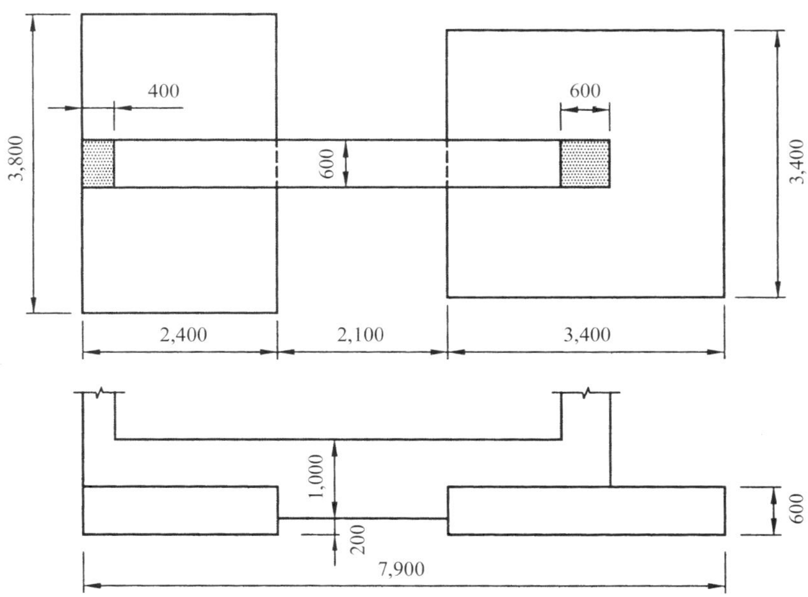

그림 10-14 예제 10-4의 캔틸레버 기초

의 벽체를 지지하는 폭 3.8 m의 연속 기초로 설계한다. 설계용 토압은

$$q_u = \frac{1.2(1{,}000+1{,}500+111)+1.6(800+1{,}200)}{2.4\times 3.8+3.4\times 3.4} = 219\ \mathrm{kN/m^2}$$

으로 한다.

내부 기둥의 기초에서는 기둥이 캔틸레버 보에 연결되어 기초와 일체를 이루는 부분이 있더라도 독립기초보다 안전측에 있으므로, 예제 10-1에서와 같이 내부 기둥을 지지하는 독립기초로 설계한다.

10-6 말뚝기초

지반이 연약하여 독립기초로 하기에는 적합하지 않으나 지하의 적당한 깊이에 암반이 있는 경우에는 말뚝을 사용하여 기둥의 하중을 암반에 전달하는 것이 경제적일 수 있다. 말뚝기초는 이러한 경우에 기둥과 말뚝 사이에 설치되는 구조로, 기둥의 하중을 분산시켜 말뚝에 전달하고 말뚝으로부터의 반력에 의한 전단력과 모멘트를 지지하며, 말뚝의 머리를 고정시켜 이탈하지 않도록 하는 기능을 한다.

말뚝기초의 설계에서는 기둥으로부터 전달되는 하중이 산정되면 말뚝의 크기와 허용지지력이 결정되어야 한다. 말뚝의 허용지지력은 재하시험이나 지지력 산정식에서 얻은 극한 지지력을 안전율 3으로 나눈 값으로 한다. 말뚝기초에서는 기둥으로부터 전달되는 하중과 기초 및 그 위에 채워지는 하중을 기초의 지지력으로 지지하며, 기초 슬래브의 지지력은 고려되지 않으므로, 말뚝의 허용지지력을 R_a로 나타내면 말뚝의 수는 식 (10.2)와 유사하게

$$n = \frac{(D+D_b+D_s)+L}{R_a} \tag{10.14a}$$

또는

$$n = \frac{0.75[(D+D_b+D_s)+L+W)]}{R_a} \tag{10.14b}$$

에서 얻는 값 중 큰 것으로 한다. 말뚝의 수는 기초의 안정을 위하여 3개 이상으로 한다. 말뚝의 수가 정하여지면, 휨모멘트와 전단력을 최소로 하는 방향으로 말뚝의 배치를 고려하여야 한다.

말뚝기초는 말뚝의 간격을 최소로 하는 것이 경제적이나, 말뚝박기 공사 등을 고려하여 말뚝의 최소 중심 간격을 다음과 같이 한다.

① 기성 콘크리트 말뚝 : 말뚝머리 지름의 2.5배 이상 또는 750 mm 이상
② 제자리콘크리트 말뚝 : 말뚝머리 지름의 2.5배 이상 또는 900 mm 이상
③ 강재 말뚝 : 말뚝머리 지름의 및 폭의 2.5배 이상 또는 900 mm 이상

기초의 단부에서 주변 말뚝의 중심까지의 거리는 위의 간격의 1/2 이상으로 한다. 말뚝기초의 면적은 위의 간격을 고려한 말뚝의 배치에 의하여 결정된다. 말뚝기초에서도 독립기초와 비슷한 방법으로 1방향 전단, 2방향 전단 및 모멘트에 대한 검토가 이루어져야 한다. 이를 위하여 설계용 말뚝의 반력은 기둥으로부터 전달되는 사용하중에 하중계수를 적용한 값들을 말뚝의 수로 나누어

$$R_u = \frac{1.2D + 1.6L}{n} \tag{10.15a}$$

또는

$$R_u = \frac{1.2D + 1.0L + 1.3W\ (\text{또는 } 1.0E)}{n} \tag{10.15b}$$

중 큰 값으로 한다.

말뚝기초의 전단력과 모멘트에 대하여서는 독립기초에서와 같이, 1방향 전단에는 기둥면에서 d 되는 위험 단면, 2방향 전단에는 기둥면에서 $d/2$ 되는 위험단면, 모멘트에는 기둥면에 대하여 주변 말뚝의 설계용 반력 R_u에 의한 값으로 계산한다. 개개의 말뚝 주변에도 뚫림 전단이 생길 우려가 있으므로 말뚝면에서 $d/2$ 되는 위험단면에서 뚫림 전단에 대한 검토가 추가되어야 한다.

【예제 10-5】 치수 600 mm의 정사각형 기둥이 고정하중 1,500 kN과 활하중 1,200 kN을 지지할 때, 이 기둥의 기초를 말뚝기초로 설계하라. $f_{ck} = 24$ MPa, $f_y = 400$ MPa로 하고, 말뚝은 지름 300 mm, 허용지지력 $R_a = 350$ kN으로

하며, 기초와 그 위에 채워지는 흙의 무게는 250 kN으로 한다.

[풀 이] 말뚝의 개수는 식 (10.14a)로부터

$$n = \frac{D + L + (D_b + D_s)}{R_a}$$

$$= \frac{1{,}500 + 1{,}200 + 250}{350}$$

$$= 8.43 \longrightarrow 9\text{개}$$

말뚝 중심 간격을 900 mm로 하여 그림 10−15 (a)와 같이 배치한다.
말뚝의 설계용 반력은 식 (10.15a)로부터

$$R_u = \frac{1.2 \times 1{,}500 + 1.6 \times 1{,}200}{9} = 413.3 \text{ kN}$$

전단 검토
기초의 두께를 800 mm로 하여

$$d = 800 - 80 - 20 = 700 \text{ mm}$$

2 방향 전단에 대하여 위험 단면은 기둥면에서 $d/2$ 만큼 떨어진 위치에 있으므로

$$b_o = 4 \times (600 + 700) = 5{,}200 \text{ mm}$$

전단력은 8 개의 말뚝으로부터

$$V_u = 413.3 \times 8 = 3{,}306 \text{ kN}$$

2방향 전단강도는 예제 10−1에서 $v_c = 1.23$ MPa로 계산되었으므로,

$$\phi V_c = \phi v_c b_o d$$

$$= 0.75 \times 1.23 \times 5{,}200 \times 700 \times 10^{-3}$$

$$= 3{,}358 \text{ kN} > V_u \qquad \text{적합}$$

따라서 $d = 700$ mm로 한다.

1 방향 전단에 대하여서는 기둥면에서 d 만큼 떨어진 위치가 외부 말뚝 3 개의 중심에 놓이므로 3 개 말뚝 반력의 1/2은 트러스 작용에 의하여 기둥에 직접 전달되는 것으로 보고 V_u 는 다음과 같이 계산된다.

$$V_u = 413.3 \times 3\text{개} \times 1/2 = 620.0\,\text{kN}$$

$$\phi V_c = \phi\left(\frac{1}{6}\right)\sqrt{f_{ck}}\,b_w\,d$$

$$= 0.75 \times \frac{1}{6} \times \sqrt{24} \times 2{,}600 \times 700 \times 10^{-3}$$

$$= 1{,}115\,\text{kN} > V_u \qquad \text{적합}$$

말뚝 주위의 뚫림 전단 위험 단면은 그림 10-15 (b)와 같이 말뚝 둘레에서 각 방향으로 $d/2$ 만큼 떨어진 원이 되므로

$$b_o = \pi(300 + 700) = 3{,}140\,\text{mm}$$

$$\phi V_c = 0.75 \times 1.23 \times 3{,}140 \times 700 \times 10^{-3}$$

$$= 2{,}028\,\text{kN} > R_u = 413.3\,\text{kN} \qquad \text{적합}$$

휨모멘트에 대한 위험 단면은 기둥면이며, 기둥면에서 모멘트를 일으키는 3 개의 말뚝 중심까지의 거리는 0.6 m 이므로

$$M_u = (3 \times 413.3) \times 0.6\,\text{m} = 743.9\,\text{kN·m}$$

철근량 계산은 식 (10.7)에서 $j = 0.9$로 하여

$$A_s = \frac{743.9 \times 10^6}{0.85 \times 400 \times 0.9 \times 700} = 3{,}473\,\text{mm}^2$$

최소 철근비에 의한 철근량

$$A_{s,\,\min} = \frac{0.178 \times 1.0 \times \sqrt{24}}{0.85 \times 400} \times 2{,}600 \times 700 = 4{,}308\,\text{mm}^2 > A_s$$

$$1.33\,A_s = 1.33 \times 3{,}473 = 4{,}619\,\text{mm}^2$$

따라서 철근량을 $4{,}619\,\text{mm}^2$으로 하여 12-D22($A_s = 4{,}645\,\text{mm}^2$) 철근을 양 방향 같은 간격으로 배근한다.

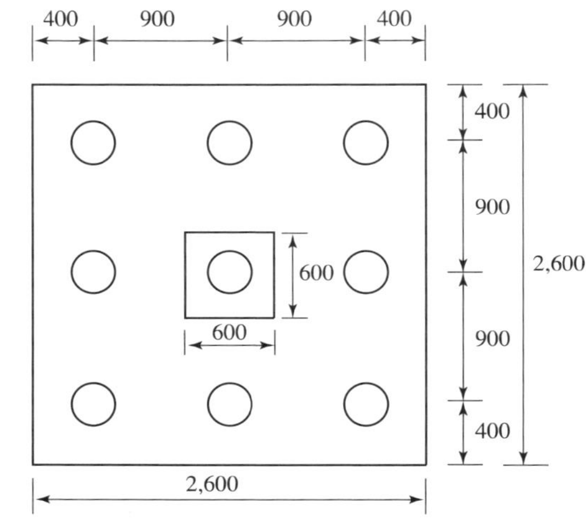

(a) 평면

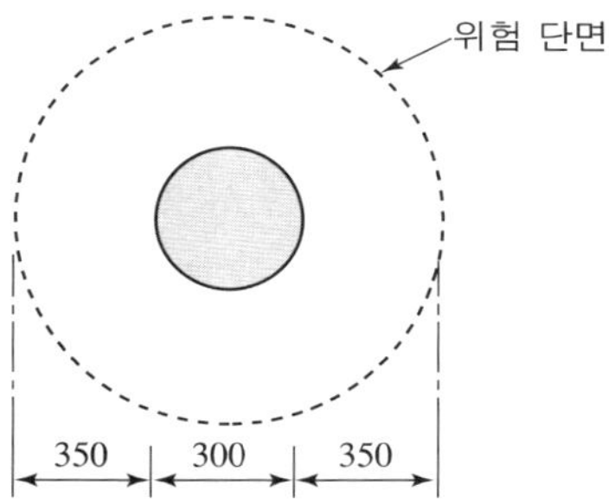

(b) 말뚝의 위험 단면

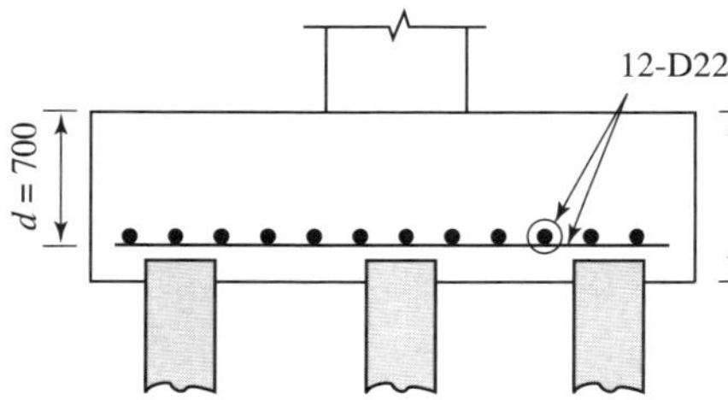

(c) 철근 배근

그림 10-15 예제 10-4의 말뚝기초

연습문제

10-1 P_D= 1,600 kN, P_L= 1,250 kN을 받는 600 m × 600 mm 정사각형의 기둥을 지지하는 기초를 설계하라. 기초의 윗면은 지하 1.0 m에 위치하며, q_a = 200 kN/m^2, f_{ck} = 27 MPa, f_y = 400 MPa로 한다.

10-2 문제 10-1의 기초에서 기둥으로부터의 지압을 검토하고 장부철근을 설계하라.

10-3 w_D= 320 kN/m, w_L = 380 kN/m를 지지하는 두께 200 mm 콘크리트 벽체의 기초를 설계하라. f_{ck} = 27 MPa, f_y = 400 MPa, q_a = 250 kN/m^{2}이며, 기초 상부의 무게는 무시한다.

10-4 문제 10-1의 기초를 말뚝기초로 설계하라. 말뚝의 지름은 400 mm 허용지지력 600 kN으로 한다.

10-5 예제 10-3에서 외부기둥에 P_D= 1,200 kN, P_L = 900 kN, 내부 기둥에 P_D= 1,500 kN, P_L = 1,200 kN이 작용하고 q_a = 250 kN/m^{2}일 때 직사각형 복합기초로 하여 기초의 크기와 형태를 정하라.

10-6 문제 10-5의 기초를 캔틸레버 기초로 설계하라.

11 장

옹벽 설계

11-1 개　요

옹벽은 굴토, 절토 또는 흙의 채움 등에 의하여 지반의 경사면에 변화가 생겼을 때 토압에 저항하여 흙의 붕괴를 막고 안정성을 유지할 목적으로 설치되는 벽체이다.

그림 11-1에 보이는 바와 같이 옹벽은 별개의 구조체로 설치되는 경우가 많으나, 건물의 지하 벽체도 토압에 저항하는 구조물로서 옹벽의 범위에 속하게 된다.

옹벽의 설계에서 구조체가 설계강도를 가져야 함은 첫 번째 필수조건이나, 그밖에 전도모멘트나 미끄러짐 등 변형에 대해서도 적절한 검토가 수행되어야 한다. 따라서 설계자는 토압과 옹벽에 작용하는 하중의 성질 등을 숙지할 필요가 있다. 건물의 일부를 이루는 지하 벽체 이외에 단독으로 설치되는 옹벽에는 여러 가지 형태가 있으나 보편적으로 많이 사용되는 것들은 그림 11-1에 보이는 바와 같다.

그림 11-1 (a)의 중력식 옹벽은 토압을 자체의 무게에 의한 마찰로 저항하여 안전을 유지하는 벽체로 높이가 비교적 낮은 경우에 무근콘크리트나 조적조

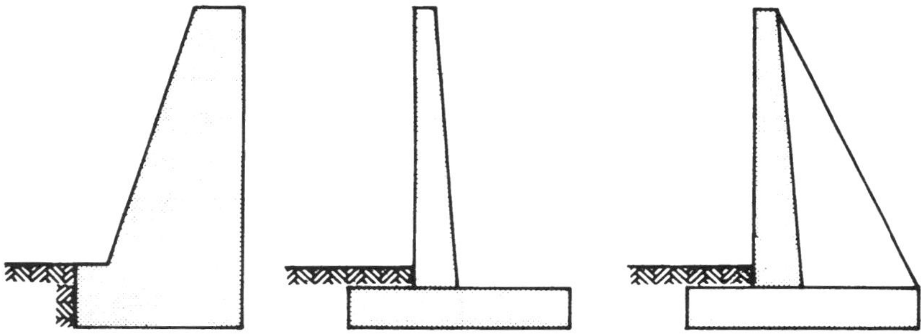

(a) 중력식 옹벽　　(b) 캔틸레버식 옹벽　　(c) 부축벽식 옹벽

그림 11-1 옹벽의 형태

등으로 만들어진다. 그림 11-1 (b)는 캔틸레버 옹벽으로, 흙의 토압을 지지하는 수직벽이 바닥판에 고정되어 있어 옹벽의 무게와 함께 바닥판에 채워지는 흙의 무게가 토압에 의한 모멘트에 평형을 이루어 안정을 유지한다. 그림 11-1 (c)는 부축벽식 옹벽으로 캔틸레버 옹벽에 부축벽이 추가된 형태이다. 부축벽이 사용되면 수직벽이 T 형보의 형태가 되기 때문에 강성이 크게 증가한다.

옹벽의 선택에는 지반이나 지역의 특수성과 함께 재료비, 시공비 등이 고려되어야 한다. 일반적으로 높이에 따른 옹벽의 선택에서 중력식 옹벽은 높이 4 m 이내의 범위에서 하는 것이 유리하며, 캔틸레버 옹벽은 높이 3 m ~ 6 m, 그 이상은 부축벽식 옹벽으로 하는 것이 경제적이다.

11-2 횡방향 토압

11-2-1 흙의 전단강도

흙을 높이 쌓아두면 미끄러져 내려와 일정한 각도의 경사면으로 안정된다. 이 경사면의 각을 안식각이라고 하며, 흙의 입자간의 점착력을 고려하지 않았을 때 안식각은 흙의 입자간 마찰저항에 의하여 형성되므로 내부 마찰각과 같다.

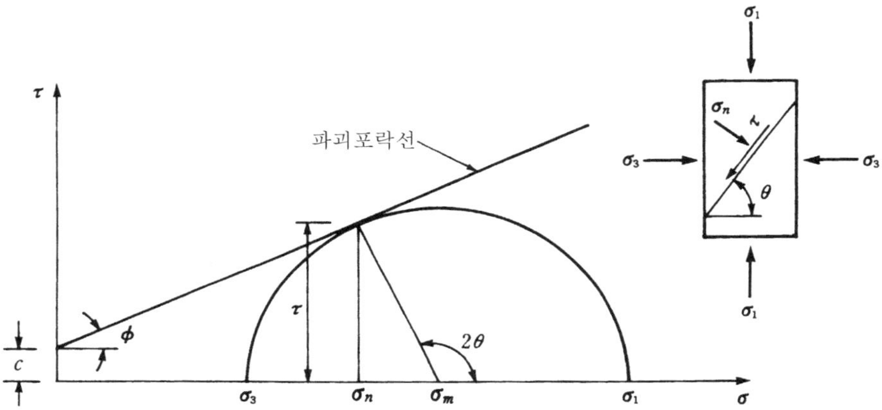

그림 11-2 파괴시의 응력 상태

흙의 내부 마찰각을 ϕ로 나타내면, 마찰 이론에서 $\tan\phi$는 마찰계수로 직압력에 비례하여 전단 저항력을 증가시키므로 흙의 전단강도는 다음과 같이 모어-쿨롱(Mohr-Coulomb)의 방정식으로 나타낼 수 있다.

$$\tau = c + \sigma_n \tan\phi \tag{11.1}$$

여기서, τ = 흙의 전단강도
c = 점착력
σ_n = 흙에 작용하는 직압력

최대 주응력 σ_1과 최소 주응력 σ_3가 작용할 때 임의의 각도에서 직응력과 전단응력은 모어(Mohr)의 원으로 쉽게 나타낼 수 있다. 전단 파괴시 식 (11.1)의 직선은 그림 11-2와 같이 응력의 상태를 나타내는 모어의 원에 접하게 되며 이때 전단 파괴면과 주응력면 사이의 이론적인 각도를 θ라고 하면 전단 파괴면에 작용하는 전단응력 τ와 직응력 σ_n은 모어의 원으로부터

$$\tau = \frac{\sigma_1 - \sigma_3}{2} \sin 2\theta \tag{11.2}$$

$$\sigma_n = \frac{\sigma_1 + \sigma_3}{2} + \frac{\sigma_1 - \sigma_3}{2} \cos 2\theta \tag{11.3}$$

와 같이 되며, θ와 ϕ는 그림 11-2로부터

$$\theta = 45° + \frac{\phi}{2} \tag{11.4}$$

으로 주어진다.

전단 파괴시 주응력 σ_1, σ_3 및 내부 마찰각 ϕ와 점착력 c의 관계는 식 (11.1), (11.2) 및 (11.3)으로부터

$$\sigma_1 = \sigma_3 \tan^2\left(45° + \frac{\phi}{2}\right) - 2c\tan\left(45° + \frac{\phi}{2}\right) \tag{11.5}$$

$$\sigma_3 = \sigma_1 \tan^2\left(45° - \frac{\phi}{2}\right) - 2c\tan\left(45° - \frac{\phi}{2}\right) \tag{11.6}$$

이 되며, 이 식들은 주동토압계수와 수동토압계수의 기본이 된다.

11-2-2 횡방향 토압계수

그림 11-3 (a)와 같은 중력식 옹벽에서 벽체 오른 편의 흙은 팽창이 가능한 상태에서 옹벽을 밀어내려는 압력을 가한다. 이러한 압력을 주동토압이라고 하며, 옹벽이나 지하벽의 설계용 수평하중을 이룬다. 이에 대하여 벽체 왼편의 흙은 횡압으로 인하여 수축되고 위로 떠밀려 오르는 상태가 되는데 이때 이러한 흙이 나타내는 저항력을 수동토압이라고 한다.

그림 11-3에서 옹벽에 의하여 지지되는 흙은 위로부터 상재하중과 흙 자체의 무게에 의하여 σ_1의 수직압력을 받고, 옹벽의 반력에 의하여 수평방향으로 σ_3의 횡압력을 받아, 2축 응력 상태가 되며, 두 주응력 σ_1과 σ_3에 의하여 흙이 전단파괴를 일으킬 때 σ_1과 σ_3는 각각 식 (11.5) 및 식 (11.6)과 같이 주어진다.

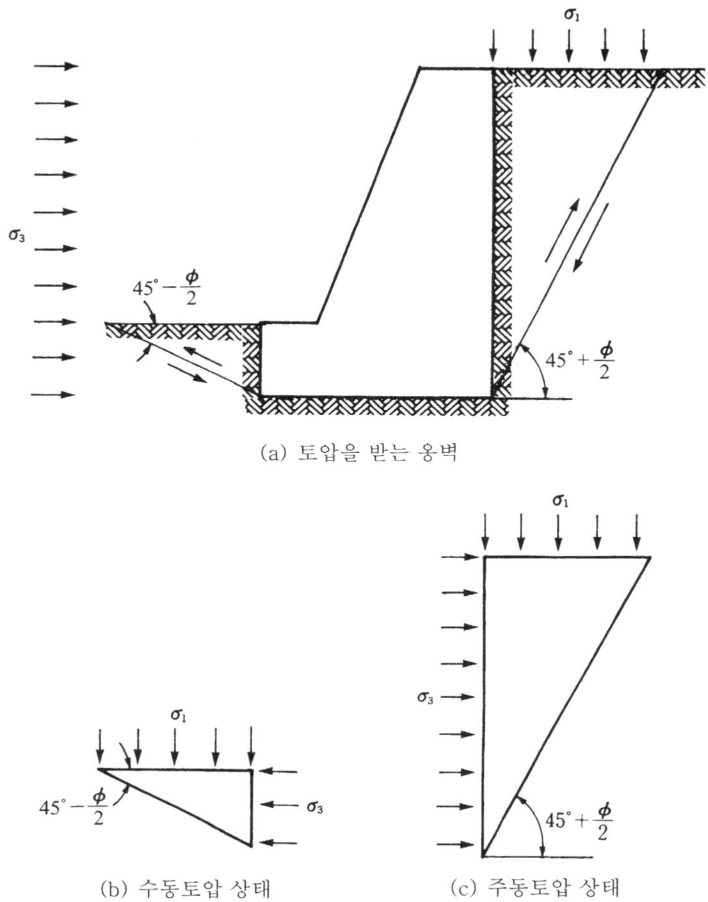

그림 11-3 주동토압과 수동토압

주동토압계수 K_A는 주동토압의 작용하에서 수직압력 σ_1에 대한 수평압력 σ_3의 비로 정의되며 수직압력은 흙의 무게와 상재하중에 의한 압력이므로 흙의 단위체적중량 γ에 상재하중까지 흙의 무게로 환산된 높이 h의 곱으로 $\sigma_1 = \gamma h$로 하면 식 (11.6)으로부터

$$K_A = \tan^2\left(45° - \frac{\phi}{2}\right) - \frac{2c}{\gamma h}\tan\left(45° - \frac{\phi}{2}\right) \tag{11.7}$$

이 되며, 점착력이 없는 토질에서는 $c = 0$이므로 주동토압계수는 식 (11.7)로부터 다음과 같이 주어진다.

$$K_A = \tan^2\left(45° - \frac{\phi}{2}\right) \tag{11.8}$$

수동토압 상태에서는 σ_3에 의하여 σ_1이 밀리는 상태, 즉 $\sigma_3 > \sigma_1$이므로 식 (11.5) 및 (11.6)에서 σ_1과 σ_3는 서로 바뀌게 된다. 수동토압계수 K_P는 수동토압의 작용하에서 수직압력에 대한 수평압력의 비로 정의되며, σ_1과 σ_3가 바뀐 상태에서 식 (11.5)로부터

$$K_P = \tan^2\left(45° + \frac{\phi}{2}\right) + \frac{2c}{\gamma h}\tan\left(45° + \frac{\phi}{2}\right) \tag{11.9}$$

으로 주어진다. 점착력이 없는 ($c = 0$) 토질에서는

$$K_P = \tan^2\left(45° + \frac{\phi}{2}\right) \tag{11.10}$$

이 된다. 따라서 식 (11.8)과 (11.10)으로부터, 점착력이 없는 상태에서는

$$K_P = 1/K_A \tag{11.11}$$

즉, 주동토압계수와 수동토압계수는 서로 역수 관계를 가지게 된다.

흙이 주변 조건의 변화에 따라 팽창하게 되는 경우에는 횡방향으로 주동토압이 작용하고, 수축하게 되는 경우에는 수동토압이 작용하나, 팽창도 수축도 하지 않는 정지 상태에서도 횡방향으로 토압이 작용한다. 이러한 자연 상태에서 수평압력의 수직압력에 대한 비를 정지토압계수라 하며 K_o로 표시한다. 정지토압계수는 탄성론에 의한 평면 변형률 상태에서 횡변형률을 영으로 하여

$$K_o = \frac{\sigma_3}{\sigma_1} = \frac{\nu}{1-\nu} \tag{11.12}$$

이 된다. 이 식에서 ν는 푸아송비이다.

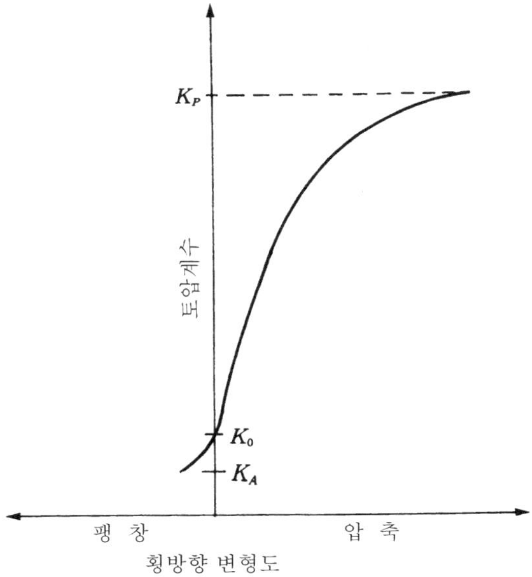

그림 11-4 횡방향 변형과 토압계수

횡방향 토압을 요약하면, 주동토압은 흙의 횡방향 팽창과 관련을 가지며 최솟값이고, 수동토압은 흙의 횡방향 압축과 관련을 가지며 최댓값이다. 흙의 횡방향 변형이 생기지 않은 정지 상태에서는 정지토압이 작용하고 그 크기는 주동토압보다 조금 크며, 그 관계를 나타내면 그림 11-4와 같다.

11-2-3 옹벽에 작용하는 토압

옹벽에 작용하는 토압에 대하여서는 토질역학의 이론을 근거로 하여 국토교통부 제정 「건축 기초구조 계산규준」에 다음과 같이 규정되어 있다.

토압의 계산에서 옹벽의 유효높이 H와 지면으로부터의 유효깊이 h는 흙의 점착력에 따라 다음과 같이 계산된다.

$$H = H_o - \frac{2c}{\gamma} tan\left(45° + \frac{\phi}{2}\right) \tag{11.13}$$

$$h = h_o - \frac{2c}{\gamma} tan\left(45° + \frac{\phi}{2}\right) \tag{11.14}$$

위의 식에서 H_o는 실제 옹벽의 수직 높이이고, h_o는 지면으로부터의 임의의 깊이이다. c는 앞의 절에서와 같이 흙의 점착력을 나타내며 점착력이 없는 흙에서는 $c = 0$으로 한다. 옹벽의 수평 방향 단위 폭에 작용하는 토압의 합력은

$$P_A = \frac{1}{2} K_A \gamma H^2 + K_A s H \tag{11.15}$$

이며, 임의의 깊이 h_0에서 옹벽의 단위 면적에 작용하는 토압은

$$p_A = K_A \gamma h + K_A s \tag{11.16}$$

이다. 식 (11.15)와 (11.16)에서 s는 표면재하 또는 상재하중이며, 상재하중이 없을 때에는 $s = 0$으로 한다. K_A는 주동토압계수로서 그림 11-5 (a)와 같이 지표면이 수평이고, 벽의 흙에 접하는 뒷면이 수직으로 벽면 마찰이 무시되는 경우에는 식 (11.8)과 같이

$$K_A = \tan^2\left(45° - \frac{\phi}{2}\right)$$

이 되나, 그림 11-5 (b)와 같이 벽체 뒷면이 수직면에 θ의 각을 가지고 있고 벽면과 흙 사이의 마찰각 δ가 생기는 일반적인 경우에는

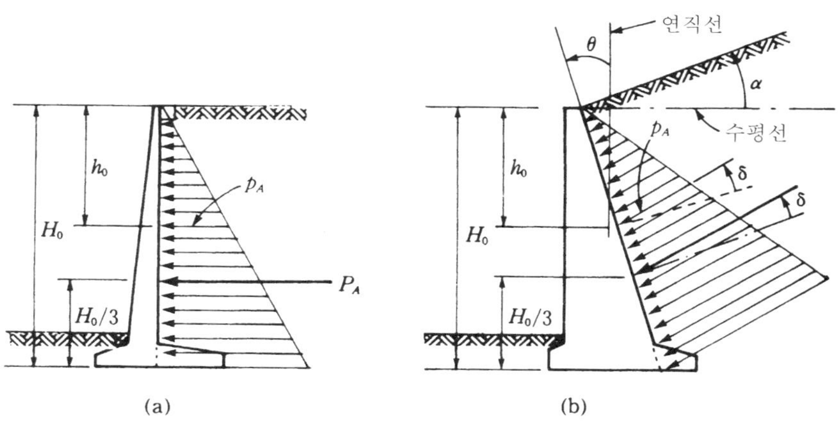

그림 11-5 옹벽에 작용하는 토압

$$K_A = \frac{\cos^2(\phi - \theta)}{\cos^2\theta \cos(\theta + \delta)\left\{1 + \sqrt{\frac{\sin(\delta + \phi)\cdot \sin(\phi - \alpha)}{\cos(\delta + \theta)\cdot \cos(\theta - \alpha)}}\right\}^2} \tag{11.17}$$

으로 보다 복잡한 식이 된다. 이 식에서 α는 지표면의 수평면에 대한 각도이고, $\phi < \alpha$일 때에는 $\sin(\phi - \alpha) = 0$으로 한다. δ, α 및 θ 등의 각도는 각각의 기준선에서 그림 11-4 (b)에 표시된 축에 경사질 때에는 (+), 반대측에 경사질 때에는 (−)의 값을 가진다. 표 11-1부터 표 11-5는 기초 구조기준에서 정하는 설계 자료이다.

표 11-1 내부 마찰각 및 주동토압계수 K_A

토 질 종 류	내부 마찰각 ϕ	주동토압계수 K_A
연 질 롬	2°~4°	0.95~0.9
경 질 롬	6°~12°	0.8~0.65
실 트(습한 것)	10°	0.7
모 래(소량의 롬을 포함한 것)	30°	0.33
모 래(건조한 것)	34°	0.28
고정된 모래 또는 자갈	34°	0.28

표 11-2 벽 배면 수직일 때 주동토압계수 K_A

내부 마찰각 ϕ		20°			30°		
지표 경사각 α		0°	10°	20°	0°	10°	20°
벽배면 마찰각 δ	0°	0.49	0.57	0.88	0.33	0.37	0.43
	10°	0.45	0.53	0.90	0.31	0.35	0.42
	20°	0.43	0.51	0.93	0.30	0.34	0.40

표 11-3 벽 배면토의 설계 정수

벽배면토의 종류	내부마찰각 $\phi°$	점착력 c [kN/m^2]	단위체적중량 γ [kg/m^3]
1. 정한 모래 및 자갈	35	−	1,800
2. 실트 또는 점토를 포함한 투수성 사질토	30	−	1,800
3. 점토를 다량 포함한 사질토	24	−	1,750
4. 연질의 유기질 실트 또는 실트질 점토	0	−	1,600
5. 사질점토	0	12.0	1,700

표 11-4 기초판 저면과 지지반과의 마찰계수 μ의 상한값

실트 또는 점토를 포함하지 않는 조립토	0.55($\phi \fallingdotseq 29°$)
실트를 포함한 조립토	0.45($\phi \fallingdotseq 24°$)
실트 또는 점토(기초판 밑에 두께 약 100 mm의 흙을 굵은 모래 또는 자갈층으로 바꾼 것)	0.35($\phi \fallingdotseq 19°$)

표 11-5 콘크리트에 대한 마찰계수 μ값

	점 토	모 래	자 갈	콘크리트
습	0.20	0.20~0.30	0.50	0.65
건 조	0.50	0.50		

11-3 옹벽 설계에 대한 검토

옹벽의 설계에서는 다음의 두 가지 점에 대하여 검토되어야 한다.

첫째, 옹벽을 이루는 각 부재는 토압을 포함한 작용 하중을 지지할 수 있는 충분한 강도를 가지도록 설계되어야 한다. 예를 들어 수직 캔틸레버 벽체가 토압에 의한 모멘트와 전단력을 지지하기 위하여서는 적절한 부재 크기와 두께 및 철근 보강이 갖춰져 있어야 한다. 각 부재의 설계에서는 구조기준에 정하여진 하중계수와 강도감소계수가 적용된다.

다음으로는 토압에 대한 옹벽 전체의 안정성의 검토가 이루어져야 한다. 옹벽의 안정성은 전도 모멘트와 미끄러짐 및 지내력 검토가 포함되어 있다. 옹벽의 안정성 검토에서는 실제 토압과 사용 고정하중 및 활하중을 대상으로 하고 하중계수는 적용되지 않는다.

11-3-1 소요강도

옹벽의 구조설계도 다른 휨재 또는 압축재의 설계방법과 같이 하중계수를 적용한 하중에 대하여 강도감소효과를 고려한 설계강도를 가지도록 하고 있다. 토압을 지지하는 구조에 대한 소요강도는 3-5-3항에 따른 하중계수를 적용하여야 한다.

$$U = 1.2D + 1.6(L + \alpha_H H_v + H_h) \tag{11.18}$$

$$U = 0.9(D + H_v) + (1.6H_h \text{ 또는 } 0.8H_h) \tag{11.19}$$

식 (11.18)의 적용에서는 활하중이 작용하지 않는 경우도 고려되어야 한다.

옹벽의 설계에서는 흙과 콘크리트의 이질성과 옹벽이 가지는 구조의 특이성 때문에 하중계수의 적용과 모멘트와 전단력의 위험 단면을 정하는 것이 다른 구조보다 복잡하다.

【1】 앞 굽 판

앞굽판의 설계에서는 기초판 위에 채워지는 흙의 무게는 무시하고 기초판의 자중만 고려한다. 그러나 앞굽판 기초의 자중은 상방향 토압에 의한 모멘트를 감소시키므로 식 (11.19)를 적용하여 하중계수를 0.9로 하며, 토압에 대한 하중계수는 1.6으로 한다. 모멘트 계산에서의 위험 단면은 벽체에 닿는 면으로 하고, 전단에 대한 위험 단면은 벽체면에서 d 만큼 떨어진 위치로 한다.

【2】 뒷 굽 판

뒷굽판에 작용하는 상방향 토압은 뒷굽판 설계에 유리하나, 토질에 따라 비선형 분포가 생길 수 있으므로 설계에서는 고려하지 않는다. 뒷굽판 슬래브의 자중과 그 위에 채워진 흙의 무게는 고정하중으로 하여 1.2의 하중계수를 적용하고 상재하중에 대하여서는 활하중의 하중계수 1.6을 적용한다. 뒷굽판에 닿는 벽체는 앞굽판의 경우와는 달리 인장측이기 때문에 모멘트 계산에서의 위험 단면은 벽체 인장철근의 중심으로 하며, 모멘트 계산의 유효길이는 뒷굽판의 캔틸레버 길이에 벽체의 피복두께와 철근 중심을 가산한 값으로 한다. 전단력의 위험 단면도 일반 구조에서는 지지면에서 d 떨어진 위치로 하나, 뒷굽판에서는 캔틸레버의 인장측이 벽체에 지지되는 형태로 압축측의 트러스 작용에 의하여 지지면에서 d 거리 이내의 하중이 직접 전달되는 것을 기대할 수 없으므로, 벽체면을 위험 단면으로 한다.

【3】 벽 체

벽체는 주동토압에 대하여 캔틸레버 작용을 하므로 주동토압에 의한 극한 모멘트를 계산하여 이에 대한 보강철근을 계산하면 된다. 보강철근을 절약하기 위해서는 모멘트의 크기에 따라 적당한 위치에서 철근을 절단하는 것이 좋다. 그러나 절단되는 철근은 휨을 저항하는 데 더 이상 필요하지 않는 점에서 보의 유효깊이 d나 철근 지름의 12 배, 즉 $12d_b$ 중 큰 값만큼 더 연장하여야 한다. 벽체에 배근되는 수직 및 수평철근의 배근 간격은 벽두께의 3배 이하 또는 400 mm 이하가 되도록 한다. 철근의 피복두께는 벽의 노출면에서는 30 mm, 흙에 접하는 면에서는 50 mm 이상으로 한다.

11-3-2 전도와 미끄러짐에 대한 검토

옹벽에 작용하는 횡방향 토압은 옹벽의 앞 끝을 중심으로 옹벽을 뒤집으려는 모멘트를 일으킨다. 이러한 모멘트를 전도모멘트라고 한다. 그림 11-6에서 횡방향 토압 P_{A1}과 상재하중에 의한 횡방향 압력 P_{A2}가 옹벽 앞 끝 A점에 대하여 시계 반대 방향으로 일으키는 모멘트는

$$M_o = P_{A1} \cdot y_1 + P_{A2} \cdot y_2 \tag{11.20}$$

이다. 이 식에서 y_1과 y_2는 각각 P_{A1}과 P_{A2} 작용선의 A점에 대한 수직 거리이다.

토압에 의한 전도모멘트에 대하여 옹벽 콘크리트의 무게, 옹벽 위에 실리는 흙과 상재하중 등은 반대 방향으로 저항하는 모멘트를 일으키는데, 그림 11-6에서 옹벽 각 부위의 무게를 W_i, 그 작용선에서 A점까지의 수평거리를 a_i를 나타내면, A점에 대하여 전도모멘트와 반대 방향으로 작용하는 모멘트는

$$M_r = \sum W_i \, a_i \tag{11.21}$$

이 된다. 이러한 모멘트를 저항모멘트 또는 안정 모멘트라고 한다.

옹벽이 전도에 대한 안정성을 유지하기 위하여 KDS 14 20 74 (4.1.1.2)에서는 계산된 안정 모멘트를 전도모멘트의 2.0 배 이상, 즉

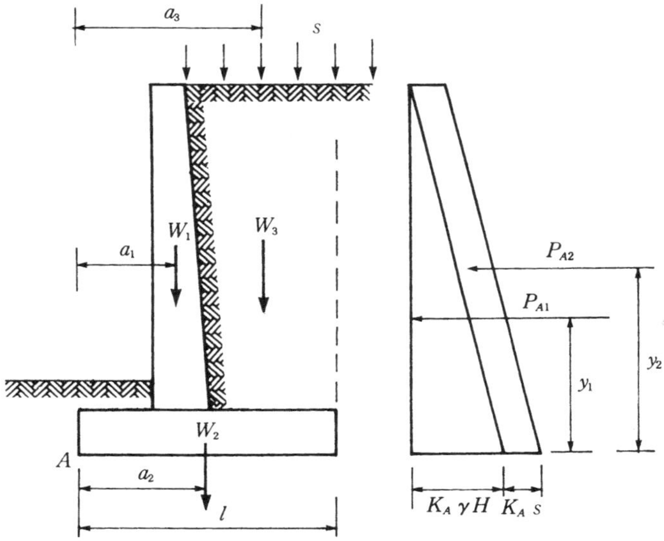

그림 11-6 옹벽의 전도모멘트와 안정모멘트

$$M_r \geq 2.0 M_o \tag{11.22}$$

으로 하도록 규정하고 있다.

전도모멘트와 함께 횡방향 토압에 의하여 옹벽에 생기는 또 하나의 바람직하지 않은 현상은 미끄러짐 변형이다. 미끄러짐 변형은 주동토압에 의하여 옹벽이 횡방향으로 밀리는 현상이다.

옹벽이 미끄러짐 변형을 방지하기 위하여서는 옹벽 기초판 콘크리트와 흙간의 마찰 저항을 크게 하고, 수동토압이 생기도록 옹벽을 흙 속에 묻히게 하는 것이 좋다. KDS 14 20 74 (4.1.1.2)에서는 옹벽의 무게와 그 위에 실리는 흙의 무게에 의한 수직합력 $W=\sum W_i$와 콘크리트–흙간의 마찰계수 μ에 의한 마찰력 $W\mu$와 수동토압 P_v의 합력이 P_a의 1.5 배보다 클 경우, 즉

$$(W\mu + P_v) \geq 1.5(P_{A1} + P_{A2}) \tag{11.23}$$

이면 옹벽은 미끄러짐 변형에 대하여 안정인 것으로 규정하고 있다.

중력식 옹벽에서는 기초판에 실리는 흙의 무게에 의한 마찰 저항을 기대할 수 없으므로 옹벽을 적당한 깊이로 파묻고 수동토압에 의한 저항이 생기도록

하는 것이 경제적이다. 그러나 교란되지 않은 흙만이 수동토압을 나타내기 때문에 지표면에서 300~500 mm 두께의 표토 부분의 흙은 수동토압의 계산에 포함시키지 않는 것이 좋다.

11-3-3 접지압에 대한 검토

옹벽의 설계에서는 옹벽 기초판에 작용하는 접지압이 허용지내력 이하가 되도록 한다.

수직하중과 휨모멘트가 작용하는 길이 l의 옹벽에서 단위폭에 대한 최대 접지압 q_1과 최소 접지압 q_2는

$$\left.\begin{matrix} q_1 \\ q_2 \end{matrix}\right\} = \frac{W}{A} \pm \frac{M}{I}\left(\frac{l}{2}\right) \tag{11.24}$$

으로 주어진다. 여기에서 A는 기초판의 면적, I는 단면 2차모멘트이며, W는 옹벽과 옹벽에 실린 흙 및 상재하중에 의한 수직방향력으로 $W = \sum W_i$이며, M은 옹벽 기초판의 중심에 대한 수직하중과 수평하중에 의한 휨모멘트로, 그림 11-6에서

$$\begin{aligned} M &= M_o - \sum W_i\left(a_i - \frac{l}{2}\right) \\ &= M_o - M_r + W\left(\frac{l}{2}\right) \end{aligned} \tag{11.25}$$

이 된다. 식 (11.24)로 계산되는 접지압 q_1은 허용지내력 q_a를 초과할 수 없으므로

$$q_1 = \frac{W}{l} + \frac{6M}{l^2} \le q_a \tag{11.26}$$

이 되도록 옹벽의 길이 l이 정해져야 한다. 접지압의 검토는 토압에 관한 것이므로 하중계수를 적용하지 않는다.

【예제 11-1】 지면에서 2.8 m 높이의 뚝을 1.2 m 묻힌 중력식 옹벽으로 설계하라. 설계조건은 다음과 같다.

(1) 흙의 중량 $\gamma = 1{,}600\ \mathrm{kg/m^3}$, 상재하중 $s = 10\ \mathrm{kN/m^2}$
(2) 흙의 내부 마찰각 $\phi = 30°$, 점착력 $c = 0$
(3) 허용지내력 $q_a = 250\ \mathrm{kN/m^2}$, 흙과 콘크리트의 마찰계수 $\mu = 0.6$

[풀 이] 주동토압계수 $K_A = \tan^2\left(45° - \dfrac{30°}{2}\right) = 0.333$

수동토압계수 $K_p = 1/K_A = 3.0$

주동토압의 합력 : 식 (11.15)로부터

$$P_{A1} = \frac{1}{2} \times 0.333 \times 16 \times (4.0)^2$$
$$= 42.6\ \mathrm{kN}$$
$$P_{A2} = 0.333 \times 10 \times 4.0 = 13.3\ \mathrm{kN}$$

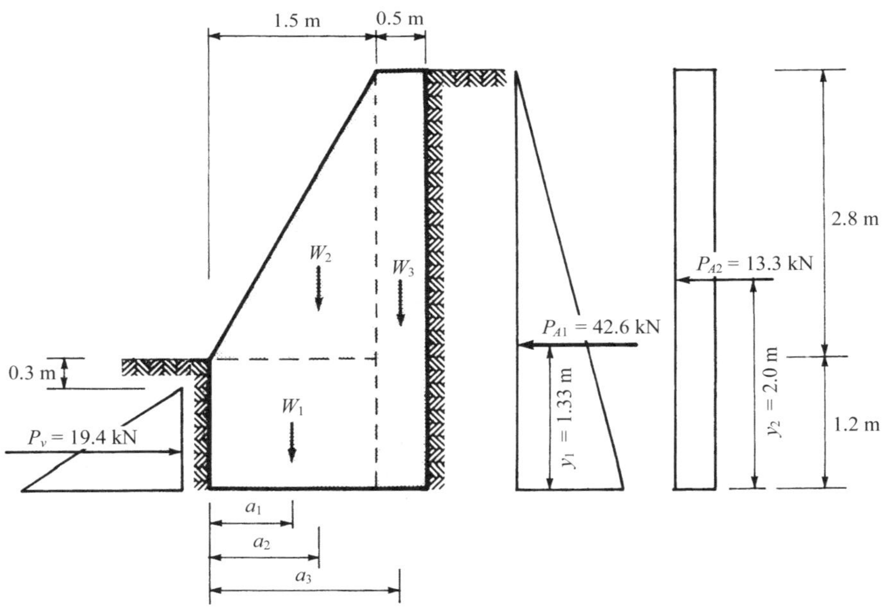

그림 11-7 예제 11-1의 중력식 옹벽

수동토압의 합력 : 묻힘 깊이 1.2 m에서 상부의 흙 0.3 m를 계산에서 제외하면

$$P_v = 3 \times \left(\frac{1}{2} \times 16 \times 0.9^2\right) = 19.4 \text{ kN}$$

옹벽을 그림 11-7과 같이 설계하면 옹벽 각 부위의 단위 폭 1 m당 무게 및 옹벽의 앞 끝에 대한 저항모멘트는 다음표와 같다.

부 위	W_i [kN]	a_i [m]	$M_r = W_i a_i$ [kN·m]
W_1 : $1.5 \times 1.2 \times 24 =$	43.2	0.75	32.4
W_2 : $1.5 \times 2.8/2 \times 24 =$	50.4	1.00	50.4
W_3 : $0.5 \times 4.0 \times 24 =$	48.0	1.75	84.0
Σ	141.6		166.8

전도모멘트 검토 : 식 (11.20) 및 (11.21)로부터

$$M_o = 42.6 \times 1.33 + 13.3 \times 2 = 83.3 \text{ kN·m}$$

$$M_r = 166.8 \text{ kN·m} > 2.0\,M_o = 166.6 \text{ kN·m}$$ 적합

미끄러짐 검토

$$W\mu + P_v = 141.6 \times 0.6 + 19.4$$
$$= 104.4 \text{ kN}$$
$$\geq 1.5 \times (42.6 + 13.3) = 83.9 \text{ kN}$$ 적합

지내력 검토 : 옹벽 밑면의 중심에 대하여 식 (11.25)로부터

$$M = M_o - M_r + W\left(\frac{l}{2}\right)$$
$$= 83.3 - 166.8 + 141.6 \times 1.0$$
$$= 58.1 \text{ kN·m}$$

1 m 폭에 대하여

$$\frac{W}{l} + \frac{6M}{l^2} = \frac{141.6}{2.0} + \frac{6 \times 58.1}{(2.0)^2}$$
$$= 158.0 \text{ kN/m}^2 < q_a = 250 \text{ kN/m}^2$$ 적합

【예제 11-2】 지면에서 4.0 m 높이의 뚝을 바닥이 지표면에서 1.2 m 묻힌 캔틸레버 옹벽으로 설계하라. 설계 조건은 예제 11-1과 같으며, $f_{ck} = 24$ MPa, $f_y = 400$ MPa 으로 한다.

[풀 이] 예제 11-1에서

주동토압계수 $K_A = 0.333$

수동토압계수 $K_P = 3.0$

수동토압의 합력 $P_v = 19.4$ kN

주동토압의 합력

$$P_{A1} = \frac{1}{2} K_A \gamma (H_0)^2 = \frac{1}{2} \times 0.333 \times 16 \times (5.2)^2 = 72.0 \text{ kN}$$

$$P_{A2} = K_A s\, H_o = 0.333 \times 10 \times 5.2 = 17.3 \text{ kN}$$

(1) 뒷굽판 길이의 결정

뒷굽판의 길이는 미끄러짐에 대한 안정 조건인 식 (11.23)으로부터 정해진다. 캔틸레버 벽체와 앞굽판을 그림 11-8과 같이 가정하면 단위폭 1 m에 대하여

$$W_1 = 0.5 \times 1.0 \times 24 = 12 \text{ kN}$$

$$W_2 = 4.7 \times (0.2 + 0.4)/2 \times 24 = 33.8 \text{ kN}$$

$$W_3 = 0.5 \times x \times 24 = 12x$$

$$W_4 = (16 \times 4.7 + 10) \times x = 85.2x \quad : \text{ 상재하중 포함}$$

$$W = 45.8 + 97.2x$$

식 (11.23)으로부터

$$(45.8 + 97.2x) \times 0.6 + 19.4 \geq 1.5 \times (72.0 + 17.3)$$

$x = 1.49$ m $\rightarrow$ 1.8 m로 한다.

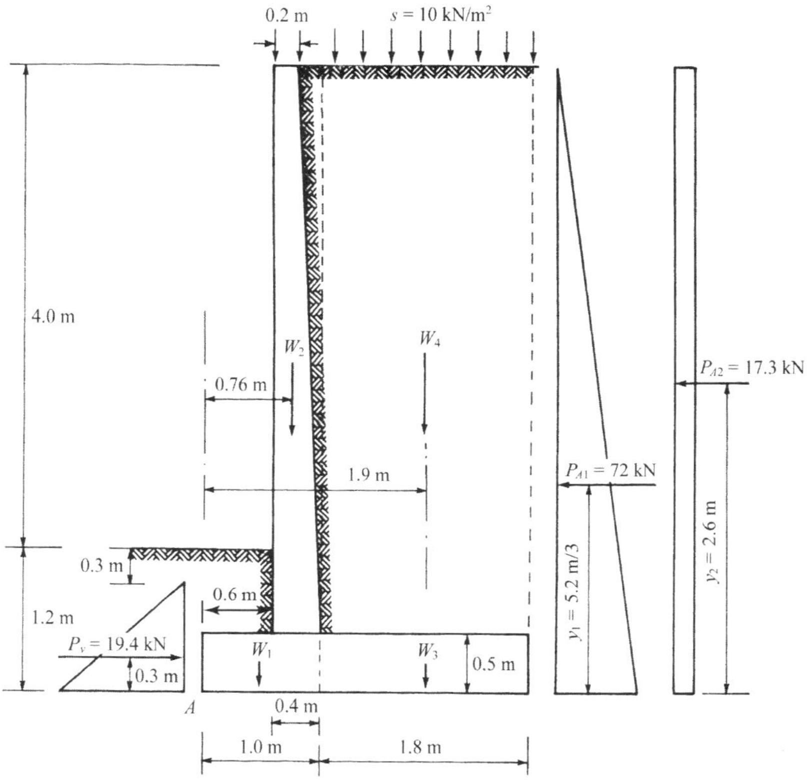

그림 11-8 예제 11-2의 캔틸레버 옹벽

(2) 앞굽판 길이의 결정

앞굽판의 길이는 앞에서 1.0 m로 가정되어 있으므로, 전도모멘트의 안정 조건인 식 (11.22)로부터 이의 적합 여부를 검토한다. 그림 11-8에서 앞 끝 A점에 대한 옹벽 각 부분의 저항모멘트는 다음과 같다.

부 위	W_i [kN]	a_i [m]	$M_r = W_i a_i$ [kN·m]
W_1 :	12.0	0.5	6.0
W_2 :	33.8	0.76	25.7
W_3 : 12 × 1.8 =	21.6	1.9	41.0
W_4 : 85.2 × 1.8 =	153.4	1.9	291.5
Σ	220.8		364.2

전도모멘트

$$M_o = 72 \times 5.2/3 + 17.3 \times 2.6 = 169.8\,\text{kN}\cdot\text{m}$$

$$M_r = 364.2\,\text{kN}\cdot\text{m} > 2.0M_o = 339.6\,\text{kN}\cdot\text{m}$$ 적합

따라서 앞굽판의 돌출 길이는 그림 11-8과 같이 0.6 m로 한다.

(3) 접지압 검토

옹벽 기초판의 길이는 2.8 m이므로, 식 (11.25)로부터

$$M = 169.8 - 364.2 + 220.8 \times 1.4 = 114.7\,\text{kN}\cdot\text{m}$$

최대 접지압은 식 (11.26)으로부터

$$q_1 = \frac{220.8}{1 \times 2.8} + \frac{6 \times 114.7}{1 \times (2.8)^2}$$

$$= 166.6\,\text{kN/m}^2 < q_a = 250\,\text{kN/m}^2$$ 적합

(4) 뒷굽판 설계

뒷굽판 두께를 500 mm로 가정하였으므로

$$d = 500\,\text{mm} - 80\,\text{mm}(\text{피복두께}) - 10\,\text{mm}(\text{철근중심})$$
$$= 410\,\text{mm}$$

하중 :

상재하중	$1.6 \times 10 = 16.0\,\text{kN/m}^2$
흙	$1.2 \times 16 \times 4.7 = 90.2\,\text{kN/m}^2$
기초판 자중	$1.2 \times 24 \times 0.5 = 14.4\,\text{kN/m}^2$
계수 하중	$w_u = 120.6\,\text{kN/m}$

전단 검토(1 m 폭) :

위험 단면은 벽면이므로 $l_u = 1.8\,\text{m}$

$$V_u = w_u l_u = 217.1\,\text{kN}$$

$$\phi V_c = \phi\left(\frac{1}{6}\right)\sqrt{f_{ck}}\,bd$$

$$= 0.75 \times \frac{1}{6} \times \sqrt{24} \times 1{,}000 \times 410 \times 10^{-3}$$

$= 251.1\,\text{kN} > V_u$ 적합

모멘트 및 철근량(1 m 폭) :
뒷굽판 모멘트 계산에서 유효길이는 뒷굽판 길이에 벽체 피복두께 및 철근 중심거리가 가산된 것으로 하여

$$M_u = 120.6 \times (1.8 + 0.09)^2/2 = 215.4\,\text{kN·m}$$

$jd = 0.9d$ 로 하여

$$A_s = \frac{M_u}{\phi f_y jd} = \frac{215.4 \times 10^6}{0.85 \times 400 \times 0.9 \times 410} = 1{,}717\ \text{mm}^2$$

$$A_{s,\min} = \frac{0.178 \times 1.0 \times \sqrt{24}}{0.85 \times 400} \times 1{,}000 \times 410 = 1{,}052\,\text{mm}^2 < A_s$$

따라서 철근량 $1{,}717\,\text{mm}^2$ 에 대하여 D19@150 ($A_s = 1{,}911\,\text{mm}^2$)으로 배근한다.
횡방향철근 : 건조수축 및 온도철근으로 하여

$$A_s = 0.0020 \times 1{,}000 \times 500 = 1{,}000\ \text{mm}^2$$

양면 배근으로 D13@250 ($A_s = 1{,}013\,\text{mm}^2$)으로 한다.

(5) 앞굽판 설계

앞굽판 설계에서는 접지압에 의한 전단력 또는 모멘트를 기초 자중이 감소시키므로 식 (11.19)에 따라 하중계수를 기초 자중에는 0.9, 접지압에는 1.6을 적용하며, 활하중은 고려하지 않는다.
전단력 검토 : 단위 폭당 접지압은 밑판 중심에 대하여

$$q = \frac{W}{l} + \frac{M}{I}x = \frac{220.8}{1 \times 2.8} \pm \frac{114.7}{1 \times (2.8)^3/12}x$$
$$= 78.9 \pm 62.7x\ \text{kN/m}^2$$

으로 주어지며, 단부, 벽면에서 $d = 0.41\,\text{m}$ 위치 및 벽면에서의 접지압은 그림 11-9와 같다. 벽면에서 d 위치의 계수 전단력은 식 (11.19)에 따라

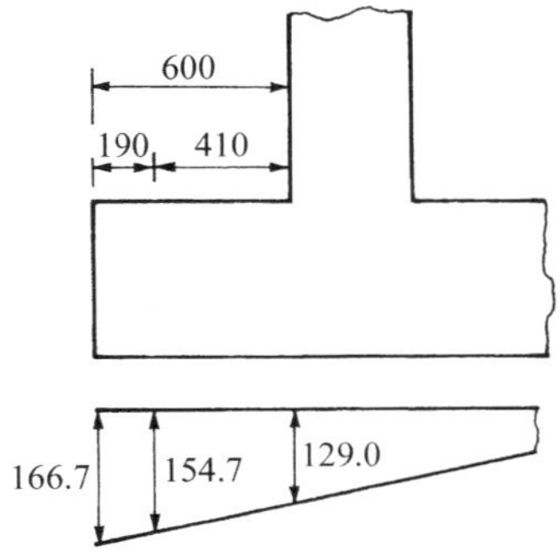

그림 11-9

$$V_u = 1.6\times(166.7+154.7)/2\times 0.19-0.9\times 24\times 0.5\times 0.19$$

$$= 44.4\,\text{kN}$$

$$\phi V_c = \phi\left(\frac{1}{6}\right)\sqrt{f_{ck}}\,bd$$

$$= 0.75\times\frac{1}{6}\times\sqrt{24}\times 1{,}000\times 410\times 10^{-3}$$

$$= 0.75\times\frac{1}{6}\times\sqrt{24}\times 1{,}000\times 410\times 10^{-3}$$

$$= 251.1\,\text{kN} > V_u$$ 적합

모멘트 및 철근량(1 m 폭)

앞굽판 모멘트의 위험단면은 벽면이므로 $l = 0.6\,\text{m}$ 로 하여

$$M_u = 1.6\times\{129.0\times(0.6)^2/2+(166.7-129.0)\times(0.6)^2/3\}$$

$$-0.9\times 24\times 0.5\times(0.6)^2/2 = 42.4\,\text{kN}\cdot\text{m}$$

$$A_s = \frac{42.4\times 10^6}{0.85\times 400\times 0.9\times 410} = 330\,\text{mm}^2$$

$A_s < A_{s,\min} = 1{,}052\,\text{mm}^2$이므로 철근량을 1/3 증가시켜 $440\,\text{mm}^2$으로 하고, D13@250 ($A_s = 506.8\,\text{mm}^2$)으로 한다. 횡방향철근도 뒷굽판과 같이 양면 배근 D13@250으로 한다.

(6) 벽체 설계

지표면으로부터 y 깊이인 지점에서 주동토압에 의한 벽체의 휨모멘트는

$$M_u = \left(\frac{1}{2}K_A\gamma y^2 \cdot \frac{y}{3} + K_A s\frac{y^2}{2}\right) \times 1.6$$

으로 주어지며, 벽체 두께는 밑변 400 mm에서 윗면 200 mm로 줄어들므로 $d = t - 90$ mm로 하여 $h = 4.7$ m, 3.3 m 및 2.5 m에서 계산된 모멘트 및 철근량은 다음 표와 같다.

y[m]	M_u[kN·m]	t[mm]	A_s[mm^2]	배 근
4.7	206.4	400	2,176	D19@100
3.3	80.1	340	1,047	D19@200
2.5	38.9	310	578	D19@400

수평철근 : 벽체의 최소 수평철근비를 사용하여 벽체의 평균 두께 300 mm에 대하여

$$A_{sh} = 0.002 \times 1{,}000 \times 300 = 600 \text{ mm}^2/1\text{ m 폭}$$

D13@400으로 양면 배근하면

$$A_s = 126.7 \times 2\text{면} \times 1{,}000/400$$
$$= 633.5 \text{ mm}^2$$ 적합

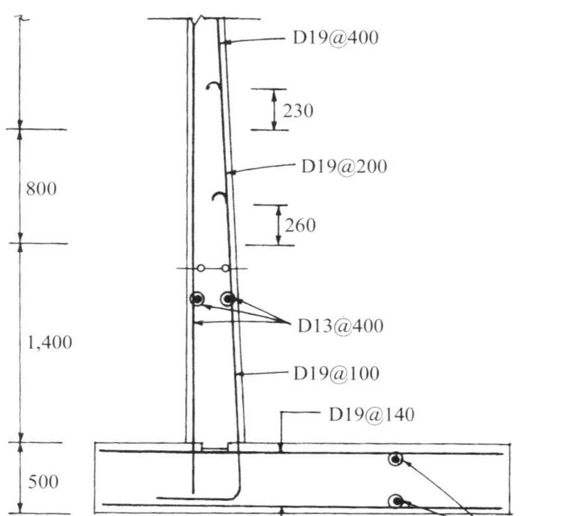

그림 11-10 예제 11-2 옹벽의 철근 보강

배근 간격 : 수직 수평철근의 배근 간격은 벽 두께의 3 배(200 mm × 3 = 600 mm) 또는 400 mm 이하이므로 위의 배근 간격은 적합하다.
절단 철근의 연장 : 지면으로부터 $y = 3.3$ m 및 2.5 m의 철근 절단위치에서 철근의 연장 길이는

$$12d_b = 12 \times 19.1 = 229.2 \text{ mm}$$

$$d = 340 - 90 = 250 \text{ mm} : y = 3.3 \text{ m}$$

$$d = 310 - 90 = 220 \text{ mm} : y = 2.5 \text{ m}$$

이므로, $y = 3.3$ m 위치에서는 절단철근의 연장길이를 250 mm, $y =$ 2.5 m 위치에서는 220 mm로 한다.

연습문제

11-1 예제 11-2의 캔틸레버 옹벽에서 흙의 내부 마찰각 ϕ의 값이 25°일 때 전도모멘트와 미끄러짐에 대한 안전성을 검토하라.

11-2 문제 11-1의 옹벽의 뒷굽판 길이를 정하고 접지압에 대하여 검토하라.

11-3 높이 3.0 m의 뚝을 밑면이 윗면의 2 배가 되는 사다리꼴 중력식 옹벽으로 설계하라. 설계조건은 예제 11-1의 조건과 같으며, 수동토압은 고려하지 않는다.

12 장

벽체 설계

12-1 개 요

철근콘크리트 건물의 벽체는 크게 칸막이벽과 외벽 등 구조 기능을 가지지 않는 벽과 내력벽 및 전단벽 등 구조 기능을 가진 벽으로 나눌 수 있다. 칸막이벽은 내화 성능을 가지면서 공간을 구획하는 벽으로 벽돌이나 콘크리트 블록이 많이 사용되고 프리캐스트 콘크리트판이 쓰이기도 한다. 칸막이벽은 자중을 지지하는 정도의 강도를 가지며 대부분 다른 골조에 의하여 지지된다.

외벽은 건물의 내외를 구획하는 벽으로, 칸막이벽과 같이 하중이 대부분 골조에 의하여 지지되기 때문에 장막벽으로 한다. 외벽은 자중을 지지하는 이외에 기둥과 보가 이루는 장방형의 면에서 풍압을 견딜 수 있는 강도를 가져야 한다.

내력벽은 자중과 더불어 연직 방향으로 전달되는 하중을 지지하는 구조 기능을 가진 벽으로, 보통 철근콘크리트로 설계된다. 아파트 등 용도가 고정된 주거용 건물이나 소형 상업용 건물에서는 내력벽 구조로 하면 경제적이고 공간의 효율을 높일 수 있다. 전단벽은 철근으로 보강되어 연직하중과 함께 바람, 지진 등에 의한 수평하중도 지지할 수 있게 설계된 콘크리트벽이다. 저층건물에서는 수평하중을 골조구조가 지지하도록 할 수 있으나 층수가 높아짐에 따라 바람, 지진 등 수평하중의 영향이 커지므로, 엘리베이터 샤프트나 외벽 또는 내벽의 일부를 전단벽으로 하면 높은 휨강성으로 수평하중을 저항하는 데 매우 경제적이고 효율적인 구조가 된다. 이 장에서는 구조 기능을 가진 내력벽과 전단벽에 대하여 설계상의 주의점을 고찰하고 구조기준을 적용하여 설계하는 방법을 다루게 된다.

12-2 내력벽 설계

내력벽은 구조 기능면에서 기둥과 같이 휨과 압축을 받는 구조 부재로, 설계 방법은 벽체를 띠기둥의 연속으로 생각하여 단위 폭에 대하여 기둥과 같이 휨과 축하중을 받는 부재로 설계하는 방법과 KDS 14 20 72 (4.3.2)의 실용설계법을 적용하는 방법 등 두 가지가 있다. 구조기준에서 정하는 설계의 기본 사항과 설계방법은 다음과 같다.

12-2-1 내력벽 설계의 기본 사항

KDS 14 20 72 (4.1), (4.2) 및 (4.3)에 규정된 내력벽 설계의 기본 사항들은 다음과 같이 요약된다.

【1】 집중하중에 대한 벽체의 유효 수평 길이

정밀한 구조해석을 하는 경우 이외에는 내력벽에 작용하는 집중하중에 대하여 벽체의 유효 수평 길이는 하중 사이의 중심거리나 또는 지압폭에 벽두께의 4배를 더한 값을 초과하지 않는 길이로 한다.

【2】 최소 수직철근비

벽체의 전 단면적에 대하여 최소 수직철근비는 설계기준 항복강도가 400 MPa 이상인 D16 이하의 이형철근이나 지름 16 mm 이하의 용접철망에 대해서는 0.0012, 그 외의 이형철근에 대해서는 0.0015로 한다.

【3】 최소 수평철근비

벽체의 전 단면적에 대하여 최소 수평철근비는 설계기준 항복강도가 400 MPa 이상인 D16 이하의 이형철근은 $0.0020 \times 400/f_y$로 한다. 다만 이 철근비의 계산에서 f_y는 500 MPa를 초과할 수 없다. 지름 16 mm 이하의 용접철망에 대해서는 0.0020, 그 외의 철근에 대해서는 0.0025로 한다.

【4】 철근 배근

수직 및 수평철근의 배근 간격은 벽두께의 3배 이하 또한 450 mm 이하로 하며, 두께 250 mm 이상의 벽체에서는 각 방향으로 벽면에 평행하게 양면으로 배근한다.

【5】 벽체의 최소 두께

벽체의 최소 두께는 실용설계법으로 설계하는 경우 내력벽의 수직 또는 수평 지점간의 거리 중 작은 값의 1/25 이상 또한 100 mm 이상으로 하며, 지하실 외벽이나 기초벽체 두께는 200 mm 이상으로 한다. 내력벽을 압축재 설계방법으로 설계하는 경우에는 벽체의 최소 두께 제한을 받지 않는다.

비내력벽에서는 최소 두께를 100 mm 이상 또한 이를 수평으로 지지하고 있는 부재 최소 거리의 1/30 이상으로 한다.

12-2-2 실용설계법에 의한 벽체 설계

벽체의 단면이 직사각형이고 설계하중의 합력이 벽두께의 중앙 1/3 이내의 위치에 작용할 때에는 KDS 14 20 72 (4.3.2)에 규정된 경험적인 방법에 의하여 벽체를 설계할 수 있다. 이 구조기준에 의하면 벽체의 설계 축하중은

$$\phi P_{nw} = 0.55 \phi f_{ck} A_g \left[1 - \left(\frac{k l_c}{32 h} \right)^2 \right] \tag{12.1}$$

으로 계산된다. 이 식에서 강도감소계수는 기둥에서와 같이 $\phi = 0.65$이며, 유효길이계수 k는 다음과 같다.

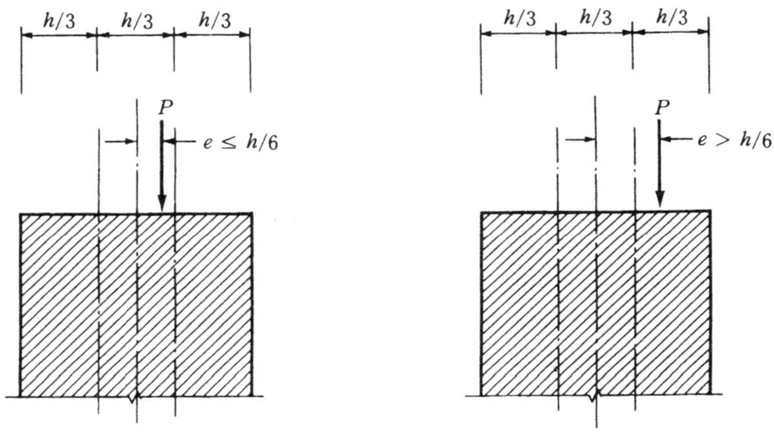

(a) 실용설계법이 적용되는 벽체 (b) 압축재 설계법이 적용되는 벽체

그림 12-1 벽체의 설계 범위

① 횡구속된 벽체에서 상하 양 단부 중 한 쪽이나 양 쪽의 회전이 구속되어 있을 때 $k = 0.8$

② 횡구속된 벽체의 상하 양 단부의 회전이 구속되어 있지 않을 때 $k = 1.0$

③ 횡구속되지 않은 벽체 $k = 2.0$

실용설계법은 그림 12-1 (a)와 같이 작용하는 모든 조합 하중의 합력이 벽두께의 중앙 1/3 이내에 위치할 경우, 즉 축하중이 벽 중심에서 $h/6$ 이내의 편심으로 작용하여 벽체의 어느 부분에도 인장응력이 생기지 않을 때 12-2-1 절의 최소 수직 및 수평철근비와 식 (12.1)에 따라 설계하는 방법이다. 식 (12.1)에서 계수 0.55는 압축재의 설계 축하중 계산에서 식 (9.4)의 띠기둥의 계수 0.8에 편심 $h/6$을 고려한 계수이며, 식 (12.1)의 괄호 안의 내용은 벽체의 세장효과를 나타낸 것으로, 한계세장비 이내에서 불완전 압축재의 비선형 거동을 근사적으로 수식화한 것이다.

12-2-3 압축재 설계법에 의한 벽체 설계

실용설계법의 식 (12.1)은 벽체 단면이 직사각형이고, 축하중 편심이 $h/6$ 이내인 경우에만 적용할 수 있다. 따라서 직사각형이 아닌 단면, 예를 들어 리브가 달린 벽체이거나 또는 모멘트의 영향이 커서 계산된 축하중의 편심이 그림 12-1 (b)와 같이 $h/6$를 넘는 경우에는 실용설계법으로 설계할 수 없고, 압축재로 설계하여야 한다. 압축재로 설계하는 경우 12-2-1 절의 최소 철근량 규정은 그대로 적용되며, 그 외에는 세장비 효과를 포함하여 모든 설계방법이 9 장의 내용에 따라야 한다. 압축재로 설계되는 벽체의 횡보강철근에 대해서는 KDS 14 20 72 (4.2(6))의 규정에 의하여 수직철근비가 0.01 이하이거나 수직철근이 압축철근으로 산정된 것이 아닌 경우에는 횡방향 띠철근을 배근하지 않아도 된다. 일반적으로 벽체에서 수평철근을 기둥의 띠철근과 같이 배근하기는 어려우므로, 두꺼운 벽체를 제외하고는 수직철근비를 0.01 이하로 하거나 수직철근의 압축력 지지 성능을 고려하지 않고 벽체를 설계하여 횡방향철근을 최소 수평철근비로 배근하는 것이 실용적이다.

【예제 12-1】 그림 12-2와 같이 3.0 m 간격으로 폭 200 mm의 철근콘크리트 보를 지지하는 높이 3.6 m의 내력벽을 설계하라. 보에서 전달되는 하중은 P_D= 180 kN, P_L= 120 kN 이며, 벽체는 횡구속되어 있고, f_{ck}= 27 MPa, f_y= 400 MPa이다.

[풀 이] 최소 벽두께 $h_{\min} = \dfrac{3{,}600}{25} = 144\ \text{mm}$

h = 150 mm로 한다.

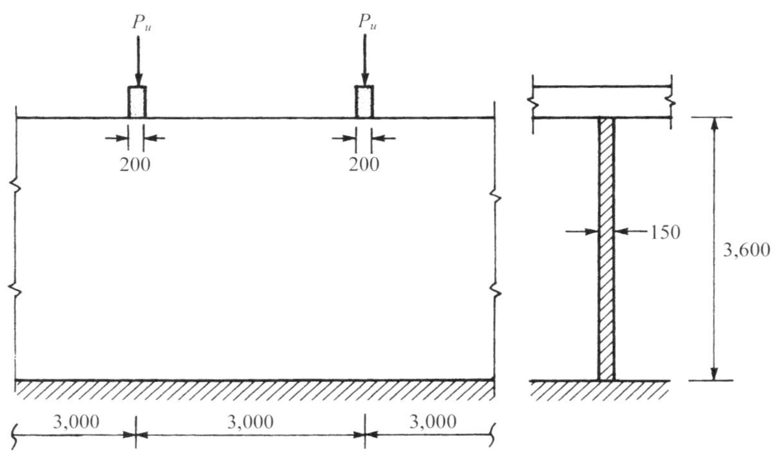

그림 12-2 예제 12-1의 벽체

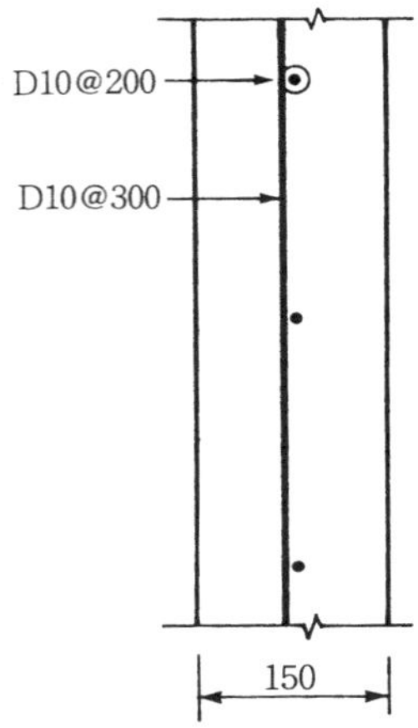

계수축하중 : $P_u = 1.2 \times 180 + 1.6 \times 120 = 408\ \text{kN}$

지압검토 : 벽체 상부에서 보의 지압 면적은
$A_1 = 200 \times 150\ \text{mm}^2$이므로

$$\begin{aligned} \text{지압력} &= \phi(0.85 f_{ck} A_1) \\ &= 0.65 \times 0.85 \times 27 \times 200 \times 150 \times 10^{-3} \\ &= 448\ \text{kN} > P_u = 408\ \text{kN} \quad \text{적합} \end{aligned}$$

벽체의 유효 수평길이 :

$$b_e = b + 4h = 200 + 4 \times 150 = 800\ \text{mm}$$

$$b_e = 3{,}000\ \text{mm}(\text{하중 사이의 중심거리}) > 800\ \text{mm}$$

따라서 $b_e = 800\ \text{mm}$로 한다.

벽체의 설계 축하중 : 횡구속되어 있으므로 $k = 1.0$으로 하여 식 (12.1)을 적용하면

$$\begin{aligned} \phi P_{nw} &= 0.55 \phi f_{ck} A_g [1 - (kl_c/32h)^2] \\ &= 0.55 \times 0.65 \times 27 \times (800 \times 150) \times \left[1 - \left(\frac{1 \times 3{,}600}{32 \times 150}\right)^2\right] \times 10^{-3} \\ &= 506.8\ \text{kN} > P_u = 408\ \text{kN} \quad \text{적합} \end{aligned}$$

배근 설계 : 최소 철근비를 적용하여

수직철근 $A_{sv} = 0.0012 \times 1{,}000 \times 150 = 180\,\text{mm}^2/\text{m}$

D10@300 ($A_s = 238\,\text{mm}^2/\text{m}$)으로 한다.

수평철근 $A_{sh} = 0.002 \times 400/400 \times 1{,}000 \times 150 = 300\,\text{mm}^2/\text{m}$

D10@200 ($A_s = 356.5\,\text{mm}^2/\text{m}$)으로 한다.

최대 철근 간격

$s_{\max} = 3h = 450\,\text{mm}$ 또는 $450\,\text{mm} > 300\,\text{mm}$

철근 간격은 적합하다.

12-3 전단벽 설계

12-3-1 설계에서 고려할 점들

전단벽은 지상에 고정되어 있는 캔틸레버와 같은 거동을 하며, 풍하중이나 지진하중 등 수평하중에 의한 전단력과 휨모멘트 및 중력하중에 의한 축압력을 기초에 전달하는 역할을 한다.

전단벽의 위치는 그림 12-3 (a)와 같이 건물의 외벽으로 하거나, 또는 그림 12-3 (b)에 보이는 바와 같이 엘리베이터 샤프트나 계단실 벽체로 하여 건물의 다른 기능을 방해하지 않으면서 구조 효율을 높일 수 있게 설계한다. 골조를 구성하는 기둥의 횡방향 강성은 전단벽에 비하여 매우 작기 때문에 횡하중에 대하여 그림 12-4와 같이 수평처짐 변형을 하나, 슬래브는 깊은 보와 같이 수평처짐에 대하여 큰 강성으로 수평전단력을 전단벽체에 전달하여 기둥과 전단벽체의 강성에 따라 수평전단력을 분배하는 역할을 한다.

따라서 전단벽이 건물의 어느 부분에 위치하더라도 슬래브에 의하여 연결되어 있으면 전단력을 전달할 수 있으나, 전단벽과 골조의 배치가 대칭으로 되어 있지 않으면 그림 12-5와 같이 건물의 중심과 전단중심이 일치하지 않아 비틀림 변형이 생긴다. 따라서 전단력의 배치에서는 비틀림의 영향을 최소한으로 할 수 있도록 하여야 한다.

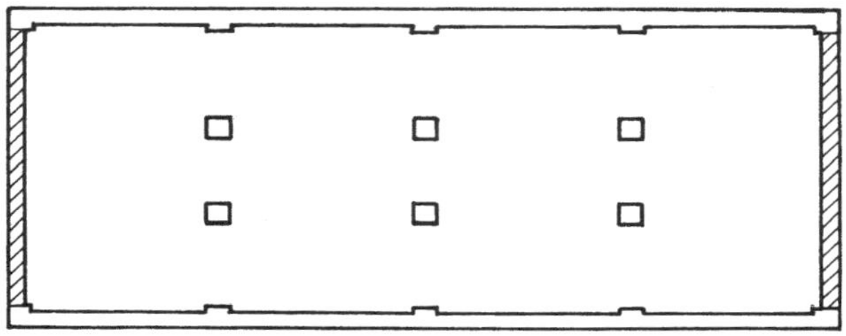

(a) 외벽 전단벽

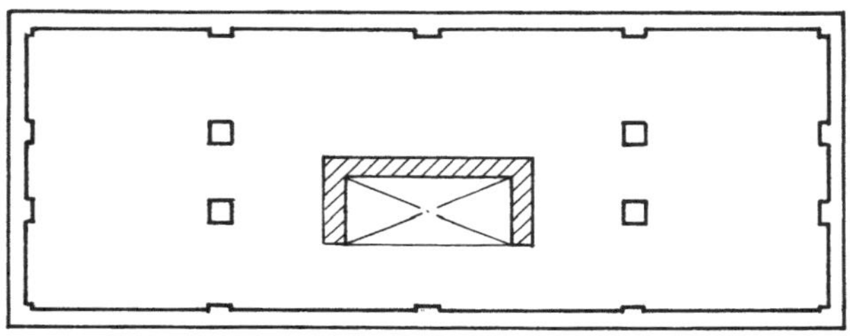

(b) 엘리베이터 샤프트 전단벽

그림 12-3 전단벽의 배치

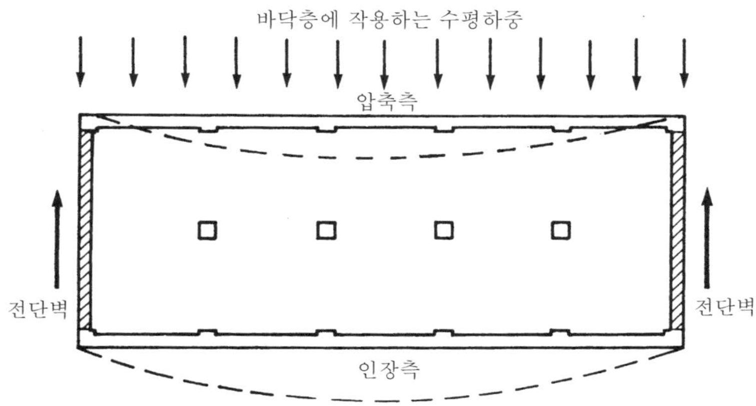

그림 12-4 바닥을 통한 수평력의 전단벽 전달

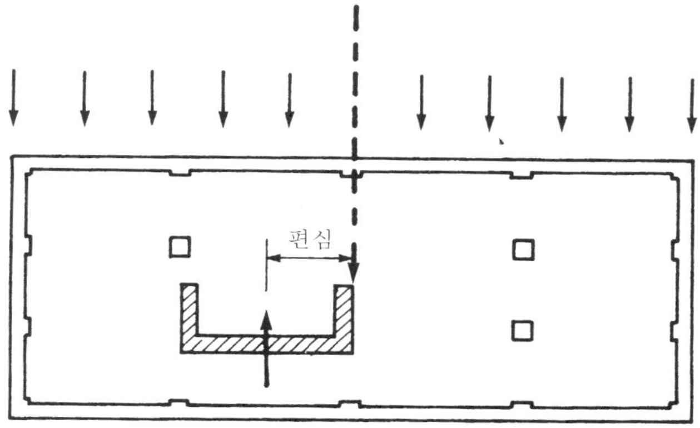

그림 12-5 전단벽의 편심 배치에 의한 비틀림

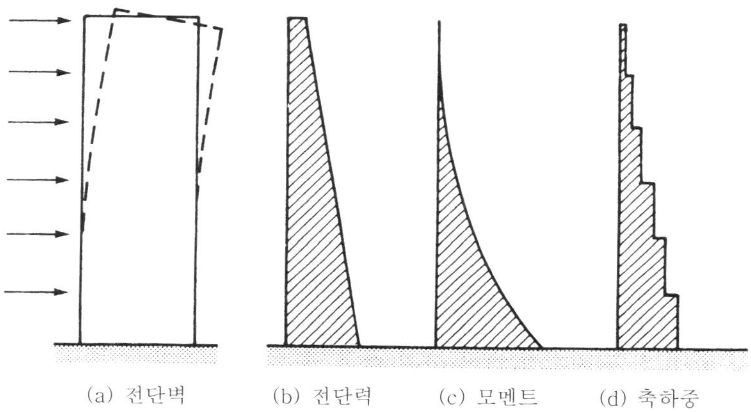

그림 12-6 전단벽에 작용하는 힘들

전단벽이 지지하는 수평전단력과 휨모멘트 및 축압력은 그림 12-6에 표시된 것과 같이 아래층으로 내려올수록 증가하여 지층에서 최대가 된다. 건물의 길이에 비하여 높이가 비교적 낮은 건물에서는 전단력의 영향이 커지고 건물의 높이가 높아지면 휨모멘트의 영향이 커진다. 전단벽의 설계에서는 전단응력과 휨응력이 보의 설계에서와 비슷하게 검토된다.

12-3-2 벽체의 전단설계

전단벽의 전단설계에서는 보에서와 같이 벽체의 설계강도가 극한 전단력보다 커야 하므로

$$V_u \leq \phi V_n \tag{12.2}$$

이 식에서 벽체의 공칭 전단강도 V_n은 콘크리트의 전단강도 V_c와 철근의 전단강도 V_s의 합으로

$$V_n = V_c + V_s \tag{12.3}$$

이며, KDS 14 20 22 (4.9.2)에서는 벽체의 공칭 전단강도의 상한선을

$$V_n \leq \frac{5}{6}\lambda\sqrt{f_{ck}}\,hd \tag{12.4}$$

으로 하고 있다. 이 식에서 h는 전단벽의 두께이고, d는 전단벽의 유효깊이로 전단벽의 수평 길이 l_w의 0.8 배로 한다.

콘크리트의 전단강도 V_c는 벽체에 압축력이 작용할 때에는

$$V_c = \frac{1}{6}\lambda\sqrt{f_{ck}}\,hd \tag{12.5}$$

이하로 하고, 인장력 N_u가 작용할 때에는

$$V_c = \frac{1}{6}\left(1 + \frac{N_u}{3.5A_g}\right)\lambda\sqrt{f_{ck}}\,hd \tag{12.6}$$

에 의한 값 이하로 한다. 여기서 N_u는 계수를 적용한 축하중으로 인장력의 경우는 (−)로 하고, A_g는 벽체 수평 단면적이며, N_u/A_g의 단위는 MPa이다. 식 (12.5) 또는 (12.6)에 의한 V_c 대신에 다음의 두 식에 의한 값 중 작은 값을 V_c로 할 수 있다.

$$V_c = 0.28\lambda\sqrt{f_{ck}}\,hd + \frac{N_u d}{4l_w} \tag{12.7}$$

또는

$$V_c = \left[0.05\lambda\sqrt{f_{ck}} + \frac{l_w(0.1\lambda\sqrt{f_{ck}} + 0.2N_u/l_w h)}{M_u/V_u - l_w/2}\right]hd \qquad (12.8)$$

여기에서 N_u가 인장력이면 (−)로 하고, $(M_u/V_u - l_w/2)$가 (−)이면 식 (12.8)은 적용되지 않는다. 식 (12.7)은 전단벽 단면의 도심에서 전단력과 축하중에 의한 주인장응력이 약 $(1/3)\lambda\sqrt{f_{ck}}$ MPa가 되었을 때 복부의 전단균열이 발생함을 예측하는 식이고, 식 (12.8)은 벽체 밑면으로부터 $l_w/2$ 위치의 단면에서 휨인장응력이 $(1/3)\lambda\sqrt{f_{ck}}$ MPa에 달했을 때 휨-전단균열이 발생함을 예측하는 식이다.

벽체의 전단 검토에서 위험 단면은 벽체 밑면에서 $l_w/2$ 또는 $h_w/2$ 중 더 가까이 있는 단면으로 한다. 여기에서 h_w는 전단벽체의 높이이다. 계수전단력 V_u의 값이 전단강도 ϕV_c를 초과하면 수평전단보강근이 배근되어야 한다. 수평전단보강근의 공칭 전단강도는 보의 경우와 같이

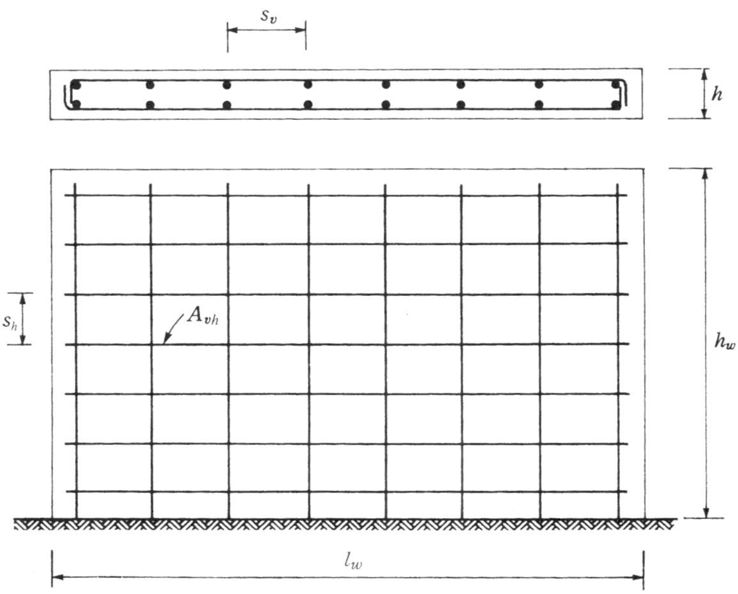

그림 12-7 전단벽의 철근 보강

$$V_s = \frac{A_{vh} f_y d}{s_h} \tag{12.9}$$

으로 계산된다. 여기에서 A_{vh}는 그림 12-7에 표시된 바와 같이 간격 s_h 내의 수평전단보강철근의 단면적이고, s_h는 수평전단보강근의 수직 간격이며, f_y는 철근의 항복강도이다.

식 (12.9)와 (12.3)으로부터 간격 s_h 내에 수평전단보강근의 단면적은

$$A_{vh} = \frac{(V_u - \phi V_c)s_h}{\phi f_y d} \tag{12.10}$$

이 된다.

계수 전단력 V_u가 $\phi V_c/2$ 미만일 때에는 벽체의 철근 보강을 12-2-1 절의 내력벽 최소 철근비에 따라 할 수 있으나, V_u가 $\phi V_c/2$ 이상일 때에는 다음의 철근비 및 철근 간격에 맞게 하여야 한다.

① 수평 전단보강근의 전체 수직 단면적에 대한 철근비 :

$$\rho_h \geq 0.0025 \qquad (f_y \leq 400\text{ MPa인 경우}) \tag{12.11a}$$

$$\rho_h \geq 0.0025 \times 400/f_y \qquad (f_y > 400\text{ MPa인 경우}) \tag{12.11b}$$

단, 철근비의 계산에서 f_y는 500 MPa를 초과할 수 없다.

② 수평 전단보강근의 간격 :

$$s_h \leq (l_w/5,\ 3h,\ 450\text{ mm})\text{ 중 최솟값} \tag{12.12}$$

③ 수직 전단보강근의 전체 수평 단면적에 대한 철근비 :

$$\rho_l \geq \rho_{\min} + 0.5\left(2.5 - \frac{h_w}{l_w}\right)(\rho_h - \rho_{\min}) \tag{12.13}$$

$$\rho_l \geq \rho_{\min}$$

여기서, $\rho_{\min}$은 전단철근의 설계기준 항복강도가 400 MPa 이하인 경우

0.0025, 400 MPa 초과인 경우 $0.0025 \times 400/f_y$로 한다. 다만, 이 철근비의 계산에서 f_y는 500 MPa를 초과할 수 없다.

④ 수직 전단보강근의 간격 :

$$s_v \leq (l_w/3,\ 3h,\ 450\,\text{mm}) \text{ 중 최솟값} \tag{12.14}$$

그러나 수평 전단보강철근비보다 크게 할 필요는 없다.

12-3-3 벽체의 휨 설계

전단벽의 수직방향 응력은 휨모멘트와 축압력에 의하여 생기며, 모멘트와 축방향 압축력의 크기는 기초에 면한 전단벽에서 최대가 된다. 휨과 축압력이 조합된 상태에서 부재의 내력은 기둥의 경우와 같이 $P-M$ 상관곡선에 의하여 검토할 수 있으나, 중층이나 저층구조에서는 축압력의 영향이 작아 균형하중 상태 이하로 되는 경우가 많다. 고층건물의 전단벽 설계에서도 실험 연구 결과에 의하면 식 (12.13)의 최소 수직전단보강철근비에 의한 철근량은 벽체의 휨강도를 발휘하는 데 적절한 것으로 나타나고 있다.

축력과 함께 면내 휨을 받는 전단벽의 압축 단부에서 중립축까지의 거리 c는 전단벽의 크기, 철근량, 철근과 콘크리트의 강도, 축력의 크기 등에 따라 달라진다. 그림 12-8 (a)와 같이 수직철근이 일정하게 배근된 전단벽에 수직 방향 축력 N_u가 면내 휨모멘트에 의하여 벽체 중심에서 편심 e의 위치에 작용하는 경우, 변형률은 4-2-1 절의 휨해석을 위한 「평면유지의 가정」을 적용하여 그림 12-8 (b)와 같이 선형변형하는 것으로 볼 수 있다. 콘크리트의 응력은 보 또는 기둥의 해석에서와 같이 직사각형 등가응력블록 개념을 적용하면 그림 12-8 (c)와 같이 $\beta_1 c$ 길이에 걸쳐 $\eta 0.85 f_{ck}$의 크기로 분포되고, 이에 의한 콘크리트의 내력은

$$C_c = \eta\, 0.85 f_{ck}\, \beta_1 c h \tag{12.15a}$$

으로 주어진다. 여기서 직사각형 등가응력블록의 변수 η는 표 4-3의 값을 사용할 수 있다. 변형률이 철근의 항복변형률 ε_y 보다 클 때에는 그림 9-8에 나타낸 바와 같이 철근이 항복하기 때문에, 철근의 응력은 그림 12-8 (c)의 하단에

보이는 바와 같이 사다리꼴이 되며, $\varepsilon_y/\varepsilon_u$의 비를 β로 나타내면, 압축철근과 인장철근의 내력은 각각

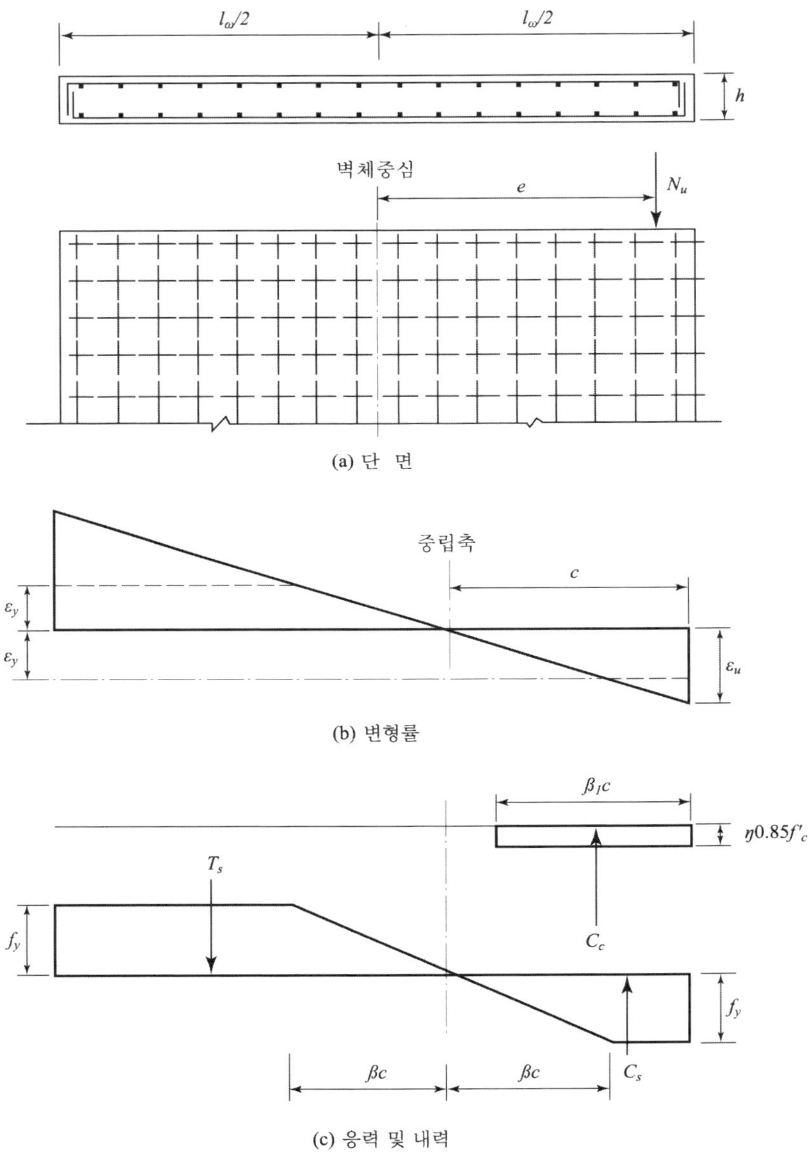

그림 12-8 면내 휨을 받는 전단벽

$$C_s = \rho_n h\left(c - \frac{\beta c}{2}\right) f_y \tag{12.15b}$$

$$T_s = \rho_n h\left(l_w - c - \frac{\beta c}{2}\right) f_y \tag{12.15c}$$

으로 계산된다. 이 방법 외에도 4-3-2 절의 포물선-직선 등가응력모델을 사용하여 산정할 수 있다. 포물선-직선 등가응력모델을 사용하는 경우, 콘크리트의 내력은

$$C_c = \alpha(0.85 f_{ck})\, ch \tag{12.15d}$$

으로 계산되며, 여기서 α는 표 4-2의 값을 사용할 수 있다.

직사각형 등가응력블록을 사용하는 경우, 수직 방향에 대한 힘의 평형조건은

$$C_c + C_s - T_s - N_u = 0 \tag{12.16}$$

으로 나타낼 수 있으며, 이 식에 식 (12.15)를 대입하면, 벽체의 압축 단부에서 중립축까지의 거리 c와 벽체의 길이 l_w의 비는

$$\frac{c}{l_w} = \frac{A_s f_y + N_u}{2A_s f_y + \eta 0.85 \beta_1 l_w h f_{ck}} \tag{12.17a}$$

으로 유도된다. 또한, 포물선-직선 등가응력모델을 사용하는 경우,

$$\frac{c}{l_w} = \frac{A_s f_y + N_u}{2A_s f_y + \alpha 0.85 l_w h f_{ck}} \tag{12.17b}$$

으로 유도되며, 이 식에서 축하중 N_u는 압축에 대하여 양의 값을 가진다.

직사각형 등가응력블록을 사용하는 경우, 축하중 N_u와 식 (12.15)의 내력 C_c, C_s 및 T_s의 중립축에 대한 모멘트는, 시계 반대 방향을 (+)방향으로 했을 때, 다음과 같이 주어진다.

$$M_1 = N_u\left\{\left(\frac{l_w}{2} - e\right) - c\right\} \tag{12.18a}$$

$$M_2 = \eta\, 0.85 f_{ck}\, \beta_1 ch\left(c - \frac{\beta_1 c}{2}\right) \tag{12.18b}$$

$$M_3 = \left\{\frac{(\beta c)^2}{3} + (c - \beta c)\left(\frac{c + \beta c}{2}\right)\right\}\rho_n h f_y \tag{12.18c}$$

$$M_4 = \left\{\frac{(\beta c)^2}{3} + (l_w - c - \beta c)\left(\frac{l_w - c + \beta c}{2}\right)\right\}\rho_n h f_y \tag{12.18d}$$

여기서, 포물선–직선 등가응력모델을 사용하는 경우 식 (12.18b)는

$$M_2 = 0.85 f_{ck}\, \alpha ch\left(c - \frac{\beta_1 c}{2}\right) \tag{12.18e}$$

로 사용할 수 있다. 모멘트의 평형조건은

$$M_1 + M_2 + M_3 + M_4 = 0 \tag{12.19}$$

이므로, 식 (12.15)와 (12.18)을 이 식에 적용하면 공칭모멘트를 아래와 같이 산정할 수 있다. 여기서, 직사각형 등가응력블록의 변수 η는 1.0으로 간주하였다.

$$M_n = A_s f_y l_w\left\{\frac{1}{2}\left(1 + \frac{N_u}{A_s f_y}\right)\left(1 - \frac{\beta_1 c}{l_w}\right) - \frac{c^2}{l_w^2}\left(1 + \frac{1}{3}\beta^2 - \beta_1\right)\right\} \tag{12.20}$$

이 된다. 이 식에서 M_n은 축하중 N_u의 편심 효과로, $M_n = N_u e$이다.

편심이 큰 경우에는 중립축의 길이가 짧아지므로 $(c/l_w)^2$을 영으로 하고 $\beta_1 = 1$로 하여, 식 (12. 20)으로부터 설계모멘트는 다음과 같이 유도된다.

$$\phi M_n = \phi[0.5(A_s f_y + N_u)(l_w - c)] \tag{12.21}$$

식 (12.21)로 계산된 ϕM_n이 소요모멘트 M_u 보다 작을 때에는 추가로 철근을 배근하여 전단벽의 모멘트에 대한 설계강도가 M_u 이상이 되도록 하여야 한다. 이때 추가로 배근되는 철근은 전단벽의 양단부에 가까운 위치에 대칭으로 배근하며, 양 단부에 추가로 배근되는 철근들 중심간의 거리를 z라 하면, 추가 철근량은

$$A_s^* = \frac{M_u - \phi M_n}{\phi f_y z} \tag{12.22}$$

으로 주어진다. 이 식에서 ϕM_n은 식 (12.21)에 의한 값이다.

【예제 12-2】 고층건물의 아래층 전단벽이 그림 12-9와 같은 계수 전단력과 축하중 및 모멘트를 받을 때 철근 보강 설계를 하라. 벽체의 길이는 4.8 m 높이는 3.6 m, 두께는 250 mm이며, SD 400 철근과 f_{ck} = 27 MPa 콘크리트를 사용한다.

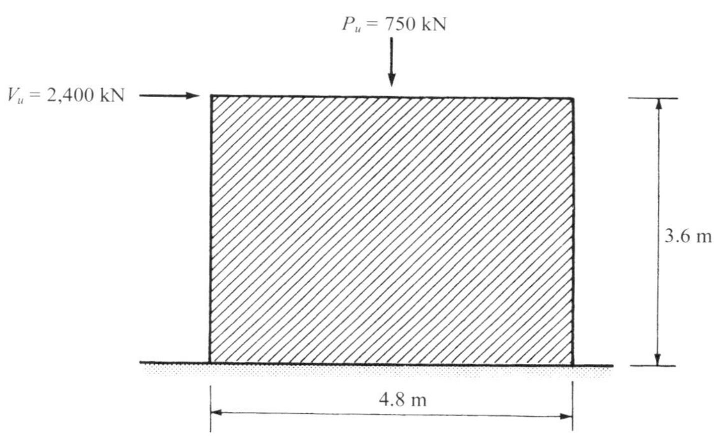

그림 12-9 예제 12-2의 전단벽

[풀 이] 단면의 최대 전단강도 검토 : 식 (12.4)에서 $d = 0.8 l_w$로 하여

$$\phi V_n = 0.75 \times \frac{5}{6}\sqrt{27} \times 250 \times (0.8 \times 4{,}800) \times 10^{-3}$$
$$= 3{,}118 \text{ kN}$$

전단 위험단면은 벽체 밑면에서 $l_w/2$와 $h_w/2$ 중 더 가까이 있는 단면이며, 이 면에서

$$V_u = 2{,}400 \text{ kN} < \phi V_n = 3{,}118 \text{ kN}$$ 적합

콘크리트의 전단강도 : 식 (12.5)로부터

$$\phi V_c = 0.75 \times \frac{1}{6}\sqrt{27} \times 250 \times (0.8 \times 4{,}800) \times 10^{-3}$$
$$= 623.5 \text{ kN} < V_u$$: 전단보강이 필요하다.

전단보강근 설계 : 수평 전단보강근은 식 (12.10)으로부터

$$\frac{A_{vh}}{s_h} = \frac{(V_u - \phi V_c)}{\phi f_y d}$$
$$= \frac{(2{,}400 - 623.5) \times 1{,}000}{0.75 \times 400 \times (0.8 \times 4{,}800)} = 1.54$$

D16 철근을 양면으로 배근하면

$$s_h = \frac{2 \times 198.6}{1.54} = 258 \text{ mm} \rightarrow 250 \text{ mm}$$로 한다.

철근 간격 : 식 (12.12)로부터

$$s_h = 250 \text{ mm} < 450 \text{ mm}$$ 적합

철근비 : 단위 폭 1 m에 대하여

$$\rho_h = \frac{2 \times 198.6 \times 1{,}000/250}{1{,}000 \times 250}$$
$$= 0.0064 > \rho_{h,\min} = 0.0025$$ 적합

수직 전단보강근 : 식 (12.13)으로부터

$$\rho_n > 0.0025 + 0.5\left(2.5 - \frac{h_w}{l_w}\right)(\rho_h - 0.0025)$$

$$= 0.0025 + 0.5\left(2.5 - \frac{3.6}{4.8}\right)(0.0064 - 0.0025) = 0.0059$$

$$A_{sv} = 0.0059 \times 4{,}800 \times 250 = 7{,}080\ \text{mm}^2$$

양면 배근으로 D16@250 ($A_s = 7{,}626\ \text{mm}^2$)으로 한다.

휨모멘트 검토 : 식 (12.17a)로부터

$$c = \frac{A_s f_y + N_u}{2A_s f_y + \eta 0.85 \beta_1 l_w h f_{cl_w k}}$$

$$= \frac{7{,}626 \times 400 + 750 \times 10^3}{2 \times 7{,}626 \times 400 + 1.00 \times 0.80 \times 4{,}800 \times 250 \times 27} \times 4{,}800$$

$$= 570\ \text{mm}$$

식 (12.17b)로부터

$$c = \frac{A_s f_y + N_u}{2A_s f_y + \alpha 0.85 l_w h f_{cl_w k}}$$

$$= \frac{7{,}626 \times 400 + 750 \times 10^3}{2 \times 7{,}626 \times 400 + 0.80 \times 4{,}800 \times 250 \times 27} \times 4{,}800$$

$$= 570\ \text{mm}$$

식 (12.21)로부터

$$\phi M_n = 0.85 \times 0.5 \times (7{,}626 \times 400 \times 10^{-3} + 750)(4{,}800 - 570) \times 10^{-3}$$

$$= 6{,}832\ \text{kN·m}$$

$$M_u = 2{,}400 \times 3.6 = 8{,}640\ \text{kN·m} > \phi M_n$$

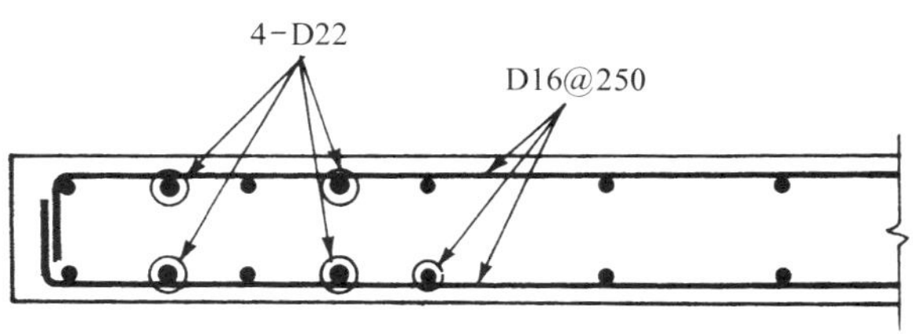

그림 12-10 예제 12-2 전단벽의 철근 배근

따라서 $\phi M_n < M_u$ 이므로 추가 철근 보강을 하여야 한다. 양 단부 추가 철근의 중심 사이의 거리를 4.3 m로 하면, 식 (12.22)로부터 추가 철근량은

$$A_s^* = \frac{(8{,}640 - 6{,}832) \times 10^3}{0.85 \times 400 \times (4.3)} = 1{,}237\ \text{mm}^2$$

4-D22 ($A_s = 1{,}548.4\,\text{mm}^2$)을 그림 12-10과 같이 전단벽의 양단에 대칭하게 배근한다.

연습문제

12-1 두께 180 mm, 지점간 높이 3.2 m의 벽체에 $P_u = 1{,}200$ kN/m, $M_u = 30$ kN·m/m가 작용할 때 이 벽체의 하중지지 성능을 검토하고 철근보강 설계를 하라. $f_{ck} = 27$ MPa, $f_y = 400$ MPa이며, 유효길이계수 k는 1.0으로 한다.

12-2 문제 12-1의 벽체에 $M_u = 30$ kN·m/m 대신 $M_u = 60$ kN·m/m가 작용할 때 이 벽체를 압축재 설계법으로 설계하여라. 계수 활하중은 전 계수 하중의 1/2로 한다.

12-3 건물의 아래층 전단벽의 길이는 5.0 m, 높이 3.5 m, 두께 200 mm이고 상부에 $V_u = 1{,}500$ kN, $M_u = 8{,}000$ kN·m, $P_u = 4{,}000$ kN이 작용할 때 각 위험단면에서의 설계강도를 검토하고 철근보강 설계를 하라. $f_{ck} = 24$ MPa, $f_y = 400$ MPa로 한다.

13 장

프리스트레스트 콘크리트

13-1 개 요

콘크리트는 압축강도는 높지만 인장강도가 낮기 때문에 철근콘크리트 부재에서는 초기하중 재하단계 또는 사용하중 단계에서 휨균열이 발생되는 경우가 많다. 콘크리트 부재에서 균열은 처짐 및 진동과 함께 사용하중설계에서 매우 중요한 검토항목이다. 또한, 균열은 콘크리트 탄산화를 촉진시킬 수 있을 뿐만 아니라 수분 및 염분 침투로 인한 철근부식을 야기할 수 있으므로 구조물의 내구성 및 구조성능에도 영향을 미칠 수 있다.

그림 13-1에 나타낸 것과 같이 콘크리트 휨부재의 길이방향으로 압축력을 도입하면 휨모멘트에 의한 부재 단면의 인장응력을 감소시켜 부재에 발생되는 균열을 억제하거나 최소화할 수 있으며, 단면의 휨, 전단 및 비틀림 성능을 향상시킬 수 있다. 또한, 부재의 인장응력을 적정한 수준으로 낮게 제어하면 부재단면이 탄성 범위 내에서 거동하게 할 수 있으며, 콘크리트 유효단면적을 높임으로써 부재성능을 보다 효율적으로 사용할 수 있다.

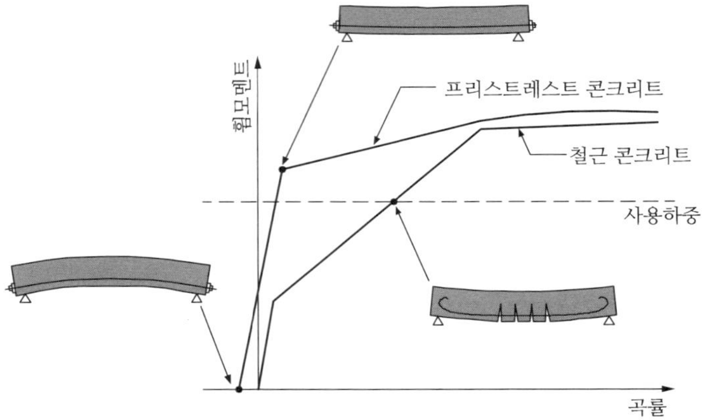

그림 13-1 프리스트레스트 콘크리트 부재의 거동특성

철근콘크리트에서는 한번 사용한계상태에서 발생된 균열과 처짐은 보통 회복되기 어렵다. 따라서 KDS 14 20 00에서는 제한된 일정 크기 이하의 균열을 허용하며, 콘크리트의 인장응력은 무시하고 철근이 모든 인장력을 받는 것으로 설계한다. 그러나 프리스트레스트 콘크리트에서는 미리 도입된 압축력으로 콘크리트에 발생되는 인장응력의 일부 또는 전부를 상쇄함으로써 균열의 발생이 억제되거나 지연되며, 이와 더불어 사용하중에서 처짐도 줄어들게 된다. 또한, 그림 13-2에 나타낸 것과 같이, 일시적으로 과하중이 적재되어 발생한 작은 균열은 프리스트레스에 의하여 닫히고 처짐도 복원되는 양상을 보인다. 프리스트레스트 콘크리트 부재는 긴장력을 도입하는 방식에 따라 프리텐션(pretension) 부재와 포스트텐션(post-tension) 부재로 나뉘게 되며, 이에 대한 설명은 13-2절에 기술하였다.

19세기 후반에 강재를 이용한 프리스트레스트 콘크리트 부재를 제작하고자 하는 시도가 있었으나 번번히 실패하였는데, 당시에는 강재의 신장량이 0.15 퍼센트 정도로써 크리프와 건조수축에 의한 수축량인 약 0.1 퍼센트와 별 차이가 없는 수준이어서 대부분의 도입 프리스트레스가 손실되었기 때문이다. 이후 1928년에 프랑스의 유진 프레시네(Eugene Freyssinet)는 0.7 퍼센트 정도의 높은 신장량을 갖는 고강도 강연선을 이용한 프리스트레싱 공법을 적용함으로써 프리스트레스 손실량을 대략 1/7 정도로 줄일 수 있었다. 또한, 1939년에는 정착장치 및 프리스트레싱 보강재를 긴장하기 위한 유압잭을 고안함으로써

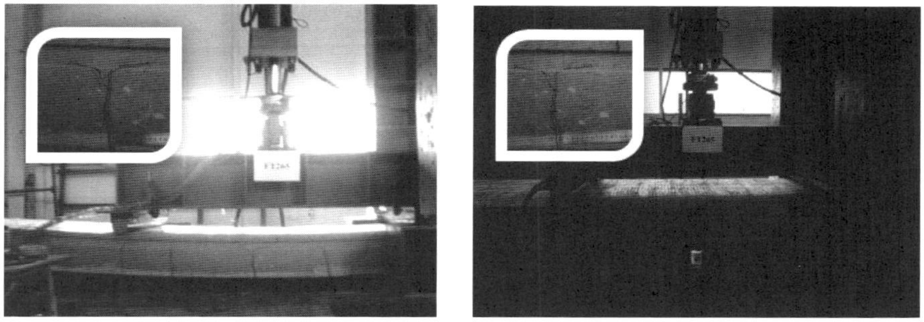

(a) 고하중에서 처짐 및 균열폭　　(b) 하중제거 후 처짐 및 균열폭

그림 13-2 프리스트레스트 콘크리트 부재의 복원성능

프리스트레싱 공법이 효율적으로 적용될 수 있는 계기가 마련되었다. 이러한 프리스트레싱 공법의 발전으로 인하여 프리스트레스트 콘크리트 공법이 북미지역과 유럽 지역을 중심으로 건설산업 전반에 걸쳐 광범위하게 적용될 수 있었으며, 1950년대 당시에 유럽에서는 대략 175 개의 교량과 50 개의 건물, 북미에서는 700 개에 달하는 수조 탱크가 프리스트레스트 콘크리트 공법에 의하여 건설되었다.

이러한 급속한 발전에 힘입어 프리스트레스트 콘크리트 공법은 현재 북미지역에서 수백억 달러 규모의 산업으로 성장하였으며, 그림 13-3에 나타낸 바와 같이 1970년대 중반 이후부터 크게 증가되고 있는 프리스트레싱 긴장재의 생산물량이 2000년도에 들어서는 매년 약 15 만톤에 이르고 있다. 특히, 그림 13-4 에서 보이는 바와 같이 북미지역에서는 프리스트레스트 콘크리트 구조형식이 교량구조물보다 건축구조물에 더 많이 적용되고 있는 것을 알 수 있다. 또한, 프리스트레스트 콘크리트 구조는 오늘날 풍력발전 구조물, 유류저장 탱크, 핵저장시설 및 사일로 케이블 등으로도 적용범위가 크게 확대되고 있는 추세이다. 이러한 프리스트레스트 콘크리트 시장의 성장은 우리나라 KDS 14 20 00의 근간이 되는 ACI318 기준에도 많은 영향을 주었다. ACI318 기준은 프리스트레스트 콘크리트에 대한 상세한 설계규정을 제시하고 있으며, KDS 14 20 00에도 반영되었다.

국내에서는 프리스트레스트 콘크리트 구조 시스템이 주로 교량에 적용되어 왔으나, 건축분야에서 프리캐스트 공법(precast method)이 활발히 적용되면

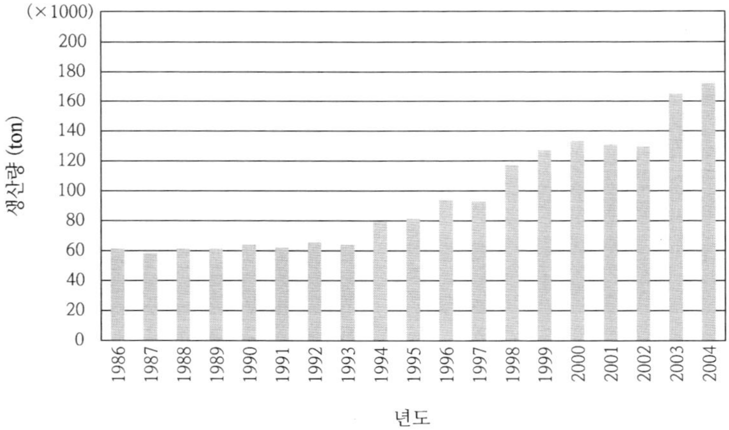

그림 13-3 북미지역 프리스트레싱 긴장재 생산량

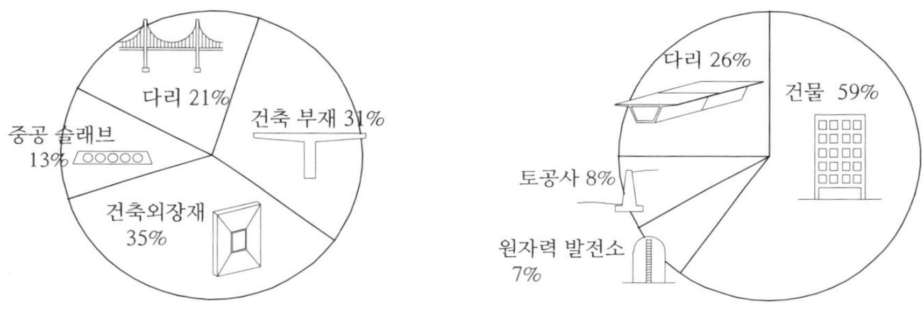

그림 13-4 북미지역 용도별 프리스트레스트 콘크리트 구조 적용 비율

서 프리텐션 공법(pretension method)이 널리 적용되고 있으며, 이와 더불어 최근에는 포스트텐션 공법도 적지 않게 건축물에 적용되고 있다. 프리스트레스트 콘크리트 구조는 일반적인 철근콘크리트 구조에 비해 처짐 제어가 유리하기 때문에 경간이 긴 경우에 적용효과가 뛰어나고 상대적으로 세장한 부재를 사용할 수 있다. 특히, 보가 없는 무량판 슬래브 구조에 포스트텐션 공법을 적용하는 경우에는 슬래브의 두께를 비교적 얇게 적용할 수는 구조적 이점이 있을 뿐만 아니라 그림 13-5에 나타낸 것과 같이 층고절감을 통하여 경제성을 높일 수 있으며, 이러한 효과는 경간이 길어질수록 커지게 된다. 그림 13-6에 나타낸 것과 같이 필요한 경간 길이에 따라 다양한 프리캐스트 부재들을 적용함으로써 사용하중에서 처짐 제한과 극한 강도성능을 적절히 만족시킬 수 있다.

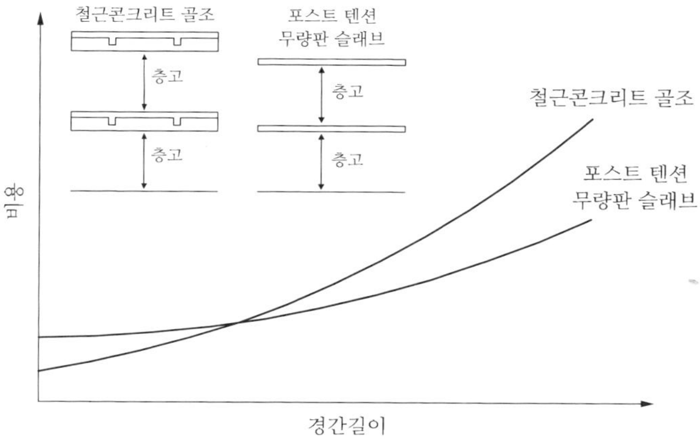

그림 13-5 철근콘크리트 골조와 포스트텐션 무량판 슬래브 구조의 경제성 비교

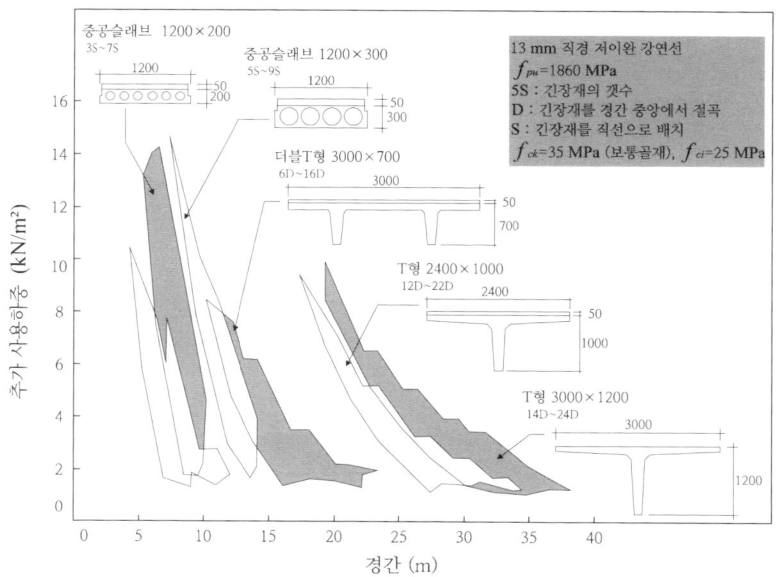

그림 13-6 프리캐스트 부재들의 사용하중-최대 경간길이 관계도

13-2 프리스트레스트 콘크리트 공법의 분류 및 기본 개념

13-2-1 프리스트레스트 콘크리트 공법의 분류

그림 13-7에 나타낸 것과 같이 프리스트레스트 콘크리트 공법은 긴장력을 도입하는 방식에 따라 프리텐션(pretension) 공법과 포스트텐션(post tension) 공법으로 나눌 수 있다. 또한, 프리스트레스트 콘크리트 부재는 부착 철근의 사용여부에 따라서 프리스트레싱 긴장재만을 인장 보강재로 사용하는

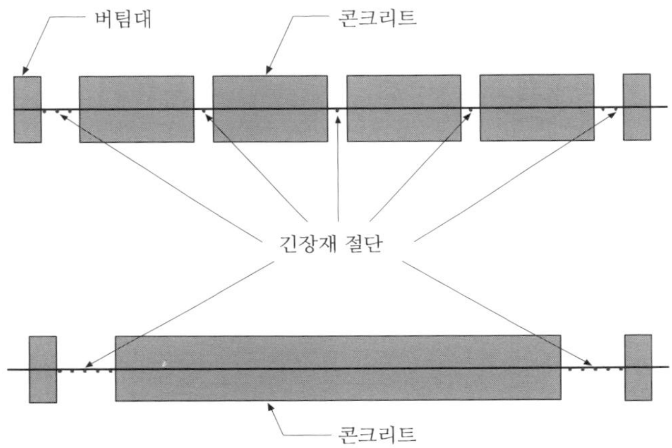

(a) 프리텐션 공법

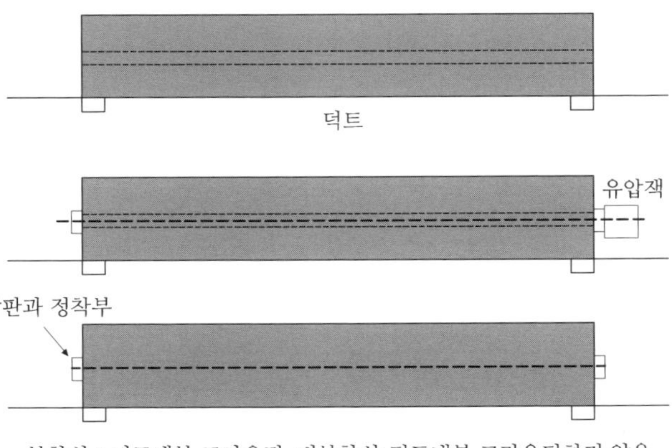

(b) 포스트텐션 공법

그림 13-7 프리스트레스트 콘크리트 공법

완전 프리스트레스트 부재(full prestressed member)와 부착철근과 프리스트레싱 긴장재를 혼용하여 사용하는 부분 프리스트레스트 부재(partial pre- stressed member)로 나눌 수 있다. 포스트텐션 공법은 긴장재와 콘크리트 사이의 부착여부에 따라서 다시 부착식(bonded type)과 비부착식(unbonded type)으로 상세하게 구분될 수 있다. 또한, 그림 13-8(a)에 나타낸 것과 같이 콘크리트 단면내부에 긴장재를 배치하는 하는 것이 일반적이지만 기존 부재를 보강하는 경우나 설계 목적상 특별히 필요한 경우에는 그림 13-8(b)에 나타낸 것과 같이 긴장재를 콘크리트 부재 외부에 배치하는 경우도 있다.

공장에서 제작되는 프리캐스트 콘크리트 휨부재들 중에서 경간길이가 일정수준 이상인 경우에는 대부분 프리텐션 공법이 적용된다. 프리텐션 공법은 그림 13-7(a) 에 나타낸 것과 같이 긴장재에 인장력을 도입한 후 양단의 강한 버팀기둥에 긴장재를 고정하고, 콘크리트를 타설한 후에 콘크리트가 소정의 압축강도를 도달하면 긴장재를 절단하여 프리스트레스를 도입하는 방식이다. 부재에 프리스트레스를 도입하면 콘크리트 단면에 압축력과 파열력이 발생되므로 KDS 14 20 60 (4.2.1)에서는 프리스트레스 도입 시 콘크리트의 강도에 대한 비율로서 허용 도입응력을 제한하고 있으며, 프리트스레스트 콘크리트 부재에 사용되는 콘크리트의 최소 압축강도를 28 MPa로 규정하고 있다. 프리텐션 부재에서 프리스트레스는 강연선과 콘크리트 사이의 마찰력을 이용한 쐐기효과(wedge effect)에 의하여 도입되며, 이를 호이어 효과(Hoyer effect)라고 한다. 긴장재에 미리 인장력을 주면 긴장재의 단면이 수축되는데 그림 13-9에

(a) 긴장재 내부 배치

(b) 긴장재 외부 배치

그림 13-8 긴장재의 배치

나타낸 바와 같이 긴장력을 해방하면 푸아송 효과에 의하여 긴장재의 단면이 팽창되면서 쐐기와 같이 콘크리트에 정착되는 현상인 호이어 효과에 의하여 프리스트레스 응력이 전달되는 것이다. 따라서 프리텐션 부재의 단부영역에서는 긴장재의 프리스트레스가 모두 유효하게 발현되지는 않으며, 이 구간을 전달길이라고 정의한다. 현재 구조기준에서는 프리텐션 부재의 전달길이 l_{pe}를

$$l_{pe} = (f_{pe}/21)\, d_b \tag{13.1b}$$

으로 적용할 수 있도록 하고 있으며, 여기서, f_{pe}는 유효 프리스트레스, d_b는 긴장재의 직경이다. 또한, 프리텐션 부재의 전단설계를 할 때에는 강연선을 사용한 경우 전달길이 l_{pe}를

$$l_{pe} = 50\, d_b \tag{13.1a}$$

으로 가정할 수 있도록 하고 있다.

포스트텐션 공법에서는 프리스트레스가 도입된 긴장재를 정착장치에 고정시키기 때문에 전달길이가 존재하지 않아서 이에 대한 고려가 필요 없다. 그림 13-10(a)에 나타낸 것과 같이 부착식 포스트텐션 공법의 경우에는 철근 배근

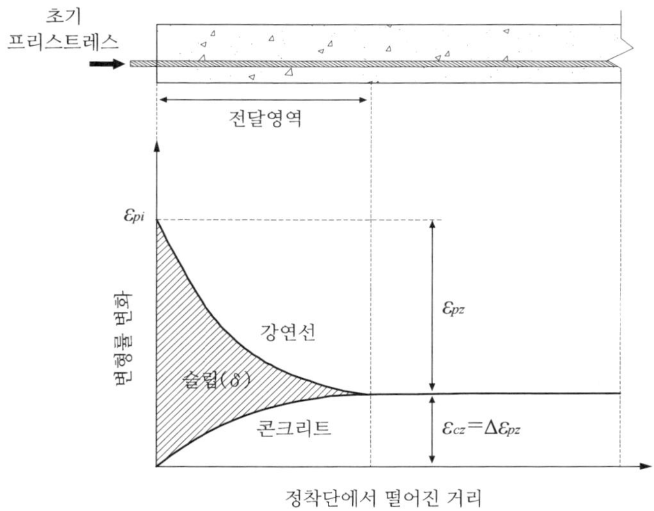

그림 13-9 호이어 효과에 의한 응력전달 메커니즘

공사와 함께 덕트형태의 쉬스관(sheath)을 미리 배치하고, 일반적으로 콘크리트를 타설한 후에 긴장재를 덕트에 삽입한다. 이후 긴장재에 프리스트레스를 도입하고, 시스관 내에 그라우트를 주입하여 콘크리트와 일체화시키기 때문에 프리스트레싱 강재와 주변 콘크리트가 완전히 부착거동하는 것으로 가정된다. 반면, 비부착식 포스트텐션 공법에서는 시스관 내에 그라우트를 주입하지 않으며, 건축분야에서는 그림 13-10(b) 에 나타낸 것과 같이 단일 긴장재를 그리스가 주입된 상태로 피복한 완제품 형태의 비부착식 긴장재가 널리 사용되고 있다. 부착식 긴장재는 그라우트 주입을 위한 공간이 필요하기 때문에 비교적 큰 직경의 쉬스관이 필요한 반면에, 비부착 긴장재의 경우에는 그라우트 작업이 필요하지 않기 때문에 시공성 및 경제성에서 장점이 있으며, 작은 크기의 쉬스관을 사용할 수 있기 때문에 긴장재 편심거리를 크게 확보하는 데에 유리하다.

그림 13-11은 부착방식과 비부착방식 긴장재를 적용한 포스트텐션 부재에서 긴장재의 길이방향 응력분포를 보여주고 있다. 부착식 긴장재를 사용하는 경우에는 긴장재가 완전 부착거동을 하기 때문에 주변 콘크리트와 동일한 변형률을 나타내며, 비부착 긴장재를 사용하는 경우에 비하여 상대적으로 높은 단면내력을 가질 수 있다. 또한, 사용하중 상태에서 균열이 발생할 경우 균열이 부재 길이방향으로 고르게 분포되어 안정화되는 거동을 나타낸다.

이에 비해 부착식 긴장재를 사용하는 경우에는 긴장재의 변형률이 주변 콘크리트의 변형률과 다르며, 정착단 사이에서 동일한 분포양상을 나타낸다. 따라서, 부착식 긴장재를 사용하는 경우에 비하여 긴장재의 응력증가가 크지 않으며, 균열이 발생할 경우 소수의 균열에 변형이 집중되는 특성이 있다.

(a) 부착식 긴장재　　(b) 비부착식 긴장재 (단일 긴장재)

그림 13-10 부착식 및 비부착 긴장재의 비교

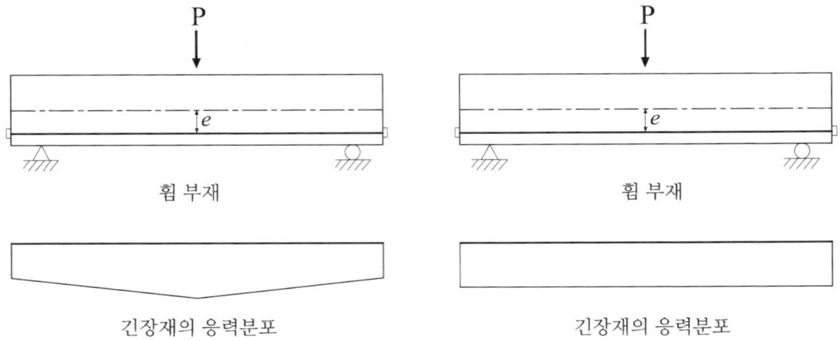

(a) 부착식 긴장재 (b) 비부착식 긴장재

그림 13-11 부착식 및 비부착 긴장재의 응력분포

이처럼 부착방식과 비부착방식 긴장재는 상대적인 장단점을 가지고 있기 때문에 상황에 따라 엔지니어의 적절한 선택이 필요하다. 예를 들어, 두께가 얇은 슬래브에서는 비부착 방식이 주로 적용되고 있으며, 비교적 큰 프리스트레스가 요구되는 대형 부재에서는 부착방식이 널리 사용되고 있다.

13-2-2 프리스트레스트의 손실

프리스트레스 도입 후에 긴장재의 인장응력은 일정하게 유지되지 않고 여러 가지 원인에 의하여 감소하게 되는데 이러한 현상을 프리스트레스의 손실이라고 한다. 그림 13-12는 프리텐션 부재의 제작부터 파괴에 이르는 하중단계에 대한 대략적인 긴장재의 응력변화를 보여주고 있다. 프리스트레스의 손실은 크게 프리스트레스를 도입할 때 또는 도입직후 발생되는 손실인 즉시손실과 프리스트레스를 도입한 이후에 시간이 경과됨에 따라 지속적으로 발생되는 손실인 장기손실로 나눌 수 있다. 즉시손실은 콘크리트의 탄성수축, 정착장치의 활동 및 마찰손실을 포함하며, 프리텐션 부재에서는 마찰손실이 거의 발생되지 않고, 정착장치의 활동도 프리스트레싱 베드에서 발생되므로 긴장응력 도입 후에 발생되는 손실요인은 아니다. 다만, 앞서 언급된 바와 같이 프리텐션 부재에서는 호이어 효과에 의하여 프리스트레스가 도입되므로 전달길이 내 강연선의 응력변화가 있다는 점에 유의해야 한다. 장기손실은 긴장재의 릴랙세이션, 콘크리트의 건조수축과 크리프에 의한 손실을 포함하며, 모든 종류의 프리스트레스트 콘크

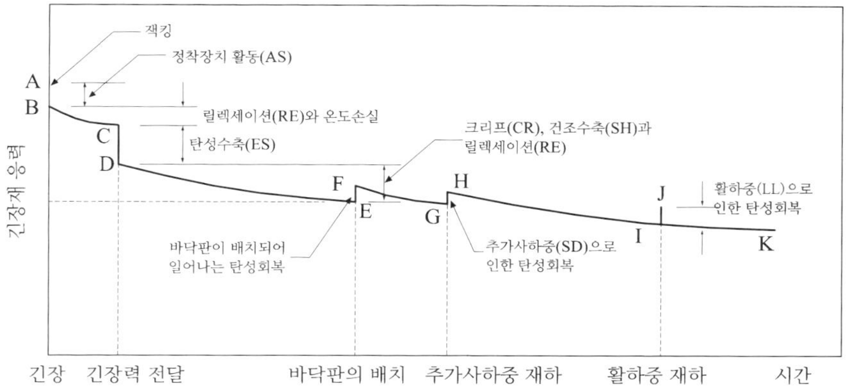

그림 13-12 긴장재의 응력변화거동

리트 부재에서 발생된다.

프리스트레스트 콘크리트 부재의 설계에 사용되는 긴장재의 응력을 산정할 때에는 프리스트레스 손실의 영향을 고려하여야 한다. 유압잭을 사용하여 긴장재에 인장력을 도입할 때 발생되는 긴장응력 f_{pj}, 프리스트레스 도입 직후 즉시 손실에 의해서 감소된 초기 프리스트레스 f_{pi}, 시간경과에 따른 장기손실이 고려된 유효 프리스트레스 f_{pe} 등과 같이 제작 또는 하중 단계별로 긴장재의 응력이 변화된다. 유효 프리스트레스 f_{pe}는 대략 초기 프리스트레스 f_{pi}의 75 ~ 80 퍼센트 수준에 해당하는 값을 가진다. 인장강도 1,000 MPa~1,860 MPa 급 긴장재가 현재 널리 사용되고 있으며, KDS 14 20 60 (4.2.2)에서는 긴장재의 허용응력을 표 13-1에 보이는 바와 같이 제한하고 있다.

표 13-1 긴장재의 허용응력

<table>
<tr><th colspan="2" rowspan="2">적용범위</th><th colspan="2">긴장재의 허용응력</th></tr>
<tr><th>KDS 14 20 60 (4.2.2)</th><th>도로교설계기준</th></tr>
<tr><td colspan="2">긴장재의 도입 긴장응력</td><td>$0.80f_{pu}$ 또는 $0.94f_{py}$ 중 작은 값</td><td>$0.8f_{pu}$ 또는 $0.9f_{py}$ 중 작은 값</td></tr>
<tr><td rowspan="2">긴장력 도입 직후</td><td>프리텐션 긴장재와 포스트텐션 긴장재</td><td>$0.74f_{pu}$ 또는 $0.82f_{py}$ 중 작은 값</td><td rowspan="2">$0.75f_{pu}$ 또는 $0.85f_{py}$ 중 작은 값</td></tr>
<tr><td>정착구와 커플러 위치에서 포스트텐션 긴장재</td><td>$0.70f_{pu}$</td></tr>
</table>

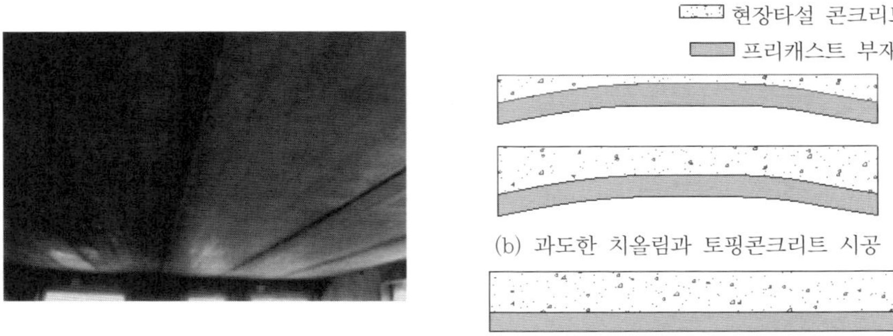

(a) 과도한 치올림에 의한 시공오차 예

(b) 과도한 치올림과 토핑콘크리트 시공

(c) 적당한 치올림과 토핑콘크리트 시공

그림 13-13 과도한 상향 치솟음에 의한 시공오차

프리스트레스트 콘크리트 부재에서 초기 프리스트레스 f_{pi} 와 유효 프리스트레스 f_{pe} 는

$$f_{pe} = f_{pi} - \Delta f_{ptd} = R f_{pi} \tag{13.2}$$

의 관계로 나타낼 수 있으며, 여기서 Δf_{ptd} 는 프리스트레스 장기손실, R 은 프리스트레스 유효율이다. 프리스트레스 유효율 R 은 프리텐션 공법에서는 대략 0.75~0.8, 포스트텐션 공법에서는 0.80~0.85 정도의 범위를 나타낸다. 기존 문헌들에서 제공하고 있는 손실량의 근삿값을 프리스트레스 유효율로 간주하고 설계하는 것이 일반적이지만 높은 정밀도가 요구되는 경우에는 손실요인들을 구분하여 상세히 계산할 필요가 있으며, 자세한 계산과정은 도로교설계기준 등을 참고할 수 있다. 만약 실제 유효 프리스트레스가 설계값보다 적게 도입된 경우에는 설계 요구조건, 즉 처짐한계, 균열제한, 균열모멘트 등을 만족하지 못할 수 있으므로 유의해야 한다. 또한, 실제 유효 프리스트레스가 지나치게 큰 경우에는 그림 13-13에 나타낸 바와 같이 상향력으로 인한 과도한 치솟음이 발생되어 시공 시 많은 오차와 문제점을 야기할 수 있다.

(1) 즉시손실

앞서 언급된 바와 같이 즉시손실은 크게 정착장치 활동으로 의한 손실, 마찰손실 및 탄성수축으로 인한 손실로 나눌 수 있다.

정착장치의 활동으로 인한 손실은 긴장재를 정착시키는 장치에서 긴장재 또는 정착장치의 미끄러짐 및 변형으로 인하여 발생되는 손실이다. 포스트텐션 방식에서는 쐐기식 정착장치의 경우 일반적으로 3~6 mm 정도의 활동량을 가지며, 지압식 정착장치의 경우에는 1.0 mm 정도의 변형량을 갖는다. 프리텐션 방식에서는 프리스트레싱 베드의 양단에 있는 고정지주에 긴장재가 임시 정착될 때 정착장치의 활동으로 인한 손실이 발생하며, 콘크리트 부재에 긴장력을 전달할 때에는 발생하지 않는다. 일반적으로 긴장재와 쉬스관 사이에 마찰이 없는 프리텐션 방식에서 긴장재를 임시 정착할 때 또는 긴장재와 쉬스관 사이에 마찰이 없는 포스트텐션 방식에서 발생하는 정착장치의 활동으로 인한 손실량을 인장응력 Δf_{pA}와 인장력 ΔP_A로 표현하면

$$\Delta f_{pA} = \frac{E_p \Delta l}{l} \tag{13.3a}$$

$$\Delta P_A = A_p \Delta f_{pA} \tag{13.3b}$$

으로 각각 산정할 수 있다. 여기서 E_p는 긴장재의 탄성계수, Δl는 정착장치의 활동량, l는 긴장재의 길이, A_p는 긴장재의 단면적이다. 긴장재와 쉬스관 사이에 마찰이 있는 경우에는 그림 13-14에 나타낸 바와 같이 마찰력을 고려하여 긴장단 부근에서 정착장치의 활동으로 인한 정착 전과 후의 긴장재 인장력의 변화를 산정할 수 있다. 즉, 그림 13-14에서 긴장단 부근에서 정착장치의 활동으로 인한 정착 전과 후의 긴장재의 인장력으로 만들어진 삼각형의 면적이 정착장치의 활동량을 나타낸다. 따라서, 정착장치의 활동량 Δl은

$$\Delta l = \frac{0.5\,\Delta P_A\, l_{set}}{A_p E_p} \tag{13.4}$$

으로 계산될 수 있다. 여기서 l_{set}은 긴장단에서 정착장치 활동의 영향을 받는 긴장재 길이를 의미한다. 긴장재의 단위길이에 대한 마찰손실을 p라고 하면, 인장력의 손실량 ΔP_A는

$$\Delta P_A = 2pl_{set} \tag{13.5}$$

으로 나타낼 수 있으므로, 정착장치 활동의 영향을 받는 긴장재 길이 l_{set} 은

$$l_{set} = \sqrt{\frac{\Delta l A_p E_p}{p}} \tag{13.6}$$

으로 산정된다.

마찰손실은 긴장재와 쉬스관 사이에 마찰이 있는 포스트텐션 방식에서 잭킹 할 때 발생하며, 이로 인하여 긴장재의 인장력이 긴장단으로부터 멀어질수록 감소하게 된다. 마찰손실의 원인은 그림 13-15에 나타낸 바와 같이 덕트가 실제로 완벽하게 직선으로 배치되지 못하기 때문에 발생하는 파상마찰과 그림 13-16에 나타낸 바와 같이 긴장재를 곡선 배치함에 따라 발생하는 곡률마찰로 나눌 수 있다.

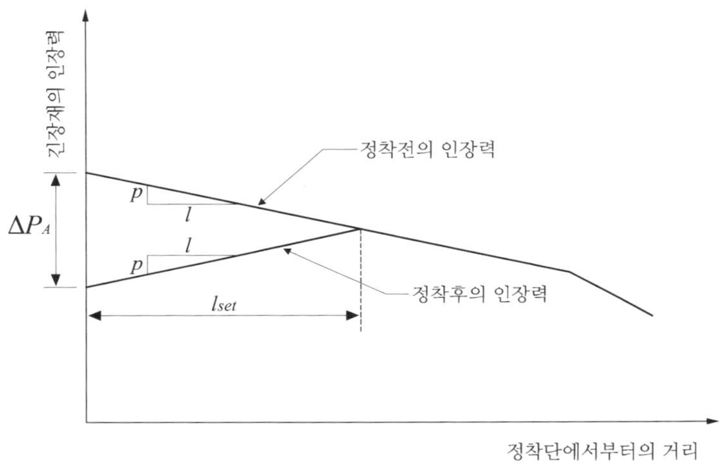

그림 13-14 정착장치 활동의 영향에 따른 긴장력 분포

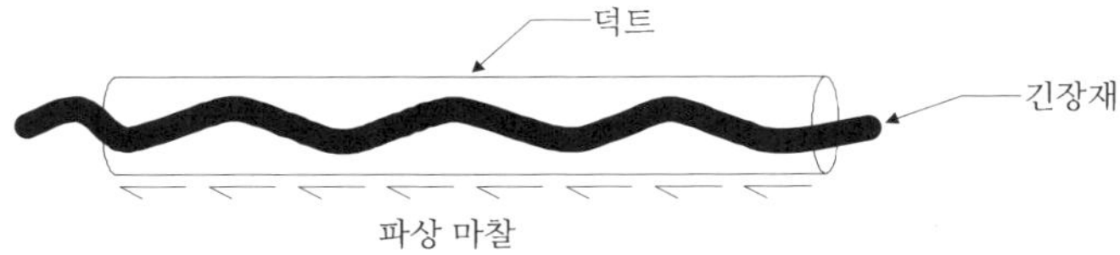

그림 13-15 직선 배치된 덕트의 처짐에 의한 파상마찰

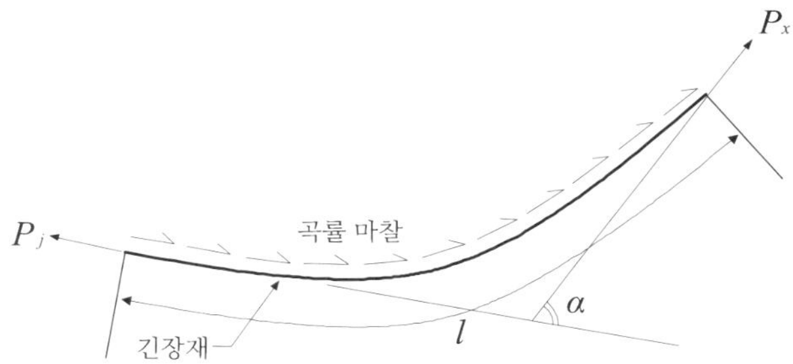

그림 13-16 포물선으로 배치된 긴장재의 곡률마찰

곡률마찰로 인하여 발생되는 손실 인장력 P_x는

$$P_x = P_j e^{-\mu\alpha} \tag{13.7}$$

으로 나타낼 수 있으며, 여기서 P_j는 긴장단에서 유압잭으로 긴장재에 도입한 인장력 P_j, μ는 단위 각변화에 대한 곡률마찰계수, α는 각변화이다. 파상마찰로 인하여 발생되는 손실량 P_x도 곡률마찰손실 산정방법과 동일한 방법으로 산정될 수 있으며, 곡률 값에 파상의 영향으로 인한 각변화 βl를 대입함으로써

$$P_x = P_j e^{-\mu\beta l} \tag{13.8}$$

으로 나타낼 수 있다. 여기서 긴장재의 단위길이 1.0 m에 대한 파상마찰계수 $\mu\beta = k$를 대입하면

$$P_x = P_j e^{-kl} \tag{13.9}$$

으로 나타낼 수 있다. 긴장재의 파상마찰계수와 곡률마찰계수는 표 13-2에 나타낸 바와 같다.

식 (13.7)과 식 (13.9)를 연립하면 곡률마찰과 파상마찰의 영향이 동시에 고려된 긴장재의 감소된 인장력 P_x는

$$P_x = P_j e^{-(\mu\alpha + kl)} \tag{13.10}$$

으로 산정될 수 있다. 따라서, 마찰에 의해 손실된 긴장력 ΔP_F와 긴장응력 Δf_{pF}는

표 13-2 긴장재의 마찰계수

<table>
<tr><th colspan="2"></th><th>PS강재의 종류</th><th>파상마찰계수 k (/m)</th><th>곡률마찰계수 μ (/rad)</th></tr>
<tr><td colspan="2" rowspan="3">부착긴장재</td><td>강선</td><td>0.0033 ~ 0.0050</td><td>0.15 ~ 0.25</td></tr>
<tr><td>강봉</td><td>0.0003 ~ 0.0020</td><td>0.08 ~ 0.30</td></tr>
<tr><td>강연선</td><td>0.0015 ~ 0.0066</td><td>0.15 ~ 0.25</td></tr>
<tr><td rowspan="4">비부착 긴장재</td><td rowspan="2">수지, 방수, 피복</td><td>강선</td><td>0.0033 ~ 0.0066</td><td>0.05 ~ 0.15</td></tr>
<tr><td>강연선</td><td>0.0033 ~ 0.0066</td><td>0.05 ~ 0.15</td></tr>
<tr><td rowspan="2">그리스로 미리 도포된 경우</td><td>강선</td><td>0.0010 ~ 0.0066</td><td>0.05 ~ 0.15</td></tr>
<tr><td>강연선</td><td>0.0010 ~ 0.0066</td><td>0.05 ~ 0.15</td></tr>
</table>

$$\Delta P_F = P_j - P_x = P_j\left[1 - e^{-(\mu\alpha + kl)}\right] \tag{13.11}$$

$$\Delta f_{pF} = f_{pj} - f_{px} = f_{pj}\left[1 - e^{-(\mu\alpha + kl)}\right] \tag{13.12}$$

으로 각각 산정할 수 있다. 또한, 설계기준에서는 $\mu\alpha + kl$ 이 0.3 보다 작은 경우에는 근사식을 이용하여 마찰에 의해 손실된 긴장력 ΔP_F와 긴장응력 Δf_{pF}를

$$\Delta P_F = P_j - P_x = P_j(\mu\alpha + kl) \tag{13.13}$$

$$\Delta f_{pF} = f_{pj} - f_{px} = f_{pj}(\mu\alpha + kl) \tag{13.14}$$

으로 산정할 수 있도록 제시하고 있다.

탄성수축으로 인한 손실은 긴장재의 응력을 콘크리트 부재에 도입할 때 부재에 발생되는 압축력으로 인하여 콘크리트와 긴장재가 수축됨에 따라 발생하는 손실을 의미한다. 프리텐션부재에서는 프리스트레스 힘에 의해 콘크리트 단면에 압축력이 도입됨과 동시에 탄성변형이 발생하므로 긴장재 변형률의 변화량 $\Delta\varepsilon_p$는 동일한 위치에 있는 콘크리트 압축변형률 ε_c와 같다. 즉,

$$\varepsilon_c = \Delta\varepsilon_p \tag{13.15a}$$

의 관계가 성립되며, 여기서 긴장재 변형률의 변화량 $\Delta\varepsilon_p$과 콘크리트 압축변

형률 ε_c은 각각

$$\varepsilon_c = \frac{f_c}{E_c} \tag{13.15b}$$

$$\Delta\varepsilon_p = \frac{\Delta f_{pE}}{E_p} \tag{13.15c}$$

이다. 여기서 f_c는 프리스트레스 도입 직후 긴장재 도심위치에서의 콘크리트 압축응력, Δf_{pE}는 콘크리트의 탄성수축에 의한 긴장재의 인장응력 감소량을 의미한다. 식 (13.15)을 이용하면, 긴장재의 인장응력 감소량 Δf_{pE}과 긴장재 도심 위치에서의 콘크리트 압축응력 f_c는

$$\Delta f_{pE} = E_p \Delta\varepsilon_p = E_p \varepsilon_c = E_p \frac{f_c}{E_c} = n f_c \tag{13.16}$$

의 관계를 가지는 것을 알 수 있으며, 여기서 n은 콘크리트에 대한 긴장재의 탄성계수비 E_p / E_c 이다. 콘크리트 부재에 긴장력이 도입된 직후의 초기 긴장력 P_i와 초기 프리스트레스 f_{pi}는

$$P_i = A_p f_{pi} = A_p (f_{pTR} - \Delta f_{pE}) \tag{13.17}$$

의 관계가 성립되며, f_{pTR} 은 그림 13-17에 나타낸 것과 같이 콘크리트 부재에 긴장력이 도입될 때의 정착장치 활동과 마찰에 의한 손실이 반영되어 있는

그림 13-17 긴장력 도입에 따른 포스트텐션 부재의 탄성수축

긴장재 응력, 즉, $f_j - \Delta f_{pA} - \Delta f_{pF}$ 이다.

탄성이론에 근거하여 긴장재 도심 위치에서의 콘크리트 압축응력 f_c는

$$f_c = \frac{A_p(f_{pTR} - \Delta f_{pE})}{A_g}\left[1 + \frac{e_p^2}{r^2}\right] - \frac{M_d e_p}{I_g} \tag{13.18}$$

으로 산정할 수 있으며, 여기서 A_g는 콘크리트 전 단면적이다. 식 (13.16)과 식 (13.18)을 정리하여 콘크리트의 탄성수축에 의한 긴장재의 인장응력 감소량 Δf_{pE}에 대한 식으로 표현하면

$$\Delta f_{pE} = \frac{n\rho\left(1 + \dfrac{e_p^2}{r^2}\right)f_{pTR} - \dfrac{nM_d e_p}{I_g}}{1 + n\rho\left(1 + \dfrac{e_p^2}{r^2}\right)} \tag{13.19}$$

이 된다. 여기서 ρ 은 콘크리트 전 단면적에 대한 긴장재의 단면적비 A_p / A_g, e_p는 긴장재의 편심 거리, I_g는 콘크리트 단면의 도심 축에 대한 단면 2차모멘트, r은 콘크리트 단면의 단면2차 반경, M_d는 부재의 자중에 의한 휨모멘트를 의미한다. 또한, 경험식에 근거하여 식 (13.19)는

$$\Delta f_{pE} = n\left[\frac{0.9P_j}{A_g}\left(1 + \frac{e_p^2}{r^2}\right) - \frac{M_d e_p}{I_g}\right] \tag{13.20}$$

와 같이 근사적으로 표현될 수 있다. 여기서 P_j는 앞서 언급된 바와 같이 인장단에서의 긴장재 인장력으로써 잭킹 작업을 할 때 쉽게 측정할 수 있다.

포스트텐션 부재에서 많은 수의 긴장재가 순차적으로 도입되는 경우에는 표 13-3에 나타낸 바와 같이 탄성변형도 순차적으로 발생한다. 따라서, 긴장재의 인장응력 감소량 Δf_{pE}를 잭킹 순서에 따라 정확하게 계산하는 것이 복잡하므로 실용적인 방법으로 먼저 긴장한 긴장재의 감소량을 계산한 후 그 값의 1/2을 모든 긴장재의 평균 감소량으로 보아 계산하거나 다음 식과 같이 계산한다.

$$\Delta f_{pE} = \frac{N-1}{2N} n f_c \tag{13.21}$$

식 (13.18)에 나타낸 긴장재 도심 위치에서의 콘크리트 압축응력 f_c를 식 (13.21)에 대입하여 정리하면 Δf_{pE}는

$$\Delta f_{pE} = \frac{N-1}{2N} \frac{n\rho\left(1+\frac{e_p^2}{r^2}\right) f_{pTR} - \frac{n M_d e_p}{I_g}}{1+n\rho\left(1+\frac{e_p^2}{r^2}\right)} \tag{13.22}$$

이 되고, 경험식에 근거한 실용적인 근사식은 다음과 같다.

$$\Delta f_{pE} = \frac{N-1}{2N} n\left[\frac{0.9 P_j}{A_g}\left(1+\frac{e_p^2}{r^2}\right) - \frac{M_d e_p}{I_g}\right] \tag{13.23}$$

(2) 장기손실

콘크리트는 시간-의존적 변형을 보이므로 이로 인한 장기손실이 발생하게 된다. 장기손실은 크게 크리프에 의한 손실, 건조수축에 의한 손실 및 릴렉세이션에 의한 손실로 나뉜다. 앞서 언급된 바와 같이 콘크리트 부재에 압축력이 작용하면 탄성변형이 일어나며, 하중이 제거되지 않고 지속적으로 작용하게 되면 시간이 경과하면서 변형이 늘어나는 크리프 현상을 나타낸다. 크리프에 의하여 긴장재의 인장응력은 시간의 경과와 더불어 감소하게 된다. 이때, 콘크리트의 크리프 변형률은 크리프 계수 C_t와 초기 탄성 변형률 ε_{cs}를 이용하여 $C_t \varepsilon_{cs}$로 나타낼 수 있으며, 이로 인하여 발생하는 긴장재의 인장응력 감소량 Δf_{pCR}은

$$\Delta f_{pCR} = E_p C_t \varepsilon_{cs} \tag{13.24}$$

으로 산정할 수 있다. 탄성계수비 n을 이용하여 식 (13.24)를 표현하면

$$\Delta f_{pCR} = n C_t f_{cs} \tag{13.25}$$

으로 나타낼 수 있으며, 여기서 f_{cs} 는 긴장재와 동일한 위치의 콘크리트에 작용하고 있는 압축응력이며, 식 (13.18)을 이용하여 구할 수 있다. 크리프 계수 C_t 의 값은 일반적으로 1.6 ~ 3.2 정도의 값을 가진다. 콘크리트는 시간이 지남에 따라 수화작용에 사용되지 않은 여분의 수분을 대기 중에 방출하여 체적이 감소하는 건조수축을 일으키는데 이로 인하여 크리프와 마찬가지로 긴장재의 인장응력은 시간의 경과와 더불어 감소하게 된다. 콘크리트의 건조수축 변형률을 ε_{sh} 로 하면 콘크리트의 건조수축에 의한 긴장재의 인장응력 감소량 Δf_{pSH}는

$$\Delta f_{pSH} = E_p \varepsilon_{sh} \tag{13.26}$$

으로 계산할 수 있다. 콘크리트의 극한 건조수축 변형률은 근사적으로

$$\varepsilon_{sh} = 12.5 \times 10^{-6} \times [90 - RH(\%)] \tag{13.27}$$

으로 구할 수 있으며, 여기서 RH는 상대습도이다.

크리프와 건조수축은 콘크리트의 재료적 특성에 의해 발생하는 반면에, 긴장재에 도입된 인장력에 의한 변형률이 지속적으로 유지되면 긴장재의 응력도 시간이 지남에 따라 점진적으로 줄어들게 되며, 이러한 현상을 릴랙세이션이라고 한다. 릴랙세이션은 그림 13-18에 보이는 바와 같이 응력이 작용한 기간뿐만 아니라 프리스트레스 도입 직후의 긴장재의 인장응력과 항복강도의 비 f_{pi}/f_{py}와도 밀접한 관련이 있다. 포스트텐션 부재에서 릴랙세이션으로 인한 긴장재의 응력손실 Δf_{pR}은 응력제거 강연선 및 저이완 강연선에 대하여 각각

$$\Delta f_{pR} = f_{pi} \frac{\log t}{10} \left(\frac{f_{pi}}{f_{py}} - 0.55 \right) \tag{13.28}$$

$$\Delta f_{pR} = f_{pi} \frac{\log t}{45} \left(\frac{f_{pi}}{f_{py}} - 0.55 \right) \tag{13.29}$$

으로 산정할 수 있다. 여기서 t는 프리스트레싱 후 손실 계산 시점까지의 시간을 의미한다. 프리텐션 부재에서 릴랙세이션으로 인한 긴장재의 응력손실 Δf_{pR}은 응력제거 강연선 및 저이완 강연선에 대하여 각각

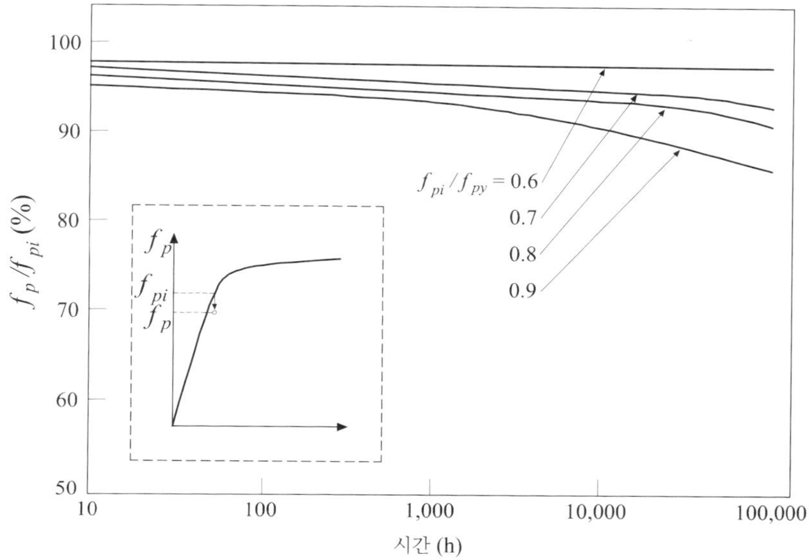

그림 13-18 응력 수준과 시간 경과에 따른 순 릴랙세이션

$$\Delta f_{pR} = f_{pi}\left(\frac{\log t_n - \log t_r}{10}\right)\left(\frac{f_{pi}}{f_{py}} - 0.55\right) \tag{13.30}$$

$$\Delta f_{pR} = f_{pi}\left(\frac{\log t_n - \log t_r}{45}\right)\left(\frac{f_{pi}}{f_{py}} - 0.55\right) \tag{13.31}$$

으로 계산된다.

【예제 13-1】 그림 13-19에 나타낸 바와 같이 T형 포스트텐션 휨 부재가 있다. 콘크리트의 재령 28일에 인장강도 f_{pu} = 1,860 MPa 인 12.7 mm 저이완 강연선 12 개를 부재의 좌측 단부에서 인장력 P_j = 1,630 kN 으로 동시에 긴장하였으며, 정착장치에서 긴장재의 활동량은 6.0 mm 이었다. 부재의 자중은 9.4 kN/m이고, 그 외의 설계 조건은 아래와 같다. 즉시손실 및 5년 후 장기손실에 의한 손실량을 각각 계산하고, 총 손실로 인한 긴장재의 길이 방향 응력 분포도를 그려라. 단, 지속하중으로는 자중만을 고려한다.

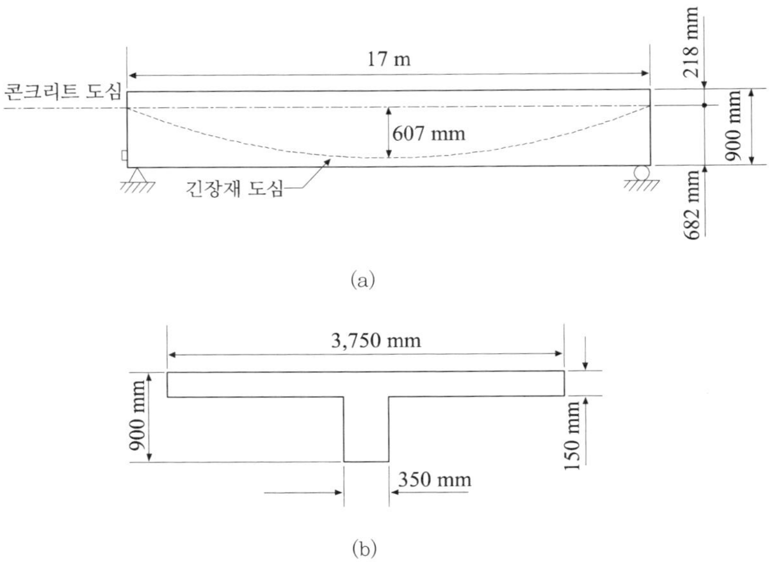

그림 13-19 휨 부재 상세

$A_p = 1{,}114.8\ \text{mm}^2$	$A_g = 825{,}000\ \text{mm}^2$	$I_g = 49.6 \times 10^9\ \text{mm}^4$
$E_p = 200{,}000\ \text{MPa}$	$E_c = 28{,}825.3\ \text{MPa}$	$f_{ck} = 35\ \text{MPa}$
$f_{pu} = 1{,}860\ \text{MPa}$	$f_{py} = 1{,}674\ \text{MPa}$	$r^2 = 60{,}121.2\ \text{mm}^2$
$C_t = 2.35$	$\mu = 0.25$	$k = 0.0049$

[풀 이]

① 즉시손실

– 마찰 손실 Δf_{pF}

긴장재의 각변화 α는

$$\alpha = \frac{8 \times 607}{17 \times 10^3} = 0.29$$

으로 산정된다. 곡률마찰계수 $\mu = 0.25$, 파상마찰계수 $k = 0.0049$ 이므로 $\mu\alpha + kl$ 은

$$\mu\alpha + kl = 0.25 \times 0.29 + 0.0049 \times 17.0 = 0.156$$

으로 계산된다. 도입 프리스트레스 f_{pj} 는

$$f_{pj} = \frac{P_j}{A_p} = \frac{1{,}630.0 \times 10^3}{1{,}114.8} = 1{,}462.1\ \text{MPa}$$

이며, $\mu\alpha + kl$ 이 0.3보다 작으므로 마찰손실을 근사식으로 구할 수 있다. 따라서, 보의 전 길이에서 발생하는 마찰에 의한 손실 Δf_{pF}는

$$\Delta f_{pF} = 1{,}462.1 \times 0.156 = 228.1\ \text{MPa}$$

으로 계산된다. 마찰손실의 양은 우측 단부에서 228.1 MPa, 좌측 단부에서 영으로 선형적으로 감소하므로 마찰 손실에 의한 좌측 단부, 중앙부, 우측 단부의 프리스트레스 손실량과 프리스트레스 힘은 각각

$$\Delta f_{pF.left} = 0$$

$$\Delta f_{pF.center} = \frac{\Delta f_{pF}}{2} = \frac{228.1}{2} = 114.1\ \text{MPa}$$

$$\Delta f_{pF.right} = 228.1\ \text{MPa}$$

$$P_{F.left} = P_j = 1{,}630.0\ \text{kN}$$

$$P_{F.center} = P_j - \Delta f_{pF.center} \times A_p = 1{,}502.8\ \text{kN}$$

$$P_{F.right} = P_j - \Delta f_{pF.right} \times A_p = 1{,}375.7\ \text{kN}$$

으로 계산된다.

– 정착장치 활동에 의한 손실 Δf_{pA}

긴장재의 단위길이당 마찰손실 p는

$$p = \frac{\Delta f_{pF} \times A_p}{l} = \frac{228.1 \times 1{,}114.8}{17.0 \times 10^3} = 15.0\ \text{N/mm}$$

이며, 정착장치의 활동의 영향을 받는 긴장재 길이 l_{set}은

$$l_{set} = \sqrt{\frac{\Delta l\, A_p E_p}{p}} = \sqrt{\frac{6.0 \times 1{,}114.8 \times 200{,}000}{15.0}} = 9{,}443.7\ \text{mm}$$

으로 계산된다. l_{set} 값이 지간의 절반에 해당하는 8,500 mm 보다 더 크므로 정착장치의 활동이 지간 중앙 단면 너머까지 영향을 미치는 것을 의미한다. 따라서, 좌측 단부에서 프리스트레스 힘의 손실 $\Delta P_{A.left}$은

$$\Delta P_{A,left} = 2pl_{set} = 2 \times 15.0 \times 9{,}443.7 = 283.3 \text{ kN}$$

으로 계산되며, 프리스트레스 손실량 $\Delta f_{pA,left}$ 은

$$\Delta f_{pA,left} = \frac{283.3 \times 10^3}{1{,}114.8} = 254.1 \text{ MPa}$$

이다. 따라서, 정착장치 활동에 의한 손실량을 고려한 좌측 단부의 프리스트레스 힘 $P_{A,left}$ 은

$$P_{A,left} = P_{F,left} - \Delta P_{A,left} = 1{,}630 - 283.3 = 1{,}346.7 \text{ kN}$$

이 된다. 중앙부에서 정착장치 활동에 의한 손실량을 고려한 프리스트레스 힘 $P_{A,center}$ 는

$$P_{A,center} = P_{A,left} + \frac{pl}{2} = 1{,}346.7 \times 10^3 + \frac{15.0 \times 17.0 \times 10^3}{2} = 1{,}474.2 \text{ kN}$$

으로 계산되며, 중앙부에서 프리스트레스 손실량 $\Delta f_{pA,center}$ 은

$$\Delta f_{pA,center} = \frac{(1{,}502.8 - 1{,}474.2) \times 10^3}{1{,}114.8} = 25.7 \text{ MPa}$$

이 된다. 우측 단부에서는 정착장치 활동이 영향을 미치지 않으므로 이로 인한 프리스트레스 손실량 $\Delta f_{pA,right} = 0$ 이므로, 프리스트레스 힘 $P_{A,right}$ 는

$$P_{A,right} = P_{F,right} = 1{,}375.7 \text{ kN}$$

이다.

– 탄성수축에 의한 프리스트레스 손실량 Δf_{pE}

이 예제에서는 단일덕트 속에 있는 12 개의 긴장재를 동시에 긴장하므로 탄성수축으로 인한 손실은 없다고 볼 수 있다. 즉, 좌측 단부, 중앙부, 우측단부 모두 탄성수축에 의한 프리스트레스 손실량 Δf_{pE}은

$$\Delta f_{pE} = \Delta f_{pE,left} = \Delta f_{pE,center} = \Delta f_{pE,right} = 0$$

이 된다.

– 즉시손실에 의해 발생하는 총 프리스트레스 손실량 Δf_{pTI}

즉시손실에 의해 발생하는 총 프리스트레스 손실량을 좌측 단부, 중앙부, 우

측 단부에 대해서 각각 계산하면

$$\Delta f_{pTI,left} = \Delta f_{pF,left} + \Delta f_{pA,left} + \Delta f_{pE,left} = 0 + 254.1 + 0 = 254.1 \text{ MPa}$$

$$\Delta f_{pTI,center} = \Delta f_{pF,center} + \Delta f_{pA,center} + \Delta f_{pE,center} = 114.1 + 25.7 + 0$$
$$= 139.8 \text{ MPa}$$

$$\Delta f_{pTI,right} = \Delta f_{pF,right} + \Delta f_{pA,right} + \Delta f_{pE,right} = 228.1 + 0 + 0$$
$$= 228.1 \text{ MPa}$$

이 된다. 따라서, 즉시손실을 고려한 프리스트레스 f_{pi}와 프리스트레스 힘 $P_{i,left}$을 좌측 단부, 중앙부, 우측 단부에 대해서 각각 계산하면 다음과 같다.

$$f_{pi,left} = f_{pj} - \Delta f_{pTI,left} = 1,462.1 - 254.1 = 1,208.0 \text{ MPa}$$

$$f_{pi,center} = f_{pj} - \Delta f_{pTI,center} = 1,462.1 - 139.8 = 1,322.3 \text{ MPa}$$

$$f_{pi,right} = f_{pj} - \Delta f_{pTI,right} = 1,462.1 - 228.1 = 1,234.0 \text{ MPa}$$

$$P_{i,left} = f_{pi,left} \times A_p = 1,346.7 \text{ kN}$$

$$P_{i,center} = f_{pi,center} \times A_p = 1,474.1 \text{ kN}$$

$$P_{i,right} = f_{pi,right} \times A_p = 1,375.7 \text{ kN}$$

② 장기손실

크리프와 건조수축 및 긴장재의 릴랙세이션에 의한 프리스트레스의 손실량을 계산하기 위하여 이 예제에서는 근사적인 방법으로 즉시손실에 의해 산출된 초기 프리스트레스 힘을 0.9 배하여 사용하기로 한다. 따라서 좌측 단부, 중앙부, 우측 단부에서 프리스트레스 힘 P_i'를 구하면 각각

$$P_{i,left}' = 0.9 P_{i,left} = 0.9 \times 1,346.7 = 1,212.0 \text{ kN}$$

$$P_{i,center}' = 0.9 P_{i,center} = 0.9 \times 1,474.1 = 1,326.7 \text{ kN}$$

$$P_{i,right}' = 0.9 P_{i,right} = 0.9 \times 1,375.7 = 1,238.1 \text{ kN}$$

이 된다. 이에 해당되는 응력 f_{pi}'은 좌측 단부, 중앙부, 우측 단부에서 각각

$$f_{pi,left}' = 0.9 f_{pi,left} = 0.9 \times 1,208.0 = 1,087.2 \text{ MPa}$$

$$f_{pi,center}' = 0.9 f_{pi,center} = 0.9 \times 1{,}322.3 = 1{,}190.1 \text{ MPa}$$

$$f_{pi,right}' = 0.9 f_{pi,right} = 0.9 \times 1{,}234.0 = 1{,}110.6 \text{ MPa}$$

이 된다.

– 크리프에 인한 프리스트레스 손실량

부재의 자중에 의한 중앙부 최대 휨모멘트 M_d는

$$M_d = \frac{1}{8} \times 9{,}400 \times 17^2 = 339.6 \times 10^6 \text{ N}\cdot\text{mm}$$

이며, 중앙부 단면의 긴장재 도심 위치에서 콘크리트 응력 f_{cs} 와 탄성계수비 n 은 각각

$$f_{cs,center} = \frac{P_{i,center}'}{A_g}\left(1 + \frac{e_p^2}{r^2}\right) - \frac{M_d}{I_g} e_p$$

$$= \frac{1{,}326.7 \times 10^3}{825{,}000}\left(1 + \frac{607^2}{60{,}121.2}\right) - \frac{339.6 \times 10^6}{49.6 \times 10^9} \times 607 = 7.3 \text{ MPa}$$

$$n = \frac{E_p}{E_c} = \frac{200{,}000}{28{,}825.3} = 6.9$$

으로 계산된다. 따라서, 중앙단면에서 크리프에 인한 프리스트레스 손실량을 계산하면

$$\Delta f_{pCR,center} = n C_t f_{cs,center} = 6.9 \times 2.35 \times 7.3 = 118.4 \text{ MPa}$$

이 된다. 좌측 및 우측 단부에서는 휨모멘트와 편심이 영이므로 크리프에 인한 긴장재 도심 위치에서 콘크리트 응력 f_{cs}과 프리스트레스 손실량 Δf_{pCR} 을 계산하면 각각

$$f_{cs,left} = \frac{1{,}212.0 \times 10^3}{825{,}000} = 1.5 \text{ MPa}$$

$$\Delta f_{pCR,left} = n C_t f_{cs,left} = 6.9 \times 2.35 \times 1.5 = 24.3 \text{ MPa}$$

$$f_{cs,right} = \frac{1{,}238.1 \times 10^3}{825{,}000} = 1.5 \text{ MPa}$$

$$\Delta f_{pCR,right} = n C_t f_{cs,right} = 6.9 \times 2.35 \times 1.5 = 24.3 \text{ MPa}$$

이 된다.

- 건조수축에 의한 손실

콘크리트의 건조수축에 의한 손실은 일반적인 최종 건조수축 변형률에 근거를 두어야 하며 이 예제에서는 습윤양생한 콘크리트의 최종 수축변형률인 800×10^{-6}를 사용하기로 한다. 다만, 콘크리트 재령 28일 시점에서 프리스트레스를 도입하였기 때문에 이 시점에서의 수축률은 최종 수축률의 44퍼센트 정도로 가정하였다. 따라서, 긴장 이후 긴장재에 영향을 주는 건조수축 변형률은

$$\varepsilon_{sh} = 800\times 10^{-6}\times (1-0.44) = 448\times 10^{-6}$$

으로 계산할 수 있다. 좌측 단부, 중앙부, 우측 단부에서 5년 후 건조수축으로 인한 프리스트레스의 손실량 Δf_{pSH}은 모두

$$\begin{aligned}\Delta f_{pSH} &= \Delta f_{pSH,left} = \Delta f_{pSH,center} = \Delta f_{pSH,right} \\ &= E_p\times \varepsilon_{sh} = 200{,}000\times 448\times 10^{-6} = 89.6\ \text{MPa}\end{aligned}$$

으로 계산된다.

- 릴랙세이션으로 인한 손실

5년에 해당되는 시간은

$$t = 5\times 365\times 24 = 43{,}800\ \text{hr}$$

이며, 긴장재의 릴랙세이션으로 인한 좌측 단부, 중앙부, 우측 단부에서 프리스트레스 손실량 Δf_{pR}을 계산하면 각각

$$\begin{aligned}\Delta f_{pR,left} &= f_{pi,left}{}' \frac{\log t}{10}\left(\frac{f_{pi,left}{}'}{f_{py}} - 0.55\right) \\ &= 1{,}087.2\times \frac{\log 43{,}800}{10}\times\left(\frac{1{,}087.2}{1{,}674} - 0.55\right) = 50.2\ \text{MPa}\end{aligned}$$

$$\Delta f_{pR,center} = 1{,}190.1\times \frac{\log 43{,}800}{10}\times\left(\frac{1{,}190.1}{1{,}674} - 0.55\right) = 88.9\ \text{MPa}$$

$$\Delta f_{pR,right} = 1{,}110.6\times \frac{\log 43{,}800}{10}\times\left(\frac{1{,}110.6}{1{,}674} - 0.55\right) = 58.5\ \text{MPa}$$

이 된다.

- 장기손실에 의해 발생하는 총 프리스트레스 손실량 Δf_{pTL}

따라서, 장기손실에 의해 발생하는 좌측 단부, 중앙부, 우측 단부에서의 총 프리스트레스 손실량 Δf_{pTL}은

$$\Delta f_{pTL,left} = \Delta f_{pCR,left} + \Delta f_{pSH,left} + \Delta f_{pR,left} = 24.3 + 89.6 + 50.2$$

$$= 164.1 \text{ MPa}$$

$$\Delta f_{pTL,center} = 118.4 + 89.6 + 88.9 = 296.9 \text{ MPa}$$

$$\Delta f_{pTL,right} = 24.3 + 89.6 + 58.5 = 172.4 \text{ MPa}$$

이 되며,

③ 총 손실량

즉시손실과 장기손실에 의해 발생하는 긴장재의 총 프리스트레스 손실량 Δf_{pT}은 좌측 단부, 중앙부, 우측 단부에 대해서 각각

$$\Delta f_{pT,left} = \Delta f_{pTI,left} + \Delta f_{pTL,left} = 254.1 + 164.1 = 418.2 \text{ MPa}$$

$$\Delta f_{pT,center} = \Delta f_{pTI,center} + \Delta f_{pTL,center} = 139.8 + 296.9 = 436.7 \text{ MPa}$$

$$\Delta f_{pT,right} = \Delta f_{pTI,right} + \Delta f_{pTL,right} = 172.4 + 228.1 = 400.5 \text{ MPa}$$

이다.

그림 13-20에 보이는 바와 같이 즉시손실과 장기손실에 의해 발생하는 긴장재의 손실량을 모두 고려한 유효 프리스트레스 f_{pe} 는 좌측 단부, 중앙부, 우측 단부에 대해서 각각

$$f_{pe,left} = f_{pj} - \Delta f_{pT,left} = 1{,}462.1 - 418.2 = 1{,}043.9 \text{ MPa}$$

$$f_{pe,center} = f_{pj} - \Delta f_{pT,center} = 1{,}462.1 - 436.7 = 1{,}025.4 \text{ MPa}$$

$$f_{pe,right} = f_{pj} - \Delta f_{pT,right} = 1{,}462.1 - 400.5 = 1{,}061.6 \text{ MPa}$$

이다. 또한, 즉시손실과 장기손실에 의해 발생하는 긴장재의 손실량을 모두 고려한 유효 프리스트레스 f_{pe} 와 유효 프리스트레스 힘 P_e 는 좌측 단부, 중앙부, 우측 단부에 대해서 각각

$$P_{e,left} = f_{pe,left} \times A_p = 1{,}043.9 \times 1{,}114.8 = 1{,}163.7 \text{ kN}$$

$$P_{e,center} = f_{pe,center} \times A_p = 1{,}025.4 \times 1{,}114.8 = 1{,}143.1 \text{ kN}$$

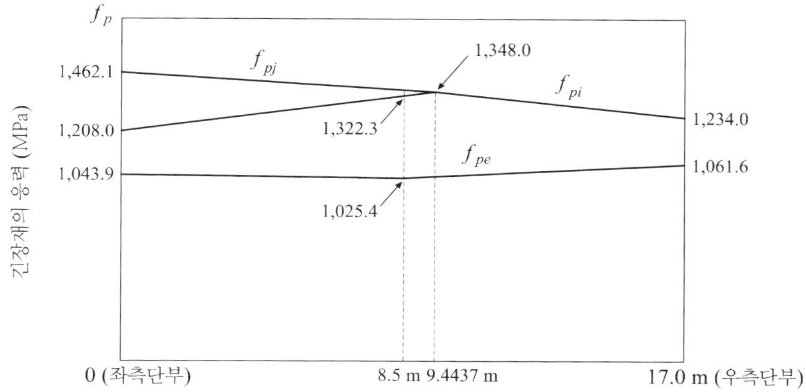

그림 13-20 예제 13-1 보의 즉시손실과 장기손실로 인한 긴장재의 응력변화

$$P_{e.right} = f_{pe.right} \times A_p = 1{,}061.6 \times 1{,}114.8 = 1{,}183.4 \text{ kN}$$

으로 계산된다.

초기 프리스트레스 f_{pi} 에 대한 유효 프리스트레스 f_{pe} 의 비로 정의되는 프리스트레스의 유효율 R 은 좌측 단부, 중앙부, 우측 단부에 대해서 각각

$$R_{left} = \frac{f_{pe.left}}{f_{pi.left}} = \frac{1{,}043.9}{1{,}208.0} = 0.864$$

$$R_{center} = \frac{f_{pe.center}}{f_{pi.center}} = \frac{1{,}025.4}{1{,}322.3} = 0.775$$

$$R_{right} = \frac{P_{e.right}}{P_{pA.right}} = \frac{1{,}061.6}{1{,}234.0} = 0.860$$

으로 구해진다. 좌측 단부, 중앙부, 우측 단부 유효율의 평균인 평균 유효율 R_{avg} 는 대략 0.83 이며, 이는 프리스트레스 도입 후 5년 동안에 일어나는 시간적 손실률이 약 17 퍼센트인 것을 의미한다. 앞서 언급한 바와 같이 실무에서 편의상 포스트텐션에 대하여 통상적으로 사용하는 근사적인 유효율은 0.80 ~ 0.85 이며, 이 예제에서 상세 계산을 통해 산출한 R_{avg} 도 이 범위 안에 해당되는 것을 알 수 있다.

13-2-3 프리스트레스트 콘크리트 구조의 기본 개념

① 응력개념

프리스트레스트 콘크리트 부재에서는 하중에 의한 인장응력이 프리스트레스에 의한 압축응력에 의하여 상쇄되기 때문에 부재에 균열이 거의 발생되지 않으므로 인장응력에 약한 취성적인 콘크리트를 탄성재료로 간주하여 부재를 해석할 수 있으며, 이를 응력개념 또는 균질보의 개념(homogeneous beam concept)이라고 한다. 이 개념은 프레시네에 의하여 제안되었으며, 그림 13-21에 나타낸 것과 같이 긴장재를 절곡 또는 곡선 배치한 경우 탄성상태에 있는 프리스트레스트 콘크리트 부재의 단면 최상연 및 최하연에서의 응력 f_c는 각각

$$f_c = \frac{P}{A} \mp \frac{Pe_x}{I}y \pm \frac{M}{I}y \tag{13.32}$$

으로 산정할 수 있다. 여기서, P는 프리스트레스 힘, e_x는 해당 단면에서 긴장재의 편심거리, M는 해당 단면에서 자중에 의한 모멘트, A는 콘크리트의 순단면적, I는 콘크리트의 단면 2차모멘트, y는 단면의 도심으로부터 단면 최상

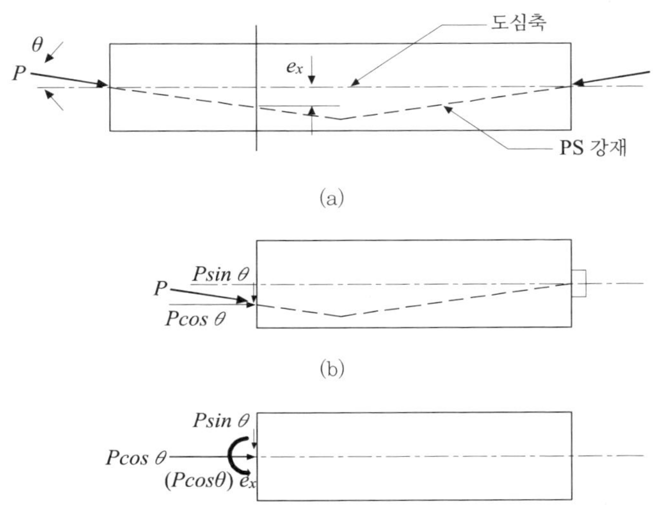

그림 13-21 균질보 개념

연 또는 최하연까지의 거리이다. 긴장재를 직선으로 편심 배치한 경우에 프리스트레스트 콘크리트 부재의 단면 최상연 및 최하연에서의 응력 f_c는 각각

$$f_c = \frac{P}{A} \mp \frac{Pe}{I}y \pm \frac{M}{I}y \tag{13.33}$$

으로 산정할 수 있으며, 여기서, e는 긴장재의 편심거리이다.

② 압력선 방법 (c-line method)

압력선 방법은 그림 13-22 에 나타낸 것과 같이 콘크리트는 압축력을, 긴장재는 인장력을 부담함으로써 두 힘의 우력모멘트가 외력에 의한 휨모멘트에 저항한다는 개념으로서 강도개념 또는 내력모멘트 개념으로 알려져 있다. 압력선 방법은 린(T. Y. Lin)에 의하여 제안되었으며, 프리스트레스트 콘크리트 부재의 공칭휨강도를 검토할 때 유용하게 활용될 수 있다. 그림 13-22에 나타낸 것과 같이 도입된 프리스트레스 힘이 콘크리트의 압축력과 평형을 이루어야 하므로

$$C = T = P \tag{13.34}$$

의 관계가 성립하며, 여기서 P는 긴장재에 작용하고 있는 인장력이다. 하중에 의한 휨모멘트 M에 대하여 두 힘에 의한 우력모멘트가 발생되며, 이때 긴장재의 도심과 압축력까지의 거리 δ은

$$\delta = M/P \tag{13.35}$$

으로 산정할 수 있다. 여기서 압축력의 위치를 압력선이라고 하며, 긴장재의 도심과 압력선사이의 거리 δ는 긴장재의 편심거리 e와 콘크리트 단면의 도심으로부터 압력선까지의 거리 e'을 합하여 산정할 수 있다.

③ 하중평형법

하중평형법은 프리스트레스 힘의 작용효과를 등가의 분포하중으로 치환하기 때문에 등가하중법이라고도 불린다. 앞서 설명된 두 방법은 복잡한 지점조건 또는 긴장재의 배치형상을 갖는 경우에는 적용이 어렵지만, 하중평형법을 적용하면 비교적 간단하게 프리스트레스트 콘크리트 부재의 응력해석이 가능하다.

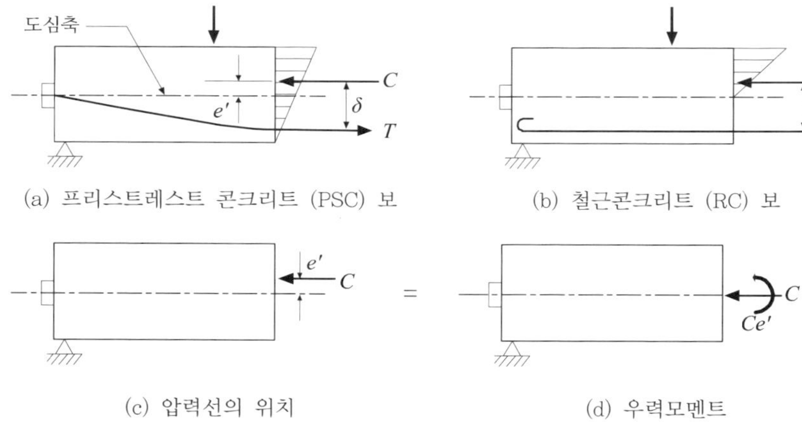

그림 13-22 내력모멘트 개념

그림 13-23 에 나타낸 것과 같이 포물선 긴장재 배치를 갖는 경우에는 긴장재의 현수작용에 의한 상향등분포 하중 u를

$$u = \frac{8Ph}{l^2} \tag{13.36}$$

으로 산정할 수 있다. 여기서 h는 포물선 배치된 긴장재의 최대 편심이다. 긴장재의 등분포 상향력 u가 외력 등분포 하중 w와 동일하면 이 보에는 휨이 발생되지 않고 순수 압축력 $P\cos\theta$만 작용하게 된다. 그러나, u가 w보다 작으면 그 차이에 의한 모멘트 M을 받게 되며, 이때 프리스트레스트 콘크리트 부재의 단면 최상연 및 최하연에서의 응력 f_c는 각각

$$f_c = \frac{P\cos\theta}{A} \pm \frac{M}{I}y \fallingdotseq \frac{P}{A} \pm \frac{M}{I}y \tag{13.37}$$

으로 산정될 수 있다. 이 방법을 통하여 프리스트레스트 콘크리트 부재의 초기 설계과정에서 적절한 프리스트레스트 힘의 크기와 대략적인 긴장재의 개수를 산정할 수 있으며, 일반적으로 고정하중을 상쇄할 수 있는 수준의 상향력이 발생하도록 긴장재의 최대 편심과 개수 및 도입 압축응력의 크기를 결정한다. 긴장재를 포물선 형상으로 배치하는 경우 외에도 다양한 긴장재 배치형상에 대하여 등가하중과 휨모멘트 분포를 그림 13-24에 나타내었다.

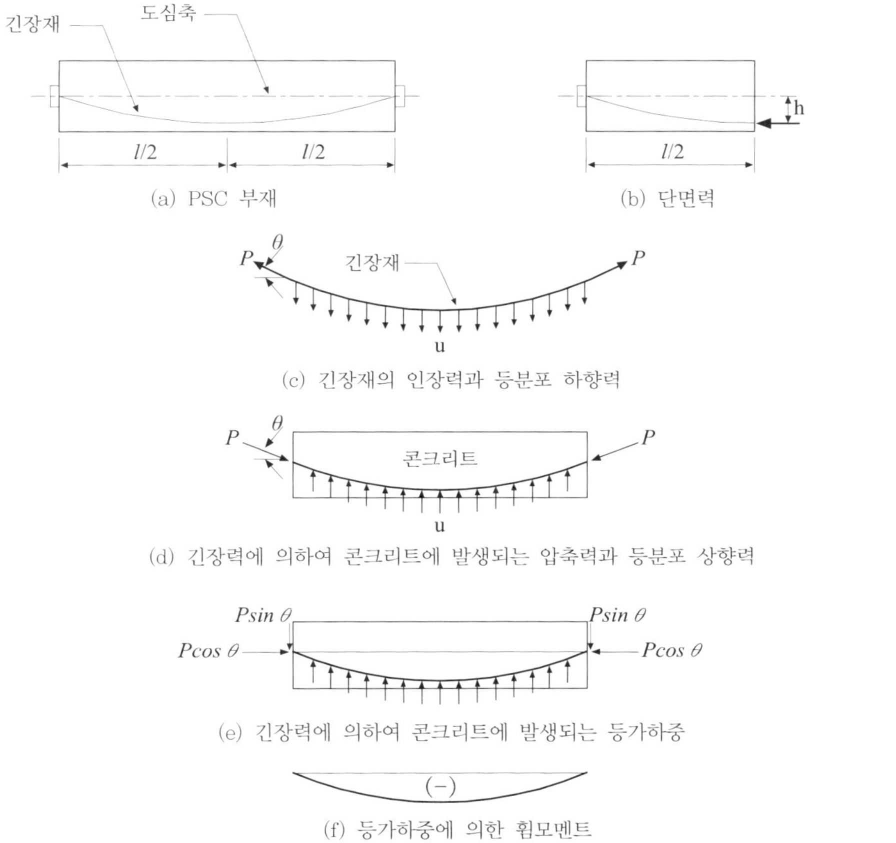

그림 13-23 하중평형법

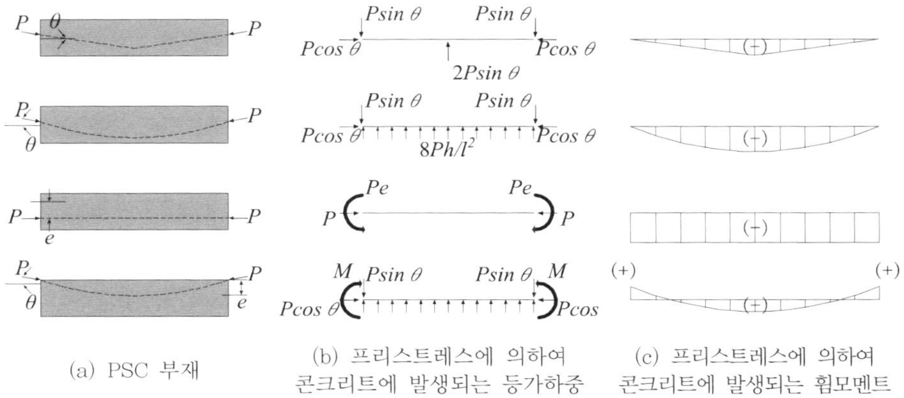

그림 13-24 긴장재 배치형상에 따른 등가하중 및 휨모멘트

13-3 휨부재의 거동 및 설계

13-3-1 프리스트레스트 콘크리트 휨부재의 거동

프리스트레스트 콘크리트 부재의 휨강도 및 휨거동 해석에서는 4장에서 설명한 단면 내에서 힘의 평형방정식, 콘크리트의 응력-변형률 관계 및 등가응력블럭, 선형 변형률 분포를 가정한 변형률 적합조건을 동일하게 적용할 수 있다. 다만, 그림 13-25에 나타낸 것과 같이 긴장재는 일반적인 철근과는 다른 응력-변형률 관계를 나타내며, 수정된 Ramberg-Osgoods 곡선을 사용하여

$f_p \le f_{py}$ 일 때,

$$f_p = E_p\,\varepsilon_{pf} \tag{13.38a}$$

$f_p > f_{py}$ 일 때,

$$f_p = E_p\,\varepsilon_{pf}\left\{A + \frac{1-A}{\left[1+\left(B\epsilon_{pf}\right)^C\right]^{1/C}}\right\} \le f_{pu} \tag{13.38b}$$

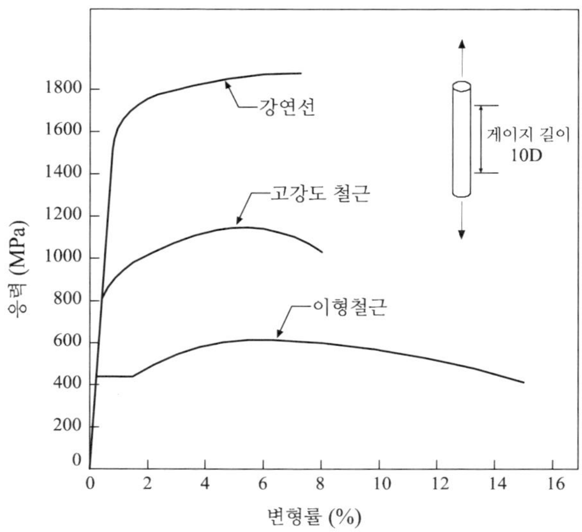

그림 13-25 강재의 응력-변형률 곡선 비교

으로 이상화하여 나타낼 수 있다. 여기서 f_{py}는 긴장재의 항복강도로서 변형률 0.01에 해당되는 응력, f_p, ε_{pf} 및 E_p 는 각각 긴장재의 응력, 변형률, 탄성계수를 나타내며, A, B 및 C 는 각각 긴장재의 응력-변형률 곡선의 형상을 결정하는 상수로서 1,860 MPa 급 강연선에 대하여 각각 0.025, 118 및 10 을 주로 적용한다. 국내외 건설시장에서는 저이완 긴장재와 응력제거 나선형 강연선이 주로 사용되며, 와이어로프 및 강봉도 프리스트레스싱 강재로 사용되고 있다.

프리스트레스트 콘크리트 부재를 설계할 때에는 하중단계에 따라 부재의 응력 및 강도를 검토하여야 한다. 그림 13-26에 나타낸 바와 같이 프리스트레스트 콘크리트 부재의 하중단계를 세분화하여 나타낼 수 있으며, 크게 프리스트레스 도입과 운반 · 양중 및 조립과정을 포함하는 초기단계, 사용하중 단계, 극한상태를 포함한 최종단계 등으로 구분할 수 있다. 초기단계에서는 긴장력의 즉시 손실이 발생하지만 장기손실은 발생하기 전이며, 프리스트레스로 인하여 부재에 치올림, 즉 상향처짐이 발생하는 경우가 많으므로 이에 유의하여야 한다. 또한, 콘크리트의 강도가 완전히 발현하기 전이므로 프리스트레스 도입으로 인한 균열 등에 유의해야 하며, 부재의 운반 및 조립의 과정에서 발생할 수 있는 부재의 응력에도 주의를 기울여야 한다. 사용하중 단계에서는 시간이 경과함에

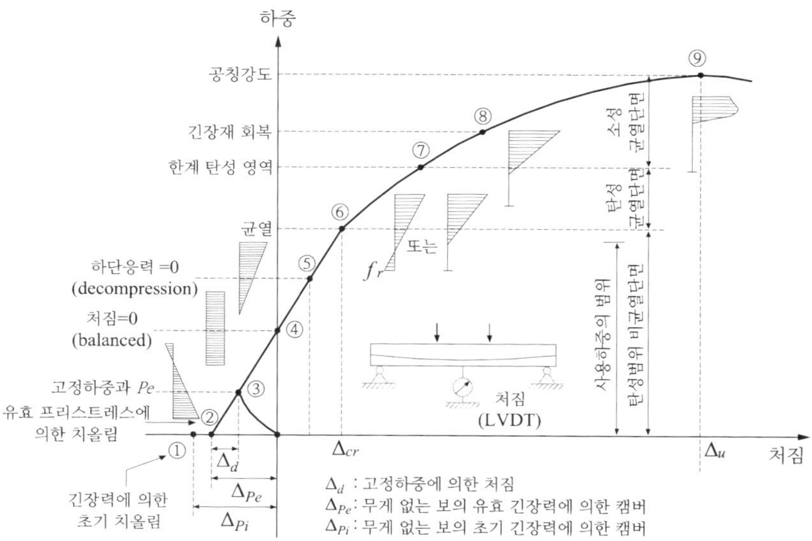

그림 13-26 프리스트레스트 콘크리트 부재의 휨거동

따라 긴장력의 장기 손실이 발생하며 5년 이상이 경과하면 모든 장기손실이 발생한 것으로 간주할 수 있다. 일반적인 철근콘크리트 부재에 비하여 프리스트레스트 콘크리트 부재는 균열모멘트가 매우 높기 때문에 사용하중단계에서 균열 및 처짐제어에 매우 유리하다. 프리스트레스트 콘크리트 부재에 대한 압력선 방법에서 설명한 것과 같이 하중이 증가함에 따라서 긴장재의 응력변화는 상대적으로 작은 반면에 우력사이의 팔거리가 크게 증가한다. 특히 비부착식 긴장재를 적용한 경우에는 부착식 긴장재를 적용한 경우에 비하여 긴장재의 응력증가가 낮은 수준을 나타낸다. 극한상태에서는 일반적인 철근콘크리트 부재에 비하여 다소 취성적인 파괴모드를 나타낼 수 있으므로 설계 단계에서 유의해야 하며, 철근의 혼용사용, 긴장재의 배치형상 등을 통하여 보다 유연한 극한강도 설계가 가능하다.

13-3-2 프리스트레스트 콘크리트 휨부재의 사용성 검토

앞서 언급된 바와 같이 프리스트레스트 콘크리트 부재의 설계에 사용되는 긴장재의 응력을 산정할 때에는 프리스트레스 손실의 영향을 고려하여야 하며, 유압잭을 사용하여 긴장재에 인장력을 도입할 때나 도입 직후 긴장재의 응력을 표 13-1에 나타낸 바와 같이 제한하고 있다. 또한, KDS 14 20 60 (4.2.1)에서는 프리스트레스 도입 직후 및 사용하중 상태에서의 콘크리트 단면의 응력을 표 13-4와 같이 제한하고 있다.

프리스트레스트 콘크리트 부재의 사용성 검토는 사용하중에서 허용되는 응력제한 검토, 균열폭 제어를 위한 철근의 순간격 및 처짐 검토 등을 포함하며,

표 13-4 프리스트레스트 콘크리트 부재 단면의 허용응력

(a)	① 휨압축응력 - 단순지지부재의 단부	: $0.70f_{ci}$
	- 그 외의 영역	: $0.60f_{ci}$
	② 휨인장응력 - 단순지지부재의 단부	: $0.50\sqrt{f_{ci}}$
	- 그 외의 영역	: $0.25\sqrt{f_{ci}}$
(b)	① 압축연단응력(유효 프리스트레스+지속하중)	: $0.45f_{ck}$
	② 압축연단응력(유효 프리스트레스+전체하중)	: $0.60f_{ck}$

궁극적으로는 5장에서 서술한 철근콘크리트 부재의 경우와 거의 동일하다. 다만, 앞서 언급된 바와 같이 KDS 14 20 60 (4.1.2)에서는 프리스트레스 도입단계에서뿐만 아니라 사용하중 상태에서 콘크리트 단면의 응력 크기를 제한하고 있으며, 표 13-5에 나타낸 것과 같이 사용하중 상태에서의 인장측 응력 f_t의 크기에 따라서 비균열등급 (Class U), 부분균열등급 (Class T) 및 균열등급 (Class C)의 단면등급으로 나누어서 이에 따라 단면의 유효휨강성, 허용응력의 제한, 균열제어를 위한 부착철근의 추가배치 등과 같은 추가적인 검토 사항들을 설계시 반영하여야 한다. 프리스트레스트 콘크리트 부재의 단면등급을 판정하기 위해서는 균열모멘트 강도 M_{cr}을 산정해야 하며, 그림 13-27에 나타낸 것과 같이 철근콘크리트 부재의 균열모멘트 강도에 프리스트레스 효과를 고려하여 프리스트레스트 콘크리트 부재의 균열모멘트 강도 M_{cr}을

$$M_{cr} = f_r Z_2 + P_e\left(\frac{r^2}{y_2} + e_p\right) \tag{13.39}$$

으로 산정할 수 있다. 여기서 f_r은 콘크리트의 휨인장강도, Z_2는 콘크리트 단면의 y_2에 대한 단면계수, r은 단면 2차반경, e_p는 긴장재의 편심크기, y_2는 도심으로부터 단면의 최하단까지 거리이다.

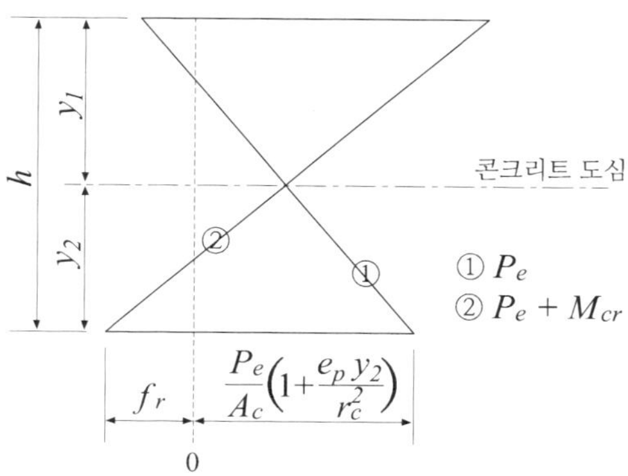

그림 13-27 균열모멘트의 산정

표 13-5　프리스트레스트 콘크리트 부재의 사용성에 관한 설계 요구조건

	프리스트레스트 콘크리트 부재			철근콘크리트부재
	비균열등급 (Class U)	부분균열등급 (Class T)	균열등급 (Class C)	
거동	비균열상태	비균열과 균열의 중간 상태	균열상태	균열상태
사용하중에서의 응력계산시 단면 성질	비균열 전단면	비균열 전단면	균열단면	조건 없음
프리스트레스 도입 직후 허용응력	표 13-4 (a)	표 13-4 (a)	표 13-4 (a)	조건 없음
비균열 단면 성질로 계산한 허용압축응력 (사용하중 상태)	표 13-4 (b)	표 13-4 (b)	조건 없음	조건 없음
사용하중 상태에서의 인장응력*	$f_t \le 0.63\sqrt{f_{ck}}$	$0.63\sqrt{f_{ck}} < f_t \le 1.0\sqrt{f_{ck}}$	조건 없음	조건 없음
처짐계산 근거	비균열 전단면	균열 단면 (유효단면 2차모멘트 또는 이선형 곡선 적용)	균열 단면 (유효단면 2차모멘트 또는 이선형 곡선 적용)	유효단면 2차모멘트
균열제어	조건 없음	조건 없음	균열제어철근 배근-KDS 14 20 20 (4.2.3) 참조	균열제어철근 배근-KDS 14 20 20 (4.2.3) 참조
균열제어를 위한 f_s계산	–	–	균열단면해석	M/A_s 또는 $0.6f_y$
표피철근	불필요	불필요	표피철근 배근-KDS 14 20 20 (4.2.3) 참조	표피철근 배근-KDS 14 20 20 (4.2.3) 참조

* 단, 2방향 프리스트레스 콘크리트 슬래브는 $f_t \le 0.5\sqrt{f_{ck}}$ 를 만족하는 비균열등급 부재로 설계되어야 한다.

그림 13-28은 균열등급에 따른 사용하중에서의 단면 내 응력분포와 보강재의 응력변화를 비교하여 나타낸 것이다. 비균열 및 부분균열등급 단면에 비하여 균열등급 단면에 속하는 경우 사용하중 상태에서 인장보강재의 응력증가가 더 크게 발생되는 것을 알 수 있다. KDS 14 20 20 (4.2.3)에서는 사용하중레벨에서 균열등급에 속하는 프리스트레스트 콘크리트 부재들의 적절한 균열제어를 위하여 휨보강재의 최대 간격 $s_{\max}$을

$$s_{\max} = \eta\left[375\left(\frac{k_{cr}}{f_s}\right) - 2.5c_c\right] \le \eta 300\left(\frac{k_{cr}}{f_s}\right) \qquad (13.40)$$

으로 제시하고 있다. 여기서, η는 철근콘크리트 부재에 대하여 1.0을 적용하는데 비해, 부착철근이 사용되지 않은 프리스트레스트 콘크리트 부재에 대하여 2/3, 부착철근과 프리스트레싱 긴장재가 혼용된 부분 프리스트레스트 콘크리트 부재에 대하여 5/6를 적용한다. k_{cr}은 건조환경에 노출되는 경우 280, 환경에 노출되는 경우에는 210으로 정의할 수 있다. 또한, f_s는 사용하중에서 보강재의 인장응력으로써 프리스트레스트 콘크리트 부재에 대해서는 긴장재의 순인장응력 Δf_{ps}를 적용하며, 다만 Δf_{ps}가 140 MPa 이하인 경우에는 균열단면의 경우에도 휨철근의 최대 간격 $s_{\max}$을 검토할 필요가 없다. Δf_{ps}는 균열단면해석을 통해 산정된 긴장재의 응력에서 감압응력(decompression stress) f_{dc}를 공제한 값이며, f_{dc}는 긴장재 도심 위치에서 콘크리트의 응력이 영이 될 때 긴장재의 응력으로 정의된다. 다만, f_{dc}를 유효 프리스트레스 f_{pe}의 크기와 동일하게 간주하여 적용하여도 되며, 사용하중에서 긴장재의 순인장응력 Δf_{ps}의 크기가 250 MPa을 초과하지 않도록 설계하도록 규정하고 있다. 표 13-5에 나타낸 것과 같이 사용하중에서 콘크리트 단면의 응력을 검토할 때에는 비균열 단면뿐만 아니라 부분균열 등급 단면에서도 전단면을 유효하게 간주하는 반면에, 균열단면은 물론 부분균열단면의 처짐을 계산할 때에도 유효단면 2차모멘트를 사용하거나 2 개의 직선(bilinear curve)으로 이상화된 모멘트-

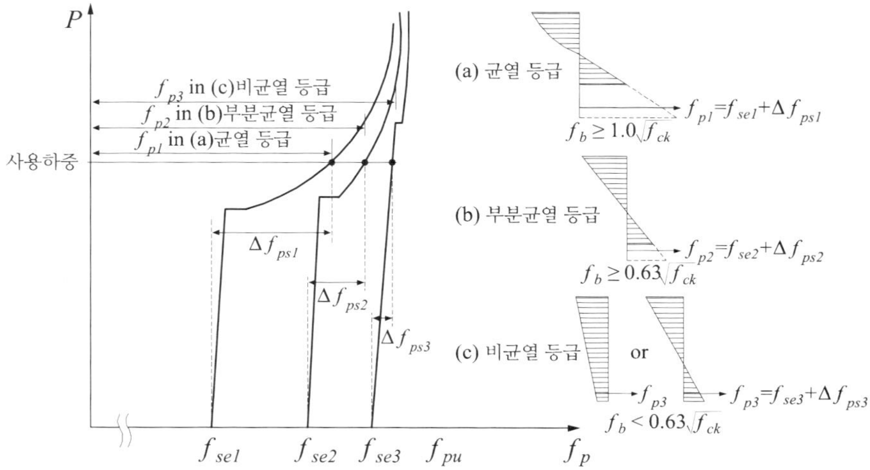

그림 13-28 균열등급에 따른 프리스트레스가 도입된 보강재의 응력거동

처짐 관계를 사용하여야 한다. 프리스트레스트 콘크리트 부재의 처짐 계산은 5장에서 설명한 철근콘크리트 부재의 계산과 동일한 과정으로 구할 수 있다. 다만, 초기 프리스트레스에 의한 솟음(camber)이 발생하는 점에 유의해야 하며, 솟음이 과대하게 발생하는 경우에는 시공성이 저하될 수 있으므로 적절한 검토가 필요하다.

【예제 13-2】 그림 13-29에 보이는 바와 같이 자중 ω_{d1} = 16.3 kN/m 와 추가 고정하중 ω_{d2} = 5 kN/m , 사용 활하중 ω_l = 11.5 kN/m 를 받는 단순지지된 T형 단면의 포스트텐션 휨부재가 있다. 하중평형법을 이용하여 개략적으로 긴장재의 단면적을 결정하고, 프리스트레스 도입 직후 및 사용하중 하에서 콘크리트 단면의 허용응력, 균열제어 철근 및 즉시처짐과 5년 경과 후 장기처짐에 대하여 검토하라. 단, 경간 l은 24.4 m 이고, 15.2 mm 저이완 7연선을 긴장재로 사용한다. 긴장재의 인장강도 f_{pu}= 1,860 MPa , 항복강도 f_{py}= 1,674 MPa , 부재 중앙부에서 긴장재의 편심 e_c= 585 mm , 부재 단부에서 긴장재의 편심 e_e= 100 mm 이며, 콘크리트 압축강도 f_{ck}= 35 MPa , 긴장력을 도입할 때 콘크리트 압축강도 f_{ci}= 28 MPa 이다.

[풀 이]

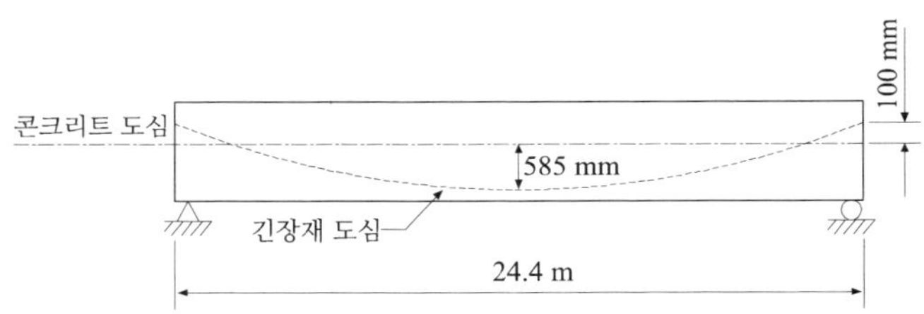

(a) 길이방향 긴장재 배치 형상

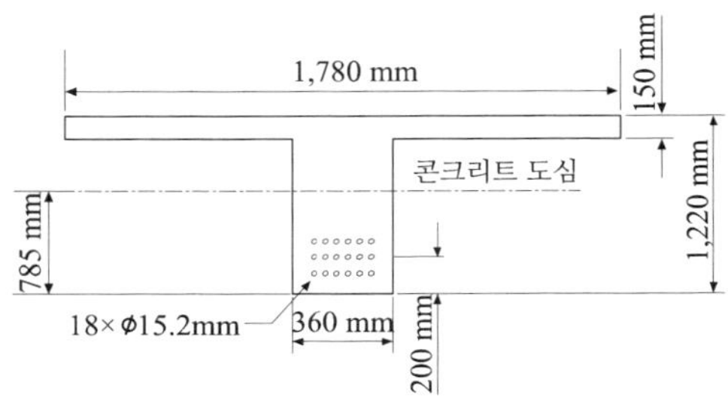

(b) 부재 중앙 단면도

그림 13-29 프리스트레스트 콘크리트 휨부재

자중에 의한 휨모멘트 M_{d1}는

$$M_{d1}=\frac{1}{8}\times 16.3\times 24.4^2=1{,}213.0\ \mathrm{kN\cdot m}$$

이고, 추가 고정하중에 의한 휨모멘트 M_{d2}는

$$M_{d2}=\frac{1}{8}\times 5\times 24.4^2=372.1\ \mathrm{kN\cdot m}$$

이다. 또한, 활하중에 의한 휨모멘트 M_l은

$$M_l=\frac{1}{8}\times 11.5\times 24.4^2=855.8\ \mathrm{kN\cdot m}$$

이다. 따라서, 요구되는 공칭 휨 강도는

$$M_n=\frac{M_u}{\phi}=\frac{1.2(M_{d1}+M_{d2})+1.6M_l}{0.85}$$

$$=\frac{1.2\times(1{,}213.0+372.1)+1.6\times 855.8}{0.85}=3{,}848.7\ \mathrm{kN\cdot m}$$

이다. 하중평형법에 의하여 휨부재의 자중 및 추가 고정하중과 등가인 긴장재 상향력을 확보하기 위하여 필요한 유효 프리스트레스 힘 P_e은

$$P_e=\frac{ul^2}{8h}=\frac{(\omega_{d1}+\omega_{d2})l^2}{8h}=\frac{(16.3+5)\times 24.4^2}{8\times(0.785-0.2)}=2{,}709.7\ \mathrm{kN}$$

이 된다. 따라서, 프리스트레스 유효율 R을 85 퍼센트로 가정하면 초기 프리스트레스 힘 P_i는

$$P_i=\frac{P_e}{R}=\frac{2{,}709.7}{0.85}=3{,}187.9\ \mathrm{kN}$$

이 된다. 저이완 강연선의 $f_{pu}=1{,}860\ \mathrm{MPa}$, $f_{py}=1{,}674\ \mathrm{MPa}$ 이므로 프리스트레스 긴장재의 최대 허용 인장응력은 다음 두 값 중 작은 값이다.

$$0.82f_{py}=0.82\times 1{,}674=1{,}372.7\ \mathrm{MPa}$$

$$0.74f_{pu}=0.74\times 1{,}860=1{,}376.4\ \mathrm{MPa}>0.82f_{py}$$

따라서, 요구되는 긴장재의 단면적 $A_{p,req}$ 은

$$A_{p,req} = \frac{P_i}{0.82 f_{py}} = \frac{3{,}188 \times 10^3}{1{,}372.7} = 2{,}322.4\ \mathrm{mm}^2$$

이며, 15.2 mm 저이완 7연선 18 개를 배치하면 긴장재의 전 단면적 A_p은

$$A_p = 18 \times 138.7 = 2{,}496.6\ \mathrm{mm}^2$$

이 된다.

예제에 주어진 프리스트레스트 콘크리트 휨부재의 사용한계상태 검토에 필요한 단면 계수를 계산하면 다음과 같다.

$$A_g = 6.5 \times 10^5\ \mathrm{mm}^2$$

$$I_g = 9.6 \times 10^{10}\ \mathrm{mm}^4$$

$$y_1 = 435\ \mathrm{mm},\ \ Z_1 = 2.2 \times 10^8\ \mathrm{mm}^3$$

$$y_2 = 785\ \mathrm{mm},\ \ Z_2 = 1.2 \times 10^8\ \mathrm{mm}^3$$

① 프리스트레스 도입 직후 부재의 응력 검토

프리스트레스 도입 직후 부재의 중앙부와 단부에 대해서 단면 상하연단의 콘크리트 응력 f_1과 f_2를 계산하고 허용응력을 검토한다.

– 부재 중앙부 단면

부재 중앙부 허용 휨압축응력은 $0.6 f_{ci} = 16.8$ MPa 이다. 긴장재의 편심 e_c은 $785 - 200 = 585$ mm, 초기 프리스트레스 힘 P_i 는 3,187.9 kN이므로 단면 상하연단의 콘크리트 응력 f_1과 f_2를 각각 계산하면

$$f_1 = \frac{P_i}{A_g} - \frac{P_i e_c}{Z_1} + \frac{M_{d1}}{Z_1}$$

$$= \frac{3{,}187.9 \times 10^3}{6.5 \times 10^5} - \frac{3{,}187.9 \times 10^3 \times 585}{2.2 \times 10^8} + \frac{1{,}213.0 \times 10^6}{2.2 \times 10^8}$$

$$= 1.9\ \mathrm{MPa}(\text{압축}) < 16.8\ \mathrm{MPa} \quad \therefore \text{만족}$$

$$f_2 = \frac{P_i}{A_g} + \frac{P_i e_c}{Z_2} - \frac{M_{d1}}{Z_2}$$

$$= \frac{3,187.9\times 10^3}{6.5\times 10^5} + \frac{3,187.9\times 10^3\times 585}{1.2\times 10^8} - \frac{1,213.0\times 10^6}{1.2\times 10^8}$$

$$= 10.3\ \text{MPa}(\text{압축}) < 16.8\ \text{MPa} \quad \therefore \text{만족}$$

이다.

– 부재 단부 단면

부재의 단부 영역에서 허용 휨압축응력은 $0.7f_{ci} = 19.6$ MPa 이다. 긴장재의 편심 e_e 는 100 mm 이고 하중에 의한 휨모멘트는 영이므로 f_1과 f_2 를 각각 계산하면

$$f_1 = \frac{P_i}{A_g} + \frac{P_i e_e}{Z_1} + \frac{M_{d1}}{Z_1}$$

$$= \frac{3,187.9\times 10^3}{6.5\times 10^5} + \frac{3,187.9\times 10^3\times 100}{2.2\times 10^8} + 0$$

$$= 6.4\ \text{MPa}(\text{압축}) < 19.6\ \text{MPa} \quad \therefore \text{만족}$$

$$f_2 = \frac{P_i}{A_g} - \frac{P_i e_e}{Z_2} - \frac{M_{d1}}{Z_2}$$

$$= \frac{3,187.9\times 10^3}{6.5\times 10^5} - \frac{3,187.9\times 10^3\times 100}{1.2\times 10^8} - 0$$

$$= 2.2\ \text{MPa}(\text{압축}) < 19.6\ \text{MPa} \quad \therefore \text{만족}$$

이다.

② 사용하중 상태에서 부재의 응력 검토

자중 및 추가 고정하중과 활하중이 작용하는 사용하중 상태에서의 응력을 검토하기 위하여 먼저 단면을 비균열 등급 단면으로 가정하고, 손실을 고려한 유효 프리스트레스 힘 P_e 는 $2,709.7\times 10^3$ N 으로 산정된 것으로 가정한다.

– 부재 중앙부 단면

비균열 단면 상하연단의 콘크리트 응력 f_1과 f_2를 각각 계산하면

$$f_1 = \frac{P_e}{A_g} - \frac{P_e e_c}{Z_1} + \frac{M_{d1} + M_{d2} + M_l}{Z_1}$$

$$= \frac{2,709.7 \times 10^3}{6.5 \times 10^5} - \frac{2,709.7 \times 10^3 \times 585}{2.2 \times 10^8} + \frac{2,440.9 \times 10^6}{2.2 \times 10^8}$$

$$= 8.1\ \text{MPa}(\text{압축})$$

$$f_2 = \frac{P_e}{A_g} + \frac{P_e e_c}{Z_2} - \frac{M_{d1} + M_{d2} + M_l}{Z_2}$$

$$= \frac{2,709.7 \times 10^3}{6.5 \times 10^5} + \frac{2,709.7 \times 10^3 \times 585}{1.2 \times 10^8} - \frac{2,440.9 \times 10^6}{1.2 \times 10^8}$$

$$= -3.0\ \text{MPa}(\text{인장})$$

이다. 사용하중 상태에서 최상단 허용 압축응력은 $0.6 \times 35 = 21$ MPa 이고, 비균열 등급 단면에서 최하단 인장응력은 $0.63 \times \sqrt{f_{ck}} = 3.7$ MPa 이하 이어야 한다. 따라서 최상단 압축응력이 허용 압축응력을 만족하며, 최하단 응력이 비균열 등급 단면조건을 만족하므로 비균열 등급 단면으로 가정한 것이 타당함을 알 수 있다.

– 부재 단부 단면

하중에 의한 휨모멘트는 영이므로 f_1과 f_2 를 각각 계산하면

$$f_1 = \frac{P_e}{A_g} + \frac{P_e e_e}{Z_1} + \frac{M_{d1} + M_{d2} + M_l}{Z_1}$$

$$= \frac{2,709.7 \times 10^3}{6.5 \times 10^5} + \frac{2,709.7 \times 10^3 \times 100}{2.2 \times 10^8} = 5.4\ \text{MPa}(\text{압축})$$

$$f_2 = \frac{P_e}{A_g} - \frac{P_e e_e}{Z_2} - \frac{M_{d1} + M_{d2} + M_l}{Z_2}$$

$$= \frac{2,709.7 \times 10^3}{6.5 \times 10^5} - \frac{2,709.7 \times 10^3 \times 100}{1.2 \times 10^8} = 1.9\ \text{MPa}(\text{압축})$$

이 된다. 사용하중 하에서 압축연단의 압축응력이 허용응력 21 MPa 이하이므로 압축 허용응력 조건을 만족하고, 최하단 인장응력이 3.7 MPa 이하이므로 비균열 등급 단면 조건을 만족한다.

③ 균열제어 보강근 검토

예제에 제시된 부재는 비균열 등급 단면이므로 식 (13.40)에 제시된 균열제어를 위한 휨보강재의 최대 간격 규정을 고려하지 않아도 된다. 다만, 휨보강재의 간격제한 기준에 대한 이해를 돕기 위하여 해당 부재를 균열 등급 단면으로 가정하여 휨보강재의 간격제한 규정을 검토한다.

먼저 균열 등급 단면으로 가정하기 위하여 추가 하중 8 kN/m를 부재에 재하하면, 이로 인하여 중앙부에서 추가적으로 발생하는 휨모멘트는 $\dfrac{1}{8}\times 7\times 24.4^2 = 520.9\,\mathrm{kN\cdot m}$이다. 따라서, 휨보강재의 최대 간격 규정 검토를 위하여 적용된 사용하중 상태에서 작용하는 총휨모멘트 M_s 는 휨모멘트 2,440.9 kN·m에 추가 휨모멘트 520.9 kN·m를 더한 2,961.8 kN·m 이다. 또한, 환산 균열단면의 단면적 A_t, 2차 단면 모멘트 I_{cr} 및 중립축에서 긴장재 도심까지의 거리 e_{cr}는

$$A_t = 25.3\times 10^4\ \mathrm{mm}^2$$

$$I_{cr} = 1.5\times 10^{10}\ \mathrm{mm}^4$$

$$e_{cr} = 887.6\ \mathrm{mm}$$

이며, 이 값을 이용하여 사용하중 상태에서 균열단면 해석을 수행할 수 있다. 식 (13.40)에서 긴장재의 순인장응력 Δf_{ps}는 균열단면해석을 통해 산정된 긴장재의 응력에서 감압응력 f_{dc}를 공제한 값이며, KDS 14 20 60 (4.2.1)에서는 감압응력 f_{dc}를 유효 프리스트레스 f_{pe}의 크기와 동일하게 간주하여 적용할 수 있도록 허용한다. 따라서, 사용하중 상태에서 긴장재의 순인장응력 Δf_{ps} 는

$$\begin{aligned}\Delta f_{ps} &= n\times\left(\frac{P_e}{A_t}+\frac{P_e e_{cr}^2}{I_{cr}}-\frac{M_s e_{cr}}{I_{cr}}\right)\\ &= 6.74\times\left(\frac{2{,}709.7\times 10^3}{25.3\times 10^4}+\frac{2{,}709.7\times 10^3\times 887.6^2}{1.5\times 10^{10}}-\frac{2{,}961.8\times 10^6\times 887.6}{1.5\times 10^{10}}\right)\\ &= -149.8\ \mathrm{MPa}(\text{인장})\end{aligned}$$

으로 계산된다. $\Delta f_{ps} = 149.8\ \mathrm{MPa} > 140\ \mathrm{MPa}$ 이므로 KDS 14 20 20 (4.2.

3)에서 요구되는 휨보강재의 간격제한 조건을 검토하여야 한다.
철근을 혼용하지 않은 완전 프리스트레스트 부재라고 가정하면 식 (13.40)에서 $\mu = 2/3$ 이고, 순피복두께 $c_c = 100 - 27.2/2 = 94\,\text{mm}$ 이다. 따라서, 휨보강재의 최대 간격 $s_{\max}$은

$$s_{\max} = \mu\left[375\left(\frac{280}{\Delta f_{ps}}\right) - 2.5\,c_c\right] = \frac{2}{3}\left[375 \times \left(\frac{280}{149.8}\right) - 2.5 \times 94\right]$$

$$= 310.6\,\text{mm} < \frac{2}{3} \times 300 \times \left(\frac{280}{149.8}\right) = 373.8\,\text{mm}$$

이다. 즉, 휨보강재의 최대 간격은 316.9 mm 이며, 부재에 배치된 휨보강재의 간격 $s = [360 - 2 \times (9.53 + 40)]/5 = 52.2\,\text{mm}$ 이므로 이 부재는 휨보강재의 간격제한 규정을 만족하는 것으로 검토된다.

④ 부재의 처짐 검토
예제 부재는 비균열 등급 단면이므로 단면의 전단면 2차모멘트 I_g를 적용하여 처짐을 계산할 수 있다. 또한, 초기 콘크리트 탄성계수 E_{ci} 는 $8{,}500\sqrt[3]{28 + 4} = 26{,}985.8\,\text{MPa}$, 콘크리트의 탄성계수 E_c 는 $8{,}500\sqrt[3]{35 + 4} = 28{,}825.3\,\text{MPa}$ 이다. 이 예제에서는 프리스트레스 도입 직후와 5년 경과 후의 처짐을 계산하여 검토한다.

– 프리스트레스 도입 직후 처짐
모멘트면적법을 사용하여 부재의 중앙부에서 초기 프리스트레스 P_i 에 의한 솟음 Δ_{pi} 을 구하면

$$\Delta_{pi} = -\frac{5P_i(e_c + e_e)l^2}{48E_{ci}I_g} + \frac{P_i e_e l^2}{8E_{ci}I_g}$$

$$= -\frac{5 \times 3{,}188 \times 10^3 \times (585 + 100) \times 24{,}400^2}{48 \times 26{,}985.8 \times 9.6 \times 10^{10}}$$

$$+ \frac{3{,}188 \times 10^3 \times 100 \times 24{,}400^2}{8 \times 26{,}985.8 \times 9.6 \times 10^{10}}$$

$$= -43.1\,\text{mm}\,(\uparrow)$$

이며, 자중에 의한 처짐 Δ_{d1}은

$$\Delta_{d1} = \frac{5 w_{d1} l^4}{384 E_{ci} I_g} = \frac{5 \times 16.3 \times 24{,}400^4}{384 \times 26{,}985.8 \times 9.8 \times 10^{10}} = 28.4\,\text{mm}\,(\downarrow)$$

이 된다. 따라서 프리스트레스 도입 직후의 최종 처짐 Δ_i는

$$\Delta_i = \Delta_{pi} + \Delta_{d1} = -43.1 + 28.4 = -14.7\,\text{mm}(\uparrow)$$

이다.

– 프리스트레스 도입 5년 경과 후 처짐

장기처짐을 계산할 때에는 시간경과에 따라 크리프에 의해 증가하는 처짐량을 고려해야 하며, 콘크리트 KDS 14 20 30 (4.2.3)에서는 5년 이상 시간이 경과했을 때에 대하여 시간경과계수 $\xi = 2.0$ 을 사용하도록 제시하고 있다. 먼저, 부재의 중앙부에서 유효 프리스트레스 P_e에 의한 솟음 Δ_{pe} 을 구하면

$$\Delta_{pe} = \left[-\frac{5P_e(e_c + e_e) l^2}{48 E_c I_g} + \frac{P_e e_e l^2}{8 E_c I_g} \right]$$

$$= -\frac{5 \times 2{,}709.7 \times 10^3 \times (585 + 100) \times 24{,}400^2}{48 \times 28{,}825.3 \times 9.6 \times 10^{10}}$$

$$+ \frac{2{,}709.7 \times 10^3 \times 100 \times 24{,}400^2}{8 \times 28{,}825.3 \times 9.6 \times 10^{10}} \times 3 = -34.3\,\text{mm}\,(\uparrow)$$

이다. 고정하중과 활하중이 작용하는 경우 즉시처짐 Δ_{d+l}은

$$\Delta_{d+l} = \frac{5(w_{d1} + w_{d2})\, l^4}{384 E_c I_g} + \frac{5(w_l)\, l^4}{384 E_c I_g}$$

$$= \frac{5 \times (11.5 + 5.0 + 16.3) \times 24{,}400^4}{384 \times 28{,}825.3 \times 9.8 \times 10^{10}} = 53.6\,\text{mm}\,(\downarrow)$$

으로 산정되며, 고정하중만 작용하는 경우 즉시처짐 Δ_d는

$$\Delta_d = \frac{5(w_{d1} + w_{d2}) l^4}{384 E_{ci} I_g} = \frac{5 \times (16.3 + 5.0) \times 24{,}400^4}{384 \times 28{,}825.3 \times 9.8 \times 10^{10}} = 34.8\,\text{mm}\,(\downarrow)$$

으로 계산된다. 따라서, 고정하중과 활하중이 작용하는 경우의 즉시처짐 Δ_{d+l}에서 고정하중만 작용하는 경우의 즉시처짐 Δ_d을 제하면 활하중 w_l에

의한 즉시처짐 Δ_l을

$$\Delta_l = \Delta_{d+l} - \Delta_d = 18.8\ \mathrm{mm}\,(\downarrow)$$

으로 산정할 수 있다. 부재가 과도한 처짐에 의해 손상되기 쉬운 비구조 요소를 지지 또는 부착하지 않은 바닥구조라고 가정하면 KDS 14 20 30 (4.2.3) 제시된 처짐 제한값은 $l/360 = 67.7\ \mathrm{mm}$ 이다.

활하중에 의한 즉시처짐량 $\Delta_l = 18.8\ \mathrm{mm}$ 가 처짐 제한값 $l/360 = 67.7\ \mathrm{mm}$ 보다 작으므로 이 부재는 활하중에 의한 즉시처짐 제한규정을 만족한다.

또한, 지속하중인 자중 w_{d1}과 추가 고정하중 w_{d2}에 의한 탄성처짐 Δ_d는 34.8 mm 이므로 시간경과계수 $\xi = 2.0$를 고려한 지속하중에 의한 처짐 Δ_{sus}는

$$\Delta_{sus} = \xi\Delta_d = 2 \times 34.8 = 69.6\ \mathrm{mm}\,(\downarrow)$$

이 된다. 따라서, 5년 경과 후의 총처짐량 Δ_t는

$$\Delta_t = \Delta_{pe} + \Delta_{sus} + \Delta_l = -34.3 + 18.8 + 69.6 = 54.1\ \mathrm{mm}\,(\downarrow)$$

이다. 예제 부재를 과도한 처짐에 의해 손상될 염려가 없는 비구조 요소를 지지 또는 부착한 지붕 또는 바닥 구조라고 가정하였으므로 처짐 제한값은 $l/240 = 101.6\ \mathrm{mm}$ 이다.

따라서, 5년 경과 후의 총처짐량 $\Delta_t = 54.1\ \mathrm{mm}$ 가 처짐 제한값 $l/240 = 101.6\ \mathrm{mm}$ 보다 작으므로 이 시점에서 부재는 처짐제한 규정을 만족한다.

13-3-3 프리스트레스트 콘크리트 부재의 휨강도

KDS 14 20 60에서는 변형률 적합조건과 평형조건을 고려하여 프리스트레스트 콘크리트 부재의 휨강도를 산정할 수 있도록 규정하고 있으며, 이때 긴장재의 응력은 부재가 파괴할 때의 극한응력 f_{ps} 를 계산하여 적용한다.

【1】 부착 긴장재의 극한응력

부착 긴장재의 극한응력 f_{ps} 는 일반적으로 긴장재의 항복강도 f_{py} 와 인장강도 f_{pu} 사이에 분포한다. 긴장재의 극한응력 f_{ps} 값은 변형률 적합조건을 이용하

여 반복계산에 의한 ε_{ps} 의 수렴을 통해 산출할 수 있다. 그림 13-30에 나타낸 바와 같이 단면 내의 내부 우력에 대한 힘의 평형방정식으로부터 긴장재의 극한응력 f_{ps} 는

포물선-직선 등가응력분포의 경우

$$f_{ps} = \frac{\alpha(0.85 f_{ck}) bc}{A_p} \tag{13.41a}$$

직사각형 등가응력블록의 경우

$$f_{ps} = \frac{\eta(0.85 f_{ck}) ab}{A_p} \tag{13.41b}$$

으로 산정할 수 있다. 여기서 긴장재 단면적 $A_p = \rho_p b d_p$, ρ_p 는 긴장재의 길이방향 철근비, 직사각형 등가응력블록의 경우 등가응력블럭의 높이 $a = \beta_1 c$ 이므로 이를 식 (13.41)에 대입하면

포물선-직선 등가응력분포의 경우

$$f_{ps} = \frac{\alpha(0.85 f_{ck})}{\rho_p} \times \frac{c}{d_p} \tag{13.42a}$$

직사각형 등가응력블록의 경우

$$f_{ps} = \frac{\eta(0.85 f_{ck})}{\rho_p} \times \frac{\beta_1 c}{d_p} \tag{13.42b}$$

이 된다. 또한, 그림 13-30(b)에 나타낸 바와 같이 f_{ps} 에 대응되는 변형률 ε_{ps} 는 유효 프리스트레스에 의한 변형률 ε_{pe} , 콘크리트 탄성수축에 의한 변형률 ε_{ce} , 공칭강도에서 발생하는 긴장재 순인장 변형률 $\Delta\varepsilon_{ps}$ 의 합으로 산정될 수 있다. 즉,

$$\varepsilon_{ps} = \varepsilon_{pe} + \Delta\varepsilon_{ps} + \varepsilon_{ce} \tag{13.43}$$

인 관계가 성립되며, 여기서 $\Delta\varepsilon_{ps} = \varepsilon_{cu}\dfrac{d_p - c}{c}$ 으로 나타낼 수 있다. 또한, 콘크리트 탄성수축 효과를 포함한 감압응력에 대응되는 변형률 $\varepsilon_{dc} = \varepsilon_{pe} + \varepsilon_{ce}$ 이므

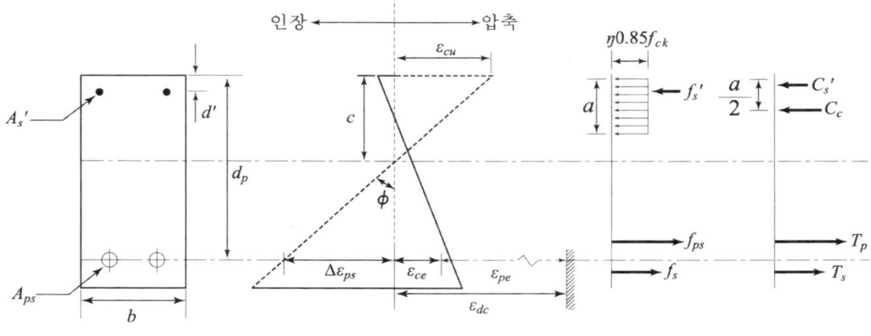

(a) 단면 (b) 변형률 (c) 응력 (d) 단면력

그림 13-30 부착 긴장재를 사용한 프리스트레스트 콘크리트 부재의 휨해석

로 식 (13.43), $\Delta\varepsilon_{ps}$ 및 ε_{dc}의 관계를 이용하면

$$\frac{c}{d_p} = \frac{\varepsilon_{cu}}{\varepsilon_{cu} + \varepsilon_{ps} - \varepsilon_{dc}} \tag{13.44}$$

을 유도할 수 있다. 여기서 식 (13.44)를 식 (13.42)에 대입하면 긴장재의 극한응력 f_{ps} 는

포물선-직선 등가응력분포의 경우

$$f_{ps} = \frac{\alpha(0.85 f_{ck})}{\rho_p} \times \frac{\varepsilon_{cu}}{\varepsilon_{cu} + \varepsilon_{ps} - \varepsilon_{dc}} \tag{13.45a}$$

직사각형 등가응력블록의 경우

$$f_{ps} = \frac{\eta\beta_1(0.85 f_{ck})}{\rho_p} \times \frac{\varepsilon_{cu}}{\varepsilon_{cu} + \varepsilon_{ps} - \varepsilon_{dc}} \tag{13.45b}$$

으로 정리된다. 식 (13.44)에서 긴장재비 ρ_p 와 콘크리트 압축강도 f_{ck} 가 주어지면 미지의 값은 긴장재의 극한 변형률 ε_{ps} 과 극한응력 f_{ps} 이다. 따라서, ε_{ps} 와 f_{ps} 중 하나를 가정하여 힘의 평형조건과 변형률 적합조건이 모두 만족될 때까지 반복 계산하는 과정이 필요하다. 그림 13-30은 긴장재의 응력-변형률

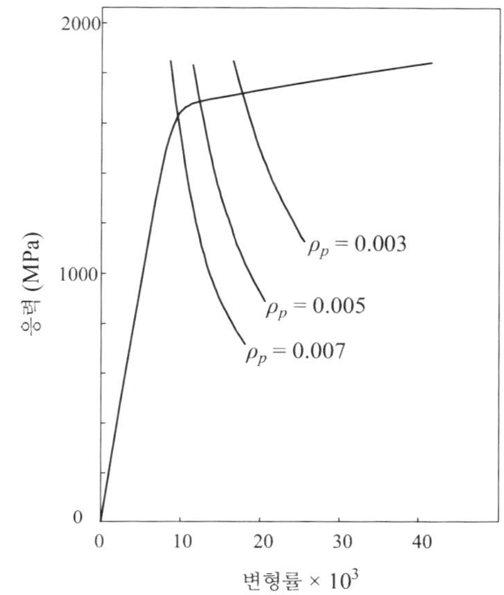

그림 13-31 변형률 적합조건을 이용한 긴장재의 응력산정 방법

곡선위에 특정한 ρ_p 를 가진 부재에 대하여 식 (13.44)을 만족하는 $\varepsilon_{ps}-f_{ps}$ 곡선을 나타낸 것이다. 반복계산을 통하여 이 두 곡선의 만나는 교차점을 산정할 수 있으며, 이 값이 곧 평형조건과 변형률 적합조건을 모두 만족하는 f_{ps} 와 ε_{ps} 가 된다.

유효 프리스트레스 $f_{pe} \geq 0.5 f_{pu}$ 인 경우에는 구조기준에서 제시하고 있는 근사식을 사용하여 긴장재의 극한응력 f_{ps} 을 산정할 수 있다. 즉, 부착긴장재를 가진 프리스트레스트 콘크리트 부재의 f_{ps} 근삿값을

$$f_{ps} = f_{pu}\left[1-\frac{\gamma_\beta}{\beta_1}\left\{\rho_p\frac{f_{pu}}{f_{ck}}+\frac{d}{d_p}(\omega-\omega')\right\}\right] \tag{13.46}$$

으로 계산할 수 있으며, 여기서 γ_β 는 긴장재의 종류에 따른 계수, β_1 는 압축응력블럭계수, ρ_b 는 긴장재의 강재비, d 는 인장철근의 유효 깊이, d_p 는 긴장재의 유효 깊이, ω 는 인장철근의 강재지수, ω' 는 압축철근의 강재지수를 의미이다. 또한, 식 (13.46)에서 압축철근의 영향을 무시할 때에는 $\omega'=0$ 이 되며,

압축철근을 고려할 때에는 $\left[\rho_p \dfrac{f_{pu}}{f_{ck}} + \dfrac{d}{d_p}(\omega - \omega')\right]$의 값을 0.17 이상으로 하여야 하고, 압축철근의 위치는 단면 상부연단으로부터 $0.15d_p$ 이하로 하여야 한다. 철근콘크리트 휨부재에서는 공칭강도에서 인장보강재의 순인장변형률이 0.004 또는 항복변형률의 2배 이상이어야 하지만, 프리스트레스트 콘크리트 부재에서는 순인장변형률의 크기에 대한 제한이 없다.

【2】 비부착 긴장재의 극한응력

비부착 긴장재가 사용된 경우에는 그림 13-32에 나타낸 것과 같이 긴장재와 주변 콘크리트가 일체화된 거동을 하지 않기 때문에 변형률 적합조건을 적용할 수 없으므로 긴장재의 응력을 정확히 산정하기가 어렵다. 따라서, KDS 14 20 60 (4.4.1)에서는 비부착 긴장재의 극한응력 f_{ps} 를 근사적으로 산정할 수 있는 식을 제시하고 있다. 즉, 부재의 경간-깊이 비 l/d_p 이 35 이하인 부재와 35를 초과하는 부재에 대하여 비부착 긴장재의 극한응력 f_{ps} 를 각각

$$f_{ps} = f_{pe} + 70 + \frac{f_{ck}}{100\rho_p} \le f_{py} \quad \text{또는} \quad f_{pe} + 420\text{ MPa} \tag{13.47a}$$

$$f_{ps} = f_{pe} + 70 + \frac{f_{ck}}{300\rho_p} \le f_{py} \quad \text{또는} \quad f_{pe} + 210\text{ MPa} \tag{13.47b}$$

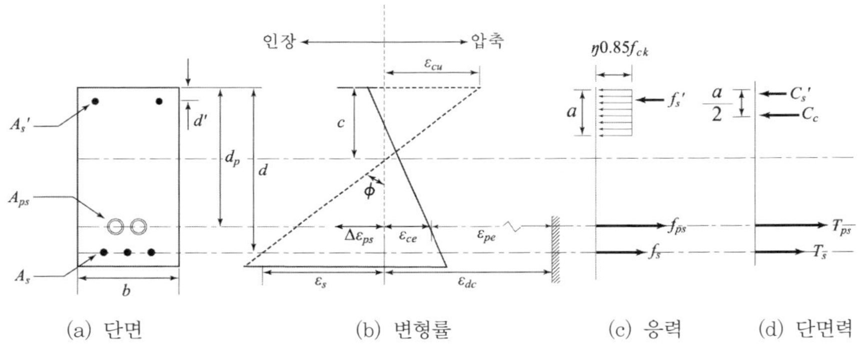

그림 13-32 비부착 포스트텐션 부재의 휨해석

으로 산정할 수 있다. 긴장재와 함께 사용되는 철근도 휨강도를 계산할 때 인장력을 발휘하는 것으로 볼 수 있다. 이때 인장력은 변형률 적합조건을 적용한 해석에 의해 구한 철근의 응력에 근거하여 산정되어야 한다.

【3】 프리스트레스트 부재의 휨강도

긴장재의 극한응력 f_{ps} 가 산정되면 그림 13-33에 나타낸 것과 같이 일반적인 철근콘크리트 부재의 휨강도 산정과 동일한 방법으로 프리스트레스트 콘크리트 부재의 휨강도를 계산할 수 있다.

① 포물선-직선 등가응력분포

단면 내 힘의 평형조건을 이용하여 콘크리트 중립축의 깊이 c는

$$c = \frac{A_p f_{ps} + A_s f_y - A_s' f_y}{\alpha(0.85 f_{ck}) b} \tag{13.48a}$$

으로 산정되며, 여기서 A_s 와 A_s' 는 각각 인장철근과 압축철근의 단면적이다. 따라서, 프리스트레스트 콘크리트 부재의 공칭 휨강도 M_n 은

$$M_n = A_p f_{ps}(d_p - \beta c) + A_s f_y (d - \beta c) + A_s' f_y (\beta c - d') \tag{13.49a}$$

으로 계산할 수 있으며, 여기서 d 와 d' 은 각각 인장철근과 압축철근의 유효깊이이고, f_y 는 철근의 항복강도이다. 프리스트레스트 콘크리트 부재의 공칭 휨강도 M_n 에 강도감소계수 ϕ를 곱하여 부재의 설계강도 ϕM_n 를 산정하며, 이때 강도감소계수 ϕ는 최외단 철근 또는 긴장재의 순인장 변형률에 따라서 결정된다.

② 포물선-직선 등가응력분포의 경우

단면 내 힘의 평형조건을 이용하여 등가응력블럭의 깊이 a 는

$$a = \frac{A_p f_{ps} + A_s f_y - A_s' f_y}{\eta(0.85 f_{ck}) b} \tag{13.48b}$$

으로 산정되며, 프리스트레스트 콘크리트 부재의 공칭 휨강도 M_n 은

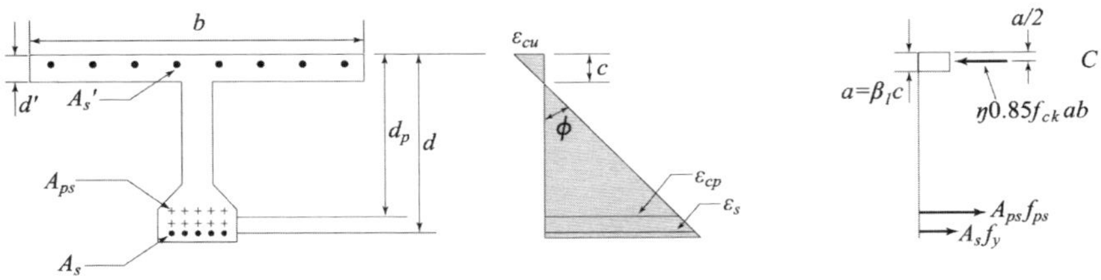

그림 13-33 프리스트레스트 콘크리트 부재의 극한강도 산정

$$M_n = A_p f_{ps}\left(d_p - \frac{a}{2}\right) + A_s f_y\left(d - \frac{a}{2}\right) + A_s' f_y\left(\frac{a}{2} - d'\right) \qquad (13.49b)$$

으로 계산할 수 있다.

프리스트레트 콘크리트 부재에서 단면 균열이 발생한 직후 취성적인 휨 파괴에 이르는 것을 방지하기 위하여 KDS 14 20 60 (4.4.2)에서는 최소 철근량을 규정하고 있으며, 요구되는 최소 철근량은 부착긴장재가 배치된 부재와 비부착긴장재가 배치된 부재에 대하여 다르다. 부착긴장재가 배치된 부재에서는 부착철근과 부착긴장재의 전체량이 식 (13.39)에 나타낸 균열모멘트 M_{cr} 의 1.2 배 이상의 계수하중을 지지할 수 있어야 한다. 즉, 프리스트레트 콘크리트 부재의 설계강도 ϕM_n 은

$$\phi M_n \geq 1.2\, M_{cr} \qquad (13.50)$$

이어야 한다. 다만, 전단강도와 휨강도가 계수하중의 2배 이상을 지지하는 데에 충분한 경우, 즉 $\phi M_n \geq 2 M_u$ 이고 $\phi V_n \geq 2\,V_u$ 인 경우에는 식 (13.50)에 나타낸 규정을 따르지 않아도 된다. 비부착 긴장재를 갖는 부재에서는 균열이 일어난 뒤에 콘크리트로부터 긴장재로 갑작스러운 내력의 전달이 일어나지 않기 때문에 해당 규정을 따르지 않아도 된다. 비부착 포스트텐션 부재가 극한 상태에 이르렀을 때 타이-아치 거동보다는 휨거동을 일으키도록 유도하고, 사용하중 상태에서 콘크리트의 균열을 제어하기 위하여 별도의 최소 부착철근량을 배치하도록 규정하고 있다. 즉, 비부착 긴장재를 갖는 부재는 부착철근량 A_s 를

$$A_s \geq 0.004A_{ct} \tag{13.51}$$

으로 배치하여야 하며, 여기서 A_{ct}는 콘크리트 전체 단면의 도심축과 인장연단 사이의 단면적이다. 다만, 2 방향 플랫 슬래브 부재에 대해서는 식 (13.51)에 나타낸 최소 부착철근량 규정을 따르지 않으며, 대신 정 · 부모멘트 구역에 대하여 별도로 규정된 최소 부착철근량 이상을 배치하여야 한다. 사용하중에 의한 콘크리트의 인장응력이 $0.17\sqrt{f_{ck}}$ 를 초과하는 경우 2 방향플랫 슬래브 부재의 정모멘트 구역에 배치할 최소 부착철근량 A_s는

$$A_s = \frac{N_c}{0.5f_y} \tag{13.52}$$

이며, 여기서 N_c 는 고정하중과 활하중에 의한 콘크리트의 인장력이고, 철근의 설계기준 항복강도 f_y는 400 MPa 이하이어야 한다. 또한, 기둥받침부에 위치한 2 방향 플랫 슬래브 부재의 부모멘트 구역에는 각 방향으로 최소 부착철근량 A_s를

$$A_s = 0.00075A_{cf} \tag{13.53}$$

이상 배치하여야 한다. 여기서 A_{cf}는 2 방향 슬래브의 기둥 위치에서 2 개의 직교하는 등가골조 슬래브-보 설계대의 단면적 중 큰 값이며, 이 중 기둥받침부 전면에서 각각 1.5 h 떨어진 슬래브폭 내에 4 개 이상의 철근 또는 철선을 각 방향으로 300 mm 이하의 간격으로 배치하여야 한다.

【예제 13-3】 예제 13-2에서 다룬 그림 13-29에 나타낸 프리스트레스트 휨부재의 설계 휨강도 ϕM_n 를 계산하라. 단, $E_p = 200{,}000$ MPa , $\varepsilon_{cu} = 0.0033$, 그 외의 모든 조건은 예제 13-2와 동일하며, 긴장재의 극한응력을 다음과 같은 방법으로 각각 구한다. (콘크리트의 압축응력분포는 등가 직사각형 압축응력블록 형태로 가정)

(1) 긴장재의 응력-변형률 곡선 이용

(2) 부착식 긴장재의 극한응력 간략식 이용

(3) 긴장재가 비부착식이라고 가정하고 비부착식 긴장재의 극한응력 간략식 이용

[풀 이] 부재의 공칭 휨강도를 계산하기 위해서 긴장재의 극한응력(f_{ps})을 다음과 같은 방법으로 계산한다.

(1) 긴장재의 응력-변형률 곡선 이용

예제 13-2에서 하중 평형법으로 구한 유효 프리스트레스 힘 P_e와 긴장재의 단면적 A_p는 각각

$$P_e = 2{,}709.7\text{ kN}\,,\quad A_p = 2{,}496.6\text{ mm}^2$$

이다. 따라서, 유효 프리스트레스 f_{pe}와 이에 대응하는 유효 변형률 ε_{pe}는 각각

$$f_{pe} = \frac{P_e}{A_p} = \frac{2{,}709.7\times 10^3}{2{,}496.6} = 1{,}085.4\text{ MPa}$$

$$\varepsilon_{pe} = \frac{f_{pe}}{E_p} = \frac{1{,}085.4}{200{,}000} = 0.0054$$

으로 계산된다. 또한, 감압응력에 해당되는 긴장재 변형률 ε_{dc}는

$$\varepsilon_{dc} = \frac{P_e}{A_g E_c}\left(1+\frac{e_c^2}{r^2}\right) = \frac{2{,}709.7\times 10^3}{6.5\times 10^5\times 28{,}825.3}\times\left(1+\frac{6.5\times 10^5\times 585^2}{9.6\times 10^{10}}\right)$$

$$= 0.00048$$

으로 계산된다.

긴장재의 극한응력 $f_{ps} = f_{pu} = 1{,}860\text{ MPa}$로 가정하면, 식 (13.44)로부터 긴장재의 극한변형률 ε_{ps} 는 다음과 같이 산정된다.

$$1{,}860 = \frac{1.0\times 0.8\times 0.85\times 35}{0.00138}\times\frac{0.0033}{0.003-0.0054-0.00048+\varepsilon_{ps}}$$

$$\therefore\ \varepsilon_{ps} = 0.033$$

식 (13.38)에 나타낸 Ramberg-Osgoods의 긴장재 응력-변형률 관계를 이용하면 $f_p = 1{,}860\text{ MPa}$ 일 때 $\varepsilon_{pf} = 0.0415$ 이며, 이는 긴장재의 극한응력(f_{ps})을 1,860 MPa 로 가정하여 구한 긴장재의 극한변형률 $\varepsilon_{ps} = 0.033$과 약 26 퍼센트의 차이를 가진다. 따라서, 긴장재 극한변형률의 오차가 무시할 수 없는 수준이므로 f_{ps} 를 다시 가정하여 계산을 반복한다. f_{ps} 값을 1,823 MPa 로 가정하였을 때 긴장재의 극한변형률 $\varepsilon_{ps} = 0.034$ 이고 ε_{pf} 또한 0.034로 동일하게 산정된다. 따라서, f_{ps} 값은 1,823 MPa 로 결정될 수 있다.

긴장재의 극한응력 f_{ps} 를 사용하여 부재의 설계 휨강도를 산정할 수 있다. 콘크리트 등가응력블럭의 깊이 a는

$$a = \frac{A_p f_{ps}}{\eta(0.85 f_{ck})\, b} = \frac{2{,}496.6 \times 1{,}823}{1.0 \times 0.85 \times 35 \times 1{,}780} = 85.9\ \mathrm{mm}$$

으로 산정되며, 강도감소계수를 $\phi = 0.85$ 로 가정하면 부재 단면의 설계 휨강도 ϕM_n 은

$$\phi M_n = \phi A_p f_{ps}\left(d - \frac{a}{2}\right)$$

$$= 0.85 \times (2{,}496.6 \times 1{,}823)\left(1{,}020 - \frac{85.9}{2}\right)/10^6 = 3{,}779.8\ \mathrm{kN \cdot m}$$

으로 산정된다. 또한, 최외단 긴장재의 변형률 $\varepsilon_{t,p}$은

$$\varepsilon_{t,p} = \frac{d_p - c}{c}\,\varepsilon_{cu} = \frac{1{,}020 - 107.4}{107.4} \times 0.003 = 0.028 > 0.005$$

이므로 부재가 인장지배 단면에 속하기 때문에 앞서 강도감소계수를 $\phi = 0.85$ 로 가정한 것은 타당하다. 부재 단면의 설계 휨강도 $\phi M_n = 3{,}779.8\ \mathrm{kN \cdot m}$가 계수휨모멘트 $M_u = 3{,}271.6\ \mathrm{kN \cdot m}$ 보다 크므로 부재가 안전하게 설계된 것을 알 수 있다.

예제 부재는 $\phi M_n < 2M_u$ 이므로 식 (13.50)에 나타낸 바와 같이 긴장재량이 M_{cr} 값보다 1.2 배 이상의 계수하중을 받을 수 있어야 한다. 균열모멘트 M_{cr} 를 계산하면

$$M_{cr} = f_r Z_2 + P_e\left(\frac{r^2}{y_2} + e_c\right)$$

$$= \left[3.7 \times 1.2 \times 10^8 + 2{,}709.7 \times 10^3 \times \left(\frac{9.6 \times 10^5}{6.5 \times 785} + 585\right)\right]/10^6$$

$$= 2{,}539.0\ \mathrm{kN \cdot m}$$

이다. 따라서, $M_u = 3{,}271.6\ \mathrm{kN \cdot m}$ 가 $1.2 M_{cr} = 3{,}046.8\ \mathrm{kN \cdot m}$ 보다 크므로 최소 강재량에 대한 규정을 만족한다.

(2) 부착식 긴장재의 극한응력 간략식 이용

긴장재의 극한응력 f_{ps} 는 식 (13.45)에 의하여 근사적으로 계산할 수

있다. 긴장재비 ρ_p와 인장철근의 강재지수 ω는 각각

$$\rho_p = \frac{A_p}{b d_p} = \frac{2{,}496.6}{1{,}780 \times 1{,}020} = 0.00138$$

$$\omega = \frac{A_s f_y}{b d f_{ck}} = 0$$

으로 계산되며, γ_p는 저이완 긴장재에 대하여 0.28, β_1는 $f_{ck} = 35$ MPa인 경우 0.8이다. 따라서, 긴장재의 극한응력 f_{ps}는

$$f_{ps} = f_{pu}\left[1 - \frac{\gamma_p}{\beta_1}\left\{\rho_p \frac{f_{pu}}{f_{ck}} + \frac{d}{d_p}(\omega - \omega')\right\}\right]$$

$$= 1{,}860\left[1 - \frac{0.28}{0.8}\left\{0.00138\frac{1{,}860}{35} + \frac{1{,}020}{1{,}020}(0 - 0)\right\}\right]$$

$$= 1{,}812 \text{ MPa}$$

으로 계산된다. 이 방법으로 산정된 $f_{ps} = 1{,}812$ MPa 값이 앞서 긴장재의 응력-변형률 곡선을 이용하여 산정한 $f_{ps} = 1{,}823$ MPa과 매우 유사한 것을 알 수 있다. 따라서, 여기서 구한 f_{ps}를 이용하여 산정한 부재의 설계 휨강도 ϕM_n 역시 앞서 긴장재의 응력-변형률 곡선을 이용한 f_{ps}의 값을 사용하여 구한 값과 거의 동일하므로 ϕM_n에 대한 계산 과정은 생략하였다.

(3) 비부착식 긴장재의 극한응력 간략식 이용

여기서는 비부착식 긴장재의 극한응력 간략식을 이용하는 예를 설명하기 위하여 부재에 사용된 긴장재가 비부착식이라고 가정하였다. 부재의 경간-깊이 비(l/d_p)가

$$\frac{l}{d_p} = \frac{24{,}400}{1{,}020} = 23.9 < 35$$

으로 산정되므로 식 (13.46)를 이용하여 비부착 긴장재의 극한응력 f_{ps}의 근삿값을

$$f_{ps} = f_{pe} + 70 + \frac{f_{ck}}{100\rho_p}$$

$$= 1{,}085.5 + 70 + \frac{35}{100 \times 0.00138} = 1{,}409.1 \text{ MPa}$$

으로 계산할 수 있다. 콘크리트의 등가응력블럭 깊이 a는

$$a = \frac{A_p f_{ps}}{\eta(0.85 f_{ck})\, b} = \frac{2{,}496.6 \times 1{,}409.1}{1.0 \times 0.85 \times 35 \times 1{,}780} = 66.4\ \mathrm{mm}$$

이며, 강도감소계수를 $\phi = 0.85$ 로 가정하면 부재 단면의 설계 휨강도 ϕM_n 은

$$\phi M_n = \phi A_p f_{ps} \left(d - \frac{a}{2} \right)$$

$$= 0.85 \times (2{,}496.6 \times 1{,}409.1) \left(1{,}020 - \frac{66.4}{2} \right) / 10^6 = 2{,}950.8\ \mathrm{kN \cdot m}$$

으로 산정된다. 부재 단면의 설계 휨강도 $\phi M_n = 2{,}950.8\ \mathrm{kN \cdot m}$ 가 계수휨모멘트 $M_u = 3{,}271.6\ \mathrm{kN \cdot m}$ 보다 작으므로 추가적인 긴장재나 인장철근의 배치를 통한 재설계가 요구된다. 비부착 포스트텐션 부재는 대부분 철근을 혼용한 부분 프리스트레스트 부재로 설계되므로 여기서는 항복강도 400 MPa인 D29철근 2개를 추가로 배근하기로 한다. 따라서, 콘크리트의 등가응력블럭 깊이 a와 부재 단면의 설계 휨강도 ϕM_n 을 다시 산정하면 각각

$$a = \frac{A_p f_{ps} + A_s f_y}{\eta(0.85 f_{ck})\, b}$$

$$= \frac{2{,}496.6 \times 1{,}409.1 + 1{,}284.8 \times 400}{1.0 \times 0.85 \times 35 \times 1{,}780} = 76.1\ \mathrm{mm}$$

$$\phi M_n = \phi (A_p f_{ps} + A_s f_y) \left(d - \frac{a}{2} \right)$$

$$= 0.85 \times (2{,}496.6 \times 1{,}409.1 + 1{,}284.8 \times 400) \left(1{,}020 - \frac{76.1}{2} \right) / 10^6$$

$$= 3{,}365.2\ \mathrm{kN \cdot m}$$

으로 산정된다. 또한, 최외단 인장철근의 변형률 ε_t는

$$\varepsilon_t = \frac{d - c}{c}\, \varepsilon_{cu} = \frac{1{,}020 - 95.1}{95.1} \times 0.0033 = 0.032 > 0.005$$

이므로 부재가 인장지배 단면에 속하기 때문에 앞서 강도감소계수를 $\phi = 0.85$ 로 가정한 것은 타당하다. 부재 단면의 설계 휨강도 $\phi M_n = 3{,}365.2\ \mathrm{kN \cdot m}$ 가 계수휨모멘트 $M_u = 3{,}271.6\ \mathrm{kN \cdot m}$ 보다 크므

로 부재가 안전하게 설계된 것을 알 수 있다. 또한, 식 (13.51)에 나타낸 바와 같이 KDS 14 20 60 (4.4.2)에서는 비부착 긴장재를 갖는 부재는 최소 부착철근량 $A_s = 0.004A_{ct}$ 이상을 확보해야 한다. 따라서, 요구되는 최소 부착철근량 A_s는

$$A_s = 0.004A_{ct} = 0.004 \times (785 \times 360) = 1{,}130.4\ \mathrm{mm}^2$$

로 계산되며, 배근된 부착철근 2-D29의 단면적이 $A_s = 1{,}284.8\ \mathrm{mm}^2 > 1{,}130.4\ \mathrm{mm}^2$ 이므로 최소 부착철근량 규정을 만족한다.

13-3-4 정착구역 설계

포스트텐션 부재의 단부 정착구 영역에서는 긴장력으로 인하여 국부적인 응력집중이 발생하게 되며, 이는 탄성구간 내에서 집중하중을 받는 프리즘(prism) 부재에서 발생하는 생브낭(Saint-Venant) 효과로 설명될 수 있다. 이처럼 응력교란이 발생하는 구역을 D-구역(disturbed region) 이라고 하며, 그림 13-34에 나타낸 것과 같이 파열응력(bursting stress), 할렬응력(spalling stress) 및 지압응력(bearing stress)에 대한 적절한 설계가 필요하

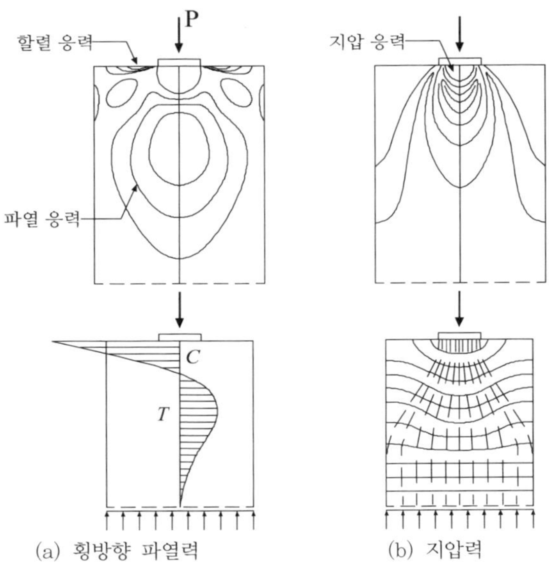

(a) 횡방향 파열력 (b) 지압력

그림 13-34 정착구 영역에서 발생하는 응력

다. KDS 14 20 60 (4.8.1)에서는 이에 대한 세 가지 설계방법을 제시하고 있으며, 선형응력해석법, 평형조건에 근거한 소성모델 및 간이 계산법을 사용하는 방법이다. 부재의 단면이 직사각형이 아닌 경우, 일반구역 내부 또는 인접한 부위의 불연속으로 인해 힘의 흐름 경로에 변화를 유발하는 경우, 최소 단부거리가 단부 방향의 정착장치 치수의 1.5 배 미만인 경우, 여러 개의 정착장치가 서로 근접되지 않아 한 개의 정착그룹으로 볼 수 없는 경우를 제외하면 간이 계산법을 사용할 수 있다.

그림 13-35는 도로교설계기준에서 제시하고 있는 파열력에 대한 간이계산법을 보여주고 있으며, 프리스트레스 도입 시 프리스트레스트 콘크리트 부재의 단부영역에서 발생되는 파열력 T_{burst}와 정착구로부터 파열력 중심까지의 거리 d_{burst}는 각각

$$T_{burst} = 0.25 \sum P_{pu} \left(1 - \frac{h_{anc}}{h} \right) \tag{13.54}$$

$$d_{burst} = 0.5 \left(h - 2e_{anc} \right) \tag{13.55}$$

으로 산정될 수 있다. 여기서 $\sum P_{pu}$는 모든 긴장력의 합, P_{pu}는 각 긴장재의 긴장력으로서 $0.8\alpha A_p f_{pu}$으로 산정되며, α는 하중계수로서 1.2를 취하도록 하고 있다. 또한, h_{anc}는 고려되는 방향에서 1 개 또는 가깝게 위치한 여러 개의 정착장치 그룹의 깊이, h는 고려되는 단면의 깊이, e_{anc}는 프리스트레스 힘의 도심으로부터 콘크리트 단면의 도심까지 거리이다. 하중계수와 정착 직후의 응력 등을 고려하면서 설계 목적상 안전측으로 철근 항복강도 f_y의 60 퍼센트 이내로 파열력에 대한 철근의 응력이 제어될 수 있도록 대략적인 횡철근량

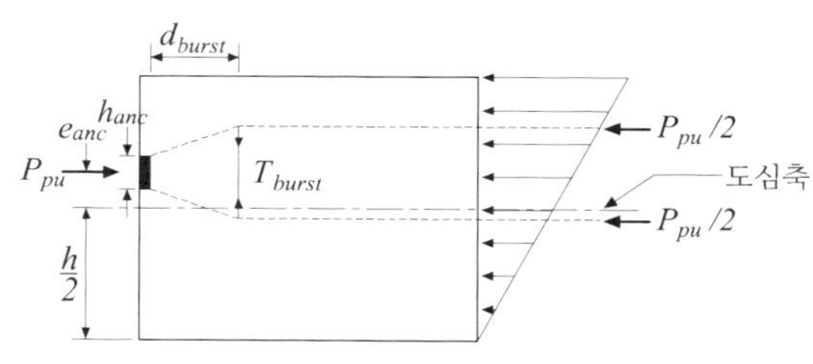

그림 13-35 도로교설계기준에서 제시하고 있는 파열력 산정 예

$A_{v,\,burst}$을 정하면

$$A_{v,\,burst} = T_{burst}/0.85f_y \tag{13.56}$$

으로 산정할 수 있다. 도로교설계기준에서는 식(13.56)을 통해 산정된 전체 보강재의 도심이 파열력의 작용위치 d_{burst}와 일치하도록 규정하고 있다. 도로교설계기준에 따르면, 파열 보강재는 정착구에서 $2.5d_{burst}$ 떨어진 위치 혹은 단면 높이의 1.5 배 떨어진 위치 중에서 가까운 위치까지 배근하여야 한다고 규정하고 있다.

도로교설계기준에서는 할렬력을 제어하기 위하여 해석에 의해 보강이 필요하지 않은 경우를 제외하고 모든 정착구역의 배면에 평행하고 인장력에 직교하는 방향으로 각 계수긴장력 P_{pu}의 2 퍼센트에 상응하는 공칭인장강도를 확보할 수 있도록 철근을 배치하여야 한다고 규정하고 있다. 즉, 할렬력 $T_{spalling}$과 대략적인 소요 철근량 $A_{v,\,spalling}$은

$$T_{spalling} = 0.02P_{pu} \tag{13.57}$$

$$A_{v,\,spalling} = T_{spalling}/0.85f_y \tag{13.58}$$

으로 산정될 수 있다.

포스트텐션 정착구에서는 지압응력도 적절히 제어되어야 하며, 긴장재 정착 직후에 발생하는 지압응력 f_{cpi}는

$$f_{cpi} = 0.7f_{ci}\sqrt{\frac{A_2}{A_1} - 0.2} \le 1.1f_{ci} \tag{13.59}$$

을 만족하여야 한다. 여기서 f_{ci}는 콘크리트의 재령압축강도, f_{ck}는 콘크리트의 설계기준 압축강도, A_1는 정착판의 면적, A_2는 그림 13-36에 나타낸 것과 같이 정착판의 도심과 동일한 도심을 갖는 정착판 닮은 꼴의 부재 단부면에 대한 투영 면적 이다. 또한, 모든 프리스트레스 손실이 발생한 이후에도 지압응력 f_{cpi}는

$$f_{cpi} = 0.5f_{ck}\sqrt{\frac{A_2}{A_1}} \le 0.9f_{ck} \tag{13.60}$$

을 만족하여야 한다.

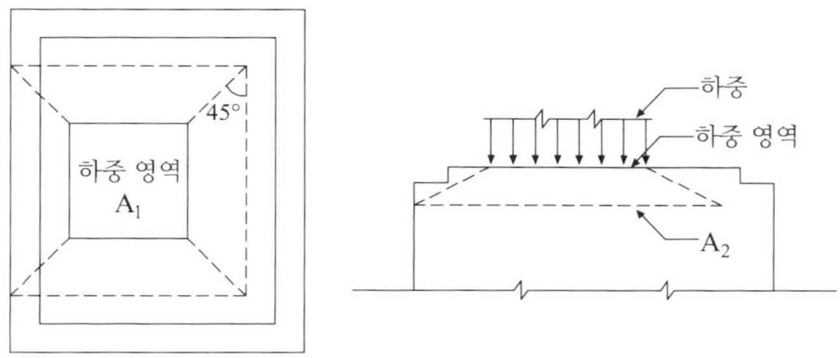

그림 13-36 도로교설계기준에서 제시하는 단면적 A_1, A_2

$$f_{cpi} = 0.7 f_{ci}\sqrt{\frac{A_2}{A_1} - 0.2} \le 1.1 f_{ci} \tag{13.59}$$

을 만족하여야 한다. 여기서 f_{ci}는 콘크리트의 재령압축강도, f_{ck}는 콘크리트의 설계기준 압축강도, A_1는 정착판의 면적, A_2는 그림 13-36에 나타낸 것과 같이 정착판의 도심과 동일한 도심을 갖는 정착판 닮은 꼴의 부재 단부면에 대한 투영 면적이다. 또한, 모든 프리스트레스 손실이 발생한 이후에도 지압응력 f_{cpi}는

$$f_{cpi} = 0.5 f_{ck}\sqrt{\frac{A_2}{A_1}} \le 0.9 f_{ck} \tag{13.60}$$

을 만족하여야 한다.

【예제 13-4】 그림 13-37는 포스트텐션 보의 정착구를 나타낸 것이다. 각 정착장치에는 $f_{pu} = 1{,}860\ \text{MPa}$ 인 직경 12.7 mm 의 저이완 강연선이 14 개씩 배치되었으며, 강연선의 긴장응력은 $f_{pj} = 0.8 f_{pu}$ 이었다. 이때, 정착판 후면의 콘크리트 지압응력, 파열력, 할렬력에 대하여 검토하고 부재 단부에 요구되는 철근량을 구하여라. 단, $f_{ci} = 35\ \text{MPa}$, $f_y = 400\ \text{MPa}$ 이다.

[풀 이] 직경 12.7 mm 의 저이완 강연선의 단면적은 98.71 mm^2 이고, 강연선의 긴장응력 f_{pj}는

$$f_{pj} = 0.8 f_{pu} = 0.8 \times 1{,}860 = 1{,}488\ \text{MPa}$$

이다. 이 예제에 제시된 정착구는 간격이 매우 작게 배치되었기 때문에 한 개의 정착장치 그룹으로 간주하여 계수 파열력 T_{burst} 를 계산할 수 있다.

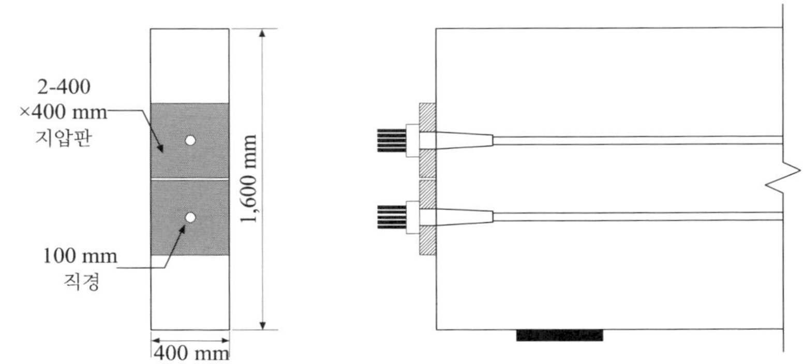

(a) 단부 (b) 길이방향

그림 13-37 예제 13-4 정착구의 상세

따라서, 너비 400 mm, 깊이 800 mm 인 1 개의 정착구로 간주하면 총 긴장력 P_j, 계수 긴장력 P_{pu} 및 계수 파열력 T_{burst}는 각각

$$P_j = 2\times(14\times 98.71\times 1{,}488) = 4{,}112.6\ \text{kN}$$

$$P_{pu} = 1.2\times P_j = 4{,}935.1\ \text{kN}$$

$$T_{burst} = 0.25\,P_{pu}\left(1-\frac{h_{anc}}{h}\right) = 0.25\times 4{,}935.1\times\left(1-\frac{800}{1{,}600}\right)$$

$$= 616.9\ \text{kN}$$

이 된다. 파열력에 대하여 횡방향철근의 응력을 $0.6f_y$ 이내 정도로 제어하기 위한 소요 철근량 $A_{v,burst}$ 은

$$A_{v,\,burst} = \frac{T_{burst}}{0.85\,f_y} = \frac{616.9\times 10^3}{0.85\times 400} = 1{,}814.4\ \text{mm}^2$$

으로 계산된다. 따라서, 2 개 다리 단면적 $A_s = 253.4\ \text{mm}^2$ 인 D13 폐쇄스터럽을 배치하면 소요 스터럽의 개수 $n_{v,burst}$ 는

$$n_{v,\,burst} = \frac{A_{v,burst}}{A_s} = \frac{1{,}814.4}{253.4} = 7.2\ \text{개}$$

이므로 8 개의 D13 폐쇄스터럽이 요구된다. 또한, 총 계수 긴장력의 2 퍼센트에 해당되는 계수 할렬력 $T_{spalling}$ 은

$$T_{spalling} = 0.02 \times P_{pu} = 0.02 \times 4{,}935.1 = 98.7\ \text{kN}$$

이다. 따라서, 정착구 후면에서의 할렬력에 대한 소요 철근량 $A_{v,spalling}$은

$$A_{s,\ spalling} = \frac{T_{spalling}}{0.85 f_y} = \frac{98.7 \times 10^3}{0.85 \times 400} = 290.3\ \text{mm}^2$$

으로 산정된다. 단면적 $A_s = 126.7\ \text{mm}^2$ 인 D13 철근을 배치하면 소요 개수 $n_{s,\ spalling}$는

$$n_{s,\ spalling} = \frac{A_{s,spalling}}{A_s} = \frac{290.3}{126.7} = 2.3\ 개$$

이므로 4 개의 D13 철근을 배근한다.

긴장재 정착 직후에 발생하는 지압응력 f_{cpi}는

$$f_{cpi} = 0.7 f_{ci} \sqrt{\frac{A_2}{A_1} - 0.2} = 0.7 \times 35 \times \sqrt{1 - 0.2} = 21.9\ \text{MPa}$$

이 되며, 이는 $1.1 f_{ci} = 1.1 \times 35 = 38.5\ \text{MPa}$ 보다 작으므로 안전하다. 또한, 모든 프리스트레스 손실이 발생한 이후 지압응력 f_{cpi}는

$$f_{cpi} = 0.5 f_{ck} \sqrt{\frac{A_2}{A_1}} = 0.5 \times 35 \times \sqrt{\frac{1}{1}} = 17.5\ \text{MPa}$$

이 되며, 이는 $0.9 f_{ck} = 0.9 \times 35 = 31.5\ \text{MPa}$ 보다 작으므로 지압응력에 대하여 안전하다.

13-4 전단설계

13-4-1 프리스트레스트 콘크리트 부재의 전단거동

철근콘크리트 부재와 마찬가지로 프리스트레스트 콘크리트 부재도 역시 상대적으로 연성적인 휨 파괴뿐만 아니라 취성적인 전단파괴에 대해서도 충분히 안전하도록 설계되어야 한다.

그림 13-38은 철근콘크리트 및 프리스트레스트 콘크리트 부재의 휨응력과 전단응력 및 복부 도심위치에서 이들의 조합응력을 나타낸 것이다. 그림 13-

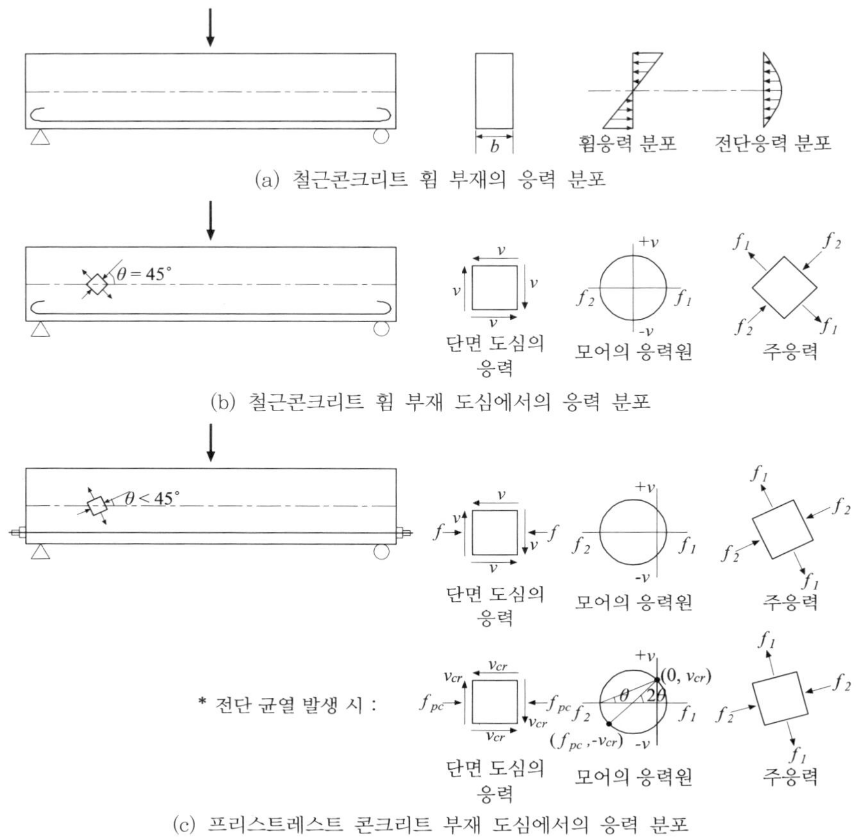

그림 13-38 주인장응력에 대한 도입 프리스트레스의 영향

38(a)와 (b)에 보이는 바와 같이 철근콘크리트 부재에서는 복부 도심위치에서 휨응력이 없기 때문에 주인장응력의 크기는 전단응력의 크기와 동일하다.

이에 비해 그림 13-38(c)에 나타낸 바와 같이 프리스트레스트 콘크리트 부재의 경우에는 복부 도심위치에서 프리스트레스에 의한 압축응력이 존재하기 때문에 사인장 균열을 야기하는 주인장응력은 압축응력과 전단응력의 조합응력으로 나타난다. 즉, 프리스트레스트 콘크리트 부재의 복부 도심위치에서

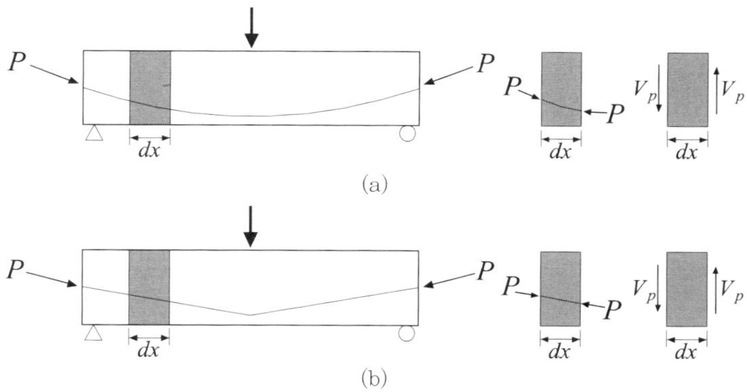

그림 13-39 긴장재의 압축력 수직성분

주인장응력 f_1은

$$f_1 = -\frac{f_{pc}}{2} + \sqrt{\left(\frac{f_{pc}}{2}\right)^2 + v^2} \tag{13.61}$$

으로 산정할 수 있으며, 여기서 f_{pc}는 프리스트레스에 의한 단면도심에서의 압축응력 이며, v는 전단응력으로써 $V/b_w d$ 로 산정될 수 있다. 주인장응력 f_1이 균열응력 f_{cr}에 도달했을 때 사인장 균열이 발생하면, 사인장 균열응력 v_{cr}은

$$v_{cr} = f_{cr}\sqrt{1 + \frac{f_{pc}}{f_{cr}}} \tag{13.62}$$

으로 구해진다. 이때, 사인장 균열의 각도 θ는

$$\cot\theta = \frac{f_{pc} + f_{cr}}{v_{cr}} \tag{13.63}$$

으로 산정될 수 있다. 따라서, 프리스트레스의 크기가 커질수록 사인장 균열의 각도가 낮아지게 된다. 또한, 그림 13-39에 나타낸 것과 같이 곡선 또는 절곡 형상으로 긴장재가 배치된 경우 프리스트레스 힘에 의한 경사면의 전단력이 하중에 의한 전단력을 상쇄시키므로 단면에 작용하는 실제 전단력은 V_{net} 는

$$V_{net} = V - V_p \tag{13.64}$$

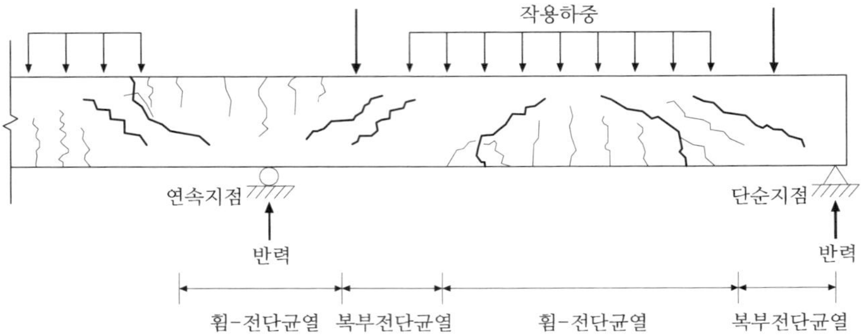

그림 13-40 프리스트레스트 콘크리트 부재의 전단균열

으로 산정된다.

그림 13-40에 나타낸 것과 같이 프리스트레스트 콘크리트 보에서 발생하는 전단균열은 휨전단균열 (flexure-shear crack)과 복부 전단균열(web-shear crack)으로 나눌 수 있다. 휨전단균열은 휨응력이 최대인 보의 인장측에서 연직 방향으로 일어나는 휨균열이 먼저 발생한 후에 휨과 전단응력의 조합작용에 의하여 사인장 균열로 발전되는 매커니즘을 갖는다. 따라서, 휨전단균열은 전단력과 휨모멘트가 모두 큰 단면에서 발생하기 쉽다. 이에 비해 복부 전단균열은 휨균열의 발생과는 무관하게 복부 콘크리트에서부터 발생하는 사인장 균열을 의미한다. 휨모멘트에 비하여 전단력이 큰 단순지지 부재의 단부영역이나 연속부재의 변곡점 주위 등에서 발생하기 쉬우며, 얇은 복부를 가진 I 형 단면의 프리스트레스트 콘크리트 보에서 주로 발생한다.

13-4-2 KDS 14 20 22에 의한 전단설계

KDS 14 20 22에서는 휨전단균열 및 복부 전단균열 매커니즘이 고려된 콘크리트의 전단기여분을 각각 제시하고 있으며, 필요에 따라서 통합된 간략식을 사용할 수 있도록 규정하고 있다.

【1】 콘크리트의 전단 기여분

그림 13-41에 나타낸 것과 같이 휨균열이 발생한 후에 단면 A-A에서 경사

균열로 발전하여 거리 d만큼 진행되고, 단면 B-B에서 발생된 휨균열이 최종적으로 휨-전단 파괴를 유발한다고 가정한다. 단면 B-B에서 휨균열이 발생하였을 때 휨모멘트와 전단력을 각각 M_{cr}과 V_{cr}, 이때 단면 C-C에서 발생되는 휨모멘트와 전단력을 각각 M과 V라고 하고, 단면 C-C에서 힘의 평형방정식을 세우면

$$M - M_{cr} = \frac{1}{2}\left(V + V_{cr}\right)\frac{d}{2} \tag{13.65}$$

이다. 여기서 $V \approx V_{cr}$ 이기 때문에 식 (13.65)는

$$M = M_{cr} + \frac{1}{2}Vd \tag{13.66}$$

으로 정리될 수 있으며, 이를 단면 C-C에서 발생되는 전단력 V에 대하여 정리하면

$$V = \frac{M_{cr}}{\dfrac{M}{V} - \dfrac{d}{2}} \tag{13.67}$$

이 된다. 식 (13.67)은 단면 B-B에서 휨균열이 발생하였을 때 단면 C-C에서 발생하는 전단력이며, 실험 결과 이 휨균열이 전단균열로 진행되기 위해서는 $0.05\sqrt{f_{ck}}\,b_w d$에 해당되는 추가적인 전단력이 필요한 것으로 나타났다. 또한, 식 (13.67)에서 V_{cr}, V, M_{cr} 및 M은 자중을 포함하고 있지 않으므로 자중에 의한 전단력 V_d와 프리스트레스 힘의 수직분력 V_p, 휨균열이 경사균열로 진행되기 위해 필요한 추가 전단력을 모두 고려하면, 휨-전단균열강도 V_{ci}는

$$V_{ci} = 0.05\sqrt{f_{ck}}\,b_w d + \frac{M_{cr}}{\dfrac{M}{V} - \dfrac{d}{2}} + V_d + V_p \tag{13.68}$$

이 된다. 여기서 휨전단균열이 일어나는 부분에서 긴장재의 경사각은 매우 작을 것이므로 안전측으로 V_p를 무시하고, 상대적으로 영향이 작은 $d/2$를 단순화를 위하여 생략하면 KDS 14 20 22 (4.2.2)에서 제시하고 있는 휨-전단균

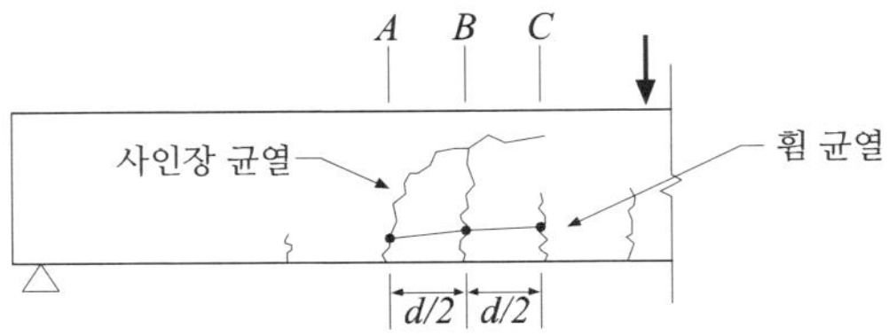

(a) 휨-전단균열

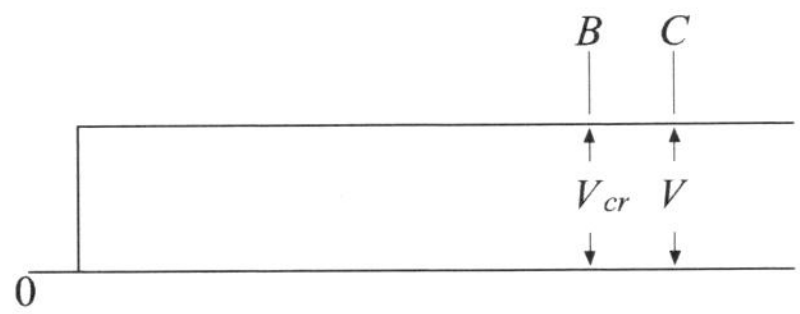

(b) 전단력도

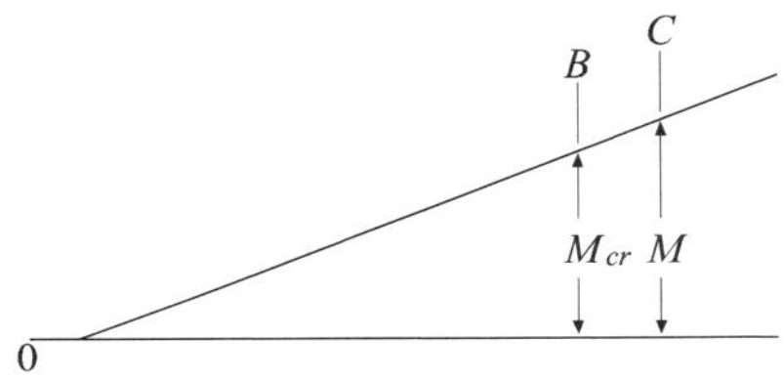

(c) 휨모멘트도

그림 13-41 휨전단균열강도 산정

열강도 V_{ci} 를

$$V_{ci} = 0.05\sqrt{f_{ck}}\,b_w d + \frac{V_i M_{cr}}{M_{\max}} + V_d \geq \frac{1}{6}\lambda\sqrt{f_{ck}}\,b_w d \qquad (13.69)$$

으로 유도할 수 있다. 여기서 λ는 경량콘크리트 계수, $M_{\max}$ 는 전단강도를 계산하는 단면에 작용하는 최대 계수휨모멘트, V_i 는 $M_{\max}$ 와 동시에 일어나는 작용하중에 의한 단면의 계수전단력, M_{cr} 은 작용하중에 의하여 단면에 휨균열을 발생시키는 휨모멘트, V_d 는 고정하중에 의한 단면의 전단력을 의미한다.

복부 전단균열은 콘크리트 복부에서 발생하는 주인장응력에 의해 발생하며, 앞서 식 (13.62)에 나타낸 사인장 균열응력 v_{cr}이 곧 복부의 전단균열강도 v_{cw} 이다. 즉, 복부 전단균열강도 v_{cw} 는

$$v_{cw}= f_{cr}\sqrt{1+\frac{f_{pc}}{f_{cr}}} \tag{13.70}$$

이며, 여기서 콘크리트의 인장강도 f_{cr} 을 $0.29\sqrt{f_{ck}}$ 로 가정하고 식을 단순화 시키면 복부 전단균열강도 v_{cw} 는

$$v_{cw}= 0.29\sqrt{f_{ck}}+0.3f_{pc} \tag{13.71}$$

으로 나타낼 수 있다. 프리스트레스 긴장재의 수직분력 V_p 를 고려하여 KDS 14 20 22 (4.2.2)에서는 프리스트레스트 콘크리트 부재의 복부 전단강도를

$$V_{cw}= (0.29\lambda\sqrt{f_{ck}}+0.3f_{pc})b_w d+ V_p \tag{13.72}$$

으로 제시하고 있다. 여기서, d를 $0.8h$보다 작게 취할 필요는 없다. 프리텐션 부재의 복부 전단강도를 산정할 때에는 부재 단부영역의 전달길이 내에서 감소되는 유효 프리스트레스의 크기를 고려하여야 하며, 이때 전달길이를 긴장재 직경의 50 배, 단일 강선의 경우 지름의 100배로 취할 수 있도록 규정하고 있다. 앞서 언급한 바와 같이 프리스트레스트 콘크리트 보에서는 휨전단균열뿐만 아니라 복부 전단균열에 의하여 콘크리트의 전단 기여분이 지배되기 때문에 KDS 14 20 22 (4.2.2)에서는 식 (13.69)을 통해 산정된 휨전단균열강도 V_{ci} 와 식 (13.72)에 의하여 산정된 복부-전단균열강도 V_{cw} 중에서 작은 값을 콘크리트의 공칭 전단강도 V_c 로 취하도록 규정하고 있다.

또한, KDS 14 20 22 (4.2.2)에서는 프리스트레스트 콘크리트 부재의 콘크리트 전단 기여분 V_c 를 산정할 수 있는 다음과 같은 간략식을 추가로 제시하고 있다.

$$V_c= \left(0.05\lambda\sqrt{f_{ck}}+4.9\frac{V_u d}{M_u}\right)b_w d \tag{13.73}$$

여기서, V_c는 $\frac{1}{6}\lambda\sqrt{f_{ck}}\,b_w d$ 보다 작게 취할 필요가 없으며, $\frac{5}{12}\lambda\sqrt{f_{ck}}\,b_w d$ 를 초과할 수 없다.

【2】 전단철근의 전단 기여분

프리스트레스트 콘크리트 부재에서 전단철근에 의한 전단 기여분은 6 장에서 언급한 일반 철근콘크리트 부재의 전단철근에 의한 전단 기여 산정식과 동일하다. KDS 14 20 22 (4.3.4)에서 준용하고 있는 45° 트러스 모델을 통해 프리스트레스트 콘크리트 부재에서 전단철근의 전단 기여분 V_s 는

$$V_s = A_v f_y \frac{d}{s} (\sin\alpha + \cos\alpha) \tag{13.74}$$

으로 산정될 수 있으며, 여기서 α 는 전단철근의 경사각 이다. 일반적으로 널리 사용되고 있는 수직스터럽이 배근된 경우에는 $\alpha = 90°$ 이므로 V_s 는

$$V_s = \frac{A_v f_y d}{s} \tag{13.75}$$

으로 정리되며, 콘크리트와 전단철근의 전단 기여분을 합하여 단면의 공칭 전단강도 V_n 을

$$V_n = V_c + \frac{A_v f_y d}{s} \tag{13.76}$$

으로 나타낼 수 있다. 따라서, 전단철근이 필요한 경우 소요 철근량 A_v 는

$$A_v = \frac{(V_u - \phi V_c)s}{\phi f_y d} \tag{13.77}$$

으로 산정될 수 있다.

【3】 최소 및 최대 전단철근량과 최대 간격

KDS 14 20 22 (4.3.3)에서는 프리스트레스트 콘크리트 부재에 대해서도 최소 및 최대 전단철근량과 전단철근의 최대 간격에 대하여 규정하고 있다. 최소 전단철근량 관한 규정은 프리스트레스트 콘크리트 부재의 복부에 사인장 균열이 발생함과 동시에 부재가 급격하게 전단파괴에 이르는 것을 방지하기 위한 것이며, 계수전단력 V_u 가 콘크리트가 부담하는 설계전단강도 ϕV_c 의 1/2 을

넘는 단면에 대해서 최소 전단철근량 이상을 배치하여야 한다. KDS 14 20 22 (4.3.3)에서는 슬래브와 확대기초, 일부 콘크리트 장선구조, 전체 깊이가 250 mm 이하인 부재, I형 및 T형 보에서 깊이가 600 mm 이하이고 플랜지 두께의 2.5배 이하 또는 복부폭의 1/2 이하인 보, 교대 벽체 및 날개벽, 옹벽의 벽체, 암거 등과 같이 휨이 주거동인 판부재, 순 단면의 깊이가 315 mm 이하인 속빈 부재에 작용하는 계수전단력이 $0.5\phi V_{cw}$를 초과하지 않는 경우, 보의 깊이가 600 mm를 초과하지 않고 설계기준압축강도가 40 MPa를 초과하지 않는 강섬유 콘크리트 보에 작용하는 계수전단력이 $\phi(1/6)\lambda\sqrt{f_{ck}}\,b_w d$를 초과하지 않는 경우를 제외한 모든 부재에 대해서 최소 전단철근량량 $A_{v,\min}$을

$$A_{v,\min} = 0.0625\sqrt{f_{ck}}\,\frac{b_w s}{f_y} \geq 0.35\,\frac{b_w s}{f_y} \tag{13.78}$$

으로 제시하고 있다. 또한, 휨철근 인장강도의 40 퍼센트 이상의 유효 프리스트레스 힘이 작용하는 프리스트레스트 콘크리트 부재에서는 최소 전단철근량 $A_{v,\min}$을 식 (13.78)과 식 (13.79)에 의하여 구한 값 중 작은 값 이상이어야 한다.

$$A_{v,\min} = \frac{A_p}{80}\frac{f_{pu}}{f_y}\frac{s}{d}\sqrt{\frac{d}{b_w}} \tag{13.79}$$

여기서 f_{pu}는 긴장재의 인장강도를 의미한다.

전단철근량이 과다하게 배근된 경우에는 전단철근이 항복하기 이전에 콘크리트 스트럿이 압축파괴에 이를 수 있고, 그렇지 않은 경우에도 사용하중 상태에서 사인장 균열 폭이 과다하게 커질 수 있기 때문에 KDS 14 20 22에서는 이를 방지하기 위하여 전단철근에 의한 전단강도 V_s를

$$V_s \leq 0.2(1 - f_{ck}/250) f_{ck} b_w d \tag{13.80}$$

로 제한하고 있다. 식 (13.80)을 전단철근량으로 바꾸어 표현하면, 최대 전단철근량 $A_{v,\max}$은

$$A_{v,\max} = 0.2(1 - f_{ck}/250) f_{ck}\frac{b_w s}{f_y} \tag{13.81}$$

이 된다.

또한, KDS 14 20 22에서는 프리스트레스트 콘크리트 부재에서 사인장 균열이 발생했을 때 최소한 1 개 이상의 전단철근이 통과할 수 있도록 함으로써 균열이 갑작스럽게 진전되거나 부재가 취성적으로 파괴되는 것을 방지하기 위하여 전단철근의 최대 간격을 제한하고 있다. 프리스트레스트 콘크리트 부재에서 전단철근의 최대 간격 $s_{v,\max}$은 $0.75h$ 이하, 600 mm 이하로 규정하고 있으며, $V_s > \frac{1}{3}\lambda\sqrt{f_{ck}}b_w d$ 인 경우에는 최대 간격을 절반으로 감소시켜야 한다.

【예제 13-5】 예제 13-2의 부재와 동일한 단면을 가진 휨부재에서 그림 13-42에 보이는 바와 같이 긴장재가 배치되었다고 가정하였을 때, 왼쪽 지점으로부터 5.4 m 떨어진 A-A 단면에서 요구되는 U형 전단철근의 간격을 결정하여라. 단, 이 부재는 프리텐션 부재로써 유효 프리스트레스 힘 $P_e = 2{,}709.7\ \text{MPa}$, 전단철근의 항복강도 $f_y = 400\ \text{MPa}$ 이며, 나머지 조건은 예제 13-2와 모두 동일하다.

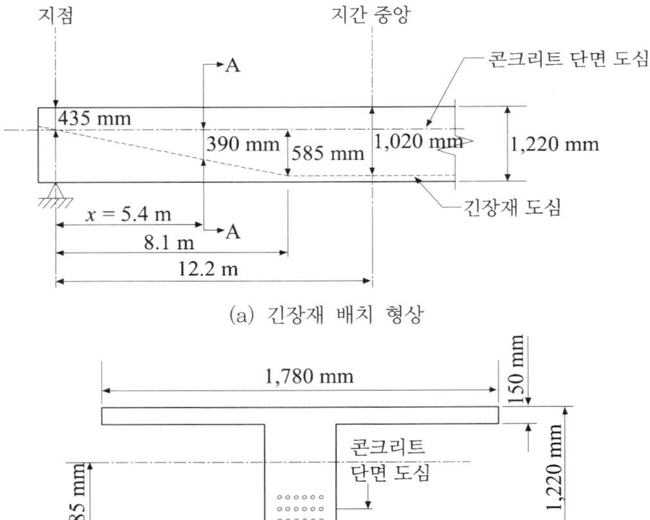

(a) 긴장재 배치 형상

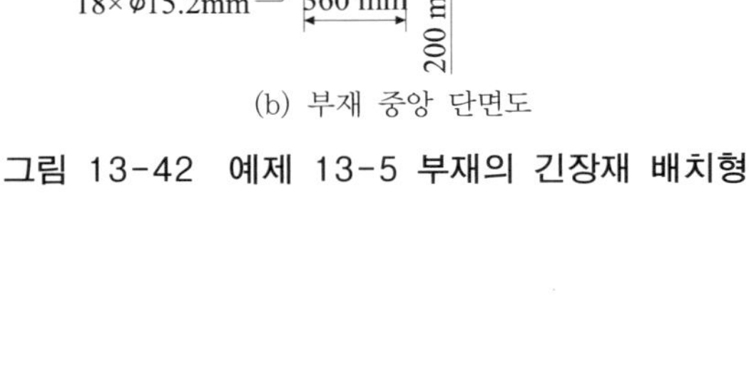

(b) 부재 중앙 단면도

그림 13-42 예제 13-5 부재의 긴장재 배치형상

그림 13-42(a)에 보이는 바와 같이 지간 중앙부에서 긴장재의 깊이는 1,020 mm이고, 지점에서 긴장재 도심으로부터 콘크리트 압축측 연단까지의 거리 y_{p0}은 435 mm이다. 또한, 그림 13-42(b)에 보이는 바와 같이 긴장재의 편심거리 e_p는 지점으로부터 12.2 m 떨어진 위치에서 585 mm이며, 보의 지점으로 갈수록 직선적으로 감소하다가 지점에서 영이 된다. 따라서, A-A단면에서 긴장재의 편심거리 $e_p = 390$ mm 이고, 긴장재 도심으로부터 콘크리트 압축 측 연단까지의 거리 $y_p = 390 + 435 = 825$ mm이며, y_p은 곧 A-A단면에서의 유효깊이이다. 다만, KDS 14 20 20에서는 유효깊이 d를 $0.8h = 0.8 \times 1{,}220 = 976$ mm 이상으로 취할 수 있도록 허용하므로 A-A단면에서의 유효깊이로서 $d = 976$ mm를 사용한다.

[풀 이] A-A 단면이 전달길이 내에 위치하는 경우 복부 전단강도를 산정할 때 전달길이 내에서 감소되는 유효 프리스트레스의 크기를 고려하여야 한다. 그러나, A-A 단면은 부재 단부 지점으로부터 5.4 m 떨어진 거리에 위치하고 이 부재의 전달길이는 $50d_b = 50 \times 15.2 = 765$ mm이므로, 유효 프리스트레스 힘 $P_e = 2{,}709.7$ MPa을 사용할 수 있다. A-A 단면에서 콘크리트 도심으로부터 콘크리트 인장 측 연단까지의 거리 $y_2 = 785$ mm이므로 유효 프리스트레스 힘 P_e에 의하여 A-A 단면에서 발생하는 콘크리트 단면의 인장 연단 응력 f_{se}는

$$f_{se} = \frac{P_e}{A_g} + \frac{P_e e_p}{I_g} y_2 = \frac{2{,}709.7 \times 10^3}{6.5 \times 10^5} + \frac{2{,}709.7 \times 10^3 \times 390}{9.6 \times 10^{10}} \times 785$$

$$= 12.8 \text{ MPa}$$

으로 계산된다. 보의 자중에 의한 A-A 단면에서의 전단력 V_d와 휨모멘트 M_d를 계산하면

$$V_d = \frac{1}{2} \times 16{,}300 \times 24.4 - 16{,}300 \times 5.4 = 110.8 \text{ kN}$$

$$M_d = \frac{1}{2} \times 16{,}300 \times 24.4 \times 5.4 - 16{,}300 \times 5.4 \times \frac{5.4}{2} = 836.2 \text{ kN}\cdot\text{m}$$

이 된다. 또한, M_d에 의하여 A-A 단면에서 발생하는 인장 연단의 콘크리트 응력을 계산하면

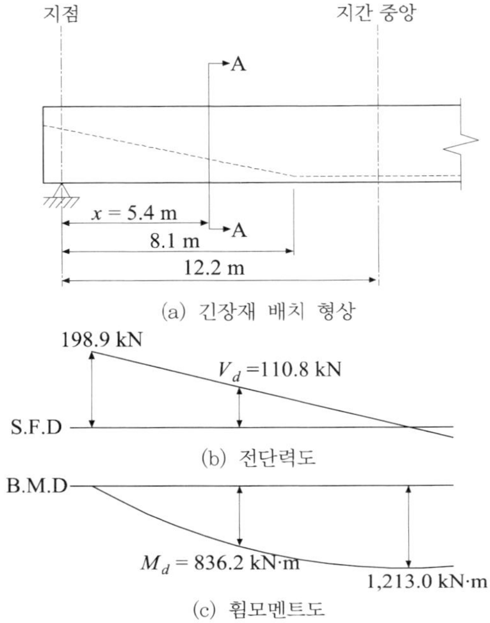

그림 13-43 A-A 단면에서 보의 자중에 의한 전단력과 휨모멘트

$$f_d = \frac{M_d}{I_g} y_2 = \frac{836.2 \times 10^6}{9.6 \times 10^{10}} \times 785 = 6.8\ \text{MPa}$$

이 된다. 따라서, 균열모멘트 M_{cr}은

$$M_{cr} = \frac{I_g}{y_t}\left(0.5\sqrt{f_{ck}} + f_{se} - f_d\right) = \frac{9.6 \times 10^{10}}{785}\left(0.5\sqrt{35} + 12.8 - 6.8\right)$$

$$= 1{,}096.0\ \text{kN}\cdot\text{m}$$

으로 계산된다. 또한, 추가 고정하중 및 활하중에 의한 A-A 단면에서의 계수 전단력 V_i과 계수 휨모멘트 $M_{\max}$는

$$V_i = \frac{1}{2} \times (1.2 \times 5{,}000 + 1.6 \times 11{,}500) \times 24.4$$

$$- (1.2 \times 5{,}000 + 1.6 \times 11{,}500) \times 5.4 = 165.9\ \text{kN}$$

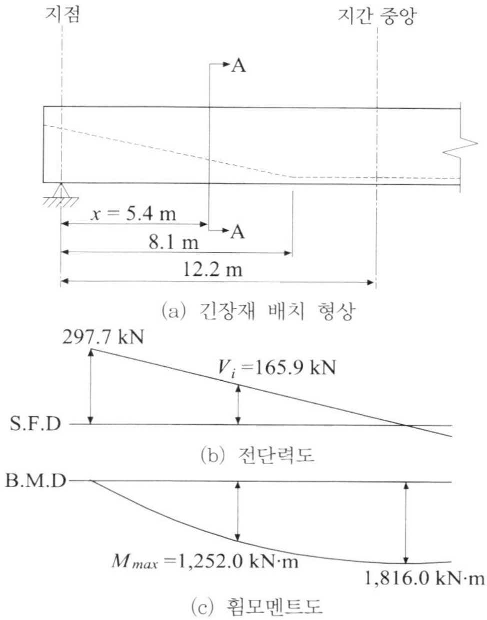

그림 13-44 A-A 단면에서 추가 사하중 및 활하중에 의한 계수 전단력과 계수 휨모멘트

$$M_{\max} = \frac{1}{2} \times (1.2 \times 5{,}000 + 1.6 \times 11{,}500) \times 24.4 \times 5.4$$

$$- \frac{1}{2} \times (1.2 \times 5{,}000 + 1.6 \times 11{,}500) \times 5.4^2 = 1{,}252.0 \text{ kN} \cdot \text{m}$$

이 된다. 따라서, 휨전단강도 V_{ci} 는

$$V_{ci} = 0.05\sqrt{f_{ck}}\, b_w d + V_d + \frac{V_i M_{cr}}{M_{\max}}$$

$$= 0.05\sqrt{35} \times 360 \times 976 + 110.8 \times 10^3 + \frac{165.9 \times 10^3 \times 109.6 \times 10^7}{125.2 \times 10^7}$$

$$= 360.0 \text{kN}$$

이다. 다만, KDS 14 20 20 (4.2.2)에 의하면 V_{ci} 는 $(1/6)\lambda\sqrt{f_{ck}}\, b_w d$ 이상으로 취할 수 있다. 즉,

$$\sqrt{35}\times 360\times 976\times \frac{1}{6}=346.4\ \text{kN}\le\ V_{ci}$$

따라서, V_{ci} 는 360.0 kN 이 된다.

긴장재의 유효 프리스트레스 힘 P_e 에 의한 단면 도심의 콘크리트 응력 f_{pc} 은

$$f_{pc}=\frac{P_e}{A_c}=\frac{2{,}709.7\times 10^3}{6.5\times 10^5}=4.2\ \text{MPa}$$

이며, 유효 프리스트레스 힘 P_e 의 수직분력 V_p 는

$$V_p=P_e\sin\theta=2{,}709.7\times 10^3\times\frac{585}{8{,}100}=83\ \text{kN}=195.7\ \text{kN}$$

이다. 따라서 복부 전단강도 V_{cw} 는

$$\begin{aligned}V_{cw}&=\left(0.29\sqrt{f_{ck}}+0.3f_{pc}\right)b_w d+V_p\\&=\left(0.29\sqrt{35}+0.3\times 4.2\right)\times 360\times 976+195.7\times 10^3\\&=1{,}241.2\ \text{kN}\end{aligned}$$

으로 산정된다. V_{ci} 의 값이 V_{cw} 의 값보다 작으므로 휨전단강도 V_{ci} 가 A-A 단면의 공칭 전단강도 V_c 가 된다.

전체 고정하중 및 활하중에 의한 A-A 단면에서의 계수 전단력 V_u 는

$$\begin{aligned}V_u=&\frac{1}{2}\times(1.2\times 21{,}300+1.6\times 11{,}500)\times 24.4\\&-(1.2\times 21{,}300+1.6\times 11{,}500)\times 5.4=298.9\ \text{kN}\end{aligned}$$

으로 계산된다. 따라서 전단철근이 부담해야 할 설계전단력 ϕV_s 는

$$\phi V_s=V_u-\phi V_c=298.9-0.75\times 360.0=28.9\ \text{kN}$$

이며, 이때 ϕV_s 는 $\phi 0.2(1-f_{ck}/250)f_{ck}b_w d$ 이하이어야 한다. 즉,

$$\begin{aligned}\phi V_s&<\phi 0.2(1-f_{ck}/250)f_{ck}b_w d\\&=0.75\times 0.2(1-35/250)\times 35\times 360\times 976=1{,}586.4\ \text{kN}\end{aligned}$$

이므로 $\phi V_s = 28.9$ kN 이다. ϕV_s 값이

$$\phi V_s < \phi \frac{1}{3}\sqrt{f_{ck}}\, b_w d = 0.75\left(\frac{1}{3}\sqrt{35} \times 360 \times 976\right) = 519.7 \text{ kN}$$

이므로 스터럽의 간격을 $0.75h$ 이하, 600 mm 이하로 하여야 한다. $0.75h =$ 915 mm > 600mm이므로 스터럽의 간격은 600 mm 이하로 배근하여야 한다. D10 U형 스터럽을 사용하면, 스터럽의 간격 s는

$$s = \frac{\phi A_v f_y d}{V_u - \phi V_c} = \frac{0.75 \times 2 \times 71.3 \times 400 \times 976}{28{,}900.0} = 1{,}444.8 \text{ mm}$$

이 된다. 식 (13.75)에 나타낸 최소 전단철근비 규정에 의하여 스터럽의 최대 간격 $s_{\max}$은

$$s_{\max} = \frac{A_{v,\min} f_y}{0.0625\sqrt{f_{ck}}\, b_w} = \frac{2 \times 71.3 \times 400}{0.0625 \times \sqrt{35} \times 360} = 428.5 \text{ mm}$$

이며, 식 (13.76)에 나타낸 스터럽의 최대 간격 $s_{\max}$은

$$s_{\max} = \frac{80\, A_{v,\min} f_y d}{A_p f_{pu}}\sqrt{\frac{b_w}{d}}$$

$$= \frac{80 \times 2 \times 71.3 \times 400 \times 976}{2{,}496.6 \times 1{,}860} \times \sqrt{\frac{360}{976}} = 582.5 \text{ mm}$$

으로 계산된다. 따라서, A-A 단면에서의 스터럽 최대 간격은 세 값 중 가장 작은 값인 428.5 mm으로 결정되며, 시공성을 고려하여 A-A 단면에서 스터럽의 배근 간격을 400 mm로 설계할 수 있다.

연습문제

13-1 경간이 $l = 21.3$ m 이고 자중이 7.2 kN/m인 프리텐션 휨 부재에서 프리스트레스를 도입할 때 일어나는 탄성수축에 의한 프리스트레스 손실량 Δf_{pE} 를 구하라. 설계 조건은 다음과 같다.

$A_p = 1,381.9\ \mathrm{mm}^2$ $A_g = 306,000\ \mathrm{mm}^2$ $I_g = 89.5 \times 10^8\ \mathrm{mm}^4$
$E_p = 200,000\ \mathrm{MPa}$ $E_c = 28,825.3\ \mathrm{MPa}$ $f_{ck} = 35\ \mathrm{MPa}$
$f_{pu} = 1,860\ \mathrm{MPa}$ $f_{pj} = 1,480\ \mathrm{MPa}$ $e_p = 369.8\ \mathrm{mm}$

13-2 그림 13-45에 나타낸 바와 같이 인장강도 $f_{pu} = 1,860\ \mathrm{MPa}$ 인 12.7 mm 저이완 강연선 20 개를 배근한 I형 프리텐션 휨 부재가 있다. 부재 중앙부에의 장기 손실에 의한 손실량을 각각 계산하고, 총 손실로 인한 긴장재의 응력을 구하라. 단, 부재의 자중은 10.0 kN/m, 지속 활하중은 17.5 kN/m이며, 그 외의 설계 조건은 다음과 같다.

$E_c = 30,008.0\ \mathrm{MPa}$ $E_p = 200,000\ \mathrm{MPa}$ $f_{ck} = 40\ \mathrm{MPa}$
$f_{py} = 1,674\ \mathrm{MPa}$ $f_{pi} = 0.74 f_{pu}$ $RH = 75\ \%$
$C_t = 2.35$ $t = 43,800\ \mathrm{hr}$

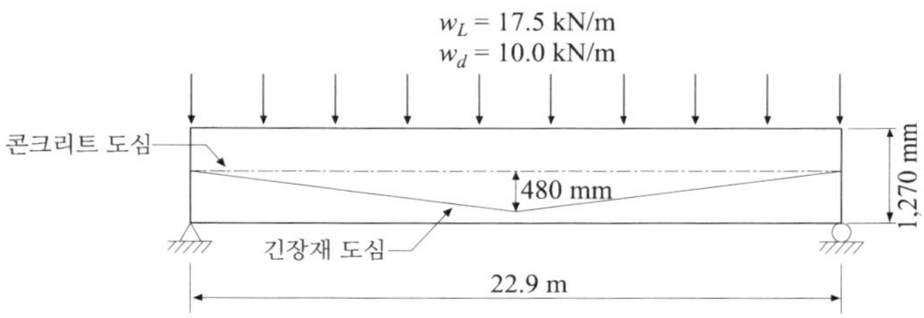

(a) 긴장재 배치 형상

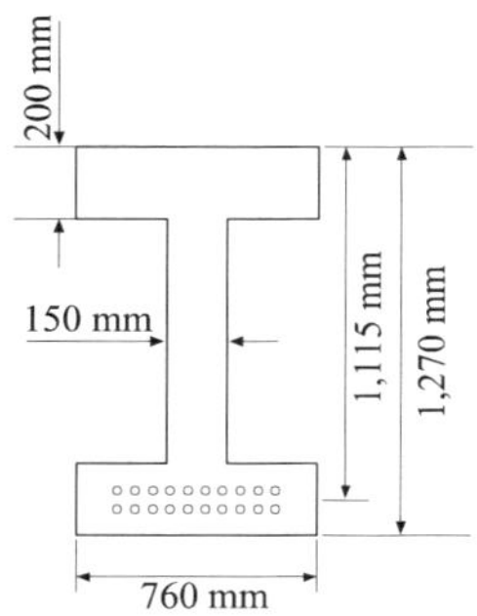

(b) 부재 중앙부 단면도

그림 13-45 부재의 긴장재 배치 형상 및 단면도

13-3 경간이 $l = 20.8\ \mathrm{m}$ 이며, 12.7 mm 직경의 저이완 강연선 10 개가 배치된 단순 지지 프리텐션 휨 부재의 중앙부 단면을 그림 13-46에 나타내었다. 콘크

리트의 설계압축강도와 긴장력 도입 시의 콘크리트 압축강도는 각각 $f_{ck} = 35$ MPa 과 $f_{ci} = 28$ MPa 이다. 또한, 긴장재의 인장강도, 항복강도 및 유효프리스트레스는 각각 $f_{pu} = 1{,}860$ MPa , $f_{py} = 1{,}674$ MPa , $f_{pe} = 1{,}030$ MPa 이며, 프리스트레스 유효율은 $R = 80$ 퍼센트로 가정한다. 프리스트레스 도입 직후 및 사용하중 상태에서 각각 부재 중앙부 단면의 허용응력을 검토하여라. 단, 콘크리트의 단위질량은 $\gamma_c = 2{,}400\ \mathrm{kg/m^3}$, 활하중 및 추가고정하중은 각각 $w_l = 5.8$ kN/m 과 $w_{sd} = 0.6$ kN/m 이며, 부재 중앙부에서 긴장재의 편심은 $e_c = 580$ mm, $y_1 = 330$ mm, $y_2 = 690$ mm
이다. 그 외에 부재의 사용한계상태 검토에 필요한 단면 계수는 다음과 같다.

$A_p = 987.1\ \mathrm{mm^2}$ $A_g = 355{,}000\ \mathrm{mm^2}$ $I_g = 34.2 \times 10^9\ \mathrm{mm^4}$
$Z_1 = 10.4 \times 10^7\ \mathrm{mm^3}$ $Z_2 = 5.0 \times 10^7\ \mathrm{mm^3}$

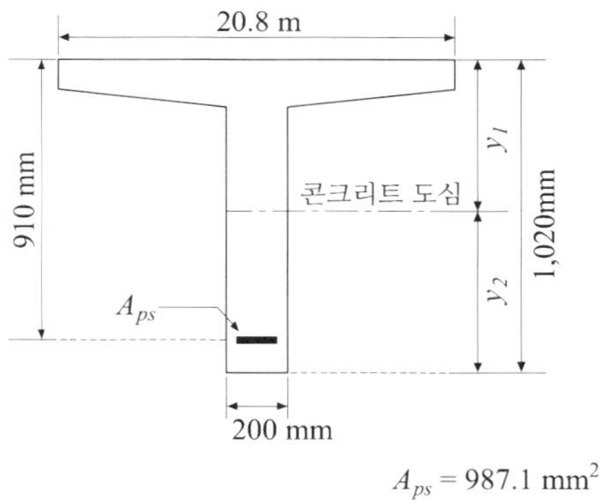

그림 13-46 부재 중앙부의 단면도

13-4 그림 13-47과 같이 긴장재와 철근이 혼용 배치된 프리텐션 휨 부재에서 프리스트레스 도입 직후 및 사용하중 상태에서의 균열 여부를 검토하고, 각각의 즉시처짐을 계산하여라. 균열단면에 대한 단면 2차모멘트는 $I_{cr} = 85.6 \times 10^8\ \mathrm{mm^4}$, 감압모멘트는 $M_{dc} = 494.0$ kN·m이며, 그 외의 재료 물성치, 단면 계수 및 하중 조건은 다음과 같다.

f_{ck} = 35 MPa	f_{ci} = 28 MPa	f_{pu} = 1,860 MPa
f_{py} = 1,674 MPa	f_{pe} = 1,030 MPa	Z_1 = 10.4 × 10^7 mm^3
A_g = 355,000 mm^2	I_g = 34.2 × 10^9 mm^4	Z_2 = 5.0 × 10^7 mm^3
γ_c = 2,400 kg/m^3	w_l = 5.8 kN/m	w_{sd} = 0.6 kN/m

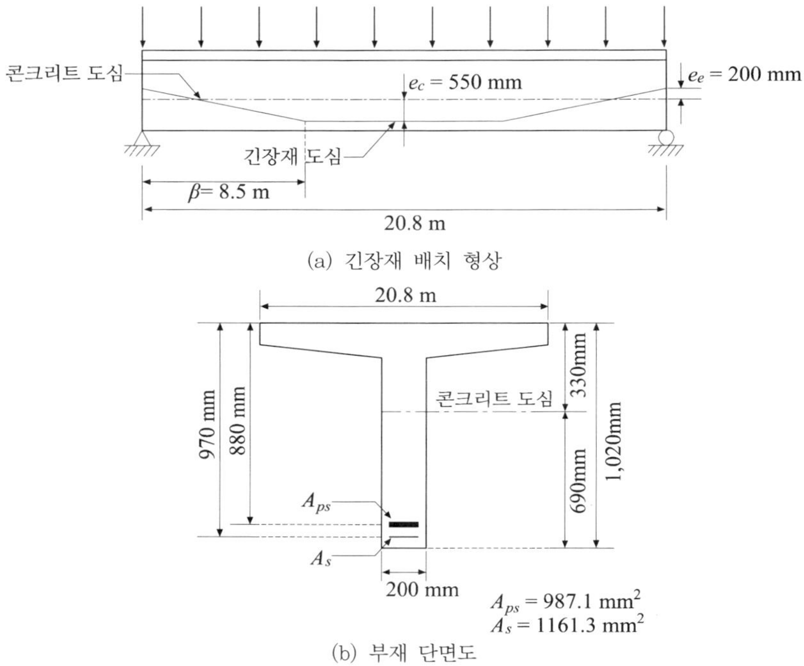

그림 13-47 부재의 긴장재 배치 형상 및 단면도

단, 그림 13-47(a)와 같은 긴장재 배치형태에 따른 프리스트레스에 의한 부재 중앙부의 솟음은 모멘트면적법을 사용하여 다음 식으로 산정할 수 있다.

$$\Delta = -\frac{Pl^2}{EI}\left[\frac{e_c}{8} + \frac{\beta^2}{6}(e_e + e_c)\right]$$

여기서, P는 초기 프리스트레스 힘 P_i 또는 유효 프리스트레스 힘 P_e이며, β는 그림 13-47(a)에 나타낸 바와 같이 단부로부터 절곡점까지의 거리이다.

13-5 그림 13-48과 같이 I형 단면을 가진 부분 프리스트레스 휨 부재의 하부 플랜지에는 12.7 mm 저이완 강연선 13 개가 도입되었으며, 최외단 인장 측에 D16철근 4 개가 배치되어 있다. 본문의 식 (13-38)로 표현되는 긴장재의 응력-변형률 곡선을 이용하여 긴장재의 극한응력 f_{ps}를 산정하고 부재의 설계 휨강도 ϕM_n을 계산하여라. 단, 토핑콘크리트의 설계압축강도는 프리스트레스 부재와 동일하고, 압축철근은 무시하며, 그 외의 설계 조건은 다음과 같다.

$E_p = 200{,}000$ MPa　　$E_c = 28{,}825.3$ MPa　　$f_{ck} = 35$ MPa
$f_{pu} = 1{,}860$ MPa　　$f_{py} = 1{,}674$ MPa　　$P_e = 1371.6$ kN
$d_p = 920$ mm　　$d = 960$ mm

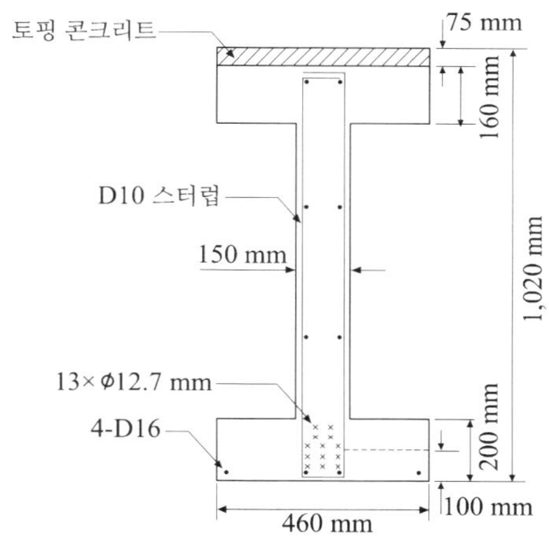

그림 13-48 부재 단면도

13-6 연습문제 13-5에 나타낸 부재에 대하여 동일한 조건에서 긴장재의 극한응력을 간략식을 이용하여 산정하고, 설계 휨강도 ϕM_n을 계산하여라. 또한, 긴장재가 비부착식인 경우를 가정하여 간략식을 이용한 긴장재의 극한응력 및 설계 휨강도 ϕM_n을 계산하고, 부착식과 비부착식 긴장재를 적용한 경우 긴장재의 극한응력 및 설계 휨강도 ϕM_n을 비교하여라. 단, 압축 측 철근과 토핑 콘크리트의 영향은 무시한다.

13-7 연습문제 그림 13-49는 포스트텐션 보의 정착구를 나타낸 것이다. 각 정착장치에는 인장강도가 $f_{pu} = 1{,}860$ MPa 인 직경 12.7 mm 의 저이완

강연선이 4 개씩 배치되었으며, 강연선의 긴장응력은 $f_{pj}=0.8f_{pu}$ 이었다. 정착판 후면의 콘크리트 지압응력, 파열력, 할렬력에 대하여 설계하여라.

13-8 그림 13-49와 같이 긴장재가 배치된 프리스트레스트 부재에 대하여 본문의 식(13.69) 및 식(13.72)을 이용하여 지점으로부터 $0.5h=510$ mm만큼 떨어진 부분에서 요구되는 전단철근의 간격을 결정하여라. 단, 전단철근은 U형 D10 스터럽($A_v=142.6\,\text{mm}^2$, $f_y=400$ MPa)을 사용하며, 이 위치에서의 유효깊이는 $d_p=326$ mm이다. 또한, 자중, 사용 활하중 및 추가 고정하중은 각각 $w_d=5.7$ kN/m, $w_l=16.1$ kN/m 및 $w_{sd}=1.5$ kN/m이며, 부재의 단면과 재료물성치는 연습문제 13-5와 동일한 것으로 가정한다.

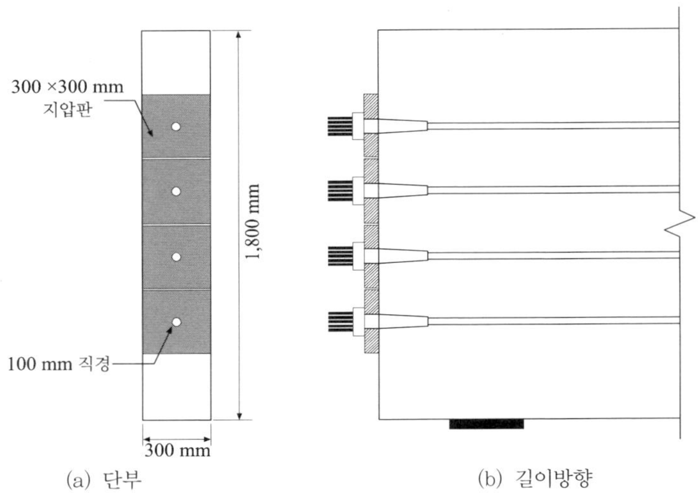

그림 13-49 정착구 상세

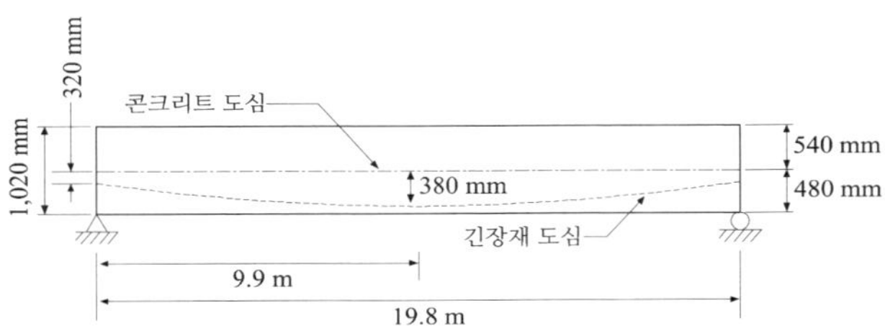

그림 13-50 부재의 긴장재 배치 형상

14 장

내진설계

14-1 개 요

지진은 지구 내부의 지각변동으로 발생하여 축적되었던 변형에너지가 일시에 방출되면서 충격파로 지표면에 전달되어 지반운동을 일으키는 현상이다. 지진이 발생하면 구조물에 심각한 손상이 생겨 많은 인명 및 재산 피해를 가져올 수 있기 때문에 지진에 대해서는 특별한 고려를 해야 한다. 또한 최근에 국내에서도 경주에 규모 5.8과 포항에 규모 5.4의 지진이 발생하여 우리나라에 대규모 지진이 발생하였을 때 건물의 구조안전성에 대한 관심이 높아지고 있다.

지진하중은 지진이 일어났을 때 건물에 작용하는 지반의 가속도와 건물의 질량이 곱하여져 발생하는 관성력에 의한 수평하중을 일컫는다. 이러한 지진하중에 대한 구조물의 응답과 구조부재의 설계과정은 복잡하기 때문에 과거의 지진에 지속적인 연구결과와 대규모 지진이 발생할 때마다 얻게 되는 내진설계에 대한 새로운 정보들을 기준이 개정될 때마다 신속히 반영하고 있다.

내진설계를 위해서는 지반의 진동, 구조물의 동적 및 구조물의 비선형거동 특성 등을 정확하게 알아야 하지만 이것은 실무적으로 어려운 일이라 할 수 있다. 건축구조기준에서는 내진설계를 위한 방법으로 크게 등가정적해석법(equivalent static force analysis)과 동적해석법(dynamic analysis)으로 구분하고 있으며, 표 14-4와 표 14-5에서 정해지는 내진설계 범주에 따라 해석법을 결정하도록 되어 있다.

KDS 14 20 80에서 철근콘크리트구조의 내진설계에 대해 다루고 있으며 구조기준에서의 기본적인 내진설계 개념은 철근콘크리트구조는 비탄성거동을 한다고 가정하는 것이다. 철근콘크리트구조에서 비탄성거동이란 철근이 항복을 한다는 의미로서 철근이 항복하면 지진으로 인해 구조물에 가해진 힘은 소산되기 때문에 부재에 생기는 부재력은 탄성으로 가정했을 때보다 감소하게 되어 경제적인 설계가 가능하다. 기준에서 가정한 대로 철근이 항복응력까지 도달하여 연성적인 파괴가 되기 위해서는 철근의 배근상세가 매우 중요하므로 이에 대해서는 특별히 다루어져야 한다.

이 장에서는 건축구조기준에 따른 지진하중의 산정과 구조기준에 따른 철근콘크리트 구조물의 내진설계에 대해 다루고 있다. 또한 구조기준의 내진설계에 따른 철근콘크리트 부재설계 과정과 배근상세 등을 설명하고 그에 따른 설계예제를 포함하고 있다.

14-2 설계스펙트럼 가속도

14-2-1 설계스펙트럼 가속도의 결정

건물 내진설계의 기본이 되는 설계스펙트럼 가속도는 재현주기 2400년의 지진위험도를 정의한 최대 예상 지진으로부터 얻어진 유효지반 가속도 S에 지반의 증폭효과를 곱한 값의 (2/3)로 하고 있다.

정확한 스펙트럼 곡선을 얻기 위하여 0.2 초 정도의 단주기 설계스펙트럼 가속도 S_{DS}와 1 초 주기 설계스펙트럼 가속도 S_{D1}을 다음 식으로 계산하여 주기에 따른 설계가속도의 크기를 정한다.

$$S_{DS} = \frac{2}{3} F_a (2.5S) \tag{14.1}$$

표 14-1 지진구역 구분 및 지역계수

지진 구역	행 정 구 역	지진구역 계수, Z
I	지진구역 II를 제외한 지역	0.11
II	강원 북부 및 제주도	0.07

$$S_{D1} = \frac{2}{3}F_v S \tag{14.2}$$

위의 식에서 S는 2400년 재현주기 지진의 유효지반 가속도로, KDS 17 10 00에서의 표 14-1와 같은 지진구역 계수에 2400년 재현주기에 해당하는 위험도 계수 2.0을 곱한 값을 얻거나 또는 그림 14-1의 국가지진위험지도에서 구할 수 있는데, 국가지진위험지도로부터 구하는 경우에는 그 값이 지진지역 계수에 위험도 계수를 곱하여 구한 값의 80 퍼센트 이상이 되어야 한다.

또한 식 (14.1)과 (14.2)의 F_a 및 F_v는 지반 증폭계수로 건물의 고유주기와 건물을 지지하는 지반의 고유주기에 의한 공진 현상을 수치로 나타낸 것으로 표 14-2에서 구할 수 있다.

지진지역의 단주기 및 주기 1 초의 설계스펙트럼 가속도 S_{DS}와 S_{D1}이 계산되면, 이로부터 제어주기는

$$T_0 = 0.2\frac{S_{D1}}{S_{DS}} \tag{14.3}$$

$$T_s = \frac{S_{D1}}{S_{DS}} \tag{14.4a}$$

$$T_L = 5\text{초} \tag{14.4b}$$

으로 정해지며, 구조물의 고유주기 T에 대하여 주기 구간별 설계스펙트럼 가속도 S_a가 식(14.5)로 계산되어 그림 14-2와 같이 부분 연속적인 곡선형태를 이루게 한다.

(i) $T \le T_0$일 때 $$S_a = 0.6\frac{S_{DS}}{T_0}T + 0.4S_{DS} \tag{14.5a}$$

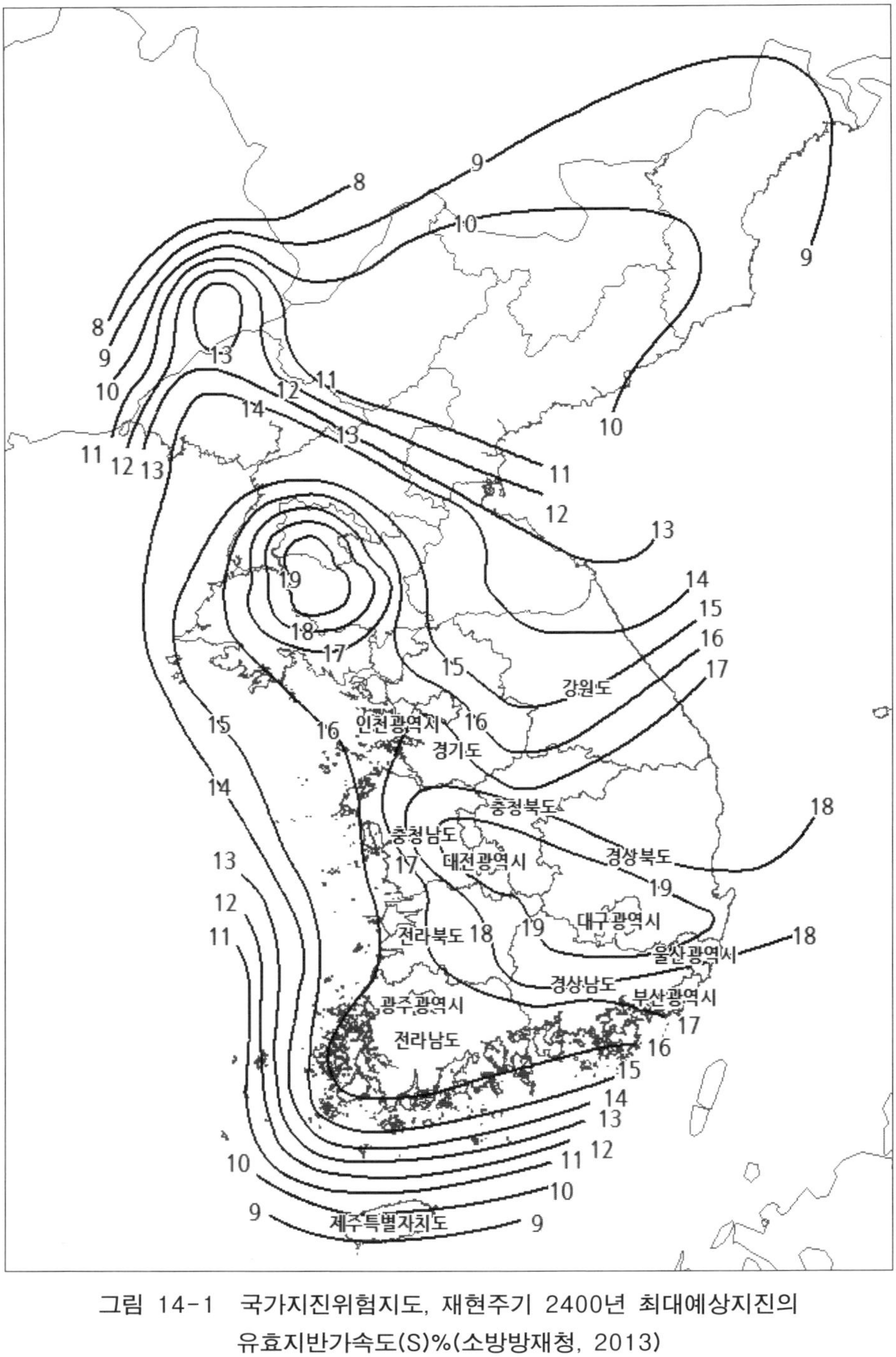

그림 14-1 국가지진위험지도, 재현주기 2400년 최대예상지진의 유효지반가속도(S)%(소방방재청, 2013)

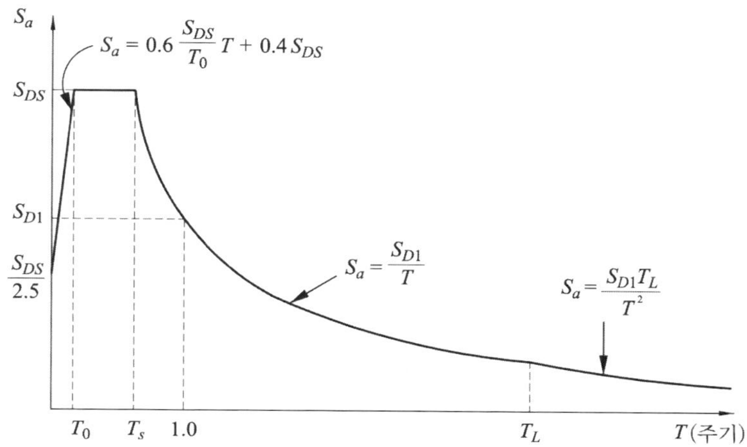

그림 14-2 설계스펙트럼 가속도

(ii) $T_0 < T \leq T_S$ 일 때 $S_a = S_{DS}$ (14.5b)

(iii) $T_S < T \leq T_L$ 일 때 $S_a = \frac{S_{D1}}{T}$ (14.5c)

(iv) $T > T_L$ 일 때 $S_a = \frac{S_{D1}\,T_L}{T^2}$ (14.5d)

표 14-2 지반 증폭 계수

지반 종류	단 주 기, F_a			1초 주기, F_v		
	$S \leq 0.1$	$S = 0.2$	$S = 0.3$	$S \leq 0.1$	$S = 0.2$	$S = 0.3$
S_1	1.12	1.12	1.12	0.84	0.84	0.84
S_2	1.4	1.4	1.3	1.5	1.4	1.3
S_3	1.7	1.5	1.3	1.7	1.6	1.5
S_4	1.6	1.4	1.2	2.2	2.0	1.8
S_5	1.8	1.3	1.3	3.0	2.7	2.4

* S는 유효지반가속도로에 중간값은 직선보간하여 정한다.

* S_1 : 암반지반, S_2 : 얕고 단단한 지반, S_3 : 얕고 연약한 지반, S_4 : 깊고 단단한 지반, S_5 : 깊고 연약한 지반 또는 매우 연약한 지반(KDS 17 10 00 (4.2.1.2))

14-2-2 내진범주의 결정

내진설계에서 모든 구조체는 그 용도와 지반에 따라 내진설계 범주가 분류되며 내진설계 범주에 따라 적용 가능한 구조시스템과 높이, 비정형성에 대한 제한, 내진설계 대상 부재 및 구조체, 횡력 해석 방법 등이 정하여진다.

【1】 건물의 내진등급과 중요도 계수

건물의 중요도는 I_E는 KDS 41 10 05(3.)에 용도 및 규모에 따라 표 3-1과 같이 분류되어 있으며, 건물의 중요도에 따른 내진등급과 중요도계수는 표 14-3에 제시되어 있다.

【2】 내진설계 범주의 결정

건물의 내진설계 범주는 지반 상태와는 관계 없이 건물의 중요도에 따른 내진등급과 설계스펙트럼 가속도 S_{DS} 및 S_{D1}에 따라 표 14-4 및 14-5와 같이 분류된다. 표 14-4에 의한 분류와 표 14-5에 의한 분류가 다른 경우에는 높은 수준의 내진성능을 보장하기 위하여 높은 내진설계 범주로 분류한다.

【3】 내진설계 범주에 따른 해석법

내진등급 특, Ⅰ, Ⅱ로 분류되는 구조물들은 표 14-4 및 14-5에 할당된 내진설계 범주에 따라 다음과 같은 해석법이 적용된다.

1. 내진설계 범주 A 및 B에 해당하는 구조물들은 KDS 41 17 00에 규정된 등가정적해석법을 적용하여 설계할 수 있다.
2. 내진설계 범주 C에 해당하는 구조물은 등가정적해석법으로 해석하고 설계할 수 있으며, 구조물이 높이 70 m 이상 또는 20 층 이상의 정형구조물이나 높이 20 m 이상 또는 6층 이상의 비정형구조물 중 하나에 해당하는 경우에는 동적해석법을 사용하여야 한다.
3. 내진설계 범주 D에 속하는 구조물로 3 층 이하의 경량골조구조물과 2 층

표 14-3 내진등급과 중요도계수

건물의 중요도	내진등급	중요도계수
중요도 (특)	특	1.5
중요도 (1)	I	1.2
중요도 (2), (3)	Ⅱ	1.0

표 14-4 단주기 설계스펙트럼 가속도에 따른 내진설계범주

S_{DS}의 값	내 진 등 급		
	특	I	Ⅱ
$0.50 \le S_{DS}$	D	D	D
$0.33 \le S_{DS} < 0.50$	D	C	C
$0.17 \le S_{DS} < 0.33$	C	B	B
$S_{DS} < 0.17$	A	A	A

표 14-5 1초주기 설계스펙트럼 가속도에 따른 내진설계범주

S_{D1}의 값	내 진 등 급		
	특	I	Ⅱ
$0.20 \le S_{D1}$	D	D	D
$0.14 \le S_{D1} < 0.20$	D	C	C
$0.07 \le S_{D1} < 0.14$	C	B	B
$S_{D1} < 0.07$	A	A	A

이하의 격막구조물 및 70 m 미만의 정형구조물의 해석에는 등가정적해석법을 사용할 수 있으나 그 이외의 구조물 해석에는 동적해석법 이상의 정밀한 해석 방법을 사용해야 한다.

14-3 등가정적해석법

지진이 일어나면 구조체는 변형하며 그 변형에 의한 가속도에 구조체의 질량이 곱하여진 크기의 지진력이 발생하게 된다. 구조체에 작용하는 모든 지진력의 합력은 구조체의 밑면에 전단력으로 작용하기 때문에 지진밑면전단력(seismic base shear)라고 하며, 지진하중의 근사해석에 많이 사용되는 등가

정적해석법에서는 구조물의 밑면전단력을 다음 식으로 구한다.

$$V = C_s W \tag{14.6}$$

이 식에서 W는 건물의 고정하중과 함께 창고 공간에서는 활하중의 25 퍼센트, 영구설비의 총하중 등이 포함된 하중이며, C_s는

$$C_s = \frac{S_{DS}}{(\frac{R}{I_E})} \tag{14.7}$$

의 식으로 정의되는 지진응답계수로

$T \leq T_L$일 때

$$C_S = \frac{S_{D1}}{(\frac{R}{I_E})T} \tag{14.8a}$$

$T > T_L$일 때

$$C_S = \frac{S_{D1} T_L}{(\frac{R}{I_E})T^2} \tag{14.8b}$$

의 값을 초과하지 않아도 되나

$$C_S = 0.044 S_{DS} I_E \geq 0.01 \tag{14.9}$$

이상으로 하여야 한다.

식 (14.7)과 (14.8)의 R은 반응수정계수로 구조시스템의 연성으로 지진에너지를 흡수하고 소산시킬 수 있는 능력에 관련된 계수이며, 철근콘크리트구조에서 주요 구조시스템의 반응수정계수는 표 14-6에 나타낸 바와 같다. 식 (14.8)의 T는 구조체의 고유주기를 나타낸다. 진동체의 주기는 진동체가 한번 진동하여 다시 제자리로 돌아오는 데 걸리는 시간을 의미하며, 고유주기는 외력의 영향을 받지 않는 상태에서 구조체의 고유성분인 질량과 강성에 의하여 정하여지

는 주기이다. 철근콘트리트 구조체의 고유진동주기를 약산하는 데에는

$$T_a = C_t h_n^x \tag{14.10}$$

의 식이 사용된다. 이 식에서 모멘트골조인 경우 $C_t = 0.0466$, $x = 0.9$, 전단벽과 기타골조 경우는 $C_t = 0.0488$, $x = 0.75$이고, h_n은 골조 밑면으로부터 최상층까지의 높이 (m)이다. 철근콘크리트 골조의 층수가 12층 이하이고, 층 높이가 3 m 이상일 때 고유진동주기를

$$T_a = 0.1 \times \text{층수 (초)} \tag{14.11}$$

의 식으로 약산할 수 있다.

지진력에 의한 밑면전단력은 각 층에 횡하중으로 배분되는데, x층에 작용하는 횡하중은 건물의 바닥 중량과 높이에 따라

$$F_x = \frac{w_x h_x^k}{\sum_{i=1}^{n} w_i h_i^k} V \tag{14.12}$$

의 식으로 계산되는 값을 가진다. 이 식에서 w_i, w_x는 i층, x층 바닥 중량이며, k는 건축물의 주기에 따른 분포계수로 건축물의 고유주기에 대하여

$$k = \begin{cases} 1.0 & T \leq 0.5\text{ 초} \\ 2.0 & T \geq 2.5\text{ 초} \end{cases} \tag{14.13}$$

의 값을 가지며, 0.5초와 2.5초의 주기를 가진 건물에서는 1.0과 2.0 사이의 값을 직선보간하여 정한다.

층지진하중에 의한 층전단력은

$$V_x = \sum_{i=x}^{n} F_i \tag{14.14}$$

으로 계산된다. 지진하중에 의한 수평 비틀림 모멘트는 건물의 중심과 강심간의 편심거리에 층전단력을 곱하여 산정되는 비틀림 모멘트와 해석방향의 직각방향 평면 치수의 5퍼센트에 해당하는 우발편심에 층전단력을 곱하여 산정되는 우발 비틀림 모멘트의 합으로 한다.

표 14-6 철근콘크리트구조 기본지진력 저항시스템의 설계계수

기본지진력 저항 시스템	설계계수		
	R	Q_o	C_d
1. 내력벽 시스템			
철근콘크리트 특수전단벽	5	2.5	5
철근콘크리트 보통전단벽	4	2.5	4
2. 건물골조시스템			
철근콘크리트 특수전단벽	6	2.5	5
철근콘크리트 보통전단벽	5	2.5	4.5
3. 모멘트-저항 골조 시스템			
철근콘크리트 특수모멘트골조	8	3	5.5
철근콘크리트 중간모멘트골조	5	3	4.5
철근콘크리트 보통모멘트골조	3	3	2.5
4. 특수모멘트골조를 가진 이중골조시스템			
철근콘크리트 특수전단벽	7	2.5	5.5
철근콘크리트 보통전단벽	6	2.5	5
5. 중간모멘트골조를 가진 이중골조시스템			
철근콘크리트 특수전단벽	6.5	2.5	5
철근콘크리트 보통전단벽	5.5	2.5	4.5

R : 반응수정계수
Q_o : 시스템 초과강도 계수
C_d : 변위증폭계수

층간변위는 임의의 층에서 기둥의 상부와 하부의 수평변위량의 차이이며, x 층의 수평변위는 다음과 같이 계산된다.

$$\delta_x = \frac{C_d\, \delta_{xe}}{I_E} \tag{14.15}$$

위의 식에서 C_d 는 변위증폭계수로 구조물에 따라 표 14-6의 값으로 하며, δ_{xe} 는 탄성해석에 따라 구한 x 층의 수평변위량이다.

지진 발생시 인접한 두 건물은 수평변위에 의하여 서로 부딪쳐 파괴될 우려가 있으므로, 인접한 두 건물 사이에는 최소한의 거리를 확보하여야 한다. 건축구조기준에서는 인접한 두 건물의 식 (14.15)에 의하여 계산된 수평변위량을 각각 d_1, d_2로 하면,

$$d_T = \sqrt{d_1^2 + d_2^2} \tag{14.16}$$

의 인접 건물간 최소 거리를 두도록 규정하고 있다.

【예제 14-1】 그림 14-3과 같은 5층 철근콘크리트 특수모멘트 골조의 지진하중과 층전단력을 등가정적해석법으로 구하라. 단, 유효지반가속도(S) = 0.22, 지반종류 = S_3(얕고 연약한 지반), 중요도계수(I_E) = 1.2(내진등급I), 반응수정계수(R) = 8.0(철근콘크리트 특수모멘트골조)이다.

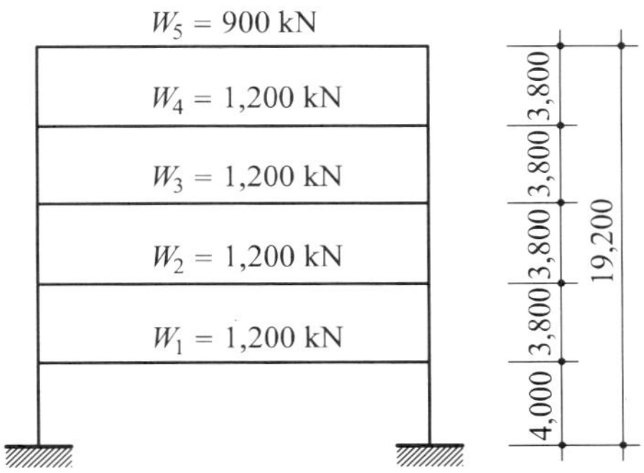

그림 14-3 예제 14-1의 골조입면도

[풀 이] (1) 내진설계범주 결정

지반종류가 S_3이고, 지진구역이 I이므로 표 14-2에서 F_a와 F_v를 직선보간하여 구한 후 식(14.1) 및 식(14.2)에 대입하여 단주기와 1초주기 설계스펙트럼가속도 S_{DS}, S_{D1}을 구하면 다음과 같다.

$$S_s = 2.5S = 2.5 \times 0.22 = 0.55$$

$$S_{DS} = S \times 2.5 \times F_a \times 2/3 = 0.22 \times 2.5 \times 1.46 \times 2/3 = 0.535$$

$$S_{D1} = S \times F_v \times 2/3 = 0.22 \times 1.58 \times 2/3 = 0.232$$

여기서, F_a와 F_v는 표 14-2에서 직선보간으로 다음과 같이 구한다.

$$F_a = 1.3 + \frac{(0.3 - 0.22)}{(0.3 - 0.2)} \times (1.5 - 1.3) = 1.46$$

$$F_v = 1.5 + \frac{(0.3 - 0.22)}{(0.3 - 0.2)} \times (1.6 - 1.5) = 1.58$$

따라서 표 14-4와 표 14-5에서 이 건물의 내진설계범주는 D이다.

(2) 기본주기

약산식에 의한 기본진동주기는 철근콘크리트 모멘트골조이므로 식 (14.10)에서

$$T_a = C_t h_n^x = 0.0466 \times 19.2^{0.9} = 0.666$$

이다.

(3) 지진응답계수

철근콘크리트 특수모멘트 골조이므로 표 14-6에서 $R = 8.0$이고, 표 14-3에서 중요도계수는 1.2이므로 식 (14.7), 식 (14.8) 및 식 (14.9)에서

$$C_s = \frac{S_{DS}}{\left[\frac{R}{I_E}\right]} = \frac{0.535}{\left(\frac{8}{1.2}\right)} = 0.0803$$

이고, C_s는 다음 값보다는 커야 되며

$$C_s = 0.044 S_{DS} I_E = 0.044 \times 0.535 \times 1.2 = 0.0283 \geq 0.01$$

C_s는 $T \leq T_L$이므로 다음 식에 의한 값을 초과하지 않아도 되므로

$$C_s = \frac{S_{D1}}{\left[\frac{R}{I_E}\right] T} = \frac{0.232}{\left(\frac{8}{1.2}\right) \times 0.666} = 0.0522$$

$C_s = 0.0522$를 사용한다.

(4) 유효지진중량

유효지진중량은 전체 고정하중과 칸막이벽 무게를 포함하며 층별로 고정하중이 다르면 각각 계산하여야 한다. 이 예제에서의 전체 유효지진중량은

$$W = 900 + 4 \times 1{,}200 = 5{,}700 \text{ kN}$$

이다.

(5) 밑면전단력은 식 (14.6)으로부터

$V = C_s W = 0.0522 \times 5{,}700 = 297.6$ kN이다.

(6) 밑면전단력의 수직분포

밑면전단력의 수직분포는 식 (14.12)를 사용하여 구할 수 있다. $T=0.666>0.5$초에 대한 분포계수 $k=1.085$를 적용하여 층지진하중과 층전단력을 구하면 다음 표와 같다.

층 수	높이 h_x (m)	층무게 w_x (kN)	$w_x h_x^k$ 1)	$\frac{w_x h_x^k}{\sum_{i=1}^{5} w_i h_i^k}$ 1)	층지진 하중 F_x (kN)	층전 단력 V_x (kN)
R	19.2	900	22,077	0.280	83	83
5	15.4	1,200	23,182	0.294	87	170
4	11.6	1,200	17,057	0.216	64	234
3	7.8	1,200	11,098	0.141	42	276
2	4	1,200	5,385	0.068	20	296
합계		5,700	78,799	1.000	298	

주 : 1) $k=1.0+\frac{(0.67-0.50)}{(2.50-0.50)}\times(2-1)=1.083$

14-4 특수모멘트 골조

특수모멘트 골조는 보와 기둥이 강접되어 건물에 작용하는 중력하중과 지진에 의한 수평하중을 안전하게 지지하는 구조이다.

부재설계에서는 휨부재, 휨과 축력을 받는 부재, 골조 접합부의 세 부분으로 나뉘어 KDS 14 20 80 (4.4, 4.5 및 4.6)에 각 부재의 단면형태와 철근보강 방법 및 요구되는 구조성능 등이 규정되어 있다.

14-4-1 휨부재

휨부재는 보와 같이 휨을 주로 지지하면서 계수축력은 $A_g f_{ck}/10$ 이하로 받는 부재를 의미한다.

부재의 순경간은 깊은 보 작용이 생기지 않게 하기 위하여 유효깊이의 4 배 이상 되도록 하고, 부재폭은 유효깊이의 0.3 배 이상, 또한 250 mm 이상 되면서 지지 부재의 폭에 받침부 양측면으로 휨부재 길이의 3/4을 더한 값보다 작게 하도록 규정되어 있다.

휨부재의 휨보강철근은 부재의 상부와 하부에 배근되는 철근 모두 4-3-3절에 기술된 식 (4.18) 및 $1.4b_wd/f_y$에 의한 최소 철근량 이상이 되면서 최대 철근비는 0.025를 넘지 않도록 규정되어 있다. 또한, 휨부재의 상부와 하부는 최소한 연속된 철근 2 개 이상으로 보강되어야 한다.

휨부재가 기둥과 접합된 면에서 정모멘트 강도는, 그림 14-4에 나타낸 바와 같이, 부모멘트 강도의 1/2 이상 되어야 하며, 휨철근의 겹침이음은 이음길이 부분에 후프철근이나 나선철근이 배치되어 있는 경우에만 사용할 수 있다. 겹침이음 철근을 둘러싸는 횡방향철근의 간격은 $d/4$ 이하 또한 100 mm이하이어야 한다. 겹침이음은 접합부의 내부, 접합면부터 부재 깊이의 2 배 이내의 거리 구간, 구조해석에서 골조의 비탄성 횡변위에 의한 휨 항복이 일어나는 곳에서 사용할 수 없다. 부재의 모든 위치에서 철근 보강에 의한 정 또는 부모멘트 강도는 부재 양 접합면의 최대 휨강도의 1/4 이상이어야 한다.

특수모멘트골조 휨부재에는 휨보강과 더불어 전단보강이 돼 있어야 하며, 지진으로 골조가 큰 횡변위를 일으키는 경우, 소성힌지를 기둥보다 보의 단부에 생기게 하는 것이 구조 안정면에서 바람직하고 항복상태에 들어간 철근들이 정착돼 있는 콘크리트를 후프철근으로 밀실하게 감싸 콘크리트의 파쇄되는 것을 막아야 부재 연성을 높여 지진에너지 소산성능을 크게 할 수 있으므로 휨부재의 횡방향철근보강도 철근콘크리트 구조물의 내진설계에서 중요하게 다루어져야 한다.

KDS 14 20 80 (4.4.3)에서는 후프형 횡방향철근의 보강 위치를 휨부재 양단의 받침부 면에서 경간 방향으로 휨부재 깊이의 2 배 되는 구간과 골조의 비탄성 횡변위로 인하여 휨항복이 우려되는 단면 좌우로 부재깊이의 2 배 이상되는 거리의 구간으로 하고, 후프철근의 최대 간격은 $d/4$, 축방향철근 최소지름의 8 배, 후프철근 지름의 24 배, 300 mm 중 가장 작은 값 이하로 하고, 부재단부의 보강에서는 지지부재의 면에서 50 mm 이내에 첫 번째 후프철근을 배근하도록 규정하고 있다. 또한 휨부재에서 후프철근 보강되지 않은 부분은 $d/2$ 이내의 간격으로 양단 내진갈고리를 갖춘 스터럽으로 보강되어야 한다.

휨부재의 전단설계는 상시하중과 더불어 지진력의 작용으로 부재에 발생할 수 있는 최대 전단력에 안전하게 이루어져야 하며, 지진하중의 작용상태에 가장 불리한 계수하중 조합은 식 (3.9)에서 토압과 지하수압이 고려되지 않은

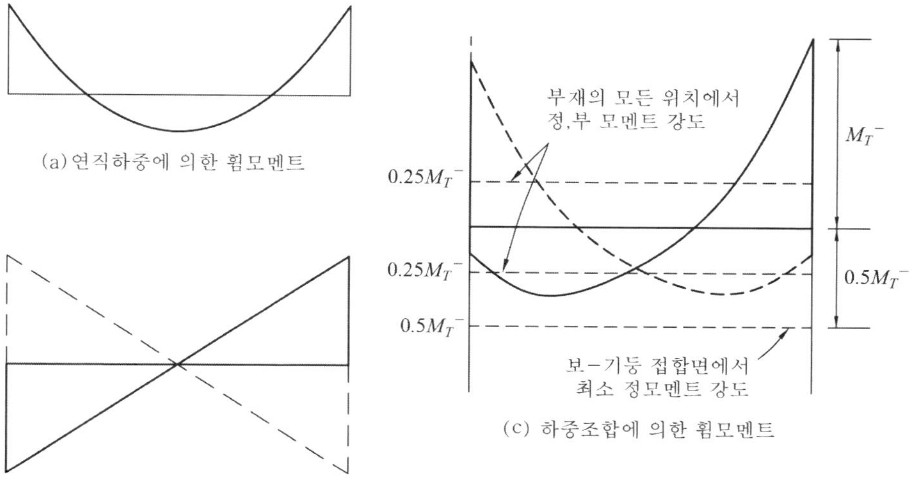

(a) 연직하중에 의한 휨모멘트

(b) 수평력에 의한 휨모멘트

(c) 하중조합에 의한 휨모멘트

그림 14-4 보의 최소휨모멘트 요구조건

휨부재에 대하여

$$U = 1.2D + 1.0E + 1.0L + 0.2S \tag{14.17}$$

여기서, D = 고정하중 E = 지진하중
L = 활하중 S = 적설하중

으로 주어진다.

이 식에서 연직하중인 고정하중, 활하중 및 적설하중의 계수하중

$$w_u = 1.2w_D + 1.0w_L + 0.2w_S \tag{14.18}$$

에 의한 전단력은 그림 14-5(a)의 상태에서

$$V_g = \frac{w_u \ell_n}{2} \tag{14.19}$$

의 식에서 얻을 수 있다.

지진하중의 작용으로 구조체가 횡변형을 일으켜 휨부재의 양 단부가 소성힌지 상태가 됐을 때 보 단부의 휨보강철근의 인장응력은 항복강도 f_y 이상이 될

수도 있으나, 철근이 큰 회전을 받을 때 변형률 경화 현상에 의하여 f_y보다 큰 강도를 발휘할 수 있고, 보강철근을 소요강도보다 조금 높게 배근하는 점 등이 고려되어 단부에서 최대로 가능한 휨강도 M_{pr}의 계산식은 철근의 인장력을 $1.25f_y$로 가정하여 식 (4.14) 및 식 (4.15)로부터

$$M_{pr} = A_s(1.25f_y)\left[d - \frac{A_s(1.25f_y)}{2 \times 0.85f_{ck}b}\right] \tag{14.20}$$

으로 얻을 수 있다.

수평하중에 의한 골조의 횡변형시 보 양단부의 모멘트 방향은 그림 14-5(b)에 나타난 바와 같은 회전방향이므로 양단부의 휨강도 M_{pr1}과 M_{pr2}에 의한 휨부재 단부에서의 설계전단력은

$$V_s = \frac{M_{pr1} + M_{pr2}}{\ell_n} \tag{14.21}$$

이 되며, 최대 소요 전단강도는 식 (14.19)과 (14.21) 로부터

$$V_e = V_g + V_s \tag{14.22}$$

으로 유도된다.

지진력의 작용에 의하여 휨부재 단부에 생기는 전단력 V_s가 최대 소요 전단강도 V_e의 50 퍼센트 이상이고, 지진하중의 영향을 고려한 계수압축력이 $A_g f_{ck}/20$ 이하인 경우에는 휨부재의 콘크리트의 전단강도 V_c를 무시하고 최대 소요 전단강도에 대응하는 전단설계를 하여야 한다. 특수모멘트골조에서 요구되는 휨부재의 배근상세는 그림 14-6과 같다.

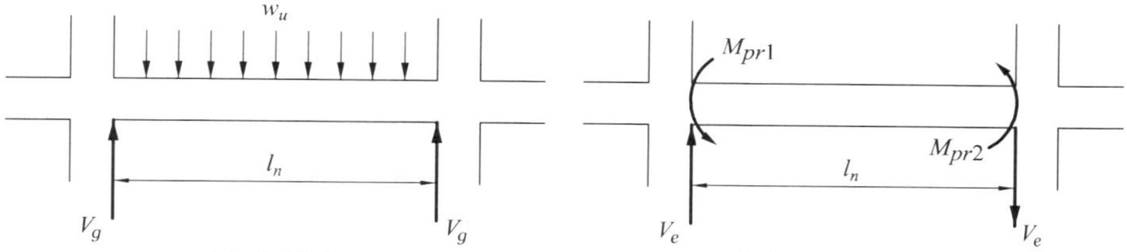

(a) 연직하중 (b) 최대로 가능한 단부 모멘트

그림 14-5 보에 작용하는 전단력

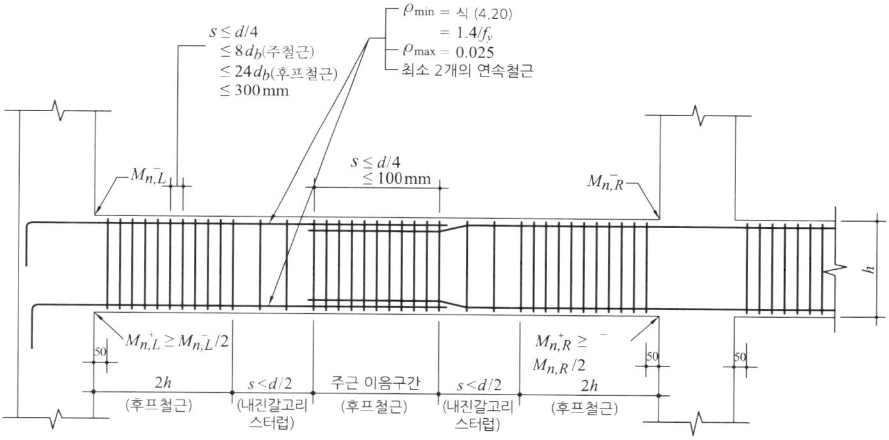

부재 전단면에서 최대 휨강도의 1/4 이상 (M_n^+ 또는 $M_n^- \ge 1/4\, M_{n,max}$)

(a)보의 내진배근 요구조건

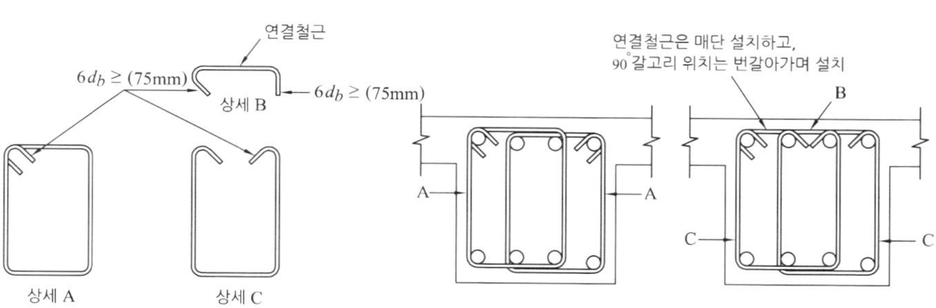

(b) 후프철근 상세

그림 14-6 특수모멘트골조에서 보배근 요구상세

【예제 14-2】 그림 14-7에서와 같이 5층의 특수모멘트골조에 예제 14-1에서 산정한 지진하중과 $w_D = 15.0\ \mathrm{kN/m}$, $w_L = 12.0\ \mathrm{kN/m}$의 연직하중이 작용할 때 $2G_1$을 설계하라. 단, 보와 기둥의 크기는 각각 $b \times h = 400\ \mathrm{mm} \times 600\ \mathrm{mm}$, $b \times h = 500\ \mathrm{mm} \times 500\ \mathrm{mm}$이고, 사용재료는 $f_{ck} = 24\ \mathrm{MPa}$, $f_y = 400\ \mathrm{MPa}$이다.

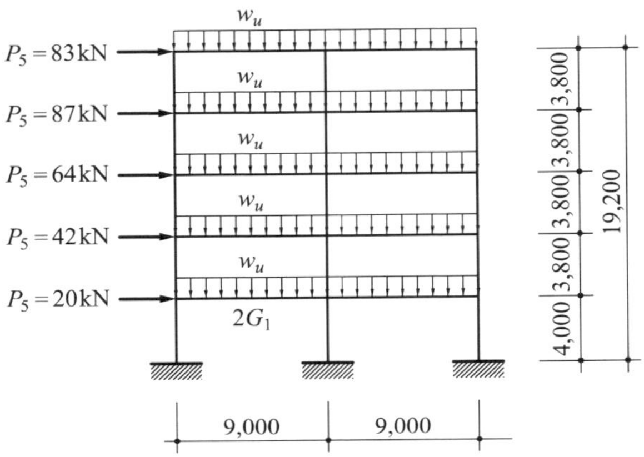

그림 14-7 예제 14-2의 골조입면도

[풀 이] (1) 하중조합

$$U = 1.4D$$

$$U = 1.2D + 1.6L$$

$$U = 1.2D + 1.0E + 1.0L$$

$$U = 0.9D + 1.0E$$

(2) 부재력

하중조합에 의한 부재력은 아래의 표와 같다.

설계하중	위치	부재력	
		휨모멘트(kN·m)	전단력(kN)
고정하중	단부	−109	70
	중앙부	56	−
활하중	단부	−87	56
	중앙부	45	−

설계하중	위치	부재력	
		휨모멘트(kN·m)	전단력(kN)
지진하중	단부	±217	±51
	중앙부	–	
하중조합			
1.4D	단부	−153	98
	중앙부	78	–
1.2D + 1.6L	단부	−270	174
	중앙부	139	–
1.2D + 1.0E + 1.0L	단부	−435/−1	191
	중앙부	112	–
0.9D + 1.0E	단부	−315/119	114
	중앙부	50	–

(3) 휨설계

특수모멘트 골조의 휨부재 적용 검토

· 순스팬 $\geq$ $4d$:

$8{,}500\text{ mm} \geq 4 \times 530 = 2{,}120\text{ mm}$ 적합

· 부재의 춤에 대한 폭의 비 ≥ 0.3

$b_w/h = 400/600 = 0.67 \geq 0.3$ 적합

· 부재의 폭 $\geq 250\text{ mm}$

$b_w = 400\text{ mm} \geq 250\text{ mm}$ 적합

· 부재의 폭

$$b_w = 400\text{ mm} \begin{cases} \leq 500\text{ mm} \\ \leq 500 + 1.5 \times 600 = 1{,}400\text{ mm} \end{cases}$$ 적합

휨보강철근의 최소 및 최대 철근비 :

휨보강철근의 최소 철근량은

표 4.4(a) : $0.0023 \times 400 \times 530 = 488\text{ mm}^2$

$$\frac{1.4b_w d}{f_y} = \frac{1.4 \times 400 \times 530}{400} = 742\ \mathrm{mm}^2$$

중 큰 값보다 커야 하므로 $A_{s,min} = 742\ \mathrm{mm}^2$

이고, 최대 철근량 및 휨모멘트에 의한 철근량은 다음과 같다.

$$A_{s,\max} = 0.025b_w d = 0.025 \times 400 \times 530 = 5{,}300\ \mathrm{mm}^2$$

위치		M_u(kN·m)	A_s(mm^2)	철근 배근(mm^2)	ϕM_n(kN·m)
단부	상부	−435	2,768	3,097 (8−D22)	−478
	하부	119	682	1,548 (4−D22)	259
중앙부		139	801	1,161 (3−D22)	198

사용 철근량에 대한 최소 및 최대 철근량 검토결과는 다음 표와 같다.

위치		사용철근량 (mm^2)	구조제한		소요철근량 (mm^2)	ϕM_n(kN·m)
			$A_{s,\min}$ (mm^2)	$A_{s,\max}$ (mm^2)		
단부	상부	3,097 (8−D22)	742	5,300	3,097	−478
	하부	1,548 (4−D22)			1,548	259
중앙부	상부	1,161 (3−D22)			1,161	−198
	하부	1,161 (3−D22)			1,161	198

휨부재가 기둥과 접합된 면에서의 정모멘트 강도는 부모멘트 강도의 1/2 이상이어야 하므로

$$M_n^+ = 259\ \mathrm{kN \cdot m} \geq \frac{1}{2} M_n^- = \frac{1}{2} \times 478 = 239\ \mathrm{kN \cdot m} \qquad \text{적합}$$

또한 부재의 모든 위치에서 철근보강에 의한 정 또는 부모멘트 강도는

부재 양접합면의 최대 휨강도의 1/4 이상이어야 하므로

$$M_n = 198\ \text{kN}\cdot\text{m} \geq \frac{1}{4}\times 478 = 120\ \text{kN}\cdot\text{m} \qquad \text{적합}$$

(4) 전단설계

휨부재 단부에서의 전단력은 식 (14.22)로부터

$$V_e = \frac{M_{pr1}+M_{pr2}}{l_n} + \frac{w_u l_n}{2}$$

$$M_{pr} = A_s(1.25 f_y)\left(d - \frac{a}{2}\right)$$

이므로 단부 상부근 8-D22에 대해

$$a = \frac{A_s(1.25 f_y)}{\eta(0.85 f_{ck})b_w} = \frac{3{,}097\times(1.25\times400)}{1.0\times0.85\times24\times400} = 189.8\ \text{mm}$$

$$M_{pr} = 3{,}097\times(1.25\times400)\times\left(530 - \frac{189.8}{2}\right)\times10^{-6} = 674\ \text{kN}\cdot\text{m}$$

같은 방법으로 단부 하부근 4-D22에 대해 구하면

$$a = 94.9\ \text{mm}$$

$$M_{pr} = 374\ \text{kN}\cdot\text{m}$$

이고, 수직하중은

$$w_u = 1.2 w_D + 1.0 w_L = 1.2\times15 + 1.0\times12 = 30\ \text{kN/m}$$

이므로 단부에 생기는 전단력은

$$V_l = \frac{674+374}{8.5} + \frac{30\times8.5}{2} = 250.7\ \text{kN}$$

$$V_r = \frac{674+374}{8.5} - \frac{30\times8.5}{2} = -4.3\ \text{kN}$$

이 된다. 지진력에 의해 단부에 생기는 전단력은 식 (14.21)로부터

$$V_s = \frac{M_{pr1}+M_{pr2}}{l_n} = \frac{674+374}{8.5} = 123.3\ \text{kN} < \frac{250.7}{2} = 125.4\ \text{kN}$$

이므로 콘크리트에 의한 전단강도 V_c를 고려한다.

$$V_c = \frac{1}{6}\lambda\sqrt{f_{ck}}\,b_w d = \frac{1}{6}\times1.0\times\sqrt{24}\times400\times530\times10^{-3} = 173.1\ \text{kN}$$

전단보강근의 배근

$$V_s = \frac{V_u}{\phi} - V_c = \frac{250.7}{0.75} - 173.1 = 161.2\ \text{kN}$$

$$V_{s1} = \frac{2}{3}\sqrt{f_{ck}}\, b_w d = \frac{2}{3} \times \sqrt{24} \times 400 \times 530 \times 10^{-3}$$

$$= 692.4\ \text{kN} > V_s = 161.2\ \text{kN}$$

$$V_{s2} = \frac{1}{3}\sqrt{f_{ck}}\, b_w d = \frac{1}{3} \times \sqrt{24} \times 400 \times 530 \times 10^{-3}$$

$$= 346.2\ \text{kN} > V_s = 161.2\ \text{kN}$$

다리가 2개인 D10 철근을 사용하는 경우

$$s = \frac{A_v f_y d}{V_s} = \frac{(2 \times 71.3) \times 400 \times 530}{161.2 \times 10^3} = 187.5\ \text{mm}$$

기둥면으로부터 $2h = 2 \times 600 = 1{,}200\ \text{mm}$ 이내에서의 후프철근은

- $\dfrac{d}{4} = \dfrac{530}{4} = 133\ \text{mm}$
- $8d_b = 8 \times 22 = 176\ \text{mm}$
- 후프철근 지름의 24배 : $24d_b = 24 \times 10 = 240\ \text{mm}$
- 300 mm

중 가장 작은 값보다 작아야 하므므로 다리가 2개인 D10 철근을 기둥면으로부터 50 mm 떨어진 위치에서부터 125 mm 간격으로 배근한다. 기둥면으로부터 $2h$ 떨어진 위치에서의 전단력과 배근 간격은

$$V_u = 250.7 - 30 \times 1.2 = 214.7\ \text{kN}$$

$$V_c = 173.1\ \text{kN}$$

$$V_s = \frac{V_u}{\phi} - V_c = \frac{214.7}{0.75} - 173.1 = 113.2\ \text{kN}$$

$$s = \frac{A_v f_y d}{V_s} = \frac{(2 \times 71.3) \times 400 \times 530}{113.2 \times 10^3} = 267.1\ \text{mm}$$

이고, 또한 이 구간에서의 스터럽 간격은

$$\frac{d}{2} = \frac{530}{2} = 265\ \text{mm}$$

보다 작아야 하므로 다리가 2개인 D10 철근을 250 mm 간격으로 배근한다.

또한 겹침이음 구간을 둘러싼 횡방향철근의 간격은

· $\frac{d}{4} = \frac{530}{4} = 133\ \text{mm}$

· 100 mm

중 작은 값보다 작아야 하므로 D10@100 간격으로 배근한다.

(5) 배근상세

특수모멘트 골조의 보에 대한 배근상세는 그림 14-8과 같다.

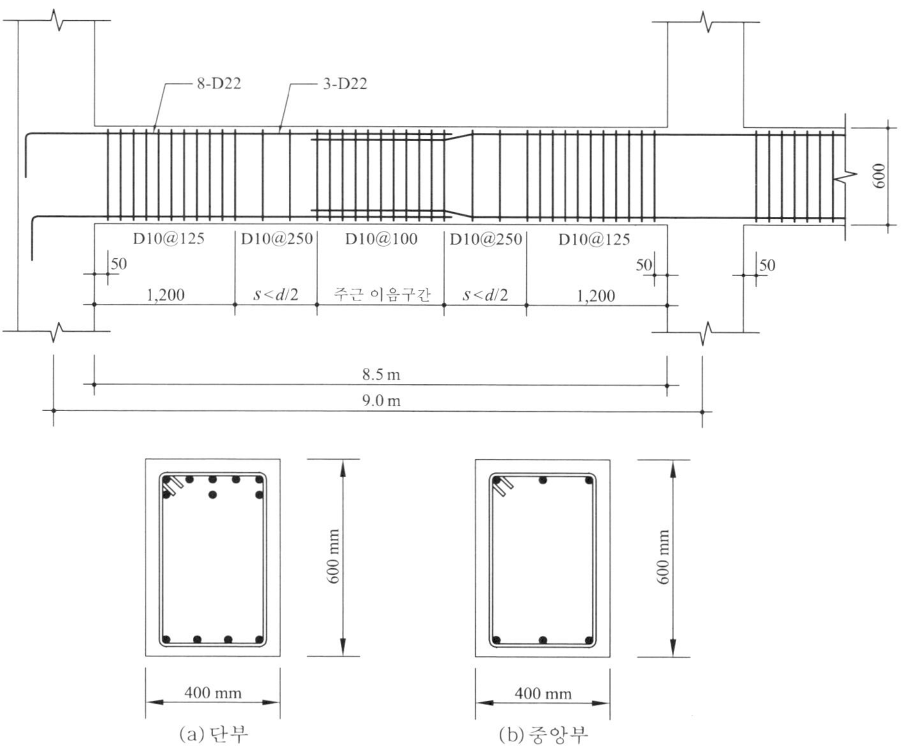

그림 14-8 예제 14-2의 보배근 상세

14-4-2 휨과 축력을 받는 부재

특수모멘트 골조에서 지진력과 함께 $(A_g f_{ck}/10)$을 넘는 축력을 지지하는 기둥은 다음의 두가지 단면 형태상의 조건에 맞아야 한다.

① 도심을 관통하는 기둥 단면의 최소 치수는 300 mm 이상이며,
② 한 단면에서 가장 긴 단면 치수에 대한 가장 짧은 단면의 치수의 비는 0.4 이상이어야 한다.

골조구조에서 접합부에 생긴 휨모멘트는 보와 기둥의 단부 모멘트로 분담되며, 이 단부 모멘트에 의한 보강철근의 응력이 탄성한계를 넘은 경우 소성힌지가 발생하게 된다. 이 소성힌지가 기둥 단부에 생겼을 때에는 계수 연직하중을 순차적으로 아랫 기둥에 전달하는 데 장애가 생기기 때문에 소성힌지가 접합부에 면한 보단부에 생기도록 유도하는 약한 보-강한 기둥(weak beam-strong column) 설계개념을 적용하는 것이 골조의 구조안전상 유리한 것으로 받아들여지고 있으며, KDS 14 20 80 (4.5.2)에서는 이 설계개념의 적용을 확실히 하기 위하여

$$\sum M_c \geq 1.2 \sum M_g \tag{14.23}$$

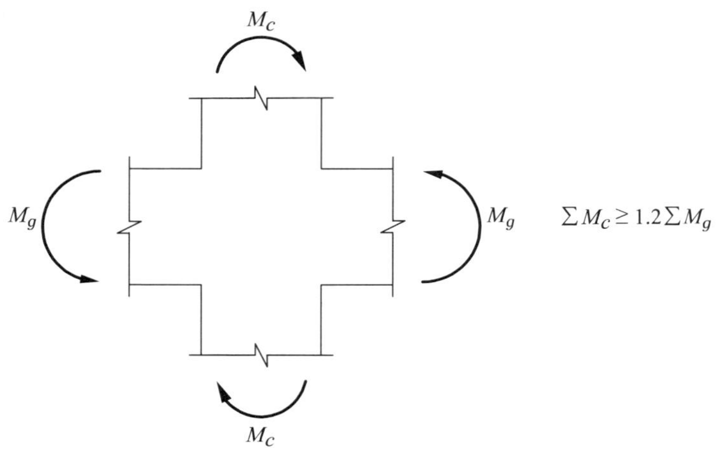

그림 14-9 약한 보-강한 기둥의 설계개념

의 규정을 두고 있다. 이 식에서 $\sum M_c$는 그림 14-9에 나타낸 바와 같이 보 기둥 접합부의 기둥 접합면에서 기둥들의 설계 휨강도의 합이며, $\sum M_g$는 같은 접합부의 보 접합면에서 보들의 설계 휨강도의 합이다.

보 기둥 접합부에서 식 (14.23)이 만족되는 철근보강이 이루어지지 않을 때에는 접합부에 연결된 기둥의 전체 길이에 대하여 횡방향철근보강을 하여야 한다.

축방향철근은 일반 비내진구조의 경우와 같이 축하중과 휨모멘트를 지지하면서 식(14.23)을 만족시킬 수 있게 보강하여야 하며, 철근비는 0.01 이상, 0.06 이하로 한다.

철근의 이음은 기계적이음, 용접이음 등으로 할 수 있고, 겹침이음으로 하는 경우 접합부에 소성힌지가 생기게 되면 부재 단부 가까이에 있는 이음부위의 철근의 피복콘크리트는 파쇄될 우려가 있으므로 부재의 중앙부에서 부재 길이의 1/2 되는 구역 내에서만 인장이음으로 할 수 있다.

특수골조의 기둥은 부재 접합면으로부터 일정한 길이 l_0에 걸쳐 기둥 단부의 콘크리트를 구속하고 축방향철근의 좌굴을 막기 위하여 나선철근이나 원형 후프철근 형태의 철물로 보강하여야 하며, 이 보강길이 l_0는

① 접합면에서 기둥 치수 중 큰 값
② 기둥 순높이의 1/6
③ 450 mm

중 큰 값으로 한다.

보강을 하는 경우 나선철근 또는 원형 후프철근의 체적비는

$$\rho_s = \frac{0.12 f_{ck}}{f_{yh}} \tag{14.24}$$

또한 식 (9.1)로 규정되어 있는 나선철근의 체적비

$$\rho_s = 0.45\left(\frac{A_g}{A_c} - 1\right)\frac{f_{ck}}{f_{yh}} \tag{14.25}$$

으로 계산된 값 이상으로 하여야 한다. 위의 식에서 f_{yh}는 횡방향철근의 항복강도이다.

사각형 후프철근을 사용하는 경우 콘크리트 구속효과가 나선철근이나 원형 후프철근보다 낮으므로 전체단면적은 다음 식들로 계산한 값 이상으로 한다.

$$A_{sh} = 0.3\frac{sh_c f_{ck}}{f_{yh}}\left(\frac{A_g}{A_{ch}} - 1\right) \tag{14.26}$$

또는

$$A_{sh} = 0.09\frac{sh_c f_{ck}}{f_{yh}} \tag{14.27}$$

여기서, A_{ch} = 횡보강철근의 바깥 부분으로부터 잰 기둥 코어의 단면적

s = 횡방향 보강철근의 간격

h_c = 콘크리트 구속 보강철근의 중심 사이에서 잰 기둥 내부 단면치수

콘크리트를 구속하는 횡방향철근의 외부에 타설되는 구속되지 않은 콘크리트의 두께가 100 mm를 초과하면 횡방향철근을 추가로 배근하여야 하며, 이에 따라 추가로 보강되는 횡방향철근의 간격은 300 mm 이하, 피복두께는 100 mm 이내로 한다.

횡방향철근 간격은 부재 최소 단면치수의 1/4, 축방향철근지름의 6배, 또한 후프철근이나 그림 14-10과 같은 기둥 띠철근의 최대 수평간격 h_x에 대하여

$$s_x = 100 + \frac{350 - h_x}{3} \begin{array}{l} \geq 100\text{ mm} \\ \leq 150\text{ mm} \end{array} \tag{14.28}$$

의 식으로 계산되는 값 중 가장 작은 값 이내의 간격으로 배근하여야 한다. 연결철근이나 겹침 후프철근의 부재 내에서 중심간격은 350 mm 이내로 한다.

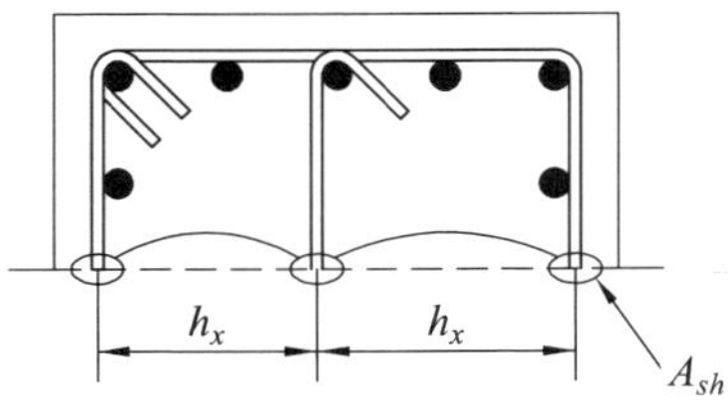

그림 14-10 기둥 띠철근의 최대 수평간격

위에 기술된 횡방향철근이 전 길이에 걸쳐 배근되지 않는 부재의 나머지 구간에는 나선철근이나 후프철근을 축방향철근 지름의 6 배나 150 mm 이하의 간격으로 배근한다.

기둥의 설계전단력은 기둥 양 단부의 접합면에서 발생 가능한 최대 전단력으로 결정된다. 기둥의 양 단부에서 계수축력을 고려한 예상 최대휨강도가 M_{pr1} 및 M_{pr2}로 주어질 때 기둥에 생기는 설계전단력은 식 (14.21)에 의하여 계산되며, 이 전단력에 대해서도 횡방향철근 보강이 이루어져야 한다. 특수모멘트골조 기둥에서 요구되는 배근상세는 그림 14-11과 같다.

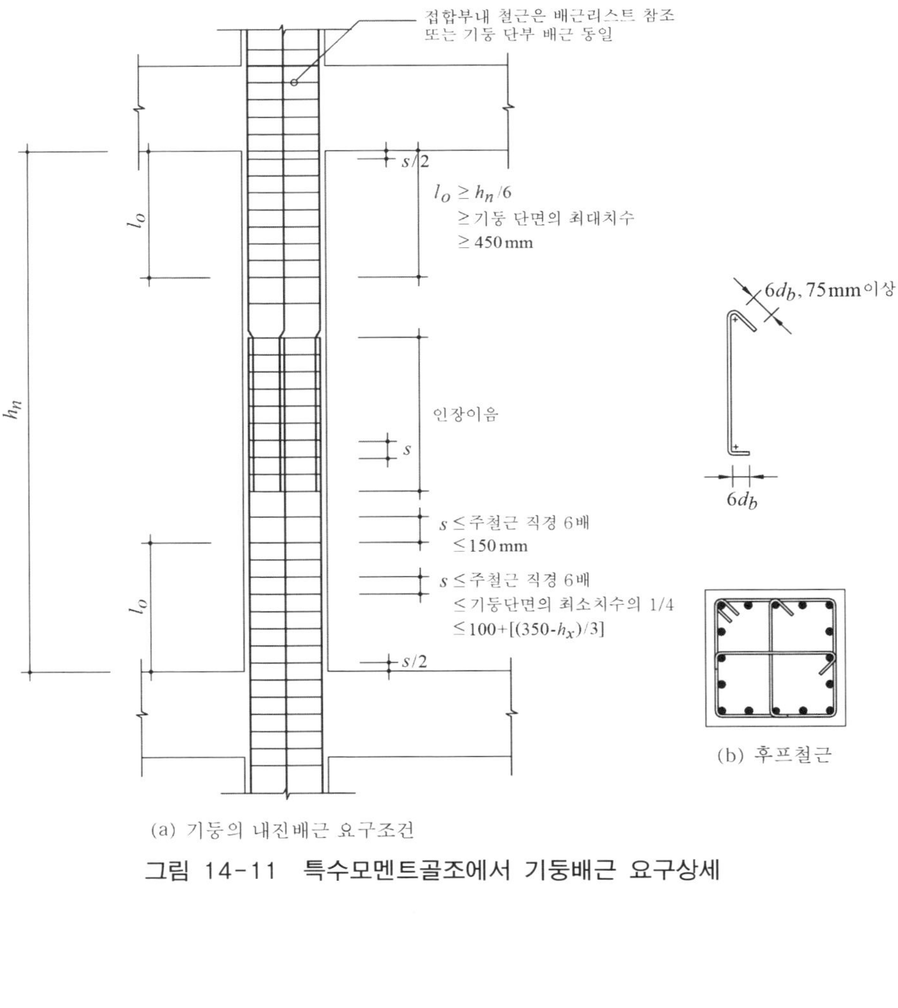

(a) 기둥의 내진배근 요구조건

(b) 후프철근

그림 14-11 특수모멘트골조에서 기둥배근 요구상세

【예제 14-3】 예제 14-2에서 2층의 내부 기둥이 설계되는 층에서 $P_u = 2{,}664$ kN, 설계되는 아래층에서 $P_u = 3{,}350$ kN의 축력을 받을 때 특수모멘트골조 기둥으로 설계하라. 단, 기둥의 크기 $b \times h = 500$ mm $\times 500$ mm이고, 사용재료는 $f_{ck} = 24$ MPa, $f_y = 400$ MPa이다.

[풀 이] (1) 기둥의 요구조건

· $P_u = 2{,}664\text{ kN} > \dfrac{A_g f_{ck}}{10} = \dfrac{500 \times 500 \times 24 \times 10^{-3}}{10} = 600\text{ kN}$ 적합

· 기둥의 최소단면 치수 300 mm 이상 : $b = 500$ mm이므로 적합

· 긴 단면치수에 대한 짧은 단면의 치수의 비 0.4 이상 : $500/500 = 1$ 적합

(2) 철근비 검토

기둥에 대한 주근으로 16-D25 철근을 사용하는 경우

$$0.01 \le \rho_g = \frac{16 \times 506.7}{500 \times 500} = 0.0324 \le 0.06 \quad \text{적합}$$

기둥강도는 다음 식을 만족시켜야 한다

$$\Sigma M_c \ge 1.2\,\Sigma \mathrm{M_g}$$

예제 14.2에서 기둥상부의 보의 공칭휨강도와 기둥의 공칭강도는 아래의 표와 같다.

위치	축력(kN)	ϕM_n(kN·m)	M_n(kN·m)	비 고
보	-	478	563	설계되는 기둥 좌측 상부
	-	259	305	설계되는 기둥 우측 하부
기둥	2,664	382	588	설계되는 층 기둥 축력
	3,350	315	485	설계되는 아래층 기둥 축력

$$\Sigma M_c = 588 + 485 = 1{,}072 \ge 1.2\,\Sigma \mathrm{M_g}$$
$$= 1.2 \times (563 + 305) = 1{,}040\text{ kN}\cdot\text{m}$$

이므로 약한 보 - 강한 기둥의 설계개념은 적합하다.

(3) 횡방향철근의 설계

보강길이 l_0의 산정

· 접합면에서의 기둥 치수 중 큰 값 : 500 mm

· 기둥 순높이의 1/6 : $h_n/6 = 3{,}200/6 = 533$ mm

· 450 mm

중 큰 값이므로 $l_0 = 540$ mm로 한다.

횡보강철근으로 D13을 사용하는 것으로 가정하면 이 구간에서 횡보강철근의 간격은

· 부재 최소단면 치수의 1/4 : $500/4 = 125$ mm

· 축방향철근지름의 6배 : $6 \times 25 = 150$ mm

· $s_x = 100 + (350 - h_x)/3 = 100 + (350 - 222.5)/3 = 143$ mm

여기서, $h_x = \left(\dfrac{500 - (40+13) \times 2 - 25}{2}\right) + 25 + 13 = 222.5$ mm

중에서 최소보다 작아야 하므로 $s = 100$ mm로 배근한다.

횡방향철근 단면적은

$$A_{sh1} = 0.3 \frac{s h_c f_{ck}}{f_{yh}} \left(\frac{A_g}{A_{ch}} - 1 \right)$$

$$= 0.3 \times \frac{100 \times 407.3 \times 24}{400} \times \left(\frac{500 \times 500}{420 \times 420} - 1 \right) = 371 \text{ mm}^2$$

여기서, $h_c = 500 - 2 \times (40 + 12.7/2) = 407.3$ mm

$$A_{sh2} = 0.09 \frac{s h_c f_{ck}}{f_{yh}} = 0.09 \times \frac{100 \times 407.3 \times 24}{400} = 220 \text{ mm}^2$$

중 큰 값 이상이어야 하므로 $A_{sh} = 371 \text{ mm}^2$이다.

횡방향철근으로 D13($a_1 = 126.7 \text{ mm}^2$)을 사용하는 경우

$371/126.7 = 2.93$ 개

이므로 횡보강철근은 3-D13@100으로 배근한다.

(4) 특수모멘트골조 기둥의 배근상세는 그림 14-12와 같다.

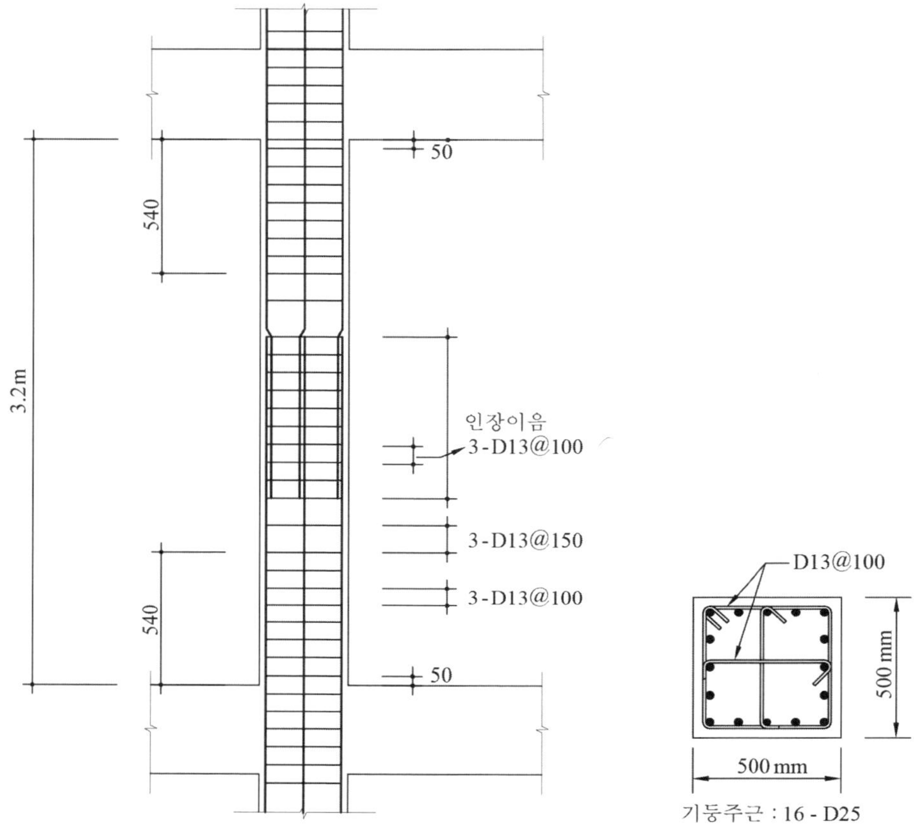

그림 14-12 예제 14-3의 기둥배근 상세

14-4-3 접합부

특수모멘트 골조의 접합부에서도 철근의 작용력을 계산하는 데에는 식(14.20)에서 언급된 바와 같이 f_y 대신 $1.25f_y$가 사용된다. 그러나 접합부의 강도평가에서는 비내진구조의 경우와 같이 3-5-4항에 규정된 강도감소계수가 그대로 적용된다.

일반콘크리트 접합부에 $90°$ 표준 갈고리로 정착되는 D6에서 D35까지 철근의 정착길이 l_{dh}는 $8d_b$, 150 mm 및

$$l_{dh} = \frac{d_b f_y}{5.4\sqrt{f_{ck}}} \tag{14.29}$$

의 식으로 정해지는 값 이상으로 하고, 90° 갈고리는 기둥이나 경계부재의 횡 구속된 콘크리트까지 연장하여야 한다.

직선철근에 대하여 D6에서 D35까지 철근의 정착길이는 철근 아래 한 번에 타설된 콘크리트 깊이가 300 mm를 넘지 않는 경우에는 $2.5\,l_{dh}$, 300 mm를 넘는 경우에는 $3.5\,l_{dh}$ 이상으로 하여야 한다.

보통콘크리트 접합부의 공칭 전단강도는 접합된 구속 정도에 따라 다음의 값을 적용한다.

① 4면이 구속된 접합부 $1.7\sqrt{f_{ck}}A_j$

② 3면 또는 마주보는 두 면이 구속된 접합부 $1.25\sqrt{f_{ck}}A_j$

③ 그 밖의 모든 접합부 $1.0\sqrt{f_{ck}}A_j$

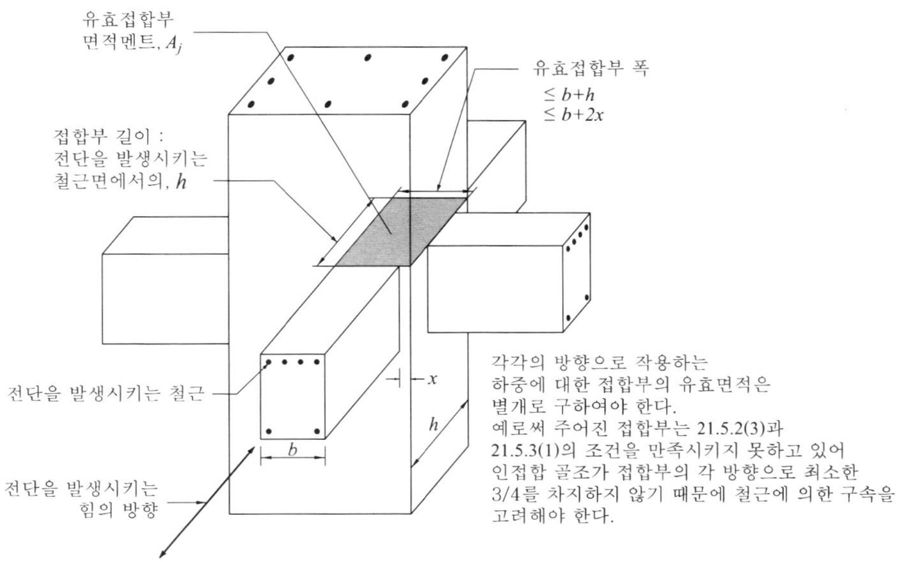

그림 14-13 유효접합부 면적, A_j

여기서, A_j는 그림 14-13에 나타나 있는 바와 같이 전단을 발생시키는 철근면에 평행한 평면 내의 접합부 유효단면적이다.

14-4-4 철근콘크리트 특수구조벽과 연결보

철근콘크리트 벽구조는 보-기둥 골조에 비하여 훨씬 큰 단면적과 면내강성을 가지고 있어 모든 종류의 중력하중과 바람, 지진 등에 의한 수평하중을 지지하는 데 효율이 높은 구조시스템이다. 구조벽은 벽판과 기초 및 경계요소로 구성된다. 벽판은 면내 휨과 전단력을 주로 지지하고 경계요소는 벽판의 안쪽 가장자리에 기둥 형태로 일체가 되어 면외 강성을 높이고 벽판으로부터 전달되는 수평하중을 반력으로 기초에 전달하는 역할을 한다. 기초는 벽판과 경계요소의 밑면에 설치되어 구조벽의 전반적인 구조안정을 유지하면서 벽판과 경계요소로부터 전달되는 중력하중 및 수평하중을 국부적으로 집중되거나 전도모멘트에 의한 회전변형이 생기는 일이 없이 지반에 안전하게 전달하는 구조기능을 한다.

벽체의 철근보강에서 면내 설계전단력 V_u가

$$V_u > \frac{A_{cv}\sqrt{f_{ck}}}{12} \tag{14.30}$$

의 경우에는 벽판의 수직철근비 ρ_v와 수평철근비 ρ_h를 벽면의 횡단면적 A_{cv}에 대하여 0.0025 이상으로 하고 벽면 내 각 방향 철근 간격은 450 mm 이내로 한다. 벽체가 지지하는 면내 계수전단력이 $A_{cv}\sqrt{f_{ck}}/6$을 넘을 경우에는 양면배근으로 하여야 하고, h_w/l_w비가 2.0을 초과하지 않으면 철근비 ρ_v는 ρ_n이상이어야 한다.

그러나 설계전단력 V_u가 식 (14.30)에 제시된 값 이하인 경우에는 수직 및 수평철근비를 KDS 14 20 72 (4.2)에 규정된 전단벽 수준으로 낮출 수 있다.

구조벽의 공칭 전단강도는 KDS 14 20 80 (4.7.4)의 규정에 따라 식 (14.31)과 같이 계산되며, 계산된 값에 강도감소계수 $\phi = 0.75$를 적용하여 설계전단력 V_u의 값을 정한다.

$$V_n = A_{cv}(\alpha_c\sqrt{f_{ck}} + \rho_n f_y) \tag{14.31}$$

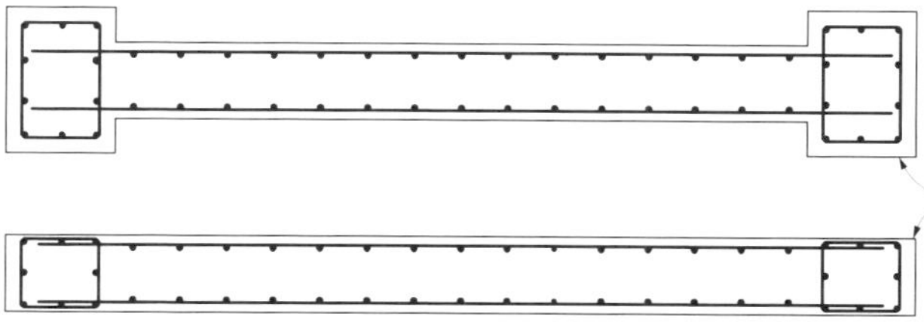

그림 14-14 특별경계요소에 대한 철근 배근

여기서, 계수 α_c의 값은 $h_w/l_w \leq 1.5$ 일 때 1/4, $h_w/l_w > 2.0$일 때 1/6이고, $1.5 \leq h_w/l_w \leq 2.0$일 때에는 1/4와 1/6을 선형보간하여 정한다.

휨과 축력을 받는 구조벽의 강도는 보통 기둥의 강도 계산에 사용되는 절차에 따라 결정된다. 벽판과 경계요소를 위시한 구조벽 전체 단면의 콘크리트와 철근보강이 강도계산에 포함되어야 하며, 벽체의 개구부에 의한 강도감소도 적절히 고려되어야 한다.

구조벽의 가장자리에 설치되는 경계요소는 구조벽의 강도와 연성을 크게 한다. 경계요소는 일반적으로 4각형 단면에 수직방향의 주철근과 횡방향철근으로 보강되며, 그림 14-14에 보이는 바와 같이 가장자리에서는 벽두께보다 큰 단면 치수를 4각형 기둥 형태로 두드러지게 설계되기도 하고 벽두께 안에 내장된 형태로 만들어지기도 한다.

전단력 방향의 길이가 l_w이고 높이가 h_w인 구조벽이 기초부터 벽상단까지 연속되어 있고 휨과 축하중에 대한 위험 단면이 벽의 기초 한 곳에만 설계되어 있을 때 계수축력과 공칭모멘트 강도에 대하여 계산된 압축 연단으로부터 중립축까지의 거리 c에 관련하여

$$c \geq \frac{l_w}{600\left(\dfrac{\delta_u}{h_w}\right)} \tag{14.32}$$

의 조건이 성립되는 경우 압축영역은 특수경계요소로 설계하여야 한다. 식(14.32)에서 δ_u는 설계변위이고, (δ_u/h_w)의 값은 0.007 이상으로 하며, 그림 14-15에서와 같이 특수경계요소는 위험단면으로부터 상부방향으로 l_w 또는 $M_u/4V_u$ 보다 큰 거리까지 보강되어야 하며 배근상세는 그림 14-16과 같다.

특수경계요소의 필요성을 판별하는 데 식 (14.32)를 사용하는 것 이외에 설계응력으로 정하는 경우도 있다.

비균열단면에 대하여 계수하중을 적용하고 선형탄성상태에서

$$\sigma = \frac{P}{A} \pm \frac{M \cdot y}{I} \tag{14.33}$$

공식으로 응력을 계산하여 벽체의 경계부위 또는 개구부 연단의 최대 압축응력이 $0.2f_{ck}$ 를 넘는 곳에서 압축응력이 $0.15f_{ck}$ 보다 작아지는 곳까지 특수경계요소로 할 수 있다.

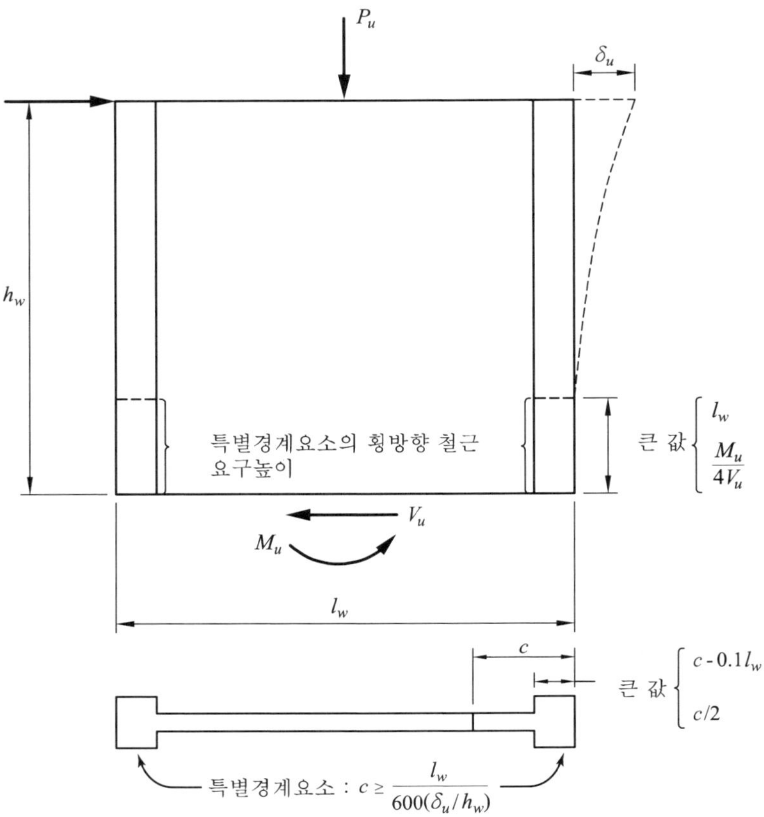

그림 14-15 특별경계요소에 대한 요구조건

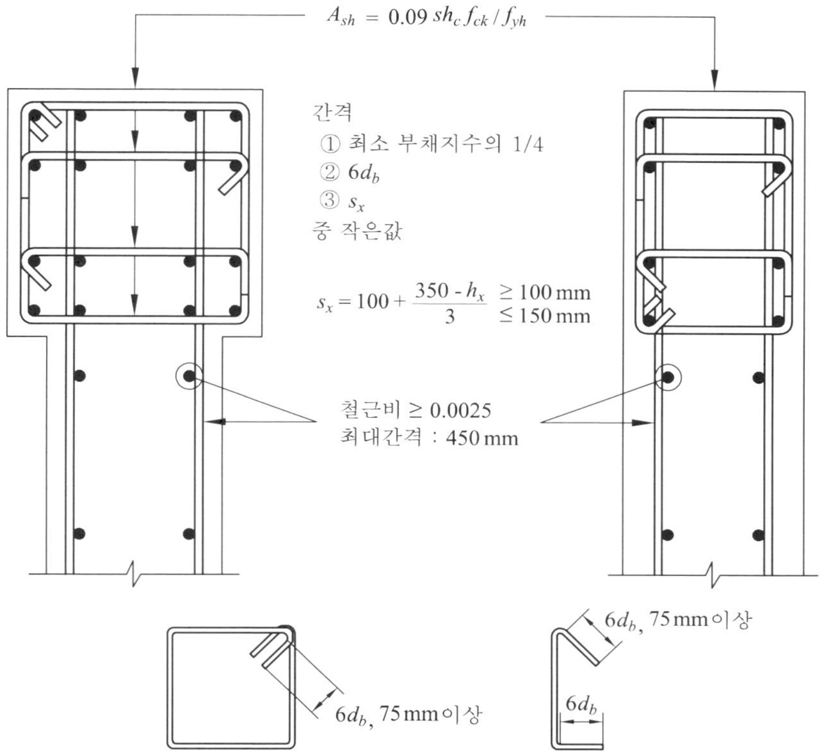

그림 14-16 특별경계요소의 배근상세

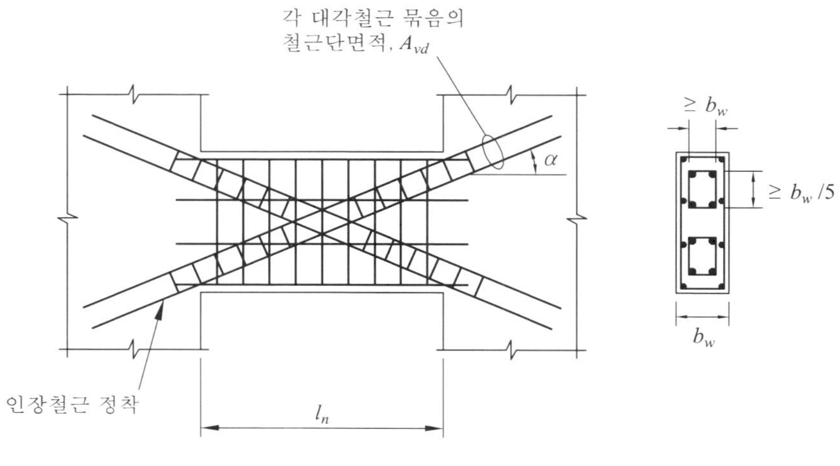

그림 14-17 연결보의 배근상세

경계요소의 범위는 그림 14-15에서와 같이 압축단부에서 $(c-0.1l_w)$와 $c/2$ 중 큰 값 이상으로 하고, 벽판의 수평철근은 경계요소의 심부 안에 인장 정착시켜야 한다.

병렬 연결보는 2 개 또는 그 이상의 병렬벽들을 연결하는 보로, 연결보의 강성이 작을 때에는 병렬벽들이 개별적인 강성을 가지는 캔틸레버에 비슷한 구조거동을 하고 연결보의 강성이 큰 경우에는 병렬벽들의 개별적인 구조거동을 억제하고 연속성 있는 구조거동을 하게 함으로써 벽체들의 내진성능을 높인다.

KDS 14 20 80 (4.7.7)에서는 연결보의 순경간 l_n이 보 높이 h의 4배 이상, 즉 $l_n \geq 4h$인 경우에는 KDS 14 20 80 (4.4)에 제시된 특수모멘트골조의 휨부재의 설계규정에 따라 부재형상과 철근보강을 설계하게 되어 있다. 그리고, $l_n < 4h$인 연결보에서는 전단력의 영향이 커지기 때문에 그림 14-17에 예시된 바와 같이 다발철근으로 보강된 전단보강체를 보의 경간중앙에서 대각방향으로 교차하게 설치해야 한다.

이런 대각선 방향 보강체 설치는 수평방향에 대한 보강체 설치각도가 커질수록 전단보강이 유리하므로 $l_n \leq 4h$인 연결보에서는 유리하나, $l_n > 4h$인 연결보에는 사용되지 않고 있다.

【예제 14-4】 고층건물의 아래층 전단벽이 그림 14-18과 같이 계수전단력 $V_u = 3{,}000$ kN과 축하중 $P_u = 1{,}200$ kN을 받을 때 특수전단벽으로 설계하라. 단, 벽체의 길이는 $l_w = 7.2$ m, 높이는 $h_w = 3.6$ m이고, 벽체의 두께는 $h = 250$ mm이며, 사용재료는 $f_{ck} = 27$ MPa, $f_y = 400$ MPa이다.

[풀 이] (1) 철근 배근

최소 철근량 : 식 (14.30)에서

$$A_{cv} = 7{,}200 \times 250 = 1.8 \times 10^6 \text{ mm}^2$$

$$A_{cv}\sqrt{f_{ck}}/12 = 1.8 \times 10^6 \times \sqrt{27}/12 \times 10^{-3}$$

$$= 779 \text{ kN} < V_u = 3{,}000 \text{ kN}$$

이므로 최소 수직 및 수평철근비는 $\rho = 0.0025$ 이상이고, 최대 배근간격은 450 mm 이내이다.

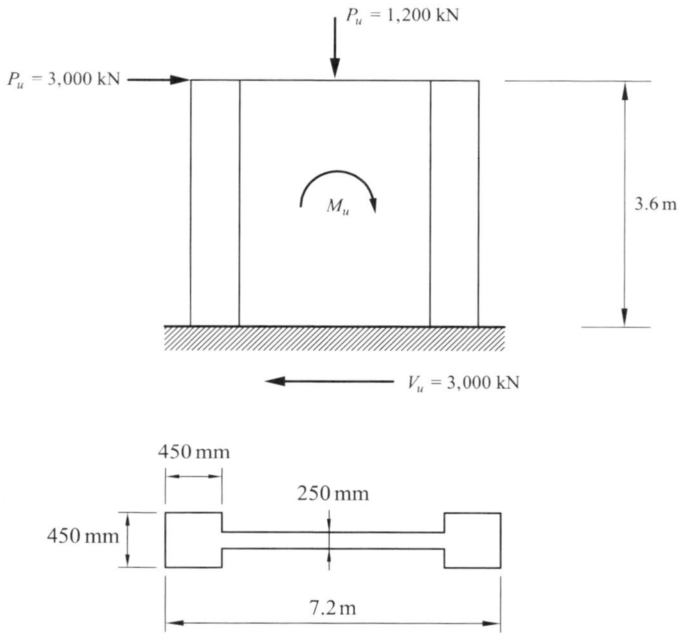

그림 14-18 예제 14-4의 그림

복배근 적용여부 검토

$$A_{cv}\sqrt{f_{ck}}/6 = 1.8\times10^6\times\sqrt{27}/6\times10^{-3}$$
$$= 1{,}559\ \text{kN} < V_u = 3{,}000\ \text{kN}$$

이므로 양면배근으로 한다.

(2) 전단에 의한 철근량 산정

최대 전단강도 :

$$\phi(2\sqrt{f_{ck}}/3)A_{cv} = 0.75\times(2\times\sqrt{27}/3)\times1.8\times10^6\times10^{-3}$$
$$= 4{,}667\ \text{kN} > V_u = 3{,}000\ \text{kN}$$

이므로 최대 전단강도보다 작다.

벽체의 수직 및 수평철근량 :

벽체의 단위길이당 철근량은

$$A_{s,req} = 0.0025 \times 1{,}000 \times 250 = 625\ \text{mm}^2/\text{m}$$

이므로 D13 철근을 양면으로 배근하는 경우 필요한 배근 간격은

$$s = \frac{1{,}000 \times (2 \times 126.7)}{625} = 405\ \text{mm}$$

이다. 따라서 D13@250으로 배근하는 경우의 설계전단강도는

$h_w/l_w = 3.6/7.2 = 0.5 < 2$이므로 $\alpha_c = 1/4$이고

$$\rho_n = \frac{1{,}000/250 \times (2 \times 126.7)}{250 \times 1{,}000} = 0.0041$$

이므로 식 (14.31)로부터

$$\begin{aligned} \phi V_n &= \phi A_{cv}(\alpha_c \sqrt{f_{ck}} + \rho_n f_y) \\ &= 0.75 \times 1{,}800{,}000 \times (\sqrt{27}/4 + 0.0041 \times 400) \\ &= 3{,}943\ \text{kN} > V_u (= 3{,}000\ \text{kN}) \end{aligned}$$ 적합

으로 구해진다. 따라서 수평방향은 D13@250으로 배근한다.

수직방향배근 :
$h_w/l_w < 2$이므로 ρ_v는 ρ_n이상이어야 하므로 수직철근도 D13@250으로 배근한다.

(3) 휨 및 압축에 대한 설계
벽체의 휨과 압축에 대한 설계는 12-3-3절에 따라 축력과 휨을 받는 기둥으로 설계할 수 있으며 검토결과 적합하다.

(4) 특수경계요소의 필요 여부

방법 1 :
$\delta_u/h_w = 0.007$로 가정하면 식 (14.32)로부터

$$\frac{l_w}{600(\delta_u/h_w)} = \frac{7{,}200}{600 \times 0.007} = 1{,}714\ \text{mm}$$

양면으로 D13@250으로 배근하면 식 (12.17)로부터

$$A_s = \frac{7{,}200 \times (2 \times 126.7)}{250} = 724\ \text{mm}^2$$

$$c = \frac{A_s f_y + N_u}{2A_s f_y + 0.85\beta_1 l_w h f_{ck}} l_w$$
$$= \frac{7{,}298 \times 400 + 1{,}200 \times 1{,}000}{2 \times 7{,}298 \times 400 + 0.85 \times 0.85 \times 7{,}200 \times 250 \times 27} \times 7{,}200$$
$$= 724\ \text{mm} < 1{,}714\ \text{mm}$$

이므로 특수경계요소가 필요 없다.

방법 2 :

$$A_g = l_w h = 7{,}200 \times 250 = 1{,}800{,}000\ \text{mm}^2$$
$$I_g = h l_w^3/12 = 250 \times 7{,}200^3/12 = 7.776 \times 10^{12}\ \text{mm}^4$$
$$y = l_w/2 = 7{,}200/2 = 3{,}600\ \text{mm}$$

최대압축응력 : 식 (14.33)에서

$$\sigma_{max} = \frac{N_u}{A_g} + \frac{M_u}{I_g} y$$
$$= \frac{1{,}200 \times 10^3}{1.8 \times 10^6} + \frac{10{,}800 \times 10^6}{7.776 \times 10^{12}} \times 3{,}600 = 5.67\ \text{N/mm}^2$$
$$0.2 f_{ck} = 0.2 \times 27 = 5.4\ \text{N/mm}^2 < \sigma_{max}$$

이므로 특수경계요소를 설치하여야 하며, 경계요소의 횡방향철근은 14-4-2절의 휨과 축력을 받는 특수모멘트골조 설계법에 따라야 한다.

특수경계요소의 수평범위 :

$$c - 0.1 l_w = 720 - 0.1 \times 7{,}200 = 362\ \text{mm}$$
$$c/2 = 724/2 = 362\ \text{mm}$$

이므로 경계요소의 수평범위는 벽체의 두께 및 철근 배근을 고려하여 450 mm로 하며, 특수경계요소의 수직범위는 다음 중 큰 값 이상이어야 한다.

$$l_w = 7{,}200\ \text{mm}$$
$$M_u/4V_u = 10{,}800 \times 1{,}000/(4 \times 3{,}000) = 900\ \text{mm}$$

따라서, 경계요소의 수직범위는 7,200 mm이므로 벽체 전체높이에 걸쳐서 배근하고 횡방향철근의 배근은 예제 14-3의 횡방향철근의 설계에 따른다. 벽체의 배근상세는 그림 14-19와 같다.

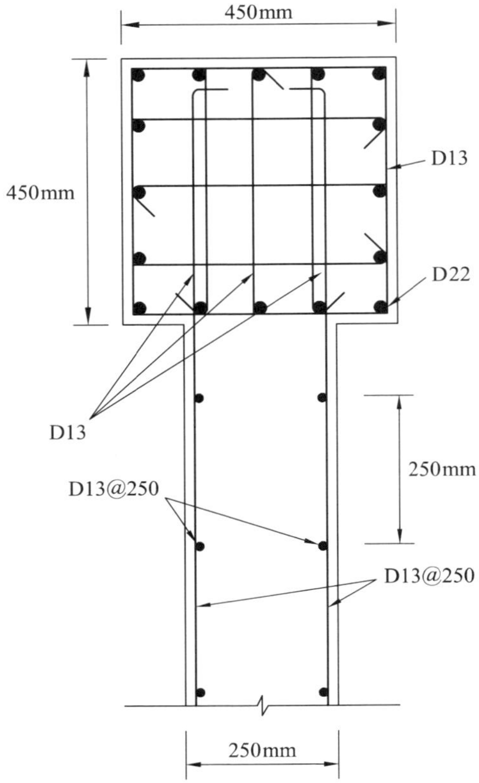

그림 14-19 예제 14-4 벽체의 배근상세

14-5 중간모멘트 골조

특수모멘트 골조는 강진지역에 설치되는 구조물을 대상으로 한 것이어서 설계 전단력의 계산이나 철근 상세 등이 엄격하고 복잡한 데 비하여 중간모멘트 골조는 중진지역 구조물을 대상으로 하고 있어 설계의 치밀성은 덜하지만, 비내진 구조물 설계에 비하여 콘크리트를 구속하여 부재와 구조물의 연성을 충분히 확실하려는 점에서는 특수모멘트 골조와 궤를 같이 하고 있다. 그러나 지진하중을 지탱하는 데 보와 기둥에 더하여 중간모멘트 골조에서는 2 방향 슬래브도 지진하중을 부분적으로 지지하는 부재로 설계되고 있다.

【1】 설계 전단강도

KDS 14 20 80 (4.3.3)에는 중간모멘트 골조의 보, 기둥 및 2 방향 슬래브의 설계전단강도가 다음의 두 가지 방법으로 계산되는 전단력 중 작은 값 이상이 되도록 규정하고 있다.

첫 번째 방법은 14-4-1에서 거론된 바와 비슷하게 부재 순경간의 각 구속된 단부에 작용하는 공칭모멘트 M_n에 의한 전단력과 계수 연직하중에 의한 전단력의 합에 의한 전단력이다.

그림 14-20의 보에서 보 단부에 작용하는 공칭모멘트는

$$M_n = A_s f_y \left(d - \frac{A_s f_y}{2 \times \eta (0.85 \times f_{ck}) b}\right) \tag{14.34}$$

이고, 이 모멘트와 계수연직하중 w_u에 의한 전단력은 단부에서

$$V_u = \frac{M_{n1} + M_{n2}}{l_n} \pm \frac{w_u l_n}{2} \tag{14.35}$$

으로 계산되어, 최대 전단력은 그림 14-5(b)의 단부에서

$$V_u = \frac{M_{n1} + M_{n2}}{l_n} + \frac{w_u l_n}{2}$$

으로 얻게 된다.

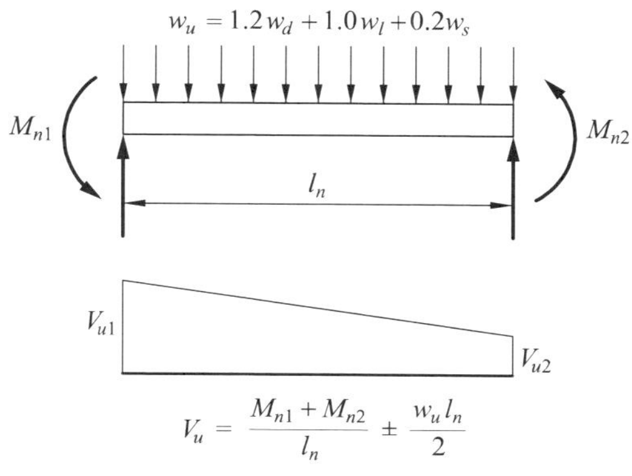

그림 14-20 설계전단력

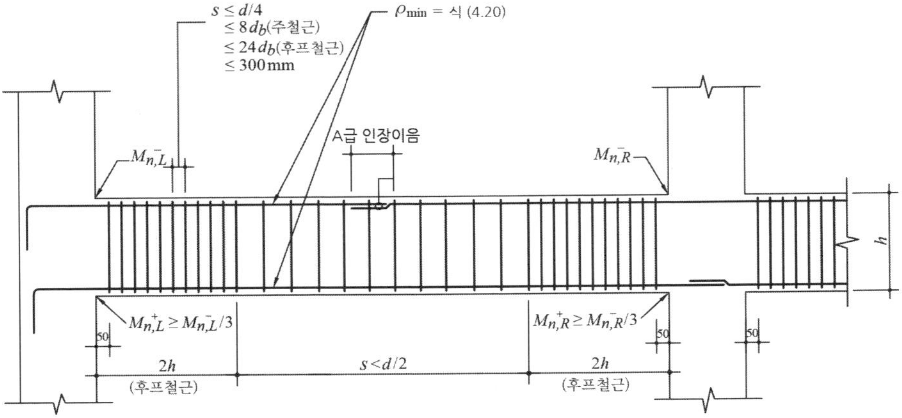

그림 14-21 중간모멘트골조에서 보배근 요구상세

두 번째 방법은 부재 단부가 소성변형되어 힌지가 발생함에 따라 유발되는 전단력을 설계 대상으로 한 것이다. KDS 14 20 80 (4.3.3)에서는 내진설계 하중조합에서 지진하중의 하중계수를 2배로 하여 계산한 값을 최대 전단력으로 하고 있다. 이 기준에 의하면 예를 들어 식 (14.17)의 하중조합은 이 전단강도 검토에서는

$$U = 1.2D + 2.0E + 1.0L + 0.2S$$

의 하중조합으로 계산된 전단력이어야 한다.

【2】 보

부재에 계수압축하중이 $A_g f_{ck}/10$ 이하의 크기로 작용하는 상태에서 양접합면의 정모멘트 강도는 해당 접합면의 부모멘트 강도의 1/3 이상 되도록 하고, 부재의 전 길이에 걸쳐 어느 단면에서도 정모멘트 또는 부모멘트 강도가 부재 양 접합면 최대 모멘트 강도의 1/3 이상 되게 한다.

부재 양 단부의 받침부에서 경간방향으로 부재 깊이의 2 배($2h$)되는 구간에는 후프형 횡방향철근을 (1) $d/4$, (2) 축방향 최소 철근지름의 8 배, (3) 후프철근 지름의 24 배, (4) 300 mm 중 가장 작은 값의 간격으로 배근하며, 부재 단부의 보강에서는 지지부재의 면에서 50 mm 이내의 지점에 첫 번째 후프철근

을 배근한다. 후프 철근이 배근되지 않는 나머지 구간에는 스터럽 철근을 $d/2$ 이하의 간격으로 배근한다. 중간모멘트골조에서의 보배근 요구상세는 그림 14-21과 같다.

【3】 기둥

기둥은 휨과 함께 $A_g f_{ck}/10$보다 큰 계수압축하중을 받는 부재를 의미하며, 중간모멘트골조의 기둥도 지진하중에 의한 전단력을 지지하기 위해서는 기둥

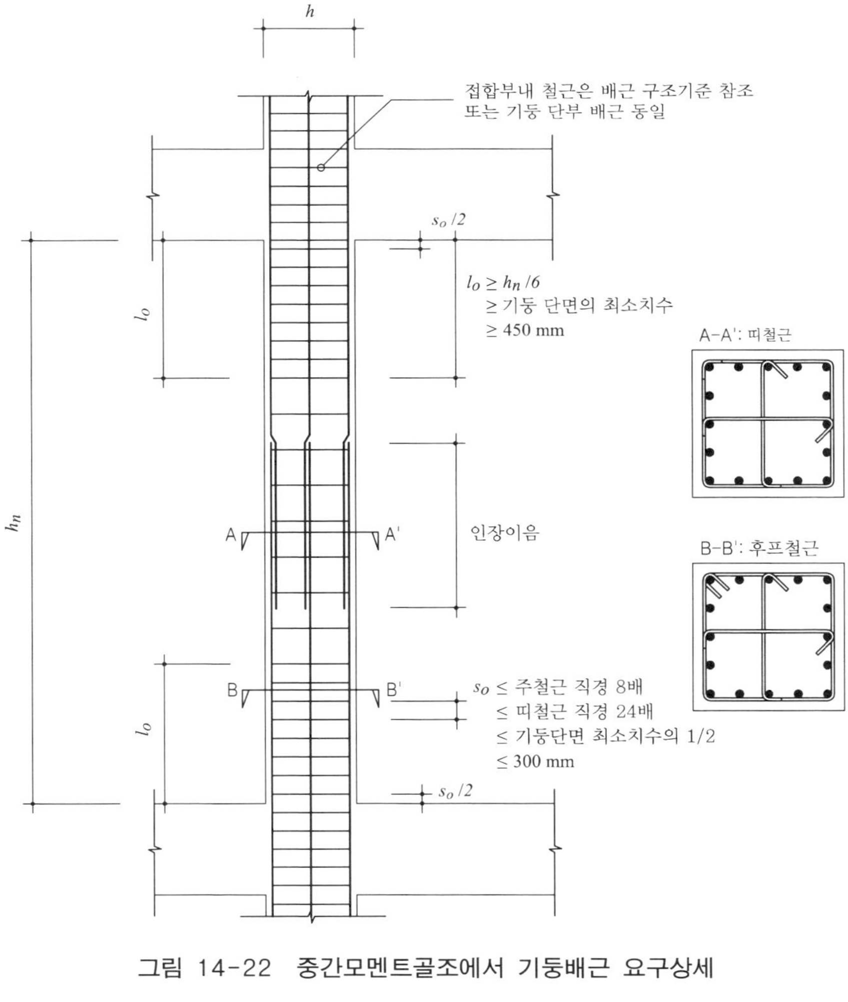

그림 14-22 중간모멘트골조에서 기둥배근 요구상세

양 접합면 사이의 길이 l_o에 걸쳐 나선철근이나 후프철근 등 횡방향철근으로 보강하여야 한다. 나선철근을 사용한 횡보강에서는 KDS 14 20 50 (4.4.2)의 규정에 따라 나선철근을 설치한다.

KDS 14 20 80 (4.3.5)에서 후프철근으로 횡보강하는 경우에는 부재 길이 l_o에 걸쳐 후프철근의 간격 s_o를 (1) 축방향 최소 철근 지름의 8 배, (2) 후프철근 지름의 24 배, (3) 골조 부재 최소 단면치수의 1/2, (4) 300 mm 중 가장 작은 값의 간격으로 배근하여야 한다. 후프철근 횡보강에서 길이 l_o는 (1) 부재 순경간의 1/6, (2) 부재 단면의 최대 치수, (3) 450 mm 중 가장 큰 값 이상으로 한다. 또한 첫 번째 후프철근은 접합면에서 $s_o/2$ 위치에 배근한다.

길이 l_o의 바깥 구간의 횡보강철근은 KDS 14 20 50 (4.4.2)와 KDS 14 20 22 (4.3.2(1))에 규정된 간격으로 배근하며, 접합부 횡보강철근은 KDS 14 20 22 (4.10(2))의 규정에 따라 배근한다.

KDS 41 17 00 (9.3.1)에서는 모멘트 골조부재, 벽체의 경계요소 및 연결보의 주철근에는 특수내진용 S등급 철근을 사용하거나 이와 동등한 성능을 가진 철근을 사용하도록 규정되어 있고, KDS 41 17 00 (9.3.2)에서는 기둥과 보의 소성힌지구간에서 철근의 겹침이음과 용접이음은 허용하지 않고 기계식이음은 할 수 있게 되어 있다. 중간모멘트골조에서의 기둥배근 요구상세는 그림 14-22와 같다.

【4】 보 없는 2 방향 슬래브

내진설계에서 보 없는 2 방향 슬래브의 설계휨모멘트 계산에서도 KDS 14 20 10 (4.2.2)의 하중조합식

$$U = 1.2D + 1.0E + 1.0L + 0.2S \tag{14.36}$$

또는 전도모멘트의 경우

$$U = 0.9D + 1.0E \tag{14.37}$$

의 적용을 받는다.

슬래브 휨모멘트와 이에 대한 보강철근이 정해졌을 때 모든 보강철근은 주열대에 배근하고 그중 절반 이상은 슬래브를 지지하는 기둥 중심으로 그림 14-

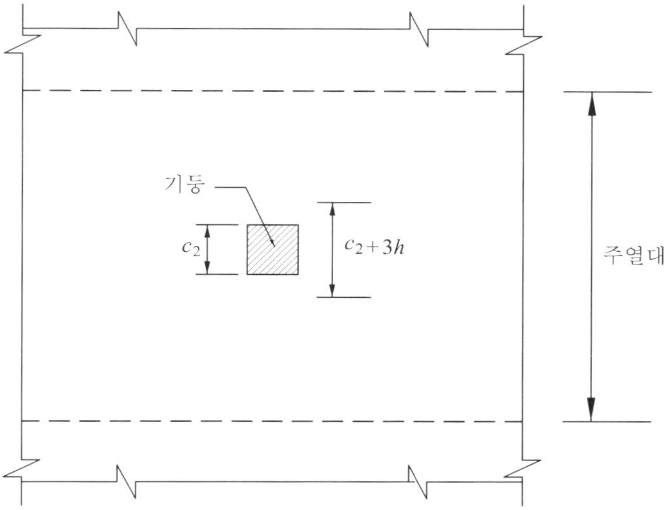

그림 14-23 보없는 2방향 슬래브의 보강철근 배근구간

23과 같이 슬래브의 유효폭 (c_2+3h) 내에 배근해야 한다.

주열대의 받침부에서 상부철근의 1/4 이상은 전체 경간에 연속되어 있어야 하며, 하부 철근은 상부근의 1/3 이상 연속되어야 한다.

경간 중앙부의 주열대 및 중간대에서 모든 하부 철근의 1/2 이상 연속되어 있어 받침면에서 항복강도에 도달할 수 있게 하여야 하며, 슬래브의 불연속단의 받침부에서 상부 및 하부 철근은 받침면에 충분히 정착시켜야 한다.

전단에 관련하여 기둥의 위험단면에서 계수 중력하중에 의한 2방향 전단력은 $0.4\phi V_c$를 넘지 않아야 한다. 그러나 지진하중으로 인한 불균형모멘트가 KDS 14 20 22 (4.11.7)에서 규정된 불균형강도 ϕM_n의 1/2 이하인 경우 위의 규정이 적용되지 않을 수 있다.

연습문제

14-1 인천지역에 위치한 5층 건물의 지반이 S_3(얕고 단단한 지반)일 때 내진설계범주를 구하라.

14-2 예제 14-1의 건물이 서울지역에 위치한 학교건물인 경우 밑면전단력과 층

지진하중을 등가정적해석법으로 계산하라. 단, 철근콘크리트 중간모멘트골조로 지반조건은 S_4 (깊고 단단한 지반)이고, 2층에서 5층까지의 층중량은 1,000 kN, 지붕층의 중량은 800 kN이다.

14-3 5층 규모의 특수모멘트골조에서 보의 순스팬이 7.2 m인 2층보의 휨철근량을 계산하라. 각 층의 높이는 3.6 m, 보의 크기 $b \times h = 400\text{ mm} \times 600\text{ mm}$, 기둥 크기 $b \times h = 600\text{ mm} \times 600\text{ mm}$이고, 하중조건에 따라 보에 작용하는 휨모멘트는 아래와 같으며, $f_{ck} = 24\text{ MPa}$, $f_y = 400\text{ MPa}$이다.

하중	위치	M_u (kN·m)
고정하중	단부	−100
	중앙부	60
활하중	단부	−35
	중앙부	25
지진하중	단부	±245
	중앙부	0

14-4 특수모멘트골조에서 상부근에 8 − D22, 하부근에 4 − D22가 배근되고 크기가 $b \times h = 400\text{ mm} \times 700\text{ mm}$인 보의 횡방향철근을 계산하라. 보의 스팬은 7.2 m이고, 하중은 $w_D = 30\text{ kN/m}^2$, $w_L = 18\text{ kN/m}^2$이고, $f_{ck} = 27\text{ MPa}$, $f_y = 400\text{ MPa}$이다.

14-5 5층 규모의 건물에서 1층 기둥을 특수모멘트골조 규정에 따라 설계하고, 배근상세도를 작성하라. 기둥의 크기는 $b \times h = 700\text{ mm} \times 700\text{ mm}$, 높이는 3.6 m이다. 기둥에 접하는 보의 공칭모멘트는 $M_n = 850\text{ kN·m}$, 2층과 1층의 기둥에 작용하는 축력은 각각 $P_{u2} = 8{,}100\text{ kN}$, $P_{u1} = 8{,}500\text{ kN}$이고, 하중조합에 따른 최소 축력은 $P_u = 4{,}500\text{ kN}$이다. 또한 기둥에 작용하는 전단력은 $V_u = 530\text{ kN}$이고, $f_{ck} = 27\text{ MPa}$, $f_y = 400\text{ MPa}$이다.

14-6 길이가 $l_w = 10.5\text{ m}$, 높이가 $h_w = 8.4\text{ m}$인 벽체가 수직하중에 의한 축력 $P_u = 23{,}000\text{ kN}$, $M_u = 67{,}000\text{ kN·m}$, $V_u = 4{,}500\text{ kN}$을 받을 때 특수전단벽 규정에 따라 설계하라. 단, 벽체의 두께는 $h = 500\text{ mm}$이고, 경계요소의 크기는 $b \times h = 650\text{ mm} \times 650\text{ mm}$이며, $f_{ck} = 27\text{ MPa}$와 SD 400 철근을 사용한다.

15 장

허용응력설계

15-1 개 요

허용응력설계법은 3-3 절에 기술되어 있는 바와 같이 철근콘크리트 구조체나 부재의 거동을 탄성 이론으로 해석하고, 여러 하중에 대하여 적당한 안전율을 사용하여 부재에 생기는 응력이 탄성한계를 벗어나지 않는 허용응력의 범위 안에 있도록 설계하는 방법이다.

우리나라에서는 1980년대 말에 이르기까지 철근콘크리트 건물의 구조는 거의 다 허용응력설계법에 의하여 설계되었고 1990년대에 이르러서도 강도설계법과 병행되어 왔다. 1972년 제정되어 현재까지 사용되고 있는 「철근콘크리트 구조 계산기준」은 허용응력설계법에 의한 설계기준으로 되어 있으며, 일본에서는 아직도 허용응력설계법이 철근콘크리트 건물 구조설계의 주를 이루고 있다.

허용응력설계법이 1980년대까지 구조설계에 근간이 되어 왔으나 3-3절에 지적된 바와 같이 재료의 비선형성과 하중의 특성을 설계에 반영할 수 없는 이유들로 인하여 점차 강도설계법으로 대체되고 있다. 그러나 강도설계법에서도 부재의 사용성 검토에서는 허용응력설계법이 사용되고 있고 현재에도 철근콘크리트 구조물 설계에 통용되고 있는 점에 비추어 15장에서는 허용응력설계법으로 보, 슬래브 및 기둥의 설계방법이 다루어지며, 그 외에 전단이나 기초 등의 설계는 강도설계법에서는 하중계수와 강도감소계수를 사용하는 대신, 허용응력설계법에서는 사용하중에 의한 부재 응력이 허용응력 이하가 되도록 단면을 결정하는 것 이외에는 적용 이론이 거의 동일하기 때문에 여기서는 다루어지지 않는다.

15-2 재료의 정수 및 허용응력

15-2-1 철근과 콘크리트의 재료 정수

철근콘크리트 부재의 처짐 등 탄성변형을 산정할 때 철근과 콘크리트의 재료 정수는 다음과 같다.

(1) 철근의 탄성계수

$$E_s = 210{,}000 \text{ MPa} \tag{15.1}$$

(2) 콘크리트의 탄성계수

$$E_c = 21{,}000 \times \left(\frac{\gamma}{2.3}\right)^{1.5} \times \sqrt{\frac{F_c}{20}} \text{ MPa} \tag{15.2}$$

$\gamma =$ 콘크리트의 단위용적 중량 [t/m^3]

(3) 콘크리트의 푸아송비

$$\nu = \frac{1}{6} \tag{15.3}$$

철근과 콘크리트의 열팽창계수는 모두 1×10^{-5}/℃이다. 철근콘크리트 부재 단면의 산정이나 응력도의 계산에서는 철근의 단면적을 등가(等價) 콘크리트 단면적으로 바꿔야 한다. 이때에는 철근의 탄성계수와 콘크리트의 탄성계수와의 비율, 즉 탄성계수비가 필요하며, 허용응력도 설계법에서는 압축강도 F_c에 따라 식 (13.2)로 계산되는 값에 관계없이 $E_c = 14{,}000$ MPa으로 하여

$$n = \frac{E_s}{E_c} = 15 \tag{15.4}$$

으로 하고 있다.

15-2-2 콘크리트의 허용응력

허용응력설계법에서 콘크리트 설계기준강도 F_c는 15 MPa에서 30 MPa까지 3 MPa 간격으로 정해져 있다. 여러 가지 작용 하중에 의하여 철근콘크리트 부재에 생기는 응력에 대하여 설계용 허용응력은 다음과 같으며, 별도의 규정이 없을 때에는 부재 응력이 이러한 허용응력을 넘지 않도록 부재 단면이나 보강 철근 등을 산정하여야 한다.

(1) 허용압축응력(중심축 방향 응력을 받을 때)

$$f_c = 0.3\,F_c \tag{15.5}$$

(2) 허용휨압축응력(휨재 또는 편심축 방향 압축력을 받는 부재의 압축응력)

$$f_b = 0.4\,F_c \tag{15.6}$$

(3) 허용전단응력

전단보강근이 없을 때 콘크리트단면이 부담하는 허용전단응력은

$$v_c = 0.3\sqrt{F_c} \tag{15.7}$$

으로 하며, 전단보강을 한 경우에도 콘크리트 단면의 전단응력은

$$v_c = 1.33\sqrt{F_c} \tag{15.8}$$

의 값을 넘지 않아야 한다.

슬래브나 기초바닥판의 철근보강에서는 별도로 전단보강을 하지 않는 경우가 많다. 이때 플랫 슬래브나 기초바닥판에 생기는 뚫림전단응력에 대한 허용전단응력은

$$v_c = 0.53\sqrt{F_c} \tag{15.9}$$

으로 하고 있으며, 전단보강근을 사용한 경우에도 콘크리트의 전단응력은

$$v_c = 0.8\sqrt{F_c} \tag{15.10}$$

을 초과하지 않아야 한다.

(4) 허용부착응력

철근의 콘크리트에 대한 허용부착응력 u_c는 표 15-1과 같이 하고 있다. 다만, 이 표의 적용에서 $F_c \geq 25$ MPa인 경우에는 $F_c = 25$ MPa으로 한다.

(5) 허용지압응력

전 단면에 재하될 때 허용지압응력은

$$f_c = 0.3F_c \tag{15.11}$$

으로 하며, 부분적으로 재하될 때는

$$f_c = \left(0.5 - 0.2\frac{A'}{A}\right)F_c \tag{15.12}$$

으로 한다. 이 식에서 A는 전단 면적, A'은 재하 면적을 나타낸다.

단기하중에 의하여 철근콘크리트 부재에 생기는 응력에 대하여서는 식 (15.5)~(15.12)의 허용응력을 1.5 배 하여 사용한다.

표 15-1 허용부착응력 [MPa]

	상단철근 및 정착	기타 철근
이 형 철 근	$\frac{1}{15}F_c$ 또는 $\left(0.9 + \frac{2}{72}F_c\right)$ 이하	$\frac{1}{10}F_c$ 또는 $\left(1.35 + \frac{1}{25}F_c\right)$ 이하

15-2-3 철근의 허용응력

철근의 허용응력은 KS D 3504에 의한 항복강도 F_y를 기준으로 하여 산정하며, 별도의 규정이 없을 때에는 다음과 같이 한다.

(1) 원형철근

허용인장 및 압축응력

$$f_t = {}_s f_c \leq \frac{F_y}{1.5} \text{ 또는 } 160\,\text{MPa 이하} \tag{15.13}$$

전단보강철근의 허용인장응력

$$f_v \leq \frac{F_y}{1.5} \text{ 또는 } 160\,\text{MPa 이하} \tag{15.14}$$

(1) 이형철근

허용인장 및 압축응력

$$f_t = {}_s f_c \leq \frac{F_y}{1.5} \tag{15.15}$$

또는 D25 이하의 철근에서는 220 MPa 이하
　　D29 이상의 철근에서는 200 MPa 이하

전단보강철근의 허용인장응력

$$f_v \leq \frac{F_y}{1.5} \text{ 또는 } 200\,\text{MPa 이하} \tag{15.16}$$

15-2-4 단기응력에 대한 허용응력

고정하중과 적재하중 등 장기하중에 의한 부재 응력에 풍하중이나 지진하중 등 단기간 작용하는 하중에 의한 응력이 가하여진 단기응력에 대하여 단면을 산정하거나 부재응력을 검토할 때에는 앞에서 규정된 모든 콘크리트와 철근의 허용응력을 50 퍼센트까지 증가시킬 수 있다.

연 습 문 제

15-1 콘크리트의 탄성계수에 관하여 식 (15.2)와 (2.1)을 비교하라.

15-2 $F_c = 21\,\mathrm{MPa}$, $F_y = 300\,\mathrm{MPa}$일 때 D22 철근의 표 15-1에 의한 정착길이와 식 (7.8)에 의한 정착길이를 비교하라. 허용응력설계법에서 정착길이 $l = a_s f_t / \Sigma_o u_c$로 주어진다.

16 장

보의 허용응력설계

16-1 개 요

허용응력법에 의한 보의 설계는 보에 생기는 응력이 허용 한계 내에 있도록 부재 크기와 보강 방법을 정하는 것이다. 횡하중이나 외부모멘트에 의하여 보의 단면 내에는 휨인장응력과 휨압축응력이 생기며, 보의 어느 단면에서도 콘크리트에 생기는 압축응력이 식 (15.6)의 허용휨압축응력을 넘지 않고, 철근의 인장응력이 식 (15.13) 또는 (15.15)의 허용인장응력 이내에 있어야 한다.

허용응력설계법에 의한 보의 구조해석에서는 다음과 같은 가정이 적용되고 있다.

① 콘크리트는 인장력을 지지할 수 없다.
② 휘기 전에 보의 축에 수직인 단면은 휜 후에도 평면을 유지한다.
③ 응력과 변형률은 비례한다.

위의 가정 중 ①과 ②는 강도설계법에서도 동일하게 적용되고 있으나, ③의 가정은 허용응력설계법에서만 적용되는 것으로, 허용응력설계법은 부재 응력을 탄성한계로 국한하는 것을 나타내고 있다.

16-2 보의 구조제한

철근콘크리트보의 구조설계에 관련하여 허용응력설계기준에서는 다음과 같은 구조제한을 두고 있다.

① 장기하중을 받을 때 정·부 최대 휨모멘트가 작용하는 부분의 인장철근 단면적은 0.004 bd, 또는 존재 응력으로 인하여 필요로 하는 양의 4/3 배 중 작은 값 이상으로 한다.
② 주요한 보는 전 경간을 복근으로 한다.
③ 주근은 D13 이상으로 한다.
④ 주근의 순간격은 특별한 경우를 제외하고 25 mm 이상, 또는 공칭지름의 1.5 배 이상으로 한다.
⑤ 주근의 배치는 특별한 경우를 제외하고는 2단 이하로 한다.
⑥ 철근의 피복두께는 30 mm 이상으로 한다.

16-3 단근 직사각형보의 응력 해석

단근 직사각형보는 철근콘크리트보의 가장 기본적인 형태로서 그림 16-1 (a)와 같이 인장측만 철근 보강되어 있는 직사각형 단면의 보이다. 보에 휨모멘트가 작용하면 압축응력과 인장응력이 생기며, 압축응력은 콘크리타가 지지하

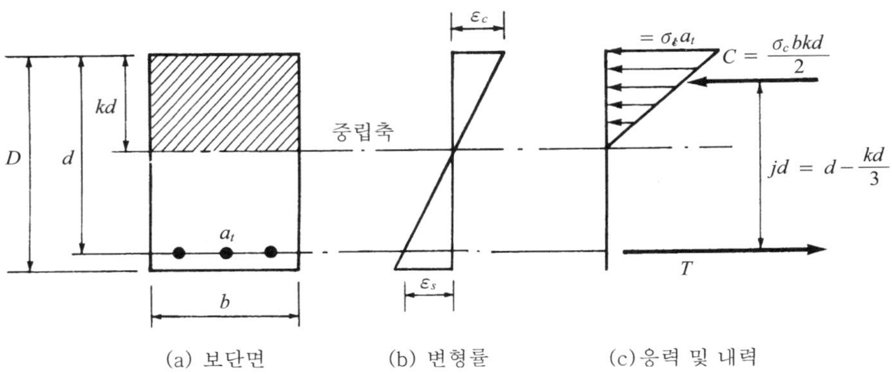

그림 16-1 단근 직사각형보

나, 인장응력에 대해서는 콘크리트의 저항 성능이 무시되므로 철근보강을 하지 않으면 안 된다. 단근 직사각형보의 변형률은 그림 16-1 (b)에서 보는 바와 같이 선형 분포된 것으로 볼 수 있으나, 응력 해석에서는 압축 부분 콘크리트와 인장철근의 단면 형태와 재료, 성질 등이 다르기 때문에 이러한 점들이 고려되어 중립축비, 응력중심거리, 허용휨모멘트 등이 계산되어야 한다.

16-3-1 중립축의 위치

중립축의 위치 계산에서는 변형률이 중립축으로부터 선형 비례하는 점과 힘의 평형조건이 고려되어야 한다.

그림 16-1 (b)에서 콘크리트의 최대 압축변형률을 ε_c, 철근의 인장변형률을 ε_s로 나타내면,

$$\varepsilon_c : kd = \varepsilon_s : d(1-k) \tag{16.1}$$

여기서, $k=$ 중립축비

$d=$ 보의 유효깊이

의 비례식을 얻게 된다. 콘크리트의 최대 압축응력을 σ_c, 철근의 인장응력을 σ_t로 나타내면, 응력-변형률 관계식으로부터 $\sigma_c = E_c\,\varepsilon_c$, $\sigma_t = E_s\,\varepsilon_s$로 주어지며, 철근의 탄성계수는 탄성계수비를 사용하여 $E_s = nE_c$로 나타낼 수 있기 때문에 이러한 관계들을 식 (16.1)에 적용하면 철근의 응력은

$$\sigma_t = n\sigma_c \frac{1-k}{k} \tag{16.2}$$

이 된다.

보의 휨에서 평형조건은 그림 16-1 (c)에서 휨으로 단면 내에 발생하는 압축력 C와 인장력 T가 같아야 하기 때문에

$$\frac{1}{2}\sigma_c\, b(kd) = \sigma_t\, a_t \tag{16.3}$$

여기서, b = 보의 폭

a_t = 인장철근의 단면적

으로 주어지며, 인장철근비는

$$p_t = \frac{a_t}{bd} \tag{16.4}$$

으로 보의 유효단면적에 대한 인장철근의 단면적으로 정의된다. 따라서 중립축 계산을 위하여 식 (16.2)와 (16.4)를 식 (16.3)에 적용하면

$$k^2 + 2np_t k - 2np_t = 0 \tag{16.5}$$

의 2차식을 얻게 된다. 이 식으로부터

$$np_t = \frac{k^2}{2(1-k)} \tag{16.6}$$

이 되며, 중립축비는 다음과 같이 계산된다.

$$k = np_t\left(\sqrt{1+\frac{2}{np_t}}-1\right) \tag{16.7}$$

중립축의 위치는 중립축비에 보의 유효깊이를 곱한 kd가 된다.

16-3-2 응력중심거리

보의 응력중심거리는 압축부분의 콘크리트 응력의 합력 C와 인장철근에 생기는 인장력 T와의 거리를 말하며 C와 T가 응력중심 거리간에서 일으키는 우력이 내부 저항모멘트를 형성한다. 그림 16-1 (c)에서 응력중심 거리비를 j, 응력중심거리를 jd로 나타내면

$$jd = d - \frac{kd}{3} \tag{16.8a}$$

$$j = 1 - \frac{k}{3} \tag{16.8b}$$

이 된다. 이 식에서 k는 중립축비로, 식 (16.7)에 의해 계산되는 값이다.

16-3-3 단면 2차모멘트와 단면계수

그림 16-1 (a)에서 단근 직사각형보의 중립축에 대한 단면 2차모멘트는 압축측 콘크리트의 단면에 의한 단면 2차모멘트와 인장측 철근의 단면 2차모멘트의 합이 되므로

$$I_n = \frac{1}{3}b(kd)^3 + n a_t (d - kd)^2 \tag{16.9a}$$

으로 계산된다. 이 식에서 오른쪽 둘째 항의 탄성계수비 n은 철근의 단면적을 등가 콘크리트 단면적으로 환산하기 위하여 곱하여지고 있다. 식 (16.9a)에 식 (16.6)을 적용하면 단면 2차모멘트는

$$I_n = \frac{k^2(3-k)}{6} bd^3 \tag{16.9b}$$

이 된다.

압축측 단면계수 Z_c는 식 (16.9b)로 주어진 단면 2차모멘트를 중립축에서 압축측 단부까지의 거리 kd로 나누어

$$Z_c = \left[\frac{k(3-k)}{6}\right] bd^2 \tag{16.10}$$

이 되고, 인장측 단면계수 Z_t는 단면 2차모멘트 I_n을 중립축에서 인장철근까지의 거리에 탄성계수비를 곱한 값 $nd(1-k)$로 나누고 식 (16.6)을 적용하여

$$Z_t = \left(\frac{3-k}{3}\right) p_t bd^2 \tag{16.11}$$

을 얻는다. 인장측 단면계수 계산에서 탄성계수비 n으로 나누는 이유는 식 (16.9b)의 단면 2차모멘트는 콘크리트 단면으로 환산된 것인데, 인장측 단면계수는 철근의 응력을 계산하기 위한 것이기 때문에 이를 철근의 성질로 바꾸기 위한 것이다.

16-3-4 허용휨모멘트

보의 허용휨모멘트는 부재의 응력이 허용응력의 범위 안에서 부재가 발휘할 수 있는 내부 저항모멘트이다. 단근 직사각형보의 허용응력의 한계는 압축측에서 콘크리트의 응력이 허용휨압축응력 이하여야 하며, 인장측에서 철근의 응력이 허용인장응력 이하여야 한다.

따라서 단근 직사각형보의 허용휨모멘트는 콘크리트의 허용휨응력 상태에서의 내부 저항모멘트와 철근의 허용인장응력 상태에서의 내부 저항모멘트로 생각할 수 있다.

【1】 콘크리트의 허용휨압축응력 상태에서의 허용휨모멘트

그림 16-1 (c)에서 콘크리트의 최대 압축응력 σ_c가 허용휨압축응력 f_b에 도달했을 때 보의 내부 압축력은

$$C = \frac{1}{2} f_b\, b(kd) \tag{16.12}$$

이 되고, 허용휨모멘트는 이 압축력에 식 (16.8a)로 주어지는 응력중심거리 jd를 곱하여 얻어지며, 이를 bd^2의 항으로 나타내면 다음과 같다.

$$M_1 = R_1 bd^2 \tag{16.13a}$$

$$R_1 = \frac{k(3-k)}{6} f_b \tag{16.13b}$$

보 이론에서 휨모멘트는 단면계수에 최대 응력을 곱한 것이 되므로, 식 (16.10)의 압축측 단면계수와 식 (16.13)의 관계로부터

$$M_1 = Z_c \cdot f_b \tag{16.14}$$

으로 나타낼 수 있어, 보 이론에 일치하고 있다.

【2】 철근의 허용인장응력 상태에서의 허용휨모멘트

철근의 응력이 허용인장응력 f_t에 도달했을 때 철근의 허용인장력은

$$T = a_t f_t \tag{16.15}$$

이 되며, [1]의 경우와 같이 이에 응력중심거리 jd를 곱하여 bd^2의 항으로 나타내면

$$M_2 = R_2 bd^2 \tag{16.16a}$$

$$R_2 = \frac{3-k}{3} p_t f_t \tag{16.16b}$$

이 되며, 식 (16.11)의 인장측 단면계수와 위의 식으로부터 허용휨모멘트는

$$M_2 = Z_t \cdot f_t \tag{16.17}$$

이 된다.

보의 허용휨모멘트 계산에서 콘크리트나 철근 중 어느 것이나 허용응력에 도달하면 보의 내부 저항모멘트는 한계에 이르기 때문에, 식 (16.13)의 M_1과 식 (16.16)의 M_2 중 작은 값이 보의 허용휨모멘트가 된다. 따라서 허용휨모멘트를

$$M = Rbd^2 \tag{16.18a}$$

의 형태로 나타내면, R은 식 (16.13b)의 R_1과 식 (16.16b)의 R_2 중 작은 값이 되므로

$$R = (R_1,\ R_2) \text{ 중 작은 값} \tag{16.18b}$$

이 된다.

16-3-5 균형철근비

철근콘크리트보에서 인장철근비가 작으면 철근의 응력이 먼저 허용치에 이르나, 인장철근비가 어느 일정한 값에 이르면 압축측 콘크리트의 최대 응력과 철

근의 인장응력이 동시에 허용응력에 도달하게 된다. 이때의 철근비를 균형철근비라고 하며 p_{tb}의 기호로 나타낸다. 따라서 균형철근비 상태에서는 식 (16.13)의 M_1과 식 (16.16)의 M_2가 동시에 일어나므로 이들을 등식으로 하면 균형철근비는

$$p_{tb} = \frac{k}{2}\frac{f_b}{f_t} \tag{16.19}$$

으로 주어지며, 식 (16.2)에서 균형철근비 상태에서 σ_t와 σ_c는 각각 허용응력인 f_t와 f_b가 되므로 이를 식 (16.19)에 적용하면 균형철근비는 다음과 같이 허용응력과 탄성계수비의 함수로 나타낼 수 있다.

$$p_{tb} = \frac{1}{2}\frac{nf_b^2}{f_t(nf_b + f_t)} \tag{16.20}$$

인장철근비가 균형철근비 이상이 될 때에는 콘크리트의 최대 압축응력이 철근의 응력보다 먼저 허용치에 도달하며, 과대 하중 등에 의한 파괴도 압축 콘크리트에서 일어난다. 그러나 콘크리트의 파괴는 취성파괴로 예고없이 일어나기 쉽고 파괴되는 속도가 빠르기 때문에 건물이나 사용자의 안전성에 위험을 초래할 수 있어, 파괴되는 경우 인장철근 쪽에서 파괴되도록 하는 것이 바람직하여, 인장철근은 균형철근비보다 작게 사용하도록 권장되고 있다. 균형철근비 상태

표 16-1 균형상태에서의 철근비(p_{tb})와 응력중심거리비(j)

f_t \ F_c	15	18	21	24	27	30
160	0.0068 0.880	0.0091 0.866	0.0116 0.843	0.0142 0.842	0.0170 0.832	0.0199 0.824
200	0.0047 0.897	0.0063 0.883	0.0081 0.871	0.0101 0.860	0.0121 0.851	0.0142 0.842
220	0.0040 0.903	0.0054 0.890	0.0070 0.879	0.0086 0.868	0.0104 0.859	0.0123 0.850

* 위 숫자는 균형철근비, 아래 숫자는 응력중심거리비이다.

* F_c 및 f_t의 단위는 MPa[N/mm^2]이다.

에서 응력중심거리비는 표 16-1에서 보이는 바와 같이 콘크리트의 압축강도와 철근의 허용인장응력도에 따라 0.824에서 0.903까지 변하고 있다. 균형철근비 이하일 때에는 응력중심거리비의

값을 근사적으로 0.875(= 7/8)로 하여 허용휨모멘트를

$$M = 0.875 a_t f_t d \tag{16.21}$$

로 하고 있다. 그러나 표 16-1의 응력중심거리비를 고려하면, 이 식을 적용하는 데에는 $f_t = 160$ MPa의 철근은 압축강도가 15~21 MPa까지의 콘크리트에만 사용하고 그 이상의 압축강도를 가진 콘크리트에는 $f_t = 200 \sim 220$ MPa의 철근을 사용하는 것이 바람직하다.

【예제 16-1】 그림 16-2의 직사각형보의 단면 2차모멘트와 단면계수 및 허용휨모멘트를 구하라. 단, 콘크리트의 압축강도 F_c는 21 MPa, 철근은 SD 300 ($F_y = 300$ MPa)으로 한다.

[풀 이] 허용응력도 : 식 (15.6), (15.15)로부터

$$f_t = \frac{300}{1.5} = 200 \text{ MPa}$$

$$f_b = 0.4 F_c = 8.4 \text{ MPa}$$

인장철근비

유효깊이 $d = 550$ mm

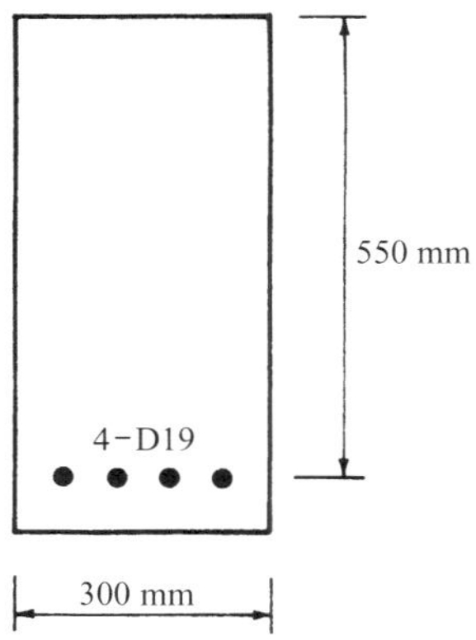

그림 16-2 예제 16-1의 단근보

$$p_t = \frac{a_t}{bd} = \frac{4 \times 286.5}{300 \times 550}$$

$$= 0.0070 < p_{tb} = 0.0081(\text{표 } 16\text{-}1)$$

$$np_t = 15 \times 0.0070 = 0.105$$

중립축 위치

$$k = np_t(\sqrt{1 + 2/np_t} - 1)$$

$$= 0.105(\sqrt{1 + 2/0.105} - 1) = 0.365$$

$$kd = 0.365 \times 550 = 200.8\,\text{mm}$$

응력중심거리

$$jd = (1 - k/3)\,d = 483.1\,\text{mm}$$

단면 2차모멘트

$$I_n = \frac{k^2(3 - k)}{6} bd^3$$

$$= \frac{(0.365)^2 \times (3 - 0.365)}{6} \times 300 \times (550)^3 = 2.92 \times 10^9\,\text{mm}^4$$

단면계수

$$\text{인장측 : } Z_t = \left(\frac{3 - k}{3}\right) p_t\, bd^2 = 558 \times 10^3\,\text{mm}^3$$

$$\text{압축측 : } Z_c = \left[\frac{k(3 - k)}{6}\right] bd^2 = 14.55 \times 10^6\,\text{mm}^3$$

허용휨모멘트 : 철근비가 균형철근비 이하이므로

$$M = a_t\, f_t\, jd = 4 \times 286.5 \times 200 \times 483.1 \times 10^{-6}$$

$$= 110.7\,\text{kN}\cdot\text{m}$$

또는 식 (4.16)으로부터

$$M = \frac{3 - k}{3} p_t\, f_t\, bd^2 = 111.6\,\text{kN}\cdot\text{m}$$

【예제 16-2】 그림 16-3과 같이 등분포하중을 받는 단순받침보를 예제 16-1에서와 같은 형태의 보로 하였을 때 최대 응력을 계산하라.

[풀 이] 최대 휨모멘트 : $M_{\max} = \dfrac{wl^2}{8} = \dfrac{24 \times (6.0)^2}{8} = 108.0 \text{ kN·m}$

예제 16-1에서 계산된 허용휨모멘트 110.7 kN·m 보다 작으므로 가능하다.

최대 응력 : 예제 16-1에서 $Z_c = 14.55 \times 10^6 \text{ mm}^3$, $Z_t = 5.58 \times 10^3 \text{ mm}^3$이므로

$$\text{압축응력은 } \sigma_c = \frac{M_{\max}}{Z_c} = \frac{108.0 \times 10^6}{14.55 \times 10^6} = 7.42 \text{ MPa} < f_b = 8.4 \text{ MPa}$$

$$\text{인장응력은 } \sigma_t = \frac{M_{\max}}{Z_t} = \frac{108.0 \times 10^6}{558 \times 10^3} = 193.5 \text{ MPa} < f_t = 200 \text{ MPa}$$

최대 휨모멘트가 허용휨모멘트보다 작은 것은 최대 응력이 허용응력 보다 작다는 것을 의미한다.

【예제 16-3】 최대 모멘트 150 kN·m를 받는 보의 단면과 철근량을 산정하라. 단, $F_c = 24\text{MPa}$의 콘크리트와 SD 400 철근을 사용한다.

[풀 이] 허용응력도

$$f_t = \frac{400}{1.5} = 266.7 \text{ MPa} \rightarrow 220 \text{ MPa}$$

$$f_b = 0.4 \times 24 = 9.6 \text{ MPa}$$

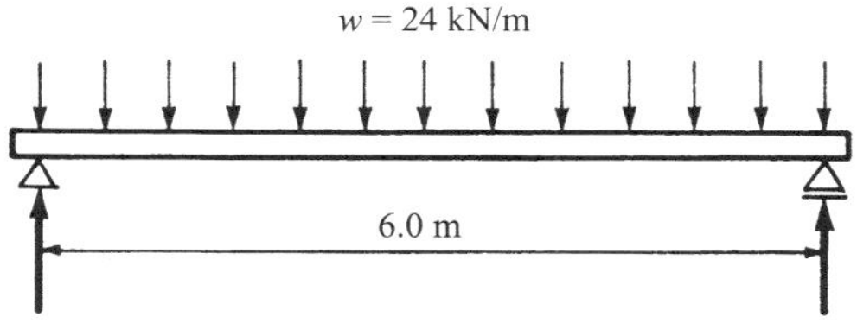

그림 16-3 예제 16-2의 단순보

표 16-1에서 $f_t = 220$ MPa, $F_c = 24$ MPa에서 $p_{tb} = 0.0086$ 이므로 철근비를 이보다 작은 $p_t = 0.0075$ 로 하면

$$np_t = 15 \times 0.0075 = 0.1125$$

중립축비

$$k = np_t(\sqrt{1 + 2/np_t} - 1) = 0.1125 \times (\sqrt{1 + 2/0.1125} - 1)$$
$$= 0.375$$

$p_t < p_{tb}$ 이므로

$$R = R_2 = \frac{(3 - k)}{3} p_t f_t$$
$$= \frac{3 - 0.375}{3} \times 0.0075 \times 220 = 1.44 \text{ MPa}$$

허용모멘트 Rbd^2 이 최대 모멘트 150 kN·m 이상이 되어야 하므로

$$1.44\,bd^2 \geq 150 \times 10^6 \text{ N·mm}$$
$$bd^2 \geq 104.2 \times 10^6 \text{ mm}^3$$

유효깊이 d 의 크기를 폭 b 의 2 배로 하면

$$b(2b)^2 \geq 104.2 \times 10^6 \text{ mm}^3$$

$$b = 300 \text{ mm}, \; d = 600 \text{ mm}$$

철근량

$$a_t = p_t bd = 0.0075 \times 300 \times 600 = 1{,}350 \text{ mm}^2$$

4-D22 (1,548 mm^2)을 사용하면 적당함.

전체 깊이

$$D = d + \text{주철근 지름의 } 1/2 + \text{스터럽} + \text{피복두께}$$
$$= 600 + 50 = 650 \text{ mm}$$

16-4 복근 직사각형보의 응력 해석

건물의 층높이 또는 그밖의 조건으로 보의 단면은 제한되어 있는데 작용하는 휨모멘트의 크기가 균형철근비 상태에서 보의 허용휨모멘트보다 큰 경우에는 인장철근량을 늘려도 파괴가 압축 콘크리트에서 생기므로 압축측에서도 철근으로 보강하지 않으면 안 된다.

복근 직사각형보의 모멘트 저항 능력은 단근보의 모멘트 저항 능력에 압축측과 인장측에 추가로 배근된 같은 양의 철근의 모멘트 저항 능력이 더해진 것과 같다.

복근보의 응력 해석은 단근보의 응력해석과 유사하나 압축측에서 압축철근의 변형률과 응력이 추가로 고려되어야 한다.

16-4-1 중립축의 위치

복근 직사각형보의 중립축 위치 계산에서도 단근 직사각형보의 경우와 같이 변형률이 중립축으로부터 선형 비례하는 점과 힘의 평형조건이 고려된다. 그림 16-4 (b)에서 콘크리트의 최대 압축변형률을 ε_c, 압축철근의 변형률을 ε_{sc}, 인장철근의 변형률을 ε_{st}로 나타내면

$$\varepsilon_c : kd = \varepsilon_{sc} : (kd - d_c) \tag{16.22}$$

의 비례식을 얻으며, $\varepsilon_c = \sigma_c / E_c$, $\varepsilon_{sc} = {}_s\sigma_c / E_s = {}_s\sigma_c / nE_c$의 관계식을 적용하면 압축철근의 응력은

$${}_s\sigma_c = \frac{k - d_c/d}{k} n\sigma_c \tag{16.23}$$

이 된다.

휨모멘트에 의하여 보에 생기는 내부 저항 압축력은 콘크리트에 의한 압축력 C_c와 압축철근에 의한 압축력 C_s의 합이 되며, 이 힘이 인장철근이 지지하는 내부 저항 인장력 T와 평형을 이루므로

$$\frac{1}{2} b(kd)\sigma_c + {}_s\sigma_c a_c = a_t \sigma_t \tag{16.24}$$

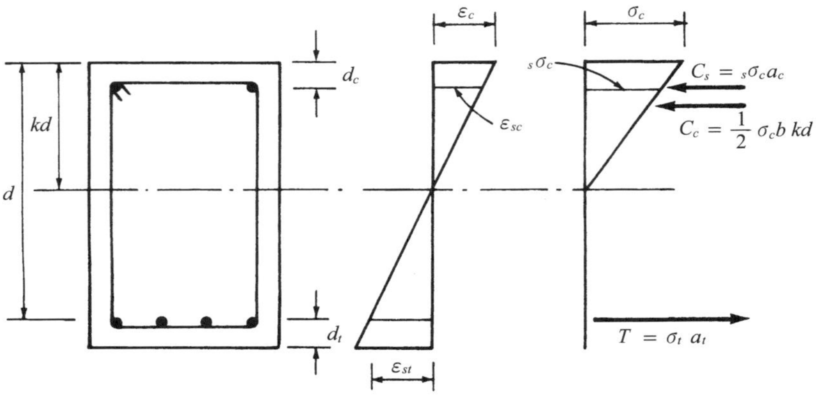

그림 16-4 복근 직사각형보

이 된다. 이 식에서 a_t는 인장철근의 단면적으로 식 (16.4)로부터 $a_t = p_t\,bd$가 되며, a_c는 압축철근의 단면적으로 a_t에 대하여

$$a_c = \gamma a_t = \gamma p_t\,bd \tag{16.25}$$

의 관계를 가진다. 식 (16.23)과 (16.25)를 식 (16.24)에 대입하여 중립축비 k에 대하여 정리하면

$$k^2 + 2np_t(1+\gamma)k - 2np_t(1+\gamma d_c/d) = 0 \tag{16.26}$$

의 2차식을 얻으며, $\gamma = 0$의 경우에는 식 (16.5)로 주어진 단근 직사각형보의 k에 대한 2차식과 같게 된다. 식 (16.26)으로부터

$$np_t = \frac{k^2}{2[(1+\gamma d_c/d) - (1+\gamma)k]} \tag{16.27}$$

이 되며, 중립축비는

$$k = np_t\left\{\sqrt{(1+\gamma)^2 + \frac{2}{np_t}\left(1+\gamma\frac{d_c}{d}\right)} - (1+\gamma)\right\} \tag{16.28}$$

으로 계산된다. 중립축의 위치는 중립축비에 보의 유효깊이 d를 곱한 값이다. np_t에 따른 중립축비는 부표 6-1과 같다.

16-4-2 응력중심거리

복근 직사각형보의 응력중심거리는 단근 직사각형보의 경우와 같이 내부 압축력 C와 내부 인장력 T와의 거리를 의미하나, 복근보에서는 압축력이 콘크리트가 지지하는 압축력 C_c와 압축철근의 압축력 C_s의 합이므로 이들 합력의 작용점을 계산하여야 한다.

그림 16-5와 같은 힘의 분포에 중립축에 대하여 바리뇽의 정리를 적용하면

$$(C_c + C_s)y = C_c \frac{2kd}{3} + C_s(kd - d_c) \tag{16.29}$$

이 되며, 이로부터 중립축에 대한 압축력의 작용 거리는

$$y = \frac{k^3/3 + n\gamma p_t(k - d_c/d)^2}{k^2/2 + n\gamma p_t(k - d_c/d)} d \tag{16.30}$$

으로 계산된다. 따라서 응력중심거리는

$$jd = d - kd + y \tag{16.31}$$

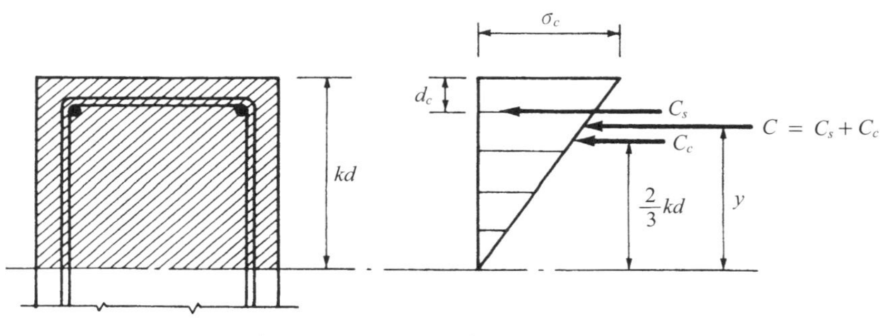

그림 16-5 압축 합력의 작용 위치

이 되므로, 식 (16.31)에 식 (16.28) 및 (16.30)을 대입하여 응력중심거리비는

$$j=\frac{(1-k/3)k^2+2n\gamma p_t(k-d_c/d)(1-d_c/d)}{k^2+2n\gamma p_t(k-d_c/d)} \tag{16.32}$$

이 된다.

16-4-3 단면 2차모멘트와 단면계수

복근 직사각형보의 단면 2차모멘트는 식 (16.9a)로 주어진 단근보의 단면 2차모멘트에 압축철근의 중립축에 대한 단면 2차모멘트가 추가되는 형태로 다음과 같이 주어진다.

$$I_n=\frac{1}{3}b(kd)^3+(n-1)a_c(kd-d_c)^2+na_t(d-kd)^2 \tag{16.33a}$$

이 식에서 $(n-1)$은 압축철근의 단면적을 콘크리트의 등가단면적으로 바꾸기 위하여 n배를 하여야 하나, 압축철근은 압축 콘크리트의 부분을 차지하고 있어 철근 단면적만큼 빼주는 값이다. 식 (16.33a)의 단면 2차모멘트에 철근비를 사용하여 표시하면

$$I_n=\left[\frac{k^3}{3}+(n-1)\gamma p_t\left(k-\frac{d_c}{d}\right)^2+np_t(1-k)^2\right]bd^3 \tag{16.33b}$$

이 되며, 압축측 단면계수 Z_c와 인장측 단면계수 Z_t는 각각

$$Z_c=\frac{I_n}{kd} \tag{16.34}$$

$$Z_t=\frac{I_n}{n(1-k)d}=\frac{k}{n(1-k)}Z_c \tag{16.35}$$

으로 주어진다.

16-4-4 허용휨모멘트

복근 직사각형보의 허용휨모멘트는 단근보의 경우와 같이 압축 콘크리트의 응력이나 인장철근의 응력이 허용치에 달할 때까지 저항할 수 있는 부재의 내부 모멘트이다. 따라서 복근보에서도 콘크리트의 응력이 허용휨압축응력에 도달했을 때와 철근의 응력이 허용인장응력에 도달했을 때로 나누어 생각할 수 있다.

【1】 콘크리트의 허용휨압축응력 상태에서의 허용휨모멘트

그림 16-4(c)에서 콘크리트의 최대 응력이 허용휨압축응력 f_b에 도달했을 때 보의 내부 압축력을 이루는 C_c와 C_s는 각각 식 (16.12)와 식 (16.23)으로부터

$$C_c = \frac{1}{2} f_b \, b(kd) \tag{16.36a}$$

$$C_s = \frac{n\left(k - \dfrac{d_c}{d}\right)}{k} f_b \gamma p_t \, bd \tag{16.36b}$$

이 되며, 이들 힘이 인장 중심에 대하여 발휘하는 내부 모멘트는 C_c에 인장 철근까지의 거리 $(1-k/3)d$를 곱한 값과 C_s에 인장철근까지의 거리 $(d-d_c)$를 곱한 값으로 다음과 같이 나타낼 수 있다.

$$M_1 = R_1 b d^2 \tag{16.37a}$$

$$R_1 = \frac{f_b}{2k}\left\{k^2\left(1-\frac{k}{3}\right) + 2n\gamma p_t\left(k-\frac{d_c}{d}\right)\left(1-\frac{d_c}{d}\right)\right\} \tag{16.37b}$$

【2】 철근의 허용휨인장응력 상태에서의 허용휨모멘트

인장철근의 응력이 허용인장응력 f_t에 도달했을 때 철근의 허용인장력은 식 (16.15)와 같이 주어지며, 이에 응력중심거리 jd를 곱하여 철근에 의한 허용휨모멘트를 얻게 된다.

식 (16.15)의 a_t를 $p_t bd$로 나타내고 식 (16.32)의 j의 값과 식 (16.27)의 관계를 고려하면 허용휨모멘트는

$$M_2 = R_2 bd^2 \tag{16.38a}$$

$$\begin{aligned} R_2 = &\ \frac{f_t}{2n(1-k)}\left\{k^2\left(1-\frac{k}{3}\right)\right. \\ &\left. + 2n\gamma p_t\left(k-\frac{d_c}{d}\right)\left(1-\frac{d_c}{d}\right)\right\} \end{aligned} \tag{16.38b}$$

의 형태로 나타낼 수 있다. 위의 식은 식 (16.2)로부터 철근의 응력 σ_t가 f_t에 도달했을 때 $\sigma_c = f_t \dfrac{k}{n(1-k)}$이 되고 식 (16.37b)에서 f_b 대신에 σ_c의 값을 대입하여도 (16.38b)와 같은 식을 얻게 된다. 인장철근비가 균형철근비 이하일 때에는 식 (16.38)에 의하여 허용휨모멘트가 계산된다.

복근보에서도 콘크리트나 철근에 생기는 응력 중 어느 것이나 허용치에 도달하면 보의 내부 저항모멘트는 한계에 이르므로, 복근보의 허용휨모멘트도 식 (16.18a)의 형태로 나타낼 수 있고 이 식에서의 R은 식 (16.37b)의 R_1과 식 (16.38b)의 R_2 중 작은 값이 된다.

16-4-5 균형철근비

복근 직사각형보의 균형철근비는 압축측 콘크리트의 최대 응력과 인장철근의 응력이 동시에 허용응력에 도달하게 될 때의 인장철근비이며, 식 (16.2)로부터

$$\frac{f_b}{k_b} = \frac{f_t}{n(1-k_b)} \tag{16.39}$$

의 관계를 가진다. 여기에서 k_b는 균형철근비 상태에서의 중립축비로

$$k_b = \frac{nf_b}{f_t + nf_b} \tag{16.40}$$

표 16-2 복근 직사각형보의 균형철근비

f_t [MPa]	F_c [MPa]	$r = a_c/a_t$					
		0.0	0.2	0.4	0.6	0.8	1.0
160	18	0.0091	0.0101	0.0114	0.0130	0.0153	0.0184
	21	0.0116	0.0132	0.0153	0.0182	0.0225	0.0296
	24	0.0142	0.0166	0.0198	0.0248	0.0329	0.0490
	27	0.0170	0.0203	0.0251	0.0331	0.0484	0.0900
200	18	0.0063	0.0068	0.0075	0.0082	0.0091	0.0103
	21	0.0073	0.0081	0.0090	0.0102	0.0117	0.0138
	24	0.0100	0.0113	0.0129	0.0150	0.0179	0.0222
	27	0.0121	0.0138	0.0161	0.0194	0.0243	0.0326
220	18	0.0054	0.0058	0.0062	0.0008	0.0074	0.0082
	21	0.0070	0.0076	0.0083	0.0093	0.0104	0.0119
	24	0.0086	0.0096	0.0107	0.0122	0.0142	0.0169
	27	0.0104	0.0117	0.0134	0.0157	0.0189	0.0238

이 된다. 균형철근비를 구하기 위하여 식 (16.27)에 k_b를 대입하여 정리하면

$$p_{tb} = \frac{1}{2\left(1+\dfrac{f_t}{nf_b}\right)\left\{\dfrac{f_t}{f_b}\left(1+\gamma\dfrac{d_c}{d}\right)-n\gamma\left(1-\dfrac{d_c}{d}\right)\right\}} \tag{16.41}$$

으로 주어진다.

표 16-2는 d_c/d를 0.1로 가정하였을 때의 균형철근비이다. 이 표에서 보면, 압축강도가 낮은 콘크리트에서는 압축철근비가 증가하여도 균형철근비의 값이 작은 폭으로 증가하나, 압축강도가 높은 콘크리트에서는 큰 폭으로 증가하는 것을 알 수 있다.

【예제 16-4】 예제 16-1의 단면에서 압축철근을 2-D19로 하였을 때 보의 단면 2차모멘트와 단면계수 및 허용휨모멘트를 구하라. 설계조건은 예제 16-1과 같이 하나, 압축철근의 효과를 고려하여 $d_c = 50\,\text{mm}$로 한다.

[풀 이] 예제 16-1에서

$$f_t = 200\text{ MPa},\qquad f_b = 8.4\text{ MPa}$$

$d = 550\,\text{mm}, \quad p_t = 0.0070, \quad np_t = 0.105$

압축철근의 효과를 고려하였을 때

$$\gamma = \frac{a_c}{a_t} = \frac{2 \times 286.5}{4 \times 286.5} = 0.5$$

중립축 위치 : 식 (16.28)로부터

$$k = 0.105 \times \left\{ \sqrt{(1+0.5)^2 + \frac{2}{0.105}\left(1 + 0.5 \times \frac{50}{550}\right)} - (1+0.5) \right\}$$

$$= 0.337$$

$$kd = 0.337 \times 550 = 185.4\,\text{mm}$$

단면 2차모멘트 식 (16.33a)로부터

$$I_n = \frac{1}{3} \times 300 \times (185.4)^3 + (15-1) \times 573 \times (185.4 - 50)^2$$

$$+ 15 \times 1{,}146 \times (550 - 185.4)^2$$

$$= 3.07 \times 10^9\,\text{mm}^4$$

단면계수

$$\text{압축측 : } Z_c = \frac{I_n}{kd} = \frac{3.07 \times 10^9}{18.54}$$

$$= 16.56 \times 10^6\,\text{mm}^3$$

$$\text{인장측 : } Z_t = \frac{I_n}{n(1-k)d} = \frac{3.07 \times 10^9}{15 \times (1 - 0.337) \times 550}$$

$$= 561 \times 10^3\,\text{mm}^3$$

허용휨모멘트 : 표 16-2에서 $f_t = 200\,\text{MPa}$, $F_c = 21\,\text{MPa}$, $\gamma = 0.5$일 때 대략 $p_{tb} = 0.0096$으로 $p_t < p_{tb}$이므로 식 (16.38)로부터

$$R_2 = \frac{200}{2 \times 15 \times (1 - 0.337)} \left\{ (0.337)^2 \times \left(1 - \frac{0.337}{3}\right) \right.$$

$$\left. + 2 \times 15 \times 0.5 \times 0.0070 \times \left(0.337 - \frac{50}{550}\right)\left(1 - \frac{50}{550}\right) \right\}$$

$$= 1.25\,\text{MPa}$$

$$M_2 = 1.25 \times 300 \times (550)^2 \times 10^{-6} = 113.4\ \text{kN·m}$$

또는 $M_2 = Z_t \cdot f_t$ 의 관계로부터

$$M_2 = 561 \times 10^3 \times 200 \times 10^{-6} = 112.4\ \text{kN·m}$$

의 허용휨모멘트가 계산된다.

16-4-6 복근 직사각형보의 설계

보의 설계에서는 그 단면의 저항모멘트가 외력의 작용에 의하여 그 부재에 발생하는 모멘트의 최댓값 이상이 되도록 부재의 크기와 철근량이 산정되어야 한다. 단면의 저항모멘트는 앞에서 거론된 바와 같이 균형철근비 이하에서는 철근의 허용인장력에 응력중심거리를 곱한 값으로 하고, 인장철근비가 균형철근비 이상이 되었을 때에는 압축측 콘크리트와 철근의 최대 압축력과 응력중심거리를 곱한 값이 되나, 보의 설계에서는 인장철근비를 균형철근비 이하로 하여 보의 저항휨모멘트가 인장철근에 의하여 결정되도록 하여야 한다. 따라서 어떤 설계 조건에 의하여 인장철근비가 균형철근비를 넘게 되는 경우에는 압축철근의 사용을 늘려 균형철근비를 증가시켜 인장철근비를 항상 균형철근비 이하로 유지하여야 한다.

구조제한에 규정된 바와 같이 주요한 보는 복근으로 하여야 하며, 전단 보강을 위한 스터럽을 배근하기 위하여서는 계산상 필요하지 않은 경우에도 압축철근이 배근되어야 한다. 실제 설계에서는 압축철근을 인장철근의 0.5배 내외로 하는 것이 실용적이다. 복근 직사각형보의 설계에서는 정산식보다 다음의 두 가지 근사식이 통용되고 있다.

【1】 약산식에 의한 설계

인장철근비가 균형철근비 이하일 때 허용휨모멘트는 근사적으로 식 (16.21)을 이용하여 $M = 0.875\, a_t\, f_t\, d$로 계산할 수 있다. 그러나 여기에서 계산된 철근비가 균형철근비를 초과하였을 때에는 식 (16.21)에 의한 약산식을 유효하게 하기 위하여 압축철근을 사용하여 균형철근비를 인장철근비 이상으로 조정하여야 한다. 이런 약산식에는 표 16-2가 유용하며 정확한 압축철근비가 요구되

는 경우에는 직선 보간하여 계산할 수 있다.

【2】 도표에 의한 설계

보의 저항모멘트는 보의 단면 b와 d에 대하여 $M = Rbd^2$으로 계산되며, R은 인장 및 압축철근비, 탄성계수비, 콘크리트의 허용휨압축응력 또는 철근의 허용인장응력, d_c/d 등의 함수가 된다. 이 중 콘크리트의 허용휨압축응력과 철근의 허용인장응력은 설계 조건으로 주어지며, 탄성계수비는 $n = 15$의 값으로 하고 있기 때문에 $d_c/d = 0.1$로 가정하면 R의 값은 인장 및 압축철근비의 함수로 나타낼 수 있다.

보의 설계를 위한 R의 도표는 부그림 6-1에서 6-3에 보이는 바와 같이 철근비에 대하여 식 (16.37b)와 식 (16.38b)로 계산된 값 중 작은 것을 표시한 것이다. 도표를 사용하는 경우 보의 단면이나 철근비가 미리 정하여져야 한다. 보의 단면이 먼저 정해지는 경우 설계모멘트를 bd^2으로 나눈값을 세로축인 R에서 찾고 수평으로 옮겨 R의 곡선과 만나는 점에서 수직으로 내려 철근비 p_t를 구하면 된다. 따라서 이때 인장철근은 $a_t = p_t\, bd$, 압축철근은 $a_c = r\, a_t$로 계산된다. 철근비가 먼저 가정되는 경우에는 앞의 경우와 반대로 가로축에서 철근비를 찾아 수직으로 올라가 곡선과 만난 점에서 왼편으로 수평하게 옮겨 R의 값을 읽은 후 $bd^2 = M/R$에서 b와 d의 크기를 정한다.

보의 설계에서 압축철근은 보통 인장철근의 0.4~0.6배 정도가 적당하며, 보의 깊이 D는 유효깊이 d에 철근 피복두께, 스터럽, 보철근 중심 간격 등을 고려하여 50 mm를 더한 값으로 한다. 보의 깊이는 폭의 1.5~2.5배 정도로 하는 것이 좋다.

【예제 16-5】 그림 16-6과 같은 직사각형보가 설계모멘트 $M = 145.0\ \mathrm{kN \cdot m}$를 받을 때 철근보강을 설계하라. 단, $F_c = 24\ \mathrm{MPa}$ SD 400 철근을 사용한다.

[풀 이]

$$f_b = 0.4 \times 24 = 9.6\ \mathrm{MPa}$$

$$f_t = \frac{400}{1.5} = 266.7\,\mathrm{MPa} \rightarrow 220\ \mathrm{MPa}$$

$$d = 550 - 50 = 500\ \mathrm{mm}$$

약산식으로 하는 경우

$$a_t = \frac{M}{0.875 f_t d} = \frac{145 \times 10^6}{0.875 \times 220 \times 500} = 1{,}506\,\text{mm}^2$$

$$p_t = \frac{1{,}506}{300 \times 500} = 0.0100$$

표 16-2에서 $f_t = 220\,\text{MPa}$, $F_c = 24\,\text{MPa}$일 때 $\gamma = 0.4$로 하면

$$p_{tb} = 0.0107 > p_t = 0.0100$$

$$a_c = 0.4\,a_t = 602.4\,\text{mm}^2$$

도표를 사용하는 경우

$$R = \frac{145 \times 10^6}{300 \times (500)^2} = 1.93\,\text{MPa}$$

부그림 6-2에서 $\gamma = 0.4$로 했을 때

$$p_t = 0.01$$

약산식으로 했을 때와 도표를 사용했을 때 모두 같은 철근비를 얻게 된다.

배근은 인장철근 4-D22 ($a_t = 1{,}548\,\text{mm}^2$)

압축철근 2-D22 ($a_c = 774\,\text{mm}^2$)

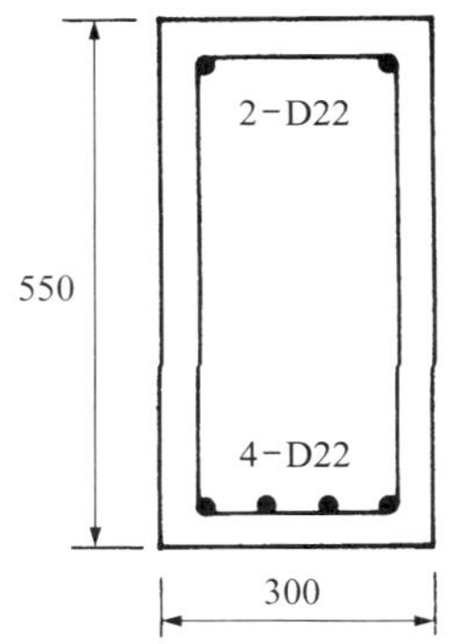

그림 16-6 예제 16-5의 복근보

16-5 T형보의 응력 해석

철근콘크리트 구조에서 슬래브와 보는 동시에 콘크리트에 타설되어 경화되기 때문에 일체를 이룬다. 휨모멘트에 의하여 슬래브가 있는 보의 상부가 압축측이 되는 경우 보와 함께 슬래브가 그림 16-7에 보이는 바와 같이 T형구조를 이루어 압축응력에 저항하는 것으로 볼 수 있다. 그러나 슬래브 측이 인장 측이 되는 경우에는 콘크리트의 인장 저항이 무시되기 때문에 슬래브 콘크리트의 인장 저항에 대한 기여는 고려되지 않아 보의 폭을 가진 직사각형보로 설계되어야 한다.

T형보의 개념은 4-5-1 절에 기술되어 있는 바와 같다.

16-5-1 유 효 폭

보와 일체를 이루어 휨모멘트에 의한 압축응력에 저항하는 슬래브의 폭을 T형보의 유효폭이라고 하고, 4-5-2 절에 기술되어 있으며, 그 내용은 다음과 같다.

(1) T형보

$$B = 16t + b$$
$$B = \text{양측 슬래브의 중심거리} \qquad (16.42)$$
$$B = \frac{1}{4} \times \text{(부재의 경간)} \qquad \text{중 가장 작은 값}$$

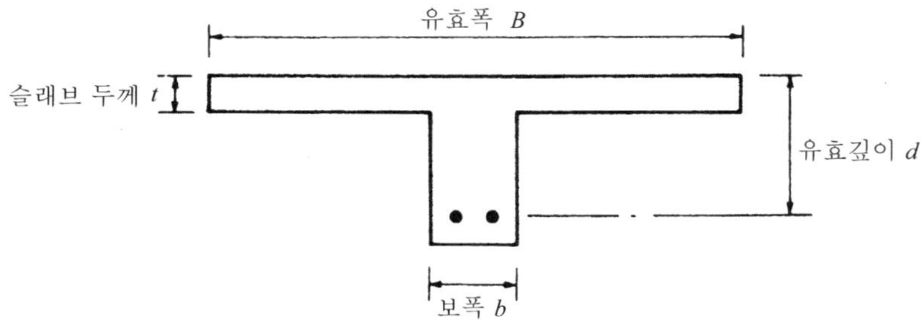

그림 16-7 T 형 보

(2) 반 T형보

$$B = 6t + b$$
$$B = \text{부재의 외측에서 슬래브 중심까지의 거리} \qquad (16.43)$$
$$B = \frac{1}{12} \times \text{(부재의 경간)} \qquad \text{중 가장 작은 값}$$

16-5-2 중립축의 위치

T형보의 응력 해석에서는 중립축이 철근비에 따라 플랜지 내에 위치할 수도 있고 복부에 위치할 수도 있으며, 그 위치에 따라 계산 방법을 달리 하여야 한다. 따라서 중립축이 플랜지 하단에 위치할 때의 철근비 p_t^*를 먼저 구하여야 한다.

그림 16-8에서 중립축에 대한 단면 1차모멘트는

$$\frac{1}{2} Bt^2 = na_t(d - t) \qquad (16.44)$$

인장철근을 $a_t = p_t^* Bd$로 나타내면

$$p_t^* = \frac{t^2}{2nd(d - t)} \qquad (16.45)$$

이 된다.

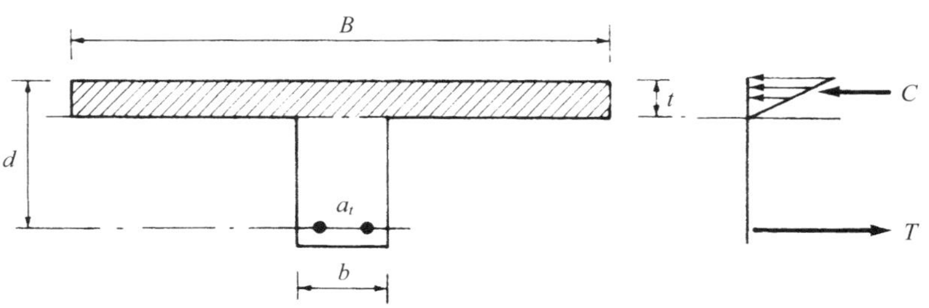

그림 16-8 중립축이 플랜지 하단에 위치한 T형보

(1) $p_t \le p_t^*$일 때

중립축은 플랜지 내에 위치하며, 이때 T 형보는 폭 B, 유효깊이 d인 직사각형보와 일치하기 때문에 응력 해석과 단면 설계는 단근 직사각형보와 같이 한다.

(2) $p_t > p_t^*$일 때

변형률과 응력의 분포는 그림 16-9와 같이 된다. 플랜지 하단의 응력을 σ_c'으로 하고 복부의 압축응력 지지를 무시하면, 힘의 평형조건은

$$\frac{1}{2}Bt\,(\sigma_c + \sigma_c') = a_t\sigma_t \tag{16.46}$$

그림 16-9 (c)의 응력 분포에서 $\sigma_c : kd = \sigma_c' : (kd - t)$이므로

$$\sigma_c' = \frac{kd - t}{kd}\sigma_c \tag{16.47}$$

그림 16-9 (b) 변형률 분포에 대한 비례식으로부터 철근의 인장응력은 식 (16.2)와 같이

$$\sigma_t = \frac{n(1 - k)}{k}\sigma_c \tag{16.48}$$

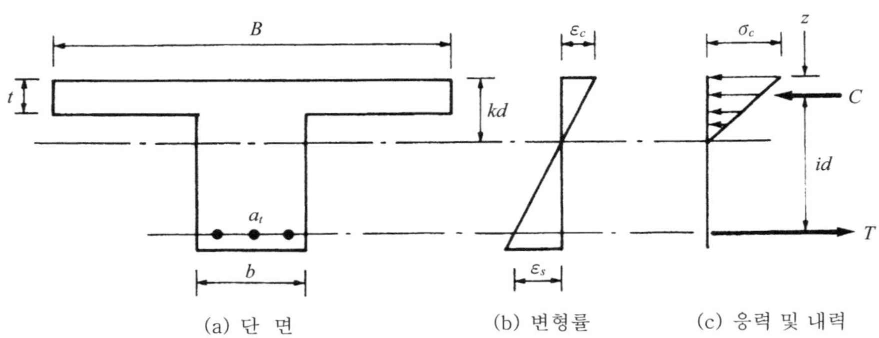

그림 16-9 중립축이 복부에 위치한 T형보

이 되며, 인장철근을 $a_t = p_t Bd$로 나타내고 식 (16.47)과 (16.48)을 식 (16.46)에 대입하여 중립축비를 구하면

$$k = \frac{np_t + \dfrac{1}{2}t_1^2}{np_t + t_1} \tag{16.49}$$

으로 주어진다. 이 식에서 $t_1 = t/d$이다.

16-5-3 응력중심거리

중립축이 복부에 있을 때 응력의 분포는 그림 16-9 (c)와 같으며 복부의 압축응력을 무시하면 보의 응력 분포는 사다리꼴이 되므로 보의 압축 연단에서 압축력의 중심까지의 거리는

$$z = \frac{\sigma_c' t \cdot \dfrac{t}{2} + \dfrac{t}{2}(\sigma_c - \sigma_c')\dfrac{t}{3}}{\sigma_c' t + \dfrac{1}{2}(\sigma_c - \sigma_c')t} \tag{16.50}$$

이 되며, 식 (16.47)을 식 (16.50)에 대입한 후 응력중심거리가 $jd = d - z$임을 고려하면

$$j = \frac{12(1 - t_1) + 4t_1^2 + t_1^3/np_t}{12 - 6t_1} \tag{16.51}$$

으로 주어진다.

16-5-4 단면 2차모멘트

복부에 생기는 압축응력을 무시하는 경우 중립축에 대한 단면 2차모멘트는

$$I_n = \frac{1}{3}B(kd)^3 - \frac{1}{3}(B - b)(kd - t)^3 + na_t(d - kd)^2 \tag{16.52}$$

이 된다.

16-5-5 허용휨모멘트

T 형보도 직사각형보의 경우와 같이 플랜지의 콘크리트 응력이 허용휨압축응력에 달하거나 복부 철근의 응력이 허용인장응력에 달할 때까지 외력에 의한 모멘트를 지지할 수 있다. 따라서 T 형보의 허용휨모멘트는 플랜지의 콘크리트의 응력이나 철근의 응력 중 어느 것이나 먼저 허용치에 도달할 경우 그 응력의 합력과 응력중심거리가 곱하여 얻어지는 내부 모멘트가 된다.

【1】 콘크리트의 응력이 허용휨압축응력에 도달했을 때

그림 16-9 (c)에서, 앞의 경우와 같이 복부에 생기는 압축응력의 효과를 무시하면, 플랜지의 압축응력에 의한 내부 압축력은 $(\sigma_c + \sigma_c')Bt/2$이 되며, σ_c'은 식 (16.47)에 의하여 σ_c의 함수로 나타낼 수 있다. 콘크리트의 최대 압축응력 σ_c가 허용휨압축응력 f_b에 도달했을 때 내부 압축력은

$$C = \frac{1}{2}Bt\left\{f_b + \frac{kd - t}{kd}f_b\right\} \tag{16.53}$$

이 된다. 따라서 허용휨모멘트는 $M_1 = C(jd)$로 주어지는데, 식 (16.53) 및 (16.49)의 k와 식 (16.51)의 j의 항을 대입하여

$$M_1 = R_1 Bd^2 \tag{16.54a}$$

$$R_1 = \frac{12 - 12t_1 + 4t_1^2 + t_1^3/np_t}{12 + 6t_1^2/np_t} t_1 f_b \tag{16.54b}$$

를 얻게 된다. 이 식에서 $t_1 = t/d$이다.

【2】 철근의 응력이 허용인장응력에 도달했을 때

복부의 인장철근의 응력이 허용인장응력 f_t에 도달했을 때 철근이 지지하는 인장력은 $T = a_t f_t$가 되므로 식 (16.51)의 응력중심거리 jd를 곱하여 허용휨모멘트는

$$M_2 = R_2 Bd^2 \tag{16.55a}$$

$$R_2 = \frac{12 - 12t_1 + 4t_1^2 + t_1^3/np_t}{12 - 6t_1} p_t f_t \tag{16.55b}$$

를 얻게 된다.

T 형보에서도 식 (16.54)의 M_1과 식 (16.55)의 M_2 중 작은 값이 보의 모멘트 저항 능력을 나타내는 것이 되므로 허용휨모멘트는 이들 중 작은 것으로 한다.

16-5-6 균형철근비

플랜지 콘크리트의 최대 압축응력과 철근의 인장응력이 동시에 허용응력에 도달했을 때, 즉 $M_1 = M_2$의 상태에서는 식 (16.54)의 R_1과 식 (16.55b)의 R_2를 등식으로 하여 다음과 같은 균형철근비를 얻게 된다.

$$p_{tb} = \frac{1}{2n}\left\{t_1(2-t_1)\frac{nf_b}{f_t} - t_1^2\right\} \tag{16.56}$$

표 16-3 T 형보의 균형철근비

f_t [MPa]	F_c [MPa]	$t_1 = t/d$					
		0.10	0.15	0.20	0.25	0.30	0.35
160	18	0.0039	0.0055	0.0068	0.0078	0.0085	0.0089
	21	0.0047	0.0065	0.0081	0.0094	0.0104	0.0111
	24	0.0054	0.0076	0.0096	0.0110	0.0123	0.0132
	27	0.0061	0.0086	0.0108	0.0127	0.0142	0.0154
200	18	0.0031	0.0042	0.0051	0.0058	0.0062	0.0063
	21	0.0037	0.0051	0.0062	0.0071	0.0077	0.0080
	24	0.0042	0.0059	0.0073	0.0084	0.0092	0.0098
	27	0.0048	0.0067	0.0084	0.0097	0.0108	0.0115
220	18	0.0028	0.0038	0.0046	0.0051	0.0053	0.0054
	21	0.0033	0.0045	0.0055	0.0063	0.0067	0.0068
	24	0.0038	0.0053	0.0065	0.0075	0.0081	0.0085
	27	0.0043	0.0061	0.0075	0.0087	0.0095	0.0101

T 형보의 균형철근비는 표 16-3과 같다. 그러나, T 형보에서는 인장철근 비가 플랜지의 유효폭 B와 유효깊이 d가 이루는 단면적 Bd에 대한 인장철근의 단면적비이므로, 일반적으로 T 형보의 철근비는 균형철근비보다 작다.

그러므로 T 형보의 허용휨모멘트는 실제 설계에서는 식 (16.55)의 M_2에 의하여 결정되며, 약산에서는 식 (16.21)로 주어진 $M = 0.875\,a_t\,f_t\,d$의 계산식을 적용할 수 있다.

【예제 16-6】 그림 16-10과 같은 단면의 중립축 거리, 응력중심거리, 단면 2차모멘트와 단면계수 및 허용휨모멘트를 구하여라. 단, $F_c = 21\,\text{MPa}$, SD 300 ($F_y = 300\,\text{MPa}$)으로 한다.

[풀 이] 허용응력도 $f_b = 0.4 \times 21 = 8.4\,\text{MPa}$

$$f_t = \frac{300}{1.5} = 200\,\text{MPa}$$

유효깊이 $d = 550 - 50 = 500\,\text{mm}$

철근비 $p_t = \dfrac{1{,}520}{1{,}500 \times 500} = 0.0020,\quad n\,p_t = 0.030$

표 16-3에서 $f_t = 200\,\text{MPa},\ F_c = 21\,\text{MPa}$

$t_1 = t/d = 100/500 = 0.2$일 때 $p_{tb} = 0.0062 > p_t = 0.0020$

중립축거리 : 식 (16.49)로부터

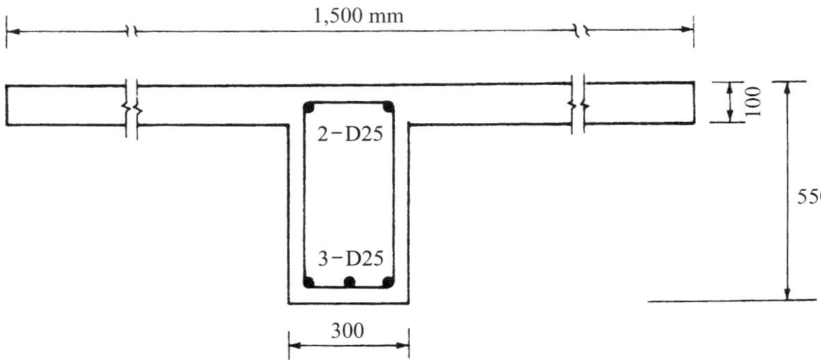

그림 16-10 예제 16-7의 T 형보

$$k = \frac{0.03 + \frac{1}{2}(0.2)^2}{0.03 + 0.2} = 0.217$$

$$kd = 0.217 \times 500 = 108.5\,\text{mm} > t = 100\,\text{mm}$$

따라서 중립축은 복부에 위치한다.
응력중심거리 : 식 (16.51)로부터

$$j = \frac{12 \times (1 - 0.2) + 4 \times (0.2)^2 + (0.2)^3/0.03}{12 - 6 \times 0.2} = 0.928$$

$$jd = 0.928 \times 500 = 464\,\text{mm}$$

단면 2차모멘트 : 식 (16.52)로부터

$$I_n = \frac{1}{3} \times 1{,}500 \times (108.5)^3 - \frac{1}{3}(1{,}500 - 300)(108.5 - 100)^3$$
$$+ 15 \times 1{,}520 \times (500 - 108.5)^2 = 4.13 \times 10^9\,\text{mm}^4$$

압축측 단면계수 $Z_c = \dfrac{I_n}{kd} = 38.09 \times 10^6\,\text{mm}^3$

인장측 단면계수 $Z_t = \dfrac{I_n}{n(d - kd)} = 703.8 \times 10^3\,\text{mm}^3$

허용휨모멘트 : $p_t < p_{tb}$ 이므로 식 (16.55)에 의하여 결정된다.

$$R_2 = \frac{12 - 12 \times 0.2 + 4 \times (0.2)^2 + (0.2)^3/0.03}{12 - 6 \times 0.2} \times 0.002$$
$$\times 200 = 0.371\,\text{MPa}$$

$$M_2 = 0.371 \times (1{,}500) \times (500)^2 \times 10^{-6}$$
$$= 139.1\,\text{kN·m}$$

또는

$$M_2 = Z_t f_t$$
$$= 703.8 \times 10^3 \times 200 \times 10^{-6}$$
$$= 140.8\,\text{kN·m}$$

허용휨모멘트 139.1 kN·m와 140.8 kN·m의 차이가 생기는 것은 응력해석시 근사적으로 무시한 부분에 의한 것이다.

연 습 문 제

16-1 $b=250\,\text{mm}$, $d=500\,\text{mm}$인 직사각형보가 3-D22 인장철근으로 보강되어 있을 때 이 보의 허용휨모멘트를 구하고, 4장 연습문제 4-1에서 같은 형태의 보의 설계모멘트 $\phi M_n = 190\,\text{kN·m}$와 비교하라. $F_c = 24\,\text{MPa}$, $F_y = 400\,\text{MPa}$으로 한다.

16-2 경간 6 m의 단순받침보에 $w_D = 160\,\text{kN/m}$, $w_L = 130\,\text{kN/m}$의 등분포하중이 작용할 때 b와 d의 비를 1 : 2로 하고 철근비를 1 퍼센트 내외로 하여 단면과 철근량을 산출한 후 4장 연습문제 2에서 같은 문제에 대하여 $b=250\,\text{mm}$, $d=500\,\text{mm}$에 3-D25 철근보강의 결과와 비교하라. $F_c = 24\,\text{MPa}$, $F_y = 400\,\text{MPa}$으로 한다.

16-3 $b=300\,\text{mm}$, $d=600\,\text{mm}$인 직사각형보가 3-D25 인장철근으로 보강되어 있을 때 이 보의 단면계수로부터 허용휨모멘트를 구하고 $M=0.875\,a_t\,f_t\,d$의 약산식에서 계산된 값과 비교하라. $F_c = 27\,\text{MPa}$, $F_y = 300\,\text{MPa}$으로 한다.

16-4 문제 16-3의 보에 압축철근과 인장철근으로 각각 2-D25 철근이 추가되었을 때, $d_c = 50\,\text{mm}$로 하여 이 보의 허용휨모멘트를 계산하고, 이 모멘트에 대하여 약산식을 적용하여 검토하라.

16-5 문제 16-3과 문제 16-4의 허용휨모멘트를 도표를 사용하여 검토하라.

16-6 유효폭 $B=1{,}500\,\text{mm}$, 보폭 $b=300\,\text{mm}$, 슬래브 두께 $t=120\,\text{mm}$, $d=600\,\text{mm}$인 T 형보에 5-D 25 철근으로 인장보강되어 있을 때 이 보의 허용휨모멘트를 구하고 문제 16-4의 결과와 비교하라. $f_t = 200\,\text{MPa}$, $F_c = 27\,\text{MPa}$으로 한다.

17 장

슬래브의 허용응력설계

17-1 개 요

슬래브는 보와 같이 휨을 받는 부재이므로 슬래브의 구조해석을 위한 가정이나 이론은 보의 경우와 유사하나, 보가 선재인 반면, 슬래브는 판재로서 응력분포는 두 방향의 처짐에 대한 미분방정식을 풀어야 얻을 수 있다. 그러나 이러한 이론식들은 실제 설계에 적용하기 어렵고, 철근콘크리트 슬래브는 하중 분산 기능이 우수하기 때문에 이러한 점들이 고려되어, 설계식들은 이론식으로부터 계산에 적용하기 쉽게 간략한 형태로 유도되어 있다.

슬래브의 응력에는 모멘트에 의한 휨응력과 더불어 전단응력도 있으나, 허용응력법에 의한 슬래브 설계는 주로 보에 의하여 지지되는 경우를 대상으로 하고 있기 때문에 전단응력에 대한 검토는 무시되고 휨모멘트만 고려되고 있다. 또한 슬래브에는 간벽 등에 의한 집중하중이나 등분포하중이 아닌 하중이 작용하는 경우도 있으나, 설계에서는 면적에 균등하게 분포되는 것으로 가정하여 등분포하중만 설계 대상으로 하고 있다.

17-2 슬래브의 구조제한

철근콘크리트 슬래브에 대한 구조제한은 허용응력 설계기준에 규정되어 있으며, 그 내용은 다음과 같다.

① 슬래브의 두께는 표 17-1에 표시한 값 이상, 또는 80 mm 이상으로 한다. 이 제한에 따르지 않을 경우는 적당한 계산 또는 실험에 의해 슬래브에 유해한 처짐 및 진동장해가 생기지 않을 것을 확인해야 한다.
② 슬래브의 인장철근은 D 10 이상 철근 또는 지름 6 mm 이상의 용접철망을 사용하여 정, 부 모멘트를 받는 부분에서는 그 간격을 표 17-2에 따른다.
③ 슬래브의 각 방향의 최소 철근비는 콘크리트 전체 면적에 대하여 0.2 퍼센트 이상으로 한다.
④ 철근의 피복두께는 20 mm 이상으로 한다.
⑤ 경미한 슬래브 또는 특수한 슬래브에서는 이 구조제한에 따르지 않을 수 있다.

표 17-1

지지조건	주변고정	캔틸레버
$\lambda \leq 2$의 2 방향 슬래브	$\dfrac{\lambda l_x}{16 + 24\lambda}$	—
$\lambda > 2$의 1 방향 슬래브	$\dfrac{l_x}{32}$	$\dfrac{l_x}{10}$

* $\lambda = l_y / l_x$

표 17-2

방 향	철 근 간 격
단변방향	200 mm 이하, 지름 9 mm 미만의 용접철망에서는 150 mm 이하
장변방향	300 mm 이하, 슬래브 두께의 3 배 이하, 지름 9 mm 미만의 용접철망에서는 200 mm 이하

17-3 2방향 슬래브

17-3-1 슬래브 하중

보-슬래브 구조에서 슬래브의 긴 변과 짧은 변의 비가 2를 넘지 않는 경우 슬래브의 하중은 양 방향으로 보에 전달되며, 따라서 슬래브의 응력해석과 철근 보강도 두 방향으로 이루어져야 한다.

그림 17-1 (a)와 같은 직사각형 슬래브에서 짧은 변 방향을 x, 긴 변 방향을 y로 하고 그 순경간 길이를 각각 l_x, l_y로 할 때, 슬래브가 지지하는 하중 w는 x 및 y 방향에서 지지하는 몫 w_x와 w_y의 합이 되므로

$$w = w_x + w_y \tag{a}$$

이 된다. 그림 17-1 (b)와 같이 슬래브를 이루는 단위폭을 가진 격자구조의 처짐을 고려하면 중앙부에서 x, y 방향의 최대 처짐은 각각

$$\triangle_x = \alpha \frac{w_x l_x^4}{EI} \tag{b}$$

$$\triangle_y = \alpha \frac{w_y l_y^4}{EI} \tag{c}$$

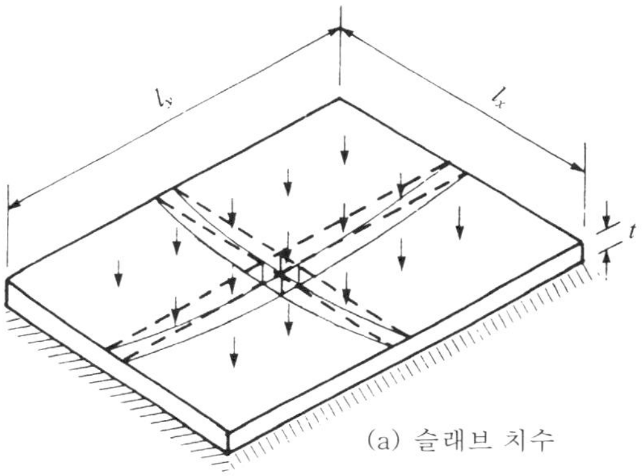

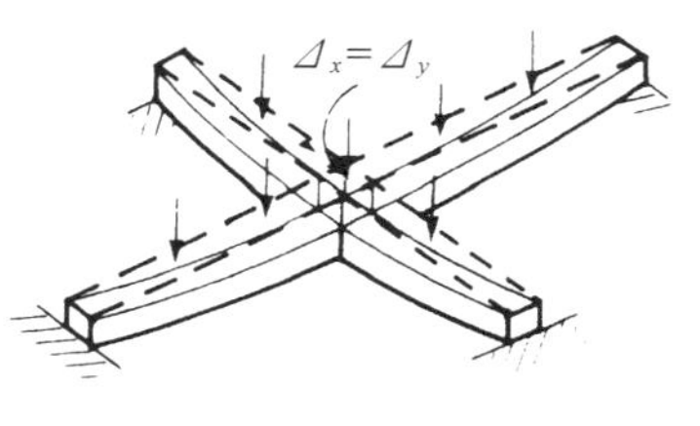

그림 17-1 2방향 슬래브의 처짐

으로 나타낼 수 있다. 위의 식에서 α는 보의 경계조건에 의하여 정해지는 계수로, 단순지지일 때에는 5/384, 고정단일 때에는 1/384의 값을 가진다. 그림 17-1 (b)에서 Δ_x와 Δ_y의 값은 같아야 하므로 식 (a), (b), (c)와 $\Delta_x = \Delta_y$의 등식으로부터 짧은 변 방향으로 지지되는 하중은

$$w_x = \frac{l_y^4}{l_x^4 + l_y^4} w \tag{17.1}$$

으로 계산된다. 식 (17.1)에서 $l_y \geq l_x$의 관계를 고려하면, 슬래브의 하중은 짧은 변 방향으로 더 많이 전달되며, 긴 변이 짧은 변의 2 배인 경우, 즉 $l_y = 2l_x$인 슬래브에서는 식 (17.1)로부터 $w_x = 0.94w$로 계산되어, 94 퍼센트의 슬래브 하중이 짧은 변 방향에서 지지되기 때문에 긴 변 방향으로 지지되는 하중을 무시하고 1 방향 슬래브로 다루게 된다. 따라서 2 방향 슬래브는 긴 변의 길이가 짧은 변의 2 배 이하인 경우로 한정된다.

17-3-2 설계모멘트

여러 가지 경계조건을 가진 2 방향 슬래브의 모멘트를 정확히 계산하는 것은 수학적으로 매우 복잡하고 설계의 실용성에 적합하지 못하기 때문에, 슬래브의 설계모멘트를 계산하는 데에는 여러 가지 약산식들이 채택되고 있다. 철근콘크리트 구조의 허용응력 설계기준에서는 4 변이 고정되어 있고 등분포하중을 받는 직사각형 슬래브를 그림 17-2와 같이 지지면에서 $l_x/4$ 만큼 분할하여 짧은 변과 긴 변의 단부 및 중앙부에서의 단위폭에 대한 휨모멘트를 다음과 같이 계산하도록 규정하고 있다.

① 짧은 변 방향

단 부 $$M_{x_1} = -\frac{1}{12} w_x l_x^2 \tag{17.2a}$$

중앙부 $$M_{x_2} = +\frac{1}{18} w_x l_x^2 \tag{17.2b}$$

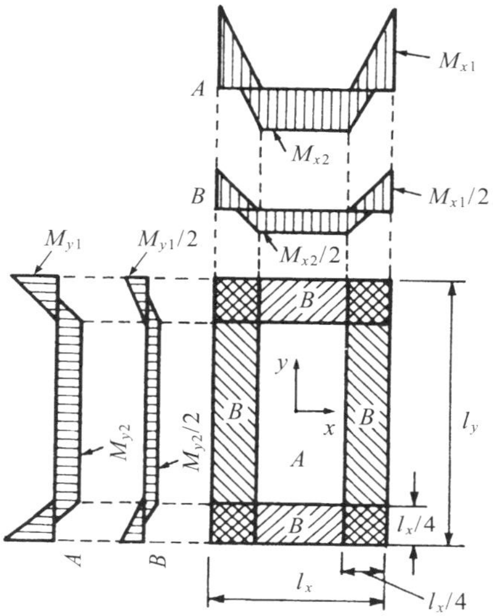

그림 17-2 2방향 슬래브의 휨모멘트

② 긴 변 방향

$$\text{단 부} \quad M_{y_1} = -\frac{1}{24}wl_x^2 \tag{17.3a}$$

$$\text{중앙부} \quad M_{y_2} = +\frac{1}{36}wl_x^2 \tag{17.3b}$$

위의 식에서 l_x와 l_y는 각각 짧은 변과 긴 변의 순경간 거리이며, 모멘트의 기호 (−)는 부모멘트, 기호가 없는 것은 정모멘트를 나타낸다.

17-3-3 철근량 계산

계산된 휨모멘트에 대하여 철근보강은 단근보와 같이 인장측 보강을 위주로 하며, 철근의 정착이나 배근의 편이성 등을 고려하여 이외에는 압축철근을 사용하지 않아도 된다.

슬래브의 철근비는 대개의 경우 균형철근비 이하이므로, 슬래브에서 보강철근에 의한 단위폭 슬래브의 저항모멘트는 식 (16.21)의 약산식으로 계산할 수 있다. 따라서 주어진 설계모멘트에 대하여 필요한 철근의 단면적은

$$a_t = \frac{M}{0.875 f_t d} \tag{d}$$

으로 계산된다. 슬래브 설계에서는 철근 단면적의 계산보다 통상 사용되는 철근의 간격으로 나타내는 것이 편리하다. 철근 1 개의 단면적 또는 두 종류의 철근이 사용되는 경우 철근 1 개의 평균 단면적을 A_ϕ 로 나타내며, 필요한 철근의 개수는

$$n = \frac{a_t}{A_\phi} \tag{e}$$

이 된다. 단위폭 1 m에 배근되어야 하는 철근의 간격은

$$s = \frac{1{,}000\,\mathrm{mm}}{n} \tag{f}$$

이므로 식 (d), (e), (f)로부터 철근의 크기가 정하여진 경우 그 간격은

$$s = \frac{\alpha d}{M} \tag{17.4}$$

여기서, $\alpha = 0.875 f_t A_\phi$

으로 주어진다. 이 식에서 d의 단위는 mm, M의 단위는 kN·m/m이다.

건물의 바닥 슬래브 보강철근으로는 D10과 D13 철근이 많이 쓰이며, 지하구조의 내수압 슬래브에서는 D16 이상의 철근도 사용된다. 철근의 크기와 허용인장응력에 따른 α의 값은 표 17-3과 같다.

표 17-3 α의 값

철 근	A_ϕ [mm^2]	f_t [MPa]		
		160	200	220
D10	71	9.9	12.4	13.7
D10, D13	99	13.9	17.3	19.0
D13	127	17.8	22.2	24.4
D13, D16	163	22.8	28.5	31.4
D16	199	27.8	34.8	38.3
D16, D19	243	34.0	42.5	46.8
D19	287	40.2	50.2	55.2
D19, D22	337	47.2	59.0	64.5
D22	387	54.2	67.7	74.5

17-3-4 최소 철근량

앞에서 거론된 바와 같이 철근콘크리트 슬래브는 체적에 비하여 면적이 크기 때문에 건조수축이 다른 부재보다 많이 생기며, 이에 따라 응력이 생기고 변형이 허용되지 않는 상태에서는 이 응력에 의하여 균열이 발생한다.

슬래브에 하중이나 외력 이외에 영향을 끼치는 요인으로는 건조수축과 더불어 열효과를 들 수 있다. 높은 열을 받는 면은 온도가 낮은 면보다 많이 팽창하기 때문에, 휨모멘트를 받는 것과 마찬가지로 면의 상하에는 인장과 압축응력이 생긴다. 이러한 현상이 가장 현저한 곳은 지붕 슬래브로 더운 여름철에는 태양열에 의하여 지붕 윗면에 생기는 부모멘트의 크기가 수직하중에 의한 정모멘트의 크기보다 더 커져 슬래브의 윗면에 균열을 일으키는 경우가 많다. 따라서 슬래브에는 하중의 효과가 경미한 경우에도 건조수축과 온도효과는 클 수가 있으므로, 이러한 하중이나 외력 이외의 영향에 의한 응력 또는 변형률에 저항하기 위하여 최소 철근량에 대한 규정을 두고 있다. 규준에서 정하는 최소 철근비는 17-2 절의 구조제한에 기술되어 있는 바와 같이 $p_t = 0.002$로 하고 있다. 일반적으로 많이 사용되는 슬래브 두께에 이러한 최소 철근량을 철근 크기와 철근 간격으로 나타내면 표 17-4와 같다.

표 17-4 최소 철근비에 의한 최대 철근 간격

슬래브 두께 [mm]	최소 단면적 [mm^2/m]	철근간격[mm]		
		D10	D10, D13	D13
80	160	440	620	790
100	200	360	500	640
120	240	300	410	530
150	300	240	330	420
180	360	200	280	350
200	400	180	250	320

【예제 17-1】 그림 17-3과 같이 중심거리 4.0 m × 6.0 m, 폭 300 mm인 보에 의하여 4변 고정된 슬래브를 설계하라. 자중을 포함하여 작용하중은 $w =$ 7 kN/m²이며, 콘크리트의 압축강도는 $F_c = 21$ MPa, 철근은 SD 300 ($f_t = 200$ MPa)으로 한다.

[풀 이] (1) 슬래브 두께

$$l_x = 4.0 - 0.3 = 3.7\ \text{m}$$

$$l_y = 6.0 - 0.3 = 5.7\ \text{m}$$

$$\lambda = \frac{l_y}{l_x} = 1.54 < 2.0 : 2 \text{ 방향 슬래브로 설계한다.}$$

구조제한의 표 17-1에서

$$t_{\min} = \frac{\lambda l_x}{16 + 24\lambda} = 107.6\ \text{mm} > 80\ \text{mm}$$

$t = 120$ mm로 한다.

(2) 슬래브 모멘트

식 (17.1)로부터 짧은 변 방향으로 지지되는 하중

$$w_x = \frac{(l_y)^4}{(l_x)^4 + (l_y)^4} w = \frac{(5.7)^4}{(3.7)^4 + (5.7)^4} \times 7.0$$

$$= 5.94\ \text{kN/m}^2$$

단변 방향 : 식 (17.2)로부터

단 부 $M_{x_1} = \dfrac{1}{12} w_x\, l_x^2 = 6.78\ \text{kN·m/m}$

중앙부 $M_{x_2} = \dfrac{1}{18} w_x\, l_x^2 = 4.52\ \text{kN·m/m}$

장변 방향 : 식 (17.3)으로부터

단 부 $M_{y_1} = \dfrac{1}{24} w\, l_x^2 = 3.99\ \text{kN·m/m}$

중앙부 $M_{y_2} = \dfrac{1}{36} w\, l_x^2 = 2.66\ \text{kN·m/m}$

(3) 철근 배근

최소 철근비에 의한 최대 철근 간격은 $t = 120\,\text{mm}$인 슬래브에 대하여 표 17-4로부터

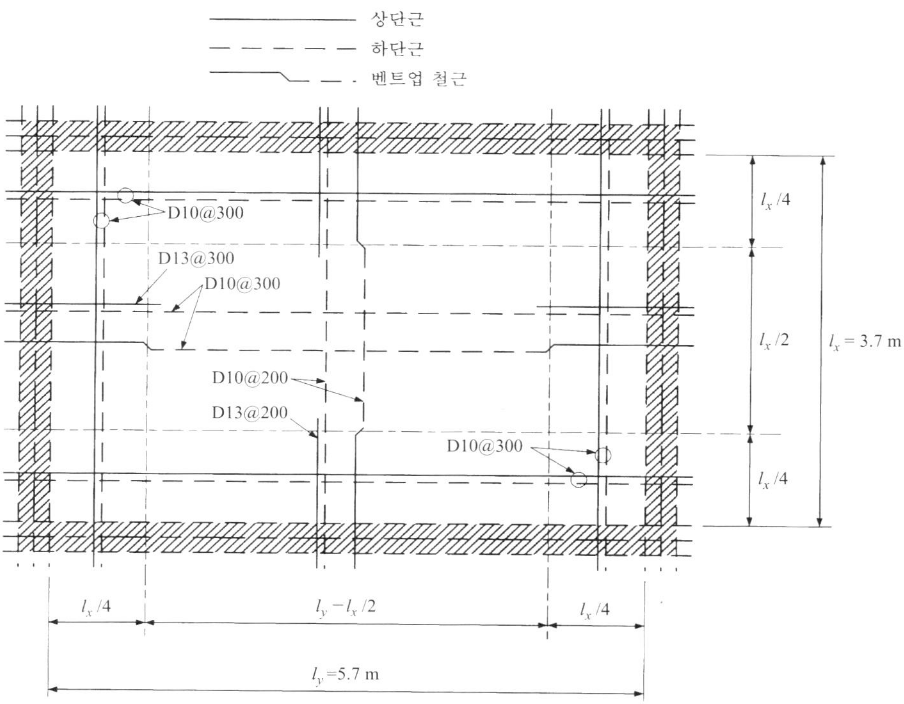

그림 17-3 예제 17-1의 슬래브 보강

D10@300

D10, D13@410

단변 방향

$d=$ 120 mm − 피복두께 20 mm − 철근중심 5 mm

$=$ 95 mm

식 (17.4) 및 표 17-3을 사용하여

단 부	D10	$s = 12.4 \times 95/M_{x1} = 174$ mm
	D10, D13	$s = 17.3 \times 95/M_{x1} = 242$ mm
중앙부	D10	$s = 12.4 \times 95/M_{x2} = 261$ mm

장변 방향

$d=$ 120 mm − 피복두께 20 mm − 단변방향 철근 지름 10 mm

− 철근 중심 5 mm = 85 mm

단 부	D10	$s = 12.4 \times 85/M_{y1} = 264$ mm
	D10, D13	$s = 17.3 \times 85/M_{y1} = 369$ mm
중앙부	D10	$s = 12.4 \times 85/M_{y2} = 396$ mm

17-2 절의 구조제한에서 단변 방향의 철근 간격은 200 mm 이하 장변 방향의 철근 간격은 300 mm 이하이므로 중간대의 배근은 다음과 같이 한다.

단변 방향 : 단 부 D10, D13@200
중앙부 D10@200
장변 방향 : 단 부 D10, D13@300
중앙부 D10@300

연단으로부터 $l_x/4$ 폭의 주열대에서는 중간대 모멘트의 1/2을 설계모멘트로 하기 때문에 중간대 철근 간격을 2 배로 할 수 있으므로 장변 및 단변 방향 : D10 @300으로 양면 배근하면 최소 철근비를 만족시킬 수 있다.

연 습 문 제

17-1 $b = 300\,\mathrm{mm}$인 보로 4변 지지되어 있고, 중심 간격이 각각 4.5 m, 5.4 m인 슬래브를 설계하라. 작용하중은 $w = 7\,\mathrm{kN/m^2}$이고, $F_c = 24$ MPa으로 하며 SD 300 철근을 사용한다.

17-2 순경간 $l_n = 1.8\,\mathrm{m}$인 캔틸레버 슬래브를 설계하라. 작용 하중과 재료 강도는 문제 17-1과 같은 것으로 한다.

18 장

기둥의 허용응력설계

18-1 개 요

기둥은 압축력과 휨을 받는 부재로, 기둥의 내력은 압축력과 휨모멘트의 상관작용에 의하여 결정된다. 허용응력도법에 의한 기둥의 설계에서 기둥은 세장비의 영향에 따라 단주와 장주로 나뉘고, 장주에서는 세장효과가 고려된다. 그러나 장주의 세장효과는 단면의 최소 치수에 대한 유효높이에 따라 감소계수를 적용하는, 비교적 단순한 형태로 규정되어 있으며, 모멘트 확대계수는 적용되지 않는다. 또한, 늑근의 형태에 따라 띠철근 기둥과 나선철근 기둥으로 나뉘며, 나선철근 기둥에서는 나선근에 의한 구속 효과가 기둥의 축하중 지지능력에 추가된다.

기둥의 축하중-모멘트 상관관계는 강도설계법에서는 압축측 극한 변형률 0.003의 상태에서 변형률 선형비례의 가정에 의하여 이루어지나, 허용응력설계에서는 압축측 콘크리트의 허용휨압축응력 상태 또는 인장측 철근의 허용인장응력 상태에서 변형률 선형분포에 대하여 힘의 평형조건으로 얻어지고 있다.

18-2 기둥의 구조제한

철근콘크리트 기둥의 허용응력설계에 관련된 구조제한은 허용응력도 설계기준 4.3.5에 규정되어 있으며, 그 내용은 다음과 같다.

① 기둥 단면의 최소 치수는 200 mm 이상이고, 최소 단면적은 60,000 mm^2 이상이어야 한다. 다만, 창문틀 기둥은 제외한다.

② 기둥의 주근은 13 mm 이상이어야 하며 주근의 개수는 띠기둥은 최소 4개 이상, 나선기둥은 6개 이상이어야 한다.

③ 기둥의 최소 및 최대 철근비는 최소 폭과 유효 높이의 비 h/D 및 콘크리트의 강도에 따라서 표 18-1 및 18-2와 같이 한다.
다만, h/D의 값이 표 18-1의 중간값일 때에는 직선보간에 의하여 최소 철근비를 선정할 수 있다.

④ 띠철근은 지름 6 mm 이상의 철근을 쓰며 띠철근의 최소 간격은 다음 값 중 작은 것으로 한다.
- 축방향철근 지름의 16 배
- 띠철근 지름의 48 배
- 기둥의 최소 폭
- 300 mm

표 18-1

h/D	최소 철근비 [%]
≤ 5	0.4
> 10	0.8

표 18-2

콘크리트의 종류 [MPa]	최대 철근비 [%]
$F_c < 18$	4
$F_c \geq 18$	6

다만, 기둥의 상 · 하단에서 기둥 최대 폭의 길이 부분 사이의 띠철근 간격은 위의 값의 1/2로 한다.

⑤ 나선철근은 지름 6 mm 이상의 철근을 쓴다. 나선철근의 정착은 기둥 단부에서 1.5 회 여분으로 감는다.
 나선철근의 간격은 다음 값 이하로 한다.
 - 80 mm
 - 기둥 유효지름의 1/6

 그리고 다음 값 이상으로 한다.
 - 30 mm
 - 굵은 골재의 1.5 배

⑥ 철근의 피복두께는 30 mm 이상이어야 한다.

18-3 중심 축하중을 받는 기둥

18-3-1 설계 개요

중심 축하중을 받는 기둥에서는 휨모멘트의 영향이 고려되지 않는다. 철근콘크리트 기둥에서 철근과 콘크리트가 완전히 부착되어 철근과 콘크리트 사이에 변형률의 적합조건이 만족되는 경우 기둥에 작용하는 축하중 N은 콘크리트와 철근에 의하여 지지되므로

$$N = \sigma_c A_c + \sigma_t A_{st} \tag{18.1}$$

이 된다. 이 식에서 σ_c와 σ_t는 각각 콘크리트와 철근의 응력이며, A_c는 콘크리트의 단면적, A_{st}는 철근의 단면적이다. 하중의 극한상태에서 철근이 먼저 항복한 후 콘크리트가 파괴되는 경우 기둥이 지지할 수 있는 극한하중은

$$N_u = 0.85 F_c (A_g - A_{st}) + F_y A_{st} \tag{18.2}$$

이 된다. 식 (18.2)에서 F_c는 콘크리트의 압축강도, F_y는 철근의 항복강도이며, A_g는 기둥의 전 단면적으로 $(A_g - A_{st})$는 콘크리트의 단면적 A_c와 같다. 또한, $0.85 F_c$는 9-3-1 절에서 언급된 바와 같이 단기간의 압축강도 F_c를 장기간에

대하여 고려한 값이다.

기둥이 지지할 수 있는 최대 중심 축하중은 식 (18.2)의 극한하중에 안전율을 적용하여 얻을 수 있다. 안전율을 2.5로 하였을 때 식 (18.2)로 얻을 수 있는 최대 허용축력은

$$N_o = 0.34 F_c (A_g - A_{st}) + 0.4 F_y A_{st} \tag{18.3}$$

이 되며, 허용응력 설계기준에서 정하는 최대 축하중은 이 식에 근거를 두고 있다.

18-3-2 중심 축하중을 받는 단주

단주에서는 세장효과가 고려되지 않으며, 띠철근으로 횡보강되는 직사각형 기둥에서는 식 (18.3)에서 $0.34 F_c (A_g - A_{st})$가 $0.3 F_c A_g$로 근사화되어 최대 허용축력은

$$N_o = 0.3 F_c A_g + 0.4 F_y A_{st} \tag{18.4}$$

으로 계산된다.

나선철근기둥에서는 띠철근기둥의 축하중 지지 능력에 나선철근의 구속효과가 추가된다. 단면적 a_s의 나선철근의 중심 간격 s로 배근되었을 때 나선철근의 등가 단면적은

$$A_a = \frac{\pi D_s \cdot a_s}{s} \tag{18.5}$$

으로 나타낼 수 있다. 이 식에서 D_s는 축방향철근의 중심을 이은 원의 지름이다. 나선철근에는 18-2 절의 (2)에 기술된 바와 같이 D13 이상의 철근이 6 개 이상 배근되어야 한다. 이러한 기둥에서 최대 허용축력은

$$N_o = 0.3 F_c A_c + 0.4 F_y A_{st} + 0.75 F_y' A_a \tag{18.6}$$

으로 계산되며, 다음의 조건식을 만족하여야 한다.

$$0.3 F_c A_c + 0.75 F_y' A_a \leq 0.5 F_c A_g \tag{18.7}$$

식 (18.6)과 (18.7)에서 F_y'은 나선철근의 항복강도이며, A_c는 나선철근의 외측 단 사이를 지름으로 한 콘크리트의 유효 단면적이다. 나선기둥에서 콘크리트에 의한 축하중 지지능력에 A_g 대신 A_c가 사용되는 것은, 나선철근에 의한 구속효과가 축하중을 지지하는 경우에는 나선철근 밖의 콘크리트 피복부분이 박리되어 나선철근 안의 콘크리트만 축하중을 지지하게 되는 경우이므로, 나선철근에서는 A_g 대신 A_c가 쓰임에 유의할 필요가 있다.

18-3-3 중심 축하중을 받는 장주

단면의 치수에 비하여 길이가 긴 압축재는 좌굴의 영향을 받아, 축하중 내력이 감소하게 된다. 압축재의 좌굴은 세장비의 영향을 받는데, 세장비는

$$\lambda = \frac{h}{r} \tag{18.8}$$

으로 주어진다. 이 식에서 h는 기둥의 지점간 길이이고 r은 기둥의 단면 2차반경으로

$$r = \sqrt{\frac{I}{A}} \tag{18.9}$$

이다. 최소 치수 D인 직사각형 단면에서는 좌굴이 쉽게 일어나는 약축에 대하여 $I = BD^3/12$, $A = BD$, 지름 D인 원형 단면에서는 $I = \pi D^4/64$, $A = \pi D^2/4$이므로 식 (18.8) 및 (18.9)로부터 세장비는

$$\text{직사각형 단면} : \lambda = \frac{\sqrt{12}\ h}{D} \tag{18.10a}$$

$$\text{원 형 단면} : \lambda = \frac{4h}{D} \tag{18.10b}$$

이 된다. 식 (18.10)에서 직사각형 단면이나 원형 단면 모두 세장비는 h/D의 항으로 나타낼 수 있고, 좌굴이론에 의하면, 세장비가 증가할수록 기둥의 압축내력은 감소하게 된다.

표 18-3 기둥의 내력감소계수 R

띠기둥		나선기둥	
h/D	R	h/D	R
15	1.0	10	1.0
20	0.9	15	0.8
25	0.7	20	0.5

허용응력 설계규준에서는 장주의 압축 내력은 단주의 압축 내력에 세장 효과에 의한 내력감소계수를 곱하여 계산하도록 규정하고 있다. 장주의 내력감소계수는 h/D의 값에 따라 표 18-3과 같이 하며, h/D의 중간값에 대하여서는 직선보간으로 구한다.

【예제 18-1】 그림 18-1과 같이 500 mm × 500 mm 기둥에 4-D25 철근이 보강되어 있을 때, 이 기둥이 받을 수 있는 최대 허용축력을 계산하라. 이 기둥의 높이는 3.5 m이고, $F_c = 21\,\text{MPa}$, $F_y = 300\,\text{MPa}$이다.

[풀 이] $\dfrac{h}{D} = \dfrac{3{,}500}{500} = 7 < 15$ 단주의 공식을 적용한다.

철근비 $p_g = \dfrac{A_{st}}{A_g} = \dfrac{4 \times 506.7}{500 \times 500} = 0.008$

최소 철근비는 직선보간하여

$$p_{\min} = 0.4 + \frac{0.8 - 0.4}{10 - 5}(7 - 5)$$
$$= 0.56\,\%$$

최대 철근비 $p_{\max} = 6\%$

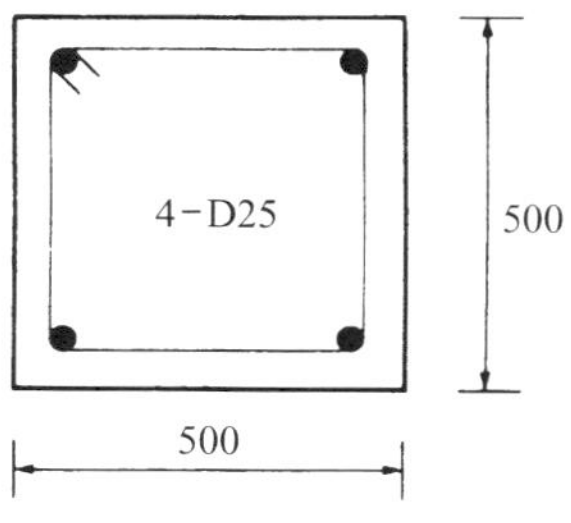

그림 18-1 예제 18-1의 기둥

따라서 $p_{min} < p_g < P_{max}$ 적합

식 (18.4)로부터 최대 허용축력은

$$N_o = 0.3 \times 21 \times (500 \times 500) + 0.4 \times 300 \times (4 \times 506.7)$$
$$= 1{,}818.2 \times 10^3 \text{N} = 1{,}818.2 \text{ kN}$$

【예제 18-2】 중심 축하중 $N_0 = 1{,}700$ kN이 작용하는 길이 7.0 m의 기둥을 설계하라. $F_c = 27$ MPa, $F_y = 400$ MPa으로 한다.

[풀 이] 철근비를 2%로 하면 식 (18.4)로부터

$$N_o = A_g(0.3F_c + 0.4F_y p_g)$$
$$= A_g(0.3 \times 27 + 0.4 \times 400 \times 0.02) = 11.3A_g$$
$$A_g = \frac{N_o}{11.3} = \frac{1{,}700 \times 10^3}{11.3} = 150.4 \times 10^3 \text{ mm}^2$$

치수 400 mm의 정사각형 기둥으로 하면

$$400 \text{ mm} \times 400 \text{ mm} = 160.0 \times 10^3 \text{ mm}^2 > 150.4 \times 10^3 \text{ mm}^2$$

내력감소계수 검토

$$\frac{h}{D} = \frac{7{,}000}{400} = 17.5$$

표 18-3에서 직선보간하면

$$R = 1 + \frac{0.9 - 1.0}{20 - 15}(17.5 - 15) = 0.95$$

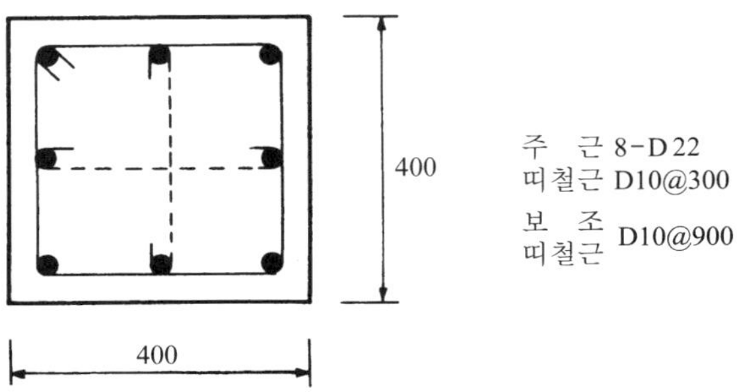

그림 18-2 예제 18-2의 기둥

식 (18.4)에 내력감소계수를 적용하여

$$N_0 = R(0.3 F_c A_g + 0.4 F_y A_{st})$$

$$A_{st} = \left[\frac{1{,}700 \times 10^3}{0.95} - 0.3 \times 27 \times (400)^2\right] \Big/ (0.4 \times 400)$$

$$= 3{,}084 \text{ mm}^2$$

8-D22($A_s = 3{,}097 \text{ mm}^2$)를 사용하여 그림 18-2와 같이 배근한다.

【예제 18-3】 $N_o = 2{,}200$ kN이 작용하는 높이 4 m의 기둥을 나선철근 기둥으로 설계하라. 이때 $F_c = 24$ MPa, $F_y = 400$ MPa, $F_y' = 300$ MPa으로 한다.

[풀 이] 기둥 지름 550 mm에 나선철근으로 D10($a_s = 71 \text{ mm}^2$)을 $s = 60$ mm 간격으로 배근하고 피복을 40 mm로 하면

$$A_c = \pi(550 - 2 \times 40)^2/4 = 173.5 \times 10^3 \text{ mm}^2$$

$$D_s = 550 - (\underset{\substack{\uparrow \\ \text{피복}}}{40} + \underset{\substack{\uparrow \\ \text{나선근}}}{10} + \underset{\substack{\uparrow \\ \text{주철근 지름의 1/2}}}{30/2}) \times 2 = 420 \text{ mm}$$

나선철근의 등가 단면적은 식 (18.5)로부터

$$A_a = \frac{3.14 \times 420 \times 71}{60} = 1{,}561 \text{ mm}^2$$

식 (18.6)으로부터

$$N_o = 0.3 \times 24 \times 173.5 \times 10^3 + 0.4 \times 400\, A_{st} + 0.75 \times 300 \times 1{,}561$$

$$= 1.6 \times 10^6 + 160\, A_{st}$$

$$A_{st} = \frac{2{,}200 \times 10^3 - 1.6 \times 10^6}{160} = 3{,}750 \text{ mm}^2$$

8-D25 ($A_s = 4{,}054 \text{ mm}^2$) 사용

식 (18.7)에 의한 검토

$$0.3 F_c A_c + 0.75 F_y' A_a = 0.3 \times 24 \times 173.5 \times 10^3 + 0.75 \times 300 \times 1{,}561$$

$$= 1{,}600 \times 10^3 \text{N} = 1{,}600 \text{ kN}$$

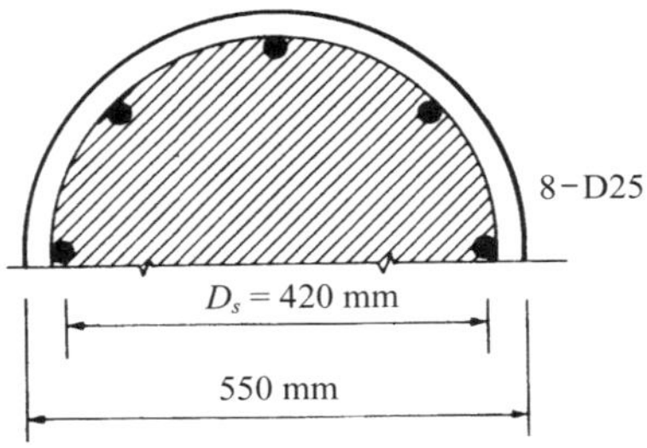

그림 18-3 예제 18-3의 나선철근 기둥

$$0.5\,F_c\,A_g = 0.5 \times 24 \times (3.14 \times 550^2/4) \times 10^{-3}$$
$$= 2{,}850 \text{ kN}$$

따라서 $0.5\,F_c\,A_g > 0.3\,F_c\,A_c + 0.75\,F_y'\,A_a$ 적합

철근비 검토 :

$$p_g = \frac{4{,}054}{3.14 \times 550^2/4} = 0.017$$

$p_{\min} = 0.8\%$, $p_{\max} = 6\%$이므로

$p_{\min} < p_g < p_{\max}$ 적합

따라서 그림 18-3과 같이 설계한다.

18-4 휨과 축하중을 받는 기둥

18-4-1 기둥의 응력

기둥에는 9-3-2 절의 [1]에 기술되어 있는 바와 같이, 축하중에 모멘트가 작용하는 경우가 많으며, 이때 기둥에는 축하중에 의한 응력에 모멘트에 의한 휨인장 및 압축응력이 추가되므로 기둥의 내력은 감소하게 된다. 기둥이 휨과 축하중을 동시에 받을 때 기둥에 생기는 최대 또는 최소 응력은 탄성 이론에 의하여 다음과 같이 얻을 수 있다.

$$\text{띠 기 둥 : } \sigma_b = \frac{N}{A_e} \pm \frac{M}{Z_e} \tag{18.11}$$

$$\text{나선기둥 : } \sigma_b = \frac{N}{A_{es}} \pm \frac{M}{Z_e} \tag{18.12}$$

위의 식에서 A_e와 A_{es}는 철근을 콘크리트로 환산한 등가 단면적이며, Z_e는 등가 단면에 대한 단면계수이다. 단면 내에 인장응력이 발생하지 않을 때의 등가 단면적은 다음 식에 의하여 계산된다.

$$A_e = A_g + nA_{st} \tag{18.13}$$

$$A_{es} = A_c + nA_{st} + 2.5nA_a \tag{18.14}$$

이 식에서 n은 탄성계수비, 즉 E_s/E_c로, 일반 콘크리트에서는 15의 값을 가진다.

18-4-2 상관관계

중심 축하중을 받는 기둥은 식 (18.4) 또는 (18.6)의 N_0에 내력감소계수 R을 곱한 크기의 축하중을 지지할 수 있으나, 모멘트의 작용에 의하여 기둥의 축하중 지지능력이 감소하기 때문에 축하중 N과 모멘트 M은 상관관계를 가지며, 상관관계식은 외력과 이에 대한 기둥응력의 평형조건으로부터 구할 수 있다.

그림 18-4와 같이 임의의 단면과 주근을 가진 기둥이 편심축하중을 받을 때 중립축은 편심 e가 작은 경우에는 단면 밖에 생기나, 편심 e가 크면 중립축은 단면 안에 생기고 단면 내에 인장응력이 생기게 된다. 허용응력 범위에서 외력에 의한 부재의 응력과 변형률은 모두 선형분포이므로, 중립축에서 단위거리에 있는 콘크리트의 응력을 σ_o로 나타내면 중립축으로부터 y 거리에 있는 위치에서 콘크리트의 응력은 $\sigma_o y$가 된다. 각 철근의 단면적을 a_s로 하면 변형률의 적합조건에 따른 철근의 내력은 $n(\sigma_o y)a_s$, 콘크리트의 내력은 $\int(\sigma_o y)\,dA$가 되므로, 그림 18-4에서 축방향의 평형조건은

$$N - \int (\sigma_o y)\, dA - \sum n(\sigma_o y)\, a_s = 0 \tag{a}$$

이 되며, 중립축에 관하여 인장부분 콘크리트를 무시한 유효등가 단면 1차모멘트는

$$S_n = \int y\, dA + n \sum y a_s \tag{18.15}$$

이므로 식 (a)에서 축방향력 N은

$$N = \sigma_o S_n \tag{18.16}$$

으로 표시할 수 있다.

중립축에 대한 축방향력과 콘크리트 및 철근내력에 의한 휨모멘트의 평형조건은 그림 18-4에서

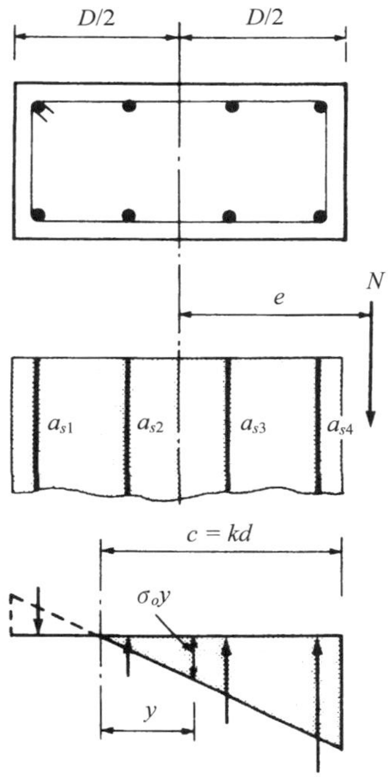

그림 18-4 편심축하중을 받는 기둥

$$N\left(kd-\frac{D}{2}+e\right)-\int(\sigma_o y)\,y\,dA-\sum n(\sigma_o y)\,y\,a_s=0 \tag{b}$$

이 되며, 중립축에 관하여 인장부분 콘크리트를 무시한 유효등가 단면 2차모멘트는

$$I_n=\int y^2 dA+n\sum y^2 a_s \tag{18.17}$$

이므로, 식 (b)는

$$N\left(kd-\frac{D}{2}+e\right)=\sigma_o I_n \tag{18.18}$$

이 된다.

식 (18.16)과 (18.18)로부터 중립축의 거리와 편심은 각각

$$kd=\frac{I_n}{S_n}+\frac{D}{2}-e \tag{18.19}$$

$$e=\frac{I_n}{S_n}+\frac{D}{2}-kd \tag{18.20}$$

으로 주어지며, 휨모멘트는

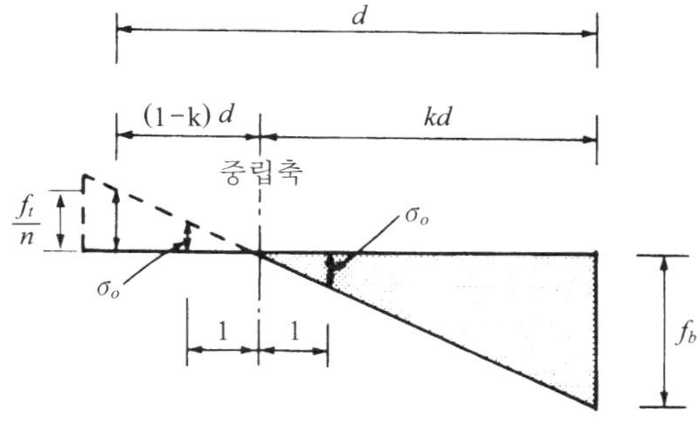

그림 18-5 평형중립축

$$M = Ne = \sigma_o \left\{ I_n - S_n \left(kd - \frac{D}{2} \right) \right\} \tag{18.21}$$

이 된다.

허용설계법에 의한 철근콘크리트 기둥은 철근이나 콘크리트가 허용인장응력 또는 허용휨압축응력에 도달할 때까지는 하중을 지지할 수 있으며, 각각의 경우의 축하중과 모멘트의 크기는 다음과 같다.

(1) 콘크리트가 먼저 허용휨압축응력에 도달할 때

그림 18-5에서 압축측 최단부의 콘크리트 응력이 $\sigma_c = f_b$일 때 중립축에서 단위 거리 떨어진 위치에서의 응력은

$$\sigma_o = \frac{f_b}{kd} \tag{18.22}$$

이며, 축하중과 모멘트는 식 (18.22)를 식 (18.16) 및 (18.21)에 대입하여

$$N_1 = \frac{S_n}{kd} f_b \tag{18.23}$$

$$M_1 = \frac{f_b}{kd} \left\{ I_n - S_n \left(kd - \frac{D}{2} \right) \right\} \tag{18.24}$$

이 된다.

(2) 인장철근이 먼저 허용인장응력에 도달할 때

그림 18-5에서 인장철근의 응력이 $\sigma_t = f_t$일 때 단위 응력은

$$\sigma_o = \frac{f_t}{nd(1-k)} \tag{18.25}$$

으로 주어지며, 축하중과 모멘트는 식 (18.25)를 식 (18.16) 및 (18.21)에 대입하여

$$N_2 = \frac{S_n}{nd(1-k)} f_t \tag{18.26}$$

$$M_2 = \frac{f_t}{nd(1-k)}\left\{I_n - S_n\left(kd - \frac{D}{2}\right)\right\} \tag{18.27}$$

이 된다.

(3) 균형중립축

압축측 콘크리트의 응력이 허용휨압축응력도에, 인장철근의 응력이 허용인장응력도에 동시에 도달할 때의 중립축이 균형중립축이다. 이때 중립축을 중심으로 압축측과 인장측에 단위거리의 응력 σ_o는 같은 값이므로 식 (18.23)과 (18.26)으로부터

$$\frac{f_b}{k_b d} = \frac{f_t}{nd(1-k_b)} \tag{c}$$

이 되며, 이로부터 균형중립축은 다음과 같이 얻어진다.

$$k_b = \frac{1}{1 + f_t/nf_b} \tag{18.28}$$

기둥의 허용축하중은 중립축비가 균형중립축비 이상인 경우, 즉 $k \geq k_b$인 경우에는 식 (18.23)에 의하여 정하여지나, 중립축비가 균형중립축보다 작은 경우, 즉 $k < k_b$인 경우에는 식 (18.26)에 의하여 정하여지며, 그에 따라 허용휨모멘트는 $M = Ne$로 계산된다.

18-4-3 등가 단면 성능

임의의 단면에 철근 보강된 기둥이 지지할 수 있는 축하중과 모멘트를 구하기 위하여서는 18-4-2 절의 여러 방정식에서 보는 바와 같이 기둥의 등가 단면적과 중립축에 대한 등가 단면 1차모멘트 및 등가 단면 2차모멘트가 계산되어야 한다.

기둥의 일반적인 형태인 직사각형 단면과 원형 단면의 등가 단면 성능은 다음과 같다.

【1】 직사각형 단면

그림 18-6 (a)와 같이 폭 b, 깊이 D인 기둥이 인장철근 a_t, 압축철근 a_c로 보강되어 있을 때 기둥의 등가단면 A_e, 중심 g 및 중심에 대한 단

단면 2차모멘트 I_g는 다음과 같이 주어진다.

$$A_e = bD + n(a_c + a_t) \tag{18.29a}$$

$$g = \frac{bD^2/2 + n[a_c d_c + a_t(D - d_t)]}{bD + n(a_c + a_t)} \tag{18.30a}$$

$$I_g = \frac{bD^3}{12} + na_t(D - g - d_t)^2 + bD\left(\frac{D}{2} - g\right)^2 + na_c(g - d_c)^2 \tag{18.31a}$$

철근콘크리트 기둥의 배근에서는 특수한 경우 이외에는 일반적으로 a_c와 a_t를 같이 하고 d_c도 d_t와 같은 간격으로 하여 대칭단면으로 한다. 이러한 기둥의 등가단면, 중심 및 중심에 대한 단면 2차모멘트는 a_t를 중심으로 나타내면 다음과 같다.

$$A_e = bD + 2na_t \tag{18.29b}$$

$$g = \frac{D}{2} \tag{18.30b}$$

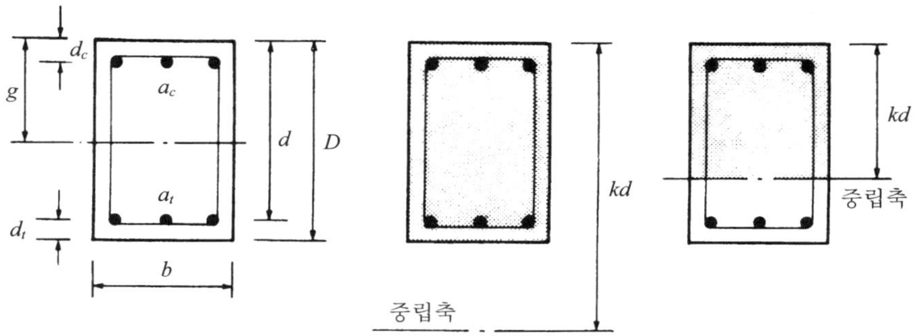

(a) 단 면 (b) $kd > D$인 경우 (c) $kd < D$인 경우

그림 18-6 직사각형 기둥

$$I_g = \frac{bD^3}{12} + 2na_t\left(\frac{D}{2} - d_t\right)^2 \tag{18.31b}$$

중립축에 대한 등가단면 1차모멘트와 2차모멘트는 중립축이 단면 밖에 있는 경우와 단면 안에 있는 경우로 나누어 생각할 수 있다.

(1) 중립축이 단면 밖에 있는 경우

그림 18-6 (b)와 같이 중립축이 단면 밖에 있는 경우에는 전단면이 압축 응력 상태이므로 등가단면 1차모멘트와 2차모멘트는 각각 다음과 같다.

$$S_n = A_e(kd - g) \tag{18.32}$$

$$I_n = I_g + A_e(kd - g)^2 \tag{18.33}$$

(2) 중립축이 단면 안에 있는 경우

그림 18-6 (c)와 같이 중립축이 단면 안에 있는 경우 인장측 콘크리트는 무시되므로 등가단면 1차모멘트와 2차모멘트는 다음과 같이 주어진다.

$$S_n = \frac{b(kd)^2}{2} + na_c(kd - d_c) + na_t(kd - d) \tag{18.34}$$

$$I_n = \frac{b(kd)^3}{3} + na_c(kd - d_c)^2 + na_t(kd - d)^2 \tag{18.35}$$

【2】 원형 단면

그림 18-7 (a)와 같이 지름 D인 원형 기둥의 철근은 일반적으로 축대칭으로 배근되므로, 기둥의 등가단면 A_e, 중심 g 및 중심에 대한 단면 2차모멘트 I_g는 다음과 같다.

$$A_e = \frac{\pi D^2}{4} + n\Sigma a_s \tag{18.36}$$

$$g = \frac{D}{2} \tag{18.37}$$

$$I_g = \frac{\pi D^2}{64} + n\sum a_s (r\sin\theta)^2 \tag{18.38}$$

식 (18.38)에서 r은 원의 중심에서 철근 중심까지의 거리로 $(D/2 - d_t)$의 값과 같으며, $r\sin\theta$는 철근 중심에서 부재 중심축까지의 수직거리이다.

(1) 중립축이 단면 밖에 있는 경우

중립축이 단면 밖에 있는 경우에 등가단면 1차모멘트와 2차모멘트는 각각 식 (18.32)와 (18.33)에 의하여 계산된다. 이 식의 적용에서 A_e, g 및 I_g는 식 (18.36), (18.37) 및 (18.38)의 값으로 한다.

(2) 중립축이 단면 안에 있는 경우

그림 18-7 (b)와 같이 중립축이 단면 안에 있을 때 압축측 콘크리트의 단면은 원의 중심에서 중심축의 원둘레와 만나는 점을 잇는 선의 수직축에 대한 각도를 α로 나타내면, α는 식 (9.18)과 같은 형태로

$kd \leq D/2$일 때

$$\alpha = \cos^{-1}\left(1 - 2\frac{kd}{D}\right) \text{[rad]} \tag{18.39a}$$

$kd > D/2$일 때

$$\alpha = \pi - \cos^{-1}\left(2\frac{kd}{D} - 1\right) \text{[rad]} \tag{18.39b}$$

이 된다. α의 값에 중립축에 대한 등가단면 1차모멘트는

$$S_n = \left(\frac{D}{2}\right)^3 \left\{\frac{\sin\alpha}{3}(2 + \cos^2\alpha) - \cos\alpha\right\} + \sum nd(r\sin\theta + kd - D/2)^2 \tag{18.40}$$

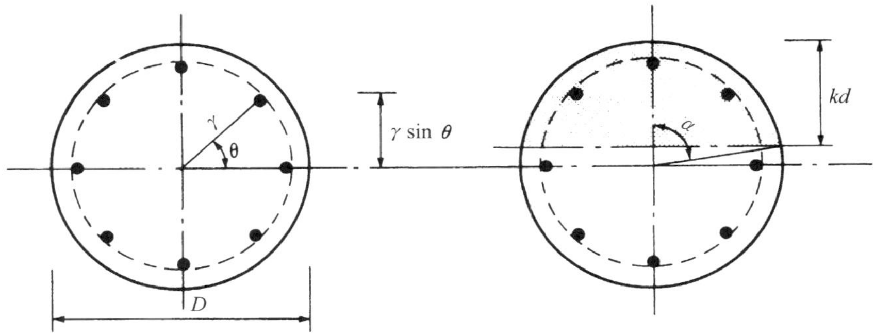

(a) 단 면 (b) $kd < D$인 경우

그림 18-7 원형 기둥 단면

등가단면 2차모멘트는

$$I_n = \left(\frac{D}{2}\right)^4 \left\{\alpha\left(\frac{1}{4} + \cos^2 \alpha\right) - \sin\alpha\cos\alpha\left(\frac{13}{12} + \frac{1}{6}\cos^2\alpha\right)\right\} \Sigma na\left(r\sin\theta + kd - \frac{D}{2}\right)^2 \quad (18.41)$$

으로 주어진다.

【예제 18-4】 그림 18-8과 같은 직사각형 기둥의 중립축 위치에 따른 허용축하중과 허용휨모멘트를 계산하여 상관곡선을 작성하라. $F_y = 400\,\text{MPa}$, $F_c = 24\,\text{MPa}$, $n = 15$이며, $d_c = d_t$는 50 mm로 한다.

[풀 이] 허용응력

$$f_b = 0.4F_c = 9.6\,\text{MPa}$$

$$f_t = 220\,\text{MPa}$$

철근 단면적 $a_c = a_t = 3 \times 387 = 1{,}161\,\text{mm}^2$

대칭 단면이므로 식 (18.29b), (18.30b) 및 (18.31b)로부터

$$A_e = 400 \times 500 + 2 \times 15 \times 1{,}161 = 234.8 \times 10^3\,\text{mm}^2$$

$$g = \frac{500}{2} = 250\,\text{mm}$$

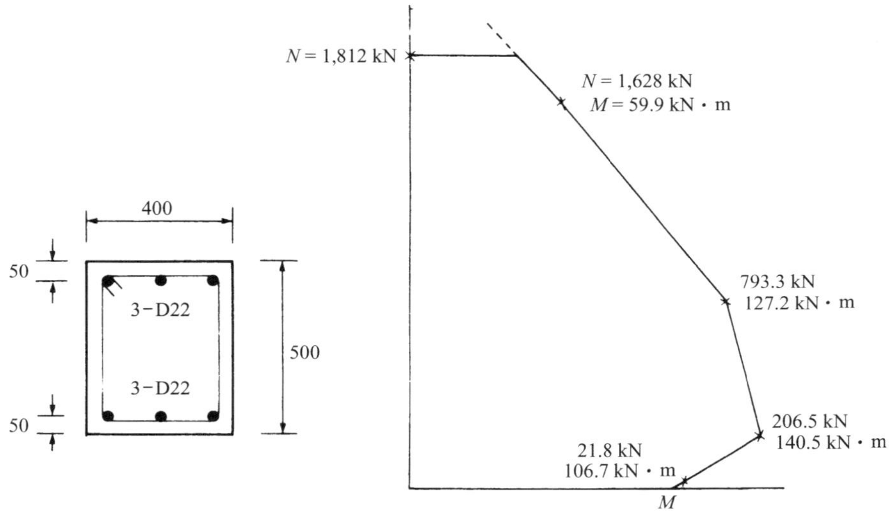

그림 18-8 예제 18-4의 단면 및 상관곡선

$$I_g = \frac{400 \times (500)^3}{12} + 2 \times 15 \times 1{,}161 \times (250 - 50)^2 = 5.56 \times 10^9 \text{ mm}^4$$

유효깊이 $d = 500 - 50 = 450$ mm

균형중립축은 식 (18.28)로부터

$$k_b = \frac{1}{1 + 220/(15 \times 9.6)} = 0.3956$$

중립축비 k의 여러 값에 대하여 허용축하중과 허용모멘트는 다음과 같이 계산된다.

(1) $k = \infty$ 일 때

중심 축하중이 작용하는 경우이므로 식 (18.4)에서

$$N_o = (0.3 \times 24 \times 200 \times 10^3 + 0.4 \times 400 \times 2{,}322) \times 10^{-3} = 1{,}812 \text{ kN}$$

$$M_o = 0$$

(2) $k = 4.0$ 일 때

$$kd = 4 \times 450 = 1{,}800 \text{ mm} > D = 500 \text{ mm}$$

식 (18.32)와 (18.33)으로부터

$$S_n = 234.8\times 10^3 \times (1{,}800 - 250) = 363.9\times 10^6\,\text{mm}^3$$

$$I_n = 5.56\times 10^9 + 234.8\times 10^3 \times (1{,}800 - 250)^2 = 569.7\times 10^9\,\text{mm}^4$$

편심은 식 (18.20)으로부터

$$e = \frac{569.7\times 10^9}{363.9\times 10^6} + 250 - 1{,}800 = 15.5\,\text{mm}$$

$k > k_b$이므로 축하중은 식 (18.23)을 사용하여

$$N = \frac{363.9\times 10^6}{1{,}800} \times 9.6 \times 10^{-3} = 1{,}941\text{ kN} > N_o = 1{,}812\text{ kN}$$

$$M = N\cdot e = 1{,}941 \times 15.5 \times 10^{-3} = 30.1\text{ kN}\cdot\text{m}$$

그러나 설계에서는 $N < N_o$이어야 하므로 $N = 1{,}812$ kN으로 한다.

(3) $k = 2.0$ 일 때

$k = 4.0$ 일 때와 같은 식을 사용하여 계산하면

$$kd = 2 \times 450 = 900\,\text{mm} > D = 500\,\text{mm}$$

$$S_n = 234.8\times 10^3 \times (900 - 250) = 152.6\times 10^6\,\text{mm}^3$$

$$I_n = 5.56\times 10^9 + 234.8\times 10^3 \times (900 - 250)^2 = 104.8\times 10^9\,\text{mm}^4$$

$$e = \frac{104.8\times 10^9}{152.6\times 10^6} + 250 - 900 = 36.8\,\text{mm}$$

$$N = \frac{152.6\times 10^6}{900} \times 9.6 \times 10^{-3} = 1{,}628\,\text{kN} < N_o$$

$$M = 1{,}628 \times 36.8 \times 10^{-3} = 59.9\text{ kN}\cdot\text{m}$$

(4) $k = 0.8$일 때

$$kd = 0.8 \times 450 = 360\,\text{mm} < D = 500\,\text{mm}$$

$kd < D$이므로 S_n 및 I_n의 계산에는 식 (18.34) 및 (18.35)를 사용하여

$$S_n = \frac{400 \times (360)^2}{2} + 15 \times 1{,}161 \times \{(360 - 50) + (360 - 450)\}$$

$$= 29.75\times 10^6\,\text{mm}^3$$

$$I_n = \frac{400(360)^3}{3} + 15 \times 1{,}161 \times \{(360 - 50)^2 + (360 - 450)^2\}$$
$$= 8.04 \times 10^9\,\text{mm}^4$$

편심과 축하중은 식 (18.20) 및 (18.23)을 사용하여

$$e = \frac{8.04 \times 10^9}{29.75 \times 10^6} + 250 - 360 = 160.3\,\text{mm}$$
$$N = \frac{29.75 \times 10^6}{360} \times 9.6 \times 10^{-3} = 793.3\,\text{kN}$$
$$M = N \cdot e = 793.3 \times 160.3 \times 10^{-3} = 127.2\,\text{kN} \cdot \text{m}$$

(5) $k = k_b = 0.3956$ 일 때

$k = 0.8$ 일 때와 같은 식을 사용하여 계산하면

$$kd = 0.3956 \times 450 = 178.0\,\text{mm}$$
$$S_n = \frac{400 \times (178)^2}{2} + 15 \times 1{,}161$$
$$\times \{(178 - 50) + (178 - 450)\}$$
$$= 3.83 \times 10^6\,\text{mm}^3$$
$$I_n = \frac{400 \times (178)^3}{3} + 15 \times 1{,}161$$
$$\times \{(178 - 50)^2 + (178 - 450)^2\}$$
$$= 2.33 \times 10^9\,\text{mm}^4$$
$$e = \frac{2.33 \times 10^9}{3.83 \times 10^6} + 250 - 178 = 680.4\,\text{mm}$$

균형중립축이므로 축하중은 식 (18.23)이나 (18.26)이나 같은 값이 된다.

$$N = \frac{3.829 \times 10^6}{178} \times 9.6 \times 10^{-3} = 206.5\,\text{kN}$$

또는

$$N = \frac{3.83 \times 10^6}{15 \times 450 \times (1 - 0.3956)} \times 220 \times 10^{-3} = 206.5\,\text{kN}$$
$$M = 206.5 \times 680.4 \times 10^{-3} = 140.5\,\text{kN} \cdot \text{m}$$

(6) $k = 0.32$일 때

$$kd = 0.32 \times 450 = 144\ \mathrm{mm}$$

$$S_n = \frac{400 \times (144)^2}{2} + 15 \times 1{,}161$$
$$\times \{(144 - 50) + (144 - 450)\}$$
$$= 455.2 \times 10^3\ \mathrm{mm}^3$$

$$I_n = \frac{400 \times (144)^3}{3} + 15 \times 1{,}161$$
$$\times \{(144 - 50)^2 + (144 - 450)^2\}$$
$$= 2.18 \times 10^9\ \mathrm{mm}^4$$

$$e = \frac{2.18 \times 10^9}{455.2 \times 10^3} + 250 - 144 = 4{,}895\ \mathrm{mm}$$

축하중은 식 (18.26)으로부터

$$N = \frac{455.2 \times 10^3}{15 \times 450 \times (1 - 0.32)} \times 220 \times 10^{-3} = 21.8\ \mathrm{kN}$$

$$M = 21.8 \times 4{,}895 \times 10^{-3} = 106.7\ \mathrm{kN \cdot m}$$

R의 값에 따른 N과 M의 값을 이으면 그림 18-8과 같은 상관곡선이 된다.

18-4-4 상관곡선에 의한 기둥 설계

철근콘크리트 기둥이 지지할 수 있는 축하중과 휨모멘트는 단면의 크기와 형태, 철근비, 설계강도 및 편심 등에 영향을 받는다.

규준에서 기둥의 철근비는 최소 0.004에서 최대 0.06의 범위이므로, 이 범위 안에서 철근비를 일정한 값으로 증가시키면서, 예제 18-4와 같이 주어진 설계강도 F_c와 F_y에 대하여 중립축비 k를 변수로 하여 축하중 N과 휨모멘트 M의 값들을 구한 후 이들을 연결하여 상관곡선을 얻을 수 있다. 부그림 7-1부터 7-9의 상관곡선에 대한 재료강도, 철근비 및 부재 연단에서 철근 중심까지 거리 등은 다음과 같다.

① 재료강도

콘크리트 : $F_c = 21, 24, 27$ MPa

철 근 : $F_y = 240, 300, 400$ MPa

② 철근비

상관곡선의 철근비는 인장철근의 기둥 전 단면적에 대한 비율로

$$p_t = \frac{a_t}{bD} \tag{18.42}$$

으로 주어진다.

③ 압축 및 인장단에서 철근 중심까지의 거리

콘크리트의 압축 및 인장 연단에서 철근 중심까지의 거리는

$$d_c = d_t = 0.1\,D \tag{18.43}$$

으로 가정한다.

상관곡선을 사용한 기둥설계에서는 재료의 강도를 결정한 후 기둥의 크기 b와 D를 가정한다. 결정된 F_c 및 F_y의 상관곡선도에서 세로축을 N/bD, 가로축을 M/bD^2의 값에 맞춰 세로선과 가로선이 만나는 점에서의 철근비를 읽는다. 이 철근비는 전체 철근의 철근비가 아니고 인장철근비인 것에 주의할 필요가 있다. 인장철근의 단면적은

$$a_t = p_t bD \tag{18.44}$$

으로 계산되며, 철근표에서 이 값을 약간 웃도는 철근 크기와 개수를 정한 후 압축철근도 인장철근과 같이 배근한다.

【예제 18-5】 그림 18-9 (a)와 같이 400 mm × 600 mm 단면의 기둥에 축하중 $N = 1{,}800$ kN, 휨모멘트 $M_x = 140$ kN·m, $M_y = 110$ kN·m가 작용할 때 보강철근을 설계하라. 재료의 설계강도는 $F_c = 27$ MPa, $F_y = 400$ MPa으로 한다.

[풀 이] x 방향 휨에 대하여 $b = 400$ mm, $D = 600$ mm이므로

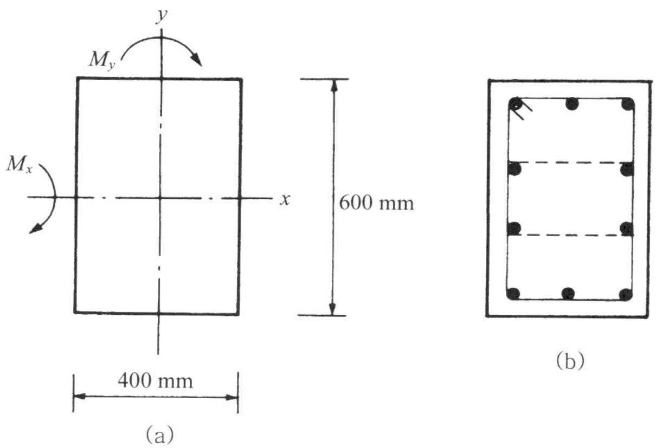

그림 18-9 예제 18-5의 기둥

$$\frac{N}{bD} = \frac{1,800 \times 10^3}{400 \times 600} = 7.5\ \mathrm{MPa}$$

$$\frac{M}{bD^2} = \frac{140 \times 10^6}{400 \times (600)^2} = 0.97\ \mathrm{MPa}$$

부그림 7-9에서 $p_t = 0.006$

$$a_t = p_t bD = 0.006 \times 400 \times 600 = 1,440\ \mathrm{mm}^2$$

3-D25 $(a_s = 1,520\ \mathrm{mm}^2)$를 사용한다.

y 방향 휨에 대하여서는 $b = 600\ \mathrm{mm}$, $D = 400\ \mathrm{mm}$이므로

$$\frac{N}{bD} = \frac{1,800 \times 10^3}{600 \times 400} = 7.5\ \mathrm{MPa}$$

$$\frac{M}{bD^2} = \frac{110 \times 10^6}{600 \times (400)^2} = 1.15\ \mathrm{MPa}$$

부그림 7-9에서 $p_t = 0.008$

$$a_t = p_t bD = 0.008 \times 400 \times 600 = 1,920\ \mathrm{mm}^2$$

4-D25 $(a_s = 2,027\ \mathrm{mm}^2)$를 사용한다.

압축철근을 인장철근과 같이하여 그림 18-9 (b)와 같이 대칭으로 배근한다.

철근비 검토 :

$$p_g = \frac{10 \times 506.7}{400 \times 600} = 0.021 \begin{cases} < p_{\max} = 0.06 \\ > p_{\min} = 0.004 \end{cases} \text{ 적합}$$

연습문제

18-1 $P_D = 1{,}200\ \mathrm{kN}$, $P_L = 1{,}000\ \mathrm{kN}$의 중심 축하중을 받는 길이 3.0 m의 기둥을 철근비 2 % 내외로 설계하고, 강도설계법에 의한 8-D25 철근보강의 450 mm × 450 mm 기둥과 비교하라. $F_c = 27\ \mathrm{MPa}$, $F_y = 400\ \mathrm{MPa}$으로 한다.

18-2 문제 18-1의 기둥을 D10, $F_y' = 300\ \mathrm{MPa}$에 간격 60 mm의 나선근을 사용한 원형 기둥으로 설계하라.

18-3 600 mm × 600 mm 단면에 12-D29 철근이 4 변에 균등하게 배근된 정사각형 기둥이 균형 철근비 상태에서 지지할 수 있는 축하중과 모멘트를 계산하라. $F_c = 27\ \mathrm{MPa}$, $F_y = 400\ \mathrm{MPa}$으로 한다.

18-4 문제 18-3의 기둥에 편심 $e = 0.1D = 60\ \mathrm{mm}$의 축하중이 작용할 때 이 기둥이 지지할 수 있는 최대 하중의 크기를 계산하라.

18-5 편심 $e/D = 0.1$의 $N = 2{,}500\ \mathrm{kN}$을 받는 기둥을 인장철근비 $\rho_t = 0.01$ 내외로 하여 설계하라. $F_c = 24\ \mathrm{MPa}$, $F_y = 400\ \mathrm{MPa}$으로 한다.

참 고 문 헌

▶ 전반적으로 참조된 문헌

0-1 P. M. Ferguson, J. E. Breen, and J. O. Jirsa, *Reinforced Concrete Fundamentals*, 5th ed., John Wiley & Sons, New York, 1988.

0-2 M. Fintel ed., *Handbook of Concrete Engineering*, Van Nostrand Reinhold, New York, 1974.

0-3 J. G. McGregor, *Reinforced Concerete Mechanics and Design*, Prentice Hall, 1st & 3rd ed., Englewood Cliffs, 1988.

0-4 A. H. Nilson, and G. Winter, *Design of Concrete Structures*, 11th & 13rd ed., McGraw-Hill, New York, 1991.

0-5 P. Purushotaman, *Reinforced Concrete Structural Elements*, Tata McGraw-Hill, New Delhi, 1984.

0-6 ACI Committee 318, "Building Code Requirements for Reinforced Concrete(ACI 318-14) and Commentary-ACI 318R-14," American Concrete Institute, Detroit, 2014.

0-7 "극한강도설계법에 의한 철근콘크리트 구조 계산규준 및 해설," 대한건축학회, 1988.

0-8 "극한강도설계법에 의한 철근콘크리트 구조설계 예제집," 대한건축학회, 1992.

0-9 "콘크리트 구조설계기준," 건설교통부, 2003, 2007.

0-10 "콘크리트 구조기준," 한국콘크리트학회, 2012.

0-11 "콘크리트 구조기준 예제집," 한국콘크리트학회, 2012.

0-12 "건축구조기준 및 해설," 대한건축학회, 2009, 2016.

0-13 "콘크리트구조 설계 기준 해설," KDS 14 20 00 : 한국콘크리트학회, 2021.

▶ 1장 철근콘크리트 구조의 일반사항

1-1 P. Guedes ed., *The Macmillan Encyclopedia of Architecture & Technological Change*, Macmillan Press, London, 1979, pp.253-263.

1-2 A. M. Neville, *Properties of Concrete*, 3rd ed., Pittman, London, Marshfield, MA, 1981.

1-3 김정동, "한국 근대건축의 재조명(6)-(10)," 건축사, 1987, 12-1988.4.

▶ 2장 재 료

2-1 ACI Committee 214, Recommended Practice for Evaluation of Strength Test Results of Concrete, (ACI 214-77), American Concrete Institute, Detroit, 1977.

2-2 CEB-FIP Model Code for Concrete Structures, Bulletin d'Information 124/125E, Comité Euro-International du Béton, Paris, 1978.

2-3 T. T. C. Hsu, F. O. Slate, G. M. Sturman, and G. Winter, "Microcracking of Plain Concrete and the Shape of the Stress-Strain Curve," *J. ACI*, Vol. 60, No. 2, 1963, pp.209-224.

2-4 R. Johnson, and G. Bhattacharyya, *Statics*, John Wiley & Sons, New York, 1986.

2-5 H. Kupfer, H. K. Hilsdorf, and H. Rüsch, "Behavior of Concrete under Biaxial Stresses," *J. ACI*, Vol. 66, No. 8, 1969, pp.656-666.

2-6 P. K. Mehta, *Concrete : Structure, Properties, and material*, Prentice Hall, Englewood Cliffs, 1986.

2-7 A. M. Neville, *Properties of Concrete*, 3rd ed., Pittman, Marshfield, MA, 1981.

2-8 H. Rüsch "Research toward a General Flexural Theory for Structural Concrete," *J. ACI*, Vol. 57, No.1, Jan, 1960, pp.1-28.

2-9 M. E. Tasuji, F. O. Slate, and A. H. Nilson, "Stress-Strain Response and Fracture of Concrete in Biaxial Loading," *J. ACI*, Vol. 75, No.7, July

1978, pp.306-312.

2-10 한국콘크리트학회 편, 최신 콘크리트공학, 한국콘크리트학회, 1992.

2-11 한국공업규격(KS) : D 3504(철근콘크리트용 봉강), D 3552(철선), F 2502 (골재의 체가름 시험방법), F 2405(콘크리트의 시험방법), L 2501(포틀랜드 시멘트).

▶ 3장 구조설계의 일반사항

3-1 J. C. McGregor, and I. Lyse ed., *Structural Design of Tall Concrete and Masonry Buildings*, Vol. CB, Monograph on Planning and Design of Tall Buildings, ASCE, 1978.

3-2 R. N. White, and C. G. Salmon ed., *Building Structural Design Handbook*, John Wiley & Sons, 1987.

3-3 건설교통부 제정, 건축물 하중기준 및 해설, 대한건축학회 편찬, 2000. 5.

3-4 김상식, 윤성기, 철골구조설계, 문운당, 2000.

▶ 4장 보의 해석과 설계

4-1 ACI Committee 340, *Design Handbook, Vol. 1, Beams, One- Way Slabs, Brackets, Footings, and Pile Caps, in Accordance with the Strength Design Method of ACI 318-83*, 4th ed., ACI Special Publication SP-17, American Concrete Institute, Detroit, 1984.

4-2 CEB-FIP Model Code for Concrete Structures, Bulletin d'Information 124/125E, Comité Euro-International du Béton, Paris, Apr. 1978.

4-3 P. H. Kaar, N. W. Hanson, and H. T. Capell, "Stress-Strain Characteristics of High Strength Concrete," *Douglas McHenry International Symposium on Concrets Structures*, ACI Special Publication SP-55, American Concrete Institute, Detroit, 1978, pp.161-185.

4-4 D. C. Kent, and R. Park, "Flexural Members with Confined Concrete," *J. Str. Div.*, ASCE, Vol. 97, No. ST7, July 1971, pp. 1969-1990.

4-5 A. H. Mattock, L. B. Kriz, and E. Hogenstad, "Rectangular Concrete Stress Distribution in Ultimate Strength Design," *J. ACI*, Vol. 32, No. 8,

Aug. 1961, pp.875-926.

4-6 H. Rüsch, "Research Toward a General Flexural Theory for Structural Concrete," *J. ACI*, Vol. 57, No. 1, July 1960, pp.1-28.

▶ 5장 보의 사용성

5-1 ACI Committee 209, "Prediction of Creep, Shrinkage and Temperature Effects in Concrete Structures," *Designing for Creep and Shrinkage in Concrete Structures*, ACI Special Publication SP-76, American Concrete Institute, Detroit, 1982.

5-2 ACI Committee 435, "Deflections of Reinforced Concrete Flexural Members," *J. ACI*, Vol. 63, No. 6, June 1966, pp.637-674.

5-3 ACI Committee 224, "Control of Cracking in Concrete Structures," *Concrete International*. Int., Vol. 2, No. 10, Oct. 1980, pp.35-76.

5-4 D. E. Branson, *Deformation of Concrete Structures*, mcGraw-Hill, New York, 1977.

5-5 P. Gergely and L. A. Lutz, "Maximum Crack Width in Reinforced Concrete Flexural Members," *Causes, Mechanism and Control of Cracking in Concrete*, ACI Special Publication SP-20, American Concrete Institute, Detroit, 1973, pp.87-117.

▶ 6장 전단 및 비틀림

6-1 ACI-ASCE Committee 326, "Shear and Diagonal Tension," *J. ACI*, Vol. 59, Nos. 1-3, Jan.-Mar. 1962, pp.1-30, 277-344, and 352-396.

6-2 ACI-ASCE Committee 426, "The Shear Strength of Reinforced Concrete Members," *J. Str, Div.*, ASCE, Vol, 99, No. ST6, June 1973, pp.1091-1187.

6-3 S. H. Ahmad, A. R. Khaloo, and A. Proveda, "Shear Capacity of Reinforced High-Strength Concrete Beams," *J. ACI*, Vol. 83, No. 2, Feb. 1986, pp.297-305.

6-4 U. Ersoy and P. M. Ferguson, "Concrete Beams Subject to Combined Torsion and Shear-Experimental Trends," *Torsion of Structural Concrete*,

ACI Special Publication SP-18, 1981, pp.441-460.

6-5 A. H. Elzanaty, A. H. Nilson, and F. O. Slate, "Shear Capacity of Reinforced Concrete Beams Using High-Strength Concrete," *J. ACI*, Vol. 83, No. 2, Feb. 1986, pp.290-296.

6-6 T. T. C. Hsu, "Torsion of Structural Concrete-Plain Concrete Rectangular Sections," *Torsion of Structural Concrete*, ACI Special Publication SP-18, 1968, pp.203-238.

6-7 T. T. C. Hsu, "Torsion of Structural Concrete-Behavior of Reinforced Concrete Rectangular Members," *Torsion of Structural Concrete*, ACI Special Publication SP-18, 1968, pp.261-306.

6-8 G. N. J. Kani, "Basic Facts Concerning Shear Failure," *J. ACI*, Vol. 63, June 1966, pp.675-692.

6-9 A. H. Mattock, "Shear Transfer in Concrete Having Reinforce- ment at an Angle to the Shear Plane," Special Publication SP-42, American Concrete Institute, Detroit, 1974.

6-10 A. H. Mattock, K. C. Chen, and K. Soongswany, "The Behavior of Reinforced Concrete Corbels," *J. PCI*, Vol. 21, No. 2, Mar.-Apr. 1976, pp.52-77.

6-11 A. M. Mattock, and N. M. Hawkins, "Shear Transfer in Reinforced Concrete-Recent Research," *J. PCI*, Vol. 17, No. 2, Mar.-Apr. 1972, pp.55-75.

6-12 D. L. Osborn, B. Mayoglou, and A. H. Mattock, "Strength of Reinforced Concrete Beams with Web Reinforcement in Combined Torsion, Shear, and Bending," *J. ACI*, Vol.66, No. 1, 1969, pp.31-41.

6-13 K.H. Reineck, Editor, Example for the Design of Structural Concrete with Strut-and-Tie Models, SP-208, ACI, 2002.

6-14 D. M. Rogowsky and J. G. MacGregor, "Design of Deep Reinforced Concrete Continuous Beams," *Concrete International*, Vol. 8, No. 8, Aug. 1986, pp.49-58.

6-15 J. Schlaich, K. Schaefer and M. Jennewein, "Toward a Consistent Design of Structural Concrete, "*J. PCI*, Vol. 32, NO. 3, May-June 1987, pp.74-150.

6-16 T. C. Zsutty, "Shear Strength prediction for Separate Categories of Simple Beam Tests." *J. ACI*, Vol. 68, No. 2, Feb. 1971, pp.138-143.

▶ 7장 철근의 정착과 이음

7-1 ACI Committee 439, "Mechanical Connections of Reinforcing Bars," *Concrete International*, Vol. 5, No. 1, Jan. 1983, pp.24-35.

7-2 M. Baron, "Shear Strength of Reinforced Concrete Beams at Points of Bar Cutoff," *J. ACI*, Vol. 63, No. 1, Jan. 1966, pp.127-134.

7-3 *CRSI Design Handbook*, 6th ed., Concrete Reinforcing Steel Institute, Chicago, 1984.

7-4 J. O. Jirsa, L. A. Lutz, and P. Gergely, "Rationale for Suggested Development, Splice and Standard Hook Provisions for Deformed Bars in Tension," *Concrete International*, Vol. 1, No. 7, July 1979, pp.47-61.

7-5 L. A. Lutz and P. Gergely, "Mechanics of Bond and Slip of Deformed Bars in Concrete," *J. ACI*, Vol. 64, No. 11, Nov. 1967, pp.711-721.

7-6 J. L. G. Marques and J. O. Jirsa, "A Study of Hooked Bar Anchorages in Beam-Column Joints," J. ACI, Vol. 72, No. 5, May 1975, pp.198-209.

7-7 C. O. Orangun, J. O. Jirsa, and J. E. Breen, "A Reevaluation of Test Data on Development Length and Splices," *J. ACI*, Vol. 74, No. 3, March 1977, pp.114-122.

▶ 8장 슬래브의 설계

8-1 ACI Committee 340, *Design Handbook, Vol. 1, Beams, One- Way Slabs, Brackets, Footing and Pile Caps in Accordance with the Strength Design Method of ACI 318-83*, ACI Special Publication SP-17(84), American Concrete Institute, Detroit, 1984.

8-2 ACI Committee 340, *Design of Two-Way Slabs*(*Supplement to Design Handbook Vol. 1*, American Concrete Institute, Detroit, 1985.

8-3 ACI-ASCE Committee 426, "The Shear Strength of Reinforced Concrete Members," *J. Str. Div.*, ASCE, Vol. 100, No. ST8, Aug. 1974, pp.1543-1591.

8-4 W. G. Corley, and N. M. Hawkins, "Shearhead Reinforcement for Slabs," *J. ACI*, Vol. 65, No. 10, Oct. 1968, pp.811-824.

8-5 W. G. Corley, and J. O. Jirsa, "Equivalent Frame Analysis for Slab Design," *J. ACI*, Vol. 67, No. 11, Nov. 1970, pp.875-884.

8-6 W. H. Dilger, and A. Ghali, "Shear Reinforcement for Concrete Slabs," *J. Str. Div.*, ASCE, Vol. 107, No. ST12, Dec. 1981, pp.2403-2420.

8-7 W. L. Gamble, "Moments in Beam-Supported Slabs," *J. ACI*. Vol. 69, No. 3, Mar. 1972, pp.149-17.

8-8 A. H. Mattock, A. Bao, and J. Yamazaki, "Moment Transfer from Concrete Slabs to Columns," *ACI Str. J.*, Vol. 85, No.6, Nov.-Dec. 1989, pp.705-716.

8-9 S. H. Simmonds, and J. Misic, "Design Factors for the Equivalent Frame Method," *J. ACI*, Vol. 68, No. 11, Nov. 1971, pp.825-831.

▶ 9장 기둥의 설계

9-1 ACI Committee 340, *Design Handbook in Accordance with the Strength Design Method of ACI 318-77*, Vol. 2, Columns, ACI Special Publication SP-17A(78), American Concrete Institute, Detroit, 1978.

9-2 Boris Bresler, "Design Criteria for Reinforced Concrete Columns under Axial Load and Biaxial Bending," *J. ACI*, Vol. 57, No. 5, Nov. 1960, pp.481-490.

9-3 R. W. Furlong, "Column Slenderness and Charts for Design," *J. ACI*, Vol. 68, No. 1, Jan. 1971, pp.9-18.

9-4 J. G. MacGregor, J. E. Breen, and E. O. Pfrang, "Design of Slender Concrete Columns," *J. ACI*, Vol. 67, No. 1, Jan. 1970, pp.6-28.

9-5 J. G. MacGregor and S. E. Hage, "Stability Analysis and Design of Concrete Frames," *J. Str. Div.*, ASCE, Vol. 103, No. ST10, Oct. 1977, pp.1953-1970.

9-6 J. G. MacGregor, U. H. Oelhafen, and S. E. Hage, "A Reexami- nation of the EI Value for Slender Columns," *Reinforced Concrete Columns*, ACI Special Publication SP-50, American Concrete Institute, Detroit,

1975, pp.1-40.

9-7 B. R. Wood, d. Beaulieu, and P. F. Adams, "Column Design by P-Delta Method," *J. Str. Div.*, ASCE, Vol. 102, No. ST2, Feb. 1976, pp.411-427.

9-8 S. P. Timoshenko and J. M. Gere, *Theory of Elastic Stability*, 3d ed., McGraw-Hill, New York, 1969.

9-9 김상식, 구조안정해석, 문운당, 1998.

▶ 10장 기초설계, 11장 옹벽설계

10-1 ACI-ASCE Committee 326, "Shear and Diagonal Tension," Part 3, "Slabs and Footings," *J. ACI*, Vol. 59, No. 3, Mar. 1962, pp.353-396.

10-2 ACI Committee 436, "Suggested Design Procedures for Combined Footings and Mats," *J. ACI*, Vol. 63, No. 10, Oct. 1966, pp.1041-1058.

10-3 R. F. Craig, *Soil Mechanics*, 2nd, ed., Van Nostrand Reinhold, London, 1978.

10-4 D. M. McCarthy, *Essentials of Soil Mechanics and Foundations*, Reston Publishing Co., Reston, 1977.

10-5 G. P. Tschebotarioff, *Foundations, Retaining and Earth Structures*, 2nd ed., McGraw Hill, New York, 1973.

▶ 12장 벽 체 설 계

12-1 ACI Committee 442, "Response of Buildings to Lateral forces," *J. ACI*. Vol. 68, No. 2, Feb. 1971, pp.81-106.

12-2 A. E. Cardenas. J. M. Hanson, W. G. Corley, and E. Hognestad, "Design Provisions for Shear Walls," *J. ACI*. Vol. 70, No. 3, Mar. 1973, pp.221-230.

12-3 R. Park, and t. Paulay, *Reinforced Concrete Structures*, John Wiley and Sons, New York, 1975.

▶ 13장 프리스트레스트 콘크리트

13-1 D.H. Lee, and K.S. Kim, "Flexural Strength of Prestressed Concrete

Members with Unbonded Tendons," *Structural Engineering and Mechanics*, Vol. 38, No. 5, 2011, pp. 675-696.

13-2 K.S. Kim, and D.H. Lee, "Flexural Behavior Model for Post-Tensioned Concrete Members with Unbonded Tendons," *Computers and Concrete*, Vol. 10. No. 3, 2012, pp. 241-258.

13-3 K.S. Kim, and D.H. Lee, "Nonlinear Analysis Method for Continuous Post-Tensioned Concrete Members with Unbonded Tendons," *Engineering Structures*, Vol. 40, No, 1, 2012, pp. 487-500.

13-4 이득행 외 5인, "RC슬래브의 처짐제어를 위한 상향긴장식 부분PT공법의 적용," 한국콘크리트학회 논문집, 제21권 3호, 2009년 6월, pp. 347-358.

13-5 이득행 외 1인, "포스트텐션 휨부재에서 비부착긴장재의 극한응력," 한국콘크리트학회 논문집, 제21 권 4호, 2009년 8월, pp. 489-499.

13-6 김강수 외 4인 "긴장재 배치에 따른 PT슬래브공법의 효율성에 관한 연구," 대한건축학회 논문집(구조계), 제25권 9호, 2009년 9월, pp. 59-68.

13-7 김강수 외 2인, "포스트텐션 부재에서 비부착긴장재의 응력 거동 예측 모델," 한국콘크리트학회 논문집, 제21권 6호, 2009년 12월, pp. 763-771.

13-8 S.J. Han, D.H. Lee, K.S. Kim, S.Y. Seo, J.H. Moon, and P.J.M. Monteiro, "Degradation of Flexural Strength in Reinforced Concrete Members Caused by Steel Corrosion," *Construction and Building Materials*, Vol. 54, No. 1, 2014, pp. 572-583.

13-9 H.C. Cho, D.H. Lee, H. Ju, K.S. Kim, K.H. Kim, and P.J.M. Monteiro, "Remaining Service Life Evaluation of Reinforced Concrete Structures Based on Fuzzy Theory," *Computers and Concrete*, Vol. 15, No. 6, 2015, pp. 879-902.

13-10 C. Dobell, "Prestressed Concrete Tanks," *Proceedings of the First United States Conference on Prestressed Concrete*, Massachusetts Institute of Technology, Cambridge, Mass., Aug. 1951, pp. 9-20.

13-11 ACI Committee 318, Building Code Requirements for Structural Concrete and Commentary (ACI 318-14), American Concrete Institute,

Farmington Hills, 2014.

13-12 "콘크리트 구조 기준," 한국콘크리트학회, 2012.

13-13 Post-Tensioning Institute, *PTI Tonnage Report: Summary of Post-tensioning Industry Shipments in North America,* 2004, p. 1.

13-14 M.P. Collins, and D. Mitchell, *Prestressed Concrete Structure*, Prentice Hill, 1991.

13-15 S.J. Han, D.H. Lee, S.H. Cho, S.B. Ka, and K.S. Kim, "Estimation of Transfer Lengths in Precast Pretensioned Concrete Members Based on a Modified Thick-Walled Cylinder Model," *Structural Concrete*, Vol. 17, No. 1, 2016, pp. 52-62.

13-16 "도로교설계기준(한계상태설계법)," 한국도로교통협회, 2012.

▶ 14장 내 진 설 계

14-1 J. K. Wight and, J. G. McGregor, *Reinforced Concerete Mechanics and Design*, Prentice Hall, 1st & 5th ed., Englewood Cliffs, 2009.

14-2 ACI Committee 318, "Building Code Requirements for Reinforced Concrete(ACI 318-05) and Commentary-ACI 318R-05," American Concrete Institute, Detroit, 2005.

14-3 S. K. Ghosh August W. Domel Jr, and A. David Fanella, "Design of Concrete Buildings for Earthquake and Wind Forces, 2d ed," Skokie, Illinois, Portland Cement Association, 1995.

14-4 Portland Cement Association, "Notes on ACI 318-05 Building Code Requirements for Structural Concrete with Design Application," Skokie, Illinois, 2005.

14-5 International Code Council, "International Building Code," Washington D. C. 2006.

14-6 R. Park, "Ductile Design Approach for Reinforced Concrete Frames," Earthquake Spectra, V. 2, No 3, May 1986, pp. 565-619.

14-7 ACI-ASCE Committee 352, "Recommendations for Design of Beam Column Joints in Monolithic Reinforced Concrete Structures(ACI 352R-91)," American Concrete Institute , Farmington Hills, MI, 1991, pp. 18, Also ACI Manual of Concrete Practice.

14-8 "KBC 2009 건축구조기준에 따른 내진설계 예제집," (사)한국건축구조기술사회, 2010.

14-9 "철근콘크리트 배근상세," (사)한국건축구조기술사회, 2010.

▶ 15장~18장 허용응력도 설계법

15-1 N. J. Everard, and J. L. Tanner, *Reinforced Concrete Design*, Schaum's Outline series, McGraw-Hill, New York, 1966.

15-2 *Reinforced Concrete Design Handbook-Working Stress Method*, ACI Publication SP-3, Detroit, 1965.

15-3 철근콘크리트 구조 계산규준 및 해설, 대한건축학회. 1982.

15-4 강문명, 철근콘크리트 구조, 기문당, 1991.

15-5 김근덕 외 4 인, 철근콘크리트 구조, 중앙대학교 출판국, 1984.

15-6 小創弘一郎 外三人 鐵筋コンクリ-ト構造, 建築學大系, 16-1, 彰國社, 東京, 1968.

부　　록

설 계 도 표

1. 일반사항
2. 설계용 하중
3. 보 설계도표
4. 슬래브 설계도표
5. 기둥 설계도표
6. 허용응력에 의한 보 설계도표
7. 허용응력에 의한 기둥 설계도표

부 록 1

일반사항

1-1 단위 환산표

부표 1-1 (a) 길 이

m	in	ft	yd	치	척	간
1.0	39.3701	3.28084	1.09361	33.0	3.3	0.55
0.02540	1.0	0.08333	0.02778	0.8382	0.08382	0.01397
0.30480	12.0	1.0	0.3333	10.0584	1.00584	0.16764
0.91440	36.0	3.0	1.0	30.1752	3.01752	0.50292
0.03030	1.19303	0.09942	0.03314	1.0	0.1	0.01667
0.30303	11.9303	0.99419	0.33140	10.0	1.0	0.1667
1.81818	71.5820	5.96516	1.98839	60.0	6.0	1.0

부표 1-1 (b) 면 적

m^2	in^2	ft^2	yd^2	평방치	입방척	평
1.0	1,550.0	10.7639	1.19599	1,089.0	10.89	0.3025
0.000645	1.0	0.00694	0.000772	0.70258	0.00703	0.000195
0.09290	144.0	1.0	0.11111	101.171	1.01171	0.02810
0.83613	1,296.0	9.0	1.0	910.543	9.10543	0.25293
0.000918	1.42333	0.00988	0.00110	1.0	0.01	0.000278
0.09183	142.333	0.98842	0.10983	100.0	1.0	0.02778
3.30579	5,123.98	35.5832	3.95369	3,600.0	36.0	1.0

부표 1-1 (c) 체 적

m^2	l	ft^2	yd^2	갈론	입방척	되
1.0	1,000.0	35.3147	1.30795	219.98	35.937	554.35
0.001	1.0	0.035315	0.001308	0.21998	0.03594	0.55435
0.02832	28.3168	1.0	0.03704	6.22902	1.01762	15.6975
0.76455	764.55	27.0	1.0	168.183	27.4758	423.833
0.004546	4.54596	0.16054	0.005946	1.0	0.16337	2.52006
0.02783	27.8265	0.98268	0.03640	6.12114	1.0	15.4257
0.001804	1.80391	0.06370	0.002359	0.396814	0.06482	1.0

부표 1-1 (d) 힘

N	g_f	kg_f	ton	ounce	lb
1.0	101.97	0.10197	0.000102	3.596886	0.22481
0.009807	1.0	0.001	0.000001	0.03527	0.00220
9.80665	10^3	1.0	0.001	35.2734	2.20459
9,806.65	10^6	10^3	1.0	35,273.4	2,204.59
0.278018	28.34592	0.02835	0.000028	1.0	0.0625
4.44822	453.59	0.45360	0.00045	16.0	1.0

부표 1-1 (e) 단위길이당 힘

N/m	kg_f/m	ton/m	lb/in	lb/ft	lb/yd
1.0	0.10197	0.000102	0.0057101	0.068522	0.205565
9.80665	1.0	0.001	0.0560	0.67195	2.0159
9,806.65	10^3	1.0	55.996	671.95	2,015.9
175.127	17.858	0.01786	1.0	12.0	36.0
14.5943	1.4882	0.001488	0.08333	1.0	3.0
4.86469	0.49606	0.000496	0.02778	0.3333	1.0

부표 1-1 (f) 단위 면적당 힘

N/m^2 (Pa)	kgf/cm^2	ton/m^2	lb/in^2 (psi)	lb/ft^2
1.0	0.0000102	0.000102	0.000145	0.020885
98,066.5	1.0	10.0	14.2230	2,048.1
9,806.65	0.1	1.0	1.42230	204.81
6,894.86	0.070308	0.70308	1.0	144.0
47.8800	0.000488	0.00488	0.006944	1.0

부표 1-1 (g) 단위 체적당 힘

N/m^3	gf/cm^3	kgf/m^3	ton/m^3	lb/in^3	lb/ft^3
1.0	0.0000102	0.10197	0.000102	3.684×10^{-6}	$6,365.9 \times 10^{-6}$
9,806.65	1.0	1,000.0	1.0	0.03613	62.427
9.80665	0.001	1.0	0.001	0.000036	0.06243
9,806.65	1.0	1,000.0	1.0	0.03613	62.427
271,445.9	27.680	27,680.0	27.680	1.0	1728.0
157.087	0.016019	16.0187	0.01602	0.000579	1.0

부표 1-1 (h) 모 멘 트

N−m	kgf −cm	ton · m	lb · in	lb · ft
1.0	10.1972	0.0001020	8.850627	0.737552
0.098067	1.0	0.00001	0.86795	0.072329
9.80665	100.0	0.001	86.795	7.2329
9,806.65	10^5	1.0	86,795	7,232.9
0.112987	0.011521	0.0000115	1.0	0.08333
1.35584	0.13826	0.000138	12.0	1.0

1-2 이형철근의 단면적 및 둘레 길이

부표 1-2 (a) 이형철근의 단면적 [mm²]

철근 크기	철근 개수									
	1	2	3	4	5	6	7	8	9	10
D10	71.3	142.6	213.9	285.2	356.5	427.8	499.1	570.4	641.7	713
D13	126.7	253.4	380.1	506.8	633.5	760.2	886.9	1,014	1,140	1,267
D16	198.6	397.2	595.8	794.4	993.0	1,192	1,390	1,589	1,787	1,986
D19	286.5	573.0	859.5	1,146	1,433	1,719	2,006	2,292	2,579	2,865
D22	387.1	774.2	1,161	1,548	1,936	2,323	2,710	3,097	3,484	3,871
D25	506.7	1,013	1,520	2,027	2,534	3,040	3,547	4,054	4,560	5,067
D29	642.4	1,285	1,927	2,570	3,212	3,854	4,497	5,139	5,782	6,424
D32	794.2	1,588	2,383	3,177	3,971	4,765	5,559	6,354	7,148	7,942
D35	956.6	1,913	2,870	3,826	4,783	5,740	6,696	7,653	8,609	9,566
D38	1,140	2,280	3,420	4,560	5,700	6,840	7,980	9,120	10,260	11,400
D41	1,340	2,680	4,020	5,360	6,700	8,040	9,380	10,720	12,060	13,400
D51	2,027	4,054	6,081	8,108	10,135	12,162	14,189	16,216	18,243	20,270

부표 1-2 (b) 이형철근의 둘레 길이 [mm]

철근 크기	철근 개수									
	1	2	3	4	5	6	7	8	9	10
D10	30	60	90	120	150	180	210	240	270	300
D13	40	80	120	160	200	240	280	320	360	400
D16	50	100	150	200	250	300	350	400	450	500
D19	60	120	180	240	300	360	420	480	540	600
D22	70	140	210	280	350	420	490	560	630	700
D25	80	160	240	320	400	480	560	640	720	800
D29	90	180	270	360	450	540	630	720	810	900
D32	100	200	300	400	500	600	700	800	900	1,000
D35	110	220	330	440	550	660	770	880	990	1,100
D38	120	240	360	480	600	720	840	960	1,080	1,200
D41	130	260	390	520	650	780	910	1,040	1,170	1,300
D51	160	320	480	640	800	960	1,120	1,280	1,440	1,600

부 록 2

설계용 하중

2-1 고정하중

부표 2-1 건축용 재료의 밀도　(단위 : t/m^3)

	재 료 명	밀 도	비 고
시멘트	보통 포틀랜드 시멘트	3.2	
	고로 시멘트	3.0~3.1	
목 재	오동나무	0.3	기건상태
	삼목, 가문비나무, 노송나무	0.4	
	소나무, 낙엽송, 나왕	0.5	
	해송, 밤나무, 느티나무	0.6	
	단풍나무, 벚나무, 티크, 마호가니	0.7	
	흑단, 자단	1.0~1.1	
금 속	알루미늄	2.7	
	아 연	7.1	
	주철, 주석	7.3	
	철	7.9	
	동, 니켈	8.9	
	은	10.5	
	납	11.3	
	금	19.3	
석 재	사 암	2.2~2.4	
	화강암, 대리석	2.6~2.9	
	안산암	2.3	
	점판암	2.7	
유 리	보통유리	2.5	

부표 2-2 건축용 재료의 단위체적중량

(단위 : t/m^3)

	재 료 명	밀 도	비 고
골 재	모래, 자갈(건조) 모래, 자갈(포수) 모래 혼합 자갈(건조) 모래 혼합 자갈(포수)	1.7 2.0~2.1 2.0 2.3	
콘크리트	경량 콘크리트 1종 경량 콘크리트 2종 보통 콘크리트 철근 콘크리트 보통 모르타르	1.85~1.9 1.55~1.6 2.3 2.4 2.0	
벽돌타일	경량 벽돌 보통 벽돌 타 일	1.1 1.9 2.2~2.4	
기 타	흙(건조) 흙(보통) 흙(포수)	1.3 1.6 1.8	

부표 2-3 마감재료 단위면적 중량

재 료 명		단위면적중량	비 고
벽 재 료	도기 타일 자기 타일 석고 플라스터 얇은 마감 도장재 복층 마감 도장재 두터운 마감 도장재	18 $kg/m^2/cm$ 23 $kg/m^2/cm$ 20 $kg/m^2/cm$ 2 kg/m^2 3 kg/m^2 6 kg/m^2	
천장재료	점토 기와 슬래이트 아스팔트 펠트 사질염화 비닐판	48 kg/m^2 17 kg/m^2 2 kg/m^2 14 $kg/m^2/mm$	
바닥재료	인슐린 파이버 보드 바닥 플라스틱계 타일 코르크 타일 방음 목질 바닥재	16 kg/m^2 2 $kg/m^2/mm$ 5 $kg/m^2/mm$ 6 $kg/m^2/mm$	

2-2 활하중

부표 2-4 등분포 활하중 (단위 : kN/m^2)

용 도		건축물의 부분	활하중
(1)	주 택	주거용 건축물의 거실 공동주택의 공용실	2.0 5.0
(2)	병 원	병실 수술실, 공용실, 실험실 1층 외의 모든 층 복도	2.0 3.0 4.0
(3)	숙박시설	객실 공용실	2.0 5.0
(4)	사무실	일반 사무실 특수용도 사무실 문서보관실 1층 외의 모든 층 복도	2.5 5.0 5.0 4.0
(5)	학 교	교실 일반 실험실 중량물 실험실 1층 외의 모든 층 복도	3.0 3.0 5.0 4.0
(6)	판매장	상점, 백화점(1층 부분) 상점, 백화점(2층 이상 부분) 창고형 매장	5.0 4.0 6.0
(7)	집회 및 유흥장	로비, 모든 층 복도, 식당 무대, 주방(영업용) 극장 및 집회장(고정좌석) 집회장(이동좌석), 연회장, 무도장	5.0 7.0 4.0 5.0
(8)	체육시설	체육관 바닥, 옥외경기장, 스탠드(이동식) 스탠드(고정식)	5.0 4.0
(9)	도서관	열람실 서고 1층 외의 모든 층 복도	3.0 7.5 4.0
(10)	주차장 및 옥외 차도[1)]	총중량 30 kN 이하의 차량(옥내) 총중량 30 kN 이하의 차량(옥외) 총중량 30 kN 초과 90 kN 이하의 차량 총중량 90 kN 초과 180 kN 이하의 차량 옥외 차도와 차도 양측의 보도	3.0 5.0 6.0 12.0 12.0
(11)	창고 및 공장	경량품 저장창고, 경공업 공장 중량품 저장창고, 중공업 공장	6.0 12.0
(12)	지 붕	점유 · 사용하지 않는 지붕(지붕활하중) 산책로 용도 출입이 제한된 조경 구역 정원 및 집회 용도, 헬리포트(대형 제외)	1.0 3.0 1.0 5.0
(13)	기계실	공조실, 전기실, 기계실 등	5.0
(14)	광 장	옥외광장	12.0
(15)	발코니	출입 바닥 활하중의 1.5배(최대 5.0 kN/m^2)	
(16)	로비 및 복도	로비, 1층 복도 1층 외의 모든 층 복도(병원, 사무실, 학교, 집회 및 유흥장, 도서관은 별도 규정)	5.0 출입바닥 활하중
(17)	6계단	단독주택 또는 2세대 거주 주택 기타의 계단	2.0 5.0

1) 총중량 90 kN초과 180 kN이하인 차량은 0303.4의 규정에 따를 수 있다.
총중량 180 kN을 초과하는 중량차량의 활하중은 0303.4의 규정에 따라야 한다.

부표 2-5 집중 활하중 (단위 : kN)

<table>
<tr><th colspan="4">용 도</th><th>집중
하중</th><th>하중접촉면
(m×m)</th></tr>
<tr><td>1</td><td>병원</td><td colspan="2">병실
수술실, 공용실, 실험실
로비와 모든 복도</td><td>10.0</td><td>0.75×0.75</td></tr>
<tr><td>2</td><td>사무실</td><td colspan="2">일반 사무실
특수용도사무실
문서보관실
로비와 모든 복도</td><td>10.0</td><td>0.75×0.75</td></tr>
<tr><td>3</td><td>학교</td><td colspan="2">교실
일반 실험실
중량물 실험실
로비와 모든 복도</td><td>5.0</td><td>0.75×0.75</td></tr>
<tr><td>4</td><td>판매장</td><td colspan="2">상점, 백화점 (1층)
상점, 백화점 (2층 이상)
창고형 매장</td><td>5.0</td><td>0.75×0.75</td></tr>
<tr><td>5</td><td>도서관</td><td colspan="2">열람실
서고
로비와 모든 복도</td><td>5.0</td><td>0.75×0.75</td></tr>
<tr><td rowspan="4">6</td><td rowspan="4">주차장
및
옥외
차도[1)]</td><td colspan="2">총중량 30 kN 이하의 차량</td><td>15.0</td><td>0.12×0.12</td></tr>
<tr><td colspan="2">총중량 30 kN 초과 90 kN 이하의 차량</td><td>36.0</td><td>0.12×0.12</td></tr>
<tr><td colspan="2">총중량 90 kN 초과 180 kN 이하의 차량</td><td>54.0</td><td>0.25×0.60</td></tr>
<tr><td colspan="2">옥외 차도와 차도 양측의 보도</td><td>54.0</td><td>0.25×0.60</td></tr>
<tr><td rowspan="2">7</td><td rowspan="2">공장</td><td colspan="2">경공업 공장</td><td>10.0</td><td>0.75×0.75</td></tr>
<tr><td colspan="2">중공업 공장</td><td>15.0</td><td>0.75×0.75</td></tr>
<tr><td rowspan="5">8</td><td rowspan="5">지붕</td><td colspan="2">유지 · 보수 작업자의 하중을 받는
모든 지붕</td><td>1.5</td><td>0.75×0.75</td></tr>
<tr><td rowspan="2">헬리콥터
이착륙장</td><td>최대허용이륙하중 20 kN 이하</td><td>28.0</td><td>0.20×0.20</td></tr>
<tr><td>최대허용이륙하중 60 kN 이하</td><td>84.0</td><td>0.30×0.30</td></tr>
<tr><td rowspan="2">작업장 상부에 노출된 지붕의 주 구조재 및 트러스 하현재 절점</td><td>공장, 창고, 자동차 정비소 등의 용도의 상부 지붕</td><td>10.0</td><td>–</td></tr>
<tr><td>기타 용도의 상부 지붕</td><td>1.5</td><td>–</td></tr>
<tr><td>9</td><td>계단</td><td colspan="2">계단 디딤판</td><td>1.5</td><td>0.05×0.05</td></tr>
</table>

1) 총중량 90 kN초과 180 kN이하인 차량은 0303.4의 규정에 따를 수 있다.
총중량 180 kN을 초과하는 중량차량의 활하중은 0303.4의 규정에 따라야 한다.

2-3 적설하중

부표 2-6 노출계수 C_e

	주변 환경	C_e
(1)	지형, 높은 구조물, 나무 등 주변환경에 의해 모든 면이 바람막이가 없이 노출된 지붕이 있는 거센 바람 부는 지역	0.8
(2)	약간의 바람막이가 있는 거센바람 부는 지역	0.9
(3)	바람에 의한 눈의 제거가 지형, 높은 구조물, 또는 근처의 몇몇 나무들 때문에 지붕 하중의 감소를 기대할 수 없는 위치	1.0
(4)	바람의 영향이 많지 않은 지역 및 지형과 높은 구조물 또는 몇몇 나무들에 의하여 지붕에 바람막이가 있는 지역	1.1
(5)	바람의 영향이 거의 없는 조밀한 숲 지역으로서, 촘촘한 침엽수 사이에 위치한 지붕	1.2

부표 2-7 중요도 계수 I_s

중요도	특	1	2	3
중요도 계수 I_s	1.2	1.1	1.0	0.8

2-4 풍 하 중

부표 2-8 기본 풍속(지역별) V_o (단위 : m/sec)

지 역		V_o
서울 인천 경기도	옹진	30
	인천, 강화, 안산, 시흥, 평택	28
	서울, 김포, 구리, 수원, 군포, 오산, 화성, 의왕, 부천, 고양, 안양, 과천 광명, 의정부, 동두천, 양주, 파주, 포천, 남양주, 가평, 하남, 성남, 광주, 양평, 용인	26
	안성, 연천, 여주, 이천	24
강원도	속초, 양양, 강릉, 고성	34
	동해, 삼척, 홍천, 정선, 인제	30
	양구	26
	철원, 화천, 춘천, 횡성, 원주, 평창, 영월, 태백	24
대전 충청도	서산, 태안	34
	당진	32
	서천, 보령, 홍성, 청주, 청원	30
	예산, 세종, 대전, 공주, 부여	28
	아산, 계룡, 진천	26
	천안, 증평, 청양, 논산, 금산, 음성, 충주, 제천, 단양, 괴산, 보은, 영동, 옥천	24
부산 대구 울산 경상도	울릉(독도)	40
	부산	38
	포항, 경주, 기장, 통영, 거제	36
	양산, 김해, 남해, 울산, 울주	34
	영덕, 고성	32
	울진, 창원, 사천, 영천	30
	청송, 대구, 경산, 청도, 밀양, 하동	28
	영양, 군위, 칠곡, 성주, 달성, 함안, 고령, 창녕, 진주	26
	봉화, 영주, 예천, 문경, 상주, 추풍령, 안동, 의성, 구미, 김천, 의령, 거창, 산청, 합천, 함양	24
광주 전라도	완도, 해남	36
	진도, 여수, 고흥, 신안, 무안, 장흥	34
	목포, 부안, 영암, 강진	32
	영광, 함평, 나주	30
	익산, 김제, 순천, 고창, 광양	28
	광주, 보성, 완주, 전주, 장성	26
	무주, 진안, 장수, 임실, 정읍, 순창, 남원, 담양, 곡성, 구례	24
제주도	서귀포, 제주	44

부표 2-9 평탄한 지역에 대한 풍속의 고도분포계수 K_{zr}

지표면으로부터의 높이 Z(m)	지표면조도 구분			
	A	B	C	D
$z \leq z_b$	0.58	0.81	1.0	1.13
$Z_b < z \leq Z_g$	$0.22Z^{\alpha}$	$0.45Z^{\alpha}$	$0.71Z^{\alpha}$	$0.97Z^{\alpha}$

주) z_b : 대기경계층의 시작높이(m), Z_g : 기준경도풍높이(m), α : 풍속의 고도분포지수

부표 2-10 대기경계층의 시작높이, 기준경도풍높이 및 풍속의 고도분포 지수

지표면조도 구분	A	B	C	D
z_b(m)	20	15	10	5
Z_g(m)	500	400	300	250
α	0.33	0.22	0.15	0.10

부표 2-11 지표면조도구분

지표면 조도구분	주변지역의 지표면 상태
A	대도시 중심부에서 고층건축물(10층 이상)이 밀집해 있는 지역
B	수목 · 높이 3.5 m 정도의 주택과 같은 건축물이 밀집해 있는 지역 중층건물(4~9층)이 산재해 있는 지역
C	높이 1.5~10 m 정도의 장애물이 산재해 있는 지역 수목 · 저층건축물이 산재해 있는 지역
D	장애물이 거의 없고, 주변 장애물의 평균높이가 1.5 m 이하인 지역 해안, 초원, 비행장

부표 2-12 지형에 의한 풍속할증계수(K_{zt})

풍상측 중 가장 불리한 경사 (ϕ)	풍속할증계수(K_{zt})	
	경사지($\phi_d \leq 0.05$)	언덕, 산($\phi_d \geq 0.1$)
0.05	1.05	1.11
0.1	1.09	1.21
0.2	1.18	1.41
≥ 0.3	1.27	1.61

주) ϕ : 풍상측에서 가장 불리한 조건의 경사$\left(\phi = \dfrac{H}{2L_u}\right)$

ϕ_d : 언덕, 산, 경사지의 정점으로부터 풍하측 $5H$ 되는 거리까지의 평균경사

부표 2-13 지형에 의한 풍속할증계수의 적용범위 [m]

<table>
<tr><th rowspan="2">지형 구분</th><th rowspan="2">적용높이 및 거리</th><th colspan="2">적용범위</th></tr>
<tr><th>풍상측</th><th>풍하측</th></tr>
<tr><td rowspan="2">언덕, 산</td><td>풍속할증 수직높이
(지표면에서)</td><td colspan="2">L_u
$1.7H$ 중 큰 값</td></tr>
<tr><td>풍속할증 수평거리
(정점에서)</td><td colspan="2">$1.5L_u$
$2.5H$ 중 큰 값</td></tr>
<tr><td rowspan="2">경사지</td><td>풍속할증 수직높이
(지표면에서)</td><td colspan="2">L_u
$1.7H$ 중 큰 값</td></tr>
<tr><td>풍속할증 수평거리
(정점에서)</td><td>$1.5L_u$
$2.5H$ 중 큰 값</td><td>$3L_u$
$5H$ 중 큰 값</td></tr>
</table>

주) 언덕, 산의 경우 풍하측의 경사가 $0.05 < \phi_d < 0.1$일 때는 경사지와 언덕 또는 산의 사이값을 직선 보간하여 사용할 수 있다.

부표 2-14 중요도 계수 I_w

<table>
<tr><td>중요도 분류</td><td>초고층건축물</td><td>특</td><td>1</td><td>2</td><td>3</td></tr>
<tr><td>중요도 계수 I_w</td><td>1.05</td><td colspan="2">1.00</td><td>0.95</td><td>0.90</td></tr>
</table>

주) 초고층건축물은 50층 이상인 건축물 또는 200 m 이상인 건축물

부 록 3

보 설계도표

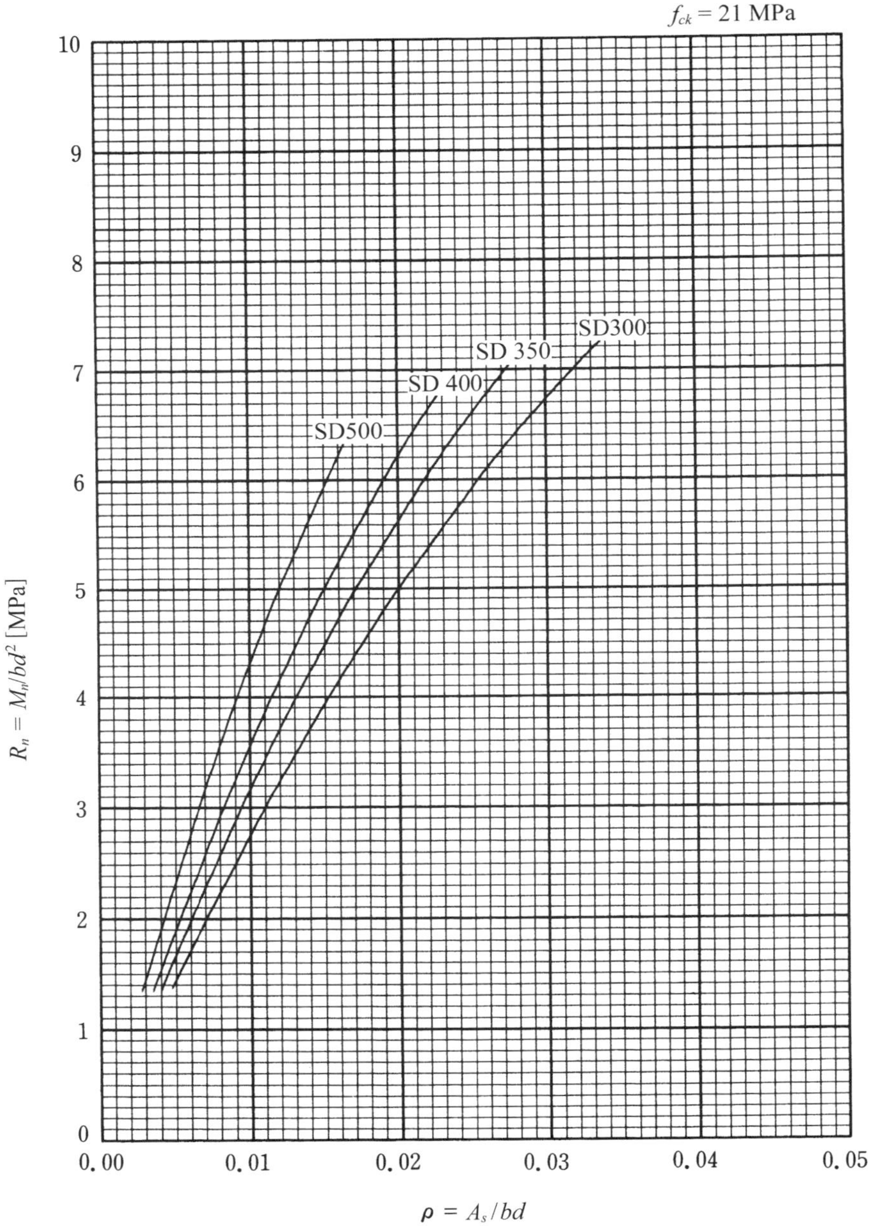

부그림 3-1 직사각형 공칭모멘트 계수, f_{ck} = 21 MPa

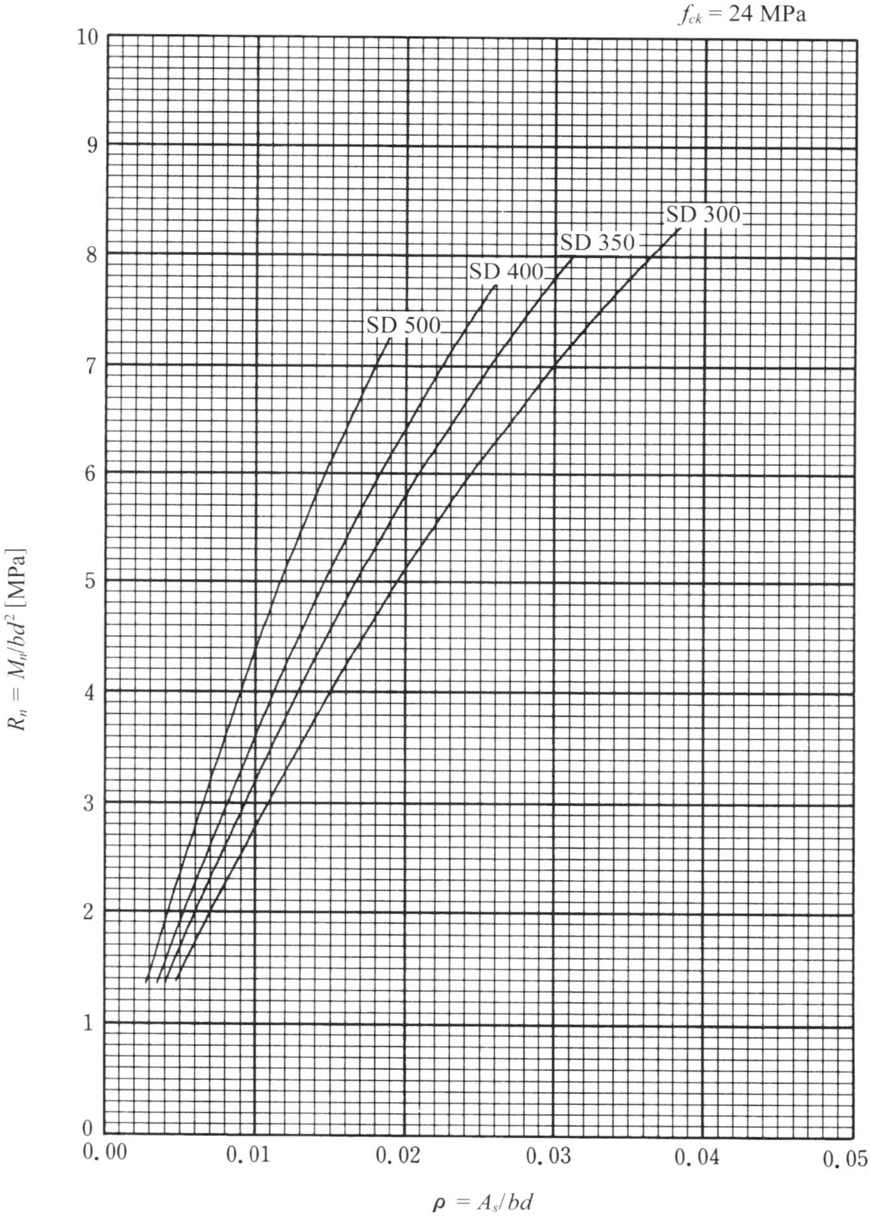

부그림 3-2 직사각형 공칭모멘트 계수, f_{ck} = 24 MPa

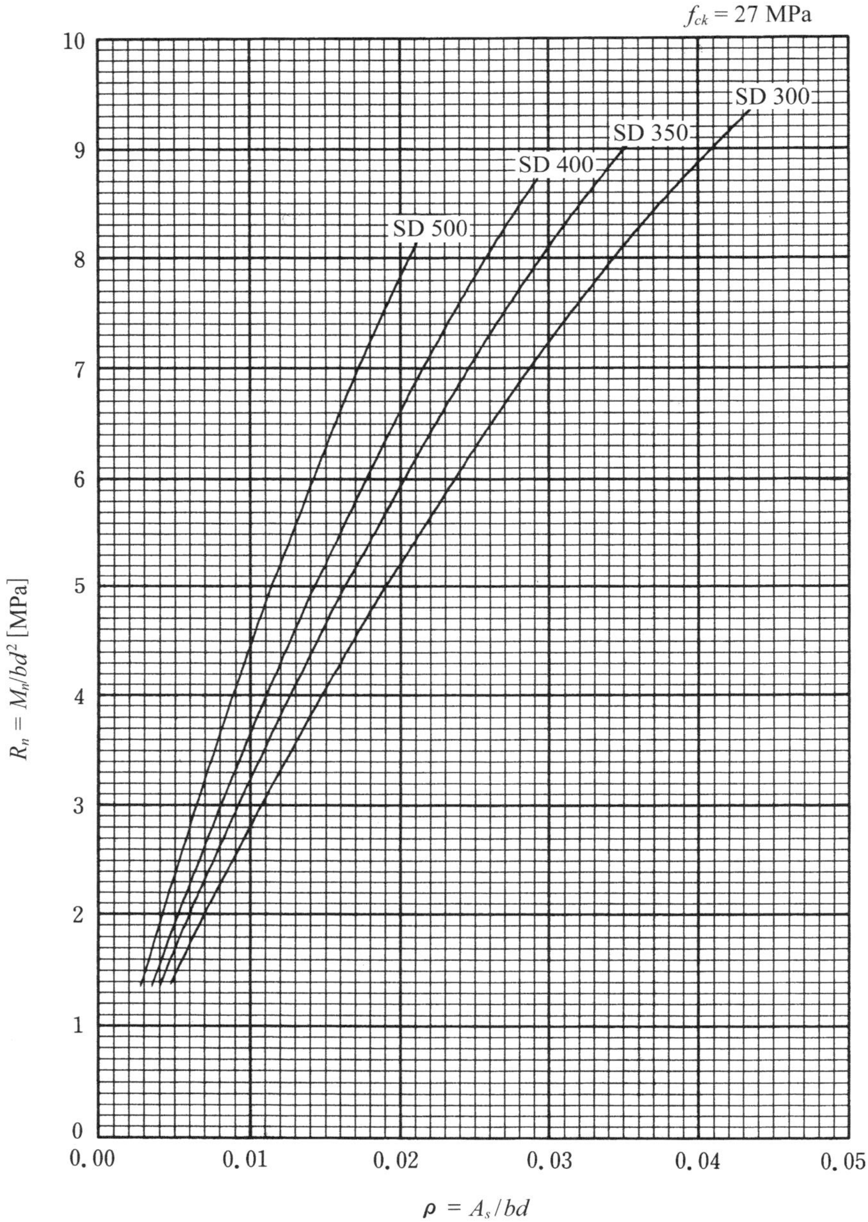

부그림 3-3 직사각형 공칭모멘트 계수, f_{ck} = 27MPa

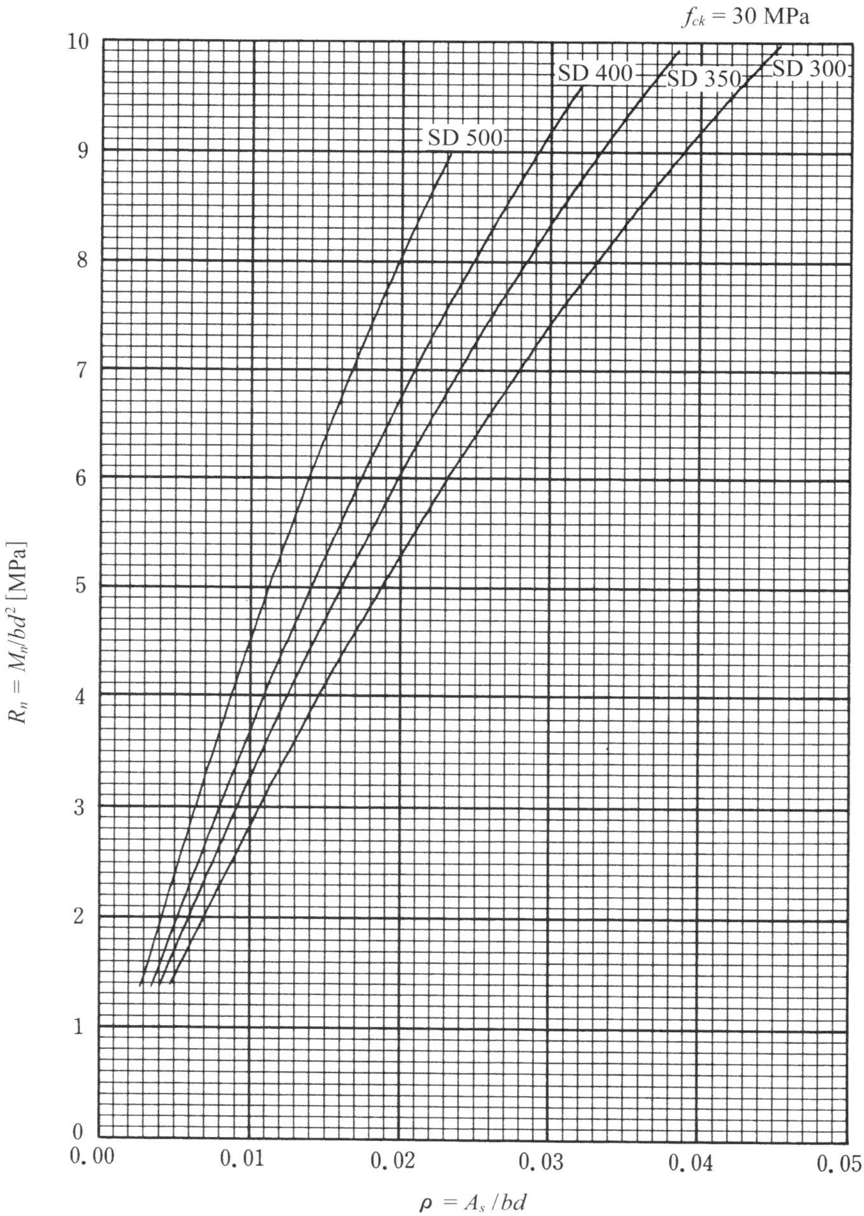

부그림 3-4 직사각형 공칭모멘트 계수, f_{ck} = 30 MPa

부 록 4

슬래브 설계도표

부표 4-1 지판 없는 플랫 슬래브의 모멘트 분포

c_1/l_1	모멘트 강성 전달률	c_2/l_2					
		0.00	0.05	0.10	0.15	0.20	0.25
0.00	M	0.083	0.083	0.083	0.083	0.083	0.083
	k	4.000	4.000	4.000	4.000	4.000	4.000
	COF	0.500	0.500	0.500	0.500	0.500	0.500
0.05	M	0.083	0.084	0.084	0.084	0.084	0.085
	k	4.000	4.047	4.093	4.138	4.181	4.222
	COF	0.500	0.503	0.507	0.510	0.513	0.516
0.10	M	0.083	0.084	0.085	0.085	0.086	0.087
	k	4.000	4.091	4.182	4.272	4.362	4.449
	COF	0.500	0.506	0.513	0.159	0.524	0.530
0.15	M	0.083	0.084	0.085	0.085	0.086	0.087
	k	4.000	4.132	4.267	4.403	4.541	4.680
	COF	0.500	0.509	0.517	0.526	0.534	0.543
0.20	M	0.083	0.085	0.086	0.087	0.088	0.089
	k	4.000	4.170	4.346	4.529	4.717	4.910
	COF	0.500	0.511	0.522	0.532	0.543	0.554
0.25	M	0.083	0.085	0.086	0.087	0.089	0.090
	k	4.000	4.204	4.420	4.648	4.887	5.138
	COF	0.500	0.512	0.525	0.538	0.550	0.563
$x=(1-c_2/l_2)^3$		1.000	0.856	0.729	0.614	0.512	0.422

1) 고정단모멘트 $FEM = wl_2 l_1^2 M$, 강성 $K = kEI_2 t^3/12l_1$, COF= 전달률

부표 4-2 지판 있는 슬래브의 모멘트 분포계수, $h_1 = 1.25h$

c_1/l_1	모멘트 강성 전달률	c_2/l_2						
		0.00	0.05	0.10	0.15	0.20	0.25	0.30
0.01	M	0.088	0.088	0.088	0.088	0.088	0.088	0.088
	k	4.795	4.795	4.795	4.795	4.795	4.795	4.795
	COF	0.542	0.542	0.542	0.542	0.542	0.542	0.542
0.05	M	0.088	0.088	0.089	0.089	0.089	0.089	0.090
	k	4.795	4.846	4.896	4.944	4.990	5.035	5.077
	COF	0.542	0.545	0.548	0.551	0.553	0.556	0.558
0.10	M	0.088	0.088	0.089	0.090	0.090	0.091	0.091
	k	4.795	4.894	4.992	5.039	5.1847	5.278	5.368
	COF	0.542	0.548	0.553	0.559	0.564	0.569	0.573
0.15	M	0.088	0.089	0.090	0.090	0.091	0.092	0.092
	k	4.795	4.938	5.082	5.228	5.374	5.520	5.665
	COF	0.542	0.550	0.558	0.565	0.573	0.580	0.587
0.20	M	0.088	0.089	0.090	0.091	0.092	0.093	0.094
	k	4.795	4.978	5.167	5.361	5.558	5.760	5.962
	COF	0.542	0.552	0.562	0.571	0.581	0.590	0.590
0.25	M	0.088	0.089	0.090	0.091	0.092	0.094	0.095
	k	4.795	5.015	5.245	5.485	5.735	5.994	6.261
	COF	0.542	0.553	0.565	0.576	0.587	0.598	0.600
0.30	M	0.088	0.089	0.090	0.092	0.093	0.094	0.095
	k	4.795	5.048	5.317	5.601	5.902	6.219	6.550
	COF	0.542	0.554	0.567	0.580	0.593	0.605	0.618

1) 고정단모멘트 $FEM = w l_2 l_1^2 M$, 강성 $K = kEl_2 t^3/12l_1$, $COF =$ 전달률

2) $h =$ 슬래브두께, $h_1 =$ 지판을 포함한 전체 슬래브 두께

부표 4-3 지판 있는 슬래브의 모멘트 분포계수, $h_1 = 1.5h$

c_1/l_1	모멘트 강성 전달률	c_2/l_2					
		0.00	0.05	0.10	0.15	0.20	0.25
0.00	M	0.093	0.093	0.093	0.093	0.093	0.093
	k	5.837	5.837	5.837	5.837	5.837	5.837
	COF	0.589	0.589	0.589	0.589	0.589	0.589
0.05	M	0.093	0.093	0.093	0.094	0.093	0.094
	k	5.837	5.890	5.942	5.993	6.041	6.087
	COF	0.589	0.591	0.594	0.596	0.598	0.600
0.10	M	0.093	0.093	0.094	0.094	0.094	0.095
	k	5.837	5.940	6.042	6.142	6.240	6.335
	COF	0.589	0.593	0.598	0.602	0.607	0.611
0.15	M	0.093	0.093	0.094	0.095	0.095	0.096
	k	5.837	5.986	6.135	6.284	6.432	6.579
	COF	0.589	0.595	0.602	0.608	0.614	0.620
0.20	M	0.093	0.093	0.094	0.095	0.096	0.096
	k	5.837	6.027	6.221	6.418	6.616	6.816
	COF	0.589	0.597	0.605	0.613	0.612	0.628
0.25	M	0.093	0.094	0.094	0.095	0.096	0.097
	k	5.837	6.065	6.300	6.543	6.790	7.043
	COF	0.589	0.598	0.608	0.617	0.626	0.635

1) 고정단모멘트 $FEM = wl_2 l_1^2 l_1^2 M$, 강성 $K = kEl_2 t^3/12l_1$, $COF =$ 전달률

2) $h =$ 슬래브두께, $h_1 =$ 지판을 포함한 전체 슬래브 두께

부표 4-4 기둥의 강성과 전달률

t_a/t_b	강성 전달률	l_c/l_u								
		1.05	1.10	1.15	1.20	1.25	1.30	1.35	1.40	1.45
0.00	k_{AB}	4.20	4.40	4.60	4.80	5.00	5.20	5.40	5.60	5.80
	C_{AB}	0.57	0.65	0.73	0.80	0.87	0.95	1.03	1.10	1.17
0.2	k_{AB}	4.31	4.62	4.95	5.30	5.65	6.02	6.40	6.79	7.20
	C_{AB}	0.56	0.62	0.68	0.74	0.80	0.85	0.91	0.96	1.01
0.4	k_{AB}	4.38	4.79	5.22	5.67	6.15	6.65	7.18	7.74	8.32
	C_{AB}	0.55	0.60	0.65	0.70	0.74	0.79	0.83	0.87	0.91
0.6	k_{AB}	4.44	4.91	5.42	5.96	6.54	7.15	7.81	8.50	9.23
	C_{AB}	0.55	0.59	0.63	0.67	0.70	0.74	0.77	0.80	0.83
0.8	k_{AB}	4.49	5.01	5.58	6.19	6.85	7.56	8.31	9.12	9.98
	C_{AB}	0.54	0.58	0.61	0.64	0.67	0.70	0.72	0.75	0.77
1.0	k_{AB}	4.52	5.09	5.71	6.38	7.11	7.89	8.73	9.63	10.60
	C_{AB}	0.54	0.57	0.60	0.62	0.65	0.67	0.69	0.71	0.73
1.2	k_{AB}	4.55	5.16	5.82	6.54	7.32	8.17	9.08	10.07	11.12
	C_{AB}	0.53	0.56	0.59	0.61	0.63	0.65	0.66	0.68	0.69
1.4	k_{AB}	4.58	5.21	5.91	6.68	7.51	8.41	9.38	10.43	11.57
	C_{AB}	0.53	0.55	0.58	0.60	0.61	0.63	0.64	0.65	0.66
1.6	k_{AB}	4.60	5.26	5.99	6.79	7.66	8.61	9.64	10.75	11.95
	C_{AB}	0.53	0.55	0.57	0.59	0.60	0.61	0.62	0.63	0.64
1.8	k_{AB}	4.62	5.30	6.06	6.89	7.80	8.78	9.87	11.03	12.29
	C_{AB}	0.52	0.55	0.56	0.58	0.59	0.60	0.61	0.61	0.62
2.0	k_{AB}	4.63	5.34	6.12	6.98	7.92	8.94	10.06	11.27	12.59
	C_{AB}	0.52	0.54	0.56	0.57	0.58	0.59	0.59	0.60	0.60
2.2	k_{AB}	4.65	5.37	6.17	7.05	8.02	9.08	10.24	11.49	12.85
	C_{AB}	0.52	0.54	0.55	0.56	0.57	0.58	0.58	0.59	0.59
2.4	k_{AB}	4.66	5.40	6.22	7.12	8.11	9.20	10.39	11.68	13.08
	C_{AB}	0.52	0.53	0.55	0.56	0.56	0.57	0.57	0.58	0.58
2.6	k_{AB}	4.67	5.42	6.26	7.18	8.20	9.31	10.53	11.86	13.29
	C_{AB}	0.52	0.53	0.54	0.55	0.56	0.56	0.56	0.57	0.57
2.8	k_{AB}	4.68	5.44	6.29	7.23	8.27	9.41	10.66	12.01	13.48
	C_{AB}	0.52	0.53	0.54	0.55	0.55	0.55	0.56	0.56	0.56
3.0	k_{AB}	4.69	5.46	6.33	7.28	8.34	9.50	10.77	12.15	13.65
	C_{AB}	0.52	0.53	0.54	0.54	0.55	0.55	0.55	0.55	0.55
3.5	k_{AB}	4.71	5.50	6.40	7.39	8.48	9.69	11.01	12.46	14.02
	C_{AB}	0.51	0.52	0.53	0.53	0.54	0.54	0.54	0.53	0.53
4.0	k_{AB}	4.72	5.54	6.45	7.47	8.60	9.84	11.21	12.70	14.32
	C_{AB}	0.51	0.52	0.52	0.53	0.53	0.52	0.52	0.52	0.52

t_a= 기둥상부의 슬래브 중심에서 상부 슬래브 밑면, 지판 밑면 또는 주두 밑면까지의 거리
t_a= 기둥하부의 슬래브 중심에서 하부 슬래브 윗면까지의 거리
l_c= 상하부 슬래브 중심간 기둥의 높이
l_u= 하부 슬래브면과 상부 슬래브, 지판 또는 주두면 사이의 기둥의 높이

부 록 5

기둥 설계도표

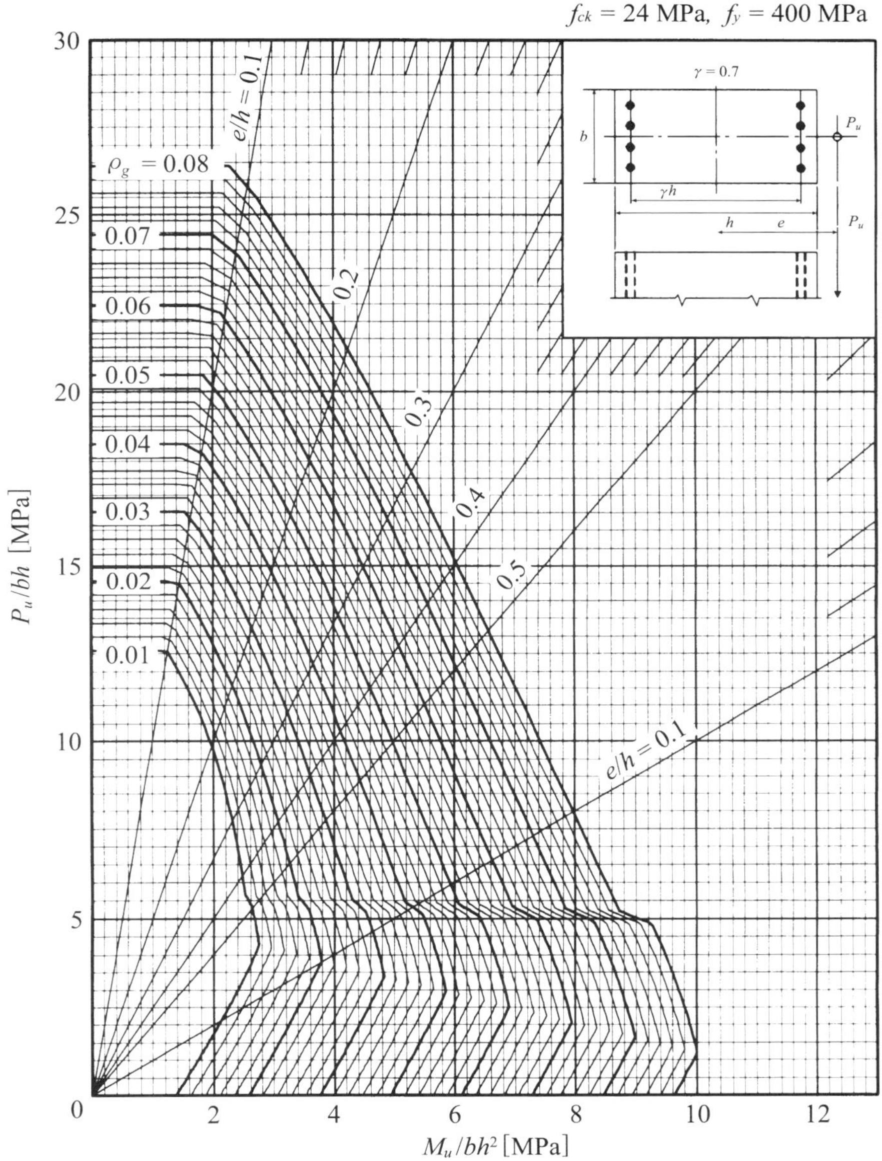

부그림 5-1 직사각형 기둥의 강도 상관곡선(양면 배근)

$f_{ck} = 24\,\text{MPa},\ f_y = 400\ \text{MPa},\ \gamma = 0.7$

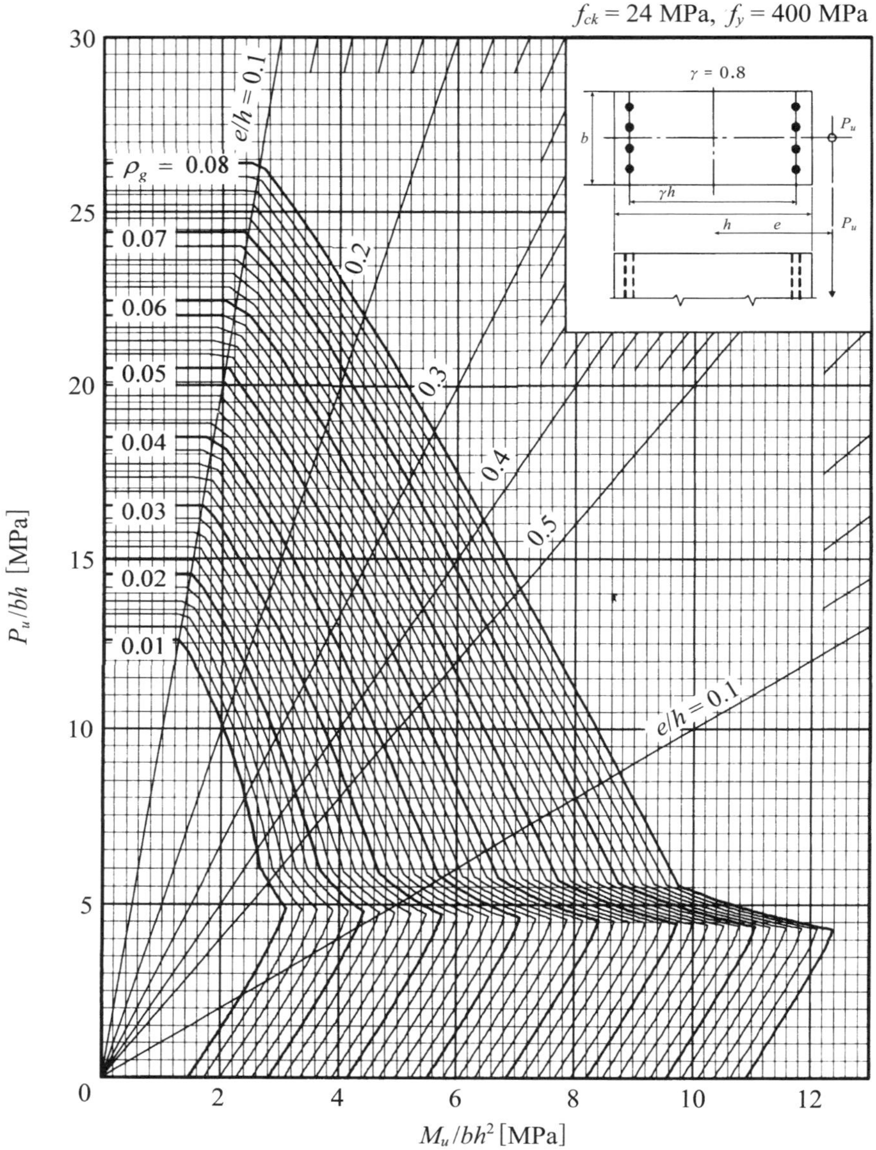

부그림 5-2 직사각형 기둥의 강도 상관곡선(양면 배근)

$f_{ck} = 24\,\text{MPa},\ f_y = 400\,\text{MPa},\ \gamma = 0.8$

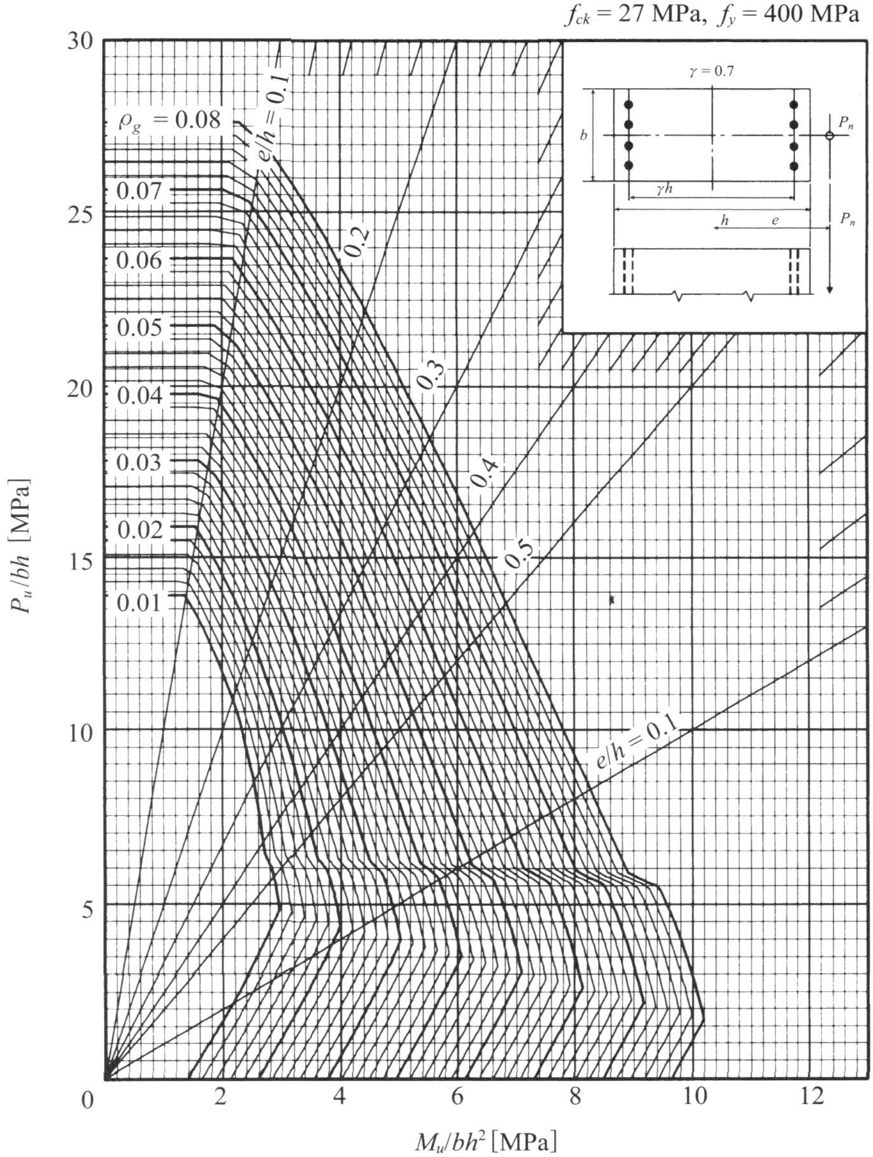

부그림 5-3　직사각형 기둥의 강도 상관곡선(양면 배근)

f_{ck} = 27 MPa, f_y = 400 MPa, γ = 0.7

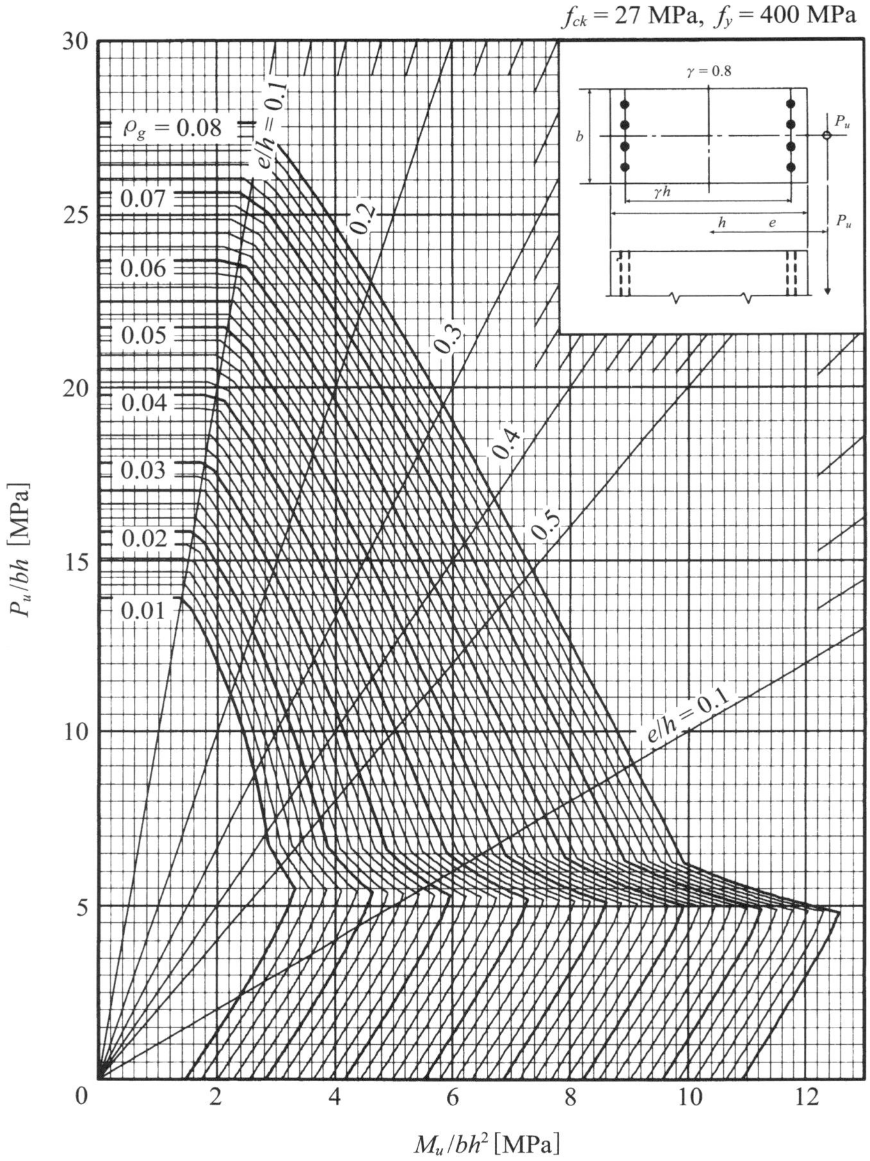

부그림 5-4 직사각형 기둥의 강도 상관곡선(양면 배근)

$f_{ck} = 27\,\text{MPa}$, $f_y = 400\,\text{MPa}$, $\gamma = 0.8$

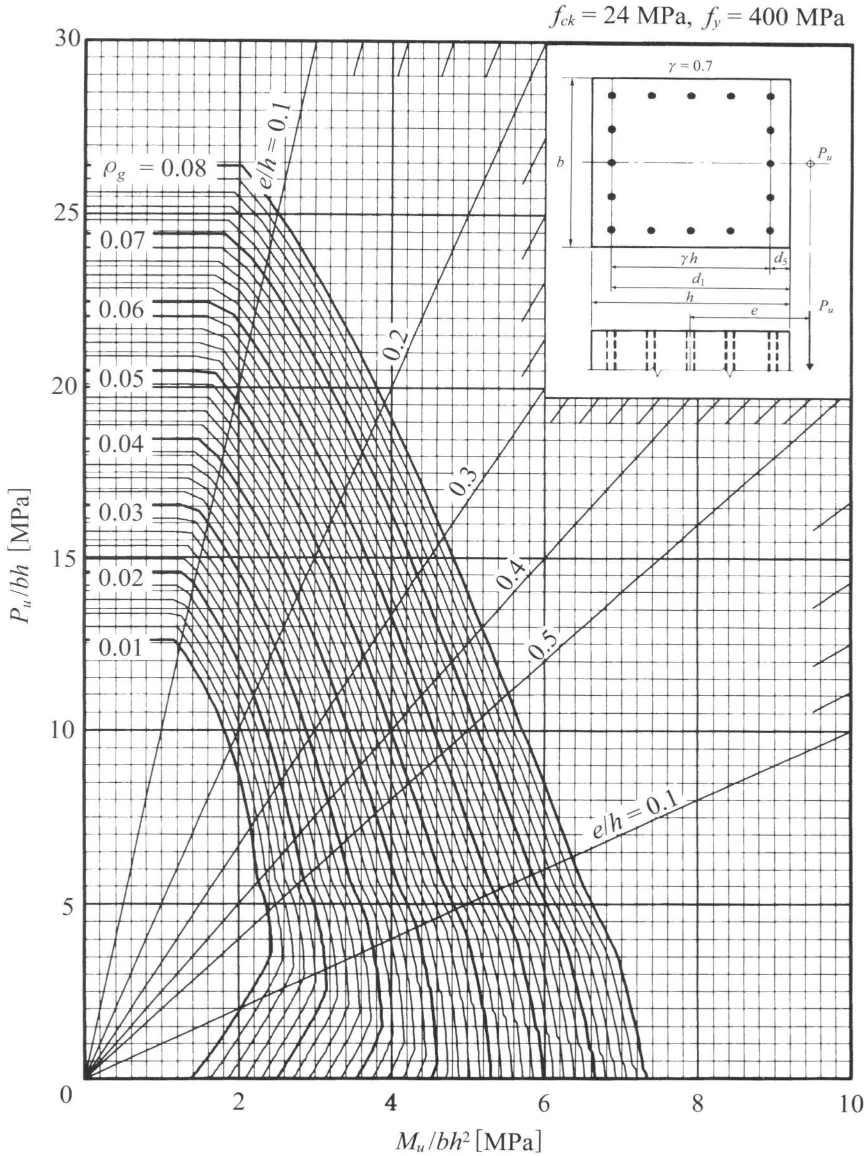

부그림 5-5 직사각형 기둥의 강도 상관곡선(4면 배근)

$f_{ck} = 24\,\text{MPa},\ f_y = 400\,\text{MPa},\ \gamma = 0.7$

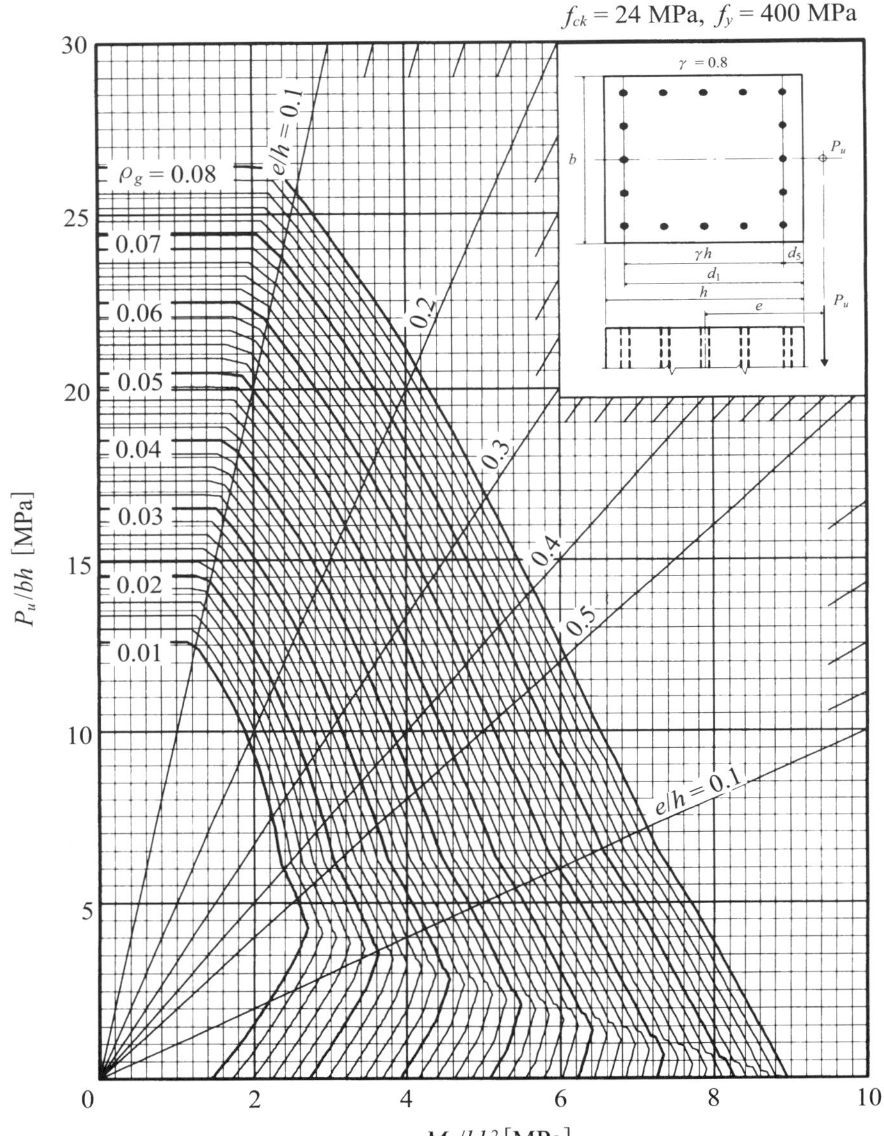

부그림 5-6 직사각형 기둥의 강도 상관곡선(4면 배근)

f_{ck} = 24 MPa, f_y = 400 MPa, γ = 0.8

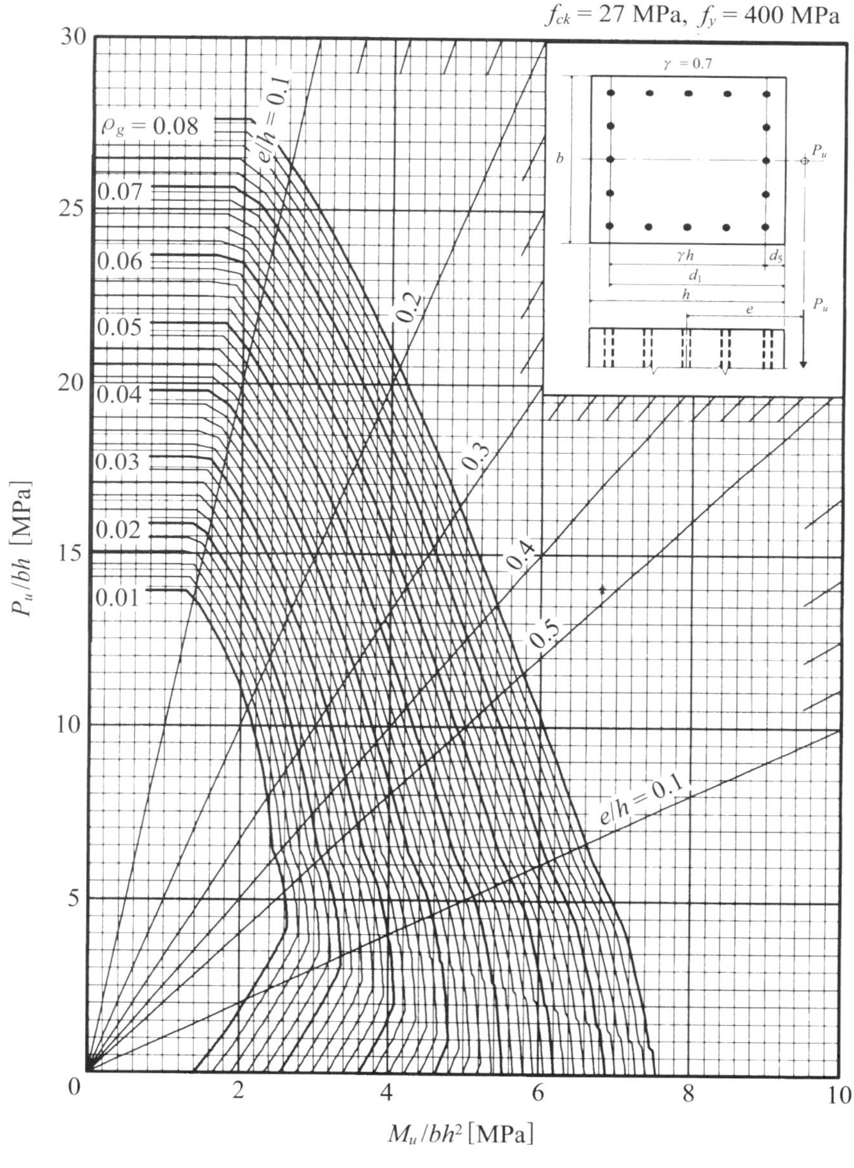

부그림 5-7 직사각형 기둥의 강도 상관곡선(4면 배근)

f_{ck} = 27 MPa, f_y = 400 MPa, γ = 0.7

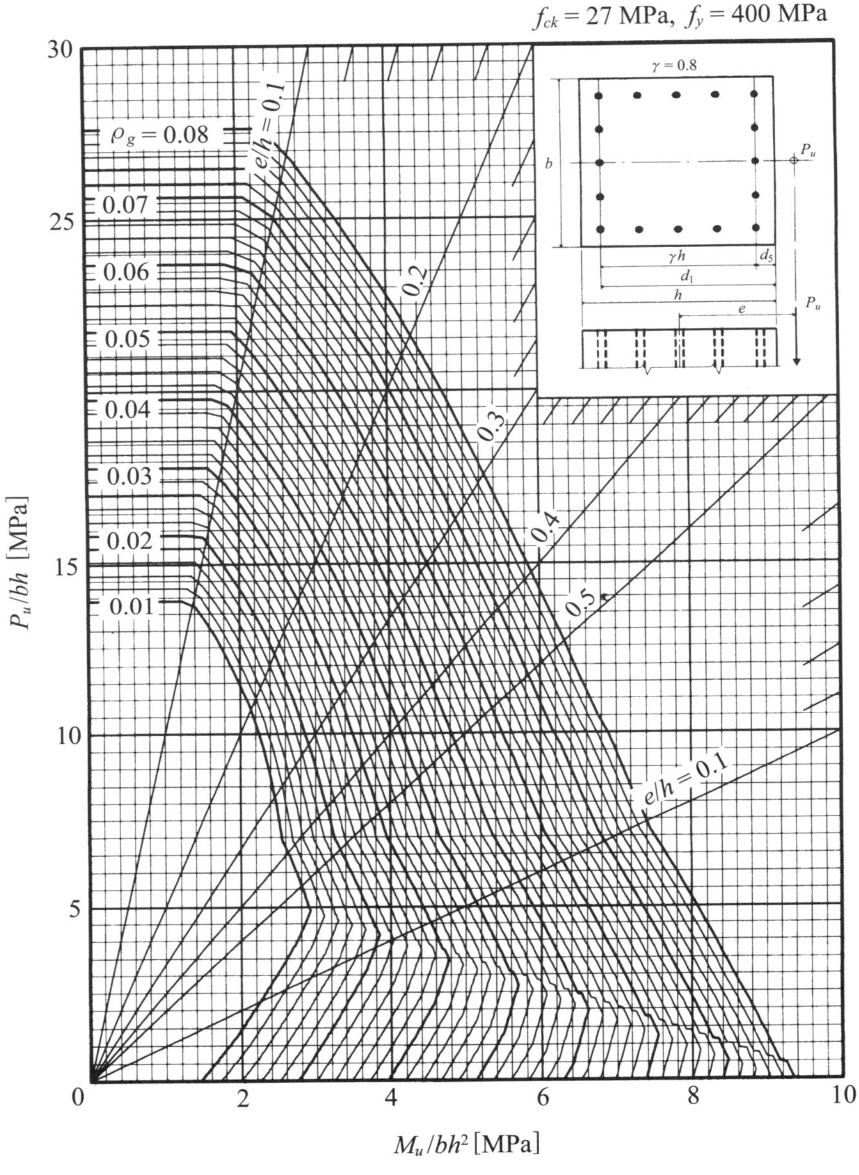

부그림 5-8 직사각형 기둥의 강도 상관곡선(4면 배근)

$f_{ck} = 27$ MPa, $f_y = 400$ MPa, $\gamma = 0.8$

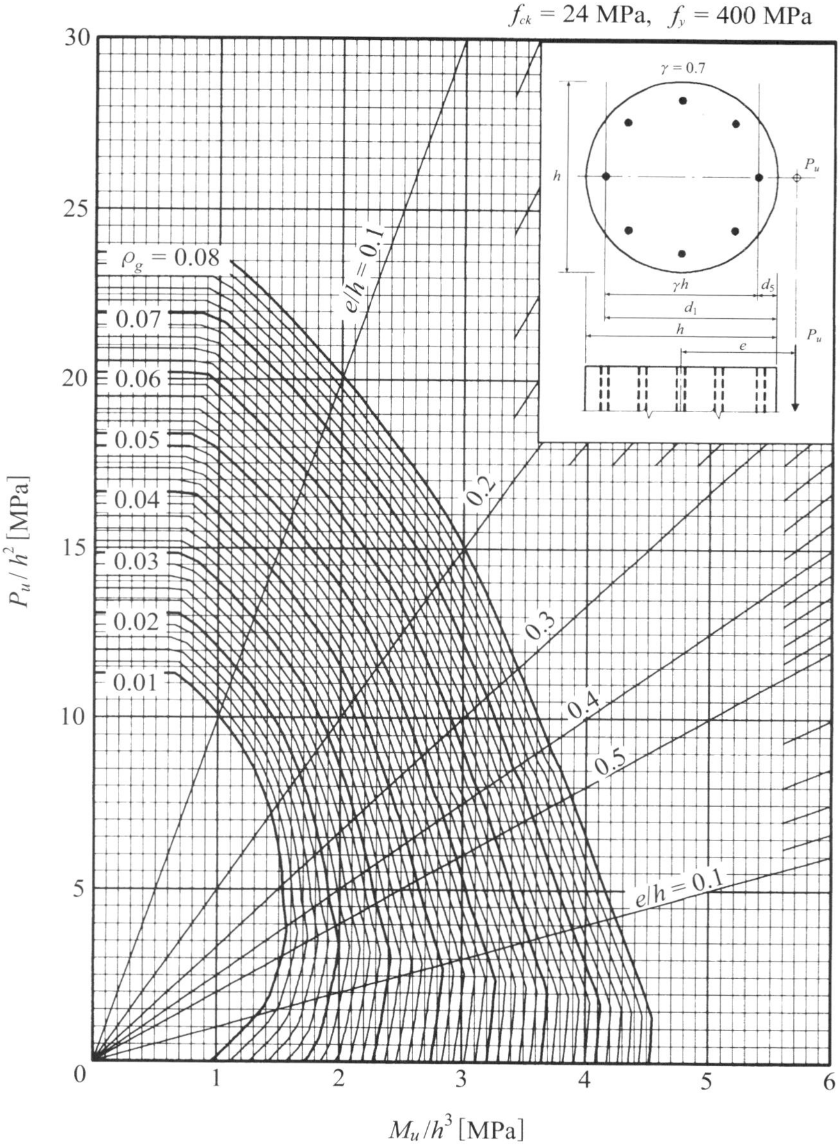

부그림 5-9 원형 기둥의 강도 상관곡선

f_{ck} = 24 MPa, f_y = 400 MPa, γ = 0.7

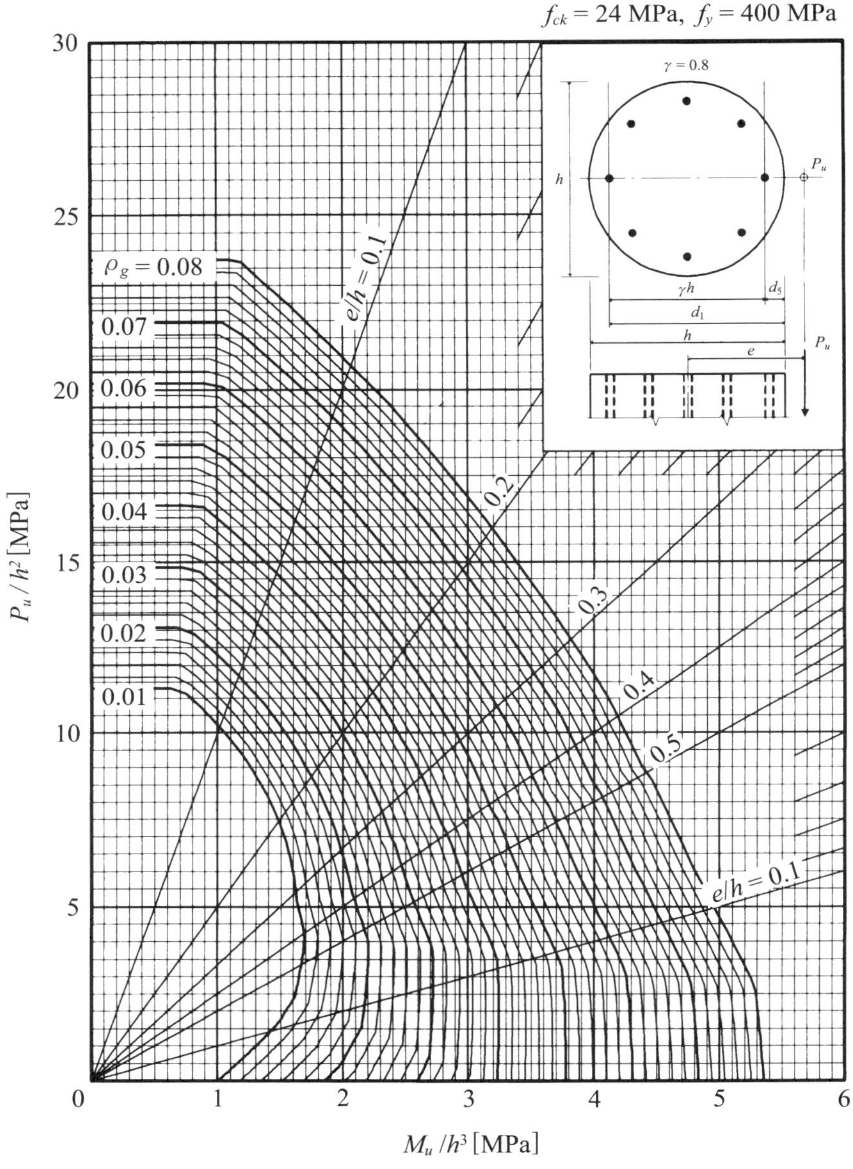

부그림 5-10 원형 기둥의 강도 상관곡선

$f_{ck} = 24\,\text{MPa},\ f_y = 400\,\text{MPa},\ \gamma = 0.8$

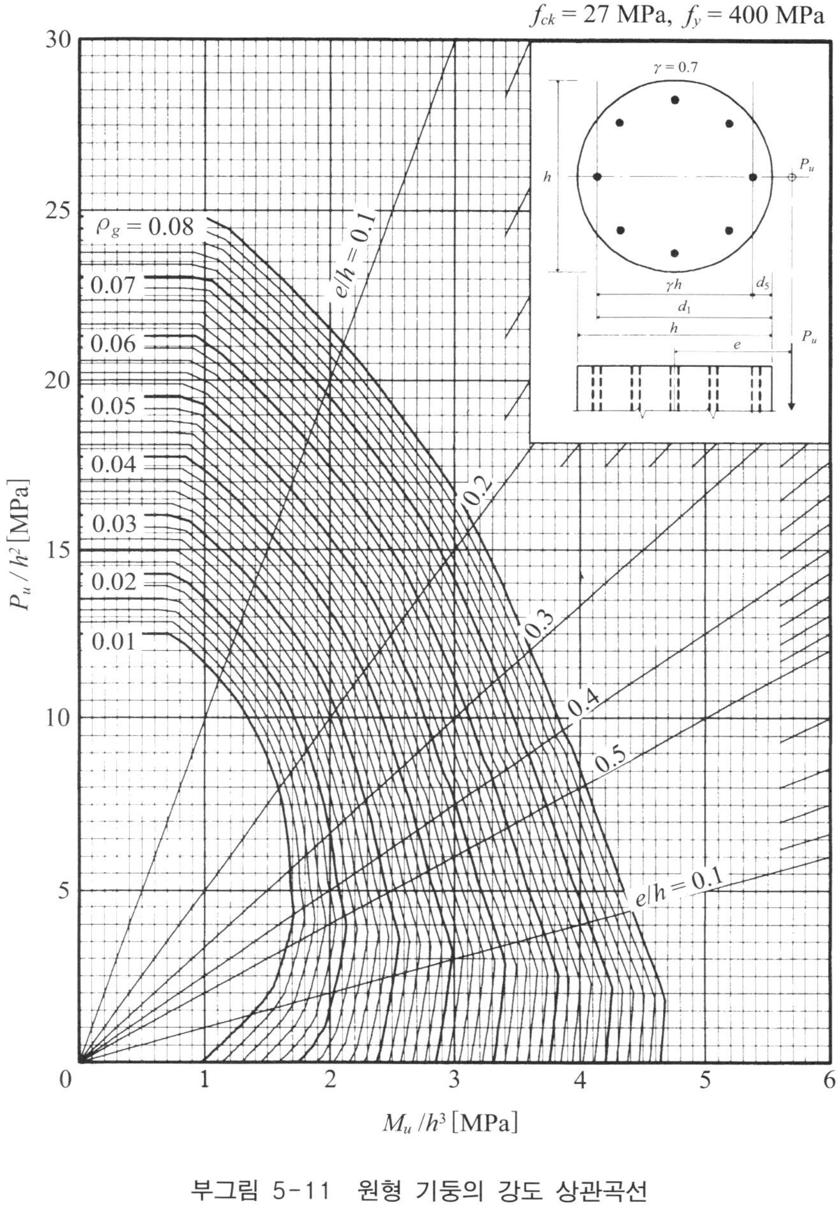

부그림 5-11 원형 기둥의 강도 상관곡선

f_{ck} = 27 MPa, f_y = 400 MPa, γ = 0.7

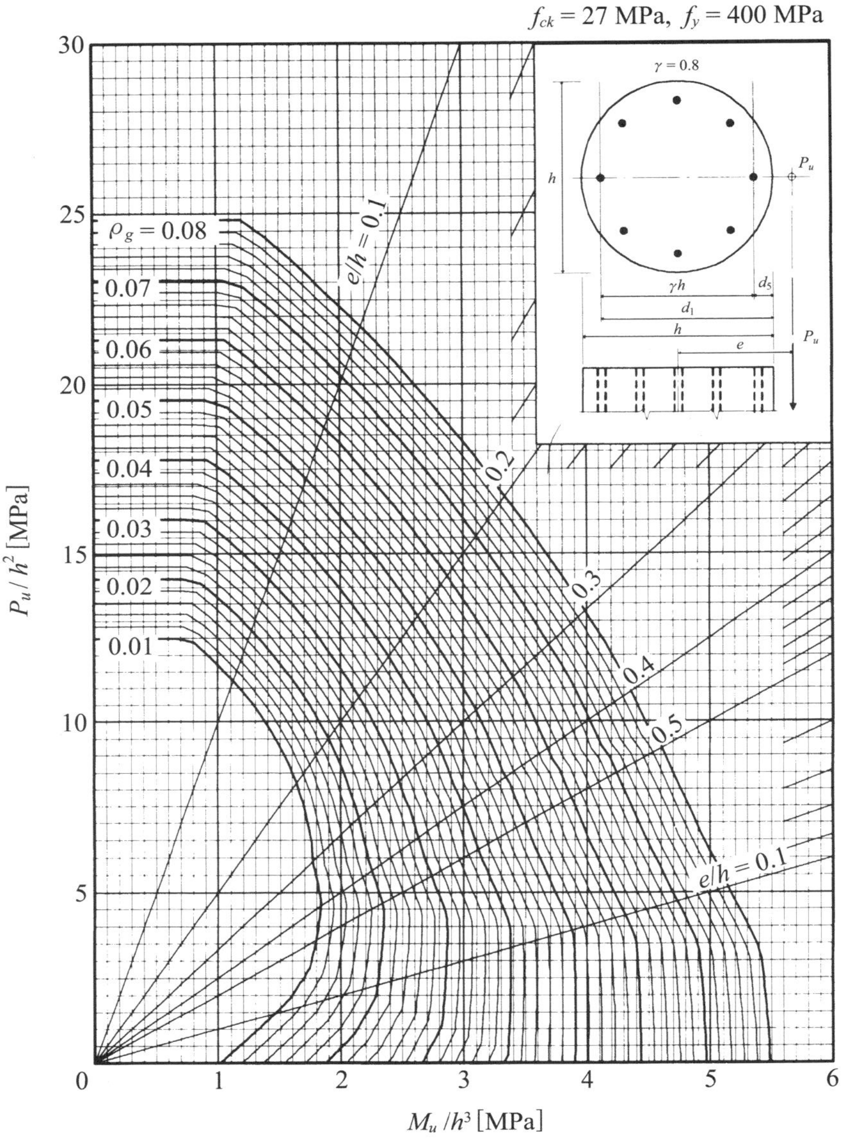

부그림 5-12 원형 기둥의 강도 상관곡선

$f_{ck} = 27\text{MPa},\ f_y = 400\text{MPa},\ \gamma = 0.8$

부 록 6

허용응력에 의한 보 설계도표

부표 6-1 보의 중립축비 (k)

np_t	압축철근/인장철근					
	0.1	0.2	0.4	0.6	0.8	1.0
0.030	0.217	0.214	0.211	0.209	0.206	0.204
0.035	0.232	0.228	0.225	0.222	0.219	0.216
0.040	0.246	0.242	0.238	0.234	0.231	0.227
0.045	0.258	0.254	0.249	0.245	0.241	0.237
0.050	0.270	0.265	0.260	0.255	0.251	0.246
0.055	0.281	0.275	0.270	0.265	0.260	0.255
0.060	0.292	0.285	0.279	0.273	0.268	0.263
0.065	0.301	0.294	0.288	0.282	0.276	0.270
0.070	0.311	0.303	0.296	0.289	0.283	0.277
0.075	0.319	0.311	0.304	0.296	0.290	0.283
0.080	0.328	0.319	0.311	0.303	0.296	0.289
0.085	0.336	0.327	0.318	0.310	0.302	0.295
0.090	0.344	0.334	0.325	0.316	0.380	0.300
0.095	0.351	0.341	0.331	0.322	0.313	0.305
0.100	0.358	0.347	0.337	0.327	0.318	0.310
0.105	0.365	0.354	0.343	0.333	0.323	0.314
0.110	0.372	0.360	0.349	0.338	0.328	0.319
0.115	0.378	0.366	0.354	0.343	0.333	0.323
0.120	0.384	0.371	0.359	0.348	0.337	0.327
0.125	0.390	0.377	0.364	0.352	0.341	0.331
0.130	0.396	0.382	0.369	0.357	0.345	0.335
0.135	0.402	0.387	0.374	0.361	0.349	0.338
0.140	0.407	0.392	0.378	0.365	0.353	0.342
0.145	0.413	0.397	0.382	0.369	0.357	0.345
0.150	0.418	0.402	0.387	0.373	0.360	0.348
0.155	0.423	0.406	0.391	0.377	0.363	0.351
0.160	0.428	0.411	0.395	0.380	0.367	0.354
0.165	0.433	0.415	0.399	0.384	0.370	0.357
0.170	0.437	0.419	0.403	0.387	0.373	0.360
0.175	0.422	0.423	0.406	0.390	0.376	0.362
0.180	0.446	0.427	0.410	0.394	0.379	0.365
0.185	0.451	0.431	0.431	0.397	0.381	0.367
0.190	0.455	0.435	0.417	0.400	0.384	0.370
0.195	0.459	0.439	0.420	0.403	0.387	0.372
0.200	0.463	0.442	0.423	0.406	0.389	0.375
0.205	0.467	0.446	0.426	0.408	0.392	0.377
0.210	0.471	0.449	0.429	0.411	0.394	0.379
0.215	0.475	0.453	0.432	0.414	0.397	0.381
0.220	0.479	0.456	0.435	0.416	0.399	0.383
0.225	0.483	0.459	0.438	0.419	0.401	0.385

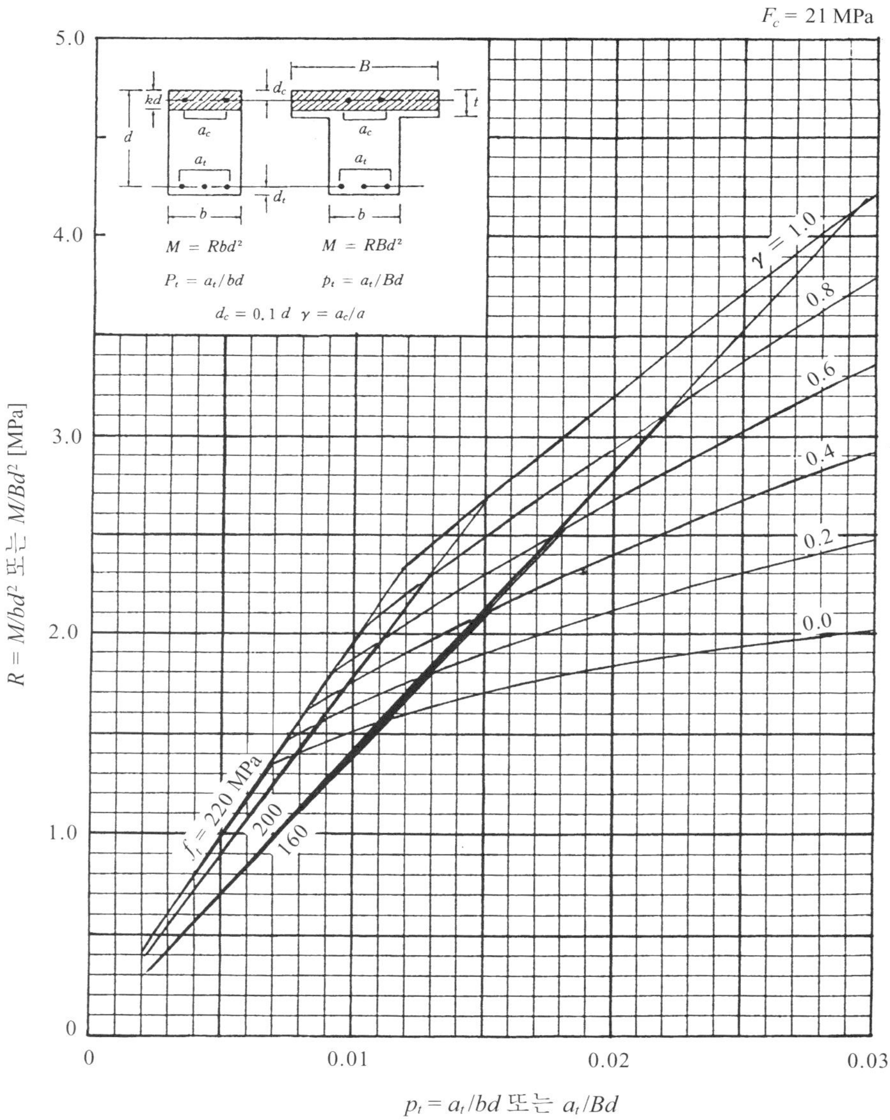

부그림 6-1 직사각형보의 저항모멘트 계수, F_c = 21 MPa

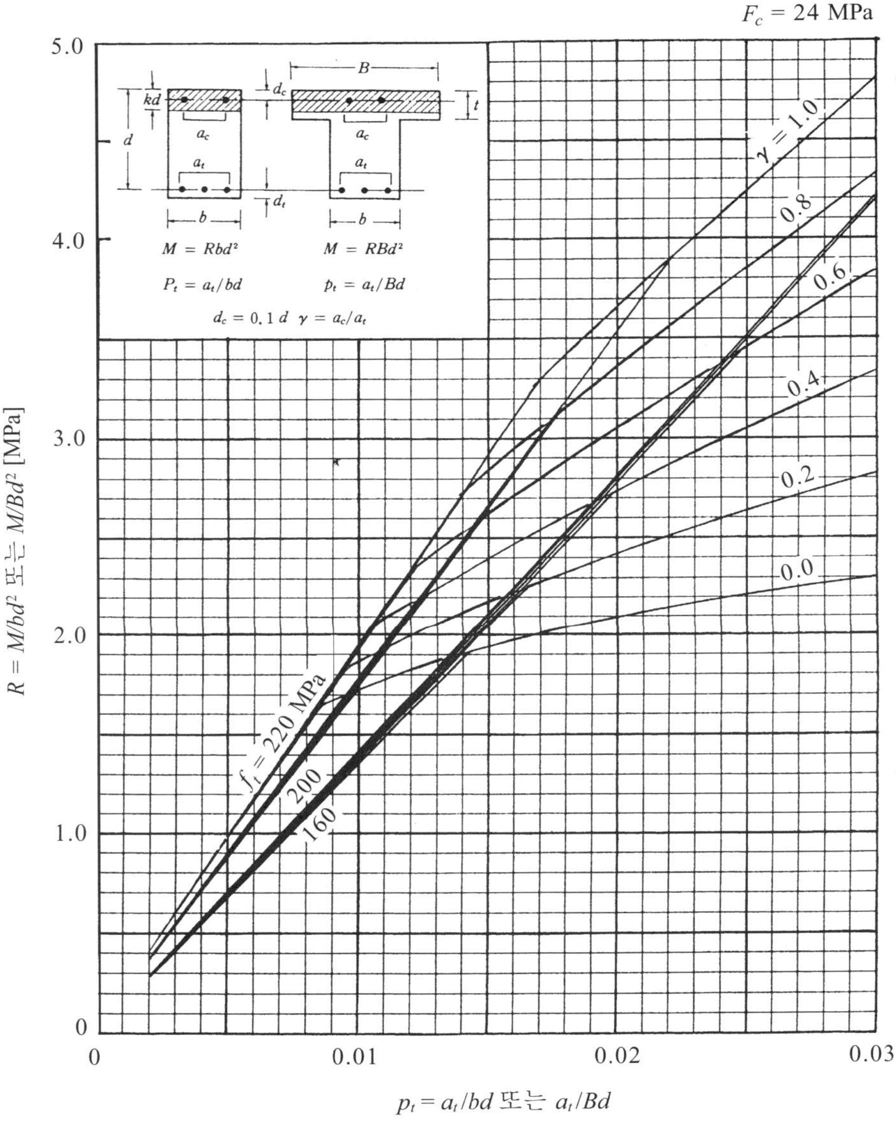

부그림 6-2 직사각형보의 저항모멘트 계수, $F_c = 24$ MPa

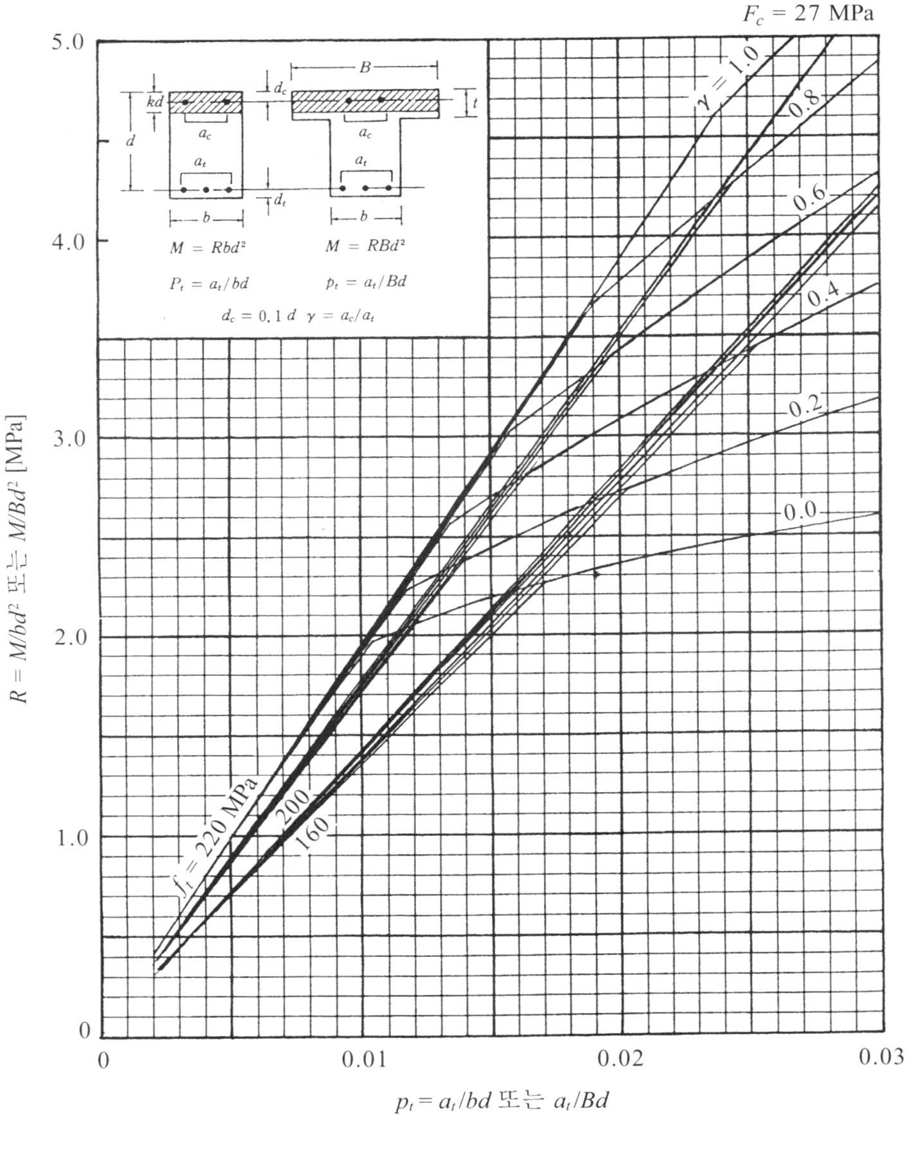

부그림 6-3　직사각형보의 저항모멘트 계수, F_c = 27 MPa

부 록 7

허용응력에 의한 기둥 설계도표

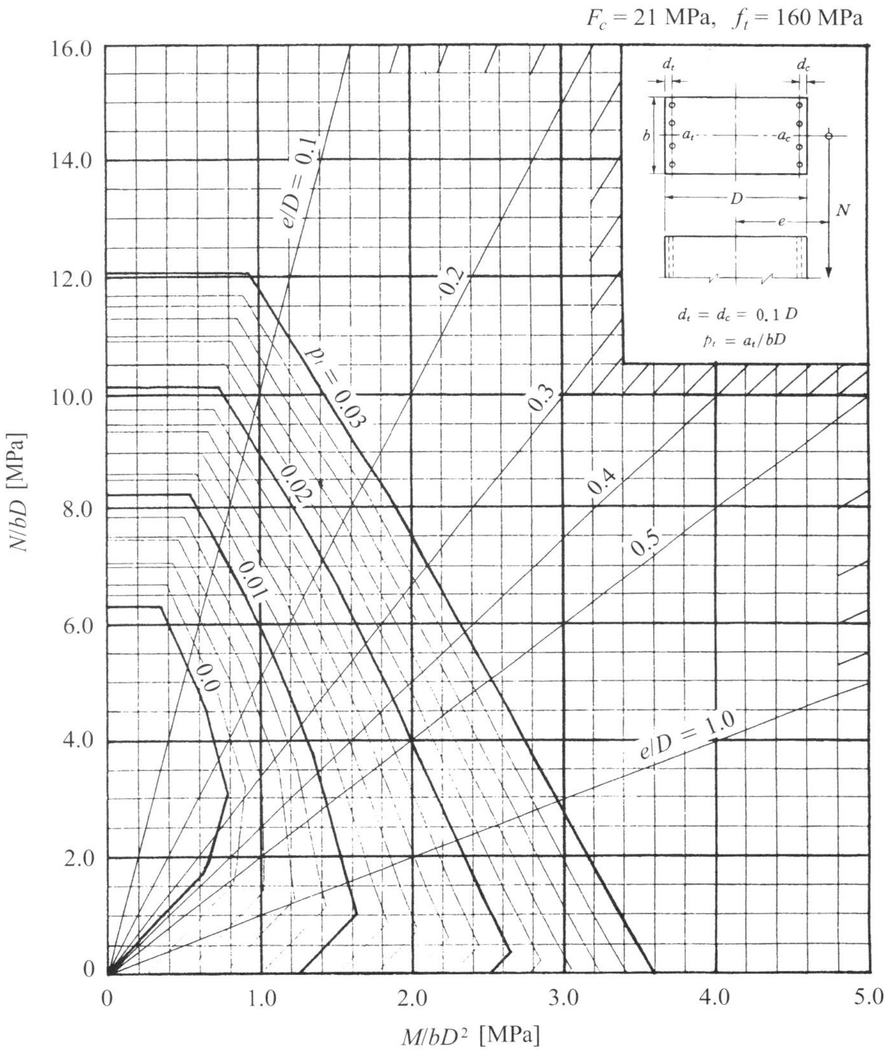

부그림 7-1 직사각형 기둥의 강도 상관곡선

$F_c = 21\,MPa,\ f_t = 160\,MPa$

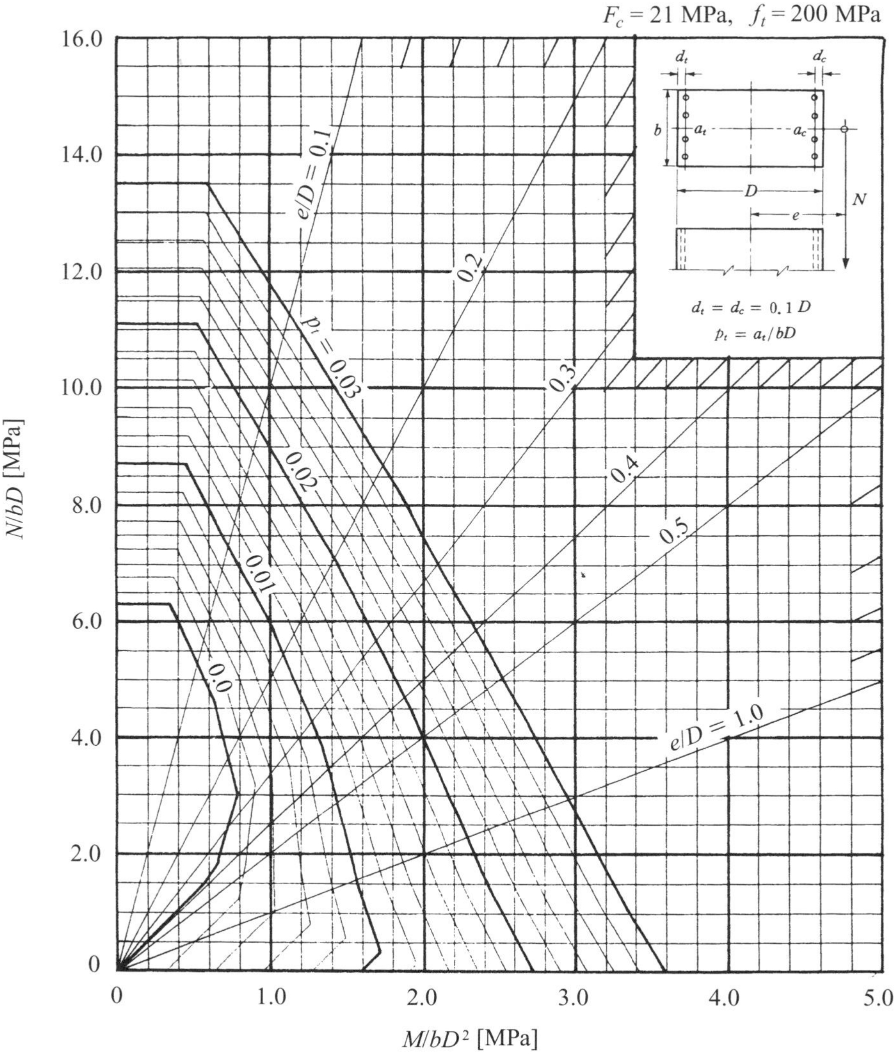

부그림 7-2 직사각형 기둥의 강도 상관곡선

$F_c = 21\,\mathrm{MPa}$, $f_t = 200\,\mathrm{MPa}$

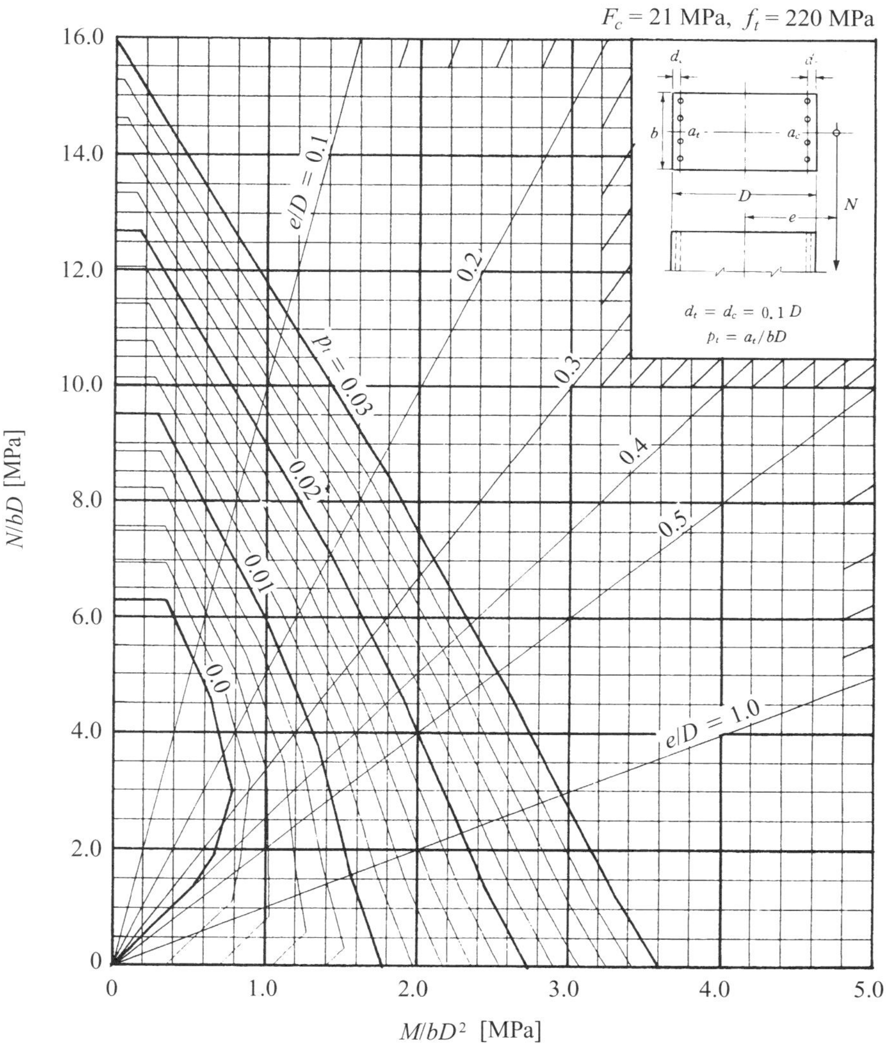

부그림 7-3 직사각형 기둥의 강도 상관곡선

$F_c = 21\,\text{MPa},\ f_t = 220\,\text{MPa}$

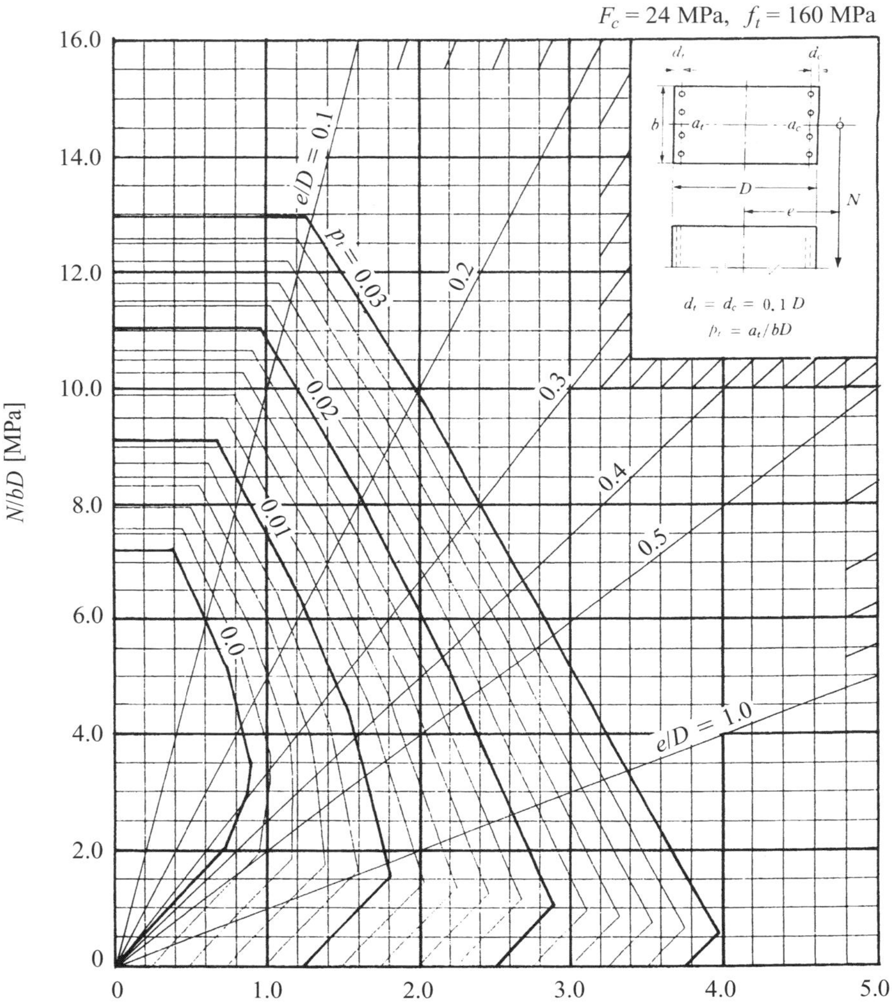

부그림 7-4 직사각형 기둥의 강도 상관곡선

$F_c = 24\,\text{MPa}$, $f_t = 160\,\text{MPa}$

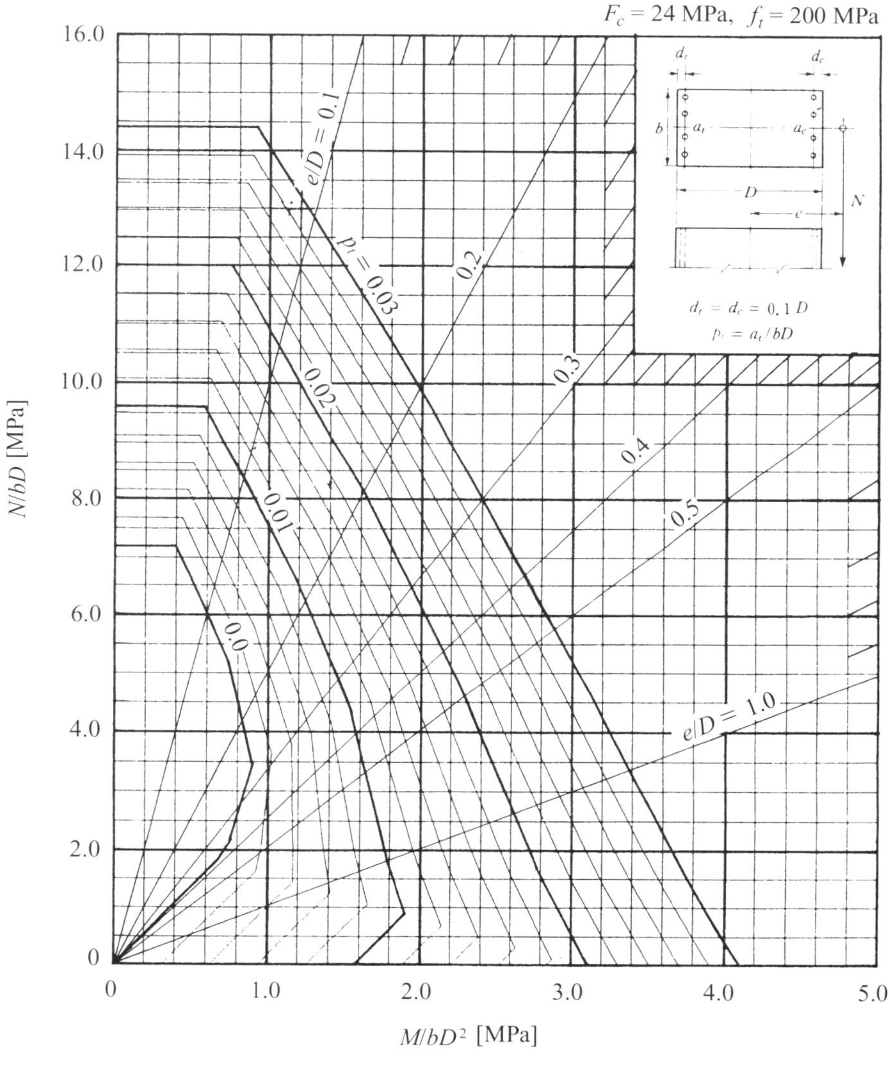

부그림 7-5 직사각형 기둥의 강도 상관곡선

$F_c = 24\,\text{MPa},\ f_t = 200\,\text{MPa}$

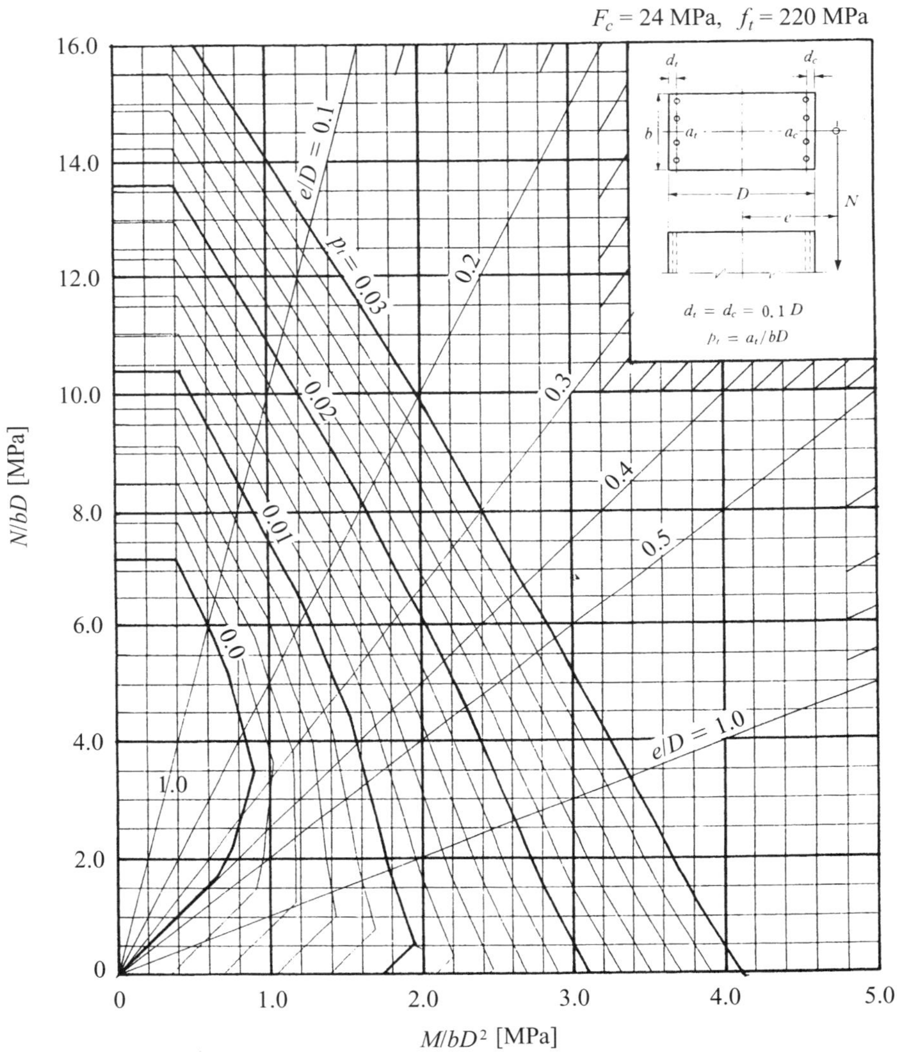

부그림 7-6 직사각형 기둥의 강도 상관곡선

$F_c = 24\,\text{MPa},\ f_t = 220\,\text{MPa}$

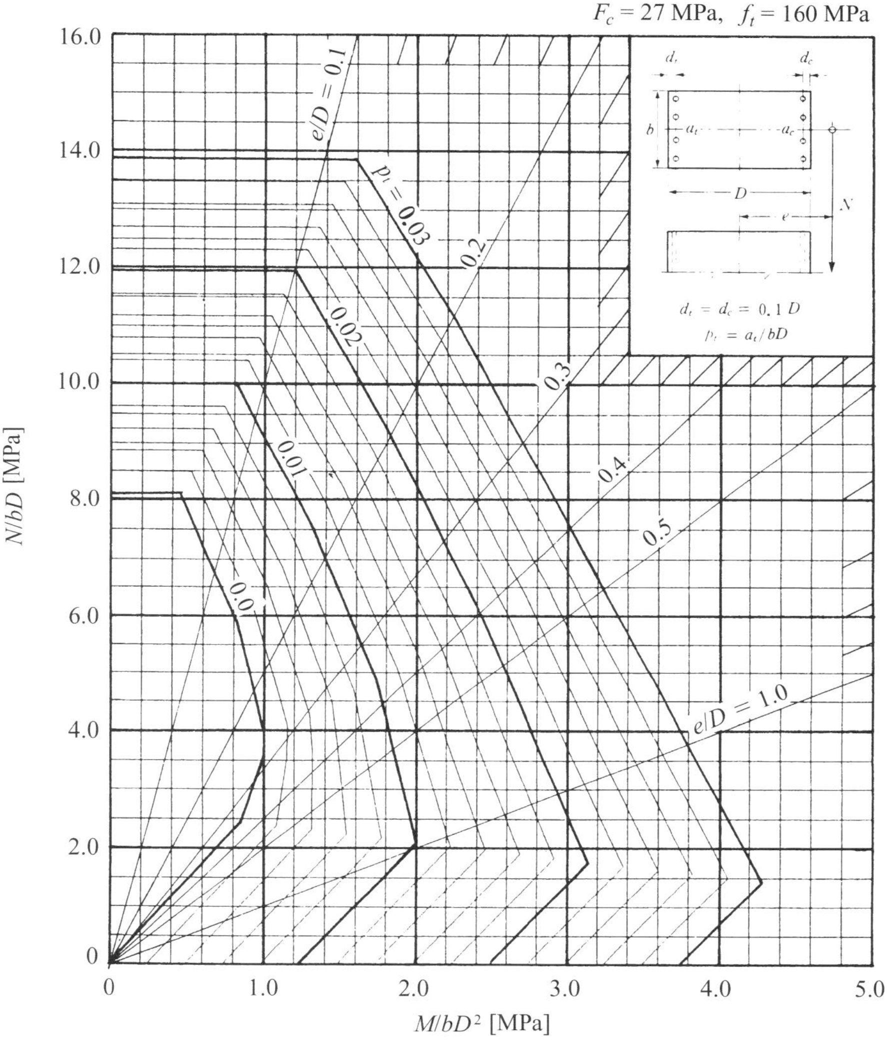

부그림 7-7 직사각형 기둥의 강도 상관곡선

F_c = 27 MPa, f_t = 160 MPa

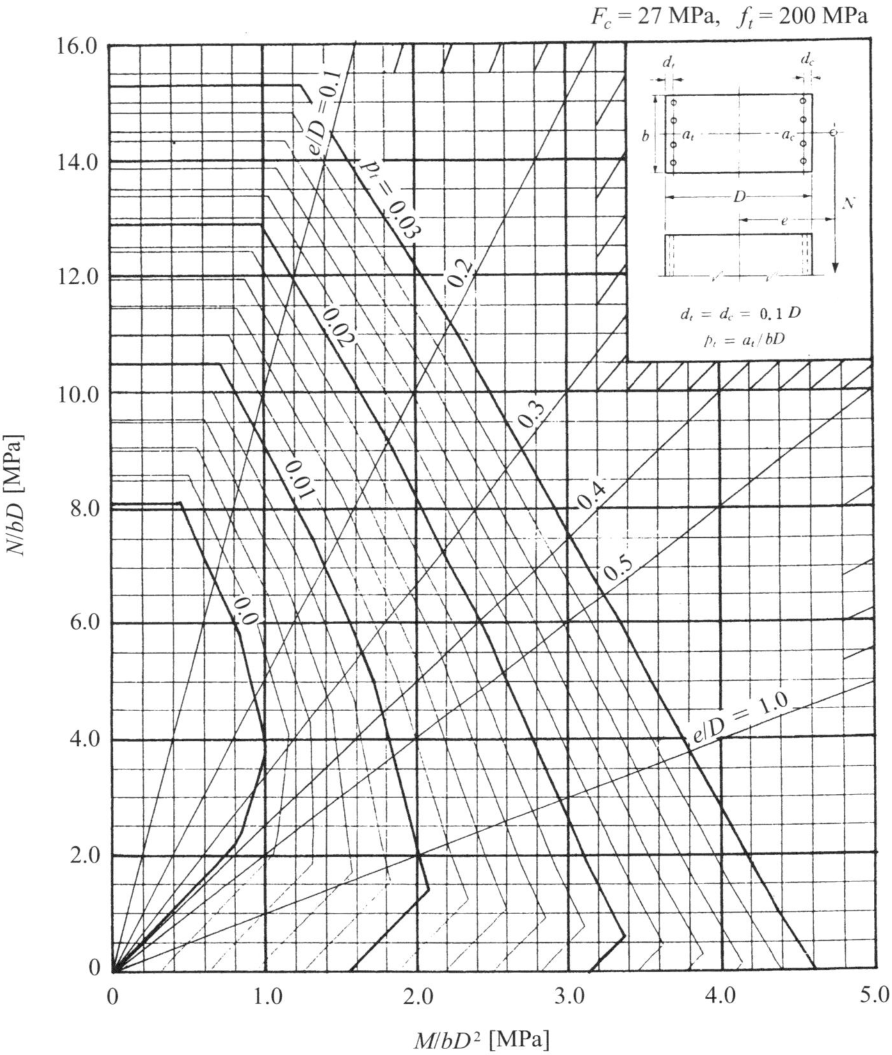

부그림 7-8 직사각형 기둥의 강도 상관곡선

$F_c = 27\,\mathrm{MPa}$, $f_t = 200\,\mathrm{MPa}$

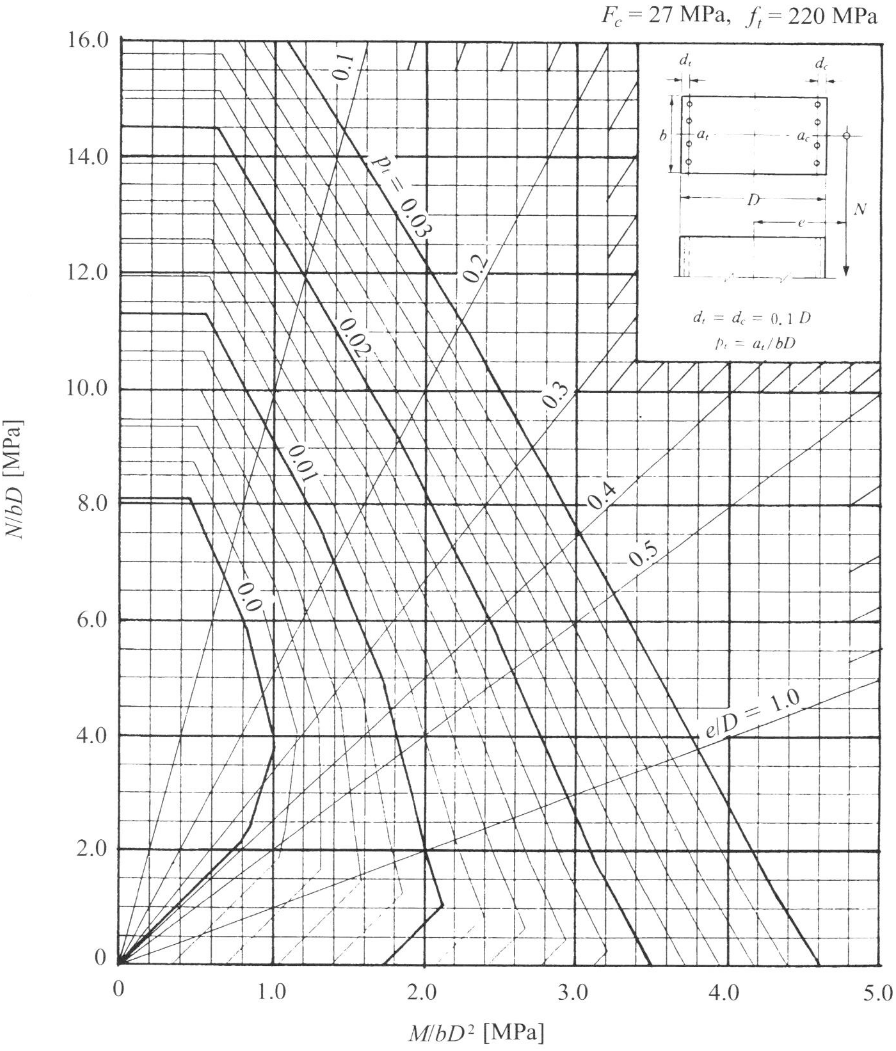

부그림 7-9 직사각형 기둥의 강도 상관곡선

F_c = 27 MPa, f_t = 220 MPa

찾 아 보 기

8판
철근콘크리트 구조설계

초판발행 | 1993년 7월 15일
8판3쇄발행 | 2025년 12월 5일

지 은 이 | 김상식 · 이수권 · 김강수

발 행 인 | 이성범
발 행 처 | 문운당
주 소 | 서울시 종로구 혜화로5길 16 (명륜1가 45-3)
출판등록 | 1962년 7월 4일 제 1-139
전 화 | (02)762-6010
팩 스 | 영업 (02)745-0265 / 편집 (02)762-8758
이 메 일 | 영업 munun2@daum.net
편집 mundang@naver.com
홈페이지 | http://munundang.co.kr

ISBN 979-11-5692-635-1 93540

정가 38,000원